Gemeinwohlorientierte Erzeugung
von Lebensmitteln

Albert Sundrum

Gemeinwohlorientierte Erzeugung von Lebensmitteln

Impulse für eine zukunftsfähige Agrar- und Ernährungswirtschaft

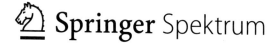

Albert Sundrum
FG Tierernährung Tiergesundheit
University of Kassel
Witzenhausen, Deutschland

ISBN 978-3-662-65154-4   ISBN 978-3-662-65155-1   (eBook)
https://doi.org/10.1007/978-3-662-65155-1

Die Deutsche Nationalbibliothek verzeichnet diese Publikation in der Deutschen Nationalbibliografie; detaillierte bibliografische Daten sind im Internet über http://dnb.d-nb.de abrufbar.

Planung/Lektorat: Ken Kissinger
Springer Spektrum ist ein Imprint der eingetragenen Gesellschaft Springer-Verlag GmbH, DE und ist ein Teil von Springer Nature.
Die Anschrift der Gesellschaft ist: Heidelberger Platz 3, 14197 Berlin, Germany

„It ain't what you don't know that gets you in trouble.

It's what you know for sure that just ain't so."

Mark Twain

„Die Beweislast tragen die, die eine These vertreten, die mit lebensweltlichen Überzeugungen schwer in Einklang zu bringen sind."

Julian Nida-Rümelin

Claudia gewidmet

Vorwort

Jeder von uns greift tagtäglich auf Nahrungsmittel in den unterschiedlichsten Formen und Zubereitungen zurück, um den eigenen Körper mit den lebensnotwendigen Nährstoffen zu versorgen. Längst haben sich die meisten Menschen in der westlichen Welt daran gewöhnt, dass diese im Überfluss vorhanden und zu vergleichbar günstigen Preisen zu erwerben sind. Was als selbstverständlich erscheint, bedarf in der Regel auch keiner Reflexion über die Hintergründe der Erzeugung. Schließlich müssen wir auch nicht wissen, wie ein Smartphone hergestellt wurde, um es zu nutzen. Deshalb verwundert es nicht, wenn dem öffentlichen Bewusstsein die Art und Weise der Erzeugung von Nahrungsmitteln und die damit einhergehenden Folgewirkungen weitgehend entschwunden sind. Nur hin und wieder werden wir durch Skandalmeldungen in den Medien aufgeschreckt. Diese vermitteln den Eindruck, dass es um die Erzeugung von Nahrungsmitteln nicht immer zum Besten bestellt ist. Allerdings sind die wenigsten in der Lage, die Informationshäppchen aus einer anderen, weitgehend unbekannten Welt zu deuten oder gar adäquat in einen Gesamtzusammenhang einzuordnen.

Die Welt der Erzeugung und Verarbeitung sowie des Handels mit Nahrungsmitteln erschließt sich nicht, indem man einzelne Begriffe googelt. Zu komplex und zu vielfältig sind die Prozesse beim Anbau von Pflanzen, bei der Haltung von Nutztieren sowie bei der Verarbeitung und Verteilung der Nahrungsmittel, als dass diese sich auf einige wenige Erläuterungen reduzieren ließen. Dies gilt erst recht für die Folgewirkungen, welche von diesen Prozessen ausgehen. Was auf landwirtschaftlichen Betrieben und in den weiteren Verfahrensabläufen bis zum Teller der Konsumenten miteinander interagiert, sind Faktoren sehr unterschiedlicher Dimensionen. Hierzu gehören nicht nur die biologischen Prozesse des Wachstums von Mikroorganismen, Pflanzen und Tieren, sondern ebenso technische, ökonomische, soziologische, kulturelle und politische Einflussfaktoren. Zudem sind es sehr viele Menschen, die an den unterschiedlichsten Stellen in die Prozesse eingreifen und versuchen, sie gemäß den jeweils eigenen Interessen zu beeinflussen. Wir haben es mit einem Sektor zu tun, der von vielfältigen, teils gegenläufigen Interessen durchwoben ist. Die Folge ist ein vermeintlich undurchsichtiges Konglomerat aus diversen Einzelaspekten.

Es erscheint ziemlich vermessen, dieses Konglomerat aufdröseln und im aufklärerischen Sinne einer Nachvollziehbarkeit zugänglich machen zu wollen. Auf der anderen Seite führt trotz aller Unzulänglichkeiten eines solchen Ansinnens kein Weg an einer umfassenden Analyse des Systems der Nahrungsmittelerzeugung vorbei, wenn dieses im Hinblick auf Gemeinwohlinteressen verändert werden soll. Denn dass es einer dringenden Veränderung bedarf, darüber besteht weitgehende Einigkeit zwischen den Beteiligten. Zu groß ist das Ausmaß an unerwünschten Neben- und Schadwirkungen, zu groß die Vergeudung von Nahrungs- und Finanzmitteln, zu groß die wirtschaftliche Not vieler Primärerzeuger und zu misstrauisch die Konsumenten, als dass ein „Weiter so" eine Option wäre. Doch was muss alles verändert werden, um einer gemeinwohlorientierten Erzeugung von Lebensmitteln näher zu kommen? Mit dieser Kernfrage setzt sich das Fachbuch auseinander. Dabei nimmt es nicht für sich in Anspruch, allen Aspekten in umfassender Weise gerecht zu werden. Gleichwohl besteht das Ziel, nicht nur eine möglichst tiefgründige Systemanalyse vorzulegen, die sich von den bisherigen, häufig eindimensionalen Denkmodellen löst. Über einen multiperspektivischen und zielorientierten Zugang zur Komplexität der Lebensmittelerzeugung wird auch ein schlüssiges Gegenkonzept propagiert.

Die Ausführungen beginnen mit einem kurzen historischen Abriss über die Entwicklung der Landwirtschaft von ihren Anfängen bis heute. Der gegenwärtige Zustand der Agrar- und Lebensmittelwirtschaft ist zu sehr mit der Vorgeschichte verbunden, als dass man die gegenwärtige Situation ohne Reflexion der Entwicklungsgeschichte verstehen könnte. Im Weiteren sind es vor allem die agrarindustriellen und technologischen Entwicklungen der Neuzeit, welche die Erzeugungsstrukturen revolutioniert und ihnen ihren Stempel aufgedrückt haben. Maßgeblich befördert wurden die Strukturen durch die wirtschaftlichen Rahmenbedingungen einer sogenannten „freien" Marktwirtschaft. Diese hat die Erzeugung von Nahrungsmitteln nicht nur einem lokalen, sondern dem globalen Wettbewerb ausgesetzt. Landwirtschaftliche Rohwaren wie Fleisch, Milch und Getreide konkurrieren auf dem Weltmarkt um die günstigsten Produktionskosten. Während der Wettbewerb zunächst als ein kräftiger Wachstumsmotor fungierte, der vielfältige Produktivkräfte zur Entfaltung brachte, traten in vielen Teilbereichen schon bald unerwünschte Folgewirkungen auf. Solange die eigenen Interessen davon nicht unmittelbar betroffen sind, können diese jedoch ausgeblendet werden. Dies gelingt umso leichter, je weniger das Verursacherprinzip greift und einer organisierten Nichtverantwortlichkeit weicht. Hinzu kommt, dass sich viele Akteure aufgrund faktischer und mentaler Pfadabhängigkeiten nicht in der Lage sehen, vom einmal eingeschlagenen Wachstumskurs und fortlaufenden Intensivierungen abzuweichen. Dies gilt, obwohl dieser Kurs bereits sehr viele Betriebe in den betriebswirtschaftlichen Ruin geleitet hat.

Die Agrarwissenschaften haben über den beträchtlichen Zugewinn an Detailkenntnissen mit ihrer Zuarbeit einen großen Anteil daran, dass die Produktivität der Produktionsprozesse deutlich gesteigert werden konnte. Jetzt, wo die unerwünschten Neben- und Schadwirkungen Überhand nehmen, fehlt ihnen allerdings die Lösungskompetenz für Probleme, die aus der Komplexität der Gesamtzusammenhänge erwachsen. Dies ist der Preis, den die Agrarwissenschaften für eine jahrzehntelang betriebene Ausdifferenzierung und Spezialisierung bezahlen. Die daraus resultierende Unfähigkeit, sich inter- und transdisziplinär neu auszurichten, machen die Agrarwissenschaften in ihrer gegenwärtigen Verfassung eher zum Teil des Problems als zum Teil der Lösung. In ihren eigenen Erklärungsansätzen gefangen erscheint auch die Agrarökonomie. „It´s the economy, stupid." Dieser Slogan, der seit der Wahlkampfkampagne von Bill Clinton im Jahr 1992 Furore macht, war bislang auch in der Agrarpolitik die vorherrschende Devise. Wer wird bezweifeln wollen, dass auch in der Agrarwirtschaft der Ökonomie eine große Bedeutung zukommt. Nur langsam setzt sich die Erkenntnis durch, dass die Ökonomie nicht alles und auch bei weitem nicht für alle Bereiche ausschlaggebend ist. Für die Lebens- und Überlebensfähigkeit von lebenden Systemen sind die ökologischen Erfordernisse von weitaus größerer Relevanz.

Den Unterschieden zwischen ökonomischen und ökologischen Denkansätzen wird im Buch ein eigenes Kapitel gewidmet. Nach Abwägung verschiedener Gründe wird geschlussfolgert, dass die Ökonomie nicht länger allein das Zepter in der Hand halten darf, sondern dazu gebracht werden muss, sich in den Dienst ökologischer und qualitativer Zielsetzungen zu stellen. Diese „Unterordnung" ist eine von verschiedenen Zumutungen, welche das Buch für die Leser bereithält. Hierzu gehört auch, dass ökologische Zielsetzungen nicht im Sinne eines Ökolandbaus zu verstehen sind. Trotz der zurückliegenden Pionierleistungen taugt er in der gegenwärtigen Ausrichtung nur bedingt als ein Leitbild für eine nachhaltige Landwirtschaft.

Geht es nach den Wünschen von Konsumenten, so sollten Lebensmittel für alle bezahlbar, qualitativ hochwertig, überall und jederzeit verfügbar, aber auch tier- und umweltgerecht, nachhaltig sowie sozial verantwortlich erzeugt, verarbeitet und vermarktet sein. Das Marketing reagiert auf diese Wünsche mit Bildern auf den Verpackungen, die an bäuerliche Landwirtschaft, traditionelles Handwerk und an eine intakte Natur denken lassen und den Kunden ein gutes Gefühl vermitteln. Viele Konsumenten wollen gar nicht wissen, wie es tatsächlich um die Bedingungen der Erzeugung und um die Folgewirkungen bestellt ist. Sie geben sich daher mit Hinweisen auf die Einhaltung erhöhter Mindeststandards zufrieden, welche ihnen das Marketing über Herkunfts- und Handelsmarken anbietet. Diese Markenstrategie reduziert die Komplexität von Lebensmittelqualität auf Einzelaspekte, während gleichzeitig elementare Bereiche ausgeklammert werden.

Diese Vorgehensweise kontrastiert mit dem, was Qualität im Kern ausmacht, nämlich die Gesamtheit und das Zusammenwirken aller Eigenschaften eines Produktes, Prozesses oder Systems. Produkt- und Prozessqualitäten differenzieren nicht aufgrund unterschiedlicher Mindeststandards, die sich lediglich auf einige wenige Teilaspekte beziehen, sondern rangieren in der Gesamtheit der relevanten Eigenschaften auf einer Skala von sehr niedrig bis sehr hoch. Die Gleichsetzung von Standards mit Qualität („Qualitätsstandards") und die Verwendung falscher, weil erklärungsarmer Bezugssysteme basiert auf einem elementaren induktiven Trugschluss, der die Interaktionen in lebenden Systemen zwischen den Teilen und dem Ganzen ausblendet. Gleichzeitig steht

diese Denkweise der dringend gebotenen Steigerung der Wertschöpfung in der Primärerzeugung entgegen. Für diese führt der Ausweg aus bestehenden Abhängigkeitsverhältnissen nur über die Abkehr vom Streben nach Kostenführerschaft und Neuorientierung
an eine Qualitätsführerschaft, welche über den Nachweis erbrachter Qualitäts- und
Gemeinwohlleistungen eine Wertschöpfung realisiert. Anhand von verschiedenen Beispielen wird aufgezeigt, wie die Erzeugung von erhöhten Produktqualitäten sowie einzelbetrieblicher Tier- und Umweltschutzleistungen gelingen kann.

Um hierin reüssieren zu können, muss das Zusammenspiel von biologischen,
technischen, ökonomischen und soziologischen Interaktionen aus unterschiedlichen
Perspektiven beleuchtet und in einen Gesamtzusammenhang gebracht werden. Den Ausweg aus einem Wirrwarr von eindimensionalen, kurzsichtigen, und selbstreferenziellen
Ansätzen vermag nur eine klare übergeordnete Zielsetzung zu weisen. In diesem
Zusammenhang kommt auch einer adäquaten Verwendung von Begriffen eine besondere
Bedeutung zu. Zentrale Begriffe sind in diesem Buch in einem Glossar definiert, um sie
einer interessensgeleiteten Interpretation zu entziehen. Schließlich geht es auch darum,
der Dominanz von Partikularinteressen entgegenzutreten und sie neu auf übergeordnete
Gemeinwohlinteressen auszurichten.

Um Wege aus einer als ziemlich vertrackt empfundenen Situation in der Landwirtschaft und der Agrar- und Ernährungsindustrie aufzeigen zu können, sah ich mich
veranlasst, die Leser auf eine weite Gedankenreise durch sehr unterschiedliche Themenfelder mitzunehmen. Wiederholt werden vertraute Denkpfade verlassen, um neue
Perspektiven auf die Komplexität der Wirkungsgefüge zu eröffnen und neue Denk-
ansätze und Handlungsoptionen für die notwendige Transformation aufzuzeigen. Das
Buch fügt unterschiedliche Gedankenstränge, die mich in der Vergangenheit beschäftigt
haben, zu einem hoffentlich stimmigen Ganzen. Für eine bessere Lesbarkeit habe ich mir
erlaubt, bei Personen den Plural bzw. die männliche Form zu verwenden, wobei selbstverständlich alle Geschlechtsidentitäten einbezogen sind.

Mein Dank gilt allen gegenwärtigen und ehemaligen Mitarbeitern des Fachgebietes,
die sich über die zurückliegenden Jahre in vielfältigen Diskussionen und bei den
unterschiedlichsten Gelegenheiten gemeinsam mit mir um eine gedankliche Durchdringung der komplexen Sachverhalte bemüht haben. Besonderer Dank gilt Frau Dr.
Susanne Hoischen-Taubner für die kritische Durchsicht des Manuskriptes, für wertvolle
Anregungen und für die Unterstützung bei der redaktionellen Bearbeitung. Für ihren
unermüdlichen Einsatz und für die Unterstützung danke ich herzlich Frau Silvia Minke.

Der Autor wünscht sich eine aktive Auseinandersetzung mit den Inhalten des Buches,
die über den fachspezifischen Kontext hinaus geht. Für den erforderlichen Transformationsprozess sind Reflexionen und Diskussionen von zentraler Bedeutung. Diese
sollten nicht nur in der Agrar- und Ernährungswirtschaft, den Agrarwissenschaften und
der Agrarpolitik oder bei den NGOs stattfinden. Schließlich geht die Erzeugung von

Lebensmitteln uns alle an. Wir alle sind sowohl die Empfänger der lebensnotwendigen Leistungen der Wirtschaftsbranche als auch mal mehr, mal weniger von deren unerwünschten Neben- und Schadwirkungen betroffen.

Göttingen   Albert Sundrum
im Januar 2022

Inhaltsverzeichnis

Abkürzungsverzeichnis

BMEL	Bundesministerium für Ernährung und Landwirtschaft
BMELV	Bundesministerium für Ernährung, Landwirtschaft und Verbraucherschutz
BUND	Bund für Umwelt und Naturschutz Deutschland e. V.
DBV	Deutscher Bauern Verband
DLG	Deutsche Landwirtschafts-Gesellschaft
EEG	Erneuerbare-Energien-Gesetz
EFSA	European Food Safety Authority
EUA	Europäische Umweltagentur
EWG	Europäische Wirtschaftsgemeinschaft
FAO	Food and Agriculture Organization of the United Nations/Ernährungs- und Landwirtschaftsorganisation der Vereinten Nationen
FFH	Fauna-Flora-Habitat
GAP	Gemeinsamen Agrarpolitik der Europäischen Gemeinschaft
GATT	General Agreement on Tariffs and Trade
GVO	Gentechnisch veränderte Organismen
HIT	Herkunftssicherungs- und Informationssystem für Tiere
IMF	Intramuskuläres Fett (Marmorierung)
LEH	Lebensmitteleinzelhandel
LF	Landwirtschaftlicher Nutzfläche
N	Stickstoff
NEC	National Emission Ceilings Directive/Richtlinie über nationale Emissionshöchstmengen für bestimmte Luftschadstoffe
NGO	Non-Governmental Organisation/Nichtregierungsorganisation
NOx	Stickoxide
Nr	Reaktiver Stickstoff
NRL	Nitratrichtlinie
OIE	Weltorganisation für Tiergesundheit (Office International des Epizooties)
P	Phosphor

QS	Qualität und Sicherheit GmbH – Prüfsystem für Lebensmittelsicherheit
r	Korrelationskoeffizient
TierSchG	Deutsches Tierschutzgesetz
vzbv	Verbraucherzentrale Bundesverband e. V.
WHO	Weltgesundheitsorganisation
WTO	World Trade Organisation/Welthandelsorganisation

Abbildungsverzeichnis

Tabellenverzeichnis

Einleitung

Die Bewirtschaftung von landwirtschaftlichen Nutzflächen durch den Anbau von Nutzpflanzen und die Haltung von Nutztieren ist keine Angelegenheit, die nur die Landwirte etwas angeht. Landwirte liefern die Rohwaren, welche zu Nahrungsmitteln weiterverarbeitet werden und der Bevölkerung lebensnotwendige Nährstoffe bereitstellen. Landwirtschaftliche Nutzflächen sind überdies Teil einer Landschaft, Betriebe sind Teil einer kommunalen Gemeinschaftsstruktur und Teil von Wirtschafts- und Gesellschaftssystemen. Zur Landwirtschaft gehört auch, dass von den Produktionsprozessen diverse Schadwirkungen ausgehen. Bereits die wenigen Hinweise rechtfertigen die Feststellung: Landwirtschaft geht uns alle an! In welchem Maße dies der Fall ist, darauf soll das Buch eine Antwort geben. Diese kann sich nicht mit Beschreibungen der aktuellen Situation zufriedengeben. Nicht weniger bedeutsam ist es, die involvierten Interessen und treibenden Kräfte in ihrer Vielschichtigkeit nachzuvollziehen und ihren Anteil an den Entwicklungen zu beleuchten. Gleiches gilt für Reflexionen über die Einbettung der Landwirtschaft in diverse Kontexte und Wirkzusammenhänge. Schließlich ist die Landwirtschaft keine eigenständige Branche, sondern in hohem Maße von den Rahmenbedingungen abhängig, innerhalb derer die Betriebe wirtschaften. Nach Langenthaler (2010) kann Landwirtschaft als zeitlich und räumlich variierender Zusammenhang ökologischer, ökonomischer, politischer, sozialer und kultureller Elemente – kurz, als **komplexes System** – begriffen werden:

> „Wesentlich dabei ist die äußere und innere Differenzierung des Agrarsystems: Nach außen hin ist das Agrarsystem in naturale und soziale Umwelten eingebettet – und wird über die Koppelung mit dem jeweiligen Öko- und Gesellschaftssystem geregelt. Im Inneren umfasst es materielle und immaterielle Ressourcenflüsse, die von den darin arbeitenden und lebenden Akteuren bis zu einem gewissen Grad selbst geregelt werden."

Die skizzierten Zusammenhänge sind in Abb. 1.1 veranschaulicht.

A. Sundrum, *Gemeinwohlorientierte Erzeugung von Lebensmitteln*, https://doi.org/10.1007/978-3-662-65155-1_1

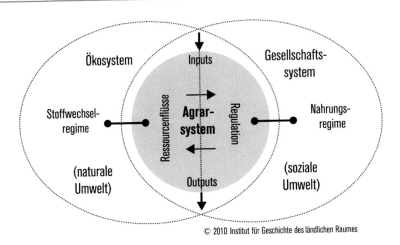

Abb. 1.1 Landwirtschaft als Agrarsystem (Langenthaler 2010, 136 f.)

Aus der Vielschichtigkeit der involvierten Bereiche resultieren unterschiedliche Perspektiven, von denen aus die Agrarsysteme betrachtet und einer Beurteilung unterzogen werden können. Langthaler benennt einige dieser Perspektiven: die Landwirtschaft als ein von menschlichen Gesellschaften „kolonisierter" Teil der Natur; als jener Bereich der Arbeits- und Familienverhältnisse, in dem bis in die 1970er-Jahre die Mehrheit der Weltbevölkerung produzierte und sich reproduzierte, wie es in vielen Ländern weiterhin geschieht; als ein relevanter Wirtschaftssektor neben Industrie und Dienstleistungen; als ein Gegenstand politischer Regulation auf (supra-)nationaler und globaler Ebene; als Projektionsfläche für (urbane) Vorstellungen von „Ländlichkeit" und viele Perspektiven mehr. Von besonderer Relevanz sind die Perspektiven der Primärerzeuger, der vor- und nachgelagerten Wirtschaftsbereiche, der Agrarwissenschaften, der Agrarpolitik sowie viele weitere Positionen, die von unterschiedlichen Nichtregierungsorganisationen (NGOs) eingenommen werden und maßgeblich die öffentliche Wahrnehmung von Landwirtschaft beeinflussen. Nicht weniger bedeutsam sind die Sichtweisen derjenigen, die durch die Prozesse in und im Zusammenhang mit der Landwirtschaft in mehr oder weniger großen Ausmaßen betroffen sind. Aus der Gemengelage der unterschiedlichen Blickwinkel, unter denen landwirtschaftliche Prozesse beleuchtet und bewertet werden, resultieren Doppeldeutigkeiten (Ambivalenzen) und infolgedessen eine Unübersichtlichkeit, die nach Zuordnungen und Strukturierungen verlangt.

Konflikte entstehen, wenn unterschiedliche Interessen, Zielsetzungen oder Wertvorstellungen von Personen oder gesellschaftlichen Gruppen in mehr oder weniger ausgedehnten Teilbereichen aufeinandertreffen. Mit den Anfängen von Ackerbau und Viehzucht sind die Urformen sozialer und gesellschaftlicher Lebensformen verbunden, die sich unter der Prämisse der Ortsansässigkeit entwickelt haben. Die Landwirtschaft steht damit am Anfang einer kulturgeschichtlichen Entwicklung menschlicher Gemeinschaften und repräsentiert ein Terrain, auf das schon immer vielfältige Interessen gerichtet waren und mehr oder weniger ausgeprägte Konfliktsituationen ausgetragen wurden. Entsprechend wird eine Reflexion über die Entwicklung der Landwirtschaft nicht umhinkommen, sich den Hintergründen bei der Entstehung von und den Umgang mit Konflikten sowie den verschiedenen Möglichkeiten der Konfliktbewältigung zu widmen.

Agrarsysteme müssen nicht nur die Interessenskonflikte bewältigen, die betriebs-intern entstehen oder über die Interaktionen mit der Außenwelt zustande kommen. Sie sind überdies mit einer Vielzahl von unterschiedlichen Anforderungen konfrontiert, die aus den diversen Teilbereichen erwachsen und in dieser Vielfalt wohl in keiner anderen Branche anzutreffen sind. Beachtet werden müssen nicht nur physikalische und chemische, sondern vor allem biologische Gesetz- und Regelmäßigkeiten, welche die Verfahrensabläufe in der Landwirtschaft determinieren. Selbst mit dem Begriff der Multidisziplinarität sind die geforderten Allrounderfähigkeiten nur unzureichend beschrieben. Die Beherrschung des Zusammenspiels der verschiedenen Bereiche, die jeweils eigenen Gesetzmäßigkeiten folgen, entscheidet maßgeblich über die Produktions-leistungen. Werden einige der Anforderungen nur unzureichend berücksichtigt, kann dies schwerwiegende Funktionsstörungen zur Folge haben. Darüber hinaus sind land-wirtschaftliche Betriebe Wirtschaftssysteme, die ökonomischen Gesetzmäßigkeiten unterliegen. Die Landwirte kommen nicht umhin, den ökonomischen Erfordernissen Rechnung zu tragen, wollen sie Gewinne erzielen, um damit den Betrieb auf längere Sicht existenzfähig zu erhalten. Ferner sind Betriebe Teil eines Gesellschaftssystems, das nicht nur die Infrastruktur bereitstellt, sondern auch als Abnehmer der Verkaufsprodukte fungiert. Landwirtschaftliche Betriebe können es sich auf Dauer nicht leisten, soziale Belange und gesellschaftliche Interessen zu missachten, wenn sie nicht die gesellschaft-liche Unterstützung verlieren wollen.

Im Laufe ihrer Historie haben die Agrarsysteme unterschiedliche Phasen durchlaufen. Diese stehen in einem engen Zusammenhang mit den Entwicklungen im Umfeld der Agrarsysteme. Über lange Zeiträume war die **Subsistenzlandwirtschaft** vorherrschend, bei der die Betriebe einerseits in einem engen Abhängigkeitsverhältnis zu den natür-lichen Gegebenheiten standen, andererseits aber über einen hohen Grad an Autarkie ver-fügten. Im Zuge der weiteren Entwicklungen nahm die Abhängigkeit von der naturalen Umwelt ab. Dafür wuchsen die Abhängigkeiten von den Märkten, auf denen die Land-wirte ihre Produkte verkauften. In allen Phasen wurde den Agrarsystemen ein hohes Maß an Anpassungsfähigkeit abverlangt. Dies gilt nicht minder für die gegenwärtig vorherrschende Phase der industrialisierten (modernen) Agrarsysteme. Analog zu den evolutiven Prozessen in der Biologie dienen die Anpassungsprozesse der Agrarsysteme der Existenzsicherung über den Weg der Wertschöpfung aus der Nutzbarmachung bio-logischer Wachstumsprozesse. Ging es über lange Zeiträume vor allem darum, den natürlichen Gegebenheiten genügend Nährstoffe abzutrotzen, um der eigenen Sipp-schaft das Überleben zu ermöglichen, geht es heute darum, große Mengen an Verkaufsprodukten möglichst kostengünstig zu erzeugen und auf den Märkten ausreichende Erlöse zu erzielen, um den Lebensunterhalt der eigenen Familie, laufende Betriebskosten und Investitionen zu decken.

Machen es die gegenwärtigen wirtschaftlichen Rahmenbedingungen den Landwirten schon sehr schwer, sich im Wettbewerb um die Kostenführerschaft zu behaupten, werden sie zunehmend mit weiteren Forderungen aus der Gesellschaft konfrontiert. Viele gesellschaftliche Gruppierungen nehmen wachsenden Anstoß an den unerwünschten Neben- und Schadwirkungen, die mit den landwirtschaftlichen Produktionsprozessen einhergehen. Diese betreffen einerseits innerbetriebliche Bereiche, wie das Wohlergehen der Nutztiere. Parallel geraten mit einem zunehmenden Bewusstsein in der Bevölkerung für die Notwendigkeit von Umwelt- und Klimaschutz auch die klimarelevanten Austräge aus der Landwirtschaft und die externen Effekte in die Kritik. Als **externe Effekte** werden die unkompensierten Auswirkungen ökonomischer Entscheidungen auf Unbeteiligte bezeichnet, also Auswirkungen, für die niemand bezahlt oder einen Ausgleich erhält (Mankiw und Wagner 2004). Sie werden in der Regel nicht in das Entscheidungskalkül der Verursacher einbezogen. Volkswirtschaftlich gesehen begründen sie eine Form von Marktversagen und können – so die Theorie – staatliche Interventionen notwendig werden lassen. Die Kritik an den internen und externen Effekten der Landwirtschaft lässt erkennen, wie sehr sich die Wertschöpfung in der Landwirtschaft von einer Wertschätzung durch die Gesellschaft abgekoppelt hat.

In Erwartung einer steigenden globalen Nachfrage insbesondere nach Produkten tierischer Herkunft wurde in vielen Ländern ein intensiver Ausbau von landwirtschaftlichen Produktionskapazitäten vorangetrieben. Allerdings haben sich die Hoffnungen auf ansteigende Preise und Gewinne nicht erfüllt. Stattdessen haben die Entwicklungen zu einer Überproduktion geführt. Die regionalen, nationalen und globalen Agrarmärkte sind durch große Unsicherheiten und volatilen Preisentwicklungen sowohl hinsichtlich der Verkaufsprodukte als auch der Produktionsmittel geprägt. Unstete Witterungsbedingungen und die Flächenkonkurrenz, u. a. durch Energiepflanzen beeinflussen die Verfügbarkeit und damit die Preise für die Futtermittel, welche in der tierischen Erzeugung den größten Anteil an den Produktionskosten ausmachen. Zudem versetzen endemisch auftretende Tierseuchen die globalen und damit auch die regionalen Märkte in Turbulenzen. Sie schränken den freien Handel ein und verändern in den verbliebenen Handelsräumen die Relationen von Angebot und Nachfrage. Auf der anderen Seite haben sich viele Landwirte im Bemühen, die Produktionskosten durch Spezialisierung auf einzelne Produktionsabschnitte zu senken, in eine Pfadabhängigkeit begeben. Damit verfügen sie kaum noch über Optionen, um sich veränderten Anforderungen anpassen zu können.

Eingezwängt zwischen innerbetrieblichen Anforderungen, volatilen Marktpreisen und gesellschaftlichen Erwartungen sind die Handlungsspielräume der Primärerzeuger stark eingeschränkt. Dies ruft erhebliche Verunsicherungen hervor. Zusätzlicher Stress wird durch die Verstärkung ungleicher Einkommensentwicklungen in Relation zu anderen

Wirtschaftsbranchen und durch das Ausbleiben von Wertschätzung hervorgerufen. Naheliegenderweise macht sich bei vielen Landwirten eine gewisse Orientierungslosigkeit und ein Gefühl der Ohnmacht breit. Ohne **Subventionen** aus Steuermitteln ist ein großer Anteil der landwirtschaftlichen Betriebe in Deutschland nicht existenzfähig; viele Betriebe sind es auch mit diesen nicht. Gleichzeitig werden die Stimmen immer lauter, die eine Verknüpfung der Subventionszahlungen mit Leistungen fordern, die der Gemeinschaft zum Wohle gereichen. Hier werden Bruchlinien innerhalb der Agrarsysteme und Konfliktfelder mit den Gesellschafts- und Wirtschaftssystemen sichtbar, die dringend einer Entlastung bedürfen.

Aus der Perspektive der **Gemeinwohlinteressen** wird es in Zukunft darum gehen müssen, Produktionsweisen zu etablieren, die mit möglichst geringen internen und externen Schadwirkungen einhergehen. Dies verlangt von den Akteuren in der Landwirtschaft nicht weniger als eine Transformation von den verschiedenen Formen industrialisierter Agrarsysteme hin zu Agrarökosystemen. Allerdings darf eine Ökologisierung der Produktionsweise nicht mit einer Umstellung auf die **ökologische Landwirtschaft** gleichgesetzt werden. Gerade die zurückliegenden Entwicklungen in der ökologischen Landwirtschaft zeigen, dass das Konzept erhöhter **Mindestanforderungen** nicht als Blaupause für die Bewältigung der vielfältigen innerbetrieblichen Herausforderungen und für die Integration der von außen herangetragenen Anforderungen taugt. Dagegen dient es als Anschauungsobjekt dafür, wie man es nicht machen sollte, will man den betriebsinternen und den gesamtgesellschaftlichen Herausforderungen mit dem Nachweis ökologischer Leistungen und kontinuierlicher Verbesserungen begegnen. Zudem wird der ökologischen Landwirtschaft zunehmend zum Verhängnis, dass sie den gleichen Marktbedingungen verhaftet ist, welche auch der agrarindustriellen Landwirtschaft ihren Stempel aufgedrückt haben. Damit fehlen den vermeintlich „ökologisch" wirtschaftenden Betrieben nicht nur die erforderlichen Ressourcen zur Erbringung ökologischer Leistungen, sondern auch die Anreize und die klaren Zielvorgaben, welche als eine essenzielle Voraussetzung für eine Umorientierung und eine evidenzbasierte Ökologisierung der Produktionsprozesse anzusehen sind.

Für die Bewältigung der **Agrarkrise** gibt es keine einfachen Lösungen. Während über die Notwendigkeit und Dringlichkeit von Veränderungen kaum ein Dissens bestehen dürfte, lassen sich diese nicht allein durch Änderung der Einstellungen oder des Verhaltens herbeiführen. Es kommt einem Fehlschluss gleich, aus der faktischen und normativen Notwendigkeit von Veränderungen auf deren Möglichkeit und Durchsetzbarkeit zu schließen (Nassehi 2020). Der Umgang mit der Komplexität der landwirtschaftlichen, biologischen und sozialen Systeme erfordert ein wohlüberlegtes Abwägen von Vor- und Nachteilen sowie von Aufwand und Nutzen bei der Umsetzung von Maßnahmen und nicht zuletzt faire Aushandlungsprozesse mit den involvierten Interessensgruppen. Angesichts diverser Zielkonflikte stellen sich Fragen nach der Steuerungsfähigkeit komplexer Systeme. Eine Steuerung kann nur erfolgreich sein, wenn

Klarheit über das Ziel besteht. Regulierungsmaßnahmen dürfen nicht gegen die Logik der einzelnen Funktionssysteme gerichtet sein.

Die moderne Form der Landwirtschaft ist durchdrungen von einem naturwissenschaftlichen Verständnis von **Wirklichkeit** und von den Bemühungen, die Zusammenhänge in Einzelteile zu zerlegen und mittels analytischer Verfahren bis in die letzten Mikrobereiche auszuleuchten. Auf diese Weise sind sie einer Manipulation besser zugänglich. Auch lassen sie sich auf diese Weise besser in standardisierte Verfahrensabläufe integrieren und effizienter für die eigenen Interessen nutzbar machen. Eine postmoderne Form der Landwirtschaft wird andere Zugänge zur Komplexität der Wirkungsgefüge und andere Strategien der **Komplexitätsreduktion** finden müssen, wenn es darum geht, die externen Effekte zu internalisieren und einer Erzeugung von Produkt- und Prozessqualitäten auf den Weg zu bringen. Diese machen sich nicht an einzelnen Merkmalen, sondern an der Gesamtheit der Eigenschaften eines Produktes, Prozesses oder Systems fest. Bei der Qualitätserzeugung kommt es darauf an, die Teilbereiche so zusammenzuführen, dass Synergien entstehen und dadurch das Ganze mehr ist als die Summe der Teile. Dazu bedarf es umfassender Kenntnisse darüber, wie biologische Systeme funktionieren und mit der Außenwelt interagieren. Auch ist die gedankliche Nachvollziehbarkeit der Wirkzusammenhänge eine elementare Voraussetzung für die Lösung von Problemen, die aus diesen erwachsen. Da die Produktionsprozesse in der Landwirtschaft auf die Funktionsfähigkeit lebender Systeme basieren, bedarf es eines Systemverständnisses, das sich an der funktionalen und teleologischen Ausrichtung von lebenden Systemen orientiert.

Lebende Systeme sind durchdrungen vom Bestreben, sich selbst zu erhalten und den Fortbestand der Art durch Reproduktion sicherzustellen. Das Leben trägt seinen Zweck in sich, es ist ein Selbstzweck an sich. Alle Funktionsbereiche von lebenden Systemen sind diesem Ziel untergeordnet. Dazu bedienen sie sich diverser Mittel, vor allem in Form von Nährstoffen, die verstoffwechselt werden und dadurch **Wachstum** und Selbsterhalt ermöglichen. In der Landwirtschaft werden den lebenden Systemen (Mikroben, Pflanzen und Tiere) entsprechende Nährstoffe und Wachstumsbedingungen bereitstellt, um damit landwirtschaftliche Rohwaren zu erzeugen. Ihr Verkauf ist das zentrale Mittel, um die wirtschaftliche Existenz der Agrarsysteme zu befördern. Die Rohwaren werden von der verarbeitenden Industrie so aufbereitet, dass sie als Nährstoffe in Form von Nahrungsmitteln für die Verbraucher und deren Bestreben nach Selbsterhalt geeignet sind. Auf diese Weise sind die von der Landwirtschaft erzeugten Rohwaren **Mittel zum Leben** und damit **Lebensmittel,** sofern sie nicht Schadstoffe enthalten, welche die Lebensprozesse der Konsumenten beeinträchtigen. Im Sinne der Verordnung (EG) Nr. 178/2002 sind Lebensmittel alle Stoffe oder Erzeugnisse, die dazu bestimmt sind oder von denen nach vernünftigem Ermessen erwartet werden kann, dass sie in verarbeitetem, teilweise verarbeitetem oder unverarbeitetem Zustand von Menschen aufgenommen werden. Diese anthropozentrische Perspektive macht keinen grundlegenden Unterschied zwischen Nahrungsmittel und Lebensmittel, weshalb die beiden Begriffe häufig synonym verwendet werden.

Bleibt jedoch das **Bezugssystem** für die Beurteilung von Lebensmitteln nicht auf die Eignung für die Konsumenten beschränkt, sondern wird auf die vor- und nachgelagerten Bereiche ausgeweitet, eröffnet dies – zunächst einmal in groben Zügen – die Möglichkeit, zwischen Nahrungsmitteln und Lebensmitteln zu differenzieren und die Gemeinwohlinteressen einzubeziehen. In diesem Sinne unterscheiden sich Lebensmittel als Mittel zum Leben von Nahrungsmitteln dahingehend, dass beim Prozess ihrer Erzeugung auch den Lebensprozessen vieler anderer Lebewesen im vor- und nachgelagerten Kontext der Erzeugung Rechnung getragen wurde. Anders ausgedrückt: Nahrungsmittel sind nur dann Lebensmittel, wenn bei den Prozessen ihrer Entstehung die Lebensprozesse anderer Lebewesen nicht massiv beeinträchtigt werden. Dazu gehört, dass die Erzeugung nicht im Übermaß zu Lasten von Flora und Fauna in der Umwelt oder zu Lasten der Nutztiere und auch nicht zu Lasten der Primärerzeuger und anderer Menschen geht, d. h. nicht den Gemeinwohlinteressen zuwiderläuft. Nahrungsmittel sind auf den unmittelbaren Kontext der Konsumenten beschränkt, während Lebensmittel, sofern die genannten Bedingungen erfüllt sind, auch den übergeordneten Kontext der Erzeugungsprozesse einschließen.

Nährstoffe existieren nicht isoliert, sondern sind in **Stoffkreisläufe** eingebunden. Die Stoffe in Lebensmitteln waren zuvor in anderen Lebewesen und werden nach dem Durchlauf durch die Konsumenten wieder Bestandteil anderer Lebewesen sein. Sie sind daher Teil eines weitaus größeren Kontextes als ihnen dieser als ein Nahrungsmittel für Menschen zugewiesen wird. Dabei geht es, wie es der Physiknobelpreisträger Erwin Schrödinger in seinem Buch: Was ist Leben? bereits 1944 formulierte, nicht allein um den reinen Stoffaustausch. Stoffliche Mittel zum Leben bestehen aus Mikro- und Makronährstoffen, wobei letztere neben dem stofflichen Inhalt noch mit negativer **Entropie** ausgestattet sind, dem maßgeblichen Treibstoff von Leben. Der lebende Organismus entzieht sich dem Verfall und damit der Zunahme an Entropie nicht nur durch ein Auswechseln von Stofflichem **(Stoffwechsel)**, sondern durch die Aufnahme negativer Entropie. Entropie ist eine fundamentale thermodynamische Zustandsgröße mit der SI-Einheit Joule pro Kelvin (J/K). Ebenso wie die Zufuhr von Wärme oder Materie bewirken alle Prozesse, die innerhalb eines lebenden Systems ablaufen, eine Zunahme der Entropie. Abnehmen kann die Entropie eines Systems nur durch Abgabe von Wärme und/oder Materie. Ein lebendes System, in dem Prozesse ablaufen, muss mit seiner Umgebung gekoppelt werden, die den Zuwachs an Entropie aufnimmt und dadurch auch ihren eigenen Zustand verändert. Durch die Aufnahme von Nährstoffen, die mit negativer Entropie aufgeladen sind, werden die physischen Lebensvorgängen befeuert. Durch die Abgabe von Wärme sowie der unverdauten Reststoffe wird die überschüssige Entropie, die Lebewesen ständig erzeugen, an die Umwelt abgegeben. Dies geschieht gleichermaßen in Mikro- wie im Makrobereichen, und wie uns die Erderwärmung verdeutlicht, auch im globalen Maßstab.

Neben den physikalischen, chemischen und biologischen Prämissen der Lebensprozesse stößt man bei der Suche nach einer Definition von Leben auch auf eine
Definition des Friedensnobelpreisträgers Albert Schweitzer, von dem das folgende Zitat
stammt: *„Ich bin Leben, das leben will, inmitten von Leben, das leben will."* In seiner
Leitidee „Ehrfurcht vor dem Leben" macht Schweitzer mit diesem Satz deutlich, dass
der Mensch nicht das einzige Lebewesen ist, das Leben will. Wir sind Teil einer Gemein-
schaft von Lebewesen und sollten als Teil eines größeren Ganzen auch den anderen
Lebewesen Achtsamkeit entgegenbringen. Dies kann einerseits als ein moralischer
Appell interpretiert werden, der es dem Einzelnen überlässt, ob und inwieweit der Appell
eine gewisse Resonanz hervorruft. Schweitzer selbst wird nachgesagt, dass er „keiner
Fliege etwas zu Leide tun konnte". Konsumenten, die sich der Gruppe der Veganer oder
Vegetarier zurechnen, werden den Appell als Aufforderung zu einem weitgehenden
Verzicht auf Produkte tierischer Herkunft interpretieren. Flexitarier werden daraus
ableiten, dass die Nutztiere, die wir für die Erzeugung von Produkten tierischer Herkunft halten und schließlich töten, auch ein gutes Leben geführt haben sollten. Andere
werden argumentieren, dass die Produkte tierischer Herkunft einen sehr beträchtlichen
Anteil an der Versorgung der Menschen mit essenziellen Nährstoffen haben. Überdies
sind Nutztiere in der Lage, Nährstoffressourcen zu nutzen und in Nahrungsmittel umzu-
wandeln, die für die menschliche Ernährung ungeeignet sind. Auch aus der ökologischen
Perspektive kann der Nutzung von Tieren zur Gewinnung von Lebensmittel eine große
Relevanz im Hinblick auf die Aufrechterhaltung übergeordnete Stoffkreisläufe beigemessen werden. Wieder andere Personengruppen werden hervorheben, dass Nutztiere
empfindungsfähige Lebewesen sind; sie gelten als Mitgeschöpfe und sind somit als Teil
des Gemeinwesens einzustufen. Eine an den übergeordneten Kontexten ausgerichtete
Nutztierhaltung liegt ebenso im Interesse des Gemeinwohles wie das Anliegen, dass die
Nutztiere während ihrer gesamten Lebensphase soweit möglich vor Schmerzen, Leiden
und Schäden bewahrt werden. Kann dies nicht gewährleistet werden, handelt es sich bei
den auf diese Weise erzeugten Produkten tierischer Herkunft nicht um Lebens-, sondern
allenfalls um Nahrungsmittel, denen nur eine verminderte Qualität attestiert und eine
geringe Wertschätzung zugesprochen werden kann.

Wofür sich Verbraucher beim Kauf der auf den Märkten angebotenen Produkte entscheiden, bleibt ihnen weitgehend selbst überlassen. Gesetzliche Mindeststandards
stellen lediglich sicher, dass bei den Produktionsbedingungen extreme negative Auswüchse unterbleiben und erkennbar schadhafte Produkte nicht auf den Märkten feilgeboten werden. Aus der Perspektive des Gemeinwohlinteresses wäre es jedoch
dringend geboten, **Maßstäbe** zu entwickeln, anhand derer die beteiligten Interessensgruppen zwischen Lebens- und solchen Nahrungsmitteln unterscheiden können, bei
denen die Erzeugungsprozesse mit einem Übermaß an Zerstörung und Unterminierung
der Existenzfähigkeit anderer Lebewesen einhergehen. Die Übergänge zwischen lebens-
fördernden und -unterminierenden Nahrungsmitteln sind fließend. Sie erfordern daher
eine Differenzierung anhand aussagefähiger und belastbarer Beurteilungskriterien.
Ungeachtet der methodischen Herausforderungen, auf die im Buch näher eingegangen

wird, sollte man sich darauf verständigen, zunächst diejenigen Erzeugungsprozesse in den Fokus zu nehmen, die mit besonders augenfälligen Schadwirkungen einhergehen.

Die Komplexität im Zusammenhang mit der Erzeugung von Lebensmitteln kann gedanklich nur durchdrungen werden, wenn man sich der Thematik aus unterschiedlichen Perspektiven nähert. Ein Perspektivenwechsel erleichtert den Zugang und macht die umfänglichen Wirkzusammenhänge nachvollziehbarer. Die nachfolgenden Ausführungen nehmen nicht für sich in Anspruch, alle potenziell möglichen Perspektiven in gleicher Weise zu berücksichtigen. Im Kern geht es um die Frage, wie eine Transformation der gegenwärtigen Agrarsysteme hin zur Gestaltung von Agrarökosystemen realisiert werden kann. Adressiert werden insbesondere die Herausforderungen, wie die vorhandenen innerbetrieblichen Ressourcen nutzbar gemacht werden können, ohne im Übermaß negative interne und externe Effekte zu Lasten von Gemeinwohlinteressen hervorzurufen. Dies wird nicht gelingen, ohne auch die wirtschaftlichen Rahmenbedingungen, innerhalb derer die Primärerzeuger wirtschaften, einer grundlegenden Transformation zu unterziehen.

Um auf die skizzierten Herausforderungen eine fundierte Antwort geben zu können, erwartet die Leserinnen und Leser zunächst eine kurze Abhandlung über die historische Entwicklung von den Anfängen von Ackerbau und Viehzucht bis hin zu den heutigen Formen einer industrialisierten Landwirtschaft. Die heutigen landwirtschaftlichen Verhältnisse und die diversen Ausprägungen der Agrarsysteme sind das Ergebnis von Weichenstellungen, die weit in die Vergangenheit zurückreichen. Den evolutiven Prozess nachzuvollziehen, der die Agrarsysteme zu dem gemacht hat, was sie heute ausmacht, hilft beim Ausloten der Optionen, die verbliebenen Agrarsysteme so weiterzuentwickeln, dass sie auch künftig noch existenzfähig sind. Dies wird nur gelingen, wenn die landwirtschaftlichen Produktionsprozesse nicht länger zu Lasten der Gemeinwohlinteressen gehen, sondern sich mit diesen in Einklang befinden. Eine Ausrichtung auf Gemeinwohlinteressen erfordert konzeptionelle Überlegungen und Theorien. Im Vordergrund stehen dabei die Möglichkeiten der Operationalisierbarkeit, um theoretische Überlegungen in praktisches Handeln zu überführen.

Landwirtschaft basiert auf der Nutzbarmachung von bewirtschaftungsfähigen Flächen sowie von Nutztieren. Während die Verfügbarkeit der Flächen kaum ausgeweitet, sondern nur deren Bewirtschaftung intensiviert werden konnte, wurde die Nutztierhaltung sowohl ausgeweitet als auch intensiviert. Um die Ausmaße der Veränderungen nachvollziehen zu können, werden die maßgeblichen Faktoren und treibenden Kräfte der biologischen, technischen und wirtschaftlichen Erfolge in der Nutztierhaltung einer ausführlichen Analyse unterzogen. Während über lange Zeiträume die Erfolge im Vordergrund standen, stehen heute Fragen nach dem Wohlergehen der Nutztiere auf der Agenda. Die Reflexion der bisherigen Strategien zur Verbesserung des Wohlergehens von Nutztieren sind nicht nur bedeutsam für die Korrektur von Fehlentwicklungen. Sie sind auch lehrreich für die Entwicklung umfassender Konzepte, mit denen die negativen externen Effekte der Landwirtschaft auf den Natur-, Umwelt-, Klima- und Verbraucherschutz reduziert werden können.

Der Schutz von Gütern des Gemeinwesens kollidiert in vielfältiger Weise mit den Partikularinteressen diverser Gruppierungen. Um zu verstehen, was beispielsweise die Primärerzeuger dazu bringt, sich vorrangig den Produktionsleistungen zu widmen und die unerwünschten Neben- und Schadwirkungen weitgehend auszublenden, ist es erforderlich, die treibenden Kräfte zu identifizieren. Ferner gilt es, den Handlungsspielraum auszuloten, der den verantwortlichen Akteuren zur Verfügung steht, um die unerwünschten Effekte zu minimieren. Die von der Landwirtschaft ausgehenden negativen Folgewirkungen betreffen sehr unterschiedliche Bereiche. Allerdings werden in der medial beeinflussten öffentlichen Wahrnehmung häufig nur Einzelaspekte wahrgenommen. Die Fokussierung auf Teilaspekte ist jedoch eher geeignet, das wahre Ausmaß der **Schadwirkungen** zu verschleiern, als es für Außenstehende sichtbar werden zu lassen. Nicht zuletzt tragen die Vielfältigkeit der Schadwirkungen sowie die große Variation zwischen den Betrieben zu einer Unübersichtlichkeit bei. Dieser soll durch eine Strukturierung und Einordnung der vielfältigen Schadwirkungen in einem separaten Kapitel begegnet werden.

Für das Zustandekommen der internen und externen Schadwirkungen der Landwirtschaft zu Lasten der Gemeinwohlinteressen sind nicht nur die Primärerzeuger verantwortlich. Die in den vor- und nachgelagerten Bereichen der Landwirtschaft angesiedelten Interessensgruppen nehmen mit ihren jeweiligen Partikularinteressen in erheblichem Maße Einfluss auf die wirtschaftlichen und gesellschaftlichen Rahmenbedingungen. An diesen müssen sich die Primärerzeuger ausrichten, wenn sie wirtschaftlich überdauern wollen. Deshalb wird der Frage nachgegangen, in welchem Maße die von außen an die Betriebe herangetragenen Interessen den Gemeinwohlinteressen zuwiderlaufen und die Primärerzeuger darin behindern, ihre Beiträge zur Förderung des Gemeinwohls auszudehnen.

Eine Reflexion der Gesamtthematik kommt nicht umhin, auch die Rolle der Agrarwissenschaften zu beleuchten. Diese hat insbesondere nach dem Zweiten Weltkrieg einen maßgeblichen Einfluss darauf genommen, in welche Richtung sich die Produktionsprozesse weiterentwickelt haben. Jetzt, wo gravierende Fehlentwicklungen nicht länger ausgeblendet werden können, stellt sich die Frage, inwieweit eine Institution, die maßgeblich die Prozesse befördert hat, welche heute für das Auftreten von Schadwirkungen mitverantwortlich sind, auch geeignet ist, einen Beitrag zur Eindämmung negativer Folgewirkungen zu leisten.

Die Entwicklung der modernen Landwirtschaft ist von agrarökonomischen Maximen und wirtschaftsliberalen Grundsätzen durchdrungen. Der häufig zitierte und auf diverse Wirtschaftsbranchen bezogene Konflikt zwischen Ökonomie und Ökologie ist insbesondere in der Landwirtschaft wirkmächtig. Umso dringlicher stellt sich die Frage, wie es in der Agrarbranche zu einem Abgleich bzw. zu einer Versöhnung zwischen ökonomischen und ökologischen Anliegen kommen kann. Um die Potenziale einer Konfliktbewältigung zu eruieren, werden daher nicht nur die gegenläufigen Zielsetzungen, sondern auch die gemeinsamen Schnittmengen analysiert und Vorschläge herausgearbeitet, wie die Gemeinsamkeiten auf Kosten der Konfliktfelder ausgeweitet werden können.

Aus den Analysen und Reflexionen wird geschlussfolgert, dass eine Beibehaltung der Ausrichtung der Produktionsprozesse auf die Kostenführerschaft nicht geeignet ist, die diversen Partikularinteressen mit den Gemeinwohlinteressen in Abgleich zu bringen. Nicht eine weitere Reduzierung der Produktionskosten, sondern die Erhöhung der Marktpreise ist die Devise, um den Primärerzeugern mehr Ressourcen verfügbar zu machen, die sie zwingend benötigen, um den Gemeinwohlinteressen besser Rechnung tragen zu können. Mehrpreise lassen sich nur rechtfertigen und nachhaltig sichern, wenn den höheren Preisen auch höherwertige qualitative Leistungen gegenüberstehen. An verschiedenen Beispielen, die sich sowohl auf Merkmale der Produktqualität als auch auf die Prozessqualitäten Tierschutz- und Umweltschutzleistungen beziehen, wird ausgelotet, welche Potenziale einer evidenzbasierten Qualitätserzeugung innewohnen. Wie dies operationalisiert werden kann und welche Hindernisse es zu überwinden gilt, wird im abschließenden Kapitel erörtert.

Literatur

Langenthaler E (2010) Landwirtschaft vor und in der Globalisierung. In: Sieder R, Langenthaler E (Hrsg) Globalgeschichte. 1800–2010. Böhlau; Vandenhoeck & Ruprecht GmbH & Co. KG, Wien, Köln, S 135–170
Mankiw NG, Wagner A (2004) Grundzüge der Volkswirtschaftslehre. Schäffer-Poeschel, Stuttgart
Nassehi A (2020) Komplexitätsprobleme; Der Klimawandel aus soziologischer Perspektive. Forschung & Lehre 27(11):908–909
Schrödinger E (1944) Was ist Leben? Die lebende Zelle mit den Augen des Physikers betrachtet. Francke, Bern

Eine kurze Geschichte der Landwirtschaft

2

Zusammenfassung

Die Geschichte der Menschheit ist untrennbar mit der landwirtschaftlichen Nutzbarmachung von natürlichen Ressourcen verbunden. Diese bildet noch heute die Lebensgrundlage der Menschen. Was lokal begann, hat sich zu einem globalen System der Agrarwirtschaft und der globalen Märkte mit landwirtschaftlichen Produkten ausgeweitet. Die Prozesse der Nahrungsbeschaffung haben dabei nicht nur die Ernährungsweisen, sondern auch das soziale Miteinander geprägt. Während bei den fortlaufenden Bemühungen um eine Steigerung der Produktivität große Fortschritte erzielt wurden, wurden diese Fortschritte seit den Anfängen von unerwünschten Nebenwirkungen begleitet. Sich die Entwicklungen im Zeitraffer vor Augen zu führen, hilft beim Verständnis eines Agrarwirtschaftssystems, dessen treibende Kräfte die ausbeuterische Nutzbarmachung natürlicher Ressourcen immer weiter perfektioniert haben. Zugleich führt der historische Rückblick vor Augen, vor welchen Herausforderungen die gegenwärtigen Entscheidungsträger stehen, wenn es darum geht, die Agrarwirtschaft von einem Kurs abzubringen, der die eigenen Lebensgrundlagen zu zerstören droht.

2.1 Zu den Anfängen von Ackerbau und Viehhaltung

Erste Hinweise auf menschliche Aktivitäten, die auf die Anfänge von Ackerbau und Viehhaltung schließen lassen, werden ca. 11.500 Jahre zurückdatiert. Die gegenüber der Nahrungsbeschaffung durch Sammeln und Jagen veränderten Strategien traten unabhängig voneinander in verschiedenen Regionen der Welt in Erscheinung, unter anderem in der Südosttürkei, im Westen des Iran sowie in Mittel- und Südamerika. Die

A. Sundrum, *Gemeinwohlorientierte Erzeugung von Lebensmitteln*,
https://doi.org/10.1007/978-3-662-65155-1_2

13

frühesten landwirtschaftlichen Siedlungen hat man in der Levante gefunden, eine ans östliche Mittelmeer angrenzende Region mit dem heutigen Israel, Palästina, Jordanien, Libanon, Syrien und der südlichen Türkei (Hands 2015). In Relation zum heutigen Zeitempfinden verliefen Entwicklung und Ausbreitung sehr langsam. Mit der veränderten Nahrungsbeschaffung war der Übergang von einer nomadischen Lebensweise hin zu sesshaften Gemeinschaften verbunden. Es wurde eine Entwicklung in Gang gesetzt, die bis zum heutigen Tage als eine raumgreifende und fortlaufend sich steigernde Nutzbarmachung natürlicher Ressourcen interpretiert werden kann. Mittlerweile haben die Menschen mit ihrer Strategie der Nahrungsbeschaffung den Großteil aller landwirtschaftlich nutzbaren Flächen auf dem Globus für diesen Zweck vereinnahmt.

Vorstellungen, wonach die Sammler und Jäger wie im Garten Eden friedfertig und im Einklang mit der Natur lebten, sind wohl eher den Mythen zuzurechnen. Anhand von prähistorischen Funden ist ersichtlich, dass Überfälle und Massaker in vorgeschichtlicher Zeit gehäuft auftraten und mitunter viele Opfer forderten (Hill und Hurtado 1996). Den prähistorischen Befunden nach zu urteilen, starb ca. ein Viertel der erwachsenen Männer durch körperliche Gewalt. Todesfälle durch Gewalteinwirkung schlossen auch Kinder und Greise ein. Kindstötung bei Waisen und die Tötung von Alten und Kranken waren vermutlich weit verbreitet und können als Teil des Überlebenskampfes der Gruppe interpretiert werden. Kurz gesagt: Für Sammler und Jäger war das Leben hart. Phasen mit Nahrung in Hülle und Fülle wechselten mit Phasen, in denen die Menschen überwiegend hungrig waren. Die Menschen waren in ihrer Überlebensfähigkeit unmittelbar abhängig von dem, was ihnen die jeweiligen Lebensbedingungen boten. Immer wieder kam es zu plötzlich eintretenden Naturereignissen oder langsam verlaufenden Veränderungen, ohne dass die Menschen in der Lage waren, diesen Veränderungen eine Ursache zuzuordnen. Folglich blieb ihnen nur die Anpassung an die gegebenen Lebensverhältnisse. Diese gelang nur durch den Zusammenhalt in der Gruppe. Wer nicht fähig war, zur nomadischen Nahrungssuche beizutragen, konnte nicht dauerhaft unterstützt werden.

Bei den Jägern und Sammlern funktionierte das Evolutionsprinzip zur Erhaltung der Art nicht anders als bei anderen Tieren auch. Von den Nachkommen überstand immer nur ein Teil die ersten kritischen Lebensphasen. Alle Nachkommen waren dem natürlichen Selektionsdruck ausgesetzt, der durch begrenzte Verfügbarkeiten an Nahrung und durch die Bedrohungen durch sichtbare oder unsichtbare (z. B. mikrobielle) Feinde hervorgerufen wurde. Verfügbarkeit an Nahrung und Schutz vor Bedrohungen entschieden darüber, wie viele der gezeugten Nachkommen überlebten. Gleichzeitig bestimmte der Bedarf an Nahrung (Nachfrage) das Ausmaß der Anstrengungen, die Versorgung (Angebot) zu verbessern. In Zeiten des Mangels implizierte die wechselseitige Abhängigkeit das Bemühen, möglichst viel Nahrung herbeizuschaffen, sodass möglichst viele überleben konnten. Sich und die Nachkommen am Leben zu erhalten, war damals (und ist noch heute) die größte Triebfeder menschlicher Anstrengungen. Überlebenschancen bot nur die Zugehörigkeit zu einer Gruppe, in der Großgruppe im Allgemeinen besser als in der Kleingruppe.

Belege für den Übergang zur Sesshaftigkeit bilden die Überreste von Knochen, Feldfrüchten, Werkzeuge, Töpferwaren und Gebäude, die aus der neolithischen Phase erhalten geblieben sind. Über die vielfältigen Hintergründe, welche eine veränderte Strategie der Nahrungsbeschaffung befördert haben, kann aus heutiger Sicht nur spekuliert werden. Unter anderem wird die Einschätzung vertreten, dass ein starker Anstieg des **Kohlendioxidgehaltes** der Atmosphäre von 180 ppm auf 280 ppm in wenigen tausend Jahren am Übergang von Pleistozän zu Holozän als Trigger gewirkt hat, weil von diesem ein deutlich positiver Effekt auf die Photosynthese und die Pflanzenproduktivität ausgegangen sein dürfte (Schaefer 2007). Die Domestikation von verschiedenen Tierarten, angefangen bei Schafen und Ziegen und dann ausgeweitet auf Rinder, Schweine, Pferde und Kamele verbesserte die Versorgung mit Proteinen, insbesondere dann, wenn bei den pflanzlichen Produkten die Ernten karg ausfielen (Alvard und Kuznar 2001). Vorausschauendes Planen, Haushalten, Kooperieren und die Fähigkeit zur Lösung von Problemen bekamen mit der Sesshaftwerdung eine immer größere Bedeutung. Durch ein koordiniertes Vorgehen in größeren Gruppen boten sich verbesserte Möglichkeiten der Nahrungsbeschaffung, die mit Vorteilen für das Überleben einhergingen. Anbau, Pflege, und Ernte sowie der Schutz des Erntegutes vor menschlichen und tierischen Feinden erforderten ein koordiniertes Zusammenwirken von Menschen in der Gruppe. Dies galt erst recht für den Bau von dauerfähigen Wohnstätten. Anstatt umherziehenden Tieren nachzustellen, hat es sich irgendwann als nützlicher erwiesen, einige Tiere einzufangen und am Leben zu lassen. Sie konnten dann getötet werden, wenn sie zur eigenen Ernährung benötigt wurden. Damit kam die Fixierung von Wildtieren einer gewissen Vorratshaltung gleich. Die spezifischen Praktiken der Nahrungsbeschaffung und das Verhalten der Menschen untereinander wurden geprägt von den jeweiligen Lebensbedingungen. Je besser die Menschen es verstanden, sich den Gegebenheiten anzupassen, desto mehr stieg die Chance, die Überlebensfähigkeit der Einzelnen und die der Gemeinschaft zu verbessern. Nicht überall versprachen Ackerbau und Viehhaltung einen Überlebensvorteil. An manchen Orten der Welt wurde der Übergang zu Ackerbau und Viehhaltung nie vollzogen. Survival International (2004) schätzt, dass noch heute eine kaum vorstellbare Zahl von ungefähr 150 Mio. Menschen als Sammler und Jäger in kleinen Gruppen in mehr als 60 Ländern der Erde leben. Dies verweist auf die große Variation der Lebensverhältnisse, in denen Menschen zu leben vermögen, und auf die große Anpassungsfähigkeit der menschlichen Spezies.

Naheliegenderweise begannen die Menschen, sich vorrangig an den Orten niederzulassen, die gute Voraussetzungen für das Wachstum von für den Verzehr geeigneten Pflanzen boten. Die Nutzung von Pflanzen und später auch von Tieren wurde über lange Zeiträume verlaufende Veränderungen wildwachsender Pflanzen in Kulturpflanzen und von Wildtieren in Haustiere (Domestikation) verbessert. Die Einflussnahme auf das Wachstum ausgewählter Pflanzen erfolgte nach dem Prinzip von Versuch und Irrtum. Entsprechend setzten sich Handlungsweisen durch, die sich unter den jeweiligen Bedingungen bewährten. Auf diese Weise nahm die Menge an verfügbarer Nahrung zu, von der sich wiederum eine größere Zahl an Menschen ernähren konnte. Wie Harari

(2015) plausibel darlegt, bedeutete dies jedoch keineswegs eine bessere Ernährung. Vielmehr kann davon ausgegangen werden, dass die Ernährung gegenüber dem Leben der Jäger und Sammler wesentlich einseitiger ausfiel. Vor allem aber zog sie diverse Folgewirkungen nach sich, die den Autor zu der Einschätzung verleiteten, dass „nicht die Menschen den Weizen, sondern der Weizen die Menschen domestiziert hat". Der Anbau von Pflanzen bedingte unter anderem die Notwendigkeit, die Pflanzen zu säen, zu pflegen, zu ernten und zu verarbeiten. Zusätzlich mussten Maßnahmen zum Schutz der Pflanzen vor dem Zugriff von Wildtieren und anderer Menschen ergriffen werden.

Zu den Anpassungsstrategien gehörte die Anlage von Vorräten, welche über Zeiten mit spärlichen Verfügbarkeiten an Nahrung hinweghalfen. Wie jede neue Entwicklung war die Vorratshaltung nicht nur mit Vor-, sondern auch mit Nachteilen verbunden. Vorräte verbesserten nicht nur das Nahrungsangebot, sondern weckten auch Begehrlichkeiten. Befestigungen mussten errichtet werden, um sich unter anderem gegen nomadische Hirtengruppen zu schützen, die versuchten, die Speicher auszurauben. Schutz wurde auch notwendig gegen andere Stämme, die aufgrund landwirtschaftlicher Übernutzung, Dürre oder anderen Naturkatastrophen gezwungen waren, ihr Territorium zu verlassen, und die sich genötigt sahen, Besitzstände anderer Gemeinschaften zu erobern, um selbst überleben zu können. Entsprechend wuchsen mit den Siedlungen auch die Befestigungsanlagen. Ungefähr 1000 Jahre nach den ersten Besiedlungen waren die Siedlungen in der Levante zu Menschenansammlungen von mehreren Hundert bis zu 2000 Menschen angewachsen (Hill und Hurtado 1996). Die Siedlungen wurden immer weiter ausgebaut und schließlich von Steinmauern eingefasst. Allerdings konnten auch Steinmauern nicht verhindern, dass es immer wieder zu Eroberungen kam. Auf Eroberung und Zerstörung folgte der Wiederaufbau, in der Regel in Form einer noch größeren Befestigungsanlage.

Die anfängliche Form der Landwirtschaft wird als Naturalwirtschaft bezeichnet. Alle Nahrungsmittel, Gegenstände des täglichen Bedarfs sowie Waffen und Geräte wurden von der Großfamilie oder der Horde hergestellt (Bergmann 1962). Die Naturalwirtschaft war mit vielfältigen sozialen Interaktionen verbunden. Sie schweißte die Menschen zu Schicksalsgemeinschaften zusammen, ohne die ein Überleben nicht gelingen konnte. Waren die Menschen als Jäger und Sammler darauf angewiesen, in kleinen Gruppen große Distanzen zurückzulegen, hockten sie bei der mit der Landbewirtschaftung einhergehenden Ortsansässigkeit an einem Ort zusammen. Die Notwendigkeit, gemeinsam die Nahrungsgrundlagen zu sichern und Bedrohungen durch Feinde abzuwehren, brachte neue Lebensformen hervor. Gleichzeitig schufen sie neue Möglichkeiten, etwas auszuprobieren und die Ideen mittels Zeichen und Sprache weiterzugeben. So erfanden die Menschen Techniken, mit denen sie die Ackerböden leichter bearbeiten, erweitern oder die Bestellung, Ernte und Lagerung verbessern konnten. Mit der Entwicklung von Techniken, ging ein wachsendes Bewusstsein einher, wie durch eigenes Handeln das Umfeld zum eigenen Vorteil beeinflusst werden konnte. Die eigenen Erfahrungen wurden über kommunikative Formen tradiert und an die nächste Generation weitergegeben. Entsprechend konnten die Nachkommen nicht nur in materieller, sondern auch in geistiger Hinsicht auf das aufbauen, was Generationen zuvor entwickelt und was sich bewährt hatte. Als treibende Kraft mag aber vor allem die Sorge gewirkt haben, dass für einen selbst bzw. für die Sippe, die Versorgung mit Nahrungsmitteln bei unvorhergesehener Verknappung nicht ausreichen könnte, um alle durchzubringen. Die Ausweitung gemeinschaftlicher Tätigkeiten erforderte eine Koordination zwischen den Menschen einer Gruppe und eine gewisse Planung. Zurückliegende Erfahrungen mischten sich mit Projektionen in die Zukunft und induzierten Maßnahmen zwecks Vorsorge, die weit über das hinausreichten, was für Sammler und Jäger an Vorausschau erforderlich bzw. möglich gewesen wäre. Mit der sukzessiven Ausweitung der Nahrungsbeschaffung konnten mehr Menschen ernährt werden. Mehr Nahrung bedeutete auch mehr Geburten und mehr Kinder, welche die besonders kritischen ersten Lebensjahre überlebten. Durch eigene Anstrengungen bei der Nahrungsgewinnung konnte folglich die Überlebensfähigkeit der Mitglieder der eigenen Sippe verbessert werden. Die Nahrungsbeschaffung war eine Gemeinschaftsaufgabe, in die mehr oder weniger alle Mitglieder der Sippe eingebunden waren. Zuwiderhandlungen Einzelner gegen die übergeordneten Interessen der Sippe wurden bestraft. Die Höchststrafe, die einzelnen Mitgliedern widerfahren konnte, war der Ausschluss aus der Gemeinschaft, was den sicheren Tod bedeutete.

Aus den miteinander verflochtenen Zusammenhängen und aus der Sorge des Einzelnen um den Erhalt des eigenen Lebens und das der Mitglieder der eigenen Sippschaft wird ein genereller Trend zur Steigerung der Bemühungen um Nahrungssicherung nachvollziehbar. Bei der Lebensform der Jäger und Sammler mussten sich die Menschen mit dem arrangieren, was ihnen die Natur an Nahrungsquellen bot. Bei der Landbewirtschaftung konnten sie selbst auf die Verfügbarkeiten Einfluss nehmen; auch wenn sie nicht vor unvorhergesehenen Rückschlägen gefeit waren. Mit den Eingriffen der Menschen in die Wachstums- und Lebensprozesse von Pflanzen und Tieren und den dabei gemachten Erfahrungen weitete sich nach und nach der Grad der eigenen Wirkmächtigkeit aus. Gleichwohl war diese im Vergleich zu heute sehr begrenzt und wurde immer wieder von Ereignissen, die als Eingriffe übermenschlicher Mächte interpretiert wurden, infrage gestellt. Indem Menschen diesen unbekannten Mächten Namen gaben, sie als Götter personifizierten und mit ihnen in Verbindung zu treten versuchten, versuchten sie, das Gefühl der Ohnmacht und des Ausgeliefertseins einzudämmen.

Es dauerte, bis die Strategien effizienter und die Erträge, die man den Böden abgewinnen konnte, größer wurden und einer anwachsenden Zahl von Mitgliedern der eigenen Sippschaft Nahrung zum Überleben bot. Die Nahrungsgewinnung war mühsam und gleichzeitig immer der Gefahr ausgesetzt, nicht zur Versorgung der Bedürftigen auszureichen oder gar verlustig zu gehen. Über die Zeitläufe wechselten sich Verbesserungen infolge gestiegener Erntemengen, die den Menschen das Leben erleichterten, mit Veränderungen ab, welche die Überlebensfähigkeit der Menschen bedrohten. Für Veränderungen sorgten nicht nur die Naturgewalten in Form von Regen, Sturm, Dürre, Hitze und Kälte, sondern auch die lebende Mitwelt in Form von feindlich gesinnten Menschen, Wildtieren oder parasitär wirkenden Mikroben. Ein Teil der

Veränderungen dürfte auch durch Fehlplanungen und -entscheidungen der Menschen selbst verursacht worden sein. Mit einer wachsenden Zahl an Menschen stiegen die Bedarfsmengen an Nahrung und verursachten Verknappungen und damit Bedrohungsszenarien. In Situationen begrenzter Verfügbarkeiten wuchsen Konkurrenzverhalten und Konflikte zwischen den Menschen. Menschen machten andere Menschen zu Opfern.

„Der Kampf ums tägliche Brot" war keine Metapher, sondern Lebenswirklichkeit. Er war verknüpft mit einem Kampf um die Herrschaft, d. h. um die Verfügungsgewalt über die landwirtschaftlichen und sonstigen Ressourcen. Kämpfe wurden sowohl innerhalb als auch zwischen Siedlungen ausgetragen. Früh prägten sich soziale Hierarchien aus, mit denen das Konkurrenzgebaren eingedämmt wurde. Einzelne Menschen brachten sich in führende Positionen, um die Geschicke der Gemeinschaften zu lenken. Diejenigen, die über andere herrschten, entwickelten eigene Dynamiken im Bemühen, die jeweilige Position zu behaupten und nach Möglichkeit noch weiter zu festigen bzw. auszubauen. Mehr und mehr machten sich Herrscher und Eliten breit, die Ordnungsstrukturen schufen, welche ihnen den Zugriff auf die Vorräte verschafften. Für die „Beherrschten" konnte dies einerseits Vorteile wie Schutz und andererseits die Verpflichtung zu Abgaben zur Folge haben. Hierarchische Strukturen führten zu Zentralisierungen und förderten nicht nur Formen der Kooperationen, sondern erzwangen sie auch. Es entwickelten sich Eliten von Herrschern, Priestern, Soldaten und Händlern, die an den Überschüssen teilhatten, welche die Bauern – zum Teil mit der Unterstützung durch von Sklaven – erwirtschafteten. Dank der produzierten Überschüsse konnten sich immer mehr Menschen in Siedlungen und Städten einrichten und mit Aktivitäten jenseits der Nahrungsmittelerzeugung beschäftigen. Gleichzeitig stellten die Eliten sicher, dass sie bei der Verteilung der verfügbaren Nahrungsmittel nicht zu kurz kamen, indem sie Voraussetzungen schufen, um eine prioritäre Berücksichtigung der eigenen Ansprüche notfalls auch gegen Widerstände durchzusetzen. Hierarchische Strukturen ordneten die Machtverhältnisse und die Deutungshoheiten über die vielfältigen Phänomene, für welche die Menschen der damaligen Zeit keine Erklärungen hatten. Angesichts einer fortwährenden Konfrontation mit unvorhersehbaren und als übernatürlich eingestuften Phänomenen entstanden verschiedene Formen des Aberglaubens, die aus einer Verbindung von Vorstellungskraft, fehlendem Verständnis von Naturphänomenen und der Furcht vor dem Unbekannten hervorging. Aus dem Aberglauben entwickelten sich organisierte Religionen, welche die zunehmende Größe, Komplexität, Struktur und Spezialisierung menschlicher Gesellschaften reflektierten. Die Herrscher und Priester lieferten dem Volk erklärende Weltbilder und damit Orientierung anhand einer einfachen, vertikalen Hierarchie.

Um die Konflikte innerhalb von Gruppen einzuhegen, bedurfte es darüber hinaus Verhaltensregeln. Der früheste Gesetzestext, von dem wir Kenntnis haben, ist der Codex Hammurabi aus dem Jahr 1776 vor unserer Zeitrechnung. Er regelte das Zusammenleben von Hunderttausenden Menschen im Babylonischen Reich, welches eines der größten Imperien seiner Zeit war. Bei diesem Codex handelt es sich um einen Katalog von richterlichen Entscheidungen, „um das Recht im Lande zur Geltung zu bringen, den Schlechten und Bösen zu vernichten, damit der Starke dem Schwachen nicht schade" (Harari 2015). Im Codex Hammurabi werden etwa 300 Beispiele aufgeführt, die immer demselben Grundschema folgten: Wenn jemand dies und jenes tut, erfolgt dieses und jenes Urteil. Mit diesen Bedingungssätzen wurde nicht nur den Mitgliedern der Gemeinschaft aufgezeigt, welche Folgen unerwünschtes Handeln nach sich zieht, sondern auch der Willkür der Mächtigen Grenzen gesetzt. Der Codex stellte der Bestrafung eine Überprüfung voran, bei der zunächst beurteilt werden musste, ob die Bedingungen für eine Bestrafung auch gegeben waren.

Ableitungen

Der Übergang von Sammlern und Jägern zu sesshaften Ackerbauern und Viehhaltern ist ein Prozess, der über sehr lange Zeiträume stattfand. Menschen, die sich an die Umwelt anpassen mussten, um zu überleben, wurden zu Menschen, die begannen, die Umwelt ihren Bedürfnissen anzupassen. Treiber dieser Entwicklung war der Kampf ums Überleben. Diesen nahmen die Menschen notwendigerweise als Gruppe bzw. Gemeinschaft auf. Entsprechend können die Anfänge und die Weiterentwicklung der Landbewirtschaftung nicht ohne die wechselseitige Bedingtheit mit der Entwicklung von Gemeinschaften verstanden werden. Die Evolution von Gemeinschaften lebender Organismen ist durch ein Wechselspiel von **Konkurrenz** und **Kooperation** geprägt (Nowak und Highfield 2013). Zu Beginn des Übergangs dürfte die Kooperation innerhalb der landwirtschaftlichen Gemeinschaften deutlich überwogen haben. Mit zunehmender Ausdifferenzierung der Tätigkeiten und einer Hierarchisierung von Gruppen innerhalb von Gemeinschaften nahm das konkurrierende Verhalten zu und erforderte Maßnahmen, um dem Auseinanderfallen von Gemeinschaften entgegenzuwirken. Hinzu gesellte sich von Beginn an eine Eigendynamik des Anwachsens von Gemeinschaften, welche weitere Maßnahmen nach sich zog, um den anwachsenden Bedürfnissen nach Nahrung Rechnung zu tragen. Die Wachstumsdynamik wurde begleitet von der Unkenntnis über die Folgen des Wachstums und von der Unfähigkeit, unerwünschte Folgewirkungen wirksam einzudämmen.

Das Muster der soziokulturellen Entwicklung der menschlichen Gattung war von Anbeginn bestimmt durch eine wachsende Verfügungsgewalt über die äußeren Bedingungen der Existenz zum Zweck des Selbsterhalts und der Existenzsicherung der Nachkommen. Habermas formuliert es auf seine Weise:

„Zweckrationales Handeln repräsentiert die Form aktiver Anpassung, welche die kollektive Selbsterhaltung vergesellschafteter Subjekte von der Arterhaltung tierischer Spezies unterscheidet. Menschen haben gelernt, wie man relevante Lebensbedingungen unter Kontrolle bringen und die Umgebungen kulturell an die menschlichen Bedürfnisse anpassen kann, statt – wie die Tiere – sich nur der externen Natur anzupassen" (Habermas 1969, 94 f.).

2.2   Subsistenzwirtschaft

Aus den Anfängen von Ackerbau und Viehhaltung entwickelte sich nach und nach eine Arbeits- und Lebensweise, bei der gewerbliche Produktion und private Reproduktion (Partnerwahl, Fortpflanzung, Erziehung) in einem Haus von der gesamten Sippe getragen wurden. In vielen Regionen gehörten hierzu auch Sklaven und Unfreie. Die Funktionsfähigkeit der Gemeinschaft entschied darüber, ob für jeden Einzelnen hinreichende Mengen an Nahrungsmitteln verfügbar waren, um zu überleben. Genauso wichtig für das Überleben war der Schutz, den die Gemeinschaft für viele – wenngleich nicht für alle – lebensbedrohliche Gefahren bot. In Abhängigkeit von den jeweiligen Befähigungen trug der Einzelne in unterschiedlicher Weise zur Funktionsfähigkeit der Gemeinschaft bei. Dies führte zu einer stärkeren Aufteilung der Aufgaben und machte eine Organisationsstruktur erforderlich, durch welche die verschiedenen Erfordernisse koordiniert wurden. Dabei kam es zwangsläufig auch zum Vergleich zwischen der eigenen Situation und der Situation der Gemeinschaft in Relation zu anderen Gemeinschaften. Andere Menschen und andere Gemeinschaften verfügten über Dinge, die man selbst benötigte oder besitzen wollte. Mit dem Anwachsen der Bedürfnisse stiegen einerseits die Begehrlichkeiten; andererseits fand auch ein verstärkter Austausch zwischen verschiedenen Gemeinschaften statt. Dabei wurden nicht nur Nahrungsmittel und andere Materialien, sondern auch Ideen ausgetauscht. Den Hauptanteil der Lebensmittelversorgung deckten selbst angebaute oder über ein Netz von Tauschbeziehungen erworbene Waren (Illich und Lindquist 1983, 22 f.). Das Ziel der Bewirtschaftung bestand vorrangig in der Selbstversorgung zur Sicherstellung des Lebensunterhaltes einer Familie oder einer Gemeinschaft. Der Fachbegriff lautet Subsistenzwirtschaft. Mit Ausnahme von Waffen, Geräten und Schmuck aus Metall und Edelsteinen wurden nahezu alle Gegenstände des täglichen Bedarfs innerhalb der wirtschaftlichen und soziologischen Grundeinheit des Hofes oder Dorfes erzeugt. Dies schloss keineswegs aus, dass eine Reihe von speziellen Gütern arbeitsteilig hergestellt und auf lokalen Märkten angeboten bzw. erworben wurden. Allerdings war der Anteil an zugekauften Lebensmitteln eher ein Maßstab für schlechte Zeiten. Je weniger eine Gemeinschaft Güter von außerhalb beziehen musste, desto erfolgreicher bewertete man die eigenen Leistungen.

Mit den gemeinschaftlichen Formen der Landbewirtschaftung und Nahrungsmittelerzeugung konnten immer mehr Menschen ernährt werden. Dies war gleichzeitig die Grundlage für die ersten Prozesse der Zivilisierung und der Beginn einer zunehmenden Veränderung der Umwelt durch den Menschen. Von den Zentren ihrer Entstehung breiteten sich Ackerbau und Viehzucht über die Welt aus. Dabei wurden die Jäger und Sammler von zahlenmäßig überlegenen Ackerbauern verdrängt. Wälder wurden abgeholzt, um auf den gerodeten Flächen Landwirtschaft betreiben zu können. Die Lebensformen und die Größe der Gemeinschaften waren im Wesentlichen von den natürlichen Standortbedingungen geprägt. Klima und Bodenbeschaffenheit bestimmten maßgeblich die Ertragslage und das, was an Überschüssen erzeugt werden konnte. Die

Überschüsse ermöglichten eine ausgedehntere Vorratshaltung und den Austausch von Naturalien gegen andere Leistungen. Es entwickelten sich weitere Fertigkeiten des Handwerkes und der Verarbeitung von Nahrungsmitteln, welche durch ihre Tätigkeiten einen Beitrag zur besseren Versorgung von Gemeinschaften leisten konnten. Die Ausweitungen der Nahrungserzeugung führten nicht nur dazu, dass die Siedlungen immer größer wurden. Um die Überschüsse zu verwalten, bedurfte es der Zählung und der Verschriftlichung sowie der Buchhaltung. Das, was wir heute als kulturelle Leistungen des Menschen verstehen, nahm seinen Ausgang in den agrarkulturellen Leistungen, welche den Menschen die Freiheitsgrade schufen, die sie für Tätigkeiten außerhalb der unmittelbaren Existenzsicherung nutzen konnten.

Die Auswahl an Pflanzen und Haustieren, welche sich besonders für die eigene Nutzbarmachung eigneten, verbesserte die Ertragslage und erweiterte gleichzeitig die genetische Variation. Der Austausch zwischen den Siedlungen tat sein Übriges, dass sich durch eine gezielte Auswahl der bestangepassten Pflanzen und Tiere die Wachstumskapazitäten von Pflanzen und Haustieren sukzessive erhöhten. So wurden im Mittelalter eine Reihe neuer Nutzpflanzen in die Bewirtschaftung eingeführt, welche mit den erweiterten Bedürfnissen einer anwachsenden Bevölkerung korrespondierten. Zum Beispiel kam im 13. Jahrhundert der Hopfenzusatz zum Bier auf. Entsprechend entwickelte sich in vielen Regionen ein Hopfenanbau. Dies geschah auch dann, wenn die klimatischen Bedingungen dafür ungünstig waren. Neben dem Adel entwickelte sich mit den Ständen ein Bürgertum, das hinsichtlich der Nahrungsmittel zunehmend anspruchsvoller wurde. Der kirchliche Kultus der Eucharistiefeier führte in vielen Regionen auch zum Weinanbau, wenn auch sicherlich mit unterschiedlichem Erfolg. Hinzu gesellte sich die Fischzucht, welche insbesondere in der kirchlich vorgeschriebenen Fastenzeit eine willkommene Abwechslung bot und auch sonst eine wichtige Eiweißquelle darstellte. In vielen Regionen brauchte man viel Zeit, um am Markttag mit Pferd und Wagen in die nächste Kleinstadt zu kommen und dort seine Produkte an die wenigen Städter zu verkaufen. Angesichts der schlechten Transportmöglichkeiten gab es nur einen geringen Austausch von Nahrungsgütern zwischen den Siedlungen. Diverse Kulturpflanzen wurden auch dann an Ort und Stelle angebaut, wenn die Standortbedingungen dafür eher ungünstig waren.

Erst im Mittelalter entwickelte sich ein eigenständiges Handwerk, das sich sowohl auf die Herstellung von Kleidung und Schuhwaren als auch auf die Herstellung von Geräten und Werkzeugen spezialisierte. Gerber, Schuster, Schneider, Tuchmacher fertigten Gegenstände des persönlichen Bedarfs. Schmiede, Stellmacher, Tischler sowie das gesamte Bauhandwerk widmeten sich der Herstellung von Hausrat, Geräten, Werkzeugen und Gebäuden. Ihre Tätigkeit war jedoch, abgesehen von Schmieden und Stellmachern, im Wesentlichen auf die Städte selbst beschränkt, während die Landbevölkerung nach wie vor bestrebt war, den größten Teil des täglichen Bedarfs selbst herzustellen. Sie konnten Gerätschaften, Kleidung und Dienste nur in dem Umfang zukaufen, wie sie selbst landwirtschaftliche Produkte in den Städten verkauften. Da die Straßen zu dieser Zeit durchweg schlecht und demzufolge die Transportkosten verhältnismäßig hoch waren, kam die Landwirtschaft nur im Stadt- und Umlandbereich in den Genuss der Vorteile einer gewissen Arbeitsteilung. In den entlegeneren Regionen musste selbst auf dem kleinsten Hof neben Getreide und Gemüse auch Flachs angebaut werden, damit Spinnrad und Webstuhl während des Winters nicht zum Stillstand kamen und die Familien mit allen notwendigen Dingen versorgt werden konnten. Darüber hinaus wurden in der Regel verschiedene Tierarten gehalten. Neben Rindvieh bzw. Ziegen und Schweinen waren auch Schafe und wenigstens zwei verschiedene Geflügel- arten vorhanden.

Für die Zeit gegen Ende des Mittelalters wird in verschiedenen Überlieferungen eine zunehmend vielseitige Gestaltung sowohl der pflanzlichen wie der tierischen Erzeugung beschrieben. Auf sehr vielen bäuerlichen Anwesen wurden gleichzeitig die unterschied- lichsten Getreide und andere Kulturpflanzen angebaut und diverse Tierarten gehalten. Aus überlieferten Zahlen geht hervor, dass sich über die Jahrhunderte die Viehzahlen kaum erhöhten (Backhaus 1894). Dies lässt vermuten, dass das Vieh häufig nur spärlich gefüttert wurde. Dies legt auch die Bezeichnung Schwanzvieh nahe, wie das Rindvieh im 18. Jahrhundert auch bezeichnet wurde. Ein Zitat von Schwerz, zit. nach Meckmann (1926) erklärt die Bedeutung:

> „Von Unflat wie mit einem Panzer überzogen und mit spitz hervorragenden Rippen und Knochen schleichen die unglücklichen Opfer des menschlichen Unsinns mit zusammen- gekrümmten Leibe heran und bleiben nicht selten im Kot stecken, aus dem man ihnen dann heraushelfen muss. Der Bauer, an einen solchen Anblick gewöhnt, freut sich seinerseits herzlich, die lästigen Gäste endlich loszuwerden."

Die rauen Verhältnisse, welche die zitierte Quelle beschreibt, dürfte Vorstellungen über ein idyllisches Miteinander von Mensch und Tier zur damaligen Zeit die Grund- lage entziehen, wenngleich sich die Verhältnisse je nach Vegetationsbedingungen sowohl regional als auch lokal unterschieden haben dürften. Allerdings wurden Rind- vieh und Schafe bis zu Beginn des 19. Jahrhunderts im Winter mit kaum etwas anderem gefüttert als mit Stroh und ggf. Heu. Im Sommer wurden Weide- und Brachland genutzt. Schweine wurden fast ausschließlich mit Abfällen am Leben gehalten. Die Gründe für die Rinderhaltung bestanden vorrangig in der Lieferung von Dung für die Felder und Gärten („Mistvieh"), in der Ausführung von Acker- und Transportarbeiten, in der Eigen- versorgung der Haushalte mit tierischen Produkten und vereinzelt in der Belieferung von Märkten mit Milch, Fleisch, Talg, Häuten und Knochen (Zorn und Sommer 1970). Die Tiere mussten sich mit dem begnügen, was ihnen die Bauern an Futtermitteln, die nicht für den menschlichen Verzehr geeignet waren, übrigließen. Milch- und Fleischleistungen waren entsprechend gering. Mit Einführung der verbesserten Dreifelderwirtschaft (Albrecht von Thaer, 1752–1828) konnte in vielen Regionen die Futtergrundlage durch die Bebauung des Brachfeldes verbessert werden. Zum Leitbild der Fruchtwechselwirt- schaft wurde in vielen Regionen die „Norfolker Vierfelderwirtschaft", in der sich stick- stoffzehrender Sommer- und Wintergetreideanbau mit stickstoffanreicherndem Klee- und bodenauflockerndem Futterrübenanbau abwechselte (Mazoyer und Roudart 2006). Mit dem Mehrertrag an Feldfutter konnte die Versorgung der Tiere während der Stallhaltung verbessert werden. Gleichzeitig wurde mehr stickstoffreicher Dung gewonnen, der in die Nährstoffversorgung der Äcker einfloss. Mit dem Mehraufwand beim Ausbau der Futtergrundlage, der Auswahl der Nachzuchttiere sowie der Haltungsbedingungen ging eine Ausweitung der Fleisch- und Milchgewinnung einher.

Die Vielgestaltigkeit der landwirtschaftlichen Tätigkeiten legte nahe, dass in Abhängigkeit von der Größe der bäuerlichen Familien unterschiedlich viele Personen vorhanden waren, die über den Jahresverlauf mit den diversen Aufgaben betraut werden konnten bzw. mussten, damit alle Mitglieder der verschiedenen Gemeinschaften ihren Teil zum Lebenserhalt beitrugen. Die Nahrungssicherung war folglich nicht nur von den Standortbedingungen, sondern auch von der Verfügbarkeit an Arbeitskräften abhängig. Gespeist aus den Überlieferungen der Vorfahren und aus eigenen Erfahrungen wurden aus der verfügbaren Vielfalt an Kulturpflanzen diejenigen ausgewählt, welche am besten an die jeweiligen Klima- oder Bodenverhältnisse, an die eigenen Bedürfnisse oder an die betrieblichen Arbeitsabläufe angepasst waren. Im Garten oder auf dem Feld wurden die verschiedensten Kulturpflanzen in unterschiedlichen Kombinationen angebaut. Der Ideenaustausch über Landesgrenzen hinweg brachte das bereits in England etablierte Konzept des Fruchtwechsels nach Deutschland. Die spezifische Abfolge des Anbaus von Kulturpflanzen (Fruchtfolge) förderte Wechselwirkungen zutage, welche zu weiteren Verbesserungen Anlass gaben. Auch die Viehhaltung war auf vielen Betrieben durch die Anwesenheit verschiedener Haustierarten charakterisiert. Diese Vielseitigkeit gewährte ein gewisses Maß an Versorgungssicherheit. Daneben boten die verschiedenen Produktionsrichtungen auch mehr Abwechslung auf dem Speiseplan und eine bessere Verteilung der erforderlichen Arbeiten im Tages- und Jahresverlauf sowie eine verbesserte Nutzung vorhandener Futtermittel.

Andererseits hatten Dreifelderwirtschaft, Flurzwang und Allmende grundlegende Einschränkungen zur Folge, die einer effektiven Landwirtschaft im Wege standen. Die Dreifelderwirtschaft bedeutete, dass nach zwei Jahren, in denen vor allem Getreide angebaut wurde, die Fläche im dritten Jahr brach blieb. Auf der Brache durfte das Vieh grasen, welches dann auf den Flächen auch den wertvollen Dung hinterließ. Der Flurzwang hatte zur Folge, dass die Bauern eines Dorfes alle gleichzeitig dieselben Früchte anbauen und ernten sowie reihum die Äcker als Brachen unbewirtschaftet lassen mussten. Die fehlenden Wege und Überfahrrechte zu den über den Fluren verteilten Äckern legten eine solche Uniformität nahe, damit keiner dem anderen etwas voraus hatte. Die **Allmende** gab allen das Recht, die Tiere (Rinder, Schweine, Schafe oder Gänse) jederzeit auf den Gemeindewiesen und Brachen zu weiden. Mit wachsender Armut wich das wohlwollende Prinzip der Allmende einer immer größeren Regellosigkeit. Im Jahr 1801 zählte die Zeitschrift *Neues hannoversches Magazin* in einem Beitrag „Von dem geringen Nutzen gemeinsamer Hut und Weiden" sieben Punkte auf, die darlegten, wie sehr diese Praxis die Gemeinschaft selbst schädigte:

„Überall würden Maulwürfe das Gras verschütten, Pfützen und Kuhlen würden nicht entwässert, so dass nur schlechtes oder gar kein Gras wüchse, allerlei Disteln, Binsen und Schilf fände sich ein, die sich durch ihre Samen immer weiter verbreiterten und vom weidenden Vieh immer stehen gelassen würden, während ‚die guten, nahrhaften Kräuter' schon vor dem Aussamen gierig abgenagt würden und sich deshalb nicht fortpflanzen könnten. Beklagt wurde auch, dass die Schweine des Dorfes den Anger unkontrolliert umwühlten, Gänse das Gras mit den Wurzeln ausrissen und ihren ätzenden Mist überall fallen ließen und Schafe das Ganze zusätzlich verdürben durch ihren Gestank und ihren Biss bis zur Wurzel. Überdies sei den Rindern und Pferden ‚deren Miste eckelhaft und zuwider', und sie könnten dort nicht mehr geweidet werden (zitiert nach Ruge 2020)."

Ableitungen
Die betrieblichen Formen der Landbewirtschaftung und Viehhaltung entwickelten sich in Wechselwirkungen mit den sehr unterschiedlichen Standort- und Besitzverhältnissen. Die Menschen waren einerseits den sehr unterschiedlichen örtlichen Gegebenheiten und den wechselhaften Veränderungen der Lebensbedingungen ausgesetzt. Andererseits kamen Strategien zum Einsatz, um mit den Veränderungen besser umgehen zu können. Dabei gehörten Arbeitsteilungen innerhalb und zwischen den Gemeinschaften schon früh zu den relevanten Rationalisierungsprinzipien. Die innerbetriebliche Arbeitsteilung war auf die Ausschöpfung der vorhandenen Ressourcen an bewirtschaftungsfähigen Flächen, anbaufähigen Ackerfrüchten, erschließbaren Futtergrundlagen und nutzbaren Haltungsbedingungen für den Viehbestand und nicht zuletzt an die im Jahresverlauf verfügbaren Arbeitskapazitäten ausgerichtet. Das übergeordnete Ziel der Bewirtschaftung bestand in der Sicherung der Selbstversorgung sowie in der Erzeugung von Überschüssen, um in guten Erntejahren Reserven für schlechtere Jahre anzulegen bzw. die Erzeugnisse gegen andere Güter einzutauschen. Die überbetriebliche Arbeitsteilung beschränkte sich auf solche Gegenstände, deren Herstellung besonderer Voraussetzungen in Form von spezifischen Materialien und Fähigkeiten bedurften. Außerdem mussten die Dinge wertvoll und leicht zu transportieren sein. Die Arbeitsteilung verharrte auf einem niedrigen Niveau, solange es nur wenige Marktplätze und wenig Möglichkeiten des Austausches gab.

2.3 Von der Subsistenz- zur Marktwirtschaft

Mit zunehmender Vergrößerung der Siedlungen und Städte und dem Beginn der Industrialisierung wuchs das Bedürfnis, die Entwicklungen auch gedanklich zu fassen und in ein übergeordnetes Schema, d. h. eine **Theorie,** einzuordnen. Einer der einflussreichsten Denker, welcher die vielen unterschiedlichen Ausprägungen der Wirtschaft in einen Gesamtzusammenhang zu bringen versuchte, war Adam Smith. Er wurde in Schottland geboren und gilt als Begründer der klassischen Nationalökonomie. In seinem berühmten, im Jahr 1776 erschienenen Werk „The Wealth of Nations" befasste er sich auch mit der zunehmenden Arbeitsteilung zwischen Bevölkerungsgruppen als eine der maßgeblichen Voraussetzungen für eine wachsende Produktivität und daraus resultierenden Wohlstand. Heute versteht man in der Volkswirtschaftslehre unter Arbeitsteilung jede Form der Aufteilung der gesellschaftlichen Produktion von Gütern in unterschiedliche Teilprozesse, die dann von verschiedenen Wirtschaftseinheiten (Produzenten, Produktionsstätten, Regionen) ausgeführt werden. Jede Form der Arbeitsteilung setzt gleichzeitig eine entsprechende Form der Zusammenführung in Form einer organisierten Koordination der verschiedenen Teilprozesse voraus. Neben einer Erhöhung der **Effektivität** werden gleichzeitig wechselseitige Abhängigkeiten befördert, die ein weiteres Charakteristikum der Arbeitsteilung sind.

Nach Smith sind vor allem drei Gründe für eine mit der Arbeitsteilung einhergehende Steigerung der Produktivität der Arbeit verantwortlich: die Spezialisierung und somit Förderung der größeren Geschicklichkeit jedes einzelnen Arbeiters, die gewonnene Zeitersparnis und nicht zuletzt technische Fortschritte, welche sich im Zuge der Spezialisierung schneller einstellen. Die Spezialisierung bewirke, dass sich Akteure auf den Teil des gesamten Produktionsprozesses konzentrieren, bei denen sie komparative Vorteile haben. Dies gelte für einzelne Menschen, aber auch für Unternehmen und in gleicher Weise für eine nationale wie für eine internationale Arbeitsteilung. Jeder Akteur könne den Zeit- und Arbeitsaufwand, den er für andere Teiltätigkeiten aufwendet, nun allein für diejenigen Teiltätigkeiten einsetzen, in denen er besonders produktiv ist. Allerdings wies Smith auch auf einige Gefahren der Arbeitsteilung hin. Permanent sich wiederholende Tätigkeiten trügen nicht gerade zu einer beruflichen Befriedigung und zu mentalen Herausforderungen der Menschen bei, wie dies eher durch eine umfassende Tätigkeit in Gesamtzusammenhängen der Fall sei.

Aufgaben- und Arbeitsteilung war schon bei den Jägern und Sammlern und des Weiteren bei der Bewirtschaftung von Land sowie in der Viehhaltung ein maßgeblicher Faktor für eine erfolgreiche Nahrungssicherung. Zwischen den aufkommenden industriellen Produktions- und den landwirtschaftlichen Erzeugungsprozessen sah Adam Smith allerdings gewisse Unterschiede, die uns im Weiteren noch ausführlicher beschäftigen werden:

> „The nature of agriculture, indeed does not admit of so many subdivisions of labor, nor of so complete a separation of one business from another, as manufactures (Smith 1776, 9 f.)."

Albrecht Thaer (1752–1828), der als der Begründer der Agrarwissenschaft gilt, versuchte, die Lehren Adam Smiths von der Arbeitsteilung für die Landwirtschaft zu erschließen. Er empfahl die Arbeitsteilung durch Hinweise auf diverse praktische und technische Beispiele, ohne jedoch auf die wirtschaftliche Bedeutung der Arbeitsteilung näher einzugehen. Im ersten von drei Bänden berichtete er 1798 über den beeindruckenden Stand der englischen Landwirtschaft: „Einleitung zur Kenntniß der englischen Landwirthschaft und ihrer neueren praktischen und theoretischen Fortschritte, in Rücksicht auf Vervollkommnung deutscher Landwirthschaft für denkende Landwirthe und Cameralisten" (hohe Beamte im „Kammerkollegium" eines Fürsten). Anfang 1805 brachte Thaer monatlich ein Heft der Annalen des Ackerbaues heraus, wovon sechs Hefte einen Band bildeten. Im Herbst 1809 erschien der erste von vier Bänden zu den Grundsätzen „der rationellen Landwirthschaft". Als „systematisches, nicht fragmentarisches Werk in einem Fache, welches noch nicht wissenschaftlich behandelt war", wurde es zu einem der Hauptwerke der Agrarwissenschaft. Im ersten Band findet sich das folgende Zitat:

> „Die Landwirtschaft ist ein Gewerbe, welches die Zwecke hat, durch Produktion – zuweilen auch durch fernere Bearbeitung – vegetabilischer und tierischer Substanzen Gewinnbeitrag zu erzeugen oder Geld zu erwerben. Je höher dieser Gewinnbeitrag nachhaltig ist, desto vollständiger wird dieser Zweck erfüllt. Die vollkommenste Landwirtschaft ist also die, welche den höchsten nachhaltigen Gewinnbeitrag nach Verhältnis des Vermögens der Kräfte und der Umstände aus ihrem Betrieb zieht (Thaer 1809)."

Zu Beginn des 19. Jahrhunderts war die seit dem Mittelalter bestehende Mischwirtschaft von Ackerbau und Großviehhaltung weitgehend auf Europa beschränkt. Die Binnen- und Außenwirkungen einer vielseitigen Landwirtschaft dürften für den europäischen „Sonderweg" im Allgemeinen und die Agrarentwicklung im Besonderen von weitreichender Bedeutung gewesen sein (Mitterauer 2003, 17 f.). Das Gewerbe der Landwirtschaft diente vorrangig der Selbstversorgung, aber zunehmend auch darüber hinausgehenden Interessen, verbunden mit der Erlangung von Machtpositionen, die sich unter anderem in hochherrschaftlichen Attitüden und Standesdünkel von Großbauern widerspiegeln. Ein Bauer mit 50 ha Land hatte um 1900 etwa 20 Knechte und Mägde (Bergmann 1962). Die Schattenseiten waren Formen von weitreichenden Abhängigkeitsverhältnissen und Verfügungsbefugnissen eines Leibherrn über sogenannte „Leibeigene", wie sie bis in die Neuzeit verbreitet waren. Leibeigene waren zu persönlichen Dienstleistungen für ihre Grundherren verpflichtet und durften nicht vom Gutshof des Leibherrn wegziehen. Auch durften sie nur mit Genehmigung des Leibherrn heiraten und unterlagen seiner Gerichtsbarkeit. Meist waren Leibeigene auch Grundhörige, d. h., sie bewirtschafteten Grund und Boden ihres Grundherrn und schuldeten ihm als Gegenleistung Naturalabgaben und Hand- und Spanndienste (Ullmann 2007).

In der Entwicklung von einer Subsistenzwirtschaft zu einem Gewerbe stieg die Zahl der Menschen, die von den Erträgen einer ansteigenden Produktivität ernährt werden konnten. Gleichzeitig wurden Arbeitskräfte freigesetzt, die ihren Lebensunterhalt durch Arbeiten im Zuge der aufkommenden Industrialisierung zu bestreiten versuchten. Anders als in der industriellen Entwicklung sind im 19. Jahrhundert weite Teile der Landwirtschaft noch weit von einer ausgeprägten Arbeitsteilung und einer Marktorientierung entfernt. Allerdings nimmt in Abhängigkeit von regionalen Gegebenheiten die Differenzierung der Arbeitsschritte sukzessive zu, ohne die Selbstversorgung aus dem

Auge zu verlieren. Dies gilt auch für Personen, welche sich bereits in anderen Berufen verdingten. So wurden im Jahr 1882 im Deutschen Reich 5,2 Mio. landwirtschaftliche Betriebe gezählt; davon wurden ca. 44,6 % im Nebenerwerb geführt und die Betriebsleiter übten noch einen anderen Beruf aus (Backhaus 1894). Diese Zahl gibt auch einen Hinweis auf die geringe Größe vieler Betriebe und auf die Heterogenität der Betriebsstrukturen, welche einer raschen Steigerung der Produktivität entgegenstand.

Deutliche Steigerungen der Produktivität in Zusammenhang mit einer Ausweitung der Arbeitsteilung zwischen Landwirtschaft und Gewerbe wurden erst zu Beginn des 20. Jahrhunderts realisiert. Dafür zeichneten vor allem drei Entwicklungen verantwortlich (Bergmann 1962):

1. außerlandwirtschaftliche Energiequellen in Form der Dampfmaschine sowie des Elektro- und Verbrennungsmotors,
2. Großmaschinen und Automaten, die eine Massenfertigung und -verarbeitung weitaus billiger erlaubten als die ursprüngliche Handarbeit im kleinen Betrieb,
3. leistungsfähige Verkehrsnetze mithilfe von Eisenbahnen, Land- und Wasserstraßen.

Von den drei genannten kommen der Entwicklung des Verkehrsnetzes und einer deutlichen Reduzierung der Transportkosten wohl die größte Bedeutung zu. Dadurch wurde vielen Betrieben der Zugang zu Märkten erschlossen, die in der Vergangenheit unerreichbar waren. Nachvollziehbar wird diese Einschätzung durch den Blick auf die Entwicklungen in anderen Ländern. In seiner 1894 veröffentlichten Abhandlung erweist sich Backhaus als guter Kenner nicht nur der deutschen, sondern auch der englischen und amerikanischen Landwirtschaft seiner Zeit. Anders als in Deutschland wurde in Großbritannien die Entwicklung hin zu einer vermehrten Spezialisierung und Arbeitsteilung schon deutlich früher vorangetrieben. Dies mag auch damit zu tun haben, dass die Engländer deutlich früher der überseeischen Konkurrenz ausgesetzt waren. So wurde schon früh der Anbau von Ölfrüchten eingestellt, weil dieses aus anderen Gegenden der Welt so billig importiert werden konnten, sodass ein Anbau in Großbritannien nicht mehr wettbewerbsfähig war. Ein Schwerpunkt der Bewirtschaftung lag auf dem Futterbau und damit auf der Haltung und Zucht von Haustieren. Dabei wurde häufig nur auf eine Tierart gehalten, sodass in England schon früh reine Schaffarmen, Rindviehfarmen oder Milchwirtschaften anzutreffen waren. In den Milchwirtschaften fanden Differenzierungen zwischen Betrieben statt, die Milch zum Frischverkauf erzeugten, und solchen, die sich auf die Weiterverarbeitung von Milch zu Butter und Käse spezialisiert hatten.

Eine weitaus stärkere Ausprägung der Arbeitsteilung in der Landwirtschaft war bereits in Nordamerika etabliert. Für Backhaus lag der Grund hierfür unter anderem in den natürlichen Verhältnissen des Klimas und der großflächigen Anbaumöglichkeiten. Zudem wurden schon sehr früh die Transportmöglichkeiten auf den Wasser- und Schienenwegen ausgebaut. Besonders relevant aber erschien ihm, dass

„der Amerikaner ein vorzüglicher Spekulant und rechnender Kaufmann ist, der deshalb den
Landwirtschaftsbetrieb weniger nach den Grundsätzen der Agrikultur als nach den Aussichten auf rasch möglichsten Geldertrag einrichtete".

Infolge der ausgeprägten Arbeitsteilung war die Landwirtschaft in Nordamerika durch
eine hohe Einseitigkeit charakterisiert. Diese ging am weitesten in den reinen Getreide-
farmen, auf denen häufig über Jahrzehnte nur eine Frucht, z. B. Weizen, angebaut
wurde. Dies hatte den immensen Kostenvorteil, dass kein ständiges Personal beschäftigt
werden musste, sondern zusätzlich benötigte Kräfte bei der Aussaat und der Ernte nur
zeitlich begrenzt angeheuert wurden. Gleichzeitig bestand ein großer Antrieb, die
Zahl der Arbeitskräfte durch den Einsatz von Maschinen weiter zu reduzieren. Die
Spezialisierung forcierte die technische Weiterentwicklung von Maschinen, wodurch
menschliche und tierische Arbeitskräfte ersetzt werden konnten. Folgerichtig gab es
in Amerika schon sehr früh Unternehmer, die mit Erntemaschinen von Farm zu Farm
zogen, um für kleinere Betriebe das Mähen von Getreide auszuführen. Bereits im
19. Jahrhundert waren in Nordamerika für die Getreideernte Selbstbinder gebräuchlich
sowie Dreschmaschinen, welche die Ähren direkt nach dem Abschneiden vom Stängel
in einer Dreschtrommel entkörnten, während die Halme als Stroh auf der Fläche ver-
blieben. Auch die Lagerung des geernteten Getreides erfolgte selten auf der Farm,
sondern in darauf spezialisierten Lagereinrichtungen, in denen zugleich auch die
Reinigung des Getreides vorgenommen wurde. Von hier erfolgte der Transport über die
Schiene zu vergleichsweise günstigen Kosten zu den Bestimmungsorten.

Backhaus verschweigt nicht, dass die Einseitigkeit der Bewirtschaftung auch mit
Nachteilen verbunden war:

„Eine Viehhaltung zur Verwertung von Ackerbauprodukten gibt es auf diesen Farmen
meistens nicht; man treibt also vollständigen Raubbau."

Durch den Anbau einzelner Kulturpflanzen fand eine sehr einseitige Ausnutzung der
Böden statt, sodass der Ausgleich dieser Nachteile schwierig bzw. mit erheblichen
Kosten verbunden war. Für die Rückführung der entnommenen Bodennährstoffe war der
organische Stalldünger geeignet. Dazu bedurfte es allerdings einer Viehhaltung und eines
Futterbaus; dies nahm jedoch der Wirtschaft ihren spezialisierten Charakter. Ein weiterer
Nachteil bestand in der Vermehrung von Schädlingen, welche bei Anbau von Mono-
kulturen gute Bedingungen vorfanden. Zudem wurden durch den einseitigen Anbau
stärkere Schwankungen in den Erträgen und infolge dessen finanzielle Unsicherheiten
hervorgerufen. Ferner erforderte die Einseitigkeit des Anbaus einen hohen Kapitalbedarf
für den Einsatz von Maschinen, die nur sehr begrenzt ausgelastet werden konnten.

Nicht nur in der pflanzlichen Erzeugung, sondern auch bei den auf Viehhaltung
ausgerichteten Betrieben in Nordamerika herrschte eine Einseitigkeit vor. Es wurde
in der Regel nicht nur eine Tierart gehalten, sondern auch nur eine spezifische
Produktionsrichtung verfolgt. Gemischtbetriebe waren dagegen eher selten anzutreffen. Schlachtungen wurden zunehmend in eigens dafür gebauten Schlachthäusern

durchgeführt. Maureen Ogle gibt in ihrem Buch *In meat we trust – an unexpected history of carnivore America* einen sehr anschaulichen Überblick über die geschichtliche Entwicklung von den Anfängen der Kolonisation bis in die heutige Zeit aus der Perspektive der Fleischerzeugung. Über Verhältnisse zu Beginn des 19. Jahrhunderts schreibt sie:

> „Over time, carnivorous paradise begot lethal legacy. The abundance of meat spawned waste and fostered indifference bordering on cruelty. "The Cattle of Carolina are very fat in Summer," charged one critic, "but bone bags in winter because their owners refused to protect them from cold rains, frosts, and snows". Settlers dismissed such criticisms, claiming they could spare neither time nor labor to build animal shelters of fencing, occupied as they were with "too many other affairs." As a result, cattle and hogs scattered their droppings hither and yon, left uncollected because no one could spare the labor to gather and spread them on corn and tobacco fields. Thus developed a cycle of destructive extravagance that Americans passed from one generation to the next. Abundance of land nurtured an abundance of the livestock that enabled settlers to eat well and to accumulate tangible wealth with a minimal investment of labor (Ogle 2013)."

In Deutschland diente zu dieser Zeit die Viehhaltung noch vorrangig dazu, die betriebseigenen Futterressourcen zu verwerten. Für deren Verwertung war eine vielseitige Viehhaltung vorteilhaft. Über die **Schweinehaltung** wurden Abfälle der Hauswirtschaft verwertet; Brachflächen und Stoppelweiden im Herbst wurden durch Schafe genutzt. Die Frage, ob sich Aufwand und Nutzen rechneten, wurde nicht überall gestellt. Schließlich ging es auch darum, die vorhandenen Familienangehörigen und ggf. weitere Arbeitskräfte über das ganze Jahr hinweg zu beschäftigen und sie die verschiedensten Arbeiten ausführen zu lassen, die bei einer vielseitigen pflanzlichen und tierischen Erzeugung anfielen. Entsprechend war der Drang zur Mechanisierung sowie die Verfügbarkeit von Kapital, um Maschinen zu erwerben, vergleichsweise gering. Aus der Vielgestaltigkeit der Betriebsstrukturen, wie sie zur damaligen Zeit in Deutschland vorherrschten, kam es daher nur sehr langsam zu einer Ausweitung der technischen Arbeitsteilung.

In einem landwirtschaftlichen Enquetebericht von Baden aus dem Jahr 1883 wird ausgeführt:

> „Die Erhebungen haben in beiden Beziehungen dargethan, bezw. die vorher schon bekannte Thatsache bestätigt, daß je vielseitiger der landwirtschaftliche Betrieb sich gestaltet und eine je mannigfaltigere Benutzung der Beschaffenheit des Bodens und des Klimas zuläßt, umso mehr befriedigendere Zustände für die bäuerliche Bevölkerung sich zu entwickeln pflegen und daß die prekärsten und unter Umstände kritischsten Verhältnisse sehr leicht da entstehen, wo alles sozusagen auf eine Karte gesetzt ist (Anonym 1883)."

Entsprechend findet man in der landwirtschaftlichen Betriebslehre der damaligen Zeit die Empfehlung, einen weitestgehenden Ausgleich der landwirtschaftlichen Arbeiten anzustreben, um aus wirtschaftlichen Gründen die vorhandenen Arbeitskräfte stets nutzbringend beschäftigen zu können.

Aus der Kenntnis beider Kulturwelten vergleicht Backhaus (1894) die deutsche und die amerikanische Form des Wirtschaftens in zwei unterschiedliche Stereotypen:

„Der deutsche Landwirt ist ein sorgfältiger Ackerbauer, guter Viehzüchter und fleißiger Wirt, aber der amerikanische ist mehr rechnender, spekulativer Kaufmann und namentlich letzteres dürfte dem deutschen Landwirt zur Nachahmung sehr empfohlen sein. […] Wie nützlich ein Übergang vom einfachen Hauswirt zum landwirtschaftlichen Industriellen ist, beweist ja der Umstand, dass der amerikanische Farmer bei doppelt so hohen Arbeitslöhnen als in Deutschland, bei durchaus nicht besseren Böden, viel geringere Erträge, ganz bedeutend geringeren Preisen der Produkte, die oft nur die Hälfte der bei uns üblichen Preise erreichen, mit unseren Landwirten zu konkurrieren vermögen. […] Freilich wurde und wird noch in sehr vielen Teilen Amerikas rücksichtsloser Raubbau betrieben, aber immer mehr geht man auch dort zur Ersatzwirtschaft über."

Während die Industrie in Deutschland bereits von der Ausweitung und den Fortschritten des Verkehrswesens und der Arbeitsteilung regen Gebrauch machte, kam deren Nutzbarmachung in der Landwirtschaft nur langsam voran. Am ehesten durchführbar war die Arbeitsteilung beim Anbau von Handelsgewächsen (Marktfrüchten), die über längere Strecken transportiert werden konnten. Hierunter summieren sich die Pflanzenkulturen, die in Fabriken weiterverarbeitet werden, wie Zuckerrüben, Kartoffeln, Ölfrüchte und Gemüse. Hierzu gehörte auch die Weiterverarbeitung von Getreide zu Spirituosen. So reduzierte sich zum Beispiel die Zahl der Brennereien in der sächsischen Landwirtschaft zwischen 1836 und 1886 von 1684 auf 629. Gleichzeitig stieg die erzeugte Produktmenge um mehr als das Dreifache an. Dies dürfte einer guten Lager- und Transportfähigkeit der Ausgangs- und Endprodukte, einem höheren Technisierungsgrad bei der Verarbeitung sowie einer ansteigenden Nachfrage nach den Endprodukten geschuldet sein. Im Allgemeinen steckte jedoch die Marktwirtschaft, in welcher die einzelnen Güter und Dienstleistungen gegen Geld auf dem Markt getauscht wurden, um mit dem daraus erzielten Einkommen andere Güter oder Dienstleistungen zu beziehen, noch in den Anfängen. Eine elementare Voraussetzung für die Arbeitsteilung war ein aufnahmefähiger Markt, auf dem ein reger Austausch zwischen einzelnen Betrieben und Abnehmern der Produkte stattfinden konnte.

Was in kleinräumigen Sektoren vergleichsweise leicht zu realisieren war, erforderte in dünnbesiedelten Regionen vor allem ein funktionsfähiges Transportwesen, welches die Produkte von den Stätten der Erzeugung zu den Stätten der Weiterverarbeitung und des Verbrauches brachte und dadurch die Bedürfnisse der Primärerzeuger mit den Bedürfnissen der Abnehmer verband. Dies setzte auch einen gut organisierten Handel voraus. Hierzu ein weiteres Zitat von Backhaus:

„Leider ist aber in Deutschland der Handel nicht in der Weise entwickelt, dass er der Einführung einer stärkeren Arbeitsteilung in der Landwirtschaft keine Schwierigkeiten in den Weg legt. Aus allen Landesteilen hört man Klagen über den schlecht entwickelten, ja unreellen Zwischenhandel. Von Baden wird berichtet, wie dort ganz weit verbreitet eine grobe Übervorteilung, ja selbst Bewucherung der Landwirte durch den Zwischenhandel stattfindet. […] Da für die Nutzbarmachung der Arbeitsteilung ein reger Handel erforderlich ist, erscheint es gerade bei den bäuerlichen Verhältnissen zweckmäßig, wenn der unbehilfliche, wirtschaftlich schwache Bauersmann vor betrügerischem Zwischenhandel geschützt wird, was bis zu einer höheren Intelligenz unserer bäuerlichen Bevölkerung nur durch gesetzliches Eingreifen geschehen kann. Gar manche Auswüchse des Geschäftslebens sind entstanden und entstehen immer noch, die nur durch staatliches Eingreifen bekämpft werden können (Backhaus 1894, 373 f.)."

Bei den meisten Ackerfrüchten war es ein Vorteil, wenn sie auf größeren Flächen angebaut wurden, insbesondere in der Kultur von Früchten, die weniger Handarbeit beanspruchten bzw. den Einsatz von Maschinen ermöglichten. Dies setzte allerdings voraus, dass die Arbeitskräfte dann in hinreichender Zahl bzw. Maschinen verfügbar waren, wenn sie gebraucht wurden. Wo dies nicht der Fall war, hatten kleinbäuerliche Strukturen Vorteile in der Verfügbarkeit an Arbeitskräften, die aufgrund der Vielseitigkeit der Arbeiten über das ganze Jahr einer Beschäftigung nachgehen konnten. Kleinwirte hatten auch in der Viehhaltung Großbetrieben einiges voraus, insbesondere in den Zweigen, wo der Erfolg von der sorgfältigen Pflege abhing. Dies galt auch beim Futterbau, über den die Versorgung des Viehbestandes sichergestellt werden musste. Wurden die Tiere nicht hinreichend ernährt, drohten größere wirtschaftliche Verluste. Mit den unterschiedlichen Betriebsstrukturen gingen diverse Vor- und Nachteile einher. Theoretisch hätten sich in manchen Regionen die unterschiedlichen Betriebsstrukturen bei gut organisierter Arbeitsteilung zwischen Groß- und Kleinbetrieben zum Ausbau der Vorteile und Eingrenzung der Nachteile ergänzen können. Heute wissen wir, dass die Arbeitsteilung zwischen unterschiedlich strukturierten Betrieben in der Vergangenheit nur bedingt stattgefunden hat. Wo sie praktiziert wurde, konnte sie nicht zu einem Geschäftsmodell ausgebaut und kultiviert werden. Dies kann möglicherweise auch darauf zurückzuführen sein, dass sich gegensätzliche Identitätspositionen ausdifferenzierten: der „rückständige Bauer" auf der einen Seite, der „fortschrittliche Landwirt" auf der anderen Seite. Aus „Bauern" „Landwirte" zu machen, lautete das Credo der modernen Agronomen und ihrer Klientel, der von Adeligen und Bürgerlichen dominierten agronomischen Vereinigungen (Langenthaler 2010, 142 f.).

Langfristig durchsetzen konnte sich allerdings die gemeinsame Beschaffung von Produktionsmitteln, wie zum Beispiel von Saatgut zur Entwicklung einer Form der **Kooperation** im ländlichen Genossenschaftswesen. Zu den Pionieren zählten Friedrich Wilhelm Raiffeisen und Wilhelm Haas, die in der zweiten Hälfte des 19. Jahrhunderts die ersten ländlichen Genossenschaften gründeten. Die Bündelung beim Einkauf und Absatz der Landwirte über die Genossenschaften half, im Wettbewerb mit großen Farmbetrieben im Ausland zu bestehen. Die Genossenschaften zielten vor allem darauf ab, den Anbietern von benötigten Produktionsmitteln, wie z. B. den Düngemittellieferanten auf Augenhöhe zu begegnen, eine gemeinsame Verwertung der landwirtschaftlichen Produkte zu organisieren und neue Absatzmärkte für die erzeugten und verarbeiteten Produkte zu erschließen.

Die Organisation landwirtschaftlicher Betriebe stand nach Brinkmann (1922) unabhängig von Ort und Zeitpunkt im Spannungsfeld von integrierenden und differenzierenden Kräften, die in entgegengesetzten Richtungen wirkten. Die auf Integration und Ausgleich innerhalb des Betriebes ausgerichteten Kräfte strebten nach

einem hohen Grad der Selbstversorgung, nach diversen Tätigkeitsfeldern, mit denen die
verfügbaren Arbeitsressourcen ausgelastet werden konnten. Darüber hinaus standen der
Erhalt der Bodenfruchtbarkeit sowie eine weitgehend verlustfreie Verwertung und Ver-
edlung aller anfallenden und unverkäuflichen Futterstoffe in der Viehwirtschaft und nicht
zuletzt nach Sicherheit und Risikoausgleich im Vordergrund. Die integrierenden Kräfte
wirkten von innen heraus auf den Betrieb ein und hatten zur Folge, dass die Betriebe in
der Regel sehr vielseitig organisiert waren. Zu den differenzierenden Kräften gehörten
vor allem die Unterschiede in den natürlichen Produktionsbedingungen (Boden, Klima
und Geländeausformung), die Verkehrslage und die damit im Zusammenhang stehende
Höhe der Transportkosten, der Stand der Mechanisierung sowie die Unterschiede bezüglich der sich entwickelnden Marktbedingungen in Verbindung mit den jeweiligen Preisniveaus. Die differenzierenden Kräfte wirkten von außen auf die Betriebe ein und hatten
zur Folge, dass sich die Betriebe in ihrer Organisation und Produktion unterschiedlich
auf die gegebenen und die sich verändernden Rahmenbedingungen ausrichteten. Zug um
Zug wurde die Struktur der Agrarwirtschaft durch die Mechanisierung verändert. Die
einzelnen Betriebe wurden größer und die Produktion in unterschiedliche Teilvorgänge
aufgespalten. Im Zuge der Spezialisierung wurden auf den Betrieben nur noch Rohwaren
erzeugt, während die Weiterverarbeitung von pflanzlichen und tierischen Ausgangsprodukten zunehmend in eine sich entwickelnden Nahrungsmittelindustrie verlagert
wurde.

Bei den vorangetriebenen Schritten der Rationalisierung wurden zunächst diejenigen Betriebszweige ausgegliedert, die für das wirtschaftliche Ergebnis ohne größere
Bedeutung waren. Hierzu gehörten vor allem diejenigen Zweige der Bodennutzung und
Viehhaltung, die im Wesentlichen aus Gründen der Selbstversorgung betrieben wurden
oder die im Umfang zu klein waren, um sie zu mechanisieren. Aus der Betriebsverein-
fachung entwickelten sich weitere Schritte der Spezialisierung, die mit Änderungen der
Betriebsorganisation einhergingen. Mit Zunahme differenzierender Kräfte entwickelten
sich ausgeprägte regionale Unterschiede hinsichtlich der Betriebsstrukturen und der
Produktionspotenziale. Je nach Standortverhältnissen konnten Betriebe in Gunstlagen
die Vorteile hoher Ertragspotenziale ausspielen. Das Nachsehen hatten Betriebe in mehr
oder weniger benachteiligten Regionen, in denen kaum oder gar kein Ackerbau betrieben
werden konnte. Auch ging von den unterschiedlichen Formen des Erbrechtes, welche
den Zusammenhalt der Betriebskapazitäten beförderten oder entgegenwirkten, sowie von
der räumlichen Nähe bzw. Distanz zu den Städten und damit zu den Märkten ein erheblicher Einfluss auf die Betriebsstrukturen aus. Schließlich hatte auch die Befähigung
der Betriebsleiter, die verschiedenen Ressourcen und die diversen Prozesse der landwirtschaftlichen Erzeugung von Nahrungsmitteln aufeinander abzustimmen, einen
maßgeblichen Einfluss auf die Entwicklung der Prosperität der Betriebe.

Ableitungen

Von Anbeginn der landwirtschaftlichen Entwicklung bestand eine der größten Herausforderungen darin, mit den Wechselfällen von vorhersehbaren und insbesondere von unvorhersehbaren Ereignissen und Veränderungen in einer Weise umzugehen, welche die Versorgung der Sippe und den Erhalt der Produktionskapazitäten zu gewährleisten vermochte. Durch eine effiziente Nutzbarmachung der verfügbaren Ressourcen an Produktions- und Arbeitskapazitäten in Form einer vielgestaltigen Subsistenzwirtschaft waren in der Regel die Ziele des Selbsterhalts und der Versorgung der Gemeinschaft gewährleistet. Mit fortschreitenden Entwicklungen nahmen die Überschüsse zu, die eine zunehmende Zahl von Menschen außerhalb der Gemeinschaften ernährten. Mit der Ausweitung der Produktion wurde eine gesteigerte Nachfrage der Bevölkerung nach Nahrungsmitteln und der Bedarf einer anwachsenden Industrie nach Rohwaren für die Weiterverarbeitung bedient. Tausch- und verkaufsfähige Produkte wurden auf den sich entwickelnden Märkten feilgeboten. Auf diese Weise erweiterten sich für die Betriebe einerseits die Vermögensverhältnisse, welche in die Betriebsentwicklung investiert werden konnten. Andererseits nahmen aber auch die Abhängigkeitsverhältnisse und die Risiken zu, da sich die Erzeuger je nach Ausgangsbedingungen nur bedingt an die differenzierenden Kräfte und an die Entwicklung des Marktgeschehens anpassen konnten.

Während infolge zunehmender Arbeitsteilung auf vielen Betrieben die Produktivität der Erzeugung gesteigert werden kann, gehen gleichzeitig viele Synergieeffekte verloren, welche auf eine integrierende Herangehensweise angewiesen sind. Die Arbeitsteilung stellt erhöhte Anforderungen an die Koordination der inner- und außerbetrieblichen Erfordernisse, die es aufeinander abzustimmen gilt. Die nur eingeschränkt vorhersehbaren und damit planbaren biologischen Prozesse stehen allerdings einer effektiven Koordination entgegen. Zwar ermöglichen technische Entwicklungen, dass sich Betriebe in diversen Anbausituationen durch Maschineneinsatz von der großen Abhängigkeit von der Verfügbarkeit an Arbeitskräften zu lösen vermögen. Mit Aufkommen der Marktwirtschaft entwickelt sich jedoch gleichzeitig zwischen den einzelnen Betrieben eine zunehmende Konkurrenz. Jeder versucht auf seine Weise, sich einen Vorteil im Wettbewerb zu verschaffen. Anders als in der Industrie, wo sich entsprechende administrative Verfahren herausbilden, kommen diese in der Landwirtschaft kaum zum Einsatz. Die Ausschöpfung von Potenzialen einer überbetrieblichen Kooperation hätte entsprechende Strukturen der Koordination und einer Quantifizierung von positiven und negativen Effekten bedurft, um tatsächlichen oder vermeintlichen Übervorteilungen entgegenzuwirken. Instanzen, welche die verschiedenen Optionen einer Kooperation überblicken, um daraus für alle Beteiligten eine Win-win-Situation zu generieren, über die Vereinbarungen zu wachen und bei Fehlverhalten wirksam einzugreifen, sind allenfalls auf den Gutsbetrieben etabliert.

2.4   Moderne Landwirtschaft

Von den Fortschritten der Mechanisierung und Technisierung von Arbeitsabläufen und vom Ausbau der Verkehrsnetze profitierte nicht nur die Industrie, sondern auch die Prozesse in der Landwirtschaft. Hinzu kamen Erkenntnisfortschritte über die Funktionszusammenhänge in diversen Bereichen, welche für eine Steigerung der Produktivität agrarischer Prozesse genutzt werden konnten. So schuf die sich entwickelnde Lehre von der Ernährung und Fütterung der Tiere (Oskar Kellner, 1851–1911) die Grundlagen, um durch eine Verbesserung der Nährstoffversorgung der Tiere höhere Leistungen zu erzielen. Die erheblichen Unterschiede zwischen den zahlreichen Landrassen und Landschlägen, die auf den Betrieben gehalten wurden, gaben Hinweise auf genetisch bedingte Unterschiede in der Leistungsbereitschaft der Tiere. Dies führte zu gezielten Anpaarungen und zur Gründung der ersten Zuchtvereinigungen. Später folgten das Gesetz von Kaiser Wilhelm I. zur Förderung der Reinzucht und 1936 das Gesetz zur Förderung der Tierzucht, gemäß dem nur noch gekörte, d. h. einem spezifischen Auswahlverfahren unterzogene männliche Tiere zum Deckakt zugelassen werden durften.

Die steigende Nachfrage einer wachsenden Bevölkerung nach Nahrungsmitteln war der maßgebliche Treiber einer Entwicklung, die zu Produktionssteigerungen anregte. Weil durch die aufkommenden Agrarwissenschaften das Wissen um funktionale Zusammenhänge deutlich zunahm, konnten markante Leistungssteigerungen realisiert werden (Sundrum 1996). Neue Techniken führten zu Rationalisierungen von Arbeitsschritten und erhöhten die Arbeitsproduktivität bei der Ansaat, der Unkrautbekämpfung, der Ernte und nicht zuletzt bei der Weiterverarbeitung der Produkte. Das Ergebnis der Bemühungen zeigte sich unter anderem in einer Steigerung der durchschnittlichen Jahresleistung einer Milchkuh von ca. 1200 kg im Jahr 1860 auf durchschnittlich 3400 kg im Jahr 1960 (Zorn und Sommer 1970). Die deutlichen Steigerungen bei der Erzeugung tierischer Produkte dürfen allerdings nicht darüber hinwegtäuschen, dass die Leistungen zwischen den Betrieben sehr variierten und in hohem Maße von den jeweiligen Standortverhältnissen und Betriebsstrukturen, wie der Größe des Viehbestandes, den verfügbaren Weide- und Ackerflächen und deren jeweiligem Ertragspotenzial, beeinflusst wurden.

Anreize zur Leistungssteigerung der landwirtschaftlichen Erzeugung erwuchsen auch aus der Notwendigkeit, mit den Verkaufserlösen die eigene Familie zu ernähren und die wirtschaftliche Existenzfähigkeit des Betriebes zu sichern. Trotz deutlicher Leistungssteigerungen nahmen die Betriebsgewinne nicht proportional zu. Vielmehr sanken die Nahrungsmittelpreise und stiegen die Landarbeiterlöhne an. Es begann sich eine Preisschere zu öffnen, welche die landwirtschaftlichen Gewinne dahinschmelzen und auf vielen Betrieben in Defizite umkehren ließ. Im Zuge der Industrialisierung stieg nicht nur der Bedarf an Arbeitskräften, sondern auch der Bedarf an männlichen, fachlich ausgebildeten Stammbelegschaften. Dadurch verschärfte sich die Konkurrenz um Arbeitskräfte zwischen Agrar- und Industriesektor. Überdies senkte die Entwicklung des

Eisenbahn- und Dampfschiffverkehrs die Transportkosten und ließ **Weltmärkte für Getreide** entstehen. Über die Ausweitung der Transportmöglichkeiten traten Agrarbetriebe außerhalb Europas in Konkurrenz zu europäischen Erzeugern und drückten auf die Marktpreise. Importe aus Übersee wurden zur Versorgung einer wachsenden Industriearbeiterschaft genutzt und im Gegenzug mit Exporten von Industrieprodukten beantwortet. Auch im Inland sorgten leistungsfähigere Transportmittel und ein verdichtetes Straßen- und Eisenbahnnetz dafür, dass industrielle Konsumzentren mit landwirtschaftlichen Produktionsgebieten verbunden wurden. Unter diesen Bedingungen entstanden in Stadtnähe Unternehmen, welche landwirtschaftliche Rohprodukte zu Nahrungs- und Genussmitteln, wie Zucker, Spirituosen oder Milchprodukten, verarbeiteten.

Je nach Ausstattung an Ressourcen in Form von landwirtschaftlicher Nutzfläche und Arbeitskräften induzierte die Industrialisierung im Agrarsektor den Ersatz des jeweils knapperen, folglich teureren Produktionsfaktors durch Kapital, indem sie ein billiges Angebot an arbeitssparenden Technologien erzeugte. Sinkende Marktpreise und eine infolgedessen sinkende Rentabilität befeuerten eine Intensivierung der Landbewirtschaftung und einen erhöhten Einsatz von Kapital. Umgekehrt erhöhten landwirtschaftliche Produktivitätszuwächse die Nachfrage nach industriellen Gütern und setzten Arbeitskräfte für die Industrie frei. Bis zu einem gewissen Grad beeinflussten sich Industrie- und Agrarentwicklung wechselseitig, auch wenn beide nicht in gleicher Weise davon profitierten.

Angesichts zunehmender Agrarimporte aus dem Ausland wurden in der politischen Debatte Rufe nach Staatshilfen in Form von Schutzzöllen auf Agrarimporte immer lauter. Im Deutschen Reich setzte schließlich eine Koalition aus Großgrundbesitzern („Junkern"), Bauernverbänden und der Industrielobby hohe Schutzzölle auf Agrarimporte durch. Schon im 19. Jahrhundert hatte sich eine breite Basis gut ausgebildeter Landwirte zur einer politischen Interessensvertretung organisiert. Anfang des 20. Jahrhunderts existierte schon eine hohe Dichte von Beratungs-, Vermarktungs- und Verarbeitungsunternehmen. Auch waren bereits erste Lebensmittelunternehmen entstanden. Im Klima nationalistischer Spannungen wurde auf dem europäischen Kontinent die Ernährungssouveränität zur „nationalen Aufgabe" erhoben (Aldenhoff-Hübinger 2002). Dadurch wuchs das politische Gewicht des Agrarsektors; insbesondere kapitalschwache Klein- und Mittelbetriebe bedurften der staatlichen Unterstützung für die Anschaffung technischer Neuerungen (Koning 1994). Infolge der politischen und ökonomischen Aufwertung des Agrarsektors richtete der Nationalstaat sein Augenmerk verstärkt auf dessen Regulierung. Regierungen griffen entweder über Förderungsmaßnahmen direkt in den Ausbau der staatlichen Agrarbürokratie ein oder nahmen über die Zusammenarbeit mit den Agrarverbänden indirekt Einfluss.

Im Zuge der Machtergreifung durch die Nationalsozialisten wurden in Deutschland alle, die im Entferntesten mit der Ernährungsindustrie verbunden waren, in die neue Organisation des Reichsnährstandes gezwungen (Ruge 2020). Durch Zwangsmitgliedschaft entstand so eine Wirtschaftsorganisation, die ca. 17 Mio. Mitglieder umfasste.

Es wurden Landes- und Kreisbauernführer ernannt, die Anordnungen des Ministeriums nach dem sogenannten Führerprinzip bis zu den Ortsbauernführern und bis zu den Bauern durchreichten. Vorrangiges Ziel war eine massive Erhöhung der landwirtschaftlichen Produktion. Dazu wurden zunächst Mindestpreise für Weizen, Fleisch und Milch festgesetzt. Außerdem konnten über den neu eingeführten Arbeitsdienst die Zuweisung von kostenlosen Erntehelfern beantragt werden. Um eine weitere Zersplitterung der Nutzflächen unter den Erbberechtigten zu verhindern, wurde im ganzen Land ein neues Erbrecht eingeführt, welches die Pflicht zur ungeteilten Übergabe an den ältesten Sohn vorsah. Doch es blieb nicht bei den Vergünstigungen. Im Jahr 1934 wurde die Selbstvermarktung komplett verboten. So erhielten die Behörden eine bessere Übersicht und konnten die Möglichkeiten des Zugriffs auf die Ernten der Bauern ausweiten. Die Bauern sollten ihre Produkte der „Volksgemeinschaft" zur Verfügung stellen. Im Gegenzug wurden die Erzeugerpreise erhöht und die Düngemittelpreise gesenkt. Auf diese Weise wurde ein Netz von Vorschriften, Verboten und Kontrollen geknüpft, dem sich die einzelnen Bauern kaum noch oder nur unter großer Gefahr, denunziert zu werden, entziehen konnten. Was früher der freie Verkauf an Händler und auf Märkten war, wurde jetzt als „Schleichhandel" gebrandmarkt und mit Strafen geahndet. In den Kriegsjahren wurden die Vorschriften und Kontrollen nochmals deutlich verschärft, um so viel Essbares wie irgend möglich von den Betrieben für eine darbende Bevölkerung abzugreifen.

Nach dem Ende des Zweiten Weltkrieges erfolgte erneut eine deutliche Zäsur in der Art und Weise der Landbewirtschaftung und der Viehhaltung. Unter dem Eindruck von Hunger und Versorgungsengpässen während und nach den Kriegsjahren, die tiefe Spuren im Bewusstsein und im Lebensgefühl der Bevölkerung hinterlassen hatten, sahen es in den Nachkriegsjahren die Politiker parteiübergreifend als das vorrangige Ziel an, die Erträge der Landwirtschaft deutlich zu steigern, um die Versorgungslage zu verbessern. Die Industrie hatte vorgeführt, wie mit Maßnahmen der Spezialisierung und Standardisierung der Produktionsprozesse Waren in Massen herzustellen waren. Die in der Industrie erfolgreichen Strategien – so die damals naheliegende Schlussfolgerung – mussten einfach auf die Landwirtschaft übertragen werden. Im Jahr 1957 schrieben die Gründungsväter des vereinigten Europas das Konzept gleich in Artikel 39 des EWG-Vertrages fest. Dort heißt es:

Ziel der gemeinsamen Agrarpolitik ist es:

a) die Produktivität der Landwirtschaft durch Förderung des technischen Fortschritts, Rationalisierung der landwirtschaftlichen Erzeugung und den bestmöglichen Einsatz der Produktionsfaktoren, insbesondere der Arbeitskräfte, zu steigern;

b) auf diese Weise der landwirtschaftlichen Bevölkerung, insbesondere durch Erhöhung des Pro-Kopf-Einkommens der in der Landwirtschaft tätigen Personen, eine angemessene Lebenshaltung zu gewährleisten;

c) die Märkte zu stabilisieren;

d) die Versorgung sicherzustellen;

e) für die Belieferung der Verbraucher zu angemessenen Preisen Sorge zu tragen.

Auch wenn diese Ziele mit Nachdruck verfolgt wurden, konnten bis heute nur drei der fünf Ziele der Gemeinsamen Agrarpolitik der EU (GAP) realisiert werden. Wie vorhergesehen stieg mit den Instrumenten der Industrialisierung in den darauffolgenden Jahrzehnten die Produktivität der Landwirtschaft sehr deutlich an. Auch wurde die Versorgung der Bevölkerung in kurzer Zeit verbessert, und dies zu Marktpreisen, die in Relation zu anderen Produkten immer weiter sanken. Allerdings hat dies nicht dazu geführt, dass das Pro-Kopf-Einkommen in der Landwirtschaft mit den Lohnsteigerungen in anderen Wirtschaftsbereichen mithalten und dass die Betriebsinhaber auf Dauer eine angemessene Lebenshaltung und die wirtschaftliche Existenzgrundlage sichern konnten. Auch konnten die Märkte zwar für längere Zeiträume, jedoch nicht auf Dauer stabilisiert werden. Vor allem aber hat die GAP diverse Folgewirkungen hervorgerufen, an deren Folgekosten die Gemeinschaft noch heute schwer zu tragen hat. In Abschn. 6.2 werden diese Kosten eingehender thematisiert. Zunächst soll dargelegt werden, wie die Erfolge der EU-Politik, insbesondere die Produktivitätssteigerungen, zustande kamen. Hierfür waren vor allem vier Faktoren maßgeblich (Sundrum 1996):

1. Um die Landwirtschaft möglichst schnell zu modernisieren und die Skepsis der Bauern, die den industriemäßig organisierten Anbautechniken zunächst reserviert gegenüberstanden, rasch zu überwinden, verfielen die Regierungen überall auf den gleichen Trick: Sie klammerten die Agrarbranche aus der Marktwirtschaft aus. Sie boten den Bauern Aufkaufpreise für ihre Produkte, die über den Marktpreisen lagen. Der Produktionsanreiz war immens. Innerhalb weniger Jahre zog die landwirtschaftliche Produktion gewaltig an. Ein goldenes Zeitalter für die Landwirtschaft brach an. Die Bauern brauchten nur größere Mengen zu produzieren, um mehr verdienen zu können. Der selbstregulierende Marktmechanismus, wonach bei steigendem Angebot von Waren, welches die Nachfrage übersteigt, die Preise sinken, war durch die Garantiepreise außer Kraft gesetzt. Investieren, erweitern, spezialisieren hieß nun die vorrangige Devise.

2. Allerdings sprengten nicht nur die Garantiepreise die Grenzen bisheriger Produktionsprozesse. Hinsichtlich der Verfügbarkeit von Produktionsmitteln, welche den Treibstoff für das Wachstum darstellten, wurde durch das Haber-Bosch-Verfahren quasi eine Revolution eingeleitet. Mit diesem chemischen Verfahren, das im Jahr 1908 patentiert wurde, konnte Ammoniak unter Aufwendung großer Energiemengen synthetisch aus atmosphärischem Stickstoff und Wasserstoff erzeugt werden. Ammoniak ist die Ausgangssubstanz für die Herstellung verschiedener **reaktiver Stickstoffverbindungen,** die einerseits als Sprengstoff und andererseits als stickstoffhaltige Chemikalien und damit als Düngemittel Verwendung finden. Während das Verfahren alsbald für die Erzeugung von Sprengstoff genutzt wurde, dauerte es noch ein halbes Jahrhundert, in dem zwei Weltkriege mit enormen Einsatzmengen an Sprengstoff stattfanden, bevor der Gebrauch von mineralischem Stickstoffdünger in der Landwirtschaft in großem Stil Einzug hielt. Reaktive Stickstoffverbindungen sind für alle lebenden Organismen, d. h. sowohl für Mikroben als auch für Pflanzen und

Tiere, der erstlimitierende Faktor biologischer Wachstumsprozesse. Die Überwindung der zuvor bestehenden Begrenzungen in der Verfügbarkeit von reaktiven Stickstoffverbindungen und damit in der Ausschöpfung von Wachstumspotenzialen entwickelte eine enorme Sprengkraft und veränderte die Produktionsverhältnisse grundlegend. Da diese Veränderungen nur langsam ihre Wirkungen entfalteten, wurde und wird deren anhaltende Explosionskraft von den meisten Menschen nicht wahrgenommen. Die Einsatzmengen stiegen weltweit von 1 bis 2 Megatonnen (Mt = 10^9 kg) um 1950 bis auf 11 Mt um das Jahr 2000 (Bouwman et al. 2013). Die unerwünschten Folgewirkungen werden an anderer Stelle thematisiert (s. Kap. 4). Hier ist zunächst von Bedeutung, dass die Abhängigkeit der Pflanzenbauer von der Verfügbarkeit an Stickstoffdüngemitteln, die aus dem Anbau von Leguminosen durch die Fixierung von Luftstickstoff durch Mikroben sowie über die Exkremente der Tiere zur Verfügung standen, weitgehend aufgehoben wurde. Infolge deutlich ansteigender Getreideerträge pro Hektar konnte ein steigender Anteil des Getreides als Tierfutter verwendet werden. Umfangreiche Importe von eiweiß- und energiehaltigen Futtermitteln aus Drittländern ermöglichten eine erhebliche Ausweitung der Schweine- und Geflügelhaltung und einen Anstieg in der Verfügbarkeit der daraus gewonnenen Produkte tierischer Herkunft. Da die Intensivierungsprozesse denen anderer Industriezweige ähnelten, bürgerte sich nach dem Zweiten Weltkrieg der Begriff „Tierproduktion" ein und wird noch heute von vielen Personen im Agrarbereich verwendet. Der Import von hochwertigen Futtermitteln war die Voraussetzung für das Betreiben großer „Tierproduktionsanlagen", die damit weitgehend unabhängig von der Verfügbarkeit an Futterflächen betrieben werden konnten. Des Weiteren trug die Entwicklung neuer Haltungstechniken, bei denen viele Tiere auf engem Raum und ohne Stroh unter Verwendung ausgefeilter Lüftungstechniken gehalten werden konnten, zu einer deutlichen Ausweitung der Produktionskapazitäten und einer Steigerung der Arbeitsproduktivität bei.

3. Eine Änderung des Steuerrechts ermöglichte landwirtschaftsfremden Unternehmungen, in die Landwirtschaft zu investieren und die Investitionsmittel steuerlich als Abschreibungen gelten zu machen. Dadurch wurde Fremdkapital, das außerhalb der Landwirtschaft generiert wurde, für den Ausbau der Landwirtschaft verfügbar gemacht und ein Startzeichen für die Gründung von „Agrarfabriken" gegeben.

4. Möglich wurden die enormen Leistungssteigerungen und Umstrukturierungen allerdings erst, weil eine Ausweitung der Agrarwissenschaften das nötige *Know-how* lieferte. In großem Umfang wurden staatliche Forschungs- und Bildungseinrichtungen institutionalisiert und ein staatlich-föderaler Forschungs- und Beratungsapparat zur Entwicklung und Verbreitung des Technologie- und **Wissenstransfers** aufgebaut. Systematisch wie es ihre Art ist, gingen die Agrarwissenschaftler daran, den ihnen von Politik, Öffentlichkeit und Lobbygruppen gegebenen Auftrag der Nutzbarmachung und Ausbeutung der landwirtschaftlichen Ressourcen mit ihren Erkenntnissen zu befördern. Dabei richtete sich das Erkenntnisstreben zunächst vor allem auf die Möglichkeiten der Steigerung der Produktivität.

Darüber hinaus wurde die landwirtschaftliche Produktion in vielfältiger Weise durch Subventionen unterstützt (Hartenstein et al. 1997). Diese lösen jedoch nicht das Grundproblem einer unzureichenden Verdienstmöglichkeit bei Aufrechterhaltung des Zwanges zu fortlaufenden Produktivitätssteigerungen. Auf die Veränderungen der agrarwirtschaftlichen Rahmenbedingungen reagierten die Landwirte ihrerseits mit tiefgreifenden Veränderungen der innerbetrieblichen Strukturen. Hierzu gehörte vor allem die Intensivierung der Produktionsprozesse durch vermehrten Einsatz von Produktionsmitteln, Mechanisierung von Arbeitsabläufen und die Spezialisierung auf Teilaspekte der Produktionskette. Eine Fokussierung auf wenige und eine Vergrößerung einzelner Betriebszweige zum Zweck der Produktivitätssteigerung durch arbeitstechnische Verbesserungen war auf den meisten bäuerlichen Betrieben nur möglich, wenn andere Betriebszweige deutlich eingeschränkt oder aufgegeben wurden. Beschränkungen auf lediglich einen Betriebszweig (z. B. Tiermast) hatte zur Voraussetzung, dass die so spezialisierten Betriebe außerhalb des eigenen Betriebes diejenige Ergänzung (z. B. Jungtieraufzucht) vorfanden, die zuvor im eigenen Betrieb mitbetrieben worden war. Der innerbetriebliche Zusammenhang zwischen Getreideanbau und Nutztierhaltung wurde weitgehend aufgelöst. Weder war der Umfang des Tierbestandes von der Getreideerzeugung abhängig, noch richtete sich der Umfang des Getreidebaus nach dem Kraftfutterbedarf von Rindern, Schweinen und Geflügel. Stattdessen wurden das Futtergetreide und weitere Ergänzungsfuttermittel zu großen Anteilen zugekauft. Dies hatte unter anderem den Vorteil, dass die Nährstoffzusammensetzung der Futterrationen ausgewogener und gleichzeitig mit Mineralstoffen, Spurenelementen und Vitaminen ergänzt wurde. Sie ließ damit eine höhere Leistung erwarten als die Verwendung wirtschaftseigener Futtermischungen.

Der Prozess der Differenzierung und Spezialisierung schritt vor allem in der **Geflügelhaltung** schnell voran, wo sich Züchter, Brüter, Eierproduzenten und Mäster die Produktion aufteilten. Analoge Strukturen entwickelten sich in der **Schweinehaltung,** und auch in der Rinderhaltung, wenn auch weniger ausgeprägt. Die Futterzukaufmöglichkeiten erlaubten es auch flächenarmen Betrieben, die Nutztierhaltung auszudehnen. Eine große Zahl von kleineren bäuerlichen Betrieben sah keine andere Möglichkeit, das Einkommen zu steigern, als den Betrieb von innen, d. h. mittels Futterzukauf, aufzustocken. An die Stelle der innerbetrieblichen Kostenreduzierung trat die größtmögliche Steigerung der Erzeugung von Verkaufsprodukten je Arbeitskraft. Dazu wurden so viel Tiere gehalten, dass die vorhandene Arbeitskapazität unter Anwendung moderner Arbeitsmethoden ausgelastet war. Entsprechend wurden Futtermittel in der Menge zugekauft, wie sie für die innere Betriebsaufstockung erforderlich waren. Dies hatte den großen Vorteil, Einkommensquellen zu erschließen, ohne dass dafür Mittel für eine Ausweitung der Betriebsflächen erforderlich waren. Allerdings musste in Stallbaumaßnahmen investiert werden. Da der umbaute Raum teuer war, wurden die Tiere auf engem Raum gehalten. Der dadurch anwachsende Keimdruck von pathogenen und fakultativ pathogenen Keimen wurde durch Hygienekonzepte unter Anwendung von

Desinfektionsmitteln und mithilfe der Applikation von Antibiotika an die Tiere in Schach gehalten.

Während die Erzeugung von Stallmist z. B. für die Versorgung von Hackfrüchten lange Zeit im Mittelpunkt betriebsorganisatorischer Fragen stand, verzichteten viele Anbauer von Marktfrüchten auf die Viehhaltung und den Zukauf von organischen Düngemitteln. Durch die Zufuhr mineralischer Düngemittel und ggf. mit einer Gründüngung durch Zwischenfrüchte ließen sich Nährstoffmängel der Böden ausgleichen. Auch die Fruchtfolgegestaltung musste nicht mehr so wie früher auf die Unkraut- und Schädlingsbekämpfung Rücksicht nehmen. Gegen die Vielzahl von Schädlingen und Unkräutern standen nun chemisch-synthetische Mittel zu Verfügung, die eine ausgedehnte Fruchtfolge wie z. B. den Anbau von Hackfrüchten zur Unkrautbekämpfung scheinbar überflüssig machten. Die Spezialisierung förderte die Fachkenntnisse, die für die vielfältigen Produktionsprozesse erforderlich waren. Dem Einzelnen war es kaum mehr möglich, auf allen Gebieten der landwirtschaftlichen Erzeugung und Verwertung hinreichend fachkundig zu sein, um nach dem Stand der jeweils verfügbaren Erkenntnisse ein möglichst hohes Maß an Produktivität zu erzielen. Auch wurde es für die Betriebsleiter zunehmend schwierig, die Märkte für sämtliche Erzeugnisse und Betriebsmittel und die zu erwartende Entwicklung der jeweiligen Preise zu überblicken. Immer mehr Betriebe waren bestrebt, die Betriebsorganisation zu vereinfachen. Zum Vorteil der Einsparung von Arbeitsstunden je Tier bei Vergrößerung des Tierbestandes gesellte sich noch der Nutzen der Mechanisierung als weitere Antriebskraft zur Spezialisierung. Die Kosten der Arbeitserledigung konnten gesenkt werden, wenn die technischen Einrichtungen optimal ausgenutzt wurden. Daneben wurde die Arbeit durch die Mechanisierung und Technisierung erleichtert und die physische Belastung reduziert. Je weniger Arbeitsstunden je Produkteinheit aufgewandt werden mussten, je mehr Einheiten konnten erzeugt werden.

Die Spezialisierung setzte notwendigerweise eine zwischenbetriebliche Arbeitsteilung innerhalb der Landwirtschaft voraus. Durch die Spezialisierung in einem Betriebszweig verschafften sich flächenarme Betriebe die produktionstechnischen Vorteile der Großbetriebe und nahmen die Nachteile einer zwischenbetrieblichen Arbeitsteilung in Kauf (Bergmann 1962, 44 f.). Großbetriebe, die über verschiedene Betriebszweige verfügten, waren im Vorteil, weil sie die Arbeitsteilung innerbetrieblich organisieren und die einzelnen Produktionsprozesse besser aufeinander abstimmen konnten. Die zwischenbetriebliche Arbeitsteilung erforderte zusätzlichen Organisationsaufwand und rief Zwischenhändler auf den Plan, welche zwischen den Betrieben und zwischen Betrieb und den Lieferanten von Produktionsmitteln bzw. Abnehmern von Rohwaren vermittelten und die Güter transportierten. Mit diesen Vermittlungsdiensten waren nicht nur entsprechende Kosten verbunden. Es entstanden Abhängigkeiten, welche die Handlungsspielräume der einzelnen Betriebe einengten. Gleichzeitig wurden in einigen Regionen die Infrastrukturen für die landwirtschaftlichen Betriebe und die Zuliefer- und Abnehmerindustrie ausgebaut. Hierdurch entstanden deutliche Wettbewerbsvorteile gegenüber Betrieben an entlegenen Standorten.

Während in den Nachkriegsjahren die Wertschöpfung in der übrigen Wirtschaft stark anwuchs, konnte die Wertschöpfung der Landwirtschaft mit dieser Entwicklung nicht Schritt halten. Entsprechend ging der Anteil der Landwirtschaft an der volkswirtschaftlichen Wertschöpfung stetig zurück. Dieser Schrumpfungsprozess war die zwangsläufige Folge eines Anstiegs der Einkommen, wie sie in allen hochindustrialisierten Ländern eintrat. So stieg die Gehaltssumme je durchschnittlich beschäftigtem Arbeitnehmer in Westdeutschland von 2911 DM im Jahr 1950 auf 6100 DM im Jahr 1960 (Destatis 1961). Während aus dem technischen Fortschritt in der Industrie eine stetige Zunahme der Einkommen resultierte, sank mit steigendem Einkommen der Anteil der Gesamtausgaben, der für Nahrungsmittel ausgegeben wurde. Steigende Einkommen der Beschäftigten gingen nur bedingt mit einem höheren Nahrungsmittelverbrauch einher. Es fand lediglich eine Verlagerung des Verbrauchs hin zu sogenannten „Veredlungsprodukten" statt. Der Pro-Kopf-Verbrauch an Produkten tierischer Herkunft stieg zwischen 1960 und 2007 in der EU um 50 % (Westhoek et al. 2011) und verdoppelte sich in Relation zu 1900 (Smil 2002).

Auch der Konsum von Veredlungsprodukten konnte nicht im gleichen Maße ansteigen wie die Einkommen der Beschäftigten. Nicht nur hier unterschied sich die Landwirtschaft von vielen anderen Wirtschaftszweigen, die bei steigendem Volkseinkommen mit einer kräftigen Ausdehnung ihrer Märkte rechnen konnten. Der technische Fortschritt, der sich unter anderem aufgrund der Verfügbarkeit preiswerter Produktionsmittel, arbeitstechnischer Erleichterungen und vielfältigen Erkenntnisfortschritten einstellte und die Produktivität beförderte, rief spätestens bei Erreichen des Sättigungsniveaus ein Missverhältnis zwischen Angebot und Nachfrage von Nahrungsmitteln hervor. Entsprechend gerieten die Märkte für landwirtschaftliche Produkte mehr und mehr unter Preisdruck. Da weder eine unbegrenzte Steigerung des Umsatzes noch eine durchschlagende Anhebung der Preise möglich war, blieb den landwirtschaftlichen Betrieben kaum etwas anderes übrig, als die Produktivität je Arbeitskraft weiter zu erhöhen und Arbeitskräfte, für die ein Lohn zu entrichten war, auszugliedern. So ging die Anzahl der Vollarbeitskräfte in der Landwirtschaft, die im Jahr 1950/1951 noch 3,746 Mio. betrug, auf 2,417 Mio. im Jahr 1960/1961 zurück. Allerdings führte der Rückgang nicht dazu, dass sich der Abstand im Einkommen zwischen der Industrie und der Landwirtschaft verringerte. Vielmehr nahm der industrielle Vergleichslohn weiter zu und vergrößerte den Abstand. Entsprechend suchten und fanden viele Arbeitskräfte ihr Ein- und Auskommen außerhalb der Landwirtschaft. Für die verbliebenen Landwirte waren die Möglichkeiten der Einkommenssteigerung weiterhin begrenzt. Bergmann (1962) sah die Betriebe zu Beginn der 1960er-Jahre vor eine unabdingbare Wahl zwischen vier Optionen gestellt: 1) grundlegende Änderung der Betriebsgrößenstruktur und der Betriebsorganisation, 2) Auslaufmodell und Verzicht auf weitere Anpassungen, 3) Bewirtschaftung im Nebenerwerb oder 4) Aufgabe des Betriebes. In der weiteren Entwicklung waren für die meisten Betriebe weder der Verzicht auf Anpassung und damit die Abkopplung von der Einkommensentwicklung noch die Aufrechterhaltung des landwirtschaftlichen Betriebes im Nebenerwerb dauerfähige Alternativen, sodass sich Optionen für die meisten Betriebe alsbald auf die Kurzformel verdichteten: „Wachsen oder Weichen".

Diese Kurzformel gibt jedoch die Entwicklung nur unzureichend wieder. Bevor die Erzeugung auf einem landwirtschaftlichen Betrieb aufgegeben wurde, haben viele Betriebsleiter zunächst einmal versucht, durch weitere Investitionen in Wachstums- und Spezialisierungsprozesse die wirtschaftliche Existenzfähigkeit zu erhalten, um dann mit Zeitverzögerung doch aus dem Rennen ausscheiden und weichen zu müssen. Bis heute hält dieser Prozess an, bei dem der Betriebsaufgabe und dem Scheitern das Bemühen vorausgeht, den Betrieb durch Anpassungsprozesse und durch Investitionen für die nachfolgende Generation zu erhalten. Dabei wurden zum Teil erhebliche Verschuldungen in Kauf genommen, die landwirtschaftlichen Betrieben aufgrund des vorhandenen (knappen) Produktionsfaktors „Boden" leicht gewährt wurden. Von der Agrarpolitik und der Agrarökonomie wurde diese Entwicklung mit dem Begriff „Strukturwandel" belegt. Dieser Begriff ist allerdings eher geeignet, die rasanten Umbrüche und deren Folgewirkungen zu ummanteln und deren Ausmaß zu verdecken als diese sachgerecht zu beschreiben. Im Jahr 1949 wurden im Gebiet der Bundesrepublik Deutschland noch annähernd 1,8 Mio. landwirtschaftliche Betriebe gezählt, im Jahr 1960 waren es immerhin noch ca. 1,5 Mio. Von da an entsprach die Entwicklung weniger einem Wandel als einem rasanten Umbruch, verbunden mit einer drastischen Veränderung der Produktionsverhältnisse. Bis Ende des Jahres 2017 sank die Zahl der Betriebe auf ca. 270.000 (DBV 2018). Gleichzeitig änderten sich die Betriebsgrößenverhältnisse. Die bei Betriebsaufgabe freiwerdenden Nutzflächen wurden von anderen Betrieben weiter bewirtschaftet. 24 % der landwirtschaftlichen Betriebe verfügen heute über bis zu 10 Hektar (ha), während 14 % der Betriebe mehr als 100 ha und 60 % der gesamten Nutzfläche bewirtschaften. Von den knapp 1,9 Mio. landwirtschaftlichen Arbeitsplätzen, die 1991 in Deutschland noch bestanden, sind im Jahr 2017 noch ca. 650.000 übrig geblieben.

Anders als die Schweine- und Geflügelhaltung ist die Milchviehhaltung in besonderer Weise von der Verfügbarkeit an Nutzfläche für die Erzeugung der Grobfuttermittel abhängig. Aus ökonomischer Sicht besteht daher eine starke Abhängigkeit der Produktionskosten von der Betriebsgröße (Goertz 1999). Daraus folgerten Agrarökonomen, dass eine rentable Milcherzeugung nur durch betriebliches Wachstum erreicht werden könnte. Mit einer weiteren Verbesserung der Größenstruktur und einer Steigerung der Produktionsleistungen stellten sie in Aussicht, auf diese Weise nachhaltig wettbewerbsfähige Arbeitsplätze in der Milchproduktion in Deutschland schaffen zu können. Dies ist jedoch nicht die einzige Prognose vonseiten der Agrarökonomie, die sich im Nachhinein als falsch erwiesen hat. Gemäß einer Studie der Deutschen Zentral-Genossenschaftsbank (Niegsch und Stappel 2020), die den Strukturwandel im bundesdeutschen Agrarsektor beleuchtete, wird erwartet, dass die Zahl der Erwerbstätigen im Agrarsektor bis 2040 um die Hälfte auf rund 325.000 sinken wird. Folglich setzen sich die tiefgreifenden Veränderungen unvermindert fort. Bis zum Jahr 2040 könnte die Zahl der landwirtschaftlichen Betriebe von bundesweit ca. 267.000 in 2018 auf etwa 100.000 Unternehmen sinken und die durchschnittliche Betriebsgröße auf 160 ha anwachsen. Damit nähert sich die deutsche Landwirtschaft den Betriebsgrößen an, wie sie bei Familienbetrieben in den USA bereits heute üblich sind (2018: durchschnittlich 179 ha). Das über lange Zeiträume vorherrschende Modell eines bäuerlichen Familienbetriebes, das durch selbstständige Bauern, kleine Betriebseinheiten und mithelfende Familienangehörige charakterisiert war, hat rasant an Bedeutung verloren. Dies bedeutet jedoch keineswegs, dass sich die Landwirte selbst oder diverse Bevölkerungs- und Verbrauchergruppen von den alten Bildern verabschiedet hätten; dazu an anderer Stelle mehr (s. Abschn. 7.2).

Zum Festhalten an überkommenen Vorstellungen gehört auch, dass die wirtschaftliche Lage der landwirtschaftlichen Branche häufig falsch eingeschätzt wird. Trotz der drastischen Rationalisierungs- und Intensivierungsmaßnahmen sank der Anteil der Landwirtschaft an der gesamten Bruttowertschöpfung in Deutschland von 3,3 % im Jahr 1970 auf 0,9 % im Wirtschaftsjahr 2017/2018 mit weiterhin abnehmender Tendenz. Das Absatzpotenzial der Agrarbranche im Inland ist schon seit längerer Zeit weitgehend ausgeschöpft. Entsprechend kann die Branche nur unter der Voraussetzung einer positiven Preisentwicklung und/oder einer zunehmenden Auslandsnachfrage wachsen. Jedoch führte die zunehmende Liberalisierung der Landwirtschaft in der Europäischen Union dazu, dass der Einfluss der europäischen und der globalen Agrarmärkte auf die deutsche Landwirtschaft wuchs, ohne dass die Ausfuhr landwirtschaftlicher Produkte deutlich anzog. Eine der Folgewirkungen bestand darin, dass sich das Ausmaß der Preisschwankungen deutlich erhöhte, während die Entwicklung der Marktpreise für Nahrungsmittel merklich hinter der Entwicklung anderer Verbraucherpreise zurückblieb. Laut Statistischem Bundesamt haben sich die landwirtschaftlichen Erzeugerpreise von 1981 bis heute allenfalls marginal erhöht, während im gleichen Zeitraum die allgemeinen Verbraucherpreise um mehr als 200 % gestiegen sind. Wenn der Verbraucher Produkte aus der heimischen landwirtschaftlichen Erzeugung kauft, gehen im Schnitt nur noch 23 Cent eines jeden Euros an die Primärerzeuger. In den 1970er-Jahren lag der Anteil noch bei 48 %. Mit knapp 4 % weisen Erzeugnisse aus Brotgetreide den niedrigsten Erzeugeranteil auf. Bei Fleisch und Wurst kommen immerhin noch 22,5 Cent jedes Euros bei den Primärproduzenten an, übertroffen von Milch mit fast 40 Cent und von Eiern. Hier verbleiben von jedem Euro ca. 60 Cent bei den Landwirten (Anonym 2019). Die Unterschiede stehen auch im Zusammenhang mit dem abnehmenden Grad der Weiterverarbeitung. Während die **Eier** lediglich sortiert und abgepackt werden, ist der Weg vom Getreide bis zum Brötchen und vom Schlachtkörper zur Wurstware erheblich länger und beinhaltet verschiedene Stufen der handwerklichen Be- und Verarbeitung.

Parallel stieg der Kapitaleinsatz in der Landwirtschaft. Ein landwirtschaftlicher Arbeitsplatz kostete im Jahr 1991 im Durchschnitt ca. 176.000 € je Erwerbstätigen (DBV 2018). Der Kapitaleinsatz erhöhte sich im Jahr 2017 auf 552.000 €. Erschwerend kommt hinzu, dass sich nur 41 % der Agrarflächen im Eigenbesitz befinden, d. h., 59 % der genutzten Flächen sind gepachtet. Für das Recht zur Bewirtschaftung müssen Pachtpreise bedient werden, die sich von 1991 bis 2016 von 141 auf 288 € je ha und Jahr im Durchschnitt verdoppelten und zugleich sehr große regionale Unterschiede aufweisen.

Der Fremdkapitalbestand in der deutschen Land- und Forstwirtschaft erreichte Ende Juni 2018 50,5 Mrd. €. Dies bedeutet, dass ca. ein Drittel des Sachkapitals mit Fremdmitteln finanziert wird. Je Hektar landwirtschaftlicher Nutzfläche beträgt der Fremdkapitaleinsatz rund 2500 €. Die Zinsaufwendungen lagen im Wirtschaftsjahr 2015/2016 bei durchschnittlich 5600 € je Unternehmen.

Gemessen an der Bruttowertschöpfung konnte der Agrarsektor in Deutschland in den zurückliegenden 20 Jahren seine Produktivität je Erwerbstätigen um 79 % steigern. Dennoch zeigt die landwirtschaftliche Nettowertschöpfung – vergleichbar mit dem Betriebseinkommen – von Jahr zu Jahr größere Schwankungen mit allgemein abnehmender Tendenz. Im Jahr 2018 betrug das Einkommen je Arbeitskrafteinheit lediglich 30.800 €. Je mehr das Industriewachstum das Wachstum der Agrarwirtschaft überflügelte, desto weiter klaffte in den Nachkriegsjahrzehnten die Schere zwischen außerlandwirtschaftlichen und landwirtschaftlichen Einkommen auseinander. Ab den 1990er-Jahren wurde vielen Landwirten durch staatliche Förderungen ermöglicht, neben der Erzeugung von Rohwaren auch Energie zu erzeugen und auf der Basis langfristig festgelegter Abnahmepreise in das öffentliche Netz einzuspeisen. Durch die Anreize, die der Staat durch das Erneuerbare-Energien-Gesetz (EEG) gesetzt hat, wurden viele Landwirte zu Produzenten erneuerbarer Energien und erschlossen sich dadurch neue Einnahmequellen. Gleichzeitig verschärften sie dadurch die Konkurrenzsituation um die Verfügbarkeit von Nutzungsflächen. In vielen Regionen führte der Ausbau der Bioenergieerzeugung zu einer Verknappung von Ackerfutterflächen und zu einem drastischen Anstieg der Pachtpreise. Dies macht seitdem insbesondere den auf Futterflächen angewiesenen Milchviehhaltern sehr zu schaffen.

In der bereits zitierten Studie der DZ Bank wird davon ausgegangen, dass langfristig große kapitalintensive und betriebswirtschaftlich organisierte Unternehmen, die modernste Techniken einsetzen, die Agrarbranche prägen werden. Allerdings sind die neuen Techniken mit enorm hohen Investitionen verbunden. Von der **Digitalisierung** wird erwartet, dass sie eine weitere Steigerung der Effizienz der Produktion ermöglicht. Gleichzeitig wird davon ausgegangen, dass „sich der klassische landwirtschaftliche Betrieb immer stärker hin zu einer modernen Produktionsstätte für Agrarrohstoffe entwickelt, ebenso wie immer mehr Landwirte zu modernen, technisch und ökonomisch gut ausgebildeten Unternehmern geworden sind".

Ableitungen

Durch die Verflechtungen mit vor- und nachgelagerten Industriezweigen wurde die Industrialisierung der Landwirtschaft weiter forciert. Grenzen in der Verfügbarkeit an Nutzflächen und Arbeitskapazitäten wurden durch Kapitaleinsatz als Produktionsfaktor vor allem in Form von Technikeinsatz zu kompensieren versucht. Fossile Brennstoffe ersetzten direkt (z. B. Treibstoffe für motorisierte

Landmaschinen) und indirekt (z. B. chemisch-industriell hergestellter Mineraldünger) die solare Energie (über den Umweg der pflanzlichen Photosynthese) als
Hauptenergiequelle. Nicht nur die Produktionsfaktoren, sondern auch die Produkte
durchliefen kapitalintensive Verarbeitungsschritte, bevor sie über Supermärkte zu
den Verbrauchern gelangten. Wesentliche Prozesse der Produktionskette wurden
ausgelagert. Die landwirtschaftlichen Betriebe wurden auf die Funktion des Roh-
stoffproduzenten und des Abnehmers von Waren der vor- und nachgelagerten
Industriezweige reduziert. Mit dem Ersatz endogener durch exogene Ressourcen
gerieten bäuerliche Betriebe in eine „landwirtschaftliche Tretmühle", in der
Intensivierung, Spezialisierung und Betriebskonzentration die sich selbst ver-
stärkende Spirale von Größenvorteilen nach der Logik „Wachsen oder Weichen" in
Gang setzen (Cochrane 1993).

Durch das Ineinandergreifen züchterischer, wissenschaftlicher und technologischer Entwicklungen konnte die Produktivität der Erzeugung pflanzlicher
und tierischer Produkte immens gesteigert werden. Auf spezialisierten Betrieben
konnten ertragssteigernde Produktionstechniken besser beherrscht werden als auf
vielseitigen Gemischtbetrieben. Die Hochmechanisierung war jedoch nur dann
wirtschaftlich, wenn für eine hinreichende Auslastung der Maschinen und für
einen produktiven Einsatz der freigemachten Arbeitsstunden gesorgt wurde. Auch
konnten nur diejenigen aus dem technischen Fortschritt überdurchschnittliche Ein-
kommensvorteile generieren, die ihn zuerst nutzbar machten (Pioniergewinne).
Sobald die Masse der Betriebe die neuen Produktionsverfahren einsetzte, spielten
sich Preise und Kosten auf einem neuen Niveau ein. Dadurch entfiel der zusätzliche Gewinn aus dem technischen Fortschritt weitgehend. Auf diese Weise
wurde der Drang zu weiteren Produktivitätssteigerungen mittels technischer Entwicklungen systemimmanent (positive Mitkopplung). Wechselseitige Bedingtheiten erzeugten Pfadabhängigkeiten auf dem eingeschlagenen Wachstumsweg.
Auf der anderen Seite hatte die zunehmende Spezialisierung zur Folge, dass Preisschwankungen auf den Märkten immer weniger durch andere Einnahmequellen
aufgefangen werden konnten. Dies vergrößerte die Abhängigkeit von den Nach-
fragetrends im jeweiligen Marktsegment. Gleichzeitig wurde die Landwirtschaft
immer kapitalintensiver und damit noch abhängiger von Fremdkapital. Die Ausweitung von Produktionskapazitäten sowie steigende Produktmengen sorgten
für einen anhaltenden Druck auf die Erzeugerpreise. Dieser wurde mit weiteren
Bemühungen um Senkung der Produktionskosten beantwortet. Die Produkte, die
nicht im Inland abgesetzt werden konnten, wurden mithilfe von (Export-)**Subventionen** auf den globalen Märkten verramscht und verursachten dort weitere
Probleme.

Während es in der Vergangenheit die Regel war, den Betrieb über eine lange
Generationsfolge hinweg im Familienbesitz zu führen, änderte sich dies nach dem

Zweiten Weltkrieg grundlegend. Um Anschluss an die Einkommensentwicklung außerhalb der Landwirtschaft zu halten, musste die Produktivität der Erzeugung weiter gesteigert werden. Intensivierung, Mechanisierung und Spezialisierung waren die Instrumente, mit denen dies unter den deutlich veränderten Rahmenbedingungen der Europäischen Wirtschaftsgemeinschaft (EWG) angestrebt und auch erreicht wurde. Allerdings konnten auch die enormen Produktivitätssteigerungen nicht wettmachen, was durch die von politischer Seite gesetzten wirtschaftlichen Rahmenbedingungen den Betrieben verwehrt wurde, nämlich ein adäquater Anstieg der Lebensmittelpreise und damit der betrieblichen Einkommen. Die Ankurbelung der Mengenproduktion und das damit einhergehende Überangebot an Nahrungsmitteln verhinderte Preissteigerungen im Lebensmittelsektor, wie sie für andere industrielle Produktlinien selbstverständlich waren. Folglich war es den Landwirten nicht möglich, in der Einkommensentwicklung mit den Verdienstmöglichkeiten außerhalb der Landwirtschaft Schritt zu halten. Auch mithilfe der staatlichen Subventionen gelang es der Mehrzahl der Betriebe nur vorübergehend, ein existenzfähiges Einkommen zu generieren. Zudem sorgte die Koppelung der Direktzahlungen an die Fläche dafür, dass die Pachtpreise anstiegen und die Subventionen vorrangig bei denjenigen ankamen, welche die Flächen besaßen, und nicht bei denjenigen, welche die Flächen bearbeiteten und die erhöhten Pachtpreise erwirtschaften mussten. Ohne die Direktzahlungen aus Brüssel und die zusätzlichen nationalen Unterstützungsmaßnahmen reichten für die meisten landwirtschaftlichen Betriebe die Einkommen aus den Verkaufserlösen nicht aus, um wirtschaftlich zu überdauern. Immer mehr Landwirte mussten sich im Wettbewerb um die höchste Produktivität geschlagen geben und aus dem Produktionsprozess ausscheiden. Die frei gewordenen Nutzflächen wurden von den verbliebenden Betrieben zur Vergrößerung der Produktionseinheiten genutzt, um Größenvorteile, die sogenannten Skaleneffekte, zu realisieren. Damit konnten sie sich zumindest vorübergehend im Verdrängungswettbewerb behaupten, ohne jedoch überblicken zu können, über welche Zeiträume dies gelingt.

2.5 Globalisierte Landwirtschaft

Der Begriff „Globalisierung" geht auf Entwicklungen in den 1960er-Jahren zurück (Chanda 2007, 246 f.). Er bezeichnet die Zunahme weltweiter Verflechtungen in vielen Bereichen (Umwelt, Wirtschaft, Politik, Kultur, Kommunikation) zwischen Individuen, Unternehmen, Gesellschaften, und Institutionen. Verflechtungen repräsentieren ein Netz von Verbindungen, entlang dessen etwas vermittelt und ausgetauscht wird. Das, was verbreitet bzw. ausgetauscht wird, und mit welcher Geschwindigkeit dies geschieht, ist untrennbar an die Beschaffenheit der Verbindung gekoppelt. Ohne die von Menschen über große Distanzen hinweg geschaffenen und etablierten Verbindungen kommt es lediglich zu einer unkontrollierten Ausbreitung in Raum und Zeit von den Substanzen, die nicht lokal gebunden sind. Hierzu gehören unter anderem: elektromagnetische Wellen, Luft und Wasser sowie darin gelöste Substanzen. Die Verteilung von Luft- und Wassermassen über globale Luft- und Wasserströmungen ist ein konstitutives Element des Globus, welches über Jahrmillionen das Klima auf den Kontinenten bestimmte.

Eine Ausbreitung findet auch im Mikrokosmos statt. Der Botaniker Robert Brown entdeckte im Jahr 1867 unter dem Mikroskop, dass kleine Teilchen in Flüssigkeiten und Gasen unregelmäßige und ruckartige Wärmebewegungen vollzogen. Der noch heute gebräuchliche Name „brownsche Molekularbewegung" rührt daher, dass das Wort Molekül damals noch generell zur Bezeichnung eines kleinen Körpers verwendet wurde. Nach der 1905 von Albert Einstein gegebenen Erklärung wird die im Mikroskop sichtbare Verschiebung der Teilchen dadurch bewirkt, dass die Moleküle aufgrund ihrer ungeordneten Wärmebewegung ständig und aus allen Richtungen in großer Zahl gegen die Teilchen stoßen und dabei rein zufällig einmal die eine Richtung, einmal die andere Richtung einschlagen. Die Erklärung der brownschen Molekularbewegung gilt als Meilenstein auf dem Weg zum wissenschaftlichen Nachweis der Existenz der Atome. Auf das, was aus zuvor bestehenden Bindungen herausgelöst wird, wirken die Kräfte der Molekularbewegung so lange ein, bis eine gleichmäßige Verteilung eingetreten ist. Der mittlere quadratische Abstand von ihrem Ausgangspunkt wächst proportional zur Zeit an. Der zweite Hauptsatz der Thermodynamik in Verbindung mit der Zunahme an **Entropie** findet darin ebenso seinen Niederschlag wie die Verteilung der Klimagase in der Stratosphäre und der globale Anstieg der Erdtemperatur.

Vor dem Menschen haben bereits Vögel oder Fische und Wale den Globus bereist. Die Verbreitung von toter Materie und lebenden Organismen, welche auf ein spezifisches Transportvehikel angewiesen waren, nahm allerdings erst mit der Reisetätigkeit der Menschen ihren Anfang. Dabei war die Reisetätigkeit seit jeher nicht nur mit dem Transport von erwünschter, sondern auch von unerwünschter Materie verbunden. Der Zusammenhang zwischen der Reisetätigkeit der Menschen und der Verbreitung von Mikroorganismen zeigt sich in seiner Wirkmächtigkeit und in der Zunahme der Ausbreitungsgeschwindigkeit nicht erst seit der Coronapandemie von 2020. Dies ist spätestens mit der Ankunft der zurückgekehrten Kolumbusschiffe im Jahr 1493 in Neapel evident, welche die Syphiliserreger im Gepäck hatten. Allerdings sickert bei vielen Menschen erst langsam ins Bewusstsein, dass jede Form der Reisetätigkeit und jeder Austausch von toter oder lebender Materie über Ländergrenzen hinweg ambivalent ist, d. h. sowohl positive wie negative Folgewirkungen zeigt. Die Zwei- bzw. Mehrdeutigkeit resultiert nicht nur aus den unterschiedlichen Perspektiven, wenn Materie von einer Lokalität A zur Lokalität B wechselt und damit unterschiedliche Vor- und Nachteile sowohl am Ursprungs- als auch am Zielort sowie auf dem Weg dorthin einhergehen. Zusätzlich hat jede Form des Transportes einen CO_2-Rucksack im Gepäck. Dies bedürfte an sich noch keiner besonderen Hervorhebung, wenn nicht die Ausbreitung von Menschen und Gütern, von lebender und toter Materie über den Globus entlang etablierter Routen über die Jahrhunderte exponentiell zugenommen hätte. Dies trifft in besonderer Weise auch auf Produkte der Landwirtschaft zu.

Im Kontext der Landwirtschaft standen bei den internationalen Verflechtungen zunächst die Importe von Waren im Vordergrund, die nicht vor Ort verfügbar waren. Schon früh in der Menschheitsgeschichte wurden leicht transportable Gewürze, später auch Südfrüchte „aus aller Herren Länder", nach Europa verschifft. Bereits im 16. Jahrhundert gelangten Kulturpflanzen wie Kartoffeln und Mais aus Südamerika nach Europa; deren Nachbau bereicherte und veränderte die hiesigen Speisepläne. Später gehörten Zucker, Rum, Baumwolle, Tabak und Indigo zu den bedeutendsten Importgüter des 19. Jahrhunderts aus der weltwirtschaftlichen Peripherie für die sich industrialisierenden Länder Europas. Zu den ausgetauschten „Waren" gehörten auch Menschen, die gegen ihren Willen, unter anderem auf den Baumwollplantagen in den amerikanischen Südstaaten, zur Arbeit gezwungen und versklavt wurden. Der Import aus nah- und ferngelegenen Regionen der Welt ermöglichte die Verfolgung eigener Interessen bei der Nutzbarmachung von Gütern. Sofern für die erworbenen Güter auch eine angemessene Gegenleistung erbracht wurde, war damit gemäß heutiger Sprachregelung eine Win-win-Situation für Importeure und Exporteure und nicht zuletzt für den Zwischenhändler verbunden. Unstrittig dürfte sein, dass in vielen Fällen der Handel unter Inkaufnahme von Nachteilen bzw. zu Lasten anderer praktiziert wurde und weiterhin wird. Davon unbenommen bleibt, dass viele negative Folgewirkungen für andere gar nicht als solche zur Kenntnis genommen werden, weil sie sich außerhalb des eigenen Wahrnehmungshorizonts abspielen. Oder sie werden ignoriert bzw. argumentativ wegrationalisiert, um weiterhin von den Vorteilen profitieren zu können. Hier ist nicht der Platz, um die Geschichte der Globalisierung und deren Ausprägungen im Kontext der landwirtschaftlichen Erzeugung umfassend zu erörtern. Für die weiteren Erörterungen ist jedoch relevant, dass nicht nur beim unmittelbaren Austausch von Waren zwischen Personen, sondern auch beim Austausch über große Distanzen hinweg immer auch die Frage mitschwingt: *Wem nützt der Austausch und wem gereicht er möglicherweise zum Schaden?* An einigen Beispielen sollen zunächst die Triebfedern eines anwachsenden globalen Austausches landwirtschaftlicher Produkte herausgearbeitet werden, um dann an anderer Stelle umso ausführlicher auf die obige Frage eingehen zu können.

Der Austausch von Materie über große Distanzen hinweg hatte bereits früh Einfluss auf die strukturellen Entwicklungen der Landwirtschaft genommen und sich dann in einem Ausmaß weiterentwickelt, der die heutige Landwirtschaft nicht nur prägt, sondern dominiert. Im Jahr 1806 brachte Alexander von Humboldt die ersten Guanoproben (Exkremente von Seevögeln) von den Küsten Südamerikas mit nach Europa und ließ sie von Chemikern analysieren. Diese fanden in den Exkremten sowohl Stickstoff als auch Phosphor hoch angereichert und organisch gebunden vor. Wenn auch mit erheblicher zeitlicher Verzögerung entwickelte sich daraus ein großer Guanoboom, der mit einem Höhepunkt in der Zeit von 1845 bis 1880 aufwartete und bis Ende des 19. Jahrhunderts anhielt (Rott 2016). Zu diesem Boom trug wesentlich die vielfältige Verwendbarkeit von

Guano als Düngemittel in der Landwirtschaft und als Ausgangsprodukt der Sprengstoffherstellung bei. Dies änderte sich erst, als es 1908 dem deutschen Chemiker Fritz Haber gelang, aus Wasserstoff und Stickstoff Ammoniak synthetisch herzustellen.

Während die synthetische Erzeugung von Ammoniak den Guanoimport weitgehend zum Erliegen brachte, wurde eine andere **reaktive Stickstoffverbindung** zum Import- bzw. Exportschlager. Die Größenordnung hat diejenige von Guano bereits um ein Vielfaches übertroffen. Die Rede ist von der Sojabohne. Als Ölfrucht mit rund 20 % Ölanteil ist sie nicht nur für die menschliche Ernährung von Bedeutung. Nach der Extraktion des Öls bleibt ein sehr eiweißhaltiger Rest übrig, der als Futtermittel heute den unverzichtbaren Treibstoff für die Industrialisierung der Nutztierhaltung in Europa darstellt (BUND 2019). Sojabohnen werden hauptsächlich in Form von Extraktionsschrot zu Tierfutter verarbeitet. Weltweit ist die Sojabohne der wichtigste Eiweißlieferant für **Schweine** und **Geflügel,** die auf die Zufuhr von hochwertigen Eiweißkomponenten angewiesen sind. Der Eiweißgehalt ist mit ca. 40 % in der Trockenmasse im Schnitt viermal so hoch wie im Getreide. Der weltgrößte Erzeuger von Sojabohnen sind die USA, dicht gefolgt von Brasilien und Argentinien. Während im Wirtschaftsjahr 2018/2019 die Weltsojabohnenernte auf ca. 367,5 Mio. t geschätzt wurde, erwies sich China mit ca. 90 Mio. t als Hauptimporteur, gefolgt von der EU mit ca. 16 Mio. t. In den Importländern ist Sojaextraktionsschrot eine ideale Futterkomponente zur Ergänzung der heimischen Getreide- und übrigen Futterressourcen. Sojaextraktionsschrot wird nicht nur in Rationen von Schweinen und Geflügel, sondern auch in der Fütterung von Mastrindern und Milchkühen eingesetzt. Letzteres geschieht weniger aus Mangel an heimischen Alternativen, sondern vor allem aufgrund von Kostenvorteilen für den Handel. Ohne den internationalen Handel mit preiswerten Futtermitteln aus Nord- und Südamerika hätte das Ausmaß der Intensivierung und Ausweitung der Nutztierhaltung in Europa nicht stattfinden können.

Die Ausweitung des weltweiten Warenhandels verlangte nach Regeln, die nach dem Zweiten Weltkrieg mit dem internationalen Abkommen „General Agreement on Tariffs and Trade" (GATT) von 1947 geschaffen wurden. Das Abkommen schloss die Landwirtschaft weitgehend vom Freihandel aus und legitimierte den Protektionismus, der zur Bewältigung der Weltwirtschaftskrise und des Zweiten Weltkriegs in den 1930er- und 1940er-Jahren institutionalisiert worden war. Unter Federführung des Internationalen Währungsfonds (IWF) und der World Trade Organisation (WTO), der Nachfolgeorganisation des GATT, entstand später ein globales Regelwerk für den Agrarhandel. Die USA akzeptieren den Protektionismus der Gemeinsamen Agrarpolitik der Europäischen Gemeinschaft (GAP) gegenüber Getreideimporten. Im Gegenzug wurden Futtermittelimporte auf Sojabasis aus den USA davon ausgenommen. Für die Produktionsüberhänge, die nicht innerhalb der europäischen Mitgliedsländer abgesetzt werden konnten, wurde mit staatlicher Unterstützung nach neuen Absatzmärkten gesucht. Bereits Anfang der 1990er-Jahre beschloss die EU, ihre Landwirtschaft künftig am Weltmarkt und an dessen Preisen auszurichten. Dabei sollten vor allem die Märkte in Afrika und Asien beliefert werden. Die Subventionierung des Exportes mit beträchtlichen Geldsummen und Infrastruktur verschaffte der EU zunächst diverse Vorteile gegenüber anderen Ländern, welche bereits auf den Weltmärkten tätig waren und ebenfalls die **Exporte** auszuweiten trachteten.

Bei der sogenannten Uruguay-Runde der Welthandelsorganisation (WTO) von 1992 wurde vereinbart, auch die Agrarprodukte den Regeln des internationalen Warenhandels zu unterwerfen. Entsprechend wurden Preisstützung und Regulierung der Agrarmärkte durch Marktordnungen Schritt für Schritt aufgegeben. Im Gegenzug bekamen die Landwirte finanzielle Unterstützung (**Subventionen**) über die Regelungen der GAP. Seit 2005 sind die Subventionen vollständig von der Mengenproduktion entkoppelt und werden als Direktzahlungen über die sogenannte erste Säule flächenbezogen gewährt. Darüber hinaus werden über die zweite Säule Investitionen in die Landwirtschaft und den ländlichen Raum finanziert, mit denen die Wettbewerbsfähigkeit verbessert und der Strukturwandel abgefedert werden soll. Im Vergleich zur ersten Säule, deren Finanzierung zu 100 % von der EU getragen wird, müssen die EU-Mittel der zweiten Säule in der Regel mit nationalen öffentlichen Mitteln von Bund und Ländern kofinanziert werden.

Nach einer vor allem durch „produktivistische" Strategien gekennzeichneten Phase auf den Weltmärkten der Agrarwirtschaft zeichnete sich nach Sieder und Langenthaler (2010) ab den 1990er-Jahren die Entwicklung eines „postproduktivistischen" Nahrungsregimes ab, das mehrere, teils widersprüchliche Prozesse umfasst. Vier Entwicklungsstränge werden von ihnen hervorgehoben:

1. Die Intensivierung der Produktionsprozesse verschärften den Wettbewerb für jene Nahrungsmittelproduzenten, -verarbeiter und -händler in den entwickelten Ländern, die jahrzehntelang unter dem Schutzmantel des Protektionismus agiert hatten. Gleichzeitig traten neue Erzeugerländer in Erscheinung (u. a. Brasilien, Argentinien), in denen die Subsistenzlandwirtschaft durch kommerzialisierte Exportproduktion verdrängt wurde. Haupttriebkraft des rasch wachsenden Produktionsangebots südamerikanischer Länder war die anhaltende Nachfrage nach dem proteinreichen Sojaschrot als Tierfutter, zunächst vor allem in der EU, später auch in den asiatischen Schwellenländern. Infolgedessen büßten die USA die seit 1945 erlangte Vorherrschaft im Handel mit Futter- und Nahrungsmitteln ein.

2. Innerhalb des neoliberalen Regelwerks erhielten agroindustrielle Unternehmen nach und nach mehr Spielraum und lösten als „Global Players" die Nationalstaaten als zentrale Regulatoren des Agrarsektors ab. Die anwachsende Konzentration von Marktmacht in den Händen weniger Konzerne war die Folge und zugleich der Treiber weiterer Entwicklungen der Globalisierung. Heute beherrschen fünf Konzerne, darunter Bayer, Syngenta und Dupont, mehr als die Hälfte des globalen Saatgutmarktes. Auch der globale Markt für Pestizide und Düngemittel wird von wenigen Großkonzernen kontrolliert, ebenso wie der weltweite Getreidehandel, der zu 70 % von fünf Großunternehmen abgewickelt wird. Auf der Basis eines flexiblen Kapitaleinsatzes können sie rasch auf Änderungen der Produktions- und

Konsumtionsbedingungen reagieren. Dabei unterliegen sie nicht länger dem Einfluss der an Bedeutung verlierenden Nationalstaaten, sondern agieren in erster Linie im Wettbewerb untereinander.

3. Immer mehr Bereiche der Nahrungsproduktion werden von den Folgen technologischer Entwicklungen durchdrungen. Technische Innovationen werden von den Investitionen befeuert, die sowohl von den national und international agierenden Firmen als auch von staatlicher Seite bereitgestellt werden. Sie forcieren die Konzentrationsprozesse in der Agrarwirtschaft. Gleichzeitig wächst die Nachfrage nach „biologischen", d. h. ohne Chemieeinsatz hergestellten Nahrungsmitteln. Die gegenläufigen Trends befördern die Segmentierung des Nahrungsmittelmarktes. Dieser teilt sich grob in einen Markt mit agroindustriell produzierter Massenware, der auf die mit erhöhter Kaufkraft ausgestatteten Konsumentengruppen in den Schwellen- und Transformationsländern ausgerichtet ist. Darüber hinaus besteht ein Markt für regional erzeugte Produkte und für Bioprodukte, der die „postmaterialistischen" Lebensstile der noch kaufkräftigeren Mittel- und Oberschichten in den Industrieländern des Nordens bedient.

4. Im Zuge der Liberalisierungsbestrebungen der WTO wurden in den meisten Industrieländern die Preisstützungen abgebaut und die Produktion vom Einkommen entkoppelt. An ihre Stelle traten staatliche, zum Teil an Auflagen gekoppelte Transferzahlungen, um Einkommensverluste der Landwirte abzupuffern. Unter den veränderten Rahmenbedingungen bildeten unternehmerisch und bäuerlich orientierte Familienbetriebe verschiedene Wirtschaftsstile aus.

Auch wenn die Exportsubventionen sukzessive zurückgefahren wurden, nahmen die Exporte von landwirtschaftlichen Produkten dennoch zu. Zwischen 2002 und 2019 hat sich der EU-Agrarhandel mehr als verdoppelt. In Deutschland tragen vor allem Milch und Milcherzeugnisse, darunter vor allem Käse, sowie Fleisch und Fleischwaren, zum Exportboom bei. Vom Deutschen **Bauernverband** (DBV 2018, 231 f.) wird gern kolportiert, dass die Ausfuhr von „hochwertigen" Veredlungserzeugnissen, wie die Produkte tierischer Herkunft, charakteristisch für die herausragende Qualität der Produkte des deutschen Agrarexportes seien. Dem steht entgegen, dass sich die Ausfuhrprodukte weitestgehend im Niedrigpreissegment, d. h. auf Weltmarktpreisniveau, bewegen. Inzwischen umfassen Handelsabkommen ein Drittel des Gesamtwarenhandels der EU (2018); dies gilt auch für den Agrarhandel.

Die Erzeugung von Futtergetreide auf dem Weltmarkt hat sich zwischen den Wirtschaftsjahren 2000/2001 und 2016/2017 um 64 % von 863 auf 1414 Mio. t erhöht (DBV 2020). Im gleichen Zeitraum erhöhte sich die Erzeugung von Weizen um lediglich 31 % von 581 auf 763 Mio. t. In der EU fanden von den 372 Mio. t, die im Jahr 2017/2018 an Getreide aufgrund von Jahreserzeugung, Lagerbeständen und Importen aus Drittländern verfügbar waren, lediglich 18 % als Nahrungsmittel und ca. 47 % als Futtermittel Verwendung. 9 % davon wurden in der Industrie, u. a. zur Herstellung von Bioethanol, verwendet; der Selbstversorgungsgrad lag bei 109 %. In Deutschland konnte die

Getreideproduktion einschließlich Körnermais und der Maiskolbenernte über die zurückliegenden Jahrzehnte deutlich gesteigert werden. Von 1958 bis 2016 stieg der Getreide-
ertrag von 26,6 auf 80,5 dt/ha. Allerdings traten in den Folgejahren aufgrund anhaltender
Dürreperioden deutlich Einbußen auf, die im Jahr 2018 den durchschnittlichen Ertrag auf
61,5 dt/ha schrumpfen ließen.

Zwischen 1998 und 2018 stieg die EU-Fleischerzeugung um ca. 25 % auf 48,1 Mio. t.
Dabei wurde die Erzeugung dominiert von **Schweinefleisch** (ca. 50 %), gefolgt von
Geflügelfleisch (ca. 31 %) und **Rindfleisch** (ca. 17 %), während Schaf- und Ziegenfleisch in Relation zur Gesamterzeugung sich auf lediglich ca. 2 % belief. Mit durchschnittlich 69,3 kg je Kopf der Bevölkerung zeigte sich der **Fleischkonsum** in Europa
relativ unverändert. In Deutschland ist allerdings ein Rückgang des Verzehrs von 61,5
im Jahr 2007 auf 59,2 im Jahr 2018 zu verzeichnen, der auf einen deutlichen Rückgang des Verzehrs von Schweinefleisch (um ca. 12 %) zurückgeht und nur zum Teil
durch einen Anstieg im Verbrauch von Geflügel- und Rindfleisch aufgefangen wird. Die
weltweite Erzeugung von Schweinefleisch ist über die Jahrzehnte stetig angestiegen.
Maßgebend für diese Entwicklung sind vor allem Produktionssteigerungen in den USA,
Russland und auch in der EU. In China wird fast die Hälfte des Schweinefleisches der
Welt erzeugt, gefolgt von der Europäischen Union. Diese ist nach den USA auch der
zweitgrößte Exporteur von Schweinefleisch. Entsprechend bleibt der Außenhandel für
die EU ein wichtiger Absatzweg. Wichtigster Schweinefleischkunde der EU ist China, in
das ca. 36 % der Schweinefleischausfuhren der EU verschifft werden.

In Deutschland haben die inländische Schweinefleischerzeugung und der Fleisch-
import von ca. 5 Mio. t Schlachtgewicht im Jahr 1998 auf 6,6 Mio. t im Jahr 2018
zugenommen. Im gleichen Zeitraum sank der Verbrauch im Inland von 4,6 auf
4,06 Mio. t und bescherte dem Land einen beträchtlichen Inlandsüberschuss. Entsprechend musste für 2,5 Mio. t über den Export ein Markt im Ausland gesucht werden.
70 % des exportierten deutschen Schweinefleisches findet ihr Ziel innerhalb der EU und
30 % in Drittländern mit China als Hauptabnehmer. Mit Ausbruch der Afrikanischen
Schweinepest (eine pandemische Seuche, die sich unter Schweinen ausbreitet) in
Deutschland im September 2020 wurde der Export in Drittländer gestoppt, verbunden
mit einem dramatischen Einbruch der Marktpreise. Der Erreger hat sich im Verlauf
von Jahren von Afrika ausgehend über Russland und die osteuropäischen Staaten den
westeuropäischen Staaten genähert. Der Ausbruch der Seuche 2018 in China, dem bei
weitem weltgrößten Produzenten und Abnehmer von Schweinefleisch, hat dort zu einem
immensen Verlust an Tieren (bis zu 40 % des gesamten Schweinebestandes in China)
geführt. Daraufhin stiegen die Marktpreise für Schweinefleisch überall auf der Welt deutlich an. Deutsche Schweinehalter konnten sich jedoch nur so lange über den Preisanstieg freuen, bis die Seuche auch in Deutschland angekommen war. Ab diesem Zeitpunkt
war nicht nur der Export nach China und in andere Drittländer unterbunden. Gleichzeitig
sank der Marktpreis aufgrund der gewaltigen Überschussmengen, die für den Export
produziert wurden, auf neue Tiefstände.

Die EU spielt auch eine große Rolle bei der Milcherzeugung. Im Jahr 2016 war die EU im weltweiten Vergleich noch der größte Milcherzeuger. Weil die Auswirkungen einer langanhaltenden Trockenheit im nördlichen Europa die Zuwächse reduzierten, wurde die EU im Jahr 2017 von Indien vom ersten Platz verdrängt. Deutschland ist der größte Milchproduzent in der EU und steht in der globalen Rangliste auf dem vierten Platz (FAO 2020). Drittgrößter Milcherzeuger der Erde sind die USA. Hauptimporteur von Milchprodukten sind die Länder Asiens, auf die ca. 60 % der globalen Milchimporte entfallen. Starke Exportzuwächse weisen die USA, aber auch Mexiko, Neuseeland, Argentinien, Uruguay und Australien auf. Dennoch ist die EU mit 27 % des Welt-milchhandels der größte Exporteur von Milch und Milchprodukten. Rund 12 % der von europäischen Bauern in die Molkereien gelieferten Milch wurden im Jahr 2018 in Dritt-länder exportiert, Tendenz steigend. Der größte Teil der deutschen Milcherzeugung fließt in die Käseverarbeitung (ca. 45 % in 2017). Daneben hat die Verwertung der Milch in Form von Konsummilch oder Frischprodukten mit ca. 25 % einen maßgeblichen Einfluss auf die Erlöse, welcher der Handel mit Milch erzielt.

Die Produktmengen sowie die Produktivität d. h. das Mengenverhältnis zwischen dem, was produziert wird (Output), und den eingesetzten Produktionsmitteln (Input), wurde durch die nach dem Zweiten Weltkrieg forcierten Intensivierungsprozesse deut-lich gesteigert. Eine gesteigerte Produktivität darf jedoch nicht mit einer gesteigerten Wirtschaftlichkeit gleichgesetzt werden, bei der die Kosten und Aufwendungen mit dem Ertrag bzw. Erlös in Beziehung gesetzt werden. Für die meisten Primärerzeuger hat sich die gesteigerte Produktivität nicht ausgezahlt; zu häufig waren die Markt-preise nicht kostendeckend. Bedingt durch ein Überangebot an landwirtschaftlichen Produkten auf den nationalen und globalen Märkten verharrten die Marktpreise allzu häufig auf einem niedrigen Niveau. Um dennoch wirtschaftlich zu überdauern, sind die Produzenten zu fortlaufenden Anstrengungen genötigt, die Produktionskosten noch weiter zu senken. Die große Zahl der Betriebe, die jedes Jahr aufgeben, weil sie sich im Wettbewerb verausgabt haben, zeigt das Ausmaß der vergeblichen Bemühungen, unter diesen Rahmenbedingungen die wirtschaftliche Existenzfähigkeit dauerhaft zu sichern. Profitiert von diesen Entwicklungen haben vor allem die Verarbeiter (u. a. Schlacht-stätten und Molkereien) sowie der Agrar- und der Lebensmitteleinzelhandel, welche enorme Umsatz- und Gewinnzuwächse verzeichnen konnten. Profitiert haben auch die **Verbraucher.** Mussten die Verbraucher im Jahr 1970 im Durchschnitt noch 96 min für ein Kilogramm Schweinekotelett arbeiten, so waren dies im Jahr 2017 lediglich 22 min (DBV 2018). Der Anteil der Ausgaben der privaten Haushalte in Deutschland für Nahrungsmittel, Getränke und Tabakwaren an den Konsumausgaben betrug im Jahr 1850 pro Person noch 61 %; er sank im Jahr 1970 auf 25 % und bewegte sich im Jahr 2017 auf das Niveau von 13,4 % (Destatis 2020). Entsprechend wurde für große Bevölkerungs-kreise sehr viel Kaufkraft für den Erwerb anderer Konsumgüter frei. Dies vermehrte den allgemeinen Wohlstand. Allerdings war es den meisten Landwirte verwehrt, von dieser Entwicklung zu profitieren.

Die **Subventionen** aus öffentlichen Mitteln in den Agrarsektor tragen maßgeblich dazu bei, dass die Marktpreise auf einem niedrigen, häufig nicht kostendeckenden Niveau verharren. Auch ohne die Kopplung der Subventionen an die erzeugten Produktmengen und unabhängig von den jeweiligen nationalen Anpassungsreaktionen verzerren die Agrarsubventionen der Industrieländer die Weltmarktpreise für Nahrungsmittel und rauben vor allem den Entwicklungsländern die dringend benötigten Entwicklungschancen. Stattdessen werden die Entwicklungsländer mit ihren hohen Anteilen ländlicher Bevölkerung zunehmend von Nahrungsimporten aus entwickelten Ländern zur Versorgung ihrer rasch wachsenden Bevölkerungen abhängig. Importe werden unter anderem mit Industriepflanzen (z. B. Baumwolle) oder anderen exportgängigen Produkten wie Südfrüchten bezahlt. Um Deviseneinnahmen zu generieren, wird der Anbau von Exportfrüchten vorangetrieben. Daraus resultieren weitere nachteilige Folgewirkungen für die traditionellen, subsistenzorientierten Agrarsysteme, und erhöhen die Abhängigkeit von Nahrungsmittelimporten. Damit wirkt sich der Konsum der Industrieländer auf die Flächennutzung in den Entwicklungsländern aus und führt dort zu diversen Flächennutzungskonkurrenzen (Paulitsch et al. 2004).

Von der Globalisierung sind insbesondere die Bauern in armen Ländern betroffen. Dabei geht es nicht nur um den Export von Geflügelfleisch und von Milchprodukten, die in entwickelten Ländern erzeugt werden, und in weiten Teilen Afrikas mehr als 50 % des Angebots ausmachen. Diese Angebote haben vielerorts einheimische Erzeuger verdrängt. „Die Kinder afrikanischer Bauern werden heute nicht mehr Bauern, sondern Migranten", beschreibt Jürgen Mauer, Geschäftsführer des Forums Umwelt und Entwicklung, die Folgen. Anders als in Europa werden bäuerliche Familienbetriebe in den Entwicklungsländern nicht subventioniert. Sie sind technisch und finanziell einer unbezwingbaren Konkurrenz ausgeliefert. Wer kann noch kostendeckend produzieren, wenn durch die Importware die Marktpreise sinken? Viele Betriebe machen keinen Gewinn mehr und können auch keinen Kredit mehr aufnehmen für Investitionen. Entsprechend sinken die Produktionskapazitäten bzw. die Produktivität.

Seit dem Zweiten Weltkrieg hat sich die Weltbevölkerung verdreifacht. Die Nahrungsmittelproduktion konnte laut FAO weltweit um das 3,25-Fache gesteigert werden. Allerdings hat dies nicht dazu geführt, dass die schlecht ernährten Menschen jetzt alle gut genährt sind. 3 von 7 Mrd. Menschen – mehr als ein Drittel der Weltbevölkerung! – leben unter der Armutsgrenze. Sie haben kein Geld, um sich angemessen zu ernähren. Nach einem Bericht der FAO von September 2018 leiden 11 % der Weltbevölkerung unter Hunger; dies sind etwa 821 Mio. Menschen und 17 Mio. Menschen mehr als im Vorjahr. Ist allein schon die Zahl sehr bedrückend, irritiert, dass rund 75 % davon in ländlichen Gebieten leben. Betroffen sind vor allem Menschen in Asien (515 Mio.), Afrika (257 Mio.) sowie Südamerika und der Karibik (39 Mio.). Nach FAO-Angaben gibt es Hunger vor allem dort, wo kriegerische Konflikte ausgetragen werden. In solchen Gebieten leben ca. 60 % aller weltweit Hungernden. Hinzu kommen die Auswirkungen des **Klimawandels**. Laut FAO verhungern 9 Mio. Menschen jährlich. 80 %

der hungernden Menschen leben auf dem Land; 70 % sind Bauern. Durch die Medien wird die Weltöffentlichkeit insbesondere auf den Hunger in der Stadt aufmerksam. Die daraufhin initiierte internationale Hilfe kommt vor allem in den Städten an, während der größte Hunger von den Menschen auf dem Land erlitten wird. Diese werden dann genötigt, in die Städte zu flüchten, um dort zu versuchen, sich am Leben zu halten.

Auch wenn von interessierter Seite die Notwendigkeit weiterer Produktivitätssteigerungen mit dem Argument der Hungerbekämpfung argumentativ gerechtfertigt wird, konnte durch die bisherigen Produktionsleistungen das **Problem des Hungers** auf der Welt nicht entschärft werden. Bei sehr vielen Primärerzeugern in der Welt, die nur eine geringe Produktivität erreichen, bestünde die Möglichkeit, diese zu verdoppeln, ohne übermäßig agrochemische Hilfsmittel zu nutzen. Allerdings bedürfte es veränderter wirtschaftlicher Rahmenbedingungen und Veränderungen in der Verteilung von Ressourcen, um die vorhandenen Produktionspotenziale deutlich zu verbessern, etwa durch mehr Handelsgerechtigkeit für die Entwicklungsländer. In diesem Zusammenhang soll auch nicht unerwähnt bleiben, dass den 821 Mio. unterernährten Menschen auf der Welt ca. 1,9 Mrd. Menschen gegenüberstehen, die als übergewichtig gelten; davon sind ca. 672 Mio. Menschen fettleibig.

Ableitungen

Mit dem Wegfall der letzten protektionistischen Maßnahmen im Rahmen der Uruguay-Runde der Welthandelsorganisation (WTO) von 1992 hat sich der Agrarmarkt endgültig zu einem Weltmarkt entwickelt. Dieser wird von mächtigen Interessen beeinflusst, die sich nicht nur vonseiten einiger weniger großen Global Player zeigen. Auch versuchen politische Kräfte mit zum Teil massiven Einflussnahmen im vermeintlichen Interesse der heimischen Erzeuger sowie viele andere beteiligte Stakeholder und Vertreter der Agrarlobby für die eigene Klientel auf die Märkte einzuwirken. Eine Angleichung der Löhne von Arbeitern in der Landwirtschaft und an die Betriebsgewinne vergleichbarer Unternehmen kann damit jedoch nicht erreicht werden. Die politischen Maßnahmen nationaler Regierungen oder der Europäischen Gemeinschaft haben allenfalls eine puffernde Wirkung, um die drastischen Folgewirkungen des globalen Verdrängungswettbewerbes ein wenig abzumildern. Die langen Zeiträume, die es braucht, bis sich die EU-Mitgliedsländer auf eine Gemeinsame Agrarpolitik verständigen können, und die langen Zeiträume (7 Jahre), welche die Beschlüsse dann gültig sind, macht die EU zu einem Spielball der Entscheidungen, die an anderer Stelle getroffen werden. Angesichts der deutlich gestiegenen Kaufkraft der überwiegenden Mehrheit der Bevölkerung ist das Thema der Ernährungssicherung in den Hintergrund getreten.

Stattdessen rücken die Veränderungen des Klimas als Vorboten einer Klimakrise gewaltigen Ausmaßes in den Vordergrund. Diese werden die Erzeugung von Nahrungsmitteln in besonderer Weise beeinträchtigen. Schon jetzt wird deutlich, wie sehr Ereignisse in anderen Teilen der Welt auch den hiesigen Agrarmarkt betreffen. Kommt es in anderen für den Weltagrarmarkt relevanten Ländern zu Ertragseinbußen, wirken sich diese auf die Weltmarktpreise und damit auch auf die Preisgestaltung vor Ort aus. Dies kann die Preise für Nahrungsmittel und damit die Nachfragesituation betreffen oder die Verfügbarkeit von Futtermitteln beeinflussen. Einerseits bestimmen auch auf den Weltmärkten Angebot und Nachfrage von Produkten den Preis. Andererseits sind Angebot und Nachfrage keine gottgegebenen Größen, sondern den marktwirtschaftlichen Interessen und dem politischen Einfluss diverser Stakeholder unterworfen. Das Überangebot von Produkten auf den Weltmärkten ist nicht zuletzt eine Folge der wirtschaftlichen Rahmenbedingungen. Unter anderem hat eine Ausweitung von Produktionskapazitäten und -leistungen einen ruinösen Verdrängungswettbewerb zur Folge, der auf globaler Ebene ausgetragen wird. Die durch Ausbreitung von Seuchen sowie die durch die Klimaveränderungen hervorgerufenen Krisen legen die Schwachstellen und die enormen negativen Folgewirkungen eines allein den Marktinteressen unterworfenen, global ausgerichteten Agrarwirtschaftssystems offen. Dessen Kollateralschäden werden von den Entscheidungsträgern in der Politik bislang nur unzureichend zur Kenntnis genommen, geschweige denn zum Anlass für ein Umsteuern.

Literatur

Aldenhoff-Hübinger R (2002) Agrarpolitik und Protektionismus; Deutschland und Frankreich im Vergleich; 1879–1914. Vandenhoeck und Ruprecht, Göttingen

Alvard MS, Kuznar L (2001) Deferred harvests: the transition from hunting to animal husbandry. Am Anthropol 103(2):295–311. https://doi.org/10.1525/aa.2001.103.2.295

Anonym (1883) Erhebungen über die Lage der Landwirtschaft des Großherzogtums Baden, Bd IV. Großherzogliches Ministerium des Innern, Karlsruhe

Anonym (2019) Nur 23 Cent gehen an die Landwirte. Allgemeine Fleischerzeitung

Backhaus A (1894) Die Arbeitsteilung in der Landwirtschaft. Jahrb Nationalökonomie Stat 63(1):321–374

Bergmann H (1962) Arbeitsteilung und Spezialisierung in der Landwirtschaft. Feld und Wald, Essen

Bouwman L, Goldewijk KK, van der Hoek KW, Beusen AHW, van Vuuren DP, Willems J, Rufino MC, Stehfest E (2013) Exploring global changes in nitrogen and phosphorus cycles in agriculture induced by livestock production over the 1900–2050 period. Proc Natl Acad Sci 110(52):20882–20887. https://doi.org/10.1073/pnas.1012878108

Brinkmann T (1922) Die Ökonomik des landwirtschaftlichen Betriebes. In: Brinkmann T (Hrsg) Grundriss der Sozialökonomik. Bd. VII Land- und forstwirtschaftliche Produktion, Versicherungswesen. Mohr, Tübingen, S 27–124

BUND – Bund für Umwelt und Naturschutz Deutschland e. V. (2019) Soja-Report – Die Bedeutung eines EU-weiten Eiweißplans. https://www.bund.net/fileadmin/user_upload_bund/publikationen/landwirtschaft/landwirtschaft_sojareport.pdf

Chanda N (2007) Bound together; how traders, preachers, adventurers, and warriors shaped globalization. Yale University Press, New Haven

Cochrane WW (1993) The development of American agriculture; ahistorical analysis. University of Minnesota Press, Minneapolis

DBV – Deutscher Bauernverband (2018) Situationsbericht 2018/19 Trends und Fakten zur Landwirtschaft. https://www.bauernverband.de/fileadmin/user_upload/Kapitel1.pdf

Destatis – Statistisches Bundesamt (1961) Statistisches Jahrbuch für die Bundesrepublik Deutschland. W. Kohlhammer, Stuttgart

Destatis – Statistisches Bundesamt (2020) Volkswirtschaftliche Gesamtrechnungen des Bundes; Konsumausgaben der privaten Haushalte im Inland (nominal/preisbereinigt). Genesis-Online-Datenbank (81000-0021). https://www.destatis.de/DE/Service/Datenbanken/_inhalt.html. Zugegriffen: 29. Sept. 2020

Deutscher Bauernverband (DBV) (Hrsg) (2020) Situationsbericht 2020/21. Trends und Fakten zur Landwirtschaft. Deutscher Bauernverband e. V., Berlin

EWG – Vertrag von Rom (1957) EWG-Vertrag; Vertrag zur Gründung der Europäischen Wirtschaftsgemeinschaft. https://eur-lex.europa.eu/legal-content/DE/TXT/PDF/?uri=CELEX:11957E/TXT&from=DE

FAO – Food and Agriculture Organization (2018) The state of food and agriculture 2018; migration, agriculture and rural development. FAO, Rome

FAO – Food and Agriculture Organization (2020) Milk, whole fresh cow. https://www.fao.org/faostat/. Zugegriffen: 5. Mai 2020

Goertz D (1999) Produktionskosten der Milcherzeugung in Deutschland. Institut für Betriebswirtschaft, Agrarstruktur und Ländliche Räume der Bundesforschungsanstalt für Landwirtschaft. Arbeitsbericht(3/99). http://www.bal.fal.de/download/ab399.pdf

Habermas J (1969) Technik und Wissenschaft als „Ideologie". Suhrkamp, Frankfurt a. M.

Hands J (2015) Cosmosapiens; human evolution from the origin of the universe. Gerald Duckworth & Co, London

Harari YN (2015) Eine kurze Geschichte der Menschheit. Pantheon, München

Hartenstein L, Priebe H, Köpke U (1997) Braucht Europa seine Bauern noch? Über die Zukunft der Landwirtschaft. Nomos Verl.-Ges, Baden-Baden

Hill K, Hurtado AM (1996) Ache life history; the ecology and demography of a foraging people. Routledge; de Gruyter, New York

Illich I, Lindquist NT (1983) Fortschrittsmythen; Schöpferische Arbeitslosigkeit; Energie und Gerechtigkeit; Wider die Verschulung. Rowohlt, Reinbek bei Hamburg

Koning N (1994) The failure of agrarian capitalism; Agrarian politics in the UK, Germany, the Netherlands and the USA, 1846–1919. Routledge, London

Langenthaler E (2010) Landwirtschaft vor und in der Globalisierung. In: Sieder R, Langenthaler E (Hrsg) Globalgeschichte. 1800–2010. Böhlau; Vandenhoeck & Ruprecht GmbH & Co. KG, Wien, S 135–170

Mazoyer M, Roudart L (2006) A history of world agriculture; from the neolithic age to the current crisis. Monthly Review Press, New York

Meckmann A (1926) Nutzungsrichtungen der Rindviehhaltung im Münsterlande. Dissertation, Bonn

Mitterauer M (2003) Warum Europa? Mittelalterliche Grundlagen eines Sonderwegs. Beck, München

Niegsch C, Stappel M (2020) Branchenanalysen – Deutsche Landwirtschaft unter Druck; Research-Publikation. DZ BANK AG. https://docplayer.org/178798133-Branchenanalysen-deutsche-landwirtschaft-unter-druck.html

Nowak MA, Highfield R (2013) Kooperative Intelligenz; Das Erfolgsgeheimnis der Evolution. Beck, München

Ogle M (2013) In meat we trust; an unexpected history of Carnivore America. Houghton Mifflin Harcourt, Boston

Paulitsch K, Burdick B, Baedeker C (2004) Am Beispiel Baumwolle; Flächennutzungskonkurrenz durch exportorientierte Landwirtschaft. Wuppertal Institut für Kima, Umwelt, Energie. Wuppertal papers (148)

Rott B (2016) Alexander von Humboldt brachte Guano nach Europa – mit ungeahnten globalen Folgen. HiN 17(32):82–109. https://doi.org/10.18443/234

Ruge U (2020) Bauern, Land; Die Geschichte meines Dorfes im Weltzusammenhang. Verlag Antje Kunstmann, München

Schaefer KW (2007) Was löste die Domestizierung von Pflanzen durch den Menschen aus? https://www.geschichtsforum.de/thema/was-loeste-die-domestizierung-von-pflanzen-durch-den-menschen-aus.16621/. Zugegriffen: 27. März 2020

Sieder R, Langenthaler E (Hrsg) (2010) Globalgeschichte; 1800–2010. Böhlau; Vandenhoeck & Ruprecht GmbH & Co, KG, Wien

Smil V (2002) Eating meat: evolution, patterns, and consequences. Popul Dev Rev 28(4):599–639. https://doi.org/10.1111/j.1728-4457.2002.00599.x

Smith A (1776) An inquiry into the nature and causes of the wealth of nations, Bd 1. W. Strahan and T. Cadell, London

Sundrum A (1996) Von der Viehwirtschaft zur Tierproduktion. In: Reimer W (Hrsg) Die Wissenschaft und die Bauern. Bauernblatt; ABL Bauernblatt-Verl., Rheda-Wiedenbrück, S 97–103

Survival International (2004) Stories and lives; 21st century tribal peoples. http://assets.survival-international.org/static/files/books/stories_and_lives.pdf. Zugegriffen: 6. Jan. 2022

Thaer A (1809) Grundsätze der rationellen Landwirthschaft; Erster Band. Begründung der Lehre des Gewerbes. Oekonomie oder die Lehre von den landwirtschaftlichen Verhältnissen (Bd. 1 von 4). Realschulbuchhandlung, Berlin

Ullmann I (2007) Die rechtliche Behandlung holsteinischer Leibeigener um die Mitte des 18. Jahrhunderts; Dargestellt unter besonderer Berücksichtigung der Schmoeler Leibeigenschafts-prozesse von 1738 bis 1743 sowie von 1767 bis 1777. Lang, Frankfurt a. M.

Westhoek H, Rood T, van den Berg M, Janse J, Nijdam D, Reudink M, Stehfest E (2011) The protein puzzle; the consumption and production of meat, dairy and fish in the European Union. PBL Netherlands Environmental Assessment Agency, The Hague

Zorn W, Sommer OA (1970) Rinderzucht. Ulmer, Stuttgart

Gemeinschaften, Gemeingüter und Gemeinwohl

3

Zusammenfassung

Von Beginn an war die Erzeugung von Nahrungsmitteln eine Aufgabe, die allen Mitgliedern einer Gemeinschaft zum Nutzen gereichen sollte. Der Zugriff auf die Ernte war jedoch auch mit Eigeninteressen von Gemeinschaftsmitgliedern und den Begehrlichkeiten anderer Gemeinschaften konfrontiert. Was den einen Vorteile beschert, kann für andere einen Nachteil bedeuten. Das „Dilemma der Allmende" wurde zu einem geflügelten Wort, um die Unausweichlichkeit von Konflikten in der Konkurrenz um begrenzt verfügbare Ressourcen zu beschreiben. Verschiedene theoriegeleitete Konzepte wurden entwickelt, die einen gerechteren Zugriff auf begrenzt verfügbare Ressourcen sicherstellen und einen angemessenen Umgang mit inner- und außergemeinschaftlichen Konflikten befördern sollen. Während in der gesamtgesellschaftlichen Entwicklung der Postmoderne der sozialen Marktwirtschaft das Wort geredet wird, bleibt die Agrarwirtschaft auch weiterhin den Maximen einer „freien" Marktwirtschaft verhaftet. Mitverantwortlich dafür ist die vorherrschende agrarökonomische Perspektive auf das Gemeinwohl. Es bedarf einer Reflexion dieser Sichtweise, um zu verstehen, in welchen faktischen Wirkzusammenhängen und welchen theoretischen Erklärungsansätzen die Agrarwirtschaft gefangen ist. Diese hindern sie daran, den Ansätzen einer ökosozialen Marktwirtschaft zu folgen.

3.1 Der Kitt von Gemeinschaften

Wie keine andere Wirtschaftsbranche ist die Landwirtschaft aufs Engste mit dem Interesse jedes einzelnen Menschen verknüpft. Wir sind alle auf die tägliche Zufuhr von Nährstoffen und Energie über die Nahrung angewiesen und nur über sehr begrenzte

© Der/die Autor(en), exklusiv lizenziert an Springer-Verlag GmbH, DE, ein Teil von Springer Nature 2022

A. Sundrum, *Gemeinwohlorientierte Erzeugung von Lebensmitteln*, https://doi.org/10.1007/978-3-662-65155-1_3

Zeiträume in der Lage, ohne Nahrungszufuhr zu überdauern. Entsprechend stand die Nahrungsbeschaffung über Jahrtausende im Zentrum des gemeinschaftlichen Lebens und prägte den Lebensalltag der Menschen. So wie der Einzelne auf die Aktivitäten der Gemeinschaft angewiesen war, um an den verfügbaren Ressourcen zu partizipieren, so war die Gemeinschaft darauf angewiesen, dass jeder Einzelne gemäß den jeweiligen Befähigungen auf direkte oder indirekte Weise zur Nahrungsbeschaffung beitrug. Das Überleben der Gemeinschaft und ihrer Mitglieder hing von der Funktionsfähigkeit des Beziehungsgeflechtes zwischen den einzelnen Gemeinschaftsmitgliedern ab.

Nach heutigem Kenntnisstand zeichnen sich die Verhältnisse einer Jäger-Sammler-Sozietät durch äußerste Sorgfalt in der Vermeidung von Konkurrenz aus. Dazu führt Service (1966) aus:

> „Weder gibt es irgendeine Hackordnung, die auf körperliche Überlegenheit beruht, noch gibt es überhaupt eine Über- und Unterordnung, die auf anderen Quellen der Macht gründet, wie zum Beispiel Wohlstand, ererbte Zugehörigkeit zu bestimmten Klassen. […] Die einzig stimmige Überlegenheit ist die einer Person größeren Alters und größerer Weisheit, die in der Lage ist eine Zeremonie zu leiten."

Für das gedeihliche Miteinander ist es sehr förderlich, wenn die Einzelnen aus ihrer Überlegenheit über andere keinen persönlichen Vorteil ziehen und eine übermäßige Rivalität vermeiden. Ein Tabu besonderer Art verhindert, dass derjenige, der aufgrund vielfältiger Begabungen erfolgreicher ist als andere, unumschränkte Macht gewinnt und diese nur zum eigenen Vorteil nutzt. Bei vielen Jägervölkern darf deshalb der Jäger das Tier, das er selbst erlegt hat, nicht verzehren. Begründet wird dies damit, dass ihm dieses **Fleisch** schaden könne, in dem Sinne, dass das Tier sich durch das Fleisch an seinem Mörder rächen könne. Es entspricht einer kulturellen Leistung, wenn die Vermeidung von übergroßer Rivalität und die Erlangung besonderer persönlicher Vorteile durch strenge Tabus gesichert wird (Gronemeyer 2009, 121 f.). Kooperatives Verhalten und Teilen haben sich in den Gesellschaften von Jägern und Sammlern als ein vorherrschendes soziales Verhaltensmuster herausgebildet. Sie ermöglichen ein Wirtschaften ohne Knappheit und stellen die unmittelbare Zugänglichkeit aller zu allen Lebensgrundlagen sicher. In diesem Sinne sind **Kooperation** und Teilen keine moralischen Entscheidungen, sondern eine existenzielle Voraussetzung der Daseinsbedingungen von Jägern und Sammlern, wie unterschiedlich ansonsten auch die konkreten Ausprägungen in den Regelungen des Zusammenlebens gewesen sein mögen.

Auf diese Weise gelingt es, ein Miteinander in der Gemeinschaft so zu organisieren, dass sie nicht in Gewinner und Verlierer zerfällt und dass nicht die einen sich auf Kosten der anderen einen Vorteil verschaffen. Die Einzelnen dürfen sich nur insoweit ihren eigenen Interessen hingeben, solange die Gemeinschaft davon einen Nutzen hat bzw. solange sie dadurch den Nutzen für die Gemeinschaft nicht gefährden. Sobald jemand Autorität beansprucht, die sich nicht durch den Dienst an der Gemeinschaft legitimieren kann, wird er als aufgeblasen entlarvt und der Lächerlichkeit preisgegeben. Es bedarf lediglich des Spottes, um der Gefahr ausgesetzt zu sein, den Respekt und die Position in der Gemeinschaft zu gefährden. Für den sozialen Status gelten Kriterien der Angemessenheit, die „gemein" sind (Illich 1982). Sie liegen in der Verfügung der Gemeinschaft und sind jedem Mitglied der Gemeinschaft einsichtig. Das Leben in den Gemeinschaften von Sammlern und Jägern ist zudem auf Mobilität ausgerichtet. Nur dadurch, dass sie umherziehend den sich im Jahresverlauf verändernden Verfügbarkeiten an Nahrungsmitteln folgen, können sie ihre Existenzgrundlage sichern. Dies hat zur Folge, dass sie als Nomaden davor gefeit sind, umfänglichen Besitz anhäufen zu wollen. Schließlich ist der Bewegungsfreiheit und der Tragfähigkeit dessen, was bei den Wanderzügen transportiert werden muss, eine große Bedeutung beizumessen.

Demgegenüber ist die Landnahme, die Aneignung des Ortes, an dem das zum Leben Notwendige gedeiht, wo es gefunden oder erzeugt werden kann, eine Besitzergreifung, die allen anderen Akten der Machtgewinnung durch Besitz vorausgeht. Gronemeyer führt dazu aus:

> „Mit dem Privateigentum an Grund und Boden wird das ausschließliche Verfügungsrecht an allem, was die Natur hervorbringt, ihr gesamtes 'lebendes und totes Inventar' reklamiert. Die Ursprungsform der Besitzmacht ist der Landbesitz, und der ursprüngliche Akt der Besitzergreifung ist die Einzäunung von Land. Gleichzeitig besiegelt die Privatisierung des Landes das Ende einer gemeinschaftlichen Nutzung, sie setzt das „Recht auf Gemeinheit" außer Kraft, hebt das Gemeineigentum, die ‚Allmende', an der alle Mitglieder der Gemeinschaft ungehindert partizipieren konnten, auf. […] An die Stelle der gemeinschaftlichen Nutzung des Landes und der kooperativen Erzeugung des Lebensunterhaltes tritt die Rivalität um die rationierten Lebens-Mittel, der Verteilungskampf. Das Prinzip des Teilens weicht dem der Zuteilung. Menschen, die, um ihr Leben zu fristen, etwas ‚kriegen' müssen, sind ‚kriegende', also auch kriegerische Menschen (Gronemeyer 2009, 26 f.)."

Die Inbesitznahme von Flächen zur Nutzung und die damit verbundene Sesshaftigkeit erfordern ein hohes Maß an Fähigkeiten, die mit der Nahrungsbeschaffung, -aufbereitung und -verteilung verbundenen Aktivitäten zu koordinieren. Man ist genötigt, Vorräte anzulegen und Sorge zu tragen, dass die Vorräte dem Zugriff unberechtigter Personen und anderer, sich parasitär verhaltender Lebewesen entzogen werden. Je besser die Koordination gelingt, d. h. je zielgerichteter die unterschiedlichen Fähigkeiten, welche die Mitglieder der Gemeinschaft aufweisen, zum Einsatz kommen, desto erfolgreicher kann die Nahrungsverfügbarkeit für die Gemeinschaft gesichert werden. Je mehr Nahrungsmittel mit der Weiterentwicklung von Ackerbau und Viehhaltung zur Verfügung stehen, desto mehr Freiräume eröffnen sich, in denen sich die Menschen von der unmittelbaren Beschäftigung mit der Nahrungsbeschaffung lösen und anderen Interessen und Tätigkeiten nachgehen können. Andererseits ist die Arbeitsteilung aber auch Ausgangspunkt für konkurrierendes Verhalten, unter anderem im Wettstreit um die angenehmeren oder ruhmreicheren Tätigkeiten, die eine höhere Rangposition in der Gemeinschaft einbringen. Gleichzeitig eröffnet die Arbeitsteilung vermehrte Möglichkeiten für Spielverderber (Nowak und Highfield 2013). Als solche fungieren einzelne Personen oder Kleingruppen, die sich der Kooperation mehr oder weniger offen verweigern und eher einen parasitären Lebensstil bevorzugen, d. h. auf Kosten der Gemeinschaft agieren. Die

Nahrungsverfügbarkeit für die Gemeinschaft war folglich nicht nur durch ungünstige Klima- und Wetterbedingungen und durch die Begehrlichkeiten anderer Gemeinschaften bedroht, sondern war Gefährdungen von innen durch ein Überhandnehmen parasitärer Verhaltensweisen ausgesetzt.

Gemeinschaften sind immer auch Zweckgemeinschaften, zu deren Erhalt jede/r Einzelne in Relation zu den jeweiligen Fähigkeiten und Möglichkeiten seinen/ihren Teil beizutragen hat. Die Basis des Teilens beruht darauf, dass aus den Aktivitäten der Einzelnen sowohl ein Vorteil für die Akteure selbst als auch für die Gemeinschaft resultiert. Das übergeordnete Ziel besteht in der Sicherung der Überlebensfähigkeit der Gemeinschaft. Die diversen Aktivitäten der Einzelnen sind – wenn auch in unterschiedlichem Maße – funktional auf dieses gemeinsame Ziel ausgerichtet. In den Anfängen waren die Gemeinschaften wirtschaftlich eigenständig (autark). Nur wenige Gegenstände wurden von Fremden, d. h. Personen außerhalb der eigenen Gemeinschaft, bezogen. Nach und nach kam es zu einem vermehrten Tausch von Gegenständen und Leistungen zwischen Menschen unterschiedlicher Gemeinschaften, zunächst über den Tauschhandel und in der weiteren Entwicklung über den Kauf mittels des eingeführten Geldes. Es entwickelten sich Märkte, auf denen Nahrungsmittel für all diejenigen verfügbar waren, die sich die angebotene Ware zu dem geforderten Tauschwert bzw. den Preisen leisten konnten. Gleichzeitig sicherten sich die Mächtigen der Gesellschaften nicht nur über den Zugang zu den Märkten, sondern über die Einführung von Steuern und Abgaben den Zugriff auf einen Teil der Überschüsse und Vorräte, die von der Landbevölkerung erzeugt worden waren.

Ableitungen

Allen lebenden Individuen ist gemein, dass sie sich selbst erhalten und möglichst lange überleben wollen. Das Überleben der Einzelnen kann nur über die Teilhabe an einer Gemeinschaft gewährleistet werden. Die Funktionsfähigkeit der Gemeinschaft ist die gemeinsame Schnittmenge der Interessen aller Gemeinschaftsmitglieder. Ackerbau und Viehhaltung und die damit erzielbare Generierung von Nährstoffen leisten hierzu einen unverzichtbaren Beitrag. Landwirtschaftliche Aktivitäten erfordern die **Kooperation** zwischen den Mitgliedern der Gemeinschaft und deren Aktivitäten auf der Basis der jeweiligen individuellen Befähigungen, einen Beitrag zum Wohl der Gemeinschaft leisten zu können. Gleichzeitig leben die Einzelnen innerhalb von Gemeinschaften im Wettstreit untereinander. Dabei kann es unter anderen um die nahr- und schmackhaftesten Nahrungsmittel, um die Gunst des anderen Geschlechts oder um die höheren Rangpositionen innerhalb der Gemeinschaften gehen. Je größer die Verfügbarkeiten an Nahrungsmitteln, desto mehr Optionen stehen der Gemeinschaft und den Einzelnen für die Ausweitung anderer Aktivitäten und Lebensbereiche zur Verfügung. Höhere Rangpositionen versprechen höheres Ansehen und verbesserte Möglichkeiten, den eigenen Interessen nachzugehen. Die Konkurrenz der Einzelnen untereinander wird durch die existenzielle Notwendigkeit der Kooperation eingehegt. Das wechsel-seitige Abhängigkeitsverhältnis, d. h. des Einzelnen von der Gemeinschaft und der Gemeinschaft vom Beitrag der Einzelnen, ist die Basis für die Etablierung von Regeln, denen sich die Einzelnen aus eigenem Interesse, zum Wohl der Gemein-schaft und der übergeordneten Erfordernisse unterordnen. Kooperation und Koordination richten sich an den vorgefundenen Gegebenheiten aus, d. h. an den Möglichkeiten, die Nahrungsgewinnung zweckdienlich zu organisieren, und der Bedürftigkeit der Mitglieder der Gemeinschaften. Es handelt sich folglich um Zweckgemeinschaften, die ihre Aktivitäten an die Gegebenheiten, die Notwendig-keiten und die sich einstellenden Veränderungen anpassen. Es werden Regeln entwickelt, die sich unter den jeweiligen Bedingungen bewähren. Kooperation, Koordination und Regeln dienen einer möglichst effizienten Sicherstellung der Verfügbarkeit von Nahrung und halten die Zweckgemeinschaften über die Vorteile einer gemeinsamen Landbewirtschaftung und Existenzsicherung zusammen.

3.2 Märkte erzeugen Bedürfnisse

Je umfassender das Spektrum an überschüssig erzeugten Nahrungsmitteln wurde, umso mehr stellte sich die Frage: Warum sollte man sich mit den Früchten von den eigenen Feldern oder aus dem eigenen Garten begnügen, wenn andere Anbauer andere und ggf. schmackhaftere Früchte zu bieten hatten? Es kam vermehrt zum Tausch von Nahrungsmitteln. Voraussetzung ist allerdings, dass die Tauschwillige etwas zu bieten haben, was von wechselseitigem Interesse ist. Mit Aufkommen des Geldes als ein uni-verselles Tauschmittel wurden die Möglichkeiten des Handels geschaffen. Fast alles konnte gegen Geld eingetauscht werden, sofern man sich auf einen geldwerten Tausch-preis einigen konnte. Damit waren die Nahrungsmittel nicht länger auf ihre Bedeutung für die Sicherung der Überlebensfähigkeit einer Gemeinschaft reduziert, sondern dienten den Erzeugern zudem als Tauschobjekt bzw. zum Gelderwerb. Folgerichtig entwickelte sich die Erzeugung von Nahrungsmitteln von einer reinen **Subsistenzwirtschaft** mehr und mehr zu einem Gewerbe. Die Möglichkeiten zur Veräußerung von Überschüssen, die nicht unmittelbar für die Selbstversorgung benötigt wurden, eröffneten Möglich-keiten, einen Mehrwert zu generieren. Der Mehrwert, den die Landwirte den Böden und dem Vieh im Schweiße ihres Angesichts abgerungen hatten, bemaß sich allerdings nicht länger nach der eigenen Wertschätzung, sondern danach, was dafür im direkten oder im geldwerten Tausch zu anderen mehr oder weniger wichtigen Sach- oder Dienstleistungen eingetauscht werden konnte. Der Tauschwert wurde zunehmend durch die außerhalb des landwirtschaftlichen Erzeugungssystems sich einpendelnden Verhältnisse von Angebot und Nachfrage bestimmt.

Im Zuge der Weiterentwicklung der Märkte bemaß sich der Wert, den Käufer und Verkäufer den jeweiligen Nahrungsmitteln beimaßen, nicht am Grad der Bedürftigkeit der beteiligten Akteure. Wer es sich leisten konnte und nicht unmittelbar auf den Tausch oder Verkauf der Ware angewiesen war, verfügte über diverse Optionen, mit möglichen Interessenten über den Wert der Waren zu verhandeln. Durch den aufkommenden Warenhandel wurde den Nahrungsmitteln ein Handelswert zugewiesen, der sich vom Tauschwert grundlegend unterschied. Der Handelswert hing vor allem davon ab, inwieweit das Angebot der Waren auf den in Abhängigkeit vom Stand des Transportwesens zugänglichen Märkten die Nachfrage überstieg oder ob die Nachfrage größer war als das Angebot bzw. ob sich beide in etwa die Waage hielten. Mit der Zunahme von Produktionsüberschüssen begann das Gewerbe des Handels zu florieren und zu den Strukturen anzuwachsen, die dem Handel heute eine dominante Stellung im Nahrungsmittelgewerbe zuweisen.

Das Verhältnis des Aufwandes, der für die Erzeugung von Nahrungsmitteln betrieben werden musste, und des Nutzens, der durch die innergemeinschaftliche Nutzung bzw. den Verkauf erzielt werden konnte, wurde zunehmend relativiert. Der Wert, den die Nahrungsmittel im unmittelbaren Kontext der Gemeinschaften (Klein-, Großfamilien oder Gutsbetriebe) besaßen, wurde überlagert durch das Ausmaß der Nachfrage nach den angebotenen Waren, welcher aus dörflichen bzw. städtischen Strukturen erwuchs. Wenn andere Erzeuger im regionalen Umfeld die gleichen Produkte auf den Märkten feilboten, sorgte der Warenüberschuss für eine deutliche Wertminderung, auch wenn der Erzeugungsaufwand der gleiche war. Dies änderte sich nur in Zeiten von Knappheiten, wie in Krisen- und Kriegszeiten, in denen den Nahrungsmitteln ein ganz anderer Wert beigemessen wurde als in Zeiten der Sättigung. In Zeiten von Hungersnöten wurden Nahrungsmittel gar mit Gold und Silber aufgewogen, sofern man dieses noch zum Tausch anzubieten vermochte.

Außerhalb von Krisenzeiten entwickelte sich eine Marktwirtschaft, welche über die Möglichkeiten zum Verkauf von Überschüssen neue Anreize zur Erzeugung von Überschüssen setzte und auf diese Weise zu einer Steigerung der Verfügbarkeit von Nahrungsmittel beitrug. Neue Fähigkeiten waren gefragt, welche denjenigen, die über diese verfügten, neue Einkommensmöglichkeiten verschafften. Hier gehört die Fähigkeit zur Vorausschau künftiger Entwicklungen des Warenangebotes und der Nachfrage sowie des Abgleiches mit den Produktions-, Ernte- und Lagerkapazitäten. Je zuverlässiger die Entwicklung der Nachfrage eingeschätzt werden konnte, desto zielgerichteter konnte sich die Angebotsseite darauf ausrichten und dies für den eigenen Vorteil nutzbar machen. Damit kam der Verlässlichkeit von Informationen bezüglich der zu erwartenden Trends bereits in den Anfängen der Marktentwicklungen eine besondere Bedeutung zu. Je früher und je verlässlicher man Kenntnis darüber hatte, was die Zukunft bringen würde, desto besser war man in der Lage, sich darauf einzustellen und sich gegenüber Mitbewerbern zu behaupten. Spekulationen und die Gefahr des Verspekulierens sind systemimmanente Begleiterscheinungen der Marktentwicklung. An dieser Grundkonstellation hat sich über die Zeitläufe wenig geändert, auch wenn der Zeitfaktor heute ein anderer ist. Landwirtschaftliche Produkte werden heute auch über Warentermin-börsen gehandelt; in Bruchteilen von Sekunden wird darüber entschieden, ob aus einem minimalen zeitlichen Vorsprung in der Einschätzung einer Trendentwicklung ein Gewinn erzielt werden kann.

Der Markt fungiert als ein **System der Interaktionen,** in dem alle Teilnehmer ihre jeweiligen Eigeninteressen zu optimieren versuchen. Das „Naturgesetz der Ökonomie", wonach Angebot und Nachfrage den Preis regeln, sorgt dafür, dass sich die Erzeugungs-prozesse jenseits der Subsistenzlandwirtschaft mehr und mehr am Marktgeschehen aus-richten. Besteht eine erhöhte Nachfrage nach spezifischen Produkten, forciert dies den Wettbewerb zwischen den Erzeugern von Nahrungsmitteln, die den gleichen Markt beliefern. Wer in der Lage ist, mehr zu erzeugen, kann mehr verkaufen; wer seine Waren preiswerter anbietet, kann die Mitkonkurrenten ausstechen. Wer nur Produkte anzu-bieten hat, die im Überschuss vorhanden sind, muss sich mit den Preisen begnügen, welche die Käufer zu zahlen bereit sind. Auf der anderen Seite erwerben die Käufer die Waren gemäß eigenem Urteilsvermögen zu einem Preis, der ihnen aus ihrer Perspektive akzeptabel oder sogar günstig erscheint. Der Wert von Nahrungsmitteln bemisst sich damit auch an der Relation, die zwischen der Verfügbarkeit und der Nachfrage besteht. Im Zuge des Ausbaus der Transportwege und -mittel werden durch den Handel die Warenströme zu den Orten mit großer Nachfrage und Zahlungsbereitschaft gelenkt. Aus der Differenz zwischen Angebot und Nachfrage, die zwischen unterschiedlichen Stand-orten bestehen, schöpfen die Händler ihren Gewinn. Auch an diesen Funktionsprinzipien des Marktes hat sich bis heute wenig geändert.

Für die Bauern schafft die Entwicklung von Märkten vielfältige Optionen für den Ver-kauf selbst erzeugter Produkte und Leistungen, um dadurch Dinge zu erwerben, die man selbst nicht herstellen kann, oder um die eigenen Besitztümer auszuweiten. Die Märkte werden damit zum Treiber einer zunehmenden Diversifizierung der Waren und weiterer Ausdifferenzierungen und Spezialisierungen bezüglich der Herstellung. Wer eine Ware effizienter erzeugen und preiswerter anbieten kann, erwirbt einen Vorteil gegenüber Mit-bewerbern. Eine andere Marktstrategie besteht im Angebot von Waren, die aufgrund einer begrenzten Verfügbarkeit und/oder besonderen Hochwertigkeit von den Käufern eine höhere Wertschätzung erfahren und für die Verkäufer einen höheren Preis einfordern können. Die Märkte wecken Begehrlichkeiten nach Waren, welche die Einzelnen sich auch jenseits der unmittelbaren Bedürftigkeit gern zu eigen machen wollen. Diejenigen, die gewillt und dazu in der Lage sind, strengen sich mehr an, um Besitztümer sowie die damit einhergehenden Zuwächse an Ansehen, Macht und Einfluss zu erwerben.

Der Wert, der den Produkten im innerbetrieblichen Kontext beigemessen wird, ist für das Marktgeschehen ohne Belang. Die Käufer sind in erster Linie darauf erpicht, die Produkte zu einem möglichst niedrigen Preis zu erwerben, unabhängig davon, mit wie viel Aufwand die erzeugten Produkte den jeweiligen Bedingungen abgerungen wurden. Damit sind die auf den Märkten angebotenen Produkte von den voran-gegangenen Produktionsprozessen und den damit einhergehenden Vor- und Nach-teilen für innerbetriebliche und externe Effekte weitgehend entkoppelt. Die Käufer

interessieren sich nicht, ob der Anbau der Marktfrüchte zu Lasten der Regenerationsfähigkeit der Böden und des Ertrages der nachfolgend angebauten Früchte ging oder
welchen Stellenwert die verkauften Tiere im betrieblichen Kontext hatten. Tatsächlich
sind die Verkaufsprodukte mit unterschiedlichen Folgewirkungen behaftet, ohne dass
sich dies in den Marktpreisen widerspiegelt.

Ableitungen

Die Ausweitung der Produktionsprozesse entwickelt sich zusammen mit
den Nahrungsbedürfnissen einer wachsenden Zahl von Menschen sowie mit
zunehmenden Ansprüchen an die verfügbare Menge und an die Eigenschaften der
Nahrungsmittel. Gronemeyer (2009) fasst dies wie folgt zusammen:

„Die Ausweitung der Produktionsprozesse bringt die subsistenzorientierten Tätigkeiten zum
Verschwinden. Das Lebensmuster der Kooperation wird durch das Produktionsmuster der
Arbeitsteilung abgelöst. Die Produktion verdrängt die Selbsterhaltungsfähigkeit in jedem
Lebenssektor, den sie erschließt."

Die Menschen werden lohnabhängig; sie erzeugen nicht, was sie brauchen,
sondern arbeiten für Geld, das es ihnen erlaubt bzw. sie zwingt, dieses Geld dafür
zu verausgaben, dass sie sich in fast allen Lebensverrichtungen vertreten lassen.
Das gesellschaftliche Miteinander wird auf Möglichkeiten der Konsumierbarkeit
ausgerichtet, welche den Konsumenten die Abhängigkeitsverhältnisse versüßt und
als Entlastung von Mühsal und Bedrängnis fungiert.

Während ein immer geringerer Anteil der Bevölkerung darauf angewiesen ist,
Nahrungsmittel selbst zu erzeugen, wächst die Distanz zu den Prozessen der landwirtschaftlichen Erzeugung und zu den Leistungen, welche die Landwirte für eine
sich ausdifferenzierende Gemeinschaft erbringen. Der Handel anonymisiert die
Produkte und löst sie aus dem Kontext der Produktionsprozesse. Maßgeblich für
den Marktwert ist nicht der Wert, den die Nahrungsmittel für die Gemeinschaft
haben, in der sie erzeugt wurden, sondern für diejenigen, welche sich leisten
können, diese zu erwerben. Bei einem Überangebot von Produkten verlieren diese
an Marktwert und minderen die Optionen der Erzeuger, im geldwerten Tausch
die erwarteten Erlöse für ihre mehr oder weniger aufwendigen Arbeiten und
Investitionen zu erzielen.

3.3 Dilemma der Allmende

Im Zuge der industriellen Entwicklungen kam es mit der Zeit zu einer stetig ausgeweiteten
Differenzierung von beruflichen und gesellschaftlichen Gruppierungen, die ihre jeweils
eigenen Interessen gegen die Interessen anderer ins Feld führten und abzusichern versuchten. Analoge Differenzierungen fanden auch im Kontext der agrarischen Erzeugung

von Nahrungsmitteln statt. Als Gemeinschaften, die auf das gemeinsam verfolgte Ziel der Versorgung ihrer Mitglieder mit dem Lebensnotwendigen ausgerichtet waren, fungierten ab dem 19. Jahrhundert allenfalls noch Klein- und Großfamilien oder Gutsbetriebe. Diese befanden sich in einem engen Abhängigkeitsverhältnis; ihre Überlebensfähigkeit war davon abhängig, dass in der Gemeinschaft für alle ihre Mitglieder genügend Nahrungsmittel verfügbar waren. Auch heute noch ist die Familie eine Versorgungsgemeinschaft, welche die elementaren Bedürfnisse ihrer Mitglieder sicherzustellen versucht. Dabei werden auch **Ressourcen** in Anspruch genommen, die allgemein zugänglich sind.

Gemeingüter sind nicht im Besitz von einzelnen Personen, die ihren Besitz anderen vorenthalten können, sondern im Besitz von Gemeinschaften, und damit für alle Mitglieder einer Gemeinschaft zugänglich. Gemeingüter werden von einer Gemeinschaft (z. B. Dorfgemeinschaft, Staat oder private Anbieter) bereitgestellt. Auch Güter wie die Natur oder die Umwelt werden als frei zugänglich wahrgenommen. Die Wahrnehmung von etwas als ein Gemeingut (auch im Sinne von etwas „Gutes") erfolgt häufig erst dann, wenn die **Qualität eines Gemeingutes** beeinträchtigt wird, z. B. Belastungen der Luft oder des Grundwassers mit Schadstoffen, und/oder wenn der Zugang vorübergehend oder dauerhaft eingeschränkt oder gar versperrt wird. Gemeinschaften definieren sich nicht zuletzt durch die Grenzziehung, d. h. dadurch, wer ihr zugerechnet wird und welche Personen ggf. von einer Zugehörigkeit ausgeschlossen werden (können). Vergleichsweise eindeutig ist dies bei der Staatsangehörigkeit geregelt. Hierdurch werden Inländer von Ausländern abgegrenzt. Letzteren kann der Zutritt verwehrt bzw. die Ausweisung angeordnet werden. Auch haben beispielsweise die Mitglieder eines Vereines Zutritt zu Veranstaltungen oder zum Vereinsgelände, der Nichtmitgliedern verwehrt werden kann. In der Regel wird allen Mitgliedern einer definierten Gemeinschaft die Mitnutzung gemeinschaftlicher Ressourcen ermöglicht. Gemeingütern erfüllen darüber hinaus bedeutsame soziale Funktionen.

In einer Zeit, in der noch nicht die allermeisten Flächenareale in Privatbesitz übergegangen waren, befand sich ein Teil der landwirtschaftlich nutzbaren Flächen im Besitz einer Dorfgemeinschaft. Hierzu gehörten vor allem Weideflächen und Wälder, aber auch Wasserreservoire, deren Nutzung den Mitgliedern der Gemeinschaft offenstand. Formen gemeinschaftlicher Nutzung von Flächenarealen als Gemeindegut (Allmende) sind heute noch bei Almwirtschaften im Alpenraum üblich. Der Begriff „Allmende" stammt aus dem Mittelhochdeutschen und bedeutet Gemeinschaftseigentum. Da frei zugängliche und vor allem knapp bemessene Nutzungsmöglichkeiten Begehrlichkeiten wecken, bedarf es Entscheidungsstrukturen, anhand derer Zugriff auf die Gemeingüter geregelt werden kann. Ein Regulierungsbedarf besteht insbesondere dann, wenn bei Allmenden die Gefahr einer anhaltenden Übernutzung besteht. Dies ist der Fall, wenn zum Beispiel zu viele Tiere auf die Weideflächen getrieben, zu viel Holz im Wald geschlagen oder aus den Reservoirs zu viel Wasser entnommen wird. Dadurch kommt es zu Folgeschäden an den Gemeingütern, welche die Nutzungsmöglichkeiten für andere beeinträchtigen. In der Literatur werden zahlreiche Beispiele gelungener Regulierungen im Umgang mit Gemeinschaftsgütern beschrieben, bei denen eine Übernutzung vermieden werden konnte. Allerdings werden im Weiteren noch zahlreiche Beispiele zur Sprache kommen, bei denen dies (noch) nicht gelungen ist. Hierzu gehört die Überfischung der Weltmeere und ihre Übernutzung als Abfalldeponie mit der Folge, dass sie vermüllen. Dabei werden die Weltmeere als „Niemandsland" mit offenem Zugang für jedermann angesehen.

Bei gemeinschaftlich genutzten, aber in der Verfügbarkeit begrenzten Ressourcen besteht ein grundsätzlicher Konflikt, der allgemein unter dem Begriff „Dilemma der Allmende" bekannt geworden ist. Einer der ersten, der die Konflikte im Zusammenhang mit der Nutzung von Gemeingütern in eine **Theorie** zu integrieren vermochte, war der Kanadische Ökonom H. Scott Gordon. Am Beispiel der Fischerei schrieb er im Jahr 1954: „Niemand misst einem Besitz, der allen zur freien Verfügung steht, einen Wert bei, weil jeder, der so tollkühn ist zu warten, bis er an die Reihe kommt, schließlich feststellt, dass ein anderer seinen Teil bereits weggenommen hat" (Gordon 1954). Der amerikanische Ökologe Hardin (1968) erweiterte den Begriff 1968 in einem Essay für die Zeitschrift *Science* unter dem Titel „The Tragedy of the Commons". Er argumentierte, dass ohne Begrenzungen bei der Nutzung von Gemeinschaftsgütern eine Übernutzung und sogar eine Zerstörung der Ressourcen die unausweichliche Folge sei. Sobald eine Ressource uneingeschränkt zur Verfügung stehe, würden einige Menschen versuchen, für sich so viel Ertrag wie möglich zu sichern. Dies funktioniere so lange, wie das Gemeinschaftsgut nicht erschöpft ist. Sobald jedoch die Nutzung ein bestimmtes Maß übersteige, greife die Tragik der Allmende: Jeder versuche nach wie vor, seinen Ertrag zu maximieren. Nun reiche das Gut aber nicht mehr für alle. Die Folgewirkungen, die durch den Raubbau entstünden, trage die Gemeinschaft. Für den Einzelnen wird der unmittelbare Gewinn wesentlich höher eingestuft als die erst langfristig spürbaren Folgekosten. *„Freedom in a commons brings ruin to all"*, so lautet einer der Kernthesen von Hardin. Das **Problem** dürfe daher nicht einzelnen Individuen überlassen bleiben, sondern müsse als Problem der Gemeinschaft betrachtet und angegangen werden. Allerdings sah sich Hardin Jahre später zu Korrekturen veranlasst und überschrieb den Essay als „Tragik der unverwalteten Gemeingüter" (Ostrom 1999). Faktisch beschrieb er in seinem Essay die Situation des ungehinderten Zugangs zu Land, das niemanden gehört, und differenzierte nicht zwischen Gemeingütern und Niemandsland.

Generell bestehen im Umgang mit Gemeingütern und Niemandsland vielfältige Optionen, die verschiedene Akteure und Prozessebenen betreffen. Das Beispiel der Übernutzung von landwirtschaftlichen Nutzflächen – wie es in der Vergangenheit und noch heute vielfältig geschieht – veranschaulicht die Komplexität der Problemlage. In einer Dorfgemeinschaft profitieren alle Halter von Wiederkäuern, welche die Gemeinschaftsfläche beweiden, von den Pflanzenaufwüchsen, weil die Nutztiere den Aufwuchs für ihren Selbsterhalt bzw. für Prozesse des Wachstums oder der Milchbildung verwerten können. Je mehr Tiere die einzelnen Nutztierhalter auf den Weideflächen grasen lassen, desto größer ist der Nutzen für den Einzelnen. Dies gilt, solange die Verfügbarkeit des Aufwuchses nicht begrenzt ist. Die Begrenztheit der verfügbaren Fläche sowie der Menge und Qualität des Aufwuchses in Relation zur Futteraufnahmekapazität der aufgetriebenen Tiere reduziert die Verfügbarkeit des Aufwuchses für alle Nutztiere bzw.

Nutztierhalter und erzeugt eine Verknappung. Im Fall knapper Ressourcen ist der Mehrnutzen für den einzelnen Nutztierhalter, der trotzdem ein zusätzliches Tier auf die Allmende treibt, größer als der Schaden, welcher den Mitgliedern der Gemeinschaft durch die relative Reduzierung der Gesamtverfügbarkeit an Pflanzenaufwuchs entsteht. Derjenige, der seinen eigenen Nutzen zu maximieren trachtet, tut dies zu Lasten der übrigen Mitglieder der Gemeinschaft. Gleichzeitig basiert diese Vorgehensweise darauf, dass sich die anderen Mitglieder der Gemeinschaft bescheiden, und nicht ebenfalls dieser Strategie folgen und ihrerseits mehr Tiere auf die Flächen schicken. Anders als eine schleichende macht eine drastische Übernutzung durch einen massiven Anstieg der Zahl der Tiere auf einer begrenzten Fläche die Folgewirkungen schnell sichtbar. Die Grasnarbe würde Schäden davontragen und die Nutztiere würden nicht in gewohnter Weise an Lebendmasse zunehmen, sondern abmagern. Ein akutes Krisengeschehen nötigt die Mitglieder einer Gemeinschaft zu einer Reaktion, soll die Regenerationsfähigkeit der Aufwuchsflächen und damit das Nutzungspotenzial der Allmende nicht irreparablen Schaden nehmen. Langsam verlaufende Veränderungen rufen dagegen eher selten Reaktionen und Gegenmaßnahmen auf den Plan.

In der praktischen Lebenswelt ereignen sich Übernutzungen von Gemeingütern meistens als ein schleichender Prozess, dessen negative Wirkungen nicht sogleich ins Auge fallen. Um Veränderungen wahrzunehmen, bedarf es eines geschulten Auges bzw. kontinuierlich durchgeführter Messungen, hier des Aufwuchses bzw. der Gewichtsentwicklungen der Tiere, um Fehlentwicklungen als solche beurteilen zu können. In Abhängigkeit vom Grad der Übernutzung treten die unerwünschten Wirkungen häufig erst mit ausgeprägten zeitlichen Verzögerungen in Erscheinung. Wir sprechen von einem chronischen Geschehen (Chronos, der Gott der vergehenden Zeit). Anders als bei einem akuten Geschehen, besteht bei chronifizierten Prozessen die Neigung, dass die Menschen sich mit dem Geschehen arrangieren, eine angemessene Reaktion hinauszögern und in die Zukunft verschieben. Gründe für das Hinausschieben gibt es viele, angefangen von den zu Beginn häufig nur unscharf erkennbaren und damit spekulativen Folgewirkungen, über den Aufwand, den man betreiben müsste, um die Folgewirkungen genauer zu erfassen bis hin zur Notwendigkeit, sich gegen Übernutzung zur Wehr zu setzen und ggf. einen Streit oder gar eine gerichtliche Auseinandersetzung zu riskieren. Naheliegender ist eine Konfliktvermeidungsstrategie, die möglicherweise von der Hoffnung auf eine positive Wendung getragen wird oder damit gerechtfertigt wird, dass man nicht abzusehen vermag, welche Folgen die Austragung eines Konfliktes mit sich bringt. Die bei chronifizierten Prozessen bestehenden Graubereiche erfordern Aufwand, um eine belastbare Beurteilung zu ermöglichen. Auch bei guten Optionen zur Erfassung und Einschätzung der Folgewirkungen bleibt ein Restrisiko bestehen, im Streit mit den Kontrahenten zu unterliegen („Vor Gericht und auf hoher See ist man in Gottes Hand").

Erschwerend kommt hinzu, dass bei Übernutzungen selten klare Verfahrensregeln vorliegen, wie dies zum Beispiel im öffentlichen Straßenverkehr mit der Verkehrsordnung gegeben ist. Die unerwünschten Folgewirkungen und Gefahren, die von einem ungeregelten Verkehr für Leib und Leben der Mitbürger ausgeht, hat die Gemeinschaft veranlasst, eine Verkehrsordnung zum Schutz der Bürger zu implementieren. Vorgaben der Straßenverkehrsordnung regeln, wer unter welchen Voraussetzungen und auf welche Weise die Straßen benutzen darf und wie Regelverstöße erfasst und geahndet werden. So ist die Geschwindigkeit, mit der auf öffentlichen Straßen gefahren werden darf, durch eine klare Grenze zwischen dem noch Erlaubten und dem Nichterlaubten determiniert. Eine Überschreitung ist mittels technischer Einrichtungen verhältnismäßig leicht zu quantifizieren; die Kosten einer Überschreitung sind den Verkehrssündern in Form eines Bußgeldkataloges im Vorhinein bekannt. Im Streitfall kann ein gerichtliches Verfahren Klarheit im juristischen Sinne herbeiführen. Von solchen Klärungsprozessen sind die meisten Übernutzungen von Gemeingütern durch Einzelne jedoch weit entfernt. Im Fall der Nutz- und Schadwirkungen bei der Übernutzung von Weideflächen durch und auf Kosten von Mitgliedern der Gemeinschaft nicht leicht zu beurteilen. Dies gilt auch für die Regenerationsfähigkeit der Weideflächen und des Wachstumspotenzials der Tiere. Auch können die mitunter erheblichen zeitlichen Verzögerungen, die zwischen der ursächlichen Ausgangskonstellation und den unerwünschten Folgewirkungen auftreten, dazu führen, dass die primären Ursachen und die für die Folgewirkungen verantwortlichen Verursacher nicht eindeutig zuzuordnen sind. Die Übernutzung von Ressourcen durch Einzelne auf Kosten anderer ist das Resultat der Wechselwirkung zwischen beiden, d. h. denjenigen, die übernutzen, und denjenigen, die dies unwidersprochen zulassen. Spielverderber nutzen die vermeintliche Bequemlichkeit der übrigen Mitglieder der Gemeinschaft aus, und sichern sich einen persönlichen Vorteil entgegen allgemeiner Spielregeln einer fairen Verteilung der Nutzungspotenziale von Gemeingütern. Im biologischen Sinne verhalten sie sich gegenüber der Gemeinschaft parasitär (Nowak und Highfield 2013).

Es kommt zur Übernutzung einer Ressource, wenn zu viele Nutzer das Privileg haben, die Ressource zu nutzen und keiner, wie im Fall von Niemandsland, das Recht hat oder dieses nur bedingt zur Geltung zu bringen vermag, andere von der Nutzung auszuschließen oder die Nutzung einzuschränken. Ob Gemeindeland (Allmende) oder Niemandsland (Weltmeere, Atmosphäre, etc.), eine drohende Übernutzung von Ressourcen zum Vorteil weniger und zum Nachteil vieler bedarf der Regulierung. Im Fall von Gütern, die definierten Gemeinschaften zugeordnet werden können, ist der Umgang mit der Nutzung von Ressourcen leichter zu regulieren als im Fall von „Niemandsland". Allerdings deutet die Zunahme der vielfältigen Probleme, die bei der allgemeinen Zunahme von Nutzern mit Formen der Übernutzungen in einem direkten oder indirekten Zusammenhang stehen, darauf hin, wie schwierig eine wirksame Regulierung auch bei der Nutzung von Gemeingütern zu implementieren ist. Es hat einen nachvollziehbaren Grund, dass das ursprüngliche (griechische) Wort für **Gesetz** und Ordnung *nomos* das „Gesetz der Weidenutzung" war. Nomaden hatten sich an das Gesetz der nachhaltigen Nutzung von Weideland zu halten. Auch auf den Almwirtschaften bestehen Vorgaben, welche die Nutzung der Almweideflächen regeln, wenn auch in sehr unterschiedlichen, vor Ort ausgehandelten Ausprägungen. Auch bei der Nutzbarmachung maritimer Fischbestände haben sich Anrainerstaaten auf eine

Vorgehensweise verständigen können, die einer Überfischung und damit Zerstörung der Regenerationsfähigkeit von Fischbeständen entgegenwirken soll.

Die Liste der Gemeingüter, die ein relevantes Nutzungspotenzial aufweisen und bei Übernutzung mit negativen Folge- und Schadwirkungen behaftet sind, ist sehr lang. Zu den Gemeingütern gehören: nichterneuerbare Ressourcen wie fossile Energieträger (Öl, Gas etc.) und andere Bodenschätze, aber auch die Verfügbarkeit von landwirtschaftlichen Nutzflächen, welche u. a. durch Überbauungen oder durch andere Verwüstungen nicht mehr für die Erzeugung von Nahrungsmitteln zur Verfügung stehen. Den nur teilweise erneuerbaren Ressourcen kann auch die Bodenfruchtbarkeit zugeordnet werden, da sie durch Auslaugung und durch Erosionen mehr oder weniger stark, aber auch unwieder-bringlich geschädigt werden kann. Analoges gilt für Wald- und Fischbestände. Beispiele für erneuerbare Ressourcen im Besitz von Gemeinschaften sind: Wasserressourcen und die Qualität des Grundwassers, welches durch Einträge verunreinigt, in der Qualität gemindert und mit Mehraufwendungen für die Aufbereitung behaftet sein kann (z. B. Nitrat im Grundwasser). Zu einer anderen, jedoch nicht minder bedeutsamen Ressource gehört beispielsweise auch die Wirksamkeit von **Antibiotika** gegen mikrobielle Schadorganismen. Eine übermäßige Nutzung, z. B. in der Nutztierhaltung, kann die Wirksamkeit von Antibiotika durch die forcierte **Resistenzentwicklung** beeinträchtigen bzw. aufheben. Dies geschieht zu Lasten der Menschen und Tiere, die auf die Anti-biotikawirksamkeit angewiesen sind, um im Fall einer bakteriellen Infektion therapiert zu werden und damit die Überlebenschancen deutlich zu erhöhen.

Der freie Zugang zu begrenzt verfügbaren Gemeingütern (Allmenden) erzeugt Probleme, wenn nicht zugleich Rahmenbedingungen etabliert sind, die bei Übernutzung Möglichkeiten der Gegenregulationen ermöglichen. Diese können einerseits in Form von Aneignungsproblemen auftreten, wenn frei verfügbare knappe Ressourcen übernutzt und dann nicht mehr allen zur Verfügung stehen (z. B. Wasserreserven in Zeiten von Dürre). Andererseits besteht ein Bereitstellungsproblem, wenn öffentliche Güter nicht oder nicht ausreichend für Bedürftige bereitgestellt werden können (z. B. Hygienemasken, Impf-stoffe, oder Betreuungsplätze in Pflegeheimen). Letztlich geht es bei beiden Problem-stellungen um die Relation zwischen Verfügbarkeit und Bedürftigkeit sowie dem Schutz vor negativen Folgewirkungen. Auch wenn nicht alle Mitglieder einer Gemein-schaft in gleicher Weise von den Folgewirkungen einer Übernutzung begrenzt verfüg-barer Ressourcen gefährdet sind, so soll es nach Möglichkeit doch gerecht zugehen. Das Prinzip der Fairness hat folglich einen hohen Stellenwert. Der Schutz vor Nachteilen und vor Unbill soll nicht etwa in Relation zum Vermögensstand der Einzelnen stehen, sondern unabhängig vom Ansehen der Person gewährt werden. Dies schließt nicht aus, dass spezifischen Gruppen, wie zum Beispiel Kindern, besondere Aufmerksamkeit gewidmet und Rechte zugestanden werden. Die besondere Hinwendung zu Kindern oder auch zu alten Menschen ist dabei vor allem ihrer besonderen Schutzbedürftigkeit geschuldet.

Ein anschauliches Beispiel für die Notwendigkeit einer differenzierten Regulierung bei einer begrenzten Verfügbarkeit von Schutzressourcen in Abhängigkeit von der

Schutzbedürftigkeit, liefert der Untergang des berühmtesten Schiffes der Welt, der Titanic. Die gegenüber den Passagierzahlen völlig unzureichende Ausstattung des Schiffes mit Rettungsbooten erforderte eine Priorisierung bzw. Differenzierung zwischen den Passagieren bezüglich des Zuganges zu den Booten. Die generelle Anweisung, Kinder und Frauen vorrangig zu berücksichtigen, hatte zur Folge, dass ein deutlich höherer Anteil an Frauen und Kindern den Untergang überlebte als dies bei den Männern der Fall war. Frauen und Kinder wurden nicht als Einzelpersonen, sondern als Mitglieder einer Untergruppe ein prioritärer Zugang zu den Rettungsbooten gewährt. Allerdings bestand auch hier eine trennschärfere Differenzierung zwischen Passagieren auf dem Ober- bzw. den Unterdecken. Die generelle Frage, ob und mit welcher Begründung bestimmte Untergruppen mehr Zugriffsrechte auf beschränkt verfügbare Ressourcen gewehrt wird, besteht fort und hat an Aktualität nichts eingebüßt. So hat die Coronapandemie im Jahr 2020 den aus der Militärmedizin herrührender Begriff der „Triage" wieder ins Bewusstsein gebracht. Hier geht es um die Entscheidung, wie in Notfällen die knappen materiellen und personellen Ressourcen (z. B. Beatmungsgeräte oder Betten auf den Intensivstationen) auf diejenigen aufzuteilen sind, die der medizinischen Hilfeleistung dringend bedürfen. Hier und in vielen anderen Fällen stellt sich die Frage nach einer gerechten und angemessenen Verteilung (Allokation) knapper Ressourcen (Rauw 2009).

So wie es für den Einzelnen nur einen geringen Nachteil zur Folge hat, wenn sich andere an den Gemeingütern im Übermaß bedienen, so kann auch der Vorteil für Investoren gering ausfallen. Dies ist dann der Fall, wenn diese in Maßnahmen zum Schutz von Gemeingütern und in die Förderung des Gemeinwesens investieren (z. B. über Spenden und Steuern), während andere dies unterlassen, aber von den Schutzmaßnahmen profitieren, weil sie nicht davon ausgeschlossen werden sollen. Letztere verhalten sich damit als sogenannte „Trittbrettfahrer", die von den Beiträgen anderer profitieren, ohne selbst einen angemessenen Obolus beizutragen. Wenn alle gemäß ihren Möglichkeiten in Maßnahmen zum Schutz von Gemeingütern investieren würden, würden sich die gemeinsamen Investitionen am besten auszahlen. Wenn die Kosten der Investitionen nur von wenigen getragen werden, die daraus aber nur einen geringen Vorteil ziehen, ist dies für eigennützige Investoren ein schlechter Deal. Entsprechend verwundert es nicht, wenn nur die Altruisten und nicht die Egoisten investieren. Wird von einer Gemeinschaft (z. B. Staatengemeinschaft) ein übergeordnetes Ziel, wie die Reduzierung von CO_2-Freisetzungen definiert, so könnte man erwarten, dass alle gefordert sind, ihren Teil zur Erreichung des Zieles beizutragen. Je mehr sich ein Land anstrengt, desto weniger müssen sich die anderen Länder anstrengen, um das Ziel zu erreichen. Die Investitionen der Klimaaltruisten subventionieren gewissermaßen den Beitrag der Klimaegoisten (Ockenfels 2020). Obwohl es mittlerweile eine weitreichende Einigkeit hinsichtlich des Nutzens von Klimaschutzmaßnahmen gibt, sind die Umsetzungen allzu häufig zum Scheitern verurteilt. Gemeingüter können folglich auch durch diejenigen erodiert werden, die sich nicht angemessen an den Investitionen zu deren Schutz beteiligen, obwohl sie an den positiven Wirkungen teilhaben.

Ableitungen

Das Dilemma der Allmende beschäftigt die Menschen schon über viele Generationen hinweg. Es handelt sich um eine anthropologische Grundkonstellation, die menschliche Gemeinschaften in vielfältiger Form und Ausprägung immer wieder herausfordert. Sie lässt die Menschen hin und her schwanken zwischen den ureigenen Interessen und den Interessen einer übergeordneten Gemeinschaft, der sie angehören und auf die sie in sehr unterschiedlichem Maße angewiesen sind. Der Umgang der Einzelnen mit dieser Ambivalenz ist so heterogen, wie die Zahl der involvierten Charaktere und wie die jeweiligen Gemeinschaften dies zulassen. Bei den Nomaden der Frühzeit wurden Kranke und Schwache, die keinen Beitrag mehr zum Überleben der Sippe leisten konnten, bei Nahrungsknappheit zurückgelassen. Der Ausschluss aus der Versorgungsgemeinschaft kam für die Betroffenen einem Todesurteil gleich; gleichzeitig erhöhten sich dadurch für die anderen Mitglieder der Sippe die Überlebenschancen. Solche existenziellen Abwägungsprozesse sind auch heute noch – wenn auch nur in Ausnahmesituationen – erforderlich, wie das oben angeführte Beispiel der Triage veranschaulicht. Heute geht es vor allem um chronifizierte Konfliktsituationen, bei denen unterschiedliche Interessen aufeinanderstoßen, ohne dass es zu einer Lösung kommt, die sowohl den Partikular- als auch den Gemeinwohlinteressen in einer für beide Seiten akzeptablen Weise Rechnung trägt.

Auch wenn es in der westlichen Welt eher selten unmittelbar um das Überleben des Einzelnen und das Überleben von Anderen geht, die Grundkonstellation der Perspektiven: ich oder sie bzw. er/sie oder wir, besteht fort. Sie kann sich auf scheinbar nebensächliche Aspekte, wie den divergierenden Interessen der Mitglieder einer Fußballmannschaft beziehen, oder so gravierende Probleme wie den Umgang der Weltgemeinschaft mit der Klimakrise. Auf der globalen Ebene ist das Ringen unterschiedlicher Interessensgruppen um faire Investitionen in den Klimaschutz und um den Schutz vor den Auswirkungen der bereits eingetretenen Klimakrise schon jetzt für viele Menschen ein Kampf ums nackte Überleben. Je knapper die globalen Kapazitäten für die Aufnahme von klimarelevanten Treibhausgasen wird, desto mehr werden diese Auseinandersetzungen an Schärfe zunehmen.

3.4   Umgang mit begrenzt verfügbaren Gemeingütern

Gemeingüter sind Güter, die für alle potenziellen Nachfrager frei zugänglich sind. Sie können vom Staat oder von privaten Anbietern bereitgestellt werden. Eine charakteristische Eigenschaft ist die Nichtausschließbarkeit. Bei Gütern, wie dem Zugang zum Internet, deren Nutzung, abgesehen von den technischen Voraussetzungen, keinen Begrenzungen unterliegen, bedürfen keiner Zugangsregulierung. Anders verhält es sich mit Gemeingütern, deren Verfügbarkeit begrenzt ist. Hier stellen sich Fragen nach einem gerechten und fairen Umgang, um zu verhindern, dass sich Einzelne durch Geschicklichkeit oder List auf Kosten der Zugriffsmöglichkeiten durch andere Personen einen unbotmäßigen Vorteil verschaffen. Alle, die zu einer Gemeinschaft gehören, dies kann eine Familie, ein Verein, ein Kollektiv, eine Kommune oder einen Nationalstaat sein, müssen sich darüber verständigen, wie sie die begrenzt verfügbare **Ressourcen** gemeinsam nutzen. Folglich bedarf es Formen der Vereinbarungen und der Regulierung, welche nach Möglichkeit für alle nachvollziehbar sind und ein gewisses Maß an Verlässlichkeit mitbringen, um wiederkehrende Konflikte einzudämmen, wenn sie schon nicht grundsätzlich vermieden werden können. Erfahrungsgemäß machen sich innerhalb von Gemeinschaften Verunsicherung und Wut breit, wenn Klarheit und Orientierung fehlen. Doch dies ist leichter gefordert als umgesetzt.

Regulierungen können auf unterschiedliche Weise erfolgen. Eine prominente Ratgeberin, die sich dem Thema Gemeingüter verschrieben hat und für ihre Arbeiten mit dem Nobelpreis ausgezeichnet wurde, ist die amerikanische Wirtschaftswissenschaftlerin Elinor Ostrom. In ihrem Hauptwerk *Governing the Commons* veröffentlichte sie 1990 die Prinzipien des wirtschaftlichen Umgangs mit Gemeingütern (Ostrom 1999). Diese basieren auf den Erkenntnissen, die Elinor Ostrom zusammen mit Mitarbeitern in zahlreichen Studien in unterschiedlichen Ländern und unterschiedlichen Gemeinschaften im Hinblick auf ein gutes Gelingen bei der Nutzung von Gemeingütern gewonnen hat. In ihrer Nobelpreisrede, die sie im Jahr 2009 hielt, stellte sie diese nochmals vor (Ostrom 2011): Notwendig ist demnach die Existenz klarer und lokal akzeptierter Grenzen zwischen legitimen Nutzern und Nichtnutzungsberechtigten. Die Regeln für die Aneignung und Reproduktion einer Ressource sollten den örtlichen und den kulturellen Bedingungen entsprechen; Aneignungs- und Bereitstellungsregeln sollten aufeinander abgestimmt sein; die Verteilung der Kosten unter den Nutzern sollte proportional zur Verteilung des Nutzens sein. Entscheidungen sollten nach Möglichkeit gemeinschaftlich getroffen werden. Darüber hinaus bedarf es einer ausreichenden Kontrolle über Ressourcen, um Regelverstößen vorbeugen zu können. Personen, die mit der Überwachung der Ressource und deren Aneignung betraut sind, müssen gegenüber den Nutzern rechenschaftspflichtig sein. Verhängte Sanktionen sollten in einem vernünftigen Verhältnis zum verursachten Problem stehen und abgestuft erfolgen. Ferner sollten Konfliktlösungsmechanismen auf lokaler Ebene etabliert sein, und zeitnahe Lösungen von Konflikten zwischen Nutzern sowie zwischen Nutzern und Behörden ermöglichen.

Über allem steht die Maxime, das Prinzip der **Kooperation** auszuloten und ihm Geltung zu verschaffen, um es als ein Gegengewicht zu den gleichzeitig vorhandenen Konkurrenzgebaren und den dominierenden Wettbewerbsmechanismen in Ansatz zu bringen. Wenn die einen kooperieren wollen, andere aber nicht, müssen Ausstiegsmöglichkeiten für Letztere geboten werden. Für Ostrom ist von ausschlaggebender Bedeutung, dass sich die Potenziale der Gemeinressourcen nicht zur Entfaltung bringen lassen, ohne die Nutzer mit einzubeziehen. Kooperative Strukturen basieren auf partizipativen Ansätzen. Nur diese ermöglichen es, Regulierungen an kulturelle und ökologische Verhältnisse vor Ort anzupassen und bei Bedarf zu modifizieren. Damit widerspricht sie explizit den häufig anzutreffenden Versuchen, heterogen strukturierten Gemeinschaften detaillierte Regeln von außen aufzuoktroyieren. Ziel müsse die Erhöhung der Selbstbestimmung sein. Dies lässt sich in der Regel nicht mit Patentrezepten und pauschalen Regulierungen vereinbaren. Mit ihren Forschungsarbeiten konnte Ostrom zeigen, dass die Versuche, zentrale Lösungen für die Ressourcennutzungsprobleme top down durchsetzen zu wollen, als Irrweg anzusehen sind.

Was in organisierten Gemeinschaften schon eine besondere Herausforderung darstellt, gestaltet sich weitaus schwieriger in Fällen von (noch) „unverwalteten Gemeingütern", wie sie bereits von Hardin thematisiert wurden. Hierzu gehört vor allem die Natur im weitesten Sinne, die im Allgemeinen das umfasst, was nicht vom Menschen geschaffen wurde, im Gegensatz zur vom Menschen geschaffenen Kultur. Aus der biologischen Perspektive entstammt der Mensch aus der Natur und lebt von der Natur. Mit ihr ist er in einem fortlaufenden Prozess eng verbunden, um sich selbst erhalten zu können. So gesehen ist der Mensch ein Teil der Natur. Von der ökonomischen Perspektive aus betrachtet sind die Leistungen der Natur unser „Naturkapital" (Naturkapital Deutschland – TEEB DE 2012, 9 f.). Ginge es nach den Autoren einer interdisziplinären Studie zu diesem Thema, würde eine ökonomische Perspektive helfen, den Wert der Natur und ihre vielfältigen Leistungen sichtbar zu machen und dazu anregen, Lösungen für eine angemessene Berücksichtigung dieses Wertes in öffentlichen und privaten Entscheidungen zu entwickeln. Bislang bliebe der Wert der Natur oft verborgen, weil ihre Leistungen scheinbar unbegrenzt und kostenlos zur Verfügung stünden, ohne dass dies in gesellschaftspolitischen und wirtschaftlichen Entscheidungen ausreichend berücksichtigt würde.

Folgt man den landläufigen Auffassungen, umfasst das Naturkapital die Natur mit ihrer Vielfalt an Arten, Lebensgemeinschaften und Ökosystemen. Die verschiedenen Leistungen der Natur, die häufig mit dem Begriff **„Ökosystemleistungen"** zusammengefasst werden, bezeichnen direkte und indirekte Beiträge von Ökosystemen zum menschlichen Wohlergehen, d. h. Leistungen und Güter, die dem Menschen einen direkten oder indirekten wirtschaftlichen, materiellen, gesundheitlichen oder psychischen Nutzen bringen. Im ökonomischen Sinne bildet die Natur ein Kapital; ihre Leistungen lassen sich als Dividende auffassen, die der Gesellschaft zufließt. Die Erhaltung des natürlichen Kapitalstocks ermöglicht es, diese Dividenden auch künftigen Generationen dauerhaft bereitzustellen. Bei dieser Herangehensweise gilt es jedoch zu berücksichtigen, dass Naturkapital und Ökosystemleistungen **anthropozentrisch** geprägte Begriffe sind, die sich in ihrer vom Nutzen her geprägten Perspektive vom öko-zentrisch geprägten Begriff des „Eigenwertes der Natur" abgrenzen.

Für die Autoren der angeführten Studie führen Betrachtungen aus einer öko-nomischen Perspektive nicht zwangsläufig zu einer Privatisierung und Vermarktung. Sie sehen Möglichkeiten, mit einer ökonomischen Herangehensweise das Ordnungsrecht sowie Planungsinstrumente zu stärken, „um das öffentliche Gut ‚Natur' zu bewahren". Es gehe darum, die ökonomische Bewertung sorgsam und verantwortungsbewusst ein-zusetzen, und nicht darum, unzulässige Gleichungen aufzustellen, bei denen Öko-systemleistungen gegeneinander verrechnet werden könnten. Mit Blick auf ökonomische Anreize und Märkte sei die Ausgestaltung der Rahmenbedingungen entscheidend dafür, ob sie zu den gewünschten Ergebnissen (im Sinne naturverträglicheren Wirtschaftens und Konsumierens) führen und ob dies in sozial verträglicher Form geschehen könne.

Ableitungen

Der Umgang mit begrenzt verfügbaren Gemeingütern stellt sich aus unterschied-lichen Perspektiven anders dar. Aus ökonomischer Sicht ist es naheliegend, wenn das Kapital der Natur weiter erschlossen und mithilfe von ökonomischen Ver-fahrensweisen verwaltet wird. Allerdings bestehen aus anderen Perspektiven berechtigte Zweifel, ob die Ökonomie über die erforderlichen Instrumente ver-fügt, um umfassende Abwägungsprozesse mit Bereichen vorzunehmen, die einer monetären Bewertung nicht unmittelbar zugänglich sind. Schließlich gehört es zum Kern einer ökonomischen Herangehensweise, dass eine monetäre Bewertung nur mit anderen monetären Bewertungen in Abgleich gebracht wird, unabhängig davon, ob diese auf validen Einschätzungen basieren. Auch liefert die Öko-nomie keine Antworten auf Fragen nach dem Verhältnis von Privatbesitz und den Besitzverhältnissen bei Gemeingütern wie dem Naturkapital, und wer darüber in welchem Maße und zu wessen Lasten verfügen darf.

Die weitgehend ungelösten Fragen im Umgang mit den „unverwalteten Gemeingütern", wozu neben den Naturgütern unter anderem auch Klima- und Umweltschutz gehören, ist für die im Buch erörterte Thematik von großer Wichtig-keit. Allerdings beschränkt sich die Relevanz nicht auf die außerhalb der land-wirtschaftlichen Betriebe befindlichen Gemeingütern. Auch die Prozesse, die sich innerhalb eines von einem Management verwalteten Betriebssystems abspielen, müssen in die Betrachtung und Beurteilung einbezogen werden, da sie in erheb-lichem Umfang für die Beeinträchtigungen von Gemeingütern mitverantwortlich sind.

3.5 Landwirtschaft und das Dilemma der Allmende

Das Dilemma der Allmende war nicht nur in Vorzeiten ein Problem der Landwirtschaft, sondern ist im Laufe der Jahrhunderte zu einem zentralen Konfliktfelder der Agrarwirtschaft aufgestiegen. Bevor darauf in den nachfolgenden Kapiteln in der dafür erforderlichen Detailtiefe eingegangen wird, soll zunächst das Themenfeld eingekreist und die grundsätzlichen Problemstellungen herausgearbeitet werden. Schließlich beschränkt sich die Übernutzung von Gemeingütern durch die Landwirtschaft nicht auf die Nutzung von Gemeindeflächen durch Gemeindemitglieder. Die Landwirtschaft macht in erheblichem Umfang Gebrauch von den ökosystemischen Leistungen der Natur oder beeinträchtigt diese ökosystemischen Leistungen für andere Nutzer. Nicht weniger bedeutsam ist der Gebrauch der Umwelt im weitesten Sinne, indem die Landwirtschaft dieser Ressourcen, wie zum Beispiel Wasser, für die eigene Nutzung entzieht. Andererseits wird die Umwelt als Abfalldeponie für die Rest- und Schadstoffe genutzt, die bei den landwirtschaftlichen Produktionsprozessen anfallen. Dies gilt beispielsweise für Nährstoffausträge, aber auch Medikamentenrückstände und resistente Keime aus der Tierhaltung. Damit fügt die Landwirtschaft dem Gemeinwesen sowohl auf der lokalen und regionalen als auch der globalen Ebene beträchtliche Schäden zu.

Die Landwirtschaft nimmt für sich in Anspruch, im Laufe ihrer Entwicklung die Güter der Natur „kultiviert" zu haben. Dadurch war und ist es ihr möglich, Nahrungsmittel als Agrarkulturleistungen einer großen und immer weiter ansteigenden Zahl von Menschen zur Verfügung zu stellen. „Wir machen Euch satt!", lautet eine der zentralen Parolen, die bei den Demonstrationen von Landwirten immer wieder zu sehen sind. Die protestierenden Landwirte sehen sich genötigt, diesen Sachverhalt in Erinnerung zu rufen, weil sie zu der Einschätzung gelangt sind, dass die Bürger und die Konsumenten der Nahrungsmittel dies vergessen zu haben scheinen. In einer Welt, in der viele Menschen, insbesondere in den städtischen Metropolen, den Kontakt zur Erzeugung von Nahrungsmitteln verloren haben, sehen sich die Landwirte veranlasst, daran erinnern: Die Erzeugung von Nahrungsmitteln durch Landwirte ermöglicht erst das Überleben derjenigen, welche die **„Mittel zum Leben"** käuflich erwerben können.

Aus einer anderen Perspektive betrachtet, macht sich die Landwirtschaft Güter der Gemeinschaft zunutze, um daraus private Güter in Form von Nahrungs- und Futtermitteln zu erzeugen, welche sie der Gemeinschaft zum Kauf anbietet, um über die Einnahmen aus dem Verkauf der Produkte die eigene wirtschaftliche Existenz zu sichern. Dass es angesichts von Begrenzungen in der Verfügbarkeit (Knappheiten) von Gemeingütern auch zu einer Übernutzung und zu Konflikten kommt, liegt in der Natur der Sache. Der Politik fällt die Aufgabe zu, die Rahmenbedingungen so zu gestalten, dass Übernutzung und Nutzungskonflikte eingehegt werden. Solange **Konflikte** lokal begrenzt auftreten, lassen sie sich auch vergleichsweise gut durch gesetzliche Regelungen eingrenzen. Als Beispiel wird die „Technische Anleitung zur Reinhaltung der Luft" (Jarass 2017) angeführt, welche den Landwirten durch Festlegung von Abstandsregeln von landwirtschaftlichen Stallungen zu Wohngebäuden und durch maximal zulässige Bestandsgrößen Grenzen bei der Nutzung von Gemeingütern auferlegt und damit die von der Nutzung ausgehenden Belästigungen (u. a. Geruch) und die Schadwirkungen für die in unmittelbarer Nachbarschaft angesiedelten Betroffenen eingrenzt. Doch handelt es sich bei den Folgewirkungen der Produktionsprozesse längst nicht mehr nur um lokal eingrenzbare Konfliktfelder. Längst haben sich diese zu regionalen, nationalen und globalen Problemfeldern ausgeweitet. Die Konfliktfelder tangieren unterschiedliche Interessen verschiedener Personenkreise und gehen mit graduell unterschiedlichen Beeinträchtigungen dieser Interessen einher. Wie es am besten gelingen könnte, die unterschiedlichen Partikularinteressen miteinander in Abgleich zu bringen, darüber herrscht eine große Uneinigkeit. Sie reicht von pauschalen Vorwürfen der Umweltzerstörung durch die Landwirtschaft, wie sie mitunter von Natur- und Umweltschützern vorgetragen werden, bis zur Zurückweisung jedweder Kritik an der Landwirtschaft und den von ihr ausgehenden Schadwirkungen, wie sie von Agrarlobbyisten immer noch gegenüber der Öffentlichkeit vertreten werden (Rukwied 2016). Derweil üben sich die Vertreter der Agrarpolitik, welche eigentlich für die Einhegung von Konfliktfeldern zwischen unterschiedlichen gesellschaftlichen Interessen zuständig sind, in vornehmer Zurückhaltung. Dies gilt auch für Vertreter der Agrarwissenschaften, welche eigentlich gefordert wären, Grundlagen für die Bemessung der Ausmaße von Schadwirkungen zu liefern. Über die möglichen Hintergründe für die Zurückhaltung wird in diesem Buch an anderer Stelle reflektiert.

Angesichts des weiter zunehmenden Ausmaßes an Schadwirkungen (s. Kap. 6), welche ihren Ausgang von landwirtschaftlichen Produktionsprozessen nehmen und über die Medien der allgemeinen Öffentlichkeit zugetragen werden, nimmt der Druck auf die beteiligten Akteure deutlich zu. Die Vertreter agrarwirtschaftlicher Interessen geraten dadurch unter Rechtfertigungszwang. Versuche, diesem Druck auszuweichen, laufen zum Beispiel darauf hinaus, eine Gegenrechnung vorzulegen. In einem vom Deutschen **Bauernverband** (DBV) als Lobbyverband der Agrarwirtschaft initiiertem Gutachten (Karl und Noleppa 2017) wird eingestanden, dass zwar von der Landwirtschaft gewisse Umweltkosten verursacht werden. Die Autoren kommen jedoch zu dem Schluss, *„dass die Landwirtschaft erhebliche Anstrengungen im Rahmen gesetzlicher Regelungen unternimmt, die dem Gemeinwohl dienen und nicht schaden"*. Die monetären Aufwendungen für die Einhaltung der gesetzlichen Standards hätten erhebliche Wettbewerbsnachteile und damit Einkommensverluste zur Folge. Gleichzeitig wird anerkannt, dass die Agrarförderung im Rahmen der Gemeinschaftlichen Agrarpolitik (GAP) darauf abziele, Einkommensnachteile von Landwirten in der EU, die sich aus den im internationalen Vergleich höheren Standards ergeben, auszugleichen sowie gesellschaftlich gewünschte Leistungen, die der Agrarsektor erbringt, zu honorieren. Aus der Gegenüberstellung von Kosten und Leistungen wird geschlussfolgert, dass *„die gegenwärtigen agrarpolitisch determinierten Zahlungen auf keinen Fall überdimensioniert"* seien, *„zumal diese Kosten über die Marktpreise nicht ausreichend internalisiert werden"*. Aufgrund der bereits erbrachten Leistungen dürften den Landwirten keine weiteren Auflagen zugemutet werden, außer diese werden zusätzlich honoriert.

Ableitungen

Die skizzierten Konfliktfelder zwischen den Interessen unterschiedlicher gesellschaftlicher Gruppen, die sich hinsichtlich eines potenziellen Nutzens und potenzieller Beeinträchtigungen landwirtschaftlicher Produktionsprozesse auftun, werfen vielfältige Fragen auf. Diese betreffen unter anderem die methodische Vorgehensweise bei der erforderlichen Differenzierung zwischen Partikular- und übergeordneten Gemeinwohlinteressen. Auch die Frage, ob und inwieweit es für verschiedene Interessenten zu unterschiedliche Vor- bzw. Nachteilen kommt, bedarf einer profunden Abwägung und entsprechender Instrumente, die hierzu belastbare Informationen liefern. Nicht weniger bedeutsam ist die Frage, welche Bezugssysteme und welche Maßstäbe für eine Beurteilung des Ausmaßes an Beeinträchtigungen und Nutzen herangezogen werden. Am Anfang solcher Abwägungsprozesse sollte daher eine Verständigung über die Definition zentraler Begriffe und Bezugssysteme stehen. Auch bedarf es einer Klärung, wer überhaupt legitimiert ist, als Interessensvertreter zu fungieren und gesellschaftliche Ansprüche an andere zu stellen.

Wichtig ist auch die Klärung der Besitzverhältnisse und die sich daraus ableitenden Verantwortlichkeiten. Wo beginnt, wo endet der Privatbesitz von landwirtschaftlichen Betrieben? Eine Sache ist nicht *per se* Privatgut, Gemeingut oder **öffentliches Gut,** sondern sie wird häufig durch gesellschaftliche Regeln und Normen erst dazu gemacht. Zum Beispiel gehört Wasser in den staatlich verwalteten öffentlichen Gewässern zum öffentlichen Gut und in der Flasche aus dem Supermarkt zum Privatgut. Es kommt also nicht immer auf das Gut an, sondern auch auf die technischen und finanziellen Möglichkeiten sowie auf den politischen Willen und die Machtverhältnisse, ob etwas öffentliches Gut ist oder zum Privatgut deklariert wird. Darüber hinaus stellt sich im Hinblick auf die Notwendigkeit der Reduzierung von Beeinträchtigungen die politische Frage, wie das in der Gesetzgebung verankerte Verursacherprinzip in der landwirtschaftlichen Praxis zur Anwendung gebracht werden kann.

3.6 Gemeinwohl

Möglicherweise liegt es an der eingehenden Beschäftigung mit dem Thema, dass beim Autor der Eindruck entstanden ist, dass im öffentlichen Diskurs der Begriff „Gemeinwohl" gegenüber früheren Zeiträumen deutlich häufiger verwendet wird. Dies mag auch einer allgemeinen Zunahme der Besorgnis zuzurechnen sein, dass das Gemeinwohl selbst in so wohlhabenden Ländern wie Deutschland eher einem Erosionsprozess als einer gedeihlichen Ausweitung unterliegt. Häufig taucht der Begriff im Zusammenhang mit der Kritik an einer einseitigen Verfolgung von Partikular- und einer unzureichenden Beachtung von **Gemeinwohlinteressen** auf. Allerdings wird bei der Verwendung des Begriffes eher selten vorausgeschickt, welche spezifischen Bedeutungsinhalte bei der Verwendung des Begriffes im jeweiligen Kontext adressiert werden. Als Antithese zu nicht näher eingegrenzten Partikularinteressen liefert der Begriff keine hinreichenden Anhaltspunkte, um daraus Erkenntnisgewinne oder gar Anleitungen für Entscheidungen und für praktisches Handeln zu destillieren. Genau darum soll es in diesem Buch gehen, nämlich um die Möglichkeiten und Grenzen der **Operationalisierung** der mit dem Begriff „Gemeinwohl" intendierten Zielsetzung im Kontext der Erzeugung landwirtschaftlicher Produkte.

3.6.1　Gemeinwohl im historischen Rückblick

Rückblickend taucht der Begriff des Gemeinwohles in vielen politischen Philosophien und in verschiedenen Begründungszusammenhängen an zentralen Stellen auf. Die jeweils mit dem Begriff verbundenen Inhalte stehen in einem engen Zusammenhang zur jeweiligen Konzeption der politischen Gerechtigkeit. Es übersteigt bei weitem die Kompetenz des Autors und die Intention des Buches, den Ursprung des Begriffes und die diversen Begriffsinhalte, welche aus unterschiedlichen Perspektiven intendiert sind, in einer umfassenden Weise darzulegen. Da jedoch der Begriff „**Gemeinwohl**" sowohl im Hinblick auf die Erörterung der Folgewirkungen landwirtschaftlicher Produktionsprozesse als auch für Fragen im Zusammenhang mit einer Neuorientierung der Landwirtschaft von zentraler Bedeutung ist, werden einige, der aus der Perspektive des Autors für relevant erachtete Aspekte der Begriffsverwendung skizziert und den weiteren Ausführungen vorangestellt.

Die These, wonach die Gesellschaft davon profitiert, wenn die Einzelnen vorrangig ihren eigenen Interessen nachgehen, markiert noch heute die Ausgangsprämisse vieler Ökonomen. Zugeschrieben wird sie Adam Smith, den wir bereits in Abschn. 2.1 als den Begründer der Marktwirtschaft kennengelernt haben. Beruflich war er in erster Linie als Moralphilosoph tätig. In diesem Erfahrungsfeld hatte er erkannt, dass viele Menschen, vor allem wohlhabende, der Täuschung erlagen, dass materieller Wohlstand glücklich machen würde. In seinem 1776 erschienen Werk *Der Wohlstand der Nationen* legte er dar, wie dieser Irrglaube die Wirtschaft am Laufen halte, wenn jeder versuche, maximale Erträge aus seinem Land oder seinem Handwerk zu erzielen. Durch die Gier und den Wunsch nach maximalen Erlösen werden Erzeugnisse im Übermaß produziert und konsumiert. Wie durch eine „unsichtbare Hand" – eine oft zitierte Metapher, die eng mit dem Namen Adam Smith assoziiert ist – würden die „Wohlhabenden" die erwirtschafteten Güter durch die Folgewirkungen egoistischen Handelns so unters Volk bringen, dass auch andere von der Gütervermehrung profitieren. Wenn alle Akteure an ihrem eigenen Wohl orientiert seien, führe dies zur einer Selbstregulierung des Wirtschaftslebens, zu einer optimalen Produktionsmenge und -qualität und zu einer gerechten Verteilung (Rothschild 1994). Damit die Verteilungsprozesse funktionieren, bedürfe es eines **Systems** natürlicher Freiheit, das heißt eines Marktes, der nicht durch den Staat überreguliert wird. Der Staat solle sich weitgehend heraushalten, weil ihm vorgehalten wird, mit der Regulierung überfordert zu sein und die Marktmechanismen zu verzerren, indem bestimmte Gruppen bevorzugt würden. Die Gefahr einseitiger Bevorzugung bestimmter Akteure (Korruption) ist heute so aktuell wie damals. Nach den Vorstellungen von Smith, die auch heute noch von vielen Ökonomen geteilt werden, funktioniert der Markt und die Mechanismen zur Erlangung von Verteilungsgerechtigkeit und Wohlstand durch die treibende Kraft des menschlichen Egoismus besser als durch die Regulierungsversuche von Politikern. Dies darf allerdings nicht dahingehend missverstanden werden, dass der Egoismus als solches von Adam Smith gutgeheißen wurde. Vielmehr erkannte er ihn als eine anthropologische Eigenheit, die es zu einem Vorteil für den Wohlstand der Nationen umzumünzen gelte.

Die Gründe für den Erfolg der Metapher von der „unsichtbaren Hand", die von ihrem moralphilosophisch ausgerichteten Vordenker anders intendiert war, als sie nachfolgend von vielen Ökonomen interpretiert wurde, sind nahe liegend. Die Metapher benennt ein Regulationsprinzip und bietet ein Interpretationsangebot, ohne inhaltlich etwas zu erklären. Dies beeinträchtigt nicht ihre Wirkmächtigkeit, sondern ist möglicherweise die Voraussetzung dafür. Die Metapher als eine Als-ob-Erklärung hat einen durchschlagenden Erfolg, weil sie Wirkzusammenhänge benennt, die sich einer Nachvollziehbarkeit und Beweisführung weitgehend entziehen. Damit enthebt sie diejenigen, die sich der Metapher bedienen, der Notwendigkeit weiterer Begründungen und Rechtfertigungen. Es wird suggeriert, dass für das Wohl alle anderen schon etwas abfallen würde, wenn die Wirtschaftsakteure vorrangig die eigenen Interessen im Blick haben. Die Metapher entspricht dem Sinnbild eines Wirtschaftsliberalismus, der dafür plädiert, der Wirtschaft „freie Hand" zu lassen, da diese für sich beansprucht, die Verteilung besser zu organisieren, als dies der Staat vermag. Retrospektiv würde es naheliegen, den Fokus weniger auf die (verteilende) Hand, sondern auf das Attribut „unsichtbar" zu legen, als Hinweis auf eine verschleiernde, sich der Nachvollziehbarkeit entziehende Gemengelage.

In einem historischen Abriss werden von Piketty (2020) die Entwicklungen der kapitalistischen Gesellschaft nachgezeichnet. Aus seiner Perspektive ist insbesondere bedeutsam, wie sich über die Jahrhunderte die gesellschaftliche Bedeutung des privaten Besitzes gewandelt hat. So verbanden sich mit den Besitztümern des Adels auch hoheitliche Schutzpflichten gegenüber den „Untertanen" und Sonderbefugnisse wie Gerichtsbarkeiten, Abgabenrechte, Frondienste etc. Das Adelseigentum entsprach einem gemischt privat-hoheitlichen Herrschaftsverhältnis. Konsequent privatisiert wurde Eigentum erst durch die bürgerlichen Revolutionen. Befreit von hoheitlichen Funktionen stand Eigentum in der Folgezeit rechtlich gesehen jedem zu. Faktisch entwickelte sich das nun private Vermögen entgegen den Gleichheitsversprechen der Französischen Revolution äußerst ungleich. Zu einem Hauptzweck des inzwischen etablierten Zentralstaates wurde es, um das Privateigentum zu schützen und möglichst von Abgaben zu verschonen.

In England wurde das von Jeremy Bentham (1748–1832) und John Stuart Mill (1806–1873) noch heute im Zusammenhang mit dem Gemeinwohl in Ansatz gebrachtes Konzept des **Utilitarismus** entwickelt. Im ersten Kapitel seiner *Introduction to the Principles of Morals and Legislation* erläutert Bentham den zentralen Begriff des Nutzens folgendermaßen:

> „Mit dem Prinzip des Nutzens ist jenes Prinzip gemeint, das jede beliebige Handlung gutheißt oder missbilligt entsprechend ihrer Tendenz, das Glück derjenigen Gruppe zu vermehren oder zu vermindern, um deren Interessen es geht [...]. Mit ‚Nutzen' ist diejenige Eigenschaft an einem Objekt gemeint, wodurch es dazu neigt, Wohlergehen, Vorteil, Freude, Gutes oder Glück zu schaffen (zitiert nach Bensch und Trutwin 1984, 96 f.)."

Der Utilitarismus ist eine Form der zweckorientierten Ethik, die in verschiedenen Varianten auftritt. Nach Nida-Rümelin (2020, 75 f.) hält sich diese Denkrichtung zugute, sich von allen Intuitionen freizumachen und mit einem universellen Nutzen-Optimierungsprinzip ein neues, rationales Fundament ethischen Urteilens gelegt zu haben.

> „Dieses Prinzip wird als unmittelbar einsichtig und unbestreitbar angesehen, denn es sei ja offensichtlich, dass menschliches Handeln nur zwei Ziele verfolge: die (eigene) Lust zu mehren und das (eigene) Leid zu mindern."

Danach sind Handlungen, welche die Gesamtheit von **Wohlergehen** steigern und die Gesamtheit an Schmerzen und Unbehagen reduzieren, moralisch richtig. Im Umkehrschluss sind Handlungen moralisch falsch, wenn sie Wohlergehen beeinträchtigen und Unbehagen erhöhen. Der Nutzen bezieht sich zunächst auf die Situation des Einzelnen im Abgleich zwischen Wohlergehen und Unbehagen. Er erstreckt sich aber auch auf die Maximierung eines aggregierten Gesamtnutzens, d. h. die Summe des Wohlergehens aller Betroffenen. Entsprechend propagiert der Utilitarismus eine Vergrößerung des Gemeinwohls. Dabei vertritt er politisch die Vision eines paternalistischen Wohlfahrtsstaates, dessen Gesetze „das größtmögliche Glück für die größtmögliche Zahl" gewährleisten. Der Utilitarismus beruht auf einigen Kernprinzipien, die ihn von anderen normativen Theorien absetzen. Maßstab zur Beurteilung der Folgen ist ihr objektiver Wert in Form des Nutzens. Damit kann der Utilitarismus auch als die ethische Basis der Ökonomie betrachtet werden (Common und Stagl 2012).

Der Utilitarismus beurteilt den moralischen Wert einer Handlung aufgrund ihrer Konsequenzen. Konsequentialistische Ethiken stehen damit im Gegensatz zur deontologischen Ethik, die die Handlungen selbst und nicht deren Folgen als geboten, erlaubt oder verboten beurteilen. Sie steht auch im Gegensatz zur Tugendethik, bei der Charakter und Motivation des Akteurs die entscheidenden Komponenten sind. Gemäß dem Utilitarismus hängt ethisch richtiges Handeln von der Balance zwischen dem Wohlergehen **und** den Schmerzen bzw. Schäden ab, welche diese Handlungen verursachen.

Entsprechend sollte durch die Konsequenzen einer Handlung der Gesamtnutzen aller ethischen Subjekte größtmöglich sein. Handlungen, welche die Gesamtheit von Wohlergehen erhöhen und die Schadwirkungen reduzieren, sind denjenigen vorzuziehen, welche das Wohlergehen reduzieren und die Schadwirkungen erhöhen. Wohlbehagen *(pleasure)* ist das, was den Nutzwert *(utility)* für ein Individuum erhöht, Schadwirkungen reduzieren diesen. Der Utilitarismus verlangt, jeweils diejenige Handlung zu wählen, die die Nutzungssumme optimiert. Entsprechend bleibt kein Spielraum für die eigene Lebensgestaltung, für Eigenverantwortlichkeit, für eigene Projekte oder für besondere Interessen und provoziert damit einen wesentlichen Einwand gegen den Utilitarismus (Nida-Rümelin 2020, 124 f.).

Ein wichtiger konzeptioneller Beitrag, wie ökonomische Prozesse so gestaltet und begleitet werden können, dass sie sowohl dem Einzelnen als auch der Gesellschaft dienen, wurde von Gustav Friedrich von Schmoller (1838–1917) vorgelegt. Die Wirtschaft sollte nicht dem Prinzip des „laissez faire" überlassen werden, sondern durch eine soziale Rahmung eingehegt werden. Damit reiht er sich ein in den Kreis derjenigen, die dem Konzept der **„sozialen Marktwirtschaft"** den Weg bereiteten. Dieser Begriff geht auf Alfred Müller-Armack (1976, 245 f.) zurück und beinhaltet ein gesellschafts- und wirtschaftspolitisches Leitbild mit dem Ziel, *„auf der Basis der Wettbewerbswirtschaft die freie Initiative mit einem gerade durch die wirtschaftliche Leistung gesicherten sozialen Fortschritt zu verbinden".*

Der Begriff „soziale Marktwirtschaft" hat sich als Bezeichnung für die Wirtschaftsordnung der Bundesrepublik Deutschland etabliert und wurde auch im Staatsvertrag von 1990 zwischen der Bundesrepublik und der DDR als gemeinsame Wirtschaftsordnung für die Währungs-, Wirtschafts- und Sozialunion vereinbart (Schlecht 1990, 182 f.). Auch die Europäische Union strebt laut Lissaboner Vertrag eine „wettbewerbsfähige soziale Marktwirtschaft" mit Vollbeschäftigung und sozialem Fortschritt an.

Mit dem Begriff der sozialen Marktwirtschaft ist zunächst einmal nur verbrieft, dass den marktwirtschaftlichen Kräften keine unbegrenzten Freiheiten zugestanden werden, sondern dass diese durch soziale Anliegen eingegrenzt werden sollen. Damit wird eingeräumt, dass hier Kräfte am Werk sind, die in einem gewissen (d. h. in einem nicht näher bestimmten) Maße konträr zueinander stehen und einen Spannungsbogen bilden. Eine übertrieben einseitige Ausrichtung in die eine oder die andere Richtung lässt erwarten, dass dies auf Kosten der jeweils anderen Zielsetzung geht. Gleichzeitig wird zum Ausdruck gebracht, dass sowohl die Kräfte des Marktes als auch die sozialen Anliegen der Gesellschaft für bedeutsam erachtet werden. Entsprechend besteht die primäre Herausforderung darin, beide Anliegen miteinander in Abgleich zu bringen.

In der neuzeitlichen politischen Philosophie rückt das Gemeinwohl des Staates in den Vordergrund. Dabei hat sich eine enge gedankliche Assoziation zwischen Gemeinwohl und Wohlstand herausgebildet. Der Wohlstand von Gesellschaften oder Individuen wird vorrangig durch materielle bzw. monetäre Indikatoren gemessen. Hauptbezugspunkt für die Ermittlung gesellschaftlichen Wohlstands ist das ökonomische Wachstum der jeweiligen Volkswirtschaft, beurteilt anhand der Veränderungen des **Brutto-inlandsproduktes** (BIP). Das BIP bezeichnet den Gesamtwert aller Waren und Dienstleistungen, die während eines Jahres innerhalb einer Volkswirtschaft zum Zwecke des Verbrauchs hergestellt wird. Das BIP ist damit ein sehr wichtiges Kriterium für den politischen Erfolg, zumal auch die Wachstumsraten der Wirtschaft sich auf das BIP beziehen. Entsprechend wird von politischer Seite verallgemeinernd suggeriert, dass bei einem Anstieg des BIP auch der Wohlstand der Gesellschaft und ihrer Mitglieder ansteigt.

Allerdings wird das BIP schon seit geraumer Zeit von Vertretern verschiedener Denkrichtungen dafür kritisiert, dass damit auch Leistungen angerechnet werden, die eigentlich Schäden darstellen und deshalb vom BIP abgezogen werden müssten. So wird argumentiert, dass durch die bisherige Rechenpraxis der Vernichtung von Naturkapital gleich doppelt Vorschub geleistet wird:

> „Gilt es zum Beispiel zu entscheiden, ob für den Neubau einer Autobahn Wald abgeholzt werden soll, so überwiegen bei den bisher üblichen Wirtschaftlichkeitsberechnungen die Vorteile der „Alternative" Autobahn einfach auch deshalb, weil die Ökosystemgüter und -leistungen der Alternative „Wald" nicht vollständig und angemessen in die Bewertung mit einbezogen werden. Die Autobahn wird also gebaut, der Wald abgeholzt. Dadurch steigt das BIP, gleichzeitig gehen aber Leistungen des Waldes wie Kohlenstoffspeicherung, Lärmschutz, Luftreinhaltung und Erholungsraum verloren, die zu unserem Wohlergehen beitragen, ohne dass sich dieser Verlust an Lebensqualität negativ im BIP niederschlägt. Im Gegenteil: Einige der verloren gegangenen Ökosystemleistungen werden vielleicht durch technische Bauwerke kompensiert: Ein Lärmschutzwall ersetzt die schallmindernde Wirkung des Waldes, ein Schwimmbad seine Funktion als Naherholungsgebiet. Beide Maßnahmen führen dann zu einem Anstieg des BIP – diesmal sogar, weil Naturkapital zerstört wurde (Naturkapital Deutschland – TEEB DE 2012, 46 f.)."

Waren und Dienstleistungen, die als Vorleistung für die Produktion anderer Güter verwendet werden, werden nicht berücksichtigt. Auch alle unentgeltlichen Dienste, die zum Beispiel in der Hausarbeit, der Pflege, der Nachbarschaftshilfe oder in der Vereinsarbeit erbracht werden, werden vom BIP nicht erfasst. Dabei dürfte unstrittig sein, dass mit diesen Tätigkeiten wichtige Aufgaben im Sinne des Gemeinwohles geleistet werden. Der Vollständigkeit halber sei auch erwähnt, dass die Schwarzarbeit ebenso wie kriminelle Geschäfte, die dem Gemeinwesen einen großen Schaden zufügen, vom BIP nicht erfasst werden.

Die wenigen Hinweise dürften nachvollziehbar machen, dass das BIP einen unzureichenden Gradmesser für das Gemeinwohl darstellt. Wenn dennoch in den meisten Ländern daran festgehalten wird, dann liegen die Gründe vor allem in dem für statistische Zwecke unwiderlegbarem Vorteil, die im Inland erwirtschafteten aber sehr heterogenen Güter in einer Messgröße zu aggregieren. Da das Bruttoinlandsprodukt als Messgröße für das Wirtschaftswachstum einer Volkswirtschaft gilt, ist es die wichtigste statistische Größe bei der Volkswirtschaftlichen Gesamtrechnung. In der Regel wird das BIP für Jahre und Vierteljahre berechnet und die Veränderungen im Zeitverlauf als Rate für das Wirtschaftswachstum ausgewiesen. Außerdem wird das BIP für die wirtschaftliche Leistungsfähigkeit eines Staates im internationalen Vergleich herangezogen. Damit liefert der Wert und die Veränderungen des BIP Orientierung für Wirtschaftsakteure und nicht zuletzt für die Politik. Kritiker wenden ein, dass das BIP in die falsche Richtung weist. Allerdings kann das, was an relevanten Informationen im Hinblick auf das Gemeinwohl fehlt, nur separaten und aufwendigen Betrachtungen der einzelnen Wirtschaftszweige (z. B. der Landwirtschaft), und nur in Prozessen der Abwägung von Vor- und Nachteilen aufgezeigt werden. Für eine Abwägung fehlt jedoch die Datengrundlage.

Aus heutiger Sicht wissen wir, dass nicht alle von den vorrangig auf Eigeninteressen basierenden marktwirtschaftlichen Aktivitäten profitieren und somit ein Anstieg des BIP nicht allen Mitgliedern des Gemeinwesens zugutekommt. Das BIP sagt nichts über die realen Verhältnisse bei der Verteilung eines Zugewinns aus. Die ursprünglich von Adam Smith geäußerte Hoffnung, dass sich bei Verfolgung der jeweiligen Eigeninteressen eine gerechtere Verteilung von Gütern einstellt, als wenn diese Aufgabe vom Staat übernommen wird, hat sich nicht erfüllt. Stattdessen haben sich die Besitzverhältnisse zwischen verschiedenen Bevölkerungsschichten in den zurückliegenden Zeiträumen sehr weit auseinanderentwickelt (Piketty 2014). Dennoch wird der Marktwirtschaft von vielen Wirtschaftsakteuren auch weiterhin ein quasireligiöser Sinn und Zweck zugewiesen (Hörisch 2013). Dies mag auch damit zusammenhängen, dass sich staatliche Eingriffe in das Wirtschafts- und Verteilungsgeschehen, wie sie in den sozialistischen Ländern des ehemaligen Ostblocks praktiziert wurden, selbst diskreditiert haben und als alternatives Wirtschaftskonzept für viele Menschen noch abschreckender wirken als die gegenwärtigen Ungerechtigkeiten in der Verteilung von Gütern.

In neuzeitlichen Gemeinwohl-Diskussionen, welche um den Begriff des „Public Value" kreisen, wird eine sozialwissenschaftlich inspirierte Lösung für den Dissens zwischen den Interessen der Gesellschaft und den Interessen seiner Bürger angeboten. Einerseits wird die konkrete Ausgestaltung dessen, was als Gemeinwohl gelten soll, als offen, kontextabhängig und nicht vorab bestimmbar angenommen. Andererseits werden inhaltliche Basiskategorien durch den Rückgriff auf in der Psychologie abgestützte menschliche Grundbedürfnisse im Sinne von bio-psychischen Grundstrukturen bestimmt. Insbesondere die **„Cognitive-Experiential Self Theory"** (Meynhardt 2009) bietet hier einen Bezugsrahmen, um die individuelle Ebene der Bedürfnisse mit der kollektiven Ebene des Gemeinwohls zu verbinden. Gemeinwohl als regulative Idee und generalisierte Erfahrung des Sozialen bezieht sich auf jene Werte und Normen, die eine Gemeinschaft und Gesellschaft konstituieren. Indem sich der Einzelne mit seinem gesellschaftlichen Umfeld auseinandersetzt und dieses selbst aktiv mitgestaltet, entwickelt er sich als soziales Wesen. Aus dieser eher individualisierten Perspektive wird Gemeinwohl als eine maßgebliche Voraussetzung und Ressource für ein gelingendes Leben interpretiert.

Mit seinem theoretischen Konzept der Verwirklichungschancen und dem Fokus auf das Wohlergehen der Menschen und seinen verschiedenen Dimensionen und Einflussfaktoren bereitete der im Jahr 1998 u. a. für seine Arbeiten zur Wohlfahrtsökonomie mit dem Nobelpreis für Wirtschaftswissenschaften ausgezeichnete Ökonom Amartya Sen bereits Anfang der 1980er-Jahre der Entwicklung ganzheitlicher Wohlfahrtsmaßstäbe den Weg. Mit dem „**Capability Approach**" lieferte er das theoretische Gerüst, welches eine Alternative zu den gängigen, meist ökonomisch geprägten Denkmodellen über Armut, soziale Ungleichheit und menschliche Entwicklung darstellte (Sen 1980). Sens Kritik richtete sich gegen das traditionelle wohlfahrtsökonomische Verständnis, wonach das Wohlergehen („well-being") entweder mit Wohlhabenheit bzw. Reichtum („opulence"; z. B. Einkommen) oder mit Nutzen („utility"; z. B. Erfüllung von Wünschen) verschmolzen war und nahezu gleichgesetzt wurde. Ein Grundgedanke seines Konzeptes ist das Ziel von gesellschaftlicher Entwicklung und von Fortschritt, die Vergrößerung der Verwirklichungschancen und der Freiheiten der Menschen (Sen 2000, 13 ff.). Sen war davon überzeugt, dass sich menschliches Wohlergehen (und somit auch Ungleichheiten, Deprivation und Armut) mit den klassischen Denkmodellen und Messmethoden nicht angemessen erfassen und abbilden lassen, da dieses durch weit mehr beeinflusst wird als nur durch finanzielle oder materielle Ressourcen. Neben dem Grad der Bereitstellung von Ressourcen, welche die Mitglieder einer Gemeinschaft für ihre Entfaltung benötigen, bemisst sich der Beitrag zur Förderung des Gemeinwohls auch am Schutz vor Störgrößen, welche der Entwicklung der Gemeinschaften entgegenwirken könnten. Entsprechend gehören eine ausreichende Ernährung, das Freisein von vermeidbaren Krankheiten und die Möglichkeiten am öffentlichen, gesellschaftlichen Leben teilzunehmen, zu den wesentlichen Aspekten des Gemeinwohles (Volkert 2005, 12 f.).

Drehten sich Reflexionen und Auseinandersetzungen zwischen gesellschaftlichen Gruppierungen bis dato vorrangig um Fragen einer gerechten Verteilung und eines gerechten Zugangs zu den Ressourcen sowie um die Partizipation am allgemeinen Wohlstand, so treten mit dem Buch *Der stumme Frühling* von Rachel Carson (1963) die ersten dunklen Wolken am Horizont auf. Das im Original im Jahr 1962 erschienene Sachbuch wird häufig als Ausgangspunkt einer sich formierenden Umweltbewegung bezeichnet. Spätestens mit Erscheinen des Berichtes des Club of Rome im Jahr 1972 über die *Grenzen des Wachstums*, schwante zunächst einer kleinen, dann jedoch immer größerer werdenden Zahl von Weltbürgern, dass die Aussichten auf einen weiteren Anstieg des „Wohlstandes", der unter einer zugleich anwachsenden Weltbevölkerung verteilt werden kann, schwinden. Gleichzeitig mehrten sich die Sorgen bezüglich der Schäden, die als Folgewirkungen der Industrialisierungsprozesse an diversen Phänomenen in Erscheinung traten, zumindest für diejenigen, die davor nicht die Augen verschlossen. Fünfzig Jahre nach Erscheinen des Berichtes des Club of Rome (Meadows et al. 1972) will noch immer ein relevanter Teil der Weltbevölkerung die negativen Folgewirkungen, welche zwischenzeitlich zu einer veritablen Klimakrise kumuliert sind, nicht wahrhaben. Wie im Weiteren noch zu erörtern sein wird, liegt die Vermutung nahe, dass viele das Ausmaß der Schadwirkungen nicht wahrhaben wollen, weil sie mit dessen Anerkennung Konsequenzen befürchten müssen, die den eigenen Interessen zuwiderlaufen könnten.

Die Sorgen um die Gefahren eines abnehmenden Wohlstandes erfuhren durch den „Brundtland-Bericht" weiteren Auftrieb. Der Bericht mit dem Titel *Our Common Future* wurde 1987 von der Weltkommission für Umwelt und Entwicklung der Vereinten

Nationen unter Vorsitz der ehemaligen norwegischen Ministerpräsidentin Gro Harlem Brundtland veröffentlicht (WCED 1987). Der Bericht ist vor allem für die Definition des Begriffes „Sustainable Development" bekannt. Seit Erscheinen des Berichtes ist **„Nachhaltigkeit"** ein bedeutendes Thema gesellschaftlicher Kommunikationsprozesse geworden. In kaum einer an die Öffentlichkeit gerichteten und die Interessen der Gemeinschaft adressierenden Rede wird heutzutage auf diesen Begriff verzichtet. Die häufige Benennung hat jedoch keineswegs dazu geführt, dass sich dies in entsprechende Entscheidungs- und Handlungsstrukturen niedergeschlagen hätte. Längst haben die verschiedensten Akteure eigene Vorstellungen entwickelt, welche Inhalte aus der jeweils eigenen Perspektive am besten mit dem Begriff assoziiert werden und wie der Begriff für die eigenen Interessen okkupiert werden kann. Auf diese Weise ist der Begriff zu einer „Leerformel" (Jänicke 1993) bzw. einem „Containerbegriff" (Arts 1994) mutiert.

Zwar bringt der Diskurs über Nachhaltigkeit diverse Gemeinsamkeiten auf der Ebene allgemeiner Zielvorstellungen hervor. Gleichzeitig haben sich jedoch die Befürchtungen verstärkt, dass durch eine symbolische Produktion von gemeinsamen Zielvorstellungen die darunter liegenden Zielkonflikte eher verschleiert als aufgedeckt und thematisiert werden (Eblinghaus und Stickler 1996). Von Kaufer (2015) wird am Beispiel des Agrar- und Forstbereiches dargelegt, wie staatliche Maßnahmen der Ökologisierung von privatkapitalistischen Akteuren als Verschlechterung der Wettbewerbsfähigkeit und der Bedingungen der Mehrwertaneignung aufgefasst werden. Er zeigt auf, wie das Thema Nachhaltigkeit als legitimatorischer Deckmantel für darunter liegende Konflikte und produktionsbezogene Interessen genutzt wird und wie einflussreiche Akteure politischen Wandel blockieren, um die Vorteile aus dem Ist-Zustand abzusichern oder den Wandel in Richtung der eigenen Interessen voranzutreiben. Daraus leitet er die Forderung ab, dass die Entwicklung einer kritischen Wissenschaft und Gesellschaftstheorie, soll sie glaubhaft und realitätsangemessen sein, gefordert ist, gesellschaftliche Machtverhältnisse in den Blick zu nehmen.

Die westliche Welt hat den Individualismus und damit die prioritäre Orientierung an die eigenen Interessen zur obersten Maxime erhoben (Sandel 2020). Mit der Fokussierung auf die eigenen Interessen und im Bemühen um die Sicherstellung der eigenen Vorteile geht bei vielen Menschen einher, dass die negativen Folgewirkungen der egozentrischen Sichtweise aus dem Blick geraten sind bzw. mit zusätzlichem Aufwand geleugnet werden müssen. Zwischen dem eigenen Handeln und den Folgen für die Gemeinschaft werden häufig keine gedanklichen Verbindungen gezogen, so als lebe man autark und sei nicht Teil einer Gemeinschaft, der man einen gewissen Tribut zu zollen hat. Die große Zahl an Staatsbürgern und Wirtschaftsunternehmen, die mit viel Aufwand und Tricksereien ihre Steuerlast auf ein absolutes Mindestmaß zu reduzieren versuchen, ist dafür ein beredtes Beispiel. Auch ist es wenig hilfreich, wenn wirkmächtige Interessensgruppen versuchen, über die Okkupation zentraler Begriffe die Deutungshoheit über gesellschaftlich relevante Prozesse zu erlangen, und sich auf diese Weise Vorteile im öffentlichen Diskurs zu verschaffen. Auf diese Weise werden die unter der Oberfläche schwelenden Konfliktfelder eher verschleiert als offengelegt.

Ableitungen

Weder die Überlegungen von Adam Smith noch die nachfolgend erbauten Theoriegebäude und entwickelten Konzepte haben es vermocht, umfassende Erklärungsansätze für ein gedeihliches Zusammengehen von gesellschaftlichen, wirtschaftlichen
und individuellen Interessen zu liefern. Die Sachlage hat sich als viel zu komplex,
d. h. von zu vielen unterschiedlichen Interessen durchdrungen, erwiesen. Festzuhalten bleibt, dass es bislang nicht gelungen ist, die übergeordnete Perspektive des
Staates mit den besonderen, weil wirkmächtigen Perspektiven der Wirtschaft sowie
mit den sehr heterogenen Sichtweisen der Staatsbürger auf einen gemeinsamen
Nenner zu bringen und in ein schlüssiges Gesamtkonzept zu integrieren. Möglicherweise liegt in diesen, allgemeine Gültigkeit beanspruchenden theoretischem
Denkansätzen auch ein maßgeblicher Teil des Problems.

Die Gleichzeitigkeit von positiven und negativen Auswirkungen von wirtschaftlichen und gesellschaftlichen Entwicklungen bringt eine Ambivalenz hervor, die
nur über umfassende Abwägungsprozesse zugänglich ist. Zudem sind die unterschiedlichen und teilweise gegenläufigen Interessen und die sich daraus entwickelnden **Konflikte** in hohem Maße kontextabhängig. Daraus folgt, dass sie
sich nicht durch allgemeine Regeln, sondern nur durch fundierte Analysen des
Kontextes, in dem die Konflikte auftreten, aufklären und einer Lösung bzw. einer
Konfliktminderung zuführen lassen. Die weiterhin betriebene Suche nach allgemeinen Gesetz- und Regelmäßigkeiten bezogen auf Verfahrensabläufen, die
keinen allgemeinen Gesetzmäßigkeiten folgen, entpuppt sich als eine Strategie des
„Weiter so" (s. auch Kap. 8). Sie lässt nicht nur keine Konfliktlösungen erwarten,
sondern verhindert, dass den spezifischen, vom jeweiligen Kontext abhängigen
Konflikten auf den Grund gegangen wird. Weiterhin mangelt es an methodischen
Verfahren, um in spezifischen Konstellationen zu ermessen, in welchen Bereichen
Schnittmengen und eine gleichgerichtete Gemengelage zwischen den Partikular-
und den Gemeinwohlinteressen vorhanden sind.

Bei den anfänglichen konzeptionellen Überlegungen im Zusammenhang mit
Gemeinwohlinteressen stand noch die Frage im Vordergrund, wie eine gerechtere
Teilhabe aller am vorhandenen und durch Wirtschaftswachstum sich vermehrenden
Wohlstand zu erreichen sei. Angesichts begrenzt verfügbarer Ressourcen, die
es zu verteilen gäbe, angesichts des Ausmaßes und der Zunahme an globalen
Schadwirkungen, geht es heute vor allem um die Wahrung von Interessen und
zunehmend offensiv vertretene Ansprüche an einer angemessenen Teilhabe. Die
bestehenden Interessenskonflikte sind der Ausgangspunkt verdeckter oder bereits
offen ausgetragener Verteilungskämpfe. Ohne adäquate Gegenmaßnahmen nimmt
jedoch der „Druck im Kessel" unweigerlich zu. Dies gilt im metaphorischen
wie im faktischen Sinne, wenn man sich vergegenwärtigt, dass wir alle der Erderwärmung und den damit einhergehenden Folgewirkungen ausgesetzt sind.

Aus den skizzierten Zusammenhängen dürfte hinreichend deutlich geworden sein, dass wir uns von der Vorstellung verabschieden müssen, dass die „freie" Marktwirtschaft die Lösung der Probleme hervorbringt. Die Probleme lösen sich eben nicht durch unsichtbare Kräfte quasi wie von selbst, sondern bedürfen einer kontextabhängigen Regulierung, wie dies bereits von Ostrom und ihren Mitarbeitern herausgearbeitet wurde. Bislang stehen jedoch vor allem die Komplexität der Prozesse und die Schwierigkeiten, diese gedanklich zu durchdringen, einer Regulierung entgegen, ganz zu schweigen von der Bereitschaft, sich in seinen Handlungsspielräumen einengen zu lassen.

3.6.2 Landwirtschaft und Gemeinwohl

Aus der Perspektive vieler Landwirte trägt die Landwirtschaft allein schon deshalb zum Gemeinwohl bei, weil sie die Menschen mit den lebensnotwendigen **Nahrungsmitteln** versorgt. *„Wir machen Euch satt!"* lautet die Parole, welche Landwirte seit einigen Jahren bei Demonstrationen auf Spruchbändern vor sich hertragen. Es ist quasi die Gegenparole zu dem, was die Kritiker der Intensivierungsprozesse in der Landwirtschaft auf ihren mittlerweile tradierten jährlichen Demonstrationen in Berlin skandieren: *„Wir haben es satt!"* Damit ist das Spannungsfeld umrissen, das es in den weiteren Ausführungen aus verschiedenen Perspektiven zu beleuchten und zu reflektieren gilt. Da ist einerseits die Versorgung mit Nahrungsmitteln, auf die alle Menschen unabdingbar angewiesen sind. Die Verbraucher benötigen Nahrungsmittel, die Landwirte haben diese im Überfluss. Die Landwirte benötigen im Gegenzug eine angemessene Vergütung für die Verkaufsprodukte, um die Kosten der Produktion zu decken und die wirtschaftliche Existenzfähigkeit zu sichern. Diese ist schon seit längerer Zeit nicht mehr hinreichend gegeben. Sehr viele Betriebe zehren von der betrieblichen Substanz, indem sie sich von den Banken Geld leihen, mit zunehmend dahinschwindender Aussicht, dieses jemals wieder zurückzahlen zu können. Damit droht auch vielen der jetzt noch wirtschaftenden Landwirte das Schicksal der Betriebsaufgabe, das eine sehr große Zahl von ehemaligen Mitkonkurrenten bereits ereilt hat. Es drängt sich die naheliegende Frage auf: Warum verweigern die Nutzer von Nahrungsmitteln den Landwirten das, was diese zwingend benötigen: vollkostendeckende Marktpreise? Da wir alle Nutzer von Nahrungsmitteln sind, ist die Frage an uns alle gerichtet. Man ist möglicherweise geneigt, darauf einfache Antworten zu geben. Wie immer ist die Realität jedoch um einiges komplexer als zunächst angenommen. Statt vorschneller Schlussfolgerungen soll das Themenfeld daher weiter aufgedröselt werden.

Aus der Perspektive der Gegner einer agrarindustriellen Ausformung der landwirtschaftlichen Produktionsmethoden sind Landwirte verantwortlich für die Ausmaße der Schädigungen und Zerstörungen, welche von diesen Methoden ausgehen. Im Fokus ihrer Aufmerksamkeit steht das Interesse an der Bewahrung von Schutzgütern, die als Gemeingüter wahrgenommen werden, vor Beeinträchtigungen durch Produktionsprozesse der Landwirtschaft. Es sind die Beeinträchtigungen des Klimas, der Umwelt, der Natur, der Nutztiere und der Verbraucher, welche die Gegner agrarindustrieller Produktionsprozesse umtreibt. Dabei können sich je nach individuellem Zugang und persönlicher Betroffenheit die Priorisierungen der vorrangig zu schützenden Güter deutlich unterscheiden. Alle Gegner eint jedoch der generelle Zweifel an der Unbedenklichkeit der landwirtschaftlichen Erzeugungsprozesse für Belange, welche die Kritiker mit Anspruch auf Vertretung von Gemeinwohlinteressen artikulieren und einfordern.

Sowohl die Erzeuger von Nahrungsmitteln wie auch die selbsternannten Schützer von Gemeingütern sind von Nöten getrieben, wenn auch von sehr unterschiedlichen. Beide Seiten sehen sich als Teil einer jeweils anderen Gemeinschaft von Gleichgesinnten und sind doch zugleich Mitglieder übergeordneter Gemeinschaften, wie sie innerhalb von kommunalen, regionalen und nationalen Grenzen bestehen. Beide Seiten tragen einen Interessenskonflikt aus, der von Begrenzungen an Zukunftsoptionen *(capabilities)* handelt, wie sie von Amartya Sen für das Gemeinwohl thematisiert und reflektiert wurden (s. Abschn. 3.6.1). **Die einen sehen sich durch die Forderungen der anderen um ihre Zukunftsoptionen gebracht.** Die Forderungen nach einer Beibehaltung des bestehenden Agrarwirtschaftssystems sind unvereinbar mit den Forderungen nach drastischen Veränderungen. In diesem Dilemma erscheint die Landwirtschaft bereits seit vielen Jahrzehnten gefangen, ohne dass es die Agrarpolitik bislang vermocht hätte, dieses Dilemma aufzulösen. Die Schlussfolgerung liegt nahe, dass sich die über lange Zeiträume manifestierten Konfliktkonstellationen nicht durch eine einseitige Klientelpolitik abmildern lassen oder gar einer Konfliktlösung zugeführt werden können. Von Nöten ist eine übergeordnete Perspektive, welche die Interessen aller Beteiligten, einschließlich der wirtschaftlichen Interessen von Unternehmen, hinreichend würdigt, jedoch im Hinblick auf übergeordnete Gemeinwohlinteressen neu justiert und abwägt.

Wenn im Zusammenhang mit der Landwirtschaft von Gemeinwohl die Rede ist, gilt es zu klären, welche Interessen und Interessensgemeinschaften hier in welchem Maße involviert sind. Des Weiteren stellt sich die Frage, was den Individuen und den einer Gemeinschaft zuzurechnenden Mitgliedern zum Wohle gereicht bzw. gereichen würde und was dem entgegensteht. Auch eine Interessensgemeinschaft besteht aus einer Vielzahl von Individuen mit unterschiedlichen Interessen. Neben den individuellen Interessen bestehen mehr oder weniger große Schnittmengen zwischen individuellen Interessen der Gemeinschaftsmitglieder. Diese können explizit formuliert sein oder eher unausgesprochen (implizit) als ein Gefühl der Zugehörigkeit der Einzelnen zu einer Gruppe oder Interessensgemeinschaft interpretiert werden. Entsprechend kommt es auch innerhalb von Gemeinschaften fortlaufend zu Auseinandersetzungen und zu einem Konkurrenzverhalten.

Landwirtschaft ist sehr vielgestaltig und geht mit diversen Aufgaben und Funktionen einher. Dies macht es schwierig, sich einen Überblick zu verschaffen. Trotz aller Vielschichtigkeit der Prozesse und der Wirkungen, die von der Landwirtschaft ausgehen, verstehen sich Landwirte in erster Linie als Unternehmer, die ein landwirtschaftliches Unternehmen managen. Angesichts der Heterogenität der Bedingungen, unter denen sie ihre Unternehmen führen, lässt sich die Motivations- und Interessenslage, welche die Entscheidungen und das jeweilige Handeln der einzelnen Unternehmer prägen, daher schwerlich auf einen gemeinsamen Nenner bringen. Bei aller Unterschiedlichkeit teilen die landwirtschaftlichen Unternehmen gleichwohl eine Gemeinsamkeit: Als Unternehmer sind sie alle Akteure in einer freien Marktwirtschaft, von einer öko-sozialen Agrarwirtschaft kann bislang noch keine Rede sein, und müssen – ob sie wollen oder nicht – sich den marktwirtschaftlichen Vorgaben anpassen, um die wirtschaftliche Existenzfähigkeit zu sichern.

Der Begriff der „Sozialen Landwirtschaft" taucht offiziell erst im Jahr 2009 mit Gründung der „Arbeitsgemeinschaft Soziale Landwirtschaft" auf, in der sich diverse Einzelinitiativen vernetzt haben. Die Aktivitäten solcher „multifunktionaler" Höfe reichen von der Integration von Menschen mit körperlichen, geistigen oder seelischen Beeinträchtigungen über die Einbeziehung sozial schwacher Menschen, straffälliger oder lernschwacher Jugendlicher, Drogenkranker, Langzeitarbeitsloser und aktiver Senioren bis hin zu pädagogischen Initiativen wie Schul- und Kindergartenbauernhöfe. So bedeutsam und wichtig diese Aktivitäten für die involvierten Personen sind, so sehr repräsentieren sie (noch) eine Ausnahmeerscheinung landwirtschaftlicher Tätigkeiten. Sie finden hier Erwähnung, weil sie den Kontrast zur vorherrschenden Praxis einer, von sozialen Anliegen weitgehend losgelösten Landbewirtschaftung veranschaulichen. Auch von einer ökologischen Marktwirtschaft ist die Agrarwirtschaft weit entfernt, auch wenn die in gesetzliche Rahmenbedingungen eingefasste „ökologische Landwirtschaft" zunächst einen anderen Eindruck nahelegt. Auch hier dominieren die Gesetzmäßigkeiten der freien Marktwirtschaft. Damit ist die ökologische Landwirtschaft prädestiniert für die später aufgegriffene Klärung der Frage, wie weit man mit ökologischen Ambitionen innerhalb der freien Marktwirtschaft kommt bzw. wie gering die Spielräume unter den vorherrschenden wirtschaftlichen Rahmenbedingungen wirklich sind.

Zu Recht kann vonseiten landwirtschaftlicher Unternehmen eingewandt werden, dass Landwirte sehr wohl einen Beitrag zum Gemeinwesen leisten, indem sie die gesetzlichen Vorgaben zum Schutz diverser Gemeingüter einhalten. Das Ausmaß, aber auch die Begrenztheit der positiven Wirkungen werden in Kap. 6 erörtert. Die sogenannte freie Marktwirtschaft sollte keineswegs mit einer unbegrenzten Freiheit im unternehmerischen Handeln gleichgesetzt werden. Schließlich macht das Ordnungsrecht den Landwirten Auflagen in Form von **Mindestanforderungen** an die Produktionsprozesse, die von allen Landwirten eingehalten werden müssen. Inwieweit von den allgemeingültigen Mindestanforderungen oder den erhöhten Mindestanforderungen, die in verschiedenen **Markenprogrammen** umgesetzt werden, Wirkungen für den Schutz von Gemeingütern ausgehen, wird ebenfalls an anderer Stelle dezidiert thematisiert. An dieser Stelle ist zunächst bedeutsam, dass diese Mindestanforderungen von vielen

Landwirten als eine Benachteiligung im globalen Wettbewerb gegenüber den Erzeugern in anderen Ländern angesehen werden, in denen diese Mindestanforderungen nicht gelten. Landwirte und ihre Vertreter wehren sich zum Teil sehr vehement gegen jedwede politischen Überlegungen weiterer Anforderungen und gegen eine Erhöhung bestehender Mindestanforderungen. Gleichzeitig zeigt es einen tiefgreifenden Konflikt zwischen ökonomischen und ökologischen Zielsetzungen auf und ordnet die landwirtschaftlichen Unternehmer einer Gruppe zu, die sich gegen die Forderungen aus der Gesellschaft positioniert. Nicht ohne Grund befürchten sie, dass erhöhte Auflagen ohne entsprechende Kompensationszahlungen zu Lasten ihrer wirtschaftlichen Eigeninteressen gehen.

Hinzu kommt, dass die Landwirte nicht nur auf globaler, sondern auch auf nationaler und regionaler Ebene im Wettbewerb stehen. Sie konkurrieren um den Zugang zu Ressourcen, unter anderem um den Zugang zu Pachtflächen. Je mehr begrenzt verfügbare Ressourcen nachgefragt werden, desto höher steigt der Preis. Genauso gilt, dass die Marktpreise umso drastischer fallen, je mehr Produkte erzeugt und auf einem bereits gesättigten Markt feilgeboten werden. Obwohl die Landwirte wirtschaftliche Konkurrenten sind, bilden sie auch eine Gemeinschaft, die gemeinsame Interessen verfolgt. Diese bestehen nicht zuletzt darin, dass die Interessen des Berufsstandes gegenüber anderen Interessensgruppen nicht ins Hintertreffen geraten. In der Vergangenheit haben sich diverse Verbandsstrukturen entwickelt, welche auf die Meinungsbildungs- und die politischen Entscheidungsprozesse Einfluss nehmen. Allerdings sind sie bei dem Versuch der Einflussnahme nicht allein. Die zahlreichen Unternehmungen und deren Beschäftigte, die in den vor- und nachgelagerten Bereichen der landwirtschaftlichen Produktionsprozesse agieren und von der Landwirtschaft in erheblicher Weise profitieren, haben kein Interesse daran, dass sich etwas zu ihrem Nachteil ändert. Neben der weiterverarbeitenden Industrie der in der Landwirtschaft erzeugten Rohwaren und dem Lebensmitteleinzelhandel haben auch die Verbraucher ein Wörtchen mitzureden. Die Liste der involvierten Interessensgruppen ist damit bei weitem noch nicht komplett. Ihre jeweiligen Rollen und Interessen werden in Kap. 7 eingehender reflektiert.

Die zuvor skizzierten Konzepte zum Gemeinwohl sind geprägt von Überlegungen, wie die vorhandenen Güter bzw. Ressourcen „gerechter" verteilt werden können, eine Frage, die bereits Adam Smith umtrieb. Dabei dreht sich eine der Kernfragen darum, was im jeweiligen Kontext unter „gerecht" verstanden wird und wie eine gerechte Verteilung operativ in konkrete Handlungen umgesetzt werden kann. Ist es gerecht, wenn alle Mitglieder einer zuvor zu definierenden Gemeinschaft zu gleichen Anteil auf eine Ressource zugreifen, oder ist es gerechter, wenn die einzelnen Mitglieder gemäß ihrer jeweiligen Bedürfnisse Zugang zu den Ressourcen erhalten oder ihnen diese entsprechend zugeteilt werden, damit sie sich besser verwirklichen und dadurch Wohlergehen erlangen können? Oder schafft erst das System der freien Marktwirtschaft gerechte Verhältnisse, weil diejenigen, die mehr leisten, auch im doppelten Sinne mehr verdienen? Ersichtlich ist, dass hier mindestens zwei unterschiedliche Perspektiven involviert sind: die Perspektive der Gebenden, d. h. derjenigen, die über Ressourcen verfügen bzw. über die Macht, diese nach eigenen Maßstäben zu verteilen bzw. anderen vorzuenthalten, und die Perspektive der Empfänger von Ressourcen, welche ihre eigenen Bedürfnisse zum Maßstab für ihre Wünsche bzw. Forderungen machen. Die Phrase „Ich gebe, damit du gibst", beschreibt die Gegenseitigkeit als grundlegende Strategie sozialen Verhaltens genauso wie „Eine Hand wäscht die andere". Durch das Prinzip der Gegenseitigkeit werden jedoch die Transfers ziemlich unübersichtlich. Zusätzlich zur Perspektive der Gebenden und Nehmenden kommt noch eine weitere Perspektive hinzu, die für die **Subsistenzwirtschaft** noch zentral war, aber in den nachfolgenden Entwicklungen bei vielen Akteuren aus dem Blickfeld geraten ist. Gemeint ist die übergeordnete Perspektive, welche die Funktionsfähigkeit des Gemeinwesens in den Blick nimmt. Sie schaut aus einer gewissen Distanz und aus einer übergeordneten Warte (top down) darauf, wie die **Allokation** von Ressourcen besser organisiert werden sollte, damit sowohl den Partikularinteressen als auch dem Wohl der Gemeinschaft Rechnung getragen wird. Bei all den verschiedenen Verteilungsvorgängen stellt sich die Frage nach dem Bezugssystem und nach den Maßstäben und Kriterien, anhand derer bemessen wird, was von dem Verfügbaren für die Verteilung zur Disposition steht, wie groß die Bedürftigkeit der Einzelnen ist und welche vorrangigen Zielsetzungen mit der Allokation verfolgt werden. Kurz: Wie kann das, was verfügbar ist, angemessen für die Erreichung von Zielen eingesetzt werden?

Es ist eine scheinbare Binsenwahrheit, dass nur das verteilt werden kann, was verfügbar ist. Jedoch besteht schon die erste Schwierigkeit darin, sich über die Ausmaße dessen zu verständigen, was verfügbar ist. Nicht alle haben die gleichen Informationen, sodass es zwangsläufig zu unterschiedlichen Einschätzungen kommt. Bei vielen Gütern handelt es sich nicht um absolute Größen, wie dies beim Beispiel des Kuchens eingängig ist. Wird dieser auf eine Anzahl von Personen verteilt, ist er damit aufgezehrt. In anderen Fällen bestehen jedoch Möglichkeiten, die Reserven, die eine Gemeinschaft zum Abpuffern von Mangelsituationen angelegt hat, unterschiedlich groß ausfallen zu lassen bzw. ganz aufzubrauchen. Sind die Reserven aufgebraucht, bestehen weitere Möglichkeiten, sich zu verschulden, d. h. sich Zugang zu Ressourcen außerhalb der eigenen Budgetgrenzen zu verschaffen. Schulden sind eine Anleihe an die Zukunft, basierend auf der Annahme, dass sie eines Tages auch zurückgezahlt werden können und müssen. Das Beispiel der Fischbestände in ausgewiesenen Fanggebieten kann dies veranschaulichen. Eine Überfischung dezimiert nicht nur die Fischbestände, sondern auch deren Regenerationsfähigkeit. In den Folgejahren muss dann die Fangquote verringert werden, um dadurch die „Schulden" zurückzuzahlen, die man sich in den Vorjahren geleistet hat. Es geht folglich darum, sich darüber zu verständigen, was unmittelbar und was unter Einbeziehung von Reserven verfügbar ist bzw. ggf. durch Verschuldung noch verfügbar gemacht werden kann. Analog zu den Vereinbarungen, die man bei einer Kreditaufnahme mit dem Kreditinstitut bezüglich der Zinshöhe und der Rückzahlungsmodalitäten trifft, wäre dies auch bei anderen Formen der Verschuldung erforderlich, wenn auf Gemeingüter zurückgegriffen wird.

Während die Verständigung über die Entnahme beim Fischfang aus den gemeinsam verwalteten Fischgründen der Europäischen Union einigermaßen zu funktionieren scheint, verhält es sich anders bei der Nutzung von Gemeingütern in und durch die Land-

wirtschaft. Hier gestaltet sich die Koordination und die erforderliche Kooperation aus
diversen Gründen äußerst problematisch. Eine der zentralen Schwierigkeiten besteht
darin, dass sich die Erfassung der Schulden und der Lasten als schwierig erweist, welche
Landwirte im Zusammenhang mit der Erzeugung von Nahrungsmitteln aufhäufen und
deren Begleichung sie sich selbst, aber auch anderen sowie nachfolgenden Generationen
auferlegen. Die Schulden betreffen nicht nur die monetären Negativsalden, die
zwischenzeitlich bei den Kreditinstituten aufgelaufen sind und die mit Zinsaufschlägen
zurückgezahlt werden müssen. Zwar haften die Landwirte für diese Schulden als Privat-
personen, dennoch resultieren auch Folgewirkungen für die Gemeinschaft. Angesichts
der Schulden sehen sich Landwirte genötigt, die Produktivität der Erzeugung weiter
zu steigern. Dabei sind sie immer weniger in der Lage, Rücksicht auf andere Aspekte
zu nehmen. Überschuldung kann sich beispielsweise durch einen übermäßigen Ent-
zug von Nährstoffen beim Anbau von Kulturpflanzen aus dem Boden äußern, der nicht
durch entsprechende Düngungsmaßnahmen wieder ausgeglichen wird. Infolgedessen
werden die Bodenfruchtbarkeit und damit die Ertragspotenziale in der Zukunft beeinträchtigt. Formen der Übernutzung bestehen auch in der Nutztierhaltung, wenn Nutztiere suboptimal versorgt und unzureichend vor pathologischen Erregern geschützt und
die im Organismus angelegten Nährstoffdepots sowie die Immunkapazitäten übermäßig
aufgezehrt werden. Die Folge sind eingeschränkte Regenerationsfähigkeiten der Tiere
verbunden mit erhöhten Erkrankungsrisiken, tierschutzrelevanten Produktionskrankheiten und Beeinträchtigungen des **Verbraucherschutzes.** Eine andere Folgewirkung
von intensivierten Produktionsprozessen, die zu Lasten des Gemeinwohles gehen, sind
erhöhte Austräge von Nähr- und Schadstoffen in die Umwelt. Diese externen Effekte
belasten nicht nur die unmittelbare Umgebung, sondern im Fall der **Treibhausgase** auch
das globale Klima. Betroffen sind Mitmenschen und die nachfolgenden Generationen,
welche künftig von den Umwelt- und Klimaproblemen betroffen sein werden.

Ableitungen
Die Bewirtschaftung auf Kosten anderer wird Landwirten bislang nicht in
Rechnung gestellt. Weltweit fungieren **Externalisierungen** als Wettbewerbsvorteil,
wenn die ertragssteigernden Effekte von Intensivierungsprozessen von privatem
Nutzen sind und die negativen Effekte der Gemeinschaft aufgebürdet werden (z. B.
die Abholzung von Regenwald, um Soja anzubauen). Auch unter europäischen
Bedingungen verschaffen die Externalisierungen Wettbewerbsvorteile. Dennoch
befinden sich sehr viele Landwirte in Europa in einer prekären wirtschaftlichen
Situation. Solange die Kosten für die Belastung der Gemeingüter den Landwirten nicht in Rechnung gestellt und damit in die Produktionskosten internalisiert
werden, kann angesichts der Gesamtkonstellation nicht erwartet werden, dass
diese in angemessener Weise in die Entscheidungen und Handlungen der Landwirte einbezogen werden. Elementare Voraussetzung für eine Inrechnungstellung

ist die einzelbetriebliche Erfassung der Schäden und Schadwirkungen, welche die Landwirte gegenüber der Gemeinschaft verursachen. Erst dann können diese dem Nutzen gegenübergestellt werden, welcher der Gemeinschaft in erster Linie durch die Erzeugung von Nahrungsmitteln zuteil wird. Es mangelt nicht an Vorschlägen, um das Ausmaß der Schadwirkungen zu erfassen, um sie den Verursachern in Rechnung zu stellen. Auch wenn diese methodisch noch nicht vollständig ausgereift sein mögen – wie dies von interessierter Seite der Agrarwirtschaft gern in Feld geführt wird – verkörpern methodische Fragen nicht das Kernproblem. Es mangelt schlicht an der Bereitschaft, sich dieser Herausforderung zu stellen. Weder Exekutive noch Legislative oder Judikative lassen bisher erkennen, in dieser, das Gemeinwohl elementar beeinflussenden Angelegenheit, tätig werden zu wollen. Solange sich jedoch die Exekutive in Form der Landwirtschaftsministerien der Bundesländer und des Bundes als Schutzmacht der Agrarwirtschaft aufführt und nicht als Beschützer des Gemeinwohles fungiert, ist keine Eindämmung der weiter zunehmenden Beeinträchtigungen des Gemeinwohles durch landwirtschaftliche Betriebe in Sicht.

Wie dargelegt, sind die von landwirtschaftlichen Betrieben ausgehenden Schadwirkungen kein einzelbetriebliches Phänomen, sondern ein systemimmanentes Problem der Agrarwirtschaft. Umso mehr drängt sich die Frage auf, wie das Korsett der marktwirtschaftlichen Rahmenbedingungen, in denen die landwirtschaftlichen Unternehmungen eingezwängt sind, aufgebrochen werden kann. Dies erscheint erforderlich, damit die negativen Folgewirkungen durch Regulation eingehegt werden können, um den sozialen – und nicht weniger wichtig – den ökologischen Anliegen besser entsprechen zu können. Im Zentrum der Beeinträchtigungen der Gemeinwohlinteressen stehen einerseits gravierende Interessenskonflikte und andererseits die Ambivalenz von sowohl positiven wie negativen Folgewirkungen, die sich zwischen den landwirtschaftlichen Betrieben in sehr heterogener und damit nicht verallgemeinerungsfähiger Form abzeichnen. Der bestehenden Unübersichtlichkeit, welche den gegenwärtigen Nutznießern des Status quo in die Karten spielt, kann nur anhand der Quantifizierung einzelbetrieblicher Leistungen entgegengewirkt werden. Folgende Grundkonstellationen, die in den weiteren Ausführungen noch aufgegriffen werden, geben sich bereits jetzt zu erkennen:

- Das Ausmaß der **Konflikte** ist nicht auf wenige Interessensgruppen beschränkt, sondern umfasst verschiedene Gemeinschaften von Menschen in lokalen, regionalen, nationalen und globalen Kontexten, wenn auch in sehr unterschiedlichen Ausmaßen.
- Angesichts der unübersichtlichen und kontextabhängigen Gemengelage der involvierten Interessen sollten Klärungsprozesse über die Wechselwirkungen

zwischen den betrieblichen und überbetrieblichen Wirkfaktoren auf den unterschiedlichen Prozessebenen am Anfang stehen. Gleichzeitig sind vorschnellen und pauschale Lösungsansätze zurückzuweisen.

- Angesichts gegenläufiger Interessenslagen bedarf es der Etablierung von Abwägungsprozessen auf der Basis nachvollziehbarer Begründungen, die sich nach den Kriterien der Zweck- und Verhältnismäßigkeit im Hinblick auf übergeordnete **Ziele** ausrichten.
- Zu Beginn wäre schon viel gewonnen, wenn sich die beteiligten Akteure bereitfänden, sich dem Ausmaß der Interessenskonflikte zu nähern und die zurückliegenden Prozesse zu analysieren, die zu den Konflikten beigetragen haben bzw. sie weiter befeuern.
- Gleichzeitig sollte den Zweifel säenden Interessengruppen entgegengetreten werden, welche die Problemlage weiterhin zu Nebensächlichkeiten herabwürdigen und den Ernst der Lage herunterspielen, um auf diese Weise ihren Eigeninteressen frönen zu können.

3.6.3 Agrarökonomische Perspektive auf das Gemeinwohl

Aus ökonomischer Perspektive steht für ein wirtschaftliches Unternehmen die monetäre Wertschöpfung im Zentrum. Sie wird durch die Aktivitäten des Unternehmens und der Mitarbeiter realisiert und bemisst sich als Differenz zwischen dem Marktwert der vom Unternehmen hervorgebrachten Güter und Leistungen und der Kosten dieser Güter und der von anderen Produzenten beschafften Materialien und erbrachten Vorleistungen (Chernatony et al. 2000). Diese Berechnung bemisst den Beitrag anderer Produzenten zum Gesamtwert der Produktion des Unternehmens nur über die Kosten für zugekaufte Produktionsmittel. In der Volkswirtschaftslehre wird durch die Aufsummierung der Beiträge der einzelnen Unternehmen die Wertschöpfung der Volkswirtschaft durch Betrachtung der im Inland erstellten Produktion durch Einsatz in- und ausländischer Produktionsfaktoren errechnet und zur Messung des Bruttoinlandsprodukts genutzt. Auf diese Weise geben die Wertschöpfungsdaten Aufschluss darüber, welchen Anteil eine einzelne Branche oder ein einzelnes Unternehmen zur gesamtwirtschaftlichen Leistung beigetragen hat. Dieser Herangehensweise liegt die Annahme zugrunde, dass ein Unternehmen umso effektiver und effizienter den Markt bedienen und auf die Wünsche seiner Kunden einzugehen vermag, je höher die Wertschöpfung ausfällt (Porter 2004). Angesichts einer derartigen Fokussierung auf die monetäre Wertschöpfung im und für das Unternehmen müssen Themen wie „Gemeingüter" und „Gemeinwohlinteressen" zwangsläufig in den Hintergrund treten. Dies ist in einer auf Industrialisierung und Intensivierung ausgerichteten Landwirtschaft nicht anders als in industriellen Unternehmen. Gleichwohl bestehen einige grundlegende Unterschiede zu industriellen Unternehmen, die es in den weiteren Ausführungen noch dezidierter herauszuarbeiten gilt.

In einer unlängst veröffentlichten gutachterlichen Stellungnahme zu einer gemein-wohlorientierten Agrarpolitik hat sich der vorrangig mit Agrarökonomen besetzte Wissenschaftliche Beirat „Agrarpolitik" des Bundesministeriums für Ernährung und Landwirtschaft (Wiss. Beirat 2018) mit Blick auf die künftige gemeinsame Agrarpolitik in der EU der Gemeinwohlthematik angenommen. Der Beitrat hebt die Multifunktionali-tät der Landwirtschaft hervor, die nicht nur Nahrungsmittel, sondern auch Biomasse für die energetische und stoffliche Nutzung produziert. Neben den Leistungen, die über den Markt honoriert würden, präge sie auch Kulturlandschaften und erfülle gesellschaft-liche Funktionen in den Bereichen Umwelt-, Klima-, und Tierschutz. Allerdings werden die Leistungen in den letztgenannten Bereichen nicht näher spezifiziert. Aus Sicht des Beirates entsteht ein Dilemma, wenn für die „privaten Güter", wie z. B. Nahrungs-mittel, eine Entlohnung über die Preismechanismen des Marktes stattfinde, andere Güter bzw. gesellschaftlich relevante Leistungen aber nicht über den Markt entlohnt würden. Eine ordnungsrechtliche Anordnung im Hinblick auf die Erfüllung gesellschaftlicher Funktionen würde aufgrund der damit verbundenen Aufwendungen die Produktions-kosten erhöhen. Da Deutschland und viele andere EU-Mitgliedsländer auf den globalen Märkten aktiv seien, und die Marktpreise im Inland weitgehend durch das Preisniveau auf dem Weltmarkt bestimmt würden, entstehe den Primärerzeugern in Deutschland und der EU durch Auflagen zur Förderung gesellschaftlich relevanter Güter ein Wettbewerbs-nachteil.

> „In Deutschland und der EU gilt das erklärte Ziel, die Landwirtschaft einerseits im Rahmen international integrierter Produktmärkte zu gestalten, sich aber andererseits nicht unein-geschränkt an einem globalen Wettbewerb zu beteiligen, in dem diejenigen am erfolg-reichsten sind, die am wenigsten kostenträchtige gesellschaftliche Leistungen von der Landwirtschaft einfordern. Anders ausgedrückt: Wir wollen hinsichtlich unserer Produkt-märkte in die Weltmärkte integriert sein, uns jedoch von globalen Tier- und Umweltschutz-niveaus abkoppeln."

Es kann an dieser Stelle offen bleiben, ob es sich hierbei um ein zusätzliche oder um eine mit dem oben beschriebenen Dilemma assoziierte Ausprägung handelt. Unstrittig ist, dass hier ein zentrales Dilemma der Agrarwirtschaft beschrieben wird. Einerseits möchte (muss) man am globalen Wettbewerb teilhaben, allein schon, um die nationalen Überschussmengen absetzen zu können; andererseits ist man dadurch einem Unter-bietungswettbewerb ausgeliefert, der zu Lasten des Tier- und Umweltschutzes und anderer Interessen des Gemeinwohles geht, was man nach Möglichkeit auch vermeiden möchte. Bei einem derartigen Dilemma, bei dem zwei Ziele verfolgt werden, die nicht miteinander vereinbar sind, wird man an das klassische Beispiel von Buridans Esel erinnert. Dieser steht zwischen zwei exakt gleichen Heuhaufen. Da er sich mangels eines einleuchtenden Grundes, entweder vom linken oder vom rechten Haufen zu fressen, für keinen der beiden entscheiden kann, verhungert er schließlich. Wie alle Gleichnisse, so ist auch dieses nur eingeschränkt auf den hier thematisierten Sachverhalt übertrag-bar. Dennoch liefert es Anhaltspunkte, um anhand der Analogien sowie der Unterschiede zwischen dem Gleichnis und dem aktuellen Dilemma die Position der Agrarökonomie zu reflektieren.

In der Regel zeichnen sich Dilemmata dadurch aus, dass beide Optionen, die in einer Situation für eine Entscheidung verfügbar sind, zu einem unerwünschten Resultat führen. Buridans Esel vermag sich nicht zu entscheiden, weil es ihm an einem Entscheidungsgrund (Unterscheidungsmerkmal) mangelt; allerdings hat er die Wahl zwischen zwei positiv zu bewertenden Optionen, die ihm den Selbsterhalt sichern könnten, sofern er sich für eine Option zu entscheiden vermag. Dagegen handelt es sich bei der von den Agrarökonomen geschilderten Sachlage nicht um zwei gleiche und positiv besetzte Optionen. Die Teilnahme an den Weltmärkten ist hier positiv besetzt, weil mit ihr eine ökonomische Wertschöpfung assoziiert wird. Das Ziel, sich von „globalen Tier- und Umweltschutzniveaus abzukoppeln", beinhaltet die Vermeidung von unerwünschten und damit negativ besetzten Folgewirkungen der Produktionsprozesse, die es nach Möglichkeit einzuschränken gilt. Dies lässt sich jedoch nur schwer bewerkstelligen, weil dies mit Mehrkosten verbunden ist und damit auf Kosten der Teilnahme an den globalen Märkten geht. In der Abwägung zwischen einem positiv (Wertschöpfung) und einem negativ besetzten Ziel (Aufwendungen von Kosten für die Vermeidung der Beeinträchtigung von Gemeingütern) haben es kostenträchtige Vermeidungsziele naturgemäß schwer. Entgegen der Situation im Gleichnis, bei der die Abwägung zwischen zwei Optionen eine Pattsituation hervorgebracht hat, erspart sich der Wissenschaftliche Beirat jedoch die aufwendige Abwägung. Dadurch kommt er auch gar nicht erst in die Verlegenheit eines möglichen Ergebnisses, das Buridans Esel hat verhungern lassen, weil er sich – fixiert auf die Binnenperspektive – nicht hat entscheiden können. Wäre der Esel in der Lage gewesen, eine unabhängige Position einzunehmen und das Dilemma von außen zu betrachten, wäre die Auflösung einfach. Analog stellt sich die Frage, ob der von Agrarökonomen dominierte Wissenschaftliche Beirat eine unabhängige Position einzunehmen vermag, oder die Sachlage doch eher aus einer Binnenperspektive beurteilt.

Bei einer Entscheidung zwischen zwei Optionen ist nicht nur relevant, wie unterschiedlich diese dimensioniert sind, sondern auch, wer von den jeweiligen Optionen am meisten profitiert. Beim Gleichnis von Buridans Esel profitiert der Esel in beiden Fällen, wenn es sich nur zwischen den beiden gleich großen und gleich weit entfernten Heuhaufen entscheiden könnte.

Beim hier reflektierten agrarwirtschaftlichen Dilemma ist die Agrarökonomie gefordert zu entscheiden, ob sie eher einer Förderung des Marktgeschehen oder der Gemeinwohlinteressen den Vorrang einräumt. Zur Disposition stehen nicht nur unterschiedliche Dimensionen, sondern vor allem auch unterschiedliche Interessen. Die Frage ist also, welche der jeweiligen Optionen welchen Interessen vorrangig zugutekommt bzw. wem diese zum Nachteil gereichen. Nach einem solchen Abwägungsprozesses wäre die Agrarpolitik verpflichtet, sich für die Interessen des Gemeinwohles einzusetzen. Schließlich hat die amtierende Bundeslandwirtschaftsministerin hierauf einen Amtseid abgelegt. Solange aber eine Abwägung nicht vorgenommen wird, kann alles so bleiben wie es ist. In einer vorläufigen Einschätzung kommt die Beteiligung am globalen Marktgeschehen vor allem denen zugute, die vom Export profitieren, d. h. den Verarbeitungs- und Handelsunternehmen. Zu den vermeintlichen Gewinnern gehören auch die **Verbraucher.** Die Beteiligung der deutschen Agrarwirtschaft an den globalen Märkten führt zu einem enormen Druck auf die Marktpreise. Der Handel kauft die Rohwaren zu Weltmarktpreisen ein, streicht die Gewinnmargen ein und gibt die Produkte zu einem vergleichbar niedrigen Preis an die Verbraucher weiter.

Die Verbraucher sind jedoch zugleich auch Staatsbürger. Als Staatsbürger gehören sie zu den Verlierern, weil die unerwünschten Nebenwirkungen der Produktionsprozesse zu Lasten von Gemeingütern gehen bzw. diese zerstört werden und damit den Interessen des Gemeinwohles zuwiderlaufen. So gesehen befinden sich auch die Menschen in einem Dilemma und damit in einer „Eselrolle", weil sie sich entscheiden müssen zwischen der Rolle der Verbraucher und den Vorteilen niedriger Nahrungsmittelpreise und der Rolle der Staatsbürger, welche ihnen abverlangt, sich für die Vermeidung von Beeinträchtigungen des Gemeinwesens einzusetzen. Den meisten Menschen dürften die Entscheidungsgrundlage und die Expertise fehlen, um hier zu einer abgewogenen Beurteilung zu gelangen. Es ist deshalb zumindest nachvollziehbar, dass sich viele Menschen für die vorteilhafte Verbraucherrolle entscheiden.

Diejenigen, deren Interessen im Gutachten des Wissenschaftlichen Beirates kaum eine Erwähnung, geschweige denn eine Berücksichtigung finden, sind die Primärerzeuger. Primärerzeuger können angesichts der Marktlage nur dann profitieren, wenn die Weltmarktpreise so hoch ausfallen, dass mit den Einnahmen aus dem Verkauf von Rohwaren die Produktionskosten gedeckt und zusätzlich ein Gewinn erzielt werden kann. Aufgrund der Tatsache, dass für viele landwirtschaftlichen Betriebe bereits über längere Zeiträume eine Gewinnsituation nicht gegeben war und dies auch auf absehbare Zeit nicht der Fall sein wird, gehören die meisten Primärerzeuger zu den Verlierern. Weder hilft ihnen die Exportorientierung und die Teilnahme an einem global ausgetragenen Unterbietungswettbewerb, der sich für die wirtschaftliche Existenzsicherung als ruinös herausstellt. Noch helfen den Primärerzeugern Subventionen, die für Umsetzung von Maßnahmen für den Tier- und Umweltschutz aus öffentlichen Mitteln gezahlt werden, wenn gleichzeitig die ruinösen Wettbewerbsbedingungen aufrecht erhalten bleiben. Wenn also die Agrarökonomen von einem Dilemma ausgehen, das zwischen der Integration in die Weltmärkte und dem Ziel der Abkopplung von globalen Tier- und Umweltschutzniveaus verortet wird, dann trifft dieses Dilemma vor allem die Primärerzeuger. Diese befinden sich in der Zwickmühle, da beide Optionen für die meisten der noch im Geschäft befindlichen Primärerzeuger in die Ausweglosigkeit führen. Unter den gegenwärtigen Rahmenbedingungen werfen beide Optionen keinen hinreichenden Gewinn ab, um die eigene wirtschaftliche Existenz dauerfähig sichern zu können.

Leider hat es der Wissenschaftliche Beirat versäumt oder für nicht hinreichend geboten erachtet, sich näher mit der Rolle der Primärerzeuger auseinanderzusetzen. Dabei sind diese nicht nur in einem Dilemma gefangen; sie sind es auch, die den **Zielkonflikt** zwischen unterschiedlichen Interessen (preiswerte Erzeugung von Nahrungsmitteln und Vermeidung unerwünschter Nebenwirkungen) innerbetrieblich händeln müssen. Wer sonst soll diese Aufgabe übernehmen? Eine Einhegung des Konfliktes zwischen unterschiedlichen Interessen kann nur dort geleistet werden, wo Konflikte faktisch hervorgerufen werden, d. h. innerhalb des Betriebssystems. Über die Auswirkungen, welche das Marktgeschehen auf die innerbetrieblichen Produktionsprozesse und die Verursachung bzw. Vermeidung von unerwünschten Nebenwirkungen hat, schweigt sich der Beirat aus. Dies ist insoweit nachvollziehbar, als dass die Beteiligten dann über die Rolle der „freien" Marktwirtschaft und über das Theoriegebäude der Agrarökonomie hätten reflektieren und die vorherrschenden **Theorien** möglicherweise infrage stellen müssen.

Aus einem Dilemma kommt man in der Regel nur heraus, wenn beide Ziele, die für zwingend erforderlich erachtet werden, sich aber unvereinbar gegenüberstehen, aus einer übergeordneten und distanzierten Perspektive betrachtet. Vor allem kommt man nicht umhin, umfassende Analysen durchzuführen und wohlbegründete Argumente vorzubringen, mit denen das Für und Wider für die eine bzw. die andere Option sichtbar werden. Erst diese Vorarbeiten machen eine fundierte, d. h. mit plausiblen Gründen unterlegte Abwägung möglich. Eine solche Abwägung böte auch die Chance, nicht nur die im Konflikt befindlichen Bereiche, sondern auch die gemeinsame Schnittmenge auszuloten, die zwischen unterschiedlichen Optionen besteht. Wenn eine solche Verfahrensweise vermieden wird, kommt es erst gar nicht zur Erörterung der Potenziale, die in einer Modifizierung beider Optionen zum Zweck der Vergrößerung der gemeinsamen Schnittmenge liegen. Der Beirat empfiehlt der Agrarpolitik, sie solle zur Förderung der gesellschaftlichen Funktionen der Landwirtschaft den Rahmen so setzen, dass das unternehmerische Handeln der Landwirte gleichzeitig dem Gemeinwohl diene. Allerdings wird erst gar nicht die Frage gestellt, wie dies ohne eine fundierte Analyse der Zielkonflikte operationalisiert und auf den Weg gebracht werden könnte. Stattdessen bleiben die Ausführungen des Beirates in agrarökonomischen Erklärungsansätzen gefangen.

Dies gilt in gleicher Weise für die Vorstellungen, welche aus agrarökonomischer Sicht zum Gemeinwohl geäußert werden. Der Wissenschaftliche Beirat „Agrarpolitik" beim BMEL definiert **Gemeinwohlleistungen** als Leistungen,

„die von selbstverantwortlich tätigen Unternehmern, etwa Landwirten, oder der ländlichen Bevölkerung freiwillig erbracht werden und der Allgemeinheit in der Weise zu Gute kommen, dass einzelne Personen von deren Nutzung nicht ausgeschlossen werden können. Die Freiwilligkeit der Leistungserbringung impliziert, dass nur dann von Gemeinwohlleistungen gesprochen werden kann, wenn die erbrachten Leistungen in ihrem Umfang und/ oder ihrer Qualität über das durch das Ordnungsrecht vorgegebene Maß hinausgehen. Die pure Einhaltung ordnungsrechtlicher Standards stellt somit keine Gemeinwohlleistung dar, sondern vielmehr eine Pflicht zur Vermeidung einer Last für das Gemeinwohl. Die Nicht-Ausschließbarkeit von der Nutzung impliziert, dass Gemeinwohlleistungen den Charakter eines öffentlichen Gutes haben. Somit ist z. B. die Erzeugung von marktgängigen Agrarprodukten keine Gemeinwohlleistung". Weiter heißt es: „Trotz der fehlenden Honorierung über den Markt sind nicht alle Gemeinwohlleistungen finanziell honorierungswürdig. Eine staatliche Förderung von Gemeinwohlleistungen lässt sich nur dann begründen, wenn diese knapp sind."

Es ist unschwer zu erkennen, dass die Definition von Gemeinwohlleistungen in einem ökonomischen Theoriegebäude eingebettet ist. Auch wenn das Theoriegebäude die Sicht auf die lebensweltlichen Prozesse und die Erklärungsansätze prägt, so bedeutet dies keineswegs, dass diese damit vollumfänglich einer Erklärung zugeführt werden. Das ökonomische Theoriegebäude bietet eine von verschiedenen Perspektiven, wenn auch eine sehr wirkmächtige. Das Ordnungsrecht, die Nichtausschließbarkeit der Nutzung und die Knappheit bilden zentrale Stützpfeiler der agrarökonomischen Definition von „Gemeinwohlleistungen". Folgt man diesem Duktus, sind die von den Landwirten erzeugten Nahrungsmittel, solange sie nicht knapp sind, explizit keine Gemeingüter. Die Nahrungsmittelerzeugung in Europa ist von einer Knappheit weit entfernt. Es sind ja gerade die erzeugten Überschüsse an Nahrungsmitteln, mit denen sich die Primärerzeuger selbst die Marktpreise verderben. Der Ausschluss der Nahrungsmittelerzeugung von den Gemeinwohlleistungen dürfte allerdings die Landwirte nicht erfreuen, die mit dem Slogan „Wir machen Euch satt!" auf den Straßen dafür protestieren, dass ihnen vonseiten der Bevölkerung mehr Anerkennung und Respekt dafür gezollt wird, dass sie mit der Erzeugung von Nahrungsmitteln erst die existenzielle Lebensgrundlage der Bevölkerung schaffen. Aus Sicht der Agrarökonomie handelt es sich lediglich um eine Privatangelegenheit.

Von ökonomischer Seite wird im Allgemeinen zwischen „nicht teilbaren" und „teilbaren" Gütern unterschieden. Diese definitorische Einordnung führt dazu, dass Nahrungsmittel den „nicht teilbaren" Privatgütern zugeordnet werden, da sie nicht von mehreren Personen gleichzeitig besessen bzw. verzehrt werden können. Wenn man diesen Ansatz weiterdenkt, bedeutet er, dass sich der Staat aus dem privaten Bereich der Nahrungsmittelversorgung zurückziehen sollte, da die Nahrungsmittel kein Gemeingut sind. Dagegen werden **öffentliche Güter** wie die Umwelt als teilbar und damit als ein Gemeingut charakterisiert. Allerdings zeigt sich, dass die Nutzung der Umwelt als Abfalldeponie durch die Vielzahl der Unternehmen die gemeinsame Luft und das Wasser mit Schadstoffen anreichert. Die gemeinsame Nutzung hat folglich eine Beeinträchtigung anderer Menschen zur Folge und schränkt den Zugang zu sauberem Wasser und sauberer Luft ein. Auch diese Hinweise geben Anlass zu der Schlussfolgerung, dass die einem ökonomischen Denken entsprungene Einteilung in teilbare und nicht teilbare Güter für den Umgang mit den Interessen des Gemeinwohles keinen Nutzwert beinhaltet.

Dies hat vermutlich damit zu tun, dass das Nutzentheorem der Ökonomie als maßgebliche Maxime weitgehend auf den Nutzen und die Nutzbarmachung von Ressourcen für eine spezifische Interessensgruppe reduziert ist. Mit diesem Ansatz lässt sich die Komplexität der Wirtschaftsprozesse und die Interaktionen mit anderen gesellschaftlichen Anliegen kaum umfassend greifen. Weder finden die antagonistischen und synergistischen Wechselwirkungen noch ein übergeordnetes Ganzes, das man allgemein als „Gemeinwesen" bezeichnet, ihren angemessenen Platz. Sie werden von dieser anthropozentrischen Grundhaltung ebenso ausgeblendet wie die in der Obhut der

Landwirte befindlichen Nutztieren, denen ein Interesse und ein Recht auf Unversehrt-heit zusteht. Als Referenzgröße für die Beurteilung von Gemeinwohlleistungen dient den Agrarökonomen das Ordnungsrecht. Leistungen müssen über das durch das Ordnungs-recht vorgegebene Maß hinausgehen und begrenzt verfügbar sein, um die Anerkennung und ggf. Honorierung beanspruchen zu können. Dies impliziert, dass alle Bereiche, die nicht durch das Ordnungsrecht geregelt werden, auch nicht zu den Gemeinwohl-leistungen gerechnet werden können. Mit der definitorischen Einengung und der normativen Festlegung auf das Ordnungsrecht nimmt die Agrarökonomie für sich eine Deutungshoheit in Anspruch. Zwar verweist die Agrarökonomie bei der Normsetzung auf den Gesetzgeber; aber die Festlegung des Ordnungsrechtes als Referenzgröße ist eine Normsetzung zweiter Ordnung, welche wissenschaftlichen Institutionen nicht zusteht.

Dem Gutachten des Beirates ist ferner zu entnehmen, dass der Begriff der „Gemein-wohlleistungen" mit dem Begriff der „Gemeingüter" synonym verwendet wird. Allerdings ist – wie weiter unten ausgeführt wird – die Gleichsetzung der Begriffe weder gerechtfertigt noch zielführend. Ob es sich hier um eine grobe Fahrlässigkeit bei der Begriffsbestimmung oder um eine Absicht handelt, kann hier nicht beurteilt werden. Wenn der Wissenschaftliche Beirat „Gemeinwohlleistungen" so definiert, dass die erbrachten Leistungen in ihrem Umfang und/oder ihrer Qualität über das durch das Ordnungsrecht vorgegebene Maß hinausgehen, bedeutet dies im Umkehrschluss, dass alle Gemeinwohlleistungen, welche von den Landwirten freiwillig über die Einhaltung des Ordnungsrechtes hinaus erbracht werden, den Landwirten das Recht einräumen, für diese Leistungen auch die Finanzierung durch die öffentliche Hand zu beanspruchen. Damit ist aus Sicht der deutschen Agrarökonomen gerechtfertigt, dass die Land-wirte neben den bereits beträchtlichen Subventionszahlungen weitere Zahlungen der öffentlichen Hand für vermeintliche „Leistungen" erhalten, welche die Landwirte für das Gemeinwohl erbringen. Welcher rational denkende Mensch kann etwas dagegen haben, dass jemand für eine Leistung, die scheinbar allen zugutekommt, auch eine Honorierung aus öffentlichen Geldern erhält? Wenn allerdings landwirtschaftliche Betriebe einer-seits einen Beitrag für das Gemeinwohl erbringen, zugleich aber an anderen Stellen das Gemeinwohl in erheblicher Weise beeinträchtigen, wird es nicht nur für die Agraröko-nomie schwierig, dies in angemessener Weise zu berücksichtigen und gegeneinander aufzurechnen.

Ableitungen
Die Herleitung und Koppelung der Definition des für das gesellschaftliche Miteinander zentralen Begriffes des „Gemeinwohles" an normative Vor-gaben des Gesetzgebers durch die Mitglieder des Wissenschaftliche Beirates „Agrarpolitik" erfolgt ohne Begründung und ohne eine Abgrenzung zu bereits bestehenden Definitionen des Begriffes. Diese Vorgehensweise wirft die Frage auf,

ob hier vorrangig Eigeninteressen im Spiel sind oder ob sich diese Herangehensweise folgerichtig aus dem Theoriegebäude der Ökonomie erschließt. Folgt man den Ausführungen von Maréchal et al. (2008) zur Rolle und Bedeutung der Agrarökonomie, dann besteht zwischen dem ökonomischen Theoriegebäude und der Verfolgung des individuellen Nutzens kein Widerspruch. Entsprechend sollte man von einer Fachdisziplin, die explizit der Maximierung von Partikularinteressen das Wort redet, keine wegweisenden Konzepte erwarten, wie den Gemeinwohlinteressen bei der Erzeugung von Nahrungsmitteln in angemessener Weise Rechnung getragen werden kann.

Die Position der Agrarökonomie zum Gemeinwohl weist diese Disziplin als Gefangene ihrer eigenen Erklärungsansätze aus. Der Ansatz, die von landwirtschaftlichen Betrieben erbrachten Mehrleistungen jenseits einer bereits bestehenden Norm als einen Beitrag für die Interessen des Gemeinwesens zu definieren, besticht durch seine Einfachheit. Die gesetzlichen Mindestanforderungen fungieren als Bezugssystem; der Grad der Abweichung von der Norm liefert dazu den Beurteilungsmaßstab. Danach ist ein deutlich erhöhtes Niveau an Mindestanforderungen höherwertig als ein nur geringfügig erhöhtes Anforderungsprofil. Mit den jeweiligen Anforderungsprofilen werden zugleich „Qualitätsstandards" definiert. Der Agrarpolitik bleibt dann nur noch die Aufgabe, mit möglichst vielen Interessensvertretern eine Verständigung über die Ausgestaltung der Standards herbeizuführen. Wenn diese von sehr vielen bzw. nach Möglichkeit allen Gruppierungen mitgetragen werden, gewinnt man eine gewisse Legitimation für die Festlegung von Standards und eine Rechtfertigung für eine Honorierung durch die öffentliche Hand, wenn diese eingehalten werden. Zugleich wird die Frage in den Hintergrund gedrängt, ob es mit erhöhten Standards überhaupt gelingen kann, die diversen Probleme und Zielkonflikte im Zusammenhang mit der Erzeugung von Nahrungsmitteln einer Lösung zuzuführen. Im Bemühen um eine multiperspektivische Herangehensweise wird nachfolgend auf diese und weitere Fragen ausführlich eingegangen.

Literatur

Arts B (1994) Dauerhafte Entwicklung: eine begriffliche Abgrenzung. Peripherie 54:6–27

Bensch R, Trutwin W (Hrsg) (1984) Philosophisches Kolleg 3; Ethik. Patmos, Düsseldorf

Carson R (1963) Der stumme Frühling. Biederstein Verl, München

Common M, Stagl S (2012) An introduction to ecological economics. In: Common M, Stagl S (Hrsg) Ecological economics. An introduction. Cambridge University Press, Cambridge, S 1–18

de Chernatony L, Harris F, Dall'Olmo Riley F (2000) Added value: its nature, roles and sustainability. Eur J Mark 34(1/2):39–56. https://doi.org/10.1108/03090560010306197

Eblinghaus H, Stickler A (1996) Nachhaltigkeit und Macht; Zur Kritik von Sustainable Development. IKO-Verlag für Interkulturelle Kommunikation, Frankfurt

Gordon SH (1954) The economic theory of a common-property research: the fishery. J Political Econ 62(2):124–142

Gronemeyer M (2009) Die Macht der Bedürfnisse; Überfluss und Knappheit. Wiss. Buchges, Darmstadt

Hardin G (1968) The tragedy of the commons. Science 162(3859):1243–1248

Hörisch J (2013) Man muss dran glauben; Die Theologie der Märkte. Fink, Paderborn

Illich I (1982) Vom Recht auf Gemeinheit. Rowohlt, Reinbek bei Hamburg

Jänicke M (1993) Ökologisch tragfähige Entwicklung. Von der Leerformel zu Indikatoren und Maßnahmen. Z Sozialwissenschaften (Sowi) 3:149–159

Jarass HD (2017) Bundes-Immissionsschutzgesetz; Kommentar unter Berücksichtigung der Bundes-Immissionsschutzverordnungen, der TA Luft sowie der TA Lärm. Beck, München

Karl H, Noleppa S (2017) Kosten europäischer Umweltstandards und von zusätzlichen Auflagen in der deutschen Landwirtschaft; Eine Analyse und Hochrechnung für durchschnittliche Betriebe und den Sektor. HFFA Research Paper (5/2017). http://docplayer.org/54269321-Kosten-europaeischer-umweltstandards-und-von-zusaetzlichen-auflagen-in-der-deutschen-landwirtschaft.html

Kaufer R (2015) Umsetzung von EU-Umweltschutz in der deutschen Land-und Forstwirtschaft; Die Rolle von Politiksektoren und Politikintegration. Dissertation, Göttingen

Maréchal K, Joachain H, Ledant J-P (2008) The influence of economics on agricultural systems: an evolutionary and ecological perspective; Working Papers CEB. Universite Libre de Bruxelles (08–028.RS). https://EconPapers.repec.org/RePEc:sol:wpaper:08-028. Zugegriffen: 7. Jan. 2022

Meadows DL, Meadows DH, Zahn E, Milling P (1972) Die Grenzen des Wachstums; Bericht des Club of Rome zur Lage der Menschheit. DVA, Stuttgart

Meynhardt T (2009) Public value inside: what is public value creation? Int J Public Adm 32(3–4):192–219. https://doi.org/10.1080/01900690902732632

Müller-Armack A (1976) Wirtschaftsordnung und Wirtschaftspolitik; Studien und Konzepte zur Sozialen Marktwirtschaft und zur Europäischen Integration. Haupt, Bern

Naturkapital Deutschland – TEEB DE (2012) Der Wert der Natur für Wirtschaft und Gesellschaft – Eine Einführung. ifuplan, München; Helmholtz-Zentrum für Umweltforschung – UFZ, Leipzig; Bundesamt für Naturschutz, Bonn. https://www.ufz.de/export/data/global/190499_TEEB_DE_Einfuehrungsbericht_dt.pdf. Zugegriffen: 10. Jan. 2022

Nida-Rümelin J (2020) Eine Theorie praktischer Vernunft. de Gruyter, Berlin

Nowak MA, Highfield R (2013) Kooperative Intelligenz; Das Erfolgsgeheimnis der Evolution. Beck, München

Ockenfels A (2020) Größtes Kooperationsproblem der Menschheitsgeschichte. Forschung & Lehre 27(11):906–907

Ostrom E (1999) Die Verfassung der Allmende; Jenseits von Staat und Markt. Mohr Siebeck, Tübingen

Ostrom E (2011) Was mehr wird, wenn wir teilen; Vom gesellschaftlichen Wert der Gemeingüter. Oekom, München

Piketty T (2014) Das Kapital im 21. Jahrhundert. Beck, München

Piketty T (2020) Kapital und Ideologie. Beck, München

Porter ME (2004) Competitive advantage; creating and sustaining superior performance. Free Press, New York

Rauw WM (Hrsg) (2009) Resource allocation theory applied to farm animal production. CABI Publishing, Wallingford

Rothschild E (1994) Adam Smith and the invisible hand. Am Econ Rev 84(2):319–322

Rukwied J (2016) Bauern wehren sich gegen Kritik: „Brauchen keine Agrarwende". Leipziger Volkszeitung, 29. Juni

Sandel MJ (2020) Vom Ende des Gemeinwohls; Wie die Leistungsgesellschaft unsere Demokratien zerreißt. S. Fischer, Frankfurt a. M.

Schlecht O (1990) Grundlagen und Perspektiven der sozialen Marktwirtschaft. Mohr, Tübingen

Sen A (1980) Equality of what? In: McMurrin SM (Hrsg) The Tanner lectures on human values, Bd 1, S 195–220

Sen A (2000) Ökonomie für den Menschen; Wege zu Gerechtigkeit und Solidarität in der Marktwirtschaft. Hanser, München

Service ER (1966) The hunters. Prentice-Hall, Englewood Cliffs

Volkert J (2005) Einführung: Armut, Reichtum und Capabilities – Zentrale Inhalte, Begriffe und die Beiträge dieses Bandes. In: Volkert J (Hrsg) Armut und Reichtum an Verwirklichungschancen. Amartya Sens Capability-Konzept als Grundlage der Armuts- und Reichtumsberichterstattung. VS Verlag für Sozialwissenschaften, Wiesbaden, S 11–19

Wiss. Beirat – Wissenschaftlicher Beirat für Agrarpolitik beim BMEL (2018) Für eine gemeinwohlorientierte Gemeinsame Agrarpolitik der EU nach 2020; Grundsatzfragen und Empfehlungen. Stellungnahme. https://www.bmel.de/SharedDocs/Downloads/DE/_Ministerium/Beiraete/agrarpolitik/GAP-GrundsatzfragenEmpfehlungen.html

WCED – World Commission on Environment and Development (1987) Our common future; the Brundtland report. Oxford University Press, Oxford

Nutzbarmachung der Nutztiere

4

Zusammenfassung

Die Nutzbarmachung der Nutztiere für die Nahrungserzeugung und für die wirtschaftliche Wertschöpfung nimmt seit dem Zweiten Weltkrieg einen immer größeren Raum ein. Deutliche Steigerungen der Produktivität basieren einerseits auf dem biologischen Potenzial von Leistungssteigerungen, das vor allem durch gezielte Maßnahmen der Zucht und der Ernährung erschlossen wird. Zudem schaffen technische Entwicklungen die Voraussetzungen, um die arbeitszeitlichen Aufwendungen pro Produkteinheit drastisch zu reduzieren und die Transport-, Verarbeitungs- und Distributionsmöglichkeiten deutlich auszuweiten. Auch durch die veränderten wirtschaftlichen Rahmenbedingungen erfahren die Produktionsprozesse grundlegende Veränderungen. Das Ineinandergreifen der Intensivierungsprozesse bringt Produktivitätssteigerungen bisher unbekannten Ausmaßes, aber auch ein erhebliches Maß an unerwünschten Neben- und Schadwirkungen hervor. Deren Zustandekommen und deren Relevanz erschließen sich erst, wenn die treibenden Kräfte der Produktivitätssteigerungen verstanden werden.

Wer will bestreiten, dass die Landwirtschaft und die Nutztierhaltung für die Gesellschaft lebensnotwendig Nutzen sind. Angesichts der von der Landwirtschaft jährlich hervorgebrachten Mengen an Nahrungsmitteln und der Effizienz bei deren Erzeugung kann von einer besonderen Erfolgsgeschichte landwirtschaftlichen Unternehmertums gesprochen werden. Dass die Landwirtschaft auch eine negative Seite hat und im Kern ambivalent ist, wurde bereits an verschiedenen Stellen angedeutet. Bevor wir uns ausführlicher einigen negativen Auswirkungen der Landwirtschaft zuwenden, sollen zunächst die Produktionsleistungen und die Produktivitätszuwächse der jüngsten Vergangenheit gewürdigt werden.

Über lange Zeiträume beherrschte die Sorge um eine hinreichende Verfügbarkeit an Nahrungsmitteln die Gedankenwelt vieler Menschen und tut es noch heute in vielen Regionen der Erde. Karge Bodenverhältnisse, ungünstige Witterungsbedingungen sowie die beständige Gefahr, dass andere Menschen die eigene Ernte und die angelegten Vorräte streitig machen konnten, machten die Nahrungsbeschaffung zu einer prioritären Aufgabe. Die Erfahrung lehrte die Menschen, dass es für das Überleben wichtig war, vorzusorgen und gegenüber Eventualitäten gerüstet zu sein. Das biblische Bild vom Paradies, in dem es an nichts und vor allem nicht an Nahrungsmitteln mangelte, verkörpert den Sehnsuchtsort und damit das Gegenbild zu den eigenen Erfahrungen des Mangels, denen Menschen in unterschiedlichen Ausmaßen immer wieder ausgesetzt waren und noch sind. Die im christlichen Gebet des „Vater unser" enthaltende Zeile „Unser tägliches Brot gib uns heute" oder das Wort „Broterwerb" für jegliche Form der Lohnarbeit zeugen von der zentralen Bedeutung der Nahrungsbeschaffung für das Leben der Menschen in den sozialen Gemeinschaften.

In der jüngeren Geschichte war der Nahrungsmangel insbesondere während und nach dem Zweiten Weltkrieg prägend. Für Nahrungsmittel mussten Unsummen bezahlt werden und so manche Familie musste ihr Tafelsilber veräußern, um die Familienmitglieder mit Nahrhaftem versorgen zu können. Nach dem Krieg stand daher die Steigerung der Erzeugung von Nahrungsmitteln ganz oben auf der Agenda der Politik. Es galt, die desolate Versorgungslage so schnell wie möglich zu verbessern und nach all den politischen Wirren gleichzeitig die politische Loyalität der Bevölkerung zu erringen. Da es nicht nur an Nahrungs-, sondern auch an Produktionsmitteln mangelte, mussten die verfügbaren Ressourcen möglichst effizient genutzt werden. Wo immer dies möglich schien, wurden die Landwirte durch die Politik dabei unterstützt, die Produktion auszuweiten. Stets ging es darum, die Bewirtschaftung mit einem Mehr an Leistung und einem Weniger an Aufwand zu gestalten. Auch bei den Nutztieren ging es darum, ihre Lebensprozesse möglichst effizient und gewinnbringend nutzbar zu machen. Dabei waren es weniger einzelne, sondern das Ineinandergreifen vieler Prozessschritte, die nach und nach die Produktivität ansteigen ließen. Um nachvollziehbar zu machen, welche Faktoren maßgeblich zu den Produktivitätssteigerungen beigetragen haben, werden nachfolgend die biologischen, technischen und wirtschaftlichen Hintergründe näher betrachtet.

4.1 Biologische Entwicklungen

Das eigentliche Zentrum des Wandels und der wirtschaftlichen Erfolge der Nutztierhaltung lag und liegt noch immer im Körper der Tiere. Der Produktivitätsanstieg in der zweiten Hälfte des 20. Jahrhunderts durch eine systematische und einseitig auf Leistungsmerkmale ausgerichtete Zucht, eine angepasste Versorgung der Tiere mit Nährstoffen sowie flankierende tiermedizinische Maßnahmen erreichte eine bis dato unbekannte Dimension. Allerdings hat er auch seinen Preis.

4.1.1 Milchkühe

Bei der Milchgewinnung aus der Milchdrüse von Kühen machten sich die Nutztierhalter zunutze, dass die Evolution Tiere hervorgebracht hat, bei denen der Versorgung ihrer Nachkommen eine hohe Priorität beimessen wird. Die zum Zweck des Erhalts und des Wachstums des Kalbes gebildete und hinsichtlich der Inhaltsstoffe auf den Bedarf des Kalbes zugeschnittene Kuhmilch zweigt der Mensch schon seit vielen Jahrtausenden für eigene Zwecke ab. Dabei bestand und besteht noch heute zwischen Nutztierhaltern und den Milchkühen ein wechselseitiges Abhängigkeitsverhältnis (Mutualismus), das für beide Seiten Vorteile bietet. Der Mensch sorgt für Futter, den Schutz vor Raubtieren, sowie die Aufzucht der Nachkommen, die Kuh liefert den Nutztierhaltern im Gegenzug Milch und am Ende ihres Lebens Fleisch und Leder. Eine analoge Lebensweise hat sich auch zwischen einer Ameisenspezies und Blattläusen ausgebildet. Man könnte daher geneigt sein, das Verhältnis von Menschen und Milchkühen als eine natürliche (in der Natur vorkommende) Lebensform anzusehen. Allerdings hat sich diese von einer mutualen sukzessive zu einer parasitären Lebensform gewandelt, bei der der Mensch auf Kosten der Nutztiere lebt, sofern er ihnen mehr abverlangt, als sie ohne eigene Beeinträchtigungen zu leisten im Stande sind.

Lange Zeit schrieben staatliche Körordnungen vor, dass ein Vatertier zum Bedecken von Muttertieren erst verwendet werden durfte, wenn es nach vorhergehender Prüfung als zur Zucht tauglich befunden wurde (Comberg 1984, 143 f.). Bullen wurden nur zur Zucht zugelassen, wenn sie über einen erhöhten Zuchtwert für die erwünschten Leistungsmerkmale verfügten. Gleichzeitig wurde die Homogenisierung der Tierrasse als Schlüssel ihrer Leistungssteigerung betrachtet. Etwa seit 1890 hatte die rassebezogene Zuchtpraxis in Deutschland zehn Rinderrassen entstehen lassen, die in das nordwestdeutsche Niederungsrind, das Höhenvieh der Mittelgebirge und Süddeutschlands eingeteilt wurden. Rassebezogene Zuchtvereinigungen übernahmen zunehmend die Abläufe der Rinderzucht. Dazu gehörte auch die fortlaufende Leistungsüberwachung der im sogenannten Herdbuch eingetragenen Zuchttiere. Der maßgebliche Schlüssel für die fortlaufenden Leistungssteigerungen war ein zunehmend überregional organisiertes Evaluieren und Auswerten der Leistungen der Tiere. Strategisches Züchten, im Sinne der Paarung eines männlichen und weiblichen Tieres, um Nachkommen mit definierten Eigenschaften zu erhalten, basierte von nun an auf dem Wissensregime der **Tierzucht.** Von Generation zu Generation wurde versucht, gewünschte Eigenschaften zu einer verstärkten Ausprägung zu verhelfen und gleichzeitig unerwünschte Eigenschaften zurückzudrängen. „Form follows function" wurde zum vorherrschenden Motto der Zucht (Eckert 1965). Wurden zuvor vor allem ästhetische Kriterien bei der Auswahl der Zuchttiere berücksichtigt, dominierten von nun an die messbaren Leistungseigenschaften. Im Hinblick auf eine verbesserte Funktionsfähigkeit konnte nur gezüchtet werden, wenn den Züchtern auch Informationen über die Resultate der unsichtbaren Lebensvorgänge im Tier vorlagen. Fortan wurden die Entwicklungen von den Zuchtkontrollverbänden auf

Länderebene geprägt, bei denen die Leistungsdaten der Kühe zusammenliefen und ausgewertet wurden. Die Landwirte versprachen sich von den Daten Hinweise auf betriebsinterne Optimierungspotenziale. Dabei half der an Fahrt zunehmende Wettbewerb unter den Bauern, die anfänglich bestehende Skepsis gegenüber einer Leistungskontrolle von außen zu überwinden.

Dennoch wurden von den Landwirten nicht jede züchterische Entwicklung und jede technische Neuerung sogleich gutgeheißen. Dies galt zunächst auch für die künstliche Besamung. Durch die Entwicklung der Gefriertechnik wurde es möglich, dass in neu errichteten Besamungsstationen gewonnene Sperma der Bullen mehr oder weniger unbegrenzt zu konservieren und durch die künstliche Besamung gezielt für Anpaarungen einzusetzen. Viele Landwirte lehnten die „gegen die Natur gerichtete" Technik ab, weil sie unter anderem ungewisse Langzeitfolgen des Eingriffs für die Tiere befürchteten (Scholz 1951). Etablierte Rinderzüchter, die in der Vergangenheit beachtliche Verkaufserlöse aus dem Zuchtbullenverkauf erzielten, sahen den Absatz ihrer Bullenkälber davonschwimmen und warnten deshalb vor dem Risiko übermäßiger Inzucht (Rinderle 1960). Allerdings vermochten die Einwände den Siegeszug der künstlichen Besamung nicht aufzuhalten. Mit dem wirtschaftlichen Erfolg durch die Einsparungen bei der Haltung und Fütterung von Einzelbullen und durch den Zugang zur Genetik von Hochleistungstieren rückten alle Bedenken schnell in den Hintergrund. An die Stelle der Skepsis trat die Begeisterung für Tiere mit besonderen Leistungen, die mitunter Züge eines religiösen Kults annahmen. Die künstliche Besamung sprengte die herkömmlichen Raum- und Zeitgrenzen der Zuchtarbeit und verpasste gleichzeitig der Internationalisierung der Rinderhaltung einen enormen Schub. Allerdings führte der internationale Konkurrenzdruck zwischen den Zuchtvereinigungen auch dazu, dass von einem am Markt erfolgreichen Bullen so viele Spermaportionen gewonnen und verkauft wurden, wie irgend möglich, ohne die geringste Rücksicht auf die Folgen für die Auswirkungen auf den Verwandtschaftsgrad der gesamten Population. Durch die künstliche Besamung stieg die individuelle Bedeutung einzelner männlicher Tiere rapide an. Pabst Ideal hieß ein 1964 aus Wisconsin importierter und in Europa berühmt gewordener Holstein-Friesian-Bulle, der als erstes Vatertier 100.000 Nachkommen durch die künstliche Besamung hervorbrachte (Thiede 1988).

Neben den großen züchterischen Fortschritten war die künstliche Besamung auch ein Mittel zur Eindämmung und Überwindung der bei der natürlichen Paarung übertragenen Geschlechtskrankheiten der Tiere. Diese konnten den einzelnen Betrieben erhebliche finanzielle Einbußen bescheren, wenn die beim Deckakt übertragenen Krankheiten zur Unfruchtbarkeit der Kühe führten. In Gemeinden mit hoher Verbreitung der Seuchenerreger wurde die künstliche Besamung deshalb sogar amtstierärztlich angeordnet. Allerdings waren mit dem Einsatz der künstlichen Besamung auch neue Anforderungen an das Management verbunden. Voraussetzung für die künstliche Besamung war, dass die Landwirte den Zeitpunkt der Fruchtbarkeit des weiblichen Rindes erkannten, um die Besamung in Auftrag geben zu können. Mit wachsender Leistungsfähigkeit der Tiere nahm jedoch die Ausprägung der Brunstsymptome ab. Infolgedessen bedurfte es zeitaufwendiger Beobachtungen und häufig auch veterinärmedizinischer Expertise, um die Fruchtbarkeit der Milchkühe aufrechtzuerhalten.

Die zucht- und ernährungsbedingten Maßnahmen zur Steigerung der Milchleistung zeigten bemerkenswerte Erfolge. Zwischen den Jahren 1950 und 2019 erhöhte sich die durchschnittliche Milchleistung von 2350 kg auf 8250 kg pro Kuh und Jahr. Dies sind wohlgemerkt Durchschnittswerte. Die Spitzenwerte liegen auf einem ganz anderen Niveau. Die Spitzenbetriebe erreichen heutzutage eine Durchschnittsleistung von mehr als 14.000 kg pro Kuh und Jahr. Den Weltrekord hielt im Jahr 2017 eine Kuh mit dem Namen „My Gold", die auf einem Betrieb in Wisconsin (USA) gehalten wurde und in einem Jahr die unvorstellbar große Menge von 35.144 kg Milch erzeugte (Baumgard et al. 2017). Die kontinuierliche Steigerung der Milchleistung der Einzeltiere, bei der noch kein Ende in Sicht ist, basiert auf der gezielten Auswahl von Tieren mit einem hohen Leistungspotenzial für die Milchbildung. Entsprechend sind Größe und Ausformung der Milchdrüse von großer Bedeutung. Die Milchdrüse ist eine modifizierte Schweißdrüse, die beim Rind aus vier Drüsenkomplexen mit Hohlraumsystemen besteht, in denen eine riesige Anzahl von milchbildenden Zellen (Laktozyten) angesiedelt sind. Diese werden über das Blut mit den Ausgangssubstraten versorgt, die für die Milchbildung benötigt werden. Schon früh wurde die Beobachtung gemacht, dass eine Kuh mit einem größeren Euter auch mehr Milch gab, sofern die körperlichen Funktionen nicht beeinträchtigt und die entsprechende Nährstoffversorgung gewährleistet war. In der Tat besteht ein enger korrelativer Zusammenhang ($r = 0{,}8$ bis $0{,}9$) zwischen der Milchleistung und der Zahl der Laktozyten (Märtlbauer und Becker 2016). Die zielgerichtete Auswahl von Milchkühen mit hoher Milchleistung führte zu Nachkommen mit immer größeren Drüsenkomplexen. Die numerische Zunahme der Milchzellen schuf die morphologische Voraussetzung für die Steigerung der Produktivität der Einzelkuh. Die Produktionsleistung der Milchdrüse ist so beeindruckend, dass Brown bereits im Jahr 1969 vorschlug, die Kuh als Anhängsel der Milchdrüse anzusehen und nicht umgekehrt die Milchdrüse als Anhängsel der Kuh.

Diese Einschätzung ist auch deshalb gerechtfertigt, weil sich der Organismus der Kuh nach der Geburt eines Kalbes mit weitreichenden physiologischen und hormonellen Veränderungen der neuen Situation anpasst, um die bestmögliche Versorgung der Nachkommen zu gewährleisten. Dabei wird die Milchdrüse gegenüber anderen Organen prioritär mit Nährstoffen versorgt. Die Laktozyten erhalten einen gegenüber anderen Körpergeweben bevorzugten Zugriff auf den Glukosepool des Gesamtorganismus. Das bedeutet, dass die aus dem Futter aufgenommene Energie vorrangig zur Milchbildung verwendet wird. Werden im Verhältnis zur Milchleistung zu wenig Nährstoffe, besonders Energie aufgenommen, schaltet der Organismus den **Stoffwechsel** auf ein Notfallprogramm um: Fett- und Muskelgewebe werden abgebaut, um die erforderlichen Substanzen für die Milchbildung zu gewinnen. Dieser Prozess ist nicht so effizient wie der direkte Einsatz von Glucose und verursacht Abfallprodukte, die den Stoffwechsel belasten und die Gesundheit der Kühe direkt gefährden können. Gleichzeitig wird die Versorgung anderer Gewebe mit Glukose gedrosselt, sodass diese auf einen Ersatzstoffwechsel ausweichen müssen und ihre volle Funktionsfähigkeit einbüßen können. Die bei Säugetieren evolutiv angelegte Neuausrichtung der Stoffwechselprozesse nach der Geburt auf die Versorgung der Nachkommen machen sich die Nutztierhalter zunutze, um den Milchkühen ein Vielfaches der Milchmengen zu entziehen, die für die Versorgung eines Kalbes erforderlich wäre. Die Zucht auf Tiere mit einem großen Euter und entsprechend vielen Laktozyten gibt dabei die Milchbildungs- bzw. Ausbeutungskapazitäten vor. Der Gesamtorganismus versucht dem zu entsprechen, indem er all seine Reserven mobilisiert, um den vermeintlichen Bedarf der Nachkommen zu decken. Dies gilt selbst dann, wenn dadurch die Gesundheit des Muttertieres gefährdet wird (Habel und Sundrum 2020). Mit gesteigertem Leistungspotenzial (größere Euter, mehr Leukozyten) entscheidet vor allem die Versorgung der Milchkuh mit Nährstoffen darüber, wie viel Milch den Kühen ohne Gefährdung ihrer Gesundheit entzogen werden kann. Mit der Zucht auf höhere Leistungen veränderten sich auch die Fütterungsstrategien und das Management der Betriebe. Fortan musste der Nährstoffversorgung der Milchkühe eine immer größere Bedeutung beigemessen werden, um das immer größer werdende genetische Leistungspotenzial der Tiere ausschöpfen zu können.

So beeindruckend die mengenmäßige Erfolgsgeschichte der Milcherzeugung war und ist, so wurde diese fortwährend von unerwünschten Nebenwirkungen begleitet. Zu diesen gehören vor allem Funktionsstörungen und Erkrankungen der Kühe sowie Todesfälle, die in von Betrieb zu Betrieb sehr unterschiedlichem Ausmaß auftreten. Nach dem Zweiten Weltkrieg war die Gesundheit der Milchkühe vor allem durch infektiöse Krankheitserreger bedroht. Zu diesen gehörten nicht nur die Erreger von Geschlechtskrankheiten, sondern auch die Erreger der Tuberkulose. Im Jahr 1952 waren 59 % aller Betriebe und 38,5 % aller Rinder mit dem Tuberkuloseerreger infiziert (Winnigstedt 1960). Besonders schwerwiegend war, dass Mensch und Rind sich gegenseitig anstecken konnten (**Zoonose**). Kinder konnten sich durch die Aufnahme der Milch von kranken Milchkühen anstecken, Erwachsene durch die Einatmung von Tuberkelbakterien im Kuhstall. Im Jahr 1950/51 erkrankten jährlich etwa 41.000 Menschen an boviner Tuberkulose; ca. 1800 Menschen starben an der Infektion (Settele 2020, 57 f.). Daraufhin wurden in der Bundesrepublik umfangreiche Gegenmaßnahmen ergriffen. Im Jahr 1952 beschlossen Vertreter des Verbandes der Landwirtschaftskammern, des Deutschen Bauernverbandes, der Deutschen Landwirtschafts-Gesellschaft, den Bundesmarktverbandes Vieh und Fleisch, der Arbeitsgemeinschaft der Rinderzüchter und der für das Veterinärwesen zuständigen Landesbehörden im Bonner Bürgerverein die Bildung eines Kuratoriums zur Bekämpfung der Rindertuberkulose. Sowohl der Bund als auch die Länder stellten bis zum Jahr 1959 insgesamt über 1,6 Mrd. DM zur Verfügung.

In einer konzertierten Aktion konnte die Tuberkulose in den Rinderbeständen innerhalb von acht Jahren weitgehend ausgemerzt werden. Dies gelang vor allem dadurch, dass infizierte Tiere identifiziert und dann getötet wurden. Allerdings machte es im Hinblick auf wirtschaftliche Überlegungen nicht für alle Landwirte Sinn, infizierte Tiere zu schlachten, solange sie noch Milch gaben. Um die Landwirte zu bewegen, der Tötung infizierter Tiere zuzustimmen, mussten auch die finanziellen Verluste, die den

Betrieben durch getötete Tiere entstanden, von staatlicher Seite kompensiert werden. Allerdings wurde auch beobachtet, dass infizierte Tiere verschoben wurden, sogar nachdem für infizierte Tiere eine Ausmerzungsbeihilfe kassiert worden war (Settele 2020, 59 f.). Daraufhin wurde in einigen Bundesländern den positiv getesteten Tieren zwecks Markierung ein Loch ins Ohr gestanzt. Diese Praxis stieß allerdings bei vielen Landwirten auf heftigen Widerstand. Ein CSU-Abgeordneter wurde auf einer Kuratoriumssitzung im Jahr 1954 mit den Worten zitiert:

> „In der Tuberkulosebekämpfung wurde bisher viel erreicht, ohne dass ein Loch ins Ohr gemacht wurde. Je weniger Zwang ausgeübt wird, desto besser ist es. Je weniger Gesetze es gibt, und je klarer sie sind, desto besser geht es draußen in der Praxis (zitiert nach Settele 2020, 60 f.)."

Diese Grundhaltung gegenüber staatlichen Eingriffen war nicht nur zur damaligen Zeit, sondern – wie noch zu zeigen sein wird – ist noch heute in der Agrarbranche weit verbreitet. Nicht nur damals haben sich Landwirte mit ihren Forderungen durchgesetzt. Als es wenige Jahre später darum ging, mithilfe eines Loches im Ohr die Identifizierung des einzelnen Tieres über Ohrmarken sicherzustellen, um dessen Leistungen zweifelsfrei zuordnen zu können, stand die Zustimmung der Landwirte nicht infrage.

Die Geschlechtskrankheiten und Rindertuberkulose waren bei Weitem nicht die einzigen Krankheiten, welche das Leben der Kühe und auch der Landwirte beeinträchtigten. Mitte der 1960er-Jahre hatte die Euterentzündung die Stellung der ausgemerzten Rindertuberkulose als Hauptursache sinkender Produktivität der Milchkühe abgelöst. Die mit Einführung der Melkmaschinen von Euter zu Euter wandernden Zitzenbecher der Melkmaschinen hatten gehäuft zur Folge, dass bakterielle Erreger von Kuh zu Kuh weitergegeben wurden. Die darauf einsetzenden Entzündungsprozesse im Euter verursachten einen Rückgang der Milchleistung und einen Mehraufwand für Behandlungen. Im schlimmsten Fall war das Leben der Kuh bedroht. Trotz der technischen Weiterentwicklung der Melkmaschinen, verbesserter Desinfektions- und Behandlungsmethoden und kundigeren Personen im Melkstand, ist die Euterentzündung bis heute ein Dauerproblem in der Milchviehhaltung geblieben, das eng mit den Produktionsprozessen gekoppelt ist (Produktionskrankheit). Das Krankheitsgeschehen wird durch einen Grundkonflikt zwischen dem Ziel weiterer Leistungssteigerungen und der Verbesserung der Tiergesundheit befeuert. Je mehr Milch sich zwischen den Melkzeiten in den Hohlräumen der Drüsenkomplexe ansammelt, desto wichtiger wird das Zuchtmerkmal „Melkbarkeit". Die größere Milchmenge soll möglichst schnell aus dem Euer ausgemolken werden können. Je größer die Öffnung des Strichkanals ist, desto leichter kann die Milch mit der Melkmaschine herausgesaugt werden. Auf der anderen Seite können Mikroorganismen mit krankmachenden Eigenschaften (pathogene Keime) leichter über den erweiterten Strichkanal eindringen und sich im Eutergewebe festsetzen. Der Organismus reagiert darauf mit Entzündungen, die in der akuten Phase mit erheblichen Schmerzen einhergehen können. Angesichts des Zielkonfliktes verwundert es nicht, dass Euterentzündungen auch weiterhin eine der maßgeblichen Produktionskrankheiten in der

Milchviehhaltung sind. Allerdings bestehen hinsichtlich der Erkrankungsraten beträchtliche Unterschiede zwischen den einzelnen Milchviehbetrieben.

Andere Produktionskrankheiten sind Fruchtbarkeits- und Stoffwechselstörungen sowie Erkrankungen der Gliedmaßen. Diese Erkrankungen haben verschiedene und vielfältige Ursachen, die mit suboptimalem Management der Tiere im Zusammenhang stehen. Die Folgen sind oft so schwerwiegend, dass die Produktivitätsfortschritte zunichtegemacht werden. Der Aufwand für mehr Leistung führt in diesen Fällen zu wirtschaftlichen Verlusten (negativer Grenzgewinn) (Sundrum et al. 2021). Die Produktionskrankheiten sind auch verantwortlich dafür, dass viele Milchkühe den Betrieb in Richtung Tierkörperbeseitigungsanlage oder Schlachthof verlassen. Die Schlachtungen werden überwiegend unfreiwillig veranlasst. Ökonomisch würde es Sinn machen, die Milchkühe möglichst lange im Bestand zu belassen, um die bereits getätigten Investitionen der Aufzucht durch entsprechende Erlöse durch die verkaufsfähige Milch zu amortisieren. Die genannten Produktionskrankheiten und Todesfälle stehen dem entgegen. Sie zu verhindern oder erfolgreich zu behandeln, stellt höchste Anforderungen an die Nutztierhalter und erfordert Aufwendungen, welche manchen Nutztierhaltern entweder nicht erfolgversprechend oder zu kostenaufwendig erscheinen. Obwohl länger lebende und milchgebende Kühe ihren Haltern in der Regel einen höheren Gewinn bescheren, hat sich infolge des hohen Niveaus an Produktionskrankheiten die Lebensdauer der Milchkühe unfreiwillig verkürzt. Lag die durchschnittliche Lebensdauer im Jahr 1965 noch bei 6,4 Jahren, sank sie bis zum Jahr 2010 auf 4,8 Jahre und verharrt seitdem auf diesem Niveau (LfL 2017).

Diverse Bemühungen, die durchschnittliche Lebensdauer der Milchkühe durch die Zucht zu erhöhen, blieben bislang weitgehend erfolglos. Auch die Expertise der Veterinärmedizin konnte bislang wenig dazu beitragen, dass sich die Situation grundlegend verbessert hat. Immerhin rechnen sich die Tiermediziner als eine Leistung an, dass sich die Situation nicht noch weiter verschlechterte. Der Veterinärmedizin obliegt die vorrangige Aufgabe, den Tieren, welche den Herausforderungen nicht länger gewachsen sind und die in der Folge an Produktionskrankheiten leiden, durch ausgefeilte Behandlungsmaßnahmen wieder auf die Beine zu helfen. Über die Jahrzehnte verstärkten die erforderlichen Maßnahmen zur Reproduktionsüberwachung und zur Behandlung von Produktionskrankheiten die Bedeutung der Veterinärmedizin. Als Dienstleister der Nutztierhalter haben praktische Tierärzte einen maßgeblichen Anteil daran, die Funktionsfähigkeit von Milchkühen aufrechtzuerhalten. Neben der Veterinärmedizin wurden im Zuge der Entwicklung auch die Agrarwissenschaften deutlich ausgebaut. Durch die Etablierung und Förderung von Beratungsinstitutionen stellte die Politik gleichzeitig sicher, dass neues Wissen zur Steigerung der Produktion, einen schnellen Weg in die Ställe fand.

Trotz der erheblichen Ausmaße an unerwünschten Nebenwirkungen, unter anderem in Form von Funktionsstörungen und Produktionskrankheiten bei den Milchkühen, wird vonseiten der **Tierzucht** auch weiterhin am Ziel weiterer Leistungssteigerungen festgehalten. Relativiert wird dieses Zuchtziel durch die Einbeziehung von „funktionalen

Merkmalen", mit denen man versucht, das Ausmaß dieser unerwünschten Nebenwirkungen einzudämmen. Das Festhalten an weiteren Leistungssteigerungen wird durch
betriebswirtschaftliche Argumente gestützt. Eine höhere Milchleistung, die in einer
kürzeren Lebenszeit erbracht wird – so die Überschlagsrechnung – erscheint kostengünstiger als eine niedrigere Leistung, die über einen längeren Zeitraum und mit entsprechend höherem Nährstoffaufwand und sonstigen Kosten einhergeht. Angesichts
der großen Unterschiede zwischen landwirtschaftlichen Betrieben ist eine solche allgemeine Einschätzung jedoch nicht richtig. Es bedürfte der Überprüfung im Einzelfall,
ob und für welche Betriebe die Rechnung in dieser Form aufgeht. Für die Milchkühe
geht die ökonomische Rechnung auf jeden Fall nicht auf. Sie sind mit erheblichen Beeinträchtigungen konfrontiert, die mit Schmerzen, Leiden und Schäden einhergehen. Seit
Jahrzehnten ruft das hohe Niveau an Produktionsleistungen bei den Tieren ein erhebliches Ausmaß an unerwünschten Nebenwirkungen hervor (Rauw et al. 1998), ohne dass
dies bislang Eingang in die ökonomischen Bewertungen gefunden hätte.

4.1.2 Mastrinder

In der Rinderhaltung ist neben der Milcherzeugung auch die Erzeugung von **Rindfleisch** über Kälber, Jungbullen, Ochsen und Färsen (d. h. weibliche Rinder vor der
ersten Abkalbung) sowie abgehende Milchkühe von wirtschaftlicher Bedeutung. In den
Nachkriegsjahren ging es zunächst vor allem darum, Masttiere mit Futtermitteln zu versorgen, die nicht in **Konkurrenz** zur menschlichen Ernährung standen. In Symbiose
mit den Mikroorganismen im Pansen ist es den Wiederkäuern möglich, pflanzliche Zell-
wandbestandteile zu verdauen und sich damit Zugang zu Nährstoffen zu erschließen, die
für den Menschen und für Nutztiere mit einhöhligem Magen (Schwein und Geflügel)
keinen Nährwert haben. Zudem können die im Pansen lebenden Mikroorganismen aus
einfachen Stickstoffverbindungen Protein erzeugen, sodass Wiederkäuer bis zu einem
gewissen Grad unabhängig von der Proteinqualität im Futter sind.

Nach den entbehrungsreichen Kriegs- und Nachkriegsjahren stieg mit der Kaufkraft
die Nachfrage nach Fleisch deutlich an. Um der ansteigenden Nachfrage nach Rindfleisch zu begegnen, wurde unter anderem die sogenannte Färsenvornutzung propagiert.
Hierzu wurden trächtige Färsen wenige Tage vor ihrem ersten Abkalben geschlachtet.
Das während der Schlachtung von einem geübten Metzger aus dem Körper der Färse
herausgeschnittene Kalb wurde aufgezogen, um seinerseits zum Fleischlieferanten
zu werden (Anonym 1973). Allerdings regte sich gegen diese von offizieller Seite vor-
geschlagene Nutzungsform auch Widerstand unter den Landwirten. Um diese Praxis zu
beenden, wünschte sich ein Landwirt – für landwirtschaftliche Nutztierhalter untypisch –
sogar den Tierschutzverein herbei (Rohrer 1973).

Nach dem Zweiten Weltkrieg spielte neben der Fleischleistung auch die Zugleistung
der Rinder noch eine gewisse Rolle. Die Verfügbarkeit von Pferden war eingeschränkt
und die Technisierung auf einem niedrigen Niveau. Entsprechend wurden weibliche

Rinder oder Ochsen als Zugtiere eingesetzt. Mit zunehmender Technisierung und dem Einsatz von Traktoren fiel die Arbeitsleistung als Zuchtmerkmal weg. Aus der Dreifachnutzung von Rindern (Milch, Fleisch, Zugkraft) wurde eine Zweifachnutzung und zunehmend eine Spezialisierung auf nur eine Nutzungsform. Die Einnutzungsrassen sind entweder auf die Milch- oder die Fleischerzeugung spezialisiert. In den südlichen Bundesländern wurde und wird mit den Fleckviehkühen auf vielen Betrieben auch weiterhin auf eine Doppelnutzung gesetzt. Allerdings halten sich bei den sogenannten Zweinutzungsrassen aufgrund negativer Zusammenhänge (Merkmalsantagonismen) zwischen Milch- und Fleischleistung die Leistungszuwächse gegenüber den spezialisierten Rassen in Grenzen.

Im Jahr 1950 betrug der Bestand an Mastrindern ca. 2,2 Mio. Tiere. Die politisch beförderten Intensivierungsprozesse ließen den Tierbestand bis zum Jahr 1990 auf über 5,7 Mio. ansteigen. In Abhängigkeit von den betrieblichen Strukturen bezüglich Flächenausstattung, Futterverfügbarkeit und stallbaulichen Gegebenheiten, wurden auf vielen Betrieben Mastrinder zusätzlich zu den Milchkühen gehalten. Dies traf insbesondere auf Grünlandstandorten zu, da die Pflanzenaufwüchse auf diese Weise am besten genutzt werden konnten. Daneben existierten Betriebe, die sich ganz auf die Mast von Jungbullen der Fleischrinderrassen konzentrierten. Der drastische Anstieg der Produktionsmengen führte zwangsläufig zu einer Marktsättigung. Aufgrund des Überangebotes an Rindfleisch kam es in den Folgejahren zu einer Reduzierung der Tierbestände. Dennoch blieb Deutschland hinter Frankreich der zweitgrößte Rindfleischerzeuger in der EU. In Deutschland stammt etwa 46 % des Rindfleischs aus der Mastbullenhaltung; weitere 34 % entfallen auf (Alt-)Kühe aus Milchvieh- und Mutterkuhherden, die übrigen 20 % auf Jungrinder (8 bis 12 Monate), Kälber (< 8 Monate) und Färsen. Durch die Spezialisierung auf eine Nutzungsrichtung und das Überangebot an Rindfleisch verloren die männlichen **Kälber** der einseitig auf Milchleistung gezüchteten Milchkühe deutlich an Wert, da sie hinsichtlich des Fleischansatzes gegenüber den Nachkommen der Fleischrassen nicht mehr konkurrenzfähig sind.

4.1.3 Schweine

Über lange Zeiträume wurden Schweine vor allem gehalten, um Abfallprodukte zu verwerten und den Speiseplan um energie- und eiweißreiche Komponenten zu erweitern. Bis in die 1950er-Jahre wurde bei der Schweinezucht Wert auf frohwüchsige und fettreiche Schweine gelegt; schließlich ging es ums „Sattwerden" und um die Sicherung der Ernährung der Bevölkerung. Mit zunehmendem Sättigungsgrad der Märkte und Übersättigung der Verbraucher verlangte der Markt mehr und mehr nach magerem **Schweinefleisch.** Im Jahr 1972 trat die Handelsklassenverordnung für Schweinehälften in Kraft, welche die Schweinezucht über die Bezahlung nach Muskelfleischanteil seit den 70er-Jahren nachhaltig prägt (Biedermann 1999). Rationalisierungsvorteile führten dazu, dass in der zweiten Hälfte des 20. Jahrhunderts die Zucht von Schweinen von der Aufzucht und Mast der Tiere getrennt und in spezialisierten Betrieben konzentriert wurde. Zeitgleich nahmen die Hybridzucht und die Einkreuzungen mit den besonders fleischreichen belgischen Rassen („Pietrain" und „Belgische Landrasse") sprunghaft zu. Wurde in den 1950er-Jahren noch ein Fleisch-Fett-Verhältnis von 1:1,6 dokumentiert (Comberg 1984, 362 f.), sank dieses im Jahr 2000 auf 1:0,35. Neben dem sinkenden Fleisch-Fett-Verhältnis lag ein weiterer Zuchterfolg in der verbesserten Futterverwertung. Wurden in den 50er-Jahren noch durchschnittlich 380 kg Futter verbraucht, um 100 kg Lebendgewicht zu erzeugen, sank der Futteraufwand auf unter 250 kg im Jahr 2000. Parallel stiegen die täglichen Zunahmen der Lebendmasse von Mastschweinen kontinuierlich an. Mittlerweile erreichen Mastschweine Zunahme von mehr als einem kg pro Tier und Tag. Mit dem Anstieg der Tageszunahmen sinkt die Mastdauer bis zur Schlachtkörperreife, sodass die kostenträchtigen Stallplätze noch effizienter genutzt werden können. Eine homogene Zusammenstellung der Mastgruppen ermöglicht, dass alle Tiere einer Gruppe gleichzeitig geschlachtet werden können. Dadurch erhöht sich die Stallauslastung; gleichzeitig können einzelne Arbeitsschritte, insbesondere die Reinigung und Desinfektion der Stallabteile, effizienter durchgeführt werden.

Aufgrund gezielter züchterischer und technischer Maßnahmen stieg auch die Zahl der von den Sauen pro Wurf geborenen Ferkeln sowie die pro Sau zur Mast verkauften Absatzferkel kontinuierlich an. Im Jahr 2020 wurde eine durchschnittliche Zahl von 13 Ferkeln pro Wurf erreicht; die Zahl der aufgezogenen Ferkel pro Sau und Jahr stieg auf über 25 Ferkel. Allerdings wird die größere Zahl der Ferkel je Wurf mit einer Verringerung der Überlebensfähigkeit der Ferkel bezahlt, da mit zunehmender Ferkelzahl pro Wurf die Geburtsgewichte und damit die Überlebensfähigkeit der einzelnen Ferkel abnehmen. Im Durchschnitt sterben gegenwärtig ca. 12 % der geborenen Ferkel; allerdings bestehen hinsichtlich der Ferkelverluste große Unterschiede zwischen den einzelnen Betrieben.

Mit der Erhöhung der Muskelfleisch- und der Reduzierung des Fettanteils von Schlachtkörpern konnte die Produktivität der Fleischerzeugung deutlich gesteigert werden. Jedoch hatte auch diese Entwicklung verschiedene Nachteile und unerwünschte Nebenwirkungen im Gepäck, die bis heute fortbestehen. Die Zunahme der Muskelmasse geht vor allem auf eine Vergrößerung (Hyperplasie) der einzelnen Muskelfasern zurück. Infolge der erwünschten Vergrößerung der Querschnitte der Muskelfasern können jedoch Störungen in der Sauerstoff- und Nährstoffversorgung der Muskelfasern auftreten. Unter anderem sind eine erhöhte Stressanfälligkeit, schmerzhafte Rückenmuskelnekrosen und Kreislaufprobleme tierschutzrelevante Folgewirkungen der Selektion auf Muskelfülle (Wendt 2004). Mit der größeren Fleischfülle ging zudem auch eine deutliche Verschlechterung der sensorischen Fleischbeschaffenheit einher. Basierend auf dem Merkmalsantagonismus zwischen Fleisch- und Fettansatz sank mit der Zucht auf Muskelfleisch nicht nur der Fettanteil im gesamten Schlachtkörper, sondern auch der Fettgehalt im Muskel. Der intramuskuläre Fettgehalt ist nicht nur als Geschmacksträger für das arteigene Aroma des Fleisches, sondern auch für dessen Saftigkeit und Zartheit ausschlaggebend. Mit der Zunahme der Muskelfleischanteile der Schlachtkörper wurde das **Fleisch** zunehmend geschmacklos (Schwörer und Rebsamen 1990). Die einseitige Fokussierung auf die Erzeugung von Muskelmasse wurde mit einem Verlust an **Genusswert** von Schweinefleisch bezahlt. Zwar mangelt es nicht an Versuchen, den Gehalt an intramuskulärem Fettgehalt und damit den Genusswert wieder zu erhöhen (Sundrum 2011). Solange jedoch der Wert von Schlachtkörpern nur nach dem Magerfleischanteil beurteilt und bezahlt wird, haben Bestrebungen nach einer Verbesserung des Genusswertes keine Aussicht auf Erfolg.

Die unerwünschten Nebenwirkungen der Intensivierungsprozesse in der **Schweinehaltung** bezahlen vor allem die Schweine. Die räumlichen und hygienischen Lebensbedingungen, denen sie ausgesetzt sind, machen ihnen arg zu schaffen. An dieser Stelle ist nicht der Raum, um das ganze Spektrum an tierschutzrelevanten Beeinträchtigungen darzulegen. Angesichts der von Wolfschmidt (2016) zusammengetragenen Datenlage bestehen jedoch keine Zweifel ob der weitreichenden Beeinträchtigungen, die mit einem Zustand des Wohlergehens nicht in Einklang zu bringen sind. Beispielsweise kommt es infolge von Druckbelastungen durch harte Böden zu Hilfsschleimbeuteln und Klauenverletzungen bei Mastschweinen. Im Rahmen einer wissenschaftlichen Studie wiesen 91,8 % der Tiere Hilfsschleimbeutel auf; davon waren 44 % mittel- bis hochgradig verändert (Canibe et al. 2016). Neben den sichtbaren Veränderungen haben aber vor allem die subklinischen, d. h. erst nach spezifischen diagnostischen Maßnahmen identifizierbaren krankhaften Prozesse ein erhebliches Maß an Beeinträchtigungen zur Folge. Neben Entzündungsprozessen in der Lunge gehören auch solche an der Magenschleimhaut zu den produktionsbedingten Gesundheitsstörungen beim Schwein. Diese treten vor allem im Zusammenhang mit fein vermahlenen, rohfaserarmen Futterrationen sowohl bei Mastschweinen als auch bei Sauen auf (Millet et al. 2012; Moesseler et al. 2010). Der vermeintliche Nutzen für den Tierhalter in Form einer gesteigerten Futterverwertung ist umso höher je weniger Faserkomponenten und Struktur die Futterration enthält. Auf der anderen Seite steigt mit abnehmender Futterstruktur in erheblichem Maße das Risiko für das Auftreten von Magengeschwüren. In einer umfassenden dänischen Untersuchung wurden Magenschleimhautveränderungen bei Schlachtschweinen mit einer durchschnittlichen Häufigkeit von 29 % ermittelt (Canibe et al. 2016). Bei Sauen wiesen auf vielen Betrieben sogar mehr als 50 % der Tiere Läsionen in der Magenschleimhaut auf. Zwischen den Betrieben bestanden beträchtliche Unterschiede in der Häufigkeit der schmerzhaften Veränderungen, die auf die Notwendigkeit einer einzelbetrieblichen Schwachstellenanalyse und betriebsspezifischer Lösungsstrategie verweisen. Zugleich sind die Ausmaße der tiergesundheitlichen und tierschutzrelevanten Beeinträchtigungen Ausdruck eines systemimmanenten **Zielkonfliktes,** der zwischen den Tiernutzungs- und -schutzinteressen aufgespannt ist und bislang keiner Lösung zugeführt werden konnte (Sundrum 2018).

4.1.4 Geflügel

Die Haltung und Versorgung von Hühnern lag lange Zeit in weiblicher Hand. Durch den Verkauf von Eiern und von **Geflügelfleisch** wurden Nebeneinkünfte realisiert, welche den Bauersfrauen direkte Einnahmen bescherten, die sie für persönlichen Bedürfnisse verausgaben konnten. Insbesondere **Eier** ließen sich aufgrund regelmäßiger Kundennachfrage und einer längeren Haltbarkeit zuverlässig verkaufen. Allerdings war häufig die Bereitschaft zum konsequenten Ausmerzen der geringleistenden Hühner gering, schließlich war jedes Ei willkommen. Da Legehennen sich im Freilauf ihr Futter selber suchen mussten und die Kosten des zusätzlich gefütterten Futters in der Regel nicht mit dem Eiergeld beglichen werden musste, stellte sich selten die Frage von Aufwand und Nutzen. Nach dem Zweiten Weltkrieg war es ein erklärtes politisches Ziel, die Erzeugung von Geflügelprodukten deutlich auszuweiten. Der Blick in die europäischen Vorreiterländer Dänemark und die Niederlande sowie in die USA war dafür verantwortlich, dass sich auch in Deutschland das Wirtschaften mit Hühnern immer stärker am industriellen Ideal orientierte. Aus den USA wurde Anfang der 1950er-Jahre berichtet, dass die dortige hohe Produktivität der Eiererzeugung daher rühre, dass Versagerhennen rücksichtslos ausgemerzt werden. Entsprechend lautete die Devise, alle Individuen auszumerzen, die nicht auf voller Leistungshöhe stehen und „ihr eigenes Kostgeld" nicht verdienten (Anonym 1956).

Zudem wurde die Zucht neu organisiert. Nach dem Krieg existierten in mehreren Bundesländern noch gesetzliche Regelungen, welche für Brütereien, Vermehrungs- und Herdbuchzuchten die Bedingungen für die Anerkennung bzw. Genehmigung sowie eine laufende Überwachung festlegten. Weiterhin waren die Anerkennung für Züchtervereinigungen und teilweise ein Körverfahren für Zuchthähne vorgeschrieben (Comberg 1984, 179 f.). Mit Einführung des Hybridzuchtverfahrens wurden die verschiedenen Länderbestimmungen hinfällig und aufgehoben. In kurzer Zeit stellten in- und ausländische Großbetriebe die Nachwuchsbeschaffung auf eine andere Basis. Die Mehrfachnutzung von Hühnern – als Eierleger und Fleischproduzenten – fand schnell ein Ende und wurde durch die Zucht auf eine einseitige Nutzungsrichtung ersetzt. Die Zucht auf Langlebigkeit wurde aufgegeben und wich einer Selektion auf frühreife Hühner für nur eine Legeperiode. Die zwischenzeitlich aufkommende Kritik aus den Reihen der Landwirte, an einer allein der Wirtschaftlichkeit orientierten Zucht, hielt nicht lange an und verstummte angesichts der durch die Normierung in Zucht und Haltung möglichen wirtschaftlichen Erfolge der „Economies of Scale" (geringere Stückkosten bei größeren Produktionseinheiten).

Die im Vergleich zu den Haussäugetieren kurzen Generationsintervalle des Huhns (vom Ei zur legereifen Junghenne dauert es nur ca. 5–6 Monate) ermöglichen deutlich schnellere züchterische Erfolge als dies bei anderen Nutztieren der Fall ist. Mit der Wiederentdeckung der mendelschen Gesetze begann eine Revolutionierung der

Hühnerzucht. Aufgrund ihrer biologischen Eigenschaften wurden Hühner zu bevorzugten Objekten für die Vererbungsforschung. Diese fand vorwiegend in den Vereinigten Staaten statt und lag hier vor allem in den Händen privater Investoren. Diese
trugen untereinander einen beispiellosen Wettbewerb aus, sodass sich die Zucht nach
und nach auf immer weniger Anbieter konzentrierte. Seit dem Jahr 2002 liegt die weltweite Zucht von Legehennen im Wesentlichen in der Hand von nur drei großen Zuchtunternehmen, die sich den globalen Markt aufteilen. Daneben gibt es nur noch wenige
kleinere Zuchtunternehmen. Auch die Broilerzucht befindet sich weltweit in der Hand
weniger Unternehmen. Hier ist zumindest ein Nischenmarkt erhalten geblieben, der u. a.
vom französischen Unternehmen Sasso bedient wird und das Qualitätsmasthähnchen
nach den Vorschriften des „Label Rouge" anbietet. Für dieses Qualitätsfleischprogramm
werden die Zuchttiere auf langsamere Gewichtszunahme (mindestens 81 Tage Mastdauer
gegenüber unter 35 Tagen bei den konventionellen Mästern) sowie auf einen höheren
intramuskulären Fettanteil optimiert. Sie werden generell in Boden- oder Freilandhaltung
gehalten.

Ausgehend von der jährlichen Legeleistung eines Wildhuhns von 8 bis 12 Eiern
wurde durch die gezielte Zucht auf Eileistung in Spitzenbetrieben bereits im Jahr 1938
ein Leistungsniveau von über 200, in Einzelfällen sogar über 300 Eiern pro Huhn und
Jahr erreicht. Das Eigewicht verdoppelte sich von ca. 35 g beim Wildhuhn auf 60 bis
70 g. Wurden im Jahr 1960 je Durchschnittshenne und Jahr eine Legeleistung von 148
Eiern ermittelt, waren dies im Jahr 2002 bereits 300 Eier (ZMP 2002). Die Selektion
auf die Legeleistung der weiblichen Tiere hatte zur Folge, dass die männlichen Vertreter
dieser Legehybriden nur wenig Fleisch ansetzten und dafür zudem vergleichsweise viel
Futter benötigten. Da ihre Aufzucht unwirtschaftlich ist, werden allein in Deutschland
jährlich über 40 Mio. männlicher Eintagsküken der Legelinien nach dem Schlüpfen
getötet. Das **Tierschutzgesetz** fordert einen „vernünftigen Grund", wenn Tiere getötet
werden sollen. Dazu zählt beispielsweise die Schlachtung zum Zwecke des Verzehrs,
nicht jedoch die Tötung aufgrund von Unwirtschaftlichkeit. Deshalb dringt die Politik
darauf, dass dieser Zustand bald beendet wird.

Ein zentraler Schritt bei der Einpassung der Tiere in die Schablonen betriebswirtschaftlicher Kostenoptimierung war die Ausschaltung der Saisonalität des Eierlegens
durch ganzjährige Stallhaltung mit Licht- und Temperaturprogramm. Der kürzere Licht-
tag im Winterhalbjahr führt normalerweise dazu, dass Hühner zumindest von Dezember
bis Februar fast keine Eier legen. Da die Futterkosten den weitaus größten Kostenfaktor
darstellen, besteht das primäre Produktionsziel darin, möglichst viele Eier je Henne
bei gleichzeitig wenig Futterverbrauch je Ei zu erzeugen. Das Ziel ließ sich eher in der
Käfig- als in der Bodenhaltung realisieren. Weil die größeren Bewegungsmöglichkeiten
am Boden einen höheren Nährstoffbedarf hervorruft, frisst eine Henne in Bodenhaltung
8 bis 10 g Futter mehr je Tier und Tag als im Käfig (Wegener 1977). Die wirtschaftlichen
Erfolge basieren vor allem auf einer genetischen Vereinheitlichung der Tiere bei gleichzeitiger Anpassung an normierte Haltungs- und Fütterungsbedingungen unter vollständig
kontrollierten Lebensbedingungen, mit denen unkontrollierbare Lebensvorgänge und

Witterungsverläufe weitgehend ausschlossen werden können. Je konstanter die Lebensbedingungen sind, desto weniger Energie benötigen die Tiere für die Anpassung an wechselnde Bedingungen, was sich in einer geringeren Leistung niederschlagen würden.

Trotz aller Normierungen und Standardisierungen gelingt es den Nutztierhaltern dennoch nicht, alle Störgrößen auszuschalten. Diese gehen nicht zuletzt von den Tieren selbst aus. Damit sind die Nutztiere als Quelle der Wertschöpfung zugleich diejenigen, die diese begrenzen. Alle Bemühungen um eine Normierung und **Standardisierung** der Lebensbedingungen schwächen zugleich die Selbstregulierungskräfte der Nutztiere, die für ihre Funktionsfähigkeit auf die Anpassung an Veränderungen angewiesen sind. Die räumlich beengten Stallverhältnisse und hohen Tierbesatzdichten erhöhen den Keimdruck und die Krankheitsanfälligkeit gegenüber pathologischen Infektionserregern. Federpicken und Kannibalismus sind weitere Belastungsreaktionen der Tiere auf die beengten räumlichen Verhältnisse und Mängel in der Fütterung. Das Management reagiert mit einem umfassenden Hygieneregime, mit der Abdunklung der Ställe, mit dem Kupieren der Schnäbel und mit Medikamenten, insbesondere Antibiotika, um der Krankheitsanfälligkeit entgegenzuwirken (Alberti 1961).

Auf den meisten Betrieben bewirken die skizzierten Kompensationsmaßnahmen, dass das Leistungspotenzial der Tiere nicht im Übermaß beeinträchtigt wird. Allerdings schützen die Maßnahmen viele Tiere nicht vor einer Überforderung ihrer Anpassungsfähigkeit und vor Beeinträchtigungen, die mit Schmerzen, Leiden und Schäden einhergehen (s. Abschn. 5.5). Beispielhaft wird dies bei den Legehennen deutlich. Mit der Zucht auf hohe Legeleistungen und den begleitenden Maßnahmen der Fütterung und der Hygiene konnte diese auf mehr als 320 Eier pro Huhn und Jahr gesteigert werden. Allerdings bezahlen die Legehennen dafür einen hohen Preis. Für die Produktion jeder Eischale werden täglich ca. 3 g Kalzium benötigt. Da die Aufnahme von Kalzium aus dem Futter begrenzt ist, muss ein relevanter Anteil aus den Knochen bereitgestellt werden. Die Hochleistungen (fast täglich wird ein Ei gebildet) lässt den Tieren nicht genügend Möglichkeiten, die Knochen hinreichend zu remineralisieren und die Kalziumspeicher wieder aufzufüllen. Dadurch sind die Knochen weniger kompakt und damit anfälliger für Frakturen, die insbesondere am Brustbein der Legehennen auftreten. Dabei handelt es sich keineswegs um Einzelfälle. In einer Studie an 67 Betrieben mit unterschiedlichen Haltungsformen in England wurden bei 15 bis 89 % der untersuchten Legehennen einer Herde Brustbeinfrakturen ermittelt (Wilkins et al. 2011). Im Rahmen eines Forschungsvorhabens in Deutschland wurde der Zustand der Brustbeine von Legehennen aus 20 Herden, davon 10 Ökoherden, am Ende der Legeperiode erfasst (Jung 2021). Bei den untersuchten Legehennen waren im Durchschnitt 44,5 % der Hennen in der Herde von mehr oder weniger ausgeprägten Frakturen betroffen. Die Brustbeinschäden traten unabhängig von den Haltungssystemen und der Produktionsweise auf. Da die Brustbeinfrakturen chronische Schmerzen verursachen und die Bewegungsfähigkeit der Tiere einschränken können, sind sie in hohem Maße tierschutzrelevant. Trotz des Ausmaßes der Schäden werden die Brustbeinfrakturen von Legehennen bislang nicht zum Anlass genommen, sich den damit verbundenen Herausforderungen zu stellen und auf eine deutliche Reduzierung von Schmerzen, Leiden und Schäden hinzuwirken. Aufgrund der großen Unterschiede zwischen den Herden wäre es naheliegend, sich insbesondere um die Legehennen auf den Betrieben mit sehr hohen Legeleistungen zu kümmern.

4.2 Technische Entwicklungen

Die in den zurückliegenden Jahrzehnten eingetretenen Veränderungen in der Nutztierhaltung sind nicht nur an die biologischen, sondern auch eng an die technischen Entwicklungen gekoppelt. Darüber hinaus haben diese Veränderungen das Beziehungsverhältnis zwischen den Nutztierhaltern und den Nutztieren maßgeblich verschoben. Aus der Tierhaltung wurde die Tierproduktion, aus dem Landwirt wurde der Tierproduzent. In den Zeitläufen veränderte sich auch die Beziehung der Landwirte zur Technik. Von einer anfänglichen Abwehr und Skepsis veränderte sich die Haltung über die Duldung bis hin zur Verteidigung der Technik schließlich zu einer ausgeprägten Gläubigkeit an den technischen Fortschritt. An Beispielen aus der Milchvieh-, Schweine- und Geflügelhaltung sollen nachfolgend die Veränderungen und deren Implikationen erörtert werden.

4.2.1 Milchviehhaltung

Die Entwicklung der Milchviehhaltung nach dem Zweiten Weltkrieg ist vor allem eine Geschichte der Melkmaschine. Das Argument für den Einsatz einer Melkmaschine war ein ökonomisches, bemessen an der Anzahl gemolkener Kühe pro Stunde. Als Referenzgröße diente die Zahl von sechs bis acht Kühen, die geschickte Melkerinnen und Melker in Abhängigkeit von der Tagesmilchleistung der Kühe in einer Stunde mit der Hand zu melken vermochten. Da die Arbeitskraft schon damals sehr kostenträchtig war, waren insbesondere solche Techniken willkommen, welche sie ersetzen können. Gegenüber der menschlichen Melkleistung werden heute mithilfe der Melktechnik mehr als zehnmal so viele Tiere und ein Mehrfaches an Milchmengen pro Stunde gemolken. Neuerdings kommt es immer mehr zum Einsatz des sogenannten „Melkroboters", bei dem sich die Anwesenheit einer menschlichen Person beim Melkvorgang erübrigt. Anders als die Hände der Melkerinnen und Melker zeigen Maschinen keine Ermüdungserscheinungen und können alle vier Zitzen eines Euters gleichzeitig melken. Trotz aller technischen Entwicklungen ist das Melken für die **Milchkühe** eine sensible Angelegenheit geblieben, woran geschädigte Zitzen und entzündete Euter beständig erinnern.

Das Zusammenwirken von Maschine und Kühen ist weniger störanfällig, wenn die Tiere zur Maschine passen bzw. in der Lage sind, sich deren Anforderungen anzupassen. Der Einsatz von Melktechnik basiert auf der Abfolge gleichbleibender Prozesse. Diese lassen nur geringe Spielräume für biologische Variationen in den Ausformungen von Euter und Zitzen. Milchkühe, die nicht mit dem maschinellen Melkvorgang kompatibel waren, wurden bereits im Vorfeld aussortiert bzw. sortierten sich infolge der auftretenden

Störungen, Erkrankungen und Leistungseinbußen selber aus. Auch die Rinderzucht machte es sich zur Aufgabe, züchterisch auf die Ausformung der Euterdrüse und der Zitzen sowie auf die Melkbarkeit der Milchkühe einzuwirken, um die Milchkühe bestmöglich an die genormten Vorgaben der Melkmaschinen anzupassen. Bei den Wechselwirkungen zwischen Milchkühen und Melktechnik erweisen sich allerdings nicht nur die Kühe, sondern auch die Technik als störanfällig. Unter anderem können von Vakuumschwankungen im Rohrleitungssystem und von Verunreinigungen in den Zitzenbechern beträchtliche Störfaktoren für die Milchkühe ausgehen. Immer wieder ist zu beobachten, dass Landwirte an der kostenträchtigen Wartung der Melktechnik sparen und dann zeitverzögert mit zum Teil erheblichen Störungen der Eutergesundheit der Milchkühe konfrontiert werden.

Durch Anforderungen an die Hygiene der Milchgewinnung hat der Gesetzgeber versucht, besonders ausgeprägte und schwerwiegenden Störungen der Eutergesundheit bei besonders vielen Kühen in einer Milchviehherde entgegenzuwirken. Werden in der gesammelten **Milch** der gesamten Herde (Tankmilch) wiederholt die festgesetzten Grenzwerte für körpereigene Zellen (z. B. weiße Blutkörperchen, Epithelzellen) in der Milch (Milchzellzahlen) überschritten, kann die Molkerei die Abnahme der Milch verweigern. Hohe Milchzellzahlen weisen auf Entzündungsprozesse im Euter hin und können die Verarbeitungsfähigkeit der Milch beeinträchtigen. Während viele Milchviehbetriebe ambitioniert sind, niedrige Milchzellzahlen und damit eine gute Eutergesundheit in der Herde zu realisieren, betrachten andere den Grenzwert lediglich als Orientierungsgröße, der nach Möglichkeit nicht überschritten werden sollte. Solange jedoch die Milchzellzahlen unterhalb des Grenzwertes liegen, sehen sie sich auf der juristisch sicheren Seite. Aus der Perspektive des Tierschutzes weisen auch erhöhte Milchzellzahlen weit unterhalb des Grenzwertes auf viele eutererkrankte Kühe in der Milchviehherde hin. Entsprechend groß ist die Variation zwischen den Milchviehherden hinsichtlich des Erkrankungsniveaus aufgrund von Euterentzündungen, während dieser im Durchschnitt seit vielen Jahren auf einem hohen Niveau verharrt.

Die Melktechnik hat sich als ein sehr probates Mittel erwiesen, um den täglich anfallenden arbeitszeitlichen Aufwand für den Melkvorgang drastisch zu reduzieren. Auf diese Weise ist es nicht nur möglich, Arbeitszeit einzusparen, sondern die Zahl der Milchkühe, die von einer Person betreut wird, deutlich anzuheben und ökonomische Skaleneffekte zu realisieren. Zu welchen ökonomischen, biologischen und tierschutzrelevanten Implikationen das Dreiecksverhältnis zwischen Mensch, Tier und Technik führt, ist allerdings keine Frage der Technik, sondern das Ergebnis der Ziel- und Umsetzung, mit der die technischen Optionen zum Einsatz kommen.

4.2.2 Schweine- und Geflügelhaltung

In der Schweine- und Geflügelhaltung betreffen die im Laufe der Jahrzehnte implementierten technischen Neuerungen vor allem die Haltungstechnik. Im Vordergrund steht auch hier die Frage, wie die arbeitszeitlichen Aufwendungen bei der Haltung,

Fütterung und Entmistung für die Betreuung von immer größer werdenden Tierbeständen mithilfe von Technik reduziert werden können. Auf der anderen Seite ist der Technikeinsatz zunächst mit Investitionen verbunden. Die Investitionskosten müssen durch Steigerungen der Produktivität wieder wettgemacht werden. Folglich stellt sich bei jeder technischen Neuerung, welche von den Herstellern auf den Markt gebracht wird, für die Nutztierhalter die Frage, ob der Technikeinsatz auch einen ökonomischen Gewinnzuwachs erwarten lässt, mit dem die Investitionen amortisiert werden können.

Am Beginn des erst nach den Kriegsjahren angebrochenen „Technikzeitalters in der Nutztierhaltung" war mehr oder weniger allen neuen Stalltechniken gemein, dass sie die Bewegungsspielräume der Nutztiere einschränkten. Schließlich ist der Stallplatz und die Stalltechnik teuer und kann am ehesten refinanziert werden, wenn möglichst viele Tiere damit versorgt und ein hoher Produktivitätszuwachs realisiert werden kann. In der Sauenhaltung wollten viele Landwirte zu Beginn dieser Entwicklung den Muttersauen nicht zuzumuten, vor und nach dem Abferkeln in einem Kastenstand fixiert zu werden. Diese Vorrichtung dient bei beengten Stallverhältnissen dazu, das Erdrücken der Ferkel beim Ablegen der Sauen einzudämmen. Entsprechende Vorschläge wurden mit sehr kritischen Kommentaren aus der Berufsgruppe begleitet und als zu nachteilig für die Tiere zurückgewiesen (Felber 1950). Die Skepsis gegenüber der Fixierung der Muttersau verschwand jedoch in dem Maße aus der landwirtschaftlichen Diskussion, in dem die Arbeitszeit im Schweinestall kostbarer wurde (Settele 2020, 235 f.). Die Agrarwissenschaft und die Offizialberatung trugen ihren Teil dazu bei, die neuen Formen der Tierhaltung als besonders fortschrittlich, innovativ und zukunftsfähig erscheinen zu lassen. Landwirte, die Bedenken gegen die Fixierung der Sauen hatten, liefen Gefahr, als rückständig und fortschrittsfeindlich angesehen zu werden. Entsprechend galt es mit der Zeit immer weniger verwerflich, Sauen in Kastenständen zu fixieren. Zwar wurde als Kompensation für die Fixierung gefordert, dass die Sauen mehrmals täglich aus ihren schmalen Einzelbuchten befreit werden sollten, damit sie sich bewegen konnten. Mit Größerwerden der Tierbestände und zunehmender Verknappung der Arbeitszeit wurde allerdings auf diese zeitaufwendige Maßnahme verzichtet. Man hatte sich nicht nur an die im Kastenstand fixierten Sauen gewöhnt, sondern sah diese als alternativlos an, da unter den gegebenen wirtschaftlichen Rahmenbedingungen keine anderen Optionen zur Verfügung standen, um das Erdrücken der Ferkel zu dezimieren und die damit verbundenen wirtschaftlichen Verluste in Grenzen zu halten.

Weitere mit der Einführung von Stalltechniken verbundene Veränderungen betrafen die Notwendigkeit zur Spezialisierung auf eine Nutzungsform. Je höher das Investitionsvolumen ausfiel, desto mehr sahen sich die Nutztierhalter genötigt, sich auf die Ferkelerzeugung oder die Schweinemast zu beschränken, um auf diese Weise das Potenzial von baulich-technischen Neuerungen besser nutzen zu können. Die Spezialisierung und Arbeitsteilung war von zentraler Bedeutung für die Verbesserung der Arbeitsorganisation und der Realisierung von ökonomischen Skaleneffekten. Je spezialisierter der Einsatzbereich des Stalles, desto präziser konnten die Stalleinrichtungen auf die jeweiligen Produktionsprozesse abgestimmt werden. Um kostspielige Leerstände zu vermeiden, musste gleichzeitig eine möglichst kontinuierliche Belegung sichergestellt werden. Die Auslastung der baulich-technischen Investitionen machte es folglich notwendig, die verschiedenen Lebensabschnitte der Tiere mit den vorhandenen Stalleinrichtungen abzustimmen.

Während die Nutztierhalter daran interessiert waren, die technischen Neuerungen zur Steigerung der Produktivität zu nutzen, ging es den Anbietern der Technik vor allem darum, diese zu verkaufen. Seit den 1970er-Jahren nahmen die Stalleinrichtungstechniken einen prominenten Platz auf landwirtschaftlichen Ausstellungen ein. Technische Neuerungen wie die Käfighaltung für Legehennen inspirierten auch die technischen Entwicklungen in der Schweinehaltung. Was also lag vonseiten der Deutschen Landwirtschafts-Gesellschaft (DLG) näher als eine gemeinsame Ausstellung „Huhn & Schwein" zu organisieren, welche seit 1975 alle zwei Jahre stattfindet. Auf der ersten Ausstellung wurden im Kastenstand eingepferchte Sauen als Teil „moderner Schweineproduktion" angepriesen. Analoges galt für „Käfigbatterien für Absatzferkel". Als Werbeaussagen wurde ins Feld geführt, dass diese Haltungsformen eine „maximale Arbeitsersparnis bei gleichzeitig hohem Arbeitskomfort", ein „übersichtliches und platzsparendes System" sowie eine „einfache und zeitsparende Tierbeobachtung ermöglichen (Anonym 1975). Zudem könne auf diese Weise die Zahl der pro Stallfläche gehaltenen Tiere deutlich erhöht werden.

Das Herzstück der technischen Revolution im Tierstall war der sogenannte Spalten- bzw. Käfigboden. „Nichts tragen, was fließen kann!" war die Maxime, mit der die tagtägliche Stallarbeit erleichtert werden sollte. Dies galt nicht nur für die Milch, die in Rohrmelkanlagen vom Standort der Kuh in ein zentrales Sammelbehältnis befördert wurde, und für das Futter, das bei Schweinen zunehmend in Form der Flüssigfütterung durch Rohrleitungen in die Tröge gepumpt wurde, sondern auch für die Exkremente der Tiere (Anonym 1980). Bei einem mit Spalten versehenen Buchtenboden wird der Kot von Rindern und Schweinen in eine Grube unterhalb der Lauffläche getreten und zusammen mit dem Harn in einem Güllebehältnis aufgefangen. Bei der Käfighaltung von Legehennen wird das Kot-Harn-Gemisch mit einem unterhalb der Käfige montiertem Förderband aus dem Stall befördert. Um fließen zu können, durfte die **Gülle** von Rind und Schwein jedoch nicht länger mit eingestreutem Stroh vermengt werden. Die strohlose Haltung auf Spaltenböden war eine Option, um ein zeitaufwendiges und mit händischer Arbeit verbundenes Ausmisten der Buchten zu umgehen. Es bestehen auch andere Optionen, allerdings haben sich diese im Wettbewerb um die beste Kosten-Nutzen-Relation bislang kaum durchsetzen können. Wie die Nutztiere mit den Spaltenböden klarkommen, spielt – wenn überhaupt – eine untergeordnete Rolle.

Den Preis für die erhebliche Arbeitserleichterung bezahlen die Nutztiere mit sehr beengten räumlichen Verhältnissen, einem betonharten Untergrund als Lauf- und Liegefläche sowie mit einer mit Ammoniak, Staub und Keimen angereicherten Stallluft, welche sich über den Güllegruben bildet. Auf die nach Einführung der Spaltenböden zunehmende Zahl von Erkrankungen und Todesfällen bei den Schweinen reagierte die Branche mit weiteren technischen Maßnahmen. Den schlechten Stallklimaverhältnissen wurde mithilfe einer Zwangslüftung begegnet. Allerdings konnten damit nicht alle Probleme gelöst werden. Neben den nicht unerheblichen zusätzlichen Kosten besteht weiterhin das Problem, dass ein großer Luftaustausch zwar die Luftqualität verbessert, aber im Winter gleichzeitig die Wärme aus den Stallungen abführt. Auf der anderen Seite kann mit einem geringeren Luftaustausch zwar der Wärmeverlust reduziert werden; jedoch geht dies zu Lasten der Luftqualität und erhöht das Risiko für das Auftreten von Erkrankungen der Atmungsorgane der Schweine. Die Einführung des Spaltenbodens und der Gülletechnik sind ein prominentes Beispiel, das exemplarisch für viele Situationen steht, bei denen der Technikeinsatz einerseits Probleme löst und andererseits neue Probleme hervorruft. Diese der Technik innewohnende Ambivalenz bringt die Frage mit sich, welchen der verschiedenen Zielsetzungen die größere Priorität beizumessen ist.

Mit den beengten Haltungsbedingungen waren für die Tiere nicht nur eine schlechte Luftqualität, sondern zudem unzulängliche Beschäftigungsmöglichkeiten und ein unzureichender Liegekomfort sowie eine permanente Belastungssituation aufgrund von sozialem Stress durch die hohe Belegdichte und Gruppengröße verbunden. Infolgedessen kommt es in der Ferkelaufzucht sowie bei den Mastschweinen immer wieder vor, dass manche Schweine anderen Schweinen in den intakten Schwanz oder den nach Amputation verbliebenen Schwanzstumpf beißen (Sundrum 2020). Die Folgen sind mehr oder weniger ausgeprägte Verletzungen, die mit schmerzhaften Entzündungen, Abszessen und Nekrosen des Schwanzes einhergehen können. Um die Folgen einzudämmen, wissen sich die Nutztierhalter in der Regel nicht anders zu helfen, als zum Skalpell zu greifen und routinemäßig die Schwänze von Saugferkeln zu amputieren. Die Begründung für den schmerzhaften Eingriff liegt auf der Hand; schließlich geht es mit dieser Maßnahme darum, die Tiere vor dem Schwanzbeißen durch Buchtgenossen zu schützen. Mit dieser Argumentation werden die aggressiven Buchtgenossen verantwortlich gemacht für die Schäden, die sie anrichten, und nicht diejenigen, welche sie in beengte räumliche Verhältnisse gepfercht haben, die ein aggressives Verhalten der Schweine hervorrufen.

Diese und weitere Komplikationen, welche die Einführung der Spaltenböden mit sich brachten, vermochten deren Durchbruch nicht zu verhindern. Ungeachtet der Nebenwirkungen geriet die Technik im Stall über lange Zeiträume selten in Misskredit. Zu groß waren die Vorteile unter anderem bei der Arbeitserleichterung im Zusammenhang mit der Reinigung und Desinfektion sowie im Hinblick auf die Produktivitätssteigerungen, um darauf aus Gründen des Schutzes der Nutztiere vor übermäßigen Beeinträchtigungen zu verzichten. Ungeachtet der Nebenwirkungen der technischen Entwicklungen für die Nutztiere und die Umwelt wurde anhand ökonomischer Kriterien entschieden. Veronika Settele (2020), die sich in einer umfassenden historischen Aufarbeitung mit den Folgewirkungen der technischen Entwicklung in der Nutztierhaltung beschäftigt, drückt es wie folgt aus:

> „Die brancheninterne Vorstellung eines Schweines war zunehmend die einer lebendigen Fleisch-Maschine, deren vor- und nachgelagerten Arbeitsschritte, die Lieferung von Treibstoff (Futter) und die Beseitigung ihres Abfallproduktes (Mist, Gülle), möglichst ebenfalls automatisiert abliefen."

Die Haltung von Tieren auf engem Raum förderte nicht nur die Aggressionen untereinander; die Tiere wurden auf diese Weise auch zum gegenseitigen Ansteckungs- und Infektionsrisiko. Infektionskrankheiten konnten die wirtschaftlichen Erfolge im Bemühen um weitere Steigerungen der Produktivität zunichtemachen. Entsprechend wurde tierärztliches *Know-how* benötigt und hinzugezogen, um diesen ökonomischen Risiken entgegenzuwirken. Konsequente Hygienemaßnahmen, wie das Rein-Raus-Verfahren in der Schweine- und **Geflügelhaltung,** waren ein wichtiger Schritt, um die Keimbelastung in den Ställen zu reduzieren. Dabei wurden nach einer Produktionsphase stets alle Tiere eines abgegrenzten Stallabteils entfernt und die Buchten erst nach umfassender Reinigung und Desinfektion wieder neu belegt. Zudem kamen immer größere Mengen von Antibiotika zum Einsatz, die bei ersten Erkrankungsanzeichen bei einigen Tieren allen Tieren eines Stallabteils über das Futter oder das Trinkwasser verabreicht wurden, um einer Ausbreitung des Infektionsgeschehens entgegenzuwirken. Auf diese Weise wurden **Antibiotika** zu einem unverzichtbaren Produktionsmittel, um die unerwünschten Folgen einer Haltung von vielen Tieren auf engem Raum und daraus resultierende wirtschaftliche Verluste einzudämmen. Gleichzeitig entwickelte sich die Veterinärmedizin immer mehr zu einem unverzichtbaren Reparaturdienst für die negativen Folgen der Konzentrationsprozesse, welche durch die technischen Entwicklungen entstanden.

Die Zunahme der Konzentration von Tieren auf engem Raum wurde zuallererst in landwirtschaftlichen Fachkreisen mit dem Begriff „Massentierhaltung" belegt (Gaschler 1974). Dies geschah lange bevor der Begriff von Protestgruppen zum Kampfbegriff mutierte. in Fachkreisen war die Ambivalenz von wirtschaftlichen Vorteilen und tiergesundheitlichen und tierschutzrelevanten Nachteilen hinreichend bekannt. Die Kenntnisse beeinflussten die weiteren Entwicklungen jedoch nicht maßgeblich. Die vonseiten der Ökonomie in Aussicht gestellten Vorteile des wirtschaftlichen Wachstums und das Vertrauen in die Fähigkeiten, mit wissenschaftlichen Erkenntnisfortschritten und technischen Entwicklungen der auftretenden Probleme Herr zu werden, obsiegten. Schließlich sind landwirtschaftliche Betriebe, die Tierproduktion betreiben, wirtschaftliche Unternehmen. Um die wirtschaftlichen Erfolge der Unternehmen nicht durch ein Infektionsgeschehen zu gefährden, sah sich die Agrarpolitik sogar veranlasst, regulierend einzugreifen. Im April 1975 wurde im Bundesgesetzblatt die „Massentierhaltungsverordnung – Schwein" veröffentlicht (Bundesministerium für Ernährung, Landwirtschaft und Forsten 1975). Darin enthalten waren Vorschriften für bauliche Einrichtungen, Betriebsorganisation und die Durchführung hygienischer Maßnahmen sowie für die amtliche Beaufsichtigung.

Wie vielschichtig die Anforderungen an Stallbau und -einrichtungen sind, die sowohl den arbeitswirtschaftlichen und preislichen Erfordernissen des marktwirtschaftlichen Wettbewerbes als auch den Erfordernissen des Tierschutzes Rechnung tragen, zeigt eine aktuelle Zusammenstellung verschiedener Stallbauvarianten (BLE 2019). Bei aller Unterschiedlichkeit der Konzepte ist den Varianten eines gemeinsam: In Relation zum Haltungssystem „Vollspaltenboden im geschlossenen Stall" steigen die Stallbaukosten beträchtlich. Wenn ein Mehr an Beschäftigungsmöglichkeiten für die Schweine sich nicht in einer Kette mit Plastikball oder einem Strohturm erschöpfen soll, wird es richtig teurer. Gemäß den Studienergebnissen erhöhen Stallvarianten mit Stroheinstreu und mehr Fläche den Preis pro Mastschwein um 25 bis 30 € oder 25 bis 30 Cent pro kg Schlachtgewicht. Will man eine gesetzeskonforme Aufzucht von Schweinen mit langen Schwänzen, erhöhen sich die Kosten durch die erforderlichen Tierkontrollen auf ca. 40 € je Mastschwein. Dies sind Mehrkosten, welche die Landwirte bei den herkömmlichen Preisnotierungen nicht stemmen können und angesichts des Überangebotes von Schweinefleisch auf den globalen Märkten auch nicht vom **Lebensmitteleinzelhandel (LEH)** bezahlt bekommen. Entsprechend werden diese Stallformen auch selten umgesetzt. Alle Maßnahmen, die zu verbesserten Haltungs- und Lebensbedingungen für die Nutztiere beitragen und mit höheren Produktionskosten einhergehen, stehen unter Kostenvorbehalt und haben unter den gegenwärtigen Marktbedingungen keine Chance auf Realisierung. Damit hat sich eine auf Produktionskostenminimierung ausgerichtete Entwicklung der Haltungstechnik selbst in eine Sackgasse hineinmanövriert. Jetzt, wo sich die Nachfrage der Verbraucher zu ändern beginnt, sind sehr viele Betriebe aus wirtschaftlichen Gründen nicht mehr in der Lage, sich der veränderten Nachfrage anzupassen.

Aus technikhistorischer Perspektive ist auffallend, dass Haltungstechniken wie beispielsweise der Vollspaltenboden und die Käfighaltung in der landwirtschaftlichen Praxis nicht in Verruf gerieten, obwohl damit das Auftreten von Tier- und Umweltschutzproblemen maßgeblich befördert wurde (Settele 2020, 303 f.). Ungeachtet und unbeeindruckt von den vielfältigen unerwünschten Nebenwirkungen hat sich unter Landwirten, Agrarwissenschaftlern (Glebe et al. 2018) und Agrarpolitikern (BMEL 2020) ein großes Vertrauen in die Problemlösungspotenziale von technischen Neuerungen eingestellt. Aus den Erkenntnisfortschritten in den Agrarwissenschaften nährt sich die Hoffnung, dass bislang ungelöste Problemfelder der Nutztierhaltung in Zukunft einer Lösung zugeführt werden können, sofern genügend Geld für die Forschung in die Hand genommen wird. Schließlich haben die technischen Entwicklungen erst die industrialisierten Produktionsprozesse in den Großbeständen der Schweine- und Geflügelhaltung und damit die vermeintliche Wettbewerbsfähigkeit auf den internationalen Märkten hervorgebracht. Der Glaube an technische Lösungen und an die potenziellen Errungenschaften agrarwissenschaftlicher Erkenntnisfortschritte dürfte zudem dadurch genährt worden sein, dass von interessierter Seite der Eindruck erweckt wurde, dass ja auch für die in der Vergangenheit aufgetretenen Probleme Lösungen gefunden wurden. Die Tatsache, dass es sich dabei häufig um ambivalente Scheinlösungen handelte, hat sich noch nicht bei allen Fortschrittsgläubigen herumgesprochen. Ferner sollte nicht unterschätzt werden, dass eine kritische Reflexion der zurückliegenden Entwicklungen und deren Auswirkungen auf Interessen des Gemeinwohls einer Infragestellung des agrarwirtschaftlichen Systems gleichkommt, die man vermeiden möchte.

Um Missverständnissen und dem vermeintlichen Vorwurf der Technikfeindlichkeit vorzubeugen, soll an dieser Stelle hervorgehoben werden, dass die technischen

Neuerungen nicht das Problem sind und daher auch nicht die Lösung sein können. Sie sind – wie andere Produktionsmittel auch – **Mittel zum Zweck.** Produktionsmittel können zu einem Problem werden, wenn sie vorrangig für zur Senkung der Produktionskosten zum Einsatz kommen, während gleichzeitig die potenziellen Neben- und Schadwirkungen weitgehend ausgeblendet werden. In der Vergangenheit wurden Probleme im Kontext der Produktionsprozesse häufig erst dann als solche wahrgenommen, wenn sie den wirtschaftlichen Erfolg zu gefährden drohten.

4.3 Wirtschaftliche Entwicklungen

Nutztierhalter sind darauf angewiesen, durch die Nutztierhaltung den Lebensunterhalt ihrer Familien zu bestreiten und ihre Betriebe überlebensfähig halten und zukunftsfähig machen zu können. Als Unternehmer agieren sie unter wirtschaftlichen Rahmenbedingungen, die sie als Einzelne kaum zu beeinflussen vermögen und sich deshalb den Bedingungen anpassen müssen. Nur Landwirte mit eigenen Vermarktungswegen sind in der Lage, auf die Verkaufspreise proaktiv Einfluss zu nehmen. Seit Integration des nationalen Agrarsektors in die Zuständigkeit der EWG Ende der 1950er-Jahre werden die Weichen für die Agrarwirtschaft auf europäischer Ebene gestellt. Die Vergemeinschaftung der Agrarpolitik hatte zum Ziel, einen gemeinsamen Markt für Agrarprodukte zu schaffen und dadurch die Produktivität der Erzeugung zu steigern. Dazu bediente sich die gemeinsame Agrarpolitik diverser Preis- und Marktmechanismen. Produktive Betriebe wurden gefördert und weniger produktive in das betriebswirtschaftliche Abseits gedrängt. Von Beginn an verfolgte die europäische Agrarpolitik zwei gegenläufige **Ziele.** Auf der einen Seite sollten die gestützten Preise den Landwirten ein Einkommen sichern, das mit der übrigen Wirtschaftsentwicklung Schritt hielt. Auf der anderen Seite sollten die Preise einen Anreiz zur Optimierung der Produktivität bieten. Subventionen regten die Produktion an; die Mehrproduktion drückte die Preise; die dadurch bedrohten Einnahmen wurden durch Preisgarantien aufgefangen; diese führten zu weiteren Subventionen, wodurch die Produktion erneut angeregt wurde (Wehler 2008). Die nicht im Inland absetzbaren Produktmengen wurden mit kräftiger Unterstützung durch Exportsubventionierungen auf den Weltmärkten veräußert.

Während das Ziel der Angleichung der betrieblichen Einkommen an die Entwicklung in anderen Wirtschaftsbereichen weitgehend verfehlt wurde, ging die Strategie im Hinblick auf die Steigerung der Produktivität voll auf. Dies galt insbesondere für die Arbeitsproduktivität. Bezogen auf die jeweilige Zahl an landwirtschaftlichen Betrieben ernährte ein Landwirt in Deutschland um 1949 bei einem Fleischverbrauch um die 20 kg pro Person und Jahr im Durchschnitt ca. 10 Menschen. Dabei hätten viele Menschen gern mehr Butter, Fleisch und Eier gegessen, wenn die Preise niedriger gewesen wären (Noelle-Neumann und Piel 1983, 491 f.). Anfang der 1980er-Jahre waren die Verbraucher mit Produkten tierischer Herkunft zu günstigen Preisen bereits gut bedient. Die Verbraucherwünsche änderten sich dahingehend, dass man nun nicht mehr so fett essen und mehr auf die eigene Gesundheit achten wollte. Im Jahr 2017 lag die Zahl der Menschen, die ein Landwirt ernährte, 14-mal und der Fleischverbrauch dreimal so hoch wie Ende des Zweiten Weltkrieges. Produktiver wurden die Produktionsprozesse in der Nutztierhaltung sowohl durch den Anstieg der Produktionsleistungen als auch durch die Einsparung menschlicher Arbeitskraft bei der Betreuung der Tiere. Gleichzeitig nahm die Zahl der Betriebe drastisch ab. Zwischen 1949 und 1989 sank die Zahl aller landwirtschaftlichen Betriebe in der Bundesrepublik um mehr als zwei Drittel, von 2.017.061 auf 648.772. Bezogen auf die Gesamtwirtschaft nahm der Anteil der Beschäftigten in der Landwirtschaft von 22,1 % in 1950 auf 3,4 % im Jahr 1990 ab; im Jahr 2019 war die Zahl der Betriebe bereits auf 266.600 gesunken (Destatis 2019).

Die Reduzierung der Zahl von aktiv wirtschaftenden Betrieben durch Betriebsaufgabe wird allgemein mit dem Begriff „Strukturwandel" belegt. Ein Strukturwandel findet in allen Wirtschaftsbranchen statt, in denen die Produktivitätszuwächse das Ausscheiden derjenigen Betriebe herbeiführen, die hinsichtlich der Produktionskosten nicht mehr mit den Mitbewerbern mithalten können. „Wachse oder Weiche" ist eine häufig verwendete Kurzformel, die den Zwang zum **Wachstum** der Betriebe auf den Punkt bringt. Der vermeintliche Wachstumszwang basiert auf der Annahme, dass größeren Betrieben aufgrund der ökonomischen Skaleneffekte eine größere wirtschaftliche Überlebensfähigkeit unterstellt wird. Hinzu kommt, dass die steigenden Kosten für Arbeit, Boden und Technik viele Betriebe weg von vielgestaltigen Gemischtbetrieben hin zu einer immer stärkeren Spezialisierung mit dem Ziel der Kostendegression gedrängt haben. Gemäß agrarökonomischer Logik müssten sich vor allem hoch technisierte Betriebe mit großen Tierbeständen durchsetzen. Dies war und ist jedoch nicht überall der Fall. Das Narrativ des Strukturwandels als „makroökonomisches Konstrukt" schweigt sich weitgehend darüber aus, wie Folgewirkungen des Strukturwandels, der Spezialisierung und der Industrialisierung der Nutztierhaltung auf Mikro- und Mesoebene wahrgenommen, vorangetrieben und verarbeitet werden (Ballmann und Schaft 2008).

Aus ökonomischer Perspektive ist das Verhältnis der Nutztierhalter untereinander mehr denn je durch die Konkurrenz geprägt. Dies muss nicht im **Widerspruch** zu kooperativen Beziehungen im nachbarschaftlichen Umfeld stehen. Als Mitkonkurrenten werden weniger die Betriebe in unmittelbarer Nachbarschaft, sondern eher die Betriebe in anderen europäischen Ländern und insbesondere in Drittländern wahrgenommen. Gegenüber Letzteren fühlt man sich häufig benachteiligt und sieht sich vielfältiger Wettbewerbsverzerrungen ausgesetzt. Auf der anderen Seite erlaubt der zwischenzeitlich entstandene globaler Markt dem Handel, den Einkauf der Rohwaren nach eigenen Vorgaben zu gestalten und den Erzeugern der Rohwaren die preislichen Bedingungen gemäß der Angebotslage zu diktieren. Der globale Markt orientiert sich fast ausschließlich am Einkaufspreis der Rohwaren; entsprechend wird der globale Wettbewerb um die **Kostenführerschaft** ausgetragen. Diejenigen, welche die Preisnotierungen auf den Märkten mit den niedrigsten betrieblichen Produktionskosten bedienen können, verschaffen sich zumindest vorübergehend Vorteile gegenüber den Mitbewerbern. Auf diese Weise hält die globale Marktsituation ein globales Wettrennen aufrecht. Irgendwo auf der Welt ist immer ein Produzent in der Lage, die Rohwaren kostengünstiger zu erzeugen als andere. Dies lässt den Großteil der Unternehmer nie zur Ruhe kommen; sie müssen fortlaufend darauf bedacht sein, Möglichkeiten der Kostensenkung zu bedenken.

Zu den vorrangigen Möglichkeiten der Kostenminimierung gehören die bereits erwähnten Skaleneffekte durch die Vergrößerung der Tierbestände. In Deutschland stieg die Zahl der pro Betrieb gehaltenen Rinder von 8 im Jahr 1958 auf 86 im Jahr 2018. Im gleichen Zeitraum stieg die Zahl der Schweine von 6 auf 1181 und die der Hühner von 18 auf 3361 pro Betrieb. Zu den Faktoren der Kostenreduktion pro erzeugte Produkteinheit gehört auch die Spezialisierung auf einen Teilabschnitt in der Prozesskette. Damit können nicht nur die Arbeitsabläufe optimiert und die Einsatzmöglichkeiten arbeitszeitsparender Technik befördert, sondern auch die Detailkenntnisse verbessert werden. Analog zu industriellen Produktionsprozessen sind auf spezialisierten Betrieben die einzelnen Produktions- und Kostenfaktoren bekannt und können in einer Feinjustierung aufeinander abgestimmt werden. Demgegenüber besteht auf landwirtschaftlichen Gemischtbetrieben ein Konglomerat an komplexen Wechselbeziehungen, die für das Management im Detail häufig schwer zu durchschauen sind und sich allenfalls über Mischkalkulationen einschätzen lassen. Weitere Möglichkeiten der Kostenminimierung bestehen in der Steigerung der Produktionsleistungen und in der Minimierung von Aufwendungen, welche für die Produktionsprozesse vor allem in Form von Nährstoffen, Arbeitszeit und Investitionsmitteln benötigt werden. Nachfolgend werden einige der bedeutendsten Strategien für die Milchvieh- sowie für die Schweine- und Geflügelhaltung erläutert.

4.3.1 Rinderhaltung

Um den Milchkühen steigende Milchmengen entziehen und den Masttieren eine höhere Fleischleistung abringen zu können, bedurfte es neben einem erhöhten genetischen Leistungspotenzial einer deutlich verbesserten Futtergrundlage. Schon bald beschränkte sich diese nicht mehr auf die wirtschaftseigenen Grobfuttermittel wie Gras und die während der Vegetationsphase erzeugten Konservierungsprodukte Heu und Silage. Auf den Ackerbaustandorten wurden die Fruchtfolgen verändert und wo dies möglich war, energiereiche Maispflanzen sowie Futtergetreide angebaut. Gleichzeitig erhöhte sich der Zukauf und der Import von hochkonzentrierten Futtermitteln (Kraftfuttermitteln). In Abhängigkeit von der Preiswürdigkeit wurden diese von einer schnell florierenden Futtermittelbranche aus dem nahen oder fernen Ausland herbeigeschafft und in Futtermühlen aufbereitet. Eine wachsende Bedeutung spielte vor allem die Sojabohne. Sie wurde aus Süd- und Nordamerika importiert, um damit die Versorgung der Milchkühe und der Mastbullen mit hochwertigen Eiweißkomponenten zu verbessern. Angesichts eines begrenzten Futteraufnahmevermögens der Tiere wurde die Nährstoffkonzentration pro kg Futter zur maßgeblichen Stellgröße, um den Anforderungen der gestiegenen Leistungen entsprechen zu können. Mit einer verbesserten Nährstoffversorgung gelang nicht nur die Steigerung der Milchmengenleistung und der Tageszunahmen. Gleichzeitig erhöhte sich auch die Effizienz beim Ressourceneinsatz. Zwar steigt mit erhöhten Milch- und Fleischleistungen auch der Gesamtbedarf an Nährstoffen, allerdings vermindert sich der Anteil der Nährstoffe, der für den Selbsterhalt der Tiere aufgewendet werden muss, während der Leistungsbedarf linear mit der Milchleistung bzw. dem Fleisch- ansatz ansteigt. Dieser „Verdünnungseffekt" des Erhaltungsbedarfs mit zunehmendem Leistungsniveau beinhaltet einen Produktivitätsfortschritt, der den ökonomischen Drang zu weiteren Leistungssteigerungen zusätzlich befeuerte, weil mit diesen bis zu einem gewissen Leistungsniveau die Produktionskosten pro Produkteinheit gesenkt werden können.

Die Anreize zur Intensivierung der Produktionsprozesse verfehlten nicht ihre Wirkung. Es wurde deutlich mehr Milch erzeugt, als im In- und Ausland verkauft werden konnte. Überschüssige Produktmengen mussten zwischengelagert werden und bildeten die sprichwörtlichen „Butterberge und Milchseen". Um die ausufernde Mengenerzeugung zu begrenzen, wurde im Jahr 1984 in Europa die Milchquote ein- geführt. Jeder Betrieb durfte nur noch eine betriebsindividuell festgelegte Milchmenge an die Molkerei abliefern, die sich an den vorherigen Liefermengen orientierte. Infolge der Milchquotenregelung konnten steigende Kosten bei den Produktionsmitteln nicht mehr durch eine Erhöhung der Produktionsmenge kompensiert werden, sondern mussten durch Rationalisierung aufgefangen werden. Die Mehrzahl der Milchviehhalter sah in der Folge das ökonomische Ziel darin, die Milchquote mit möglichst wenigen milch- leistungsstarken Kühen auszuschöpfen, um mithilfe fortgesetzter Leistungssteigerungen konkurrenzfähig zu bleiben. Auf Drängen der Verbände der Agrarwirtschaft wurde die Milchquotenregelung in Europa im Jahr 2015 wieder aufgehoben. Um sich auf die neue Wettbewerbssituation nach dem Wegfall der Milchmengenbegrenzung vorzubereiten, haben viele Milchviehhalter die Produktionskapazitäten ausgebaut und auf diese Weise zu einem weiteren Anstieg der auf den Märkten verfügbaren Milchmenge und dem Preis- verfall beigetragen.

Im Jahr 2019 wurden in Deutschland auf etwa 58.400 Betrieben 3,97 Mio. **Milch- kühe** gehalten, die ca. 33,1 Mio. Tonnen Milch erzeugten. Damit ist die Milchproduktion in Deutschland der wichtigste tierische Produktionszweig und leistet in der Regel mit etwa 19 % den höchsten Beitrag zum Produktionswert des Bereichs Landwirtschaft (Gorn et al. 2020). Die Zahl der Milchviehbetriebe hat weiter deutlich abgenommen. 2020 existierten nur noch 38 % der Milchviehbetriebe, die im Jahr 1999 noch Milch erzeugten. Dagegen war die Zahl der Milchkühe nur um ca. 15 % gesunken. Da sich der Strukturwandel auch in anderen Milcherzeugerländern ungebrochen fortsetzte, blieb der von ökonomischer Seite immer wieder ins Feld geführter Nachteil vergleichsweise klein- strukturierter Betriebe in Deutschland bestehen. Die Milcherzeugung findet vor allem auf Grünlandstandorten statt, die aufgrund der Bodenbeschaffenheit, Geländestruktur oder des Klimas nicht für den Anbau von vermarktungsfähigen Ackerfrüchten wie z. B. Getreide, Zuckerrüben oder Kartoffeln geeignet sind; fast die Hälfte aller deutschen Milchviehbetriebe befindet sich in Bayern. In den zurückliegenden Jahren lag das

Einkommen der Betriebe durchweg auf einem niedrigen Niveau. Im Jahr 2018 betrug das durchschnittliche (Brutto-)Einkommen spezialisierter Milchviehbetriebe in Deutschland ca. 45.000 € je Arbeitskraft (Tergast und Hansen 2020); allerdings bestanden zwischen den Betrieben große Unterschiede. Demgegenüber erzielten die spezialisierten Milchviehbetriebe in Dänemark mit durchschnittlich ca. 85.000 € das höchste Einkommen je Arbeitskraft in der EU.

Da für den Verbrauch von Milchprodukten im Inland schon seit geraumer Zeit keine Steigerungen zu erwarten sind, ist der Außenhandel mit Milch- und Molkereiprodukten von großer Bedeutung für die deutsche Milcherzeugung: 2019 wurde ungefähr die Hälfte der in Deutschland produzierten Milch exportiert (MIV 2020). Der größte Teil der **Exporte** geht in andere EU-Mitgliedstaaten. Insgesamt beliefen sich die Exporte im Jahr 2019 auf einen Wert von ca. 8,8 Mrd. €. Gleichzeitig wurden Milch- und Molkereiprodukte in einem Umfang von 7,7 Mrd. € importiert. Entsprechend liegt in Deutschland der Selbstversorgungsgrad für nahezu alle Milch- und Milcherzeugnisse über 100 %. Analoges gilt für die Rindfleischerzeugung. Beiden Produktionszweigen bereitet zunehmend Sorge, dass vegane Imitatprodukte kontinuierlich an Bedeutung zunehmen und sowohl in den Konsummilchmarkt wie den Rindfleischmarkt drängen.

4.3.2 Schweinehaltung

In der Schweinehaltung werden die einzelnen Lebensabschnitte in Produktionsphasen unterteilt. Diese sind in Abb. 4.1 visualisiert. Die Spezialisierung vieler Betriebe auf die Ferkelerzeugung bzw. die Schweinemast hat maßgeblich zu einer deutlichen Ausweitung der Produktionskapazitäten und zu beträchtlichen Produktivitätssteigerungen beigetragen. Zugleich hat die Spezialisierung jedoch die Abhängigkeit von Entwicklungen in den vor- und nachgelagerten Bereichen erhöht. Bei einem Preisverfall sind die schweinehaltenden Betriebe daher einem hohen wirtschaftlichen Risiko ausgesetzt (Seefeldt 1957). Trotz der Risiken wurde die Spezialisierung zu einem systemübergreifenden Trend in der Schweinehaltung.

Dabei wird die Gestaltung der jeweiligen Haltungsbedingungen maßgeblich durch die gesetzlichen Mindestvorgaben geprägt. Da der Wettbewerb die Nutztierhalter dazu nötigt, die Vorgaben mit möglichst geringen Kosten zu realisieren, wurden diese faktisch zur Norm. Jede über die gesetzlichen Mindestanforderungen hinausgehende Bewegungsfläche ist mit Mehrkosten und folglich mit einem Wettbewerbsnachteil verbunden und wird tunlichst unterlassen. Die Ausweitung der Schweinebestände erfolgte nicht gleichmäßig über das Land verteilt, sondern konzentrierte sich auf spezifische Regionen. In Deutschland traf dies insbesondere im Nordwesten des Landes für die Landkreise Vechta und Cloppenburg zu. Zwischen 1970 und Mitte der 1980er-Jahre verdoppelte sich die Zahl der **Schweine** in dieser Region von 823.011 auf 1.644.205 und wich damit erheblich vom bundesrepublikanischen Durchschnitt ab (Böckmann und Mose 1989). Für die Verdoppelung der Tierzahlen war ausschlaggebend, dass in dieser

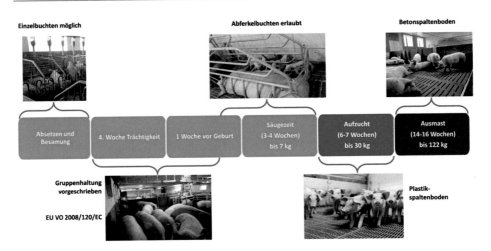

Abb. 4.1 Typischer Produktionsablauf in der konventionellen Schweinehaltung, der in die Bereiche Ferkelerzeugung (grün), Aufzucht (blau) und Ausmast (rotbraun) differenziert ist (Rohlmann et al. 2020)

Region die erforderlichen Futtermittel als der erstlimitierende Faktor der tierischen Erzeugung in ausreichenden Mengen zur Verfügung standen. Allerdings war dies nicht durch eine exorbitante Steigerung der heimischen Futtererzeugung bedingt, sondern durch die Infrastrukturen, mit denen hochwertige Futterkomponenten kostengünstig und weitgehend unbegrenzt auf den See- und Wasserwegen bis ins Landesinnere verfrachtet werden konnten. Bereits Anfang der 80er-Jahre lag im Landkreises Vechta der Selbstversorgungsgrad an Futtermitteln bei gerade einmal 10 % (Windhorst 1981). Die Futtermittelimporte wurden zum Türöffner für den Ausbau der Nutztierhaltung in einer Region, die bis dato bedingt durch ungünstige Bodenverhältnisse und Betriebsstrukturen in der landwirtschaftlichen Entwicklung das Nachsehen hatte. Unter den veränderten Rahmenbedingungen entwickelte sie sich zu einer Boomregion.

Dazu beigetragen haben auch die Möglichkeiten der Nutzung agrartechnischer Neuerungen sowie die enge Kooperation der nutztierhaltenden Betriebe mit vor- und nachgelagerten Unternehmen. Die technischen Entwicklungen und der drastisch zunehmende Bedarf an Produktionsmitteln und *Know-how* beförderten die Gründung von Firmen, die sich auf die Fertigung entsprechender Techniken und Serviceangebote spezialisierten und in der Region ansiedelten. Neben den Möglichkeiten, auf Futtermittelimporte zurückgreifen zu können, bescherte die Fixierung der gesetzlichen Mindestanforderungen an die Haltungsbedingungen den Nutztierhaltern sowie den Investoren aus diversen anderen Branchen die notwendige Planungssicherheit für die erforderlichen Investitionen. Ohne Rechtsstreitigkeiten mit Tierschützern oder gesetzliche Veränderungen befürchten zu müssen, konnten großdimensionierte Stallanlagen errichtet werden. Die Nutztierhalter konnten sich auf das konzentrieren, worauf es bei den Produktionsprozessen besonders ankommt: die Steigerung der Produktivität durch

Erhöhung der tierischen Leistungen und Senkung der Produktionskosten. Nicht von ungefähr setzte sich in dieser Aufbruchstimmung sowohl in der Agrarwirtschaft wie in den Agrarwissenschaften der Begriff „Tierproduktion" durch.

Um die Wettbewerbsfähigkeit der Nutztierhalter zu befördern, wurden Stallbauten staatlicherseits über das Agrarinvestitionsförderprogramm (AFP) bezuschusst. Mit dem bereits in den frühen 1970er-Jahren eingeführten Förderprogramm sollten verschiedene Ziele unterstützt werden. Hierzu gehörte unter anderem die „Verbesserung des Tierschutzes". Allerdings hat es mit der Förderung des Tierschutzes aus der Perspektive der Nutztiere nicht so recht funktioniert. Wissenschaftler der dem Bundesministerium zugeordneten Ressortforschung mussten feststellen, dass in den neugebauten Ställen keine Verbesserungen, sondern „Verschlimmbesserungen" bei tierschutzrelevanten Indikatoren auftraten (Bergschmidt und Schrader 2009). So wurde bei den Mastschweinen bereits vor der Investition in einen Stallneubau eine im Hinblick auf das Tierverhalten problematische Ausgangslage konstatiert. In den neuen Ställen blieb der Aspekt des Tierverhaltens in 48 % der Schweinemastbetriebe unverändert, verschlechterte sich jedoch in 40 % der Betriebe. Verbesserungen bezüglich des Tierverhaltens wurden lediglich 12 % der Schweinemastbetriebe attestiert. Mit den aus öffentlichen Mitteln geförderten Stallneubauten wurde das Flächenangebot für die Tiere auf die gesetzlichen Mindestvorgaben nivelliert und damit ein Unterbietungswettlauf (*race to the bottom*) unterstützt. Am Ende des Wettlaufes um die kostengünstigste Variante der Haltungsbedingungen steht die gesetzliche Mindestvorgabe. Damit erzielen die Nutztierhalter ein wirtschaftlich vorteilhaftes, im Hinblick auf den **Tierschutz** aber das schlechteste Ergebnis. Durch die Bedienung wirtschaftlicher Interessen auf Kosten des Tierschutzes sind staatliche Fördermaßnahmen mitverantwortlich für „Verschlimmbesserungen". Obwohl sich das Investitionsförderprogramm bei der Überprüfung im Hinblick auf das Tierschutzanliegen als kontraproduktiv erwies, wurde es nicht eingestellt. Heute repräsentieren Haltungsverfahren mit Vollspalten- bzw. Teilspaltenboden den weitaus größten Teil der Stallplätze: bei den Schweinen insgesamt 92 %, bei Sauen und Ebern 85 % und bei den übrigen Schweinen 93 % (Destatis 2017).

Der Strukturwandel hat in der Schweinehaltung noch stärker als in der Rinderhaltung Einzug gehalten. Waren im Jahr 2000 noch 124.000 Schweinehalter in Deutschland registriert, schrumpfte die Zahl im Jahr 2019 auf 22.000. Dies entspricht einer Reduzierung um mehr als 80 %. Obwohl viele Betriebe die Schweinehaltung aufgaben, hat sich die Zahl der in Deutschland gehaltenen Schweine bis zum Jahr 2008 sogar noch erhöht. Entsprechend drastisch sind die Tierzahlen pro Betrieb angestiegen. Im Jahr 2019 wurden rund 55 Mio. Schweine in Deutschland geschlachtet (Rohlmann et al. 2020). Der Anteil importierter Ferkel betrug rund 20 % und der Anteil der Schlachttierimporte etwa 6 % an der Gesamtzahl der Schlachtungen. Trotz der gestiegenen Produktionsmengen im Inland zeigten sich die Mengen an importiertem **Schweinefleisch** aus dem Ausland davon weitgehend unbeeinflusst. Die Differenz zwischen dem inländisch erzeugten und dem importierten Fleischaufkommen und den inländischen Verbrauch muss exportiert werden. Während seit 2010 der inländische Schweinefleischverbrauch rückläufig ist, hat der Exportanteil (Exportmenge/Schlachtmenge) zwischen 1996 und 2019 von 7 auf 46 % zugenommen. Was sich im Schweinefleischsektor abspielt, ist folglich ein riesiger Verschiebebahnhof, der trotz der damit verbundenen Transportkosten zumindest für einige der beteiligten Akteure offensichtlich einen Kostenvorteil verspricht.

Derzeit werden in deutschen Betrieben etwa 1,8 Mio. Sauen gehalten; der Bestand ist in den letzten 15 Jahren um ca. 30 % zurückgegangen. Die Zahl der Sauenhalter in Deutschland ist von 28.800 im Jahr 2007 auf rund 7000 im Jahr 2020 geschrumpft. Von den verbliebenen Betrieben lagen etwa 6800 Betriebe in den alten Bundesländern, d. h., die flächenstarken Betriebe in den neuen Bundesländern sind weitgehend frei von der Sauenhaltung. Gemessen an den Großvieheinheiten (GV) je ha landwirtschaftlich genutzter Fläche (LF) liegen die Hochburgen der Sauenhaltung in Deutschland im westlichen Niedersachsen und nördlichen Nordrhein-Westfalen. Die meisten Betriebe befinden sich in der Bestandsgrößenkategorie von 100 bis 249 Sauen, während die meisten Sauen in Betrieben mit einem Bestand von mehr als 500 Sauen gehalten werden. Die meisten Betriebe mit Mastschweinen befinden sich in der Größenklasse von 1000 bis 1999 Schweinen.

In den zurückliegenden Jahren war der Weltmarkt von einem vergleichsweisen hohen Preisniveau geprägt. Verursacht wurde es durch das Auftreten der Afrikanischen Schweinepest in Asien, insbesondere in China als den bei Weitem weltgrößten Schweinehalter. Zwecks Eindämmung der Seuche mussten dort große Anteile der Tierbestände gekeult werden. Die wegfallenden Produktmengen wurden durch Importe, nicht zuletzt aus Europa kompensiert. Auf diese Weise profitierten alle Erzeuger in den Ländern, die nicht von der Seuche befallen waren, vom Seuchengeschehen in Asien. Auch den deutschen Erzeugern bescherte die Seuche nach einigen Jahre mit nicht-kostendeckenden Marktpreisen ein sehr willkommenes Preishoch. Der ansteigende Erlös sorgte dafür, dass der überwiegende Teil der sauenhaltenden Betriebe in Deutschland im Jahr 2019 rentabel wirtschaften konnte, obwohl die Betriebe im weltweiten Vergleich als High-Cost-Produzenten eingestuft werden. Dagegen zählen die Betriebe mit Mastschweinehaltung weltweit zu den Low-Cost-Produzenten. Allerdings sind sie in hohem Maße abhängig von den Kosten, welche sie für Futtermittel und für Ferkel bezahlen müssen. Futterkosten und Ferkelzukauf machen einen Anteil von ca. 94 % an den Produktionskosten der Schweinemast aus. Gemäß den Einschätzungen von Agrarökonomen ist davon auszugehen, dass die Betriebe, die zu den besten 25 % gehören, im Durchschnitt der letzten Jahre rentabel wirtschaften konnten (Rohlmann et al. 2020). Anders ausgedrückt: Der überwiegende Anteil der Betriebe wirtschaftete nicht rentabel. Allerdings scheiden Betriebe, die Verluste erwirtschaften, nicht unmittelbar aus der Produktion aus. Gewöhnlich zehren sie für einige Jahre „von der Substanz" oder können die Verluste durch Einkünfte aus anderen Betriebszweigen oder durch die flächenbezogen gezahlten Subventionen ausgleichen. Häufig wird eine Entscheidung über die Fortführung oder die Einstellung eines Betriebszweiges erst dann getroffen, wenn neue Investitionen anstehen oder die Hofnachfolge geregelt werden muss.

War die Situation bereits in der Vergangenheit prekär, hat sie sich seit dem Herbst 2020 nochmals drastisch verschlechtert. Im September 2020 wurde auch in Deutschland im Landkreis Spree-Neiße der erste Fall der Afrikanischen Schweinepest (ASP) offiziell bestätigt. Das Hauptverbreitungsgebiet der ASP sind afrikanische Länder südlich der Sahara. Vermutlich wurde sie aus Afrika nach Georgien eingeschleppt, wo im Juni 2007 die ersten ASP-Ausbrüche gemeldet wurden. Seitdem nahm die Verbreitung in nordwestlicher Richtung ihren Lauf, der mit zunehmender Sorge auch von den deutschen Schweinehaltern verfolgt wurde. Fachleute waren sich sicher, dass der Erreger nicht vor der deutsch-polnischen Grenze haltmachen würde. Es bestand lediglich Unkenntnis darüber, wann die ASP Deutschland erreichen würde. Auf deutscher Seite bestanden die Gegenmaßnahmen vor allem im Bau eines Grenzzaunes sowie in einer verstärkten Bejagung von Wildschweinen, die für den Erreger empfänglich sind und für die Verbreitung verantwortlich gemacht werden. Auf vorbeugende Maßnahmen zur Regulierung des Marktes wurde jedoch verzichtet. Trotz des Grenzzaunes hat der ASP-Erreger wahrscheinlich im Körper infizierter Wildschweine die polnisch-deutsche Grenze überwunden. Die lange befürchtete Katastrophe ist eingetreten; für die deutschen Schweinehalter waren und sind die Folgen fatal. In Reaktion auf den Seuchenfall haben die Drittländer, die bis dato ca. 30 % der exportierten Überschüsse aufgenommen hatten, den Import von Schweinefleisch aus Deutschland gestoppt. An den Märkten hatte dies einen drastischen Preisverfall zur Folge, der über lange Zeiträume eine kostendeckende Erzeugung von Schweinefleisch in Deutschland verunmöglicht. Der einzelne Tierhalter hätte sich gegen die vorhersehbaren ökonomischen Folgewirkungen nur wappnen können, indem der Betriebszweig rechtzeitig heruntergefahren worden wäre. Um die deutschen Schweinehalter vor den Konsequenzen des Preisverfalls zu schützen, hätte es von agrarpolitischer Seite eines konzertierten Eingriffes in den Markt und einer Reduzierung der Schweinebestände bedurft, um die Abhängigkeit des Marktgeschehens vom Export abzupuffern. Da dies agrarpolitisch nicht gewünscht bzw. für nicht durchsetzbar erachtet wurde, wechselte die Rolle der deutschen Schweinehalter von heute auf morgen von zeitweiligen Nutznießern zu den Verlierern eines Wirtschaftssystems, das durch die Grenzüberschreitung eines Virus in heftige Turbulenzen gebracht wurde.

4.3.3 Geflügelhaltung

Mitte der 1950er-Jahre machte der Import von landwirtschaftlichen Erzeugnissen ca. ein Drittel aller Einfuhren in die Bundesrepublik aus. Der hohe Importanteil beunruhigte die Agrar- und Wirtschaftspolitik. Dabei rückte vor allem die **Geflügelhaltung** in den Fokus. Anfang der 1960er-Jahre war die Bundesrepublik zum größten **Eier**- und Geflügelimporteur der Welt geworden. Mehr als die Hälfte des international gehandelten Geflügelfleisches fanden ihren Absatz in der Bundesrepublik (Müller 1962). Die Schaffung eines gemeinsamen Agrarmarktes innerhalb der Europäischen Gemeinschaft schuf neue Möglichkeiten, sich gegen den Druck der Exportländer, zu denen insbesondere die USA zählte, abzugrenzen, und die heimische Erzeugung vor den Niedrigpreisen der Importwaren zu schützen. So wurde beschlossen, dass ab August 1961 bei Importware eine Zollabgabe von 54 Pfennig pro Kilogramm geschlachtetes Mastgeflügel zu entrichten war, um die unterschiedlich hohen Futterkosten in der Bundesrepublik im Vergleich zum Getreidepreis auf dem Weltmarkt auszugleichen (Settele 2020, 162 f.). Der Veredlungskoeffizient (x-fache Futtermenge für ein Kilogramm Fleisch) gab Aufschluss über den Wirkungsgrad der „Veredlungsmaschine Huhn" und wurde zum Gradmesser der Wettbewerbsfähigkeit der westdeutschen Hühnerhalter.

Um die Produktionskapazitäten der Eiererzeugung in Deutschland auszuweiten, musste sich die Legehennenhaltung von einem wirtschaftlich unbedeutenden und auf Nebeneinkünfte reduzierten Betriebszweig zu einem eigenständigen Wirtschaftszweig entwickeln. Folgerichtig löste sich die Geflügelhaltung aus ihrer vormaligen Einbettung in einen landwirtschaftlichen Betrieb und wurde zu einer weitgehend eigenständigen Unternehmung, die vor allem auf Fremdkapital angewiesen war. Änderungen in der steuerlichen Abschreibungspraxis führten dazu, dass Investoren, welche über das erforderliche Fremdkapital verfügten, in Erwartung entsprechender Renditen in die Geflügelproduktion einstiegen. Je mehr Fremdkapital in diesen Sektor floss, desto mehr kamen die bereits bestehenden landwirtschaftlichen Unternehmen unter Konkurrenzdruck. Die Erzeugung von Eiern und **Geflügelfleisch** wurde umso kostengünstiger, je größer, dichter und arbeitsextensiver die Geflügelhaltung ausgerichtet wurde. Eine weitere Voraussetzung war, dass sich die Geflügelhaltung von den zyklischen Rhythmen der Natur vollständig emanzipierte. Die Produzenten verabschiedeten sich von der damals noch üblichen Auslaufhaltung und verlagerten die Produktionsprozesse vollständig in den Stall. *Economies of Scale* veränderten das Wirtschaften in dreierlei Hinsicht. Je besser der Stallraum ausgenutzt wurde, desto günstiger wurden die Haltungskosten. In den zu einer Batterie übereinandergestapelten Käfigen konnten pro Quadratmeter um die 20 Legehennen und damit mehr als doppelt so viele Tiere wie bei der Bodenhaltung gehalten werden. Je mehr Tiere von einer Arbeitskraft betreut wurden, desto geringer wurden die Arbeitskosten. Je effektiver das Futter von den Tieren in Eier und/oder Fleisch verwandelt wurde, desto günstiger wurden die Futterkosten. Wegen ihrer Bedeutung für die Wirtschaftlichkeit der Hühnerhaltung wurde auch die Forschung zur Geflügelernährung sehr intensiv betrieben. Die Erkenntnisfortschritte über die ernährungsphysiologischen Zusammenhänge im Magen-Darm-Trakt der Hühner überstiegen die Kenntnisse, die diesbezüglich beim Menschen vorlagen (Boyd und Watts 1997).

Auch fehlte es nicht an Bestrebungen, diverse Hilfsmittel einzusetzen. So schlussfolgerte Alberti bereits im Jahr 1961 (Alberti 1961): **Antibiotika** seien

„aus der modernen Kükenaufzucht und besonders der Mast nicht mehr hinwegzudenken. […] Wollen wir wirtschaftlich hohe und vertretbare Leistungen erzielen und die im Tier verankerten genetischen […] guten Eigenschaften zur Entfaltung bringen, so müssen wir all die Stoffe heranziehen, deren Anwendung eine bessere Futterausnutzung, Wachstumssteigerung und erhöhte Abwehrbereitschaft zur Folge haben kann; hierzu sind die Antibiotika zu rechnen".

Folgerichtig wurden in vielen industriell hergestellten Aufzucht- und Mastfuttermischungen Antibiotika als Futterzusatz beigemischt, um eine günstige Wirkung auf den Gesundheitszustand und damit auf die Legeleistung hervorzurufen.

Während die genannten Stellschrauben die Produktionskosten und damit die Stückkosten reduzierten, zwang ein marktinduzierter Kostendruck die Betriebe zu fortlaufenden Optimierungen. Ging es zunächst darum, die Investitionen zu refinanzieren, wurde die Steigerung der eigenen Wettbewerbsfähigkeit durch die Senkung der Produktionskosten zur Überlebensnotwendigkeit, weil die Gesamtnachfrage nach Eiern und Geflügelfleisch nicht unbegrenzt wuchs. Schon Marx wusste, dass die „rationale Kapitalrechnung", die in Konkurrenz stehenden Unternehmen, bei „Strafe ihres Untergangs" zur Ausschöpfung von Potenzialen zur Kostensenkung zwingt; er nahm damit die systemische Ursache der „Produkt-, Prozess- und Verfahrensinnovationen", der auf Fremdkapital basierenden Erzeugung von Eiern und Geflügelfleisch vorweg (Welskopp 2014). Der Zwang zur Kostendegression führt zu einem harten Wettbewerb, in dem nur *„derjenige überleben kann, der jeden, auch noch so kleinen Vorteil für die Kostendeckung wahrnimmt* (Mehner 1966)."

Angesichts der skizzierten wirtschaftlichen Rahmenbedingungen war die breite Masse der bäuerlichen Betriebe nicht befähigt, bei der Erzeugung von Geflügelfleisch und Eiern im Wettbewerb zu bestehen.

Im Jahr 2019 wurden in Deutschland rund 13,8 Mrd. Eier von ca. 42,0 Mio. Legehennen auf rund 1900 Betrieben erzeugt (Thobe und Almadani 2020). Während das Niveau der deutschen Konsumeiererzeugung über mehr als 20 Jahre relativ stabil war, trat im Wirtschaftsjahr 2009/2010 ein starker Rückgang der Eiererzeugung auf. Dieser war dem Verbot der Käfighaltung in Deutschland (ab 01.01.2010) geschuldet. Damit schienen sich zunächst die Befürchtungen der Geflügelwirtschaft zu bewahrheiten, die mit dem Verbot der Käfighaltung das Ende der Legehennenhaltung in Deutschland vorhergesagt hatte. Soweit ist es dann doch nicht gekommen. Von verschiedener Seite wurde umfangreich in neue Haltungsanlagen (Bodenhaltung, Freilandhaltung) investiert. Dabei stiegen auch viele neue Betriebe in die Legehennenhaltung ein. In den Folgejahren überstieg sowohl die Zahl der Betriebe als auch die Zahl der gehaltenen Legehennen die Vergleichszahlen von vor 20 Jahren deutlich. Aufgrund der starken Nachfrage des **LEH** nach Eiern aus Bodenhaltung lohnte es sich auch für deutsche Landwirte, in diese Haltungsform zu investieren (Campe et al. 2015). Das Verbot der Käfighaltung hatte deutliche strukturelle Veränderungen mit einer Verlagerung in Richtung mittlerer Bestände mit 10.000 bis 100.000 Legehennenplätzen zur Folge. Der Anteil der Betriebe mit mittleren Bestandsgrößen am Gesamtbestand stieg zwischen 2003 und 2019 von 42 auf 62 % an, während Betriebe mit über 100.000 Stallplätzen abnahmen. Die Haltung von Legehennen in Deutschland ist insbesondere im Nordwesten (Niedersachsen und Nordrhein-Westfalen) stark konzentriert. Eine relativ hohe Anzahl von Betrieben und Legehennen sind auch in Bayern und Baden-Württemberg anzutreffen. 86 % der Betriebe mit einer Bestandsgröße von 3000 oder mehr Haltungsplätzen liegen in den alten Bundesländern. Bei einem Gesamtverbrauch von rund 19,6 Mrd. Eiern pro Jahr ist Deutschland Nettoimporteur. Mit einem Selbstversorgungsgrad von rund 70,5 % zählt Deutschland zu den größten Importeuren von Konsumeiern innerhalb der EU, aus der 99 % der Konsumeierimporte stammen. Der weitaus größte Lieferant ist die Niederlande (73 % der Gesamtimporte), deren Geflügelwirtschaft innerhalb der EU sehr stark aufgestellt ist. Im Welthandel spielen Schaleneier keine relevante Rolle; dieser konzentriert sich auf Eiprodukte in getrockneter Form.

Bei der Popularisierung des Hühnerfleischessens in Deutschland spielten die Anfänge der Systemgastronomie eine zentrale Rolle. Verantwortlich für eine wachsende Nachfrage nach Geflügelfleisch in einer Gesellschaft, wo schwere Arbeit zur Ausnahme geworden war und Fett in der Nahrung als gesundheitsschädigend angesehen wurde, war vor allem der geringe Fettgehalt. Daher war es nicht verwunderlich, dass die Zahl der Masthühnchen in Deutschland zunahm: von 3,7 Mio. im Jahr 1960 auf 23,2 Mio. im Jahr 1988 und auf 66,3 Mio. im Jahr 2020 (DBV 2020, 201 f.). Parallel stieg auch die Zahl der Puten auf 2,4 Mio. Während der Pro-Kopf-Verzehr von Schweinefleisch seit vielen Jahren rückläufig ist, stieg der Pro-Kopf-Verbrauch von Geflügelfleisch (v. a. Hähnchen und Suppenhennen) kontinuierlich an und betrug im Jahr 2019 23,3 kg. Gemessen an der Schlachtmenge wuchs die Geflügelfleischproduktion von 2005 bis 2019 um etwa 50 % und betrug im Jahr 2019 rund 1,6 Mio. Tonnen (Thobe und Almadani 2020). Trotz der Mengensteigerung ist Deutschland weiterhin ein Nettoimporteur von Geflügelfleisch. Von den Importen an Geflügelfleisch werden ca. 93 % aus dem EU-Binnenmarkt bezogen. Rund 77 % des hierzulande gemästeten Geflügels entfallen auf Masthühner, auf Puten und sonstiges Geflügel etwa 20 %, auf Enten 2,1 % und auf Gänse 0,3 % (MEG 2020). Als Treiber des Wachstums bei **Geflügel** erwies sich in den letzten Jahren der Markt für Masthähnchen. Die Gesamtzahl an Masthähnchen in Deutschland betrug im Jahr 2016 rund 94 Mio. Rund 80 % davon wurden in den alten Bundesländern, insbesondere in Niedersachsen (ca. 61 Mio. Tiere) gehalten.

Analog zur Schweinehaltung haben sich auch beim Geflügel virale Tierseuchenerreger zum Damoklesschwert vieler Betriebe entwickelt. Ausbrüche der Vogelgrippe hängen nach Ansicht von Experten vor allem mit dem Zug von Wildvögeln zusammen, von denen eine unbekannte Zahl von Tieren mit dem Virus infiziert ist. Die unmittelbar betroffenen Betriebe sind in der Regel versichert, sodass die finanziellen Schäden im Zuge der erforderlichen Tötung aller infektionsanfälligen Tiere ersetzt werden. Allerdings erstatten die Versicherungen nicht die Mindereinnahmen, die unter anderem durch Handelsbeschränkungen in den betroffenen Regionen und Leerstände der Ställe während einer Quarantänezeit entstehen. So wird zum Schutz vor einer Ausbreitung der Seuche in einem Radius von mindestens 3 km um einen betroffenen Betrieb herum ein Sperrbezirk errichtet.

4.4   Wer profitiert (nicht) vom Produktivitätsanstieg in der Nutztierhaltung?

Die Produktivitätssteigerungen, die durch das Ineinandergreifen von biologischen, technischen und wirtschaftlichen Entwicklungen in der Rinder-, Schweine- und Geflügelhaltung erzielt werden konnten, sind in verschiedener Hinsicht überwältigend. Aus der Perspektive der Nachkriegsjahre hätte niemand glaubhaft vorhersagen können, dass so große Mengen an Rohwaren tierischer Herkunft so effizient und so preisgünstig auf so engem Raum produziert werden können. Überwältigend sind jedoch auch die negativen Folgewirkungen der Tierproduktion für die involvierten Lebewesen, für die Veränderungen im unmittelbaren Lebensumfeld und für die Umwelt auf regionaler, nationaler und globaler Ebene. Produziert werden die Rohwaren von den Nutztierhaltern bzw. Landwirten in ihren jeweiligen Unternehmen; erzeugt wurden sie jedoch von den Tieren, durch die auf der Basis von Stoffwechselprozessen hervorgebrachten biosynthetischen Leistungen. Es sind die evolutiv angelegten biologischen Prozesse des Selbsterhalts, des Wachstums und der Reproduktion, die sich die Menschen schon seit Jahrtausenden für die eigenen Zwecke zu Nutze gemacht haben. Im Kontext der Industrialisierung der Landwirtschaft geschieht dieser Prozess jedoch quasi anhand revolutionärer Veränderungen (Settele 2020).

Nutztiere sind Teil einer evolutiv entwickelten Nahrungskette. Sie können existieren, weil sie sich von Pflanzen, die über die Befähigung zur Photosynthese organische **Biomasse** erzeugen können ernähren können. Die Pflanzenfresser (Primärkonsumenten) wiederum sind die Nahrungsquelle von Fleischfressern (Sekundärkonsumenten), welche ihrerseits zur Beute von Tertiärkonsumenten (Raubtieren) werden können. In dieser natürlichen, d. h. von der Natur angelegten Nahrungskette verfügt der Mensch als Allesfresser über bessere Optionen, sich an die jeweils verfügbaren Nahrungsquellen anzupassen, als dies den Arten möglich ist, die sich auf spezifische Nahrungsquellen spezialisiert haben. Mittlerweile gibt es nur noch wenige Flecken auf dieser Welt, die noch nicht von Menschen bevölkert wurden. Im biblischen Sinne hat sich der Mensch die Erde untertan und dabei andere Lebewesen zunutze gemacht. Dabei ist er auch nicht davor zurückgeschreckt, sich andere Menschen untertan zu machen. Schon die „alten Römer" wussten: Der Mensch ist dem Menschen ein Wolf (*homo homini lupus*). Die lateinische Sentenz stammt aus der Komödie Asinaria (Eseleien) des römischen Komödiendichters Plautus (Plautus und Danese 2004). Der vollständige Satz lautet in der Übersetzung:

> „Denn der Mensch ist dem Menschen ein Wolf, kein Mensch; das gilt zumindest solange, als man sich nicht kennt."

Das Zitat verweist auf den maßgeblichen Unterschied, den Menschen im Umgang mit anderen Menschen und mit anderen Lebewesen machen, sofern sie ihnen bekannt oder unbekannt sind.

Im Zuge der Industrialisierung der Nutztierhaltung hat sich der Umgang mit den Nutztieren grundlegend verändert. Dies dürfte auch darauf zurückzuführen sein, dass die Nutztiere in den immer größer werdenden Tierbeständen weitgehend in die Anonymität entschwunden sind. Weder den Nutztierhaltern noch den anderen Nutznießern der etablierten Produktionsweise stehen sie als Individuen bzw. als Mitgeschöpfe vor Augen. Die allein aus Gründen der Produktivität erforderliche Verbannung der Tiere in die Ställe entzog sie den Blicken der Konsumenten. Gemäß der Devise: „Aus den Augen, aus dem Sinn" kommt es dem größten Teil der Verbraucher eher selten in den Sinn, sich Gedanken um den Umgang mit den Nutztieren zu machen. In den Kreisen der Nutztierhalter, denen bei Einführung der Käfighaltung oder des Kastenstandes zunächst ein gewisses Unbehagen beschlich, überzeugt mittlerweile das rationale Argument der Ökonomie und das vermeintliche Argument der Alternativlosigkeit. Danach hätte nur derjenige eine Chance, der bereit und in der Lage ist, dem ökonomischen Diktum weiterer Produktivitätssteigerungen zu folgen und dafür alle Möglichkeiten der Kostenminimierung auszuschöpfen.

Weder in der Vergangenheit noch in der Gegenwart hat es an Argumenten gefehlt, mit denen der Einzelne den Umgang mit den Nutztieren vor sich und vor anderen zu rechtfertigen versucht hat. Bevor an anderer Stelle auf verschiedene Begründungszusammenhänge näher eingegangen wird, soll hier zunächst die Perspektive geweitet und die Nutzung von Tieren durch Menschen in den übergeordneten Kontext evolutiver biologischer Prozesse gestellt werden. Unstrittig ist, dass der Umgang der Menschen mit den Nutztieren mit diversen Vorteilen, aber auch mit weitreichenden negativen Folgewirkungen verknüpft ist. Sollen Letztere eingedämmt werden, müssen die Prozesse und die sie treibenden Kräfte im Kontext dieser Einbettung verstanden und nachvollzogen werden. Nutztierhalter beuten die biologischen Prozesse der Nutztiere und damit die Nutztiere aus. Dies geht zunächst vor allem zu Lasten der Nutztiere (siehe Kap. 5). Die negativen Folgewirkungen reichen jedoch weit darüber hinaus. Sie betreffen die Fauna und Flora des ganzen Globus, die Umwelt und das Klima und die Menschen selbst. In welchen Ausmaßen dies geschieht, wird in Kap. 6 ausführlicher erörtert.

Die Tatsache, dass die Nutztierhalter selbst von den negativen Folgewirkungen der fortgesetzten Bestrebungen nach weiterer Produktivitätssteigerungen betroffen sind, wird selten thematisiert. Wie die zuvor skizzierten Entwicklungen hinreichend belegen, befinden sich die Nutztierhalter untereinander in einem ruinösen Wettbewerb. Dieser ruiniert diejenigen Betriebe, die im Wettstreit um die Steigerung der Produktivität den Mitbewerbern unterlegen sind, sofern sie sich nicht rechtzeitig selbst aus dem Rennen genommen haben. Ein großer Teil der Betriebe hat – überzeugt von den eigenen Fähigkeiten, mit viel Gottvertrauen oder mangels Alternativen – den Wettbewerb angenommen und mithilfe von Fremdkapital in die Zukunft investiert. Von denjenigen, die in der Vergangenheit den Wettbewerb angenommen und investiert haben, gehören viele zu den Verlierern. Die dramatische Abnahme der Anzahl der Betriebe spricht diesbezüglich eine eindeutige Sprache. Wie in anderen Wirtschaftsbranchen auch sind die Gründe für die Betriebs- bzw. Betriebszweigaufgabe vielfältig. Neben den strukturellen Ausgangsbedingungen (ungünstige Standorte, unzureichende Flächenausstattung, veraltete Ställe, Liquiditätsmangel etc.) kommen diverse soziale und menschliche Faktoren hinzu, die insbesondere bei einem anstehenden Generationswechsel die Entscheidungen beeinflussen. Auch können Tierseuchen oder ein hohes Ausmaß an tiergesundheitlichen Beeinträchtigungen durch Produktionskrankheiten die wirtschaftliche Existenzgrundlage unterminieren. Nicht zuletzt können unerwartete Marktentwicklungen, die auf die Kosten der Produktionsmittel oder auf die Marktpreise der Verkaufsprodukte durchschlagen, die Betriebe zu einem ungünstigen Zeitpunkt treffen und das Ausscheiden eines Betriebes aus der Produktion zur Folge haben. All diesen Faktoren ist gemein, dass sie nicht die eigentlichen Ursachen für die Betriebsaufgaben markieren, sondern nur deren Anlass benennen. Primäre Ursache ist der in einem globalen Wettbewerb unabhängig von den bereits erzielten Fortschritten fortbestehende Zwang zu weiterer Produktivitätssteigerungen. Dieser besteht so lange fort, solange das Marktgeschehen nur diejenigen Betriebe fördert, die kostengünstiger produzieren können, und solange die negativen Folgewirkungen, welche die Produktionsprozesse hervorrufen, den Betrieben nicht in Rechnung gestellt werden. Dazu bedürfte es einer Institution, welche diese Rechnung nicht nur erstellt und an die Verursacher adressiert, sondern auch die Bezahlung der Rechnung überwacht und deren Missachtung sanktioniert. Darüber hinaus bedürfte es des Angebotes von betrieblichen Leistungen, welche mit deutlich geringeren unerwünschten Nebenwirkungen aufwartet. Auf diese Weise würde den Betrieben, die bislang davon profitieren, dass die unerwünschten Nebenwirkungen bislang keine Berücksichtigung finden, eine veritable Konkurrenz erwachsen.

Von unerwünschten Nebenwirkungen, Wettbewerbsverzerrungen oder gar der Notwendigkeit von agrarwirtschaftlich erforderlichen Neuorientierungen ist in den agrarpolitischen Debatten bislang keine Rede; allenfalls von Herausforderungen. In den Ausführungen des BMEL (2019) zur Nutztierstrategie werden vor allem die bisherigen ökonomischen Erfolge im Agribusiness hervorgehoben und die in die Agrarforschung geflossenen Fördermittel aufgelistet. Eine umfassende Problembeschreibung und gar -analyse fehlt. Hinweise auf unerwünschte Nebenwirkungen der Produktionsprozesse sucht man in öffentlichen Verlautbarungen meist vergeblich. Dies gilt auch für den vom Deutschen Bauernverband (DBV 2020, 10 f.) alljährlich herausgegebenen Situationsbericht. Danach beträgt der Erwerbstätigenanteil der Landwirtschaft am gesamten Agrarbusiness im Jahr 2019 ca. 12 %. Dieses erbrachte einen Produktionswert von geschätzten 500 Mrd. € bzw. 8 % des gesamtwirtschaftlichen Produktionswertes. Gemessen an der volkswirtschaftlichen Bruttowertschöpfung beträgt der Anteil des Agrarbusiness knapp 7 %. Dabei stehen einem landwirtschaftlichen Arbeitsplatz sieben weitere Arbeitsplätze in den vor- und nachgelagerten Wirtschaftsbereichen gegenüber.

Während die veröffentlichten Zahlen die gesamtgesellschaftliche Bedeutung der Agrarbranche unterstreichen, kontrastieren sie gleichzeitig mit der Einkommenssituation in der Landwirtschaft. Die Bruttowertschöpfung je Erwerbstätigen hinkt deutlich den

Einkommen in anderen Wirtschaftsbranchen hinterher. So beträgt aktuell die Bruttowertschöpfung je Erwerbstätigen in der Land- und Forstwirtschaft im Durchschnitt lediglich 37.985 €, während der durchschnittliche Wert der deutschen Wirtschaft fast doppelt so hoch liegt. Mit 46.314 € ist auch die Wertschöpfung im Handel, Gastgewerbe und Verkehr, welche unter anderem mit der Verwertung von Rohwaren aus der Landwirtschaft ihren Lebensunterhalt bestreiten, deutlich höher als in der Landwirtschaft. Gleichzeitig hat sich der Anteil der Ausgaben für Nahrungs- und Genussmittel an den gesamten Konsumausgaben von ehemals 24,5 % im Jahr 1970 auf weniger als 14 % in 2019 reduziert. Beträchtliche Einkommenssteigerungen aufseiten der **Verbraucher** stehen einem weit unterdurchschnittlichen Anstieg der Nahrungsmittelpreise gegenüber. Der höhere Lebensstandard äußert sich in erhöhten Ausgaben für Wohnen, Verkehr, Freizeitaktivitäten und Gesundheitspflege; der Lebensstandard wird nicht zuletzt durch die geringeren Ausgaben für Nahrungsmittel ermöglicht.

Doch damit nicht genug. Von dem, was Verbraucher in den zurückliegenden Jahrzehnten für Nahrungsmittel bezahlen, kommt ein immer geringer werdender Anteil bei den Landwirten an (Bundesinformationszentrum Landwirtschaft 2021). Betrugen die Anteile der Verbraucherausgaben für Fleisch, Milch und Eier im Jahr 1970 noch 44 %, 57 % bzw. 85 %, sanken die Anteile im Jahr 2019 drastisch auf 22 %, 39 % bzw. 43 % ab. Die größten Minderungen traten bereits zwischen den 1980er- und 1990er-Jahren ein. Die Preise, welche die Landwirte für ihre Rohwaren erhalten, haben immer weniger zu tun mit den Preisen, welche die Verbraucher an der Kasse des Supermarktes entrichten. Dies zeigt sich zum Beispiel beim Schweinefleisch. Ende des Jahres 2014 lagen die Erzeugerpreise bei 1,33 € pro kg Schlachtgewicht und der durchschnittliche Verbraucherpreis bei 6,07 €. Ende 2020 fielen die Erzeugerpreise infolge der Exporteinschränkungen durch das Auftreten der Afrikanischen Schweinepest auf 1,22 € (Dynowski 2021). Ungeachtet der Einbrüche der Notierungen am Schlachthof nahmen die Verkaufspreise nicht ab, sondern stiegen auf 7,19 €. Damit vergrößerte sich die Differenz von 4,74 € auf 5,97 € zugunsten der nachgeordneten Bereiche der Primärproduktion.

Wer sich über diese Preisentwicklungen wundert oder dagegen protestiert, wie dies vonseiten der Landwirte immer wieder geschieht, hat noch nicht hinreichend zur Kenntnis genommen, wie die Preisfindung in der freien Marktwirtschaft funktioniert. Danach gehört es insbesondere bei anonymisierter Massenware zum Selbstverständnis der Einkäufer des LEH, dass sie für die Rohwaren nur das bezahlen, was sie bezahlen müssen, um die Rohware zu erhalten. Jegliches Überangebot an Rohwaren spielt den Einkäufern in die Hände. Da der **LEH** selbst in einem Wettbewerb mit anderen steht und Verbraucher weiterhin sehr preisbewusst einkaufen, hat der LEH keine Veranlassung, von einer Einkaufspraxis zu den geringstmöglichen Kosten abzuweichen. Gleichzeitig ist der LEH – wie die Preisbildung beim Schweinefleisch zeigt – nicht genötigt, die geringeren Einkaufspreise an die Verbraucher weiterzugeben. Der geringe Anteil, der von den Verbraucherausgaben bei den landwirtschaftlichen Betrieben ankommt, spiegelt nicht die Produktivitätsfortschritte und das Ausmaß der gesunkenen Produktionskosten wider. Er dokumentiert das Ausmaß des Überangebotes auf den Märkten, welches der Handel für die Verfolgung der Eigeninteressen auszunutzen vermag.

Im Jahr 2019 lag der Pro-Kopf-Verzehr von Fleisch in Deutschland bei 59,5 kg; davon entfielen auf Rind- und Kalbfleisch 10,0, auf **Schweinefleisch** 34,1 und auf **Geflügelfleisch** 13,8 kg. Während sich zwischen 1994 und 2019 der Anteil am Geflügelfleisch um 80 % erhöhte, sank der Verbrauch von Schweinefleisch in diesem Zeitraum um 6,1 kg. Allerdings hatte dies nicht zur Folge, dass sich die Schweinefleischerzeugung in Deutschland der Nachfrage im Inland angepasst hätte. Im Gegenteil stieg der Selbstversorgungsgrad von 87 % im Jahr 2000 auf über 120 % in 2019. Trotz der ansteigenden Produktionsmengen wurde im Jahr 2019 fast genauso viel Schweinefleisch (1.120.000 t Schlachtgewicht) importiert wie im Jahr 1994. Wurden vor 25 Jahren nur 240.000 t exportiert, verzehnfachte sich diese Zahl bis 2019 auf 2.389.000 t Schlachtgewicht. Der Ausbau der Produktionskapazitäten im Inland hatte folglich keinen Bezug zur Inlandsnachfrage, sondern spiegelt die unternehmerischen Erwartungen an einem deutlichen Anstieg der Nachfrage in den Schwellenländern wider. Von dieser Nachfrage wollten auch die Primärproduzenten in Deutschland und in anderen Ländern profitieren. Dafür nahmen sie in Kauf, sich in einen ruinösen Unterbietungswettbewerb mit den Erzeugern in anderen Ländern (u. a. USA, Brasilien und nicht zuletzt China als die Nation mit dem weltgrößten Bestand an Schweinen) begeben zu müssen. Die Spekulationen auf satte Gewinnoptionen und auf rosige Zeiten, welche den Landwirten unter anderem vom Präsidenten der Deutschen Landwirtschafts-Gesellschaft, Philip Freiherr von dem Bussche (2005), in Aussicht gestellt wurden, haben sich nicht erfüllt, sondern als eine spektakuläre Fehleinschätzung erwiesen. Wer den Preis für die Fehlspekulation bezahlen muss, wird allerdings bislang weder von den potenziellen Nutznießern noch von der großen Zahl der Verlierer und auch nicht vonseiten der Agrarökonomie thematisiert, obwohl diese für die Aufarbeitung wirtschaftlicher Fehlentwicklungen eigentlich zuständig wäre.

Ableitungen

Das besondere Ausmaß der Nahrungsmittelknappheit während und nach dem Zweiten Weltkrieg gab Politikern in verschiedenen europäischen Ländern Anlass, sich supranational zu verständigen und die Weichen für eine Produktivitätssteigerung in der Landwirtschaft und der Nutztierhaltung zu stellen. Die Blaupause dafür lieferten die Strategien der Produktivitätssteigerungen in den Industriebranchen. Diese hatten vorgemacht, wie durch Technisierung und Spezialisierung die Produktionsprozesse intensiviert und deren Effizienz deutlich gesteigert werden können. Die zu Beginn gewährten Preisgarantien schufen einen enormen Anreiz für die Landwirte, über die Erhöhung der Produktmengen das eigene Einkommen zu erhöhen. In der weiteren Entwicklung zwang der Wettbewerb die

Betriebe dazu, sich eng am Produktionsziel der Produktivitätssteigerung auszurichten. Diesem Ziel hatten sich alle Agrarbereiche mehr oder weniger unterzuordnen. Gleichzeitig schaffte die übergeordnete **Zielsetzung** die Voraussetzungen für ein gleichgerichtetes Ineinandergreifen der verschiedenen Produktionsbereiche. Außerbetrieblich entwickelte sich eine Infrastruktur, welche nicht nur für die reibungslose Zufuhr von Produktionsmitteln, insbesondere Futtermittel, und die Abnahme und Weiterverarbeitung der Rohwaren pflanzlicher und tierischen Herkunft sorgte. Im Tierstall standen die Hauptarbeiten, das Füttern der Tiere, die Entsorgung der Exkremente und bei den Milchkühen das Melken, im Zentrum der Mechanisierungs- und Automatisierungsbemühungen. Die zunehmende Spezialisierung beförderte die Umsetzung von technischen Vereinfachungen der Routinearbeiten. Entsprechend wurden immer weniger Menschen für die Arbeitsprozesse benötigt. Um die Vorteile der Technisierung voll ausschöpfen zu können, war in der Schweine- und Geflügelhaltung die ganzjährige Stallhaltung eine zwangsläufige Notwendigkeit. Die Nutztiere wurden ins Innere immer größer werdender Ställe verbannt, die außerhalb der Dörfer errichtet wurden. Dadurch wurden die Nutztiere für die meisten Menschen weitgehend unsichtbar.

Die von der Politik betriebene Ausweitung agrarwissenschaftlicher Forschungseinrichtungen schuf die Voraussetzungen für eine detaillierte Ausleuchtung der biologischen Prozesse und damit für die Möglichkeiten, diese für die Steigerung der Produktivität nutzbar zu machen. Gleichzeitig wurden Strukturen für die Leistungserfassung und für die Beratung geschaffen, mit denen die Erkenntnisfortschritte an die Praxis herangetragen und Empfehlungen in die Praxis umgesetzt werden konnten. Allerdings wurde vonseiten der Politik versäumt, als Gegengewicht zu den vielfältigen Fördermaßnahmen auch Möglichkeiten der Regulierung zu schaffen, mit denen ein überschießendes Wachstum hätte eingehegt werden können. Zu leichtgläubig vertraute man den Ratschlägen von Agrarökonomen, dass der Markt die Verhältnisse von Angebot und Nachfrage schon selbst regeln würde. Heute wissen wir, dass der Markt bezüglich einer Selbstregulation, die allen Marktteilnehmern zugutekommt, versagt.

Am Anfang der Nachkriegsjahre wurden die gegenläufigen Interessen von Produzenten (erhöhte Einkommen) und Konsumenten (niedrige Produktpreise) durch die fortlaufende Erhöhung der Produktivität versöhnt. Die bis dato unbekannte Verfügbarkeit von Butter und Fleisch zu niedrigen Preisen wurde zur Metapher eines steigenden Lebensstandards. Allerdings war bereits Ende der 1970er-Jahre die Nachfrage nach den Grundnahrungsmitteln weitgehend gesättigt. Angesichts der enormen Überschussmengen, welche die Landwirte produzierten, bedurfte es der Unterstützung durch öffentliche Gelder sowie der Erschließung neuer Märkte. Zudem musste die Milcherzeugung durch die Festlegung von Milchquoten gedeckt werden. Die Preisgestaltung erfolgte schon lange nicht mehr in regionalen Kontexten, sondern orientierte sich fortan an den Weltmarktpreisen. Die am Markt erzielbaren Preise sind heute jedoch für die meisten Erzeuger in Deutschland nicht kostendeckend. Dennoch sehen sich viele Betriebe genötigt, mangels Alternativen an diesem Betriebszweig festzuhalten und sich an die Hoffnung zu klammern, dass die Weltmarktpreise wieder ansteigen. Die Landwirte haben keinen unmittelbaren Einfluss auf die Marktpreise. Sie liefern die Milch an die Molkereien und die Schlachttiere an die Schlachtkonzerne. Diese stehen selbst im harten Wettbewerb um die Verträge mit dem Lebensmitteleinzelhandel und damit unter Preisdruck. Die Nutztierhalter stehen am Anfang der Lieferkette von Rohwaren; was die Honorierung betrifft sind sie nur die Restgeldempfänger. Die Landwirte produzieren unsere Nahrungsmittel, jedoch können sie selbst kaum davon ihre wirtschaftliche Existenz sichern.

Literatur

Alberti F (1961) Hühnerhaltung auf neuen Wegen. DLG-Verlag, Frankfurt a. M.

Anonym (1956) Fünf Millionen Hühner verdienen ihr Futter nicht. Bay. Landwirtschaftliches Wochenblatt 146:11

Anonym (1973) Ein neuer Weg der Färsenvornutzung

Anonym (1975) Tierfreundlich, arbeitssparend, kostengünstig. Leistungsgerechte und arbeitssparende Haltungsverfahren für Sauen. Mitteilungen der DLG(15):857

Anonym (1980) Für 1000 Schweine nur drei Stunden. Neue deutsche Bauernzeitung 44:10

Ballmann A, Schaft F (2008) Zükünftige ökonomische Herausforderungen der Agrarproduktion: Strukturwandel vor dem Hintergrund sich ändernder Märkte, Politiken und Technologien. Archiv für Tierzucht 51(Sonderheft):13–24

Baumgard LH, Collier RJ, Bauman DE (2017) A 100-Year Review: Regulation of nutrient partitioning to support lactation. J Dairy Sci 100(12):10353–10366. https://doi.org/10.3168/jds.2017-13242

Bergschmidt A, Schrader L (2009) Application of an animal welfare assessment system for policy evaluation: Does the Farm Investment Scheme improve animal welfare in subsidised new stables. Landbauforschung–vTI Agriculture and Forestry Research 2(59):95–104

Biedermann G (1999) Schweinezucht. In: Burgstaller G (Hrsg) Handbuch Schweineerzeugung. Züchtung – Ernährung – Produktionstechnik; Haltungssysteme – Krankheiten – Hygiene; Vermarktung – Wirtschaftlichkeit. DLG-Verlag, Frankfurt a. M., S 13–102

Böckmann B, Mose J (1989) Agrarische Intensivgebiete-Entwicklungen, Strukturen und Probleme. In: Windhorst H-W (Hrsg) Industrialisierte Landwirtschaft und Agrarindustrie. Entwicklungen, Strukturen und Probleme. Vechtaer Dr. u. Verl., Vechta, S 33–62

Boyd W, Watts M (1997) Agro-Industrial Just in Time: The Chicken Industry and Postwar American Capitalism. In: Goodman D, Watts M (Hrsg) Globalising food. Agrarian questions and global restructuring. Routledge, London, S 192–225

Brown RE (1969) The conversion of nutrients into milk. In: Swan H, Lewis D (Hrsg) Proceedings of the University of Nottingham, Third Nutrition Conference for Feed Manufacturers. London, Churchill, 23–42

Bundesanstalt für Landwirtschaft und Ernährung (BLE) (Hrsg) (2019) Gesamtbetriebliches Haltungs-
konzept Schwein – Mastschweine. https://www.ble-medienservice.de/frontend/esddownload/
index/id/1170/on/1007_DL/act/dl
Bundesgesetzblatt Nr. 40 vom 15.04.1975 (1975) Verordnung zum Schutz gegen die Gefährdung
durch Viehseuchen bei der Haltung großer Schweinebestände; Massentierhaltungsverordnung –
Schwein
Bundesinformationszentrum Landwirtschaft (2021) Infografiken. https://www.landwirtschaft.de/
landwirtschaft-verstehen/haetten-sies-gewusst/infografiken/. Zugegriffen: 12. Juli 2021
BMEL – Bundesministerium für Ernährung und Landwirtschaft (2019) Nutztierstrategie –
Zukunftsfähige Tierhaltung in Deutschland. https://www.bmel.de/SharedDocs/Downloads/DE/
Broschueren/Nutztierhaltungsstrategie.html. Zugegriffen: 5. Febr. 2019
BMEL – Bundesministerium für Ernährung und Landwirtschaft (2020) Empfehlungen des
Kompetenznetzwerks Nutztierhaltung. https://www.bmel.de/SharedDocs/Downloads/DE/_
Tiere/Nutztiere/200211-empfehlung-kompetenznetzwerk-nutztierhaltung.html
Bussche P von dem (2005) Rede anlässlich der Eröffnung der großen Vortragsveranstaltung im
Rahmen der DLG-Wintertagung am Donnerstag, dem 13. Januar 2005 in Münster/Westfalen.
Deutsche Landwirtschafts-Gesellschaft. https://www.dlg.org/de/landwirtschaft/veranstaltungen/
dlg-wintertagung/archiv/2005/rede-dlg-praesident-freiherr-von-dem-bussche. Zugegriffen: 1.
Dez. 2021
Campe A, Hoes C, Koesters S, Froemke C, Bessei W, Knierim U, Schrader L, Kreienbrock L,
Thobe P (2015) Determinants of economic success in egg production in Germany–here: laying
hens kept in aviaries or small-group housing systems. Appl Agric For Res 3(4):227–238
Canibe N, Blaabjerg K, Lauridsen C (2016) Gastric ulcers in pigs. DCA – Nationalt Center for
Fødevarer og Jordbrug. https://pure.au.dk/portal/files/108305983/Vidensyntese_Gastric_ulcers_
in_pigs_231216.pdf
Comberg G (1984) Die deutsche Tierzucht im 19. und 20. Jahrhundert. Ulmer, Stuttgart
Destatis – Statistisches Bundesamt (2017) Statistisches Jahrbuch Deutschland und Internationales
2017
Destatis – Statistisches Bundesamt (2019) Statistisches Jahrbuch Deutschland und Internationales
2019
Deutscher Bauernverband (DBV) (Hrsg) (2020) Situationsbericht 2020/21. Trends und Fakten zur
Landwirtschaft. Deutscher Bauernverband e. V, Berlin
Dynowski K (2021) Im Laden klingelt die Kasse. Allgemeine Fleischerzeitung 2021(2)
Eckert KH (1965) Rinderzucht bleibt fortschrittlich. Höchstmöglicher Ertrag mit geringstmög-
lichem Aufwand – die neue Zuchtmethode. Bay. Landwirtschaftliches Wochenblatt 20:24–31
Felber C-D (1950) Ferkelverluste vermeidbar! Neue Mitteilungen für die Landwirtschaft 15:226
Gaschler A (1974) Problembereiche der Massentierhaltungen auf wirtschaftlichem und gesundheit-
lichem Gebiet. Mitteilungen der DLG 15:420–424
Glebe TW, Bitsch V, Kantelhardt J, Oedl-Wieser T, Sauer J (2018) Agrar- und Ernährungswirt-
schaft zwischen Ressourceneffizienz und gesellschaftlichen Erwartungen. Ber Landwirtsch
96(2):1–29. https://doi.org/10.12767/buel.v96i2.211
Gorn A, Keunecke K, Becker V, Alter C, Els T, Leder A (2020) AMI Markt Bilanz Milch. AMI
GmbH, Bonn
Habel J, Sundrum A (2020) Mismatch of glucose allocation between different life functions in
the transition period of dairy cows. Animals: an open access journal from MDPI 10(6):1028.
https://doi.org/10.3390/ani10061028
Jung L (2021) Brustbeinschäden bei Legehennen. Naturland Nachrichten 5

LfL – Bayerische Landesanstalt für Landwirtschaft (2017) Statistik der Bayerischen Milchwirtschaft 2016. Bayerische Landesanstalt für Landwirtschaft. LfL-Informationen. www.lfl.bayern.de/mam/cms07/publikationen/daten/informationen

MEG – Marktinfo Eier & Geflügel (2020) Marktbilanz Eier und Geflügel. Verlag Eugen Ulmer, Stuttgart

Märtlbauer E, Becker H (Hrsg) (2016) Milchkunde und Milchhygiene. UTB GmbH; Ulmer, Stuttgart

Mehner A (1966) Welche Rolle soll die Legehennenhaltung in der Landwirtschaft spielen? Der Tierzüchter 10:364

MIV – Milchindustrie-Verband (2020) Wohin die Milch in Deutschland fließt. http://milch-industrie.de/marktdaten/aussenhandel/. Zugegriffen: 14. Sept. 2020

Millet S, Kumar S, Boever Jd, Meyns T, Aluwe M, Brabander D de, Ducatelle R (2012) Effect of particle size distribution and dietary crude fibre content on growth performance and gastric mucosa integrity of growing-finishing pigs. Vet J 192(3):316–321

Moesseler A, Koettendorf S, Grosse Liesner V, Kamphues J, Mößeler A, Köttendorf S, Große Liesner V, Kamphues J (2010) Impact of diets' physical form (particle size; meal/pelleted) on the stomach content (dry matter content, pH, chloride concentration) of pigs. Livest Sci 134(1–3):146–148. https://doi.org/10.1016/j.livsci.2010.06.121

Müller G (1962) Rentabilitätsfragen der Hühnerhaltung. DLG-Verlags-GmbH, Frankfurt

Noelle-Neumann E, Piel E (1983) Allensbacher Jahrbuch der Demoskopie 1978–1983. K. G. Saur, München

Plautus TM, Danese RM (2004) Asinaria. QuattroVenti, Sarsinae

Rauw W, Kanis E, Noordhuizen-Stassen E, Grommers F (1998) Undesirable side effects of selection for high production efficiency in farm animals: a review. Livest Prod Sci 56(1):15–33. https://doi.org/10.1016/S0301-6226(98)00147-X

Rinderle L (1960) Vorteile nutzen – Nachteile ausschalten. Die künstliche Besamung bedarf einer Lenkung. Bay. Landwirtschaftliches Wochenblatt 150:12

Rohlmann C, Verhaagh M, Efken J (2020) Steckbriefe zur Tierhaltung in Deutschland: Ferkelerzeugung und Schweinemast. Johann Heinrich von Thünen-Institut: Braunschweig, Germany

Rohrer A (1973) Bodenlose Unverschämtheit. Bay. Landwirtschaftliches Wochenblatt 11:4

Scholz F (1951) Für und Wider künstliche Besamung. Neue Mitteilungen für die Landwirtschaft 36:590 f

Schwörer D, Rebsamen A (1990) Zucht auf gute Fleischbeschaffenheit durch Berücksichtigung des Gehaltes an intramuskulärem Fett. Schweinezucht und Schweinemast 38:173–176

Seefeldt G (1957) Trennung von Zucht und Mast in der Schweinehaltung? Mitteilungen der DLG:1082 f

Settele V (2020) Revolution im Stall; Landwirtschaftliche Tierhaltung in Deutschland 1945–1990. Vandenhoeck & Ruprecht, Göttingen

Sundrum A (2011) Möglichkeiten und Grenzen der Qualitätserzeugung in der ökologischen Schweinehaltung. In: Rahmann G (Hrsg) Praxis trifft Forschung. Neues aus dem Ökologischen Ackerbau und der Ökologischen Tierhaltung 2011. vTI, Braunschweig, S 35–48

Sundrum A (2018) Beurteilung von Tierschutzleistungen in der Nutztierhaltung. Ber. Landwirtsch. 96(1). https://doi.org/10.12767/buel.v96i1.189

Sundrum A (2020) Schwanzbeißen – ein systeminhärentes Problem. Der Praktische Tierarzt 101(12):1213–1227. https://doi.org/10.2376/0032-681X-2046

Sundrum A, Habel J, Hoischen-Taubner S, Schwabenbauer E-M, Uhlig V, Möller D (2021) Anteil Milchkühe in der Gewinnphase – Meta-Kriterium zur Identifizierung tierschutzrelevanter und ökonomischer Handlungsnotwendigkeiten. Ber. Landwirtsch. 99(2). https://doi.org/10.12767/BUEL.V99I2.340

Tergast H, Hansen H (2020) Steckbriefe zur Tierhaltung in Deutschland: Milchkühe. Thünen-Institut für Betriebswirtschaft, Braunschweig

Thiede G (1988) Landwirt im Jahr 2000. So sieht die Zukunft aus. DLG-Verl, Frankfurt a. M.

Thobe P, Almadani MI (2020) Steckbriefe zur Tierhaltung in Deutschland: Legehennen. Thünen-Institut für Betriebswirtschaft, Braunschweig

Wegener R-M (1977) Wie es ohne Käfig geht. Landwirtschaftliches Wochenblatt 134(24):33–35

Wehler H-U (2008) Deutsche Gesellschaftsgeschichte; Band 5: Von der Gründung der beiden deutschen Staaten bis zur Vereinigung 1949–1990. Beck, München

Welskopp T (2014) Unternehmen Praxisgeschichte; Historische Perspektiven auf Kapitalismus, Arbeit und Klassengesellschaft. Mohr Siebeck, Tübingen

Wendt M (2004) Erbdefekte und unerwünschte Selektionsfolgen. Dtsch Tierärztebl 52(4):357–360

Wilkins LJ, McKinstry JL, Avery NC, Knowles TK, Brown SN, Tarlton J, Nicol CH, Knowles TG, Nicol CJ (2011) Influence of housing system and design on bone strength and keel bone fractures in laying hens. Vet Rec 169(16):414. https://doi.org/10.1136/vr.d4831

Windhorst H-W (1981) Die Struktur der Agrarwirtschaft Südoldenburgs zu Beginn der achtziger Jahre. Ber Landwirtsch 59:621–644

Winnigstedt R (1960) Die Bekämpfung der Rinder-Tuberkulose; Das Beispiel einer zielklar durchgeführten Gemeinschaftsarbeit. Ber Landwirtsch 38:74–81

Wolfschmidt M (2016) Das Schweinesystem; Wie Tiere gequält, Bauern in den Ruin getrieben und Verbraucher getäuscht werden. Fischer

ZMP – Zentrale Markt- und Preisinformationen GmbH (2002) Agrarmärkte in Zahlen: Europäische Union; Tier und Pflanzenproduktion. ZMP, Bonn

Schutz der Nutztiere vor Beeinträchtigungen

5

Zusammenfassung

Von den Intensivierungsprozessen der Agrarwirtschaft sind die Nutztiere besonders betroffen. Sie bezahlen das Streben nach Produktivitätssteigerungen nicht nur mit deutlichen Einschränkungen in der Ausübung der arteigenen Verhaltensweisen, sondern vor allem mit einem hohen Ausmaß an Beeinträchtigungen, die mit Schmerzen, Leiden und Schäden einhergehen. Allerdings hat es sehr lange gedauert, bis diese Beeinträchtigungen ins öffentliche Bewusstsein vorgedrungen sind und mehr Menschen daran Anstoß nehmen. Der Tierschutz wird mehr und mehr zum Konfliktfeld zwischen der Landwirtschaft und anderer gesellschaftlichen Gruppierungen, welche die Art und Weise der Erzeugung kritisieren und staatliche Gegenmaßnahmen einfordern. In diesem Konfliktfeld wird vonseiten der verschiedenen Interessengruppen mit unterschiedlichen Ansätzen und Strategien um die Deutungshoheit gerungen. Will man verstehen, warum sich mithilfe der Agrarpolitik die wirtschaftlichen Interessen durchgesetzt haben und es trotz intensiver Bemühungen bislang nicht gelungen ist, die tierschutzrelevanten Missstände in relevantem Maße zu verringern, kommt man nicht umhin, sich mit den jeweiligen Strategien näher auseinanderzusetzen.

Seit Urzeiten machen sich Menschen die Tiere für ihre eigenen Zwecke nutzbar. Sie dienen vor allem als Nahrungsmittel, aber auch als Dunglieferanten, Arbeitstiere sowie als Besitztum, welches einen beträchtlichen Tauschwert darstellt. Mit Aufkommen der Industrialisierung wurden die Nutztiere im Wesentlichen auf die Funktion von Produktionsfaktoren reduziert, über die zusätzliches Einkommen generiert werden konnte. Dem Ziel der Nutzbarmachung steht das Anliegen des **Tierschutzes** gegenüber; schließlich sind die Nutztiere sowohl im positiven wie im negativen Sinne unmittelbar

A. Sundrum, *Gemeinwohlorientierte Erzeugung von Lebensmitteln,*
https://doi.org/10.1007/978-3-662-65155-1_5

von den betrieblich vorgegebenen Lebensbedingungen betroffen. Nutztiere gilt es allein schon deshalb zu schützen, weil sie für die Nutztierhalter einen Wert verkörpern und ein Verlust einen wirtschaftlichen Schaden hervorruft. Auf der anderen Seite sind Nutztiere aber auch leidensfähige Mitgeschöpfe. Die Anerkennung der Leidensfähigkeit beinhaltet, dass Tiere auch um ihrer selbst willen eines Schutzes vor Schmerzen, Leiden, und Schäden bedürfen. Anders als die Nutzbarmachung hat sich der Gedanke des Tierschutzes erst mit erheblicher Verzögerung Bahn gebrochen. Nachfolgend wird skizziert, wie und in welcher Weise dies geschehen ist und welche Implikation daraus bis in die heutige Gegenwart hinein erwachsen sind.

5.1   Verhältnis von Menschen und Nutztieren im Wandel der Zeit

Die ersten Philosophen, die sich über das Verhältnis von Menschen und Tieren Gedanken gemacht und von denen Traktate über Tiere überliefert sind, waren Aristoteles, Thomas von Aquin, Thomas Hobbes und Immanuel Kant. In ihren Schriften betonten sie die Vernunftfähigkeit des Menschen, welche sie den Tieren absprachen. Auch ließen sie keine Zweifel aufkommen, dass Tiere den Menschen untergeordnet waren und für ihre Zwecke genutzt werden konnten. Hervorzuheben ist René Descartes (1596–1650), der einerseits als Vater der modernen Philosophie gewürdigt wird. Gleichzeitig wird ihm die Beschreibung von Tieren als „Automaten" oder Maschinen zugeschrieben. Jedoch weist eine tiefgründigere Recherche nach, dass Descartes zwar den Tieren keine Gedanken und keine Sprache zuerkannte, jedoch finden sich keine Nachweise darüber, dass er den Tieren Empfindungen und Sinneseindrücke abgesprochen hat. Bis zum 17. Jahrhundert betrachteten auch nachfolgende Philosophen die Tiere als grundlegend verschieden von menschlichen Wesen. Menschen besaßen einen Verstand, Tiere keinen. Entsprechend besaßen Tiere nur einen Nutzwert, der ihnen von Menschen beigemessen wurde. Erst in der Zeit der Aufklärung begannen Philosophen zu realisieren, dass auch Tiere über eine gewisse **Rationalität** verfügen und dass der Unterschied zwischen Mensch und Tier sich nicht so eindeutig bestimmen ließ. Es war Bentham, der im Jahr 1823 hervorhob, dass Rationalität nicht als ein Alleinstellungsmerkmal der Menschen angesehen werden konnte.

> „The question is not, can they reason? nor, can they talk? but, can they suffer?"

Für ihn war maßgeblich, dass auch Tiere leidensfähige Wesen sind und damit einen intrinsischen Wert besitzen. Die Ideen von Bentham wurden von Mill zur Philosophie des Utilitarismus weiterentwickelt. Diese Denkrichtung definierte Glück als **Wohlergehen** und als die Abwesenheit von Schmerzen und Leiden; Unglück wurde gleichgesetzt mit Schmerzen und Leiden und mit der Abwesenheit von Wohlergehen. Seit den Arbeiten von Bentham setzte sich die Erkenntnis von der Empfindungsfähigkeit der Tiere immer mehr durch. Auch wurde im Zuge von Darwins Evolutionstheorie anerkannt, dass Zustände von Leiden und Wohlergehen auch Teil der Anpassungsprozesse sind. George John Romanes, ein Schüler von Darwin, schrieb 1883:

> „Pleasures and Pains must have been evolved as the subjective accompaniment of processes which are respectively beneficial or injurious to the organism, and so evolved for the purpose or to the end that the organism should seek the one and shun the other (Duncan 2019).“

In Deutschland waren es ausgerechnet die Nationalsozialisten, welche mit dem deutschen Tierschutzgesetz von 1933 dem Tierschutz einen Schub verliehen, indem sie den Tieren einen eigenen Status zuwiesen und gesetzliche Regelungen einführten (Giese und Kahler 1934). Gemäß § 1 war es verboten, ein Tier unnötig zu quälen oder roh zu misshandeln.

> „Ein Tier quält, wer ihm länger dauernde oder sich wiederholende Schmerzen oder Leiden verursacht; unnötig ist das Quälen, soweit es keinem vernünftigen, berechtigten Zwecke dient. Ein Tier misshandelt, wer ihm erhebliche Schmerzen verursacht; eine Misshandlung ist roh, wenn sie einer gefühllosen Gesinnung entspricht.“

Tierquälerei, die in der Öffentlichkeit stattfand, wurde als Erregung öffentlichen Ärgernisses eingeordnet und zunehmend geahndet. Neu war auch, dass es sich um ein eigenständiges Gesetz zum Tierschutz handelte. Gleichzeitig traten damit jedoch die Tierschutzbestimmungen des Strafgesetzbuches außer Kraft. Seitdem enthält das deutsche Strafgesetzbuch keine tierschutzrechtlichen Tatbestände mehr.

Nach dem Zweiten Weltkrieg erfuhr die Frage nach der Art und Weise, wie die Tiere gehalten und genutzt werden, eine neue Brisanz. Hierzu trug insbesondere das Aufkommen einer industrialisierten Nutztierhaltung bei, welche nach den Hungerjahren während und nach dem Weltkrieg durch eine große Nachfrage nach preiswerten Nahrungsmitteln befeuert wurde. Der Steigerung der Produktivität wurde dabei die oberste Priorität eingeräumt und die Nutztiere eher als Produktionsfaktoren denn als empfindungsfähige Lebewesen eingeordnet. Die Nutztierhaltung wurde zur „Tierproduktion", ein selbst gewählter Begriff, der in weiten Teilen der Agrarwirtschaft und der Agrarwissenschaft auch heute noch verwendet wird. Das Streben nach Produktivitätssteigerungen engt die Lebensbedingungen deutlich ein, unter denen die Nutztiere für die wirtschaftlichen Interessen ihrer Besitzer nutzbar gemacht wurden. Die breite Öffentlichkeit nahm von den Veränderungen, die damit für die Tiere verbunden waren, zunächst keine Notiz. Dafür waren die Menschen wohl zu sehr von der Sorge um die eigene Existenzsicherung okkupiert. Dies änderte sich zuerst in Großbritannien, dem Mutterland der Industrialisierung, maßgeblich angestoßen durch das im Jahr 1964 erschienene Buch *Animal Machines* von Ruth Harrison. Sie beschrieb die Zustände in den Käfigbatterien für Legehennen und bei der Broiler-, Kälber-, Schweine- und Kaninchenmast sowie die Grausamkeiten bei den Schlachtprozessen. In ihrer Kritik hob

Harrison insbesondere die Leidensgeschichten hervor, welchen die Nutztiere in unterschiedlichen Konstellationen ausgesetzt waren. In der Bevölkerung fand das Buch einen großen Widerhall und löste bei vielen Lesern einen regelrechten Aufschrei aus.

Aufgrund der öffentlichen Missbilligungen sah sich die britische Regierung sogar genötigt, eine Untersuchungskommission einzuberufen. Der Zoologe Professor Rogers Brambell übernahm den Vorsitz. Im Bericht der Kommission (Brambell 1965), der fortan als „Brambell Report" in die Annalen einging, wurde festgestellt, dass es bei intensiven Produktionsformen in der Tat zu erheblichen Beeinträchtigungen der Tiere kommen kann. Gleichzeitig beklagten sie einen Mangel an wissenschaftlicher Evidenz, um fundierte Schlussfolgerungen ziehen zu können. Die Befindlichkeiten von Tieren wurden als ein wichtiges Merkmal von Wohlergehen anerkannt. Wörtlich heißt es:

> „Welfare is a wide term that embraces both the physical and mental well-being of the animal. Any attempt to evaluate welfare, therefore, must take into account the scientific evidence available concerning the feelings of animals that can be derived from their structure and functions and also from their behavior."

Mit dieser Begriffsdefinition legte der Brambell-Bericht die Grundlage für alle weiteren internationalen Bemühungen vonseiten der Wissenschaften, sich dieses komplexen Sachverhaltes zu nähern. Hervorzuheben ist, dass der im Brambell-Bericht vertretene Ansatz der vorherrschenden naturwissenschaftlichen Denk- und Herangehensweise in wesentlichen Punkten zuwiderläuft (s. Abschn. 8.2.1). Daher verwundert es nicht, dass die wissenschaftlichen Debatten um den adäquaten Zugang zur Beurteilung des Wohlergehens von Tieren bis heute andauern.

Der von der britischen Regierung im Jahr 1979 initiierte Farm Animal Welfare Council veröffentlichte noch im Gründungsjahr ein Dokument, das im Zusammenhang mit den Mindestanforderungen für die Haltung von Tieren bestimmte Beeinträchtigungen definierte, von denen die Tiere befreit sein sollten. Auf diesen Grundlagen entwickelte der Veterinärmediziner Webster (2013) das umfassendere Konzept der „Fünf Freiheiten". Es beinhaltet die Freiheit von Hunger und Durst, von haltungsbedingten Beschwerden, von Schmerzen, Verletzungen und Krankheiten, von Angst und Stress sowie die Freiheit zum Ausleben arteigener Verhaltensmuster. Ausgangspunkt dieses Ansatzes ist, dass das Wohlergehen von Tieren durch deren individuelle Wahrnehmung des eigenen physischen und emotionalen Zustandes bestimmt wird.

In Deutschland ging der Druck auf die Politik, den Schutz der Tiere vor Beeinträchtigungen zu verbessern, maßgeblich von den Tierschutzvereinen aus. Im Jahr 1930 waren ca. 300 Vereine mit rund 100.000 Mitgliedern im Deutschen Tierschutzbund als Dachorganisation der Tierschutzvereine und Tierheime in Deutschland zusammengeschlossen. Vierzig Jahre später war die Zahl der registrierten Vereine auf 566 und die Zahl der Mitglieder auf rund 425.000 angestiegen. Im vereinigten Deutschland waren im Jahr 2006 rund 800.000 Mitglieder im Deutschen Tierschutzbund offiziell registriert (Gall 2016, 32 f.). Mit seinen 16 Landesverbänden und rund 740 örtlichen Tierschutzvereinen mit 550 angeschlossenen vereinseigenen Tierheimen/Auffangstationen ist der Deutsche Tierschutzbund Europas größte Tierschutzdachorganisation.

5.2 Die Geburt des deutschen Tierschutzgesetzes

In Deutschland markiert das im Jahr 1972 in Kraft getretene Tierschutzgesetz (TierSchG) den Versuch, die Konflikte zwischen Tiernutzungs- und Tierschutzinteressen durch eine gesetzliche Regelung zu entschärfen. Einerseits – so der Anspruch – sollten die Nutztiere vor übermäßigen und „unvernünftigen" Beeinträchtigungen geschützt werden. Gleichzeitig sollte sichergestellt werden, dass die Wettbewerbsfähigkeit der deutschen Nutztierhalter in den sich gerade neu auftuenden Agrarmärkten nicht durch kostenträchtige Tierschutzauflagen gefährdet wird. Das Ziel des neuen Tierschutzgesetzes sei, so die Begründung des damaligen Wortführers der CDU-Fraktion, dass sich landwirtschaftliche Tierhalter der „neuen Produktionsmethoden bedienen können", ohne fürchten zu müssen, dass sich ihre Investitionen nachträglich als unzulässig erweisen könnten (Gall 2016, 66 f.). Die Gesetzesinitiative wurde auch von den Interessensvertretern der Landwirte unterstützt, die im Bundestag zahlreich vertreten waren. Rund 84 % der Mitglieder des Agrarausschusses des Deutschen Bundestages waren praktizierende Landwirte; rund 74 % hatten gleichzeitig eine leitende Position in einem Agrarinteressenverband inne.

Für die Gesetzesinitiative dürfte auch eine Rolle gespielt haben, dass in Großbritannien bereits eine heftige Debatte über die Haltungsbedingungen von Tieren zur Nahrungsmittelerzeugung entbrannt war. Allerdings war – anders als heute – der **Tierschutz** in Deutschland zum Zeitpunkt der Verabschiedung des TierSchG noch kein so kontroverses und konfliktträchtiges Thema. Trotz einiger Kritikpunkte in Detailfragen wurde das Gesetzgebungsverfahren von einer fraktionsübergreifenden Zustimmung im Parlament getragen und schließlich vom Bundestag einstimmig verabschiedet. Große Zustimmung erfuhr das Gesetz auch außerhalb des Parlamentes. Mit dem Gesetz weitgehend einverstanden erklärten sich nicht nur der Deutsche Bauernverband, sondern auch Vertreter aus den Reihen der Deutschen Tierärzteschaft. Selbst die diversen Tierschutzverbände, welche sich am 19. Juni 1971 in Wiesbaden zu einem Tierschutzkongress mit Delegierten von 500 Tierschutzvereinigungen des Deutschen Tierschutzbundes trafen, zeigten sich mit dem Entwurf des Tierschutzgesetzes „ziemlich zufrieden" (Gall 2016, 108 f.). Allerdings hielt die Zufriedenheit bei den Tierschutzverbänden nicht lange an.

Die große Zustimmung zum TierSchG basierte nicht nur auf einer breiten Zustimmung in der Gesellschaft und der Politik, sondern auch auf einer verwaltungstechnischen Finesse des neuen Gesetzes. Was sich hinter den wohlklingenden, aber vagen Paragrafen verbarg und was dies im Detail für die landwirtschaftliche Nutztierhaltung bedeutete, sollte in Ausführungsbestimmungen auf exekutivem Weg durch die zuständigen Behörden konkretisiert werden. Einem möglichen Unruheherd durch weitere parlamentarische Debatten war damit wirksam vorgebeugt worden. Die Details, in denen bekanntlich der Teufel steckt, sollten durch ein Gutachten erarbeitet werden, auf dessen Basis Durchführungsbestimmungen entwickelt wurden, die den Nutztierhaltern die ersehnte Planungssicherheit bringen sollten. Die Kernelemente des TierSchG von 1972, auf die nachfolgend näher eingegangen wird, waren:

- Das Tierschutzgesetz fokussierte vorrangig auf die Haltungsbedingungen. Insbesondere waren für den Gesetzgeber eine „artgemäße Nahrung und Pflege", eine „verhaltensgerechte Unterbringung" und ein „artgemäßes Bewegungsbedürfnis" von Bedeutung.
- Die Verantwortung für den Tierschutz wurde dem Nutztierhalter zugeschrieben. Gleichzeitig verschaffte die Klausel des „vernünftigen Grundes" den Nutztierhaltern wirtschaftliche Handlungsspielräume, die Einschränkungen der Nutztiere erlaubten, und gleichzeitig die Beweislast von den Landwirten nahm und sie den Kritikern auferlegte.
- Die Beurteilung des Tierschutzanliegens sollte auf wissenschaftlicher Basis erfolgen. Dafür wurde die Fachdisziplin der „Nutztierethologie" neu aus der Taufe gehoben.
- Das Bundesministerium für Landwirtschaft wurde ermächtigt, durch Rechtsverordnung Vorschriften über Haltung, Pflege und Unterbringung von Tieren zu erlassen.

Der im Tierschutzgesetz verankerte Fokus auf die Haltungsbedingungen erklärt sich einerseits aus der großen Relevanz, welche die gesetzlichen Mindestvorgaben für den Stallbau und für die damit verbundenen Investitionen hatten. Andererseits entzündeten sich die Konflikte zwischen den Nutzungs- und Schutzinteressen vor allem an der gerade erst eingeführten Käfighaltung von Legehennen. Für die Nutzer waren die Käfige die unabdingbare Voraussetzung für den Einstieg in eine industrialisierte und damit wettbewerbsfähige Eiererzeugung (s. Abschn. 4.3.3). Für die Tierschützer waren die Käfige das Symbol schlechthin für alle Grausamkeiten, die man den Hühnern durch die drastischen Beschränkungen der Möglichkeiten zur Ausübung arteigener Verhaltensweisen im Vergleich zu den tradierten Freilaufbedingungen zumutete.

Angesichts der Tatsache, dass die Nutztierhalter tagtäglich mit den Nutztieren umgehen und deren Lebensbedingungen gestalten, lag es nahe, in § 2 TierSchG die Verantwortung für eine angemessene Ernährung, Pflege und verhaltensgerechte Unterbringung den Nutztierhaltern zuzuschreiben:

„Wer ein Tier hält, betreut oder zu betreuen hat, muss 1. das Tier seiner Art und seinen Bedürfnissen entsprechend angemessen ernähren, pflegen und verhaltensgerecht unterbringen; darf 2. die Möglichkeit des Tieres zu artgemäßer Bewegung nicht so einschränken, dass ihm Schmerzen oder vermeidbare Leiden oder Schäden zugefügt werden; muss 3. über die für eine angemessene Ernährung, Pflege und verhaltensgerechte Unterbringung des Tieres erforderlichen Kenntnisse und Fähigkeiten verfügen."

Allerdings wurde nicht geregelt, wie die Nutztierhalter gegebenenfalls auch zur Verantwortung gezogen werden können, wenn tierschutzrelevante Missstände auftreten. Da sich die Nutztierhaltung im Zuge der Industrialisierung weitgehend den Blicken der Öffentlichkeit entzogen hat, könnten Missstände in der Regel nur auffällig werden, wenn regelmäßig Kontrollen durch unabhängige und fachkompetente Personen in den Ställen durchgeführt würden. Diese wurden jedoch im Tierschutzgesetz nicht verankert. Die fehlende Kontrolle hatte auch zur Folge, dass die Nutztierhalter mit den Zielkonflikten bei der Umsetzung von Nutzungs- und Tierschutzinteressen weitgehend auf sich gestellt blieben. Weder vonseiten der Agrarpolitik noch vonseiten der Agrarwissenschaften wurde ihnen durch entsprechende Leitlinien Hilfestellungen geboten, wie ein Interessenausgleich am besten realisiert werden kann.

In § 1 heißt es:

> „Niemand darf einem Tier ohne vernünftigen Grund Schmerzen, Leiden oder Schäden zufügen."

Was zunächst als eine klare Ansage daherkommt, erweist sich aus juristischer Perspektive als Schlupfloch im Fall von juristischen Auseinandersetzungen. Ein nicht hinreichend „vernünftiger Grund" ist juristisch schwer zu fassen und bietet reichlich Interpretationsspielräume für interessensgeleitete Auslegungen. Auch wurde die Beweispflicht denjenigen aufgebürdet, welche die Verhältnisse beanstandeten. Folgerichtig hatten die Versuche von amtstierärztlicher Seite, grobe tierschutzrelevante Missstände in der landwirtschaftlichen Nutztierhaltung durch richterliche Anordnungen zu unterbinden, in der Vergangenheit selten vor Gericht Bestand (Bergschmidt 2015). In nur wenigen Ausnahmefällen wurden in den zurückliegenden Jahrzehnten Nutztierhalter durch Gerichtsbeschluss daran gehindert, auch weiterhin Nutztiere zu halten. Wenn es zu einer Verurteilung kam, wurden die Vergehen als Ordnungswidrigkeit eingestuft und mit einem eher geringen Bußgeld geahndet. Da der Gesetzgeber die Judikative mit einem äußerst stumpfen Schwert ausgestattet hat, gewährt das TierSchG den Nutztierhaltern ein hohes Maß an Rechtssicherheit.

Darüber hinaus war es dem Gesetzgeber ein besonderes Anliegen, dass der Tierschutz nicht auf vermenschlichenden Einschätzungen zu den Empfindungen der Tiere, sondern auf wissenschaftlich fundierten Aussagen basiert. Die bis dato ein Schattendasein fristende Fachdisziplin der Nutztierethologie wurde mit der Klärung beauftragt, wann Nutztiere sich ihrer Art gemäß verhalten und verhaltensgerecht untergebracht sind. Fortan wurde die Fachdisziplin mit umfangreichen Finanzmitteln aus dem Bundeslandwirtschaftsministerium ausgestattet. In der Folgezeit wurden umfangreiche Erkenntnisse über die spezifischen Ausprägungen von Verhaltensweisen der Nutztiere unter den Bedingungen intensivierter Produktionsbedingungen gesammelt. Trotz der beträchtlichen Erkenntnisfortschritte ist es der Fachdisziplin jedoch bis heute nicht gelungen, substanziellen Einfluss auf die Gestaltung der Haltungsbedingungen in der landwirtschaftlichen Praxis zu nehmen. Damit bewahrheitete sich, was Wissenschaftler der dem BMEL zugeordneten Ressortforschung bereits bei der ersten Anhörung zum TierSchG im Jahr 1971 zu Protokoll gaben. Danach sei von den Untersuchungen zum Verhalten der Nutztiere kein Verbot von Haltungssystemen und explizit kein Verbot der Käfighaltung von Legehennen zu erwarten (Gall 2016, 84 f.).

Die Gründe, warum von den Erkenntnissen der Verhaltensforschung in der Praxis kaum Gebrauch gemacht wurde, sind vielfältig. Sie sind sowohl dem elementaren Konflikt zwischen Nutzungs- und Schutzinteressen, aber auch der naturwissenschaftlichen Ausrichtung der Agrarwissenschaften geschuldet. Eine ausführliche Reflexion über die Rolle der Wissenschaften findet sich in Kap. 8. Nach der Verabschiedung des TierSchG erwies sich die Hoffnungen der Agrarpolitik, die Interessenskonflikte mithilfe der Wissenschaft einer Lösung zuführen zu können, schon bald als trügerisch.

Um die Paragrafen des TierSchG mittels Durchführungsbestimmungen für die Praxis zu konkretisieren und Empfehlungen zur Durchführung einer tierschutzkonformen Geflügelhaltung zu erarbeiten, wurde eine Arbeitsgruppe, bestehend aus Fachexperten der Geflügelwirtschaft und der Wissenschaft vom Bundesministerium für Ernährung und Landwirtschaft mit einem Gutachten beauftragt. Was zunächst nach einer über- schaubaren und zeitnah zu bewältigenden Aufgabe aussah, entwickelte sich anders als erwartet. In mehrjährigen Sitzungsrunden kamen die einbezogenen Experten nicht überein, wie die Vereinbarkeit von Rentabilität und Tierschutz im Hühnerstall aussehen könnte (Settele 2020). Es wurde heftig gestritten, nicht zuletzt um die Frage, wie viel Quadratzentimeter der einzelnen Legehenne im Batteriekäfig zugestanden werden sollte: 450 oder 550 cm^2? Vonseiten des Präsidenten des Zentralverbandes der Deutschen Geflügelwirtschaft wurden schwere wirtschaftliche Schäden prognostiziert, sollte man sich auf eine höhere Flächenausstattung als 450 cm^2 verständigen. Diese Vorgabe wiederum wollten die beteiligten Verhaltensforscher nicht akzeptieren, ebenso wenig wie das Argument, dass die Legeleistung der Käfighennen als Kriterium für Wohlbefinden und Beschwerdefreiheit der Tiere dienen sollte. Auf dieses Argument hatten sich die Befürworter der Käfighaltung besonders versteift. Dabei beriefen sie sich unter anderem auf ein Lehr- und Lernbuch von Römer (1952), in dem ausgeführt wird:

> „Das Huhn fühlt sich in der Batterie durchaus wohl […]. Es würde nicht derart legen, wenn kein Wohlbefinden vorläge."

Bei diesem Argument handelt es sich jedoch um einen gedanklichen Kurzschluss, der eine auch für Laien ersichtliche Beziehung zwischen Gesundheit und Leistung nahelegt und auch heute noch als Scheinargument ins Feld geführt wird, um die Aufmerksam- keit des Diskussionsgegners auf einen irrelevanten Nebenaspekt abzulenken. Bei dieser gedanklichen Verknüpfung bleibt unberücksichtigt, dass auch erkrankte Tiere Leistung zu erbringen vermögen. Letztlich entscheiden die Krankheitssymptome und die Dauer der Beeinträchtigungen, in welchem Maße leistungsrelevante funktionale Prozesse bei der Bildung von Eiern, Milch oder Muskelgewebe im Organismus eingeschränkt sind. Beispielsweise zeigen die zu hohen Anteilen von Frakturen des Brustbeins betroffenen Legehennen, dass sie trotz des tierschutzrelevanten Sachverhaltes zu Höchstleistungen bei der Legeleistung befähigt sind (Jung 2021).

Der politische Versuch, die Paragrafen des Tierschutzgesetzes über gutachterliche Stellungnahmen von Sachverständigen mit konkreter Bedeutung und Handlungsan- leitungen für die landwirtschaftliche Praxis zu versehen, endete schließlich ergebnislos. Die Diskrepanzen zwischen den Sachverständigen blieben insoweit nicht folgenlos, als dass sie umfangreiche Forschungsaktivitäten auslösten, die von der Politik in Auftrag gegeben wurden, um eine Lösung der Tierschutzproblematik herbeizuführen (Wegener 1980). Als schließlich ein umfangreiches Forschungsprojekt zur Geflügelhaltung abgeschlossen war, bat man den renommierten Schweizer Verhaltensforscher Beat Tschanz als neutralen Gutachter um eine abschließende Würdigung der Versuchsergebnisse. Tschanz schloss sein Gutachten mit den folgenden Sätzen ab:

> „Das Ungenügen der Umgebung eines Batteriekäfigs ist mit den Ergebnissen der durchgeführten Untersuchungen so eindeutig nachgewiesen, daß es keiner weiteren Erhebungen bedarf, das Verbot dieses Haltungssystems zu begründen. Wenn die zuständigen Instanzen nicht bereit sind, den nun vorliegenden Befunden entsprechende Entscheide zu fällen, dann lässt sich das nicht mehr mit dem Fehlen sachlicher Grundlagen begründen (FAL 1981)."

Wie wir heute wissen, war die Politik nicht bereit, dem Votum der Verhaltensforscher zu folgen, obwohl die Politik bei der Entwicklung des Tierschutzgesetzes dieser wissenschaftlichen Fachdisziplin explizit die Rolle der Entscheider zugewiesen hatte. Daran änderte auch die öffentlichkeitswirksame Unterstützung des Tierschutzanliegens nichts, die in Sachen Käfighaltung zwischenzeitlich massenmedial ins Leben gerufen worden war. Hierzu trugen nicht zuletzt die Fernsehauftritte von Prof. Grzimek in der Fernsehsendung „Ein Platz für Tiere" bei. Am 13. November 1973 ging erstmals ein Beitrag auf Sendung, der die Fernsehgemeinde aufschreckte. Zur besten Sendezeit bekamen die Zuschauer nicht wie gewöhnlich afrikanische Tiere in freier Wildbahn zu sehen, sondern deutsche Hühner eingesperrt in ihren Käfigen. So drastisch waren die Verbraucher noch nie mit den Realitäten der Geflügelhaltung und der Produktionsweise konfrontiert worden, mit der ihr Frühstücksei erzeugt wurde. Entsprechend hoch schlugen die Wellen der Empörung. Das zivilgesellschaftliche Engagement zahlreicher Tierschutzvereine tat ihr Übriges und erhöhte den Druck auf die Politik. Erstmals geriet das Marktgeschehen nicht wegen der Konsequenzen für die menschliche Gesellschaft in die Kritik. Vielmehr beruhte die Ablehnung der Käfighaltung in weiten Bevölkerungsschichten auf der Sorge um das Wohlergehen der Nutztiere.

In dem sich ausbreitendem Konfliktfeld taugte die **Wissenschaft** in den mit der Intensivierung der Produktionsprozesse aufkommenden, komplexen und kontroversen Themenfeldern nicht als eine Instanz, die in der Lage gewesen wäre, Klärungen und Entscheidungen herbeizuführen. Gleichzeitig machte die Lobby der Hühnerhalter den Entscheidungsträgern in der Politik unmissverständlich klar, dass sie keine Tierschutzregeln akzeptieren würden, welche die Produktion verteuerten. Aufgrund der internationalen Konkurrenz auf dem europäischen Binnenmarkt würden derartige Beschränkungen wettbewerbsverzerrend wirken und wertvolle Marktanteile kosten.

Aufgrund des politischen Drucks, den die Tierschutzverbände angesichts ihrer beeindruckenden Mitgliederzahlen aufzubauen in der Lage waren, wurde im Jahr 1986 das Tierschutzgesetz verändert. Im novellierten Gesetz wurde das Tier explizit als Mitgeschöpf anerkannt. Damit sollte die ethische Ausrichtung des Tierschutzes hervorgehoben werden. Zudem wurde der Bundesminister für Ernährung, Landwirtschaft und Forsten verpflichtet, eine Tierschutzkommission zu Fragen des Tierschutzes einzuberufen. Wegweisend für die weitere Entwicklung des gesetzlichen Vorgaben zum Schutz der Nutztiere waren jedoch die in § 13 des TierSchG von 1972 und in § 2a des Änderungsgesetzes von 1986 adressierten Bereiche, die über eine Rechtsverordnung durch das Bundesministerium für Landwirtschaft geregelt werden konnten: (1) Vorschriften über Anforderungen zur Bewegungsmöglichkeit und Gemeinschaftsbedürfnisse der Tiere, (2) an Räume und Käfige, an die Beschaffenheit von Anbinde-, Fütterungs- und Tränkvorrichtungen, (3) hinsichtlich der Lichtverhältnisse- und des Raumklimas sowie der Pflege einschließlich der Überwachung der Tiere. Über die Ermächtigung zum Erlass einer Verordnung wurden die Inhalte des Tierschutzthemas auf Fragen der Haltung, Unterbringung und Pflege der Tiere reduziert und festgeschrieben. Andere tierschutzrelevante Fragen, vor allem Fragen der tiergesundheitlichen Beeinträchtigungen, die mit Schmerzen, Leiden und Schäden der Tiere einhergehen, wurden auf diese Weise von der öffentlichen Debatte und dem für die juristische Aufarbeitung maßgeblichen Verordnungstexten ausgeklammert und damit ferngehalten.

Im Nachhinein kann die Ministerermächtigung als das wirkmächtigste „Kernstück" des TierSchG angesehen werden (Gall 2016, 71 f.). Mit der Überführung zentraler Entscheidungsgewalt vom Parlament an das Bundesministerium wurde dem Minister eingeräumt, die Konkretisierung der Umsetzung des Tierschutzgesetzes in Verordnungen zu regeln. Die vormaligen Erfahrungen, wonach vonseiten der Wissenschaften kein einvernehmliches Votum für eine Konkretisierung der Durchführungsbestimmungen zu erwarten war, lieferte der Politik eine willkommene Begründung, nach eigenem Gusto zu entscheiden. Ob sie dem Schutz der Tiere vor Schmerzen, Leiden und Schäden oder den Interessen der Nutztierhalter an einer möglichst uneingeschränkten Wettbewerbsfähigkeit die größere Bedeutung beimaß, machte Politik unmissverständlich deutlich. Um die Rechtsunsicherheit und den Investitionsstau zu beenden, erließ der Bundeslandwirtschaftsminister im Jahr 1987 die sogenannte „Hennenhaltungsverordnung", die sich im strittigsten Punkt der Käfiggröße auf die kleinste im Raum stehende Zahl von 450 cm^2 pro Tier festlegte.

Zusätzlich zur Verordnung zum Schutz von Legehennen im Stall erließ das BMEL in den Folgejahren analoge Verordnungen zum Schutz von Schweinen und Kälbern. Sie regelten die Anforderungen an den Tierschutz über Mindestanforderungen, die sich im Wesentlichen auf einzelne Haltungsaspekte und auf eine Mindestfläche pro Tier beschränkten. Für die Politik war damit der Tierschutz hinreichend geregelt und die Streitigkeiten beigelegt, die in der Vergangenheit zwischen Interessensgruppen und innerhalb der Wissenschaft um den Tierschutz entbrannt waren. Den Nutztierhaltern gewährten die Mindestanforderungen Rechts- und Planungssicherheit für die stallbaulichen Investitionen. Aus dieser Perspektive können die Verordnungen zum Schutz der Tiere vor allem als Verordnungen zum Schutz der Nutztierhalter vor Rechtsunsicherheit interpretiert werden. Außer der Vermeidung von extrem einengenden Haltungsbedingungen unterhalb der gesetzlich vorgegebenen Mindestfläche änderte sich für die Nutztierhaltung wenig. Was die Verordnungen zum Schutz von Legehennen, Schweinen und Kälbern den Tieren selbst gebracht haben, wird in Abschn. 5.4 ausführlicher erörtert.

5.3 Das deutsche Tierschutzgesetz und seine Folgewirkungen

Was hier als eine lang zurückliegende Episode deutscher Agrargeschichte eher anekdotisch daherkommt, wurde auch deshalb mit einer ausführlicheren Darstellung gewürdigt, weil die Folgewirkungen bis heute anhalten. Ohne eine Rückbesinnung auf die zurückliegenden Weichenstellungen sind die Debatten, die heute im Kontext des Begriffes „Tierwohl" geführt werden, kaum nachzuvollziehen. Bevor jedoch die Leser auf den aktuellen Stand der Tierschutzdebatte und der Entwicklungen in der Nutztierhaltung gebracht werden, bedarf es noch einer weiteren Hinführung. Diese befasst sich mit den Auswirkungen des TierSchG auf die nationale und die europäische Gesetzgebung, auf die Umsetzungen der tierschutzrelevanten Vorgaben in der Nutztierhaltung sowie auf die begrifflichen und inhaltlichen Denkmuster, welche die agrarische, die wissenschaftliche und die gesellschaftspolitische Debatte bis heute prägen. Von zentraler Bedeutung ist dabei die Bedeutung und Aussagefähigkeit, die den Haltungsbedingungen, und hier besonders die den Tieren zur Verfügung stehende Fläche beigemessen wird. Die Gleichsetzung von zusätzlichem Flächenangebot mit mehr Tierschutz im Sinne der Vermeidung von Schmerzen, Leiden und Schäden, ist eine extreme Form der Reduzierung der Komplexität der Tierschutzthematik auf wenige Einzelaspekte. Das, was Tierschutz ausmacht, geht weit darüber hinaus. Bevor diesbezüglich in Abschn. 5.5 ausführlichere Erläuterungen folgen, sollen zunächst die Entwicklungen der Tierschutzgesetzgebung in Deutschland und Europa aufgezeigt werden, welche die Denkmuster bis heute prägen.

5.3.1 Nationale Tierschutzgesetzgebung

Die Käfighaltung für **Legehennen** ist ein herausgehobenes Beispiel für den Umgang mit Nutztieren und für den Umgang der medialen Öffentlichkeit mit der Tierschutzthematik. Der Konflikt zwischen wirtschaftlichen Interessen und einer anwachsenden Gemeinde tierschutzbewegter Menschen wurde auf die Frage der Bewegungsfläche pro Tier zugespitzt und mit Bildern von eingesperrten, häufig des Federkleides beraubten oder von verendeten Hühnern in engen Käfigen unterlegt. Diese Bilder haben sich in den Köpfen vieler Menschen tief eingeprägt. Noch heute ranken sich die Konflikte nicht nur bei den Legehennen, sondern auch bei anderen Nutztieren vorrangig um das Mindestplatzangebot pro Tier. Bei dem Platzangebot handelt es sich um ein Kriterium, das im sichtbaren Bereich liegt und auch für fachliche Laien leicht assoziierbar ist. Folgerichtig wird von den verschiedenen Tierschutzgruppierungen insbesondere das jeweilige Platzangebot als maßgebliches Tierschutzkriterium in den Vordergrund gerückt, um in der Bevölkerung Aufmerksamkeit für das Thema und für sich zu generieren.

Auf der Suche nach Alternativen zur Käfighaltung wurde in Deutschland das Haltungsverfahren der sogenannten „Kleingruppenhaltung" für Legehennen entwickelt, die allerdings auch eine Form der Käfighaltung ist. Diese Haltungsform in größeren Käfigen mit einer Gruppengröße von 40 bis 60 Tieren bietet jeder Henne 800 bis 900 cm^2 Fläche, abgedunkelte Nester zur Eiablage, erhöhte Sitzstangen und 900 cm² Einstreubereich pro zehn Hennen zum Scharren und Picken. Seit Januar 2010 dürfen Nutztierhalter hierzulande keine Eier mehr mit Hühnern in Käfighaltung produzieren. Stattdessen wurde die Kleingruppenhaltung mit 890 cm² Bodenfläche pro Tier als Mindeststandard festgelegt. Tierschützer kritisieren auch diese Haltungsform, da die Tiere kaum mehr Platz hätten und daher unter ähnlich schlechten Bedingungen wie in den Legebatterien gehalten würden. Mit Beschluss vom 12. Oktober 2010 erklärte das Bundesverfassungsgericht aus formalen Gründen die Regelung zur Kleingruppenhaltung als unvereinbar mit Art. 20a des Grundgesetzes, weil die Tierschutzkommission nicht in der nach dem Tierschutzgesetz erforderlichen Weise angehört worden war. Am 6. November 2015 beschloss der Bundesrat, dass die Haltung von Legehennen in Kleingruppen in ausgestalteten Käfigen beendet werden soll. Eine Änderung der Tierschutz-Nutztierhaltungsverordnung sieht eine Auslauffrist für bestehende Betriebe bis Ende 2025 vor.

Auf Basis der im TierSchG verankerten Ministerermächtigung wurden im Jahr 1988 auch Mindestanforderungen zum Schutz von **Schweinen** in der Stallhaltung in Kraft gesetzt (Schweinehaltungsverordnung). In der Verordnung werden vor allem die sichtbaren Aspekte der Haltung wie die Bewegungsfläche pro Tier, Spaltenweite, Beleuchtung und Sauberkeit adressiert. Quantitative Vorgaben beschränken sich auf Mindestmaße zur Flächenzuteilung, Spaltenweite und maximal zulässige Schadgaskonzentrationen. Im Jahr (1992) wurde die Verordnung zum Schutz von **Kälbern** in der Stallhaltung nach dem gleichen Grundsatz wie in der Legehennen- und in der Schweinehaltung verabschiedet. Wie diese beschränkt sich auch die Kälberhaltungsverordnung auf sehr wenige normative Festlegungen und belässt es ansonsten bei allgemeinen Sollbestimmungen, die es ins Belieben der Nutztierhalter stellen, in welchem Maße sie diesen nacheifern.

Im Zuge einer Änderung des Tierschutzgesetzes in 2006 wurde der §11 des TierSchG um einen Zusatz (Absatz 8) ergänzt:

> „Wer Nutztiere zu Erwerbszwecken hält, hat durch betriebliche Eigenkontrollen sicherzustellen, dass die Anforderungen des § 2 TierSchG eingehalten werden. Insbesondere hat er zum Zweck seiner Beurteilung, dass die Anforderungen des § 2 erfüllt sind, geeignete tierbezogene Merkmale (Tierschutzindikatoren) zu erheben und zu bewerten."

Der ebenfalls auf die Ermächtigung des Bundesministers zum Erlass von Verordnungen basierende Zusatz wurde damit begründet, dass mit der Verpflichtung zur Selbstkontrolle, die Eigenverantwortung des Tierhalters gestärkt werden sollte (Jäger 2014). Die ergänzende Vorgabe trat im Februar 2014 in Kraft. Damit überlässt allerdings die gesetzliche Vorgabe es jedem Nutztierhalter selbst, welche Tierschutzindikatoren bei der betrieblichen Eigenkontrolle zur Anwendung kommen. Auch macht es keine Vorgaben, welche Zielgrößen mithilfe der **Indikatoren** erfasst werden sollen. Die Aufforderung zur Anwendung von Indikatoren bei der Eigenkontrolle mutiert zum Selbstzweck, wenn nicht gleichzeitig überprüft wird, ob mit Mindestanforderungen auch die anvisierten

Ziele hinsichtlich des Schutzes der Tiere vor Schmerzen, Leiden und Schäden erreicht werden.

Mit der Verpflichtung zur Eigenkontrolle nahm sich das Bundesministerium selbst aus der Schusslinie, in die es durch die wiederholte Kritik aus den Reihen der Tierschutzverbände geraten war. Solange nicht zu erwarten ist, dass die Eigenkontrolle der Nutztierhalter regelmäßig kontrolliert würde, stellte dies auch für die Agrarlobby keine Vorgabe dar, gegen die sie sich übermäßig zur Wehr setzten. Schließlich sind von den Vorgaben auch keine Wirkungen auf die Wettbewerbsfähigkeit zu erwarten. Was vonseiten der Politik positiv im Sinne der Stärkung der Eigenverantwortung herausgestellt wurde, bedeutete im Grunde nichts weniger, als dass der Nutztierhalter selbst beurteilt, ob er in seinem Betrieb die Anforderungen des Tierschutzes einhält, wie er es selbst für richtig hält. Die Nutztierhalter suchen sich die Kriterien aus, die ihnen geeignet erscheinen, und legen selbst fest, in welchen Zeitabständen sie diese kontrollieren. Auch legen die Nutztierhalter selbst die **Maßstäbe** fest, welche Abweichungen bei den gewählten Kriterien für sie noch tolerabel sind. So viel Selbstbezüglichkeit dürfte in kaum einem anderen gesellschaftlich relevanten Bereich anzutreffen sein. Der Staat zieht sich von den Aufgaben einer übergeordneten Kontrolle zurück. Mit der Beauftragung von Fachgremien unter Beteiligung von Wissenschaftlern (Zapf et al. 2015) ist er lediglich dabei behilflich, dass Leitfäden für die Anwendung von Tierschutzindikatoren erarbeitet und den Landwirten zur Verfügung gestellt werden.

Auf der anderen Seite ist die Politik darum bemüht, dass die Nutztierhalter vor ungebetenen Besuchen durch Tierschutzaktivisten geschützt werden. Ungebetene Gäste hatten sich widerrechtlich und wiederholt Zutritt zu Stallanlagen verschafft und Aufnahmen von tierschutzwidrigen Verhältnissen gemacht, die sie dann öffentlichkeitswirksam verbreiteten. Die Reaktion der Agrarpolitik bestand vor allem darin, den Nutztierhaltern zu versichern, dass man den Straftatbestand des Hausfriedensbruches nicht dulden und dagegen vorgehen werde. So wurde im Koalitionsvertrag der Bundesregierung von 2018 verankert: *„Wir wollen Einbrüche in Tierställe als Straftatbestand effektiv ahnden."*

Allerdings fand die Agrarpolitik nicht die gewünschte Unterstützung durch die Judikative. Im Februar 2018 verwarf der 2. Strafsenat des Oberlandesgerichts Naumburg (2 Rv 157/17 OLG Naumburg) die Revision der Staatsanwaltschaft gegen ein Berufungsurteil des Landgerichts Magdeburg, durch das ein Freispruch der Angeklagten von dem Vorwurf des gemeinschaftlichen Hausfriedensbruchs bestätigt wurde.

Gemäß den Feststellungen des Landgerichts sind drei Mitglieder einer Tierschutzorganisation in die Stallungen eines Schweinebetriebes eingedrungen, um dort Filmaufnahmen anzufertigen. Dazu veranlasst hatten sie Hinweise, dass diverse Verstöße gegen Verordnungsvorgaben vorliegen sollten. So seien insbesondere die Kastenstände für Schweine deutlich zu klein. Aus vorherigen Fällen verfügten die Angeklagten über die Erfahrung, dass eine Anzeige bei der zuständigen Behörde ohne dokumentierte Beweise nicht erfolgversprechend war. Das Filmmaterial legten sie dann den zuständigen

Behörden vor und erstatteten Anzeige gegen die verantwortlichen Personen des Unternehmens. Im Zuge der daraufhin veranlassten behördlichen Kontrollen wurden diverse Verstöße gegen die Tierschutznutztierhaltungsverordnung festgestellt. Der Senat des Oberlandesgerichtes hat die vom Berufungsgericht vertretene Auffassung bestätigt, wonach ein rechtfertigender Notstand vorlag. Das „Tierwohl" stelle ein notstandsfähiges Rechtsgut dar, dem durch die von den Angeklagten dokumentierten Missstände dauerhafte Gefahr gedroht habe. Die Tat sei zur Abwendung der Gefahr erforderlich gewesen, weil mit einem Eingreifen der zuständigen Behörden nach den zuvor erzielten Erfahrungen nicht zu rechnen gewesen sei. Das von den Angeklagten geschützte „Tierwohl" sei im vorliegenden Fall deutlich höher zu bewerten als das verletzte Hausrecht. Dabei hat der Senat auch berücksichtigt, dass die Gefahr für das von den Angeklagten geschützte „Tierwohl" vom Inhaber des Hausrechtes ausgegangen war.

5.3.2   Europäische Tierschutzgesetzgebung

Mit dem Eintritt des Vereinten Königreiches in die Europäische Wirtschaftsgemeinschaft im Jahr 1973 nahmen auch die Bemühungen der Europäischen Gemeinschaft ihren Anfang, neben einer verstärkten wirtschaftlichen Zusammenarbeit auch das Anliegen des Tierschutzes in die gemeinsame Agrarpolitik einzubeziehen (Simonin und Gavinelli 2019). Die Engländer brachten damit ein Thema ein, dass in ihrem Land schon deutlich früher für Aufsehen gesorgt hatte, als dies in anderen Ländern der Fall war und noch immer der Fall ist. Bereits im Jahr 1974 wurde der erste Gesetzestext zum Tierschutz verabschiedet. In Artikel 13 des Abkommens über das Funktionsprinzip der Europäischen Union heißt es:

> „In formulating and implementing the Union's agriculture, fisheries, transport, internal market, research and technological development and space policies, the Union and the Member States shall, since animals are sentient beings, pay full regard to the welfare requirements of animals, while respecting the legislative or administrative provisions and customs of the Member States relating in particular to religious rites, cultural traditions and regional heritage."

Entgegen vieler Interpretationen beinhaltet dieser Text keine Gesetzesgrundlage für den Tierschutz. Es ist (lediglich) eine Verpflichtung, den Aspekt des Tierschutzes bei der künftigen EU-Politik zu berücksichtigen. Allerdings wird hier unmissverständlich hervorgehoben, dass Tiere empfindungsfähige Lebewesen sind.

   Die EU-Gesetzgebung zum Schutz von landwirtschaftlichen Nutztieren beinhaltet verschiedene Aspekte, die derzeit durch fünf Richtlinien und zwei Verordnungen geregelt werden. In der europäischen Gesetzesordnung sind Richtlinien bindend für alle Mitgliedsländer hinsichtlich der Ziele, die damit erreicht werden sollen. Sie müssen jedoch erst in das jeweilige nationale Rechtssystem transformiert werden. Dies ermöglicht den Mitgliedsländern, die Anpassung der Vorgaben an die nationalen, juristischen und strukturellen Gegebenheiten. Allerdings ist es den Nationalstaaten nicht erlaubt, die

Zielsetzungen der Richtlinien zu verwässern. Im Wesentlichen werden in den Richtlinien **Mindestanforderungen** festgelegt, die in den jeweiligen Ländern für alle Adressaten bindend sind. Demgegenüber kommen Verordnungen in allen Mitgliedsländern unmittelbar zur Anwendung, ohne erst in nationales Recht übertragen zu werden. Bei den Verordnungen bleibt es den Nationalstaaten lediglich überlassen, eigene Regeln für die Sanktionierung von Verstößen festzulegen.

Von den fünf Tierschutzrichtlinien der EU-Gesetzgebung behandelt eine Richtlinie (Council Directive 98/58/EC of 20 July 1998) die Belange aller Nutztiere, während die weiteren Richtlinien die Mindestanforderungen zum Schutz von Legehennen, Kälbern, Schweinen und Masthühnern betreffen.

Analog zum Deutschen Tierschutzgesetz wird auch bei den Absichtserklärungen der Europäischen Union die Empfindungsfähigkeit der Nutztiere hervorgehoben. Wenn es allerdings um die konkreten Umsetzungen geht, obsiegt auch hier die Interessenlage. In der Konkretisierung der europäischen von Tierschutzrichtlinien wurde auf das zurückgegriffen, was schon da war, nämlich die Durchführungsverordnungen zum deutschen Tierschutzgesetz. In nur geringfügig modifizierter Form entsprachen die Ursprungsfassungen der europäischen Richtlinien den Haltungsverordnungen, die zuvor in Deutschland vom Bundesministerium für Ernährung und Landwirtschaft auf der Basis des im deutschen Tierschutzgesetz verankerten Ministererlasses formuliert worden waren. Damit diente die gemäß den Wünschen der landwirtschaftlichen Interessensverbände in Deutschland konzipierte Verordnung als Blaupause für die europäische Tierschutzgesetzgebung. Schließlich befinden sich nicht nur die Nutztierhalter in Deutschland, sondern auch in anderen europäischen Ländern in einem harten Wettbewerb um die Märkte.

Die aktuelle europäische Richtlinie (Council Directive 1999/74/EC of 19 July 1999) definiert die Tierschutzanforderungen bei der Haltung von Legehennen in drei unterschiedlichen Haltungsformen: nichtausgestaltete Käfige, ausgestaltete Käfige und alternative Haltungssysteme. Die erste Variante entspricht den herkömmlichen Käfigbatterien, die den Legehennen lediglich ein Minimum an 550 cm² pro Tier gewährt. Diese Haltungsform ist nach einer langen Übergangszeit seit dem 1. Januar 2012 verboten. Das Verbot brachte einen grundlegenden Wechsel für ca. 360 Mio. Legehennen, die zu diesem Zeitpunkt in der EU gehalten wurden. Bei den ausgestalteten Käfigen steht den Tieren ein Minimum an 750 cm² pro Henne und zudem Nest- und Einstreumaterial zur Verfügung. Alternative Haltungssysteme betreffen die Bedingungen in der Boden- und Freilandhaltung. Die Richtlinie ist verlinkt mit den Vermarktungsnormen für Eier (Council Regulation (EC) No 1234/2007 of 22 October 2007), welche die Kennzeichnung der Eier in der EU nach Haltungsformen regelt: 0 für ökologisch erzeugte Eier; 1 für Freilandeier; 2 für Eier aus Bodenhaltung und 3 für Eier aus Käfighaltung. Bis heute ist dies die einzige verpflichtende Information in der EU, welche die Verbraucher über die Haltungsbedingungen informiert, unter denen die Tiere gehalten werden.

Obwohl die Legehennenrichtlinie Verstümmelungen im Allgemeinen verbietet, ist es den einzelnen Mitgliedsländern der EU erlaubt, das Kürzen der Schnäbel von Legehennen zuzulassen, um das Auftreten von Federpicken und Kannibalismus einzudämmen. Verboten ist dagegen die Einleitung der Zwangsmauser. Seit Januar 2012 ist die konventionelle Käfighaltung in der gesamten Europäischen Union verboten. Das Importieren von Eiern aus Käfighaltung und Produkten, in denen solche enthalten sind, ist aber weiterhin erlaubt. Dies erlaubt der Lebensmittelindustrie preisgünstige Eier aus Drittländern zu kaufen und sie zu Nudeln, Fertigkuchen oder auch Süßigkeiten zu verarbeiten. Auf diesem Weg landen Eier aus der Käfighaltung weiterhin auf den Tellern der Verbraucher.

Die im Jahr 1991 erstmals verabschiedete und überarbeitete Richtlinie über Mindestanforderungen bei der Haltung von Kälbern (Council Directive 2008/119/EC of 18 December 2008) schreibt die Gruppenhaltung von Kälbern vor, die älter als 8 Wochen sind. Sie beendet das vormals anvisierte Produktionsziel von „weißem Kalbfleisch", das auf der Milchmast von Kälbern in Einzelhaltung basierte. Dabei wurden die **Kälber** häufig in Dunkelheit gehalten; zudem wurden die Tiere durch Verzicht auf eisenhaltige Futtermittel gezielt einem anämischen Zustand ausgesetzt. Die Anbindung von Kälbern sowie die Anbringung von Maulkörben wurde verboten; auch muss ein Mindestmaß an faserhaltigem Material angeboten werden, um einen Mindestbedarf der Tiere an Eisen zu bedienen. Die analog zur Kälberrichtlinie 1991 verabschiedete Richtlinie zu den Mindestanforderungen zum Schutz von Schweinen regelt in der aktuellen Fassung (Council Directive 2008/120/EC of 18 December 2008) die verschiedenen Produktionsabschnitte, von den Zuchtsauen bis zu den Mastschweinen. Seit dem 1. Januar 2013 ist die Gruppenhaltung für tragende Sauen vorgeschrieben. Davor war es gestattet, dass Sauen ihr gesamtes Leben in engen Käfigen gehalten wurden, in denen sie sich nicht umdrehen konnten. Allerdings sind im Deckstand und im Abferkelstall während der Säugephase, d. h. über lange Zeiträume, weiterhin Kastenstände erlaubt. Die Richtlinie gibt detaillierte Vorgaben für die Bewegungsfläche der Schweine in allen Lebensphase vor. Darüber hinaus muss allen Schweinen Beschäftigungsmaterial angeboten werden. In der Richtlinie werden ferner Aspekte des Schwanzkupierens, der Kastration und des Absetzalters geregelt. Das Schwanzkupieren ist nicht routinemäßig erlaubt, sondern nur, wenn Verletzungen nachweislich aufgetreten sind und die Umsetzung anderer Maßnahmen zur Verhinderung des Kannibalismus nicht zum Erfolg geführt haben. Eine weitere Richtlinie (Council Directive 2007/43/EC of 28 June 2007) betrifft die Haltung von Masthühnern. Hier ist ein maximaler Tierbesatz von 33 kg pro m^2 vorgeschrieben. Diese Größe kann allerdings in Abhängigkeit vom Management und den Ergebnissen von Monitoringsystemen auf bis zu 42 kg pro m^2 ausgeweitet werden. Von den Mitgliedsländern wird erwartet, dass sie ein Monitoringsystem auf den Betrieben und im Schlachthaus (basierend auf den bei der Schlachtung beobachteten Verletzungen) etablieren.

Die beiden tierschutzrelevanten Verordnungen, welche auf europäischer Ebene für alle Mitgliedsländer verbindlich festgelegt wurden, betreffen den Schutz von Tieren beim Transport (25.02.1997) sowie den Schutz im Zusammenhang mit der Schlachtung (fachgerechtes Betäuben) und dem Töten der Tiere (03.03.1997). Hinsichtlich des Transportes (Council Regulation (EC) No 1/2005) werden für alle landwirtschaftlichen

Nutztiere unter anderem die technischen Anforderungen an die Transportmittel, die maximale zulässige Transportdauer, die Mindestfläche pro Tier, das Handling der Tiere sowie administrative Anforderungen an die Qualifikation der am Transport beteiligten Akteure geregelt. Darüber hinaus ist bedeutsam, dass Tiere, die geschwächt oder erkrankt sind, nicht transportiert werden dürfen. Der Schutz der Nutztiere bei der Schlachtung (Council Regulation (EC) No 1099/2009) soll dadurch gewährleistet werden, dass vor der Tötung eine Betäubung gemäß vorgegebenen Methoden verpflichtend vorgeschrieben wird. Aus religiösen Gründen sind Ausnahmen zugelassen. Die Durchführung der Schlachtung gemäß den detaillierten Vorgaben sowie die Qualifikation der Akteure sollen kontinuierlich überwacht werden. Zudem erfordert die Verordnung, dass Fleisch, das von Drittländern in die EU eingeführt wird, mit einem Zertifikat versehen wird, dass bei der Schlachtung äquivalente Anforderungen berücksichtigt und eingehalten wurden.

Darüber hinaus wurde mit der European Food Safety Authority (EFSA) in der EU eine wissenschaftliche Institution etabliert, welche den Entscheidungsträgern mit unabhängiger wissenschaftlicher Expertise zur Seite steht und der EU-Kommission auf Anfrage wissenschaftliche Gutachten zu Fragen des Tierschutzes und deren Umsetzung erstellt. Auch soll über die EFSA nicht nur ein besserer Informationsaustausch mit den beteiligten Interessensgruppen ermöglicht werden; diese sollen auch stärker in die Diskussionsprozesse im Vorfeld von gesetzgeberischen Entscheidungen einbezogen werden. Die EFSA ist ferner an der Lösung von Fragen zur Umsetzung von EU Vorgaben, zum Beispiel zum Monitoring und zur Validierung von tierbezogenen Indikatoren bei den verschiedenen Tierarten, beteiligt.

Für die Umsetzung der EU-Gesetzgebung, sei es in Form von Verordnungen oder Richtlinien, sind die EU-Mitgliedsländer verantwortlich; diese müssen die technischen und logistischen Voraussetzungen für die Kontrolle und für ein angemessenes System der Erfassung der Entwicklungsprozesse und der Umsetzungen der gesetzlichen Vorgaben sowie für die Sanktionierung von Verstößen schaffen. Um zu überprüfen, ob die Mitgliedsländer ihrer Verantwortung gerecht werden, wurde von der EU-Kommission ein System von regelmäßigen Audits implementiert. Werden von den Experten des Directorate F Health and Food Audits and Analysis bei der Inspektion der Situation in einzelnen Mitgliedsländern Verstöße festgestellt, hat dies eine Reihe von Aktivitäten zur Folge. Zunächst wird versucht, über den Dialog Verbesserungen hervorzurufen. Im Fall von anhaltenden Verstößen kann die Kommission ein juristisches Verfahren einleiten. Ferner sind die Mitgliedsländer verpflichtet, der Kommission über den Stand der nationalen Aktivitäten zur Überprüfung des Tierschutzes Bericht zu erstatten. Die Kommission kann weitere Daten anfordern, um die Einhaltung der jeweiligen EU-Gesetzgebung zu prüfen. In der Vergangenheit wurde dies insbesondere beim Verbot der Käfighaltung und dem Gebot der Gruppenhaltung von Sauen praktiziert. Wenn auch dieses Prozedere nicht zu entsprechenden Verbesserungen geführt hat, kann die Kommission ein Vertragsverletzungsverfahren nach Artikel 258 einleiten. Führen auch die weiteren Verfahrensschritte nicht zum gewünschten Erfolg, wird die Angelegenheit vor den Europäischen

Gerichtshof gebracht. Am Ende kann ein EU-Mitgliedsland zu erheblichen finanziellen Strafzahlungen verurteilt werden. Allerdings erfordern solche Prozesse für beide Seiten einen erheblichen Aufwand und können sich sehr in die Länge ziehen.

Ein solches Verfahren zur Überprüfung der Umsetzung von Tierschutzvorgaben der EU ist im Fall des Schwanzkupierens zur Anwendung gekommen. In der europäischen Gesetzgebung darf gemäß Anhang I, Kap. 1 Nr. 8 der RL 2008/120/EG des Rates ein Kupieren der Schwänze

> „nicht routinemäßig und nur dann durchgeführt werden, wenn nachgewiesen werden kann, dass Verletzungen anderer Schweine entstanden sind. Bevor solche Eingriffe vorgenommen werden, sind andere Maßnahmen zu treffen, um Schwanzbeißen und andere Verhaltensstörungen zu vermeiden, wobei die Unterbringung und Bestandsdichte zu berücksichtigen sind. Aus diesem Grund müssen ungeeignete Unterbringungsbedingungen oder Haltungsformen geändert werden".

Das Schwanzbeißen ist eine Form kannibalistischen Verhaltens, das nicht in der freien Wildbahn, wohl aber bei suboptimalen Haltungsbedingungen von Schweinen auftritt. Aus Sicht der EFSA (2007) stellt Schwanzbeißen (*Caudophagie*) das größte Tierschutzproblem in der konventionellen Schweinemast dar. Es geht unzweifelhaft mit Schmerzen, Leiden und Schäden bei den von den Artgenossen gebissenen Schweinen einher. Obwohl das Problem bereits in den 1950er-Jahren beschrieben wurde (Jericho und Church 1972), harrt es unter den vorherrschenden Haltungsbedingungen noch immer einer zufriedenstellenden Lösung. Das Auftreten des Schwanzbeißens ist in hohem Maße vom jeweiligen betrieblichen **Kontext** abhängig und folgt keinen Gesetzmäßigkeiten, die es für Patentrezepte zugänglich machen würde. Folgerichtig sind die Bemühungen, das Problem mittels technischer oder züchterischer Strategien einzudämmen, ohne die Verfahrensabläufe grundlegend zu ändern, bisher weitgehend gescheitert (Sundrum 2020).

Obwohl die **Schwanzamputation als ein Mittel** zur Eindämmung des Schwanzbeißens nur bei Vorliegen einer Ausnahmegenehmigung nach entsprechendem Nachweis der Notwendigkeit erlaubt ist, wird bei mehr als 80 % der in der Europäischen Union gehaltenen Schweine der Schwanz routinemäßig und damit widerrechtlich kupiert (Briyne et al. 2018). Allerdings treten auch bei schwanzamputierten Schweinen Verletzungen am Schwanzstummel auf. An Schlachthöfen in Irland wurden bei mehr als 30 % der Mastschweine an den Überbleibseln der kupierten Schwänze Verletzungen festgestellt (Carroll et al. 2016). Auf der anderen Seite kann es auf Betrieben, die keine Schwanzamputation durchführen, selbst bei verbesserten Haltungs- und Managementbedingungen zu einem Anstieg des Schwanzbeißens kommen (Lahrmann et al. 2017). Folglich sind weder das Schwanzkupieren noch der Verzicht darauf geeignet, eine Lösung für das tierschutzrelevante Problem herbeizuführen.

Die routinemäßig durchgeführte Amputation der Schwänze von Saugferkeln stellt für die Tiere einen schmerzhaften Eingriff dar. Da Landwirte in der Vergangenheit nicht berechtigt waren, Schmerz- und Narkosemittel anzuwenden, und die Hinzuziehung eines

Tierarztes als zu kostspielig angesehen wurde, hatte dies zur Folge, dass eine Betäubung aus pragmatischen Gründen unterblieb. Erst ein zunehmendes Problembewusstsein in der Öffentlichkeit hat die Politik dazu bewogen, die Schwanzamputation generell zu verbieten und nur in Ausnahmefällen zuzulassen. An dieser vermeintlich zum Schutz der Tiere initiierten gesetzlichen Vorgabe irritiert, dass zwar der Eingriff der Schwanzamputation als tierschutzrelevant eingestuft wird, nicht aber die Folgewirkungen des Schwanzbeißens für die betroffenen Tiere. Das Ausmaß, der mit dem Schwanzbeißen verbundenen Schmerzen für die betroffenen Tiere, dürfte dasjenige der Schwanzamputation deutlich übersteigen. Allerdings sind von einer Schwanzamputation alle Tiere eines Bestandes betroffen, während das Schwanzbeißen eine unterschiedliche Zahl von Schweinen eines Betriebes betrifft. Aus der Perspektive des Gesetzgebers ist es einfacher, einen Routineeingriff zu untersagen, als das Auftreten von Schmerzen, Leiden und Schäden justiziabel zu handhaben und wirksam zu begrenzen.

In vielen europäischen Mitgliedsländern mangelt es am politischen Willen, die gesetzlichen Vorgaben zum Verbot der Schwanzamputation an den Betrieben zu kontrollieren und durchzusetzen. Auch fehlt die Bereitschaft, ein überbetriebliches Monitoring durchzuführen, was angesichts der sichtbaren Veränderungen vergleichsweise leicht am Schlachthof umgesetzt werden könnte. Allerdings fehlt es insbesondere in den EU-Ländern, die auf den Export in Drittländern ausgerichtet und damit dem Unterbietungswettbewerb auf den globalen Märkten ausgesetzt sind, an der Bereitschaft, die gesetzlichen Vorgaben konsequent durchzusetzen. Nachdem bei einem Audit der EU-Kommission im Jahr 2018 festgestellt wurde, dass flächendeckend gegen die obige EU-Richtlinie verstoßen wird, wurde den betroffenen Mitgliedsländern vonseiten der EU-Kommission ein Vertragsverletzungsverfahren angedroht.

In Deutschland wurde noch im gleichen Jahr von der Agrarministerkonferenz ein nationaler Aktionsplan beschlossen, der Landwirte bei der notwendigen Umsetzung der EU-Richtlinie RL 2008/120/EG unterstützen soll. Schweinehalter müssen seit Juli 2019 detailliert darlegen, welche Maßnahmen sie ergreifen, um der Problematik des Schwanzbeißens entgegenzuwirken. „Herzstück" des Aktionsplanes ist die sogenannte „Tierhalter-Erklärung", in der der Tierhalter bestätigt, dass das Kupieren in seinem Bestand derzeit unerlässlich ist (Maurer und Moritz 2019). Dieser Erklärung muss eine Erfassung der Bissverletzungen an den Tieren, eine umfassende Risikoanalyse und das Identifizieren und Umsetzen möglicher Optimierungsmaßnahmen vorausgehen. Der sogenannte Aktionsplan verschafft den Tierhaltern Rechtssicherheit, indem festlegt wird, unter welchen Bedingungen das Kupieren der Schwänze weiterhin zulässig ist. Ein konsequentes Vorgehen zur Reduzierung der tierschutzrelevanten Beeinträchtigungen, die mit dem Schwanzbeißen einhergehen, sieht anders aus. Beispielsweise könnte sich ein zielgerichteter Aktionsplan auf den Anteil der Tiere mit Schwanzverletzungen beziehen und den Nutztierhaltern einen Stichtag vorgeben, zu dem eine entsprechende Zielgröße erreicht werden muss, um Sanktionen zu umgehen.

In Niedersachsen, das bekanntermaßen eine hohe Dichte an schweinehaltenden Betrieben und Schweinen aufweist, wurde im Jahr 2015 die sogenannte „Ringelschwanzprämie" eingeführt. Auf Antrag wird für jedes unversehrte Mastschwein mit intaktem Schwanz eine Prämie von 16,50 € gezahlt. Im Jahr 2016 nahmen lediglich 86 Betriebe mit insgesamt 80.820 Tieren teil (Dämmrich 2020). Angesichts der Zahl von ca. 5,8 Mio. Mastschweinen, die im Jahr 2016 in Niedersachsen gehalten wurden, vermochte der finanzielle Anreiz die Schweinemäster nicht zu überzeugen. Im Jahr 2017 wurden lediglich 156 Anträge gestellt. Neben der ausbleibenden Wirksamkeit der finanziellen Anreize offenbart die niedersächsische Initiative ein problematisches Rechtsverständnis. Anders als man es bei anderen Rechtsstreitigkeiten erwarten darf, werden hier nicht diejenigen sanktioniert, die gegen gesetzliche Vorgaben verstoßen, sondern diejenigen belohnt, welche sich an die gesetzlichen Vorgaben halten.

Neben der Tierschutzgesetzgebung wirken auch andere Gesetzgebungsverfahren auf europäischer Ebene auf das Tierschutzanliegen ein. So wurde im Jahre 1997 mit der Veröffentlichung des Grünbuches und im Jahre 2000 mit der des Weißbuches zur Lebensmittelsicherheit Signale zur Neugestaltung der Lebensmittelhygiene gesetzt. In den Jahren 2002 bis 2004 trat eine Reihe von EU-Verordnungen in Kraft. Inhaltliches Ziel dieser Neukonzeption war es, ein hohes Maß an Lebensmittelsicherheit zu garantieren. Dabei geht es unter anderem um die Gesundheit der Nutztiere, die Risikoorientierung bei der Überwachung und die Verantwortung des Unternehmers. Die Einbeziehung der Primärerzeugung bei Lebensmitteln tierischen Ursprungs geschieht durch die Einführung der sogenannten Lebensmittelketteninformation. Dabei werden für die Lebensmittelsicherheit relevante Informationen zu den abgelieferten Schlachttieren verlangt, die spätestens bei der Anlieferung der Schlachttiere bei der zuständigen Stelle des jeweiligen Schlachthofes vorzulegen sind. Mit dieser Regelung wird der Landwirt in die Pflicht genommen, bestimmte Aussagen bezüglich der Gesundheit seiner abgelieferten Schlachttiere zu machen.

5.3.3 Faktische und gedankliche Prägungen

Die über den Erlass des Bundesministers für Ernährung und Landwirtschaft auf der Basis des deutschen Tierschutzgesetzes in die Welt gesetzten Mindestnormen für Stallneubauten haben eine „normative Kraft des Faktischen" entfaltet, die bis heute anhält. Sollen die in Beton gegossenen und damit zementierten Haltungsbedingungen verändert werden, muss man ihnen schon mit schwerem Gerät begegnen. Mit Einführung der Mindestmaße waren diese das Maß der Dinge und die Norm für die Stallbauer. Gleichzeitig waren sie auch der Bezugs- und Ankerpunkt, auf den die weiteren Debatten zu Tierschutzfragen, die zwischen unterschiedlichen Interessensgruppen immer wieder aufflammten, Bezug nahmen. Bei vielen Nutztierhaltern verfestigte sich der Eindruck, dass die Einhaltung der gesetzlichen **Mindestanforderungen** mit einem hinreichend praktizierten Tierschutz gleichgesetzt werden kann. Für sie galt und gilt als „tierschutzgerecht", was den Mindestvorgaben entspricht. Entsprechend fühlen sich viele Nutztierhalter angesichts der Kritik, die ihnen vor allem von Tierschützern entgegengebracht wird, zu Unrecht an den Pranger gestellt.

Auf der anderen Seite gehen den organisierten Tierschützern die Mindest-anforderungen nicht weit genug. Allerdings bleiben auch sie dem politisch gesetzten Ankerpunkt der Mindestflächenausstattung verhaftet. Seit der Debatte um die Mindest-fläche pro Legehenne in der Käfighaltung sind nicht nur die Nutztierhalter, sondern auch die diversen Tierschutzorganisationen auf Mindestnormen fokussiert und fixiert. Anstatt sich von der gedanklichen Fixierung an die Bewegungsfläche zu lösen und andere Optionen für Verbesserungen des Schutzes der Nutztiere vor Beeinträchtigungen ins Spiel zu bringen, lassen Tierschützer seit Jahrzehnten keine Gelegenheit aus, medien- und mitgliederwirksam, aber ohne messbare Wirkung auf den Schutz der Tiere, eine Erhöhung der Mindestnormen zu fordern. Weitgehend ausgeblendet wird, dass bei den in der Regel betonierten Ställen, außer über eine verringerte Gruppengröße wenig Hand-lungsspielraum besteht. Hinzu kommt, dass auf der europäischen Ebene alle Mitglieds-länder einer Anhebung der Mindestanforderungen an die Flächenausstattung zustimmen müssen. Angesichts der auf unterschiedlichen Interessen basierenden Uneinigkeiten auf EU-Ebene sind hier auf lange Sicht keine substanziellen Veränderungen zu erwarten. Nicht minder schwer wiegt, dass aufgrund der medial um Aufmerksamkeit buhlenden Tierschutzorganisationen auch in breiten Bevölkerungskreisen die Tierschutzdebatte vor-rangig auf die begrenzte Bewegungsfläche reduziert wurde.

Daher verwundert es nicht, dass Anbieter von Alternativprodukten tierischer Her-kunft sich vom herkömmlichen Warenangebot dadurch abzugrenzen suchen, dass sie vor allem auf eine erhöhte Flächenausstattung verweisen und dies mit weiteren Zusatzangeboten wie Beschäftigungsmaterial und Einstreu kombinieren. In Deutsch-land gehörte das **Markenprogramm** Neuland® zu den ersten Initiativen, die unter Verweis auf eine erhöhte Flächenausstattung in Verbindung mit eingestreuten Liege-flächen verwiesen und das auf diese Weise erzeugte Schweinefleisch höherpreisig auf dem Markt feilboten (Sundrum 1992). Auch bei den im Jahr 1998 eingeführten und europaweit gültigen Vorgaben zur ökologischen Nutztierhaltung stehen die erhöhten stallbauliche Mindestanforderungen, die sich explizit von den Haltungsnormen in der konventionellen Nutztierhaltung abheben (Sundrum 1998), im Zentrum der Abgrenzung von den konventionellen Haltungsbedingungen. Damit bleibt auch die ökologische Produktionsmethode der gedanklichen Verknüpfung verhaftet, die eine Verbesserung des Tierschutzes durch die Realisierung erhöhter Mindestanforderungen an die Flächen-ausstattung in Kombination mit Stroheinstreu und Auslaufproklamiert. In analoger Weise wurde auch vom Deutschen Tierschutzbund im Jahr 2019 ein zweistufiges Tierschutzlabel „Für Mehr Tierschutz" etabliert, das im Vergleich zu den gesetzlichen Vorgaben großzügiger bemessene Haltungsbedingungen vorschreibt. Diese sind hin-sichtlich des Niveaus zwischen den gesetzlichen und den ökologischen Anforderungen angesiedelt. Zusätzlich erfolgt bei den Programmen mit erhöhten Haltungsstandards eine **Zertifizierung** durch weitgehend unabhängige Kontrolleure. Diese überprüfen die Ein-haltung der erhöhten Mindeststandards auf den Betrieben, die das **Label** verwenden. Allerdings wird bei diesen Überprüfungen nicht kontrolliert, ob die erhöhten Mindeststandards die Tiere vor Beeinträchtigungen schützen, die mit Schmerzen, Leiden und Schäden verbunden sind.

In der konventionellen Nutztierhaltung kommt es dagegen nur selten zu einer Kontrolle, ob die gesetzlichen Vorgaben auch eingehalten werden. Für die Kontrolle sind die Bundesländer zuständig. Zwar haben diese ein Kontrollverfahren durch die zuständigen Veterinärbehörden implementiert; allerdings ist die Kontrolldichte so gering, dass Landwirte, die es mit den Regelungen nicht so genau nehmen, wenig zu befürchten haben. So wird laut Recherchen des Deutschen Tierschutzbundes (2021) jeder Betrieb in Deutschland durchschnittlich alle 17 Jahre, in Schleswig-Holstein alle 37 Jahre und in Bayern sogar nur alle 48 Jahre kontrolliert. Es gehört zum Beispiel zu den haltungstechnischen Vorgaben, nicht nur die Mindestfläche pro Tier einzuhalten, sondern auch Krankenbuchten in hinreichender Zahl bereitzuhalten, um erkrankte Tiere absondern und besser therapieren und pflegen zu können. Im Zuge einer aktuellen risikoorientierten Schwerpunktüberwachung wurden in Schweinemastbetrieben gravierende Missstände ermittelt (Wengenroth 2021). 59 % der 379 untersuchten Betriebe wiesen mindestens einen tierschutzrelevanten Mangel auf; bei 90 Betrieben wurden sogar mehrere Verstöße gegen Tierschutzkriterien festgestellt. Große Mängel wurden vor allem bei der Unterbringung, Versorgung und Separierung kranker und verletzter Tiere vorgefunden.

Nachvollziehbar ist, dass die Nutztierhalter und ihre Interessensvertreter keinen Wert auf ein hohes Kontrollniveau legen. Andererseits können ohne Kontrolle der Einhaltung von Mindeststandards keine fairen Wettbewerbsbedingungen zwischen den Konkurrenten gewährleistet werden. Wenn diejenigen profitieren, die sich nicht an die Mindestvorgaben halten, haben die Gutwilligen das Nachsehen. Anders als in anderen Europäischen Ländern wie Finnland, Dänemark oder den Niederlanden erscheint die Kontrolle der betrieblichen **Tierschutzleistungen** in Deutschland politisch nicht opportun. Im föderalen System der Bundesrepublik sind die Bundesländer für die Kontrolle verantwortlich. Diese kommen dieser Verpflichtung mit einer sehr unterschiedlichen Kontrolldichte nach. Dabei wird hingenommen, dass dadurch zusätzliche Wettbewerbsverzerrungen verursacht werden. Allerdings erfolgte bislang auch kein Protest vonseiten der Bauernverbände ob dieser ungleichen Behandlung der Betriebe zwischen den Bundesländern. Staatliche Kontrollen sind für die Bundesländer mit erheblichen personellen und damit finanziellen Aufwendungen verbunden, ohne dass diese daraus politisches Kapital schlagen könnten. Entsprechend gering ist das Eigeninteresse der Bundesländer an einer Ausweitung von Kontrollmaßnahmen.

Ebenso nachvollziehbar wird, dass sich die Kritik der selbsternannten Tierschützer vorrangig an den zu niedrigen Mindestmaßen der Flächenzuteilung entzündete. Geradezu legendär sind die Tierschutzdebatten um die Mindestflächen, die den Legehennen in den Käfigen zugestanden bzw. vorenthalten wurden. Sie wurden zu Recht als völlig unzureichend kritisiert, weil sie den Legehennen nicht die Ausübung arteigenen Verhaltens ermöglichten. Die Tatsache, dass aufgrund der Lebensbedingungen auch viele andere pathologische Veränderungen auftreten, die mit Schmerzen, Leiden und Schäden verbunden sind, geht bei der Fokussierung auf die Flächenzuteilung unter. Schließlich besitzen Tierschützer in der Regel auch keine hinreichende fachliche Kompetenz, um diese Zustände belastbar beurteilen zu können. Diejenigen, die für die Beurteilung von Schmerzen, Leiden und Schäden bei Tieren umfassend ausgebildet wurden, hielten und halten sich in der öffentlichen Tierschutzdebatte auffällig zurück. Schließlich waren und sind die praktisch tätigen Tierärzte Dienstleister der Landwirte und von deren Aufträgen abhängig.

Die um Aufmerksamkeit buhlenden und medial auf Kernargumente reduzierten öffentlich geführten Tierschutzdebatten sind noch heute im Wesentlichen auf Einzelaspekte reduziert. Neben der Flächenzuteilung sorgen das Schreddern von Küken, die Ferkelkastration oder die Trennung der Kälber von den Mutterkühen für öffentliche Aufmerksamkeit. So bedeutsam die einzelnen Aspekte auch für die unmittelbare Beeinträchtigung des Wohlergehens der Nutztiere sind, so wenig sind sie repräsentativ für das gesamte Ausmaß an Schmerzen, Leiden und Schäden, das den Nutztieren über die Einzelaspekte hinaus zugemutet wird. Die Fokussierung auf Einzelaspekte ist dann problematisch, wenn dadurch die weitaus schwerwiegenderen Beeinträchtigungen aus dem Blickfeld geraten und auf diese Weise fortbestehen. Was bei den Legehennen in den Käfigbatterien mit der Fokussierung auf die Flächenzuteilung begann, wurde auch bei anderen Nutztierarten zur zentralen, die Komplexität reduzierenden Strategie. Folgerichtig zeichnen sich Produktionsverfahren und Markenprogramme, die sich von konventionellen Produktionsmethoden abzugrenzen suchten, durch den Verweis auf erhöhte Mindestanforderungen und vor allem durch großzügigere Flächenzuteilungen aus. Die verbesserten Haltungsbedingungen werden mit einem erhöhten Tierschutzstandard gleichgesetzt. Allerdings erfolgt auch hier keine Überprüfung auf der einzelbetrieblichen Ebene, ob es den Nutztieren besser geht, d. h. ob sie in ihrem Leben ein höheres Niveau an Wohlergehen bzw. ein deutlich geringeres Niveau an Beeinträchtigungen erfahren haben.

5.4 Tierschutz in der öffentlichen Wahrnehmung

Wiederholte Berichte über schwerwiegende tierschutzwidrige Beeinträchtigungen bei Nutztieren, die der breiten Öffentlichkeit über die Medien zu Ohren gekommen sind, verfehlten nicht ihre Wirkung. Insbesondere die von Tierschützern unerlaubt angefertigten Bilder und Videoaufnahmen in Nutztierställen weckten bei vielen Bürgern Zweifel, ob in der landwirtschaftlichen Praxis dem Anliegen des Schutzes der Nutztiere vor schmerzhaften Beeinträchtigungen hinreichend Geltung verschafft wird. Auf der anderen Seite sind die Interessensvertreter der Nutztierhalter darum bemüht, die negativen Auswirkungen einer solchen Berichterstattung einzudämmen und die dargestellten Missstände als bedauerliche Einzelfälle einzuordnen. Bereits im Zusammenhang mit der Einführung des Tierschutzgesetzes im Jahr 1972 sahen Nutztierhalter ihr Geschäftsmodell durch die damals von Tierschützern vorgetragene Kritik an der Käfighaltung von Legehennen gefährdet. Sie befürchteten nicht nur, durch gesetzliche

Auflagen die Konkurrenzfähigkeit gegenüber ausländischen Mitbewerbern einzubüßen. Auch bestand die Sorge, dass das Image der Landwirtschaft, welches für den Verkauf von Produkten und für die **Rechtfertigung** der Subventionen aus öffentlicher Hand besonders relevant erachtet wurde, durch eine Tierschutzdebatte geschädigt werden könnte (Gall 2016, 41 f.). Folgt man den Ausführungen von Patel (2009), sah sich der Deutsche **Bauernverband** schon zu Beginn der Industrialisierung der Nutztierhaltung politikstrategisch herausgefordert, ein idealisiertes Bild der Landwirtschaft zu zeichnen, um die eigenen Interessen nicht durch ein schlechtes Image zu gefährden. Mit dem Tierschutzgesetz und den Verordnungen zum Schutz der Tiere in der Stallhaltung kam ihnen der Gesetzgeber sehr entgegen und sorgte für Rechtssicherheit im Hinblick auf die wirtschaftlichen Investitionsrisiken, ohne allerdings mit den Verordnungen die Tierschutzprobleme zu lösen.

Während über lange Zeiträume die Konflikte zwischen Tiernutzung und Tierschutz befriedet schienen bzw. im Sinne der Nutzungsinteressen entschieden worden waren, hat der Konflikt seit einigen Jahren wieder an Schärfe zugenommen. Der Konflikt war zwar nie von der Bildfläche verschwunden, jedoch durch andere Themen überlagert und auf der Aufmerksamkeitsskala weit nach unten abgerutscht. In der Zwischenzeit haben sich sowohl auf der Erzeuger- wie auf der Handels- und der Verbraucherseite viele Dinge verändert, sodass das Tierschutzanliegen in der öffentlichen Wahrnehmung wieder weit oben auf der Agenda steht. Befand man sich in den Nachkriegsjahren am Anfang einer industriellen Revolution im Stall (Settele 2020), steht man heute womöglich am Anfang des vermeintlichen Endes einer auf Produktivitätssteigerung ausgerichteten „Tierproduktion". Damals verbanden viele Nutztierhalter die sich abzeichnende Entwicklung mit der Hoffnung, viel Geld verdienen und die wirtschaftliche Existenz sichern zu können. Noch im Jahr 2005 verbreitete der Präsident der Deutschen Landwirtschafts-Gesellschaft, Freiherr von dem Bussche, trotz der bis dato großen Zahl der Betriebsaufgaben einen ungebremsten Optimismus und sagte „den gut geführten Betrieben" beste Möglichkeiten voraus, sich im internationalen Wettbewerb behaupten zu können.

Stattdessen hat sich die „Tierproduktion" in den zurückliegenden Jahren durch eine weltweit vorangetriebene Steigerung der Produktionsmengen und durch das damit erzeugte Überangebot an Produkten tierischer Herkunft in eine, für die meisten Betriebe existenzgefährdende Bredouille gebracht. Das Überangebot hat einen anhaltenden Preisdruck und Weltmarktpreise hervorgerufen, die für die meisten Nutztierhalter in Deutschland nicht ausreichen, um damit die Produktionskosten vollumfänglich zu decken (Deblitz und Verhaag 2016; Spandau 2017). Viele Nutztierhalter sind nicht mehr in der Lage, sich im globalen Wettbewerb um die Kostenführerschaft zu behaupten. Ohne alternative Wertschöpfungsoptionen (z. B. Gewinnung von Bioenergie) und ohne die Direktzahlungen aus der Kasse der EU Kommission stünden noch weit mehr Betriebe vor dem Konkurs.

Angesichts der wirtschaftlich brisanten Situation fürchten nutztierhaltende Betriebe, dass im Kontext der Tierschutzdebatte das Image der Branche weiter beeinträchtigt und die Anforderungen an die Haltungsbedingungen erhöht werden. Verschiedene

Interessensverbände versuchen daher, dieser Entwicklung etwas entgegenzusetzen und das Image der Branche durch die sogenannte „Tierwohl-Initiative" aufzupolieren. Diese wird von einer breit aufgestellten Gruppe von Interessensvertretern aus der Agrarpolitik, der Agrarwirtschaft, der Bauernverbände, des LEH und den Agrarwissenschaften getragen. Sogar die Tierschutzverbände und auch einige Verbraucherverbände haben sich dieser Initiative angeschlossen. Um die Hintergründe dieser Initiative zu ergründen, bedarf es einer weiteren Herleitung.

5.4.1 Begriffliche Unschärfen

Aufgrund der Kritik an den Missständen in der Nutztierhaltung erleidet die Agrarwirtschaft einen Imageverlust der bereits zu relevanten Umsatzeinbußen bei der Vermarktung tierischer Produkte führte. Um dem negativen Image etwas entgegenzusetzen, sieht die Agrarwirtschaft Handlungsbedarf. Wurde vonseiten der Protestbewegungen die Kritik an einer industrialisierten Tierproduktion in dem Kampfbegriff „Massentierhaltung" subsumiert, setzt die Agrarwirtschaft mit dem Begriff **„Tierwohl"** einen Gegenakzent. Im deutschsprachigen Raum taucht der Begriff „Tierwohl" zum ersten Mal im Jahr 2005 in der Promotionsarbeit von Köhler aus dem Institut für Agrarökonomie der Universität Kiel zum Thema „Wohlbefinden landwirtschaftlicher Nutztiere" auf (Köhler 2005). Im Eingangskapitel weist der Autor darauf hin, dass für das deutsche Wort „Wohlbefinden" in der englischen Sprache zwei Begriffe, „Animal welfare" und „Animal well-being", existieren. Obwohl der Autor mit Verweis auf Gonyou (1993) anmerkt, dass die beiden Begriffe unterschiedliche Bedeutungsinhalte haben, nimmt er darauf keine Rücksicht: „Entsprechende Differenzierungen werden in der hier verwendeten deutschsprachigen Terminologie nicht übernommen." Was sich bis dato kein deutschsprachiger Nutztierwissenschaftler im Wissen um die unterschiedlichen wissenschaftlichen Konzepte getraut hat, nämlich die Übersetzung des internationalen Begriffes „Animal welfare" in „Tierwohl", stellt für den Autor und für nachfolgende Befürworter und Verwender des Begriffes kein Hindernis dar. Mit Verweis auf die Arbeit von Köhler taucht der Begriff im Abschlussbericht eines vom BMEL geförderten Forschungsprojektes wieder auf. Das Projekt wurde unter Federführung des Leiters des Institutes für Agrarmarketing der Universität Göttingen durchgeführt und beschäftigte sich vorrangig mit der inhaltlichen Gestaltung eines Tierschutzlabels (Deimel et al. 2010). Auch in diesem Bericht wird der Begriff weitgehend unreflektiert und synonym mit den Begriffen **„Tiergerechtheit"**, „Wohlbefinden" oder „Tierschutz" verwendet. Auch im Zuge der Weiterverbreitung des neuen und viel Anklang findenden Begriffes „Tierwohl" wird auf eine nähere Begriffsbestimmung weitgehend verzichtet. Selbst der Wissenschaftliche Beirat „Agrarpolitik" des BMEL (2015), von denen einige Mitglieder am vorher zitierten Projekt mitgearbeitet haben, hält in seinem Gutachten zur Zukunft der Nutztierhaltung eine nähere Begriffsbestimmung für entbehrlich. Stattdessen wird auf eine synonyme Verwendung von m. o. w. gleichbedeutenden Begriffen wie „Tierschutz" und „Tiergerechtheit" verwiesen. Dabei wird in einer zuvor veröffentlichten Stellungnahme des Wissenschaftlichen Beirates (2011) zum gleichen Thema noch explizit auf die Notwendigkeit eindeutiger Begriffsbestimmungen hingewiesen. Mit dem Verzicht auf eine Begriffsdefinition ebnete der Wissenschaftliche Beirat den Weg für eine unreflektierte Verwendung des Begriffes in der Öffentlichkeit.

Die synonyme Verwendung von Begriffen mit unterschiedlichen Bedeutungsinhalten trägt nicht zur Klärung komplexer Sachverhalte bei, sondern leistet einer Beliebigkeit in der Interpretation des Begriffs Vorschub. Obwohl von wissenschaftlicher Seite explizit und wiederholt darauf hingewiesen wurde, dass aus unterschiedlichen Bedeutungsinhalten des gleichen Begriffs unterschiedliche Beurteilungskonzepte und -ergebnisse resultieren und dies die wissenschaftliche Aussagefähigkeit unterminiert (Fraser 2008), gehen viele Agrarwissenschaftler über diese Bedenken hinweg. Auch wird ignoriert, dass auf internationaler Ebene bereits eine von mehr als 100 Nationen, einschließlich der Bundesregierung, akzeptierte Definition des Begriffes „animal welfare" existiert. Diese Definition stammt von der Weltorganisation für Tiergesundheit (OIE 2008). Die OIE wurde 1924 gegründet und kooperiert auf der Basis von Verträgen mit zahlreichen anderen internationalen Organisationen wie der Ernährungs- und Landwirtschaftsorganisation (FAO) und der Weltgesundheitsorganisation (WHO). Die Definition lautet im Wortlaut:

> „Animal welfare means how an animal is coping with the conditions in which it lives. An animal is in a good state of welfare if it is healthy, comfortable, well-nourished, safe, able to express innate behaviour, and if it is not suffering from unpleasant states such as pain, fear, and distress. Good animal welfare requires disease prevention and veterinary treatment, appropriate shelter, management and nutrition, humane handling and humane slaughter or killing."

Bei dieser Definition steht die Reaktion der Tierindividuen auf die durch das **Management** bereitgestellten Lebensbedingungen im Vordergrund. Zudem wird aufgezeigt, wie das Wohlergehen der Nutztiere evidenzbasiert beurteilt werden kann.

Demgegenüber ist „Tierwohl" analog zum Begriff „Nachhaltigkeit" ein oft benutztes Schlagwort. Dem Gebrauch von Schlagwörtern liegt eine (unbewusste) Überzeugungsabsicht zugrunde. Dabei verknappen oder vereinfachen sie den beschriebenen Sachverhalt oft auf zweifelhafte Weise zugunsten des Wohlklangs und zu Lasten der vermittelten **Information.** Vom Ballast einer eindeutigen Begriffsbestimmung befreit, hat der Begriff „Tierwohl" nach der Einführung durch das Agrarmarketing in Deutschland eine beispiellose Karriere hingelegt. Kaum ein Autor oder Redner, der den Nutztierbereich adressiert, glaubt, ohne diesen Begriff auskommen zu können. Offensichtlich füllt der Begriff eine Lücke, mit der etwas benannt werden kann, was bisher im Umlauf befindliche Begriffe nicht zu leisten vermochten. Es liegt die Vermutung nahe, dass die außergewöhnliche Karriere des Begriffes darauf zurückzuführen ist, dass er – obwohl neu – auf scheinbar Bekanntes verweist, gleichwohl unverbraucht ist und eine wohlklingende Konnotation enthält, die ihn für Marketingzwecke prädestiniert.

Das Marketing greift bevorzugt auf Begriffe zurück, die eine Projektionsfläche für die Assoziationen möglichst vieler Personen bieten und sich als Werbeslogan für den Handel eignen. Gleichzeitig liefert die neue Begrifflichkeit und die damit hervorgerufene Aufmerksamkeit den Tierschutzverbänden die Möglichkeit, sich als Vertreter der Interessen der Nutztiere in Erinnerung zu rufen. Auch den Nutztierhaltern dient der Begriff, um auf ihre eigenen Bemühungen zum Wohl der Nutztiere hinzuweisen und eine positive Botschaft zu vermitteln, die das angeschlagene Image der Nutztierbranche aufzuhellen vermag. Schließlich bietet der Begriff den unterschiedlichen Fachdisziplinen der Nutztierwissenschaften eine willkommene Möglichkeit, sich und den jeweiligen fachdisziplinären Beitrag zu vermeintlich Verbesserung des „Tierwohls" ins Spiel zu bringen und sich im Wettbewerb um Forschungsgelder zu positionieren. Die Definition der OIE (2008) ist dafür weit weniger geeignet. Dafür erleichtert der Verzicht auf eine klare Definition die Kommunikation über ein sehr komplexes Thema, allerdings um den Preis, dass im Konfliktfall keine Klärung herbeigeführt werden kann.

Nach (Schnädelbach 2013) ist Verwendung von definierten Termini die Grundvoraussetzung für eine wissenschaftliche Bearbeitung von Sachverhalten zwecks Herstellung von Eindeutigkeit. Entsprechend kommt die **Wissenschaft** nicht umhin, zentrale Termini von anderen abzugrenzen und zu bestimmen, was gemeint bzw. nicht gemeint ist. Dagegen macht eine beliebige bzw. selbstreferenzielle Verwendung des Begriffes diesen für eine evidenzbasierte Verwendung unbrauchbar. Das Ansehen der Wissenschaft ist wesentlich darauf gegründet, dass sie Sachverhalte zuverlässig zu erklären, diese auf generelle Sätze und auf spezifische Randbedingungen zurückzuführen und wissenschaftliches Handeln in ein kohärentes Begriffssystem und eine allgemein akzeptierte Theorie einzuordnen vermag. Ohne klare Begriffsdefinitionen fehlen auch die Voraussetzungen für eine inter- bzw. transdisziplinäre Zusammenarbeit zwischen unterschiedlichen wissenschaftlichen Fachdisziplinen und den diversen Interessensgruppen. Der Verzicht auf eine Begriffsbestimmung verhindert, dass über Sätze, die diesen Begriff beinhalten, eine intersubjektiv gültige Aussage getroffen werden kann. Nicht minder wichtig sind klare Begriffe für das Aushandeln von Lösungsansätzen im Fall von Zielkonflikten sowie bei ambivalenten Situationen. Das Wichtigste in Aushandlungsprozessen ist es, sicherzustellen, dass man sich über das, was geregelt werden soll, möglichst eindeutig im Klaren ist (Zuberbühler und Weiss 2017).

5.4.2 Kopplung von „Tierwohl" an Haltungsformen

Das **Tierschutzgesetz** weist gemäß § 2 die Verantwortung für den Schutz von Nutztieren vor Schmerzen, Leiden und Schäden den Nutztierhaltern zu. Ob und in welchem Maße diese der Verantwortung und den Herausforderungen gerecht werden, wird allerdings kaum von unabhängiger Stelle überprüft und kontrolliert. Dies gilt sowohl für die Kontrolle der Einhaltung der gesetzlichen Mindestanforderungen als auch für die Überprüfung, welche unmittel- und mittelbaren Wirkungen durch die Lebensbedingungen bei den Nutztieren hervorgerufen werden. In den zunehmend öffentlich geführten Debatten um die Verbesserung des Tierschutzes stehen die **Mittel** im Fokus, mit denen diese Verbesserungen erzielt werden sollen. Während die Tierschutzorganisationen darauf drängen, das Niveau der gesetzlichen Mindestanforderungen für alle nutztierhaltenden Betriebe verpflichtend zu erhöhen, setzt die Agrarwirtschaft, unterstützt durch die Agrarpolitik, auf Freiwilligkeit bei der Umsetzung von Verbesserungen der Haltungsbedingungen.

„Brancheninitiative Tierwohl" des LEH und des Bauernverbandes

Der durch das Agrarmarketing und einzelne Agrarwissenschaftler eingeführte Begriff „Tierwohl" wurde sogleich von der „Brancheninitiative Tierwohl" aufgegriffen und bot ihr die Möglichkeit, den Begriff für die eigenen Interessen zu instrumentalisieren. In der Initiative, die im Jahr 2015 an den Start ging, hatten sich der Bauernverband und Akteure aus der Fleischwirtschaft, des Lebensmittelhandels und der Gastronomie zusammengefunden. Auf ihrer Webseite (Gesellschaft zur Förderung des Tierwohls in der Nutztierhaltung mbH 2021) bekennen sich die Akteure zu einer gemeinsamen Verantwortung für Tierhaltung, Tiergesundheit und Tierschutz in der Nutztierhaltung. Die Akteure nehmen für sich in Anspruch, sich in besonderer Weise um den Tierschutz in der Schweine- und Geflügelhaltung verdient zu machen. Schließlich beließ es die Initiative nicht bei den sonst üblichen Forderungen an die Nutztierhalter, sondern gewährte diesen auch eine finanzielle Unterstützung, wenn sie „über die gesetzlichen **Standards** hinausgehende Maßnahmen zum Wohl ihrer Nutztiere umsetzen". Finanziert werden diese Maßnahmen vor allem durch den LEH, dem damit die Möglichkeit zuwächst, sich als Unterstützer einer guten Sache zu präsentieren und das eigene angeschlagene Image zu verbessern.

Die Umsetzung der geförderten Maßnahmen wird durch die Initiative selbst kontrolliert. Nutztierhalter müssen am Qualitätssicherungssystem (QS) teilnehmen und ausgewählte Basiskriterien erfüllen. Darüber hinaus müssen die Betriebe sogenannte „Tierwohlkriterien" umsetzen, die sich in der Regel nur geringfügig von den gesetzlichen Mindestvorgaben abheben. Unter anderem müssen den Tieren von teilnehmenden Betrieben mindestens 10 % mehr Platz als gesetzlich vorgeschrieben zur Verfügung gestellt werden. Ferner wird der Einsatz von Raufutter oder zusätzlichem organischem Beschäftigungsmaterial nahegelegt. Auch ist der Einsatz von Antibiotika nur im Krankheitsfall nach Verschreibung durch den Tierarzt zulässig. Zum Zeitpunkt der Abfrage erhielten Schweinemäster einen Preisaufschlag in Höhe von 5,28 € pro Mastschwein, Ferkelerzeuger ein „Tierwohlentgelt" in Höhe von 3,07 € pro aufgezogenem Ferkel, Geflügelmäster für Hähnchen 2,75 Cent je kg Lebendgewicht, für Putenhennen 3,25 Cent je kg Lebendgewicht und für Putenhähne 4,0 Cent je kg Lebendgewicht. Anfang 2021 nahmen 6430 Betriebe an der Initiative teil. Gern würden mehr Betriebe teilnehmen, jedoch ist die Teilnehmerzahl durch die verfügbaren Finanzmittel beschränkt.

Tierschutzinitiative von NGOs auf europäischer Ebene

Auch auf der europäischen Ebene gehen die Bemühungen von Tierschutzorganisationen weiter, sich zu vernetzen und öffentlichkeitswirksam für den Tierschutz tätig zu werden. So haben sich im Jahr 2017 ca. 30 NGOs aus ganz Europa zusammengetan, um Mindestanforderungen an die Hühnermast zu definieren. Die Europäische Masthuhn-Initiative fordert den Verzicht auf Käfighaltung, die in einigen europäischen Ländern noch praktiziert wird. Die bisherige gesetzliche Flächenausstattung von bis zu 26 Tiere pro m^2 (39 kg/m^2) soll auf bis zu 20 Tiere pro m^2 (30 kg/m^2) erweitert werden. Hinzu kommen Sitzstangen (2 m Länge pro 1000 Tiere) und pro 1000 Tiere zwei Gegenstände zum Picken sowie Tageslicht. Der Nachweis der Einhaltung der Standards soll durch Audits unabhängiger Dritter und jährliche öffentliche Berichterstattung gewährleistet werden. Die Europäische Masthuhn-Initiative (Webel 2021) nimmt für sich in Anspruch, mit den selbst entwickelten Haltungsstandard „neue Maßstäbe im Tierschutz zu erreichen". Der Standard wird nun Unternehmen aus der Lebensmittelwirtschaft angeboten. Sofern diese die Kriterien umsetzen und damit die Europäische Masthuhn-Initiative unterstützen, können sie damit werben, sich für den Tierschutz einzusetzen. Inzwischen haben sich diverse namhafte Großunternehmen der Weiterverarbeitung von Geflügelfleisch und des LEH der Initiative angeschlossen und ihre Teilnahme werbewirksam in Szene gesetzt.

Auch diese Strategie folgt dem bereits in verschiedenen Ländern praktizierten Modus, wonach sich Interessensgruppen der Tierschutzfrage mit selbst erdachten Standards begegnen und damit öffentlichkeitswirksam auftreten. Die Teilnahme verschiedener Unternehmen verschafft diesen sowie den beteiligten Tierschutzorganisationen positive Marketingeffekte. Auch den Verbrauchern bringt die Initiative Vorteile, schließlich können sie nun beim Hühnerfleischkauf ein gutes Gewissen als Zusatznutzen kostengünstig dazu erwerben. Während für die beteiligten Interessensgruppen eine Winwin-Situation besteht, bleibt mehr als fraglich, ob mit den geringfügig erhöhten Haltungsstandards auch ein Mehr an Wohlergehen für die Masthühner verbunden ist. Um die jeweiligen Haltungsbedingungen hinsichtlich ihrer tierschutzfördernden Effekte überprüfen zu können, müssten die real auftretenden Beeinträchtigungen in Form von Todesraten, Erkrankungen, Verletzungen und Verhaltensstörungen erfasst und die diesbezüglichen **Tierschutzleistungen** überbetrieblich miteinander verglichen werden. Für solche Umsetzungen fehlt den Tierschutzorganisationen nicht nur die Infrastruktur, sondern auch die fachliche Kompetenz. Die eigenen Interessen und der Anspruch auf Deutungshoheit in Tierschutzfragen lassen sich wesentlich einfacher über die Definition und Vermarktung von Standards realisieren.

„Tierwohlinitiative" des BMEL und Haltungskompass des LEH

Bereits im Vorfeld des offiziellen Starts der „Brancheninitiative **„Tierwohl"** legt das Bundesministerium für Ernährung und Landwirtschaft (BMEL) im Jahr 2014 ein Eckpunktepapier vor, in dem der Slogan ausgegeben wird: „Tierwohl ist eine Frage der Haltung." Darin wird explizit auf die Brancheninitiative von Deutschem Bauernverband und Handel und das Tierschutzlabel des Deutschen Tierschutzbundes Bezug genommen. Diese wird als eine freiwillige Maßnahme der Branche gewürdigt, die praktische Fortschritte beim Tierschutz mit Mehrwert für Erzeuger und Verbraucher verbinden würde. Mit der eigenen Initiative möchte das BMEL den Beiträgen der Branche einen bundesweit einheitlichen Rahmen geben, um eine Verbesserung der Tierhaltung in der Breite zu erreichen. Die Initiative des BMEL versteht sich als Gemeinschaftswerk von Politik, Wirtschaft und Zivilgesellschaft und verbindet damit das Ziel, „Verbrauchern und Tierhaltern einen verlässlichen Rahmen zu bieten, um mit ihren Konsum- und Investitionsentscheidungen die Tierhaltung in Deutschland wirksam zu verbessern". Weitere Ziele der Initiative sind: „konkrete und messbare Verbesserungen des ‚Tierwohls‘, die sich am wirtschaftlich und wissenschaftlich Machbaren orientieren. Die Initiative ist damit auch ein Beitrag für die dauerhafte Wettbewerbsfähigkeit und die gesellschaftliche Akzeptanz der Tierhaltung in Deutschland". Leitprinzip der Initiative ist die „verbindliche Freiwilligkeit". Die Initiative setzt zunächst auf die Eigeninitiative der Wirtschaft.

Mit dieser Initiative unterstützt das BMEL die Agrarwirtschaft durch eine breitgefächerte und medienwirksame Kommunikation des Werbeslogans bei den Bemühungen um eine Imageverbesserung. Konkrete Verbesserungen des Tierschutzes sollen vor allem mit den Instrumenten der Marktwirtschaft erreicht werden. Dagegen werden ordnungspolitische Maßnahmen zum Schutz der Nutztiere vor Beeinträchtigungen, die mit Schmerzen, Leiden und Schäden einhergehen, erst gar nicht in Erwägung gezogen. Den Verbrauchern wird vonseiten des Handels suggeriert, dass diese über den Kauf von Produkten tierischer Herkunft gemäß der Devise „mehr Platz – mehr Tierwohl" einen Zusatznutzen käuflich erwerben können. Flankiert wird dies vonseiten des BMEL im genannten Eckpunktepapier mit der Devise:

> „Die Brancheninitiative Tierwohl von Handel und Erzeugern und das vom BMEL geförderte Tierschutzlabel des Deutschen Tierschutzbundes geben dem Verbraucher die Chance, Tierschutz mit dem Einkaufskorb zu unterstützen."

Auf diese Weise haben der LEH und die Agrarpolitik den Ball ins Feld der Verbraucher verlagert bzw. die Verantwortung den Verbrauchern zugeschoben. Wenn diese nach mehr Tierschutz verlangen, haben sie nun die vermeintliche Möglichkeit, ihn einzukaufen. Auf diese Weise soll/kann über die Nachfrage und **Zahlungsbereitschaft** der Verbraucher darüber entschieden werden, wie viel „Tierwohl" durch die Agrarwirtschaft erzeugt und gemäß der Nachfrage angeboten werden kann. Die Frage, was diese Initiative zur Belebung der Nachfrage für die Verbesserung des Wohlergehens der Nutztiere real bedeutet, bleibt allerdings wie bei anderen Initiativen auch ausgespart.

Auch wenn diverse Marktstudien nahelegen, dass ein gewisser Teil der Verbraucher bereit wäre, für Produkte tierischer Herkunft, die unter erhöhten Haltungsstandards erzeugt wurden, einen Mehrpreis zu zahlen, kommt der Verkauf entsprechender Produkte nur schleppend voran (Spiller und Zühlsdorf 2018). Dies gilt auch für die Bemühungen des BMEL, sich in wiederholten Sitzungen mit den diversen Interessensgruppen auf eine

„Tierwohlkennzeichnung" zu verständigen. Eine sich abzeichnende und von fast allen Stakeholdern mitgetragene Kompromisslösung für eine Kennzeichnung von Verfahren der Schweinehaltung wurde 2018 auf der „Grünen Woche" in Berlin vom Bundesagrarminister Schmidt auf Druck des Bauernverbandes wieder aufgekündigt. Daraufhin kündigte der Lebensmitteleinzelhandel einen vierstufigen Haltungskompass an (Hermann 2019), mit dem seit April 2019 die Haltungsform bei Schweine-, Geflügelund Rindfleischprodukten gekennzeichnet werden. Die vierstufige Klassifizierung wurde schrittweise für verpacktes Fleisch eingeführt. Die Organisation und Kontrolle des Systems erfolgt über die Trägergesellschaft der „Initiative Tierwohl". Beim „Haltungskompass" wird die Variation der Haltungsbedingungen in vier Kategorien bzw. Stufen eingeteilt: Stufe 1 (Stallhaltung): QS- oder vergleichbare Standards; Stufe 2 (Stallhaltung Plus): höhere Haltungsstandards – z. B. 10 % mehr Platz und zusätzliches Beschäftigungsmaterial; Stufe 3 (Außenklima): weitergehende Platzvorgaben und Frischluftkontakt; Stufe 4 (Premium): unter anderem noch mehr Platz und Auslaufmöglichkeiten. Hierunter wird auch Biofleisch eingeordnet.

Nachdem sich das BMEL nicht zu klaren Vorgaben der Kennzeichnung von Haltungsverfahren hat durchringen können, hat der LEH die Initiative übernommen und gibt mit dem „Haltungskompass" die Richtung vor. Haltungsformen lassen sich leicht kommunizieren, da sie bei den Verbrauchern zur Freude des Agrarmarketings leicht mit entsprechenden Bildern assoziiert werden können. Einmal etabliert, bedürfen sie keiner weiteren Erklärung, wissen doch alle, dass eine höhere Stufe mit einem höherem Tierschutzniveau einhergeht. Die gedankliche Schlussfolgerung („mehr Platz – mehr Tierwohl") wird auf diese Weise fest in den Köpfen der Verbraucher verankert. Aufgrund der medial und werbewirksam verstärkten Fokussierung der Tierschutzdebatte auf Haltungsaspekte, ist auch für die meisten Verbraucher der Tierschutz in erster Linie „eine Frage der Haltung". Mit Bildern von Schweinen auf Stroh oder in der Freilandhaltung lassen sich Gegenbilder zum Vollspaltenboden etablieren, obwohl dieser die Haltungspraxis der allermeisten in Deutschland gehaltenen Schweine charakterisiert. Wo im Rahmen einer Bewertung von Tierhaltungsanlagen hinsichtlich **Umweltwirkungen** und **Tiergerechtheit** (KTBL 2006) von fachlicher Seite allein in der Mastschweinhaltung zwischen 44 ausgewählten Haltungsverfahren differenziert wird und jeweils unterschiedliche Wirkungen auf den Tierschutz attestiert werden, kommt es durch den „Haltungskompass" zu einer extremen Form der **Komplexitätsreduktion.** Was die Haltungsformen möglicherweise mit dem Schutz der Tiere vor Beeinträchtigungen, die mit Schmerzen, Leiden und Schäden einhergehen, zu tun haben, tritt vollends in den Hintergrund.

Kompetenznetzwerk Nutztierhaltung

Zur „Tierwohl-Initiative" des BMEL gehört auch die Einrichtung eines Kompetenznetzwerkes (BMEL 2020). Darin sollen Praktiker, Wissenschaftler, Vertreter gesellschaftlicher Gruppen und berufsständischer Organisationen, Tierschutz- und Verbraucherverbände und Kirchen „… die Umsetzung der Tierwohl-Offensive dialogisch und strukturell begleiten und ergänzende Vorschläge unterbreiten". Im Februar 2020 legte das Kompetenznetzwerk unter Federführung des ehemaligen Agrarministers Borchert Empfehlungen vor, wie künftig mit den Anforderungen des Tierschutzes umgegangen werden soll. Das erklärte und mit den Empfehlungen verfolgte Ziel ist es, die Wettbewerbsfähigkeit der deutschen Nutztierhalter auf den globalen Märkten mit den Forderungen der Bundesbürger nach einer stärkeren Berücksichtigung des Tierschutzes in Übereinstimmung zu bringen. Den Mitgliedern des Kompetenznetzwerkes geht es weniger um konkrete Vorgaben, wie der Schutz der Tiere verbessert werden kann, sondern vor allem um die „Formulierung von Zielbildern für die Entwicklung der Nutztierhaltung, die ein hohes ‚Tierwohlniveau' in Kombination mit akzeptablen Umweltwirkungen erlauben". Das Kompetenznetzwerk schlägt vor, sich bei der Entwicklung von Zielbildern an den Stufen 2 bis 4 der Haltungsformkennzeichnung des LEH zu orientieren:

- Stufe 1/Stall plus: mehr Platz, mehr Beschäftigungsmaterialien
- Stufe 2/verbesserte Ställe: zusätzlicher Platz, Strukturierung, Klimazonen möglichst mit Kontakt zu Außenklima, teilweise Planbefestigung u. a., Neubauten mit Kontakt zum Außenklima, Umbauten möglichst mit Kontakt zu Außenklima
- Stufe 3/Premium: mehr Platz als in den Stufen 1 und 2, Auslauf bzw. Weidehaltung (Rinder, Geflügel) u. a. Das Niveau dieser Stufe orientiert sich weitgehend an den Haltungskriterien des ökologischen Landbaus

Eingestanden wird, dass das Ziel der Verbesserung der Nutztierhaltung „mit marktbasierten Maßnahmen alleine, wie etwa Kennzeichnung/Labeln und an Verbraucherinnen und Verbraucher gerichteten Informationen, bei Weitem nicht erreicht werden" kann. Wenn der Staat den Schutz der Nutztiere verbessern wolle, und die Verbraucher nur ein begrenztes Interesse zeigen, Produkte mit erhöhtem Tierschutz einzukaufen, dann müsse halt der Staat – so die Grundüberlegung – die dafür erforderlich gehaltenen Maßnahmen bei den Landwirten einkaufen (Isermeyer 2019). Vorschläge für die Finanzierung der entsprechenden Maßnahmen wurden von den am Kompetenznetzwerk beteiligten Agrarökonomen bereits im Vorfeld entwickelt. Der Kompetenzkreis schlägt vor, „den Erzeugern die höheren Kosten tiergerechter Haltungsverfahren mit einer Kombination von Prämien zur Abdeckung der laufenden Kosten (für alle 3 Stufen) und einer Investitionsförderung (ausschließlich für Stufen 2 und 3) zu einem hohen Anteil von insgesamt etwa 80–90 % auszugleichen". Zudem sollen Strategien zur Markt- und Preisdifferenzierung vorangetrieben werden, um die marktseitigen Wertschöpfungspotenziale auszuschöpfen. Dadurch soll der Preismechanismus wirksam bleiben, wonach sich die Preise für Ware der drei Stufen am Markt durch Angebot und Nachfrage ergeben. Der Förderbedarf für den geplanten Umbau bzw. Neubau von Stallungen wird auf jährlich etwa: 1,2 Mrd. € bis 2025, 2,4 Mrd. € bis 2030 und 3,6 Mrd. € bis 2040 beziffert. Zwecks Finanzierung wird eine mengenbezogene Abgabe auf tierische Produkte (Verbrauchssteuer) empfohlen, die sozialpolitisch flankiert werden sollte.

5.4.3 Sind verbesserte Haltungsbedingungen ein Gemeingut?

Das Grundgesetz (Art 20a, GG) schreibt vor: „Der Staat schützt auch in Verantwortung für die künftigen Generationen die natürlichen Lebensgrundlagen **und die Tiere** im Rahmen der verfassungsmäßigen Ordnung durch die Gesetzgebung ..." Allerdings ist der Schutz von Tieren keine klar umrissene Aufgabe. In der Nutztierhaltung ist der Schutz der Nutztiere zudem in einem Bereich angesiedelt, der durch widerstreitende Interessen unterschiedlicher Gruppierungen geprägt und fortwährenden Veränderungen unterworfen ist. Mit der Erhebung des Tierschutzes in den Verfassungsrang sind zumindest jedwede Zweifel ausgeräumt, es könne sich beim Schutz von Tieren nicht um eine gesellschaftspolitische Aufgabe im Interesse des **Gemeinwohles** handeln. Weiterhin unklar bleibt, welchen Stellenwert der Tierschutz von staatlicher Seite in Relation zu und in Abwägung mit anderen Aufgaben beigemessen werden soll. Wurden von gesellschaftlicher Seite tierschutzrelevante Fragen bislang vor allem aus ethischer Perspektive reflektiert und in Form von moralischen Appellen kommuniziert, bekommt das Anliegen durch die von der Agrarpolitik begrüßten Vorschläge des „Kompetenznetzwerkes Nutztierhaltung" eine monetär fassbare Dimension. Addiert man die Summen, die gemäß den Empfehlungen des Netzwerkes bis zum Jahr 2040 für das Tierschutzanliegen ausgegeben werden sollen, belaufen sich diese auf mehr als 50 Mrd. €. Diese bedürfen einer **Rechtfertigung** im Hinblick auf die Wirksamkeit der Fördermaßnahmen zur Erreichung der anvisierten Ziele. Auch die Verhältnismäßigkeit der Aufwendungen in Relation zum Nutzen ist darzustellen. **Effektivität** und **Effizienz** von Fördermaßnahmen bemessen sich daran, inwieweit sie zur Zielerreichung beitragen. Umso mehr rückt die Frage in den Vordergrund, welches Ziel mit der Förderung verbesserter Haltungsbedingungen verfolgt werden soll und wann es sich beim Tierschutz um ein Gemeingut handelt.

Folgt man den Argumenten des Wissenschaftlichen Beirates (2018), ist der Staat nur dann berechtigt, Gemeingüter mit öffentlichen Finanzmitteln zu fördern, wenn diese begrenzt verfügbar (knapp) sind. Dies erfordert eine klare Antwort auf die Frage, um welches Gut es sich hier handelt, das aus Sicht der Interessen des Gemeinwohles knapp ist. Aus der Perspektive der Agrarökonomie gehören Nahrungsmittel explizit nicht dazu. In Deutschland und in Europa werden Nahrungsmittel im Übermaß erzeugt bzw. sind durch Importoptionen reichlich verfügbar. Folgerichtig sind Nahrungsmittel Privatgüter. Zudem sind sie nicht teilbar, d. h., ein Produkt kann nicht von mehreren Personen gleichzeitig verzehrt werden. Demgegenüber sind Gemeingüter per Definition teilbar, d. h., die Nutzung durch eine Person wird durch die Nutzung desselben Gutes durch andere Personen kaum beeinträchtigt. **Tierschutzleistungen** sind ein Gemeingut, wenn es vielen Mitgliedern des Gemeinwesens (Tieren und Personen) zur Verfügung steht. Sie sind ein knappes Gut, weil sie aufgrund der globalen, auf Kostenführerschaft ausgerichteten Wettbewerbssituation bei der Erzeugung von Produkten tierischer Herkunft und der erforderlichen arbeitszeitlichen und monetären Mehraufwendungen im Konflikt mit den marktwirtschaftlichen Anforderungen stehen. Entsprechend ist der Staat berechtigt, Tierschutzleistungen zu fördern.

Bisherige Strategien differenzieren zwischen dem Ordnungsrecht, einer Vermarktungsnorm und dem Kauf von Gemeingütern durch den Staat. Auf europäischer Ebene kommt das Ordnungsrecht seit 1991 über Richtlinien zur Anwendung, die allen nutztierhaltenden Betrieben für einzelne Tierarten die Umsetzung stallbaulicher Mindestforderungen vorschreiben. Dabei steht es den einzelnen Mitgliedsländern frei, das europaweit gültige Ausgangsniveau der Mindestanforderungen durch nationale Vorgaben anzuheben. Dies hätte allerdings beträchtliche Wettbewerbsnachteile zur Folge. Eine weitere Option besteht in der Verabschiedung einer Verordnung über Vermarktungsnormen, welche spezifisch erzeugte Produkte kennzeichnet und sie für Verbraucher erkennbar macht („Tierwohlkennzeichnung"). Mit den Empfehlungen des Kompetenznetzwerkes Nutztierhaltung wird eine dritte Strategie ins Spiel gebracht, die vorsieht, dass der Staat sich Leistungen für das Gemeinwohl einkauft, indem er die Erzeuger dieser Leistungen finanziell unterstützt.

Die drei Strategien sind aus der Perspektive unterschiedlicher Interessensgruppen mit unterschiedlichen Vor- und Nachteilen behaftet. Aus der übergeordneten Perspektive der Gemeinwohlinteressen ist es naheliegend, eine Gegenüberstellung und Abwägung zwischen den diversen Vor- und Nachteilen für die involvierten Interessensgruppen sowie einen Abgleich mit den übergeordneten Gemeinwohlinteressen vorzunehmen. Nachfolgend wird grob skizziert, wie ein solcher Abwägungsprozess aussehen könnte. Dabei wird nicht der Anspruch erhoben, alle potenziellen Vor- und Nachteile in einer umfassenden Weise zu berücksichtigen. Im Vordergrund steht vielmehr der Abwägungsprozess als solcher und die Implikationen, die sich daraus ergeben. In Tab. 5.1 sind potenzielle Vor- und Nachteile der verschiedenen Strategien in einer übersichtlichen, notgedrungen komplexitätsreduzierenden Form zusammengestellt. Die auf diese Weise vorgenommenen Einschätzung werden nachfolgend erläutert und begründet. Die Ein-

Tab. 5.1 Gegenüberstellung der Vor- und Nachteile von drei Strategien zur Verbesserung von Tierschutzleistungenaus der Perspektive unterschiedlicher Interessensgruppen

Stakeholder	Ordnungsrecht		Vermarktungsnorm		Kauf von Gemeingütern	
Abwägung	Vorteile	Nachteile	Vorteile	Nachteile	Vorteile	Nachteile
Nutztiere	+/−	--	+/−	−	+/−	—
Bürger	+	0	0	0	+	−
Verbraucher	0	-	+ +	−	+	—
Landwirte	0	—		−	+ + +	-
Handel	+ +	0	+	−	+ +	-
NGOs	+ +	0	+ +	0	+ + +	-
Agrarpolitik	+	—	+ +	0	+ +	-

0 Kein Einfluss; + gering-, + + mittel-, + + + hochgradige Vorteile; - gering-, -- mittel-, --- hochgradige Nachteile

schätzungen sind von der Ausgangsprämisse geleitet, dass die **Tierschutzleistungen** möglichst vielen Mitgliedern des Gemeinwesens uneingeschränkt zur Verfügung stehen sollten. Darüber hinaus sollte die Verhältnismäßigkeit zwischen Aufwand und Nutzen gewahrt bleiben. Dies betrifft zum einen das Ausmaß an Zumutungen, die für einzelne Interessensgruppen mit den Vorgaben verbunden sind und die Relation der anfallenden Kosten mit dem zu erwartenden Nutzen.

Für die **Nutztiere,** die eigentlich im Fokus der verschiedenen, zuvor skizzierten Tierwohlinitiativen stehen sollten, werden die Vorteile der Optionen (Ordnungsrecht, Vermarktungsnorm, Kauf von Gemeingütern) eher als gering eingestuft. Dies hat vor allem damit zu tun, dass es bei allen Strategien lediglich um ein mehr oder weniger erhöhtes Niveau der Haltungsbedingungen geht, mit denen den Nutztieren ein erweiterter Bewegungs- und Verhaltensspielraum eingeräumt wird. Von größerer Bedeutung für das **Wohlergehen** der Tiere ist jedoch die Vermeidung von Schmerzen, Leiden und Schäden. Die Reduzierung der damit einhergehenden Beeinträchtigungen bleibt jedoch weitgehend unberücksichtigt. Wie wenig sich erweiterte Bewegungs- und Verhaltensspielräume auf das Wohlergehen der Tiere auswirken, zeigen die trotz der höchsten Stufe der Haltungsformen unverändert hohen Erkrankungsraten in der ökologischen Nutztierhaltung. Ein erhöhtes Niveau der Haltungsformen wird für die relevantesten Tierschutzprobleme der Nutztierhaltung (hohe Mortalitätsraten, hohe Prävalenzen von klinischen und subklinischen Produktionskrankheiten, Schwanzbeißen, Federpicken etc.) keine substanziellen Verbesserungen zur Folge haben. Das Freisein von den genannten Störungen ist eine notwendige, wenngleich nicht hinreichende Voraussetzung für das Wohlergehen der Nutztiere. Wenn diese Probleme nicht angegangen werden, werden sie auch weiterhin das Wohlergehen der Tiere beeinträchtigen.

Für die Betriebe, die nicht an den geplanten Förderprogrammen teilnehmen, wird aufgrund der globalen Konkurrenzsituation der Kostendruck voraussichtlich noch weiter erhöht. Dieser hat zur Folge, dass den Betrieben in Zukunft noch weniger **Ressourcen** zur Verfügung stehen werden, um den Tieren das an Lebensbedingungen zur Verfügung zu stellen, was diese benötigen, um sich erfolgreich anpassen zu können. Zu den begrenzt verfügbaren Ressourcen gehören unter anderem die Arbeitszeit für die tierindividuelle Betreuung und die Umsetzung von Hygiene- und Vorsorgemaßnahmen. Zudem wird das Anpassungsvermögen der Tiere an suboptimale Lebensbedingungen durch weiter ansteigende Leistungsanforderungen eingeschränkt. Während sich die Situation für Nutztiere in gelabelten Haltungsformen möglicherweise ein wenig entspannt, werden die Betriebe, die sich nicht den freiwilligen Initiativen anschließen, mit Blick auf den Weltmarkt noch weniger Grund haben, sich an erhöhten Standards auszurichten, sondern sich vermutlich noch stärker als bisher an den Produktionskosten der Mitbewerber in den konkurrierenden Drittländern ausrichten. Vor allem aber lenkt die Fokussierung auf die Haltungsbedingungen von den tierschutzrelevanten Missständen ab, die trotz einer Verbesserung der Haltungsbedingungen weiterhin Bestand haben werden. Während von einer größeren Bewegungsfläche nur die Nutztiere profitieren, deren Wohlergehen nicht durch Erkrankungen und Störungen beeinträchtigt ist, wird das

Ausmaß an Schmerzen, Leiden und Schäden, das nicht von der Bewegungsfläche beeinflusst wird, auf unbestimmte Zeit fortgeschrieben.

Für die **Bürger** des Landes, die das Gemeinwesen personell repräsentieren, ändert sich durch die Tierwohlinitiativen wenig. Erweiterte Bewegungs- und Verhaltensspielräume für Nutztiere lösen nicht die Tierschutzprobleme in anderen Bereichen, sondern lassen diese noch mehr aus dem Blickfeld geraten. Relevante Nachteile ergeben sich allerdings, wenn es aufgrund erhöhter Erkrankungsraten bei den Nutztieren auch zu erhöhten Gesundheitsrisiken in der Bevölkerung kommt. Dies ist beispielsweise dann der Fall, wenn die Erzeugerbetriebe weiterhin auf große Mengen von Antibiotika zurückgreifen, um die negativen Folgewirkungen suboptimaler Lebensbedingungen einzudämmen. Die Folge ist ein anhaltend hohes Niveau der **Resistenzentwicklung** gegenüber Antibiotika in der Nutztierhaltung, das auch in den Humanbereich hineinwirkt. Wenn Tierschutzleistungen ein knappes Gut sind, dann ändern die Tierwohlinitiativen wenig an deren begrenzter Verfügbarkeit. Darüber hinaus ist aus Sicht der Steuerzahler nicht erkennbar, dass den enormen finanziellen Aufwendungen durch den Einsatz von Steuergeldern ein adäquater Nutzen gegenübersteht, der den Mitgliedern des Gemeinwesens zugutekommt. Folglich werden hier Steuergelder verausgabt, die an anderen Stellen deutlich mehr positive Wirkungen für das Gemeinwohl entfalten könnten.

Für die Verbraucher würden von generellen Erhöhungen der Mindestanforderungen an die Haltungsbedingungen keine relevanten Vorteile ausgehen. Werden allerdings Produkte aus „tierfreundlicheren" Haltungsformen auf dem Markt angeboten, erhöht sich das Spektrum des Angebotes. Erhöhen werden sich auch die Preise für Nahrungsmittel tierischer Herkunft, denen dann allerdings auch ein vermeintlich höherer Wert gegenübersteht. Schließlich beinhaltet der Kauf entsprechender Produkte, dass Verbraucher kognitive Dissonanzen bezüglich der Mitbeteiligung an den Zuständen in der Nutztierhaltung reduzieren können. Der Vorteil kommt allerdings nur denen zugute, die entsprechende Produkte erwerben. Die beförderten Tierschutzleistungen sind damit kein Gemeingut, sondern ein nichtteilbares Privatgut.

Nachteile der Initiativen kommen dann zum Tragen, wenn Verbraucher realisieren werden, dass mit den ausgelobten und mit Mehrpreis erworbenen Produkten viele Tierschutzprobleme ungelöst bleiben. Dann drohen ihnen enttäuschte Erwartungen (Frustration), das Gefühl einer gewissen Orientierungslosigkeit und ein Vertrauensverlust gegenüber den Marktanbietern, da sie den offiziellen Verlautbarungen künftig noch weniger werden vertrauen können. Ohne eine evidenzbasierte **Qualitätserzeugung,** d. h. nachweislich erbrachte Tierschutzleistungen der Herkunftsbetriebe, von denen die erworbenen Produkte stammen, wird sie der Kompass, der ihnen über die Haltungsformen Orientierung vermitteln sollte, in die Irre führen. Bei der Variante, die von den Agrarökonomen vorgeschlagen wird, schlagen die Nachteile für die Verbraucher noch stärker zu Buche. Bei dieser Strategie sollen die Verbraucher für alle Produkte tierischer Herkunft, die sie einkaufen über eine Verbrauchersteuer einen Obolus für verbesserten Haltungsbedingungen entrichten, ohne dass diesem eine Gegenleistung in Form eines generellen oder eines produktspezifischen Mehrwertes hinsichtlich der Tierschutzleistungen gegenübersteht.

Viele **Landwirte** fühlen sich durch gesetzliche Regelungen in ihren Handlungs-möglichkeiten eingeschränkt und äußern wiederholt ihren Unmut. Eine wirkmächtige Agrarlobby hat sich in der Vergangenheit erfolgreich gegen jedwedes Ansinnen zur Wehr gesetzt, die Produktionsprozesse mit gesetzlichen Auflagen einzugrenzen. Staatliche Regulierungen, wie sie in allen anderen Branchen mehr oder weniger selbstverständ-lich sind, kommen in der Agrarbranche kaum zu Anwendung. Nach eigenem Selbstver-ständnis wissen die Landwirte am besten, was für ihr Unternehmen richtig ist und was sie befähigt, Rohwaren für die Lebensmittelbranche zu einem möglichst geringen Preis zu erzeugen. Schließlich haben sie dies in den Nachkriegsjahren beeindruckend unter Beweis gestellt. Weitgehend unbehelligt von staatlicher Kontrolle und von zusätzlichen Auflagen haben sie ihren Geschäften jahrzehntelang nachgehen können. Angesichts dieser Vorgeschichte wundert es nicht, wenn eine Erhöhung von Mindestanforderungen über das Ordnungsrecht von den Landwirten als ein Angriff auf ihre wirtschaftliche Existenzsicherung wahrgenommen wird, weil sie die bereits unter Druck geratenen Wett-bewerbsfähigkeit weiter unterminiert. Entsprechend deutlich fällt Abwehrhaltung gegen ordnungspolitische Regulierungsmaßnahmen aus.

Dagegen wird die Etablierung von Tierschutzlabeln begrüßt, wenn die damit ein-hergehenden Mehraufwendungen über Zuwendungen vonseiten des LEH (Branchen-Initiative) oder über direkte finanzielle Unterstützung durch den Staat vergolten werden. Durch die finanziellen Zuwendungen werden Nachteile für die Wettbewerbsfähig-keit vermieden und gleichzeitig die Ansprüche der Landwirte an eine finanzielle Ent-schädigung für getätigte Mehraufwendungen gesellschaftspolitisch untermauert. Die finanzielle Unterstützung für die Erbringung gesellschaftlich erwünschter Leistungen wird von den Nutztierhaltern uneingeschränkt befürwortet. Schließlich können sie dies auch als lang vermisste Anerkennung ihrer Leistungen für die Gesellschaft verbuchen. Darüber hinaus kann die Finanzierung von gesellschaftlich erwünschten Leistungen auch als ein Präzedenzfall für Anforderungen eingestuft werden, die den Landwirten künftig im Kontext des Umweltschutzes abverlangt werden. Nebenbei wird auch das Image der Agrarbranche verbessert, wenn sie weniger als Verursacher von Beeinträchtigungen, sondern als Opfer der marktwirtschaftlichen Umstände wahrgenommen wird, die der gesamtgesellschaftlichen Unterstützung durch finanzielle Zuwendungen bedürfen.

Jedoch auch für die Landwirte bieten die Tierwohlinitiativen nicht nur Vorteile. Sie befördern das, was die Nutztierhalter und ihre Interessenvertreter eigentlich zu ver-meiden trachten, nämlich dass eine **Differenzierung** zwischen den einzelbetrieblichen Leistungen erfolgt. Eine Auslobung von positiven Leistungen beinhaltet immer auch eine Herabwürdigung (Diskreditierung) von Leistungen, die den erhöhten Standards nicht entsprechen. Auf lange Sicht führen sie zu einer differenzierteren Wahrnehmung der realen Unterschiede, die zwischen den landwirtschaftlichen Betrieben bestehen. Schließlich eröffnet jegliche Form der einzelbetrieblichen Differenzierung dem Handel neue Möglichkeiten, von den Landwirten höhere qualitative Leistungen einzufordern, ohne dies mit adäquaten Auszahlungspreisen verbinden zu müssen. Insbesondere geraten mittelfristig auch diejenigen Betriebe unter Druck, welche sich den freiwilligen Initiativen nicht anschließen wollen.

Für den **Lebensmitteleinzelhandel** sind gesetzliche Vorgaben zu erhöhten Mindestanforderungen ohne Belang, weil sie das Geschäftsmodell nicht beeinflussen. Lassen Produktdifferenzierungen eine Erhöhung der Umsätze und eine Imageverbesserung erwarten, wie dies bei Ökoprodukten der Fall ist, werden sie vom Handel gern aufgegriffen. Parallel bieten Produktdifferenzierungen die Möglichkeit, sich über den Aufbau und die Stärkung eigener **Markenprogramme** gegenüber den Mitbewerbern besser abzugrenzen. In diesem Sinne sind die Finanzmittel, welche der LEH bei der Brancheninitiative Tierwohl investiert, gut angelegt, machen sie doch nur einen Bruchteil der sonstigen Aufwendungen für Werbemaßnahmen aus. Nachdem Bundesagrarminister Schmidt den nach diversen Verhandlungsrunden mit den beteiligten Interessensgruppen ausgehandelten Kompromiss bezüglich einer Differenzierung und Kennzeichnung von Haltungsformen wieder einkassiert hatte, bot sich dem LEH die Chance, die Deutungshoheit über die Haltungsformen zu erlangen. Durch das Vorpreschen bei der Definition von Haltungsformen wurden Fakten geschaffen, an denen sich nunmehr die anderen Stakeholder, einschließlich der Agrarpolitik, orientieren müssen. Eine Förderung von höher eingestuften Haltungsformen durch die öffentliche Hand fördert das Image der Agrarbranche und des LEH. Gleichzeitig erhöht sie die Handlungsspielräume. Während auf der einen Seite für werbewirksam herausgehobene Produkte höhere Preise realisiert werden können, kann die nicht deklarierte Rohware zu noch günstigeren Preisen eingekauft werden. Vor allem aber ändern sich die Konstellationen beim „Schwarzer-Peter-Spiel". Durch eine vermeintliche Differenzierung des Produktangebotes nach Tierschutzgesichtspunkten liegt die Verantwortung für eine unzureichende Umsetzung des Tierschutzanliegens nunmehr bei den Verbrauchern. Der vermeintlichen Logik folgend, würde der Handel mehr höherpreisige Produkte mit erhöhten Tierschutzstandards anbieten, wenn die Verbraucher diese vermehrt nachfragen würden; erst wenn die Verbraucher entsprechende Produkte nachfragen würde, könnte der Handel den Landwirten für entsprechend erzeugte Produkte einen höheren Preis zahlen. Während sich der Handel in der Mittlerrolle zwischen Landwirten und Verbraucher gefällt, ist es für ihn ein Leichtes, von den eigenen Verstrickungen in der Tierschutzproblematik abzulenken.

Nachteile für den Handel betreffen insbesondere die Mehraufwendungen für die Logistik von differenzierenden Warenströme. Durch eine Differenzierung der Rohwaren nach Herkunftsbetrieben mit unterschiedlichen Haltungsformen entsteht ein beträchtlicher logistischer Mehraufwand. Zwar hätte der LEH die Möglichkeit, diesen an die Verbraucher weiterzugeben. Solange jedoch die Vermarktung von Produkten tierischer Herkunft in erster Linie an eine Niedrigpreisstrategie gekoppelt ist, tut sich der Handel schwer, höhere Aufwendungen, die ihm selbst im Rahmen der Logistik entstehen, durch höhere Verkaufspreise aufzufangen. Auf der anderen Seite hat sich in den zurückliegenden Jahren die Preisgestaltung für Produkte tierischer Herkunft immer weiter von den realen Entstehungskosten und von den internen und externen Effekten der Produktion abgekoppelt. Als bedeutsamer könnte sich erweisen, dass den Verbrauchern mit der Auslobung von höheren Stufen der Haltungsform eine Höherwertigkeit der Produkte suggeriert wird, die *de facto* nur auf den gedanklichen Assoziationen zwischen Haltungsformen und Tierschutzstandards basiert. Da mit höherem Haltungsstandard nicht zwangsläufig eine Verringerung des Auftretens von Schmerzen, Leiden und Schäden bei den Nutztieren einhergeht, läuft der LEH Gefahr, sich der Verbrauchertäuschung schuldig zu machen und das Vertrauen der Verbraucher zu verspielen.

Die eigentlichen Gewinner der Tierwohlinitiativen sind die Nichtregierungsorganisationen (**NGOs**). Tierschutzorganisationen drängen schon seit Jahrzehnten auf eine ordnungspolitisch herbeigeführte Erhöhung von Mindestanforderungen (vorrangig der Bewegungsfläche). Die Agrarpolitik hat diese Forderungen jahrzehntelang ignoriert. Nun kommen Veränderungen in Gang, die auch andere NGOs, die bislang nicht im Nutztierbereich engagiert waren, auf den fahrenden Zug aufspringen lassen. Von einem nicht zu unterschätzenden Vorteil ist, dass sich nun die NGOs gegenüber ihrer jeweiligen Klientel als Treiber und Gestalter in Szene setzen können. Je mehr die Thematik ins Bewusstsein der Öffentlichkeit dringt, desto mehr können sie sich der vermeintlichen Erfolge rühmen und ihre Mitgliederzahlen und die Spendeneinkünfte erhöhen, auf die sie als „gemeinnützige Organisationen" angewiesen sind. Auch das bisher von agrarpolitischer Seite implementierte Prinzip der Freiwilligkeit an der Teilnahme von Labelprogrammen spielt den NGOs in die Karten. Auf diese Weise können sie in Fortsetzung der Strategien in den zurückliegenden Jahrzehnten, an der Forderung nach einer gesetzlich verpflichtenden Erhöhung der Standards von Haltungsformen festhalten und sich als stetige Mahner für die Interessen der Tiere profilieren.

Die mit den Tierwohlinitiativen verbundenen Forderungen sind jedoch auch für die NGOs nicht ohne Risiko. Die bereits beim LEH angedeuteten Nachteile einer differenzierenden Wahrnehmung der Unterschiede zwischen den Tierschutzleistungen von nutztierhaltenden Betrieben betreffen auch die NGOs. Wenn sich z. B. die Verbraucherzentrale für die inhaltlichen Empfehlungen des Kompetenznetzwerkes stark macht, läuft sie Gefahr, angesichts der zu erwartenden ungelösten Tierschutzprobleme gegenüber ihrer eigenen Klientel der Verbrauchertäuschung bezichtigt zu werden. Je mehr sich herauskristallisiert, dass die Haltungsformen für die eigentlichen Tierschutzprobleme keine Lösungen darstellen, desto mehr wird deutlich, wie sehr es auch den NGOs nicht in erster Linie um die Reduzierung von Schmerzen, Leiden und Schäden bei den Nutztieren geht, sondern vorrangig um die Verfolgung eigener Interessen. Billigend nehmen sie in Kauf, dass der Fokus auf die Haltungsformen von den tatsächlichen Beeinträchtigungen der Nutztiere ablenkt. So verliert die Initiative des Deutschen Tierschutzbundes an Glaubwürdigkeit, wenn die Organisation über die Etablierung eines zweistufigen Labels, das auf haltungsbedingte Haltungsstandards begrenzt ist, den unmittelbaren Beeinträchtigungen der Nutztiere unter anderem durch schmerzhafte Erkrankungen, wie die gehäuften Brustbeinfrakturen bei Legehennen, keine Beachtung schenkt. Ferner hat es der Deutsche Tierschutzbund nicht vermocht, die große Zahl der nichtveganen Mitglieder zum Kauf der eigenen als tierfreundlich ausgewiesenen

Produkte zu motivieren. Der ausbleibende Erfolg des eigenen Tierschutzlabels verdeutlicht die Diskrepanz zwischen den in Dauerschleife lautstark vorgetragenen Forderungen an die Agrarpolitik und der geringen Bereitschaft der eigenen tierschutzbewegten Klientel, durch den Kauf von entsprechend gelabelten Produkten einen eigenen Beitrag zum Schutz der Nutztiere beizusteuern.

Die Vorteile für die **Agrarpolitik** liegen auf der Hand. Agrarpolitiker können sich gegenüber der Öffentlichkeit als Akteure profilieren, die bemüht sind, an den Verhältnissen etwas zu verändern. Mit der Einrichtung diverser Kommissionen kann die Agrarpolitik gegenüber den diversen Stakeholdergruppen signalisieren, dass die Politik unterschiedliche Interessen zu berücksichtigen trachtet. Mit Unterstützung der Agrarökonomie, welche die Argumente liefert, wird die Agrarpolitik nicht müde, die Notwendigkeit von gemeinsamen Zielbildern hervorzuheben. Zielbilder haben den großen Vorteil, dass sich sehr viele Stakeholdergruppen dahinter versammeln können. Wer möchte sich schon nachsagen lassen, nicht am Ziel eines verbesserten Tierschutzes mitwirken zu wollen. Auf der anderen Seite ist Zielbildern ein großer Interpretationsspielraum und eine Unverbindlichkeit zu eigen. Alle können sich zu einem Zielbild bekennen, ohne den eigenen Beitrag zur Zielerreichung spezifizieren zu müssen. Das Ergebnis entsprechender Konsultationen ist der kleinste gemeinsame Nenner, auf den man sich hat verständigen können, ohne sich selbst und den anderen übermäßig viel zumuten zu müssen. Entsprechend verwundert es nicht, dass sich fast alle Interessensgruppen den Empfehlungen des Kompetenznetzwerkes Nutztierhaltung anschließen konnten. Die Zielbilder der skizzierten Haltungsformen verlangen den Stakeholdern keine Revidierung bisheriger Positionen und keine Klärung und Lösung von Zielkonflikten ab. Vor allem aber wird darauf verzichtet zu konkretisieren, was die Empfehlungen den Nutztieren an Verbesserungen bringen.

Würde das Bundesministerium für Ernährung und Landwirtschaft von der im TierSchG verankerten Ermächtigung Gebrauch machen und die Mindestanforderungen für die Haltungsbedingungen in deutschen Ställen erhöhen, würde es erhebliche Widerstände provozieren. Kommt es dennoch auf Initiative der EU-Kommission zu erhöhten Mindestanforderungen, wie im Fall des Verbotes des Kastenstandes in der Sauenhaltung, werden den Landwirten lange Übergangsfristen eingeräumt. Werden die Vorgaben auch nach Verstreichen der Übergangsfristen nicht umgesetzt, drohen nicht etwa Sanktionen. Wie Beispiele aus jüngster Vergangenheit zeigen, ist die Wahrscheinlichkeit groß, dass Übergangsfristen weiter verlängert werden. Nationale Alleingänge im Agrarsektor über das Ordnungsrecht haben in Deutschland keine Chance auf Realisierung. Demgegenüber lässt ein freiwilliges Label kaum Nachteile für die Agrarpolitik befürchten. Die Umsetzung der Empfehlungen des Kompetenznetzwerkes Nutztierhaltung ist allerdings auch für die Agrarpolitik nicht ohne Risiko. Mit den beträchtlichen Transfersummen in der Größenordnung von 50 Mrd. € über 20 Jahre, kommt die Agrarpolitik in eine Begründungsnotwendigkeit. Dies betrifft einerseits die Wirkungen, welche die Maßnahmen *de facto* für den Schutz der Tiere und die Lösung von Tierschutzproblemen bereithalten, und andererseits die Frage der Verhältnismäßigkeit bei der Verausgabung öffentlicher Mittel. Da zu erwarten ist, dass mit der Finanzierung von Haltungsformen die relevantesten Tierschutzprobleme, die nicht in einem unmittelbaren Zusammenhang mit den Haltungsformen stehen, keiner Lösung zugeführt werden können, läuft die Agrarpolitik Gefahr, sich den Vorwurf der Verschwendung von Steuergeldern einzufangen. Gleichzeitig wird es immer schwieriger zu verschleiern, dass Agrarpolitik in erster Linie Klientelpolitik ist. Sie kümmert sich mehr um die Interessen der Agrarwirtschaft im Hinblick auf den Erhalt der Wettbewerbsfähigkeit als um die Interessen des Gemeinwohles und die Lösung von gesellschaftlich relevanten Problemen.

Das Bundesverfassungsgericht erklärt zum Thema Wettbewerbsfähigkeit: Das Grundgesetz (GG) garantiert ebenso wenig wie andere Grundrechte den Unternehmen den Erhalt einer Gesetzeslage, die ihnen günstige Marktchancen sichert (vgl. BVerfGE 105, 252, 277 f.). Gestaltet der Gesetzgeber Inhalt und Schranken unternehmerischen Eigentums durch Änderung der Rechtslage, muss er insbesondere die Grundsätze der Verhältnismäßigkeit und des Vertrauensschutzes achten (BVerfGE – 1 BvR 2864/13). Vertrauensschutz gilt dabei nicht nur für die Landwirte, sondern auch gegenüber den Bürgern, die eine zweckgerichtete Verwendung öffentlicher Mittel für angemessen halten, und nicht zuletzt für die Verbraucher, die angesichts erhöhter Produktpreise auch eine höhere qualitative Leistung bezüglich des Tierschutzes erwarten dürfen. Bei begrenzt verfügbaren Gemeingütern kann gemäß den Verlautbarungen des Bundesverfassungsgerichtes auch der Markt zu einem Mittel hoheitlicher Verteilungslenkung instrumentalisiert werden.

Das Prinzip der Verhältnismäßigkeit beim Einsatz von öffentlichen Geldern wirft die Frage auf, wer in welchem Maße von staatlichen Aufwendungen profitiert und für welche Mitglieder des Gemeinwesens die Leistungen zugänglich sind, sodass die Aufwendungen im Hinblick auf die Gemeinwohlinteressen gerechtfertigt sind. Darüber hinaus erfordert das Prinzip der Verhältnismäßigkeit, die Berücksichtigung eines angemessenen Verhältnisses von Aufwand und Nutzen bzw. Kosten und Leistungen im Hinblick auf die Realisierung eines verbesserten Schutzes der Tiere vor Beeinträchtigungen, die mit Schmerzen, Leiden und Schäden einhergehen.

Gemäß des Deutschen **Tierschutzgesetzes** in der modifizierten Fassung von 1986 ist es nach Artikel 1, § 1 Zweck des Gesetzes, „aus der Verantwortung des Menschen für das Tier als Mitgeschöpf, dessen Leben und Wohlbefinden zu schützen". Als Mitgeschöpfe sind die Nutztiere dem Gemeinwesen zuzurechnen. Allerdings kommen die Investitionen für Stallneubauten, die aus öffentlicher Hand mitfinanziert werden sollen, nur den Tieren der Betriebe zugute, die sich freiwillig an der Aktion beteiligen. Zudem gehen die mit öffentlichen Mitteln finanzierten Stallbauten in privaten Besitz über. Dies gilt auch dann, wenn andere tierschutzrelevante Missstände, die mit Schmerzen, Leiden und Schäden einhergehen, wie z. B. Schwanzbeißen, also klinische und subklinische Erkrankungen, im Tierbestand unverändert fortbestehen. Schließlich kommen die öffentlichen Zuwendungen nur den Verbrauchern zugute, die über den Kauf entsprechend ausgewiesener Produkte einen Zusatznutzen für ihre persönliche Interessen und ihr eigenes Gewissen erwerben.

Folgerichtig ließe sich die Förderung von Stallneubauten zur Förderung des Tierschutzes mithilfe von öffentlichen Mitteln nur sachgerecht begründen, wenn damit nachweislich positive Wirkungen für die Nutztiere im Sinne einer Reduzierung von Schmerzen, Leiden und Schäden verbunden sind. Dies ist jedoch aufgrund der geringen Relevanz, welche die Haltungsbedingungen für das Auftreten von Schmerzen, Leiden und Schäden aufweisen, nicht zu erwarten. Auch müssten die Tierschutzleistungen nicht nur wenigen, sondern im Grundsatz der Mehrzahl von Nutztieren und Verbrauchern zugänglich gemacht werden. Aufgrund der langwierigen Stallbaumaßnahmen kann eine solche Situation jedoch erst nach jahrzehntelangen Übergangsphasen realisiert werden. Anstatt eine zeitnahe Verminderung von tierschutzrelevanten Beeinträchtigungen herbeizuführen, perpetuiert ein über einen langen Zeitraum angelegter Gesellschaftsvertrag, wie ihn die Empfehlung des Kompetenznetzwerkes Nutztierhaltung nahelegt, die Schmerzen, Leiden und Schäden, die durch eine Verbesserung der Haltungsbedingungen nicht behoben oder gemindert werden können. Dies legt den Schluss nahe, dass es den Befürwortern nicht um die Befindlichkeiten der Nutztiere geht, sondern in erster Linie um eine Absicherung der Stallbaufinanzierung. Umbauten der Nutztierställe (bzw. der Nutztierhaltung) werden politisch für erforderlich erachtet, um den gesellschaftlichen Anforderungen im Inland zu begegnen. Der Markt und die Marktpreise lassen dafür jedoch keinen Spielraum. Währenddessen wird der globale Unterbietungswettbewerb unvermindert fortgesetzt und verknappt den deutschen Betrieben, die sich weiterhin auf diesen Märkten behaupten wollen, die Verfügbarkeit an Ressourcen, die zum Schutz der Nutztiere vor tierschutzrelevanten Beeinträchtigungen erforderlich wären.

5.5   Tierschutz ist weit mehr als vergrößerte Bewegungsspielräume

Wortwörtlich verstanden ist **Tierschutz** der Schutz des einzelnen Tieres vor Beeinträchtigungen, die mit Schmerzen, Leiden und Schäden einhergehen und deshalb dem Wohlergehen sowie dem Streben nach Selbstaufbau und Selbsterhalt zuwiderlaufen. Um Tiere zu schützen, müssen ihnen einerseits **Ressourcen** (u. a. Nährstoffe) zur Verfügung gestellt werden. Andererseits müssen Faktoren, welche das Wohlergehen der Tiere beeinträchtigen können, von ihnen ferngehalten werden. Ressourcen und Schutzmaßnahmen bestimmen über die Befähigung der Tiere, sich an die Lebensbedingungen und die sich einstellenden Veränderungen anpassen zu können. Beeinträchtigungen sind daher immer auch die Folge einer Überforderung der Anpassungsfähigkeit der Tiere. Überforderungen resultieren, wenn Tiere den Belastungen nicht durch Verhaltensänderungen ausweichen können bzw. wenn die physiologischen und immunologischen Abwehrreaktionen des Organismus dem Ausmaß der Störungen nicht standhalten können. Die Folge sind Verhaltensstörungen und/oder gesundheitliche Störungen. Abhängig von der

Störgröße und der Dauer der Einwirkung sowie dem Abwehrvermögen der einzelnen Tiere können sie zu gering- oder hochgradigen Erkrankungen und auch zum Tod führen. Zu den relevanten Störfaktoren gehören unter anderem: unzureichende Verfügbarkeit und Zusammensetzung des Futters, kein hinreichender Zugang zu sauberem Wasser, hohe Belegungsdichte, Verhinderung der Ausübung arteigener Verhaltensweisen, hohe Konzentration an mikrobiologischen Schaderregern (Bakterien, Viren, Pilze, Hefen), Parasiten oder Toxinen (Endotoxine, Mykotoxine, etc.) sowie hohe Konzentrationen an Schadgasen (u. a. Ammoniak). Nicht zuletzt entstehen Beeinträchtigungen auch durch Auseinandersetzung mit Buchtgenossen (u. a. Schwanzbeißen, Federpicken). All diese Faktoren wirken nicht isoliert auf die Tiere, sondern in ihrer Gesamtheit. Aus der unbegrenzten Kombinationsvielfalt der Faktoren resultiert eine sehr große Variation der jeweiligen Lebensbedingungen, die zudem dynamischen Veränderungen unterliegen. Entsprechend können scheinbar standardisierte Haltungsbedingungen erhebliche Unterschiede in ihrer Wirkung auf die Tiere hervorrufen.

Hinzu kommt, dass einzelne Tiere sehr unterschiedlich auf die gleichen bzw. unterschiedlichen Lebensbedingungen reagieren. Tiere unterscheiden sich nicht nur durch Alter, Geschlecht oder Gewicht, sondern unter anderem auch in ihrer Immunkompetenz, der physiologischen Kondition und Rangposition. Damit besitzen sie unterschiedliche Kapazitäten, sich ohne gesundheitliche Störungen an die jeweiligen Lebensbedingungen anzupassen. In einer Herde, die den gleichen suboptimalen Lebensbedingungen ausgesetzt ist, zeigt sich dies darin, dass ein Anteil der Tiere ohne erkennbare Beeinträchtigungen die eigenen Bedürfnisse mit den gegebenen Verhältnissen in Einklang zu bringen vermag. Bei anderen Tieren der Herde können Verhaltensstörungen auffällig sein. Wieder andere Tiere zeigen Anzeichen klinischer Erkrankungen. Ein Teil der Herdentiere weist subklinische Gesundheitsstörungen auf, die sich erst bei diagnostischen Maßnahmen zu erkennen geben, aber dennoch eine erhebliche Beeinträchtigung des Wohlergehens zur Folge haben können. Beispielhaft dafür stehen die sehr hohen Anteile an Brustbeinfrakturen bei Legehennen, die Magengeschwüre bei Schweinen und Kälbern oder die Entzündungsprozesse in der Lunge oder im Gesäuge. Auch scheitert eine mehr oder weniger großer Anteil der Tiere im Bemühen um **Anpassung** an die Lebensbedingungen und verendet oder muss notgetötet werden.

Grundsätzlich kann davon ausgegangen werden, dass sich Wohlbefinden bei den Tieren nur dann einstellt, wenn sie nicht von schwerwiegenden Störungen beeinträchtigt werden. Allerdings ist nicht direkt messbar, wie sich die Tiere in ihren jeweiligen Lebenssituationen fühlen. Befindlichkeiten sind ein tierindividuelles Verrechnungsergebnis des Gehirns, das selbst im Tagesverlauf dynamischen Veränderungen unterworfen ist. Nach Schmitz (1995) ist Wohlbefinden

„das Ergebnis eines zentralnervösen Verarbeitungsprozesses, bei dem von außen eintreffende Reize, organismus-interne physiologische Faktoren sowie die Möglichkeiten zu arteigenen Verhalten in Verarbeitungsinstanzen verrechnet werden und eine positiv gefärbte Befindlichkeit erzeugen".

Tiere nehmen ihre Lebensumwelt und die einzelnen Faktoren der Lebensbedingungen in Abhängigkeit von den Vorerfahrungen während der Entwicklung tierindividuell unterschiedlich wahr. Sie gewichten nach eigenem Ermessen und eigenen Maßstäben, welche Bedeutung diese für das eigene Wohlbefinden haben (Boissy 2019). Die Befindlichkeiten verändern sich dynamisch und werden auch dadurch beeinflusst, in welchem Maße es den einzelnen Tieren gelingt, auf Veränderungen zu reagieren und sich erfolgreich, d. h. ohne gravierende Beeinträchtigungen an die Lebensbedingungen, anzupassen. Daraus kann man schlussfolgern, dass Menschen nicht befähigt sind, anhand der eigenen, **anthropozentrischen** Maßstäbe eine belastbare Beurteilung über die Bedeutung einzelner **Indikatoren** im Hinblick auf das Wohlergehen der Tiere vorzunehmen. Weder sind einzelne Indikatoren repräsentativ für das tierindividuell unterschiedliche Wohlbefinden, noch ermöglicht eine Außenbetrachtung eine Gewichtung einzelner Merkmale im Hinblick auf den Gesamtorganismus. Indikatoren sind lediglich Hinweisgeber und ermöglichen allenfalls **hypothetische Aussagen** über die möglichen Auswirkungen für die Befindlichkeiten von Tieren.

Demgegenüber kann **valide** beurteilt werden, ob es den Tieren gelingt, sich den spezifischen Lebensbedingungen ohne gravierende Beeinträchtigungen anzupassen. Das Freisein von gravierenden Beeinträchtigungen kann als eine notwendige Voraussetzung für Wohlergehen gelten, weil andernfalls der Selbsterhalt des Individuums gefährdet ist. Im Fall von Todesfällen als Folge eines endgültigen Scheiterns der Anpassung ist die Sachlage eindeutig. Bei der Beurteilung von pathologisch-anatomischen Befunden an Schlachtkörpern und bei lebenden Tieren ist eine fachkundige Person erforderlich, die den Schweregrad potenzieller Beeinträchtigungen für die jeweils betroffenen Tiere auf eine Skala von gering bis schwerwiegend einzustufen vermag. Die sehr unterschiedliche Relevanz der Beeinträchtigungen für den Gesamtorganismus macht das einzelne Tier bzw. die Anzahl betroffener Tiere in einem Bestand zur maßgeblichen Bezugsgröße der Beurteilung tierschutzrelevanter Befunde. Entsprechend sollte das Ziel der Bemühungen um mehr Tierschutz vor allem darin bestehen, den Anteil der Tiere, die in einem Betrieb verenden oder durch schwerwiegende, mit Schmerzen, Leiden und Schäden einhergehende Störungen beeinträchtigt werden, so gering wie möglich zu halten. Zudem wäre es bedeutsam, den innerbetrieblichen Fokus an den am stärksten betroffenen Nutztieren auszurichten. In gleicher Weise sollte sich eine schlüssige Tierschutzstrategie auf überbetrieblicher bzw. nationaler Ebene vorrangig der nutztierhaltenden Betriebe annehmen, die den größten prozentuellen Anteil an verendeten und gesundheitlich beeinträchtigten Tieren aufweisen.

Analog zu den Futtermitteln handelt es sich auch bei den Haltungsbedingungen in erster Linie um ein Produktionsmittel. Sie dienen den Nutztierhaltern als eine Möglichkeit, die Tiere einzupferchen und den eigenen Nutzungsinteressen zu unterwerfen. Gleichzeitig bieten sie den Nutztieren Schutz vor Witterungseinflüssen wie Kälte und Hitze. Der Zweck der Gestaltung von Haltungs- und Lebensbedingungen kann unter anderem darin bestehen, die Produktionskosten und die arbeitszeitlichen Aufwendungen für Routinemaßnahmen so gering wie möglich zu halten. Er kann auch darin bestehen, den Nutztieren einen Schutz vor Schmerzen, Leiden und Schäden zu gewähren. Ob die Haltungs- und Lebensbedingungen diesen Zweck erfüllen muss überprüft werden. Angesichts der großen Variation der Haltungs- und Lebensbedingungen zwischen den Betrieben, der großen Variation der Bedürfnisse zwischen den Tierindividuen und der großen Variation der Ergebnisse der Interaktionen zwischen den Nutztieren und den Lebensbedingungen in den verschiedenen Lebensphasen, kann von einer Haltungsform nicht auf das Wohlergehen der Nutztiere geschlossen werden. Was diesbezüglich von-seiten des LEH und auch des Kompetenznetzwerkes Nutztierhaltung an Beziehungen zwischen der Haltungsstufe und den „Tierschutzstandards" suggeriert wird, ist ohne Aussagekraft für das Wohlergehen der Nutztiere. Haltungsformen sind ein **Mittel** der Komplexitätsreduktion und ein Mittel bei der Verfolgung anthropozentrischer Interessen. Als innerbetriebliches Produktionsmittel können sie nicht gleichzeitig Mittel und Zweck sein, ohne zum Selbstzweck und zu einer Tautologie zu mutieren. Aus wissen-schaftlicher Sicht sind Mittel dahingehend zu überprüfen, ob und in welchem Maße bei ihrer Anwendung das intendierte Ziel erreicht wird. Aufgrund der großen Variation der beteiligten Faktoren ist eine solche Überprüfung nur im jeweiligen betrieblichen Kontext und nur anhand der Ergebnisse der tierindividuellen Interaktionen mit den Lebens-bedingungen belastbar.

Schaut man sich die bisher bekannten Ergebnisse der tierindividuellen Interaktionen in unterschiedlichen betrieblichen Kontexten beispielsweise in der Milchviehhaltung (Hoedemaker et al. 2020) an, wird das wahre Ausmaß des Scheiterns der Bemühungen um den Schutz der Nutztiere sichtbar. Die in wissenschaftlichen Studien punktuell auf-gedeckten Mortalitätsraten und das Auftreten von Produktionskrankheiten in deutschen Tierställen zeigen an, in welchem Maße Nutztiere in ihrer Anpassungsfähigkeit über-fordert sind, weil sie nicht unter Bedingungen gehalten werden, die ihren jeweiligen Bedürfnissen entsprechen. Bei der Veröffentlichung der Ergebnisse, der vom Bundes-ministerium in Auftrag gegebenen und oben zitierten Studie, wird von der Sprecherin des Bundesagrarministeriums zurecht darauf hingewiesen, dass viele Defizite durch zielgerichtete Maßnahmen des Managements reduziert werden können. Was sie nicht anspricht, ist die Marktsituation, welche den Milcherzeugern schon seit geraumer Zeit keine kostendeckenden Marktpreise bietet. Wurden in der Vergangenheit Gewinne erzielt, wurden diese nicht in den Tierschutz, sondern in Maßnahmen zur Steigerung der Produktivität investiert. Folgerichtig verfügt der Großteil der Betriebe in einem auf Kostenführerschaft ausgerichteten Wettbewerb nicht über die erforderlichen Ressourcen (u. a. Arbeitszeit, Investitionsmittel, *Know-how*), um die in ihrer Obhut befindlichen Nutztiere hinreichend vor Beeinträchtigungen zu schützen. An dieser Konstellation ändern auch Haltungsformen nichts, die aus Mitteln der öffentlichen Hand mitfinanziert werden.

Gemäß §2 des TierSchG liegt die Verantwortung für den Schutz der Tiere bei den-jenigen, die Tiere halten und nutzen, und nicht bei denjenigen, welche sich selbst als Tierschützer bezeichnen. Unstrittig ist, dass das Wohlergehen der Nutztiere für die Nutztierhalter nicht die oberste Priorität einnimmt. Vorrang hat die Sicherung der

wirtschaftlichen Existenzfähigkeit des Betriebes. Hierin unterscheiden sich Nutztierhalter nicht von den Mitgliedern anderer Interessensgruppen. Von den Nutztierhaltern
kann nicht erwartet werden, dass sie selbstlos agieren bzw. durch erhebliche finanzielle
Aufwendungen für den Tierschutz Gefahr laufen, sich selbst in den wirtschaftlichen Ruin
zu treiben. Umso mehr sind die Nutztierhalter gefordert, die Konfliktfelder zwischen den
Tiernutzungs- und den Tierschutzinteressen innerhalb des Betriebssystems einer Lösung
bzw. einem Ausgleich zuzuführen. Dabei sind die tierschutzrelevanten Auswirkungen
des Managements sehr unterschiedlich und entziehen sich damit der Beurteilung anhand
einzelner Haltungsaspekte. Das von vielen Verbrauchern oder auch von Tierschützern
postulierte Freisein der Nutztiere von jeglichen Beeinträchtigungen entspricht einer
Wunschvorstellung, die weder in der freien Natur noch unter den Bedingungen der Nutztierhaltung in einer umfassenden Weise realisiert werden kann. Folgerichtig kann nicht
das Freisein von, sondern „nur" das relative Ausmaß der tierschutzrelevanten Beeinträchtigungen von Nutztieren im Tierbestand eines Betriebes in Relation zu anderen
Betrieben den Beurteilungsmaßstab bilden.

In welchem Maße der Ausgleich zwischen menschlichen und tierlichen Interessen
gelingt, entscheidet nicht die Haltungsform, sondern das vielgestaltige Wirkungsgefüge des gesamten Betriebssystems, welches die Verfügbarkeit und die Verteilung von
Ressourcen und die Möglichkeiten zur Umsetzung zielgerichteter Tierschutzmaßnahmen
determiniert. In diesem Sinne sind **Tierschutzleistungen** ebenso wie Produktionsleistungen gesamtbetriebliche Leistungen. Letztere lassen sich leicht quantifizieren. Die
Beurteilung von Tierschutzleistungen ist nicht ganz so einfach, jedoch – wie Beispiele
aus anderen Ländern zeigen – mit entsprechend schlüssigen Konzepten gut umsetzbar.
Ausgangsvoraussetzung ist allerdings, dass möglichst alle Betriebe eines Landes einer
solchen Beurteilung unterzogen werden. In Deutschland wollen sich jedoch sehr viele
Betriebe nicht in die Karten bzw. die Daten schauen lassen. Sie werden dabei von der
Agrarlobby unterstützt, welche ein solches Ansinnen als ein bürokratisches Monster
diskreditieren und mit Hinweisen auf den Datenschutz bislang erfolgreich torpedieren.
Dies gilt auch für die Schweinehaltung, wo entsprechende Vergleichsdaten im branchen-
eigenen Qualitätssicherungssystem der Qualität und Sicherheit GmbH (QS) bereits
flächendeckend vorliegen.

Spätestens hier stellt sich wieder die Frage nach der Einordnung des Tierschutzes als
ein Gemeingut, wie es der Verfassungsrang nahelegt. Wenn der Schutz der Tiere gemäß
Grundgesetz eine staatliche Aufgabe ist, dann hat der Staat nicht nur das Recht, sondern
auch die Pflicht, sich einen Überblick über den gegenwärtigen Stand der Umsetzung von
Tierschutzmaßnahmen und über die einzelbetrieblichen Erfolge im Bemühen um Tierschutz zu verschaffen. Von derlei Bemühungen ist in der Agrarpolitik bislang wenig zu
erkennen. Dem Bundesagrarministerium ist es offensichtlich wichtiger, die Nutztierhalter vor Einblicken von außen in ihre Tierhaltungspraxis zu schützen, als die Bürger
über den Stand der einzelbetrieblichen Tierschutzbemühungen zu informieren. Während
die Agrarlobby einerseits den Bemühungen um **Transparenz** entgegenwirkt, hält es sie
andererseits nicht davon ab, zusätzlich zu den bestehenden Subventionen weitere Mittel

aus der öffentlichen Hand einzufordern, um mit dem Tierschutzargument Stallbauten zu finanzieren, die in erster Linie den Nutztierhaltern und nicht den Nutztieren zugutekommen. Dieses Verhalten offenbart, dass nicht nur vonseiten der Agrarpolitik, sondern auch der Agrarbranche der Schutz der Nutztiere vor Beeinträchtigungen nicht als eine vorrangige Aufgabe des Staates und eine Angelegenheit des Gemeinwesens, sondern in erster Linie als eine Privatangelegenheit betrachtet wird.

Wenn der Tierschutz mit öffentlichen Mitteln gefördert werden soll, haben die Bürger auch ein Anrecht, belastbare **Informationen** zum derzeitigen Stand des Tierschutzes auf den landwirtschaftlichen Betrieben zu erhalten. Ob die mithilfe von öffentlichen Mitteln geförderten Tierschutzmaßnahmen auch nachweislich zum Erfolge führen, ist essenziell für die Frage nach dem verhältnismäßigen Einsatz von öffentlichen Finanzmitteln. Evidenz ist das Aufgabenfeld der Wissenschaft. Allerdings verfügt, wie in Kap. 8 ausführlich dargelegt wird, die vorherrschende, auf einer Verbindung von **Empirismus** mit Induktivismus basierende Herangehensweise der Agrarwissenschaften nicht über das geeignete Instrumentarium, mit dem ein wissenschaftlich belastbarer und damit justiziabler **Nachweis** von Tierschutzleistungen erbracht werden könnte. Auch fehlt den in Spezialgebieten ausdifferenzierten Fachdisziplinen die Kompetenz, um Lösungen für Tierschutzprobleme anzubieten, die von der gesamtbetrieblichen Situation hervorgerufen und in hohem Maße betriebsspezifisch und kontextabhängig sind. Demgegenüber befindet sich die naturwissenschaftlich ausgerichtete „Tierwohlforschung" auf der Suche nach allgemeingültigen Gesetz- und Regelmäßigkeiten, die kontextunabhängig Gültigkeit beanspruchen können.

Die bisherigen Ausführungen lassen erkennen, dass weder die Anhebung von **Mindestanforderungen** über das Ordnungsrecht noch ein Tierschutzlabel, einschließlich einer finanziellen Förderung von Haltungsformen aus der öffentlichen Hand, den Tierschutz substanziell befördern können. Solange der Wettbewerb zwischen den Landwirten auf Kostenführerschaft ausgerichtet bleibt, um jenseits des europäischen Selbstversorgungsgrades die globalen Märkte bedienen zu können, stehen den heimischen Nutztierhaltern bei Weltmarktpreisniveau keine hinreichenden Ressourcen zur Verfügung. Solange das Management nicht über hinreichend Ressourcen verfügt und auch keine wirtschaftlichen Anreize vonseiten des Marktes erhält, können auch mit verbesserten Haltungsbedingungen keine adäquaten Tierschutzleistungen erbracht werden. Angesichts dieser Ausgangslage kann der Markt keine qualitativen Leistungen hervorbringen, die wie im Fall des Tierschutzes im Interesse des **Gemeinwohles** liegen.

Obwohl das Marktversagen offensichtlich zutage tritt, verweigern führende Agrarökonomen eine fundierte Debatte darüber, wie eine Transformation von einer „freien" zu einer „ökosozialen Marktwirtschaft" auf den Weg gebracht werden kann. Statt dessen sprechen sich führende Agrarökonomen im Einvernehmen mit dem Bundesagrarministerium für die Fortsetzung und sogar für eine Ausweitung der Exportorientierung aus (BMEL 2019). Dies geschieht im Bewusstsein, dass auf den globalen Märkten nur maßgeblich ist, ob man im Unterbietungswettbewerb mithalten kann. Der elementare **Zielkonflikt** zwischen dem Streben nach **Kostenführerschaft** und dem Streben nach

Qualitätsführerschaft wird von den Verfassern der Nutztierhaltungsstrategie weitgehend ausgeblendet. Während die vielfältigen Vorteile der Exportausrichtung dargelegt werden, fehlt eine Analyse der Konfliktfelder im Hinblick auf die Gemeinwohlinteressen sowie eine Erörterung der bereits eingetretenen und potenziell auftretenden negativen Folgewirkungen dieser Strategie. Stattdessen wird auf die Notwendigkeit der Etablierung von Produktionsstandards verwiesen, die oberhalb des gesetzlichen Mindestniveaus angesiedelt sein sollten, um den Verbraucherwünschen entgegenzukommen und deren Realisierung der Staat finanzieren sollte.

Obwohl sich Agrarökonomen in der Vergangenheit immer wieder mit Nachdruck dafür ausgesprochen haben, dass der Staat die Geschicke der Agrarwirtschaft weitgehend dem freien Spiel der Marktkräfte überlassen sollte (Wiss. Beirat 1982), sehen Vertreter der Agrarökonomie nunmehr die Notwendigkeit, dass der Staat über das Ordnungsrecht und über die Verfügbarmachung von Finanzmitteln in das Marktgeschehen eingreift. Von einer staatlichen Finanzierung von Stallbauten würde allenfalls ein kleiner Teil der Gesamtpopulation der Nutztiere in Deutschland profitieren. Die eigentlichen Beeinträchtigungen, die mit Schmerzen, Leiden und Schäden einhergehen und dem Wohlergehen der Nutztiere zuwiderlaufen, bleiben davon weitgehend unberührt. Auch wenn Nutztierhalter von den staatlichen Zuwendungen profitieren würden, blieben sie trotz verbesserter Haltungsformen dem ruinösen Unterbietungswettbewerb ausgeliefert. Was nützt es ihnen, wenn sie einen neuen Stall vorweisen können, hinsichtlich der laufenden Produktionskosten jedoch nicht wettbewerbsfähig sind und auch in Zukunft nicht wettbewerbsfähig sein können, weil die Produktionsbedingungen in Drittländern aus diversen Gründen günstiger sind als unter europäischen Bedingungen (Hemme et al. 2014). Dabei ist noch nicht einmal berücksichtigt, dass derzeit von finanzstarken Investoren die Erzeugung von Ersatzprodukten vorangetrieben wird, welche Produkte tierischer Herkunft durch chemisch-synthetische Prozesse imitieren und einen Großteil der Probleme vermeiden, die mit der Nutztierhaltung verbunden sind (s. Abschn. 7.4). Von den Vorschlägen des Kompetenznetzwerkes Nutztierhaltung profitieren in erster Linie die Schlacht- und Verarbeitungsindustrie sowie der Handel, die ein großes Interesse an der Aufrechterhaltung der nationalen Überproduktion haben. Die Auslobung von Haltungsformen entpuppt sich vor allem als ein wirksames Marketinginstrument, mit dem Scheinlösungen offeriert und gleichzeitig die bestehenden Strukturen zumindest für eine Weile aufrechterhalten werden können. Welche weiteren Interessen bei der Fokussierung auf Haltungsformen im Spiel sind, wird in Kap. 7 einer ausführlicheren Reflexion unterzogen.

5.6   Alternative Handlungsnotwendigkeiten

Anhand der obigen Ausführungen dürfte deutlich geworden sein, dass allein mit dem Ordnungsrecht den Interessen des Gemeinwohles nicht beizukommen ist. Ohne die Instrumente des Marktes wird es nicht gehen. Nur diese vermögen es, jenseits der Realisierung von Mindeststandards Lösungen hervorzubringen, mit denen im jeweiligen betrieblichen **Kontext** die effizientesten Strategien zur Zielerreichung gefunden werden. Im Gegensatz zur „freien" Marktwirtschaft, bei der die unerwünschten Nebenwirkungen der Produktionsprozesse weitgehend ausblendet werden, müssten sich in einer öko-sozialen Marktwirtschaft die Produktionsziele nicht nur am Markt, sondern auch an den Interessen des Gemeinwohles ausrichten. Zuallererst geht es um die Verständigung auf sehr konkrete und überprüfbare **Ziele,** die im Interesse des Gemeinwohles erreicht werden sollen, die Festlegung der **Bezugssysteme,** die adressiert werden, und die Verständigung über die **Maßstäbe,** die für die Bewertung herangezogen werden sollen. Anhand von Maßstäben lassen sich überbetriebliche und einzelbetriebliche **Zielgrößen** ableiten, welche dem Management die erforderliche Orientierung für Entscheidungen und Handlungen bieten. Erst wenn eine Verständigung über die Ziele, die Bezugssysteme und die Bewertungsmaßstäbe erreicht wird, können die **Mittel** identifiziert werden, welche am ehesten im jeweiligen Kontext geeignet sind, der Zielerreichung dienlich zu sein. Darüber hinaus kann anhand der Bewertungsmaßstäbe fortlaufend überprüft werden, ob die eingesetzten Mittel und umgesetzten Maßnahmen im jeweiligen Kontext hinreichend wirksam und in guter Kosten-Nutzen-Relation zur Zielerreichung beitragen.

Den Mitgliedern des Kompetenznetzwerkes Nutztierhaltung dienen die Haltungsformen vor allem, um weitere Transferzahlungen aus der öffentlichen Hand in die Landwirtschaft hinein zu begründen. Im innerbetrieblichen Kontext fungieren die erhöhten Haltungsstandards dazu, um vermittelt über den LEH gegenüber der Öffentlichkeit eine Höherwertigkeit des Produktionsprozesses zu legitimieren. In der ökologischen Landwirtschaft wird diese Strategie bereits seit Jahrzehnten verfolgt. Die von unabhängiger Seite zertifizierte Einhaltung von erhöhten, gesetzlich geregelten Mindestanforderungen bezüglich der Haltungsbedingungen und anderen Mindestanforderungen erlaubt den ökologisch wirtschaftenden Betrieben, die betriebseigenen Produkte mit dem Öko-label zu kennzeichnen und einen höherpreisigen Markt zu bedienen. Auch hier geht es den Akteuren vorrangig um die Einhaltung der gesetzlichen Vorgaben, während die Sicherstellung eines hohen Niveaus bezüglich des Wohlergehens der Nutztiere durch eine drastische Reduzierung von Mortalitätsraten und Produktionskrankheiten in den Hintergrund rückt. In zahlreichen wissenschaftlichen Studien im In- und Ausland zur ökologischen Nutztierhaltung, in der bereits seit vielen Jahren die höchste Stufe der Haltungsform realisiert wird, konnte keine generelle Vorzüglichkeit der höheren Haltungsstandards bezüglich einer Verringerung von tierschutzrelevanten Mortalitäts- und Erkrankungsraten nachgewiesen werden (Sundrum 2014).

Analog zur Nutztierhaltung in der ökologischen Landwirtschaft ist auch bei den Empfehlungen des Kompetenznetzwerkes Nutztierhaltung keine unabhängige einzelbetriebliche Prüfung vorgesehen, in welchem Maße es den Nutztieren als Adressat und primäres Bezugssystem von Tierschutzmaßnahmen gelingt, sich ohne schwerwiegende Beeinträchtigungen den jeweiligen Lebensbedingungen anzupassen. Stattdessen soll mithilfe von sogenannten „Tierwohlindikatoren" ein „Tierwohlmonitoring" etabliert werden. Gemäß den bisherigen Vorschlägen zum „Tierwohlmonitoring" (Magner et al. 2021) sollen auf ausgewählten Betrieben stichprobenweise Erhebungen anhand ausgewählter **Indikatoren** zum allgemeinen nationalen Niveau durchgeführt werden. Dadurch wird das Ergebnis auf die Beschreibung eines Ist-Zustandes von ausgewählten Indikatoren auf ausgewählten Betrieben zu einem ausgewählten Zeitpunkt beschränkt. Angesichts der Komplexität der antagonistischen und synergistischen Prozesse und der Variation zwischen den Betrieben sind induktiv vorgenommene Einschätzungen zu den einzelbetrieblichen **Tierschutzleistungen** wissenschaftlich nicht belastbar. Explizit wird hervorgehoben, dass eine Kontrolle jedes einzelnen nutztierhaltenden Betriebes hinsichtlich der erbrachten Tierschutzleistungen nicht beabsichtigt ist.

Damit werden weder die Einzeltiere noch die Einzelbetriebe als maßgebliche Bezugsgröße des Tierschutzes und der Beurteilung von Tierschutzleistungen adressiert. Auch findet kein überbetriebliches **Benchmarking** statt, welches den einzelnen Betrieben ermöglicht, die betrieblichen Tierschutzleistungen im nationalen oder regionalen Kontext vergleichend einzuordnen und sich im Hinblick auf das künftig anzuvisierende Niveau an den Leistungen der anderen Betriebe zu orientieren. Auch künftig soll es jedem Nutztierhalter selbst überlassen bleiben, in welchem Maße dem Tierschutzanliegen Rechnung getragen und welche Mittel dafür eingesetzt werden. Folgerichtig kommt es auch nicht zu einer Überprüfung der Wirksamkeit von erhöhten Mindestanforderungen an die Haltungsbedingungen oder von anderen Maßnahmen im Hinblick auf tierschutzrelevante Verbesserungen. Mit dem Verzicht auf einzelbetriebliche Kontrollmaßnahmen verbunden mit überbetrieblichen Vergleichen verunmöglicht der Staat die Einführung einer evidenzbasierten Herangehensweise. Dies beschützt die Interessen der Agrarwirtschaft und positioniert sich gegen eine Priorisierung von Gemeinwohl- gegenüber Partikularinteressen.

Dabei werden auf nationaler Ebene entlang der verschiedenen Produktionsstufen der Lebensmittelkette bereits viele Daten routinemäßig erhoben, die vor allem als Indikatoren für den Gesundheitszustand der Tiere dienen (Nienhaus et al. 2020). Häufig werden die Informationen jedoch isoliert erhoben und nicht miteinander vernetzt. Andere europäische Länder machen längst vor, wie es geht und ohne viel Aufwand realisiert werden kann. Als Vorreiter einer verbesserten Datennutzung hat sich insbesondere Finnland hervorgetan. Hier wurde für Schweine haltende Betriebe das System SIKAVA zum Zwecke der Zusammenführung unterschiedlicher schlachthofinterner Gesundheitsklassifizierungssysteme von Schlachthofunternehmen gegründet (Eläinten terveys ETT ry 2017). Die Kosten für das System werden von den Schlachthofunternehmen getragen und die Teilnahme der Landwirte ist eine Bedingung für die Anlieferung von Schweinen. Die Landwirte schließen eine Vereinbarung mit einem extra zu diesem Zweck geschulten Tierarzt. Mit dieser Vereinbarung wird neben diesem Tierarzt außerdem dem Schlachthof, dem Personal von SIKAVA und dem amtlichen Tierarzt am Schlachthof eine Dateneinsicht in SIKAVA gestattet. Es werden bereits 97 % der Schweinefleischerzeugung im Inland vom Erfassungssystem abgedeckt. Im Milchviehbereich nehmen die Niederlande eine Vorreiterstellung bei der Zusammenführung solcher Daten ein. Um den Anforderungen der EU-Verordnungen RL64/432/EEG und RL97/12/EG zu entsprechen, nach denen die in den Verkehr gebrachte Milch von gesunden Kühen gewonnen werden muss, werden in den Niederlanden seit 2002 alle Milchviehbetriebe viermal im Jahr von einem Veterinär aufgesucht, um Betriebe zu identifizieren, die einen inakzeptablen Tiergesundheitsstatus aufweisen (Brouwer et al. 2015). Für die kontinuierliche Überwachung des Tiergesundheitsstatus in den Niederlanden, die vorrangig auf einer Auswertung bereits vorhandener Daten basiert, existieren drei Überwachungssysteme. Jeder Milchviehhalter ist verpflichtet, an einem dieser Systeme teilzunehmen, um Milch an eine Molkerei liefern zu können. Die Aufgabe des niederländischen Staates besteht lediglich darin, die Einhaltung der Systeme zu überwachen (Duurzame Zuivelketen 2017).

Für die Nutztierhalter geht es vorrangig darum, den landwirtschaftlichen Betrieb als ein wirtschaftliches Unternehmen so zu führen, dass die Verkaufsprodukte hinreichende Gewinne abwerfen, um die laufenden Kosten und die erforderlichen Investitionen zu decken und die wirtschaftliche Existenzfähigkeit zu sichern. Diesem Ziel werden in der Regel alle anderen Effekte untergeordnet. Unerwünschte Nebenwirkungen finden allenfalls dann Berücksichtigung, wenn sie sich betriebswirtschaftlich nachteilig auswirken. Entsprechend ist eine hohe Lenkungswirkung im Hinblick auf die Realisierung von Gemeinwohlinteressen am ehesten dann zu erwarten, wenn sie mit finanziellen Anreizen gekoppelt ist, welche sowohl den Eigeninteressen als auch den Gemeinwohlinteressen Rechnung trägt und diese befördert. Auch bedürfte es einer Förderstrategie, bei der die Bereitschaft der Menschen zur Übernahme von Verantwortung für das Gemeinwesen durch Unterstützung der Fähigkeiten zur Selbstorganisation und zur Kooperation gestärkt werden.

Angesichts fehlender Unterstützung und Reglementierungen ist es nicht verwunderlich, dass die von den Produktionsprozessen ausgehenden Beeinträchtigungen auf vielen Betrieben ein beträchtliches Ausmaß erreicht haben. Ob sich die Produktionsprozesse für die Landwirte rechnen und ob Ressourcen für die Eindämmung unerwünschter Nebenwirkungen verfügbar sind, ist in hohem Maße abhängig vom Marktgeschehen. Der Markt gibt die Preise sowohl für die Verkaufsprodukte als auch für die Produktionsmittel (u. a. Futtermittel) vor und nötigt die Betriebe, sich den Preisentwicklungen anzupassen. Angesichts der Wechselwirkungen ist damit auch die Realisierung von Gemeinwohlinteressen in hohem Maße marktabhängig. Sinkende Marktpreise und steigende Kosten für Produktionsmittel zehren die Handlungsspielräume der Betriebe auf. Viele Betriebe folgen der Devise, die Produktivität weiter zu steigern, um die Produktionskosten pro Einheit Verkaufsprodukt zu senken. In welchen Maßen dies vorrangig über Skaleneffekte oder Leistungssteigerungen oder **Aufwandminimierung** geschieht, ist betriebsindividuell unterschiedlich.

Da auch andere Agrarexportländer auf der Welt dieser Devise folgen, hat dies in der Gesamtsumme zu einem gesteigerten Angebot auf den globalen Märkten und aufgrund des Überangebotes zu einem anwachsenden Preisdruck und zu einem ruinösen Verdrängungswettbewerb geführt. Diesem sind die deutschen Erzeuger von Produkten tierischer Herkunft nur bedingt gewachsen; sehr viele landwirtschaftliche Betriebe wurden bereits zum Aufgeben genötigt. Angesichts der skizzierten Marktsituation ist es nachvollziehbar, wenn jedwede gesetzliche Veränderung, welche mit

Mehraufwendungen und einer Erhöhung der Produktionskosten verbunden ist, vonseiten der Betriebe und ihren Interessensvertretern als existenzgefährdend eingestuft wird.

Dem steht entgegen, dass die Bevölkerung in Deutschland die von den Produktionsprozessen ausgehenden Beeinträchtigungen der Nutztiere nicht länger unwidersprochen hinnimmt. Die erforderlichen Verbesserungen werden jedoch von den Marktbedingungen verhindert. Da Maßnahmen zum Schutz von Tieren in der Regel mit Mehraufwendungen in Form von Mehrarbeit und -kosten verbunden sind, haben diejenigen Nutztierhalter einen Wettbewerbsvorteil, welche die Mehraufwendungen einsparen und dennoch für die Verkaufsprodukte den gleichen Preis erzielen. Solange für Nutztierhalter nicht erkennbar ist, dass sich Investitionen in den Schutz der Nutztiere für sie rechnen, kann auch von ihnen nicht erwartet werden, dass sie in einer als existenzbedrohend wahrgenommenen Situation Investitionen zu ihrem eigenen Nachteil umsetzen. Allerdings gestaltet sich die Belastbarkeit der Einschätzung, welche Investition in den Tierschutz sich unter den jeweiligen betrieblichen Ausgangs- und Randbedingungen lohnen oder nicht, als sehr komplex. Darauf wird an anderer Stelle (Abschn. 9.3) näher eingegangen. Unabhängig von der einzelbetrieblichen Situation unterminiert die Konfliktsituation sukzessive die Basis des bisherigen Geschäftsmodells der „Tierproduktion" in Deutschland. Das Streben nach Wettbewerbsfähigkeit auf den globalen Märkten zu Weltmarktpreisen ist nicht kompatibel mit der Vermeidung unerwünschter Nebenwirkungen und der Verfolgung von Gemeinwohlinteressen. Der vonseiten der Agrarökonomie lang gehegte und bis heute aufrechterhaltene Glaube, dass vor allem über den Strukturwandel die Wettbewerbsfähigkeit dauerhaft verbessert werden könnte, hat sich als Illusion erwiesen.

Sollen die Gemeinwohlinteressen in den Vordergrund rücken, kann die Strategie der Produktivitätssteigerung, die mit erheblichen unerwünschten Nebenwirkungen und Schädigungen von Gemeingütern einhergeht, nicht länger aufrechterhalten werden. Folglich geht es um nicht weniger als um eine grundlegende Neuausrichtung der Produktionsprozesse. Gesellschaftspolitisch anerkannte Zielsetzungen erfordern eine Anpassung, die dafür Sorge trägt, dass die Erzeugung von **Nahrungsmitteln** mit möglichst geringen negativen Folgewirkungen für das Gemeinwohl einhergeht. Dies gelingt nur, wenn die erzeugten Produktionsgüter nicht länger als anonyme Rohware gehandelt werden, deren Wert über den Marktpreis definiert wird, sondern als **Lebensmittel** mit nachvollziehbarer Herkunft und beurteilter **Prozessqualität,** gekoppelt an das Ausmaß an positiven und negativen Folgewirkungen der Produktionsprozesse.

Da sowohl die Produktionsleistungen als auch die unerwünschten Nebenwirkungen bzw. die positiv konnotierten Tierschutz- und **Umweltschutzleistungen** das Ergebnis der vielfältigen Interaktionen innerhalb des Gesamtsystems sind, kann logischerweise nur das Betriebssystem als **Bezugssystem** für die Beurteilung von Leistungen für das Gemeinwohl gelten. Knapp sind nicht die Nahrungsmittel, sondern Lebensmittel, die in einer Weise erzeugt wurden, die sowohl den Interessen der Landwirte im Hinblick auf die Sicherung der wirtschaftlichen Existenzfähigkeit als auch den Interessen des Gemeinwohles nach **Tierschutz,** und darüber hinaus nach Umwelt-, Klima-, Natur- und Verbraucherschutz, Rechnung trägt. Da die diversen Anforderungen nur innerhalb des

Betriebssystems zum Ab- und Ausgleich gebracht werden können, besteht die Knappheit aus Sicht von Gemeinwohlinteressen im Vorhandensein entsprechender Betriebssysteme. Diese müssen nicht nur über hinreichende Ressourcen, sondern auch über ein Management verfügen, das den diversen Anforderungen einer zielgerichteten Steuerung der Produktionsprozesse gewachsen ist. Ohne eine Quantifizierung gesellschaftlich relevanter Leistungen können sie weder unter Verwendung geeigneter Mittel angestrebt noch mittels effektiver und effizienter Strategien verbessert noch im überbetrieblichen Vergleich beurteilt werden.

Dabei helfen keine Zielbilder, wie sie von Mitgliedern des Kompetenznetzwerkes Nutztierhaltung propagiert werden (Isermeyer 2019). Die Unschärfe und Unverbindlichkeit von Zielbildern taugen nicht für die Ausrichtung von Produktionsprozessen. Dafür sind sie besser geeignet, um Zielkonflikte zwischen weiteren Produktivitätssteigerungen und der Verfolgung von Gemeinwohlinteressen zu verschleiern. Zielbilder dienen dem explizit erklärten Ziel, die bisherigen marktwirtschaftlichen Prozesse unverändert beibehalten zu können. Die Annäherung an Zielbilder ist nicht messbar und liefert damit weder dem Betriebsmanagement noch anderen Interessensgruppen die dringlich gebotene Orientierung. Diese stellt sich erst ein, wenn die Verantwortlichen des Betriebssystems wissen, wo sie in Relation zu den Mitbewerbern im Hinblick auf die gesellschaftlich relevanten Leistungen stehen und welche Position sie im überbetrieblichen Vergleich einnehmen. Ein überbetrieblicher Leistungsvergleich erfolgt in der Regel über ein **Benchmarking.** Erst aus der Verortung in Relation zu den Mitbewerbern können realistische Einschätzungen zu künftig realisierbaren Zielgrößen vorgenommen werden. Aufgrund von Grenznutzeneffekten hängt das Optimierungspotenzial eines Betriebssystems maßgeblich von der Diskrepanz zwischen Ist- und Soll-Größen ab. Ist absehbar, dass die für die Erzeugung gesellschaftlicher Leistungen erforderlichen Soll-Größen von einzelnen Betrieben nicht erreichbar werden können, sind diese gut beraten, daraus die entsprechenden Konsequenzen zu ziehen. Gleichzeitig sollte den Betrieben, die durch ein eklatantes Missverhältnis zwischen den Produktionsleistungen und den unerwünschten internen und externen Effekten auffallen, nicht länger durch Subventionen aus öffentlicher Hand ermöglicht werden, ihre Schadwirkungen auf Kosten des Gemeinwohles fortzusetzen. Eine Agrarpolitik, die den Verursachern von Schäden an Gemeingütern weiterhin Finanzmittel aus öffentlicher Hand zur Verfügung stellt, ist nicht nur mitverantwortlich für die Schadwirkungen, sondern auch für die Verhinderung von Verbesserungen. Die Belieferung von Märkten mit Produkten, die auf Kosten von Gemeinwohlinteressen erzeugt wurden, verzerren den Wettbewerb und verhindern eine Preisgestaltung, die an den Leistungen für das Gemeinwohl ausgerichtet ist. Wenn es gemäß der Gemeinsamen Agrarpolitik der EU (GAP) die vorrangige Aufgabe der Agrarpolitik ist, Wettbewerbsverzerrungen zu vermeiden, dann kann konstatiert werden, dass sie hinsichtlich dieser Aufgabe gescheitert ist. Dies hat wohl vor allem damit zu tun, dass die Wettbewerbsfähigkeit bislang nur im Hinblick auf das Marktgeschehen und die Interessen der Agrarwirtschaft interpretiert wird und von der Agrarpolitik die Folgewirkungen für die Gemeinwohlinteressen weitgehend ignoriert werden.

Die Reduzierung von „**Tierwohl**" auf Haltungsformen klammert das innerbetriebliche Wirkungsgefüge mit seinen diversen Vor- und Nachteilen für das Gemeinwohl aus. Unberücksichtigt bleiben die Verantwortlichkeiten des einzelbetrieblichen Managements, das unter anderem über die Anpassung der Nährstoffversorgung an den Bedarf und die Bedürfnisse der Tierindividuen, die Umsetzung von Hygienemaßnahmen oder das Behandlungsregime darüber entscheidet, inwieweit es gelingt, die Nutztiere vor Beeinträchtigungen zu schützen. Obwohl das **Management** in allen entsprechenden Lehrbüchern als der zentrale Faktor für den Schutz von Nutztieren herausgehoben wird, wird es in den Empfehlungen des Kompetenznetzwerkes Nutztierhaltung weitgehend ausgeklammert. Offensichtlich werden die innerbetrieblichen Organisationsentscheidungen als eine betriebsinterne Angelegenheit betrachtet, in die sich niemand von außen einmischen sollte. Hierin liegt die eigentliche Crux. Solange dem einzelbetrieblichen Management keine klaren **Zielvorgaben** gemacht werden, kann es sich auch nicht an den Interessen des Gemeinwohles ausrichten und sich innerhalb des jeweiligen Kontextes auf die Suche nach den effektivsten und effizientesten Maßnahmen begeben, um den Zielvorgaben näherzukommen. Dabei besteht keine Notwendigkeit, den Nutzierhaltern konkret vorzuschreiben, wie sie den Betrieb zu managen haben. Allerdings sollten sie die Produktionsprozesse so organisieren, dass sie nicht länger zu Lasten der Gemeinwohlinteressen gehen. Bei diesen handelt es sich explizit nicht um eine Privatangelegenheit.

Mit der Auslobung von Haltungsformen bleibt das Grundprinzip der Marktwirtschaft, die verkaufsfähigen Produkte so kostengünstig wie möglich zu erzeugen, ebenso bestehen wie das Interesse der meisten **Verbraucher,** die mit einem Produkt einhergehenden Zusatznutzeneffekte so kostengünstig wie möglich zu erwerben. Mit der Einteilung von Produkten in Qualitätskategorien anhand tatsächlich erbrachter Tierschutzleistungen könnten Verbraucher nachvollziehen, welches Qualitätsniveau den Mehrpreisen gegenüberstehen. Anders als bei Discountware möchten Verbraucher bei höherpreisiger Qualitätsware eher wissen, was sie für ihr Geld bekommen. Bei höherpreisiger Ware kehrt sich die Beweislast um. Die Verkäufer von höherpreisiger Ware sind gefordert, zumindest argumentativ den **Nachweis** eines erhöhten Qualitätsniveaus zu erbringen, um den höheren Preis gegenüber den Kunden zu rechtfertigen.

In diesem Sinne sind Produkte aus höher kategorisierten Haltungsformen die reinste Wundertüte: Man weiß nicht, wie viel Schmerzen, Leiden und Schäden die Tiere, die in diesen Haltungsformen gehalten wurden und deren Produkte käuflich zu erwerben sind, haben erleiden müssen. Entsprechend ist auch für die Verbraucher das Preis-Leistungs-Verhältnis nicht nachvollziehbar. Würden stattdessen alle Betriebe hinsichtlich ihrer anhand des Grades der Beeinträchtigungen beurteilten Tierschutzleistungen in Kategorien eingeteilt, könnten auch die marktwirtschaftlichen Instrumente von Angebot und Nachfrage greifen. Gleichzeitig könnte über das Ordnungsrecht sichergestellt werden, dass die Betriebe am Ende der Skala entweder unterstützt oder daran gehindert werden, weiter zu Lasten der Tiere und der Gemeinwohlinteressen zu wirtschaften. Die Vermittlung von Orientierung hinsichtlich der vorhandenen Variation der betrieblichen

Tierschutzleistungen sowie der Fokus auf die schlecht aufgestellten Betriebe wäre die wirksamste und effizienteste Strategie, um das Tierschutzniveau in Deutschland in Gänze substanziell und evidenzbasiert anzuheben. Gleichzeitig würde auf diese Weise sichergestellt, dass die aus öffentlicher Hand finanzierten **Gemeinwohlleistungen** allen Mitgliedern des Gemeinwesens, d. h. den Menschen und den Tieren, zugutekommen und nicht nur die Partikularinteressen weniger bedienen. Ferner wären weit weniger finanzielle Aufwendungen erforderlich als die Finanzierung neuer Ställe. Von diesen geht nur eine sehr begrenzte Wirkung auf das Wohlergehen von Nutztieren aus, beschränkt auf die Tiere, die keine klinischen oder subklinischen Störungen aufweisen. Zudem vermag niemand einzuschätzen, ob angesichts der desolaten Marktsituation die neuen Stallungen überhaupt über den vollen Zeitraum der Abschreibung genutzt werden können.

Ableitungen

In den zurückliegenden Jahren hat das Tierschutzanliegen in der öffentlichen Wahrnehmung deutlich an Bedeutung zugenommen. Dies schlägt sich unter anderem in wiederkehrenden Berichten in den verschiedenen Medien nieder. Die vielfältigen Assoziationen, die aus unterschiedlichen Perspektiven mit dem Thema verbunden sind, vermischen sich mit den vielfältigen Interessen, die auf der unmittelbaren Handlungsebene eines Betriebes, der Vermarktungsebene des Handels sowie vonseiten diverser Interessensgruppen auf das Tierschutzthema gerichtet sind. Eine heterogene Gemengelage an Interessen trifft auf ein Themenfeld, das aufgrund der vielschichtigen Interaktionen der Nutztiere mit ihren jeweiligen Lebensbedingungen selbst durch ein hohes Maß an **Komplexität** charakterisiert und deshalb einer einfachen und eindeutigen Beurteilung nicht zugänglich ist. Auch den Wissenschaften, die eigentlich in Fragen von Uneindeutigkeit gefordert sind, für mehr Klarheit zu sorgen, gelingt dies bislang nur unzureichend. Die involvierten Fachdisziplinen (u. a. Veterinärmedizin, Nutztierethologie, Tierzucht, Agrartechnik, Agrarmarketing und Agrarökonomie) fokussieren aus unterschiedlichen Perspektiven jeweils auf unterschiedliche Teilaspekte und kommen folglich zu sehr unterschiedlichen Einschätzungen und Schlussfolgerungen. Während diese aus der jeweiligen fachdisziplinären Perspektive nachvollziehbar und schlüssig sind, mangelt es an einer einordnenden Strukturierung der Teilansichten in ein übergeordnetes Gesamtkonzept, in dem die beobachterabhängigen Beurteilungen ihren angemessenen Platz finden. Bei aller Unterschiedlichkeit wäre zumindest eine auf **Intersubjektivität** basierende Verständigung über unstrittige Kernaussagen möglich. Allerdings würde dies voraussetzen, dass alle involvierten Fachdisziplinen an einer solchen Verständigung überhaupt ein hinreichendes Interesse haben. Verschiedentliche Versuche, einen interdisziplinären Diskurs darüber zu initiieren, blieben bislang erfolglos. Schließlich besteht die berechtigte Sorge, dass sich die Gewichtungen zwischen den Fachdisziplinen verschieben und aus einem solchen Diskurs nicht alle als Gewinner, sondern manche auch als Verlierer hervorgehen könnten (s. Abschn. 8.5).

So verwundert es nicht, dass sich vor allem diejenigen Fachdisziplinen mit ihren Sichtweisen durchsetzen, die bereits in der Vergangenheit über den größten Einfluss verfügten, und es deshalb vermochten, das Tierschutzthema in ihrem Sinne zu besetzen. Folgerichtig stehen nicht die tierindividuellen Schmerzen, Leiden und Schäden im Vordergrund, denen die Nutztiere unter suboptimalen Lebensbedingungen ausgesetzt sind. Auch geht es nicht um die Rolle der Nutztier- halter, die gemäß §2 TierSchG nicht nur im juristischen Sinne, sondern durch die Gestaltung der Lebensbedingungen ganz praktisch und unmittelbar für den Schutz der Nutztiere vor Beeinträchtigungen verantwortlich sind. Nicht die Mitglieder von Tierschutzverbänden, sondern nur die Nutztierhalter selbst haben es in der Hand, die berechtigten Nutzungsinteressen mit den ebenfalls berechtigten Schutz- interessen der Nutztiere im betriebsspezifischen Kontext in Einklang zu bringen. In welchen Maßen ihnen dies gelingt, kann jedoch nicht durch die betriebliche Eigen- kontrolle, sondern nur von außen durch unabhängige Instanzen, belastbare und aussagekräftige Verfahren und überbetriebliche Vergleiche beurteilt werden.

Anstatt die einzelbetrieblichen Tierschutzleistungen zu erfassen und den Betrieben zu ermöglichen, diese zu verbessern, wird von interessierter Seite auf die Haltungsformen fokussiert, in denen die Nutztiere ihr Dasein fristen. Neuro- physiologisch basiert jegliche Form der Fokussierung darauf, dass die außerhalb des Fokus liegenden Bereiche ausgeblendet werden. In diesem Sinne stellt die Fokussierung auf Haltungsformen eine besondere Form der **Komplexitäts- reduktion** dar. Damit wird ein komplexer Sachverhalt in ein auch für Laien nachvollziehbares bildliches Konstrukt aggregiert und mit Bedeutungsinhalt auf- geladen, um es für Marketingzwecke nutzbar zu machen. Dies kommt nicht nur den Interessen des LEH, sondern ebenso der Agrarpolitik und den Denk- schemata der Agrarökonomie entgegen. Im Gleichklang mit den landwirtschaft- lichen Berufsverbänden besteht ein gemeinsames Interesse an der Vermeidung einer Ausdifferenzierung der einzelbetrieblichen Tierschutzleistungen. Wie in den zurückliegenden Jahrzehnten erweist sich die Agrarpolitik noch immer als ein zuverlässiger Beschützer der Interessen der Agrarwirtschaft auf Kosten der Interessen der Nutztiere an der Vermeidung von Schmerzen, Leiden und Schäden. Agrarwirtschaftliche Interessen lassen wenig Spielraum, um die Interessen der Nutztiere an einem Freisein von Beeinträchtigungen zu berücksichtigen.

Wenn es bei den diversen Tierwohlinitiativen vorrangig um die Nutztiere und ihr individuelles **Wohlergehen** gehen würde, stünden die Haltungsformen sicher- lich nicht im Fokus. Sie würden nicht zum Merkmal unterschiedlicher „Tier- schutzstandards" hochstilisiert. Dann wären sie nicht Selbstzweck, sondern wie viele andere Maßnahmen auch lediglich ein **Mittel zum Zweck.** Als Solches würden sie hinsichtlich ihrer **Effektivität** bei der Verbesserung des Wohlergehens und im Hinblick auf die Relation von Aufwand und Nutzen mit diversen anderen Mitteln und Maßnahmen in Abgleich gebracht. Auch würde der Mitteleinsatz im jeweiligen betrieblichen Kontext einer Überprüfung hinsichtlich der Wirksamkeit unterzogen werden. Wenn man von agrarpolitischer Seite das Wohlergehen der Nutztiere grundlegend verbessern wollte, würde man zunächst aus der Grundgesamtheit der nutztierhaltenden Betriebe in Deutschland diejenigen identifizieren, die hinsichtlich der Beeinträchtigungen der Nutztiere durch Schmerzen, Leiden und Schäden die größten Auffälligkeiten aufweisen. Aufgrund des Gesetzes vom abnehmenden **Grenznutzen** könnte die größte Schutzwirkung und die größte Effizienz beim Mitteleinsatz dort erzielt werden, wo es den Nutztieren gegenwärtig am Schlechtesten ergeht. Während in einigen europäischen Ländern die Tierschutzproblematik in der vorgeschlagenen Weise angegangen wird, ist die Situation in Deutschland von den dominierenden Interessen diverser Stakeholder überlagert. Den verschiedenen Interessen ist gemein, dass sie von der individuellen Verantwortung der Landwirte für den Schutz ihrer Nutztiere ablenken, indem sie verhindern, dass die tierschutzrelevanten Beeinträchtigungen einzelbetrieblich erfasst und die Betriebe hinsichtlich ihrer Tierschutzleistungen miteinander verglichen werden (s. Kap. 7).

Die Beweislast einer effektiven und effizienten Nutzung von öffentlichen Geldern für die Verfolgung öffentlicher Interessen liegt bei denjenigen, die das Geld der Steuerzahler und der Verbraucher für verbesserte Haltungsbedingungen verausgaben wollen. Die Empfehlungen des Kompetenznetzwerkes Nutztierhaltung lassen einen validen **Begründungszusammenhang** für die Verausgabung öffentlicher Mittel für öffentlich zugängliche Leistungen vermissen. Die Tatsache, dass sich die Vertreter der beteiligten Interessensgruppen intern auf eine Verfahrensweise verständigt haben und nach außen Geschlossenheit demonstrieren, befreit sie jedoch nicht von der Last der Begründung.

Die vorangestellten Ausführungen legen den begründeten Schluss nahe, dass eine Reduzierung von Mortalitätsraten und von Produktionskrankheiten, die mit Schmerzen, Leiden und Schäden einhergehen, die wirksamste Maßnahme darstellt, um für möglichst viele Nutztiere die notwendige Voraussetzungen für deren Wohlergehen zu schaffen. Über eine drastische Reduzierung von Mortalitäts- und Erkrankungsraten kann eine deutlich höhere Wirkung auf das Wohlergehen von Nutztieren erzielt werden als durch die Erhöhung der Bewegungs- und Verhaltenspotenziale von unbeeinträchtigten Nutztieren durch verbesserte Haltungsbedingungen. Dies gilt umso mehr, als dass die Verringerung von Schmerzen, Leiden und Schäden über Zielvorgaben an das Management zeitnah realisiert werden könnte. Demgegenüber wird durch die Fokussierung auf die Haltungsformen das hohe Ausmaß an Schmerzen, Leiden und Schäden bei den Nutztieren auf unbestimmte Zeit verlängert. Der vermeintlich gut gemeinte Einsatz für das Wohlergehen der Nutztiere über die sogenannten Tierwohlinitiativen trägt realiter zur Verhinderung von grundlegenden Verbesserungen bei. Dafür mitverantwortlich sind alle Interessensgruppen, einschließlich der Vertreter der selbsternannten Tierschutzgruppierungen, die sich im Kompetenznetzwerk Nutztierhaltung für die Fokussierung auf die Haltungsbedingungen ausgesprochen haben.

Literatur

Bentham J (1823) An introduction to the principles of morals and legislation. Clarendon Press, London

Bergschmidt A (2015) Eine explorative Analyse der Zusammenarbeit zwischen Veterinärämtern und Staatsanwaltschaften bei Verstößen gegen das Tierschutzgesetz.; Thünen Working Paper 41. Thünen-Institut für Betriebswirtschaft. Thünen Working Paper(41). https://literatur.thuenen.de/digbib_extern/dn055459.pdf

Boissy A (2019) How to access animal sentience? The close relationship between emotions and cognition. In: Hild S, Schweitzer L (Hrsg) Animal welfare: from science to law. La Fondation Droit Animal, Éthique et Sciences, Paris, S 21–31

Brambell FWR (1965) Report of the technical committee to enquire into the welfare of animals kept under intensive livestock husbandry systems; Cmnd. 2836. Her Majesty's Stationery Office, London

Brouwer H, Stegeman JA, Straatsma JW, Hooijer GA, van Schaik G (2015) The validity of a monitoring system based on routinely collected dairy cattle health data relative to a standardized herd check. Prev Vet Med 122(1–2):76–82. https://doi.org/10.1016/j.prevetmed.2015.09.009

BMEL – Bundesministerium für Ernährung und Landwirtschaft (2014) Eine Frage der Haltung – Neue Wege für mehr Tierwohl. https://www.bmel.de/DE/themen/tiere/tierschutz/tierwohl-eckpunkte.html

BMEL – Bundesministerium für Ernährung und Landwirtschaft (2019) Nutztierstrategie – Zukunftsfähige Tierhaltung in Deutschland. https://www.bmel.de/SharedDocs/Downloads/DE/Broschueren/Nutztierhaltungsstrategie.html. Zugegriffen: 5. Febr. 2019

BMEL – Bundesministerium für Ernährung und Landwirtschaft (2020) Empfehlungen des Kompetenznetzwerks Nutztierhaltung. https://www.bmel.de/SharedDocs/Downloads/DE/_Tiere/Nutztiere/200211-empfehlung-kompetenznetzwerk-nutztierhaltung.html

Bussche P von dem (2005) Rede anlässlich der Eröffnung der großen Vortragsveranstaltung im Rahmen der DLG-Wintertagung am Donnerstag, dem 13. Januar 2005 in Münster/Westfalen. Deutsche Landwirtschafts-Gesellschaft. https://www.dlg.org/de/landwirtschaft/veranstaltungen/dlg-wintertagung/archiv/2005/rede-dlg-praesident-freiherr-von-dem-bussche. Zugegriffen: 1. Dez. 2021

Carroll GA, La Boyle, Teixeira DL, van Staaveren N, Hanlon A, O'Connell NE (2016) Effects of scalding and dehairing of pig carcasses at abattoirs on the visibility of welfare-related lesions. Animal 10(3):460–467

Dämmrich M (2020) Tätigkeitsbericht der Landesbeauftragten für den Tierschutz des Landes Niedersachsen für die Jahre 2016–2018. Niedersächsisches Ministerium für Ernährung, Landwirtschaft und Verbraucherschutz. www.ml.niedersachsen.de/download/153613/LBT_NDS_Ttigkeitsbericht_2016-2018_nicht_vollstaendig_barrierefrei_.pdf.pdf

de Briyne N, Berg C, Blaha T, Palzer A, Temple D (2018) Phasing out pig tail docking in the EU – present state, challenges and possibilities. Porcine Health Manage. 4(1):27. https://doi.org/10.1186/s40813-018-0103-8

Deblitz C, Verhaag M (2016) agri benchmark 2016 Pig report: understanding agriculture worldwide. http://catalog.agribenchmark.org/blaetterkatalog/ExtraktPigReport2016

Deimel I, Franz A, Frentrup M, Spiller A, Theuvsen L, Meyer M von (2010) Perspektiven für ein Europäisches Tierschutzlabel. Georg-August-Universität Göttingen. http://download.ble.de/08HS010.pdf

Deutscher Tierschutzbund e. V. (2019) Tierschutzlabel. https://www.tierschutzbund.de/information/hintergrund/landwirtschaft/tierschutzlabel/. Zugegriffen: 28. Mai 2019

Deutscher Tierschutzbund e. V. (2021) NRW-Bericht: Tierschutzbund kritisiert gravierende Missstände in der Schweinehaltung. https://www.tierschutzbund.de/news-storage/landwirtschaft/250121-nrw-bericht-tierschutzbund-kritisiert-gravierende-missstaende-in-der-schweinehaltung

Duncan IJ (2019) Animal Welfare: A Brief History. In: Hild S, Schweitzer L (Hrsg) Animal welfare: from science to law. La Fondation Droit Animal, Éthique et Sciences, Paris, 13–19

Duurzame Zuivelketen (2017) Factsheet Animal Health Monitoring. https://www.duurzamezuivelketen.nl/resources/uploads/2017/12/factsheet-animal-health-monitoring.pdf. Zugegriffen: 12. Dez. 2020

Eläinten terveys ETT ry (2017) Sikava – Stakeholders health and welfare register for swineherds in Finland. https://www.sikava.fi/PublicContent/IntroductionInEnglish. Zugegriffen: 12. Dez. 2020

EFSA – European Food Safety Authority (2007) Scientific opinion of the panel on animal health and welfare on a request from commission on the risks associated with tail biting in pigs and possible means to reduce the need for tail docking considering the different housing and husbandry systems. EFSA J 611(5):1–13. https://doi.org/10.2903/j.efsa.2007.611

FAL (Hrsg) (1981) Legehennenhaltung. Wiss. Mitt. Bundesforschungsanstalt für Landwirtschaft; Vorträge d. FAL-Kolloquiums am, Braunschweig-Völkenrode, 26. und 27. Mai 1981

Fraser D (2008) Understanding animal welfare. Acta Vet Scand 50(Suppl1):1–7. https://doi.org/10.1186/1751-0147-50-S1-S1

Gall P von (2016) Tierschutz als Agrarpolitik; Wie das deutsche Tierschutzgesetz der industriellen Tierhaltung den Weg bereitete. transcript, Bielefeld

Gesellschaft zur Förderung des Tierwohls in der Nutztierhaltung mbH (2021) Die Initiative Tierwohl. https://initiative-tierwohl.de. Zugegriffen: 26. Jan. 2021

Giese C, Kahler W (1934) Das deutsche Tierschutzgesetz. Weidmannsche Buchhandlung, Berlin

Gonyou HW (1993) Animal welfare: definitions and assessment. J Agric Environ Ethics 6(2):37–43

Harrison R (1964) Animal machines. Vincent Stuart, London

Hemme T, Uddin MM, Ndambi OA (2014) Benchmarking cost of milk production in 46 countries. J Rev Glob Econ 3:254–270

Hermann W (2019) Einheitliche Haltungskennzeichnung für Fleisch jetzt im Handel. agrarheute.com. https://www.agrarheute.com/tier/einheitliche-haltungskennzeichnung-fuer-fleisch-handel-552820

Hoedemaker M, Knubben-Schweizer G, Müller KE, Campe A, Merle R (2020) Tiergesundheit, Hygiene und Biosicherheit in deutschen Milchkuhbetrieben – eine Prävalenzstudie (PraeRi).; Abschlussbericht. https://www.vetmed.fu-berlin.de/news/_ressourcen/Abschlussbericht_PraeRi.pdf

Isermeyer F (2019) Tierwohl: Freiwilliges Label, obligatorische Kennzeichnung oder staatliche Prämie? Überlegungen zur langfristigen Ausrichtung der Nutztierstrategie. Johann
Heinrich von Thünen-Institut. Thünen Working Paper (124). https://www.econstor.eu/bitstr
eam/10419/201422/1/1670442160.pdf

Jäger C (2014) Zur Novellierung des Tierschutzgesetzes. Dtsch. Tierärztebl. 2014(1):4–10

Jericho KW, Church TL (1972) Cannibalism in pigs. The Canadian veterinary journal = La revue
veterinaire canadienne 13(7):156–159

Jung L (2021) Brustbeinschäden bei Legehennen. Naturland Nachrichten 2021(05)

Köhler FM (2005) Wohlbefinden landwirtschaftlicher Nutztiere: nutztierwissenschaftliche
Erkenntnisse und gesellschaftliche Einstellungen. Dissertation, Kiel

Küest S (2014) Erprobung von praxistauglichen Lösungen zum Verzicht des Kupierens der
Schwänze bei Schweinen unter besonderer Betrachtung der wirtschaftlichen Folgen; -betriebs-
wirtschaftliche Bewertung-. Johann Heinrich von Thünen-Institut. https://literatur.thuenen.de/
digbib_extern/dn054540.pdf

Kuratorium für Technik und Bauwesen in der Landwirtschaft (KTBL) (Hrsg) (2006) Nationaler
Bewertungsrahmen Tierhaltungsverfahren; Methode zur Bewertung von Tierhaltungsanlagen
hinsichtlich Umweltwirkungen und Tiergerechtheit. KTBL, Darmstadt

Lahrmann HP, Busch ME, D'Eath RB, Forkman B, Hansen CF (2017) More tail lesions among
undocked than tail docked pigs in a conventional herd. Animal 11(10):1825–1831

Magner R, Bielicke M, Frieten D, Gröner C, Heil N, Johns J, Kernberger-Fischer I, Krugmann
K, Lugert V, Rauterberg S, Redantz A, Retter K, Simantke C, Teitge F, Treu H, Schultheiß U
(2021) Wie steht es um das Tierwohl in der Landwirtschaft. Projekt „Nationales Tierwohl-
Monitoring" schafft Grundlagen zur Datenerfassung. Dtsch. Tierärztebl. 69(7):804–809

Maurer B, Moritz J (2019) Nationaler Aktionsplan Schwanzkupieren bei Schweinen. Dtsch.
Tierärztebl. 67(5):652–655

Nienhaus F, Meemken D, Schoneberg C, Hartmann M, Kornhoff T, May T, Heß S, Kreienbrock
L, Wendt A (2020) Health scores for farmed animals: screening pig health with register data
from public and private databases. PloS one 15(2):e0228497. https://doi.org/10.1371/journal.
pone.0228497

OIE – Office International des Epizooties (2008) – World Organisation for Animal Health,
Terrestrial animal health code, 21. Aufl. OIE, Paris. http://www.oie.int/international-standard-
setting/terrestrial-code/access-online/

Patel KK (2009) Europäisierung wider Willen; Die Bundesrepublik Deutschland in der Agrar-
integration der EWG 1955–1973. Oldenbourg, R, München

Römer RR (1952) Das Was und Wie beim Federvieh. 790 Fragen und Antworten mit Bildern aus
dem gesamten Gebiet der Geflügelzucht und -haltung. Pfenningstorff, Stuttgart

Schmitz S (1995) Erfassung von Befindlichkeiten und gestörtem Verhalten bei Tieren. Aktuelle
Arbeiten zur artgemäßen Tierhaltung 1994. In: Kuratorium für Technik und Bauwesen in der
Landwirtschaft, Deutschen Veterinärmedizinischen Gesellschaft (Hrsg) Aktuelle Arbeiten
zur artgemäßen Tierhaltung 1994. Vorträge anläßlich der 26. Internationalen Arbeitstagung
Angewandte Ethologie bei Nutztieren. Landwirtschaftsverlag, Münster-Hiltrup, S 40–51

Schnädelbach H (2013) Was Philosophen wissen und was man von ihnen lernen kann. Beck,
München

Settele V (2020) Revolution im Stall; Landwirtschaftliche Tierhaltung in Deutschland 1945–1990.
Vandenhoeck & Ruprecht, Göttingen

Simonin D, Gavinelli A (2019) The European Union legislation on animal welfare: state of play,
enforcement and future activities. In: Hild S, Schweitzer L (Hrsg) Animal welfare: from
science to law. La Fondation Droit Animal, Éthique et Sciences, Paris, S 59–70

Spandau P (2017) Der Status quo der deutschen Nutztierhaltung und seine Ursachen: WIe kann es weitergehen? In: Kuratorium für Technik und Bauwesen in der Landwirtschaft (Hrsg) Zukunft der deutschen Nutztierhaltung. KTBL-Tagung vom 21. bis 23. März 2017 in Berlin. KTBL, Darmstadt, S 39–55

Spiller A, Zühlsdorf A (2018) Haltungskennzeichnung und Tierschutzlabel in Deutschland: Anforderungen und Entwicklungsperspektiven.; Wissenschaftliches Gutachten, erstellt im Auftrag von Greenpeace e. V. https://www.greenpeace.de/publikationen/haltungskennzeichnung-tierschutzlabel-gutachten-15.10.2018.pdf

Sundrum A (1992) Definierte und kontrollierte Tierhaltungssysteme als absatzfördernde Qualitätskriterien. In: Universität Bonn (Hrsg) Forschungsberichte zur 6. Wissenschaftliche Fachtagung „Umweltverträgliche und Standortgerechte Tierproduktion". Landwirtschaftliche Fakultät der Rheinischen Friedrich-Wilhelms-Universität, Bonn, S 14–25

Sundrum A (1998) Grundzüge der Ökologischen Tierhaltung. Dtsch. tierärztl. Wschr. 105:293–298

Sundrum A (2014) Organic livestock production. In: van Alfen NK (Hrsg) Encyclopedia of Agriculture and Food Systems. 5-volume set. Elsevier Science, Burlington, S 287–303

Sundrum A (2020) Schwanzbeißen – ein systeminhärentes Problem. Der Praktische Tierarzt 101(12):1213–1227. https://doi.org/10.2376/0032-681X-2046

Webel D von (2021) Die Europäische Masthuhn-Initiative. Albert Schweitzer Stiftung für unsere Mitwelt. https://www.masthuhn-initiative.de/. Zugegriffen: 25. Januar 2021

Webster J (2013) International standards for farm animal welfare: science and values. Science and values. Vet J 198(1):3–4. https://doi.org/10.1016/j.tvjl.2013.08.034

Wegener R-M (1980) Spezielle Tierschutzfragen im Bereich Geflügel : Situation – Tendenzen – Prognose. Deutsche Geflügelwirtscahft und Schweineproduktion 32(8):184–186

Wengenroth T (2021) Schwerpunktkontrollen in Schweinemastbetrieben in NRW. https://derhoftierarzt.de/2021/01/schwerpunktkontrollen-in-schweinemastbetrieben-in-nrw/

Wiss. Beirat – Wissenschaftlicher Beirat beim BMEL (1982) Landwirtschaftliche Einkommenspolitik. www.bmel.de

Wiss. Beirat – Wissenschaftlicher Beirat für Agrarpolitik beim BMEL (2015) Wege zu einer gesellschaftlich akzeptierten Nutztierhaltung. Ber. Landwirtsch.(Sonderheft Nr. 221). https://doi.org/10.12767/buel.v0i221.82

Wiss. Beirat – Wissenschaftlicher Beirat für Agrarpolitik beim BMEL (2018) Für eine gemeinwohlorientierte Gemeinsame Agrarpolitik der EU nach 2020; Grundsatzfragen und Empfehlungen. Stellungnahme. https://www.bmel.de/SharedDocs/Downloads/DE/_Ministerium/Beiraete/agrarpolitik/GAP-GrundsatzfragenEmpfehlungen.html

Wiss. Beirat – Wissenschaftlicher Beirat für Agrarpolitik beim BMELV (2011) Kurzstellungnahme zur Einführung eines Tierschutzlabels in Deutschland. Ber. Landwirtsch. 89:9–12

Zapf R, Schultheiß U, Achilles W, Schrader L, Knierim U, Herrmann H-J, Brinkmann J, Winckler C (2015) Indikatoren für die betriebliche Eigenkontrolle auf Tiergerechtheit – Beispiel Milchkühe. Landtechnik 70(6):221–230. https://doi.org/10.15150/LT.2015.2678

Zuberbühler C, Weiss C (2017) Nachhaltigkeit ist nicht gleich Gerechtigkeit. Plädoyer für einen präzisen Nachhaltigkeitsbegriff. oekom. München

Beeinträchtigung von Gemeinwohlinteressen

6

Zusammenfassung

Zwischen der Intensivierung der Produktionsprozesse und den unerwünschten Neben- und Schadwirkungen, welche den Gemeinwohlinteressen zuwiderlaufen, bestehen vielfältige Wechselwirkungen. Wirtschaftliche Vorteile für die Primärerzeuger und negative externe Effekte für das Gemeinwohl befördern eine Ambivalenz, die in Abhängigkeit vom jeweiligen betriebsspezifischen Kontext sehr unterschiedlich ausgeprägt ist. Entsprechend ist jeder einzelne Betrieb das Bezugssystem zur Beurteilung der Austräge von Schadstoffen in die Umwelt in Relation zur Menge an Verkaufsprodukten. Einzelbetrieblich entscheidet sich, welche Maßnahmen wirksam und effizient und damit geeignet sind, zu einer Reduzierung der Schadwirkungen beizutragen.

In den Nachkriegsjahren setzten in der Landwirtschaft und insbesondere in der Nutztierhaltung Intensivierungsprozesse ein, die alle zuvor durchlaufenden Entwicklungen in den Schatten stellten. Die Weichenstellungen nahmen Anleihen bei den Erfahrungen, welche bereits seit den 1920er-Jahren in den USA mit der Industrialisierung der Landwirtschaft gemacht wurden und beeindruckende Produktivitätsfortschritte hervorbrachten (Fitzgerald 2003). Trotz einer gewissen Sättigung der Märkte halten die Bemühungen um weitere Intensivierungen unvermindert an. Dies wirft Fragen nach den treibenden Kräften und nach den negativen Folgewirkungen auf, die mit der Intensivierung verbunden sind. Argumentativ wird häufig die Notwendigkeit der Ernährung einer ansteigenden Weltbevölkerung hervorgehoben, welcher oberste Priorität einzuräumen sei. Allerdings hat die enorme Steigerung der Produktmengen bislang wenig daran ändern können, dass weiterhin weite Bevölkerungskreise in den sogenannten „Entwicklungsländern" Hunger leiden und viele Menschen aufgrund eines Mangels an adäquaten Nahrungsmitteln sterben.

Die globale Verfügbarkeit von Nahrungsmitteln und selbst die durch das Überangebot vergleichsweise niedrigen Weltmarktpreise können jedoch Hunger nicht verhindern. Die Welthungerhilfe nennt vielfältige Ursachen für Hunger, zu denen neben regionalen Klima- und Wettereinflüssen politische und soziale Ursachen wie Kriege, ein schlechtes Bildungssystem und Armut gehören. Auch die Erzeugung von Futtermitteln für Tiere für den Export in die Industrienationen und die Zerstörung regionaler Märkte durch Überproduktion der Industrienationen werden im Zusammenhang mit der Nahrungsmittelknappheit in manchen Regionen der Erde genannt. Auf der anderen Seite sorgt ein gegenüber der Nachfrage übersteigertes Angebot auf den Weltmärkten dafür, dass die Weltmarktpreise vergleichsweise niedrig sind. Dies macht Nahrungsmittel für viele Menschen erschwinglicher; andererseits sind die Weltmarktpreise für viele Primärerzeuger zu niedrig, um damit die Erzeugungskosten vollumfänglich zu decken.

Die skizzierten Entwicklungen deuten an, dass wir es nicht nur auf der betrieblichen, sondern auch auf der globalen Ebene mit sehr komplexen Wechselwirkungen zu tun haben. Die Gleichzeitigkeit von positiven wie negativen Folgewirkungen und die Vielschichtigkeit der Prozesse auf den unterschiedlichen Ebenen disqualifizieren jegliche Form der Pauschalisierung. Es bleibt nur der mühsame Weg der Erkenntnisgewinnung durch eine Annäherung an die komplexen Sachverhalte aus unterschiedlichen Perspektiven. Im vorherigen Abschnitt wurden bereits diverse Nutznießer der Produktivitätssteigerungen adressiert. Zu den Hauptprofiteuren zählen vor allem die vor- und nachgelagerten Bereiche der Primärproduktion, welche mit der Ausweitung der Agrarproduktion ihre Umsätze und damit ihre Gewinne zum Teil deutlich erhöhen konnten. Profitiert haben zudem alle Verbraucher, welche aufgrund der immensen Produktivitätssteigerungen und der damit einhergehenden Kostenreduzierungen heute deutlich weniger von ihrem gestiegenen Einkommen für Nahrungsmittel ausgeben müssen als in der Vergangenheit. Sie können sich nicht nur hochpreisige Genussmittel, sondern in großem Ausmaß andere Konsumgüter leisten. Aus dieser Perspektive profitieren auch alle anderen Wirtschaftszweige von den Produktivitätsfortschritten in der Landwirtschaft, weil dadurch erst die Kaufkraft für andere Konsumgüter geschaffen wurde. Während die Protagonisten der Intensivierungsprozesse nicht müde werden, deren Erfolge herauszustellen, werden die Nachteile und unerwünschten Nebenwirkungen negiert oder relativiert (Rukwied 2018). Auch eine wissenschaftliche Debatte darüber, inwieweit die negativen Folgewirkungen als systemimmanent (also nicht als irgendwie vermeidbar, sondern als eine dem System der industriellen Landwirtschaft innewohnende Eigenschaft) eingestuft werden können oder müssen, kommt erst sehr langsam in Gang. Bevor das Ausmaß der Beeinträchtigungen und Schadwirkungen eingehender skizziert wird, soll zunächst auf die Folgewirkungen eingegangen werden, welche von den fünf Hauptfaktoren der Intensivierung: Flächennutzung, erhöhter Einsatz von Produktionsmitteln, Spezialisierung, regionale Konzentration und Technisierung ausgehen.

6.1 Intensivierung der Produktionsprozesse

6.1.1 Flächennutzung

Die Oberflächen der Erde, die landwirtschaftlich genutzt werden können, sind begrenzt. Im Jahr 2016 betrug diese Fläche weltweit rund 49 Mio. km²; dies entspricht in etwa 37 % der Erdoberfläche. Konnte zwischen den Jahren 1961 und 2000 die **landwirtschaftliche Nutzfläche** weltweit noch deutlich erhöht werden (von 37,1 auf 48,1 Mio. km²), ist der Zuwachs an Nutzflächen seitdem eher marginal (World Bank 2020). Anhaltende Bestrebungen, die Nutzbarmachung von Flächen auszuweiten, gehen auf Kosten von weitgehend unberührten Biotopen, wie z. B. von Regenwäldern in Südamerika oder Asien.

Die Böden enthalten unterschiedliche große Mengen an Nährstoffen, die ihnen durch den Anbau von Pflanzen entzogen werden. Dort, wo es sich für die Aufrechterhaltung bzw. Steigerung der Ertragsleistung lohnt, werden diese durch Düngungsmaßnahmen zumindest partiell substituiert. Dies geschieht jedoch nie in Gänze und häufig so unzureichend, dass die Bodenfruchtbarkeit und die Ertragsleistungen in vielen Regionen sukzessive abnehmen. Je mehr die Böden zusätzlich mit Maschinen traktiert werden, desto mehr ändern sich die physikalischen, chemischen und biologischen Bodenverhältnisse und ihre Regenerationsfähigkeit. Kommt es zu einem übermäßigen Nährstoffentzug durch die angebauten Pflanzen und einer unzureichenden Substituierung ist eine Aushagerung die logische Folge, die analog zur Ausbeutung von Bodenschätzen wie Erze, Kohle, Kies oder Seltene Erden einzuordnen ist.

Das Flächennutzungspotenzial ist in hohem Maße von den Boden-, Standort- und Klimaverhältnissen abhängig. Mit rund 70 % besteht der weitaus überwiegende Teil der landwirtschaftlichen Nutzfläche aus Grünland. Die übrigen Nutzflächen können beackert und damit für den Anbau unterschiedlicher Kulturpflanzen genutzt werden. Sie dienen dem Anbau von Nahrungs- und Futtermitteln und in zunehmendem Maße auch dem Anbau von Pflanzen zur Energiegewinnung. Die Futtererzeugung nimmt ca. 40 % des global verfügbaren Ackerlandes ein. Zudem werden auf 11 % der Fläche Rohstoffe für Biokraftstoffe und die stoffliche Biomassenutzung produziert (Raschka und Carus 2012, 26 f.). Grob überschlagen werden ca. 36 % der weltweiten **Getreide**- und 70 % der weltweiten Sojaernte, 40 % der Fischfänge und selbst 33 % der Milchprodukte an Tiere verfüttert. In Europa landet ca. 57 % der geernteten Getreidemenge in den Futtertrögen. Die Größenordnungen deuten an, dass die verschiedenen Nutzenoptionen zueinander in Konkurrenz stehen und im Wesentlichen die jeweils zu erzielenden Marktpreise darüber entscheiden, welche Nutzpflanzen in Abhängigkeit vom Ertragspotenzial angebaut werden.

Um die Jahrtausendwende wurde die Zahl der Nutztiere auf dem Globus auf ca. 4,3 Mrd. geschätzt, davon 1,65 Mrd. Rinder und 900 Mio. Schweine (Smil 2002). Die Nutztiere verkörpern mit ca. 620 Mio. t den größten Anteil der **Biomasse** von Wirbeltieren auf der

Erde. Die Zunahme der Biomasse der Nutztiere um den Faktor 3,5 in den zurückliegenden 100 Jahren veranschaulicht das Ausmaß der eingetretenen Veränderungen. Demgegenüber wird die Biomasse der wildlebenden Säugetiere mit deutlich abnehmender Tendenz auf gerade einmal 40 Mio. geschätzt. Durch unvermindert anhaltende Waldrodungen in den Entwicklungsländern zwecks Gewinnung von Acker- und Weideland werden die von wildlebenden Tieren bewohnten Habitate und die Biodiversität immer weiter dezimiert.

Die immense Vermehrung der Nutztiere verdrängt nicht nur die Zahl der wildlebenden Tiere und der unter diesen Bedingungen noch überlebensfähigen Arten. Die an Nutztiere verfütterten Futterpflanzen reduzieren auch den Anteil an Nährstoffressourcen, der für den menschlichen Verzehr zur Verfügung steht. In diesem Zusammenhang wird von der **Konkurrenz** von Menschen und Nutztieren um Flächen zur Erzeugung von Nahrungs- bzw. Futtermitteln gesprochen. Die Flächenkonkurrenz betrifft jedoch nur die Ackerflächen, die auch für den Anbau von Nahrungsmitteln für den Menschen genutzt werden können. Dagegen kann der Aufwuchs von den Grünlandflächen im Wesentlichen nur von Wiederkäuern als Nährstoffquelle aufgeschlossen werden. Da Wiederkäuer jedoch nicht nur den Grünlandaufwuchs, sondern auch Futtermittel von den Ackerflächen sowie Nebenerzeugnisse verwerten können, die bei der Lebensmittelproduktion anfallen, bestehen bezüglich der Flächenkonkurrenz keine scharfen Trennlinien. Grob geschätzt bestehen ca. 86 % der global erzeugten Futtermittel aus Bestandteilen, die nicht für den menschlichen Verzehr geeignet sind (Mottet et al. 2017). Im globalen Durchschnitt werden für die Erzeugung von einem Kilogramm Rindfleisch ca. 2,8 kg an Futtermitteln benötigt, die auch von Menschen direkt genutzt werden können. Bei Schweinen und Geflügel erhöht sich die relative Bezugsgröße auf 3,2 kg. Als Monogastrier sind sie auf hochwertige Futterkomponenten angewiesen, die zu einem großen Anteil auch von Menschen verwertet werden können. Gegenüber den Wiederkäuern werden die Nährstoffe allerdings deutlich effizienter verwertet.

Bei diesen Vergleichszahlen darf allerdings nicht außer Acht gelassen werden, dass es sich um Durchschnittszahlen handelt, die nur eine erste Annäherung an die Größenverhältnisse erlauben. In Wirklichkeit basieren die Durchschnittswerte auf einer beträchtlichen Streuung und erlauben keine generellen Aussagen über das spezifische Verhältnis von Vor- und Nachteilen der jeweiligen Nutzungsoption; dieses hängt immer vom lokalen Kontext ab. Während in vielen betrieblichen Zusammenhängen die Vorteile einer intensivierten Nutztierhaltung überwiegen, gehen in anderen Kontexten beträchtliche Nachteile von der Nutztierhaltung für die Interessen des Gemeinwohles aus. Eine Abwägung sollte auch berücksichtigen, dass die Produkte tierischer Herkunft nicht nur zur Versorgung der Menschen mit lebensnotwendigen Makro- und Mikronährstoffen beitragen. Die Produkte tierischer Herkunft ersetzen auch den Verzehr pflanzlicher Produkte. Die Exkremente beinhalten – sofern sie den Böden zugeführt werden – wichtige Nährstoffe für das Pflanzenwachstum. In vielen Ländern werden Nutztiere auch als Zugtiere eingesetzt und dienen als Rücklage und Besitzstand von Großfamilien. Entsprechend sollten die Wirkungen der jeweiligen Flächennutzung nicht allein auf die erzeugten Produktmengen reduziert werden.

Für die Landwirte ist die Flächennutzung Teil der Bemühungen, ein Einkommen und ein Auskommen für die Ernährung der Familie und für die Sicherung der wirtschaftlichen Existenz zu generieren. Die Potenziale der Nutzbarmachung der Flächen und der darauf angebauten Pflanzen sind nicht allein von den innerbetrieblichen Verwertungsmöglichkeiten, sondern vor allem vom Marktgeschehen in Form des vorherrschenden Preisniveaus abhängig. Das Angebot von Rohwaren auf den lokalen, regionalen bzw. globalen Märkten entscheidet über den Preis, den der Landwirt beim Verkauf für seine pflanzlichen Produkte erzielen kann, bzw. die Preise, die er selbst für Produktionsmittel wie Dünge- und Futtermittel zahlen muss. In Gemischtbetrieben stehen Landwirte fortlaufend vor der Wahl, unterschiedliche Anteile der eigenen und/oder gepachteten Flächen für den Anbau von Verkaufsprodukten („Cash Crops") oder zur Futterproduktion zwecks Versorgung des eigenen Tierbestandes im eigenen Betrieb zu nutzen. Die zentrale Frage lautet: „Make it or buy it?" Diese Frage muss immer wieder neu auf der Basis der Kostenentwicklung bei den Produktionsmitteln, der zu erwartenden Erträge und der Marktpreise für die Verkaufsprodukte beantwortet werden. Daher verwundert es nicht, dass die landwirtschaftlichen Verkaufsprodukte schon seit längerer Zeit als Spekulationsobjekte an den Börsen gehandelt werden. Die hohe Kunst besteht in der richtigen Einschätzung der Opportunitätskosten, d. h. entgangene Erlöse, die dadurch entstehen, dass vorhandene Möglichkeiten (Opportunitäten) nicht wahrgenommen werden. Es handelt sich folglich um ein ökonomisches Konzept zur Quantifizierung des Nutzens entgangener Alternative.

Um die Bedeutung der Flächennutzung für die Interessen des Gemeinwohles besser einordnen zu können, hilft ein Wechsel der Perspektive von der Angebots- auf die Nachfrageseite: Wie viele Menschen können in Abhängigkeit von der Art der Flächennutzung ernährt werden? Mittels einiger Zahlen stellen sich die Relationen in grober Annäherung wie folgt dar: Eine überwiegend vegetarische Ernährung erfordert für den Anbau verschiedener pflanzlicher Produkte unter Annahme eines hohen Ertragsniveaus einen Flächenbedarf von ca. 800 m^2 Ackerland pro Person (Smil 2000). Demgegenüber beansprucht eine typische Ernährung von Menschen der westlichen Welt mit einem Fleischverbrauch von ca. 50 kg pro Jahr einen durchschnittlichen Flächenbedarf von ca. 4000 m^2. Der Unterschied macht deutlich, dass es bei dem Ernährungsstil, den sich die westliche Welt erschlossen hat, vor allem um einen Zugriff auf begrenzt verfügbare Ackerflächen handelt. Die Verzehrgewohnheiten der westlichen Welt basieren in relevanter Größenordnung auf dem Import von Produkten (z. B. Mais und Soja), welche durch die Nutzbarmachung von Flächen außerhalb des eigenen Territoriums erzeugt werden. Der Import der Produkte in die westliche Welt geht folgerichtig mit einer reduzierten Verfügbarkeit für andere Weltpopulationen einher, welche sich die Nutzung, der im eigenen Land erzeugten Produkte nicht leisten können.

Der Ernährungs- und Landwirtschaftsorganisation der Vereinten Nationen (FAO) fällt die Aufgabe zu, die Produktion und die Verteilung von landwirtschaftlichen Produkten im Allgemeinen und Nahrungsmitteln im Besonderen weltweit zu beobachten, und nach Möglichkeit dazu beizutragen, die Ernährung der Weltbevölkerung sicherzustellen und den Lebensstandard zu verbessern. Allerdings kann die FAO weder Verbesserungen gegen Wirkmechanismen des Marktes durchsetzen noch die Rahmenbedingungen der Märkte so modifizieren, dass diese den übergeordneten Zielen der Versorgung der Weltbevölkerung mit Nahrungsmitteln zuträglich sind. Wie noch eingehender zu erörtern sein wird, werden die Bedingungen des Marktes nicht zielgerichtet für die Ernährung der Weltbevölkerung im Sinne einer **Gemeinwohlorientierung** gestaltet, sondern im Sinne einer Sicherstellung der Funktionsfähigkeit der Märkte (s. Abschn. 9.1). Die in den letzten Jahren drastisch angestiegene und vor allem in Deutschland durch öffentliche Gelder massiv beförderte Flächennutzung zum Anbau von Biomasse zur Energiegewinnung hat hier einen zusätzlichen zahlungskräftigen Mitbewerber um begrenzt verfügbare Nutzflächen hervorgebracht. Aus der Perspektive von Entwicklungsländern ist die Erzeugung von Energie aus Biomasse oder die Fütterung von Mais und Sojabohnen aus intensivem Anbau an Wiederkäuer vor allem eines: eine ziemliche Ressourcenverschwendung. Vielen Landwirten in Deutschland sichert die Erzeugung von Bioenergie die wirtschaftliche Existenzfähigkeit, weil der Anbau von Nahrungs- und Futtermitteln häufig nicht länger kostendeckend realisiert werden kann. Während die Nutzung von Grünland und von Nebenprodukten der weiterverarbeitenden Industrie eine Strategie der Ressourcennutzung und Nahrungsmittelerzeugung darstellt, die nicht der menschlichen Ernährung geht, ist sie häufig nicht konkurrenzfähig gegenüber dem Einsatz von Nährstoffen, die auch für den direkten menschlichen Verzehr geeignet wären.

Zusammenfassend kann geschlussfolgert werden, dass die Art und Weise der Flächennutzung und der Grad der Intensivierung der Produktionsprozesse nicht vom Bemühen bestimmt wird, einen möglichst großen Beitrag zur Ernährung der Weltbevölkerung zu leisten. Es ist das Marktgeschehen, welches den Zweck der Nutzung der verfügbaren Anbauflächen und der Erzeugnisse bestimmt.

6.1.2 Vermehrter Einsatz externer Ressourcen

Neben Wasser, dessen Vorhandensein für alle biologischen Prozesse eine unabdingbare Voraussetzung ist, stellt **reaktiver Stickstoff** (Nr) das Schlüsselelement der Biosynthese dar. Bei allen biologischen Wachstumsprozessen von Mikroben, Pflanzen und Tieren, einschließlich des Menschen, entscheidet dessen Verfügbarkeit darüber, in welchem Maße das genetische Wachstumspotenzial von Organismen ausgeschöpft werden kann. Die Verfügbarkeit von Nr ist begrenzt. Dies mag zunächst verwundern, ist Stickstoff doch in sehr großen Mengen auf dem Globus vorhanden. Die Gesamtmasse an Stickstoff (N) in Atmosphäre, Boden und Wasser der Erde beträgt ca. 4000 Gt. Sie übersteigt damit die gemeinsame Masse von Kohlenstoff, Phosphor, Sauerstoff und Schwefel. Der entscheidende Punkt ist, dass mehr als 99 % des Stickstoffs als molekularer Stickstoff (N_2) vorliegt. Dieser ist reaktionsträge (inert) und damit für mehr als 99 % der lebenden Organismen nicht nutzbar. Folglich ist es die Verfügbarkeit an reaktiven Stickstoffverbindungen, welche neben der Verfügbarkeit an Wasser, die biologischen

Wachstumsprozesse gegenüber anderen Nährstoffen prioritär begrenzt. Folglich ließen sich die biologischen Wachstumsprozesse erst mit einer Ausweitung der Verfügbarkeit an Nr intensivieren. Vor diesem Hintergrund bestand der bislang bedeutendste Eingriff des Menschen auf dem Globus darin, die Dreifachbindung von molekularem Stickstoff (N_2) aufzubrechen, reaktiven Stickstoff synthetisch herzustellen und damit für die Intensivierung biologischer Prozesse nutzbar zu machen.

Dies gelang den deutschen Chemikern Fritz Haber und Carl Bosch zu Beginn des 20. Jahrhunderts durch das Zusammenwirken von chemischer Expertise und Ingenieurskunst. Sie waren erstmalig in der Lage, Ammoniak aus atmosphärischem Stickstoff und Wasserstoff zu erzeugen und damit eine reaktive N-Verbindung chemisch zu synthetisieren. Das nach den Erfindern benannte Haber-Bosch-Verfahren war im doppelten Sinne explosiv. Unter Verwendung großer Energiemengen, die durch Verbrennung fossiler Energieträger bereitgestellt wurden, ermöglichte es sowohl die Erzeugung von Sprengstoff als auch von mineralischen Stickstoffdüngemitteln (Harnstoff, Ammoniumnitrat, Ammoniumsulfat, Ammoniumphosphat). Das Ausmaß der Freisetzung von Nr, welche nach dem Zweiten Weltkrieg an Fahrt aufnahm und seitdem ansteigt, ist in Abb. 6.1 wiedergegeben.

Während bei Sprengstoff die induzierte Wirkung explosionsartig eintritt, entfalten reaktive N-Verbindungen eine langsame, aber dennoch weit tiefgreifendere Wirkung. Ohne die Verfügbarkeit von Nr in Form von mineralischen Düngemitteln würde ein Großteil der heute lebenden Weltbevölkerung nicht existieren, weil diese nicht hätte ernährt werden können (Smil 2012). Wie Abb. 6.2 veranschaulicht, hätte die Überbevölkerung des Globus mit Menschen und Nutztieren ohne das Haber-Bosch-Verfahren nicht zustande kommen können.

Es erscheint müßig darüber urteilen zu wollen, ob es sich bei dem Haber-Bosch-Verfahren um einen Segen oder einen Fluch der Menschheit handelt. Das Verfahren wurde von Menschen erfunden und in die Welt gebracht; es sind die Menschen, welche die negativen mit den positiven Wirkungen in Abgleich bringen müssen. Dabei symbolisiert

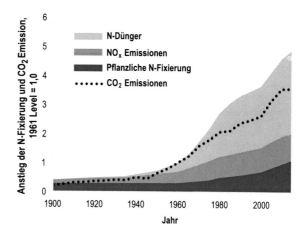

Abb. 6.1 Trends bei der anthropogenen Freisetzung von reaktiven Stickstoff-Verbindungen seit 1900 in Relation zur anthropogenen CO_2 Emission. (Battye et al. 2017)

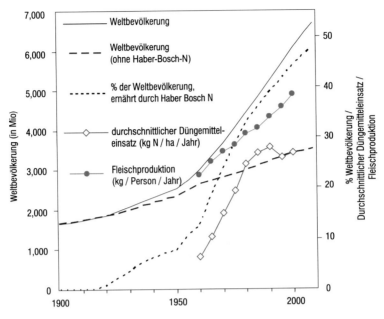

Abb. 6.2 Ammonium ernährt die Weltbevölkerung. (Erisman et al. 2008)

keine andere chemische Substanz die Ambivalenz der Vor- und Nachteile menschlicher Eingriffe in geobiologische Prozesse besser als Nr. Wenn hier der Schlüssel für das **Wachstum** liegt, dann liegt hier – so eine wesentliche These dieses Buches – auch der Schlüssel für eine gemeinwohlverträgliche Einhegung der Wachstumsprozesse. Bevor darauf näher eingegangen wird, bedarf es zunächst weiterer Erläuterungen zu den Wirkungen von Nr und anderer Stoffe auf den verschiedenen Ebenen der landwirtschaftlichen Erzeugung.

Wenn heute von einer neuen geochronologischen Epoche, dem Anthropozän (Ehlers 2008), die Rede ist, eines Zeitalters also, in dem der Mensch zu einem der wichtigsten Einflussfaktoren auf die biologischen, geologischen und atmosphärischen Prozesse auf der Erde geworden ist, dann wurde sie durch das Haber-Bosch-Verfahren eingeläutet. Sie begründete nicht nur die enormen biologischen Wachstumsleistungen, die seitdem auf dem Globus stattgefunden haben, sondern in gleicher Weise die zerstörerischen Schattenseiten infolge der negativen Folgewirkungen, die mit synthetischen Nr verbunden sind. So ist die Erzeugung von stickstoffhaltigen Düngemitteln sehr energieaufwendig. Die Erzeugung geht folglich mit einem hohen CO_2-Ausstoß sowie mit der Freisetzung beträchtlicher Mengen des Treibhausgases Lachgas (N_2O) einher. Dies ist ebenfalls eine reaktive Stickstoffverbindung. Weitere Nr-Verbindungen sind: Ammoniak (NH_3), Ammonium (NH_{4+}), Stickoxide (NOx), Salpetersäure (HNO_3), Nitrat (NO_{3-}), Harnstoff, Amine, Aminosäuren und Nukleinsäuren. Die Überführung von einer Form in eine andere hängt von diversen Voraussetzungen ab und ist mit weitreichenden Folgen für alle biogeochemischen Prozesse auf dem Globus verbunden (Galloway et al. 2003). Diese finden sowohl innerhalb wie außerhalb landwirtschaftlicher Betriebssysteme statt. Die reaktiven Stickstoffverbindungen, welche die innerbetrieblichen Grenzen der Betriebssysteme überschreiten, diffundieren in alle vier Umweltsphären: Bio-, Atmos-, Hydro- und Lithosphäre.

Treibende Kraft für eine hohe **Düngungsintensität** mit mineralischem Stickstoff, den die Düngemittelindustrie verhältnismäßig preiswert liefert, ist das Bestreben der Landwirte, die pflanzenbaulichen Erträge zu maximieren. Mit dem Haber-Bosch-Verfahren wurde die zuvor bestehende Begrenztheit in der Verfügbarkeit von Nr für die Pflanzendüngung und damit für das Pflanzenwachstum weitgehend aufgehoben. Der Großteil der Landwirte versucht, mit höheren pflanzenbaulichen Erträgen das Betriebseinkommen zu steigern, um sich gegenüber den globalen Mitbewerbern zu behaupten. Folgerichtig hat der Einsatz dieses Produktionsmittels exponentiell zugenommen. Begrenzend auf die Einsatzmengen wirkt bislang allenfalls der Preis, der dafür von den Landwirten zu entrichten ist, sowie die Nitrat-Richtlinie, welche den Eintrag des bei den N-Umsetzungen freiwerdende reaktive N-Verbindung ins Grundwasser auf 50 mg pro Liter Grundwasser begrenzt (s. Abschn. 6.3.3).

Der Absatz von Stickstoffdünger in Deutschland betrug im Wirtschaftsjahr 2019/2020 rund 1,4 Mio. t im Vergleich zu 1,8 Mio. t 2005/2006 (DBV et al. 2019). An Kalidüngern wurden rund 0,43 Mio. t und an Phosphatdüngern 0,25 Mio. t abgesetzt. Der Absatz von Kali- und Phosphatdüngemitteln veränderte sich im gleichen Zeitraum nur wenig. Auch Ökobetriebe verwenden Rohphosphat als Dünger. Rohphosphat stammt zum allergrößten Teil aus Lagerstätten außerhalb Europas, die im Tagebau abgebaut werden. Weltweit verfügen nur sechs Länder über 85 % der bekannten Phosphatreserven: Marokko, China, Algerien, Syrien, Brasilien und Südafrika (BLE 2021). Mit Abstand die größten Bestände hat Marokko, wo knapp drei Viertel der Weltvorräte liegen. Die Phosphatvorräte in diesen Lagerstätten sind jedoch begrenzt. Verschiedenen Schätzungen zufolge, reichen die weltweiten Reserven noch etwa 300 Jahre. **Phosphor** ist als Nährstoff für das Pflanzenwachstum nicht ersetzbar. Eine zunehmende Verknappung der Phosphatreserven wird mittel- bis langfristig dazu führen, dass das noch vorhandene Phosphat immer teurer wird. In ärmeren Ländern dieser Welt, können sich schon heute viele Landwirtinnen und Landwirte kaum noch Phosphordünger leisten. Dies hat zur Folge, dass die Böden dort zunehmend an Phosphor verarmen.

Gleichzeitig fallen in viehintensiven Regionen in Europa und in Deutschland große Mengen an stickstoff-, kali- und phosphathaltigen Exkrementen an. Häufig übersteigen die anfallenden Mengen die Aufnahmekapazitäten der betriebseigenen Flächen. Sofern möglich werden die überschüssigen Exkremente, meistens in Form von **Gülle** (Kot- und Harngemisch) an viehlose Ackerbaubetriebe in der Nachbarschaft bzw. in der näheren und weiteren Umgebung abgegeben. Da in viehstarken Regionen und in der näheren Umgebung auch die Kapazitäten aufnehmender Betriebe begrenzt sind, bleibt vielen nutztierhaltenden Betrieben häufig nichts anderes übrig, als die Gülle von spezialisierten Dienstleistern auch über weitere Distanzen transportieren und entsorgen zu lassen.

Reaktive Stickstoffverbindungen sowie viele weitere Mengenelemente befinden sich nicht nur in den mineralischen und wirtschaftseigenen Düngemitteln. Sie sind auch wesentliche Inhaltsstoffe von **Futtermitteln.** Bei Schwein und Geflügel entscheiden vor allem die Gehalte an Stärke und an essenziellen Aminosäuren sowie die jeweilige Verdaulichkeit über den Verwertungsgrad der Futtermittel. Bei den Wiederkäuern sind die Verhältnisse aufgrund des Vormagensystems komplexer. Hier sind die Gehalte an Rohprotein und Energie sowie die Gehalte an Durchflussprotein für den Grad der Nutzbarmachung maßgeblich. Die Gehalte an wertgebenden Inhaltsstoffen variieren beträchtlich zwischen den Futterpflanzen. Während die heimischen Futtergetreide und Futterleguminosen in ihrem Gehalt an essenziellen Aminosäuren als wertgebenden Nr-Verbindungen begrenzt sind, ist die vorrangig in Nord- und Südamerika angebaute Sojabohne diesbezüglich ein sehr hochwertiges Futtermittel. Entsprechend wurden in der Vergangenheit sehr große Mengen an Sojabohnen nach Europa importiert und als Eiweißergänzungsfuttermittel in der Tierernährung eingesetzt. Im Jahr 2019 wurden in Deutschland ca. 3,6 Mio. t an Sojabohnen importiert; gegenüber 2008 ist die Menge nochmals leicht angestiegen (Destatis 2020).

Mittlerweile können nicht nur die mineralischen Stickstoffdünger für die Pflanzen-ernährung, sondern auch die essenziellen Aminosäuren für die Tierernährung synthetisch hergestellt werden. In der konventionellen Schweine- und Geflügelhaltung enthalten die heutigen Futterrationen in der Regel sowohl eiweißreiche Bestandteile der Sojabohne als auch synthetisch erzeugte Aminosäuren. Dabei entscheidet nicht zuletzt die Preiswürdig-keit, der zur Disposition stehenden Futterkomponenten und deren Komplementarität im Hinblick auf das Anforderungsprofil der Gesamtration über die jeweiligen Rations-anteile. Der Einsatz von synthetischen Aminosäuren schafft zudem in Abstimmung mit einem auf den Bedarf abgestimmten Zuschnitt der Futterration die Möglichkeiten, die pro Produkteinheit benötigten Anteile an Nr-Verbindungen und damit den Gehalt an Nr in den Exkrementen zu senken (N-reduzierte Fütterung).

Die synthetischen Nr-Verbindungen entpuppen sich als wahre Wunderwaffen zur Steigerung der Produktivität in der pflanzlichen und tierischen Erzeugung, wären da nicht die unerwünschten Nebenwirkungen. Sowohl der Anbau und der Transport von Soja-bohnen wie von anderen Futtermitteln als auch die Synthese von Mineraldüngemitteln und von Aminosäuren gehen mit einem hohen Energieverbrauch und entsprechend hohen CO_2-Emissionen und anderen Treibhausgasen wie Lachgas einher. Beim Sojaanbau schlagen zudem die negativen Folgewirkungen in den Anbauländern, wie Waldabholzung, Landnutzungskonflikte und Umweltverschmutzung zu Buche. Damit sind nur einige der im vorgelagerten Bereich der Produktionsprozesse angesiedelten Schadwirkungen bei der Beschaffung Nr-haltiger Produktionsmittel adressiert.

Die verbesserte Verfügbarkeit von Dünge- und Futtermitteln ermöglicht die Intensivierung der innerbetrieblichen Produktionsprozesse, was sich in den anvisierten Steigerungen der Produktionsmengen und der Flächenleistungen widerspiegelt. Allerdings wird nur ein Teil der in den Betrieb importierten Nährstoffe in Form von pflanzlichen oder tierischen Verkaufsprodukten oder im Boden organisch gebunden.

Die im Futter enthaltenen und nicht vom Organismus verwerteten N-Verbindungen werden als Exkremente über den Kot (in organisch gebundener Form) und über den Harn als Harnstoff (in mineralisierter Form) ausgeschieden. Die Exkremente können als sogenannte „Wirtschaftsdünger" für die Pflanzenernährung genutzt werden. Über viele Jahrhunderte waren die Wirtschaftsdünger neben der Fixierung von Stickstoff durch Knöllchenbakterien beim Anbau von Leguminosen die einzige außerhalb der Bodenvorräte vorhandene Nr-Quelle für die Pflanzenernährung. Dies ist heute noch in der Ökologischen Landwirtschaft der Fall, wo im Rahmen des Gesamtkonzeptes auf den Einsatz von mineralischen N-Düngemittel verzichtet wird. Entsprechend begrenzt sind hier das Pflanzenwachstum und die damit erzielbaren Erträge.

Durch die Intensivierung der pflanzlichen und tierischen Erzeugung auf der Basis von steigenden Einsatzmengen von Dünge- und Futtermitteln sind auch die Mengen an Exkrementen und damit die Nährstoffüberhänge auf den Betrieben und damit die Stoffausträge in die Umwelt drastisch angestiegen. Was die Stoffausträge in der Umwelt bewirken, wird in Abschn. 6.3 erläutert.

6.1.3 Spezialisierung

Die Spezialisierung der landwirtschaftlichen Betriebe auf einen bzw. wenige Betriebszweige ist das Gegenkonzept zu den Gemischtbetrieben, welche in den zurückliegenden Jahrhunderten die Struktur der landwirtschaftlichen Betriebe geprägt haben. Gemischtbetriebe bieten verschiedene Verwertungs- und Einkommensmöglichkeiten, welche Störungen und Beeinträchtigungen, die in Teilbereichen auftreten können, zum Teil zu kompensieren und damit eine größere Versorgungssicherheit gewährleisten. Dies gilt jedoch nur, wenn die Betriebe mit den Gesamteinnahmen schwarze Zahlen schreiben. Unter den Bedingungen eines allgemeinen Preisverfalls landwirtschaftlicher Rohwaren wirkt sich eine vielgestaltige Betriebsstruktur nachteilig aus, weil sie nicht länger mit den Produktivitätsfortschritten spezialisierter Betriebe mithalten können. Um im Wettbewerb um die Kostenführerschaft zu bestehen, ist daher eine gewisse Spezialisierung unvermeidlich. Weil die Spezialisierung relevante produktivitätssteigernden Effekte ermöglichte, verband sich damit die Hoffnung, am allgemeinen volkswirtschaftlichen Fortschritt und an der Einkommensentwicklung teilzuhaben. Grenzen der Spezialisierung treten dort auf, wo produktionstechnische Einschränkungen wie Grenzen der Fruchtfolgegestaltung und Betreuungsnotwendigkeiten des Tierbestandes auftreten, und wo die weitere Ausdehnung eines Betriebszweiges die Produktionskosten nicht mehr zu senken vermag. Unter deutschen Produktionsverhältnissen ist auch im Nutztierbereich die Spezialisierung von großer Bedeutung. Hier sind die Möglichkeiten zur Kostensenkung durch eine Vergrößerung der Bestände weitaus größer als in der Feldwirtschaft. Während die Vorteile der Spezialisierung unstrittig sind und gern in den Vordergrund gestellt werden (s. Kap. 4), werden die betriebsinternen und externen Nachteile und die negativen Folgewirkungen eher selten thematisiert.

Im Pflanzenbau äußert sich eine Spezialisierung unter anderem in einem auf die Produktionsrichtung angepassten Maschinenpark und spezifischem Fachwissen, z. B. um Pflanzenkrankheiten, Düngebedarf und Beikrautregulierung. Meistens bleibt ein gewisser Spielraum erhalten, sodass die Agrarflächen je nach Marktlage auch mit anderen Früchten bestellt werden können. Die Ausdehnung des Anbaus einer Pflanze auf Kosten anderer Kulturen engt die Fruchtfolge ein, was der Erhaltung der Bodenfruchtbarkeit zuwiderläuft. Auch sind die meisten Kulturpflanzen nicht selbstverträglich (d. h., sie können nicht mehrere Jahre in Folge auf derselben Fläche angebaut werden), sodass der Anbau einzelner Kulturen nicht beliebig umgesetzt werden kann, ohne das Ertragsniveau zu gefährden. Eine Ausnahme bildet der Mais, der mit sich selbst weitgehend verträglich ist und auch deshalb in vielen Regionen die Fruchtfolge dominiert. Andere Grenzen der Spezialisierung werden durch die Verfügbarkeit und das Entlohnungsniveau von Fachkräften und damit durch die Lage am Arbeitsmarkt bestimmt. Letztlich entscheidet vor allem die Lage auf den Absatzmärkten, ob eine Spezialisierung in überschaubaren Zeiträumen trägt und ggf. ausgebaut werden kann.

Früher bestand die **Verwertungsgemeinschaft** innerhalb der landwirtschaftlichen Betriebe im Wesentlichen darin, dass eine Reihe von sogenannten „marktlosen Produkten" anfällt, die betriebsintern verwertet und in marktfähige Produkte umgewandelt wurden, um daraus einen gesamtbetrieblichen Nutzen zu ziehen. Marktlose Produkte sind zum einen Hauptprodukte des Futterbaus auf dem Acker und auf dem natürlichen Grünland sowie zum anderen Koppelprodukte des Marktfruchtbaus, wie zum Beispiel Stroh beim Getreideanbau, Abfallkartoffeln oder Rübenblatt beim Anbau von Zuckerrüben. Die anfallenden Mengen stehen in einem unmittelbaren Zusammenhang mit den Erntemengen der Hauptfrucht. In Gemischtbetrieben wurden in Abstimmung mit den vorhandenen Ressourcen an Nährstoffen, Stallgebäuden und Arbeitskräften verschiedene Tierarten gehalten, mit denen die Ressourcen für das Betriebseinkommen nutzbar gemacht werden konnten. Auf den spezialisierten Betrieben hat sich das Band der Verwertungsgemeinschaft, das früher die verschiedenen Betriebszweige fest miteinander verband, weitgehend aufgelöst. Mit der Spezialisierung werden einzelne Prozessschritte aus dem Kontext der Verwertungsgemeinschaft herausgelöst, um die Produktivität maximal steigern zu können. Die Fokussierung verengt den Blick auf Details, während das übergeordnete Ganze aus dem Blickfeld zu geraten droht. Beispielsweise müssen im Zuge der Spezialisierung marktlose Produkte, die früher ausschließlich im Betrieb selbst verwertet wurden, an andere Betriebe abgegeben oder einer anderen Verwertung zugeführt werden. Dies findet jedoch nur statt, wenn damit finanzielle Vorteile für beide Seiten verbunden sind. Weil dies mit fortschreitender Spezialisierung immer weniger der Fall ist, bleiben viele Ressourcen ungenutzt. Dies trifft insbesondere für die Aufwüchse von Grünlandflächen in geografisch und klimatisch benachteiligten Regionen zu. Da der dortige Aufwuchs für hochleistende Milchkühe oder Mastrinder nur bedingt geeignet ist, und sich auch eine extensive Nutzung wirtschaftlich kaum rechnet, müssen viele Flächen im Rahmen von

Landschaftspflegemaßnahmen mit viel Aufwand, der aus öffentlichen Mitteln finanziert wird, freigehalten werden.

In der Nutztierhaltung geht eine Spezialisierung in der Regel immer mit einer deutlichen Aufstockung des Tierbestandes einher; allein um die erforderlichen Investitionen schneller amortisieren zu können. Zunächst nimmt bei einer Vergrößerung der Herde der Arbeitsbedarf je Vieheinheit sehr rasch ab, sodass die relative Arbeitsersparnis allein durch die Vergrößerung der Stückzahl sehr groß ist. Ab einer bestimmten Bestandsgröße bringt jedoch eine weitere Herdenvergrößerung keine nennenswerte Senkung des Arbeitsaufwandes je Einzeltier. Auf der anderen Seite geraten bei Vergrößerungen der Tierbestände die einzelnen Tiere und ihre spezifischen Bedürfnisse immer stärker aus dem Blickfeld. Vor allem aber beinhaltet die Spezialisierung auf eine Tierart bzw. einen spezifischen Produktionsabschnitt innerhalb der Produktionskette (Zucht, Vermehrung, Vormast oder Endmast) eine Festlegung, die einmal getroffen, kaum zu revidieren ist. Zum einen sind die stallbautechnischen Besonderheiten zu spezifisch auf die Produktionsverfahren ausgerichtet, um anderweitig nutzbar gemacht zu werden. Zum anderen sind die erforderlichen Investitionen sehr umfangreich und können nur über längere Zeiträume abgeschrieben werden. Eine Spezialisierung zieht daher eine Pfadabhängigkeit nach sich, aus der sich die Betriebe kaum mehr befreien können. Mit der Spezialisierung erhöhen sich die Abhängigkeiten von den Kosten, die für die Produktionsmittel bezahlt und für die Marktpreise, die für die Verkaufsprodukte erlöst werden. Mit der Spezialisierung begeben sich die Betriebe in wirtschaftliche Abhängigkeiten. Als Teil einer vertikal organisierten Produktionskette sind sie darauf angewiesen, dass die Abläufe mit den zuliefernden und abnehmenden Marktpartner termingerecht funktionieren, so wie sie selbst genötigt sind, die eingegangenen Vereinbarungen einzuhalten.

Wenn sich das Verhältnis von Kosten und Leistungen aufgrund veränderter Marktlagen ungünstig gestaltet, können die biologischen Prozesse – anders als bei technischen Produktionsprozessen – nicht von heute auf morgen abgestellt werden. Die Tiere müssen weiterhin gefüttert werden, die Milchkühe weiterhin gemolken und die **Eier** weiterhin eingesammelt werden, auch dann, wenn die Marktpreise für die Verkaufsprodukte nicht kostendeckend sind. Nur die Betriebe, welche sich auf die Phase der Endmast von Masttieren spezialisiert haben, können – sofern dem nicht vertragliche Vereinbarungen entgegenstehen – zeitweilig auf Neueinstellungen von Tieren verzichten. Zuchtbetriebe müssen jedoch die Zuchttiere auch dann weiterhalten, wenn die Verkaufspreise für die Jungtiere den Aufwand nicht entlohnen. Ein einmal etablierter Bestand von Zuchttieren kann nicht wie Sperma oder Eizellen eingefroren und wieder aufgetaut werden. Die Abschaffung eines Zuchttierbestandes bedeutet in der Regel das Ende dieses Betriebszweiges. Diese Zusammenhänge erklären, warum viele Betriebe auch dann weiterwirtschaften, wenn es sich aktuell nicht rentiert; die Pfadabhängigkeit zwingt sie dazu. Sie zehren dann von der betrieblichen Substanz und häufen in kurzer Zeit weitere Schulden an, in der Hoffnung, dass sich die Marktlage wieder ändert. Allerdings ist dies in den zurückliegenden Jahren eher selten, und wenn, dann nur für eine kurze Phase geschehen.

Ansteigende Marktpreise führen dazu, dass sehr viele Betriebe gleichzeitig die Produktionskapazitäten wieder ausweiten, um die Hochpreisphase zum Geldverdienen und ggf. zum Schuldenabbau zu nutzen. Infolge des Mengenanstieges geraten dann die Marktpreise schnell wieder unter Druck. Landwirtschaftliche Betriebe, die mit der Spezialisierung ihre Anpassungsfähigkeit an sich verändernde Marktbedingungen weitgehend verloren haben, werden zu Gefangenen des Wirtschaftssystems. Möglichkeiten der Steigerung der Wertschöpfung sind beschränkt auf die Umsetzung weiterer Maßnahmen zur Produktivitätssteigerung, mit der sie sich gegenüber den Mitbewerbern in einem fortlaufenden Verdrängungs- und Unterbietungswettbewerb einen zeitweiligen Vorteil zu verschaffen suchen.

Sobald die Größe des Tierbestandes nicht länger an die betriebseigenen Futterflächen gebunden ist, sondern auf externe Futterquellen zurückgreift, kann der Tierbestand deutlich ausgeweitet werden. Gleichzeitig schafft dies neue Probleme, unter anderem für die Verwertung der Tierexkremente. Ein Missverhältnis von Tierbesatz und Flächenverfügbarkeit führt dazu, dass die Exkremente von einem wertvollen Wirtschaftsdünger zu einem Abfallprodukt geworden sind, das möglichst kostengünstig entsorgt werden muss. Anders verhält es sich in der ökologischen Landwirtschaft. Aufgrund des grundsätzlichen Verzichts auf mineralische Stickstoffdünger wird der Wirtschaftsdünger für die Pflanzenernährung zu einer begrenzt verfügbaren Ressource. Eine höhere Verfügbarkeit von Wirtschaftsdüngen würde sich ertragssteigernd und damit einkommensrelevant auswirken. Durch den Verzicht auf mineralische N-Düngemittel werden neue Rahmenbedingungen geschaffen, in denen betriebseigene Wirtschaftsdünger eine andere Bedeutung haben als in der konventionellen Landwirtschaft. In der ökologischen Landwirtschaft sind Wirtschaftsdünger eine begrenzt verfügbare Ressource, die es effizient zu nutzen gilt.

Kommt es infolge einer Spezialisierung zu einer Ausweitung der Tierbestände ohne Flächenzuwachs und über den Zukauf von Dünge- und Futtermittel zu einem Anstieg der Nährstoffimporte in den Betrieb, dann hat dies zwangsläufig einen erhöhten Austrag von Nährstoffen in die Umwelt zur Folge. Beim Überschreiten (Emittieren) der Grenzen des Betriebssystems werden die Nährstoffe zu Schadstoffen. Auch hier entscheidet der Kontext über die Umkehrung von einer potenziell vorteilhaften zu einer potenziell unerwünschten Folgewirkung. Um Stoffverluste in die Umwelt zu minimieren, wurden in der Düngeverordnung (DüV) verschiedene Regeln zum Umgang mit Düngemitteln und Obergrenzen für die Ausbringung von N aus Wirtschaftsdüngern festgeschrieben. Wie weiter unten ausgeführt wird, konnten durch die Regeln jedoch bislang die Schadwirkungen nicht eingedämmt werden.

Wo die Spezialisierung aus der Perspektive des Landwirtes zumindest phasenweise zum Vorteil gereicht, wird sie für die Umwelt zu einem **Problem**, d. h., die zeitweiligen ökonomischen Vorteile der Primärerzeuger gehen der Umwelt und damit der Gemeinwohlinteressen. Landwirte können sich die Kostenvorteile der Spezialisierung nur deshalb verschaffen, weil die Gesellschaft den Landwirten die Verklappung der überschüssigen Nährstoffe in die Umwelt nicht in Rechnung stellt. Während jeder andere Bürger für die Entsorgung von Haushaltsabfällen Gebühren zu entrichten hat, ist die Abfallentsorgung, welche auf diffusen Wegen über die Luft bzw. die Oberflächengewässer erfolgt, für die Landwirte kostenlos. Während Landwirte sich aufgrund der wirtschaftlichen Rahmenbedingungen zu Spezialisierungen und zu einer Vergrößerung der Nutztierbestände genötigt sehen, bürden sie gleichzeitig der Umwelt und damit der Gesellschaft zusätzliche Lasten auf. Auf diese Weise werden vermeintliche Gewinne privatisiert und die Folgekosten sozialisiert.

6.1.4 Regionale Konzentration der Tierbestände

Die Spezialisierung hat nicht nur zu einer Ausweitung der Tierbestände beigetragen; sie hat auch dazu geführt, dass die Tierbestände sich vor allem auf Regionen mit günstigen Rahmenbedingungen konzentriert haben. So weist die Nutztierhaltung in Deutschland heute eine sehr starke regionale Konzentration mit höchsten Viehdichten im Nordwesten Deutschlands vom Ruhrgebiet bis zur dänischen Grenze und zum anderen im Voralpenraum auf (Abb. 6.3). Die Milchviehhaltung ist noch in vielen Regionen Deutschlands anzutreffen, allerdings hat die regionale Konzentration in den Grünlandregionen im Norden und Südosten des Landes immer weiter zugenommen. Demgegenüber sind die Konzentrationsprozesse der **Schweine-** und **Geflügelhaltung** deutlich stärker ausgeprägt. So stiegen allein in den Landkreisen Vechta und Cloppenburg die Schweinebestände von 1999 bis 2010 um mehr als 20 %. In diesen Regionen hat auch die Geflügelhaltung stark zugelegt. In nur acht Landkreisen im südlichen Weser-Ems-Raum und im angrenzenden Münsterland werden etwa 30 % aller Schweine in Deutschland gehalten (Bäurle und Tamásy 2022). Im südlichen Weser-Ems-Gebiet werden darüber hinaus fast 50 % aller Masthühner gemästet (20 % allein im Landkreis Emsland) und fast 25 % der Legehennen in Deutschland gehalten (12 % allein im Landkreis Vechta). Dagegen ist in den meisten Ackerbauregionen die Nutztierhaltung weitgehend verschwunden. Dies trifft insbesondere für ausgedehnte Regionen in den neuen Bundesländern zu, wo nach der Wiedervereinigung deutlich weniger Nutztiere gehalten werden als zuvor.

Nach Einschätzungen des Wissenschaftlichen Beirates „Agrarpolitik" beim BMEL (2015) sind für die Konzentrationsprozesse vor allem die folgenden Gründe ausschlaggebend: Nähe zu großen Seehäfen (dadurch Kostenvorteile bei Futterkomponenten wie Soja) und zu großen Absatzmärkten (Ruhrgebiet, Hamburg, Bremen), vergleichsweise ungünstige natürliche Standortbedingungen für den Ackerbau und positive Agglomerations- und Clustereffekte, die die Wettbewerbsfähigkeit der Unternehmen erhöhen. Aus der räumlichen Zusammenballung von Unternehmen und zugehörigen Einrichtungen, wie Futtermühlen, Schlachtstätten und Verarbeitungsbetrieben, ergeben sich Kostenvorteile beim Kauf von Produktionsmitteln und Effizienzsteigerungen durch horizontale sowie vertikale Kooperationen. Auf der anderen Seite entstehen durch die

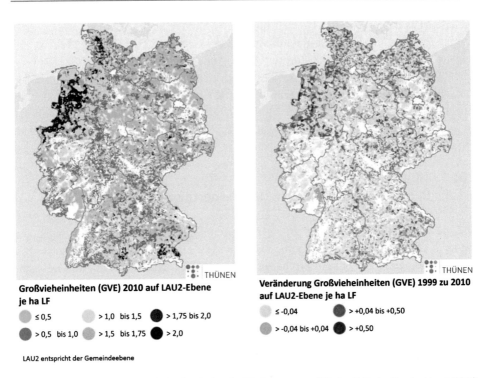

Großvieheinheiten (GVE) 2010 auf LAU2-Ebene je ha LF

≤ 0,5   > 1,0 bis 1,5   > 1,75 bis 2,0
> 0,5 bis 1,0   > 1,5 bis 1,75   > 2,0

LAU2 entspricht der Gemeindeebene

Veränderung Großvieheinheiten (GVE) 1999 zu 2010 auf LAU2-Ebene je ha LF

≤ -0,04   > +0,04 bis +0,50
> -0,04 bis +0,04   > +0,50

Abb. 6.3 Großvieheinheiten je ha landwirtschaftlich genutzter Fläche (LF) in Deutschland 2010 und Veränderungen von 1999 zu 2010. (Wiss. Beirat 2015)

regionale Konzentration der Tierhaltung nachteilige Effekte (Nährstoffüberschüsse, Ammoniakemissionen, Geruchs-, Staub- und Lärmbelästigungen, Tierseuchengefahren). Von Bedeutung ist darüber hinaus die zunehmende Nutzungskonkurrenz und die damit einhergehenden Raumnutzungskonflikte (z. B. bei Stallbauten in der Nähe von Wohn-, Industrie- oder Erholungsgebieten).

Allerdings erfahren die negativen Effekte im zitierten Gutachten keine weitere Konkretisierung. Dies ist nicht zuletzt der Tatsache geschuldet, dass es zu den Schadwirkungen nur eine sehr eingeschränkte Datenlage gibt. Zum einen können die Emissionen und andere Schadwirkungen aufgrund der diffusen luft- und wassergetragenen Austräge nicht unmittelbar gemessen werden. Andererseits unterliegen die Schadwirkungen einer beträchtlichen räumlichen und zeitlichen Variation. Daraus folgt, dass man sich den von der Landwirtschaft verursachten Schadwirkungen auf eine andere Weise annähern muss, will man sich das Ausmaß der negativen Folgewirkungen vergegenwärtigen, und daraus Handlungsoptionen für eine Verringerung ableiten.

Die Folgewirkungen der Konzentrationsprozesse sind dramatisch. Einerseits fallen sehr große Mengen an Exkrementen in den sogenannten Hotspots an und führen hier zu erheblichen **Überdüngungen** der ortsnahen Flächen. Die Folgen der Überdüngung zeigen sich unter anderem in den hohen, die Grenzwerte übersteigenden Nitratgehalten, die in viehstarken Regionen im Grundwasser gemessen werden. Gleichzeitig werden große Areale kaum noch mit Wirtschaftsdünger gedüngt. Laut Angabe des Statistischen Bundesamtes haben im Jahr 2015 nur 54 % der landwirtschaftlichen Betriebe ihre Flächen mit Gülle, Jauche oder flüssigen Gärresten aus Biogasanlagen gedüngt (Destatis 2017). Das heißt, ca. 46 % der landwirtschaftlichen Nutzfläche in Deutschland erhält keinen Wirtschaftsdünger. Diesen Flächen entgehen damit die positiven Wirkungen, die vom Wirtschaftsdünger auf die Humusbildung in den Böden und damit auf die Bodenfruchtbarkeit ausgeht, während die Flächen in Regionen mit hoher Viehdichte zu hohen Anteilen überdüngt werden. Angesichts der Verfügbarkeit von großen Mengen an Wirtschaftsdüngemitteln in den regionalen Ballungszentren intensiver Tierproduktion sollte man annehmen, dass in diesen Regionen weitgehend auf den Einsatz von **Mineraldünger** verzichtet wird. Dies ist jedoch auf vielen Betrieben nicht der Fall. Wie Abb. 6.4 veranschaulicht, besteht im überbetrieblichen Vergleich kein gerichteter Zusammenhang zwischen der in Abhängigkeit vom Tierbesatz bestehenden Verfügbarkeit an betriebseigenen Wirtschaftsdüngern und dem Zukauf an mineralischem Stickstoffdünger. Folglich setzen viele Betriebe den mineralischen N-Dünger unabhängig von der Verfügbarkeit an Wirtschaftsdünger ein.

Die Analyse der Betriebsdaten deutet auf eine sehr hohe Variabilität der Nährstoffeffizienz hin, d. h. der Umsetzung von N-Zufuhr in pflanzliche Erträge. Abb. 6.4 veranschaulicht ein erschreckendes Ausmaß an Ignoranz bei vielen Landwirten, die – fokussiert auf die Sicherstellung maximal möglicher pflanzenbaulicher Erträge – die negativen Folgewirkungen, die mit der Überdüngung für die Umwelt einhergehen, weitgehend ausblenden.

Gleichzeitig wird die große Variation zwischen den Betrieben sichtbar, welche eine pauschale Aussage bezüglich des Umgangs von Landwirten mit Düngemitteln verbietet. Jedoch gilt für alle Betriebe, dass die Folgewirkungen des Einsatzes von Mineraldünger und Wirtschaftsdünger für die Umwelt bislang nicht adäquat in die betriebswirtschaftlichen Berechnungen eingepreist werden. Solange dies nicht der Fall ist, werden sie für die Entscheidungen des Managements von untergeordneter Bedeutung sein. Bis zum Jahr 2017 galt dies auch für die Umweltrelevanz der Gärreste, die bei der Erzeugung von **Biogas** anfielen. Das Erneuerbare-Energien-Gesetz (EEG) bescherte den Betreibern von Biogasanlagen eine neue und sichere Einnahmequelle, weil es ihnen ermöglichte, das mit pflanzlicher Biomasse erzeugte Biogas und den damit erzeugten Strom zu einem garantierten Abnahmepreis in das öffentliche Netz einzuspeisen. Bis zur Novellierung der Düngeverordnung im Jahr 2017 wurden die Gärreste als Abfallprodukt der Biogaserzeugung nicht auf die in der Düngeverordnung festgelegten Höchstmengen angerechnet. Über viele Jahre durften die Gärreste zusätzlich zu den bereits vorhandenen Wirtschaftsdüngern auf den ortsnahen Nutzflächen verklappt werden. Die Nichtberücksichtigung der Abfallentsorgung verschaffte der Biogaserzeugung damit einen Wettbewerbsvorteil gegenüber anderen Produktionsrichtungen, bei denen die Abfallentsorgung schon zu einem echten Problem herangewachsen war. Seit 2017 haben auch die

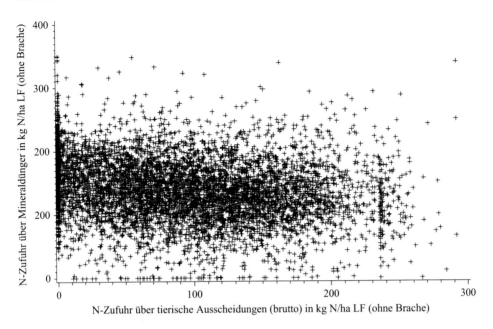

Abb. 6.4 N-Zufuhr über Mineraldünger je ha LF in Relation zur N-Zufuhr über tierische Ausscheidungen, berechnet aus Buchführungsabschlüssen von 6607 Betrieben in Niedersachsen. (Osterburg und Schmidt 2008)

Betreiber von Biogasanlagen ein Problem mit dem Abfall, dessen Entsorgungsaufwand sie bei den betriebswirtschaftlichen Berechnungen berücksichtigen müssen.

Als würde in den angrenzenden Bundesländern Nordrhein-Westfalen und Niedersachsen nicht schon mehr Wirtschaftsdünger anfallen, als von den Pflanzenbeständen verwertet werden könnte, machen viele Landwirte mit der Verklappung von Wirtschaftsdünger, der von Betrieben aus den Niederlanden stammt, noch ein zusätzliches Geschäft auf Kosten der Umwelt und damit des Gemeinwohls. Aufgrund einer sehr hohen Tierbesatzdichte und strikteren Regulierungen beim Düngereinsatz muss in den Niederlanden ca. die Hälfte der dort anfallenden Wirtschaftsdünger außerhalb des Landes verbracht werden. Davon wird ein erheblicher Anteil in Deutschland entsorgt (Grinsven et al. 2017). Während die einen danach streben, die Exkremente möglichst kostengünstig zu entsorgen, kassieren andere Betriebe Geld dafür, dass sie ihre Flächen als Abfalldeponie zur Verfügung stellen und damit die Umwelt mit Nährstoffen überfrachten.

Im besonders viehstarken Bundesland Niedersachsen kann nunmehr anhand des Nährstoffberichtes (LWK Niedersachsen 2020) nachverfolgt werden, in welchen Maßen auf regionaler Ebene deutliche Überhänge an Wirtschaftsdüngern und Gärresten bestehen, die eine Verbringung auf den Flächen anderer Betriebe erforderlich machen. Die Grundlage der Berechnungen des Dung- und Nährstoffanfalls sowie der Nährstoffsalden bilden die im Land und auf Kreisebene vorhandenen Daten über die landwirtschaftlich genutzte Fläche, die Tierbestände, die am Netz befindlichen Biogasanlagen, die landbauliche Klärschlammverwertung sowie die gemeldeten Verbringungen nach den Vorgaben der Niedersächsischen Verordnung über Meldepflichten und die Aufbewahrung von Aufzeichnungen vom 21.06.2017. Im Wirtschaftsjahr 2019/2020 wurden in der Datenbank 192.900 Einzelmeldungen zur Abgabe von Wirtschaftsdünger und Gärresten erfasst. Der Nährstoffbericht quantifiziert für Niedersachsen insgesamt einen geschätzten Gärrestanfall von rund 18,2 Mio. t aus den Biogasanlagen. Dies beinhaltet einen Nährstoffanfall von 94.382 t Stickstoff und 36.682 t Phosphor (P_2O_5). Damit dominiert die Abgabe der Gärreste aus Biogasanlagen (rd. 48 % der Bruttoabgabemenge) über die Abgabe von Wirtschaftsdüngern aus der Rinder- und Schweinehaltung (44 %) und aus der Geflügelhaltung (6 %). Mit den Exporten aus der Region Weser-Ems wurden in der Summe rund 20.195 t Stickstoff in andere Regionen Niedersachsens verbracht, rd. 18.125 t N gelangten in andere Bundesländer, sodass in der Summe rd. 38.320 t N aus der viehstarken Region Weser-Ems exportiert wurden (s. Abb. 6.5). Der Phosphoranfall entspricht in etwa der Hälfte des Stickstoffanfalls.

Die Eindämmung der über Jahrzehnte praktizierten und von der Agrarpolitik geduldeten bzw. mit der Förderung der Biogasanlagen zusätzlich beförderten Überdüngung von landwirtschaftlichen Nutzflächen in viehdichten Regionen stößt bei den Landwirten nicht auf Zustimmung. Die veränderten rechtlichen Rahmenbedingungen führen dazu, dass die Produktionskosten merklich ansteigen. Die Flächen, auf denen die überschüssigen organischen Reste noch ausgebracht werden dürfen (Nachweisflächen), werden zunehmend auch in weiter entfernten Regionen knapp. Die Folgen sind ansteigende Entsorgungskosten, einschließlich der Transportkosten. Die Landwirte beklagen nicht nur den Kostenanstieg, sondern auch, dass dadurch die Ausweitung der Tierbestände gebremst wird.

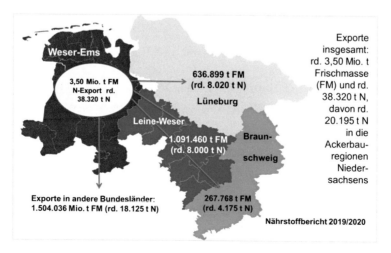

Abb. 6.5 Stickstoffexport organischer Düngemittel aus der Region Weser-Ems in andere Regionen in Niedersachen bzw. in andere Bundesländer. (LWK Niedersachsen 2020)

Mit der Verfrachtung der Exkremente in andere Regionen, dem sogenannten „Gülletourismus", werden allerdings die Probleme allenfalls gemindert, jedoch nicht gelöst.
Die Nutzung von weiter entfernt gelegenen Nutzflächen anderer Betriebe für die Entsorgung von organischen Abfällen, führen dazu, dass auch in viehärmeren Regionen
Flächen mit der laut Düngeverordnung maximal zulässigen Menge an Wirtschaftsdünger
befrachtet und damit häufig überdüngt werden. Gleichzeitig rufen die Transporte von
kaum vorstellbaren Ausmaßen an Gärresten und **Gülle** immense Straßenschäden hervor,
die dann von den Kommunen zu tragen sind. Zusätzlich belasten die Transportfahrzeuge
die Luft mit Abgasen und Lärm und stellen mancherorts ein Risiko im Straßenverkehr
dar. Angesichts des Ausmaßes an Belastungen wird intensiv an kostengünstigen
technischen Verfahren zur Gülleaufbereitung gearbeitet, welche die Transportwürdigkeit
der Gülle oder der Stoffe, die daraus gewonnen werden, erhöhen und somit den „Nährstoffdruck" in den Regionen mit konzentrierter Tierhaltung mindern können (Wiss. Beirat 2015).

Mittels technischer Entwicklungen soll folglich ein Problem angegangen werden,
dessen Ursachen in überschießenden Wachstums- und Intensivierungsprozessen liegen.
Das Lösungspotenzial technischer Entwicklungen dürfte allerdings begrenzt sein, da
auch deren Einsatz Kosten verursachen. Von den Verursachern der Nährstoffüberhänge,
von denen schon jetzt viele nicht mehr kostendeckend wirtschaften, werden die zusätzlichen Produktionskosten kaum zu tragen sein. Im Rückblick wird sichtbar, dass die
Probleme, welche die Vergrößerung von Tierbeständen infolge der Spezialisierungsprozesse mit sich gebracht hat, lange Zeit ignoriert und der Umwelt bzw. dem Gemeinwesen aufgebürdet wurden. Dies konnte geschehen, weil die Agrarpolitik den Folgen
der Intensivierung für die Umwelt über lange Zeiträume keine hinreichende Beachtung
geschenkt und den Intensivierungs- und Wachstumsbestrebungen der Agrarwirtschaft
keine bzw. keine wirksamen Grenzen gesetzt hat.

6.1.5 Technisierung in der Landwirtschaft

Die Intensivierung der Landwirtschaft ist nicht ohne die Fortschritte denkbar, die bei
den technischen Neuerungen erzielt wurden und weiterhin werden. Die Technisierung
von Prozessabläufen ermöglicht immense Produktivitätsleistungen auf den Nutzflächen
oder in den Ställen und gleichzeitig eine drastische Einsparung von Arbeitskräften
und Arbeitszeit bezogen auf die Produktionsleistungen. Der Kern der Technisierung
kommt nicht nur in den imposanten, mit immer mehr PS und Funktionen ausgestatteten
Traktoren zum Ausdruck, sondern in der Automatisierung von Arbeitsschritten, die
früher einmal mit der Hand durchgeführt werden mussten. Im Stall betrifft dies vor allem
das Füttern, die Beseitigung der Exkremente und das Melken der Milchkühe. Während
das Einsammeln von Eiern schon seit vielen Jahren mechanisiert erfolgt, wird nun auch
das arbeitsintensive Einsammeln des Mastgeflügels vor dem Schlachten mit großen
Saugapparaturen technisch unterstützt. Dem technischen Erfindungsreichtum sind

offensichtlich kaum Grenzen gesetzt. Dies mag auch erklären, warum sich bei vielen Menschen ein geradezu religiöser Glaube an den technischen Fortschritt eingestellt hat, dem zugetraut wird, künftig auch die kniffligsten Aufgaben zu bewältigen und sogar die Probleme zu lösen, die mit dem Technikeinsatz selbst verbunden sind.

Wie bereits in Kap. 5 ausgeführt, ist es vor allem die Biologie der Nutztiere, welche sich aus der Perspektive der Technik als Kernproblem erweist. Die Technik basiert auf den immer gleichen und damit vorhersehbaren Prozessabläufen. Die Wiederkehr des immer Gleichen kollidiert mit dem biologischen Grundprinzip der Variation. Das evolutive Grundprinzip des „Survival of the Fittest" basiert darauf, dass die Lebewesen sich unterscheiden und damit unterschiedliche Potenziale der **Anpassung** an sich verändernde Lebensbedingungen mitbringen. Dies gilt für Mikroorganismen in gleicher Weise wie für Pflanzen und Tiere und selbstverständlich auch für den Menschen. Da sich die Technik in ihren automatisierten Prozessabläufen nicht an die variationsreichen Formen und Lebensäußerungen der Lebewesen anzupassen vermag, werden die Lebewesen genötigt, sich den technischen Vorgaben anzupassen. Im Kern geht es in der Nutztierhaltung um die Anpassung der Nutztiere an die Anforderungen der Produktionsabläufe zwecks Steigerung der Produktivität!

Technisierte Prozessabläufe erfordern standardisierte Lebensbedingungen. Diese bestehen vor allem hinsichtlich der Haltungsbedingungen, welche in der Schweine- und Geflügelhaltung maßgeblich (im doppelten Wortsinn) durch die gesetzlichen Mindestvorgaben geprägt wurden. Ein hohes Maß an Standardisierung wird auch bei der Nährstoffversorgung der Nutztiere praktiziert. Die Anpassung der Nutztiere an die Lebensbedingungen erfolgt durch Selektion. Bei der Zucht der Nutztiere werden nicht nur die Tiere ausgewählt, welche unter den gegebenen Bedingungen die höchsten Produktionsleistungen erzielen, sondern auch diejenigen, welche am besten zu den technischen Rahmenbedingungen passen. Zum Beispiel werden in der Milchviehhaltung die Tiere ausgewählt, welche hinsichtlich der Morphologie und Stellung der Euterzitzen am besten zur Melktechnik passen. Analoges gilt für das Verhalten der Nutztiere. Je duldsamer die Nutztiere die Lebensbedingungen ertragen, desto größer ist die Chance, im Betriebssystem zu überleben und die Gene an die nächste Generation weiterzugeben. Die züchterischen Bemühungen bei der Anpassung der Tiere an die technischen Gegebenheiten, hat zu einer beträchtlichen Einengung der genetischen sowie der phänotypischen Vielfalt geführt. Viele Nutztierrassen sind bereits ausgestorben, weil sie im Wettbewerb um die besten Anpassungsleistungen nicht bestehen konnten; weitere Rassen stehen kurz vor dem Aussterben. Innerhalb der Rassen bzw. der Hybridlinien der verschiedenen Tierarten haben sich spezifische genetische Herkünfte nicht nur regional, sondern häufig auch global durchgesetzt, weil sie am besten in der Lage waren, sich an die Anforderungen steigender Produktionsleistungen und an die auch global bestehenden Vereinheitlichungen der technischen Rahmenbedingungen anzupassen.

Trotz aller Bemühungen, die genetische Grundausstattung der Nutztiere zu standardisieren, hat die evolutiv angelegte Variation zwischen den einzelnen Tieren einer Herde weiter Bestand. Auch wenn sich die Nutztiere nicht mehr mit der Nahrungssuche beschäftigen müssen, hält die Konkurrenzsituation zwischen den Tieren um Nahrung, Bewegungsraum oder andere Möglichkeiten der Vorteilsnahme unvermindert an. Sie äußert sich unter anderem in Rangauseinandersetzungen und in den unterschiedlichen Rangpositionen, welche die Nutztiere in der Tiergruppe einnehmen. Die Anpassung an die jeweiligen Lebensbedingungen, die trotz aller Standardisierung auch weiterhin von Betrieb zu Betrieb sehr unterschiedlich sind und Veränderungen unterliegen, gelingt tierindividuell in unterschiedlichem Maße. Eine Anpassung ist nur innerhalb bestimmter Grenzen möglich und stellt eine vom Gesamtorganismus zu erbringende Leistung dar. Wenn die Möglichkeiten der Anpassung überfordert sind, weil den Tieren nicht die adäquaten Ressourcen in Relation zu den Erfordernissen zur Verfügung stehen, äußert sich dies durch Stoffwechsel-, Gesundheits- und Verhaltensstörungen (Sundrum 2015). Ob und in welchem Maße die Nutztierhalter darauf mit Gegenmaßnahmen reagieren, ist eine weitere Ursache für die großen Unterschiede, die sich zwischen den nutztierhaltenden Betrieben hinsichtlich der Mortalitäts- und Erkrankungsraten ergeben. Während aus tierethischer Sicht Störungen und Erkrankungen bei Nutztieren eine unmittelbare Handlungsnotwendigkeit induzieren, kommen viele Nutztierhalter aus wirtschaftlicher, betrieblicher oder einer anderen Perspektive zu einer abweichenden Bewertung und versuchen, sich den damit verbundenen Mehraufwand zu ersparen. Häufig mag dabei die Hoffnung mitschwingen, dass die Probleme als unerwünschte Nebenwirkungen der Produktionsprozesse durch veterinärmedizinische und züchterische Fortschritte künftig in den Griff zu bekommen sind. Schließlich geht es vor allem darum, beengte und aufwandminimierende Lebensbedingungen der Nutztiere wirtschaftlich erfolgreich nutzbar zu machen. Der Zusammenhang zwischen dien Lebensbedingungen und systemimmanenten Nebenwirkungen wie z. B. dem Schwanzbeißen in der Mastschweinehaltung (Sundrum 2020) und den unfreiwilligen Abgängen und Produktionskrankheiten bei Milchkühen (Hoedemaker et al. 2020) wurde hinreichend aufgezeigt. Dennoch halten die meisten Nutztierhalter an ihrem Glauben an die Problemlösungsoptionen technischer Entwicklungen und an der Problemlösungskompetenz der Wissenschaften fest.

Bei näherem Hinsehen entpuppen sich jedoch nicht nur die vielen Lösungsversprechen der Vergangenheit, sondern auch aktuelle technische Entwicklungen als bedingt tauglich. Unstrittig ist, das technische Neuerungen neue Optionen schaffen. Ohne eine Überprüfung der Verhältnisse von Aufwand und zu erwartendem Nutzen sowie ohne Kenntnis des Kosten-Leistungs-Verhältnisses im betrieblichen Kontext können keine belastbaren Aussagen getroffen werden. Ein Abgleich zwischen biologischen und ökonomischen Leistungen wird jedoch in der landwirtschaftlichen Praxis nur selten vorgenommen. Vielmehr wird davon ausgegangen, dass sich technologische Entwicklungen bereits dann bewährt haben, wenn sie in der Praxis Eingang gefunden haben. Gesellschaftlich relevante Nebenwirkungen auf Schutzgüter der Gemeinschaft (wie z. B. die **Tiergesundheit**/den **Tierschutz** oder die Umwelt) spielen bei der Praxiseinführung, wenn überhaupt, eine untergeordnete Rolle. Vorbehalten gegenüber dem

Einsatz von technischen Neuerungen wird häufig mit dem Vorwurf der Technikfeindlichkeit begegnet. Dies gilt auch für Einwände, die aus tierphysiologischer Perspektive vorgetragen werden (Sundrum 2018). Dabei handelt es sich bei der Technik um ein Mittel zu einem Zweck, dessen Aufwand-Nutzen-Relation überprüft werden könnte. Ob der Einsatz technischer Lösungen seinen Zweck erfüllt, kann allerdings nur im betriebsspezifischen **Kontext** der Anwendung beurteilt werden. Eine Verallgemeinerung auf andere Situationen in anderen Betrieben ist nicht belastbar.

Nutztiere, die sich nicht erfolgreich den betrieblichen Gegebenheiten der Lebensbedingungen anzupassen vermögen, erkranken, verenden oder werden vorzeitig geschlachtet, um über den Verkauf der Schlachtkörper noch eine ökonomische Verwertung zu realisieren. Verendete, erkrankte und verhaltensgestörte Nutztiere sind Ausdruck des Scheiterns der Anpassungsbemühungen. Aus der Perspektive der Nutztierhalter sind es die Nutztiere, die scheitern und deshalb durch andere Tiere ersetzt werden müssen, mit denen sich die Hoffnung verbindet, dass diese länger durchhalten. Auch wenn die nachfolgenden Tiere das gleiche Schicksal ereilt, ändert dies nichts an der Hoffnung, die dem Zuchtfortschritt beigemessen wird. Für viele Nutztiere bieten die Lebensbedingungen, welche aus Kostengründen immer weiter technisiert wurden und in denen der arbeitszeitliche Aufwand pro Tier, einschließlich der Aufwand für die Betreuung und die Behandlung von Tieren immer weiter reduziert wurde, keine hinreichenden Voraussetzungen, um sich erfolgreich anpassen zu können. Die Mortalitätsraten, die Rate der unfreiwilligen Abgänge zur Schlachtung und die Erkrankungsraten korrelieren negativ mit den Aufwendungen, welche die Nutztierhalter in die Gestaltung der Lebensbedingungen und in die Betreuung der Nutztiere investieren. Je mehr die Betriebe in eine Verbesserung der Lebensbedingungen der Nutztiere investieren, desto mehr Tiere eines Tierbestandes haben die Chance, sich erfolgreich, d. h. ohne tierschutzrelevante Beeinträchtigungen, anzupassen. Der Grad der Technisierung der Lebensbedingungen ist ebenso wie der Aufwand für Verbesserungen der Lebensbedingungen eine ökonomische Frage der Rentabilität. Nicht Leiden, Schmerzen oder Schäden der Nutztiere entscheiden über die Aufwendungen vonseiten der Nutztierhalter, sondern die selbstreferenzielle Einschätzung, ob sich diese lohnen oder eben nicht.

Ableitungen

Das **Wachstum** der Betriebe und die Intensivierung der Produktionsprozesse in der Landwirtschaft und der Nutztierhaltung dienen dem Zweck, die Produktivität bei der Erzeugung landwirtschaftlicher Rohwaren zu steigern. Nach den Kriegsjahren galt es zunächst, die Versorgung der heimischen Bevölkerung mit Nahrungsmitteln zu sichern. Nachdem dieses Ziel erreicht wurde, sahen sich die Betriebe genötigt, mit den Wachstums- und Intensivierungsprozessen fortzufahren, um in einem durch Überproduktion verschärften Wettbewerb die wirtschaftliche Existenzfähigkeit zu sichern. Die Vorteile des Wachstums von Betrieben basieren vor allem auf den sogenannten „Skaleneffekten", welche auf vielfältige Weise dazu beitragen, die Produktionskosten zu senken. Unter anderem sinkt bei höherer Stückzahl bzw. höheren Produktmengen pro Produktionseinheit der Anteil der Fixkosten an den Kosten pro erzeugtes Stück bzw. Produkt. Darüber hinaus bestehen Vorteile aus der Arbeitsteilung, wenn sich komplexe Abläufe in einfache, leicht zu wiederholende Tätigkeiten zerlegen lassen, die dann von Maschinen schneller und billiger erledigt werden können als durch teure menschliche Arbeitskräfte. Zudem bestehen diverse Einsparmöglichkeiten von Produktionskosten bei der logistischen Bewältigung großer Gütermengen. Nicht zuletzt kann auch das Wissen *(Know how)* um die spezifischen Möglichkeiten der Beeinflussung von Ablaufprozessen und der Realisierung von Einsparpotenzialen effizienter verfügbar gemacht und genutzt werden.

Die gegenüber den Vorkriegsjahren beeindruckende Erhöhung der Produktivität wurde erreicht durch die ineinandergreifenden und sich verstärkenden Effekte: a) eines erhöhten Inputs an Produktionsmitteln (vor allem Dünge- und Futtermittel); b) einer Spezialisierung auf Teilbereiche der Produktionskette und c) nicht zuletzt einer Technisierung von Prozessabläufen, mit denen die Arbeitsproduktivität in den Betrieben deutlich erhöht werden konnte. Weitere überbetriebliche Voraussetzungen waren regionale Infrastrukturen und Abstimmungen zwischen den spezialisierten Zuliefer- und Abnahmebetrieben sowie die Entwicklung von Agrarbranchen in vor- und nachgelagerten Bereichen, einschließlich der Etablierung von technischen und biologischen Reparaturdiensten. Zu Letzteren gehört insbesondere die Veterinärmedizin, welche mit ihren Dienstleistungen wesentlich dazu beigetragen hat, dass die Funktionsfähigkeit der Nutztiere nicht über Maßen beeinträchtigt wurde und die Produktivität aufrechterhalten werden konnte. Eine weitere unabdingbare Voraussetzung war die Verfügbarkeit von Fremdkapital, ohne welche die umfangreichen Investitionen nicht hätten finanziert werden können.

Während die Produktivitätssteigerungen die anfänglich anvisierten Größenordnungen bei Weitem übertrafen, machten sich bald auch unerwünschte Nebenwirkungen der Intensivierungsprozesse bemerkbar. Diese äußerten sich innerbetrieblich vor allem in tiergesundheitlichen Beeinträchtigungen bei den Nutztieren und außerbetrieblich in der Freisetzung großer Schadstoffmengen in die Umwelt. Die Spezialisierung nutztierhaltender Betriebe auf Teilbereiche der Produktionskette hat die Nutztierhaltung von den vormals bestehenden Verwertungszusammenhängen in innerbetrieblicher Nährstoffkreisläufen weitgehend entkoppelt. Die Konzentration der Tierbestände in spezifischen Regionen ist Ausdruck der ökonomischen Vorteile, welche durch arbeitsteilige Prozesse realisiert werden können. Allerdings ist der volkswirtschaftliche Nutzen fraglich, wenn die negativen Folgewirkungen überhandnehmen. Damit diese eingegrenzt werden, müssten Regulierungen implementiert werden, welche den Gemeinwohlinteressen Rechnung tragen. Angesichts der Widerstände, die den Regulierungen vonseiten diverser wirkmächtiger Interessensgruppen entgegengebracht werden, ist man in der deutschen Agrarwirtschaft von einer Implementierung noch weit entfernt. Dies ermöglicht den Akteuren im Rahmen der gesetzlichen Mindestvorgaben auch weiterhin, nach der Devise zu verfahren: Erlaubt ist, was nicht verboten ist.

Während Beeinträchtigungen des Wohlergehens der Nutztiere und Nährstoffausträge in die Umwelt nicht grundsätzlich zu vermeiden sind, entscheiden die einzelbetrieblichen Tier- und Umweltschutzleistungen darüber, was noch als tolerabel angesehen werden kann bzw. wo ein dringender Handlungsbedarf besteht, den **Schadwirkungen** entgegenzuwirken. Bislang urteilt jedoch keine unabhängige Instanz über die Ausmaße an Schadwirkungen, sondern das jeweilige Betriebsmanagement. Dieses befindet darüber, ob Schadwirkungen überhaupt erfasst und damit berücksichtigt werden können. Die Einschätzungen zur Relevanz von Schadwirkungen unterliegen den selbstreferenziellen Erklärungsansätzen. Angesichts der fehlenden Einsichtnahme von außen in die innerbetrieblichen Prozesse und der Selbstreferenzialität bei der Beurteilung von Schadwirkungen durch diejenigen, die diese zu verantworten haben, verwundern die Ausmaße an Schadwirkungen und die große Heterogenität zwischen den Betrieben nur bedingt.

Die Schadwirkungen der landwirtschaftlichen Produktionsprozesse erweisen sich in mehrfacher Hinsicht als systeminhärent. Sie sind abhängig: a) von den spezifischen Strukturen des Betriebssystems, in dem sie ihren Ausgang nehmen; b) von den Denkstrukturen und -mustern der Verantwortlichen; und c) nicht zuletzt von einem Wirtschaftssystem, welches die Handlungsspielräume des Betriebsmanagements in hohem Maße einengt. Das Wirtschaftssystem nötigt denjenigen Betrieben, welche die Betriebszweige aufrechterhalten wollen, einen Wettbewerb auf, der über die Kostenführerschaft und damit über eine anhaltende Produktivitätssteigerung ausgetragen wird. Wer hier nicht mithalten kann, scheidet aus. Dies gilt für die betroffenen Nutztiere und in gleicher Weise für die landwirtschaftlichen Betriebe. In welchem Maße und über welche Zeiträume dabei den Nutztieren Schmerzen, Leiden und Schäden und den Betriebsangehörigen Überforderungen, seelisches Leid und Überschuldungen zugemutet wurden, und in welchem Maße die Lebensgrundlagen von Flora und Fauna zerstört werden, spielt für das Wirtschaftssystem bzw. für ihre Protagonisten keine Rolle. Die Schicksale von Tier, Mensch und Umwelt sind keine Kategorien, die im Theoriegebäude der Agrarökonomie von Relevanz sind.

6.2 Grenznutzen

Viele Landwirte halten an einer Intensivierung der Produktionsprozesse und an weiteren Produktivitätssteigerungen fest, obwohl in der Vergangenheit die überwiegende Zahl der landwirtschaftlichen Betriebe, die diesen Pfad beschritten haben, das damit verfolgte Ziel der Existenzsicherung verfehlt haben. Die Halbwertszeit von Betrieben mit Milchvieh- bzw. Schweinehaltung, d. h. die Zeit, in der die Hälfte der zum Ausgangszeitpunkt wirtschaftenden Betriebe noch existiert bzw. hat aufgeben müssen, betrug rückblickend in Deutschland in etwa 10 Jahre. Ein Ende dieser Entwicklung ist nicht in Sicht. Betriebsaufgaben entsprechen der inneren Logik eines Wirtschaftssystems, welches das Konkurrenzieren zum Selbstzweck erkoren hat. Auch wenn der Wettbewerb viele Betriebe in den Ruin treibt und daher als ein ruinöser Wettbewerb anzusehen ist, wird das Wirtschaftssystem in seiner derzeitigen Ausprägung nicht infrage gestellt. Es zwingt alle noch im Rennen befindlichen Akteure so lange zu weiteren Anstrengungen, bis auch sie sich genötigt sehen, den Konkurrenzkampf aus Erschöpfung oder Einsicht, dass der Kampf nicht zu gewinnen ist, aufzugeben. Die Revolution im Stall (Settele 2020) frisst ihre Kinder.

Offensichtlich können sich viele Betriebsinhaber der inneren Logik der wirtschaftlichen Sachzwänge nicht entziehen. Umso eindringlicher stellt sich die Frage, wer ein Interesse daran und einen Nutzen davon hat, dass das Wirtschaftssystem in dieser Form aufrechterhalten wird. Bevor auf die Interessenslage in Kap. 7 ausführlicher eingegangen wird, soll vorweg thematisiert werden, wie der Nutzen näher spezifiziert und eingegrenzt werden kann. Allgemein gesprochen ist im Wirtschaftsgeschehen der Nutzen ein Maß für die Fähigkeit von Gütern, Bedürfnisse zu befriedigen. Etwas hat einen Nutzen für einen übergeordneten Zweck bzw. für die Bedürfnisse von Personen. Anders als ein Geldbetrag, der für die Erfüllung sehr unterschiedlicher Wünsche genutzt werden kann, die in ihrer Größenordnung mit dem Geldbetrag korrespondieren, ist der Nutzen von agrarwirtschaftlichen Prozessen nicht beliebig austauschbar, sondern an den jeweiligen Kontext gebunden. Beispielsweise haben hochwertige Nährstoffe für Tiere in unterschiedlichen Lebens- und Leistungsphasen einen recht unterschiedlichen Nutzen. Auch ist der Nutzen von Futtermitteln, mit denen eine Steigerung der Produktionsleistungen bewirkt werden soll, nicht in jedem Betrieb gleich, sondern stellt sich in Abhängigkeit von den betrieblichen Ausgangsbedingungen anders dar. Auch urteilen Betriebsleiter sehr unterschiedlich darüber, wie hoch der Nutzen für den selbstgewählten Zweck einzustufen ist. Entsprechend ist der Nutzen sowohl hinsichtlich des Zweckes als auch der Beurteilung kontext- und personengebunden.

Selten bezieht sich der Nutzen von Produktionsmitteln nur auf ein Bedürfnis. Vielmehr sind häufig diverse Zusatznutzeneffekte im Spiel. So wie der Nutzen das Ergebnis vielfältiger Einflussfaktoren ist, so sind auch die Nutzeffekte verwoben in einem Netz von Wechselwirkungen. Es ist der Multifunktionalität des Nutzens und ihrem Facettenreichtum geschuldet, dass der innerbetriebliche Nutzen nicht nur für Außenstehende, sondern auch für Betriebsangehörige schwer einzuordnen und zu quantifizieren ist. In Bezug auf den Eigennutz bleibt der Nutzen stets subjektiv; schließlich sind auch die Bedürfnisse und ihre Gewichtung stets subjektiv. Es kann niemand „von außen" bewerten, ob meinen Bedürfnissen in meiner Wahrnehmung entsprochen wurde. Dies gilt auf für die Nutztiere. Angesichts der Komplexität, die den Prozessen und dem Nutzen zugrunde liegt, bleibt auch die Einordnung der Aufwand-Nutzen-Relation häufig der subjektiven Einschätzung überlassen. Dies bedeutet jedoch keineswegs, dass der Nutzen keiner intersubjektiven Beurteilung zugänglich wäre und man sich die Bemühungen um nachvollziehbare Beurteilungen ersparen sollte. So können die **Gemeinwohlinteressen** unabhängig von der **Subjektivität** des Einzelnen intersubjektiv priorisiert werden. Folgerichtig kann auch der Nutzen, den spezifischen Maßnahmen für die jeweiligen Anforderungen haben, hinsichtlich der Zweckerfüllung beurteilt werden. Trotz der diversen methodischen Herausforderungen wird hier die These vertreten, dass der Beurteilung des Nutzens in Relation zum dafür erforderlichen Aufwand eine Schlüsselrolle bei der Beurteilung des inner- und überbetrieblichen Nutzens sowie bei der Berücksichtigung von Gemeinwohlinteressen zukommt.

Grundsätzlich ist mit jeder der tagtäglich praktizierten arbeitszeitlichen Aufwendungen und der getätigten Investitionen die Erwartung eines Nutzens verbunden. In manchen Fällen ist der Nutzen offensichtlich, sobald man die Arbeit einstellt. Häufig aber stellt sich jedoch die Sinnhaftigkeit von Aufwendungen nicht unmittelbar, sondern erst mit erheblicher zeitlicher Verzögerung oder eben überhaupt nicht ein. Ob, wann und in welchem Ausmaß der erwartete Nutzen eingetreten bzw. ausgeblieben ist und ob der dafür betriebene Aufwand sich rentiert hat, ist grundsätzlich einer Überprüfung zugänglich. Was in anderen Wirtschaftsbranchen mit weit weniger komplexen Prozessabläufen tagtägliche Praxis bei den Bemühungen um fortlaufende Verbesserungen ist, findet auf vielen landwirtschaftlichen Betrieben nur in Ansätzen statt. Zwar gehören Betriebszweigauswertungen auf vielen Betrieben zum Standardrepertoire der **Buchführung**. Allerdings gibt die Gegenüberstellung von Kosten und Leistungen, die in einem Betriebszweig angefallen sind bzw. erwirtschaftet wurden nur einen groben Anhaltspunkt darüber, welche Relation zwischen Aufwand und Nutzen in den verschiedenen Betriebsbereichen tatsächlich besteht.

Aufwand und Nutzen von Prozessen und Handlungen folgen einer Nutzenfunktion. Eine solche ist grobschematisch in Abb. 6.6 veranschaulicht. Der Kurvenverlauf orientiert sich an biologischen Wachstumsverläufen. Mit **Wachstum** werden in der Biologie die Zunahme der Größe und der Masse eines Lebewesens oder eines seiner Teile bezeichnet. Es basiert auf vernetzten Strukturen wie Zellen, die auf einer hochkomplexen Weise miteinander interagieren. Diese Systeme (zusammengehörende Ganze) werden durch den **Stoffwechsel** und eine Stoffwechselrate in Funktion gehalten. Letztere beziffert die Menge an Energie, die pro Zeiteinheit benötigt wird, um lebende Systeme (Zellen, Organismen) am Leben zu erhalten und Wachstumsprozesse zu befördern. Wenn Energie umgesetzt wird, hat dies immer einen Preis, denn es gibt im Leben nichts

Abnehmender Grenznutzen mit Nutzen-Umkehrung

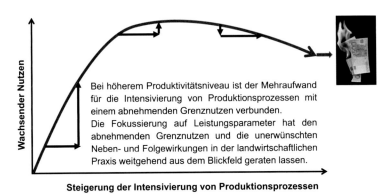

Bei höherem Produktivitätsniveau ist der Mehraufwand für die Intensivierung von Produktionsprozessen mit einem abnehmenden Grenznutzen verbunden.
Die Fokussierung auf Leistungsparameter hat den abnehmenden Grenznutzen und die unerwünschten Neben- und Folgewirkungen in der landwirtschaftlichen Praxis weitgehend aus dem Blickfeld geraten lassen.

Abb. 6.6 Schematische Darstellung der Beziehung zwischen einer Zunahme an Aufwendungen und den Auswirkungen auf den Nutzen in Abhängigkeit von einer Grenznutzenfunktion. (Eigene Darstellung, Foto:© Rainer Sturm/PIXELIO)

umsonst (West 2019, 24 f.). Die Umsetzung von Energie in einem System ruft Folgewirkungen hervor; diese sind naturgesetzlich verankert. Der zweite Hauptsatz der Thermodynamik besagt, dass bei jeder nützlichen Umwandlung von Energie „unnütze" Energie als Abbau- und Abfallprodukt entsteht. „Unbeabsichtigte Folgen" in Form von unverwendbarer Wärme und unbrauchbaren Abfallprodukten sind daher unvermeidlich. Der deutsche Physiker Clausius hat für dieses Phänomen 1855 den Begriff der *Entropie* geprägt. Es tritt stets als Folge der Interaktionen von Materie durch den Austausch von Energie und Rohstoffen auf. Um die Ordnung in einem sich entwickelnden System aufrechtzuerhalten, ist die fortlaufende Zufuhr und der permanente Verbrauch von Energie erforderlich. Um am Leben zu bleiben und die dafür erforderlichen Funktionen aufrechterhalten zu können, müssen lebende Systeme Nährstoffe und die darin enthaltene Energie in Form von negativer Entropie (Schrödinger 2001) aufnehmen. Als Nebenprodukt entsteht Unordnung (Entropie). Dies äußert sich unter anderem in einer Zunahme von Wärme, die abgeführt werden muss. Mit Zunahme an Stoffwechselprozessen erhöht sich auch die Entropie. Gleichzeitig nehmen die Aufwendungen zu, die Nebenwirkungen für das System in Grenzen zu halten, um dessen Funktionsfähigkeit nicht zu beeinträchtigen. Dies ist im Übrigen einer der maßgeblichen Gründe, mit denen die bereits in den Anfängen der modernen Wissenschaft von Galileo Galilei entdeckten Grenzen des Wachstums erklärt werden können (West 2019, 46 f.).

Bevor darauf an anderer Stelle noch ausführlicher eingegangen wird, soll hier zunächst der Begriff des Grenznutzens eingeführt und zur Erklärung des Verlaufes einer Grenznutzenfunktion herangezogen werden. Nicht nur das biologische Wachstum stößt an Grenzen, sondern auch der Nutzen, der mit einer Erhöhung des Aufwandes an diversen Produktionsmitteln erreicht werden kann. Allgemein wird davon ausgegangen, dass der Nutzen umso mehr erhöht werden kann, je mehr Aufwand betrieben wird. Dies gilt jedoch nur unterhalb eines Nutzenmaximums (Grenznutzen). Dabei ist die Aufwand-Nutzen-Relation abhängig vom Ausgangsniveau der anvisierten Kenngröße. Ist beispielsweise das Niveau der Produktionsleistungen niedrig, bedarf es eines verhältnismäßig niedrigen Aufwandes, um die Leistungen weiter zu steigern. Bei einem bereits hohen Leistungsniveau führt dagegen das gleiche Ausmaß an zusätzlichen Aufwendungen zu einem deutlich niedrigeren Leistungsanstieg (s. Abb. 6.6). Um den gleichen Zusatznutzen hervorzubringen, müsste folglich bei hohem Niveau ein höherer zusätzlicher Aufwand betrieben werden. Werden mit Einsatz weiterer Aufwendungen und Einsatz von Produktionsmitteln Nutzensteigerungen angestrebt, obwohl das Maximum der Aufwand-Nutzen-Relation bereits erreicht ist, führen diese Bemühungen nicht nur zu einem unnützen Aufwand. Ein Aufwand an Zeit und Geld, der keinen Nutzen hervorbringt, kommt einer Wertvernichtung gleich; schließlich hätten die getätigten Aufwendungen in anderen Systemzusammenhängen einen zusätzlichen Nutzen erbringen können. Neben dem Nichtnutzen tritt zusätzlich ein höheres Niveau an Abfallprodukten auf, die mit erhöhten unerwünschten Nebenwirkungen bzw. Schadwirkungen einhergehen können.

Die dargelegten Zusammenhänge legen nahe, dass es für das Management des einzelnen landwirtschaftlichen Betriebes von großem Interesse sein sollte, zu wissen: a) auf welchem Niveau sich das Verhältnis von Aufwand und Nutzen bei den jeweiligen Produktionsprozessen aktuell befindet, b) welchen Verlauf die Nutzenfunktion in Abhängigkeit von den betriebsspezifischen Funktionszusammenhängen nimmt und c) auf welchem Niveau das maximale Nutzenwachstum voraussichtlich erreicht sein dürfte. Während für industrielle Produktionsbetriebe die Kenntnisse der Zusammenhänge zwischen Aufwand und Nutzen in der Regel gut quantifizierbar sind und unabdingbare Grundlagen für Managemententscheidungen darstellen, überschauen in der Agrarwirtschaft die wenigsten Betriebsleiter die innerbetrieblichen Wechselbeziehungen zwischen Aufwand und Nutzen der jeweiligen Produktionsprozesse. Die Gründe hierfür sind vielfältig; einige werden nachfolgend anhand von Beispielen thematisiert.

6.2.1 Nutzenfunktionen in der Pflanzenproduktion

In der landwirtschaftlichen Pflanzenproduktion basieren die in den vergangenen Jahrzehnten erzielten Ertragssteigerungen einerseits auf einer züchterischen Beeinflussung des Ertragspotenzials von Pflanzen und andererseits auf der Möglichkeit, den wachsenden Nährstoffbedarf mit steigendem Einsatz von Mineraldüngern und den Anfälligkeiten gegenüber Pflanzenkrankheiten mit entsprechenden **Pestiziden** zu begegnen. In der Produktionstheorie beschreibt eine Produktionsfunktion die Beziehung zwischen den Inputs und den sich daraus ergebenden Outputs. Sie gibt die höchste Produktionsmenge an, die ein Unternehmen mithilfe der erforderlichen Kombination von Input-Größen produzieren kann. Gleichzeitig gilt auch beim biologischen Wachstum das **Gesetz** vom abnehmenden Ertragszuwachs. Ab einem spezifischen, d. h. kontext-abhängigen Ertragsniveau führt eine Steigerung des Inputs nicht mehr zu einem Zuwachs an Output. In Abb. 6.7 ist beispielhaft der Einfluss der N-Düngungsintensität zu Winterweizen und der sich daraus ergebende Nutzen für die Landwirte in Euro pro Hektar dargestellt (blauer Kurvenverlauf). Danach kann aus der Perspektive des Landwirtes der höchste Nutzen bei einer Düngungsintensität von ca. 180 kg Stickstoff realisiert werden. Mit weiter ansteigendem Düngungsniveau sinkt der Ertragszuwachs, d. h. der Nutzen nimmt ab. Aus betriebswirtschaftlicher Sicht ist die optimale Düngungsintensität dann erreicht, wenn die durch die zusätzliche Düngung bewirkten Erlöse die durch die zusätzliche Düngung bewirkten Kosten gerade nicht mehr übersteigen (Isermeyer 1992).

Die mit den Düngemitteln in das System eingebrachten Nährstofffrachten haben jedoch nicht nur positive Wirkungen, sondern führen auch zu einer Zunahme der Abfallprodukte. In diesem Beispiel sind dies reaktive Stickstoffverbindungen (u. a. Nitrat, Lachgas), die von der Pflanze nicht genutzt, d. h. nicht organisch gebunden werden können. Diese verlassen das Betriebssystem auf dem Luft- bzw. Wasserweg (Oberflächen- und Grundwasser) und entweichen in die Umwelt. Außerhalb des Betriebssystems führen sie zu externen Effekten, unter anderem zu Belastungen des **Grundwassers** mit Nitrat, zu einer lokalen **Eutrophierung** der Oberflächengewässer und tragen zum Anstieg der Konzentration von Treibhausgasen bei (s. Abschn. 6.3). Wäre es das Bestreben, die externen Effekte einzudämmen, müsste in diesem Fall die optimale N-Düngungsintensität zu Weizen vom „agrarischen Optimum" von

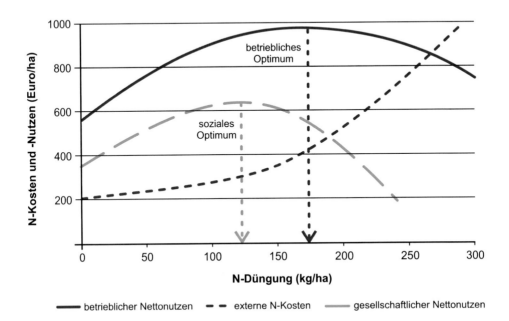

Abb. 6.7 Einfluss der N-Düngungsintensität zu Winterweizen (x-Achse) auf die Stickstoffleistungen und -kosten, die optimale N-Düngungsintensität ohne (blau) und mit Berücksichtigung (grün) der externen N-Kosten (rot). (Grinsven et al. 2013)

ca. 180 kg N/ha um etwa 30 % auf das „soziale Optimum" von ca. 125 kg N/ha reduziert werden. In diesem Beispiel erfährt der Konflikt zwischen den Interessen der Landwirte an einer Maximierung des Ertragszuwachses und dem Interesse des Gemeinwesens an einer möglichst niedrigen Belastung der Umwelt durch Stickstoffausträge eine Konkretisierung. Obwohl die dargestellten Zusammenhänge auf gut abgesicherten Daten basieren, können sie jedoch nicht verallgemeinert werden. Einzelbetriebliche Niveaus und Funktionsverläufe des Nutzens können von den dargestellten Größenordnungen erheblich abweichen. Nicht in jedem Betrieb liegt z. B. aufgrund unterschiedlicher Boden- und Witterungsverhältnisse die optimale Düngeintensität bei 180 kg N und auch die externen Effekte des Düngereinsatzes werden von vielen Faktoren beeinflusst.

So groß das Ausmaß der externen Effekte, so groß sind auch die Unterschiede, die zwischen den einzelnen Betrieben, den einzelnen Früchten und den einzelnen Schlägen sowie zwischen den Anbaujahren hinsichtlich der Produktions- und der Schadens-funktion bestehen. Die Variation der Austräge an Verkaufsprodukten und an Schad-stoffen ist eines der Kernprobleme, die einer exakten Quantifizierung der externen Effekte entgegenstehen. Dies bedeutet jedoch keineswegs, dass es keine Möglichkeiten einer validen Quantifizierung gäbe. Eine solche ist jedoch nur dann belastbar, wenn die involvierten Akteure auch ein eigenes Interesse an einer belastbaren Quantifizierung haben. Unter den gegenwärtigen Rahmenbedingungen ist dies nicht der Fall. Würde man unter den aktuellen Bedingungen versuchen, die externen Effekte in die betriebs-wirtschaftlichen Berechnungen einzubeziehen, hätte dies bei einem Betrieb mehr beim anderen weniger, aber generell eine Reduzierung der Düngungsintensität und eine Reduzierung der Ertragserwartung und damit eine Reduzierung der Einkommen über die Verkaufsprodukte zur Folge. Das widerspricht den Interessen der Betriebe, denn welcher Landwirt verzichtet schon freiwillig auf einen möglichen Einkommenszuwachs, zumal wenn vielen Betrieben bereits „das Wasser bis zum Hals steht".

Dabei sollten sowohl die Landwirte als auch die Politik ein großes Interesse daran haben, die Nutzenmaxima bei Anbau von Früchten auf den einzelnen Schlägen zu kennen, um die Schadwirkungen einzugrenzen. Schließlich unterliegen auch die Bemühungen um eine Reduzierung von Schadwirkungen einer Aufwand-Nutzen-Relation. Landwirte, die ein Düngungsniveau jenseits des betriebsspezifischen Optimums praktizieren und damit für einen drastischen Anstieg der negativen externen Effekte verantwortlich sind (s. rote Linie in Abb. 6.7), müssten künftig daran gehindert werden, diese Praxis fortzu-setzen. Dem steht entgegen, dass die Politik den vermeintlichen bürokratischen Aufwand und den Widerstand der Landwirte fürchtet. Schließlich wollen sich viele Landwirte nicht von anderen vorschreiben lassen, wie sie zu wirtschaften haben. Am einfachsten wäre es, die Produktionsmittel (u. a. mineralische N-Dünger) über Steuerauflagen drastisch zu verteuern, um die Landwirte zu einem sorgsameren Umgang mit den Produktionsmitteln anzuhalten. Obwohl diese Überlegungen wahrlich nicht neu sind, sondern bereits vor einigen Jahrzehnten vonseiten der wissenschaftlichen Politikberatung (Wiss. Beirat 1993) empfohlen wurden, hat sich die Agrarlobby in der Regel durchsetzen können, wenn es darum ging, **regulierende Eingriffe** des Staates in agrarwirtschaftliche Bereiche zu verhindern. Was bislang von interessierter Seite als gute fachliche Düngungspraxis formuliert wurde, dient in erster Linie dazu, den Landwirten einen möglichst großen Handlungsspielraum zu belassen. Es liegt in der Natur der Sache, dass dieser dann in sehr unterschiedlichen Ausmaßen ausgereizt wird. Angesichts der immensen Dimensionen, der durch eine überzogene Intensivierung der Produktionsprozesse hervorgerufenen Schäden, besteht jedoch dringender Handlungs- und Regulierungsbedarf. Selbst bei konservativster Schätzung für Deutschland entsprechen die externen Kosten pro Hektar landwirtschaftlicher Nutzfläche etwa dem, was die Landwirte aus der ersten Säule der EU-Agrarpolitik dafür erhalten, dass sie Grundanforderungen an die Betriebsführung bezüglich der guten fachlichen Praxis der Bewirtschaftung erfüllen (Taube 2016).

Schadwirkungen können im Prinzip durch alle Nährstoffinputs hervorgerufen werden, die nicht im Betriebssystem in Form von Verkaufsprodukten, Wirtschaftsdüngern oder im Boden organisch gebunden werden, und das Betriebssystem in mineralischer Form wieder verlassen. In Abhängigkeit von den jeweiligen Größenordnungen schlagen sich die Austräge in schädigenden Auswirkungen auf die **Biodiversität**, die Gewässerqualität und die Zusammensetzung der Atmosphäre nieder (s. Abschn. 6.3). Sofern die mit der Pflanzenproduktion verbundenen Mineralstoffverluste der Böden nicht ausreichend durch Düngung ersetzt werden und über eine Aushagerung der Böden die Bodenfruchtbarkeit herabgesetzt wird, schadet sich der Betrieb auf lange Sicht selbst. Mit den Austrägen der Nährstoffe in die Umwelt ruft er negative externe Effekte hervor und schadet dem Gemeinwohl. Die Schäden für das Gemeinwohl spielen bei den betriebswirtschaftlichen Kalkulationen in der Regel keine Rolle. Schließlich ist das agrarökonomische Nutzentheorem ausschließlich auf den Nutzen für die Nutzer ausgerichtet. Schadwirkungen sind für die Landwirte nur insofern von Belang, als dass sie den Nutzen für den Betrieb beeinträchtigen könnten. Gemäß der obigen Grenznutzenfunktion kann davon ausgegangen werden, dass Landwirte einen maximalen Ertragszuwachs immer auch auf Kosten der Gemeinwohlinteressen erwirtschaften. Von pflanzenbaulicher Seite wird daraus die Schlussfolgerung gezogen:

> „Vor diesem Hintergrund ist eine „Mineralstoffwende" in der Pflanzenproduktion erforderlich, d. h. ein Übergang vom nicht-nachhaltigen Einsatz von Mineralstoffen unter kurzfristigen ökonomischen Gesichtspunkten und weitgehender Externalisierung der Kosten hin zu einer Steuerung der Mineralstoffflüsse in Agrarökosystemen mit den Zielen, die Bodenfruchtbarkeit zu erhalten oder zu erhöhen, den Ertrag und die Qualität pflanzlicher Produkte zu steigern und die Belastung pflanzlicher Produkte und der Umwelt mit Mineralstoffen zu minimieren (Engels 2015)."

6.2.2 Nutzenfunktionen in der Tierproduktion

Auch die Prozesse bei der Erzeugung von Produkten tierischer Herkunft unterliegen Grenznutzenfunktionen, die den Zusammenhang zwischen den Inputs (Aufwendungen) und den daraus sich ergebenden Outputs (Folgen) beschreiben. Der Zusammenhang wird von diversen

Einflussfaktoren überlagert, die auf verschiedenen Ebenen miteinander wechselwirken, sodass gegenüber der Pflanzenproduktion der Grad an Komplexität nochmals ansteigt. Wie die Nutzpflanzen sind auch die Nutztiere standortfixiert. Anders als die wildlebenden Tiere, die einen Großteil des Tages mit der Nahrungssuche verbringen, sind die Landwirte für die Versorgung der eingesperrten Nutztiere mit lebensnotwendigen Nährstoffen verantwortlich. Diese geben vor, was an Futterkomponenten in welchen Mengen und Zusammensetzungen aus welchen Quellen in die Tröge gelangt. Die Nutzbarmachung von Futternährstoffen durch Nutztiere ist einerseits eine Frage der Effizienz, mit welchem Aufwand die Nährstoffressourcen verfügbar gemacht werden, und andererseits eine Frage, mit welcher Effizienz die Futtermittel von den Nutztieren in Nahrungsmittel umgewandelt werden.

Effizienz der Verfügbarmachung von Futtermitteln

Futtermittel sind Stoffe, die einzeln oder in Mischungen an Tiere verfüttert werden. Es existiert ein weites Spektrum an Einzelkomponenten, die als Futtermittel von Nutztieren verwertet werden können. Dies reicht von grünen Futterpflanzen und ihren Konservaten (Heu, Silage) über Stroh, Wurzeln und Knollen, bis zu **Getreide** und Hülsenfrüchten. Auch viele Nebenprodukte der industriellen Verarbeitung (u. a. Kleie, Trester, Extraktionsschrote) sowie Futtermittel tierischer Herkunft (u. a. Fischmehl, Tiermehl, Molke) finden Eingang in die Futtermischungen. Hinzu kommen Mineralstoffe, Spurenelemente und Vitamine sowie synthetisch hergestellte Aminosäuren. Alle diese Einzelkomponenten werden zusammengestellt, um die Nutztiere mit dem zu versorgen, was sie benötigen, um sich selbst erhalten und hohe Produktionsleistungen erbringen zu können. Jedes Futtermittel verfügt über eine charakteristische Zusammensetzung von Nährsubstraten (Proteine, Kohlenhydrate, Fette) und Stofffraktionen. Gleichzeitig variieren die Nährstoffgehalte auch bei gleichen Futtermitteln sehr beträchtlich, unter anderem in Abhängigkeit von Sorte, Standort, Düngungsintensität, Erntezeitpunkt und Aufbereitung. Zugleich können die Futtermittel von den verschiedenen Nutztierarten in ihren jeweiligen Lebensphasen in sehr unterschiedlichem Maße verwertet werden. Folgerichtig besteht die Herausforderung bei der Nutzbarmachung von Futtermitteln vor allem darin, die Variation aufseiten der Futterinhaltsstoffe und der Rationszusammensetzung mit der tierindividuellen Variation der Futteraufnahme sowie den tierindividuellen Bedarfswerten an Nährstoffen und Energie in Abgleich zu bringen.

Auf der Betriebsebene bestimmen zunächst die Standortgegebenheiten, was an Futtermitteln angebaut werden kann. Von den ca. 17 Mio. Hektar (ha) landwirtschaftlich genutzter Fläche in Deutschland entfallen ca. 5 Mio. ha auf **Grünland** und ca. 12 Mio. ha auf Ackerland. Auf ca. 60 % des Ackerlandes wird Getreide angebaut. Die Grünlandaufwüchse können im Wesentlichen nur von Wiederkäuern und Pferden verwertet werden. Sie verfügen über ein Verdauungssystem, in dem in Symbiose mit Mikroorganismen die faserhaltigen Pflanzenstrukturen aufgeschlossen werden können. **Schweinen** und **Geflügel** ist dies aufgrund des einhöhligen Magens und der begrenzten Kapazität des Blinddarms nur sehr eingeschränkt möglich. Allerdings richtet sich die Verwertung von Futtermitteln immer weniger danach, was betriebsintern angebaut und verfügbar gemacht werden kann, sondern danach, was preisgünstig angebaut bzw. zugekauft wird und welcher Preis für die selbst angebauten Früchte auf den Märkten erzielt werden kann. Während in der Rinderhaltung die großvolumigen und in erster Linie auf den betriebseigenen Flächen angebauten Grobfuttermittel (z. B. Silage aus Gras oder Mais) weiterhin eine große Rolle spielen, ist die Futtererzeugung auf vielen Betrieben mit Schweine- und Geflügelhaltung weitgehend von der Nutzung der betriebs-eigenen Flächen für den Futterbau entkoppelt (s. Abschn. 6.1).

Der Futterplan von Schweinen und Geflügel wird dominiert von Komponenten aus Getreide und Hülsenfrüchten. Mittlerweile werden diese auch bei Wiederkäuern in großen Mengen eingesetzt. Längst hat sich ein globaler Futtermittelmarkt entwickelt, bei dem riesige Mengen zwischen Erzeuger- und Verbrauchsbetrieben verschoben werden. Angebot und Nachfrage bestimmen den Preis der Futtermittel. Die anfallenden Transportkosten sind dabei eher von untergeordneter Bedeutung. Durch den Import von Futterkomponenten, die in anderen Ländern preiswerter als im Inland oder innerbetrieblich erzeugt werden können, besteht analog zu den Nahrungsmitteln auch bei den Futtermitteln ein globaler Markt, der sich vorrangig an der Preiswürdigkeit ausrichtet. Im Vordergrund steht dabei die Soja-bohne, welche als eine Hülsenfrucht ein maßgeblicher Lieferant von essenziellen Amino-säuren für die Fütterung von Schweinen und Geflügel und auch als Eiweißlieferant für die Fütterung von Rindern eine zentrale Stellung in der Tierproduktion einnimmt. Von 2013 bis 2015 hat die EU im Jahresdurchschnitt ca. 36 Mio. t Sojabohnen und Sojaschrot importiert (COM 2018). Etwa 95 % der Sojaimporte werden als Futtermittel für die Erzeugung von Fleisch-, Eier- und Molkereiprodukten genutzt.

Die EU-Agrarpolitik begünstigt den Import von Soja, indem sie auf Futtersoja keine Zölle erhebt. Die Zufuhren stammen vor allem aus Brasilien, Argentinien und Paraguay. In Brasilien wurden 2012 mehr als 24 Mio. ha Land für den Anbau von Soja genutzt, während es in Argentinien 19 Mio. ha und in Paraguay 3 Mio. ha waren (FAOSTAT, zitiert nach WWF 2014, 24 f.). Das Ausmaß der Veränderungen zeigt sich bereits daran, dass in den zurückliegenden 5 Jahren der weltweite Anbau von Sojabohnen mehr als ver-zehnfacht wurde. Die Expansion des industriellen Sojaanbaus bringt gravierende Aus-wirkungen für Umwelt und für die ortsansässige Bevölkerung mit sich. Beim Anbau von gentechnisch verändertem Soja werden zudem große Mengen an Herbiziden verwendet, die den Boden belasten, das Trink- und **Grundwasser** kontaminieren und dazu bei-tragen, nicht nur die Biodiversität von Flora und Fauna zu zerstören, sondern auch die mikrobielle Zusammensetzung im Darm von Menschen und Tieren negativ beeinflussen (van Bruggen et al. 2021). Auch sind im Streit um den Zugang zu den Anbauflächen Menschenrechtsverstöße weiterhin an der Tagesordnung (Guereña und Riquelme 2013).

Von den mehr als 700 Mio. t an Getreide und Hülsenfrüchten, die weltweit erzeugt werden, wird ca. ein Drittel von Nutztieren verzehrt. Von den hochwertigen Komponenten, die in der Tierernährung eingesetzt werden, könnten theoretisch ca. 3 Mrd. Menschen ernährt werden. Dies gilt allerdings nur unter der Voraussetzung, dass diese sich weitgehend mit vegetarischer Kost begnügen. Da aber der weitaus größte Teil der Ackerflächen, die von einer Futtermittel- auf eine Nahrungsmittelerzeugung umgestellt werden könnten, sich in wohlhabenden Ländern befindet, stehen diese Kapazitäten zur Erzeugung von Nahrungsmitteln nur bedingt den Menschen zur Verfügung, die in besonderer Weise auf Nahrungsmittel angewiesen sind (FAO 2000). Die Tonnagen, der zu großen Teilen zum menschlichen Verzehr geeigneten Futtermittel, die in Europa in der Tierproduktion zum Einsatz kommen, sind in Abb. 6.8 dargestellt.

Während in der Vergangenheit die Sojaimporte nach Europa kontinuierlich angestiegen sind, ging gleichzeitig der Anbau von heimischen Leguminosen in Europa deutlich zurück. Zwar können heimische Leguminosen in der Fütterung alternativ zu Sojaprodukten eingesetzt werden. Allerdings sind sie aufgrund der geringeren Gehalte an wertgebenden Inhaltsstoffen, insbesondere an essenziellen Aminosäuren, gegenüber dem Einsatz von Sojaprodukten nur bedingt wettbewerbsfähig. Neben den kostengünstigen Sojaimporten machen Ertragsunsicherheiten und Krankheitsanfälligkeiten den Anbau heimischer Leguminosen in Europa für viele Landwirte unattraktiv. Dagegen geht für die konventionell oder ökologisch wirtschaftenden Betriebe, die sich bei den Angeboten des Marktes an gentechnisch veränderten, unveränderten oder ökologisch erzeugten Sojabohnen bedienen, in der Regel die Rechnung auf. Die betriebswirtschaftliche Kalkulation beinhaltet allerdings nicht die externen Effekte, welche mit der Erzeugung der Sojabohne in den Erzeugungsländern und mit den Transportaufwendungen sowie mit den betriebsinternen Nährstoffüberfrachtungen einhergehen. Gleichzeitig finden die Zusatznutzeneffekte, die mit dem heimischen Anbau von Leguminosen verbunden wären, keine angemessene Berücksichtigung (Blume et al. 2021). Als stickstoffbindende Pflanzen können Leguminosen den Boden mit Stickstoff anreichern, der dann nach-

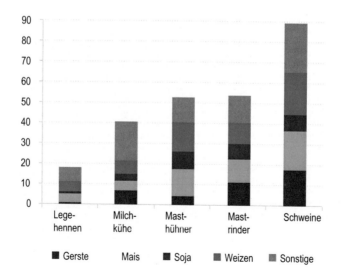

Abb. 6.8 Anteile unterschiedlicher Futterkomponenten in den Futterrationen verschiedener Tierarten in der EU. (EU 2017, 36 f.)

folgend angebauten Kulturen zur Verfügung steht. Auf diese Weise können erhebliche Mengen an N-haltigen Düngemitteln eingespart, die Kontamination des Grundwassers eingedämmt und die Emission von Treibhausgasen verringert werden. Über die N-Fixierleistung von Leguminosen erfolgt die Verfügbarmachung von Nr für das Pflanzenwachstum weitaus umweltverträglicher als über die Herstellung und Anwendung von mineralischem Stickstoffdünger und die Ausbringung von Wirtschaftsdünger. Die Vorteile des heimischen Leguminosenanbaus kommen jedoch erst dann zum Tragen, wenn die externen Effekte, welche durch den Import von Futtermitteln verursacht werden, ebenfalls in Ansatz gebracht werden würden.

Im Kontext der Verwendung begrenzt verfügbarer Flächen- und Nährstoffressourcen stellt sich nicht nur die Frage, mit welchen Futtermitteln welche Tiere gefüttert werden. Damit einher geht auch die Frage, wie effizient die eingesetzten Nährstoffressourcen in tierische Produkte umgewandelt werden. Hier bestehen große Unterschiede zwischen den Tierarten, aber auch innerhalb der gleichen Produktionsrichtungen. Grundsätzlich können Monogastrier (Schwein und Huhn) das angebotene Futterprotein effizienter in tierisches Eiweiß umwandeln, als dies die Wiederkäuer vermögen (Mottet et al. 2017). Allerdings sind Wiederkäuer nicht auf hochwertige Futterkomponenten angewiesen, wie dies bei Schweinen und Geflügel der Fall ist. Bei diesen kommt ein Großteil von Nährstoffen zum Einsatz, die auch bei Menschen zur Bedarfsdeckung beitragen könnten. Auch in der intensiven Rindermast kommen hohe Anteile von hochwertigen Futterkomponenten zum Einsatz. Dies ist zum Beispiel in den Feedlots in den USA der Fall, wo die Fütterung zu hohen Anteilen auf Konzentratfutter auf der Basis von Getreide und Sojabohnen basiert. Das Gegenkonzept ist die extensive Rindermast in Argentinien oder Uruguay, wo die Tiere auf ausgedehnten Grasflächen weiden und kaum Futter bekommen, das auch von Menschen verwertet werden könnte. Zwischen den Extremen einer reinen konzentratfutter-basierten und einer reinen grasbasierten Futterration weist die landwirtschaftliche Praxis ein weites Spektrum unterschiedlichster Futterkomponenten, Rationsanteile, Verzehrmengen und Futterverwertungen auf. Daraus folgt, dass die Tierart nur ein Faktor von vielen in der Prozesskette ist, der den Grad der Nutzbarmachung von Futtermitteln beeinflusst. Auch hier sind es primär der Kontext und die wirtschaftlichen Rahmenbedingungen, die über den Einsatz von externen Futterkomponenten und die damit einhergehenden externen Effekte entscheiden.

Effizienz der Nährstoffnutzung auf der betrieblichen Ebene
Die mediale Verbreitung von Informationen hat zur Folge, dass die Verhältnisse in der Nutztierhaltung bezüglich der Effizienz der Ressourcennutzung in der Regel sehr verkürzt dargestellt werden. **Verallgemeinernde Aussagen** prägen zwar die Meinungsbildung, sind aber häufig weit von den Realitäten in der landwirtschaftlichen Praxis entfernt. Bedingt durch die große Variation in den Ausgangs- und Randbedingungen auf den landwirtschaftlichen Betrieben und deren vielfältiges Wirkungsgeflecht gestalten sich die Verhältnisse in der landwirtschaftlichen Praxis äußerst heterogen. Zu dem komplexen Wirkungsgeflecht gehören nicht nur die betriebsindividuell sehr unterschied-

liche Effizienz bei der Verfügbarmachung von betriebseigenen bzw. extern zugekauften Futtermitteln, sondern auch die Unterschiede in der Verwertung durch die Nutztiere.

Unter standardisierten Versuchsbedingungen, bei den Störgrößen weitgehend ausgeschaltet werden könne, verlaufen die Wachstums- und Leistungskurven von Nutztieren in Abhängigkeit von den genetischen Wachstums- und Leistungskapazitäten und dem Niveau der Nährstoffversorgung. Die Bemühungen um eine Steigerung der Produktivität finden ihren Niederschlag in einer Steigerung der Effizienz, mit der die über das Futter zur Verfügung gestellten Nährstoffe in den Fleischansatz oder in Produktionsleistungen (Milch pro Kuh, Anzahl Eier pro Legehenne) umgewandelt wird. Neben den bereits in Abschn. 4.1 dargestellten Steigerungen der Produktionsleistungen hat sich auch das Niveau der Futtereffizienz über alle Nutzungsrichtungen hinweg über die zurückliegenden Jahrzehnte deutlich verbessert. Allerdings unterliegt auch die Steigerung der Futtereffizienz einer Grenznutzenfunktion. Je höher das Ausgangsniveau der Futtereffizienz bereits ist, desto größer ist der Aufwand, der betrieben werden muss, um eine weitere Erhöhung zu realisieren.

Die Verwertung der Nährstoffe in den Futtermitteln variiert beträchtlich zwischen den Tierarten sowie innerhalb der Tierarten zwischen den genetischen Herkünften und den Geschlechtern. Auch die Verwertung der gleichen Nährstoffe durch Tiere der gleichen genetischen Herkunft und des gleichen Geschlechts, die zudem unter gleichen Lebensbedingungen gehalten werden, fallen dennoch tierindividuell sehr unterschiedlich aus. Entsprechend schwierig bzw. aufwendig gestaltet sich die Erfassung der Effizienz bei der Futterverwertung. Aus pragmatischen Gründen beschränken sich die Informationen, auf welchen die Entscheidungen und Handlungen der Landwirte bezüglich der Fütterung basieren, in der Regel auf Durchschnittswerten. Dies betrifft sowohl die Produktionsleistungen als auch den Futterverbrauch und damit die Nährstoffeffizienz. Als Orientierungsgrößen liefern Durchschnittswerte erste Anhaltspunkte. Allerdings ist der Preis dafür die Unkenntnis und damit die Nichtberücksichtigung der Variation, die zwischen den Tierindividuen hinsichtlich der Produktionsleistungen und den daraus abgeleiteten individuellen Unterschieden im Nährstoffbedarf, in der Futteraufnahme sowie der Diskrepanz zwischen Nährstoffbedarf und -versorgung und schließlich in der Nährstoffeffizienz besteht.

Infolge der intensiven züchterischen Bemühungen haben die genetischen Wachstums- und Leistungskapazitäten mittlerweile ein Niveau erreicht, das selbst bei optimierten Lebensbedingungen nicht mehr voll ausgeschöpft werden kann. Die Tatsache, dass die Leistungen mittlerweile weniger von der Genetik, sondern von den Lebensbedingungen abhängen, äußert sich unter anderem darin, dass auf Versuchsbetrieben unter optimierten Bedingungen immer deutlich höhere Leistungen erzielt werden, als dies bei Tieren der gleichen genetischen Herkunft mit dem gleichen Futter in der landwirtschaftlichen Praxis gelingt. Unter Praxisbedingungen ist Variation zwischen den einzelnen Tieren in der Regel deutlich ausgeprägter als unter standardisierten Versuchsbedingungen. Wie beispielhaft die Ergebnisse von Untersuchungen in der Schweinemast zeigen (s. Abb. 6.9), können neben suboptimalen Haltungsbedingungen vor allem biologische

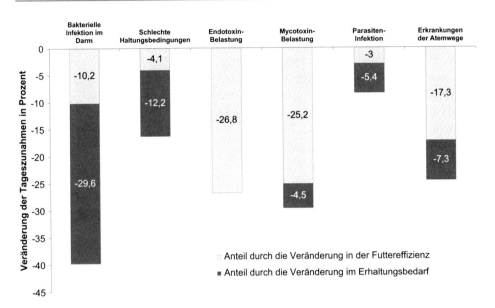

Abb. 6.9 Deutliche Verringerung der Tageszunahmen von Schweinen als Reaktion auf verschiedene Gesundheitsbelastungen durch suboptimale Lebensbedingungen. (Pastorelli et al. 2012)

Stressoren in Form von Infektionen oder Belastungen mit Toxinen die Verwertung der Nährstoffe substanziell beeinträchtigen. Diese äußern sich unter anderem in einer deutlichen Reduzierung der Tageszunahmen aufgrund einer Zunahme des Erhaltungsbedarfes (u. a. für physiologische und immunologische Prozesse) und einer Abnahme der Futtereffizienz.

Die Ausmaße an Beeinträchtigungen betreffen einerseits das Wohlergehen der Nutztiere und damit ein Gemeinwohlinteresse. Andererseits laufen die verminderten Produktionsleistungen und ökonomischen Einbußen den Partikularinteressen der Nutztierhalter zuwider. Daraus könnte man ableiten, dass Gemeinwohl- und Eigeninteressen der Nutztierhalter gleichgerichtet sind. Auch wenn dies bis zu einem gewissen Grad der Fall ist, grenzen vor allem zwei Aspekte die gemeinsame Schnittmenge ein. Zum einen haben die suboptimalen Lebensbedingungen nicht nur Verlustkosten zur Folge. Ihre Beseitigung ist mit arbeitszeitlichen und monetären Aufwendungen verbunden, von denen die Nutztierhalter häufig nicht einschätzen können, ob sich diese rentieren. Zum anderen entzieht sich das Ausmaß der negativen Folgewirkungen suboptimaler Bedingungen einer exakten Beurteilung. Da sich die Prozesse vorwiegend im nichtsichtbaren Bereich abspielen, werden sie von Nutztierhaltern häufig nicht einmal wahrgenommen. Sichtbar erkrankte Tiere deuten – wie die Spitze eines Eisberges – das wahre Ausmaß von potenziellen Beeinträchtigungen allenfalls an. Im Unklaren bleiben nicht nur die Gesamtheit an klinischen und subklinischen Auswirkungen, sondern auch, in welchem Umfang die tiergesundheitlichen Beeinträchtigungen, die Produktionsleistungen und die Relationen von Produktionsaufwand und Nutzen zwischen den Einzeltieren variieren.

Die potenziellen Implikationen werden am Beispiel von Betriebszweigauswertungen zweier Schweinemastbetriebe deutlich (Hilgers und Heger 2017). Beide Betriebe verfügten mit jeweils 1500 Mastplätzen in etwa über die gleiche Ausgangslage, einschließlich der gleichen genetischen Herkunft der Tiere und der eingesetzten Futtermittel. Während auf dem Betrieb A tiergesundheitlich alles nach Plan verlief, trat im Betrieb B eine Atemwegsinfektion auf. Das äußerlich sichtbare Krankheitsgeschehen im Maststall beruhigte sich bald wieder, sodass insgesamt nur wenige Tiere klinisch erkrankten und behandelt werden mussten. Die Mast dauerte bei Betrieb B im Durchschnitt nur 4 Tage länger und die Tageszunahmen lagen nur um 30 g niedriger. Dennoch wuchsen die Einzeltiere sehr stark auseinander (größere Anteile sehr großer und sehr kleiner Schweine) und bescherten Betrieb B u. a. eine in Summe deutlich schlechtere Futterverwertung. Bezogen auf den Jahreszeitraum resultierte eine beträchtliche Diskrepanz im Deckungsbeitrag von 46.000 € pro Jahr. Diese existenzgefährdende Dimension erschloss sich erst anhand einer detaillierten Datenauswertung auf Einzeltierbasis, die in der Regel unterbleibt.

Das Beispiel macht deutlich, wie sehr Durchschnittszahlen über das Ausmaß der tierindividuellen Unterschiede und der weitreichenden Implikationen für das Wohlergehen der Tiere, die Futtereffizienz und für die betrieblichen Einnahmen hinwegtäuschen können. Durchschnittswerte nivellieren die Unterschiede zwischen den Einzelwerten; wie viele Einzelwerte eng oder weit von einem annähernd gleichen Mittelwert entfernt liegen, macht bezüglich der Folgewirkungen einen großen Unterschied. Nicht Durchschnittswerte, sondern die Variation in den Aufwand-Nutzen-Relationen zwischen den Einzeltieren entscheidet über den betriebswirtschaftlichen Erfolg. Die Variation gibt sich erst bei zeitaufwendigen Datenerfassungen und -auswertungen sowie diagnostischen Maßnahmen zu erkennen. Der Vorteil von regelmäßigen Kontrollen besteht darin, dass Abweichungen und die Möglichkeiten gegenzusteuern frühzeitig erkannt werden, bevor sich gravierende Folgewirkungen einstellen. Ob sich die kostenträchtigen Aufwendungen für Vorsorgemaßnahmen rentieren, kann allenfalls im Nachhinein eingeschätzt werden. Und selbst die retrospektiven Einschätzungen bleiben spekulativ, weil nie geklärt werden kann, welche negativen Folgewirkungen mit Vorsorgemaßnahmen tatsächlich verhindert werden konnten. Bei eingetretenen Schadwirkungen besteht lediglich die Schlussfolgerung, dass das bisherige Niveau der Vorsorge nicht ausreichend war. Die Notwendigkeit einer betriebsspezifischen Erstellung einer Aufwand-Nutzen-Relation besteht nicht nur bezüglich der Produktionsleistungen, sondern auch im Hinblick auf die Eindämmung unerwünschter Nebenwirkungen der Produktionsprozesse.

Negative Grenzgewinne (also Verluste), die aufgrund eines suboptimalen Managements auftreten können, sind Teil des privaten unternehmerischen Risikos. Dagegen liegt der Schutz der Tiere vor Schmerzen, Leiden und Schäden im Interesse des Gemeinwohles. Während Primärerzeuger mit möglichst wenig Aufwand ein möglichst hohes Einkommen erzielen möchten, besteht das Interesse des Gemeinwesens an einem möglichst geringen Niveau an tierschutzrelevanten Beeinträchtigungen. Unstrittig ist, dass auch die Primärerzeuger ein Interesse an einem geringen Niveau an unerwünschten Nebenwirkungen haben. Allerdings befindet sich das Optimum zwischen Aufwand und Nutzen für die Primärerzeuger in der Regel auf einem anderen Niveau, als dies aus der Perspektive der Gemeinwohlinteressen der Fall ist. Viel wäre schon gewonnen, wenn auf den einzelnen Betrieben schon aus Eigeninteresse das betriebsspezifische Nutzenmaximum nicht überschritten würde. Voraussetzung wäre allerdings, dass die Betriebe diesbezüglich über entsprechende Einschätzungen verfügen. Würden Nutztierhalter dazu genötigt, innerbetriebliche Kontrollmaßnahmen auf Basis der Einzeltierebene durchzuführen, und würden diese einem überbetrieblichen Vergleich unterzogen, könnte das Ausmaß der negativen Grenznutzeneffekte drastisch reduziert, und damit die Situation zum Wohl der Nutztiere sowie des Betriebseinkommens und der Gemeinwohlinteressen verbessert werden.

6.2.3 Effizienz bei der Nutzung von Nahrungsmitteln

Nahrungsmittel werden genutzt, um damit Bedürfnisse zu befriedigen. Der Nutzen hängt sowohl von den Nahrungsmitteln selbst als auch von den Bedürfnissen der Nutzer ab. Dies umfasst sowohl die Inhaltsstoffe als auch die im Zusammenhang mit den Produktionsprozessen stehenden positiven wie negativen Nebenwirkungen. Auf den Nutzen in Abhängigkeit von der jeweiligen Interessenslage wird in Kap. 7 näher eingegangen. Hier geht es zunächst darum nachzuvollziehen, dass nicht nur der Nutzen für die Produzenten, sondern auch für die Konsumenten einer Grenznutzenfunktion unterliegt. Der **Grenznutzen** ist der Nutzen, den der Konsument durch den Konsum einer weiteren Einheit des betreffenden Gutes hat.

Bei allen Gütern und folglich auch bei den Nahrungsmitteln gilt das **Gesetz** vom abnehmenden Grenznutzen: Konsumiert eine Person nach einem ersten Gut G1 ein weiteres Gut G2, nimmt der Nutzen dieses Gutes G ab. Beispielsweise nimmt beim Verzehr von Milch der Grenznutzen ab einer bestimmten Menge immer weiter ab. 5 Gläser Milch haben nicht den 5-fachen Nutzen wie ein Glas Milch. Ähnliches gilt für das finanzielle Einkommen. Zwar kann eine Person etwa ein monatliches Einkommen von 1000 € in einer bestimmten Zeit ausgeben. Der Nutzen weiterer Einnahmen steigt aber nicht proportional ins Beliebige. Ein Einkommen von 100.000 € im Monat hat nicht den 100-fachen Nutzen für dieselbe Person, da zahlreiche Bedürfnisse bereits befriedigt worden sind (Piekenbrock 2018).

Die Bevölkerung in der EU ist einer der weltweit größten Konsumenten und damit Nutzer von **Fleisch** und anderen Produkten tierischer Herkunft. Im Jahr 2017 lag der Pro-Kopf-Konsum von Fleisch bei ca. 68,5 kg (31,9 kg Schweinefleisch, 24 kg Geflügelfleisch, 10,8 kg Rind- und Kalbfleisch, 1,8 kg Schaf- und Ziegenfleisch) (EU 2017). Diese Mengen werden nicht alle in Europa erzeugt, sondern zu relevanten Anteilen auch importiert. Darüber hinaus werden auch Futtermittel importiert, um die in Europa gehaltenen Tiere zu ernähren. Für Deutschland weist die Futtermittelbilanz für das Wirtschaftsjahr 2018/2019 ein Futteraufkommen von 23.495 (in 1000 t) an marktgängigen Primärfuttermitteln pflanzlicher Herkunft sowie 11.685 (in 1000 t) an pflanzlichen Futtermitteln aus der Verarbeitung auf (BLE 2020). Vom Gesamtaufkommen an pflanzlichen Futtermitteln werden mehr als 30 % importiert. Diese Größenordnung vermittelt einen Einblick, in welchem Maße auf Futterressourcen aus dem Ausland zurückgegriffen wird, um die Tierbestände zu versorgen.

Allerdings bestehen große Unterschiede zwischen den einzelnen europäischen Ländern, den Regionen sowie landwirtschaftlichen Betrieben und nicht zuletzt zwischen den einzelnen Konsumenten in den Ausmaßen und der Effizienz der Nutzbarmachung. Das Umfeld und der Kontext der Verwertungszusammenhänge bestimmen die Relationen von Aufwand und Nutzen, mit denen die Nährstoff- und Energiegehalte der Rohwaren genutzt werden. Dabei stehen in allen Ländern der Erde Situationen der Bedürftigkeit und des Mangels solchen des Überflusses gegenüber. Allerdings differieren die Relationen zwischen dem Anteil der Menschen eines Landes, die unterernährt sind, und denen, die überernährt bzw. übergewichtig sind beträchtlich (s. Abb. 6.10). Während sich in afrikanischen Ländern aufgrund unzureichender Einkommen ein relevanter Anteil der Bevölkerung nur unzureichend ernährt und deutlich weniger Menschen übergewichtig

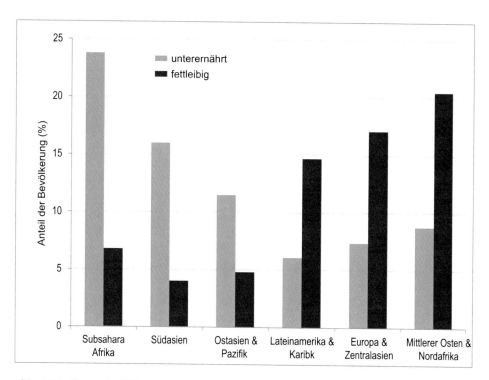

Abb. 6.10 Status der Nahrungsmittelsicherheit in der Welt. (World Bank Group 2015)

sind, kehrt sich das Verhältnis in den reichen Nationen um. Der Anteil von Menschen mit Übergewicht in der Gesamtbevölkerung stieg seit den 1980er-Jahren vor allem in den USA und in Kanada, später auch in Mexico und in den Ländern der EU deutlich an. Sinkende Lebensmittelpreise werden in den USA für ca. 40 % des Anstiegs des durchschnittlichen Körpergewichtes der Bevölkerung verantwortlich gemacht (Lakdawalla und Philipson 2002). Andere Ursachen von Übergewicht werden unter anderem herabgesetzten Körperaktivitäten und veränderten Verzehrgewohnheiten zugeschrieben. Die Zunahme von Single-Haushalten, eine geringere Bereitschaft und Befähigung zum Selberkochen haben den Verzehr von Fastfood befördert, dessen Bestandteile zu erheblichen Teilen aus fetthaltigen Fleischprodukten bestehen. Die Folgewirkungen sind vielfältig. Unter anderem weisen epidemiologische Studien enge Beziehungen zwischen Übergewicht und einer verringerten Lebensdauer sowie einer Zunahme an diversen Erkrankungen aus (Cassell und Gleaves 2000). Zudem erhöhen sich die Kosten für das nationale Gesundheitssystem (Birmingham et al. 1999). Damit geht einher, dass dem Staat weniger Mittel für die Durchführung anderer Aufgaben im Sinne des Gemeinwohles zur Verfügung stehen.

Je effizienter Nahrungsmittel erzeugt und je mehr davon auf den globalen Märkten offeriert werden, desto geringer ist der Preis, den Landwirte dafür erhalten. Mit sinkenden Preisen hat auch der Anteil an Nahrungsmitteln zugenommen, der nicht verzehrt wird, sondern im Abfall landet. Nach FAO-Angaben werden weltweit etwa ein Drittel aller produzierten Nahrungsmittel weggeworfen. In Deutschland wurde im Jahr 2015 eine Gesamtmenge von rund 11,86 Mio. t an Lebensmittelabfällen ermittelt (Schmidt et al. 2019). Davon wären rund 6,68 Mio. t theoretisch vermeidbar. Die Lebensmittelabfälle in der gesamten Wertschöpfungskette können in fünf Teilsektoren (Primärproduktion, Verarbeitung, Handel, Außer-Haus-Verpflegung, private Haushalte) aufgeteilt werden. Die Bandbreite an Lebensmittelabfällen in Deutschland sowie deren vermeidbare Anteile sind in Abb. 6.11 nach den Bereichen der Wertschöpfungskette dargestellt. Die Hochrechnung der Abfallmengen und die Ausweisung vermeidbarer Anteile basiert dabei größtenteils auf nicht repräsentativen Stichproben aus der Literatur. Vor diesem Hintergrund stellen die ermittelten Mengen und deren Vermeidungspotenziale eine Abschätzung über deren Größenordnung dar. Danach verzeichnet die Primärproduktion einen Anteil von 12 % (1,36 Mio. t), die Verarbeitung von 18 % (2,17 Mio. t), der Handel von 4 % (0,49 Mio. t) und die Außer-Haus-Verpflegung von 14 % (1,69 Mio. t). Der Großteil der Lebensmittelabfälle entsteht mit 52 % (6,14 Mio. t) anteilig in privaten Haushalten, dies entspricht etwa 75 kg pro Kopf im Jahr 2015.

Über alle Sektoren hinweg wäre nach den vorliegenden Hochrechnungen etwa die Hälfte der Abfälle theoretisch vermeidbar. Der Begriff „vermeidbare Lebensmittelabfälle" umfasst jene Lebensmittel, die zum Zeitpunkt ihrer Entsorgung noch uneingeschränkt genießbar sind oder die bei rechtzeitigem Verzehr genießbar gewesen wären. In Abgrenzung dazu sind „nicht vermeidbare Lebensmittelabfälle" solche, die üblicherweise im Zuge der Speisezubereitung entfernt werden. Dies beinhaltet im Wesentlichen

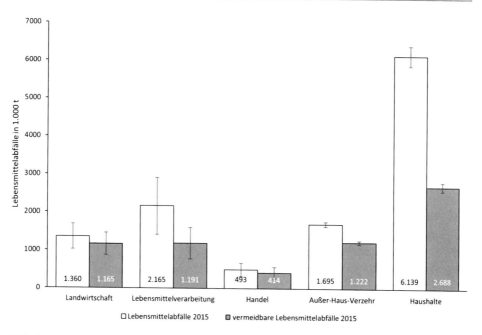

Abb. 6.11 Lebensmittelabfälle (2015) und deren vermeidbare Anteile in Deutschland (1000 t/a). (Schmidt et al. 2019)

nicht essbare Bestandteile (z. B. Knochen oder Fruchtschalen), aber auch Essbares (z. B. Kartoffelschalen).

Ableitungen
Aus der Perspektive der Primärerzeuger liegt der Fokus bei den landwirtschaftlichen Produktionsprozessen in erster Linie auf den Produktivitätszuwächsen. Nur wenn es gelingt, die Produktionskosten pro Produkteinheit niedrig zu halten, haben sie eine Chance, im globalen Unterbietungswettbewerb zu bestehen. In der Vergangenheit wurden durch die Intensivierungsstrategien veritable Produktivitätszuwächse realisiert (s. Abschn. 6.1). Allerdings blieben und bleiben noch immer die dabei auftretenden unerwünschten Neben- und Schadwirkungen weitgehend unberücksichtigt. Diese stehen auch in einem engen Zusammenhang mit einer ineffizienten Nutzung von innerbetrieblichen und extern zugekauften Nährstoffen. Nährstoffe, die nicht in Produkte pflanzlicher und tierischer Herkunft oder in anderer Form organisch gebunden werden, entweichen früher oder später in die Umwelt und rufen dort beträchtliche Umwelt- und Klimaschäden hervor. Tierindividuen, die nicht bedarfsgerecht und damit ineffizient versorgt werden, laufen Gefahr, metabolische Störungen und mit Schmerzen, Leiden und Schäden ver-

bundene Produktionskrankheiten zu entwickeln und mit finanziellen Verlusten vorzeitig aus dem Produktionsprozess auszuscheiden.

In der Regel bleiben auch die Schäden unberücksichtigt, die in den vor- und nachgelagerten Bereichen der betrieblichen Produktionsprozesse, zum Beispiel bei der Produktion von Dünge- und Futtermitteln sowie bei der Entsorgung von Abfallstoffen verursacht werden. Selbst wenn bei den Produktionsprozessen die innerbetrieblichen und externen Nährstoffe effizient genutzt werden, bedeutet dies nicht, dass auch die Exkremente der Tiere rezykliert und ohne große Verluste wieder der Pflanzenernährung zugeführt werden. Analoges gilt, wenn effizient erzeugte Nahrungsmittel von den Konsumenten im Übermaß verzehrt bzw. zu hohen Anteilen ungenutzt als Abfälle entsorgt werden. Sowohl in den innerbetrieblichen Prozessketten eines Betriebes als auch auf dem Weg bis zum direkten Verzehr durch den Verbraucher („from farm to fork") können sich die Wirkungsgrade drastisch verändern. Effiziente Nährstoffumsetzungen in einzelnen Teilbereichen der Prozesskette können durch ineffiziente Umsetzungen in anderen Teilschritten aufgezehrt oder ins Gegenteil verkehrt werden. Dementsprechend beinhalten effiziente Umsetzungen von Nährstoffen in Nutzpflanzen und Nutztieren nicht zwangsläufig einen Vorteil für das Gemeinwohl, wenn in vor- und nachgelagerten Bereichen beträchtliche negative Effekte auftreten. Einzelne Teilschritte dürfen daher nicht isoliert betrachtet und Teilerfolge einer effizienten Nutzung nicht extrapoliert und als ein Vorteil für die gesamte Prozesskette vereinnahmt bzw. verallgemeinert werden (Pars-pro-toto-Fehlschluss). Während der wissenschaftliche, politische und mediale Fokus auf eine erhöhte Effizienz von Teilschritten gerichtet ist, sind für das Gemeinwohl die Gesamtwirkungen in innerhalb der Betriebssysteme und in der gesamten Prozesskette von den Primärerzeugern bis zu den Endverbrauchern ausschlaggebend.

Intensivierungsprozesse, welche in Teilbereichen das optimale Verhältnis von Aufwand und Nutzen überschreiten, verursachen negative Grenzerträge und -gewinne. Hier stellt sich die Frage, warum der abnehmende Grenznutzen und negative Grenzerträge bislang nicht stärker im Fokus allgemeiner oder betriebswirtschaftlicher Reflexionen stehen. Dies verwundert umso mehr, als eine ineffiziente Ressourcennutzung nicht nur den Gemeinwohlinteressen, sondern auch den Eigeninteressen der Landwirte zuwiderläuft. Es liegt die Vermutung nahe, dass es die Ignoranz gegenüber den unerwünschten Nebenwirkungen ist, welche den Blick auf die Wirkzusammenhänge verstellt. Negative Grenzerträge treten bei betriebswirtschaftlichen Berechnungen erst dann in Erscheinung, wenn auch die unerwünschten Nebenwirkungen im Detail erfasst und in die Gesamtberechnungen einbezogen werden. Es ist leichter, das Ausmaß von unerwünschten Nebenwirkungen auszublenden als sich der Verantwortung zu stellen, deren Auftreten selbst verursacht zu haben. Erschwerend kommt hinzu, dass viele unerwünschte Nebenwirkungen erst mit einer gewissen Zeitverzögerung in Erscheinung treten.

Mögliche ursächliche Zusammenhänge zwischen dem eigenen Handeln und dem Auftreten von Schadwirkungen lassen sich dadurch leicht ausblenden. Vor allem aber fehlt der Beurteilung von Schadwirkungen, ein allgemein akzeptierter und belastbarer Beurteilungsmaßstab sowie eine überbetriebliche Vergleichsmöglichkeit.

Unzulängliche Effizienzen bei der innerbetrieblichen Nutzung von Ressourcen erschließen sich erst durch umfassende Bilanzierungen (s. Abschn. 10.5.3). Aus der Perspektive der Gemeinwohlinteressen sind nicht allein die Mengen an Verkaufsprodukten relevant, sondern auch die Menge an Schadstoffausträgen in die Umwelt. Das Betriebssystem als Ganzes ist die Bezugsgröße, welche für die Beurteilung der Ressourceneffizienz und der Umwelt- und Klimaverträglichkeit maßgeblich ist. Die Effizienz der gesamtbetrieblichen Nutzung von Ressourcen ist die maßgebliche Zielgröße für die Steuerungs- und Allokationsentscheidungen des Managements. Sie bildet die Schnittmenge, mit der sowohl den ökonomischen Partikularinteressen der Betriebe als auch den Interessen des Gemeinwesens an einer Minimierung der Ressourcenverschwendung und der Entstehung von Schadwirkungen Rechnung getragen werden kann. Daher besteht eine vorrangige Aufgabe darin, unter Berücksichtigung der spezifischen Grenznutzenfunktionen die einzelbetrieblichen Nutzenoptima ausfindig zu machen, bei denen mit dem Grad der Aufwendungen und Intensivierungen ein optimaler wirtschaftlicher Ertrag in Kombination mit minimalen Schadwirkungen realisiert werden kann.

Die derzeitigen wirtschaftlichen Rahmenbedingungen sind durch einen unbarmherzigen Unterbietungswettbewerb auf der globalen Ebene um die geringsten Produktionskosten geprägt. Dieser Wettbewerb geht zu Lasten unerwünschter interner und externer Effekte; er ist damit nicht kompatibel mit der Realisierung von Gemeinwohlinteressen. Mit steigendem Intensivierungsgrad nimmt der Grenznutzen ab. Bei Überschreiten der Optima von Grenznutzenfunktionen gehen Effizienzsteigerungen in Teilbereichen einer effizienten Ressourcennutzung in der Gesamtheit des Betriebssystems und in der gesamten Produktionskette von der Erzeugung bis zum Endverbrauch. Die hohen Anteile an Nahrungsmitteln, die ungenutzt als Abfall entsorgt werden, konterkarieren alle Erfolge, die in der Prozesskette hinsichtlich einer gesteigerten Ressourceneffizienz erreicht wurden. Dies hat nichts mehr mit der häufig beschworenen „Wertschöpfung" zu tun, sondern veranschaulicht ein Ausmaß an Wertvernichtung, dass längst die Grenzen des Tolerierbaren überschritten hat. Die Nichtnutzung von erzeugten und verwertbaren Nahrungsmitteln ist nicht nur mit dem Verlust der Nahrungsmittel selbst, sondern gleichzeitig mit den Schadwirkungen behaftet, die im Zuge der Produktionsprozesse entstanden sind. Die Ineffizienz in der Nutzung von Nährstoffressourcen ist das Resultat eines Marktgeschehens, dem sich für das Ziel der Preisführerschaft und Mengenmaximierung alle anderen Bereiche untergeordnet haben. Ohne eine Veränderung der Rahmenbedingungen wird folgerichtig auch keine Umorientierung erfolgen können. Will man die Fehlentwicklungen der „freien" Marktwirtschaft korrigieren, wird man nicht umhinkommen, in das Marktgeschehen einzugreifen.

6.3   Ausmaß, der von der Landwirtschaft ausgehenden Schadwirkungen

Seit ihren Anfängen besteht die Primäraufgabe der Landwirtschaft in der Erzeugung von Nahrungsmitteln pflanzlicher und tierischer Herkunft, mit denen die Menschen innerhalb und außerhalb der Betriebe ihren Selbsterhalt bestreiten können. Gleichzeitig besteht der Selbsterhalt der Landwirte auch darin, ihre wirtschaftliche Existenz zu sichern, d. h. durch den Verkauf der Produkte die laufenden Produktions- und Arbeitskosten sowie die erforderlichen Investitionen und letztlich ihr persönliches Einkommen zu erwirtschaften. In der Vergangenheit ist dies den meisten Landwirten nicht gelungen, sodass sie den Betrieb aufgeben mussten. Trotz der immensen Geldsummen, die als Subventionen aus öffentlichen Mitteln in die Landwirtschaft geflossen sind, sind viele Betriebe hoch verschuldet. Die wirtschaftlichen Rahmenbedingungen werden durch einen Wettbewerb vorgegeben, der über die Kostenführerschaft im globalen Wettbewerb ausgetragen wird. Wer hier nicht mithalten kann, scheidet aus. Die meisten Landwirte sehen nur die Option weiterer Produktivitätssteigerungen.

Die primären Produktionsprozesse finden innerhalb der Grenzen eines landwirtschaftlichen Betriebssystems statt. Jedoch sind die Betriebe anders als in früheren Jahrhunderten heute nicht mehr in der Lage autark und selbstversorgend zu wirtschaften. Sie sind in hohem Maße auf externe Ressourcen angewiesen, um das heutige Niveau der Produktivität zu realisieren. Zu den von außerhalb der Betriebe stammenden Input-Größen gehören vor allem Fremdkapital, Dünge- und Futtermittel, Maschinen, fossile und elektrische Energie, aber auch Mittel zur Bekämpfung von Krankheitserregern (v. a. Pflanzenschutz- und Arzneimittel). Die Bereitstellung dieser externen Produktionsmittel ist eine wesentliche Voraussetzung für die erzielten Fortschritte bei den Produktivitätssteigerungen auf den Betrieben. Die Erzeugung und Bereitstellung dieser Inputgrößen sind energiezehrend und verbrauchen erhebliche Mengen an Ressourcen. Sofern die Produktionsmittel für die innerbetrieblichen Produktionsprozesse genutzt werden, sind sie den Produkten anzulasten, für deren Erzeugung sie verwendet werden.

Den Input- stehen Output-Größen gegenüber, welche die Grenzen des Betriebssystems wieder verlassen. Neben den Verkaufsprodukten entweichen Rest- und Abfallstoffe in die Umwelt, die bei den landwirtschaftlichen Produktionsprozessen anfallen und die nicht im Betriebssystem rezykliert werden. Die Umwelt des Betriebes ist all das, was das Betriebssystem in der Dreidimensionalität umgibt. Die Grenzen des Betriebssystems markieren die Grenze zwischen intern und extern. Als Besitzer bzw. Pächter der Betriebsflächen haben die Landwirte Verfügungsgewalt über die internen Bereiche. Niemand kann den Landwirten vorschreiben, was sie auf den Ackerflächen anbauen und welche Tiere sie in ihren Ställen halten. Auch auf die Luft über den Ackerflächen haben Landwirte einen gewissen Zugriff. So dürfen sie Windräder bauen, um die Luftbewegungen über der zugehörigen Fläche zwecks Energiegewinnung nutzbar zu machen. Dies gilt auch dann, wenn sich andere Bevölkerungsgruppen durch die Windräder und deren Geräuschkulisse gestört fühlen. Auch das, was im, auf und mit dem Boden passiert, betrifft zunächst nur die Pächter bzw. Landeigentümer. Wie bereits an anderer Stelle dargelegt, gilt das uneingeschränkte Verfügungsrecht nicht für die Nutztiere, auch wenn manche Nutztierhalter einen anderen Eindruck erwecken. Zumindest formal wird den Nutztieren vonseiten des Staates ein Recht auf Unversehrtheit zugestanden.

Die Produktionsmittel, die in das Betriebssystem verbracht werden, führen dazu, sofern es nicht zu einer Aggregierung im Betriebssystem kommt, dass die Stoffe das Betriebssystem in der Regel in umgewandelter Form wieder verlassen. Die erwünschte Form der Umwandlung sind die einkommenswirksamen Verkaufsprodukte, auf die sich die ganze Aufmerksamkeit der Primärerzeuger richtet. Die übrigen Stoffausträge werden weitgehend ausgeblendet, schließlich sind sie bislang nur selten einkommenswirksam. Hinzu kommt, dass die Austräge von Rest- und Abfallstoffen in die Umwelt nur bedingt sichtbar und daher selten offensichtlich sind, von einer quantitativen Einschätzung einmal ganz abgesehen. Dies macht es den Primärerzeugern leicht, die Austräge in die Umwelt zu ignorieren. Einer Quantifizierung wiederum steht entgegen, dass die Stoffausträge, anders als bei Industrieanlagen, nicht in Abflussrohren oder Schornsteinen konzentriert in die Umwelt abgegeben und am *end-of-pipe* gemessen werden können. Sie entweichen großflächig und diffus über die Luft und über das Oberflächen- und Grundwasser. Dies wird in Abb. 6.12 am Beispiel der Austräge von Stickstoff- und Phosphorverbindungen illustriert.

Neben den Austrägen an Stickstoff- und Phosphorverbindungen überwinden diverse weitere Stoffgruppen die Betriebsgrenzen. Hierzu gehören unter anderem Mineralstoffe wie Zink und Kupfer, Methan, Feinstaub und nicht zuletzt Pestizid- und Arzneimittelrückstände. Hinzu kommen Mikroorganismen, welche sich aufgrund der Bedingungen in den Tierställen sehr stark vermehren und einen unterschiedlichen Grad an Virulenz und Pathogenität aufweisen. Von Tieren stammende Krankheitserreger können auch beim Menschen Erkrankungen (**Zoonosen**) hervorrufen. Durch die Bekämpfung der Krankheitserreger mit **Antibiotika** wird die Vermehrung der Bakterien, welche über Resistenzgene verfügen, massiv befördert. Dadurch wird nicht nur die Wirksamkeit der Antibiotika gegen bakterielle Infektionen bei den Nutztieren, sondern auch beim Menschen beeinträchtigt.

Der wirtschaftliche Erfolg in der Nutzbarmachung von Skaleneffekten für die Senkung der Produktionskosten pro Produkteinheit manifestiert sich vor allem in der Konzentration der Nutztierhaltung auf regionale „Hotspots der Tierproduktion". Diese sind weniger durch eine Gunstlage für den Anbau von Futtermitteln gekenn-

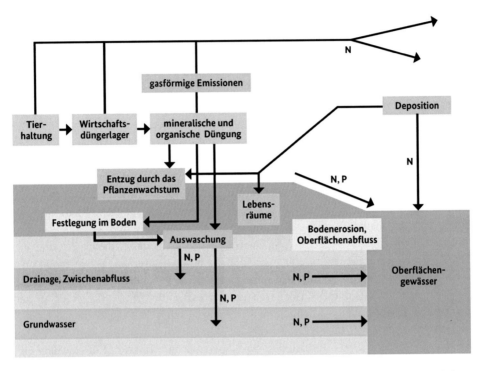

Abb. 6.12 Emissionen von Stickstoff und Phosphor aus landwirtschaftlichen Produktionsprozessen in Gewässer und in die Luft. (Copyright BLE 2018; Broschüre 1756 Die neue Düngeverordnung)

zeichnet, sondern durch günstige Bedingungen für die Entwicklung einer auf die Produktionsprozesse zugeschnittenen Infrastruktur (s. Abschn. 6.1.4). Hierzu gehören gute verkehrstechnische Anbindungen (Seehäfen, Wasserstraßen, Autobahnen), die es ermöglichen, große Mengen an Produktionsmitteln (u. a. Dünge- und Futtermittel) sowie an erzeugten Rohwaren kostengünstig zu transportieren, zwischenzulagern oder aufzubereiten. Folgerichtig wurde die Nutztierhaltung vor allem dort intensiviert, wo günstige infrastrukturelle Voraussetzungen vorhanden waren bzw. ausgebaut werden konnten. Die Veränderungen wurden flankiert von großzügigen Investitionsförderungen, Flurbereinigungsmaßnahmen, Ausbau des Feldwegenetzes, Privilegien beim Bauen im Außenbereich, einem steuerlich begünstigten Energieeinsatz und vielem mehr. Hinzu kamen gesetzliche Regelungen, welche die Betriebe vor rechtlichen Auseinandersetzungen mit anderen Interessen schützten. So bescheinigte zum Beispiel das deutsche Bundesnaturschutzgesetz von 1976, dass die „ordnungsgemäße Landwirtschaft keinen Eingriff in den Naturhaushalt" darstellt.

Während im Zeitverlauf diverse Wachstumsprozesse stattfanden, galt dies nicht für die Verfügbarkeit an landwirtschaftlicher Nutzfläche. Die dadurch begrenzte Verfügbarkeit an heimischen Futtermitteln ließ sich über Futtermittel kompensieren, die preiswert über große Entfernungen mit Schiffen, der Eisenbahn und schließlich mit Lastkraftwagen von ihren ursprünglichen Produktionsstätten zu den Orten großer Viehdichte transportiert wurden (Tamminga 2003). Je größer die Frachtchargen desto geringer wurden die Transportkosten pro Stückgut. Zunehmende Probleme bereitet jedoch die begrenzte Verfügbarkeit an Nutzflächen, auf denen die Exkremente der Tiere ausgebracht werden können. Begrenzt ist auch die Aufnahmefähigkeit von Böden, Grund- und Oberflächengewässern sowie der Luft für die freigesetzten Rest- und Abfallstoffe. Beim Ausbau der Infrastruktur zwecks Steigerung der Produktivität in der Landwirtschaft wurde an vieles gedacht, nicht jedoch an die Notwendigkeit einer sachgerechten Entsorgung der Rest- und Abfallstoffe. Die Umwelt wurde und wird noch immer als eine kostenlose Deponie für die Reststoffe landwirtschaftlicher Produktionsprozesse angesehen.

Die Hotspots der Tierproduktion sind gleichzeitig die Hotspots der Austräge von Schadstoffen, welche die Umwelt belasten. Zu den Hotspots der Tierproduktion gehören vor allem weite Teile von Nordwesteuropa, von Nordamerika und Asien. Sie finden sich auf allen Kontinenten und sind inzwischen sehr gut kartiert (Steffen et al. 2015). In vielen europäischen Ländern übersteigt die Menge an **reaktiven Stickstoffverbindungen**, die über Futtermittel in die Betriebe verbracht wird, die Menge an mineralischen Stickstoffdüngemitteln (Olsthoorn und Fong 1998). Gleichzeitig ist die Rückführung von tierischen Exkrementen auf die Flächen, auf denen die Futterpflanzen angebaut wurden, unterbrochen und damit die Rezyklierung von Nr weitgehend entkoppelt. Die Flächen verlieren ihren ursprünglichen ökologischen Verwertungsbezug. Für Reichholf (2004, 28 f.) ist das ökologische System somit zu einem ökonomischen System mutiert. Das ökonomische System fokussiert auf das Verhältnis von Kosten und Leistungen und blendet die unerwünschten Nebenwirkungen aus. Diese werden erst relevant, wenn ihnen ein Preisschild anhaftet. Würde man die negativen Folgewirkungen in eine Gesamtbetrachtung einbeziehen und in das Verhältnis von Kosten und Leistungen einpreisen, würde dies die bisherigen Strukturen der landwirtschaftlichen Erzeugung revolutionieren.

Fokussiert auf ökonomische Kenngrößen und weitgehend befreit von Bedenken gegenüber unerwünschten Nebenwirkungen haben sich landwirtschaftliche Betriebe und Betriebe des Zuliefer- und Verarbeitungsgewerbes wechselseitig zu einem intensiven Wachstum angefeuert. Getrieben wurden sie von einem Streben nach Kostenführerschaft gegenüber jenen Regionen, in denen diese Bedingungen nicht in gleichem Maße gegeben sind. In zunehmendem Maße erweisen sich jedoch die unerwünschten Nebenwirkungen als eklatante Störgrößen für den Wettbewerb. Auch wenn dies noch nicht alle Primärerzeuger und andere Interessensgruppen wahrhaben wollen, so sind die Zeiten vorbei, in denen man diese weitgehend ausblenden konnte, ohne die eigene Handlungsfähigkeit zu gefährden. Heute markieren die unerwünschten Nebenwirkungen nicht nur die absoluten Grenzen weiterer Wachstumsprozesse. Immer deutlicher wird, dass sie bereits seit längerer Zeit für einen abnehmenden **Grenznutzen** und auf vielen Betrieben

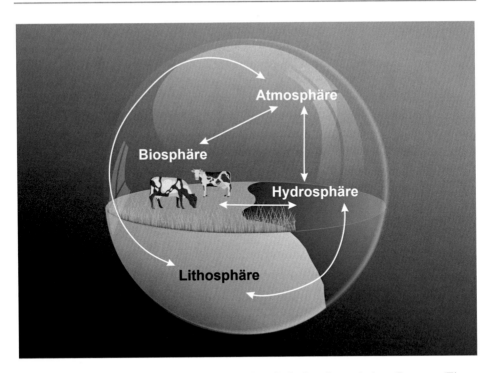

Abb. 6.13 Vier interagierende Umweltsysteme innerhalb der planetarischen Grenzen. (Eigene Darstellung)

für einen negativen Grenzgewinn verantwortlich sind. Damit fällt die Missachtung der Nebenwirkungen auf die Verursacher zurück.

Wären es nur die Selbstbeschädigungen, die von den unerwünschten Nebenwirkungen ausgehen, man könnte es dabei bewenden lassen. Was in die Umwelt entweicht, geht uns mittlerweile alle an. Betroffen sind nicht nur die Menschen in der unmittelbaren Umgebung der lokalen Austragsorte von Emissionen, die von den landwirtschaftlich genutzten Flächen und bei der Lagerung von Dünge- und Futtermitteln in die Umwelt entweichen. Da die luft- und wassergetragenen Stoffgruppen in alle Umweltsysteme – Biosphäre, Atmosphäre, Lithosphäre und Hydrosphäre (siehe Abb. 6.13) – diffundieren, entfalten sie eine nicht rückholbare Breitenwirkung, welche die Reduzierung der Stoffausträge zu einer vordringlichen Aufgabe der Landwirtschaft macht.

Aufgrund der unterschiedlichen Aggregatzustände können die vier Umweltsysteme leicht voneinander abgegrenzt werden. Zudem reagieren die gleichen Stoffgruppen in den jeweiligen Umweltsystemen sehr unterschiedlich. Auf der anderen Seite stehen die einzelnen Sphären miteinander im engen und dynamischen Austausch. Folgerichtig verteilen sich die Stoffausträge aus den landwirtschaftlichen Betrieben über kurz oder lang über den gesamten Globus. Auch wenn die Freisetzungen lokal erfolgen, sind die

Auswirkungen globaler Natur. Dies gilt insbesondere für die reaktiven Stickstoffverbindungen (Galloway et al. 2003). Die **Komplexität** biologischer, chemischer und physikalischer Prozesse übersteigt naturgemäß diejenige von industriellen Prozessen, welche nur auf physikalischen und chemischen Gesetzmäßigkeiten basieren. Angesichts der Komplexität kann es daher in den nachfolgenden Ausführungen nicht darum gehen, einen umfassenden Überblick über die Ausmaße aller Schadwirkungen zu geben. Die vorrangige Intention beschränkt sich darauf, die Vielfältigkeit und das Ausmaß der negativen Folgewirkungen in den vier Umweltsystemen anhand diverser Beispiele sichtbar und nachvollziehbar zu machen.

6.3.1 Verlust der biologischen Vielfalt in der Biosphäre

Biologische Vielfalt (oder kurz: **Biodiversität**) bezeichnet die Vielfalt des Lebens auf der Erde. Die Variabilität lebender Organismen und der von ihnen gebildeten ökologischen Komplexe umfasst die folgenden drei Ebenen:

- Ökosysteme bzw. Lebensgemeinschaften, Lebensräume und Landschaften,
- Artenvielfalt,
- genetische Vielfalt innerhalb der Arten.

Wie die Ergebnisse einer groß angelegten und von den Vereinten Nationen initiierten Studie darlegen, sind die **Ökosysteme** und ihre Dienstleistungen in den vergangenen 50 Jahren größeren Gefahren und größeren Belastungen ausgesetzt gewesen als je zuvor in der menschlichen Geschichte (Millennium Ecosystem Assessment 2005). Dieser Prozess hat sich über die Zeit beträchtlich beschleunigt, da die menschlichen Bedürfnisse nach Ressourcen exponentiell ansteigen. Die Erde befindet sich in einem Zustand der Degradation, d. h., 15 von 24 untersuchten Ökosystemdienstleistungen befanden sich zum Zeitpunkt der Veröffentlichung des Berichtes bereits in einem Zustand fortgeschrittener und/oder anhaltender Zerstörung. Unter anderem laufen diese Schäden den Plänen der Vereinten Nationen zur Abschaffung des Hungers auf der ganzen Welt zuwider. Zu den gravierendsten Zerstörungen von Ökosystemen gehört die Abholzung von Regenwäldern. Diese zeichnen sich durch einen ungeheuren Artenreichtum aus. So sind zum Beispiel die Wälder Amazoniens siebenmal artenreicher an Vögeln als Wälder in Europa. Die dortige Vielfalt hat sich aus einem generellen Mangel an verfügbaren Nährstoffen entwickelt. Artenvielfalt ist nicht Ausdruck von Luxus, sondern die gespeicherte Fähigkeit, mit den Widrigkeiten und begrenzten Verfügbarkeiten der Lebensbedingungen fertig zu werden (Reichholf 2004, 108 f.). Durch die Abholzung und die nachfolgende Nutzung werden die Funktionszusammenhänge im Ökosystem grundlegend und unwiederbringlich zerstört und entzieht den meisten der dort beheimateten Pflanzen- und Tierarten die Existenzgrundlage. Der drastische Artenschwund ist jedoch

nicht auf tropische Regionen beschränkt, sondern findet auch in Europa statt. Nach Einschätzungen von Reichholf (2004, 63 f.) trägt die Landwirtschaft mit ihren direkten und
indirekten Wirkungen zu 78 % die Hauptverantwortung für die Ursachen des Rückgangs
von Säugetieren, Vögeln, Kriechtieren und Lurchen in Mitteleuropa. Dabei ist vor allem
der Stickstoff für die Artenvielfalt zum „Erstick-Stoff" geworden. Das Überdüngungs-
problem geht dabei nicht allein von einem übermäßigen Einsatz von **Mineraldünger**
aus. Hinzu kommt ein gewaltiger Anstieg der Düngung mit Gülle aus der ausgeweiteten
Nutztierhaltung, die zu deutlichen Überhängen an Abfallstoffen führt.

Obwohl die Lebensbedingungen von Insekten schon seit längerer Zeit beeinträchtigt werden, ist das **Insektensterben** erst vor relativ kurzer Zeit ins Bewusstsein
der Öffentlichkeit gerückt. Allerdings bedurfte es erst umfangreicher Quantifizierungen,
um früher geäußerte Vermutungen über die Ausmaße der bereits eingetretenen Verluste zu Gewissheiten werden zu lassen. Den Ergebnissen einer umfassenden Studie
zur Biodiversität in Agrarökosystemen zufolge ist der Rückgang der Biodiversität in der
deutschen Agrarlandschaft markant (Niggli et al. 2020). Danach haben Schmetterlings-
und Vogelpopulationen seit 1990 bzw. 1980 um 50 % und die Biomasse der fliegenden
Insekten seit 1989 um 75 % abgenommen. Auch nehmen die Arten- und Individuen-
Anzahlen von Ackerwildkräutern, Amphibien, Fischen, empfindlichen Wirbellosen in
Gewässern, Wildbienen, Schwebfliegen, Laufkäfern, Marienkäfern und vielen weiteren
Organismengruppen ab. Ein Verlust an Diversität findet auch auf der Landschafts-
ebene statt. Von den 14 unmittelbar nutzungsabhängigen Offenlandbiotoptypen sind in
Deutschland 80 % gefährdet. Weitere Lebensräume (Moore, Wald- und Ufersäume,
Staudenfluren etc.) werden durch die landwirtschaftliche Nutzung in der Umgebung
beeinträchtigt.

Weltweit sind etwa 41 % der Insektenarten und 22 % der Wirbeltierarten im Rückgang begriffen, mit jährlichen Rückgangsraten von 1,0 % bzw. 2,5 %. Dies ist das
aktuelle Ergebnis einer umfassenden Metaanalyse von 73 quantitativen Studien, die
weltweit durchgeführt wurden und denen Zeitreihen zugrunde lagen (Sánchez-Bayo
et al. 2019). Danach ist das Ausmaß des weltweiten Insektensterbens weitaus größer
als bislang angenommen. Als Hauptfaktoren für die Veränderungen der Diversität der Insekten wurden vom Menschen verursachte Lebensraumveränderungen, vom
Menschen verursachte Verschmutzungen, ein Komplex von biologischen Ursachen
und der **Klimawandel** identifiziert. Eine große Zahl von Insektenforschern aus allen
Erdteilen hat eine gemeinsame Veröffentlichung mit dem Titel: „Warnungen an die
Menschheit!" überschrieben (Cardoso et al. 2020). Die Wissenschaftler sehen die Zahl
der bedrohten und bereits ausgestorbenen Arten in einem bestürzenden Ausmaß unterschätzt. Für ihre Bestandsaufnahme zur Lage von Schmetterlingen, Bienen, Ameisen,
Spinnen, Käfern und weiteren Insektengruppen haben die Forscher eine Art Gesamt-
schau vorgenommen. Durch die globale Analyse der Insektenvorkommen wird ein
Rückgang um 45 % bei zwei Dritteln der untersuchten Arten belegt. Danach sind seit
Beginn der Industrialisierung bis zu einer halben Million Insektenarten durch Lebens-
raumzerstörung, den Einsatz immer größerer Mengen **Pestizide** in der Landwirtschaft

und anderen menschlichen Einflüssen ausgestorben. Sollte der gegenwärtige Negativ-
trend ungebrochen anhalten, sehen die Autoren gravierende Auswirkungen auf die
Ökosysteme. Auch ist die Landwirtschaft selbst davon betroffen, weil fast 90 % aller
Blütenpflanzen der Erde und Dreiviertel aller wichtigen Nutzpflanzen von Insekten
bestäubt werden. Hinzu kommen unter anderem wichtige Zersetzungsprozesse, die für
den Erhalt der Bodenfruchtbarkeit von großer Bedeutung sind. Die Wissenschaftler
sind sich weitgehend einig, dass es vor allem die derzeitige landwirtschaftliche Praxis
ist, die sich negativ auf die Biodiversität vieler Artengruppen auswirkt. Allerdings sind
die Ursachen des Artenverlustes nicht auf einzelne Faktoren zu reduzieren. Vielmehr ist
eine Vielzahl an Einflussfaktoren beteiligt; diese wirken zusammen und verstärken sich
wechselseitig. Angesichts der Komplexität muss daher das Gesamtsystem betrachtet
werden, um den Ursachen für den Biodiversitätsverlust näher zu kommen (s. Abb. 6.14).

Die meisten Lebensraumänderungen verursacht die intensive Landbewirtschaftung
durch die Vereinfachung der Fruchtfolgen und die Vergrößerung der Bewirtschaftungs-
parzellen. Damit einher gehen Verluste an Randstrukturen, die in der Regel vielfältig
bewachsen sind. Hinzu kommt ein starker Rückgang der Ackerbegleitflora durch verbesserte Unkrautkontrollen. Auch ist der Einsatz von Pflanzenschutzmitteln in der
intensiven Landwirtschaft maßgeblich am Verlust der Biodiversität beteiligt. Die Veränderungen in den Lebensräumen führen zu Verlusten an Habitaten und reduzieren das
Nahrungsangebot. Terrestrische Veränderungen von Habitaten werden auch durch die
Bodenbearbeitung hervorgerufen. Durch Veränderungen der Bodenmikrohabitate werden
Nahrungsnetze unterbrochen. Dies beeinträchtigt vor allem bei langlebigen Organismen wie Springschwänzen, Milben und Regenwürmern die Ernährungsgrundlage

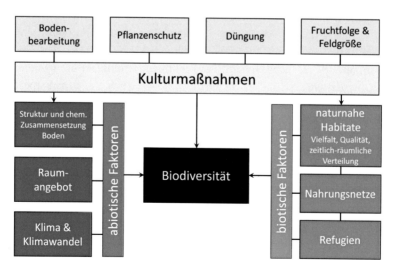

Abb. 6.14 Wichtige Einflussfaktoren auf die Biodiversität von Agrarlandschaften. (Niggli et al.
2020)

(Tsiafouli et al. 2015). Auch beim Rückgang der Amphibien- und Reptilienpopulationen ist die Beseitigung von aquatischen und terrestrischen Habitaten (Laichgewässer, Überwinterungsplätze, Verlust von Wanderungswegen etc.) in der Agrarlandschaft ein relevanter Faktor. Reptilien sind dabei vor allem vom Verlust der nichtproduktiven Randhabitate betroffen (Baker et al. 2013).

Die Frequenz, mit der Politik und Gesellschaft vonseiten der Wissenschaft mit neuen Erkenntnissen zur düsteren Lage der Natur versorgt werden, nimmt rapide zu. Aktuell hat sich auch die Nationale Akademie der Wissenschaften mit einer überraschend kritischen Analyse zum Zustand der biologischen Vielfalt zu Wort gemeldet (Nationale Akademie der Wissenschaften Leopoldina et al. 2020). Ob Vögel, Insekten oder Pflanzen, fast überall zeigen die Kurven in den Grafiken des Berichtes in die gleiche Richtung, steil abwärts. So verweist die Stellungnahme auf den Zusammenbruch der Bestände von Feldvögeln in Deutschland im Mittel um fast 70 % gegenüber 1995. Im selben Zeitraum ist fast jeder dritte Schmetterling des **Grünlandes** verschwunden. Auch bei den Wildpflanzen ist bei der Hälfte aller Ackerwildkräuter ein Rückgang zu verzeichnen. Während der Abwärtstrend von Vogelarten im Wald gestoppt werden konnte, schreitet der Verlust in landwirtschaftlich genutzten Gebieten weiter voran. Verluste der biologischen Vielfalt finden in Deutschland und in Mitteleuropa vor allem in der Agrarlandschaft statt. Das Fazit der Stellungnahme lautet, dass die ökologische Krise in der Agrarlandschaft in Deutschland mittlerweile ein Ausmaß erreicht habe, das die Funktionsfähigkeit des Ökosystems gefährde. Ein „Weiter so" dürfe es nicht geben. Der immer größere Verlust der Artenvielfalt hat auch Folgen für die Menschen, nicht nur in Form der Ernährung, sondern auch für die Erholung und für das psychische Wohlbefinden. Nur ein Umsteuern zu einer naturverträglicheren Wirtschaftsweise könne gravierende Folgen auch für die Menschen noch abwenden. Die Wissenschaftler fordern daher eine radikale Kursänderung in der deutschen und europäischen Agrarpolitik.

Die EU-Kommission hat Deutschland im Jahr 2021 vor dem Europäischen Gerichtshof verklagt, weil das Land seine Verpflichtungen im Rahmen der Fauna-Flora-Habitat-Richtlinie (FFH) nicht einhält. Die Richtlinie verpflichtet die Mitgliedsstaaten, Schutzgebiete auszuweisen, um den guten Zustand natürlicher Lebensräume und wildlebender Tier- und Pflanzenarten zu erhalten oder wiederherzustellen. Deutschland wird von der EU-Kommission vorgeworfen, eine bedeutende Anzahl von Gebieten immer noch nicht als besondere Schutzgebiete ausgewiesen zu haben. Auch fehlen für viele Gebiete detaillierte und messbare Erhaltungsziele. Die Frist für die Durchführung der notwendigen Maßnahmen ist in Deutschland in einigen Fällen bereits vor mehr als zehn Jahren abgelaufen. Schon 2015 hatte die EU-Kommission ein Vertragsverletzungsverfahren eingeleitet. Von der Klage sind alle 16 Bundesländer mit rund 4600 FFH-Gebieten betroffen, der Bund selbst mit acht Gebieten. Verträge, die im Bereich des Umwelt- und Naturschutzes von der Bundesregierung nicht eingehalten werden, beschränken sich nicht allein auf die obige Richtlinie. Im Jahr 2021 waren bei der EU Kommission mehr als 30 Verfahren gegen die Bundesregierung anhängig (COM 2021).

6.3.2   Schadstoffe in der Atmosphäre

Bei den landwirtschaftlichen Produktionsprozessen fallen diverse Reststoffe an, die einen gasförmigen Aggregatzustand einnehmen und auf diese Weise aus dem Betriebssystem entweichen können. An erster Stelle ist Ammoniak (NH_3) zu nennen, welches aus den Exkrementen der Tiere entweicht. Der bedeutendste Reststoff, der bei den Produktionsprozessen zur Erzeugung von Produkten tierischer Herkunft entsteht, sind die Exkremente der Tiere. Sie sind der Anteil der aufgenommenen Futtermittel, der vom Verdauungssystem nicht verwertet und als Kot und Harn ausgeschieden wird. Im Kot ist der Stickstoff in verschiedenen chemischen Verbindungen organisch gebunden. Im Harn liegt der Stickstoff als Harnstoff vor. Aufgrund des ubiquitär vorhandenen Enzyms Urease wird Harnstoff in Abhängigkeit von den jeweiligen Randbedingungen (Temperatur, pH-Wert, Luftaustauschraten etc.) unterschiedlich schnell in Ammoniak umgewandelt. Dies ist ein stark stechend riechendes, farbloses, wasserlösliches und giftiges Gas, das sich in der Luft ausbreitet (emittiert) und auf andere Systeme einwirkt.

Die ersten lebenden Systeme, die mit Ammoniak in Kontakt kommen, sind die Nutztiere, die den Harn ausgeschieden haben. In den nach arbeitswirtschaftlichen und kostensparenden Gesichtspunkten konstruierten Ställen stehen die Tiere vorwiegend auf Spaltenböden. Diese haben den produktionstechnischen Vorteil, dass die von den Tieren ausgeschiedenen Exkremente unterhalb der Stand- und Bewegungsflächen in Güllegruben verlagert werden. Für die Nutztiere bedeutet dies, dass sie permanent mit den Ausgasungen der eigenen Exkremente konfrontiert sind. Die Folge sind Reizungen der Schleimhäute der Atemwege und der Augen, die häufig der Ausgangpunkt für weitergehende Entzündungsprozesse sind. Zudem reagiert Ammoniak mit anderen Gasen zu gesundheitswirksamen Partikeln (sekundär gebildeter Feinstaub), an denen auch Mikroorganismen und Toxine anhaften können. Die Feinstaubpartikel gelangen über die Luftwege in das Lungengewebe und können hier Entzündungsprozesse hervorrufen. Gemäß Tierschutznutztierhaltungsverordnung (TierSchNutztV) sollen im Aufenthaltsbereich der Tiere, die folgenden Richtwerte nicht dauerhaft überschritten werden: Ammoniak (NH_3) 20 ppm; Kohlendioxid (CO_2) 3000 ppm; Schwefelwasserstoff (H_2S) 5 ppm. Mangels kontinuierlicher Messungen durch unabhängige Instanzen entzieht es sich einer belastbaren Einschätzung, ob und in welchen Maßen in den Ställen die Grenzwerte eingehalten werden. Es bedarf allerdings keiner kontinuierlichen Messungen von Schadgasen, um zu der Einschätzung zu gelangen, dass auf vielen Betrieben die Luft gesundheitsschädlich ist. Schaut man sich an den Schlachthöfen die Lungen von Schweinen an, so weist ein beträchtlicher Anteil der Lungen von Schlachtschweinen Entzündungsprozesse auf. So wurden in einer umfassenden tierärztlichen Erhebung an 584.778 Schlachtschweinen bei 50,4 % der Tiere pathologisch-anatomische Befunde an den Lungen festgestellt; 5,3 % der Lungen wurden als hochgradig entzündet eingestuft (Bostelmann 2000). Die hohen Anteile von Lungenaffektionen zeugen von einem gravierenden systemimmanenten Problem der intensiven **Schweinehaltung** (Wolfschmidt 2016). Die große Variation an Lungenbefunden zwischen den Betrieben

verweist auf ein multifaktorielles Geschehen. Selbst unter den großzügigeren Haltungsbedingungen der ökologischen Schweinehaltung treten hohe Prävalenzen von Lungen-
erkrankungen auf (Alban et al. 2015). Die beträchtlichen Luftverunreinigungen in den
Nutztierställen sind dabei ein maßgeblicher prädisponierender Faktor.

Durch Zwangsbelüftung wird die Luft aus den Ställen in die unmittelbare Umgebung
abgegeben. Ein Maststall mit tausend Schweinen bläst Jahr für Jahr ca. dreieinhalb
Tonnen des giftigen Ammoniaks in die Luft (UBA 2020a). Darüber hinaus trägt die
Luft Feinstaub und Bioaerosole mit sich. Letztere sind durch die Luft fliegende Mikroorganismen, etwa Schimmelpilze, Bakterien oder ihre Zerfallsprodukte, zu denen die
gefürchteten Endotoxine gehören. Hinzu kommen Geruchsstoffe, die sich negativ auf die
Lebensqualität der Anwohner auswirken. Im Rahmen einer wissenschaftlichen Lungen-
studie unter Anwohnern von Intensivtierhaltungsanlagen wurde festgestellt, dass die
Lungenfunktion der Personen, die näher an solchen Ställen wohnten, eingeschränkt war:

> „Nach den Ergebnissen dieser Studie ist eine Nachbarschaftsexposition gegenüber einer
> sehr hohen Anzahl von Betrieben der Veredelungswirtschaft mit einer Einschränkung der
> Lungenfunktionsparameter assoziiert (Radon et al. 2005)."

Ammoniak entfaltet jedoch nicht nur lokale Schadwirkungen. In der Luft reagiert
es mit anderen Bestandteilen der Atmosphäre und kann über weite Strecken transportiert werden, bevor es sich wieder ablagert. Die Ammoniakdeposition kann sowohl
zur Versauerung von Böden und Gewässern als auch zur **Eutrophierung** (Nährstoff-
anreicherung) beitragen. Die Versauerung von Böden und eine Nährstoffüberversorgung
natürlicher und naturnaher Ökosysteme (wie zum Beispiel Moore, Magerstandorte,
Gewässer) führen zu Veränderungen in der Zusammensetzung der Arten von Lebensgemeinschaften, wodurch es auch zum Aussterben einzelner Arten kommen kann.

In Deutschland ist die Landwirtschaft mit einem Anteil von etwa 95 % Hauptemittent des Luftschadstoffs Ammoniak. Über 70 % der gesamten Ammoniakemissionen
stammen aus der Nutztierhaltung; die Ausbringung von Mineraldüngemitteln und Gärresten trägt ca. 25 % bei. Anteilsmäßig ist die Rinderhaltung mit einem Anteil von 43 %,
die Schweinehaltung mit 19 % und die **Geflügelhaltung** mit knapp 8 % beteiligt (UBA
2020a). Die **Emissionen** entstehen sowohl im Stall als auch bei der Lagerung und Ausbringung von Wirtschaftsdünger. Ammoniak ist allerdings nicht die einzige reaktive Stickstoffverbindung, die als Folge von stofflichen Umsetzungsprozessen in der Landwirtschaft
freigesetzt wird. Hinzu kommen Stickoxide und Lachgas, die wie Ammoniak gasförmig
entweichen und eine bedeutende Rolle als **Treibhausgase** einnehmen. Weitere Produkte
mikrobieller Abbauprozesse sind Nitrat und Ammonium. Sie verlassen das Betriebssystem
jedoch nicht gasförmig, sondern über die **Oberflächengewässer** und das **Grundwasser**
(s. Tab. 6.1). Ausgangssubstrat der gasförmigen und wasserlöslichen Emissionen der
reaktiven Stickstoffverbindungen sind die Reststoffe, die nicht in organisch gebundener
Form vorliegen und deshalb ausgewaschen werden oder gasförmig entweichen.

Welcher der beiden Emissionswege beschritten wird, hängt von diversen
physikalischen und chemischen Ausgangskonstellationen ab, die auch durch die

Maßnahmen des Managements beeinflusst werden. Dies bedeutet allerdings auch, dass Maßnahmen, die zur Reduzierung gasförmiger Emissionen im Stall beitragen, wie zum Beispiel die pH-Wert-Absenkung in der Gülle mittels Säure, dazu führen, dass mehr Stickstoff über den Wirtschaftsdünger aufs Feld gebracht wird. Dort kann der Stickstoff durch die Pflanzen wieder aufgenommen und in einen innerbetrieblichen Prozess der Wiederverwertung (**Rezyklieren**) zugeführt oder bei **Überdüngung** ausgewaschen werden. Der innerbetriebliche **Stickstoffkreislauf** ist die stetige Verlagerung und biochemische Umsetzung von Stickstoff durch Mikroorganismen im Boden, durch Pflanzen sowie durch Tiere in Form aggregierter **Biomasse**. Im Stickstoffkreislauf wechselt der reaktive Stickstoff zwischen organischen Bindungsverhältnissen in Form von mikrobiologischer, pflanzlicher und tierischer Biomasse und anorganischen Verbindungen, die wieder in Biomasse integriert werden können. Überschüssige, nicht organisch gebundene (anorganische) N-Verbindungen diffundieren gasförmig oder wasserlöslich in die Umwelt. Die Anteile an überschüssigen, anorganischen N-Verbindungen, die in Relation zu anderen Emissionsquellen aus der Landwirtschaft stammen, sind in Tab. 6.1 wiedergegeben.

Während die Landwirtschaft nur einen geringen Anteil (ca. 8 %) von Stickoxiden (NO_x) an den Gesamtemissionen anorganischer N-Verbindungen zu verantworten hat, werden die übrigen reaktiven N-Verbindungen überwiegend durch Prozesse in der Landwirtschaft freigesetzt. Das Vorgehen gegen die primären Verursacher wird dadurch erschwert, dass den fortlaufend an definierten Messstellen erhobenen Nitratwerten im Grundwasser nicht zu entnehmen ist, woher die Einträge stammen. Obwohl es ein übergeordnetes Prinzip in der europäischen und nationalen Gesetzgebung ist, kommt das Verursacherprinzip in der Düngeverordnung – wie auch in anderen Bereichen der Agrar-

Tab. 6.1 Anteil der wichtigsten N-Verbindungen (Stickoxide, Ammoniak, Lachgas) und Emittentengruppen an den mittleren jährlichen Gesamtemissionen in Luft und Oberflächengewässer.in Gigagramm N/Jahr (2005–2010) (Quelle: Umweltbundesamt, Verntlichung „Reaktiver Stickstoff in Deutschland. Ursachen, Wirkungen, Maßnahmen" (Stand 2015); UBA 2015)

	Luft			Wasser		
	NO_X	NH_3	N_2O	$NO_3^-/$ NH_4^+	Summe [Gg N a^{-1}]	Anteil [%]
Landwirtschaft	33	435	88	424	980	63
Verkehr	192	13	2	207	13	13
Industrie/Energiewirtschaft	166	15	27	10	218	14
Haushalte / Kläranlagen Oberflächenablauf	21	1	6	135	163	10
Summe [Gg N a^{-1}]	412	464	123	569	1568	100
Anteil [%]	26	30	8	36	100	

*Enthält auch urbane Systeme sowie den gesamten Oberflächenabfluss, da derzeit keine Aufteilung in landwirtschaftliche und sonstige Flächen möglich ist. Die Luftemissionen beinhalten Feuerungsanlagen in Haushalten.

wirtschaft – nicht zur Anwendung. Diese regelt lediglich die „gute fachliche Praxis der Düngung", d. h. welche Dungmengen die Landwirte wann und wie auf die Flächen ausbringen dürfen. Um besser nachvollziehen zu können, was hier geregelt bzw. nicht geregelt wird, drängt sich die **Analogie** zur Straßenverkehrsordnung auf. Hier wird geregelt, auf welchen Straßen welche Grenzwerte bei den Fahrgeschwindigkeiten von den Verkehrsteilnehmern nicht überschritten werden dürfen und welche Höhe an Bußgeld bei Verstößen fällig wird. Auch wird geregelt, welche Grenzwerte an CO_2-Ausstoß pro gefahrene Kilometer die Fahrzeuge nicht überschreiten dürfen (EU 2016). Demgegenüber wird durch die Düngeverordnung geregelt, wie viel Treibstoff (Düngemittel) für unterschiedliche Flächen für die maximal zu erwartende Ertragsleistung eingesetzt werden dürfen. Nicht geregelt ist dagegen, welche Mengen an Schadstoffen von den Betrieben pro erzeugte Produkteinheit maximal in die Umwelt freigesetzt werden dürfen.

Emissionen finden jedoch nicht nur im Zusammenhang mit der Düngung, sondern auch bei Umsetzungsprozessen im Stall und bei der Dunglagerung statt. Hier kommt es vor allem zu gasförmigen Austrägen und zu Luftverunreinigungen. Mit der Unterzeichnung des Göteborg-Protokolls 1999 der Genfer Luftreinhaltekonvention sowie der europäischen Richtlinie 2001/81/EG des Europäischen Parlaments und Rates im Jahr 2001 hat sich Deutschland dazu verpflichtet, eine nationale Höchstgrenze für die Emissionen diverser luftgetragener Schadstoffe einzuhalten. Gemäß der nationalen Emissionsreduktionsverpflichtung (NEC-Richtlinie) soll es bis zum Jahr 2030 zu einer 29-prozentigen Minderung des Schadstoffaustrags von Ammoniak gegenüber den Werten des Jahres 2005 kommen. Darüber hinaus sollen die Emissionen von Schwefeldioxid um 58 %, von Stickstoffoxiden um 65 %, von flüchtigen organischen Verbindungen ohne **Methan** um 28 % und beim Feinstaub (PM 2,5) um 43 % sinken. Werden die Minderungsziele bis zum Jahr 2030 nicht erreicht, drohen Strafzahlungen in beträchtlicher Größenordnung. Damit geraten die Landwirte nicht nur wegen der Düngeverordnung unter einem erheblichen Handlungsdruck, die Austräge von anorganischen Nr-Verbindungen zu reduzieren.

Ungemach droht den Landwirten noch von anderer Seite. Bei den gasförmigen Freisetzungen geht es nicht nur um die Minderung von Schadgasen im Stall und in der Region sowie um die Luftreinhaltepolitik in der EU, sondern auch um die Einhaltung des Kyoto-Protokolls bzw. des Pariser Klimaabkommens. Auch hier ist die Bundesrepublik gefordert, den gegenüber der Weltgemeinschaft eingegangenen Verpflichtungen zur Reduzierung der Freisetzung von Treibhausgasen nachzukommen. Das im Dezember 2015 beschlossene Übereinkommen des Pariser Klimaabkommens, das am 04.11.2016 in Kraft getreten ist, nimmt alle Unterzeichnerländer in die Pflicht. Damit verbunden ist ein völkerrechtlich verbindliches Bekenntnis zu dem Ziel, die Erderwärmung auf deutlich unter 2 Grad (< 1,5 °C) gegenüber vorindustriellen Werten zu begrenzen. Die deutsche Bundesregierung hat sich verpflichtet, die Treibhausgasemissionen bis 2050 im Vergleich zu 1990 um 80 bis 95 % zu vermindern.

Die aus der Landwirtschaft freigesetzten **Treibhausgase** sind Methan (CH_4) und Lachgas (N_2O). Im Jahr 2018 stammten nicht weniger als 63 % der gesamten Methanund sogar 79 % der Lachgas-Emissionen in Deutschland aus der Landwirtschaft (UBA

2020c). Lachgas (N_2O) ist ein Treibhausgas, das rund 300-mal so klimaschädlich ist wie **Kohlendioxid** (CO_2); Methan (CH_4) ist rund 25-mal klimaschädlicher als CO_2. Sollen die internationalen Verpflichtungen zur Reduzierung der Treibhausgase eingehalten werden, kommt auch die Landwirtschaft nicht umhin, ihren Beitrag zu leisten und effiziente Emissionsminderungsmaßnahmen zu implementieren.

Hauptquellen für die Freisetzung von Lachgas in der Landwirtschaft sind stickstoffhaltige Düngemittel, die Exkremente der Nutztiere, atmosphärische N-Deposition sowie reaktive N-Verbindungen in Böden aus Pflanzenreststoffen und biologischer N-Fixierung von Leguminosen. Auch werden Lachgasemissionen befördert, wenn reaktive Stickstoffverbindungen wie Nitrat und Ammoniak in die umliegenden Naturräume gelangen. Aus diesen entsteht Lachgas infolge von Nitrifikations- und Denitrifikationsvorgängen. Darüber hinaus sind insbesondere auf umgewidmeten Moorböden und auf **Grünland** nach Düngung aufgrund des hohen Humusgehaltes hohe Emissionen an Treibhausgasen zu erwarten (Harris et al. 2021). Alle Maßnahmen zur Reduzierung von Lachgasemissionen basieren auf einer effizienten Nutzung von Düngemitteln durch die Vermeidung von Überdüngung und durch die Beförderung organischer Bindungsverhältnisse von Nr in mikrobieller, pflanzlicher und tierischer **Biomasse**.

Methan entsteht bei mikrobiellen Fermentationsprozessen, die unter anaeroben Bedingungen im Pansen von Wiederkäuern oder bei Zersetzungsprozessen der Exkremente in der Gülle freigesetzt werden. Darüber hinaus wird Methan durch die Abwasser- und Klärschlammbehandlung sowie die Klärschlammverwertung in der Landwirtschaft gebildet. Ferner muss davon ausgegangen werden, dass bei der Erzeugung von Methan aus pflanzlicher Biomasse und aus Exkrementen zur Energiegewinnung erhebliche Mengen an Methan in die Umwelt entweichen. Eine Verringerung der Tierbestände von Wiederkäuern und Einflüsse über die Fütterung werden allgemein als effiziente Maßnahmen eingestuft, um Methanemissionen zu verringern. Allerdings sollte auch berücksichtigt werden, dass die Methanfreisetzungen, die im Rahmen der Fermentation von pflanzlicher und damit nachwachsender Biomasse im Pansen von Kühen entstehen, aufgrund der Rezyklierungsprozesse anders zu bewerten als Methanfreisetzungen, die bei industriellen Prozessen anfallen (Jackson et al. 2020).

Abb. 6.15 gibt einen Überblick über den Ausstoß von Treibhausgasen, die zwischen 2000 und 2020 aus den Bereichen Energiewirtschaft, Industrie, Gebäude, Verkehr, Landwirtschaft und Abfallwirtschaft freigesetzt wurden. Gemäß den Angaben des Umweltbundesamtes hat Deutschland damit sein gegenüber der internationalen Gemeinschaft zugesagtes Reduktionsziel nur knapp erreicht. Die vermeintlichen Erfolge sind jedoch vor allem einem drastischen Abbau der Tierbestände in den neuen Bundesländern nach der Wiedervereinigung geschuldet. Seitdem geht die Reduzierung von Treibhausgasen aus der Landwirtschaft nur schleppend voran. Dies wird für die Landwirtschaft zu einem immer offensichtlicheren Problem. Während andere Bereiche wie die Energiewirtschaft erhebliche Einsparungen im Ausstoß von Treibhausgasen verzeichnen konnten, sind die Emissionen in der Landwirtschaft nur minimal von 69 auf 66 Mio. t CO_2-Äquivalente gesunken. Bezogen auf den Gesamtausstoß nimmt der Anteil der Treibhausgase aus der Landwirtschaft aufgrund der gegenüber anderen Branchen deutlich geringeren Reduktionserfolge sukzessive zu und erhöht damit den Druck auf die Landwirtschaft, ihren Beitrag zum Klimaschutz zu leisten.

Zwar ist der Beitrag der Landwirtschaft am Gesamtausstoß von Treibhausgasen vergleichsweise gering. Bei den bisherigen Berechnungen bleibt allerdings unberücksichtigt, dass die Landwirtschaft auf umfängliche Ressourcen in den vor- und nachgelagerten Bereichen zurückgreift. Hierzu gehört beispielsweise die energieaufwendige Erzeugung von Mineraldüngemitteln, die statt der Energiewirtschaft der Landwirtschaft anzulasten wäre.

Während andere Branchen über diverse technische Optionen verfügen, die Emissionen von Treibhausgasen zu reduzieren, sind diese Optionen im Bereich der Landwirtschaft eher begrenzt. Zwar können durch Filteranlagen Nr-Verbindungen herausgefiltert oder durch die Behandlung von Gülle die Emissionen von Nr verringert werden. Neben den beträchtlichen finanziellen Aufwendungen für End-of-pipe-Technologien, führen sie nicht zu einer Lösung des Problems, sondern lediglich zu einer Verlagerung. Werden die Emissionen in einem Abschnitt der Prozesskette reduziert, können sie an anderen Stellen umso größer ausfallen.

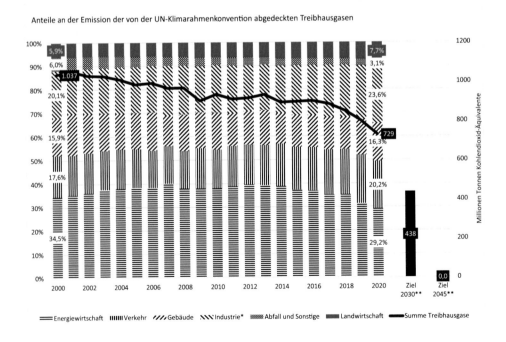

Abb. 6.15 Anteil der Landwirtschaft in Deutschland am Gesamtausstoß von Treibhausgasen in den beiden zurückliegenden Jahrzehnten. (Quelle: Umweltbundesamt, Nationale Treibhausgas-Inventare 1990 bis 2020 (Stand 01/2022; UBA 2022))

Die Freisetzungen von Nr-Verbindungen basieren in der Landwirtschaft nicht auf technischen, sondern auf biochemischen Prozessen. Sie fallen bei der Erzeugung von Biomasse als anorganische Zwischenprodukte an. Wenn diese nicht wieder in organischen Bindungsverhältnissen fixiert werden, entweichen sie in die Umwelt. Deshalb entscheiden nicht allein die anfallenden Mengen, sondern auch die Wechselwirkungen mit anderen Faktoren und das Ineinandergreifen von Prozessen im jeweiligen Kontext über das Ausmaß, in dem reaktive Stickstoffverbindungen freigesetzt werden. Beispielsweise bestimmt nicht die absolut vorhandene Menge an Düngemitteln darüber, wie produktiv das Wachstum der Nutzpflanzen abläuft. Maßgeblich ist, welche Mengen in welchem Verhältnis zueinander während der kurzen Vegetationsphase für die Pflanzen verfügbar sind. Das Ziel von Höchstleistungen in der Pflanzenproduktion kann nur realisiert werden, wenn das kurzfristig für die Pflanzen verfügbare Angebot an Nährstoffen so hoch wie möglich gehalten wird. Höchstleistungen gelingen nur durch **Überdüngung**. Maximale Verfügbarkeiten in der kurzen Vegetationsphase werden mit einem deutlichen Überhang in den übrigen Phasen erkauft, in denen ein relevanter Anteil der löslichen Nährstoffe durch Auswaschungsprozesse ins Oberflächen- und Grundwasser verloren gehen. Werden im Bemühen um weitere Produktivitätssteigerungen bei der Erzeugung von Biomasse die Optima der Aufwand-Nutzen-Relationen überschritten, resultiert daraus zwangsläufig eine exponentielle Steigerung in der Freisetzung ungenutzter Stoffe (s. Abschn. 6.2.1).

6.3.3 Schadstoffe in der Hydrosphäre

Die Nutztierhaltung erzeugt mehr als dreimal so viel Abwasser als alle Menschen in Deutschland zusammen. Neben den großen Mengen an Exkrementen tragen hier auch die Wassermengen bei, welche für die Reinigung von Stalleinrichtungen und Melkstände verwendet werden. Diese immensen Mengen müssen entsorgt werden. Der Anteil, der wieder in mikrobielle und pflanzliche Biomasse rezykliert wird, bereitet keine Sorgen. Es ist der Anteil, der gasförmig oder in Wasser gelöst in die Umwelt gelangt. Einem hohen Grad der Wiederverwertung stehen insbesondere ökonomische Gründe entgegen. Der Zukauf von synthetisch hergestellten Produktionsmitteln gestaltet sich häufig kostengünstiger als die Prozesse des Rezyklierens. Erschwerend kommt hinzu, dass die Abwasserproduktion der Tierhaltung das ganze Jahr über anfällt, während die Vegetation und damit der Bedarf an verwertbaren Stoffen zeitlich eng begrenzt ist. Hinzu kommt, dass die Produktion von Futterpflanzen häufig räumlich getrennt von deren Verwertung in den Nutztierställen erfolgt und damit einer umfassenden Rückführung, der Exkremente und der nicht verwerteten Reststoffe auf die Ursprungsflächen entgegensteht.

Die weitaus größten Anteile der Wasserverschmutzung gehen von Stickstoff- und Phosphor-Verbindungen aus. Demgegenüber werden Kohlenstoff-**Verbindungen** in der Regel von den Mikroben in den Gewässern effizient abgebaut. Die Bedeutung von N- und P-Verbindungen geht aus dem Mengenverhältnis hervor, welches die biologischökologischen Verhältnisse in den Gewässern charakterisieren (Reichholf 2004, 82 f.). Günstige Wasserbedingungen sind durch das Verhältnis der Anteile von 106 C zu 16 N zu 1 P gekennzeichnet. Dementsprechend ist **Phosphor** der Faktor, der maßgeblich die Wasserqualität bestimmt. Sobald die Gehalte an Kohlenstoff und/oder Stickstoff von dem Mengenverhältnis abweichen, entsteht im Verhältnis zum Phosphor eine Überschuss- oder Mangelsituation.

Die größten anthropogen verursachten Beeinträchtigungen der Qualität von **Oberflächengewässern** resultieren aus übermäßigen Freisetzungen von N und P durch Düngung bzw. Entsorgung von Abfall- und Reststoffen aus der Nutztierhaltung. Die Versuche, die Überschuss- und damit Austragsmengen an anorganischen N-Verbindungen durch gesetzliche Regelungen einzugrenzen, nehmen ihren Ausgang mit der sogenannten Nitratrichtlinie (Monteny 2001). Erhöhte Nitratgehalte im **Grundwasser** und die damit einhergehende Gefährdung der Verbraucher war bereits im Jahr 1991 Anlass für die EU Kommission, hier gegenzusteuern und einen maximal zulässigen Grenzwert von 50 mg/ Liter Wasser festzulegen. Dieser Grenzwert sollte in allen europäischen Ländern an den eingerichteten Messstellen eingehalten werden. Allerdings ist der Umsetzung der gesetzlichen Vorgaben ernüchternd. Auch 30 Jahre nach Inkrafttreten der gesetzlichen Vorgabe wird der Grenzwert in vielen Regionen in Europa und auch in Deutschland weiterhin und zum Teil immer noch deutlich überschritten (BMUB 2017).

In Deutschland wurden zwei verschiedene Messnetze zur Beurteilung der Nitratgehalte im Grundwasser etabliert: das EUA-Messnetz und das NRL-Messnetz. Das EUA-Messnetz dient zur Berichterstattung an die Europäische Umweltagentur EUA. Die ausgewählten Messstellen sollen die Verteilung der Landnutzungen (Siedlung, Wald, Grünland, Acker und Sonderkulturen) in den Bundesländern und somit auch in ganz Deutschland repräsentativ abbilden. Insgesamt werden 1215 Messstellen regelmäßig beprobt. Das NRL-Messnetz umfasst nach der Nitratrichtlinie die Landnutzungen Acker, Grünland und Sonderkulturen. Laut Nitratbericht beschreibt es repräsentativ den Einfluss der landwirtschaftlichen Nutzung auf die Beschaffenheit des oberflächennahen Grundwassers (BMEL 2016). Die 692 ausgewählten NRL-Messstellen sind Teil des EUA-Messnetzes. Im EUA-Messnetz sind im Vergleich der Zeitperioden 2008 bis 2011 und 2012 bis 2014 nur geringfügige Verbesserungen eingetreten. Die Werte über 50 mg Nitrat/l liegen aktuell bei 18,1 % der Messstellen. Im NRL-Messnetz überschreiten 28 % der Messstellen den Nitratgrenzwert. Auch hier sind laut Nitratbericht Verbesserungen nur in sehr geringem Umfang eingetreten. Wegen der hohen Nitratbelastung sind nur 64 % der Grundwasserkörper als Haupttrinkwasserressource in einem guten chemischen Zustand.

Die EU-Kommission hat nach wiederholten Ermahnungen ein Vertragsverletzungsverfahren gegen die Länder angestrengt, bei denen bislang keine substanziellen Verbesserungen eingetreten sind. Klagen der betroffenen Länder gegen das Verfahren wurden bereits vom Europäischen Gerichtshof zurückgewiesen. Für die Trinkwasseraufbereitung müssen die Wasserwerke sehr umfangreiche und kostenträchtige Maßnahmen ergreifen, die sie notgedrungen den Verbrauchern in Rechnung stellen, obwohl die

Verursacher und die Ursachen in der derzeitigen Form der Landbewirtschaftung und wirtschaftlichen Rahmenbedingungen liegen. Die Nitratproblematik zeigt, dass es trotz eines gesetzlich fixierten Grenzwertes nur unzureichend gelingt, die vor allem von landwirtschaftlichen Betrieben zu verantwortenden Verunreinigungen des Grundwassers einzugrenzen. Dies hat zum einen etwas mit dem politischen Unwillen zu tun, konsequent gegen die Interessen der Agrarwirtschaft vorzugehen. Diese werden von den Interessensvertretern nicht nur lautstark vorgetragen, sondern auch mit Protestaktionen und Machtdemonstrationen verknüpft.

Die weltweiten Ausbringungsmengen von **Phosphor** über die Anwendung von Düngemitteln belaufen sich gegenwärtig auf 14,2 Tetragramm P pro Jahr (MacDonald et al. 2011). Dabei konzentrieren sich hohe P-Austräge auf wenige Regionen der Welt mit sehr intensiver Landbewirtschaftung. Eine bessere Verteilung der Phosphoranwendung und eine bessere Phosphorversorgung P-armer Böden würde nicht nur die Freisetzungsmengen reduzieren, sondern auch die globalen pflanzlichen Ertragsmengen erhöhen. Zusammen mit den emittierenden Stickstoffverbindungen verursachen die Austräge von Phosphorverbindungen einen insgesamt eher schlechten Gewässerzustand. Gemäß einer im Jahr 2017 vom Umweltbundesamt veröffentlichten Zustandsbewertung (UBA 2017) sind nur 9 % der Fließstrecke der natürlichen Flüsse und Bäche in einem guten oder sehr guten ökologischen Zustand. Von den erheblich veränderten Gewässern wie Talsperren und den künstlichen Gewässern weisen sogar nur 2,2 bzw. 5 % ein gutes ökologisches Potenzial auf. Für die Seen ist das Ergebnis besser: 26,3 % von 732 Seewasserkörpern in Deutschland erreichen den guten oder sehr guten ökologischen Zustand bzw. das gute ökologische Potenzial. Bei den Übergangs- und Küstengewässern ist jedoch keiner der 80 Wasserkörper in einem guten ökologischen Zustand. An der deutschen Ostseeküste wurden im Jahr 2015 von den 44 Wasserkörpern 15 als „mäßig“, 14 als „unbefriedigend“ und 15 als „schlecht“ eingestuft (UBA 2018b). Keiner der Wasserkörper erreichte einen guten oder sehr guten Zustand. Der allgemein schlechte Zustand der Ostsee resultiert überwiegend aus dem übermäßigen Eintrag von Nährstoffen über die einmündenden Flüsse. Dies führt insbesondere in Küstennähe zu Eutrophierungseffekten. Hinzu kommt, dass die Ostsee aufgrund ihres Binnenmeercharakters und des geringen Wasseraustausches mit der Nordsee besonders empfindlich gegenüber Eutrophierung ist. Ursächlich für die hohe Nährstoffbelastung von Grundwasser, Flüssen, Seen, Küsten- und Meeresgewässern sind maßgeblich die Einträge aus landwirtschaftlich genutzten Flächen.

Die Folgen dieser Einträge sind unter anderem ein überschießendes Algenwachstum in Flüssen, Seen, Mündungsgebieten und Meeresküsten. Einige der Algen erzeugen ein Toxin, das für Fische und auch für den Menschen gefährlich ist. Insbesondere entzieht das Algenwachstum dem Wasser Sauerstoff, der dann den anderen Lebewesen im Wasser fehlt (Rabalais 2002). Besorgniserregend sind überdies die stofflichen Belastungen durch schwer abbaubare Chemikalien, **Pestizide** und Arzneimittel. Für einige Pestizide werden die Umweltqualitätsnormen für Oberflächengewässer überschritten.

6.3.4 Veränderungen in der Lithosphäre

Die Lithosphäre ist die äußerste Schicht des Erdkörpers und umfasst die Erdkruste und den äußersten Teil des Erdmantels. Die Erdkruste ist quasi die feste Schale der Erde und im Durchschnitt 35 km mächtig. Der oberste und fruchtbarste Horizont des Bodens ist die sehr dünne Schicht des „Mutterbodens". In den warmgemäßigten Breiten ist sie etwa 20 bis 30 cm dünn; sie kann jedoch regional sehr stark variieren. Böden im Allgemeinen und Mutterboden im Besonderen sind die Lebensgrundlage für Pflanzen, Tiere und Menschen. Die Verfügbarkeit ist nicht nur begrenzt, sondern wird durch Erosion, Versiegelung, Eintrag von Giftstoffen und anderen Raubbau weiter dezimiert. Im Gegensatz zu tiefer liegenden Bodenhorizonten enthält der Mutterboden neben den mineralischen Hauptbestandteilen (Feinsand, Schluff und Ton) einen hohen Anteil an Nährstoffen (insbesondere Stickstoff) und organischer Substanz (**Humus**) sowie eine große Menge an Bodenlebewesen (Edaphon). Der Humus ist Teil der gesamten organischen Bodensubstanz. Der Anteil und die Zusammensetzung des Humus, unterliegt vor allem dem Einfluss und der Aktivität der Bodenorganismen. Diese tragen durch ihren Stoffwechsel laufend zum Auf-, Um- oder Abbau des Humus bei. Humus besteht aus einer Vielzahl komplexer organischer Verbindungen. Diese unterscheiden sich erheblich in ihrer enzymatischen Abbaubarkeit durch Mikroorganismen. Während niedermolekulare Kohlenhydrate und Proteine schnell zersetzt werden, werden faserhaltige Verbindungen wie Cellulose, Hemicellulose oder Lignin viel langsamer abgebaut. Durch die enzymatische Aufspaltung organischer Fragmente werden einfache anorganische Komponenten freigesetzt (= Mineralisierung), von denen sich die Pflanzen ernähren.

Für die Menschen sind Böden als landwirtschaftlich nutzbare Flächen unverzichtbar. Wegen der überragenden Bedeutung für Mensch und Umwelt sind Böden im deutschen Bodenrecht als schutzwürdig eingestuft und den Schutzgütern Wasser und Luft gleichgestellt. Allerdings ist die Schutzwürdigkeit des Bodens, im Vergleich zu anderen Aspekten des Naturschutzes, historisch jung. Der Bodenschutz hat allgemein das Ziel, das Schutzgut Boden vor schädlichen Veränderungen (Bodenschäden, Verlust von Bodenfunktionen) möglichst weitgehend zu schützen oder, wie § 1 BBodSchG beschreibt, „nachhaltig die Funktionen des Bodens zu sichern oder wiederherzustellen". Wesentliche Aspekte des Bodenschutzes sind die Verringerung der Erosion und Auswaschung, der Erhalt von Humus sowie der Schutz vor Bebauung, Kontamination und Verdichtung.

Durch unsachgemäße menschliche Landnutzung, zum Beispiel Entfernung der schützenden Vegetation durch Überweidung oder Abholzung, kann eine übermäßige Erosion von Böden hervorgerufen werden. Besonders problematisch ist der Verlust des Mutterbodens. Anhaltende Bodenerosion hat zunächst eine Verschlechterung der Qualität des Bodens (Bodendegradation) zur Folge. Seit 1945 summiert sich die von Bodendegradation betroffene Fläche auf weltweit mehr als 1,2 Mrd. ha – das entspricht der gemeinsamen Landfläche von China und Indien (Montgomery 2012, 174 f.). Die Degradation kann bis zum vollständigen Verlust der landwirtschaftlichen Nutzbarkeit des Bodens (Bodendevastierung) führen. Es wird geschätzt, dass sich der Verlust von Oberboden durch Erosion pro Jahr weltweit auf etwa 23 bis 26 Mrd. t beläuft. Dies entspricht einem jährlichen Verlust von nicht ganz einem Prozent der landwirtschaftlich nutzbaren Böden. Wenn sie nicht durch Anhaftungsformen und Schutzmaßnahmen daran gehindert werden, können Bestandteile der Böden durch Auswaschung und durch Wind besonders leicht abgetragen werden. So mindert vor allem die Durchwurzelung mit Pflanzenwurzeln die erodierenden Wirkungen von Wind, Regen und Oberflächenabfluss. Je geringer die Bodenbedeckung ist, desto größer ist die Gefahr der Erosion. Der Schutz gegen Regenerosion beruht auf dem Effekt, dass Wassertropfen durch den Aufprall auf die bodenbedeckende Schicht abgebremst werden und so weniger kinetische Energie beim Aufprall auf den Boden haben. Ein hoher Grad an Bodenbedeckung bremst außerdem den Wind unmittelbar über der Bodenoberfläche und mindert so Winderosion. Zwar können sich Böden neu bilden oder regenerieren, dieser Prozess läuft jedoch überaus langsam ab.

Weltweit betrachtet muss die gegenwärtige Entwicklung der Böden als besorgniserregend eingestuft werden: Die bereits weitgehend in Kultur genommene landwirtschaftlich nutzbare Fläche ist zunehmend von Bodenschäden durch Erosion, Versalzung, Desertifikation, Kontamination etc. betroffen (Amelung et al. 2020). Dazu kommen Probleme, wie das Wachstum der Städte (Versiegelung). Im Zusammenhang mit der weiter ansteigenden Weltbevölkerung ist davon auszugehen, dass sich der pro Erdbewohner verfügbare Boden von 2012 bis 2050 halbieren wird. In Europa sind ca. 16 % der gesamteuropäischen Bodenfläche (~1.000.000 km^2) durch (Wasser-)Erosion bedroht (EU 2011). Auch die Böden in Deutschland zeigen seit Langem Verdichtungs- und Erosionsschäden. Bereits 1994 wies der Wissenschaftliche Beirat der Bundesregierung Globale Umweltveränderungen (WBGU 1994) in seinem „Jahresgutachten zur Gefährdung der Böden" auf nachweisbare Symptome der Bodendegradierung, wie Hochwasser, Bodenerosion, Bodenverdichtung, Verringerung der Grund- und Oberflächengewässerqualität, Minderung der Bodenfruchtbarkeit und in der Folge Abnahme der Pflanzengesundheit und Anstieg des Mineraldünger- und Pflanzenschutzmittelaufwands hin. Eine Studie aus dem Jahr 2015 weist aus, dass ca. 50 % der Ackerfläche Deutschlands erosionsgefährdet sind (UBA 2020b). Der regelmäßige Bodenabtrag ist aber meist so gering, dass er akut kaum auffällt. Ein anderes Problem hierzulande ist der enorme Flächenverbrauch durch Bebauung. Im Schnitt (2018) verliert Deutschland täglich 56 ha Boden (75 Fußballplätze) an Straßenbau und Neubausiedlungen (UBA 2018a).

Die Kapazität der Böden zur Akkumulation von Rest- und Schadstoffen aus der landwirtschaftlichen Erzeugung ist begrenzt. Entsprechend emittieren die Stoffe, die nicht über Mikroben, Pflanzen oder Tiere organisch gebunden werden und im landwirtschaftlichen Betriebssystem verbleiben, entweder über die Verlagerungen im Boden in Richtung Grund- oder Oberflächengewässer oder über die Luft in die Umwelt. Auf der anderen Seite enthält allein die Mutterbodenschicht europäischer Böden eine geschätzte Gesamtmenge von 75 Mrd. t Kohlenstoff und ist damit ein riesiger Kohlenstoffspeicher. Ein Bericht der EU-Kommission führt dazu aus:

„Wenn man bedenkt, dass die gesamten jährlichen Emissionen von CO_2 in der EU knapp über 4 Mrd. Tonnen liegen, hätte ein Entweichen von nur einem Bruchteil des Kohlenstoffs im Boden in die Atmosphäre bedeutende Auswirkungen auf die Bemühungen, den Klimawandel zu bekämpfen. Eine Freisetzung von nur 0,1 % des Kohlenstoffs, der jetzt in europäischen Böden enthalten ist, würde den jährlichen Emissionen von 100 Mio. Autos entsprechen (EU 2011)."

In terrestrischen Ökosystemen liegt Kohlenstoff in organischen Verbindungen sowohl in der lebenden Biomasse als auch im **Humus** der Böden vor. Dies eröffnet diverse Spielräume, mit einem Anstieg der Wurzelbiomasse und der Humusgehalte, die Kohlenstoffvorräte im Boden zu erhöhen und eine Kohlenstoffsenke zu bilden. Hier zeigt sich wieder einmal die Ambivalenz der landwirtschaftlichen Produktionsprozesse in ihren Vor- und Nachteilen für übergeordnete Anliegen des Gemeinwesens. Die Aufrechterhaltung bzw. eine Vermehrung des Humusgehaltes und ein Anstieg der Wurzelbiomasse kann nicht ohne eine sorgfältig abgestimmte Fruchtfolge zwischen humusmehrenden und humuszehrenden Pflanzen und nicht ohne die Bereitstellung organischer Düngematerialien wie Wirtschaftsdünger gewährleistet werden. Dies wiederum läuft einer Strategie zuwider, die allein auf Produktivitätssteigerungen setzt.

Ableitungen

Die obigen Ausführungen machen deutlich, in welchem Ausmaß von den landwirtschaftlichen Produktionsprozessen bereits über viele Jahrzehnte beträchtliche **Schadwirkungen** ausgehen. Die Schadwirkungen betreffen alle Umweltsphären und entfalten in ihrer Gesamtheit ein Zerstörungspotenzial, das bislang noch nicht ins öffentliche Bewusstsein vorgedrungen ist. Die Gründe dafür sind vielfältig. Zum einen wird in den bisherigen Debatten in der Regel auf Einzelaspekte wie den CO_2-Ausstoß fokussiert, während die äquivalenten Wirkungen von reaktiven N-Verbindungen, die vor allem aus der Landwirtschaft stammen, nicht hinreichend mitbedacht werden. Des Weiteren sind sowohl die Austrittswege aus den Betriebssystemen als auch die -mengen sehr diffus und sehr variabel zwischen den einzelnen Betrieben. Es bedürfte folglich einer umfassenden einzelbetrieblichen Saldierung von Stoffausträgen, um hier zu belastbaren Einschätzungen zu gelangen. Hinzu kommt, dass die landwirtschaftlichen Produktionsprozesse eine ambivalente Wirkung entfalten. Die Produktion großer Mengen an Nahrungsmitteln zu niedrigen Kosten ist immer noch das für die wirtschaftliche Existenzsicherung prioritäre Ziel der Primärerzeuger. Unterstützt werden sie dabei von der Agrarpolitik und von diversen Interessensgruppen (s. Kap. 7). Angesichts der komplexen Sachverhalte gelingt es nicht nur den Landwirten, sondern allen beteiligten und profitierenden Akteuren relativ leicht, die mit niedrigen Verkaufspreisen im Zusammenhang stehenden unerwünschten Schadwirkungen weitgehend auszublenden.

Die Austräge von Schadstoffen aus landwirtschaftlichen Betriebssystemen in die Umwelt sind das Ergebnis komplexer Wechselwirkungen zwischen innerbetrieblichen und externen Faktoren. Das Ergebnis der Interaktionen ist in hohem Maße kontextabhängig und damit nicht verallgemeinerungsfähig. Entsprechend können keine Verbesserungen auf normativem Wege, beispielsweise über ordnungspolitische Maßnahmen, erwartet werden. Die Grenzen der Belastbarkeit sind häufig nicht nur lokal und regional, sondern längst auch global überschritten. Dies gilt sowohl für das Zerstören der Biodiversität als auch für die Überlastung der Böden, der Luft, sowie der Oberflächengewässer mit übermäßigen Austrägen insbesondere von reaktivem Stickstoff aus der Landwirtschaft (Steffen et al. 2015). Die Verantwortlichen in der Agrarwirtschaft und in der Agrarpolitik haben bislang kaum auf das Ausmaß der Schadwirkungen reagiert, das von den landwirtschaftlichen Produktionsprozessen ausgeht und für das sie mitverantwortlich sind. Die seit Jahrzehnten ungelösten Probleme der Nitratgehalte im Grundwasser und die bislang nur minimale Reduzierung von Treibhausgasen aus der Landwirtschaft belegen, wie wenig bislang zum Positiven gewendet werden konnte. Während in anderen Bereichen und Wirtschaftsbranchen die Umwelt- und Klimabelastungen zum Teil deutlich reduziert werden konnten, erhöht sich der prozentuale Anteil der Landwirtschaft an den Gesamtbelastungen. Die Erzeugung von lebensnotwendigen Nahrungsmitteln schützt die Agrarbranche nicht vor den Zumutungen gesamtgesellschaftlicher Anforderungen. Dies gilt erst recht, wenn die Nahrungsmittel nicht knapp sind, sondern für den Großteil der Bevölkerung ein Gut von minderem Wert, mit dem man sehr verschwenderisch umgeht.

Konflikte zwischen Partikular- und Gemeinwohlinteressen betreffen auch andere Branchen. Der Grad an Komplexität der Produktionsprozesse sowie die Heterogenität der einzelbetrieblichen Verhältnisse sind allerdings nirgendwo größer. Auch sind in keiner anderen Branche in vergleichbarer Weise die Rest- und Abfallstoffe zugleich Produktionsmittel für nachfolgende Produktionsprozesse in einem fortwährenden innerbetrieblichen **Stoffkreislauf**. Dieser Kreislaufprozess, in dem die Nährstoffe vom Boden über die Pflanzen zu den Tieren transformiert und die ungenutzten Futterstoffe über die Exkremente wieder dem Boden zurückgeführt werden, prädestinieren die Landwirtschaft in besonderer Weise für das **Rezyklieren** von Nährstoffen in einem Agrarökosystem.

Diejenigen, die sich noch immer von einer Regulierung der Stoffausträge über die Düngeverordnung eine Lösung der Problemlage versprechen, verkennen oder ignorieren das Kernproblem des Konfliktes. Das agrarwirtschaftliche Marktsystem nötigt den Betrieben weitere Produktivitätssteigerungen ab, um im globalen Wettbewerb bestehen und die wirtschaftliche Existenz sichern zu können. Erhöhte Nährstoffimporte in und erhöhte Schadstoffausträge aus den Betrieben in die Umwelt sind die zwangsläufige Folge der wirtschaftlichen Rahmenbedingungen. Das Wirtschaftssystem bietet keine substanziellen Anreize für ein umweltverträgliches Verhalten. Im Gegenteil werden diejenigen im Wettbewerb benachteiligt, welche sich über diverse Maßnahmen und Mehraufwendungen um eine Verringerung der Stoffausträge bemühen, ohne dass sich dies wirtschaftlich rechnet. Dagegen verschaffen sich diejenigen, welche sich Aufwand, Kosten und Mühen für die Reduzierung von Stoffausträgen ersparen, einen Wettbewerbsvorteil zu Lasten der Mitbewerber, vor allem aber der Gemeinwohlinteressen.

Die Ausmaße an Schadwirkungen sind betriebsindividuell sehr unterschiedlich. Es ist die weitgehende Außerkraftsetzung des Verursacherprinzips, welches neben einer unzureichenden Inkraftsetzung von wirtschaftlichen Anreizen einer dringend notwendigen Neuorientierung und einer wirksamen Reduzierung der Beeinträchtigung von Gemeinwohlinteressen im Wege steht. Der landwirtschaftliche Betrieb repräsentiert das Bezugssystem für die Beurteilung der von einem Betrieb ausgehenden Umweltbelastungen. Zugleich ist der Betrieb das Bezugssystem für die Menge an Verkaufsprodukten. Aus der Perspektive des Gemeinwesens ist vor allem die Relation maßgeblich zwischen dem Umfang der Stoffmengen, die in das Betriebssystem importiert werden und denjenigen, die als Verkaufsprodukte und als Schadstoffe das Betriebssystem wieder verlassen. Damit ist die Effizienz der Ressourcennutzung sowohl im Hinblick auf die Erzeugung von Nahrungsmitteln als auch im Hinblick auf die Reduzierung von Stoffausträgen in die Umwelt als die maßgebliche Kenn- und Zielgröße adressiert, welche die gemeinsame Schnittmenge zwischen Gemeinwohl- und den Partikularinteressen der Primärerzeuger repräsentiert. Zugleich können damit die häufig ins Feld geführten Konflikte zwischen ökonomischen und ökologischen Anforderungen einer tragfähigen Lösung zugeführt werden.

Literatur

Alban L, Petersen JV, Busch ME (2015) A comparison between lesions found during meat inspection of finishing pigs raised under organic/free-range conditions and conventional, indoor conditions. Porcine Health Manage. 1(1):1–11. https://doi.org/10.1186/2055-5660-1-4

Amelung W, Bossio D, de Vries W, Kögel-Knabner I, Lehmann J, Amundson R, Bol R, Collins C, Lal R, Leifeld J, Minasny B, Pan G, Paustian K, Rumpel C, Sanderman J, van Groenigen JW, Mooney S, van Wesemael B, Wander M, Chabbi A (2020) Towards a global-scale soil climate mitigation strategy. Nat Commun 11(1):1–10. https://doi.org/10.1038/s41467-020-18887-7

Baker NJ, Bancroft BA, Garcia TS (2013) A meta-analysis of the effects of pesticides and fertilizers on survival and growth of amphibians. Sci Total Environ 449:150–156. https://doi.org/10.1016/j.scitotenv.2013.01.056

Battye W, Aneja VP, Schlesinger WH (2017) Is nitrogen the next carbon? Earth's future 5(9):894–904. https://doi.org/10.1002/2017EF000592

Bäurle H, Tamásy C (2022) Regionale Konzentrationen der Nutztierhaltung in Deutschland. Institut für Strukturforschung und Planung n agrarischen Intensivgebieten (ISPA) • Universität Vechta. Mitteilungen(79). https://www.uni-vechta.de/fileadmin/user_upload/ISPA/ Publikationen/ISPA_Mitteilungen/ISPA_Mitteilungsheft_79.pdf. Zugegriffen: 09. Jan. 2022

Birmingham CL, Muller JL, Palepu A, Spinelli JJ, Anis AH (1999) The cost of obesity in Canada. CMAJ 160(4):483–488

Blume L, Hoischen-Taubner S, Sundrum A (2021) Alfalfa-a regional protein source for all farm animals. Landbauforsch 71(1):1–13. https://doi.org/10.3220/LBF1615894157000

Bostelmann N (2000) Untersuchung über den Einfluß von Vermarkterorganisationen auf die Tiergesundheit und Fleischqualität von Mastschweinen anhand der am Schlachtbetrieb erhobenen Organbefunde, pH-Werte und Schinkenkerntemperaturen. Dissertation, Berlin

BLE – Bundesanstalt für Landwirtschaft und Ernährung (2018) Düngeverordnung 2020; Stand September 2020(1756/2020). https://www.ble-medienservice.de/1756/duengeverordnung-2020

BLE – Bundesanstalt für Landwirtschaft und Ernährung (2020) Bericht zur Markt- und Versorgungslage Futtermittel 2020. Referat 413 Marktinformation, Kritische Infrastruktur Landwirtschaft. https://www.ble.de/SharedDocs/Downloads/DE/BZL/Daten-Berichte/ Futter/2020BerichtFuttermittel.pdf?__blob=publicationFile&v=3. Zugegriffen: 09. Jan. 2022

BLE – Bundesanstalt für Landwirtschaft und Ernährung (2021) Phosphorrecycling: Wie man der Verknappung eines wichtigen Pflanzennährstoffs entgegenwirken kann. https://www.praxisagrar.de/pflanze/ackerbau/phosphorrecycling. Zugegriffen: 09. Jan. 2022

BMUB – Bundesministerium für Umwelt, Naturschutz, Bau und Reaktorsicherheit (2017) Nitratbericht 2016; Gemeinsamer Bericht der Bundesministerien für Umwelt, Naturschutz, Bau und Reaktorsicherheit sowie für Ernährung und Landwirtschaft. https://www.bmu.de/fileadmin/ Daten_BMU/Download_PDF/Binnengewaesser/nitratbericht_2016_bf.pdf. Zugegriffen: 09. Jan. 2022

Cardoso P, Barton PS, Birkhofer K, Chichorro F, Deacon C, Fartmann T, Fukushima CS, Gaigher R, Habel JC, Hallmann CA, Hill MJ, Hochkirch A, Kwak ML, Mammola S, Ari Noriega J, Orfinger AB, Pedraza F, Pryke JS, Roque FO, Settele J, Simaika JP, Stork NE, Suhling F, Vorster C, Samways MJ (2020) Scientists' warning to humanity on insect extinctions. Biol Conser 242:108426. https://doi.org/10.1016/j.biocon.2020.108426

Cassell DK, Gleaves DH (2000) The encyclopedia of obesity and eating disorders. Infobase Publishing, Facts On File, New York

COM – European Commission (2018) Report from the Commission to the Council and the European Parliament; on the development of plant proteins in the European Union (COM 757). https://ec.europa.eu/info/sites/default/files/food-farming-fisheries/plants_and_plant_products/ documents/report-plant-proteins-com2018-757-final_en.pdf

COM – European Commission (2021) Infringement Decisions. Germany. https://ec.europa.eu/ atwork/applying-eu-law/infringements-proceedings/infringement_decisions/. Zugegriffen: 09. Jan.2022

DBV – Deutscher Bauernverband, Hemmerling U, Pascher P (2019) Situationsbericht 2019/20. Trends und Fakten zur Landwirtschaft. Deutscher Bauernverband e.V, Berlin

Destatis – Statistisches Bundesamt (2017) Agrarstrukturerhebung 2016. https://www. destatis.de/DE/ZahlenFakten/Wirtschaftsbereiche/LandForstwirtschaftFischerei/ LandwirtschaftlicheBetriebe/ASE_Aktuell.html. Zugegriffen: 24. Juli 2017

Destatis – Statistisches Bundesamt (2020) Importmenge von Sojabohnen nach Deutschland in den Jahren 2008 bis 2020; zitiert nach statista.com. https://de.statista.com/statistik/ daten/studie/1139068/umfrage/importmenge-von-sojabohnen-nach-deutschland-seit-2008/. Zugegriffen: 09. Jan. 2022

Ehlers E (2008) Das Anthropozän; Die Erde im Zeitalter des Menschen. Wiss. Buchges, Darmstadt

Engels J (2015) Die „Mineralstoffwende" in der Pflanzenproduktion – eine gemeinsame Aufgabe für die Pflanzenernährung und den VDLUFA. In: Verband Deutscher Landwirtschaftlicher

Untersuchungs- und Forschungsanstalten (Hrsg) 127. VDLUFA-Kongress. Kurzfassung der Referate. VDLUFA-Verlag, Darmstadt, S 16

Erisman JW, Sutton MA, Galloway JN, Klimont Z, Winiwarter W (2008) How a century of ammonia synthesis changed the world. Nat Geosci 1(10):636–639. https://doi.org/10.1038/ngeo325

EU – Europäische Union (2011) Boden; Der verborgene Teil des Klimazyklus. Amt für Veröff. der Europ. Union, Luxemburg

EU – Europäische Union (2016) Richtlinie (EU) 2016/2284 des Europäischen Parlaments und des Rates vom 14. Dezember; über die Reduktion der nationalen Emissionen bestimmter Luftschadstoffe, zur Änderung der Richtlinie 2003/35/EG und zur Aufhebung der Richtlinie 2001/81/EG. Amtsblatt der Europäischen Union 59(L 344):1–31

EU – European Union (2017) EU agricultural outlook; for the agricultural markets and income 2017–2030. https://ec.europa.eu/info/sites/default/files/food-farming-fisheries/farming/documents/agricultural-outlook-2017-30_en.pdf. Zugegriffen: 09. Jan. 2022

Fitzgerald DK (2003) Every farm a factory; the industrial ideal in American agriculture. Yale University Press, New Haven

FAO – Food and Agriculture Organization of the United Nations (2000) food insecurity: when people live with hunger and fear starvation; Food insecurity : when people must live with hunger and fear starvation. FAO, Rome

Galloway JN, Aber JD, Erisman JW, Seitzinger SP, Howarth RW, Cowling EB, Cosby BJ (2003) The nitrogen cascade. Bioscience 53(4):341–356. https://doi.org/10.1641/0006-3568(2003)053[0341:TNC]2.0.CO;2

Grinsven HJ van, Bleeker A, Dam J van, Gaalen F van, Kruitwagen S, Schijndel M van, Sluis S van der, Tiktak A, Uyl R den, Westhoek H (2017) Current water quality ambitions in many Dutch regions incompatible with intensive agriculture. In: Dalgaard T, Olesen JE, Schjørring JK, Jensen LS, Vejre H, Andersen PS, Gundersen P, Jacobsen BH, Jensen JD, Hasler B, Termansen M, Hertel O, Brock S, Kronvang B, Svening JC, Sigsgaard T, Hansen B, Thorling L, Højberg AL, Wiborg IA, Piil K, Kjeldsen C, Graversgaard M, Hutchings N, de Vries W, Christensen J, Mukendi T (Hrsg) Innovative solutions for sustainable management of nitrogen. Proceedings from the International conference, Aarhus, Denmark, 25–28 June 2017, and the following United Nations Economic Commission for Europe Task Force on Reactive Nitrogen Meeting (TFRN-12), 29–30 June 2017. Aarhus University, Aarhus, Denmark, S 27–30

Guereña A, Riquelme Q (2013) The soy mirage: the limits of corporate social responsibility-the case of the company Desarrollo Agricola del Paraguay. Oxfam International. Oxfarm Research Reports. https://www-cdn.oxfam.org/s3fs-public/file_attachments/rr-soy-mirage-corporate-social-responsibility-paraguay-290813-en_0_0.pdf

Harris E, Diaz-Pines E, Stoll E, Schloter M, Schulz S, Duffner C, Li K, Moore KL, Ingrisch J, Reinthaler D, Li K, Zechmeister-Boltenstern S, Glatzel S, Brüggemann N, Bahn M (2021) Denitrifying pathways dominate nitrous oxide emissions from managed grassland during drought and rewetting. Science advances 7(6):eabb7118. https://doi.org/10.1126/sciadv.abb7118

Hilgers J, Heger H (2017) Auswertung belegt: Auseinanderwachsen kostet 46.000 €. In: Erzeugerring Westfalen eG (Hrsg) Jahresbericht 2017, S 82–85

Hoedemaker M, Knubben-Schweizer G, Müller KE, Campe A, Merle R (2020) Tiergesundheit, Hygiene und Biosicherheit in deutschen Milchkuhbetrieben – eine Prävalenzstudie (PraeRi). Abschlussbericht. https://www.vetmed.fu-berlin.de/news/_ressourcen/Abschlussbericht_PraeRi.pdf

Isermeyer F (1992) Optimaler Stickstoffeinsatz in der Landwirtschaft aus betriebswirtschaftlicher und volkswirtschaftlicher Sicht. Landbauforschung Völkenrode, Sonderheft 1992(SH 132):5–20

Jackson RB, Saunois M, Bousquet P, Canadell JG, Poulter B, Stavert AR, Bergamaschi P, Niwa Y, Segers A, Tsuruta A (2020) Increasing anthropogenic methane emissions arise equally from agricultural and fossil fuel sources. Environ Res Lett 15(7):71002. https://doi.org/10.1088/1748-9326/ab9ed2

Lakdawalla D, Philipson T (2002) The growth of obesity and technological change: A theoretical and empirical examination. National Bureau of Economic Research. Working Papers(8946). https://www.nber.org/papers/w8946

LWK Niedersachsen – Landwirtschaftskammer Niedersachsen (2020) Nährstoffbericht für Niedersachsen 2018/2019. Landwirtschaftskammer Niedersachsen. https://www.lwk-niedersachsen.de/services/download.cfm?file=33428. Zugegriffen: 09. Jan. 2022

MacDonald GK, Bennett EM, Potter PA, Ramankutty N (2011) Agronomic phosphorus imbalances across the world's croplands. Proc. National Academy of Sciences 108(7):3086–3091. https://doi.org/10.1073/pnas.1010808108

Millennium Ecosystem Assessment (2005) Ecosystems and human well-being; Synthesis; a report of the Millennium Ecosystem Assessment. Island Press, Washington, DC

Monteny GJ (2001) The EU nitrates directive: a European approach to combat water pollution from agriculture. TheScientificWorldJOURNAL 1(Suppl 2):927–935. https://doi.org/10.1100/tsw.2001.377

Montgomery DR (2012) Dirt; the erosion of civilizations. Univ of California Press; University of California Press, Berkeley

Mottet A, de Haan C, Falcucci A, Tempio G, Opio C, Gerber P (2017) Livestock: on our plates or eating at our table? A new analysis of the feed/food debate. Glob Food Sec 14:1–8. https://doi.org/10.1016/j.gfs.2017.01.001

Nationale Akademie der Wissenschaften Leopoldina, acatech – Deutsche Akademie der Technikwissenschaften, Union der deutschen Akademien der Wissenschaften (2020) Biodiversität und Management von Agrarlandschaften; Umfassendes Handeln ist jetzt wichtig: Stellungnahme, Halle (Saale), München, Mainz

Niggli U, Riedel J, Brühl C, Liess M, Schulz R, Altenburger R, Märländer B, Bokelmann W, Heß J, Reineke A (2020) Pflanzenschutz und Biodiversität in Agrarökosystemen. Ber. Landwirtsch. 98(1):1–39. https://doi.org/10.12767/buel.v98i1.272

Olsthoorn CS, Fong NP (1998) The anthropogenic nitrogen cycle in the Netherlands. Nutr Cycl Agroecosyst 52(2/3):269–276. https://doi.org/10.1023/A:1009724024770

Osterburg B, Schmidt T (2008) Weiterentwicklung der Berechnung regionaler Stickstoffbilanzen am Beispiel Niedersachsen. Landbauforschung–vTI Agriculture and Forestry Research 58(1–2):45–58

Pastorelli H, van Milgen J, Lovatto P, Montagne L (2012) Meta-analysis of feed intake and growth responses of growing pigs after a sanitary challenge. Animal 6: 952–961. https://doi.org/10.1017/S175173111100228X

Piekenbrock D (2018) Definition: Grenznutzen. Gabler Wirtschaftslexikon. https://wirtschaftslexikon.gabler.de/definition/grenznutzen-32826/version-256361. Zugegriffen: 19. Juli 2021

Rabalais NN (2002) Nitrogen in aquatic ecosystems. Ambio 31(2):102–112. https://doi.org/10.1579/0044-7447-31.2.102

Radon K, Schulze A, van Strien R, Ehrenstein V, Praml G, Nowak D (2005) Atemwegsgesundheit und Allergiestatus bei jungen Erwachsenen in ländlichen Regionen Niedersachsens. Pneumologie (Stuttgart, Germany) 59(12):897–900. https://doi.org/10.1055/s-2005-915572

Raschka A, Carus M (2012) Stoffliche Nutzung von Biomasse Basisdaten für Deutschland, Europa und die Welt; Erster Teilbericht zum F+E-Projekt „Ökologische Innovationspolitik – mehr Ressourceneffizienz und Klimaschutz durch nachhaltige stoffliche Nutzung von Biomasse".

nova-Institut   GmbH.   https://www.iwbio.de/fileadmin/Publikationen/IWBio-Publikationen/Stoffliche_Nutzung_von_Biomasse_nova.pdf. Zugegriffen: 09. Jan. 2022

Reichholf JH (2004) Der Tanz um das goldene Kalb; Der Ökokolonialismus Europas. Wagenbach, Berlin

Rukwied J (2018) Wir liefern bereits; interview. Die Zeit(12.04.2018)

Sánchez-Bayo F, Wyckhuys KAG, Wyckhuys KA (2019) Worldwide decline of the entomofauna: a review of its drivers. Biol Cons 232:8–27. https://doi.org/10.1016/j.biocon.2019.01.020

Schmidt T, Schneider F, Leverenz D, Hafner G (2019) Lebensmittelabfälle in Deutschland – Baseline 2015. Johann Heinrich von Thünen-Institut. Thünen-Report(71). https://literatur.thuenen.de/digbib_extern/dn061131.pdf

Schrödinger E (2001) Was ist Leben? Die lebende Zelle mit den Augen des Physikers betrachtet. Piper, München

Settele V (2020) Revolution im Stall; Landwirtschaftliche Tierhaltung in Deutschland 1945–1990. Vandenhoeck & Ruprecht, Göttingen

Smil V (2000) Feeding the world. MIT Press, Cambridge Mass. u.a, A challenge for the twenty-first century

Smil V (2002) The earth's biosphere; Evolution, dynamics, and change. MIT Press, Cambridge, Mass

Smil V (2012) Nitrogen cycle and world food production. World Agriculture 2012(2):9–13

Steffen W, Richardson K, Rockström J, Cornell SE, Fetzer I, Bennett EM, Biggs R, Carpenter SR, Vries W de, Wit CA de, Folke C, Gerten D, Heinke J, Mace GM, Persson LM, Ramanathan V, Reyers B, Sörlin S (2015) Sustainability. Planetary boundaries: guiding human development on a changing planet. Science 347(6223):1259855. https://doi.org/10.1126/science.1259855

Sundrum A (2015) Metabolic disorders in the transition period indicate that the dairy cows' ability to adapt is overstressed. Animals: an open access journal from MDPI 5(4):978–1020. https://doi.org/10.3390/ani5040395

Sundrum A (2018) Big data in der Nutztierhaltung – Potentiale und Grenzen des Nutzens. In: Verband Deutscher Landwirtschaftlicher Untersuchungs- und Forschungsanstalten (Hrsg) Kongressband 2018 Münster. VDLUFA-Verlag, Darmstadt, S 39–47

Sundrum A (2020) Schwanzbeißen – ein systeminhärentes Problem. Der Praktische Tierarzt 101(12):1213–1227. https://doi.org/10.2376/0032-681X-2046

Tamminga S (2003) Pollution due to nutrient losses and its control in European animal production. Livest Prod Sci 84(2):101–111. https://doi.org/10.1016/j.livprodsci.2003.09.008

Taube F (2016) Umwelt-und Klimawirkungen in der Landwirtschaft. Eine kritische Einordnung-Statusbericht, Herausforderungen und Ausblick. 2016. In: Deutsche Landwirtschafts-Gesellschaft (Hrsg) Moderne Landwirtschaft zwischen Anspruch und Wirklichkeit. Eine kritische Analyse: DLG-Wintertagung 2016, 11. bis 13. Januar 2016 in München. DLG-Verlag, Frankfurt a. M., S 13–38

Tsiafouli et al., 2015Tsiafouli MA, Thébault E, Sgardelis SP, Ruiter PC de, van der Putten WH, Birkhofer K, Hemerik L, Vries FT de, Bardgett RD, Brady MV, Bjornlund L, Jørgensen HB, Christensen S, Hertefeldt T d', Hotes S, Gera Hol WH, Frouz J, Liiri M, Mortimer SR, Setälä H, Tzanopoulos J, Uteseny K, Pižl V, Stary J, Wolters V, Hedlund K (2015) Intensive agriculture reduces soil biodiversity across Europe. Glob Change Biol 21(2):973–985. https://doi.org/10.1111/gcb.12752

UBA – Umweltbundesamt (2015) Reaktiver Stickstoff in Deutschland. Ursachen, Wirkungen, Maßnahmen. Fachgebiet II 4.3 – Luftreinhaltung und terrestrische Ökosysteme. https://www.umweltbundesamt.de/sites/default/files/medien/378/publikationen/reaktiver_stickstoff_in_deutschland_0.pdf. Zugegriffen: 09. Jan. 2022

UBA – Umweltbundesamt (2017) Gewässer in Deutschland; Zustand und Bewertung. https://www. umweltbundesamt.de/publikationen/gewaesser-in-deutschland. Zugegriffen: 09. Jan. 2022

UBA – Umweltbundesamt (2018a) Bebauung und Versiegelung. https://www.umweltbundesamt. de/themen/boden-landwirtschaft/bodenbelastungen/bebauung-versiegelung. Zugegriffen: 09. Jan. 2022

UBA – Umweltbundesamt (2018b) Ökologischer Zustand der Übergangs- und Küstengewässer Ostsee. https://www.umweltbundesamt.de/daten/wasser/ostsee/oekologischer-zustand-der-uebergangs. Zugegriffen: 19. Juli 2021

UBA – Umweltbundesamt (2020a) Ammoniak. https://www.umweltbundesamt.de/themen/luft/ luftschadstoffe-im-ueberblick/ammoniak. Zugegriffen: 19. Juli 2021

UBA – Umweltbundesamt (2020b) Bodenerosion durch Wasser – eine unterschätzte Gefahr? https://www.umweltbundesamt.de/themen/boden-landwirtschaft/bodenbelastungen/erosion. Zugegriffen: 09. Jan. 2022

UBA – Umweltbundesamt (2020c) Lachgas und Methan. https://www.umweltbundesamt. de/themen/boden-landwirtschaft/umweltbelastungen-der-landwirtschaft/lachgas-methan. Zugegriffen: 09. Jan. 2022

UBA – Umweltbundesamt (2022) Nationale Treibhausgas-Inventare 1990 bis 2020 (Stand 01/2022). https://www.umweltbundesamt.de/daten/umweltindikatoren/indikator-emission-von-treibhausgasen#die-wichtigsten-fakten

van Bruggen AHC, Finckh MR, He M, Ritsema CJ, Harkes P, Knuth D, Geissen V (2021) Indirect effects of the herbicide glyphosate on plant, animal and human health through its effects on microbial communities. Front Environ Sci 9. https://doi.org/10.3389/fenvs.2021.763917

van Grinsven HJM, Holland M, Jacobsen BH, Klimont Z, Sutton MA, Jaap Willems W (2013) Costs and benefits of nitrogen for Europe and implications for mitigation. Environ Sci Technol 47(8):3571–3579. https://doi.org/10.1021/es303804g

West G (2019) Scale; Die universalen Gesetze des Lebens von Organismen, Städten und Unternehmen. CH Beck, München

Wiss. Beirat – Wissenschaftlicher Beirat beim BMELF (1993) Reduzierung der Stickstoff-emissionen der Landwirtschaft; Gutachten des Wissenschaftlichen Beirats beim Bundesministerium für Ernährung, Landwirtschaft und Forsten. Landwirtschaftsverl., Münster

WBGU – Wissenschaftlicher Beirat der Bundesregierung Globale Umweltveränderungen (1994) Welt im Wandel: Die Gefährdung der Böden; Jahresgutachten 1994. https://www.wbgu.de/de/ publikationen/publikation/welt-im-wandel-die-gefaehrdung-der-boeden. Zugegriffen: 09. Jan. 2022

Wiss. Beirat – Wissenschaftlicher Beirat für Agrarpolitik beim BMEL (2015) Wege zu einer gesellschaftlich akzeptierten Nutztierhaltung. Ber. Landwirtsch.(Sonderheft Nr. 221). https:// doi.org/10.12767/buel.v0i221.82

Wolfschmidt M (2016) Das Schweinesystem; Wie Tiere gequält, Bauern in den Ruin getrieben und Verbraucher getäuscht werden. S. Fischer Verlag

World Bank (2020) Landwirtschaftliche Nutzfläche weltweit in den Jahren 1961 bis 2016 (in Tausend Quadratkilometer); zitiert nach Statista.com. https://de.statista.com/statistik/daten/ studie/181080/umfrage/landwirtschaftliche-nutzflaeche-weltweit-seit-1980/

World Bank Group (2015) Ending poverty and hunger by 2030; an agenda for the global food system. World Bank, Washington, DC. https://openknowledge.worldbank.org/ handle/10986/21771 License: CC BY 3.0 IGO

WWF – World Wide Fund for Nature (2014) The growth of Soy; impacts and solutions. WWF International. https://wwfint.awsassets.panda.org/downloads/wwf_soy_report_final_feb_4_2014. pdf. Zugegriffen: 09. Jan. 2022

Interessengruppen

7

7

Zusammenfassung

Der Realisierung von Gemeinwohlinteressen stehen häufig schwergewichtige Partikularinteressen entgegen. Die Liste der bei der Erzeugung von Nahrungsmitteln involvierten Interessengruppen ist lang. Denn nicht nur die Primärerzeuger und ihre Interessenvertreter sowie die verarbeitende Industrie und der Einzelhandel möchten die Eigeninteressen gewahrt sehen. Analoges gilt auch für die Verbraucher und ihre Vertreter sowie für die NGOs, welche über ihren Einfluss auf die Medien den öffentlichen Diskurs maßgeblich mitbestimmen. Allen Interessen kann eine gewisse Berechtigung nicht abgesprochen werden. Da jedoch die jeweiligen Interessengruppen teilweise gegensätzliche Ziele verfolgen, ist eine regulierende Instanz unabdingbar, um einen Interessenausgleich herbeizuführen. Hinsichtlich dieser Aufgabe versagt der Markt ebenso wie die Politik. Letztere verweigert sich bislang der Herausforderung, die ihr zugedachte Rolle des Vertreters der Gemeinwohlinteressen zu übernehmen und die Partikularinteressen in die Schranken zu weisen. Die Grenzen der Partikularinteressen verlaufen da, wo sie den Gemeinwohlinteressen zuwiderlaufen. Entsprechend müssen die Hinter- und Beweggründe von Partikularinteressen und die Konfliktlinien zu den Gemeinwohlinteressen ausgeleuchtet werden. Transparenz ist die naheliegende und eine dringend gebotene Strategie, um den Gemeinwohlinteressen den Weg zu ebnen und die Eigeninteressen mit übergeordneten Zielsetzungen in Einklang zu bringen. Anhand verschiedener Beispiele wird dargelegt, dass regulierende Prozesse nur iterativ funktionieren. Entsprechend sind vor allem staatlichen Institutionen gefordert, mit einer sichtbaren ordnenden Hand flankierende Maßnahmen zu ergreifen, die geeignet sind, eine Balance zwischen Partikular- und Gemeinwohlinteressen herbeizuführen.

© Der/die Autor(en), exklusiv lizenziert an Springer-Verlag GmbH, DE, ein Teil von Springer Nature 2022
A. Sundrum, *Gemeinwohlorientierte Erzeugung von Lebensmitteln,*
https://doi.org/10.1007/978-3-662-65155-1_7

287

Die Erzeugung von Nahrungsmitteln geht alle Menschen etwas an; schließlich sind alle Menschen auf eine hinreichende Verfügbarkeit von Nahrung angewiesen, ohne die sie nicht überleben können. Gleichzeitig sind alle Menschen von den Folgewirkungen der Produktionsprozesse von Nahrungsmitteln sowohl in ökonomischer wie in ökologischer Hinsicht betroffen. Allerdings variieren die Ausmaße der Betroffenheit sowie der Wahrnehmung und des Gefühls des Betroffenseins beträchtlich zwischen Individuen und unterschiedlichen Bevölkerungsgruppen. Würde man in allen Bevölkerungsgruppen eine Umfrage durchführen und die Frage stellen „Welche Form der landwirtschaftlichen Erzeugung von Nahrungsmitteln wünschen Sie sich?", dann würde vermutlich die überwiegende Mehrheit der Befragten der **Zielsetzung** zustimmen: Ausreichende Verfügbarkeit an Nahrungsmitteln zu angemessenen Preisen von hoher **Produktqualität**, bei deren Erzeugung und Verteilung nur ein geringes Maß an unerwünschten Nebenwirkungen auftreten. Ausgehend von der Prämisse eines weitgehenden Konsenses hinsichtlich der genannten Zielsetzung stellt sich die Frage, warum es in der Vergangenheit nicht gelungen ist, substanzielle Fortschritte bei der Zielannäherung zu erreichen. Realisiert wurden nur Teilziele, nämlich eine ausreichende Verfügbarkeit und ein niedriges Preisniveau. Letzteres gilt nur für die Bevölkerungsgruppen, deren Einkommen überproportional zu den Nahrungsmittelpreisen angestiegen sind. Für die Bezieher sehr niedriger Einkommen und für diejenigen, die auf Sozialhilfe angewiesen sind, werden auch die aktuellen Marktpreise für Nahrungsmittel noch als zu hoch eingestuft. Es kommt folglich sehr darauf an, aus welcher Perspektive das Preisniveau betrachtet wird. Analoges gilt für das Niveau hinsichtlich der Produkt- und **Prozessqualitäten** von Nahrungsmitteln.

Wie in den vorangegangenen Kapiteln an verschiedenen Beispielen dargelegt wurde, sind monetäre und qualitative Zielsetzungen in einem Geflecht von Wechselwirkungen und Zielkonflikten miteinander verwoben. Das Nebeneinander von synergistischen und antagonistischen Wirkungen, deren Ausprägungen zudem in hohem Maße vom jeweiligen Kontext abhängen, erzeugt eine Unübersichtlichkeit, die gedanklich nur schwer zu durchdringen und für Außenstehende kaum nachvollziehbar ist. In diesem komplexen Wirkungsgefüge ringen verschiedene Gruppierungen, die in unterschiedlicher Weise an der Erzeugung und der Verteilung von Nahrungsmitteln beteiligt sind, um Macht, Einfluss und nicht zuletzt um Geld. Interessengruppen können als eine lose Vereinigung von mehreren Personen verstanden werden, welche gemeinsame Interessen haben und diese verfolgen. Sie können sich zu Verbänden zusammenschließen, um ihre Interessen effizienter durchsetzen zu können. Nachfolgend werden Interessengruppen sowohl als Gruppe von Menschen mit ähnlichen Interessen als auch als organisierte Verbände adressiert.

Die hier vorgenommenen Einschätzungen zur Interessenslage von verschiedenen Gruppierungen sind nicht unproblematisch. Unter anderem werden **Informationen** und Teilaspekte in einer Weise ausgewählt und eingeordnet, die notgedrungen unvollständig sind. Auch kann nicht vermieden werden, dass durch die Gewichtung von Teilaspekten einer intentionalen Interpretation Vorschub geleistet wird. Wenn hier dennoch ein Blick hinter die Kulissen gewagt wird, dann wird dieses Vorgehen damit begründet, dass es sich nicht um eine abschließende, sondern um eine vorläufige Einschätzung handelt. Sie markiert einen ersten Aufschlag, bei dem über die Wirkmächtigkeit von Interessengruppen nachgedacht und eine inhaltliche Auseinandersetzung befördert werden soll. Ferner wird ins Feld geführt, dass ein Ausblenden der involvierten Interessen dem hier verfolgten Ansinnen weitaus mehr zuwiderlaufen würde als eine notwendigerweise unvollständige Wiedergabe von Informationen, die über die Gruppierungen aus öffentlichen Quellen verfügbar sind. Schließlich kann nicht über **Gemeinwohlinteressen** und über die Möglichkeiten und Grenzen der Realisierung reflektiert werden, ohne die Partikularinteressen zu adressieren, die mit Gemeinwohlinteressen im **Widerspruch** stehen. Dies schließt keineswegs aus, dass sie in Teilbereichen auch deckungsgleich sind.

Vorausschickend wird anerkannt und respektiert, dass jede Gruppierung aus der jeweiligen Perspektive Gründe für die Verfolgung spezifischer Eigeninteressen vorzubringen hat. Dies bedeutet allerdings nicht, dass die vorgebrachten Gründe auch zwingend einer kritischen Reflexion hinsichtlich der Stringenz der Argumentation standhalten und sich als plausibel erweisen im Hinblick auf die Erreichung selbstgesetzter oder übergeordneter Ziele. Die nachfolgenden Ausführungen sind von der Intention geleitet, ein besseres Verständnis für die möglichen Triebfedern der unterschiedlichen Gruppierungen im Sinne einer erhöhten Nachvollziehbarkeit herbeizuführen, bevor in einem weiteren Schritt die partikularen Interessen in Relation zu Gemeinwohlinteressen gesetzt werden.

7.1 Primärerzeuger

Die Primärerzeuger sind diejenigen, welche die Rohwaren erzeugen, die als Nahrungsmittel für den menschlichen Verzehr und/oder als Futtermittel für die Nutztiere der Weiterverarbeitung zugeführt werden. Bis die Rohwaren auf den Teller der **Verbraucher** gelangen, sind viele Zwischenschritte erforderlich und viele Interessen involviert. Lediglich bei der Verfütterung betriebseigener Futtermittel und beim Direktverkauf von Nahrungsmitteln an Konsumenten bleiben andere Interessensgruppen außen vor. Primärerzeuger entscheiden darüber, was in welcher Weise angebaut und wie genutzt wird. Faktisch sind die Primärerzeuger die eigentlichen Umwelt-, Klima-, Natur- und auch die primären Tier- und Verbraucherschützer. Es liegt in ihrer Hand, in welcher Weise und in welchem Maße Maßnahmen zum Schutz von Gemeingüter ergriffen werden bzw. auf zielführende Umsetzungen verzichtet wird. Als primäre Schützer von Gemeingütern und als primäre Verursacher von deren Beeinträchtigungen befinden sich die Primärerzeuger in einer ambivalenten Doppelrolle. Hinzu kommt, dass sie nicht nur eine aktive Rolle einnehmen. Sie können zugleich von negativen Folgewirkungen betroffen sein, sodass sie auch Opfer von Entwicklungen sind, durch welche ihr ureigenes Interesse an der wirtschaftlichen Existenzsicherung beeinträchtigt werden kann. Es ist dieser Ambivalenz geschuldet, dass es ohne eine fundierte Datenerfassung und -beurteilung nicht möglich ist, darüber zu befinden, welche Vor- und Nachteile in der jeweiligen Lage für welche Seite überwiegen.

So bedeutsam die Rolle ist, die den Primärerzeugern qua Funktion für die positiven wie für die negativen Wirkungen bei der Erzeugung von Nahrungsmitteln zuwächst, so gering ist ihr Einfluss auf die Gestaltung der wirtschaftlichen Rahmenbedingungen, in denen die Produktionsprozesse stattfinden. Ihre Nahrungsmittel beziehen die Verbraucher in der Regel vom Lebensmitteleinzelhandel bzw. über spezialisierte Fachgeschäfte oder in zubereiteter Form von der Gastronomie. Demgegenüber ist die Direktvermarktung, d. h. der direkte Transfer von Produkten, Informationen und Geld zwischen Primärerzeugern und Kunden auf Wochenmärkten und in Verkaufsläden auf den Höfen, von marginaler Bedeutung. Als Gegenmodell zu den vorherrschenden Vermarktungsformen veranschaulicht die Direktvermarktung, was Ersteren fehlt. In der Direktvermarktung erwächst aus dem direkten Kontakt zwischen Primärerzeugern und Kunden die Abwägung, welche Produkte erzeugt und zu welchen Preisen und mit welchen Zusatzinformationen versehen angeboten und nachgefragt werden. Bei der Direktvermarktung ist das jeweilige Produktangebot auf die Kundenwünsche zugeschnitten und wird angepasst, wenn sich diese verändern. Umgekehrt reagieren die Kunden auf die Zusatzinformationen, die ihnen vonseiten der Primärerzeuger, z. B. zu den Hintergründen der Erzeugungsprozesse, mitgeliefert werden. Diese machen es für die Kunden nachvollziehbar, warum gerade was geerntet wird und damit verfügbar ist und warum bestimmte Produkte derzeit kostengünstiger oder teurer angeboten werden (müssen). Der direkte Kontakt und die wechselseitige Ansprache sowie das Wissen um die jeweiligen Hintergründe ist die Basis für ein Vertrauensverhältnis zwischen Erzeuger und Konsument. Übervorteilungen der Kunden durch schlechte Produktqualitäten oder hohe Preise, die ohne hinreichende Begründung als überteuert wahrgenommen werden, werden mit Kaufzurückhaltung und Kundenverlust sanktioniert. Dadurch besteht ein wirksames Korrektiv. Positive und negative Rückkoppelungen bewirken ein wechselseitiges Verständnis und ermöglichen eine Rücksichtnahme, die den Interessen beider Seiten Rechnung trägt.

Mit den skizzierten Formen des Interessenausgleiches bei der Direktvermarktung wird adressiert, was den vorherrschenden Vermarktungsformen fehlt. Die Kommunikation mit den Verbrauchern hat der Lebensmitteleinzelhandel übernommen. Positiv gewendet, erspart dies den Primärerzeugern viel Aufwand und Zeit, sodass sie sich ganz auf die Produktionsprozesse konzentrieren können. Auch müssen sie sich hinsichtlich der Produktmengen und der Produktqualitäten nicht länger an Nachfragentwicklungen anpassen. Wenn die Nachfrage nach spezifischen Rohwaren zurückgeht, muss deren Produktion nicht unmittelbar gedrosselt werden. Produktmengen, welche die regionale und nationale Nachfrage übersteigen, können exportiert werden. Von manchen Betrieben werden niedrige Marktpreise sogar zum Anlass genommen, die eigenen Produktionskapazitäten auszuweiten. Dahinter steckt die Logik, dass man für denselben Betriebsgewinn größere Stückzahlen benötigt, wenn die Gewinnspanne je Produkteinheit sinkt. Zum anderen verbindet sich mit der Ausweitung der Produktionskapazitäten die Überlegung, gegenüber den Mitbewerbern besser aufgestellt zu sein, wenn die Marktpreise wieder ansteigen sollten. Faktisch vollziehen die so agierenden Betriebe eine Wette auf die künftige Marktentwicklung. Schon immer gab es landwirtschaftliche Betriebe, die eine Phase niedriger Marktpreise besser durchgestanden haben als andere. Wenn jedoch Betriebe trotz eines Überangebotes an Rohwaren unverändert weiterproduzieren oder gar die Produktionskapazitäten ausweiten, macht dies diejenigen zu den „Dummen", die mit der Intention, einen preisstabilisierenden Effekt hervorzurufen, freiwillig ihre Produktmengen drosseln. Angesichts eines globalen Überangebotes an Nahrungsmitteln resultiert ein ausgeprägter Verdrängungswettbewerb, d. h., expandierende Landwirte treiben andere Landwirte und zeitversetzt möglicherweise auch sich selbst in den Ruin.

Bei den vorherrschenden Vermarktungsformen fehlen die Voraussetzungen für ein wechselseitiges Aufeinander-bezogen-Sein von Primärerzeugern und Verbrauchern. Damit ist Ersteren die Möglichkeit genommen, sich veränderten Verbraucherwünschen anzupassen, die Verbraucher über Veränderungen im Produktangebot zu informieren und so auf das Wechselspiel von Angebot und Nachfrage Einfluss zu nehmen. Gleichzeitig erleichtert es beiden Seiten, sich ganz den eigenen Interessen zu widmen, ohne Rücksicht auf die Interessen des Gegenübers nehmen zu müssen. Da die Primärerzeuger nicht die Preise beeinflussen können, welche ihnen die Abnehmer gemäß den offiziellen Preisnotierungen zahlen, bleibt ihnen nur, den Aufwand für die Erzeugung der Rohwaren weiter zu minimieren. Dies geht mehr oder weniger zwangsläufig mit Abstrichen an die qualitativen Anforderungen an die Produkte und an die Produktionsprozesse einher. Auf der anderen Seite möchten die Verbraucher in Unkenntnis der Produktionsprozesse für wenig Geld eine möglichst hochwertige Ware erwerben. Inwieweit die Ware tatsächlich qualitativ hochwertig ist, vermögen sie selbst nicht zu beurteilen. Sie sind auf die Angaben und Informationen angewiesen, welche ihnen der Handel offeriert. Die verarbeitende Lebensmittelindustrie und der Handel sind jedoch weniger an einem sachlichen und wahrheitsgemäßen Informationsaustausch, sondern an einem mit Werbeaussagen beförderten Kaufanreiz interessiert. Was als unhintergehbare Wirklichkeit bleibt, ist der Preis, den die Verbraucher dem Handel zahlen, und der Preis, den die Erzeuger von den Abnehmern der Rohwaren erhalten. Alles andere ist weitgehend spekulativ und assoziativ, solange keine qualitativen Beurteilungen durch unabhängige Institutionen erfolgen, die für belastbare Aussagen und damit für Orientierung sorgen könnten.

Anstelle des direkten Austausches wie bei der Direktvermarktung erfolgt die „Kommunikation" zwischen den Primärerzeugern und den Verbrauchern heute über **Standards**. Diese werden durch die Einhaltung von Mindestanforderungen an einzelne Merkmale von Produkten oder von Produktionsprozessen definiert. Die Interessensgruppen, welche die Standards etablieren, verbinden dies mit einer qualitativen Aussage und setzten sie mit sogenannten „**Qualitätsstandards**" gleich. Standards sind jedoch nicht selbsterklärend, sondern entsprechen lediglich einer Einteilung von Sachverhalten anhand einzelner Aspekte in spezifische Kategorien, die bei der Interpretation und Bewertung von Wahrnehmungsinhalten helfen. Die in Abschn. 5.5.2 erläuterten Haltungsformen sind ein anschauliches Beispiel. Mit der Festlegung von Standards ist die Intention verbunden, den Käufern eine qualitative **Differenzierung** zu suggerieren, die im Interesse derjenigen liegt, die sie definieren. Damit reduziert die Zuordnung von Verkaufsprodukten zu Standards als kategoriale Schubladen zwar die Unübersichtlichkeit beim Produktangebot. Anders als dies mit dem Begriff „Qualitätsstandards" suggeriert wird, sind Standards jedoch nicht gleichbedeutend mit einer belastbaren qualitativen Beurteilung. Die Festlegung von Standards entspricht den Anforderungen des Handels nach einer Vergleichbarkeit bzw. Vereinheitlichung von Roh- und Verkaufswaren. Beispielsweise wird gefordert, dass Obst und Gemüse ein möglichst einheitliches Größenformat und Aussehen aufweisen sollte. Um diesen Anforderungen zu entsprechen, kommen erhebliche Mengen an **Pestiziden** zum Einsatz. Zudem tragen Anforderungen an eine Vereinheitlichung zu einer drastischen genetischen Verarmung der angebotenen Sorten bei. Die Standardisierungen folgen der Logik und den Interessen des Handels im Hinblick auf logistische, vermarktungstechnische und kosteneinsparende Anforderungen. Wie in Kap. 10 ausführlicher dargelegt wird, folgen Standardisierungen jedoch nicht der Logik einer qualitativen Differenzierung von Produkten und Produktionsprozessen.

Auch wenn Standards keine umfassenden qualitativen Aussagen begründen, sind sie für die Primärerzeuger dennoch handlungsleitend. Sie geben vor, welche spezifischen Anforderungen eingehalten werden müssen, damit Produkte von der weiterverarbeitenden Industrie aufgekauft und ggf. mit einem Preiszuschlag versehen zu werden. Sie bestimmen auch, ob Produkte mit einem verkaufsfördernden Label (z. B. Ökolabel) versehen werden dürfen. Für die Primärerzeuger ist nicht minder bedeutsam, dass ihnen die auf Kostenführerschaft ausgerichtete Wettbewerbssituation aufnötigt, die Mindestanforderungen der Standards mit möglichst geringem Aufwand bzw. mit niedrigen Produktionskosten zu erreichen. Wie ein Springpferd nicht höher springt, als es muss, um die Hürde zu überwinden, machen auch viele Primärerzeuger nicht mehr, als sie müssen, um die mit den Standards gekoppelte Preisnotierung zu erreichen. Auf diese Weise befördern die wirtschaftlichen Rahmenbedingungen einen Unterbietungswettbewerb („*race to the bottom*"), der neben den Bemühungen um eine fortlaufende Reduzierung der Produktionskosten zugleich ein Absinken des Qualitätsniveaus auf die Erfüllung von Mindestanforderungen zur Folge hat. Positiv gewendet verhindern die Mindestanforderungen im Wettbewerb um die Kostenminimierung ein Absinken unterhalb dessen, was mit der Einhaltung der Mindestanforderungen an Niveau erreicht wird.

Den Primärerzeugern fehlt der Anreiz, im Hinblick auf die erzeugten Produkte und den Produktionsprozess ein höheres Qualitätsniveau anzustreben, wenn die dafür erforderlichen Mehraufwendungen nicht bzw. nicht angemessen honoriert werden. Auf der anderen Seite hindern die vorgegebenen Standards die Primärerzeuger auch nicht daran, minderwertige Produkte zu verkaufen, die trotz einer herabgesetzten Qualität die Mindestanforderungen erfüllen. Dies ist zum Beispiel bei Produkten der Fall, die von kranken Tieren stammen. Der **Nachweis**, dass die Produkte von gesunden Tieren stammen, gehört in der Regel nicht zu den Mindestanforderungen von Standards. Produkte von kranken Tieren können daher zum gleichen Preis verkauft werden wie die Produkte von gesunden Tieren. Noch in den 1990er-Jahren bestand die gesetzliche Vorgabe, das Fleisch von erkrankten Schlachttieren in die Kategorie „bedingt tauglich" einzustufen. Da es noch immer verzehrstauglich war, wurde es mit Preisabschlägen auf separaten Märkten (Freibank) feilgeboten. Mit Wegfall dieser Differenzierung fehlt den Primärerzeugern ein wichtiger Anreiz, den Anteil an minderwertigen Produkten tierischer Herkunft möglichst gering zu halten. Zwar kann den Primärerzeugern ein grundsätzliches Interesse an einem geringen Anteil von erkrankten Nutztieren unterstellt werden, da dies sehr häufig auch reduzierte Produktionsleistungen und weitere **Verlustkosten** zur Folge hat. Allerdings sind die Ausmaße der Minderleistungen und der Verlustkosten nicht direkt erkennbar und nur mit einer zusätzlichen Datenakquise und -auswertung zu bemessen. Da diese Mehraufwendungen in der Praxis in der Regel unterbleiben, sind erkrankungsbedingte Minderleistungen trotz ihrer beträchtlichen betriebswirtschaftlichen Nachteile für das Betriebsmanagement nur bedingt handlungsleitend (Sundrum et al. 2021).

Getrieben vom marktwirtschaftlichen Wettbewerb, werden die Primärerzeuger zu fortlaufenden Produktivitätssteigerungen genötigt. Diese sind häufig nur durch das Beschreiten spezifischer Produktionspfade zu erreichen. Anfangs wurden viele landwirtschaftliche Betriebe noch durch die sich einstellenden wirtschaftlichen Erfolge in ihren Entscheidungen für die Spezialisierungen bestärkt. Allerdings wuchsen damit auch die **Pfadabhängigkeiten,** welche die Handlungsspielräume der Primärerzeuger immer weiter einschränkten. Der Begriff der Pfadabhängigkeit entstammt einem analytischen Konzept der Sozialwissenschaften (Ackermann 2001). Er beschreibt Prozessmodelle, deren zeitlicher Verlauf strukturell einem Pfad ähnelt. Es lassen sich Ausgangspunkte und Kreuzungen identifizieren, an denen verschiedene Alternativen zur Disposition stehen. Auf die Entscheidung für eine bestimmte Option folgt eine stabile Phase, in der die Entwicklung durch positive Feedbackeffekte auf dem einmal eingeschlagenen Weg gehalten und weiterentwickelt werden kann. Die Folge ist, dass in einer solchen stabilen Phase Richtungsabweichungen kaum noch möglich sind, da diese zunehmend aufwendiger werden. Das Besondere an stabilen, pfadabhängigen Prozessen ist, dass Entscheidungen tendenziell nicht mehr infrage gestellt werden. Selbstkorrekturen, grundlegende Veränderungen oder gar ein Verlassen des eingeschlagenen Pfades werden immer schwieriger. Dies gilt insbesondere dann, wenn die bisher getätigten Investitionen noch nicht abgeschrieben sind. Die fremdbestimmten Marktpreise sowie die Pfadabhängigkeiten haben die Primärerzeuger in ein eng geschnürtes Abhängigkeitsverhältnis hineinmanövriert. Entsprechend gering sind die Möglichkeiten und folglich auch die Bereitschaft, sich neuen Herausforderungen zu stellen. Dies gilt für veränderte Verbraucherwünsche in gleicher Weise wie für gesellschaftliche Forderungen nach einer stärkeren Berücksichtigung von Umwelt- und Tierschutzleistungen.

Für einen Teil der Primärerzeuger haben sich die eingeschlagenen Pfade als sehr gewinnbringend erwiesen. Dies trifft insbesondere für diejenigen zu, die aufgrund eines ausgedehntem Flächenbesitzes hohe Summen an Direktzahlungen aus dem EU-Haushalt erhalten haben. Nicht weniger lukrativ waren Investitionen in die Erzeugung regenerativer Energien, die in erheblicher Weise von öffentlicher Hand gefördert wurden. Über die Jahre sehr unterschiedlich fielen die Erlöse bei der Mast von Schweinen und Geflügel aus. Durchgängig schlecht erging es in den zurückliegenden Jahren vielen Milchviehbetrieben und Haltern von Sauen. Bei der Vielzahl an landwirtschaftlichen Betrieben, die keine hinreichenden Erlöse erwirtschaftet haben, ist die Beschäftigung mit gesellschaftlichen Anforderungen, denen keine Honorierung gegenübersteht, noch weniger opportun als dies unter anderen Umständen der Fall wäre. Entsprechend haben Primärerzeuger im Allgemeinen nicht nur kein Interesse, die negativen Auswirkungen der von ihnen zu verantwortenden Schadwirkungen einer validen Beurteilung zu unterziehen. Viele Akteure können es sich weder unter ökonomischen noch unter psychologischen Gesichtspunkten leisten, sich das wahre Ausmaß der unerwünschten Nebenwirkungen und die daraus resultierenden potenziellen Konsequenzen zu vergegenwärtigen. Aus psychologischer Sicht ist daher nachvollziehbar, wenn Landwirte sich nicht selbst dafür verantwortlich machen wollen, in der Vergangenheit die falschen Entscheidungen getroffen und „aufs falsche Pferd" gesetzt bzw. den falschen Pfad eingeschlagen zu haben. Schließlich können sich viele mit dem Argument trösten, dass sie es im Gegensatz zu vielen Mitkonkurrenten vermocht haben, bislang durchgehalten zu haben. Möglicherweise greifen auch Kognitionsprozesse, die unter dem Begriff der „Confirmation-Bias" oder „Bestätigungsfehler" bekannt geworden sind (Wason 1960). Das Gehirn nimmt nur solche **Informationen** wahr, die bereits bestehende Überzeugungen bestätigen, während andere Informationen ausgeblendet werden.

Dies könnte auch erklären, warum viele Primärerzeuger die Augen davor verschließen, dass sie selbst dazu beitragen, die Märkte mit Rohwaren zu fluten und den Einkäufern des Handels ermöglichen, die Marktpreise zu drücken. Als im Frühjahr 2015 das System der europäischen Milchquotenregelung endete, welches jedem Milcherzeuger eine festgelegte maximale Liefermenge an Milch pro Jahr vorgab, begann das große Wettmelken. Bereits im Vorfeld hatten viele Milchviehbauern in neue und deutlich größere Stallungen investiert und machten sich bereit für die Belieferung des Weltmarktes. Doch statt des erhofften Exportbooms verhängte Russland ein Handelsembargo, während gleichzeitig die Nachfrage in China sank. Den daraus resultierenden Preisverfall versuchten manche durch noch mehr Kühe und weiter ansteigende Produktionsleistungen auszugleichen – ein Teufelskreis. Die Reaktionen vieler Landwirte auf die Überproduktion zeigte, wie brüchig die Gemeinschaft der milcherzeugenden Landwirte war und wie wenig in einer Krise die häufig beschworene Solidarität griff. Die Milchbauern waren nicht in der Lage, die Produktionsmengen der Nachfrage anzupassen, um einen Preisverfall abzuwenden. Aufgrund der Pfadabhängigkeit bleibt vielen Betrieben kaum etwas anderes übrig als auch dann weiter zu produzieren, wenn die Marktpreise nicht die Produktionskosten decken. Viele Betriebe hält allein die Hoffnung auf einen Anstieg der Milchpreise bei der Stange sowie das Wissen, dass es bei einer Aufgabe des Betriebszweiges kein Zurück mehr gibt. Manche Betriebe halten länger durch als andere, letztlich jedoch nur so lange, bis eine nicht mehr von den Banken mitgetragene Überschuldung ihnen keine andere Wahl mehr lässt als in Konkurs zu gehen.

Trotz der zahlreichen Problemfelder mangelt es auf der anderen Seite vielen Landwirten nicht an Selbstbewusstsein und an der Überzeugung im Hinblick auf die eigene Wirkmächtigkeit. Zwar wird eingestanden, dass es an einzelnen Stellen noch Defizite gibt. Diese werden aber vor allem als Folge einer mangelnden Umsetzung bereits bestehender Lösungsstrategien eingestuft. Mögliche Zweifel, dass der durch die konventionelle Landwirtschaft eingeschlagene Pfad falsch bzw. korrekturbedürftig sein könnte, werden zurückgewiesen (Claus 2021). In welchem Maße diese Position von der Mehrheit der Landwirte geteilt wird, kann hier nicht ermessen werden. Unstrittig ist, dass unter den Primärerzeugern eine große Vielfalt an Positionen vertreten wird. Eine andere Position, die eher am anderen Ende der Meinungsskala zu verorten sein dürfte, kommt zu der bemerkenswerten Einschätzung, dass die Landwirte Geiseln des Agrarsystems seien und dem Phänomen des Stockholm-Syndroms unterliegen (Scherhorn 2021). Der Begriff geht auf eine Geiselnahme in Stockholm im Jahre 1973 zurück, bei der die Geiseln eine größere Angst vor der Polizei als vor ihren Geiselnehmern entwickelten. Auch nach Beendigung der Geiselnahme empfanden die Geiseln keinen Hass auf die Geiselnehmer. Sie baten sogar öffentlich um Gnade für die Täter und besuchten sie im Gefängnis. Gemäß dieser öffentlich geäußerten Position sollten die Bauern nicht gegen die Tier- oder Naturschützer demonstrieren, sondern gegen ein agrarindustrielles System, von dem die Lebensmittelindustrie auf Kosten der Bauern profitiere.

Das Stockholm-Syndrom ist in der wissenschaftlichen Psychologie ein gut untersuchtes Phänomen. Es wird mit dem Begriff „System Justification" (Systembegründung) beschrieben und mit einer entsprechenden Theorie erklärt (Jost et al. 2004). Diese besagt, dass Menschen in Situationen, in denen sie sich gefangen fühlen und diese als nicht beeinflussbar erachten, rationalisieren, um sich dem unerträglichen Gefühl des Kontrollverlustes und der Ohnmacht zu entziehen. Die Kontrolle zu behalten, ist ein elementares Grundbedürfnis; das Gefühl, handlungsfähig zu sein, ein wichtiges Lebenselixier. Zur Rationalisierung gehört, dass Phänomene uminterpretiert werden. Dies wird insbesondere bei den Menschen beobachtet, die eine Situation als bedrohlich empfinden, ohne über Optionen zu verfügen, daran etwas ändern zu können. Um einem drohenden Verlust der **Kohärenz**, d. h. des inneren Zusammenhalts des Selbstmodells, und das damit verbundene subjektive Leiden zu vermeiden, wird die Situation so umgedeutet, dass sie für die Betroffenen halbwegs logisch und erträglich erscheint (Metzinger 2021).

Die angeführten Hinweise liefern Anhaltspunkte, jedoch keine umfänglichen Erklärungsansätze für die sehr unterschiedlichen Reaktionen von Landwirten. Sie sind eine von verschiedenen Perspektiven auf eine Berufsgruppe im Bemühen um ein besseres Verständnis für die Positionen, die sich für Außenstehende schwer erschließt. Aus dem Kreis der Landwirte stammt eine weitere Metapher, die innerhalb der Berufsgruppe nachweislich viel Zuspruch erfahren hat. Bei einem öffentlichen Auftritt bekundet ein Landwirt offenherzig, unter dem „Jogi-Löw-Syndrom" zu leiden (Ackermann 2017). Mit Verweis auf den langjährigen und allseits bekannten Trainer der deutschen Fußballnationalmannschaft wird unterstellt, dass dieser in seiner aktiven Zeit analog zu vielen Landwirten unter einer vergleichbaren Situation gelitten hat. Danach wird der Bundestrainer mit den Meinungen von vielen Millionen von Bundesbürgern konfrontiert, die für sich beanspruchen, etwas von Fußball zu verstehen, und sich deshalb anmaßen, es besser zu wissen als der Hauptverantwortliche. Analog wie der Bundestrainer werden auch die Landwirte von einer großen Zahl an Kritikern behelligt, die zu wissen glauben, wie die Landwirte ihre Arbeit machen sollten. Dabei wüssten doch die Landwirte am besten, was zu tun ist. Schließlich hätten sie ihren Beruf erlernt und würden die betriebliche Situation und die darin lebenden Nutztiere am besten kennen.

Der assoziative Vergleich, der hier zwischen dem Trainer der Fußballnationalmannschaft und den Verantwortlichen eines landwirtschaftlichen Betriebes gezogen wird, ist in vielerlei Hinsicht aufschlussreich. Vordergründig dient er der Zurückweisung von Kritik und der **Rechtfertigung** der eigenen Handlungspraxis. Zieht man den Vergleich mit den Trainern einer Sportmannschaft heran, dann werden nicht nur Gemeinsamkeiten, sondern auch die Unterschiede deutlich. Im Profisport werden die Mannschaften und ihre jeweiligen Trainer anhand der sportlichen Leistungen beurteilt. Bleiben diese aus, verlieren die Trainer mehr oder weniger schnell ihre Stellung. Gemessen wird der sportliche Erfolg im Rahmen eines Wettstreites mit anderen Mannschaften nach klar vorgegebenen und von Schiedsrichtern überwachten Regeln. Abgerechnet wird am Ende der Spielsaison anhand der Platzierung, welche die Mannschaften beim Ranking einnehmen. Die Platzierung spiegelt das Leistungsniveau wider, das die Mannschaften zusammen mit dem Trainerstab zu erbringen in der Lage waren. Die Zufriedenheit der Anhänger korreliert mit den sportlichen Leistungen ihrer Mannschaft und mittel- bis langfristig auch mit deren wirtschaftlichen Erfolg.

Anhand des Vergleiches mit den Eigenheiten des Sportes, lässt sich aufzeigen, woran es in der Landwirtschaft vor allem mangelt. Während die Faszination des Sportes zumindest auf dem Platz unter anderem in seiner Transparenz und Überschaubarkeit besteht, ist davon in der Landwirtschaft wenig zu sehen. Geht es um eine neutrale und unabhängige Beurteilung der gesellschaftlich relevanten Leistungen, die von den landwirtschaftlichen Betrieben erbracht werden, so findet diese nicht statt. Für viele Landwirte stehen allein der wirtschaftliche Erfolg und damit die Eigeninteressen als handlungsleitender Maßstab im Vordergrund. Welche gesellschaftlichen Leistungen bzw. Schadwirkungen mit den Produktionsprozessen einhergehen, ist nachrangig. Indem Landwirte beanspruchen, selbst am besten zu wissen, was richtig und was falsch ist, machen sie die eigenen Einschätzungen zum Maßstab ihres Handelns (Selbstreferenzialität). Der Vergleich zwischen einem Trainer und einem Betriebsleiter offenbart die vorherrschende Binnenperspektive. Wenn vorrangig der eigene wirtschaftliche Erfolg und die Beurteilung anhand eigener Maßstäbe zählen, dann hat dies nichts mit einem fairen Wettbewerb zu tun, der nach transparenten und für alle in gleicher Weise gültigen Regeln ausgetragen wird. Bislang bleibt es den einzelnen Akteuren in der Landwirtschaft selbst überlassen, wie sie den wirtschaftlichen Erfolg erringen.

Weitgehend unberücksichtigt bleibt, welche Ausmaße an unerwünschten Neben-wirkungen damit einhergehen. Den landwirtschaftlichen Produktionsverfahren fehlt ein **konsistentes** Regelwerk, wie es im Sportgeschehen und in anderen Wirtschaftsbranchen existiert. Die als Leitlinie fungierende „gute landwirtschaftliche Praxis" wird diesem Anspruch sicherlich nicht gerecht. Gemäß EU Verordnung (EG) Nr. 1750/1999, Artikel 28 ist die „gute landwirtschaftliche Praxis" lediglich der gewöhnliche Standard der Bewirtschaftung, die ein verantwortungsbewusster Landwirt in der betreffenden Region anwenden würde.

Beim gelegentlichen Durchforsten der landwirtschaftlichen Fachpresse ist dem Autor bislang kein Hinweis begegnet, der als Wunsch nach einem verbesserten Regel-werk interpretiert werden könnte. Dagegen mangelt es nicht an Positionen, welche mög-liche staatliche Vorgaben als ungerechtfertigten Eingriff in die Ausübung eines freien Unternehmertums geißeln. Viele Positionen befürchten einen unnötigen bürokratischen Mehraufwand und warnen davor, dass die Wettbewerbsfähigkeit der deutschen Land-wirte gegenüber ausländischen Mitbewerbern in Mitleidenschaft gezogen wird. Als sich ein Agrarökonom einmal die Freiheit herausnahm und in einer renommierten deutschen Tageszeitung auf Schwachstellen innerhalb des Agrarwirtschaftssystems hinwies und für eine deutliche Ausweitung von Kontrollen auf landwirtschaftlichen Betrieben plädierte, sah er sich daraufhin in den „sozialen Medien" einem regelrechten Shitstorm ausgesetzt (Grossarth 2017). Bemerkenswert an der Reaktion auf dieses Plädoyer ist nicht nur der Widerstand an sich, sondern dass dieser von der studentischen Fachschaft der eigenen agrarwissenschaftlichen Fakultät initiiert wurde. Es handelt sich folglich nicht nur um einzelne Stimmen, die sich gegen ordnungspolitische Maßnahmen wenden, sondern um einen in der Berufsgruppe breit verankerten Widerstand gegen jedwede Form der Regulierung, der selbst in Kreisen der Studierenden der Agrarwissenschaften einen beträchtlichen Widerhall findet.

Als sich das Bundeslandwirtschaftsministerium auf Druck der EU-Kommission genötigt sah, die Vorgaben der Düngeverordnung zu verschärfen, wurde die Bundes-ministerin mit massiven Protesten vonseiten der Landwirte konfrontiert. Diese trugen ihren Widerstand auf die Straße und blockierten mit ihren riesigen Traktoren wichtige Verkehrsadern, um der Durchsetzung der eigenen Interessen Nachdruck zu verleihen. Anders als bei sonst üblichen Streikaktionen, z. B. von Mitarbeitern des öffentlichen Dienstes, die im Zusammenhang mit den Forderungen nach höheren Löhnen gegen-über den Arbeitgebern den Druck erhöhen, demonstrieren hier freie Unternehmer und Arbeitgeber, weil sie ihre wirtschaftliche Existenz bedroht sehen. Während die negativen Folgewirkungen der Austräge von Schadstoffen, die von landwirtschaftlichen Betrieben entweichen, weitgehend negiert werden, beklagen die Demonstranten, dass ihre Arbeit vonseiten der Gesellschaft zu wenig wertgeschätzt und ihnen als Berufsgruppe zu wenig Respekt entgegengebracht wird. Statt dass ihre Leistungen gewürdigt werden, die Bevölkerung mit preiswerten Nahrungsmitteln zu versorgen, fühlen sie sich an den Rand der Gesellschaft gedrängt.

Der Protest richtet sich allerdings nicht gegen das Wirtschaftssystem, das sie einem ruinösen Verdrängungswettbewerb aussetzt. Er wendet sich auch nicht gegen die Berufskollegen, die durch die Ausdehnung der Produktionskapazitäten den Wettbewerb weiter anheizen, sondern richtet sich gegen eine Politik, die den Landwirten höhere gesetzliche Vorgaben zumutet, um übergeordneten Schutzinteressen von Gemeingütern (wie der Qualität des Grundwassers) Rechnung zu tragen. Hier kollidiert eine nationale Agrarpolitik, die dazu von der EU-Kommission genötigt wird, den Mitverursachern von Schadwirkungen Vorgaben zu machen, mit den Ansprüchen einer Berufsgruppe, die sich in ihrer Handlungsfreiheit nicht eingeschränkt sehen möchte. Mit den Protestaktionen offenbaren die Demonstranten einerseits ihre Nöte, denen sie sich ausgesetzt sehen. Andererseits ist die mittels panzerähnlicher Traktoren zum Ausdruck gebrachte Machtdemonstration realiter ein Zeichen der Ohnmacht. Während sich Politiker dafür stark machen, den Forderungen der Landwirte entgegenzukommen, weil eine Ausweitung der Protestaktionen befürchtet wird, erscheinen die Demonstrationen aus einer anderen Perspektive als ein letztes Aufbäumen gegen das Unabwendbare. Schließlich werden auch die Landwirte nicht auf Dauer gesetzliche Vorgaben ignorieren können, die bereits vor Jahrzehnten beschlossen, bislang jedoch nicht konsequent in der Praxis umgesetzt und von der Exekutive nicht durchgesetzt wurden.

Die Organisatoren der Demonstrationen versuchen den Eindruck einer großen Geschlossenheit und Solidarität unter den Landwirten zu erwecken. Dabei wird unterschlagen, dass es unter den Landwirten andere Gruppen gibt, welche schon seit vielen Jahren gegen eine Intensivierung der landwirtschaftlichen Produktionsprozesse demonstrieren. Das Bild der Geschlossenheit bekommt auch dadurch Risse, dass die Bevorteilung der einen Landwirte den anderen zum Nachteil gereicht. Auch hier liefert die Beeinträchtigung des Grundwassers durch Austräge von Schadstoffen aus der Landwirtschaft ein anschauliches Beispiel. Um das Problem der Nitratbelastung einzugrenzen, werden im Bundesgebiet besonders mit Nitrat belastete Regionen als sogenannte „rote Gebiete" ausgewiesen. Die Ausweisung der Gebiete erfolgt anhand der Verortung von Grundwasserkörpern, in deren Einzugsgebiet eine mehr oder weniger große Zahl von landwirtschaftlichen Betrieben angesiedelt ist. Für diese Betriebe gelten nun verschärfte Bewirtschaftungsauflagen, welche die betroffenen Betriebe vor Herausforderungen stellt, die anderen Betrieben erspart bleiben. Entsprechend stellt sich für die betroffenen Betriebe die Frage, ob die Grenzziehungen gerechtfertigt sind und ob dies eine gerechte Verfahrensweise auf der Basis des Verursacherprinzips darstellt. Schließlich werden alle in den „roten Gebieten" angesiedelten Betriebe in Sippenhaftung genommen, obwohl sie nicht alle in gleicher Weise zu den Austrägen von **reaktiven Stickstoffverbindungen** und zur Anreicherung von Nitrat im Grundwasser des Einzugsgebietes beitragen. Erhöhte Schadstoffausträge, die von landwirtschaftlichen Betrieben ausgehen, gehen nicht nur zu Lasten der Gemeinwohlinteressen, sondern engen auch die Handlungsspielräume anderer landwirtschaftlicher Betriebe ein.

Ableitungen

Der preisliche Unterbietungswettbewerb und die Orientierung auf wenige Teilaspekte, die in Form von **Mindestanforderungen** „Qualitätsstandards" vorgeben, hat eine Spirale abnehmender Produkt- und Prozessqualitäten in Gang gesetzt. Durch das Streben nach Kostenführerschaft fehlen den Betrieben die Ressourcen, die sie für eine **Qualitätserzeugung** dringend benötigen. Gleichzeitig belohnt der Markt diejenigen, welche externalisieren, und benachteiligt diejenigen, welche mit Mehraufwendungen ihren eigenen qualitativen Ansprüchen nachzukommen versuchen, ohne dafür am Markt für die Zusatzleistungen entlohnt zu werden. Auf diese Weise werden die Handlungsspielräume der Primärerzeuger immer weiter eingeengt. Die desolate wirtschaftliche Situation sowie die Abwärtsspirale bezüglich der Qualitätserzeugung und ihre negativen Effekte für die Interessen des Gemeinwohles sind systemimmanent. Die meisten Primärerzeuger haben die Anbindung an Verbraucherwünsche und an gesellschaftliche Belange verloren. Wo der Perspektivenwechsel immer weniger gelingt, ist man auf die eigene Perspektive und die Beurteilung von Sachverhalten nach selbstreferenziellen Maßstäben zurückgeworfen. Fehlende Handlungsspielräume lassen viele Primärerzeuger in die Opferrolle flüchten. Dies hilft ihnen auch, die Mitverantwortung für inner- und überbetriebliche Fehlentwicklungen auszublenden.

Die Abschottungstendenzen gehen einher mit einer geringen Bereitschaft, die innerbetrieblichen Zustände offenzulegen und die Umwelt- und Tierschutzleistungen des Betriebssystems durch unabhängige Institutionen beurteilen und überbetrieblich bewerten zu lassen. Dies dürfte insbesondere für diejenigen Primärerzeuger zutreffen, welche eine vergleichsweise schlechte Beurteilung zu befürchten haben. Auf der anderen Seite sollten diejenigen Primärerzeuger, die sich bereits einen qualitativen Vorsprung erarbeitet haben, ein großes Interesse daran haben, dass die eigenen qualitativen Leistungen für Außenstehende sichtbar werden. Dies böte ihnen die Möglichkeit, sich dem ruinösen Unterbietungswettbewerb zu entziehen, und über eine Qualitätserzeugung sowie einer damit verbundenen Mehrpreisgenerierung die wirtschaftliche Existenz zu sichern.

7.2 Bauernverbände

Der Deutsche **Bauernverband** (DBV) wurde 1948 als Einheitsverband gegründet und gilt als einer der schlagkräftigsten Interessenverbände in Deutschland. Dies ist vor allem auf die außerordentlich hohe Organisationsdichte und das bis in die 1990er-Jahre hinein erfolgreich behauptete Repräsentationsmonopol zurückzuführen. Rieger (2007) führt dazu aus:

„Die umfassende Abhängigkeit der Landwirtschaft von Staatshilfen und die Allgegenwart einer behördlichen Betriebsberatung, die personalpolitisch eng mit dem DBV verknüpft ist, sind die hauptsächlichen Gründe, warum die rund 190.000 Haupterwerbslandwirte zu fast 99 % und die rund 250.000 Nebenerwerbslandwirte zu mehr als zwei Dritteln Mitglieder in einem der Landes- oder Fachverbände des DBV sind."

Angesichts der überragenden Bedeutung der staatlichen Agrarförderung für die Lebenslage der landwirtschaftlichen Erwerbsbevölkerung hat die „Einflusslogik" der Agrarpolitik nicht nur die Strukturen und Strategien des Bauernverbandes, sondern dieser auch die Agrarpolitik beeinflusst. Für Rieger ist der DBV das Paradebeispiel für eine kontextgesteuerte Interessenpolitik.

Der DBV ist nicht nur die größte landwirtschaftliche Berufsvertretung in Deutschland, sondern auch der dominanteste Unternehmensverband des Agrarsektors (Reutter 2012). Er hat die Rechtsform eines eingetragenen Vereins und residiert im Haus der Land- und Ernährungswirtschaft in Berlin. Allerdings gibt es im DBV keine individuelle Mitgliedschaft; der DBV ist vielmehr ein Verband der Verbände, d. h. die Dachorganisation von 18 Landesbauernverbänden, die sich in Niedersachsen „Landvolk" und in Nordrhein-Westfalen und Bremen „Landwirtschaftsverband" nennen. Neben den Landesbauernverbänden sind eine Vielzahl assoziierter Mitglieder angegliedert. Eine große Zahl von Landwirten ist Mitglied in den Landesbauernverbänden; diese sind basisdemokratisch organisiert. Die Wahlen beginnen auf Ortsebene und führen über Bezirks- und Kreisebene bis zur Landesebene, auf der nur gewählt werden kann, wer auf den vorhergehenden Ebenen ein Wahlamt bekleidet. Über die Kreisgeschäftsstellen bietet der Bauernverband seinen Mitgliedern ein umfangreiches Dienstleistungsangebot. Unter anderem werden die Landwirte beim Ausfüllen von Subventionsanträgen unterstützt. Zudem bieten die Geschäftsstellen Beratungen in Fragen der Sozialversicherung sowie bei Steuerangelegenheiten und Rechtsproblemen.

Gemäß dem eigenen Leitbild (DBV 2011) sehen sich die Delegierten als Vertreter einer Zukunftsbranche mit einem hohen gesellschaftlichen Wert. Sie nehmen für sich in Anspruch, alle landwirtschaftlichen Betriebe, Bäuerinnen und Bauern mit deren Familien unabhängig von Größe, Produktionsrichtung oder Rechtsform zu vertreten. Zudem sieht sich der DBV als Anwalt und Sprachrohr für eine moderne, unternehmerische und nachhaltige Land- und Forstwirtschaft. Die Vertreter des DBV „bündeln die Vielfalt der Anliegen zu einer Einheit" und „bringen die Anliegen und Interessen aus allen Regionen und allen Produktionsrichtungen der deutschen Land- und Forstwirtschaft zusammen und formen sie zu ehrlichen und tragfähigen Positionen". Dabei gilt es, „Konsens, Ausgleich und Mehrheiten zu schaffen und geschlossen nach außen aufzutreten". Besonderer Wert wird darauf gelegt, den „Beruf in selbständiger Entscheidung und Verantwortung gegenüber Mensch, Tier und Natur auszuüben", schließlich prägen Eigentum und Eigentumsrechte das bäuerliche Selbstverständnis. Dabei sehen sich die Delegierten selbst als „diskussionsfreudig, demokratisch, kritikfähig nach innen und geschlossen nach außen".

Über viele Jahrzehnte war es dem DBV gelungen, sich als alleinige Berufsvertretung der Landwirtschaft zu behaupten. Die zunehmende Unzufriedenheit mit der politischen Ausrichtung führte jedoch dazu, dass sich in Abgrenzung zum DBV weitere Verbände des landwirtschaftlichen Berufes organisierten. Hierzu gehören die Arbeitsgemeinschaft bäuerliche Landwirtschaft (AbL), der Bund Ökologische Lebensmittelwirtschaft (BÖLW), der 15 Mitgliedsverbände der Biobranche in Deutschland vertritt, oder der Bundesverband Deutscher Milchviehhalter (BDM). Diese Verbände vertreten Positionen, die zum Teil in deutlicher Opposition zu den politischen Positionen des DBV stehen. Allerdings werden nach Einschätzung von Rieger (2007) durch die inneragrarsektorale Opposition und auch durch die agrarpolitischen Positionen der Partei von Bündnis 90/ DIE GRÜNEN die Dominanz der produktivistischen Prinzipien allenfalls punktuell infrage gestellt. Von der Agraropposition wird vor allem die enge Verflechtung des DBV mit dem Agrobusiness kritisiert. Aufgrund der engen Verflechtungen mit agrarindustriellen Unternehmen fühlen sich viele Primärerzeuger benachteiligt und sehen sich durch den DBV nicht mehr hinreichend bezüglich der eigenen Interessen vertreten. Der Protest gegen die agrarindustrielle Ausrichtung des DBV und der Agrarpolitik wird seit 2011 alljährlich im Januar und im zeitlichen Zusammenhang mit der Grünen Woche in Berlin mit den Slogan „Wir haben es satt!" auf die Straße getragen (Deter 2013). Wie eng der DBV mit den Hauptakteuren einer agrarindustriell ausgerichteten Landwirtschaft verknüpft ist, wurde unlängst in einer Studie der Universität Bremen veröffentlicht (IAW 2019). Die strukturellen Verflechtungen finden ihren Niederschlag unter anderem in der Unterstützung einer exportorientierten Landwirtschaft. Die Exportorientierung verschafft den Industriezweigen der Verarbeitung erweiterte Absatzmöglichkeiten für die in Deutschland erzeugten, aber nicht im Inland absetzbaren Überschussmengen. Da die Exportorientierung das Preisniveau auf dem Weltmarkt zum Maßstab macht, sichert sie darüber hinaus dem Einzelhandel niedrige Einkaufspreise. Aufgrund der Austauschbarkeit von Rohwaren bietet sie die Gewähr dafür, dass keine Knappheiten entstehen, die einen relevanten Anstieg der Einkaufspreise zur Folge haben könnten.

Obwohl die Landwirte bereits seit vielen Jahren über den EU-Haushalt sowie über die nationalen Sozialleistungen mit beträchtlichen Geldsummen subventioniert werden, fällt der DBV immer wieder durch neue Forderungen an die Politik auf. So forderte der Präsident des DBV, Herr Rukwied, mitten im Hitzesommer des dritten Dürrejahres eine halbe Milliarde Euro pro Jahr vom Staat, um über das Versicherungswesen die Ernteverluste und weitere Folgewirkungen des Klimawandels abzupuffern (Busse 2020). Unerwähnt ließ er dabei, dass er nicht nur Präsident des Bauernverbandes ist, sondern auch einen Sitz im Aufsichtsrat der R + V Allgemeine Versicherung AG innehat. Die R + V zählt zu den größten deutschen Versicherern und bietet nach eigenen Angaben „*alle Versicherungen an, die der Landwirt benötigt*". Die Selbstverständlichkeit und Vehemenz, mit der der Präsident des DBV weitere staatliche Hilfen einfordert, irritiert dabei nicht nur die Journalistin.

Was vonseiten des DBV allenfalls am Rande thematisiert wird, ist die Beteiligung der Landwirtschaft an der Entstehung von Umweltschäden oder der Beitrag zum **Klimawandel**. In diesem Kontext werden die Landwirte von den Sprechern des DBV in erster Linie als Opfer dargestellt. Im Positionspapier: Klima Strategie 2.0 des DBV (2019) liest sich dies wie folgt:

> „Die Landwirtschaft ist in hohem Maße Betroffene des Klimawandels und muss sich weltweit an neue Klimabedingungen anpassen. Generell hat die Landwirtschaft eine Sonderrolle, da sie mit der Erzeugung von Nahrungsmitteln das Überleben der Menschen sichert. Die bei der Produktion in der Landwirtschaft entstehenden Emissionen von Treibhausgasen sind zwar im Vergleich zu anderen Sektoren vergleichsweise gering und basieren häufig auf natürlichen Prozessen, die nicht generell zu vermeiden sind."

Trotz der Konkurrenz durch stärker ökologieorientierte Interessensverbände wird die Position des DBV dominiert von der Bewahrung des Status quo und einer ökonomieorientierten Politik. Gegenüber dem Natur- und Umweltschutz werden allenfalls Maßnahmen eines produktionsintegrierten Natur- und Umweltschutzes sowie punktuelle Produktionsextensivierungen zugestanden, ohne jedoch die grundsätzlichen Prinzipien der Produktionsweise zu problematisieren (Kaufer 2015, 216 f.). So sieht der DBV den Beitrag der Landwirte zum Umweltschutz vor allem in der Verbesserung der Effizienz landwirtschaftlicher Produktionsprozesse und in der Senkung der produktbezogenen Emissionen durch Steigerungen der Produktionsleistungen. Damit positioniert sich der DBV eindeutig für ein „Weiter so" des einmal eingeschlagenen Pfades. Ferner werden große Hoffnungen geweckt, dass die Entwicklung technischer Lösungen die Landwirte künftig in die Lage versetzen wird, den gesellschaftlichen Herausforderungen zu begegnen, ohne Grundlegendes ändern zu müssen.

Gemäß dem Positionspapier besteht die Sonderrolle, die der DBV für die Landwirtschaft beansprucht, nicht nur durch die herausgehobene Stellung in der Bereitstellung von Nahrungsmitteln. Gleichzeitig sieht der DBV die Land- und Forstwirtschaft als den einzigen Sektor, der bereits bei der Biomasseproduktion einen Beitrag zum Klimaschutz leistet, indem CO_2 in Ernteprodukten sowie in Böden gebunden wird. Mit diesem Hinweis stellt der DBV die Land- und Forstwirtschaft „als Teil der Lösung beim Klimaschutz" dar, der über den Anbau nachwachsender Rohstoffe und die Verwendung von Bioenergie sogar anderen Sektoren (Verkehr, Energie) hilft, ihre Klimaziele zu erreichen. Zugleich könne die Land- und Forstwirtschaft durch Humusaufbau in Böden und den Erhalt der Bodenkohlenstoffvorräte große Mengen an CO_2 speichern und als aktive CO_2-Senke den Treibhausgasgehalt der Atmosphäre reduzieren. Dies ginge jedoch nur, so der Tenor, wenn die Landwirte für diese Leistung entsprechend entlohnt würden.

Während immer wieder neue Felder aufgetan werden, bei denen sich für die Landwirte weitere Fördermöglichkeiten durch die öffentliche Hand auftun, weist der DBV die Kritik an der Mitverursachung von gravierenden Beeinträchtigungen beim Schutz von Verbrauchern, Nutztieren, Natur, Umwelt und Klima weit von sich (Rukwied 2018). Diese Abwehr dient nicht nur dazu, Verantwortung abzulehnen, sondern folgt vor allem dem Bemühen, die Politik davon abzubringen, mögliche gesetzliche Regulierungen auf den Weg zu bringen, welche die Handlungsspielräume der Landwirte einengen könnten. So heißt es in dem mit dem DBV-Präsidenten durchgeführten Interview:

> „Mit Gesetzen und Vorgaben in den Markt einzugreifen, halte ich nicht für zielführend. Umso weniger, wenn der Markt immer globaler wird."

An anderer Stelle (DBV 2014) werden politische Steuerungsansätze mit dem Ziel der Ökologisierung der Bewirtschaftungspraktiken unter den Bedingungen der marktwirtschaftlichen und globalisierten Konkurrenz um Ressourcen, Absatzmärkte und Profite, als Beschränkungen der wirtschaftlichen Handlungsfreiheit und damit als grundrechtsbezogene Eingriffe in das Eigentumsrecht aufgefasst. Geht es nach dem Willen des Bauernverbandes, sollen die bisherigen Subventionszahlungen unangetastet bleiben und sogar noch erhöht werden. Ansonsten sollte sich die Politik aus der Regulierung von Produktionsprozessen heraushalten. Schließlich könnten staatliche Eingriffe dazu führen, dass sich die Produktionskosten erhöhen. Durch staatliche Regulierungsmaßnahmen sieht der DBV die heimischen Produzenten gegenüber den Mitbewerbern im Ausland benachteiligt, denen solche Auflagen nicht gemacht werden. Auf der anderen Seite werden die staatlichen Hilfen in Form von umfangreichen Direktzahlungen, Beihilfen für die Sozialkassen oder Steuerbefreiungen nicht als Wettbewerbsvorteil eingestuft, obwohl sie dies unzweifelhaft sind. Die Gewährung von öffentlichen Zuwendungen wird vielmehr als gerechtfertigte Zahlung für die im Zusammenhang mit der Einhaltung von gesetzlichen Auflagen erbrachten Leistungen verbucht (Rukwied 2018).

Während in vielen Drittländern die Konkurrenten weitgehend uneingeschränkt ihren wirtschaftlichen Interessen nachgehen dürfen, werden die Primärerzeuger im Inland durch gesetzliche Vorgaben gegängelt. Aus der Perspektive einer wirtschaftsliberalen Grundhaltung muss dies den Primärerzeugern zwangsläufig als ungerecht und als eine unfaire Wettbewerbsverzerrung sowie als Behinderung des freien Unternehmertums erscheinen. Der Verweis auf die vermeintlichen Benachteiligungen gegenüber den Konkurrenten in Drittländern lenkt zugleich von den unfairen Wettbewerbsbedingungen im Inland ab. So gibt es auch hier viele Landwirte, die sich auf Kosten anderer wirtschaftliche Vorteile verschaffen. Allerdings vollzieht sich die Vorteilsnahme hinter einem großen Schleier der Intransparenz. In einem liberalen Wirtschaftssystem zählt allein der Erfolg und nicht, auf welchen möglicherweise zweifelhaften Wegen dieser errungen wurde. Weil Fleiß und eigenes Leistungsvermögen kaum noch zu entziffern sind, wird kurzerhand das Ergebnis als Indikator für ein rechtmäßiges Zustandekommen herangezogen. Damit erübrigt sich die Frage nach den Hintergründen des Zustandekommens des Erfolges.

> „Der Erfolg gibt sich Recht. [...] Man verdient, was man verdient, weil man es sonst ja nicht verdienen würde (Kramer 2021)."

Diese meritokratische Grundhaltung wird ausführlich in einem Buchbeitrag von Sandel (2020) reflektiert und in den verschiedenen Dimensionen ausgeleuchtet. Obwohl der

Autor in erster Linie die Verhältnisse der Leistungsgesellschaft in den USA analysiert, macht er dabei aber auch sehr viele Parallelen zu den hiesigen Verhältnissen sichtbar. Je weniger die dem wirtschaftlichen Erfolg zugrunde liegenden Leistungen **transparent** sind, desto mehr sind die Erfolgreichen darauf angewiesen, dass der Erfolg den Anschein einer legitimen Belohnung erweckt. Schließlich könne man ja von den wirtschaftlichen Erfolgen auf die dem Erfolg zugrunde liegenden Leistungen schließen. Auf diese Weise funktioniert die Tautologie als wirksames Instrument der **Rechtfertigung**.

Während sich für manche Primärerzeuger die wirtschaftlichen Entwicklungen positiv gestalten, wird die Situation für den Großteil der Landwirte immer prekärer. Das Attribut „prekär" akzentuiert den Aspekt, dass die Lebensverhältnisse schwierig sind und existenziell bedroht werden. Folgt man der soziologischen Definition für eine soziale Gruppierung, die durch Unsicherheit im Hinblick auf die Art der Erwerbstätigkeit ihrer Mitglieder gekennzeichnet ist, so gehören auch die Landwirte zum Prekariat (Castel und Dörre 2009). Prekär ist die Situation, weil es für die Akteure zunehmend schwierig ist, richtige Entscheidungen zu treffen. Offensichtlich wissen sehr viele Landwirte nicht, wie sie aus dieser schwierigen Lage herausfinden sollen. Das Festhalten am Status quo erscheint vielen Landwirten wesentlich übersichtlicher als die Ungewissheit, welche notwendigerweise mit Veränderungen verbunden wäre. Prekär ist die Lage auch deshalb, weil die Landwirte das Wirtschaftssystem, dem sie durch ihr eigenes Handeln zum Opfer zu fallen drohen, gegen jedwede Kritik verteidigen. So erfahren gerade die Verbandsvertreter großen Zuspruch, welche gesellschaftliche Forderungen nach Veränderungen mit besonderer Verve abwehren und allen Überlegungen im Hinblick auf **regulierende Eingriffe** des Staates eine deftige Absage erteilen.

Während der DBV von internen und externen Kritikern für eine zu große Nähe zur Agrarindustrie und für eine einseitige Lobbyarbeit angefeindet wird, gehen anderen Landwirten die Positionen des DBV nicht weit genug. Angesichts drohender Reglementierungen durch die Politik wird dem DBV von dem neu gegründeten Verbund „Land schafft Verbindung" vorgeworfen, sich nicht offensiv genug gegen die drohenden Reglementierungen zur Wehr zu setzen. Besonderer Widerstand entzündet sich an den politischen Vorgaben zur Verschärfung der Düngeverordnung sowie an den Einschränkungen, die bezüglich des Einsatzes von Pestiziden vonseiten des Gesetzgebers zu erwarten sind. Der Sprecher der Gruppierung, Anthony Lee, bestreitet vehement die Beteiligung der Landwirtschaft an den hohen Nitratwerten im Grundwasser und fordert die Rücknahme von politisch bereits beschlossenen, dem gesellschaftlichen Anliegen der Senkung der Nitratgehalte im Grundwasser dienenden Auflagen (Doeleke 2021). Eigene Handlungsspielräume sollen nicht durch Auflagen und bürokratische Aufwendungen eingegrenzt werden. Der Sprecher der Bewegung sieht die Landwirte als Opfer politischer Einflussnahmen und in den Bemühungen um die Sicherung der wirtschaftlichen Existenz behindert.

Die Positionen der neuen Bewegung sind charakterisiert durch eine vorrangig auf die eigenen Interessen fokussierenden Sichtweise, gepaart mit der Leugnung von Schäden, die anderen durch das eigene Handeln aufgebürdet werden. Das Beharren auf die Richtigkeit der eigenen Sichtweise ist nicht nur die Folge eines Festhaltens am Bestehenden angesichts fehlender Einblicke in übergeordnete Zusammenhänge. Mit dieser Haltung sollen die eigenen Interessen wehrhaft gegen die Interessen anderer Gruppierungen, wie z. B. Vertretern des Verbraucher-, Natur-, Klima-, Umwelt- oder Tierschutzes, verteidigt werden. Indem die Interessen anderer Gruppierungen als unberechtigt zurückgewiesen werden, verweigert man anderen den Respekt, den man selbst schmerzlich vermisst. Mit dem Rückzug auf die eigenen Positionen wird die Verbindung zu gesamtgesellschaftlichen Anliegen gekappt. Was mit der Namensgebung „Land schafft Verbindung" als Aufbruch zu einer Vernetzung mit anderen gesellschaftlichen Gruppierungen assoziiert wird, entpuppt sich als eine Verweigerung, sich den gesamtgesellschaftlichen Herausforderungen zu stellen. Dies geschieht allerdings nicht aus einer Position der Stärke, wie die Blockaden von Straßen und von Logistikzentren des LEH mit PS-starken Traktoren glauben machen wollen, sondern wohl eher aus Verzweiflung ob aufgrund der bedrohlichen wirtschaftlichen Aussichten. Angesichts der faktischen und mentalen Pfadabhängigkeiten und der damit in vielen Fällen einhergehenden Alternativlosigkeit weisen die Aussichten alles andere als in eine rosige Zukunft. Diese war ihnen noch unlängst von Vertretern der Agrarbranche, wie zum Beispiel vom Präsidenten der Deutschen Landwirtschaftlichen Gesellschaft (Bussche 2005), vorhergesagt worden.

Solange der Bauernverband es vermochte, der Politik mit einer wirkmächtigen Agrarlobby möglichst hohe Subventionszahlungen abzutrotzen, konnten ihre Vertreter glaubhaft machen, die Interessen aller Verbandsmitglieder zu vertreten. Zwischenzeitlich gestaltet sich die Interessenslage unter den Landwirten deutlich differenzierter und erschwert den Zusammenhalt unter Landwirten. Während sich viele Landwirte beispielsweise über die staatliche Förderung des Anbaus von nachwachsenden Rohstoffen und der Erzeugung von **Biogas** erfreuen, läuft dies den Interessen vieler Milchviehhalter zuwider. So hat der Anbau pflanzlicher Biomasse für die Biogaserzeugung die Pachtpreise in die Höhe getrieben und macht in den entsprechenden Regionen die tierische Erzeugung für diejenigen Betriebe unrentabel, die auf niedrige Pachtpreise angewiesen sind. Auch an anderen Stellen brechen Konflikte zwischen unterschiedlichen Interessen auf. Häufig geht die Förderung der einen auf Kosten der Interessen der anderen Landwirte. Indem sich die Verbände für gemeinsame Ziele (Erhöhung von Subventionen und Abwehr von Reglementierungen) einsetzen, wird überdeckt, dass sich die Primärerzeuger untereinander, und nicht nur auf der globalen, sondern auch auf der lokalen, regionalen und nationalen Ebene, in einer existenzbedrohenden Konkurrenzsituation befinden. Je größer die erzeugten Produktmengen sind, welche die Mitkonkurrenten auf die Märkte schleusen, desto niedriger fallen die Marktpreise aus und zwingen die Primärerzeuger zu weiteren Produktivitätssteigerungen. Je größer der Unmut wird, desto wichtiger ist es für die Verbandsvertreter, die Gegner außerhalb der eigenen Reihen zu verorten, um die eigenen Reihen in der Abwehr von Ungemach durch Dritte fester schließen zu können. Diese Wagenburg-Strategie baut auf der Argumentation auf, dass man nur dann erfolgreich Angriffe von außen abwehren kann, wenn man Geschlossenheit zeigt. Schließlich

hat man es auf diese Weise auch in der Vergangenheit vermocht, interne Konflikte zu
befrieden. So ist es gelungen, die ursprünglich als Protest- und Alternativbewegung und
als Gegenmodell zur konventionellen Landwirtschaft angetretenen Gruppierungen der
ökologischen Landwirtschaft so zu integrieren, dass die ursprünglichen Gegensätze –
obwohl unvermindert vorhanden – nachrangig wurden.

> „Schließlich sind alle Landwirte trotz der unterschiedlichen Interessen vor allem
> Bauern (Rukwied 2018).“

Ableitungen

Externe Forderungen, wonach die betrieblichen Leistungen nicht nur anhand
der Produktionsleistungen, sondern auch anhand der Tier- und Umweltschutzleistungen gemessen, beurteilt und überbetrieblich verglichen werden sollen, unterminieren das Selbstverständnis der Bauernverbände, die „Einheit der Vielfalt" zu
repräsentieren. Eine solche Herangehensweise würde die bereits bestehenden Unterschiede zwischen den Betrieben noch deutlicher zutage treten lassen. Dabei ist es
nicht so, dass die Forderungen nach einer qualitativen Beurteilung der „Einheit der
Vielfalt" widersprechen würden. Jedoch würde auf diese Weise die Vielfalt ausbuch-
stabiert und nicht länger unter einer Decke der Intransparenz unkenntlich gemacht
werden. Es würde sichtbar werden, dass die Betriebe sich erheblich unterscheiden
in den Ausmaßen, in denen sie auf Kosten externer Effekte oder auf Kosten der
Nutztiere wirtschaften. Dies könnte zur Folge haben, dass manche Betriebe nicht
mehr die gleiche Unterstützung erfahren wie diejenigen, welche die Erzeugung
von Nahrungsmitteln mit Schutzwirkungen in Einklang zu bringen vermögen. Die
Ersteren haben kein Interesse daran, dass die Bauernverbände von ihrer bisherigen
Position abweichen. Im Umkehrschluss bedeutet dies, dass die Bauernverbände
insbesondere diejenigen schützen, die den Gemeinwohlinteressen schaden. Diejenigen, welche den gesellschaftlichen Anforderungen bereits in hohem Maße entsprechen, haben dagegen gute Gründe, sich über einen überbetrieblichen Vergleich
von gesellschaftlich relevanten Leistungen für einen fairen Wettbewerb einzusetzen.

Eine Ausdifferenzierung der einzelbetrieblichen Produktionsleistungen in
Relation zu den Tier- und **Umweltschutzleistungen** würde es ermöglichen, „die
Spreu vom Weizen zu trennen". Damit würde der Wettbewerb nicht aufgehoben,
sondern auf neue Zielgrößen ausgerichtet. Gleichzeitig müsste ein Regelwerk fest-
legen, welche Maßnahmen erlaubt und welche verboten sind und wie ein Überschreiten des Regelwerkes geahndet werden würde. Bei einem solchen Regelwerk
verlören allerdings die Vertreter der Bauernverbände ihre derzeitige Vormachtstellung. Diese basiert auf der Demonstration von Stärke durch Geschlossenheit.
Entsprechend wird eine Differenzierung von Betrieben von den Verbandsvertretern
als Bedrohung des eigenen Vertretungsanspruches wahrgenommen und deshalb mit
allen zur Verfügung stehenden Mitteln bekämpft.

7.3 Agrarpolitik

Die Agrarpolitik ist seit Jahrzehnten der am stärksten vergemeinschaftete Politikbereich der Europäischen Union. Auch wenn vonseiten nationaler Agrarpolitiker mitunter ein anderer Eindruck erweckt wird, fallen die wesentlichen Entscheidungen über die Ausgestaltung der Agrarpolitik auf der EU-Ebene in Brüssel. Dies betrifft insbesondere die Agrarmarkt- und -preispolitik sowie die ursprünglich als Ausgleich für Preissenkungen eingeführten direkten Einkommenszahlungen an die Landwirte (Weingarten 2010). Für die nationale Agrarpolitik steht daher die nationale und subnationale Umsetzung von EU-Vorgaben im Vordergrund. In einigen wenigen Agrarbereichen wie dem Bodenschutz und der Agrarsozialpolitik liegen die Zuständigkeiten weiterhin bei den europäischen Mitgliedsstaaten.

Angesichts der dramatischen Versorgungssituation während und nach dem Zweiten Weltkrieg waren die nationale und die europäische Agrarpolitik vor allem auf die Sicherung der Ernährung der Bevölkerung und der Einkommen der Landwirte ausgerichtet. Die Agrarpolitik der Europäischen Wirtschaftsgemeinschaft nahm zu Beginn maßgebliche Anleihen bei der deutschen Agrarpolitik. Im Landwirtschaftsgesetz von 1955 wurden die **Ziele** der deutschen Agrarpolitik wie folgt festgeschrieben: a) Teilnahme der Landwirtschaft an der volkswirtschaftlichen Entwicklung; b) bestmögliche Versorgung der Bevölkerung mit Ernährungsgütern; c) Ausgleich der naturbedingten und wirtschaftlichen Nachteile der Landwirtschaft; d) Steigerung der Produktivität; e) Angleichung der sozialen Lage der in der Landwirtschaft Tätigen an diejenige vergleichbare Berufsgruppen. In ähnlicher Weise wurden 1957 in den Römischen Verträgen (EWG-Vertrag) die Ziele der Gemeinsamen Agrarpolitik (GAP) proklamiert (s. auch Abschn. 2.4). Diese Ziele wurden unverändert auch im Vertrag von Lissabon über eine Verfassung für Europa übernommen. Zwar wurde der Vertrag im Jahr 2004 von den Staats- und Regierungschefs der EU-Mitgliedstaaten unterzeichnet, er trat jedoch nicht in Kraft, weil nicht alle Mitgliedstaaten den Vertrag ratifizierten. Dieser Vertrag beinhaltete, dass bei der Festlegung und Durchführung der EU-Politik – und damit auch der GAP – auch den Erfordernissen des Wohlergehens der Tiere in vollem Umfang Rechnung zu tragen sei. Ähnliches sollte auch im Hinblick auf den Umwelt- und Verbraucherschutz gelten.

Da sich bereits zu Beginn der 1960er-Jahre die Versorgungssituation der Bevölkerung mit Nahrungsmitteln verbesserte, bestand das vorrangige Ziel der GAP über lange Zeiträume darin, durch Marktordnungsmaßnahmen die Preise für landwirtschaftliche Produkte anzuheben. Auf diese Weise sollten die Einkommen der Landwirte verbessert und an die Entwicklung in anderen Wirtschaftszweigen angeglichen werden. Erreicht werden sollte dies durch einen wirksamen Außenschutz, Mindesterzeugerpreise und staatliche Aufkäufe zur Preisstützung. Die Folgewirkungen der staatlichen Anreize zur

Steigerung der Produktmengen und der Produktivität waren die vielzitierten „Milch- und Weinseen" sowie die „Butter-, Getreide- und Olivenberge". Um den Überschüssen Herr zu werden, wurde der Absatz von in der EU erzeugten Produkten auf dem Weltmarkt durch Exportsubventionen unterstützt. Auf diese Weise wurden in Drittländern die Agrarmärkte mit subventionierter Billigware überschwemmt und dadurch massiv beeinträchtigt.

Die ausufernden Agrarausgaben erzeugten politischen Handlungsdruck. Im Jahr 1992 konnte der Agrarkommissar MacSharry eine mit seinem Namen verbundene Reform der europäischen Agrarpolitik durchsetzen. Sie beinhaltete einen ersten Schritt weg von einer einkommensorientierten Preispolitik hin zu einer am Markt orientierten Agrarpolitik. Bis zur MacSharry-Reform entfielen über 90 % der EU-Agrarausgaben auf Exportsubventionen und sonstige Stützungsmaßnahmen der Märkte. Obwohl der staatliche Aufkauf von Überschüssen die Überproduktion maßgeblich stimuliert hatte und handelsverzerrend wirkte, reagierte die GAP erst mit erheblicher zeitlicher Verzögerung mit Veränderungen der wirtschaftlichen Rahmenbedingungen. Die staatliche Preisstützung wurde reduziert und durch die Einführung von Direktzahlungen an die Primärerzeuger kompensiert. Während die Direktzahlungen anfänglich noch an die Produktion gekoppelt waren, wurden diese ab 2005 weitgehend von der Produktion entkoppelt. Dies sollte zu einer stärkeren Orientierung der landwirtschaftlichen Produktion an die Entwicklungen der Nachfragesituation des Marktes führen.

Die heute noch bestehende Agrarlastigkeit des Haushaltes der Europäischen Union erklärt sich vor allem dadurch, dass die GAP der einzige voll gemeinschaftlich finanzierte Politikbereich ist. In der Legislaturperiode 1993 bis 1999 betrug der Anteil der Agarausgaben am Gesamthaushalt der EU noch 46,7 %. Er reduzierte sich auf 36,3 % in den Jahren 2014 bis 2020 und beträgt für die Jahre 2021 bis 2027 noch 30,7 % (DBV 2020). Im Jahr 2020 entfielen 72 % der EU-Agrarausgaben in der Größenordnung von 57 Mrd. € auf die Direktzahlungen, 5 % auf Agrarmarktausgaben; rund 23 % kamen der ländlichen Entwicklung zugute. Ohne die Direktzahlungen aus dem EU-Haushalt wären heute viele landwirtschaftliche Betriebe nicht mehr existenzfähig. Deutschland ist der mit Abstand größte Nettozahler in der EU. Von jedem Euro, den der deutsche Finanzminister nach Brüssel überweist, werden 48 Cent an die deutsche Agrarwirtschaft zurück überwiesen. Hinzu kommen nationale Unterstützungsprogramme. So erfolgt die Absicherung von sozialen Risiken für landwirtschaftliche Unternehmer und mitarbeitende Familienangehörige im Alter sowie bei Krankheit und Unfall nicht im Rahmen der allgemeinen Sozialversicherungssysteme, sondern durch Sondersysteme. Im Jahr 2009 entfielen ca. 70 % des gesamten Agrarhaushaltes des Bundes (3,7 Mrd. €) auf die Agrarsozialpolitik. Im Jahr 2020 waren für die Alterssicherung sowie Unfall- und Krankenversicherung 4,1 Mrd. € (59 %) im Agrarhaushalt des Bundes eingeplant (DBV 2020).

Von der Entkoppelung der Direktzahlungen von den Produktionsprozessen wurde ursprünglich erwartet, dass sie zu einer stärkeren Orientierung der landwirtschaftlichen Produktion an die Nachfrage des Marktes führt. Nach Roth (2007) geht es bei der Marktwirtschaft im Kern um die effiziente Verteilung von **Ressourcen** und die Vermeidung von Verschwendung. Danach wird im marktwirtschaftlichen Wettbewerb der Anbieter gewinnen, der die Kundenwünsche nicht nur treffend vorhersieht, sondern sie auch preisgünstig zu erfüllen vermag.

> „Ebenso wie im Sport obliegt es den Organisatoren des Wettbewerbs – hier den Politikern –, die Spielregeln so zu bestimmen, dass sie unerwünschte Strategien und unfaire Praktiken wirksam unterbinden. Werden die Spielregeln unzureichend festgelegt oder wird ihre Einhaltung nicht sichergestellt, ist das kein Manko der Wettbewerbsidee, sondern ihre mangelhafte Umsetzung."

Die Theorie besagt ferner, dass man in der Marktwirtschaft nur dann dauerhaft erfolgreich bleibt, wenn das Angebot ständig an die sich verändernden Bedingungen angepasst wird, also auf veränderte Kundenwünsche, Produktionsmöglichkeiten und Ressourcenknappheiten reagiert. So klar und einfach die Theorie und die Rollenverteilung erscheint, so schwierig gestaltet sich die Umsetzung in der Praxis.

Bezogen auf das Angebot preisgünstiger Rohwaren war das marktwirtschaftliche System auch in der Landwirtschaft voll funktionsfähig. Der Wettbewerb um die Kostenführerschaft hat dazu geführt, dass die Marktpreise in Relation zum Einkommen der Bürger nie niedriger waren als heute. Ob gemäß der marktwirtschaftlichen Theorie die Gewinner des Wettbewerbs auch die Waren anbieten, die sich die Kunden wünschen, darf jedoch bezweifelt werden. Ebenso bestehen Zweifel, ob für die Herstellung kostengünstiger Waren auch weniger Ressourcen benötigt wurden. Offensichtlich handelt es sich bei der landwirtschaftlichen Produktion um weitaus komplexere Prozesse, als sie gemäß dem obigen Hinweis beim Sport anzutreffen sind. Hier gewinnen diejenigen, die am schnellsten laufen, am weitesten springen oder werfen, oder diejenigen Mannschaften, welche die meisten Punkte im jeweiligen Wettbewerb erzielen. Die Regeln sind festgelegt und gelten in der Regel auch auf internationaler Ebene. Darüber hinaus ist geregelt, wer die Einhaltung der Regeln wie überprüft und wie im Fall von Regelüberschreitungen verfahren wird. Die Tatsache, dass auch die Zuschauer die Regeln kennen, macht den Sport nicht nur für die Akteure, sondern auch für die Zuschauer in der Regel zu einem sehr transparenten Geschehen. Die mitunter per Videoanalyse durchgeführten Überprüfungen von strittigen Schiedsrichterentscheidungen unterstreichen das Bemühen um Fairness und um gerechte und transparente Verfahrensabläufe. Wiederholte Verstöße gegen die Regeln werden unter anderem mit Disqualifikation oder Platzverweis geahndet.

Die Übersichtlichkeit des Regelwerkes im Sport kontrastiert mit der Unübersichtlichkeit der Regulierungen bei landwirtschaftlichen Produktionsprozessen. Zwar liegen auch hier Regeln vor, jedoch beschränken sich diese im Wesentlichen auf die Einhaltung von ordnungspolitisch festgelegten Mindestvorgaben, die allerdings nur wenige Teilbereiche betreffen. Ferner mangelt es den Kontrollinstitutionen, welche die Einhaltung der Mindestvorgaben überwachen sollen, an den erforderlichen Ressourcen. Auch sind sie nicht mit der erforderlichen Machtbefugnis ausgestattet, um Regelverstöße wirksam ahnden zu können. Die Einhaltung von Mindestanforderungen ist zudem nicht gleichbedeutend mit der Einhaltung eines fairen Wettbewerbes. Im Sport wird darauf geachtet, dass die errungenen und gemessenen Leistungen nicht mit unlauteren Mitteln und nicht auf Kosten der Mitbewerber erreicht werden. Davon ist die Agrarwirtschaft weit entfernt. Dazu müssten die Beeinträchtigungen von Tier-, Verbraucher-, Umwelt-, Natur- und Klimaschutz durch die Produktionsprozesse einzelbetrieblich erfasst werden. Erst dann könnten Praktiken, die überdurchschnittliche Schadwirkungen hervorrufen, geahndet und wirksam eingeschränkt werden.

Es liegt in der Natur der europäischen Gesetzgebung, dass Veränderungen und Ergänzungen des gesetzlichen Regelwerkes für die Agrarwirtschaft sehr lange brauchen, bis sie von der Mehrheit der Mitgliedsländer akzeptiert werden. Zwar können von den nationalen Regierungen eigene Gesetzesvorhaben auf den Weg gebracht werden; diese dürfen jedoch das Niveau der europäischen Mindestvorgaben nicht unterschreiten, sondern allenfalls darüber hinausgehen. Entsprechend wird davon eher selten Gebrauch gemacht. Stattdessen wird vonseiten der Agrarpolitik häufig vor nationalen Alleingängen mit überzogenen Regulierungen gewarnt. Einerseits besteht die Sorge, die heimischen Primärerzeuger im Wettbewerb um Kostenführerschaft gegenüber den Mitbewerbern zu benachteiligen und sich damit den Unmut der Lobbyisten der Agrarwirtschaft zuzuziehen. Andererseits lassen sich mit der Einführung von Regeln und Reglementierungen auch beim Wahlvolk in der Regel wenig Stimmenzuwächse einfahren. Dies gelingt eher mit dem Versprechen, als zu bürokratisch empfundene Regeln abzubauen. Die allgemeine Zurückhaltung bei der Implementierung von Regulierungen hält jedoch die ehemalige stellvertretende Fraktionsvorsitzende der CDU/CSU-Bundestagsfraktion, Frau Connemann, nicht von der nachfolgenden Behauptung ab:

> „Die nachhaltigste Lebensmittelproduktion findet in Deutschland statt. Es ist am Ende kein nachhaltiges Ergebnis, wenn der Tierbestand hierzulande sinkt und andernorts ansteigt und das bei niedrigeren Standards (Connemann, zitiert nach BfT 2021). "

Eine solche politische Positionierung, welche auf eine große Zustimmung bei den Primärproduzenten im Lande stößt, ist von agrarpolitischer Seite wiederholt zu vernehmen. Allerdings wird dabei unterschlagen, dass die Mindestanforderungen und damit die Produktionsstandards in Europa für alle Mitgliedsländer annähernd gleich gesetzlich geregelt sind. Worin sich Deutschland im Sinne einer nachhaltigen Erzeugung besonders hervortut, bleibt das Geheimnis derjenigen, welche diese Position vertreten.

Gestützt wird die bisherige Agrarpolitik, möglichst wenig regulierend in die agrarwirtschaftlichen Prozesse einzugreifen, nicht nur von den Agrarlobbyisten, sondern auch von der Agrarökonomie, und zwar in mehrfacher Hinsicht. Die Ausrichtung der Produktionsprozesse auf eine gesteigerte Produktivität durch Spezialisierung, Intensivierung und Konzentration gehört seit Jahrzehnten zur Leitidee der Agrarökonomie (Maréchal et al. 2008). Ihre Theorien und Positionen sind von einer wirtschafts-liberalen Grundhaltung geprägt. Danach soll es vorrangig dem Markt überlassen bleiben, Lösungen für die sich einstellenden Probleme zu finden. Dies gilt selbst dann, wenn das Marktversagen bezüglich der Durchsetzung von Gemeinwohlinteressen und der Verbesserung von Produkt- und Prozessqualitäten offensichtlich ist. Solange jedoch der Fokus weiterhin auf die Steigerung Produktivität gerichtet ist, und die Wettbewerbsbedingungen an den bestehenden gesetzlichen Mindestvorgaben ausgerichtet werden, besteht für die Lobbygruppen wenig Anlass, den Glauben an das Lösungspotenzial der Märkte in Zweifel zu ziehen. Schließlich konnte in den zurückliegenden Jahrzehnten die Produktivität deutlich gesteigert werden. Die Fokussierung auf die Produktivität als Indikator des Erfolges hat allerdings den Preis, dass die negativen Folgewirkungen der Produktionsprozesse weitgehend ausgeblendet werden müssen. Dies gilt auch für die in Kap. 6 dargelegten Wirkzusammenhänge, wonach die negativen Folgewirkungen maßgeblich vom Streben nach Kostenführerschaft befeuert werden. **Kostenführerschaft** basiert auf einem minimalistischen Aufwand für all die Aufwendungen, welche nicht unmittelbar die Produktionsleistungen betreffen. Der Schutz der Nutztiere und der Umwelt geht in der Regel mit Mehraufwendungen einher. Diejenigen verschaffen sich einen Wettbewerbsvorteil, die diese Aufwendungen auf ein Mindestmaß reduzieren und den eigenen Vorteil zu Lasten von Gütern des Gemeinwesens externalisieren. Als **externe Effekte** werden die unkompensierten Auswirkungen ökonomischer Entscheidungen auf Unbeteiligte bezeichnet, also Auswirkungen, für die niemand bezahlt oder einen Ausgleich erhält (Mankiw und Wagner 2004, 221 ff.). Sie werden daher in der Regel nicht in das Entscheidungskalkül der Verursacher einbezogen. Volkswirtschaftlich gesehen begründen sie eine Form von Marktversagen und können – so die Theorie – staatliche Interventionen notwendig werden lassen.

Wenn man unter einer stärkeren Orientierung der landwirtschaftlichen Produktion an die Nachfrage des Marktes – wie von der GAP intendiert – versteht, dass das Angebot von Rohwaren zurückgefahren wird, sobald die Nachfrage nach Produkten nicht mit einem Anstieg des Angebots mithält, muss im Rückblick auch die Realisierung dieser Zielsetzung als gescheitert angesehen werden. Angeglichen haben sich lediglich die zuvor regional verhandelten Marktpreise an das Preisniveau auf den Weltagrarmärkten. Von Ausnahmen wie der ökologischen Landwirtschaft abgesehen, wird in der Landwirtschaft eine freiwillige Reduzierung der erzeugten Produktmengen eher selten praktiziert. Die Landwirtschaft ist voll auf Wachstum, d. h. auf Steigerung der Verkaufsmengen und der Produktivität, programmiert. Kohlmüller (2020) bringt es wie folgt auf den Punkt:

> „Wer will in der freien Marktwirtschaft freiwillig weniger machen? […] Jeder ist geeicht auf Umsatz, Umsatz, Umsatz. Das ist doch die normale Marktwirtschaft."

Solange die weiterverarbeitende Agrar- und Ernährungsindustrie die Rohwaren abnimmt, halten die produzierenden Betriebe an weiteren Ertragssteigerungen fest. Die negativen Auswirkungen der Überschussmengen bekommen die Primärerzeuger häufig erst zeitversetzt anhand zurückgehender Preisnotierungen zu spüren.

Um die im Inland nicht nachgefragten Rohwaren abzusetzen, setzt die europäische und auch die deutsche Agrarpolitik weiterhin auf eine Exportstrategie. In der Gewissheit eines globalen Bevölkerungswachstums und in Erwartung eines damit einhergehenden Kaufkraftwachstums sowie unter Berücksichtigung des „Gunststandortes Deutschland" werden vor dem Hintergrund des weltweiten Klimawandels in der Zukunft wachsende Absatzmärkte gesehen, die den heimischen Erzeugern wirtschaftliche Gewinnchancen bieten. Landwirte, die einst ihre regionalen Produkte auf regionalen Märkten zu einem regionalen Preisniveau verkauften, sollen mehr und mehr Teilnehmer eines Weltmarktgeschehens werden. Auf der Homepage des Bundeslandwirtschaftsministeriums (BMEL 2020a) lautet die Devise:

> „Angesichts stagnierender Märkte im Inland benötigt die deutsche Agrar- und Ernährungswirtschaft […] weiteres Wachstum im weltweiten Export, um ihren Beitrag zum Erhalt und Steigerung von Wertschöpfung und Wohlstand in Deutschland zu leisten."

Mittlerweile wird rund ein Drittel der Gesamtproduktion der deutschen Landwirtschaft exportiert (BMEL 2017). Die beiden großen Branchen „Fleisch und Fleischerzeugnisse" und „Milch und Milcherzeugnisse" tragen überdurchschnittlich zur Exportquote bei. Die Exportquote der deutschen Ernährungsindustrie liegt auf dem gleichen Niveau. Zwischen 2008 und 2015 sind der Umsatz der Ernährungswirtschaft um 12,6, die Agrarimporte um 17,8 sowie die Agrarexporte um 16,4 Mrd. € gestiegen, während sich in diesem Zeitraum der Produktionswert der Landwirtschaft um etwa 2,6 Mrd. € erhöht hat. Die Höhe der landwirtschaftlichen Bruttowertschöpfung, die aus der exportierten Produktion (Bruttoexport) stammt, fällt allerdings zwischen den Regionen sehr unterschiedlich aus. In einigen Veredelungsregionen im Nordwesten Deutschlands sowie in Regionen mit hohem Sonderkulturanteil in der Rheinschiene werden Durchschnittswerte von mehr als 800 € ha landwirtschaftlicher Nutzfläche (LF) erreicht. Hingegen finden sich in Grünlandregionen der Mittelgebirgslagen und in Teilen Brandenburgs sowie in der Voralpenregion sehr geringe Wertschöpfungsgrößen pro Hektar LF. Damit überschneiden sich die Regionen mit der größten Wertschöpfung mit den Regionen, welche die größten Austräge an Schadstoffen aus den landwirtschaftlichen Produktionsprozessen zu verzeichnen haben.

Folglich gehören diejenigen landwirtschaftlichen Betriebe, die am meisten von der Exportorientierung der Agrarwirtschaft profitieren, häufig auch zu den Betrieben, welche beträchtliche Schadstoffausträge in die Umwelt zu verantworten haben. Damit zeigt sich nicht nur in der nationalen Ausrichtung der Agrarpolitik, sondern auch in vielen einzelbetrieblichen Konstellationen, dass ein veritabler Interessenskonflikt zwischen einer Export- und einer Gemeinwohlorientierung besteht. Auch wenn die Daten des BMEL zum Exportanteil der landwirtschaftlichen Bruttowertschöpfung einen engen korrelativen Zusammenhang nahelegen, bestehen große Unterschiede zwischen den einzelnen Betrieben. Umso notwendiger ist es, eine einzelbetriebliche Beurteilung der Austräge von Schadstoffen in Relation zu den Produktionsleistungen zu erstellen und einen überbetrieblichen Vergleich vorzunehmen. Eine solche Leistungsdifferenzierung zwischen den Betrieben ist jedoch nicht nur vonseiten der Bauerverbände, sondern auch von der Agrarpolitik nicht vorgesehen.

Die Rechtfertigung für die Zumutungen, die mit der Exportorientierung spezifischer Regionen für die Umwelt verbunden sind, liefert das (BMEL 2018) in seinem Papier zur Exportstrategie gleich mit:

> „Die Weltbevölkerung und das Pro-Kopf-Einkommen wachsen stetig und damit steigt der Bedarf an hochwertigen Produkten wie Fleisch, Milch, Obst und Gemüse. Das BMEL stellt sich seiner Verantwortung für die Versorgung der wachsenden Weltbevölkerung, die ohne […] Steigerungen der Erzeugung und auch des globalen Handels langfristig nicht gesichert werden kann.“

Mit dem Argument des Vorrangs der Sicherung der Ernährung der Weltbevölkerung, wird versucht, Gegenargumente abzuwehren. Allerdings heißt es in einem weiteren Kapitel auch, dass Länder, die ein hohes Bevölkerungswachstum und ein steigendes Pro-Kopf Einkommen aufweisen, *je nach wirschaftlicher Entwicklung und Kaufkraftwachstum künftig wichtige Absatzmärkte für die qualitativ hochwertigen Produkte der deutschen Agrar- und Ernährungswirtschaft werden*“ könnten. Was die besondere **Qualität** der in Deutschland erzeugten Produkte ausmachen soll, wird allerdings nicht näher ausgeführt. Aus agrarpolitischer Perspektive sollen auf alle Fälle die Bemühungen zur Sicherung der bestehenden und zur Erschließung neuer Märkte weiter fortgesetzt und gegebenenfalls verstärkt werden. Welche Auswirkungen dies auf die Ernährung der Weltbevölkerung hat, wird nicht näher spezifiziert.

Wenn unter Marktanpassung verstanden wird, dass die Primärproduzenten sich vermehrt an den Wünschen der Kunden ausrichten sollen, dann kann auch hier der GAP kein Erfolg attestiert werden. Bei nationalen Verbraucherbefragungen wird seit vielen Jahren einer artgerechten Nutztierhaltung die größte Bedeutung beigemessen (BLE und BÖLN 2021). Dennoch hat sich hier in der Vergangenheit wenig zum Besseren verändert. Ungeachtet der negativen Folgewirkungen der vorherrschenden Produktionsverfahren auf die Kundenwünsche wird weiterhin das erzeugt, was am billigsten zu produzieren ist. Dies ist nicht unbedingt das, was Verbraucher unter qualitativ hochwertigen Produkten verstehen. Auf der anderen Seite werden die Produktionsmittel (unter anderem Dünge-, Futter- und Pflanzenschutzmittel) sowie die Kosten für Haltungsbedingungen und Pachtpreise immer teurer. Wenn nun auch noch die Möglichkeiten, die überschüssigen Reststoffe in die Umwelt zu entsorgen, eingeschränkt werden sollen, verteuert dies auch noch die Entsorgung von Abfallstoffen. Anders als es die Theorie der „freien“ Marktwirtschaft nahelegt, haben die Marktbedingungen nicht zu einer fortlaufenden Anpassung an veränderte Anforderungen geführt, sondern die Handlungsspielräume der Primärerzeuger und damit die Möglichkeiten zur Anpassung an Verbraucherwünsche immer weiter eingeengt.

Für Unternehmen, die unter den vorherrschenden Rahmenbedingungen des Unterbietungswettbewerbes nicht mehr wettbewerbsfähig sind, kennt das Wirtschaftssystem der „freien" Marktwirtschaft nur einen „Ausweg": die freiwillige bzw. unfreiwillige Betriebsaufgabe. Ein Blick zurück zeigt, wie vielen Betrieben bereits in der Vergangenheit dieser Weg gewiesen wurde. Während zum Beispiel im Jahr 2000 noch 124.000 Schweinehalter in Deutschland registriert waren, ist die Zahl im Jahr 2019 auf 22.000 geschrumpft (DBV et al. 2019). Dies entspricht einer Reduzierung um mehr als 80 %. Im gleichen Zeitraum hat sich die Zahl der in Deutschland gehaltenen Schweine sogar erhöht. Folglich ist die Zahl der Tiere, die durchschnittlich pro Betrieb gehalten werden, stark angestiegen. Dieser als Strukturwandel deklarierte Prozess, der eher einem Strukturbruch entspricht, fordert seine Opfer nicht nur unter den Landwirten, sondern zeitigt auch andere Folgewirkungen. Auf vielen Betrieben wurde der Zukauf von Futtermitteln entsprechend drastisch erhöht. Da mit dem Anstieg der Tierzahlen pro Betrieb die verfügbare landwirtschaftliche Nutzfläche nicht in gleicher Weise zugenommen hat, wissen viele Landwirte nun nicht mehr, wohin mit den Exkrementen der Nutztiere. Ein vermehrter Austrag der nicht im Betrieb verwertbaren Stoffe über das **Oberflächengewässer** und luftgetragene **Emissionen** in die Umwelt ist die zwangsläufige Folge.

Bereits im Jahr 1985 wurde im Sondergutachten „Umweltprobleme der Landwirtschaft", das vom Sachverständigenrat für Umweltfragen erstellt wurde, die Problemlage und die Vielschichtigkeit der Folgewirkungen umfassend dargelegt (SRU 1985). In Fachkreisen fand das Gutachten große Beachtung, ohne allerdings erkennbare Wirkungen in der Agrarpolitik zu hinterlassen. Wenn sich nun mehr als 35 Jahre später erste Veränderungen in der Agrarpolitik abzeichnen, dann ist dies nicht etwa der Einsichtsfähigkeit der Agrarpolitik angesichts einer sich zuspitzenden Problemlage geschuldet. Es ist die EU-Kommission, welche die Bundesregierung wiederholt verklagt hat, und der Europäische Gerichtshof (EuGH), welcher der EU-Kommission Recht gegeben hat. Das EuGH stellte am 21 Juni 2018 in einem Urteil fest, dass die Bundesrepublik Deutschland nicht die gesetzlichen Vorgaben der Europäischen Gemeinschaft einhält, welche bereits im Jahr 1991 in der Nitratrichtlinie (91/676/EWG) niedergelegt worden war. Im Juli 2019 hat die EU-Kommission beschlossen, ein Zweitverfahren gegen Deutschland einzuleiten. Nunmehr drohen der Bundespolitik Konsequenzen in Form eines beträchtlichen Bußgeldes in der Größenordnung von mehr als 800.000 €. Allerdings wird das Bußgeld nicht als eine einmalige Zahlung fällig. Dies würde die Bundesregierung wohl kaum zu drastischen Veränderungen bewegen können. Das Bußgeld in der genannten Größenordnung soll im Fall einer erneuten Verurteilung täglich anfallen, solange, bis die gesetzlichen Vorgaben, die bereits seit fast drei Jahrzehnten bestehen, endlich erfüllt werden. Dieses Beispiel zeigt, dass sich auch die Agrarpolitik nicht immer an die gesetzlichen Vorgaben hält und durch übergeordnete Instanzen dazu angehalten werden muss.

Der Agrarpolitik fällt nun mit erheblicher zeitlicher Verzögerung die jahrzehntelange Unterlassung von wirksamen Regulierungen zum Schutz von **Grundwasser** auf die Füße. Ohne den Europäischen Gerichtshof sähe sich die Agrarpolitik auch weiterhin nicht genötigt, die Austräge von **reaktiven N-Verbindungen** aus landwirtschaftlichen

Produktionsprozessen wirksam zu begrenzen. Ohne das EuGH stünde das Thema nicht auf der politischen Agenda; ohne das Urteil hätte die Bundesregierung nicht eine Verschärfung der Düngeverordnung beschlossen, die zum 1. Mai 2020 in Kraft trat. Dafür erntet die Agrarpolitik nun wütende Proteste vonseiten der Landwirte, die sich gegängelt und durch die Verschärfung der gesetzlichen Regelungen in ihrer wirtschaftlichen Existenz bedroht fühlen. Trotz des Urteils des EuGH lässt das BMEL keine Zweifel aufkommen, auf welcher Seite es im Zielkonflikt zwischen der Notwendigkeit weiterer Reduzierungen der Umweltbelastungen und den damit verbundenen Einschränkungen für die Landwirte steht. Das BMEL versucht, die Zumutungen für die Primärerzeuger so gering wie möglich ausfallen zu lassen. Dabei weiß das BMEL auch die Mehrheit der agrarpolitischen Vertreter der einzelnen Bundesländer hinter sich. Entsprechend heftig fielen in jüngster Vergangenheit die Auseinandersetzungen mit dem Bundesumweltministerium aus, welches das Vertragsverletzungsverfahren der EU zum Anlass nimmt, auf längst überfällige Regulierungen zum Schutz der Umwelt hinzuwirken.

Der ehemalige Bundeslandwirtschaftsminister Christian Schmidt sah es zum Ende seiner Amtszeit noch für opportun an, darauf hinzuweisen, dass es ihm bei den Verhandlungen in Brüssel gelungen sei, die Landwirtschaft von drohenden Umweltauflagen zu befreien. Als dann der EuGH die Bundesregierung wegen der Nichteinhaltung der Umweltauflagen erfolgreich verklagte, wurde der Ex-Bundeslandwirtschaftsminister Schmidt beim Dreikönigstreffen der CSU in Seeon im Jahr 2020 mit dem Satz zitiert: *„Jetzt sitzen wir in der Scheiße"* (Fried und Wernicke 2020). Diese Zuschreibung wurde auf der gleichen Veranstaltung von einem Landwirt dahingehend ergänzt, dass viele wegen der drohenden Düngeverordnung bald nicht mehr wüssten, „wohin sie ihren Scheißdreck aus der Viehhaltung bringen sollten". Den vor Ort demonstrierenden Landwirten versprachen die CSU-Politiker, bei der Bundespolitik auf Veränderungen der Gülleverordnung hinzuwirken. Ansonsten aber versuchten sie, die Gemeinsamkeit mit den Landwirten durch Identifikation gemeinsamer Feindbilder hervorzuheben, welche bei den anderen politischen Parteien und in Brüssel verortet wurden.

Die öffentlich dargebotene Vertretung der Interessen der Agrarwirtschaft durch die Politik überdeckt einen weiteren Einflussfaktor der, der sich nicht unmittelbar erschließt, aber nicht minder wirkmächtig ist: die definitorische Macht. Die Legitimationsquelle, aus der diese Macht schöpft, ist die vermeintliche Moderation zwischen unterschiedlichen Interessen und die Ausrichtung auf das Machbare. Auch wenn sich das BMEL der Fachkompetenz aus der eigenen Ressortforschung oder durch Hinzuziehung externer Experten bedient, entscheidet der Bundesminister letztlich doch in Eigenregie über die Positionen, die nach außen getragen werden. Beispielhaft agierte auch hier der bereits zitierte ehemalige Bundeslandwirtschaftsminister Schmidt. Er sah sich berufen, einen hochkomplexen Sachverhalt wie den Tierschutz auf eine einfache Formel zu bringen: *„Tierwohl: Eine Frage der Haltung"* (BMEL 2014). Damit gab er nicht nur vor, was „Tierwohl" ist, sondern zugleich, anhand welcher Faktoren dieser zu bewerten bzw. zu erreichen sei.

In der Agrarpolitik hat die Prägung von Begriffen und die Normsetzung durch die Festlegung von Mindestanforderungen eine lange Tradition. In Kap. 4 wurde bereits am Beispiel der Tierschutzanforderungen erläutert, wie über Mindestanforderungen, die sich auf leicht zugänglich Einzelaspekte eines komplexen Sachverhaltes beschränken, Interessenspolitik betrieben wurde. Durch die Verknüpfung von haltungsrelevanten Mindestanforderungen mit dem bis dato im deutschsprachigen Raum unbekannten Begriff „Tierwohl" werden „**Qualitätsstandards**" definiert. Dabei spielt es keine Rolle, dass zwischen der Einhaltung von gesetzlich festgelegten Mindestanforderungen und dem Wohlergehen von Nutztieren kein funktionaler und kein wissenschaftlich belastbarer Zusammenhang besteht (Sundrum 2018). Eine analoge Vorgehensweise kommt bei der Thematik der „**Tiergesundheit**" zur Anwendung. Die Verordnung (EU) 2016/429 des Europäischen Parlamentes und des Rates vom 9. März 2016 wird mit dem Begriff „Tiergesundheitsrecht" belegt, obwohl hier inhaltlich fast ausschließlich die Frage des Umganges mit Tierseuchen thematisiert wird. Gleichzeitig wird der Eindruck erweckt, als wenn damit das Thema „Tiergesundheit" umfassend geregelt sei. Auf den 208 Seiten der Verordnung wird zwar vieles geregelt, nicht jedoch der Umgang mit Produktionskrankheiten, welche als Hauptproblematik in der Nutztierhaltung nicht nur die Gesundheit der Nutztiere und den Schutz vor Schmerzen, Leiden und Schäden, sondern auch den **Verbraucherschutz** beeinträchtigen. Artikel 4 der Verordnung enthält 56 Begriffsbestimmungen; darin findet sich jedoch keine Definition des zentralen Begriffes „Tiergesundheit". Definiert wird dagegen der Begriff „Gesundheitsstatus". Gemäß Verordnung bezeichnet dieser: „*den Status hinsichtlich der gelisteten Seuchen, die für eine bestimmte gelistete Tierart relevant sind.*"

Ähnlich wird in der Agrarpolitik mit dem Thema „**Umweltverträglichkeit**" verfahren. Die Umsetzung spezifischer Umwelt-, Arten- und Gewässerschutzmaßnahmen wird mit einer umweltverträglichen Produktionsweise gleichgesetzt. Unabhängig davon, ob und in welchem Umfang die Maßnahmen im jeweiligen Kontext zur Erreichung der anvisierten Ziele beitragen, und unabhängig davon, ob von den Betrieben zeitgleich andere Schadwirkungen hervorgerufen werden, werden vonseiten der Politik allein für die Umsetzung von spezifischen Einzelmaßnahmen Ausgleichszahlungen in Aussicht gestellt. Diese in Niedersachsen bereits praktizierte und als „Niedersächsischer Weg" beschriebene Verfahrensweise soll, ginge es nach den Landwirten und deren Interessensverbänden, bundesweit zur Anwendung kommen (Christ 2021). Auch die Einhaltung allgemeinverbindlicher Mindestanforderungen bezüglich der Mengen und der Art und Weise der Ausbringung von Düngemitteln, wie sie in der Düngeverordnung geregelt ist, wird mit einer „guten fachlichen Praxis" gleichgesetzt. Wie bei anderen Verordnungen unterbleibt auch hier eine Überprüfung, ob mit der Einhaltung von Mindestanforderungen in Abhängigkeit von den sehr heterogenen Ausgangs- und Randbedingungen auf den Betrieben das gesteckte Ziel erreicht wird. Ohne Erfolgskontrollen mutieren Mindestanforderungen zum Selbstzweck. An dieser Sicht- und Herangehensweise wird festgehalten, obwohl mit dem aktuellen Urteil des EuGH höchstrichterlich festgestellt wurde, dass mit den bisherigen Regelungen das vorgegebene Ziel, nämlich die Einhaltung des Nitratgrenzwertes im Grundwasser an den zahlreichen Messstellen, nicht erreicht wurde.

Anstatt über Wege der Zielerreichung und der Überprüfung der Wirksamkeit von Maßnahmen im jeweiligen Kontext zu reflektieren, dreht sich die agrarpolitische Debatte vor allem um die Frage, welche Belastungen den Landwirten durch staatliche Regulierungen zugemutet werden können. Mit der Fokussierung auf die Zumutbarkeit wird von der Kernfrage nach den primären Ursachen abgelenkt; gleichzeitig werden die Hauptverursacher aus dem Blickfeld genommen. Auch wenn der deutsche Vereinigungsvertrag (1990) sowie der Vertrag von Nizza (2001) zur europäischen Umweltpolitik das Verursacherprinzip explizit vorschreibt, kommt es in der Landwirtschaft nur vereinzelt zur Anwendung. Die Tatsache, dass die landwirtschaftlichen Betriebe in sehr unterschiedlichem Maße am Austrag von Schadstoffen in die Umwelt beteiligt sind, legt eine einzelbetriebliche Beurteilung der Austräge nahe. Nur so könnte es gelingen, diejenigen Betriebe zu identifizieren, die in besonderem Maße für Schadwirkungen verantwortlich sind. Jedoch sieht sich die Agrarpolitik, unterstützt von den landwirtschaftlichen Berufsverbänden, auch weiterhin nicht veranlasst, dem Verursacherprinzip Geltung zu verschaffen. Die Nichtzumutbarkeit von bürokratischen Aufwendungen ist dabei eines von verschiedenen Argumenten, mit denen auch weiterhin vonseiten der Agrarpolitik ein Schutzwall um die Verursacher von Schadwirkungen gezogen wird. Gleichzeitig bleibt die Agrarpolitik eine Antwort schuldig, wie künftig die Herausforderungen, u. a. die Einhaltung der in der EU-NEC-Richtlinie festgelegten Emissionsminderungsziele für NO$_x$, Feinstaub und Ammoniak in der Luft, erreicht werden sollen.

Bei der Suche nach einer Antwort auf die Frage, warum die deutsche Agrarpolitik bislang kein Interesse daran zeigt, die gesellschaftspolitisch relevanten Tier- und **Umweltschutzleistungen** einzelbetrieblich zu erfassen und überbetrieblich einzuordnen, könnte man versucht sein, sich die Antwort leicht zu machen: weil es der Deutsche **Bauernverband** nicht will. Schließlich ist die Agrarpolitik eng mit der Agrarwirtschaft und dem Deutschen Bauernverband vernetzt. Zwischen den Bundeslandwirtschaftsministern, die von 2005 bis 2017 von der CSU gestellt wurden, und dem Bauernverband bestand stets ein enger Schulterschluss. Die ehemalige Bundeslandwirtschaftsministerin Ilse Aigner soll einem Abgeordneten gegenüber einmal gesagt haben: *„Ich tue alles, was der Bauernverband will"* (Schaefer und Schießl 2018). Ob sie dies tatsächlich so gesagt hat oder nicht, ist in diesem Zusammenhang nachrangig. Auch ohne dieses Zitat ist der über Jahrzehnte anhaltende Gleichklang zwischen Agrarpolitik und Bauernverband nicht zu übersehen. Für die meisten Agrarpolitiker erscheint eine Politik, die sich gegen die Interessen des Bauernverbandes richtet, kaum denk- und vorstellbar.

In einer wissenschaftlichen Studie werden die Gründe für das Scheitern der Agrarpolitik an den Erfordernissen einer Umweltpolitik wie folgt umrissen:

> „Die Agrarpolitik agiert auf der Basis eines ökonomieorientierten Steuerungsmodus und den Prinzipien der kapitalistischen Produktionsweise. Die Kontinuität der Befassung sektoraler Akteure (z. B. Abteilungsleiter in Ministerien, Verbandspräsidenten) mit der Gestaltung

agrarpolitischer Maßnahmen, die Abhängigkeit der Ministerialbürokratien vom primären Kreislauf der Profitmaximierung im Rahmen der Steuerstaatlichkeit, bürokratische Eigeninteressen (an Kompetenzen und Ressourcen), die ideologische Kongruenz zwischen den Ministerialbürokratien einerseits und den dominanten Unternehmensverbänden andererseits durch gemeinsame universitäre Ausbildung und Sozialisation, dem Verband der Landwirtschaftskammern (VLK) als Vertreter der landwirtschaftlichen Selbstverwaltung, Agrarbürokratie und Agrarfakultäten und die „symbolische" (Re-)Produktion der dominanten, agrarsektoralen Ideologie durch die wissenschaftliche Agrarökonomie führen dazu, dass bestehende Machtverhältnisse zwischen den Politiksektoren aufrecht erhalten und die Umsetzung von EU-Umweltschutz blockiert werden (Kaufer 2015)."

Ableitungen

Seit ihrer Gründung als EWG verfolgt die Europäische Gemeinschaft mit ihrer Gemeinsamen Agrarpolitik (GAP) ein Doppelziel. Einerseits soll die Versorgung der Bevölkerung mit preiswerten Nahrungsmitteln gewährleistet werden. Andererseits sollen die Einkommen der Landwirte der Einkommensentwicklung in anderen Branchen angepasst werden. Während das erste Ziel deutlich übererfüllt wurde, liegt das zweite Ziel in weiter Ferne. Mit der Übererfüllung des einen und der Untererfüllung des anderen Hauptzieles ist die GAP in ihrem Bemühen gescheitert, beide Teilziele miteinander in Einklang zu bringen. Wie ein Zauberlehrling hat die GAP die Marktkräfte entfesselt, ohne über die Macht und die Mittel zu verfügen, diese zum Wohl der Gemeinschaft und zum Wohl der Landwirte wieder einzuhegen. Dabei ist Politik nichts anderes als die Regelung der Angelegenheiten eines Gemeinwesens durch verbindliche, auf Macht beruhende Entscheidungen (Fuchs und Roller 2009). Mit Strukturen, Prozessen und inhaltlichen Vorgaben sollte auf die Verwirklichung bestimmter Ziele in Staat und Gesellschaft hingewirkt werden. Allerdings sind die Ziele in der Regel sehr allgemein formuliert und lassen große Interpretationsspielräume bezüglich der für relevant erachtenden Teilziele und erst recht hinsichtlich der dabei einzuschlagenden Pfade.

Politiker werden nicht müde, sich als Wegbereiter einer sozialen oder gar ökosozialen Marktwirtschaft zu inszenieren. Wo jedoch soziale und ökologische Ziele nur vage formuliert und deren Konturen sich in nebulösen Begriffen verlieren, wo (wenn überhaupt) nur Maßnahmen festgelegt werden, jedoch nicht überprüft wird, ob diese im jeweiligen Kontext zielführend sind, wo keine flächendeckende Kontrolle etabliert wird und keine substanziellen Sanktionen die Akteure daran hindern, auf Kosten der Interessen des Gemeinwohles zu agieren, da herrscht die „freie" Marktwirtschaft. In dieser richten sich die Akteure an ihren jeweiligen wirtschaftlichen Eigeninteressen aus. Dies ist *per se* weder moralisch verwerflich noch unsinnig. Was Primärerzeuger in ihren Betriebssystemen entscheiden und umsetzen, bleibt so lange privat, solange es nicht die Interessen des Gemeinwohls tangiert. Das Ausmaß der von der Landwirtschaft ausgehenden Schadwirkungen hat jedoch längst eine Dimension erreicht, die dringend der Gegenregulierung bedarf. Es ist ein Gebot der Fairness, dass die Reglementierungen vor allem bei den Betrieben ansetzen, welche mit hohen Schadstoffausträgen und hohen tierschutzrelevanten Erkrankungsraten auffällig sind und deshalb den Gemeinwohlinteressen in besonderem Maße zuwiderlaufen. Die Weigerung der Agrarpolitik, gegen die Interessen der Primärerzeuger und der Verbandsvertreter mithilfe von ordnungspolitischen Maßnahmen eine einzelbetriebliche Beurteilung anhand einheitlicher **Maßstäbe** zu etablieren, ist gleichbedeutend mit der Weigerung, die Agrarwirtschaft im Sinne einer ökosozialen Marktwirtschaft auszurichten und zu gestalten.

Auf den Weltmärkten sind nicht in erster Linie die Nahrungsmittel, sondern vor allem Marktpreise knapp, mit denen die Produktionskosten gedeckt werden können. Die Annahme, dass eine in der Zukunft zu erwartende Nahrungsmittelknappheit schon jetzt durch die Bereitstellung eines Mehr-vom-Gleichen zu beheben sein könnte, ist ein fundamentaler Trugschluss. Stattdessen unterliegen die Nahrungsmittel im Maße ihrer Vermehrung einer fortschreitenden Entwertung. Damit sind die Primärerzeuger Sklaven einer gigantischen Entwertungsmaschinerie. Die Hoffnungen auf einen kostendeckenden Anstieg der Weltmarktpreise gründen auf einen überproportionalen Anstieg der Nachfrage. Allerdings ist dies nur zu erwarten, wenn Produktionskapazitäten in relevanter Größenordnung wegbrechen, wie dies beim Eintreten von Dürreperioden oder bei pandemisch sich ausbreitenden Tierseuchen der Fall ist. Der Ausbruch der Afrikanischen Schweinepest in einigen asiatischen Ländern hat gezeigt, in welchem Maße nicht betroffene Länder – zumindest zeitweise – von der plötzlich einsetzenden Knappheit profitieren konnten. In Deutschland hielt die Freude über den deutlichen Preisanstieg nur so lange an, bis der Seuchenerreger aus dem Osten kommend auch die deutsche Landesgrenze überschritten hatte.

Angesichts einer weltweit in Gang gesetzten Ausdehnung der Produktionskapazitäten sowie neuer Produktlinien (s. nachfolgendes Kapitel) rückt die Hoffnung auf ansteigende Marktpreise nicht nur für die deutschen Erzeuger von Schweinefleisch in immer weitere Ferne. Der anhaltende Zwang zur Kostenminimierung, der einzelbetrieblich vor allem über eine Steigerung der Produktionsleistung und eine Vergrößerung der -kapazitäten (Skaleneffekte) angestrebt wird, heizt den ruinösen Verdrängungswettbewerb weiter an. Einer kleinen Zahl von Gewinnern steht eine große Zahl von Verlierern gegenüber. Von Letzteren haben sich viele bereits dem scheinbar unvermeidlichen Schicksal ergeben. Andere tragen ihren Unmut und ihren Protest auf die Straße; die wirtschaftlichen Rahmenbedingungen und die Regeln des Wettbewerbes in einer „freien" Marktwirtschaft können auch sie nicht verändern.

In Sorge darum, dass die Protestbewegungen sich weiter ausdehnen, scheut die Agrarpolitik vor drastischen Entscheidungen zurück und delegiert die überfälligen Auseinandersetzungen über eine strategische Neuausrichtung an diverse Kommissionen. Deren Empfehlungen können dann nach eigenem Gusto interpretiert werden. Durch dieses Prozedere glauben die politischen Akteure vor allem, Zeit zu gewinnen, während zugleich die Gefahr wächst, als Getriebene nur noch auf die Entwicklungen reagieren zu können, die sich umso radikaler als Krisen Bahn zu brechen drohen.

7.4   Weiterverarbeitende Industrie

Schon seit geraumer Zeit wird die Verarbeitung von Rohwaren aus der landwirtschaftlichen Primärerzeugung ausgelagert und von einem darauf spezialisierten Gewerbe übernommen. Diese Form der Arbeitsteilung dürfte mit dem Mahlen des **Getreides** in Mühlen, welche die Energie von Wind- oder Wasserkraft nutzbar machen konnten, ihren Anfang genommen haben. Die Arbeitsteilung wurde sukzessiv auf die Weiterverarbeitung anderer pflanzlicher Rohwaren und auf die Verarbeitung von Milch sowie die Schlachtung und Weiterverarbeitung von Fleisch ausgedehnt. Solange ein gedeihliches Miteinander besteht und sich keine Seite übervorteilt fühlt, stellt die Arbeitsteilung zwischen Primärerzeugung und Weiterverarbeitung für beide Seiten eine klassische Win-win-Situation dar. Dies schützt jedoch nicht vor Versuchen der einen Seite, sich Vorteile auf Kosten der anderen Seite zu verschaffen. Entsprechend ist es für eine gedeihliche Zusammenarbeit von großer Bedeutung, dass überprüfbare Kenngrößen vorliegen, d. h. die abgelieferten Mengen möglichst exakt quantifiziert und die qualitativen Eigenschaften der Rohwaren nachvollziehbar beurteilt werden können, um beide Aspekte bei der Vergütung in angemessener Weise zu berücksichtigen.

Die bereits im Kontext der Primärerzeugung erläuterten marktwirtschaftlichen Prozesse der Spezialisierung, Intensivierung und Konzentrierung haben auch vor dem weiterverarbeitenden Gewerbe nicht Halt gemacht. Mit zunehmender Verbesserung des Verkehrswesens und Verringerung der Transportkosten dehnten sich die Einzugsgebiete für die Zulieferung der Rohwaren und damit die Konkurrenzsituation immer weiter aus. Während über lange Zeiträume fast jede Kommune über eine Getreidemühle, Molkerei oder einen Schlachthof verfügte, lösten sich lokale und regionale Strukturen sukzessive auf und wurden durch eine rasant zunehmende Konzentration der weiterverarbeitenden Industrie weitgehend zerstört. Gab es 1950 noch ca. 19.000 Mühlen in Deutschland, wurden im Jahr 2020 nur noch 196 gezählt. Die Zahl der Molkereien verringerte sich im selben Zeitraum von ca. 3400 auf 155. Dies hatte auch weitreichende Konsequenzen für das Zusammenwirken zwischen Primärerzeuger und der weiterverarbeitenden Industrie zur Folge. Je weniger Abnehmer für die Rohwaren der Primärerzeuger zur Auswahl

standen, desto mehr wurden monopolartige Strukturen und einseitige Abhängigkeitsverhältnisse etabliert. Die Veränderungen hinsichtlich der Macht- und Abhängigkeitsverhältnisse laufen einer fairen Verteilung der mit der Primärerzeugung und der
Weiterverarbeitung erzielbaren Wertschöpfung zuwider. Diese Entwicklungen sind
nicht allein Folge eines technischen Fortschritts, der die Ausmaße der erforderlichen
Investitionen drastisch erhöhte und dadurch die Konzentrationsprozesse beschleunigte.
Auch der Gesetzgeber und die Kommunen trugen ihren Teil zu dieser Entwicklung bei.

Im Fall der Verarbeitung von **Fleisch** hatte die BSE-Krise, die in den 1990er-Jahren
in Großbritannien ihren Ausgang nahm, eine umfassende Neuordnung des Lebens-
mittelrechtes auf der EU-Ebene zur Folge. Dies beinhaltete unter anderem, dass ab
2009 auch kleinere Schlachtstätten den erhöhten Anforderungen der EU-Zulassung entsprechen müssen. Damit waren umfangreiche Investitionen in bauliche Veränderungen
zwecks Gewährleistung hygienischer Verhältnisse verbunden. Diese Anforderungen
wurden von vielen Betreibern von Schlachtstätten zum Anlass genommen, den Betrieb
aufzugeben (Fink-Kessler 2020). Darüber hinaus ermöglichte die Erweiterung der EU
die Beschäftigung von Werkvertragsnehmern (Entsendegesetz) im Schlachtgewerbe.
Infolgedessen wurden Werkverträge vor allem mit osteuropäischen Arbeitskräften zu
einem Geschäftsmodell, welches zu einer Senkung der Arbeitskosten im Schlachtgewerbe und zu weiteren Konzentrationsprozessen führte. Je größer die Schlachtunternehmen, desto besser konnten die getätigten Investitionen über ökonomische
Skaleneffekte aufgefangen werden. Große Schlachtunternehmer begannen zudem,
kleinere Betriebe der Zerlegung und Weiterverarbeitung aufzukaufen, um mehrere
Glieder der Prozesskette in einer Hand zusammenzuführen. Auf diese Weise konnten
die wachsenden Discountfleischmärkte besser bedient werden. Vereinzelt wurden vom
Lebensmitteleinzelhandel sogar eigene Fleischwerke aufgebaut. Hinzu kamen technologische Entwicklungen wie zum Beispiel die Schutzgasfolienverpackung, die den Einstieg der Discounter in das Frischfleischgeschäft beförderten.

Gegen die Konzentrierungsprozesse und die damit erzielbaren Skaleneffekte hatten
die bis dato vorherrschenden kommunalen Schlachtstätten keine Chance, sich im Wettbewerb um niedrige Verarbeitungskosten zu behaupten. Die Fleischerfachgeschäfte,
die selber schlachten, nehmen deutlich ab. Viele holen sich ihr Fleisch dort, wo es am
preiswertesten erworben werden kann und in gewünschter Weise zerlegt und portioniert
wird. Während sich die Schlacht- und Verarbeitungsprozesse auf große Unternehmen
konzentrierten, wurden die Aufgaben der Lebensmittelüberwachung nicht etwa übergeordneten Fachbehörden überantwortet, sondern kommunalisiert. Die Hauptverantwortung der Lebensmittelüberwachung liegt damit bei den Landratsämtern, während
die Länderministerien nur noch über wenig Durchgriffsrechte verfügen und der Bund
im Bereich der Lebensmittelüberwachung kaum Befugnisse und Eingriffsmöglich-
keiten hat. Die Verlagerung der Verantwortung auf die kommunale Ebene hat zur Folge,
dass die Preise, welche die Schlachtunternehmen an die Landratsämter für die Lebend-
tier- und Fleischbeschau zu entrichten haben, stark variieren. Während bei einem
Metzgerbetrieb die Gebühren laut Fleischerverband bis zu 12 € pro Schwein betragen,

bezahlen die Großen der Branche deutlich weniger. Bei Tönnies und Westfleisch fallen Gebühren von weniger als 2 € pro Schwein an. Bei 16 Mio. Schweinen, die pro Jahr beim größten deutschen Schlachtunternehmen geschlachtet werden, entgehen den kommunalen Behörden zweistellige Millionenbeträge (Fink-Kessler 2020). Hinzu kommt, dass Großbetriebe häufig von der EEG-Umlage befreit werden. Auf diese Weise subventionieren verschiedene Kommunen die großen Fleischunternehmen, indem sie auf relevante Gebühreneinnahmen verzichten, um Arbeitsplätze und Einnahmen aus der Gewerbesteuer zu erhalten. Auf der anderen Seite tragen sie damit maßgeblich zu einer Wettbewerbsverzerrung zwischen den Schlachtunternehmen bei.

Mit der Ausweitung der Verarbeitungskapazitäten begannen die großen Schlachtunternehmen, auch die Exportmärkte innerhalb der EU und in Drittländern zu bedienen. Auch hier verfügten die großen Schlachtunternehmen über strukturelle Vorteile, welche es ihnen erlaubten, zu Lasten kleinstrukturierter Betriebe weiter zu wachsen. Ein Schlachtunternehmen war insbesondere erfolgreich darin, die heterogene Ausgangsbeschaffenheit der Schlachtkörper mit den länderspezifisch unterschiedlichen Verzehrgewohnheiten und der Nachfrage nach spezifischen Produkten in Deckung zu bringen. Technologische Entwicklungen machen es möglich, die Unterschiede in der Schlachtkörperzusammensetzung detailliert zu erfassen, und den Zuschnitt der Teilstücke im Hinblick auf eine **Standardisierung** und eine Anpassung an den Bedarf des Marktes zu optimieren. Die Erschließung der Exportmärkte machte es möglich Teilstücke, die in Deutschland als minderwertig eingestuft werden, gewinnbringend zu verkaufen. Ein häufig zitiertes Beispiel sind die Schweinefüße, die in Deutschland keinen Marktwert haben, aber in China sehr nachgefragt werden (Klepper 2020). Analoges gilt für Bauchspeck, der in einigen osteuropäischen Ländern begehrt ist, während es für diese Teilstücke in anderen Ländern kaum eine Nachfrage gibt. Dieses Geschäftsmodell hat maßgeblich dazu beigetragen, dass das Schlachtunternehmen zu dem bei Weitem größten in Deutschland wurde und seine Vormachtstellung immer weiter ausbaut. Wer Schweinefüße, -ohren und -köpfe zu guten Preisen nach China verkaufen konnte, realisierte einen zusätzlichen Gewinn (das sogenannte „fünfte Viertel") und konnte gleichzeitig bei einer zugrunde liegenden Mischkalkulation das Fleisch an die weiterverarbeitende Industrie billiger anbieten als andere Schlachtunternehmen. Vom durchschlagenden Erfolg dieses Geschäftsmodells hat vor allem das Schlachtunternehmen profitiert, am wenigsten jedoch haben die Primärerzeuger dabei gewonnen. Diese müssen sich weiter mit den Preisnotierungen zufriedengeben, die ihnen der Markt vorgibt, unabhängig davon, ob diese kostendeckend sind oder nicht. Die ursprüngliche Win-win-Situation hat sich in eine Win-lose-Situation gewandelt.

Das Geschäftsmodell des weiterverarbeitenden Gewerbes basiert in erster Linie auf den ökonomischen Vorteilen, die auf kostenminimierenden Skaleneffekten und aus einer Steigerung der Umsätze erwachsen. Um die technologischen Kapazitäten der Weiterverarbeitung möglichst auszulasten, werden die Rohwaren auch über große Distanzen herantransportiert. Dies ist möglich, weil die Transportkosten in der wirtschaftlichen Kalkulation sowohl für die Anlieferung der Rohwaren wie für den Abtransport der weiterverarbeiteten Produkte eine untergeordnete Rolle spielen. Während die Primärerzeuger steigende Produktionskosten nicht an die weiterverarbeitende Industrie weitergeben können, nimmt diese eine Markt- und Machtstellung ein, die sie relativ unabhängig von den Kosten der Rohwaren agieren lässt.

Die Differenzierung der eingekauften Rohwaren erfolgt anhand quantitativer Merkmale. Beim Fleisch ist dies die Kategorisierung der Schlachtkörper anhand des Fleisch-Fett-Verhältnisse im Rahmen der gesetzlich verankerten EUROP-Klassifizierung. Diese weist keinen Bezug zur sensorischen **Produktqualität** des Fleisches auf. Auch der Bezug zum betrieblichen Kontext, in dem die Rohwaren erzeugt wurden, ist weitgehend aufgehoben. Im Fall von schadhafter Rohware soll über ein gesetzlich verankertes System der Rückverfolgbarkeit (Herkunftssicherungs- und Informationssystem für Tiere) sichergestellt werden, dass gegebenenfalls die Ausgangsbetriebe schadhafter Rohwaren identifiziert und in Regress genommen werden können. Auf diese Weise ist das unternehmerische Risiko der Weiterverarbeitung deutlich eingeschränkt. Das Geschäftsmodell basiert auf der Realisierung hoher Umsätze der Stückzahlen, welche vor allem durch einen hohen Technikeinsatz erreicht werden. Entsprechend gering ist das Interesse an einer qualitativen Differenzierung der Rohwaren, sofern damit zusätzliche logistische Aufwendungen verbunden sind, die vom Markt nicht zusätzlich honoriert werden.

Die Degradierung von Produkten tierischer Herkunft zu Rohwaren der weiterverarbeitenden Industrie wird insbesondere bei der **Rohmilch** deutlich. Die Milch, die aus dem Euter der Kühe ermolken wird, besteht aus Proteinen, Fettsäuren und dem Kohlenhydrat Laktose sowie aus Mineralstoffen und Spurenelementen. Die Tagesgemelke der einzelnen Kühe fließen in Großtanks, aus denen das Gemisch von Tanklastwagen in regelmäßigen Zeitabständen abgeholt wird. In den Tanklastwagen kommt es zur Durchmischung der Milch von unterschiedlichen Betrieben, sodass die Rohware den Bezug zum Erzeugerbetrieb verliert. Dieser Bezug ist nur noch im Schadensfall relevant. Wenn in den Milchproben, die bei jeder Abholung gezogen werden, Schadstoffe entdeckt werden, haftet der Verursacher für die Schäden, die der Molkerei dadurch entstehen, dass die betroffene Charge verworfen werden muss. Während das Verursacherprinzip bezüglich der Schädigungen der Gemeinwohlinteressen durch die Primärerzeugung ausgeklammert wird, greift es gleichwohl bei der verarbeitenden Industrie. Durch diverse Maßnahmen der Herkunftserfassung der Rohwaren sichern sich die Unternehmen ab und halten sich im Schadensfall schadlos.

In den Molkereien wird die Rohmilch pasteurisiert, um die in der Milch vorhandenen pathogenen Keime abzutöten. Darüber hinaus werden die Milchzellen, die vorrangig aus Immunzellen bestehen, die sich bei den häufig vorkommenden Entzündungsprozessen in der Milch anreichern, abzentrifugiert. In weiteren Arbeitsschritten wird die Milch in die einzelnen Stoffgruppen zerlegt. Je nachdem, zu welchem Milchprodukt die Ausgangskomponenten weiterverarbeitet werden, erfolgt eine Vermischung von Einzelkomponenten zu einer vorab definierten Standardware. Mit der ursprünglichen Zusammensetzung des Milchsekrets, das in der Milchdrüse einer Kuh gebildet wurde, haben die Verkaufsmilch und andere Milchprodukte nur die chemischen Ausgangsstoffe

gemeinsam. Von den Prozessschritten der Zerlegung der Rohmilch in einzelne Stoffgruppen und deren Zusammenführung zu einem Standardprodukt ist es nicht weit zu
einer Vermischung von chemischen Stoffgruppen, die aus anderen Ursprungsquellen als
dem Euter einer Milchkuh stammen. Die Ausgangssubstrate werden z. B. durch pflanzliche Stoffgruppen ersetzt und zu einem Produkt geformt, das eine ähnliche Zusammensetzung wie die Milch hat und als Ersatzprodukt für Milch auf den Markt gebracht wird.
Auf diese Weise wird bereits seit Jahrzehnten die Tränke der Kälber mit Vollmilch durch
sogenannte Milchaustauscher ersetzt, welche kostengünstiger als die Vollmilch erzeugt
werden können.

Erste Erfahrungen mit Ersatzprodukten für Milch von Milchkühen wurden mit Sojamilch gemacht. Mittlerweile macht die Hafermilch der Sojamilch **Konkurrenz**. Dies
gelingt den Anbietern von Hafermilch nicht zuletzt aufgrund des schlechten Images,
das den Sojabohnen aufgrund der problematischen Erzeugungsbedingungen in den Her-
kunftsländern anhaftet. Viele Verbraucher bringen die Sojabohne assoziativ mit dem
Abholzen von Regenwald in Südamerika in Verbindung. Demgegenüber kann Hafer fast
überall in Europa angebaut werden. Die Erzeuger von Hafermilch gehen gegenüber den
Konkurrenzprodukten, einschließlich der Milch von Milchkühen, in die Offensive. Ein
Unternehmen hat mit Unterstützung von NGOs eine Petition beim Deutschen Bundestag sowie in verschiedenen europäischen Ländern Kampagnen auf den Weg gebracht,
wonach auf allen Lebensmitteln künftig angegeben werden soll, wie viele Treibhausgase ihre Herstellung verursacht hat. Das dahinter liegende Kalkül ist offensichtlich. Im
direkten Vergleich schneidet die Hafermilch erheblich besser ab als die Kuhmilch, sofern
man nur die Kriterien heranzieht, welche den Erzeugern der Ersatzprodukte relevant
erscheinen.

Außer Hafer werden auch Erbsen als Rohstoff für den Milchersatz verwendet.
Diese haben einen deutlich höheren Proteingehalt und stehen zudem als Hülsenfrucht
mit diversen Vorteilen bezüglich der **Nachhaltigkeit** beim Anbau in Verbindung. So
bewirbt der weltgrößte Nahrungsmittelkonzern Nestlé offensiv einen Milchersatz auf
Erbsenbasis. Der Konzern möchte mit diesem Produkt am aufkommenden Boom für
vegane Produkte partizipieren. Das Geschäftsmodell verspricht große Gewinne, da
die Erzeugung, Verarbeitung und Vermarktung in einer Hand liegen. Es wird darauf
spekuliert, dass sich losgelöst von den landwirtschaftlichen Produktionsbedingungen
und dem immer schlechter werdenden Image der agrarindustriellen Erzeugung neue
Märkte erschließen lassen. Die Akzeptanz dieser Produkte ist vor allem bei den Konsumenten groß, welche die landwirtschaftlichen Produktionsbedingungen und deren Folgewirkungen kritisieren und deshalb Ersatzprodukte begrüßen, welche scheinbar ohne die
unerwünschten Nebenwirkungen der Nutztierhaltung erzeugt werden und eine vermeintlich bessere Umweltbilanz aufweisen.

Die Ersatzprodukte werden nicht nur mit dem Hinweis auf nichttierische Ausgangsstoffe beworben. Zusätzlich werden die herkömmlichen Produktionsprozesse offensiv
angeprangert. Die Werbebotschaft von Nestlé an die Zielgruppe der Millennials (um

das Jahr 2000 Geborene) lautet: „*Wir wollen für unsere Kunden die Rolle des helfenden Superhelden übernehmen*" (Wenzel 2021).

Damit versuchen die Anbieter veganer Produkte, sich an die Spitze einer Bewegung zu stellen, die gegen die bisherigen, als zerstörerisch gebrandmarkten Produktionsstrukturen opponiert. Mit der Erzeugung von Ersatzprodukten distanziert man sich von den Schadwirkungen herkömmlicher Produktionsprozesse. Man möchte nicht mit den negativen Folgewirkungen der agrarindustriellen Erzeugung in Verbindung gebracht werden, sondern zu den „Guten" gehören, ohne allerdings auf industrielle Prozesse zu verzichten. Gleichzeitig stiehlt man sich aus der Mitverantwortung für die fehlgeleiteten Entwicklungen in der Agrarwirtschaft, an den die Nahrungsmittelkonzerne zweifelsfrei einen erheblichen Anteil haben. Bei den von den Konzernen vorgenommenen pauschalen Bilanzierungen schlagen Landnutzung, Futterproduktion und die Folgen der Ausbringung der Exkremente für Böden und Grundwasser negativ für das herkömmliche und entsprechend positiv für das alternative Ersatzprodukt zu Buche. In diversen Internetforen kursieren Angaben, wonach bei der Produktion von einem Liter Milch insgesamt 2,4 kg **Kohlendioxid** freigesetzt werden (Wenzel 2021). Dies würde gemäß dem Autor der Menge an Treibhausgas entsprechen, das in etwa beim Verbrennen von einem Liter Benzin entsteht. Durch die damit hervorgerufenen Assoziationen und zugleich pauschalen Zuschreibungen, die in dieser Form unzutreffend sind und die große Variation zwischen den Produktionsbedingungen ignorieren, wird das Ursprungsprodukt (absichtlich) diskreditiert. Auch tritt in den Hintergrund, dass es sich bei den veganen Produkten um hochgradig industriell verarbeitete Produkte handelt, die mit einem beträchtlichen Aufwand an Energie und chemischen Substanzen erzeugt werden.

Ein anwachsendes Kundenklientel möchte Produkte zu sich nehmen, die mit den Missständen in der Nutztierhaltung und den negativen Implikationen für die Nutztiere, die Umwelt und das Klima möglichst wenig zu tun haben (s. Abschn. 7.6). Dies gilt im besonderen Maße für Fleischprodukte. Während der Fleischabsatz seit Jahren rückläufig ist, gibt es deutliche Anzeichen für einen Boom bei Ersatzprodukten, denen für die Zukunft hohe Wachstumsraten prognostiziert werden. Das weiterverarbeitende Gewerbe kann diesen Trend nicht ignorieren, sondern sieht sich herausgefordert, sich frühzeitig auf Veränderungen der Verbraucherwünsche einzustellen. In weiten Bevölkerungskreisen steigt das Bedürfnis, durch das eigene Konsumverhalten Einfluss auf negative Entwicklungen zu nehmen, die eng mit der Nutztierhaltung assoziiert werden. Hinzu kommt das Bedürfnis, die eigene Gesundheit zu befördern. Gemäß des Ernährungsreportes des BMEL von 2020 (BMEL 2020b) sank in relativ kurzer Zeit der Anteil der Konsumenten, die mehr oder weniger täglich Fleisch zu sich nahmen, von 34 % im Jahr 2015 auf 26 % im Jahr 2019. Gleichzeitig nahm der Anteil der sogenannten Flexitarier zu. Dahinter verbirgt sich eine große Gruppe von Menschen, die aus den unterschiedlichsten Gründen bemüht sind, den **Fleischkonsum** zu reduzieren. Obwohl der Verzehr von Fleisch in der westlichen Esskultur tief verankert ist, werden die Bedingungen, unter denen das Fleisch erzeugt wird, von immer mehr Verbrauchern infrage gestellt. Diese Konfliktsituation befördert ein Ausschauhalten nach Alternativen.

Eine Fleischalternative ist ein Produkt, das den Konsum von Fleisch ersetzen kann. Eine NEW MEAT Studie (afz und Fleischwirtschaft 2021) weist fünf Produktgruppen aus, die jeweils unterschiedliche Zielgruppen ansprechen sollen und mit unterschiedlichen Vor- und Nachteilen behaftet sind. Hierzu gehören: Cultured Meat, Insekten, Mikroorganismen, pflanzenbasierte und rein pflanzliche Produkte. Cultured Meat wird aus tierischen Zellen gezüchtet und im industriellen Maßstab synthetisch hergestellt. Genauso wie Produkte, die auf der Basis von Insekten hergestellt werden, ist Cultured Meat tierischen Ursprungs. Entsprechend sind beide faktisch keine Alternative für eine tierlose bzw. vegane Ernährung. Allerdings eröffnen sie Optionen für eine „Fleischproduktion", welche die Nachteile und Schwachstellen einer industriellen Nutztierhaltung im Zusammenhang mit Verbraucher-, Tier-, Umwelt-, Natur- und Klimaschutz vermeidet bzw. deutlich reduziert. Verbraucherumfragen in diversen Ländern lassen eine große Akzeptanz von Cultured Meat bei den jüngeren Generationen erwarten, insbesondere wenn diese Produkte mit Vorteilen beworben werden, welche diese Produkte vermeintlich sowohl für die eigene Gesundheit als auch für Schutzgüter des Gemeinwesens beinhalten (Bryant und Barnett 2020). Um die Akzeptanz von Cultured Meat zu steigern, empfehlen die Autoren explizit, Cultured Meat als eine Lösung von Problemen zu thematisieren, die in der Nutztierhaltung bestehen und mit denen der Fleischverzehr reduziert werden kann.

Von im Labor gezüchtetem Fleisch wird zudem erwartet, dass es neue Optionen beinhaltet, Produkte durch die Zufuhr von Zusatzstoffen spezifischer an die Interessen der Industrie und an die spezifischen Bedürfnisse von Konsumenten anzupassen. Es locken neue Absatzmöglichkeiten, die hohe Wachstumsraten und wirtschaftlichen Erfolg in Aussicht stellen. Allerdings sind auch die Alternativprodukte nicht frei von Problemen. Sie unterliegen in der Regel einem hohen Grad der Verarbeitung unter Verwendung diverser Zusatzstoffe, deren Auswirkungen auf die Gesundheit häufig nicht einer eingehenden Prüfung unterzogen wurden. Entsprechend sind die Versuche, Fleisch mit pflanzlichen Fetten, synthetischen Proteinen und künstlichen Aromen nachzuahmen, nicht ohne Weiteres als gesundheitlich unbedenklicher einzustufen. Gleichwohl bieten sich diverse Einsatzmöglichkeiten insbesondere bei Convenienceprodukten, bei denen es nicht um Genuss und Qualität geht, „Billigfleisch" durch Ersatzprodukte auszutauschen.

Im Dezember 2020 wurde in Singapur als weltweit erstes Land im Labor gezüchtetes Hühnerfleisch zum Verzehr freigegeben. Die Firma, welche die Nuggets herstellt, prognostiziert nichts weniger als das Ende der Fleischproduktion, wie sie bisher bekannt ist. Die Firma erwartet, dass im Jahr 2040 nur noch 40 % aller Fleischprodukte von lebenden Tieren stammen und rechnet deshalb für Finanzinvestoren mit gigantischen neuen Umsatzmöglichkeiten (Blage 2021). Mittlerweile wurden verschiedene Großprojekte auf dem Weg gebracht worden, die sowohl die Kultivierung von Huhn, Schwein und Rind als auch von Shrimps und Thunfisch anstreben. Der Begriff „kultiviertes Fleisch" verspricht eine hohe Akzeptanz bei den Verbrauchern, weil er

Lösungen für genau die Probleme in Aussicht stellt, für welche die Nutztierhaltung bei vielen Verbrauchern in Misskredit geraten ist: Tierleid, Umweltzerstörung, Klimaerwärmung, Verlust der Biodiversität, Ressourcenverschwendung und Antibiotikaresistenz, um nur die Hauptaspekte zu nennen. Auf der anderen Seite erfordert die Erzeugung von Ersatzprodukten nicht nur enorme Investitionsmittel, sondern auch entsprechende Ausgangssubstrate (z. B. Kälberserum) und große Energiemengen. Naheliegenderweise fällt für die Befürworter der Ersatzprodukte eine Bilanzierung eindeutig zugunsten der kultivierten Produkte und gegen die bisherigen Erzeugungsprozesse aus. Dabei wird allerdings die Einbettung der landwirtschaftlichen Produktionsprozesse in natürliche Stoffkreisläufe ebenso ausgeblendet wie die Nutzung von biologischen Ressourcen für die Erzeugung von Nahrungsmitteln, die ohne einen hohen Investitionsaufwand und ohne externe Energie- und Chemikalienzufuhr auskommen.

Pflanzenbasierte Produkte enthalten aus Pflanzen extrahierte Elemente, wie Proteine, Öle, Fasern und Mineralstoffe, die in spezifischen Mischungsverhältnissen und Strukturen neu zusammengesetzt werden.

> „Diese Produktgruppe verspricht, gesünder, klimaneutraler und frei von tierischen Proteinen zu sein und antwortet damit auf die Kernbeweggründe zu einer fleischreduzierten oder fleischlosen Ernährung. Bei Fleischalternativen in dieser Kategorie wird meist versucht, das Fleisch so gut wie möglich zu imitieren, um Carnivoren und Flexitariern zu erreichen, welche aktuell die größte Zielgruppe in der westlichen Bevölkerung abbilden (afz und Fleischwirtschaft 2021)."

Da die pflanzlichen Proteine, Fette und Fasern nicht die gleichen Eigenschaften haben wie Rohwaren tierischer Herkunft, besteht bei pflanzenbasierten Produkten die größte Herausforderung in der Nachahmung der Fleischtextur. Entsprechend wird auch über Hybridprodukte nachgedacht, welche pflanzliche und tierische Ausgangsstoffe kombinieren, sodass der Fleischanteil reduziert werden kann, ohne zu viel an strukturellen Eigenschaften zu verlieren.

In der Sorge um den Verlust von Marktanteilen haben bereits verschiedene Unternehmen der fleischverarbeitenden Industrie damit begonnen, hybride, vegetarische oder vegane Produktpaletten in ihr Sortiment aufzunehmen. Die Wachstumsraten sind beträchtlich und führen dazu, dass auch Investitionen vermehrt in diese Bereiche gelenkt werden. Gleichzeitig nimmt die Investitionsbereitschaft in die herkömmlichen Produktlinien ab. Für die Fleischindustrie erweist sich die Erzeugung von Fleischalternativen viel naheliegender als zunächst angenommen. Viele Herstellungsprozesse können übernommen und angepasst werden. Was sich in erster Linie ändert sind die Rohstoffe.

Laut dem Statistischen Bundesamt wurden im Jahr 2020 in Deutschland ca. 84.000 t an veganen oder vegetarischen Alternativprodukten für Fleisch hergestellt, 39 % mehr als im Vorjahr. Der Warenwert stieg um 37 % auf ca. 375 Mio. €. Dies macht allerdings weniger als 1 % des Fleischmarktes aus. Trotz der noch vergleichsweise niedrigen Anteile ist es schon längst keine Grundsatzfrage mehr, sondern nur eine Frage der Zeit, wann in welchen Maßen künstliches Fleisch der herkömmlichen Rohware tierischer

Herkunft spürbar Konkurrenz macht. Kein anderer Bereich im Lebensmittelsektor wächst so rasant wie der für Ersatzprodukte von Nahrungsmitteln tierischen Ursprungs. Einer Marktanalyse zufolge werden Europa und Nordamerika spätestens 2035, vielleicht sogar schon 2025 den „Peak Meat" erreichen (Witte et al. 2021). Ab diesem Zeitpunkt – so die **Prognose** – werde der Konsum von herkömmlichen Fleisch-, Milch-, Ei- und Fischprodukten unumkehrbar sinken und durch Ersatzprodukte kompensiert. Unter der Voraussetzung, dass sich die Technik zur Produktion der Ersatzprodukte noch schneller entwickeln sollte und gleichzeitig tierische Produkte durch regulierende Auflagen verteuern und damit pflanzliche Produkte attraktiver machen, könne der Marktanteil bis 2035 sogar auf 22 % steigen. Der Markt für Ersatzprodukte ist in besonderer Weise innovations- und technologiegetrieben (Food Tech). Zugleich locken beträchtliche Gewinnoptionen, welche Anreize für Investoren bieten.

Ableitungen

Für die weiterverarbeitende Industrie ist in erster Linie bedeutsam, auf einen möglichst großen Pool von Rohwaren zugreifen zu können, um die eigenen Verarbeitungskapazitäten auslasten zu können. Wo die Rohwaren herkommen, ist zunächst nachgeordnet, schließlich sind sie durch einen weitreichenden und auf globaler Ebene vollzogenen Prozess der **Standardisierung** von Genetik und Fütterung in hohem Maße austauschbar geworden. Die nahezu unbegrenzten Importmöglichkeiten gewährleisten, dass die Rohwaren für die weiterverarbeitende Industrie nur in Ausnahmesituationen knapp werden. Solange keine Knappheiten bestehen, sind sie davor gefeit, jenseits der üblichen Preisschwankungen am Markt deutlich höhere Einkaufspreise zahlen zu müssen. Andererseits zeigt sich die weiterverarbeitende Industrie durchaus offen für die Verarbeitung regionaler Produkte und die Gewährleistung der Rückverfolgbarkeit. Dies gilt allerdings nur in dem Maße, wie sich die logistischen Mehraufwendungen in Grenzen halten. Schließlich steht nicht die Beförderung regionaler Stoffkreisläufe und Wertschöpfungsketten im Vordergrund, sondern die Generierung von Mitnahmeeffekten.

Zu den bisherigen weiterverarbeitenden Industriezweigen von agrarisch erzeugten Rohwaren gesellen sich neue Industriezweige hinzu. Auch diese erzeugen Nahrungsmittel, die allerdings nicht mehr nur auf Rohwaren aus der agrarischen Erzeugung, sondern auch auf Erzeugnisse aus dem Labor zurückgreifen. Auf diese Weise entkoppeln Unternehmen die Erzeugung von Nahrungsmitteln nicht nur vom einzelbetrieblichen und regionalen landwirtschaftlichen Kontext, sondern in fortschreitendem Maße von den agrarischen Erzeugungsprozessen. Diese Entwicklung setzt folgerichtig die bisherigen Prozesse der agrarindustriellen Produktion fort. Bereits die zurückliegenden Prozesse der Spezialisierung, Technisierung und Intensivierung der Produktion haben einen hohen Grad der Standardisierung von Rohwaren hervorgebracht. Gleichzeitig haben die durch biologische Variation und durch heterogene Produktionsbedingungen hervorgerufenen Unterschiede in den Produkteigenschaften immer mehr an Bedeutung verloren. Die Primärerzeuger wurden zu Rohstofflieferanten degradiert und in ein einseitiges Abhängigkeitsverhältnis gedrängt, dem sie weitgehend machtlos ausgeliefert sind. Eine Mitverantwortung für die Schadwirkungen, die in der Primärerzeugung infolge des Unterbietungswettbewerbes hervorgerufen werden, lehnen die Unternehmen der weiterverarbeitenden Industrie jedoch ab, obwohl sie *de facto* die wirtschaftlichen Rahmenbedingungen prägen, welche den Primärerzeugern die Handlungsspielräume rauben.

Diese verfügen nicht über eine eigene Wirkmächtigkeit, um sich des Preisdiktats derjenigen, die den Primärerzeugern die Verkaufsprodukte abnehmen, zu erwehren. Das vorherrschende Geschäftsmodells der weiterverarbeitenden Industrie wird nicht von den Zulieferbetrieben, sondern von anderer Seite bedroht. So hat das Auftreten der Afrikanischen Schweinepest in Deutschland schlagartig den Exportmarkt für Schweinefleisch in asiatische Länder und insbesondere nach China wegbrechen lassen. Gleichzeitig profitieren die Mitkonkurrenten in Europa (Spanien, Niederlande oder Dänemark, die bisher frei sind von der Afrikanischen Schweinepest) und in Drittländern von den hohen Preisnotierungen, welche für Schweinefleisch aufgrund der hohen Nachfrage in China auf lange nicht gekannte Höhen getrieben wurden. Der durch das Seuchengeschehen eingetretene Preisverfall trifft vor allem die Primärerzeuger in Deutschland, lässt aber auch viele Schlachtstätten nicht ungeschoren, wenn sie ihre Verarbeitungskapazitäten nicht auslasten können. Auch wurden durch die Coronapandemie die schlechten Arbeitsbedingungen und die schlechte Bezahlung der Beschäftigten auf den Schlachthöfen medial in einer Weise offengelegt, dass sich die Politik zum Ergreifen von Gegenmaßnahmen genötigt sah. Im Geflügelsektor erzeugt die immer wieder endemisch auftretende Vogelgrippe ein unkalkulierbares Bedrohungsszenario. Hinzu kommt, dass die Prävalenz von pathogenen Bakterien wie Campylobacter und Salmonellen, die vom Tier auf den Menschen übertragen werden können (**Zoonosen**), in der Geflügel- und Schweinefleischindustrie ein bislang ungelöstes Problem darstellen. Analoges gilt für die Problematik der **Resistenzentwicklung** gegenüber Antibiotika, welche durch den übermäßigen Einsatz antimikrobiell wirksamer Substanzen in der Geflügel- und Schweineproduktion hervorgerufen wird und die Verkaufsprodukte mit antibiotikaresistenten Mikroorganismen kontaminiert.

Ein weiteres und möglicherweise weitaus größeres Bedrohungsszenario für viele Unternehmen der Weiterverarbeitung ist bereits am Horizont durch das Aufkommen von Ersatzprodukten erkennbar. Abgeschreckt von den negativen Auswüchsen der Prozesse in der Primärproduktion und der Weiterverarbeitung wenden sich immer mehr Verbraucher den diversen Ersatzprodukten zu. Diese versprechen eine Entlastung von den wachsenden Vorbehalten und dem Unbehagen, das vor allem junge Menschen im Zusammenhang mit den vorherrschenden Methoden der Nahrungsmittelerzeugung beschleicht. Zugleich sind die Anbieter von Ersatzprodukten bemüht, den bisherigen Verzehrgewohnheiten möglichst nahe zu kommen. Ein Durchbruch der Ersatzprodukte ist insbesondere dann zu erwarten, wenn sie genauso wie das Original schmecken, riechen, aussehen. Folgerichtig gerät die bisherige Geschäftspraxis gehörig unter Druck. Es bedarf keiner prophetischen Gabe um vorherzusagen, dass Produkte tierischer Herkunft, die durch ein unterdurchschnittliches Niveau hinsichtlich relevanter Merkmale von Produkt- und **Prozessqualitäten** charakterisiert sind, künftig weniger nachgefragt werden und sich mit dem negativen Image und der Konkurrenz durch diverse Ersatzprodukte auseinandersetzen müssen.

Der Trend zu qualitativ hochwertigeren Produkten wird auch von denjenigen Verbrauchern befördert, die nicht auf Ersatzprodukte ausweichen wollen, und daher qualitativ hochwertige Produkte tierischer Herkunft verstärkt nachfragen werden. Gleichzeitig wird ein Teil der Verbraucher einfordern, dass bei den Produktions- und Verarbeitungsprozessen den Aspekten des Verbraucher- und Tierschutzes sowie des Umwelt- Natur- und Klimaschutzes vermehrt Rechnung getragen wird. Dabei wird es in Zukunft nicht mehr ausreichen, ein höheres Qualitätsniveau allein durch Werbeslogans zu propagieren. Vielmehr wird es eines Qualitätsnachweises bedürfen, der einer kritischen Überprüfung durch unabhängige Beurteilungskompetenz standhält. Je größer der Dschungel der Produktvielfalt wird und umso mehr er durch die Ersatzprodukte weiter expandiert, desto mehr wächst das Bedürfnis nach verlässlichen und Orientierung stiftenden Aussagen. Erst dadurch wird den Verbrauchern ermöglicht, durch den Kauf von Produkten eine Ernährung für sich, die Familie und für die Güter des Gemeinwesens zu befördern, die mehr Vorzüge bietet als Schaden anrichtet. Gegenwärtig erscheint die weiterverarbeitende Industrie auf die in Veränderung befindlichen Verbraucheransprüche schlecht vorbereitet.

7.5   Lebensmitteleinzelhandel (LEH)

Im Jahr 2019 machten die Supermärkte und Discounter in Deutschland einen Umsatz von mehr als 160 Mrd. €. Edeka (mit dem Discounter Netto) war mit einem Umsatz von ca. 61,2 Mrd. € in 2019 der größte deutsche Lebensmittelhändler. Auf Platz zwei lag die Rewe-Gruppe mit dem Discounter Penny und dem Großhändler Lekkerland. Deren Umsatz betrug im Jahr 2019 ca. 52,7 Mrd. Der Dritte im Bunde ist die Schwarz-Gruppe mit Lidl und Kaufland mit ca. 41,2 Mrd. Umsatz. Die beiden Aldi-Gesellschaften Nord und Süd komplettieren das Quartett mit ca. 29,5 Mrd. Umsatz. Edeka und Rewe sind genossenschaftlich organisiert und gehören damit einigen Tausend selbstständigen Kaufleuten. Die Schwarz-Gruppe und die beiden Aldi-Konzerne sind Familienunternehmen. Ihre Besitzer gehören zu den reichsten Menschen Deutschlands. Das Quartett dominiert das Marktgeschehen beim Angebot von Nahrungsmitteln. Zusammen kommen sie auf einen Marktanteil von ca. 85 %, sodass man bei den vier führenden Handelsketten von einem Oligopol sprechen kann. Demgegenüber spielen Lebensmittelfachgeschäfte nur noch eine marginale Rolle. Das Bundeskartellamt wacht darüber, dass es zwischen den Unternehmen keine Preisabsprachen gibt. Es sieht in dieser Machtstellung keine Gefahr der Monopolisierung, solange die Konkurrenzsituation sichergestellt ist und es nicht zu einem übermäßigen Anstieg der Verbraucherpreise kommt. Niedrige Preise sind für die Wettbewerbshüter ein hinreichender Nachweis dafür, dass die Marktposition nicht dazu missbraucht wird, die **Verbraucher** zu übervorteilen.

Der LEH fungiert als Schnittstelle zwischen einer Vielzahl von Zulieferunternehmen und den Verbrauchern. Er entscheidet darüber, welche Auswahl an Produkten den Verbrauchern angeboten wird und wo diese mit welchen Verkaufsaussichten in einem immer größeren und unübersichtlicheren Sortiment platziert werden. Indem der LEH die **Nahrungsmittel** für die Konsumenten verfügbar macht und über die Präsentation und Auspreisung der Produkte das Kaufverhalten maßgeblich prägt, beeinflusst der LEH unmittelbar die vorgelagerten Bereiche der weiterverarbeitenden Industrie und mittelbar die primären landwirtschaftlichen Produktionsprozesse. Während sich die Verbraucher in den westlichen Ländern schnell an das ausufernde Sortiment einer scheinbaren Vielfalt im Produktsortiment gewöhnt haben, muss ein Supermarkt den Menschen aus Drittländern wie das wahre Schlaraffenland vorkommen. Hier mangelt es an nichts. Es wird eine Wohlfühloase dargeboten, die sich wohltuend von anderen Lebenssituationen abhebt. Das gilt selbst für diejenigen, die sich die aus ihrer Perspektive hochpreisigen Produkte nicht leisten können. Auf diese Weise bleiben die Wünsche nach Produkten erhalten, von denen man sich erhofft, sich diese künftig leisten zu können. Nach Angaben des BMEL fließen hierzulande ca. 9,5 % der Konsumausgaben in Lebensmittel. Damit liegt Deutschland in der EU auf einem der letzten Plätze. Nur in Österreich, Luxemburg und Irland sind es noch weniger. Am höchsten liegt der Anteil in Osteuropa. Dies bedeutet keineswegs, dass dort alle die teureren Bioprodukte einkaufen. Vielmehr sind in Ländern wie Rumänien und Litauen die Einkommen deutlich geringer, sodass die Bevölkerung zwangsläufig einen höheren Anteil für Lebensmittel aufwenden muss.

Die Handelsunternehmen locken ihre Kunden mit Werbebotschaften, deren Wahrheitsgehalt sie nicht nachweisen müssen und für die sie keine Verantwortung übernehmen müssen. Dies gilt auch für die unerwünschten Nebenwirkungen, welche die Produkte bei ihrer Erzeugung sowie bei der Weiterverarbeitung und beim Transport bis in das Regal des Supermarktes hervorgerufen haben. Zugleich werden die Einkaufstempel von jeglichen Hinweisen mögliche Problem- und Konfliktfelder freigehalten, welche bei den Verbrauchern negative Assoziationen hervorrufen könnten. Es bleibt lediglich die für viele als luxuriös empfundene „Qual der Wahl". Das **Marketing** bewahrt die Kunden davor, sich einen Kopf über die Hintergründe der Erzeugung machen oder gar ein schlechtes Gewissen abwehren zu müssen. Das Herauslösen der Verkaufsprodukte aus dem ursprünglichen Kontext der Produktion verschafft die Wohlfühloase eines möglichst unbeschwerten Konsums. Das einzige Reale ist der Preis, den die Kunden an der Kasse zu entrichten haben. Der Gegenwert, den sie dafür erworben haben, bleibt den Wertvorstellungen und Assoziationen des einzelnen Kunden überlassen.

Das Geschäftsmodell des Lebensmitteleinzelhandels basiert auf hohen Umsatzraten, die eng mit dem Gewinn korrelieren. Umsatzsteigerungen gelingen am ehesten dann, wenn die Kunden mit Niedrigpreisangeboten bzw. mit vermeintlich günstigen Preis-Leistungs-Verhältnissen zum Verkauf verleitet und über **Markenprogramme** an die Handelskette gebunden werden. Folgerichtig werden wiederkehrend Lockangebote über Werbeanzeigen auf den Weg gebracht und Einzelprodukte mit Niedrigpreisen beworben, die sich vom üblichen Preisniveau und von den Preisen der Konkurrenz deutlich abgrenzen. Einen Teil der Verbraucher animieren die Niedrigpreise zu einer regelrechten Schnäppchenjagd. Von allen Handelsunternehmen werden vor allem Produkte tierischer Herkunft als Sonderangebote ausgewiesen. Folgt man den Ausführungen von Efken et al. (2015), werden in Deutschland Fleisch und Fleischerzeugnisse vorwiegend *„über den Preis verkauft"* und *„beinahe ununterbrochen für Sonderpreisaktionen genutzt"*. Schätzungen zufolge werden rund 70 % des Schweinefleisches in Deutschland über Sonderaktionen vermarktet. Trotz der Niedrigpreise suggerieren die Werbebotschaften den Verbrauchern gleichzeitig, dass selbst das billigste Discounterprodukt „beste **Produktqualität**", „maximalen Fleischgenuss" und „tiergerechte Haltung" bietet.

Die Sonderangebote des LEH werden durch Mischkalkulationen querfinanziert, sodass die Preise am „Point of Sale" nicht zwingend einen direkten Bezug zu den Entstehungskosten haben. Sie werden vielmehr danach ausgerichtet, was die Verbraucher für spezifisch beworbene Produkte auszugeben bereit sind. Nicht die Produktionskosten, sondern die **Zahlungsbereitschaft** der Kunden im Abgleich mit den zu erwartenden Umsätzen bestimmen maßgeblich die Preisangaben. Darüber hinaus wird mit diversen Marketingtricks Einfluss auf die Zahlungsbereitschaft des mit dem Produkt anvisierten Verbraucherklientel genommen. Hierzu gehören spezifische Verpackungsformate und Eigenmarken, welche die Vergleichbarkeit von Produkten und eine belastbare Beurteilung des Preis-Leistungs-Verhältnisses erschweren bzw. verunmöglichen.

Ein wesentlicher Teil der tatsächlichen Kosten, die bei der Produktion von Nahrungsmitteln entstehen, ist nicht im Verbraucherpreis enthalten. *„Die Preise lügen"*, weil sie die wahren Kosten der Erzeugungsprozesse und die Folgekosten für das Gemeinwesen nicht abbilden (Engelsman und Geier 2018). Es geht dabei vor allem um jenen Teil, der in den Wirtschaftswissenschaften als externe Kosten bezeichnet wird, d. h. Kosten, die als unerwünschte Nebenwirkungen bei den Erzeugungs-, Transport- und Verarbeitungsprozessen entstanden sind. Zu den externen Kosten gehören unter anderem schlechte Arbeitsbedingungen und niedrige Entlohnungen, Aufwendungen für die Aufbereitung von verschmutztem Grundwasser sowie die Folgekosten durch Treibhausgasemissionen oder die Antibiotikaresistenzentwicklung. Ein erheblicher Anteil der externen Kosten wird künftigen Generationen aufgebürdet, die mit der Umweltzerstörung und einer Klimakrise leben müssen, für die sie nicht verantwortlich sind.

Der zu Rewe gehörende Discounter Penny hat hierzu im Jahr 2020 ein höchst ungewöhnliches Experiment gewagt (Gaugler 2020). Für acht ausgewählte konventionell und ökologisch erzeugte Eigenmarkenprodukte hatten Wissenschaftler die sogenannten „wahren Kosten" (True Costs) der über die Lieferketten anfallenden Auswirkungen von Stickstoff, Klimagasen, Energie und Landnutzungsänderungen auf den Verkaufspreis mit eingerechnet. Anhand der exemplarischen Auswertung müsste der Verkaufspreis der acht konventionell erzeugten Lebensmittel (Apfel, Banane, Kartoffel, Tomate, Mozzarella, Gouda, Milch und gemischtem Hackfleisch) pro Kilogramm um durchschnittlich rund 62 % steigen. Bei den Alternativen aus ökologischem Landbau lag das Plus bei rund 35 %. Unter Berücksichtigung der Verzehrgewohnheiten ergab sich im Mittel ein Zuschlag auf die an der Kasse zu zahlenden Preise von 52 % (konventionell) und 32 % (ökologisch). Mit dem Experiment räumte ein Discounter erstmals ein, dass die Preise keine belastbaren Informationen über die wahren Kosten beinhalten. Die Nahrungsmittel sind zu billig, um damit all die Aufwendungen zu bestreiten, die mit den Produktionsprozessen im Zusammenhang stehen. Der Fehler ist im Wirtschaftssystem verankert. Eine Korrektur des Systemfehlers würde für die Verbraucher vor allem eines bedeuten: eine deutliche Preiserhöhung. Das Beispiel konkretisiert den Grundkonflikt zwischen den Partikularinteressen der Verbraucher und des **LEH** auf der einen und den Interessen der Primärerzeuger nach kostendeckenden Preisen sowie dem Interesse der Allgemeinheit an einer deutlichen Reduzierung der von den Erzeugungsprozessen ausgehenden Schadwirkungen.

> „Wir müssen dazu kommen, die Folgekosten unseres Konsums sichtbar zu machen. Nur so können Kunden am Regal entscheiden. Wir sind als Unternehmen in einem wettbewerbsintensiven Markt ohne Zweifel **Teil des Problems.** Ich glaube aber, dass wir mit diesem Schritt Teil der Lösung werden können", so Stefan Magel, Bereichsvorstand Handel Deutschland der REWE Group und COO PENNY (zitiert nach Gaugler 2020).

Das bemerkenswerte Eingeständnis von Herrn Magel teilen nicht alle Verantwortlichen bei der REWE Group, geschweige denn im Einzelhandel. Aldi-Einkaufschef Schwall sieht seine Aufgabe vorrangig darin, ein Bollwerk gegen Preiserhöhungen zu etablieren; schließlich gehe es darum, den Markenkern des Discounters zu verteidigen: *„hohe Qualität zum möglichst niedrigen Preis"* (Kläsgen 2021). Wie der Discounter **Qualität** definiert, bleibt nicht nur in diesem Zusammenhang das Betriebsgeheimnis des Nahrungsmittelanbieters. Nicht weniger bedeutsam ist, dass sich Aldi als Preisführer versteht und sich in dieser Rolle von niemanden die Butter vom Brot nehmen lassen möchte. Mit seinem Einkaufsvolumen sieht sich das Unternehmen in der Lage, uneinsichtige Lieferanten zu überzeugen bzw. gefügig zu machen. Ausgestattet mit einer immensen Marktmacht diktieren die Discounter im Wettbewerb mit den Supermärkten den Lieferanten und damit den Primärerzeugern den Rahmen, in dem Nahrungsmittel erzeugt, verarbeitet und mit ihnen Handel betrieben werden kann. Getragen werden sie dabei von der Zustimmung eines Großteils der Verbraucher, welche mit ihrem Kaufverhalten das Geschäftsmodell goutieren. Die negativen Folgewirkungen dieses Geschäftsmodells für das Gemeinwesen werden dabei weitgehend ausgeblendet.

Man tritt den Einkäufern des LEH nicht zu nahe, wenn man ihnen unterstellt, dass sie grundsätzlich darauf bedacht sind, die Rohwaren so kostengünstig wie möglich einzukaufen. Ob die Primärerzeuger von den Marktpreisen wirtschaftlich überleben und die unmittelbaren Kosten decken können, findet bei den Kaufentscheidungen der Einkäufer des LEH ebenso wenig Berücksichtigung wie bei den Verbrauchern am „Point of Sale". Stattdessen ermöglichen Anonymisierung und Austauschbarkeit der Rohwaren dem Handel, die Zulieferunternehmen und damit auch die Primärerzeuger weltweit gegeneinander auszuspielen, um die Einkaufspreise weiter zu drücken. Als der Bundesverband Deutscher Milchviehhalter im Jahr 2008 versuchte, durch eine Streikaktion auf die Misere viel zu niedriger und nicht kostendeckender Milchpreise aufmerksam zu machen und durch einen Lieferstopp den LEH zur Zahlung höherer Preise zu nötigen, ließ der Handel die Streikenden ins Leere laufen. Ein Vertreter des Einzelhandelsverbandes äußerte sich damals dazu wie folgt:

> „Wenn einige Bauern nicht liefern, werden andere einspringen. […] Es gibt ja zu viel Milch, und deshalb kann dieser Streik auch nichts bewirken. Er verpufft, er ist geradezu absurd – notfalls kommt die Milch eben aus dem Ausland (Postel 2008)."

So ist es dann auch gekommen.

Als im September 2020 die Afrikanische Schweinepest Deutschland erreichte und hier erzeugtes **Schweinefleisch** nicht länger in Drittländer exportiert werden konnte, sanken die Erzeugerpreise auf ein neues Preistief von 1,22 € pro kg Schlachtgewicht. Gleichzeitig stiegen die Verbraucherpreise auf ein neues Hoch von 7,19 € (Dynowski 2021). Die Differenz zwischen Erzeugerpreisen und Verbraucherpreisen, die sich über viele Jahre auf ein Niveau von 4,70 € eingependelt hatte, stieg auf mehr als 6 €. Als einzelne Politiker anlässlich der Grünen Woche die desolate Situation der Landwirte zum Anlass nahmen, einen Mindestpreis für Schweinefleisch zu fordern, wurde diesem Ansinnen vonseiten des Einzelhandelsverbandes eine klare Absage erteilt. Verbandspräsident Josef Sanktjohanser kritisierte:

> „Offensichtlich ist einigen Politikern der ordnungspolitische Kompass verlorengegangen, der die Vorteile der sozialen Marktwirtschaft und das Ziel, Wohlstand für alle zu schaffen, in den Mittelpunkt stellt."

Die Tatsache, dass sich der LEH-Verband angesichts der Preispolitik des Lebensmittelhandels als Vertreter einer „sozialen Marktwirtschaft" stilisiert, zeugt vom Selbstbewusstsein gegenüber der Politik und vom eigenen Selbstverständnis. Als sich die damalige Bundeslandwirtschaftsministerin Klöckner im November 2020 erdreistete, die Preispolitik des LEH zu kritisieren und gegenüber dem LEH den Vorwurf unlauterer Handelspraktiken erhob, sahen sich die Chefs der großen deutschen Handelsketten

Edeka, Rewe, Aldi und der Schwarz-Gruppe veranlasst, sich in einem öffentlichen Protestbrief an die Bundeskanzlerin über die Äußerungen der Landwirtschaftsministerin zu beschweren. Wie die Bundeskanzlerin auf den Protestbrief reagiert hat, wurde von den Medien nicht kundgetan. Bereits im Vorfeld hatten Vertreter des Einzelhandels deutlich gemacht, worauf es ihnen besonders ankommt. Auf einer mit medialer Prominenz ausstaffierten Plakataktion von Edeka wurde ein Slogan besonders in den Vordergrund gestellt: „*Essen hat einen Preis verdient: den niedrigsten*" (Gassmann 2020). Allerdings hat diese Aktion dem Unternehmen heftigen Protest und Widerspruch nicht nur von Landwirten eingebracht. Schließlich sahen sich Verantwortliche bei Edeka genötigt, sich von der Aktion zu distanzieren.

Neben dem Diktum niedriger Preise ist für den LEH auch von großem Interesse, nicht für die Produkte haftbar gemacht zu werden, die von ihm verkauft werden. Dies gilt einerseits für einzelne Chargen, die kontaminiert oder anderweitig schadhaft sind. Entsprechend wichtig war für den Handel die Einführung der Rückverfolgbarkeit von Produkten bis hin zum Erzeugerbetrieb, den man im Fall der Fälle in Regress nehmen kann. Dies gilt aber auch für alle anderen unerwünschten Nebenwirkungen im Entstehungsprozess. Man selbst will nicht mit den Schadwirkungen in Verbindung gebracht werden, die durch das Preisdumping des LEH massiv forciert werden. Dagegen schreibt man sich gern Wohltaten auf die Fahnen, mit denen das eigene Image gefördert werden kann. So schaltet z. B. Lidl immer wieder ganzseitige Werbebotschaften in der Tagespresse und positioniert sich als maßgeblicher Beförderer von „**Tierwohl**". Während der LEH noch um eine gemeinsame Strategie rang, preschte Lidl vor und führte als erstes Einzelhandelsunternehmen eine Haltungskennzeichnungen für Schweinefleisch ein. Schließlich einigten sich die Handelsunternehmen am 1. April 2019 auf eine einheitliche Haltungsformkennzeichnung für verpacktes Frischfleisch. Träger dieses Kennzeichnungssystems ist die Gesellschaft zur Förderung des Tierwohls in der Nutztierhaltung, die auch die Initiative Tierwohl koordiniert. Hierbei handelt es sich um einen Zusammenschluss von Akteuren der Fleischwirtschaft, des Deutschen Bauernverbandes und Vertretern des LEH. Mit den Differenzierungen der Fleischprodukte nach Haltungsformen wird gegenüber den Kunden der Eindruck vermittelt, als ob sich anhand der Haltungsformen substanzielle Unterschied im Wohlergehen der Nutztiere ableiten ließen.

Mit der Einführung der Kennzeichnung von Haltungsformen inszenieren sich Einzelhandelsunternehmen als diejenigen, die einen relevanten finanziellen Beitrag zur Verbesserung des Wohlergehens der Nutztiere leisten. Dies hindert die Unternehmen allerdings nicht daran, auch weiterhin eine gnadenlose Einkaufspraxis zu verfolgen, die den Primärerzeugern kostendeckende Preise vorenthält. Auch wenn die Nutztierhalter für das Wohlergehen ihrer Nutztiere die primäre Verantwortung tragen, sind ihre Handlungsspielräume durch die Preispolitik des LEH im Übermaß eingeschränkt. Unter den wirtschaftlichen Rahmenbedingungen, in denen die Nutztierhalter ihr wirtschaftliches Überleben zu organisieren versuchen, sind die mit Mehraufwendungen verbundenen Tierschutzbemühungen weitgehend zum Scheitern verurteilt. Landwirte verfügen nicht über die erforderlichen Einnahmen bzw. werden nicht vonseiten des Staates oder des Marktes dazu genötigt, den Nutztieren den Schutz vor biotischen und abiotischen Stressoren zu bieten und solche Lebensbedingungen zur Verfügung zu stellen, die notwendig wären, damit sich die Tiere den Lebensbedingungen anpassen und ohne gravierende Beeinträchtigungen leben könnten.

Von den Nöten der Primärerzeuger und der Nutztiere haben die Verbraucher in der Regel keine hinreichenden Kenntnisse. Beim Betreten des Supermarktes betreten die Kunden eine Scheinwelt. Alles ist im Überfluss vorhanden, so als ob es woanders überhaupt keinen Mangel an Nahrung gibt. Den Augen der Betrachter bleibt nicht nur verborgen, wie die Produkte erzeugt wurden und wie die Nutztiere zuvor gelebt haben, sondern auch, dass ein nicht unerheblicher Teil der dargebotenen Ware später im Müll landet (Kreutzberger und Thurn 2011). Alles in den Läden strahlt Frische aus. In der Fleischtheke wird das Frischfleisch mit spezifischem Licht ausgeleuchtet, sodass es roter erscheint, als es tatsächlich ist. Auf der Milchpackung sind Kühe auf der Weide abgebildet, wobei die Kühe, von denen die Milch in der Packung stammt, möglicherweise nie eine Weide gesehen haben. Das Gleiche gilt für Bilder von Schweinen im Stroh, die darin nie gewühlt haben. Auf einigen Produkten prangt ein Emblem, das auf regionale Erzeugung hinweist, obwohl nur wenige Teilkomponenten tatsächlich aus der Region stammen oder die Region mangels definierter Grenzen nationale Ausmaße annimmt. Besonders groß sind jedoch die Interpretationsspielräume, wenn es um die Einschätzung geht, welcher Zusatznutzen mit einer regionalen Erzeugung verbunden sein könnten. Warum sollte ein Produkt, das in einer wie auch immer geografisch eingegrenzten Region erzeugt und regional vermarktet wird, qualitativ besser sein als die Produkte des gleichen Betriebes, die in den Export gehen und sich im Unterbietungswettbewerb der globalen Märkte behaupten müssen? Konsumenten versuchen mithilfe des Regionsimages bzw. mittels einzelner, mit der Region assoziierter Eigenschaften, die Qualität der Produkte einzuschätzen. In der Kaufsituation ersetzt die Herkunftsangabe die weitere Auseinandersetzung mit Informationen über die zu bewertenden Eigenschaften (Banik et al. 2007).

In den Discount- und Supermärkten werden in der Regel vom gleichen Produkt, wie zum Beispiel der Milch, viele Preisvarianten angeboten. In welchem Maße die Preisunterschiede assoziativ oder faktisch mit Unterschieden bei den Produkteigenschaften im Zusammenhang stehen, erschließt sich den Außenstehenden nicht. Weder ist ein teures Produkt automatisch qualitativ hochwertig, noch ist ein preiswertes Produkt zwingend minderwertiger. Der Kunde besitzt in der Regel weder hinreichende Informationen noch eine ausreichende Kompetenz, um Produktqualitäten hinreichend beurteilen und differenzieren zu können. Dies gilt erst recht für die Beurteilung der dem Produkt zugrunde liegenden Produktionsprozesse. Ob die Produkte tierischer Herkunft von Tieren stammen, denen es gut ging oder ob die Tierbestände mit hohen Erkrankungsraten und entsprechenden Schmerzen, Leiden und Schäden konfrontiert waren, ist weder am Produkt zu erkennen noch den Produktinformationen zu entnehmen. Analoges gilt für die Freisetzung von Schadstoffen und Treibhausgasen, die bei den Produktionsprozessen freigesetzt wurden. Stattdessen wird die vordergründig große Variation in

den Produkteigenschaften und in den unerwünschten Folgewirkungen der Produktionsprozesse auf wenige Einzelaspekte heruntergebrochen. Wie bereits am Beispiel der
Haltungsformen erläutert, werden anhand dieser Einzelaspekte sogenannte „Qualitätsstandards" ausgewiesen. Diese sollen ein Qualitätsniveau suggerieren, das allein schon
deshalb irreführend ist, weil Qualität nicht anhand von Einzelmerkmalen, sondern durch
die Gesamtheit aller Merkmale eines Produktes, Systems oder Prozesses definiert ist.
Erklärungen zur Definition und zur Beurteilung von Produkt- und Prozessqualitäten
werden in Kap. 10 ausgeführt.

Die **Standardisierung** ist eine vereinheitlichende Art und Weise, etwas zu
beschreiben. Sie gehört damit zu einer der verschiedenen Strategien der Komplexitätsreduktion. Standards gelten als eine Art Richtschnur. In der ursprünglichen Wort-
bedeutung ist ein **Standard** eine Art Sammelpunkt, um den man sich schart – ähnlich
der Standarte, einem Feldzeichen, das in Vorzeiten an einer Stange gehisst und so
zum Insigne eines Truppenteils wurde. Will man sich im komplexen Wirrwarr der
Interaktionen von biologischen, technischen, sozialökonomischen und kulturellen
Prozesse der Nahrungsmittelerzeugung orientieren, kommt man um eine **Reduktion**
der Komplexität nicht umhin. Eine Komplexitätsreduktion anhand von Standards ist
eine vereinfachende, jedoch nicht die einzige und, wie in Abschn. 10.3 näher ausgeführt wird, nicht die beste Option, um mit Komplexität und den daraus resultierenden
Qualitätsunterschieden umzugehen. Allerdings hat sich im Kontext der Nahrungsmittelerzeugung vor allem die Verwendung von Standards etabliert, weil sich diese
besonders gut als Instrument des Marketings eignen. Deshalb verwundert es nicht,
wenn die Standardisierung insbesondere vonseiten des Agrarmarketings und der Agrarökonomie propagiert wird. Sie eignen sich sowohl zur Kundengewinnung als auch zur
Kundenbindung. „Qualitätsstandards" können beworben werden und entsprechende
Produkte aus der Anonymität der Masse herausgehoben werden, um über die Produktdifferenzierung einen Wettbewerbsvorteil zu erzielen. Zudem sind „Qualitätsstandards"
geeignet, den Ruf einer **Marke** und das Image eines Unternehmens positiv zu beeinflussen. Gleichzeitig geben Standards den Kunden, die den Wunsch haben, die Produkt-
und Prozessqualität von Nahrungsmittel besser beurteilen zu können, ein vermeintlich
geeignetes Kriterium der Kaufentscheidung an die Hand, ohne sie mit Informationen zu
überfrachten (*information overload*).

Gesetzliche „Mindeststandards" markieren in der Regel den Ausgangs- und Ankerpunkt, von dem sich Produktionsmethoden und die auf diese Weise erzeugten Produkte
abgrenzen. Eine Erhöhung des Niveaus der **Mindestanforderungen** wird mit einem
erhöhten Standard gleichgesetzt. Die simple Botschaft lautet: je höher die Mindestanforderungen, desto höhere „Qualitätsstandards" liegen vor. Diverse Markenprogramme
und auch das **Label**, mit dem ökologische erzeugte Produkte ausgewiesen werden,
basieren auf dieser kognitiven Verknüpfung (Assoziation). Eine Standardisierung dient
der Reduzierung der vorhandenen Variation in der Ausprägung von Merkmalen auf eine
überschaubare und für den Handel händelbare Anzahl von Standards. Auch wenn gegenüber den Kunden ein anderer Eindruck vermittelt wird, sind Standardisierungen das

Gegenteil einer **Differenzierung** von Produkt- und Prozessqualitäten. Vielmehr werden Güter oder Prozesse anhand von Standards vereinheitlicht, um auf diese Weise die Vermarktung zu vereinfachen und die Herstellungs-, Informations-, Transaktions- und Vertriebskosten zu senken.

Allgemein unterscheidet man die faktische, institutionelle und legislative Standardisierung (Genschel 1995, 32 f.). Faktische Standardisierung liegt vor, wenn die Auswahl eines Standards den Marktteilnehmern überlassen bleibt. Von institutioneller Standardisierung wird gesprochen, wenn sie im Rahmen anerkannter internationaler Organisationen wie etwa der International Organization for Standardization (ISO) oder dem Deutschen Institut für Normung (DIN) stattfindet. Um legislative Standardisierung handelt es sich, wenn der Staat bestimmte Spezifikationen in Gesetzen verbindlich regelt. In der Nahrungsmittelindustrie herrschen faktische Standardisierungen vor. Durch die Hervorhebung einzelner Merkmale, die als erhöhte Mindestanforderungen neue Standards definieren, werden Fakten geschaffen. Über den Weg der Standardisierung werden Markenprodukte kreiert, die sich an den Erwartungen spezifischer Kunden orientieren (Wollny 2008, 47 f.). Durch Marktdifferenzierungen anhand von Markenprodukten, Gütesiegeln oder Labeln, die auf Standardisierungen basieren, können Wettbewerbsvorteile generiert werden. Die ökologische Bewirtschaftung stellt eine legislative Standardisierung dar. Sie basiert jedoch auf einer faktischen Standardisierung, die von den ökologischen Anbauverbänden entwickelt wurde, um sich von konventionellen Produkten abzugrenzen. Die von privat organisierten Verbänden entwickelten Standards wurden in leicht modifizierter Form in eine europäische Verordnung übertragen. Diese regelt europaweit die erhöhten Mindestanforderungen an die Produktionsprozesse sowie die Kennzeichnung und **Zertifizierung** der Produkte (Sundrum 2005). Damit verfolgte die EU-Kommission das Ziel, die „ökologische" Produktionsmethode vor Wettbewerbsverzerrungen durch Trittbrettfahrer zu schützen, welche Verkaufsprodukte mit ähnlichen Begriffen kennzeichnen, ohne die erhöhten Mindestanforderungen zu erfüllen.

Mit den gesetzlich definierten konventionellen und ökologischen Mindestanforderungen bezüglich der Produktionsbedingungen wurden zwei Eckpfeiler der Standardisierung gesetzt. Damit wurde ein Zwischenraum geschaffen, den der LEH in zunehmendem Maße nutzt, um eigene faktische Standards zu setzen. Unter anderem bedient sich der LEH dabei der Ergebnisse diverser Studien, die mit öffentlichen Mitteln finanziert wurden, um herauszufinden, auf welche Informationen die **Verbraucher** in besonderer Weise reagieren, und diese mit positiven Assoziationen in Verbindung zu bringen. So steht nach Einschätzung des Agrarmarketingexperten Spiller die Weidehaltung von Kühen bei Verbrauchern hoch im Kurs und begründe ihre Bereitschaft, etwa 18 Cent mehr für solche Milch im Laden zu zahlen.

> „Das ist ein guter Weg, um neue Produkte zwischen konventioneller Milch und Bio-Milch
> zu etablieren (Deter 2016)."

Während sich die Erzeugung von Weidemilch bislang nur für wenige landwirtschaftliche Milchviehbetriebe betriebswirtschaftlich rechnet, ist dem LEH mit dem Angebot von Weidemilch ein Imagegewinn gewiss. *„Ein Thema wie Weidemilch „päppelt" die Handelsmarken auf und bringt viel Imagenutzen, kostet aber relativ wenig. Weidemilch-Produkte können damit preislich fast auf das Niveau viel beworbener Markenartikel gehoben werden"* (Spiller und Schulze 2019). Der LEH übernimmt *„zunehmend mit eigenen Regeln, Vorschriften und Standards die Rolle der Politik als Taktgeber für die Landwirtschaft – und zwar sowohl im konventionellen als auch im Ökobereich"*.

Weitere Beispiele sind die Auslistung von Käfigeiern und von Eiern aus Klein-gruppenhaltung. Hiermit setzte der Handel mit eigenen Standards den Gesetzgeber unter Druck, der später mit einem gesetzlichen Verbot nachzog. Im Jahr 2017 begrenzte Aldi Süd die Glyphosatrückstände bei Eigenmarken auf 10 bis 20 % der EU-Höchstwerte. Dies verstärkte den Druck auf die Landwirtschaft zur Reduktion des Glyphosateinsatzes. Weitere Beispiele für verpflichtenden Zertifizierungsstandards als Leistungsvoraus-setzung sind die GVO-Freiheit bei Eigenmarken von Milch, das Verbot der ganzjährigen Anbindehaltung sowie der verpflichtende „Haltungskompass" bei Fleischprodukten. In zunehmendem Maße werden Werbebotschaften mit Gütesiegeln angereichert. Der Ein-führung von Gütesiegeln und Labeln werden umfangreiche Studien vorgeschaltet, um die Zahlungsbereitschaft der Verbraucher für spezifische Label und Auslobungen zu ermitteln. Im Fokus steht dabei die Frage, in welchem Maße darüber die Zahlungsbereit-schaft erhöht werden kann (Schulze et al. 2021).

Zahlreiche Forschergruppen des Agrarmarketings versuchen seit Jahrzehnten mit viel Aufwand die Determinanten zu identifizieren, welche die Kaufentscheidungen beeinflussen. Mit den Erkenntnissen sollen die Akteure der Agrarwirtschaft unterstützt werden, um die Effizienz von Marketingstrategien unter der Verwendung von Labels zu befördern (Grebitus et al. 2009). In Situationen, in denen Verbraucher unsicher sind – was bei Nahrungsmitteln eher die Regel als die Ausnahme ist –, verlassen sich viele Verbraucher auf die in der Werbung und auf Verpackungen kommunizierten Quali-tätshinweise. Hierzu gehört insbesondere der Preis; aber auch Charakteristika der Ver-kaufsstelle sind von Bedeutung. Vor allem aber versuchen die Verbraucher, die Qualität der Produkte von ihnen bekannten Markennamen, Gütesiegeln und Zertifikaten abzu-leiten (Iop et al. 2006). Dies erleichtert ihnen die Kaufentscheidung. Entsprechend werden Produkte aus Markenfleischprogrammen oder mit Gütesiegel versehene Fleisch-produkte als qualitativ hochwertiger eingestuft (Bredahl und Poulsen 2002). Auch Hin-weise über das Produktionsverfahren (z. B. ökologische Erzeugung, Freilandhaltung) oder die Regionalität sind aus der Perspektive der Verbraucher von Relevanz für Ein-schätzungen zur Qualität. Dies gilt auch dann, wenn keine unmittelbaren biologischen Wirkbeziehungen bestehen.

Beispielsweise wird vonseiten des Agrarmarketings das „Weiderindfleisch" als ein Produkt mit vielversprechendem Potenzial zur Marktdifferenzierung angesehen. Ver-braucherbefragungen ergaben, dass eine solche Kennzeichnung mit qualitativ hoch-wertigen Produkteigenschaften in Verbindung gebracht wird (Schulz et al. 2021). Offenbar vermag der Begriff bei vielen Verbrauchern positive Assoziationen zu wecken. Im Weiteren sollten die Befragten den eigenen Präferenzen einen monetären

Wert beimessen, um die Zahlungsbereitschaft einzustufen. Bei den Befragungen blieb allerdings offen, ob und in welchem Maße bei Rindern, die zeitweise auf der Weide gehalten werden, damit tatsächlich eine bessere Fleischqualität oder ein höheres Niveau an Wohlergehen einhergeht. Gleichzeitig wurden die Verbraucher in Unkenntnis darüber gelassen, dass zwischen den einzelnen Weidetieren und zwischen den Betrieben, welche eine Weidemast betreiben, eine sehr große Variation sowohl bezüglich der Produkt- wie der **Prozessqualitäten** besteht (Schulz et al. 2021). Aus wissenschaftlicher Perspektive widerspricht die große Variation jeglichem Ansinnen, über die Hervorhebung eines einzelnen Merkmales wie einer zeitweiligen Weidehaltung von Mastrindern eine übergeordnete Qualitätsaussage zu treffen. Der Versuch, auf diese Weise Aussagen zur Zahlungsbereitschaft zu generieren, entlarvt daher die Intentionalität der Herangehensweise, welche nicht die qualitative Verbesserung, sondern die Nutzbarmachung der Assoziationen der Verbraucher zur Erhöhung der Zahlungsbereitschaft und damit der Gewinnmarge zum Ziel hat. Analoge Assoziationen wirken auch beim Schweinefleisch. So wird das Fleisch von Schweinen, die unter ökologischen Produktionsbedingungen oder im Freiland gehalten werden, von vielen Verbrauchern hinsichtlich des Genusswertes deutlich höher eingestuft (Scholderer et al. 2004). Das Produkt wird quasi durch die Assoziationen und Wertschätzungen auf psychologische Weise veredelt, welche die Hinweise auf die Haltungsbedingungen bei den Konsumenten hervorrufen. Was veränderte Haltungsbedingungen für die Nutztiere tatsächlich bedeuten, ist – wenn überhaupt – für das Marketing von nachrangiger Bedeutung. Schließlich geht es um die Bedeutung der Produktinformation für die Verbraucher und nicht um die Frage, welchen Einfluss unterschiedliche Lebensbedingungen auf die Qualität der Produkte und auf das Wohlergehen der Tiere haben (Sauerberg und Wierzbitza 2013).

Ableitungen

Der LEH beruft sich gern auf die grundlegende ökonomische Gesetzmäßigkeit, wonach das Verhältnis von Angebot und Nachfrage den Preis bestimmt. Auch wenn dieser Hinweis seine Berechtigung hat, so lenkt er doch vor allem davon ab, dass das Angebot von Waren in hohem Maße von den Marktstrategien oder den Standardisierungen beeinflusst wird. Dies gilt auch für die Nachfrage und die Kaufentscheidung, welche der LEH mit Werbemaßnahmen gezielt in die gewünschte Richtung zu lenken versucht. Mit dem **Neuromarketing** hat sich längst ein Marketingbereich etabliert, der Erkenntnisse der Hirnforschung und Psychologie für die Optimierung der Wirksamkeit von Werbung nutzt und dieses Wissen für Kaufanreize nutzbar macht. Bevor neue Produkte bzw. neu gekennzeichnete Produkte auf den Markt kommen, werden sie in Voruntersuchungen und auf Testmärkten geprüft, ob sich die Kennzeichnung im Hinblick auf die Kaufentscheidungen und die Zahlungsbereitschaft bewährt. Die umfassenden Kenntnisse, welche sich der Handel mittlerweile über das Verbraucherverhalten erworben hat, entfalten ihre Wirkung nicht nur am „Point of Sale", sondern beeinflussen auch das Anforderungsprofil, welches der Handel an die Produkte und an die landwirtschaftlichen Produktionsprozesse stellt. Angebot und Nachfrage sind daher keine unabhängigen Größen in einem freien Spiel der Marktkräfte, sondern unterliegen den manipulativen Bestrebungen von Akteuren, die über die entsprechenden Mittel verfügen, Angebot und Nachfrage in ihrem Sinne zu beeinflussen. Da es für dem LEH im Prinzip egal ist, welche Artikel im Regal liegen, solange der Umsatz und die Marge stimmen, kann er extrem flexibel agieren. Demgegenüber sind die vorgelagerten Unternehmen der Weiterverarbeitung und die Primärerzeuger produktionstechnisch und ökonomisch in hohem Maße pfadabhängig. Kommen Veränderungen von Standards für den LEH lediglich einem „Federstrich" gleich, haben sie für andere Bereiche gravierende Veränderungen zur Folge.

Der LEH hat sich unter den Augen der Agrarpolitik und des Bundeskartellamtes eine starke Machtposition geschaffen, die er sowohl gegenüber den Zulieferern als auch gegenüber den Kunden ausspielen kann. Einerseits wird Billigware zu Dumpingpreisen und gleichzeitig werden höherpreisige Waren mit „Qualitätsstandards" angeboten, ohne dass die Preisdifferenz einen engen korrelativen Zusammenhang mit den qualitativen Unterschieden der Produkte aufweist. Der LEH wartet nicht darauf, dass der Staat die Rahmenbedingungen des Wirtschaftens vorgibt, sondern definiert selbst die Standards, die ihm für sein Geschäft zielführend erscheinen. Die Kennzeichnung von selbstdefinierten Haltungsformen ist nur ein Beispiel für die Definitionsmacht des Handels, welche ihm eine untätige Agrarpolitik überlässt. Die Kunden wissen nicht, was für ein Niveau an Produkt- und Prozessqualitäten ihnen für den jeweiligen Einkaufspreis faktisch geboten wird. Aus einer moralischen Perspektive erfüllt dies den Tatbestand des „unlauteren Wettbewerbes". Ob dies auch einer juristischen Überprüfung standhält, kann hier nicht beurteilt werden.

Supermärkte sind Illusionsgebäude. Das **Marketing** des LEH liefert fortwährend neue Projektionsflächen, an denen die Kunden ihre eigenen Assoziationen andocken können, um sich selbst der Illusion hinzugeben, mit dem Kauf spezifischer Produkte sich selbst und auch dem Gemeinwohl etwas „Gutes" zu tun. Entsprechend ist das Marketing vor allem darauf bedacht, bei den Kunden kognitive Dissonanzen zu vermeiden. Diese würden sich zwangsläufig einstellen, wenn sie sich auch nur ansatzweise die Diskrepanz zwischen den externen Effekten und den Verkaufspreisen vergegenwärtigen würden. Das Marketing verfolgt vor allem eine Absicht: die Überredung zum Kauf. Zugunsten des Wohlklangs und zu Lasten der vermittelten **Information** werden komplexe Sachverhalte mit Schlagwörtern kommuniziert. Diese spiegeln weder das jeweilige Qualitätsniveau wider noch geben sie Auskunft über die bei der Erzeugung verursachten externen Effekte und damit die verursachten Kosten für das Gemeinwesen. Supermärkte sind daher keine Stätten der Aufklärung, aus denen man klüger herausgeht als man hineingegangen ist. Die Kunden verfolgen hier ihre eigenen Partikularinteressen, in dem sie sich eines umfassenden und reichhaltigen Angebotes von Produkten mit unterschiedlichen Preisniveaus und vielfältigen Werbebotschaften bedienen.

Der LEH hat kein originäres Interesse an einer qualitativen Differenzierung der Produkte und der zugrunde liegenden Produktionsprozesse anhand valider Beurteilungskriterien und Maßstäbe. Mit der Aufrechterhaltung von Scheinwelten lassen sich viel leichter gewinnbringende Umsätze generieren als mit aufwendigen Differenzierungen, welche erhebliche Zusatzkosten bei der Logistik, der Infrastruktur und beim Distribuieren der Ware zur Folge hätten. Eine Differenzierung von Produkten anhand von Standardisierungen erfolgt anhand leicht nachvollziehbarer Einzelmerkmale, die lediglich eine qualitative Differenzierung vorspielen, *de facto* jedoch nur Pseudoqualitäten abbilden. Mit der Standardisierung von Produkten bietet der LEH den Kunden keine Orientierung und auch keinen Kompass, wie dies der Haltungskompass suggeriert. Vielmehr sind Standards maßgeblich mitverantwortlich für die Unübersichtlichkeit und Intransparenz im Marktgeschehen. Standards erleichtern und vereinfachen den Handel mit Waren, in dem sie diese in vorgefertigte Boxen und gleichzeitig in mentale Schubladen einsortieren. Demgegenüber ist die Realität jedoch durch eine große Variation charakterisiert. Die in den Produkten und in den Produktionsprozessen aggregierten und wertbestimmenden Qualitätsmerkmale rangieren auf einem sehr weitläufigen Kontinuum von sehr niedrigen bis sehr hohen Qualitätsniveaus. Eine evidenzbasierte Beurteilung des tatsächlichen Niveaus von Produkt- und Prozessqualitäten bedarf daher einer anderen Herangehensweise als die der Standardisierung (s. Kap. 10).

7.6   Verbraucher

Die Entwicklung des individuellen Essverhaltens ist das Ergebnis eines lebenslangen soziokulturellen Lernprozesses, der dem Erlernen einer Sprache ähnelt (Ellrott 2012). Das zentrale Lernprinzip ist dabei das Lernen durch Beobachtung anderer. Hinzu kommt das operante Konditionieren durch positive Geschmackserlebnisse. Die Primärbedürfnisse Hunger und Sättigung werden dabei durch sekundäre Bedürfnisse im Kontext der Nahrungsaufnahme überformt. Im Erwachsenenalter wird das Gros der Kaufentscheidungen durch die Motive Genuss und Geschmack, Konvenienz und Preis dominiert. Auch Gesundheitsmotive stellen für einen Teil der Bevölkerung relevante Determinanten der Speisenwahl dar. Allerdings wird für das Gros der Verbraucher die Wahl der Produkte vorrangig von Gewohnheiten bestimmt, die sich über die Jahre eingestellt haben. Kaufentscheidungen werden geleitet von den Vorprägungen, den aktuellen Bedürfnissen und finanziellen Ressourcen sowie von Meinungsbildungsprozessen, die auch durch Werbekampagnen oder durch die mediale Berichterstattung beeinflusst werden.

Der aktuelle Megatrend bei der Speisenwahl heißt Individualisierung. Die Menschen möchten nicht länger über einen Kamm geschoren werden. Die Sorge, sich in der großen Masse zu verlieren, befördert den Wunsch nach einer persönlichen Identität. Nach Ellrott (2016) essen wir, *„um uns zu definieren, zu inszenieren und zu optimieren"*. Die Pluralisierung der Ernährungsstile reicht von der sogenannten Steinzeiternährung (Paleo-Diät), bei der alles so ursprünglich wie möglich sein soll, bis zum Functional Food, den durch gezielte chemische Eingriffe optimierten Nahrungsmitteln. Hoch im Kurs stehen vor allem Vegetarismus und Veganismus. Bei manchen Menschen geht es auch um Nachhaltigkeit oder um „Tierwohl". Im Vordergrund stehen jedoch immer häufiger Selbstinszenierung und Gruppenzugehörigkeit. Angesichts des Verlustes tradierter Ordnungssysteme stellt sich für viele Menschen die Frage: Wer will ich sein? Wie will ich von anderen wahrgenommen werden? Die Frage, was und wie viel ich esse, trägt dabei maßgeblich zur Identitätsstiftung bei, denn der Ernährungsstil ist selbst mit einem beschränkten Budget leicht änderbar. Nach Ellrott (2016) eigne Essen sich hervorragend als digitales Tattoo, mit dem Zugehörigkeit signalisiert werden kann. Mit dem Schnappschuss von einem perfekt arrangierten Teller oder über die Facebook- oder Twitter-Gruppe oder im Blog, in dem Veganismus oder Paleo-Diät thematisiert werden, könne man sich hervorragend selbst definieren und inszenieren. Anhand des Ernährungsstils könne man sich zugehörig fühlen, zugleich von anderen absetzen und damit **Individualität** generieren. Mit der Zugehörigkeit zu Vegetarismus oder Veganismus könnten beispielsweise Selbstdisziplin, Engagement, Rücksichtnahme, Tierschutz, vielleicht auch Klimaschutz, Verantwortung, ein Besser-Menschentum zum Ausdruck gebracht werden. Dies macht es attraktiv, sich dazu zu bekennen.

Was gekauft und was abgelehnt wird, gibt zumindest eine Teilantwort auf die Frage, wer ich bin und wer ich sein möchte. Der Trend zur Individualisierung unterstreicht, dass es „den Verbraucher" und „die Verbraucherin" nicht gibt. Von Vermarktungsexperten und Marktforschungsprofis werden Verbraucher in einer aktuellen Studie (UGW AG 2019) in sechs Shoppertypen eingeteilt: Familienversorger, Qualitätskäufer, Schnäppchenshopper, Nachhaltige, Entspannte und Einkaufsmuffel. Die Experten empfehlen, dass die Inhalte für die jeweiligen Zielgruppen maßgeschneidert präsentiert werden sollten, um dauerhaften Mehrwert zu generieren. Die Handelsunternehmen greifen den Trend zur Differenzierung gern auf, weil sie mit einer Marktdifferenzierung auf die ausgeprägte Konkurrenzsituation im Einzelhandel reagieren können. Wurden die Verbraucher in der Vergangenheit darauf getrimmt, vor allem auf den (niedrigen) Preis zu achten, versucht der LEH vermehrt auch höherpreisige Produkte anzubieten, verbunden mit der Suggestion, dass mit diesen höherpreisigen Waren auch höhere Zusatznutzen einhergehen. Die Undurchsichtigkeit der Preisgestaltung und die manipulative Ausrichtung der Werbeaussagen dürften jedoch viele Kunden in einer skeptischen Grundhaltung gegenüber dem LEH bestärken. Den Kunden werden kaum Möglichkeiten geboten, die Kaufentscheidungen für Nahrungsmittel nach einem möglichst guten Preis-Leistungs-Verhältnis auszurichten. Mangels belastbarer Informationen orientieren sich viele Verbraucher vor allem am Preis als den maßgeblichen Bezugspunkt Damit können sie am wenigsten falsch machen und das befürchtete Risiko der Übervorteilung minimieren. Was für Nahrungsmittel nicht gilt, trifft für den Preis zu: Er ist unmittelbar vergleichbar. Dabei gibt es den direkten Preisvergleich noch gar nicht sehr lang. Dieser etablierte sich erst Ende des 19. Jahrhunderts zusammen mit den ersten Kaufhäusern. Zuvor wurde der Preis in erster Linie individuell ausgehandelt. Durch die Kaufhäuser wurde das Einkaufen quasi demokratisiert. Jeder konnte sehen, welche Produktmenge er für welchen Preis bekam und auf diese Weise die Preise vergleichen. Die Möglichkeit des Preisvergleiches trug maßgeblich dazu bei, dass die Kaufhäuser ein durchschlagender Erfolg wurden.

Gegenwärtig geht jedoch der Trend wieder hin zu individualisierten Preisen. Selbstlernende Algorithmen, elektronische Kundenkarten und Apps ermöglichen dem Handel die Rückkehr in Richtung einer zielgruppenorientierten bis hin zu einer individualisierten Preisgestaltung und Zahlungsbereitschaft. Wenn der Preis, den Einzelne für das gleiche Produkte zahlen, unterschiedlich ist, wird damit die Theorie über den Marktmechanismus, wonach Angebot und Nachfrage den Preis bestimmen, zunehmend außer Kraft gesetzt. Nach Kläsgen (2019) markiert der Preis *„dann nicht mehr einen Punkt des kollektiven Gleichgewichts, sondern die Summe dessen, was jeder Einzelne für ein Produkt zu zahlen bereit ist"*.

Während schwankende Preise die Lage für die Verbraucher noch unübersichtlicher machen, sind sie *„das Paradies für Händler"*. Bei den Nahrungsmitteln fehlt ihnen nicht nur die Kompetenz, um **Produktqualitäten** und qualitative Leistungen aufseiten der Primärerzeugung valide beurteilen zu können. Jetzt können sie auch nicht mehr einschätzen, ob sie beim Kauf gerade gespart oder draufgezahlt haben. Als gänzlich illusorisch erweist sich dann, das Preis-Leistungs-Verhältnis zuverlässig beurteilen zu können.

Das **Marketing** war schon immer darauf ausgerichtet, den Verbrauchern den Erwerb von Produkten schmackhaft zu machen, auf die sie nicht von allein verfallen wären. Für Trentmann (2017) hat das Marketing immer eine leicht zynische Grundierung. *„Geiz ist geiler denn je"*, schreibt zum Beispiel das Branchenmagazin *Der Handel* in einer Ausgabe von August 2017. Deutschland sei die Discountrepublik schlechthin. Dies gelte insbesondere für Lebensmittel. Schnäppchenpreise sollen den Menschen den Kopf verdrehen, ihre Ratio ausschalten und sie zu Käufen verleiten, die sie gar nicht geplant haben. Schnäppchen haben sich daher zu einem sehr wirksamen und scheinbar unverzichtbaren Marketinginstrument entwickelt: Kunden, denen man das Gefühl gibt, sie machen einen guten Deal, kommen gern wieder. Oft rechnen sie es sich als eine persönliche Leistung an, wenn es ihnen gelungen ist, große Mengen an Produkten zu geringen Preisen zu ergattern. Dies verschafft den Schnäppchenjägern ein Gefühl der Genugtuung und der Teilhabe, welches ihnen bei höheren Preisen nicht zugänglich wäre. Für den Handel besteht das prioritäre Ziel darin, die Kunden mit Werbebotschaften und Niedrigpreisangeboten in die Geschäfte zu locken. Haben sie erst einmal die Schwelle überschritten, werden die Kunden schon etwas finden, dass sie zum Kauf verleitet.

Da es schon schwer genug ist, sich bei der großen Produktauswahl zu einer Kaufentscheidung durchzuringen, gilt es, komplexe Abwägungsprozesse zwischen qualitativen Aspekten, die dem Produkt anhaften, und dem Preis, den es dafür zu entrichten gilt, zu vermeiden. Dies trifft erst recht für Konfliktfelder zu, die mit den Produktionsprozessen im Zusammenhang stehen. Die Verbraucher sollen sich keinen Kopf machen oder gar ein schlechtes Gewissen abwehren müssen. Schließlich ist der Verbraucher kein *Homo oeconomicus*. Damit Kaufentscheidungen tatsächlich rational getroffen werden können, müsste der Kunde lückenlos über alle seine Möglichkeiten und ihre jeweiligen Folgen informiert sein. Dann müsste er in der Lage sein, daraus seine Präferenzen abzuleiten und diese in eine stabile Reihenfolge zu bringen. Dagegen liegen den Kaufentscheidungen, außer bei hochpreisigen Produkten oder Dienstleistungen, eher selten umfangreiche Reflexionen und Abwägungsprozesse zugrunde. Vielmehr haben sich Entscheidungs- und Verhaltensmuster etabliert, mit denen der Entscheidungsprozess möglichst ohne großen mentalen Aufwand umgesetzt werden kann. Die Metapher „die Qual der Wahl" bringt zum Ausdruck, dass bei einem Überangebot an Kaufoptionen eine Belastungssituation besteht, die eine mentale Anstrengung erfordert. Die Orientierung, welche man sich beim erstmaligen Betreten eines Supermarktes verschaffen muss, prägt sich beim wiederholten Besuch des gleichen Supermarktes ein. Es erleichtert nicht nur die räumliche Orientierung, sondern auch die Entscheidung für spezifische Produkte, welche wir an einem uns bekannten Ort anzutreffen erwarten und welche uns helfen, die Aufwendungen für das Suchen und Entscheidenmüssen zu minimieren.

Schon länger ist bekannt, dass Konsumenten eine große Auswahl an Produkten zwar attraktiv finden, aber sich zunehmend schwer mit der Entscheidung tun. Eine wissenschaftliche Studie hat nun gezeigt, was bei der „Qual der Wahl" im Gehirn vor sich geht (Reutskaja et al. 2018). Die Gehirnaktivität in bestimmten Arealen ist immer dann am höchsten, wenn die bevorzugte mittlere Anzahl von Möglichkeiten zur Wahl steht. Wird die Auswahl zu groß, übersteigt der Aufwand für die Entscheidung den Nutzen, die Aktivität sinkt, und es entsteht die „Qual der Wahl". Mit einem größer werdenden Angebot an Optionen werden die Vorteile der größeren Auswahl, d. h. die Wahrscheinlichkeit, dass eine noch bessere Option dabei ist, immer geringer. Umgekehrt nehmen die Kosten, eine Entscheidung zu treffen, immer zu: Man braucht mehr Zeit, kann sich nicht alle Optionen merken, der Vergleich wird schwieriger. Irgendwann übersteigen die kognitiven Kosten die Vorteile einer großen Auswahl (der Aufwand übersteigt den Nutzen). Wir sind dann demotiviert, unzufrieden mit der Entscheidung oder treffen überhaupt keine Entscheidung mehr. Folglich unterliegen nicht nur die Produktionsprozesse (s. Abschn. 6.2), sondern auch die kognitiven Prozesse der Entscheidungsfindung einer Grenznutzenfunktion. Im Kontext der Entscheidungsfindung sind Markenprodukte besonders gut geeignet, die Orientierung zu erleichtern. Bekannte Marken können so schlecht ja nicht sein, denken Kundengehirne, schließlich haben sie einen guten Ruf und letztlich kann sich eine große Kundenschar ja nicht irren.

Nach Möglichkeit soll das Einkaufen von einem Flair der Anstrengungslosigkeit geprägt sein, um das Gewünschte in den leicht rollenden Wagen durch die breiten

Gänge zu befördern. Da selbst diese Aufwendung von manchen Zeitgenossen als eine Anstrengung empfunden wird, greifen immer mehr Menschen auf den Zulieferservice zurück, der eine Bestellung vom Sofa aus und eine Lieferung bis vor die Haustür anbietet. An Bequemlichkeiten können wir uns schnell gewöhnen und sie für mehr oder weniger selbstverständlich erachten. Entsprechend stellt sich nicht mehr bei jedem Einkauf ein Wohlgefühl ein. Eher wächst die Neigung, sich zu beklagen, wenn einmal nicht alle spezifischen Produkte verfügbar sind oder wenn wir an der Kasse einmal etwas länger warten müssen. Entsprechend wird im Supermarkt vermieden, dass Produkte manchmal nicht verfügbar sind. Auch kurz vor Ladenschluss ist noch das volle Sortiment von leicht verderblichen Waren vorhanden. Offensichtlich ist es den Supermärkten wichtiger, die Kunden nicht zu vergraulen, als in Kauf zu nehmen, dass ein Teil der Lebensmittel weggeschmissen werden muss, deren Frischezustand nicht mehr gegeben ist. Zu groß ist die Befürchtung, dass sich Kunden nach anderen Einkaufsmöglichkeiten umsehen, wenn sie die wiederholte Erfahrung gemacht haben, vor einem leeren Regal zu stehen. Den Kunden wird das Gefühl vermittelt, Könige zu sein und autonom darüber entscheiden zu können, was sie aus selbstreferenzieller Beurteilung für eine gute Wahl erachten. Deshalb können sie auch schon einmal empfindlich reagieren, wenn ihnen vonseiten der Politik nahegelegt wird, was sie bevorzugt konsumieren sollen. Als Grünen-Politiker im Jahr 2013 die Idee eines „Veggie-Day" aufbrachten, waren der Partei und ihrem Ansinnen Spott und Häme gewiss. Die Quittung wurde der Partei bei den nachfolgenden Wahlen präsentiert. Die Schlussfolgerung lautet: Viele Verbraucher möchten nicht bevormundet werden.

Längst haben sich die Verbraucher an das allseits und preiswert verfügbare Fleisch gewöhnt. Man kauft es portioniert, immer öfter verpackt. Seit Jahren geht der Trend zum Kauf von wertvollen Teilstücken: Filets, Brust, Schnitzel. Fleischstücke, die eine aufwendige Zubereitung erfordern, sind kaum mehr im LEH absetzbar. Wenn allerdings nur noch ein Teil des gesamten Schlachtkörpers vom Verbraucher als Fleisch nachgefragt wird, können Mehraufwendungen bei der Erzeugung nur auf die wertvollen Teilstücke umgelegt werden, was diese überproportional verteuert. Die Tatsache, dass es sich bei den Produkten um Bestandteile von zuvor lebenden und empfindungsfähigen Tieren handelt, wird von vielen Verbrauchern weitgehend ausgeblendet (Hirschfelder und Lahoda 2012). Dies gilt auch für die Produktionsbedingungen, unter denen die Tiere gehalten werden.

Diesen Einschätzungen stehen aktuelle Verbraucherumfragen gegenüber, wonach die wichtigste Aufgabe der Landwirtschaft darin bestehe, gesunde und hochwertige **Lebensmittel** zu erzeugen. Die Hälfte der im Januar 2020 im ARD-DeutschlandTrend (infratest dimap 2020) befragten Menschen, gab diese Antwort bei einer Befragung, die nur eine Nennung erlaubte. 29 % der Befragten hielten es für prioritär, dass die Landwirtschaft das „Tierwohl" gewährleistet; 16 % sahen im Schutz von Umwelt und Klima die vorrangige Aufgabenstellen. Dagegen waren nur 4 % der Befragten der Ansicht, dass die wichtigste Aufgabe der Landwirtschaft in der Erzeugung preisgünstiger Lebensmittel besteht. Bei einer solchen Grundstimmung in der Bevölkerung sollte es eigentlich ein Leichtes sind, den Verbraucherwünschen mit entsprechenden qualitativ hochwertigen Produktangeboten zu begegnen, ohne befürchten zu müssen, dass die mit qualitativen Verbesserungen einhergehenden Preiserhöhungen ein großes Kaufhindernis darstellen. Wie bringt man jedoch Kunden dazu, höhere Preise für Lebensmittel zu zahlen, wenn man seit Jahrzehnten das Thema Lebensmittel anders als zum Beispiel in Ländern wie Frankreich über den Preis kommuniziert hat und auch weiterhin die Kunden mit Niedrigpreisangeboten in die Läden lockt? Um langfristig einen Wandel im Verbraucherverhalten hervorzurufen, wird es erforderlich sein, den Kunden glaubwürdig und nachvollziehbar den Zusatznutzen zu vermitteln, der mit einem höherpreisigen Produkt verbunden ist. In der Vergangenheit haben es insbesondere Ökoprodukte geschafft, von Verbrauchern als höherwertige Nahrungsmittel wahrgenommen zu werden, die einen Mehrpreis rechtfertigen. Sie werden unter einem separaten Label vermarktet und konnten dem konventionellen Markt gewisse Käuferschichten abspenstig machen. Diese Konsumenten wollen sich nicht nur gesund ernähren, sondern legen Wert auf Lebensmittel, deren ökologischer Fußabdruck möglichst gering ist. Der Gesamtumsatz im deutschen Biofachhandel stieg im 2019 gegenüber dem Vorjahr um fast 9 % auf 3,7 Mrd. €. Angesichts eines Gesamtvolumens von ca. 160 Mrd. € und der langen Zeiträume, die es gebraucht hat, um diesen Marktanteil zu erobern, ist der Ökomarkt auch weiterhin ein Nischenmarkt.

Angesichts der Diskrepanz, die zwischen den Ergebnissen von Verbraucherbefragungen und dem Nischendasein der als höherwertig eingestuften Ökoprodukte besteht, wird dem Gros der Verbraucherinnen und Verbraucher häufig unterstellt, dass sie auch weiterhin nur bedingt bereit seien, höhere Preise für Nahrungsmittel zu bezahlen. Die Konsumforschung bezeichnet die Unterschiede (Inkonsistenzen) zwischen dem, was Menschen – als Bürger – denken und äußern, und dem, was sie – als Verbraucher – tun als Konsumenten-Bürger-Lücke (Consumer-Citizen-Gap) (Busch und Spiller 2020). Viele Menschen (Bürger) wünschen sich höhere „Tierwohlstandards" und strengeren **Tierschutz** in der Landwirtschaft, präferieren Weide- über Stallhaltung und finden biologische Tierhaltung vorteilhaft. Dennoch ist der Marktanteil solcher Lebensmittel deutlich geringer als die Einstellungswerte in wissenschaftlichen Umfragen und die öffentlichen Diskussionen um diese Themengebiete vermuten lassen. Die vonseiten der Konsumforschung mit einer selbstreferenziellen Herangehensweise identifizierte vermeintlich geringe Zahlungsbereitschaft für vermeintlich hochwertige Produkte machen sich andere Interessensgruppen zunutze, um mit den Verbrauchern als Zielscheibe der Kritik von eigenen Defiziten abzulenken. Hierzu zählen insbesondere die Primärerzeuger, welche nicht müde werden, die Verbraucher und deren geringe Bereitschaft zur Zahlung von Mehrpreisen für die eigene Misere mitverantwortlich zu machen.

Wie wenig stichhaltig die Vorhaltungen daherkommen, zeigt sich nicht nur am Überangebot an Billigprodukten und an der Preisführerschaft, welche sich die Discounter auf die Fahnen geschrieben haben. Das Agrarwirtschaftssystem hat ebenso eine Primärerzeugung hervorgebracht, die auf **Kostenführerschaft** ausgerichtet ist. Auch wird man den Verbrauchern kaum ein Verhalten zum Vorwurf machen können, das ihnen vonseiten

des Marketings nahegelegt wird und das sich nicht von dem unterscheidet, was die Einkäufer des LEH gegenüber den Primärerzeugern praktizieren, d. h. die Ware so preiswert wie möglich erwerben zu wollen. Aus der Perspektive der Verbraucher könnte man
aber auch zu der Schlussfolgerung gelangen, dass sich die Verbraucher marktkonform
verhalten. Sie haben gelernt, auf den Preis und vor allem auf die Preisdifferenz zu
achten. Wenn etwas höherpreisig angeboten wird, stellt sich für viele Konsumenten die
berechtige Frage, ob der Mehrpreis auch mit einem adäquaten Mehrwert und Zusatznutzen einhergeht, zum Beispiel für die eigene Gesundheit und das eigene Wohlbefinden,
oder für das der Nutztiere, oder für eine Reduzierung der Umweltbelastung, oder für eine
Verbesserung des Natur- und Klimaschutzes. Um die Preisdifferenz mit der Differenz
im Mehrwert abzugleichen, sind die Verbraucher auf die Werbeaussagen des Marketings
angewiesen. Ein Großteil der Verbraucher hat jedoch gelernt, diesen zu misstrauen. Auf
der anderen Seite fehlt ihnen die Möglichkeit der Qualitätsüberprüfung. Die Unübersichtlichkeit im Produktangebot und die Nichtnachvollziehbarkeit der Verhältnisse von
Preis und Leistung, lassen es aus dieser Perspektive plausibel erscheinen, dass sich Verbraucher bei den höherpreisigen Produkten eher zurückhalten. Mangels zuverlässiger
Qualitätsbeurteilungen versprechen niedrigpreisige Produkte noch immer das beste
Preis-Leistungs-Verhältnis. Wenn Verbraucher zum Kauf von höherpreisigen Produkten
aufgefordert werden, müsste ihnen auch die Möglichkeit eingeräumt werden, den in Aussicht gestellten Zusatznutzen auf den Wahrheitsgehalt hin zu überprüfen. Das Marketing
des LEH hat naheliegender Weise jedoch kein Interesse daran, die Kunden über das
wahre Preis-Leistungs-Verhältnis aufzuklären. Umso kritischer ist, dass auch vonseiten
der wissenschaftlichen Fachdisziplin des Agrarmarketings keine Bemühungen erkennbar sind, Licht ins Dunkel zu bringen, d. h. die Verbraucher über die Strategien des LEH
aufzuklären.

Eine valide Beurteilung der Preis-Leistungs-Verhältnisse, d. h. der Verhältnisse von
qualitativen Eigenschaften der Produkte und der Produktionsprozesse mit dem Preis,
der dafür gerechtfertigt erscheint, liegt außerhalb der Beurteilungskompetenz der Verbraucher. So verwundert es nicht, dass die Einschätzungen von Verbrauchern sehr häufig
nicht in Übereinstimmung mit einer fachlich versierten Qualitätsbeurteilung sind. Dies
gilt insbesondere für Fleischprodukte (Grunert et al. 2004). Wenn Konsumenten eine
Kaufentscheidung treffen, bilden sie ihre Qualitätserwartungen selbstbezüglich aus,
d. h. anhand der eigenen Wahrnehmung und der durch Vorerfahrungen vorgeprägten
Beurteilungsmuster. In diesem Sinne ist die Beurteilung von **Qualität** durch Verbraucher
eine ausgeprägt subjektive Angelegenheit. Bei der Kaufentscheidung interagieren bereits
bekannte mit neuen externen Informationen (Kroeber-Riel und Weinberg 2003). Auf
diese Weise entsteht eine Gemengelage von unterschiedlichen Assoziationen, die durch
spezifische Produkteigenschaften in Kombination mit Hinweisen wie dem Preis, Werbeaussagen und der Verpackung hervorgerufen und mit der Glaubwürdigkeit der Angaben
abgeglichen werden.

Während sich Prozesse der Erzeugung und Verarbeitung von Nahrungsmitteln durch
Rationalisierung, Technisierung und Intensivierung rasant weiterentwickelt haben, ist

in weiten Teilen der Bevölkerung noch das „alte" Bild der Landwirtschaft verhaftet. Die Bilder haben sich in vielen Köpfen nicht von ungefähr festgesetzt. Der Großteil der Bevölkerung kennt Landwirtschaft und Nutztierhaltung nicht mehr aus eigenen Erfahrungen, sondern nur noch vermittelt durch die Medien und die Werbebotschaften der Anbieter. Werbebroschüren und Verpackungen suggerieren ländliche landwirtschaftliche Idylle sowie „glückliche Nutztiere": Milchkühe auf grünen Wiesen vorzugsweise in Alpenlandschaften, Schweine, die auf Stroh und mit viel frischer Luft und Geflügel, das im Freiland gehalten wird. In Wirklichkeit findet die Produktion von Rohwaren tierischer Herkunft abseits der unmittelbaren Wahrnehmung durch die Verbraucher und vorrangig unter dem Gesichtspunkt der Kosteneinsparung statt. Die realen Produktionsbedingungen kontrastieren mit den Bildern, die vonseiten des Marketings verbreitet werden. Allerdings haben Landwirtschaft, Verarbeitung und Handel wenig Interesse daran, die Verbraucher über die wahren Produktionsbedingungen aufzuklären und „echte" Bilder der modernen Tierhaltung auf den Betrieben, beim Transport oder bei der Schlachtung zu zeigen.

Daher ist es nicht verwunderlich, wenn Medienberichte über Missstände in der sogenannten „Massentierhaltung" bei vielen Verbrauchern verstörend wirken. Durch wiederkehrende Skandalmeldungen und Bilder von unhygienischen Verhältnissen, minderwertigen Produkten, Tierkrankheiten und leidenden Kreaturen haben die Vorstellungen von qualitativ hochwertigen und sicheren Lebensmitteln Risse bekommen. Infolgedessen haben Produkte tierischer Herkunft einen deutlichen Verlust an Wertschätzung erfahren. Die Bilder von Tieren, denen offensichtlich Schmerzen, Leiden und Schäden zugefügt werden, stürzen viele Verbraucher in ein moralisches Dilemma. Entsprechend fallen die Reaktionen von Verbrauchern auf Berichte über Missstände sehr unterschiedlich aus. Sie reichen von völliger Ignoranz gegenüber den Missständen bis zur völligen Ablehnung von Produkten tierischer Herkunft, mit dessen Produktionsbedingungen man nichts zu tun haben möchte. Der Großteil der Verbraucher ist angesichts der ambivalenten Situation um Rationalisierungen bemüht und versucht, mit den **Widersprüchen** zwischen den verbreiteten Glanzbildern der Werbebranche und der Wirklichkeit, zwischen den Eigeninteressen an hochwertigen Produkten zu möglichst niedrigen Preisen und der Mitverantwortung für die Missstände in der Primärerzeugung klarzukommen. Da Verbraucher die qualitativen Unterschiede beim Produktangebot nicht zu beurteilen vermögen, greifen viele im Zweifelsfall nach den preisgünstigen Produkten. Entsprechend wird ein großer Anteil von Produkten tierischer Herkunft auch weiterhin in Discountern eingekauft (Cordts et al. 2013).

Auf der anderen Seite mündet die Verunsicherung der Verbraucher in einem verstärkten Wunsch nach hochwertigen Produkten. Die Gesellschaft für Konsumforschung (GfK) stellt mithilfe ihrer langjährigen Haushaltspanels fest, dass die Verbraucher immer qualitätsbewusster werden. Im Jahr 2016 antworteten 53 % der Teilnehmer, „vor allem auf die Qualität" und 49 % „vor allem auf dem Preis" zu achten (GfK 2017). Wenn einzelne Qualitätsaspekte eindeutig erkennbar sind, zeigen Verbraucher durchaus eine Bereitschaft, mehr zu zahlen. Dies ist unter anderem bei Bioprodukten, Produkten aus

fairem Handel und regionalen Lebensmitteln der Fall. Angesichts eines kaum zu über-
schauenden Produktsortiments und einer Flut von Gütesiegel und Labeln, die mit jeweils
unterschiedlichen Vorzügen beworben werden, drohen Markttransparenz und Nachvollziehbarkeit jedoch im Overflow der Informationen unterzugehen.

Von Reckwitz (2020, 274 f.) wird noch ein anderer Aspekt hervorgehoben, der im
Zusammenhang mit der Individualisierung steht und der die Gesellschaft bei der Verfolgung von Gemeinwohlinteressen in Zukunft noch vor großen Herausforderungen
stellen dürfte. Nach seiner Analyse haben die Individuen das über viele Jahre propagierte
wirtschaftsliberale Programm subjektiver Rechte verinnerlicht und verwandeln sich
zunehmend in „*Berechtigungssubjekte*" mit scheinbar natürlichen Anspruchsrechten als
Bürger, aber auch als Konsumenten. Was zunächst als emanzipatorische Ermächtigung
begrüßt wurde, droht sich in der Kultur der Spätmoderne in einen Egoismus der Einzelnen gegen die Institutionen zu verkehren. Dadurch wird das Geflecht von gegenseitigen
Verpflichtungen, das gesellschaftliche Institutionen trägt, immer dünner. Während die
Neoliberalen mit dem **Modell** eines nutzenmaximierenden Akteurs arbeiten, der sich auf
Märkten bewegt und seine Interessen vertritt, haben viele Linksliberale das Bild eines
Akteurs vor Augen, der seine subjektiven Rechte gegenüber anderen einfordert.

> „Auf der einen Seite wird der Bürger zum selbstbezüglichen Konsumenten, auf der anderen
> Seite zum Demonstranten in eigener Sache."

Für Reckwitz (2020, 301 f.) stellt sich daher die Frage, wo der Bürger als politische Einheit mit seiner Verantwortung für die Gesellschaft als Ganze bleibt.

> „Das Soziale als ein Raum der Reziprozität, das heißt der sozialen Gegenseitigkeit, der
> Rechte und Pflichten, der Abwägung eigener und anderer Interessen, scheint in diesem
> Modell keinen Platz mehr zu haben."

Im Kontext von Nahrungsmitteln könnte daraus für viele Verbraucher ein für gerechtfertigt erachteter Anspruch auf preiswerte Nahrungsmittel erwachsen, deren qualitatives
Niveau gefälligst von den Primärerzeugern sichergestellt und von verantwortlichen
Behörden zu gewährleisten sei, ohne dass dafür den Verbrauchern ein höherer Preis
zugemutet werden müsse. Schließlich zahle man Steuern und könne dafür eine Gegenleistung erwarten. Diese Grundhaltung wird von verschiedenen Protestgruppen sowie
vonseiten der Gewerkschaften und von Sozialpolitikern verstärkt, wenn sie wiederholt
den Anspruch artikulieren, dass sich jeder unabhängig vom Einkommen hochwertige
Nahrungsmittel leisten können müsse. Mit diesem Anspruch wird jedwede Preiserhöhung für Nahrungsmittel als unsozial gebrandmarkt. Schließlich bekämen die Landwirte ja bereits sehr viel Geld von den Steuerzahlern. Die Argumentation, man müsse die
Preise für Nahrungsmittel niedrig halten, damit alle sie sich leisten können, hält einer
Überprüfung aus gemeinwohl-orientierter Perspektive nicht stand. Die soziale Ungleich-
heit mit einer Niedrigpreispolitik bei Nahrungsmitteln lösen zu wollen, blendet all die
Schadwirkungen aus, welche die bisherige Preisgestaltung des LEH mitverursacht hat.

Auch wird ignoriert, dass viele Primärerzeuger selbst zum Prekariat gehören. Eine Strategie, welche dazu führt, dass die externen Kosten der Nahrungsmittelproduktion eingepreist werden und gleichzeitig einen sozialen Ausgleich für Bedürftige schafft, wäre die weitaus bessere Agrar- und Sozialpolitik. Die Tatsache, dass das Argument der Unzumutbarkeit von höheren Nahrungsmittelpreisen für Minderbemittelte noch immer von diversen Gruppierungen und auch von medialer Seite immer wieder als „Totschlagargument" ins Feld geführt wird, zeugt von der geringen Bereitschaft, von den eigenen Interessen zu abstrahieren und einen Perspektivwechsel im Hinblick auf übergeordnete Interessen vorzunehmen.

Ableitungen

Der LEH bietet den Verbrauchern keine belastbaren Informationen, welche diese in die Lage versetzen könnten, Kaufentscheidungen nach einem belastbaren Preis-Leistungs-Verhältnis zu treffen. So wie der Handel verfolgen auch die Verbraucher eigene Interessen. Allerdings bestehen erhebliche Unterschiede hinsichtlich der Möglichkeiten der Einflussnahme. Die Strategie der Komplexitätsreduktion über Standardisierungen verschafft dem LEH eine enorme Definitions- und damit Gestaltungsmacht, die er für sich zu nutzen weiß. Die Verbraucher werden mithilfe von **„Qualitätsstandards"** auf ihre zuvor vonseiten des Marketings abgefragten Wahrnehmungsmuster zurückgeworfen. Letztlich aber werden sie bei den Kaufentscheidungen im Unklaren gelassen, in welchem Kontext die jeweilige Nahrungsmittelproduktion eingebettet ist. Da sie nicht einschätzen können, wie schlecht oder wie gut die Ware ist, die sie zu Dumpingpreisen oder als hochpreisige „Qualitätsware" erworben haben, herrscht statt Orientierung in erster Linie Desorientierung vor.

Grundsätzlich kann den meisten Verbrauchern ein Interesse an einer qualitativen Differenzierung der Ware und an einem angemessenen Preis-Leistungs-Verhältnis nicht abgesprochen werden. Das Bedürfnis, ein vermeintlich hochwertiges Produkt zu einem günstigen Preis erwerben zu wollen, macht sie anfällig für ein manipulatives Marketing. Am Einkaufsverhalten der Verbraucher wird sich erst dann etwas ändern, wenn überzeugende Alternativen vorliegen, die den Verbrauchern eine verlässliche Einschätzung zum tatsächlichen Preis-Leistungs-Verhältnis der Produkte ermöglichen. Dafür bedürfte es einer **validen** und intersubjektiv gültigen Beurteilung, die sich nicht auf Einzelaspekte beschränkt, sondern einer umfassenden Qualitätsbeurteilung Rechnung trägt. Voraussetzung dafür wäre eine von staatlicher Seite autorisierte und von den Interessen des LEH unabhängige Institution, die sich der Aufklärung der komplexen Sachverhalte bei der Nahrungsmittelerzeugung, -verarbeitung und -vermarktung widmet.

7.7   Verbraucher-, Tier- und Umweltschützer

Die Erzeugung von Nahrungsmitteln ist nicht allein eine Angelegenheit, die zwischen den Primärerzeugern, der Weiterverarbeitung und dem Handel ausgehandelt wird. Auch verschiedene Nichtregierungsorganisationen versuchen ihren Einfluss im Hinblick auf die Verfolgung spezifischer Interessen geltend zu machen. Der englische Begriff „Non-Governmental Organization" (**NGO**) wurde einst von den Vereinten Nationen (UNO) eingeführt, um Vertreter der Zivilgesellschaft, die sich an den politischen Prozessen der UNO beteiligen, von den staatlichen Vertretern abzugrenzen. Heute wird der Begriff für nichtstaatliche Vereinigungen benutzt, die sich für gesellschaftlich relevante Themen engagieren (Götz 2008). NGOs sind somit zivilgesellschaftlich zustande gekommene Interessenverbände. Allerdings sind sie nicht durch ein öffentliches Mandat legitimiert. Somit handelt es sich um private Organisationen, die sich für bestimmte Ziele engagieren, die im öffentlichen Interesse sind bzw. von den NGOs zu solchen erklärt werden. Zu den bekanntesten und größten Organisationen zählen beispielsweise Greenpeace und der BUND im Bereich Umweltschutz sowie der Deutsche Tierschutzbund im Bereich des Tierschutzes. Beim **Verbraucherschutz** nimmt die Verbraucherzentrale gegenüber anderen NGOs eine Sonderstellung ein, weil sie vom Staat beauftragt und finanziell unterstützt wird. Im Hinblick auf ihren Beitrag zur Verfolgung von Gemeinwohlinteressen wird nachfolgend ein kritischer Blick auf einzelne Aktivitäten geworfen, ohne den Anspruch zu erheben, damit den NGOs in Gänze gerecht zu werden.

7.7.1   Verbraucherschützer

Verbraucherschutz bezeichnet die Gesamtheit der Bestrebungen und Maßnahmen, die Menschen in ihrer Rolle als **Verbraucher** von Gütern oder Dienstleistungen schützen sollen (Springer Gabler 2018). Die Notwendigkeit des Schutzes ist der Tatsache geschuldet, dass Verbraucher gegenüber den Herstellern und Vertreibern von Waren sowie gegenüber Dienstleistungsanbietern strukturell unterlegen sind und in erheblichen Ausmaßen benachteiligt werden können. Wirtschaftliche Unterlegenheit, mangelnde Rechtskenntnisse, Empfänglichkeit für subversive Werbebotschaften und ein unübersehbares Warenangebot sind einige der Aspekte, welche die Verbraucher gegenüber den Produktanbietern ins Hintertreffen bringen und das Leitbild des schutzbedürftigen Verbrauchers begründen. Verbraucher verfügen weder über das Fachwissen und noch über die Ressourcen, die für eine umfassende Informationsbeschaffung über die Waren und Dienstleistungen und für ein Einschätzung des Verhältnisses von Leistungen und Preisen erforderlich wären. Zwischen Produktanbietern und Verbrauchern besteht folglich ein großes Macht- und Informationsgefälle. Der Staat ist durch das Verbraucherrecht bemüht, das Ungleichgewicht in Grenzen zu halten und über das Vorsorgeprinzip die Verbraucher vor übermäßiger Benachteiligung zu schützen.

Demgegenüber geht die Ernährungsindustrie vom

> „Leitbild des mündigen Verbrauchers aus, der kompetent und informiert über sein Ver-
> halten und seine Bedürfnisse kritisch nachdenkt. Der Verbraucher hat Eigenverantwortung
> für seine Einkaufsentscheidungen. Der Staat schafft die Rahmenbedingungen für ein aus-
> balanciertes Marktgeschehen, das Konsumenten- und Produzenteninteressen schützt;
> er gewährleistet den Gesundheitsschutz. Auch soll der Verbraucher vor Irreführung und
> Täuschung geschützt, aber nicht bevormundet werden. Die Souveränität des Verbrau-
> chers sichert den Wettbewerb und ein bedürfnisorientiertes Produktangebot. Der Verbraucher hat
> die Möglichkeit (einzeln oder organisiert), seine Interessen zu äußern und auf den Markt
> durch sein Handeln Einfluss zu nehmen (BVE 2019). "

In dem die Ernährungsindustrie auf die Souveränität und Eigenverantwortung der Verbraucher sowie auf die ordnungspolitische Rolle des Staates abhebt, offenbart sie vor
allem das Interesse, von der Eigenverantwortung für ein Nutzen bringendes Angebot an
Nahrungsmitteln abzulenken. Solange Verbraucher die angebotenen Waren einkaufen,
kann die Ernährungsindustrie für sich in Anspruch nehmen, als Dienstleister lediglich
die Bedürfnisse der Verbraucher zu bedienen. Die Rolle des Dienstleisters bietet der
Ernährungsindustrie vielfältige Argumentationshilfen, um die eigenen Handlungen zu
legitimieren und die Verantwortung für Fehlentwicklungen wahlweise auf das Verhalten
der Verbraucher, der Erzeuger oder der Politik abzuwälzen. Von einem ausbalancierten
Kräfteverhältnis kann angesichts der bestehenden Machtverhältnisse keine Rede sein.

Von Einzelfällen abgesehen, bei denen mehr oder weniger klare Rechtsverstöße nach-
weisbar sind, gegen die juristisch vorgegangen werden kann, bleibt den Verbraucher-
schützern häufig nur die Aufgabe der Aufklärung und der Beratung oder die Erzeugung
einer medialen Aufmerksamkeit für Problemstellungen und Missstände, welche die
Gegenseite mitunter zum Einlenken zu bewegen vermag. Die Verbraucherzentralen
sind auf der Ebene der Bundesländer als gemeinnützig anerkannte und überwiegend
öffentlich finanzierte Vereine organisiert. Seit 2000 sind die Verbraucherzentralen in der
politischen Dachorganisation **Verbraucherzentrale Bundesverband** e. V. (vzbv 2021b)
zusammengeschlossen. Bundeweit bestehen ca. 200 Beratungsstellen der Verbraucherzentralen, in die zahlreiche Verbraucher kommen, um sich über sehr unterschiedliche
Themen zu informieren und Rat einzuholen. Hierzu gehören auch Fragen zum privaten
Konsum von Nahrungsmitteln. Gemäß dem Leitbild setzt sich der vzbv für eine gerechte
und nachhaltige Gesellschafts- und Wirtschaftsordnung ein, in der die Bedürfnisse
der Verbraucher im Mittelpunkt stehen. Die Rechte der Verbraucher sollen geschützt
werden, indem die Märkte beobachtet, Missstände benannt, Rahmenbedingungen und
Regulierung mitgestaltet und die Verbraucherbildung gefördert werden. Nach Ansicht
des Vorstandes des vzbv Müller (2020) sind

> „gute, nützliche, einfache und verständliche Informationen […] ein wesentliches
> Instrument, um Verbrauchern Orientierung und selbstbestimmte Entscheidungen zu ermög-
> lichen." Die Menschen brauchen „klare und aufs Wesentliche reduzierte Angaben, idealer-
> weise farblich hinterlegt. […] Ich will die Verbraucher nicht bevormunden. Aber ich möchte

ihnen Informationen und Entscheidungen erleichtern. […] Wenn man durch bessere Kennzeichnung und ein verändertes Produktangebot die bessere Wahl einfacher macht, kann man vielen das Leben erleichtern."

Es besteht hier kein Anlass die gute Absicht des vzbv und seines Vorstandes nach Reduzierung von **Informationen** auf das Wesentliche in Zweifel zu ziehen. Schließlich können Verbraucher in der zur Verfügung stehenden Zeit nur eine begrenzte Menge an Information verarbeiten. Auch dem Einzelhandel ist bewusst, dass Verbraucher beim Einkaufen fortlaufend einer Informations- und Reizüberflutung ausgesetzt sind. **Komplexitätsreduktion** ist nicht nur für die Verbraucherschützer, sondern auch für das Marketing eine der primären Herausforderungen. Für das Marketing dient sie jedoch weniger dem Informationstransfer, sondern dem Kaufanreiz. Den umfangreichen Bemühungen des Handels, unter Aufbietung neurologischer Methoden und Expertisen die Kaufentscheidungen der Verbraucher in ihrem Sinne zu beeinflussen, haben die Verbraucherzentralen wenig entgegenzusetzen. Weil sie nicht über eigene Expertise verfügen, um die Werbeaussagen des Handels auf Stichhaltigkeit und Wahrheitsgehalt zu überprüfen, greifen die Mitarbeiter der Verbraucherzentralen notgedrungen auf die Informationen zurück, die ihnen von anderer Seite und nicht zuletzt vom Handel selbst zur Verfügung gestellt werden. Beispielsweise begrüßen die Verbraucherzentralen, dass die Handelsunternehmen mit der eigenmächtig auf den Weg gebrachten Kennzeichnung von Haltungsformen in der Nutztierhaltung den bisherigen *„Labeldschungel"* strukturieren und transparenter machen (Verbraucherzentralen 2019). Die an die Verbraucher weitergegebene Information beschränkt sich im Wesentlichen auf eine Übersicht über die vorhandenen **Label** (vzbv 2021a). Kritisch wird lediglich angemerkt, dass es gegenüber der jetzigen Situation eine bessere Verfügbarkeit von Fleisch aus den höheren Stufen der Haltungsformen bräuchte, um die Wahlfreiheit für Verbraucher zu verbessern. Dagegen bleibt unreflektiert und unhinterfragt, ob die Haltungsformen überhaupt eine belastbare Aussage über den Status des Wohlergehens der Nutztiere erlauben. Mangels kritischer Reflexion belassen die Verbraucherzentralen die Verbraucher in dem Glauben, dass diese mit dem Kauf entsprechend gelabelter Produkte einen relevanten Beitrag zum Wohlergehen der Nutztiere leisten.

In diesem Zusammenhang verteidigt die Verbraucherzentrale die Verbraucher gegenüber dem Vorwurf, nur Billigware einkaufen zu wollen und angesichts eines geringen Zuspruchs zu den bezüglich der Haltungsformen mit Stufe 3 und 4 gelabelten Produkten sich in Wirklichkeit nicht für den **Tierschutz** zu interessieren. Auf der eigenen Webseite wehrt sich die vzbv gegen diese, aus ihrer Sicht einseitigen, Vorhaltungen. Sie argumentiert, dass die Haltungsformkennzeichnung den meisten Verbrauchern unbekannt seien und der Einzelhandel zu wenig tun würden, um die Kundschaft zu informieren. Eine so wichtige Kennzeichnung müsse über einen längeren Zeitraum beworben und leicht verständlich erklärt werden. Zudem wird der Kritik an den Verbrauchern entgegengehalten, dass in Supermärkten und Discountern weit überwiegend Fleischprodukte aus Haltungsform 1 und Haltungsform 2 angeboten werden, während das bei bundesweiten Marktchecks angetroffene Angebot aus den Haltungsformen 3 und 4 sehr gering gewesen sei. Darüber hinaus sieht der vzbv ein Glaubwürdigkeitsproblem, wenn die Werbung „**Tierwohl**" und Premiumqualität zum Niedrigpreis verspricht. Entsprechend gingen viele Verbraucher davon aus, dass es hohes „Tierwohl" schon in Haltungsform 2 gäbe, die zusätzlich mit einem Logo „Initiative Tierwohl" gekennzeichnet sei. Der vzbv resümiert, dass der Vorwurf an die Verbraucher, sie würden Fleisch nur billig einkaufen wollen und das „Tierwohl" sei ihnen beim Fleischkauf egal, ein dreistes Ablenkungsmanöver vom eigenen Versagen sei. Handel und Fleischwirtschaft sollten den Einkaufenden ein attraktives Angebot von tiergerecht erzeugtem Fleisch (mindestens Haltungsform 3) machen; gleichzeitig sollten sie nicht weiter mit unverbindlichen Phrasen undifferenzierte Qualitätswerbung für Billigfleisch machen.

Im Kompetenznetzwerk Nutztierhaltung (s. Abschn. 5.4.2) trug der vzbv im Grundsatz die Differenzierung von Tierschutzleistungen anhand der Kennzeichnung von Haltungsformen mit. Als es jedoch darum ging, die für eine Umgestaltung der Nutztierställe erforderlichen Finanzmittel über eine Verbrauchersteuer auf Fleischprodukte mitzufinanzieren, versagte der vzbv diesem Vorschlag als einzige der beteiligten Interessensgruppen die Zustimmung. Mit der Zurückweisung des Ansinnens, die Handlungsspielräume der Primärerzeuger durch einen höheren Geldrückfluss für die erzeugten Rohwaren zu verbessern, verweigerte sich der vzbv einer essenziellen Voraussetzung für qualitative Verbesserungen in der Nutztierhaltung. Unabhängig von den noch offenen Fragen zur Gestaltung und Organisation eines solchen Geldrückflusses haben Verbesserungen nur dann eine Chance auf Realisierung, wenn die Primärerzeuger für eine **Qualitätserzeugung** mit Premiumpreisen entlohnt werden. Eine weitere essenzielle Voraussetzung ist eine **valide** Beurteilung der **Tierschutzleistungen** (analoges gilt für **Umweltschutzleistungen**) der landwirtschaftlichen Betriebe. Auch in dieser Hinsicht sind vonseiten des vzbv keine Impulse zu erwarten, welche einer fundierten Verbraucheraufklärung über die komplexen Zusammenhänge zwischen den innerbetrieblichen Produktionsprozessen und den für die Verbraucher relevanten Leistungen für das Gemeinwohl den Weg bereiten. Dies würde gänzlich andere Kompetenzen erfordern, als sie normalerweise in Verbraucherschutzfragen erforderlich sind. Von höherer Priorität scheint die **Reduktion** komplexer Sachverhalte, um den vermeintlichen Bedürfnissen der Verbraucher nach simplifizierenden Empfehlungen nachzukommen.

Aus einer übergeordneten Perspektive erweist sich die Haltung der vzbv in verschiedener Hinsicht als inkonsistent und problematisch. Einerseits wird die Haltungsformkennzeichnung unkritisch übernommen und damit das Geschäft des Einzelhandels unterstützt, mit wenigen Hinweisen eine qualitative Differenzierung vorzutäuschen, die *de facto* nicht gegeben ist. Mangels einer fachlich begründeten Differenzierung von Produkten unterschiedlicher **Qualität** und Wertsetzung für die Interessen der Primärerzeuger, der Verarbeitung und des Handels und vor allem für die Interessen der Verbraucher und des Gemeinwohles, bleiben die aufklärerischen Bestrebungen im Ansatz stecken. Ohne eine unabhängige und belastbare Beurteilung der gesellschaftlich relevanten Leistungen im Kontext der Nahrungsmittelerzeugung fehlt damit den Verbrauchern die Orientierung und die Ausgangsvoraussetzungen, um beim Einkauf das

Preis-Leistungs-Verhältnis einschätzen und die eigenen Kaufentscheidung danach ausrichten zu können.

Das Verhältnis zwischen dem vzbv und der Angebotsseite von Nahrungsmitteln weist auffällige Parallelen zu den tariflichen Auseinandersetzungen zwischen Arbeitnehmern und Arbeitgebern auf. Während die Gewerkschaften als Vertreter der Arbeitnehmer den gezahlten Lohn generell als zu gering einstufen, werden vonseiten des vzbv die Einkaufspreise für Nahrungsmittel im Allgemeinen als zu hoch bewertet. Mit höheren Lohnzahlungen bei gleichzeitig niedrigen Preisen für Nahrungsmittel können sich Menschen zusätzliche Ausgaben leisten und auf diesem Wege dem Wunsch nach gesellschaftlicher Teilhabe näherkommen. In dieser Hinsicht ziehen Arbeitnehmer und Verbraucher an einem Strang. Gleichzeitig muss für Verbraucher zwischen dem Wunsch nach verbesserten Produktionsbedingungen in der Landwirtschaft und nach Beibehaltung der vergleichsweise niedrigen Nahrungsmittelpreise kein **Widerspruch** bestehen. Schließlich sind ja auch noch andere Interessensgruppen (nicht zuletzt der Staat) involviert, die für viel potenter erachtet werden, um ihren Beitrag für die Verbesserungen in der Landwirtschaft zu leisten, ohne dass sich zwangsläufig die Einkaufspreise erhöhen müssen. Als Interessenvertreter der Verbraucher möchte die vzbv die eigene Klientel vor deutlichen Preissteigerungen schützen. Das Beharren auf niedrigen Verbraucherpreisen hat zwangsläufig zur Folge, dass den Landwirten keine kostendeckenden Marktpreise und damit keine Ressourcen zur Verfügung stehen, um die Tiere ihrem Bedarf und ihren Bedürfnissen entsprechend zu versorgen und sie vor Beeinträchtigungen zu schützen. Damit outet sich die vzbv als Vertreter von Partikularinteressen, der sich für die übergeordneten Interessen des Gemeinwohles nicht zuständig sieht.

Außer den Bemühungen um den Schutz vor Preissteigerungen können die Verbraucherzentralen nicht für sich in Anspruch nehmen, die Verbraucher vor anderem relevanten Unbill zu schützen. Dies gilt für den Schutz vor Falschinformationen, die der Einzelhandel mit seinen Werbeaussagen verbreitet, in gleicher Weise wie für den Schutz vor den negativen Folgewirkungen, die im Zuge der Industrialisierung der Landwirtschaft die Gesamtbevölkerung und damit auch die Verbraucher betreffen. Hierzu gehören insbesondere die Beeinträchtigungen des gesundheitlichen Verbraucherschutzes. Diese werden durch ein erhöhtes Aufkommen von Produktionskrankheiten hervorgerufen und gehen einher mit einem erhöhten Einsatz von **Antibiotika**, einer damit verbundenen **Resistenzentwicklung** sowie einer Vermehrung und Verbreitung pathogener Keime sowie von Resistenzgenen, welche über die Produkte tierischer Herkunft die Verbraucher erreichen. Auch werden die Verbraucher nicht davor geschützt, mit dem Einkauf von Produkten tierischer Herkunft, die von erkrankten Tieren stammen, minderwertige Produkte zu erwerben und damit einer Täuschung hinsichtlich des Qualitätsniveaus der Produkte zu unterliegen. Faire Preise sind an ein angemessenes Verhältnis von Preis und Leistung gekoppelt. Da Verbraucher jedoch nur bedingt in der Lage sind, die Qualität von Produkten zu beurteilen, sind sie für die Orientierung auf Informationen angewiesen, die ihnen von unabhängiger Seite bereitgestellt werden müsste. Dies setzt allerdings voraus, dass eine Expertise verfügbar ist, die in der Lage ist, die komplexen Sachverhalte gedanklich zu durchdringen und den Verbrauchern näherzubringen. Anstatt sich den besonders verbraucherschutzrelevanten Themenfeldern zu widmen, fokussiert man beim vzbv im Kontext der Nutztierhaltung lieber auf die Kennzeichnung von Haltungsformen, obwohl sie für die genannten verbraucherschutzrelevanten Problemfelder keine Lösung bzw. keine Verbesserung beinhalten. Allerdings sind die Haltungsformen der eigenen Klientel sicherlich einfacher zu vermitteln als die mit den Produktionskrankheiten in Verbindung stehenden Problemfelder.

Im Unterschied zu den vzbv sieht die Verbraucherschutzorganisation **foodwatch** die Aufgabe in der Aufdeckung von Missständen im Kontext der Nahrungsmittelerzeugung und -verarbeitung. Der Verein wurde im Jahr 2002 vom ehemaligen Greenpeace-Geschäftsführer Thilo Bode in Berlin gegründet. Nach eigenen Angaben kämpft foodwatch (2021) für das Recht der Verbraucherinnen und Verbraucher auf qualitativ gute, gesundheitlich unbedenkliche und ehrliche Lebensmittel.

„Das Versprechen des europäischen Lebensmittelrechts, uns effektiv vor unsicheren Lebensmitteln und Täuschung zu schützen, steht nur auf dem Papier. Lobbyeinflüsse bestimmen, was auf unsere Teller kommt – und was wir über unser Essen wissen dürfen. Wichtige Informationen werden uns vorenthalten, wir werden sogar ganz legal getäuscht; bekannte Gesetzeslücken werden selbst dann nicht geschlossen, wenn sie immer und immer wieder zu belasteten Lebensmitteln oder Irreführung und Betrug in der Lebensmittelwirtschaft führen."

foodwatch agiert unabhängig von Staat sowie der Lebensmittelwirtschaft. Folgt man den Hinweisen der zahlreichen Presseberichte über foodwatch, die auf deren Webseite dokumentiert sind, hat sich foodwatch den Ruf eines kritischen Wächters erworben, der sich darauf versteht, diverse Missstände im Kontext der Nahrungsmittelerzeugung aufzudecken und die mediale Aufmerksamkeit auf diese zu lenken.

7.7.2   Tierschützer

Wo stünde heute der **Tierschutz** ohne das Engagement der Tierschützer? Diese Frage erscheint zunächst rein rhetorischer Natur, da sie bei manchen die unmittelbare Assoziation hervorrufen mag, dass es ohne die Tierschützer keinen Tierschutz geben würde. In der Nutztierhaltung sind die Verhältnisse allerdings von komplexer Natur, sodass keine einfache Antwort, sondern eine umfassendere Reflexion angezeigt ist. Die weiteren Ausführungen können dies nicht umfassend leisten, sondern sind in erster Linie als Anstoß für einen Perspektivenwechsel zu verstehen, der einen Sachverhalt aus einem anderen Blickwinkel in verändertem Licht erscheinen lässt. Unstrittig ist, dass die Aktivitäten der Tierschutzvereine durch fortlaufende öffentlichkeitswirksame Aktionen die offensichtlichen Missstände in der Nutztierhaltung immer wieder thematisiert und so in das Bewusstsein der Bevölkerung gebracht haben. Dabei sind es immer wieder die Bilder von geschundenen Kreaturen, mit denen die mediale Aufmerksamkeit und die der

Vereinsmitglieder geweckt und auf die Probleme aufmerksam gemacht wird. Allerdings haben sich über die Jahre und Jahrzehnte die meisten Menschen an diese Bilder gewöhnt. Viele nehmen sie scheinbar genauso achselzuckend zur Kenntnis wie die der Abschreckung dienenden Bilder auf den Zigarettenschachteln. Wer süchtig nach Tabak und sehr affin gegenüber Fleischprodukten ist, lässt sich von diesen Bildern kaum dazu verleiten, das Konsumverhalten zu verändern. Allerdings zeigen die Bilder durchaus ihre Wirkung bei jungen Menschen, die sich in einem deutlichen Rückgang sowohl beim Tabak- wie beim **Fleischkonsum** äußert. Angesichts dieser Entwicklungen könnten sich die Tierschutzverbände auf die Fahnen schreiben, bei den nachwachsenden Generationen das Bewusstsein geschärft und den teilweisen oder vollständigen Verzicht auf den Verzehr von Produkten tierischer Herkunft maßgeblich mitbefördert zu haben. Aber wurde deshalb auch das Ausmaß an Schmerzen, Leiden und Schäden der Nutztiere in der Tierställen verringert?

Die Rolle von Tierschützern bei der Entwicklung der Tierschutzgesetzgebung in Deutschland wurde bereits in Abschn. 5.3 ausführlich erörtert. Aus Angst vor juristischen Einwänden, die vonseiten der Tierschützer gegen die Käfighaltung von Nutztieren hätte vorgebracht werden können, hat das Bundeslandwirtschaftsministerium vor mehr als 30 Jahren Verordnungen für den vermeintlichen Schutz von Tieren in der Stallhaltung auf den Weg gebracht, die in weiten Teilen heute noch gültig sind. Mit den Verordnungen wurden nicht die Nutztiere vor Schmerzen, Leiden und Schäden geschützt. Die seit Jahrzehnten hohen Prävalenzen von Produktionskrankheiten sprechen hier eine eindeutige Sprache. Unter Schutz gestellt wurde die Wettbewerbsfähigkeit der Nutztierhalter. Die Verordnungen gaben und geben den Nutztierhaltern noch immer die gewünschte Rechtssicherheit, die sie für ihre getätigten Investitionen benötigen. Aus der Perspektive der Nutztiere haben die Aktivitäten der Tierschützer die Nutztiere nicht vor den Zumutungen einer industrialisierten Nutztierhaltung und vor dem damit einhergehende Ausmaß an Tierleid zu schützen vermocht. Deshalb kann das Wirken von Tierschutzorganisationen bezogen auf die Nutztierhaltung bislang nicht als eine Erfolgsgeschichte gedeutet werden.

Auf der anderen Seite haben die Tierschutzbewegten mit ihrer medial aufbereiteten und öffentlichkeitswirksamen Kritik an den beengten Platzverhältnissen der Nutztiere in den Ställen maßgeblich dazu beigetragen, dass sich im öffentlichen Bewusstsein die Bewegungsfläche als ein zentraler Tierschutzindikator ins Bewusstsein der Menschen eingebrannt hat. Die ausbleibenden Veränderungen in der landwirtschaftlichen Praxis haben den Deutsche Tierschutzbund veranlasst, selbst aktiv zu werden und ein Tierschutzlabel einzuführen, das im Wesentlichen auf einem erhöhten Niveau bezüglich der Haltungsbedingungen basiert, das zwischen den gesetzlichen Mindestanforderungen und den Anforderungen der ökologischen Nutztierhaltung angesiedelt ist. Ausgestattet mit einer großen Medienkompetenz und basierend auf einer sehr großen Mitgliederzahl sah sich der Deutsche Tierschutzbund gut gerüstet, mit der eigenen Initiative den für erforderlich erachteten Verbesserungen in der Nutztierhaltung neuen Schub zu verleihen. Die Ergebnisse sind allerdings sehr ernüchternd. Das im Jahr 2013 eingeführte

Tierschutzlabel des Deutschen Tierschutzbundes hat sich bislang nur sehr langsam verbreitet. So waren im Jahr 2019 über alle Tierarten (Mastschweine, Masthühner, Legehennen und Milchkühe) hinweg lediglich 330 landwirtschaftliche Betriebe gemäß den erhöhten Mindestanforderungen zertifiziert (Deutscher Tierschutzbund e. V. 2019). Das unbefriedigende Ergebnis lässt wenig Interpretationsspielraum. Entweder hat es der Deutschen Tierschutzbund nicht vermocht, dafür zu sorgen, dass entsprechend gelabelte Produkte in den Supermärkten und bei den Discountern gelistet werden. Oder es ist dem Dachverband von ca. 740 Vereinen mit einer sehr großen Zahl von beitragszahlenden Mitgliedern nicht gelungen, diese zum Kauf von Produkten tierischer Herkunft zu bewegen, denen von Vereinsseite ein höherer Tierschutzstandard beigemessen wird. Die Mitglieder haben die Gelegenheit nicht wahrgenommen, einen eigenen Beitrag zum Tierschutz zu leisten und durch das eigene Kaufverhalten ein Ausrufezeichen zu setzen. Der naheliegende Hinweis, dass sich unter den Tierschützern ein erhöhter Anteil an Vegetariern befindet, vermag nicht zu verfangen, da auch bei einem gegenüber der Gesamtbevölkerung höheren Anteil an Vegetariern immer noch sehr viele Mitglieder in Tierschutzverbänden übrig bleiben, die auf tierische Produkten zurückgreifen, aber eben nicht auf die höherpreisigen Produkte, die mit dem Label des Deutschen Tierschutzbundes gekennzeichnet sind.

Die mangelnde Bereitschaft der Vereinsmitglieder, sich selbst die Mehraufwendungen für den Erwerb von vermeintlich tierschutzgerechteren und höherwertigen tierischen Produkten zuzumuten, macht deutlich, welche Zielgruppe die Tierschutzverbände mit ihren Forderungen vorrangig im Blick hat. Die Forderungen richten sich nicht in erster Linie an die eigenen Mitglieder, sondern an die Politik bzw. Politiker, die aufgefordert werden, den Vorschlägen der Tierschutzverbände Folge zu leisten. Schließlich können diese mit einer großen Zahl an Mitgliedern und damit potenziellen Wählern aufwarten. Insbesondere die Führungsriege des Deutschen Tierschutzbundes legt den Fokus auf die politische Lobbyarbeit und äußert sich fortlaufend über Pressemitteilungen zu allen Themen, welche im Entferntesten mit dem Tierschutz in Verbindung stehen. Dabei agiert der Tierschutzbund nicht selbstlos, sondern auch im Hinblick auf die mediale Aufmerksamkeit und die Rückmeldung an die eigene Klientel, dass man bemüht ist, sich unermüdlich für das Wohl der Tiere einzusetzen. Schließlich hat man ein großes Interesse daran, die Mitgliederzahlen sowie das Spendenaufkommen nach Möglichkeit zu steigern, um die Aktionen und die festangestellten Mitarbeiter auch in Zukunft bezahlen zu können.

Die Gruppierungen, die sich im Tierschutz engagieren, weisen ein großes Spektrum hinsichtlich der Mitglieder- und Mitarbeiterzahlen als auch der Schwerpunkte der jeweiligen Aktivitäten auf. Zu ihnen gehört auch der Verein „Soko Tierschutz". Dieser wurde im Jahr 2012 von einer Einzelperson gegründet und sorgt mit nur wenigen Angestellten, die über Spenden finanziert werden, für Furore. Unter den Tierschützern gehört der Verein zu den radikalsten Gruppen (Hummel 2021). Die Gruppe hat sich darauf spezialisiert, in Undercovereinsätzen tierschutzrelevante Missstände in Ställen oder Schlachthöfen mit der Kamera einzufangen. Das Filmmaterial wird dann den

Medien zugespielt. Über die Veröffentlichung von Bildern über grausame Zustände in Nutztierställen und auf Schlachthöfen wird die Aufmerksamkeit auf bestehende Missstände gelenkt. Gleichzeitig wird der Druck auf die Nutztierhalter drastisch erhöht, die befürchten müssen, von kamerabewaffneten Tierschützern heimgesucht zu werden. Allerdings vermögen die Undercoveraktivitäten und die Aufdeckung von Missständen allein noch nicht deren Beseitigung herbeizuführen. Das spektakuläre Bildmaterial nimmt einzelne Nutztierhalter ins Visier und stempelt sie zu Einzeltätern. Dabei gerät aus dem Blickfeld, dass die Zustände in der Nutztierhaltung zwischen den Betrieben stark variieren und dennoch eine systemimmanente Folge der agrarwirtschaftlichen Rahmenbedingungen darstellen, welche die Nutztierhalter mit den Herausforderungen allein lässt. Weder werden belastbare Kontrollen durchgeführt, noch besteht ein System von Anreizen und Sanktionen, mit dem den **unfairen** Wettbewerbsbedingungen entgegenwirkt werden könnte. Hinzu kommt, dass viele Nutztierhalter schon seit vielen Jahren nicht mehr über die erforderlichen Ressourcen verfügen, um den Nutztieren verbesserte Lebensbedingungen bieten zu können, welche die Tiere besser vor Schmerzen, Leiden und Schäden schützen. Selbst wenn die Bilder bei empfänglichen Personen verfangen und die Vorbehalte gegenüber dem Verzehr von Produkten tierischer Herkunft erhöhen, verbessert sich dadurch nicht die Situation für die Nutztiere. Bei einer Abnahme des Fleischverbrauches im Inland erhöht sich lediglich der Anteil des Exportes.

Auch wenn die verschiedenen Tierschutzorganisationen nicht in der Lage sind, die Nutztiere vor Beeinträchtigungen zu schützen, so bewirken sie doch, dass das Anliegen des Tierschutzes in der öffentlichen Wahrnehmung präsent ist und bleibt. Zugleich sind sie jedoch auch dafür verantwortlich, wie mit dem Tierschutzthema in der Öffentlichkeit umgegangen wird und welche Lösungsvorschläge bei den Bürgern und bei den Politikern haften bleiben. Politische Bekundungen und Entscheidungen im Kontext der Tierschutzthematik werden in der Öffentlichkeit dann als zielführend erachtet, wenn sie den Forderungen von Tierschützern entgegenkommen. Damit ist Tierschutz das, was Tierschützer verlangen. Auf diese Weise wird den Tierschutzorganisationen von politischer und öffentlicher Seite eine Kompetenz zugestanden, welche die Tierschützer nur bedingt für sich in Anspruch nehmen können. Schließlich beurteilen sie das Tierschutzniveau lediglich anhand des Niveaus bezüglich der Haltungsbedingungen. Wie in Abschn. 5.5 ausführlich dargelegt wurde, wird mit den Haltungsbedingungen nicht der Schutz der Nutztiere vor Schmerzen, Leiden und körperlichen Schäden und damit eine unabdingbare Voraussetzung für **Wohlergehen** adressiert, sondern einem **anthropozentrischen** Denkansatz entsprochen. Von primärer Bedeutung ist das, was Menschen, hier die Mitglieder von Tierschutzorganisationen, hinsichtlich des Tierschutzes für relevant erachten, und nicht wie die jeweiligen Lebensbedingungen aus der Perspektive der Nutztiere zu beurteilen sind. Das Ausmaß an Beeinträchtigungen, dem die Nutztiere ausgesetzt sind und das ihrem Wohlergehen zuwiderläuft, kann nur im einzelbetrieblichen Kontext beurteilt werden. Die Tierschutzorganisationen verfügen in der Regel jedoch nicht über Einblicke in die innerbetrieblichen Zusammenhänge, die darüber entscheiden, in welchem Maße tierschutzrelevante Missstände auftreten. Dagegen kennen sich die Mitarbeiter von Tierschutzverbänden sehr gut mit den Mindestanforderungen an Haltungsbedingungen aus, deren Verbesserungen sie schon seit Jahrzehnten fordern (s. Abschn. 5.3.3). Ohne einen Bezug zur spezifischen Situation auf den einzelnen Betrieben und ohne die Überprüfung der tatsächlich gegebenen Voraussetzungen für das Wohlergehen der betroffenen Nutztiere mutieren Veränderungen an den Haltungsbedingungen zu einem Selbstzweck.

Die Forderung der Tierschutzverbände nach verbesserten Haltungsbedingungen wusste der Einzelhandel als Steilvorlage zu nutzen. Mit der Definition von Haltungsformen preschte er an der Agrarpolitik und den Interessen anderer Beteiligter vorbei und versucht nun, sich gegenüber den Verbrauchern als Unterstützer des Tierschutzanliegens zu profilieren. Damit erspart er sich die kostenträchtigen Aufwendungen für die Generierung einer werbewirksamen und imagefördernden medialen Aufmerksamkeit. Gleichzeitig kann sich der Handel der Zustimmung der Tierschutzorganisationen und des Zuspruches vieler Verbraucher sicher sein. Es profitieren auch die Tierschutzorganisationen, die sich mit ihren wiederholt vorgetragenen Forderungen nach verbesserten Haltungsbedingungen bestätigt sehen und dies gegenüber der eigenen Klientel als Erfolg ihrer eigenen Bemühungen umdeuten können. Es freut auch diejenigen Verbraucher, welche die **Reduktion** der Komplexität der Tierschutzproblematik auf die Haltungsformen gerne nutzen, um mit dem Kauf entsprechend gekennzeichneter Produkte einen vermeintlichen Beitrag zur Verbesserung des Wohlergehens von Nutztieren zu leisten und ihr eigenes Gewissen zu entlasten.

Wer von dieser Vorgehensweise wieder nicht profitiert, sind die Nutztiere. Aufgrund der vernachlässigbaren Relevanz von geringfügig verbesserten Haltungsbedingungen für das Wohlergehen ändert sich für sie kaum etwas. Dies gilt erst recht für die vielen erkrankten Nutztiere in den Tierbeständen. Aufgrund von Erkrankungen, die in der Regel mit Schmerzen, Leiden und Schäden einhergehen, kann diesen Tieren unabhängig von den Haltungsformen kein Wohlergehen attestiert werden. Viele wissenschaftliche Studien zur ökologischen Nutztierhaltung kommen weitgehend übereinstimmend zu dem Ergebnis, dass durch deutlich verbesserte Haltungsbedingungen allein keine substanzielle Reduzierung der Produktionskrankheiten herbeigeführt werden kann. Genauso wenig wie es für Menschen hinreichend ist, im Fall einer Erkrankung und einer damit einhergehenden Beeinträchtigung des Wohlergehens einen Innenarchitekten hinzuzuziehen, kann das Wohlergehen von Nutztieren allein dadurch verbessert werden, dass ihnen mehr Bewegungsfreiheit eingeräumt und Stroh als Einstreu zur Verfügung gestellt wird.

Durch die Fokussierung auf die Haltungsformen wird die öffentliche Aufmerksamkeit von den Produktionskrankheiten als tierschutzrelevante Kernprobleme der Nutztierhaltung auf einen Nebenschauplatz gelenkt. Dies hat zur Folge, dass sich am Niveau der Produktionskrankheiten und der damit einhergehenden Schmerzen, Leiden und Schäden erst einmal nichts zum Besseren wendet, die Zustände folglich auf unbestimmte Zeit fortbestehen. Spätestens hier dürfte deutlich werden, dass das Engagement der Tierschützer nicht zwangsläufig zielführend ist, sondern sich auch ins Gegenteil verkehren kann. Dies gilt insbesondere dann, wenn nicht das unmittelbare Wohlergehen der Tiere, sondern die Partikularinteressen der Beteiligten im Vordergrund stehen. Während die Tierschutzverbände im Wettbewerb mit anderen Interessensgruppen um die mediale Aufmerksamkeit ringen, haben sie die Nutztiere aus den Augen verloren. Nur so ist zu erklären, dass sie sich in der Öffentlichkeit und in den entsprechenden Kommissionen, zu denen sie als vermeintliche Interessensvertreter der Nutztiere hinzugezogen werden, für die Kennzeichnung von Haltungsformen stark machen. Die Tatsache, dass sie auf diese Weise maßgeblich zu einer auf unbestimmte Zeit fortgesetzten Leidensgeschichte der Nutztiere beitragen, und den essenziellen Interessen der Nutztiere zuwiderhandeln, kommt ihnen bislang nicht in den Sinn. Scheinbar macht der Fokus auf die eigenen Interessen nicht nur blind für die ausbleibenden Schutzeffekte für die Nutztiere, sondern auch für die Unterminierung der eigenen Glaubwürdigkeit. Wenn pauschale Lösungsansätze propagiert werden, die sich bei näherer Betrachtung als Scheinlösungen herausstellen, werden Tierschutzorganisationen zu den Opfern der eigenen Verlautbarungen. Auf diese Weise unterstützen die Tierschutzorganisationen nicht nur die Interessen des LEH, sondern auch diejenigen der Primärerzeuger. Indem die Haltungsformen als Lösung propagiert werden, wird gleichzeitig verhindert, dass sich die einzelnen Betriebe einer Beurteilung von tierschutzrelevanten Sachverhalten und der von ihnen erbrachten bzw. nicht erbrachten Tierschutzleistungen unterziehen lassen. Angesichts ihrer Folgewirkungen sind Scheinlösungen noch problematischer als das Eingeständnis, keine Lösungen vorzeigen zu können. Sie bewirken, dass weitere Bemühungen bei der Suche nach wirksamen Lösungen, die in der Praxis zu einer nachweislichen Verbesserung des anvisierten Zieles beitragen, eingestellt werden und die Missstände bestehen bleiben.

Nicht alle Tierschutzorganisationen und **NGOs** teilen die einseitige Fokussierung auf die Haltungsformen. In einem gemeinsamen Positionspapier machen sich die Organisationen Vier Pfoten, Greenpeace und foodwatch (2018) für ein bundesweites Tiergesundheitsmonitoring zur betriebsgenauen Erfassung und Bekämpfung produktionsbedingter Erkrankungen der Nutztiere stark. Darin werden gesunde Tiere als Voraussetzung für wirksamen Tier-, Umwelt- und Verbraucherschutz eingestuft:

> „Regelmäßige Kontrollen des Tiergesundheitsstatus am lebenden Tier und der Managementvoraussetzungen im tierhaltenden Betrieb müssen von speziell geschulten, unabhängigen Kontrolleuren unangemeldet erfolgen. Ein Tiergesundheitsprotokoll, ein Maßnahmenplan zu Verbesserungen sowie Nachkontrollen und eine – wo nötig – intensive Betriebsbetreuung und -beratung sind erforderlich. Aus vorhandenen Erfassungssystemen wie der „HIT-Datenbank" können Mortalitäten und Abgänge betriebsindividuell ausgewertet werden. […] Nur durch ein konsequentes, betriebsgenaues Tiergesundheitsmonitoring ist es möglich, ein hinreichendes Maß an Tierwohl auch tatsächlich zu gewährleisten. Dies gilt für alle Haltungsverfahren, kommt es doch entscheidend darauf an, dass der Tierhalter bestmöglich Erkrankungen in *seinem Betrieb vorbeugt.*"

7.7.3 Umweltschützer

Die Frage, die bereits im Kontext des Tierschutzes adressiert wurde, kann in analoger Weise auch im Hinblick auf den Umweltschutz gestellt werden: Was wäre der Umweltschutz ohne die Umweltschützer? Ohne die wiederkehrenden Hinweise auf Fehlentwicklungen wäre das Thema nicht ins Bewusstsein der Öffentlichkeit gerückt. Aber werden dadurch auch Maßnahmen auf den Weg gebracht, die nachweislich zu einer Reduzierung von Umweltbelastungen geführt haben? In Bezug zur Erzeugung von Nahrungsmitteln bestehen hier berechtigte Zweifel. Am Beispiel zweier großer Umweltorganisationen: Bund für Umwelt und Naturschutz Deutschland (BUND 2021) und Greenpeace, die sich mit ihren Aktionen auch den von der Landwirtschaft ausgehenden Umweltbelastungen widmen, soll dieser Frage nachgegangen werden.

Der BUND wurde im Jahr 1975 gegründet. Seine Wurzeln liegen im klassischen Naturschutz und in der übergeordneten Organisation von Bürgerinitiativen, die auf lokaler Ebene für den Umweltschutz kämpfen. Nach eigenen Angaben wird der BUND von mehr als 650.000 Menschen unterstützt. Bundesweit existieren über 2000 ehrenamtliche BUND-Gruppen. Um neue Mitglieder zu werben, betreibt der BUND eine verbandseigene GmbH zur Informationsarbeit und Mitgliedergewinnung. Aktivitäten des BUND umfassen unter anderem die Aufklärungsarbeit in breiten Bevölkerungsschichten und die Mobilisierung gegen Anlagen, die der Massentierhaltung zugeordnet werden. Der BUND engagiert sich insbesondere für eine Ausweitung der ökologischen Landwirtschaft. So besteht eine der Kernforderungen, welche an die Politik gerichtet werden, in der Umlenkung der Agrarsubventionen von der industriellen auf die ökologische Landwirtschaft. Darüber hinaus soll der Flächenverbrauch begrenzt, 10 % der Fläche jedes Agrarbetriebs für den Artenschutz bereitgestellt, das Düngerecht verschärft, der Einsatz von Pestiziden einschränkt sowie Glyphosat und der Anbau gentechnisch veränderter Pflanzen verboten werden. Damit positioniert sich der BUND mit klassischen Umweltschutzthemen gegen die Interessen der Bauernverbände, welche die obigen Forderungen als Angriff auf die wirtschaftliche Existenzsicherung der Landwirte begreifen. Auf der anderen Seite setzt sich der BUND jedoch auch für kostendeckende Preise für landwirtschaftliche Produkte ein. Diese werden als eine grundlegende Voraussetzung für eine nachhaltige Landwirtschaft angesehen. Der BUND erkennt an, dass in vielen Bereichen der Landwirtschaft, insbesondere in der Nutztierhaltung, die Preise für die Produkte viel zu gering sind, um damit die Produktionskosten zu decken und in die Zukunft investieren zu können. Aus Sicht des BUND müssten die Märkte reguliert, die Marktmacht des Handels eingegrenzt und die Verhandlungsmacht der Erzeugerinnen und Erzeuger gestärkt werden. Die große Zahl der Unterstützer macht den BUND zu einer meinungsstarken Organisation, die von der Politik nicht ignoriert werden kann. Dies hat der Organisation unter anderem die Mitwirkung in der Zukunftskommission Landwirtschaft eingetragen.

Auch Greenpeace war Mitglied in der Zukunftskommission Landwirtschaft, hat sich gegen Ende jedoch aus dieser verabschiedet. Auf der eigenen Webseite stellt sich

Greenpeace als eine internationale Umweltorganisation dar, die vor allem mit gewalt-
freien Aktionen für den Schutz der natürlichen Lebensgrundlagen von Mensch und Natur
sowie um Gerechtigkeit für alle Lebewesen kämpft (Greenpeace 2021). Die Anfänge
gehen auf das Jahr 1971 zurück. Greenpeace ist vor allem durch spektakuläre Aktionen
und ihre Kampagnenfähigkeit in der Bevölkerung bekannt geworden. In Deutschland
fand die erste Aktion von Greenpeace im Jahr 1980 in der Wesermündung vor Norden-
ham statt. Aktivisten protestierten mit waghalsigen Manövern gegen die Dünnsäure-
verklappung in die Nordsee. Im Kontext der Landwirtschaft sind die Aktionen von
Greenpeace vor allem gegen die Massentierhaltung und gegen den Einsatz von spezifischen Produktionsmitteln, wie die Sojabohne oder Pestizide, gerichtet. Sie werden
maßgeblich für Umweltschäden verantwortlich gemacht, die bereits beim Anbau bzw.
bei der ihrer Entstehung entstehen und auch bei ihrer Anwendung auf landwirtschaftlichen Betrieben zu beträchtlichen Umweltbelastungen führen.

Mit der Benennung von klar umgrenzten Problemfeldern und einer klaren Forderung
an andere, was nach Ansicht von Greenpeace passieren muss, um die Probleme einer
Lösung zuzuführen, gehört die Organisation für viele Bürger zu denjenigen, die auf der
richtigen Seite stehen und durch ihre mitunter furchtlosen Aktionen den großen Unternehmen der Agrarindustrie und dem LEH das Fürchten lehren. Vor allem aber sind sie
das Sprachrohr für einfache Botschaften, die von vielen Menschen verstanden werden.
Schließlich geht es auch darum, die Zahl der Unterstützer zu erhöhen. Wirkungen entfaltet Greenpeace, indem die Organisation über die Erzeugung einer medialen Aufmerksamkeit Druck auf die Politik und den LEH ausübt. So heißt es beispielsweise in einer
Pressemitteilung:

> „Der Handel ist mit seiner Einkaufspolitik maßgeblich dafür verantwortlich, dass Mensch,
> Tier und Klima massiv durch die industrielle Fleischproduktion geschädigt werden.
> […] Das Konzept der Supermärkte, Fleisch zu Dumpingpreisen anzubieten, um damit Ver-
> braucherinnen und Verbraucher in ihre Läden zu locken, ist Teil des kranken Systems Billig-
> fleisch. […] Wir fordern die großen Ketten auf, Billigfleisch zügig aus dem Sortiment zu
> nehmen und Landwirte fair zu bezahlen. Nur dann können Tiere artgerecht gehalten werden.
> […] Die Kennzeichnung mit der Haltungsform schafft zwar grundsätzlich Transparenz.
> Wenn Kundinnen und Kunden aber fast ausschließlich Billigfleisch kaufen können, ver-
> kommt die Kennzeichnung zu Greenwashing (Greenpeace 2020)."

Solche Verlautbarungen lassen keine Zweifel darüber aufkommen, wer laut Greenpeace
für die Missstände hauptverantwortlich ist. Doch damit nicht genug. Die Sprecherin von
Greenpeace nimmt auch für sich in Anspruch:

> „Wir hätten einen großen Instrumentenkasten zur Lösung des Problems, doch Vorschläge
> werden von der Politik verschleppt (Töwe 2021)."

Damit Deutschland bis 2045 **klimaneutral** werden kann, müssen nach Ansicht von
Greenpeace vor allem die Methanemissionen aus der Landwirtschaft deutlich vermindert
werden. Dies soll dadurch realisiert werden, dass bis dahin nur noch etwa halb so viele

Tiere in den Ställen und auf den Weiden stehen und sich der Fleischverzehr halbiert. Die grundlegende Schwierigkeit, mit Pauschalvorwürfen und simplen Lösungsvorschlägen die komplexen Wirkzusammenhänge bei der Erzeugung und Verteilung von Nahrungsmitteln zu adressieren und substanzielle Verbesserungen herbeizuführen, wurde bereits an anderen Stellen (u. a. in Kap. 6) erörtert. Hier stellt sich die Frage, ob die Pauschalisierungen und Simplifizierungen nicht Gefahr laufen, eine gegenteilige als die intendierte Wirkung zu entfalten. Sie torpedieren möglicherweise das, was eigentlich am dringendsten notwendig wäre, nämlich eine differenzierte Herangehensweise, die nicht alles über einen Kamm schert, sondern in abgestufter Form zwischen solchen Produkten und Produktionsprozessen unterscheidet, die mit einem hohen bzw. niedrigen Austrag an Schadstoffen verbunden sind.

Der pauschale Aufruf zur Reduzierung des **Fleischkonsums** ändert zunächst einmal nichts an den Schadstoffausträgen, die mit der Erzeugung von Fleischprodukten in Verbindung stehen. Eine Halbierung des Fleischverzehrs lässt sich nicht per Gesetz verordnen, sondern nur über veränderte Rahmenbedingungen mit weitreichenden Folgewirkungen und nur über eine deutliche Verteuerung von Fleischprodukten herbeiführen. Wer glaubt, dass der Fleischverzehr unmittelbar mit dem Ausmaß an Fleischproduktion im Zusammenhang steht, blendet all die Prozesse aus, die sich zwischen dem Wachstum der Tiere und ihrem Verzehr abspielen und vor allem durch Heterogenität gekennzeichnet sind. Fleischprodukte, die nicht im Inland abgesetzt werden können, werden schon jetzt exportiert, d. h., der Rückgang des Fleischverzehrs in Deutschland hat nicht automatisch einen Rückgang der Fleischproduktion in Deutschland zur Folge. Ausgeblendet wird auch, dass zwischen den landwirtschaftlichen Betrieben das Ausmaß an Schadstoffausträgen in Relation zu den Verkaufsmengen an Nahrungsmitteln sehr stark variiert. Ein Rückgang des Fleischkonsums hat nicht zwangsläufig zur Folge, dass zuerst diejenigen Produktionsprozesse eingestellt werden, die mit den höchsten Schadwirkungen pro Produkteinheit aufwarten. Auch sind die Methanfreisetzungen, die im Rahmen der Fermentation von pflanzlicher und damit nachwachsender Biomasse im Pansen von Kühen entstehen, völlig anders zu bewerten als die neu hinzukommenden Methanfreisetzungen, wie dies vor allem bei industriellen Prozessen Fall ist (Jackson et al. 2020). Weitere Ausführungen und Begründungen hierzu erfolgen in Abschn. 10.5.2. Keine Beachtung findet auch, dass durch eine allgemeine Forderung nach einer Halbierung der Tierzahlen in Deutschland und durch eine pauschale Diskreditierung der Nutztierhaltung die positiven ökologischen Wirkungen der Nutztierhaltung im **Nährstoffkreislauf** eines Agrarökosystems und die Umwandlung der für Menschen nicht verwertbaren Nährstoffe zu hochwertigen Nahrungsmitteln völlig unter den Tisch fallen. Während eine differenzierte Herangehensweise und Beurteilung Not tut, agieren NGOs häufig mit pauschalen Zuweisungen und plakativen Forderungen, weil sie auf diese Weise die Anhänger und Förderer besser mobilisieren zu können.

Ableitungen

NGOs haben sich in den zurückliegenden Jahrzehnten als Sammelbecken für Personen aus sehr unterschiedlichen Bevölkerungsschichten entwickelt, die in einer aktiven oder passiven Mitgliedschaft eine Möglichkeit sehen, den Protest gegen gesellschaftliche Fehlentwicklungen zum Ausdruck zu bringen. Dabei waren und sind die verschiedenen NGOs in unterschiedlichem Maße erfolgreich, sich als schlagkräftige Organisationen der Meinungsbildung zu etablieren. Neben der medial erreichbaren Öffentlichkeit und der eigenen Mitgliederklientel richten sich die Aktivitäten vor allem an die Politik, auf deren Entscheidungen Einfluss genommen werden soll. Während den NGOs von weiten Bevölkerungskreisen attestiert wird, dass sie sich für Gemeinwohlinteressen einsetzen, gerät aus dem Blick, dass NGOs auch eigene Interessen verfolgen. Diese stehen vor allem mit dem Wunsch nach Steigerung der Einflussnahme auf politische Entscheidungen in Verbindung. Möglichkeiten der Einflussnahme korrelieren in gewisser Weise mit der Zahl der Mitglieder und deren finanzieller Unterstützung. Die eigentliche Währung der NGOs ist jedoch die Aufmerksamkeit, die sie bei den Medien als Multiplikatoren hervorzurufen vermögen. Entsprechend zielen NGOs darauf ab, ihre Botschaften möglichst medien- und damit öffentlichkeitswirksam zu verbreiten. Auf diese Weise erreichen sie sowohl die eigenen und potenzielle neue Fördermitglieder als auch die Politiker. Je eingängiger die Botschaften sind, je größer der Nachdruck, mit dem sie vertreten werden, und je spektakulärer die Aktionen, auf die dabei zurückgegriffen wird, desto größer ist die Aufmerksamkeit, die den NGOs von den Medien, der Bevölkerung und den Politikern entgegengebracht wird.

Agrarpolitik und Agrar- und Ernährungsindustrie bilden ein weitgehend hermetisch abgeschlossenes selbstreferenzielles System, das sich vor allem um die wirtschaftlichen Partikularinteressen und völlig unzureichend um die Interessen des Gemeinwohles kümmert. Da es sowohl in der Legislative wie in der Judikative bislang an einer wirksamen Regulation mangelt, welche den Fehlentwicklungen bei der Erzeugung von Nahrungsmitteln Einhalt zu gebieten vermag, haben NGOs eine wichtige und unverzichtbare Wächterfunktion. Als Gegenbewegung macht sie auf Missstände aufmerksam und ruft im Hinblick auf Problemstellungen mediale Aufmerksamkeit hervor. Die Medien selbst zeigen sich in der Thematik der Nahrungsmittelerzeugung in der Regel wenig kompetent. Publikumsmedien machen so gut wie keine kontinuierliche Berichterstattung, sondern überlassen das Feld den sogenannten „Fachmedien", die selbst Teil des selbstreferenziellen Systems sind. Publikumsmedien greifen daher gern auf Informationen zurück, welche ihnen von den NGOs dargeboten werden.

So unzweifelhaft die guten Absichten sind, mit denen NGOs ihre Botschaften unter die Leute zu bringen versuchen, so sollte nicht länger ignoriert werden, dass diese Vorgehensweise auch ihren Preis hat. Damit sind vor allem die Schäden gemeint, die durch die Pauschalisierungen der vorgetragenen Kritik und die Generalisierungen vermeintlicher Lösungsvorschläge eine Eindeutigkeit signalisieren. Diese hat mit der Vielfalt von Phänomenen und der Variabilität der betrieblichen Verhältnisse sowohl im Hinblick auf die zu kritisierenden Zustände als auch die Optionen zu deren Beseitigung wenig zu tun. Das durch Eigeninteressen befeuerte Streben nach medialer Aufmerksamkeit wird erkauft durch eine Reduktion komplexer Sachverhalte auf simple Aussagen. Diese werden weder den Problemen noch möglichen Lösungen gerecht. Simplifizierungen sind keine adäquate Strategie, um mit Komplexität und Variation umzugehen, die in Abhängigkeit vom jeweiligen Kontext hervorgerufen werden und eine differenzierte Herangehensweise erfordern.

Genauso wenig wie Verbraucherschützer die Verbraucher unmittelbar vor Schädigungen schützen können, die mit dem Verzehr von Nahrungsmitteln einhergehen, so wenig können Tierschützer die Nutztiere vor Beeinträchtigungen schützen, die unmittelbar von den Produktionsprozessen ausgehen. Analoges gilt für Umweltschützer. Ihnen ist es nicht möglich, die Umwelt unmittelbar vor den Austrägen zu schützen, welche aus den landwirtschaftlichen Betrieben entweichen. Dies vermögen nur diejenigen zu leisten, welche die Prozesse in den jeweiligen Betriebssystemen zu verantworten haben. Jedoch sind die Verantwortlichen vor Ort dazu nur in der Lage, wenn sie über Ressourcen verfügen und Rahmenbedingungen vorfinden, die ihnen eine zielgerichtete Vorgehensweise ermöglichen. Welche Maßnahmen zielführend sind, entscheidet sich im jeweiligen Kontext der betrieblichen Gegebenheiten. Deshalb bedürfte es nicht nur der Umsetzung von spezifischen Maßnahmen, sondern auch der fortlaufenden Überprüfung, ob die Umsetzungen geeignet sind, die Zielerreichung zu befördern oder dieser möglicherweise zuwiderlaufen. In diesem Sinne sind Scheinlösungen nicht nur kontraproduktiv, weil sie nicht zur Zielerreichung beitragen. Ohne die Implementierung einer Erfolgskontrolle verhindern sie die Suche nach Lösungen, welche im jeweiligen Kontext nachweislich eine Wirksamkeit entfalten.

Angesichts der potenziell kontraproduktiven Folgewirkungen wäre es dringend erforderlich, dass sich nicht nur die Primärakteure in der Landwirtschaft, in den Berufsverbänden und in den Medien, sondern auch die NGOs der Debatte stellen, ob sie mit der von ihnen betriebenen Komplexitätsreduktion den Interessen des Gemeinwohles dienlich sind oder ihr möglicherweise eher schaden, weil sie damit von den eigentlichen Erfordernissen ablenken. Mag auch die Absicht aller Ehren wert sein, so sind auch NGOs nicht davor gefeit, das Gegenteil dessen hervorzurufen, was sie intendieren, und damit nicht zum Teil der Lösung, sondern zum Teil des Problems zu gehören. Diese Gefahr besteht insbesondere dann, wenn Interessensgruppen zu Gefangenen simplifizierender Erklärungsansätze werden, die sie gegenüber ihrer eigenen Klientel und gegenüber der Öffentlichkeit vertreten. Je weniger komplexe Sachverhalte verstanden werden, desto mehr treten einzelne Teilaspekte in den Vordergrund, die mit überzogenen Bedeutungsinhalten aufgeladen werden. Dadurch treten andere Aspekte zwangsläufig in den Hintergrund. Haben sich unterkomplexe Denkmuster einmal in den Köpfen festgesetzt, ist es schwer, die Denkmuster zu reformieren.

Wohin Übersimplifizierungen führen, kann am Beispiel der Standardisierung von Haltungsformen reflektiert werden, mit denen sowohl die Tierschutzproblematik adressiert als auch eine vermeintliche Lösung mitgeliefert wird. Die vereinfachende Botschaft der Tierschutzorganisationen „verbesserte Haltungsbedingungen gleich mehr Tierschutz" wird von NGOs wie dem BUND und Greenpeace sowie von den Verbraucherzentralen dankend aufgegriffen und an die eigene Klientel vermittelt. Womit sich weder die Tier- noch die Verbraucherschützer der Verbraucherzentralen noch die NGOs auskennen, ist die Komplexität des Krankheitsgeschehens und der Verhaltensstörungen und deren Abhängigkeit von den sehr variablen Lebensbedingungen, welche die Nutztiere in den Nutztierbeständen antreffen. Nicht die Haltungsbedingungen, sondern die individuellen Interaktionen der Nutztiere mit den Lebensbedingungen geben den Ausschlag, in welchem Maße wie viele Nutztiere in ihrem **Wohlergehen** beeinträchtigt werden. Mit der Standardisierung von Haltungsformen wird die Komplexität der Wechselbeziehungen überdeckt. Die Propagierung der Haltungsformen kommt den Eigeninteressen hinsichtlich einer wirksamen Öffentlichkeitsarbeit weitaus mehr entgegen als der Beschäftigung mit den Hintergründen komplexer Prozesse, welche für die Beeinträchtigung des Wohlergehens der Nutztiere verantwortlich sind. Allerdings fallen diese nicht in den Kompetenzbereich der NGOs. Sie erfordern eine fachliche Expertise, welche die tierindividuelle Reaktion von Tieren auf die jeweiligen Lebensbedingungen anhand ethologischer, physiologischer und pathologischer Befunde erfasst und einordnet, inwieweit sie dem Wohlergehen der Nutztiere entgegenstehen. Warum jedoch gerade diejenigen, die sich mit den tierschutzrelevanten Befundungen am besten auskennen, nur begrenzt etwas zu deren Reduzierung beitragen, wird nachfolgend erörtert.

7.8 Tierärzteschaft

Im Kontext der Erzeugung von Nahrungsmitteln tierischer Herkunft darf eine Berufsgruppe nicht fehlen, ohne welche die Intensivierungsprozesse in der Nutztierhaltung nicht in dieser Form hätten umgesetzt werden können. Wie bereits in Abschn. 4.1 dargelegt, gingen und gehen mit der Intensivierung vielfältige Beeinträchtigungen der Nutztiere einher, die sich neben den Verhaltensstörungen vor allem in subklinischen und klinischen Erkrankungen sowie Todesfällen äußern. Aus der Perspektive der Nutztiere stehen die Schmerzen, Leiden und Schäden im Vordergrund, welche dem Wohlergehen der Nutztiere diametral zuwiderlaufen. Aus der Perspektive der Nutztierhalter bedeuten gesundheitliche Störungen einen ökonomischen Verlust, der einerseits aus einem reduzierten Leistungspotenzial und andererseits aus zusätzlichen arbeitszeitlichen Aufwendungen sowie **Verlustkosten** (Todesfälle, Ersatzbeschaffung etc.) resultiert. Daraus könnte man den Schluss ziehen, dass es für Nutztierhalter von oberster Priorität wäre, die Nutztiere gesund zu erhalten, um die finanziellen Einbußen zu vermeiden. Allerdings erweist sich dieser Gedanke als zu kurz gedacht, da er nicht berücksichtigt, dass auch für die Vermeidung von Erkrankungen ein relevanter Aufwand betrieben werden muss. In Abhängigkeit von den Ausgangs- und Randbedingungen kann dieser sogar die finanziellen Verluste durch Erkrankungen übersteigen (Hogeveen et al. 2019). Entsprechend bedarf es einer Abwägung des erforderlichen Aufwandes für die Gesundheitsvorsorge und der Vermeidung von Verlustkosten infolge von Funktionsstörungen bei den Nutztieren. Diese Abwägung findet unter den wettbewerblichen Rahmenbedingungen der **Kostenführerschaft** statt, die den Nutztierhaltern eine fortwährende Aufwands- und Kostenminimierung aufbürden. In diesem Kontext spielen die Tierärzte eine zentrale Rolle. Einerseits verfügen sie über das *Know-how*, um Erkrankungen zu diagnostizieren und behandeln zu können. Andererseits ermöglichen Tierärzte durch Maßnahmen der Notfallmedizin und der Symptombekämpfung, dass die bestehenden und für das Krankheitsgeschehen mitverantwortlichen Lebensbedingungen aufrechterhalten werden können, ohne dass kostenträchtige Veränderungen an den Haltungs- Fütterungs- und Hygienebedingungen vorgenommen werden müssen.

Tierärzte können ihr *Know-how* nicht nur für die Versorgung und Minderung von Schmerzen, Leiden und Schäden erkrankter Nutztiere, d. h. zum Wohl der Nutztiere einsetzen, sondern auch, um die Nutztierhalter darin zu unterstützen, die wirtschaftliche Existenzfähigkeit zu sichern. Darüber hinaus sind Tierärzte auch der Bekämpfung von Tierseuchen sowie den Interessen der Verbraucher bezüglich des gesundheitlichen Verbraucherschutzes verpflichtet. Im Jahr 1965 wurde die erste Bundestierärzte-Verordnung verabschiedet. In ihrer Fassung von 1986 heißt es in § 1 der Berufsordnung für Tierärzte:

> „(1) Der Tierarzt/die Tierärztin (im folgenden „Tierarzt" genannt) ist berufen, Leiden und Krankheiten der Tiere zu verhüten, zu lindern und zu heilen, zur Erhaltung und Entwicklung eines leistungsfähigen Tierbestandes beizutragen, den Menschen vor Gefahren und Schädigungen durch Tierkrankheiten sowie durch Lebensmittel und Erzeugnisse tierischer Herkunft zu schützen und auf eine Steigerung der Güte von Lebensmitteln tierischer Herkunft hinzuwirken; damit dient er zugleich der menschlichen Gesundheit. (2) Der Tierarzt hat ebenso die Aufgabe, zum Schutz des Verbrauchers und der Umwelt die Qualität und Sicherheit von Arzneimitteln sowie nicht vom Tier stammender Lebensmittel und Bedarfsgegenstände sicherzustellen. (3) Der Tierarzt ist der berufene Schützer der Tiere."

Die Berufsordnung erweckt den Eindruck, als ob es sich hier um eine Tätigkeit handelt, welche die erworbene Kompetenz umfassend zum Wohl der Tiere, der Menschen und der Umwelt, d. h. für die Interessen des Gemeinwohles ganz im Sinne des One-Health-Konzeptes (AVMA 2008) einsetzt. Zwischen der tiergesundheitlichen Situation in den Nutztierbeständen und dem gesundheitlichen Verbraucherschutz besteht ein weitreichendes Beziehungsgeflecht. Dieses legt nahe, dass sich Tiermedizin und Humanmedizin in weitaus größerem Maße als dies gegenwärtig der Fall ist, gemeinsam den gesellschaftlichen Herausforderungen stellen und konzertiert im Hinblick auf die Realisierung von Gemeinwohlinteressen agieren sollten. Allerdings sollte eine gemeinsame Zielsetzung nicht darüber hinwegtäuschen, dass sich beide Berufsgruppen in sehr unterschiedlichen Arbeitsfeldern und Wirkzusammenhängen bewegen. Bei den praktisch tätigen Humanmedizinern steht der einzelne Patient im Fokus, für den in der Regel alles an verfügbaren Ressourcen aufgeboten und von den Krankenkassen bezahlt wird, von dem erwartet werden kann, dass es dem Patienten das Überleben ermöglicht. Demgegenüber stellt der praktische Tierarzt die für das einzelne Tier bzw. den Tierbestand aufgewendeten Maßnahmen dem Nutztierhalter in Rechnung. Dieser ist wie auch bei anderen Dienstleistungen, die für die Aufrechterhaltung der Produktionsprozesse in Anspruch genommen werden, in hohem Maße daran interessiert, die Ausgaben für tierärztliche Leistungen so gering wie möglich ausfallen zu lassen.

Der tierärztliche Beruf ist gemäß § 2 der Bundestierärzteordnung „*seiner Natur nach, ein freier Beruf*". Eine freiberufliche Tätigkeit ist ein selbstständig ausgeübter Beruf und nach deutschem Recht kein Gewerbe. Die Tätigkeit unterliegt daher weder der Gewerbeordnung noch der Gewerbesteuer. Diese Einordnung befreit die Berufsausübenden nicht von finanziellen Abhängigkeiten. Mit der Freiheit verhält es sich analog wie mit der „freien" Marktwirtschaft. Man ist frei, sich gegen die Gesetze des Marktes zu entscheiden, muss dann aber auch mit den Konsequenzen leben, die in einer unzureichenden Existenzsicherung münden können. Ähnlich verhält es sich mit den praktischen Tierärzten. In dienstleistender Funktion gegenüber den Nutztierhaltern als Auftraggeber können sie sich gegen deren spezifische Behandlungswünsche positionieren oder auch die unzureichenden Lebensbedingungen kritisieren, welche ihnen bei den Betriebsbesuchen begegnen. Diese Haltung hat allerdings mit hoher Wahrscheinlichkeit zur Folge, dass Nutztierhalter einen anderen Tierarzt beauftragen, der den Wünschen des Auftraggebers eher nachkommt. Es besteht folglich ein wechselseitiges Abhängigkeitsverhältnis, bei dem vor allem die ökonomischen Belange im Vordergrund stehen und die Belange des Tierschutzes und des gesundheitlichen Verbraucherschutzes häufig nachgeordnet sind. Damit sind auch Tierärzte bei der Verfolgung der Eigeninteressen nicht davor gefeit, durch die Verhältnisse kompromittiert zu werden.

Anders als in der Humanmedizin gibt nicht die aktuelle Erkrankungssituation vor, welche Maßnahmen ergriffen werden, um die Erkrankungen möglichst schnell und umfassend zu kurieren. Es sind die Nutztierhalter, die darüber entscheiden, ob überhaupt und wann auf die tierärztliche Dienstleistung zurückgegriffen wird. Auch wenn die Nutztierhalter den hinzugezogenen Tierärzten in der Regel nicht vorschreiben, wie sie die erkrankten Tiere zu behandeln haben, so geben sich dennoch vor, wie viel Aufwand und welche Kosten für Behandlungsmaßnahmen oder Beratungsleistungen aufgewandt werden dürfen. Diesbezüglich befinden sich Tierärzte in einem vergleichbaren Abhängigkeitsverhältnis wie andere Reparaturdienstleister. In anderer Hinsicht sind sie sogar schlechtergestellt. Bei einer defekten Melkmaschine ist der Landwirt auf eine möglichst zeitnahe Reparatur angewiesen und akzeptiert angesichts der Alternativlosigkeit die preislichen Bedingungen. Auch wird eher selten eine fachliche Kompetenz beansprucht, um dem Techniker vorzugeben, was zu tun ist. Maßgeblich ist die Wiederherstellung der Funktionsfähigkeit der Maschine. Der für Anfahrt und Reparatur in Rechnung gestellte Arbeitslohn übersteigt dabei in der Regel deutlich das Niveau, das Tierärzte trotz ihrer besonderen, in einem anspruchsvollen und langen Studium erworbene Qualifikation in Rechnung stellen können.

In Abgrenzung zu Maschinen verfügen Nutztiere nicht nur über eine Empfindungsfähigkeit, sondern auch über ein gewisses Maß an Selbstheilungskräften und Regenerationsfähigkeit, mit denen sie den Störungen begegnen. Wenn eine Maschine defekt ist, bestehen in der Regel keine Zweifel darüber, dass eine Reparatur erforderlich ist, um die Funktionsfähigkeit wiederherzustellen. Wenn Nutztiere erkranken – was sehr häufig der Fall ist –, bedeutet dies nicht zwangsläufig, dass auch die Leistungsfähigkeit stark eingeschränkt ist. In einem gewissen Maße können Nutztiere in Abhängigkeit vom Erkrankungsgrad immer noch „funktionieren", auch wenn die Funktionsleistung des Gesamtorganismus in unterschiedlichem Maße eingeschränkt sein kann. Viele Nutztierhalter bringt dies in eine Zwickmühle: Lohnt eine Behandlung (Reparatur) noch oder erscheint die Beschaffung eines Ersatztieres (Neuanschaffung) kostengünstiger oder wartet man noch ab? Schließlich ist nicht auszuschließen, dass das Tier in der Lage ist, von selbst zu regenerieren. Denn es würde viel Geld kosten, den Tierarzt hinzuzuziehen, ohne dass eine Gewähr besteht, dass dadurch der ursprüngliche Zustand wieder hergestellt werden kann. Folgerichtig bestimmt häufig nicht der Leidenszustand der Nutztiere über die zu ergreifenden Maßnahmen. Vielmehr entscheidet die selbstbezügliche Einschätzung der Nutztierhalter, was in der gegebenen Situation wirtschaftlich sinnvoll erscheint, und damit über den Zeitpunkt und den Umfang des Behandlungsauftrages (Svensson et al. 2019). Das marktwirtschaftliche Diktum der Kosteneinsparung nimmt auch bei der Behandlung von erkrankten Tieren einen höheren Stellenwert ein als das Gebot, die Mitgeschöpfe so schnell und umfassend wie möglich von Schmerzen, Leiden und Schäden zu befreien.

Anders als bei Reparaturmaßnahmen bei Maschinen gestaltet sich die Abwägung von Aufwand und Nutzen für die Inanspruchnahme tierärztlicher Dienstleistungen als sehr herausfordernd. Was schon im Einzelfall einer Erkrankung nicht leicht einzuschätzen ist, gestaltet sich umso schwieriger auf der Ebene des Tierbestandes. Um zu einer belastbaren Einschätzung der tiergesundheitlichen und der ökonomischen Verhältnisse zu gelangen, müssten die Nutztierhalter zunächst in eine umfassende Datenerhebung und in entsprechende Datenauswertungen investieren. Erst diese schaffen die Voraussetzung für ein diagnostisches Verfahren, um einzelbetriebliche Schwachstellen zu identifizieren und weisen die Richtung, um die richtigen Weichen für zielführende Behandlungsstrategien und ein erfolgreiches Tiergesundheitsmanagement zu stellen. Selten jedoch verfügen die Nutztierhalter über die erforderliche Expertise und über die notwendige Datengrundlage, um die bestmöglichen Entscheidungen im Sinne des Tierschutzes und des Betriebseinkommens zu treffen. In eigenen Untersuchungen konnte anhand einer Stichprobe von Milchviehbetrieben gezeigt werden, dass die überwiegende Zahl der einbezogenen Betriebe die betriebswirtschaftlichen Folgen von Maßnahmen, die der Verbesserung der **Tiergesundheit** dienen, völlig falsch eingeschätzt hat (Sundrum et al. 2021). Aus den Fehleinschätzungen resultierten Managementstrategien, die – anders als intendiert – die wirtschaftliche Existenzfähigkeit eher untergraben als sie zu befördern. Die Ergebnisse legen den Schluss nahe, dass sich viele Nutztierhalter viel zu sehr auf die selbstreferenziellen Einschätzungen eines sehr komplexen und dynamischen Veränderungen unterworfenen Sachverhaltes verlassen, als dass sie gewillt sind, sich einer aufwendigen und kostenträchtigen externen Beurteilung der betrieblichen Verhältnisse zu unterziehen.

In der ökologischen Landwirtschaft müssen die Tierhalter gemäß der EU-Verordnung und der Durchführungsbestimmungen die nötigen Grundkenntnisse und -fähigkeiten in Bezug auf die Tiergesundheit und den Tierschutz besitzen. Das Leiden der Tiere ist während der gesamten Lebensdauer sowie bei der Schlachtung so gering wie möglich zu halten. Sollten Tiere krank werden, so sind sie unverzüglich zu behandeln, erforderlichenfalls abzusondern und in geeigneten Räumlichkeiten unterzubringen. Allerdings zeigen Erhebungen zu den tiergesundheitlichen Maßnahmen des Managements (Keller et al. 2019) sowie zu den Krankheitsprävalenzen auf ökologisch wirtschaftenden Betrieben (Sundrum 2014), dass diesen gesetzlichen Vorgaben in der Praxis häufig nicht entsprochen wird. Trotz der gesetzlichen Vorgaben und der gegenüber der Öffentlichkeit proklamierten eigenen Ansprüche wird auch auf vielen ökologisch wirtschaftenden Betrieben mit der Leidensfähigkeit der Nutztiere nicht wesentlich anders verfahren als in der konventionellen Nutztierhaltung. Wollte man an der Situation etwas verändern, käme man um eine wirksame Kontrolle hinsichtlich der Umsetzung der gesetzlichen Vorgaben, vor allem aber hinsichtlich der einzelbetrieblichen Erfolge bei der Reduzierung von Krankheitsfällen nicht umhin.

In einer akuten Krankheitssituation ist die Hinzuziehung einer tierärztlichen Expertise – so unterschiedlich sie auch im Einzelfall ausfallen mag – unzweifelhaft dazu prädestiniert, Schmerzen, Leiden und Schäden der erkrankten Tiere zu lindern, die Regeneration zu befördern und durch die Umsetzung vorbeugender Maßnahmen die Wahrscheinlichkeit eines erneuten Auftretens zu reduzieren. Wenn sich allerdings an den primären Ursachen, die für die Erkrankungen der Nutztiere verantwortlich sind, kaum etwas verändert bzw. aufgrund erhöhter Leistungsanforderungen bei reduzierter Tierbetreuung die Situation auf Betrieben eher schlechter als besser wird, dann folgen tierärztliche Leistungen nicht dem One-Health-Prinzip und dienen nicht den Gemeinwohlinteressen. Vielmehr schaffen sie mit ihren Reparaturdienstleistungen die Voraussetzung dafür, dass suboptimale Lebensbedingungen beibehalten werden und die mit Schmerzen, Leiden und Schäden behafteten Produktionskrankheiten auf hohem Niveau fortbestehen. Solange es einen Reparaturdienst gibt, den man im Fall der Fälle und nach eigenen Kosten-Nutzen-Erwägungen hinzuziehen kann, besteht für viele Nutztierhalter keine zwingende Notwendigkeit, grundlegende Verbesserungen der tiergesundheitlichen Situation vorzunehmen. Damit sind die Tierärzte wie andere Interessensgruppen einer ambivalenten Ausgangssituation ausgesetzt, in der sie zwar im Einzelfall Leid lindern können, aber gleichzeitig dazu beitragen, dass die leidvollen Situationen von Nutztieren unvermindert anhalten und keiner grundlegenden Verbesserung zugeführt werden.

Vonseiten des Bundeslandwirtschaftsministeriums, in dessen Zuständigkeit das Veterinärwesen fällt, bestanden schon in den 1960er-Jahren klare Vorstellungen darüber, was vom Veterinärsektor gefordert wird. Danach sei die Zusammenarbeit zwischen Veterinärwesen und Tierproduktion die

> „beste Voraussetzung [...] für rationelle Massenproduktion hygienisch einwandfreier tierischer Veredlungsprodukte (Schulze-Petzhold 1965)."

Zur Vorbeugung gegen hochleistungsbedingte Krankheiten der Tiere wurde vom Referatsleiter des BMEL für Tierschutzfragen der Einsatz von **Antibiotika** für unentbehrlich erachtet, um eine Ausweitung der tierischen Produktion zu gewährleisten. Wenn auch im Bundesministerium der Einsatz von Antibiotika aufgrund der Entwicklung der Antibiotikaresistenzen heute deutlich kritischer gesehen wird; hat sich an der Rolle der Tierärzte als Dienstleister des Agrarsektors bislang wenig geändert. Unter anderem unterstreicht die Tatsache, dass die Gebührenordnung für Tierärzte auch weiterhin vom BMEL festgelegt wird, wie groß das Abhängigkeitsverhältnis ist, in dem sich die Tierärzte gegenüber dem Agrarsektor befinden. Obwohl eine Novellierung der Gebührenordnung seit vielen Jahren überfällig ist, wird sie vonseiten des BMEL auf die lange Bank geschoben. Auch an diesem Beispiel zeigt sich die Interessenslage des BMEL, dem mehr daran gelegen ist, die Primärerzeuger vor steigenden Kosten der tierärztlichen Leistungen zu schützen als ein funktionierendes Veterinärsystem aufzubauen, wie es zum Beispiel in den skandinavischen Ländern seit Jahrzehnten auf der Basis eines Monitoringsystems für Erkrankungen praktiziert wird (Wolff et al. 2012). Anders als in Deutschland ist es in diesen Ländern gelungen, die Erkrankungsraten in den Nutztierbeständen auf ein niedriges Niveau zu stabilisieren und auch den Einsatz von Antibiotika deutlich zu reduzieren.

Obwohl die Produktionskrankheiten als negative Folgewirkungen der Produktionsprozesse seit Jahrzehnten beforscht werden, hat sich an der Häufigkeit des Auftretens der Erkrankungen (Prävalenzraten) in Deutschland wenig zum Positiven hin verändert (Sundrum 2015). Manche Krankheitsbilder, wie zum Beispiel die Euterentzündungen und die sehr schmerzhaften Lahmheiten bei Milchkühen, haben sich bei einem noch größeren Anteil der Tiere eingestellt, als dies in der Vergangenheit beobachtet wurde (Hoedemaker et al. 2020). Die in den Großtierpraxen arbeitenden Tierärzte können für sich in Anspruch nehmen, durch ihre Behandlungstätigkeit das Leiden der Nutztiere reduziert und in vielen Fällen noch größeres Leiden verhindert zu haben. Allerdings haben sie es nicht vermocht, eine grundlegende Neuausrichtung der Prozesse in der „Tierproduktion" herbeizuführen.

Dies hat den Tierärzten unter anderem vonseiten der Tierschützer den Vorwurf der Kollaboration mit der Intensivtierhaltung eingebracht. Für Außenstehende wurde erst unlängst dieser Eindruck verstärkt, als sich der Bundesverband der praktischen Tierärzte (BpT) zusammen mit der Agrarlobby in einer zweifelhaften Kampagne für die Beibehaltung des Einsatzes von Reserveantibiotika in der Nutztierhaltung eingesetzt hat. Mit der Kampagne konnte eine Abstimmung im Europaparlament über die Ausführungsverordnungen zur Verordnung (EU) 2019/6 (Genehmigung, Einfuhr und Herstellung von Tierarzneimitteln) und über Festlegungskriterien für Antibiotika, die dem Humangebrauch vorbehalten sein sollen, in Sinne der Agrarlobby beeinflusst werden. So wie dies für die tierärztliche Tätigkeit im Nutztierbeständen skizziert wurde, erweist sich auch der Einsatz von Antibiotika als eine ambivalente Angelegenheit. Einerseits sind sie ein notwendiges Heilmittel im Erkrankungsfall und andererseits ein preiswertes Produktionsmittel, mit dem bestehende suboptimale Zustände in den Nutztierställen aufrechterhalten werden können. Der Einsatz von Reserveantibiotika in der Veterinärmedizin verschärft die Auseinandersetzung mit der Humanmedizin, welche mit gewichtigen Argumenten darauf verweist, dass diese Mittel dem Einsatz für den Menschen vorbehalten bleiben sollten. Allerdings ist der Einsatz von Reserveantibiotika in der Nutztierhaltung zur Behandlung von Infektionen, die auf anderem Wege nicht erfolgreich therapiert werden können, nicht die einzige Ursache für die Resistenzproblematik. Schließlich kommen in Deutschland auch in der Humanmedizin die Reserveantibiotika in sehr großen Mengen zum Einsatz, die um ein Vielfaches höher liegen als in anderen Ländern (Gradl et al. 2021) Weder ist die Resistenzproblematik allein auf den Einsatz von Antibiotika in der Nutztierhaltung zurückzuführen, noch allein auf den Einsatz in der Humanmedizin. Die engen Verflechtungen zwischen Veterinär- und Humanmedizin unterstreichen die Notwendigkeit eines One-Health-Konzeptes, für dessen Umsetzung es allerdings veränderter Rahmenbedingungen bedürfte.

Mit dem Einsatz für die Interessen der Agrarindustrie hat sich der BpT gegen das One-Health-Konzept positioniert. Was für die praktischen Tierärzte aufgrund ihrer Abhängigkeit vom Agrarsektor naheliegend erscheint, ist für andere Tierärzte, die sich den Gemeinwohlinteressen prioritär verpflichtet sehen, ein schwerwiegender Affront. Das Vorgehen des BpT macht deutlich, dass in der Tierärzteschaft – anders als beispielsweise beim Deutschen Bauernverband – keine einheitlichen Positionen vertreten werden. Es werden unterschiedliche Partikularinteressen verfolgt, wodurch der Berufstand schwerwiegenden Konflikten ausgesetzt wird. Für viele Studienabgänger ist die berufliche Tätigkeit immer weniger attraktiv. Der Frauenanteil unter den Studierenden der Veterinärmedizin beträgt seit vielen Jahren mehr als 90 %. Der Anteil der Tierärztinnen, die nach einer eigenen Praxis strebt, wird jedoch immer geringer. Zu hoch ist die zeitliche Belastung, zu wenig Zeit bleibt für die Familie und zu gering ist das Praxiseinkommen. Mangels auskömmlicher Renditen geben immer mehr Einzelpraxen auf. Gemessen an anderen EU-Ländern liegt in Deutschland das Preisniveau für tierärztliche Behandlungen am unteren Ende. Im Allgemeinen sind die Arbeitsbedingungen durch ein hohes Maß an Überstunden und durch Wochenenddienste charakterisiert. Eine vergleichsweise niedrige Vergütung für eine sehr aufwendige akademische Ausbildung muss durch viel Idealismus wettgemacht werden.

Statistiken der Bundestierärztekammer im Jahresvergleich 2010 bis 2018 zeigen einen deutlichen Rückgang der niedergelassenen Nutztierpraktiker in Deutschland. Waren 2010 deutschlandweit noch 1259 Tierärzte und Tierärztinnen in Großtierpraxen tätig, sank die Zahl in 2018 um 23 % auf 971. Zwar ist parallel die Gesamtzahl viehhaltender Betriebe in Deutschland gesunken. Jedoch ist die Anzahl der gehaltenen Nutztiere weitgehend gleich geblieben, sodass die Tierzahlen pro Betrieb deutlich angestiegen sind. Laut Umfragen scheuen viele Absolventinnen der veterinärmedizinischen Fakultäten den Einstieg in die Nutztierpraxis, weil sie sich unzureichend kompetent sehen (Dürnberger 2020). In den Antworten zeigt sich überdies eine düstere Grundstimmung, was die Zukunft des Berufes angeht. Die gesellschaftliche Kritik an der Nutztierhaltung sei aus Sicht mancher Befragten so stark, dass sie nicht nur den gegenwärtigen Alltag beträfe, sondern die Zukunft der Nutztierhaltung in Deutschland überhaupt infrage stelle. Man mache einen Job, der für die Gesellschaft wichtig sei, aber von dem diese lieber keine Bilder sehen will (Demmer 2021). Druck verspüren auch die im amtlichen Veterinärwesen tätigen Tierärzte und Tierärztinnen. Amtsveterinäre berichten immer wieder darüber, dass es ihnen von ihren Vorgesetzten schwer gemacht wurde, ihren Kontrollpflichten nachzukommen (Heckendorf 2018). Dies hätte zur Folge, dass ein erhebliches Vollzugsdefizit bezüglich der Kontrolle von nutztierhaltenden Betrieben vorliegt.

In den meisten Bundesländern ist die Veterinärüberwachung bei der Kommunen angesiedelt, d. h., die Amtstierärzte sind beim jeweiligen Landkreis angestellt. Sie unterstehen damit der Dienstaufsicht ihres jeweiligen Landrates, der auf viele Entscheidungen der Amtstierärzte Einfluss nimmt. Die Landräte stehen selbst unter Druck und sind daher häufig bereit den Einsprüchen vonseiten des Bauernverbandes und des Schlachthofbetreibers nachzugeben. Entsprechend kommt es gehäuft vor, dass Amtstierärzte daran gehindert werden, ihren Kontrollaufgaben in der gebotenen Gründlichkeit und Konsequenz nachzugehen. Auch werden die Grundsätze zur Bekämpfung von Korruption, wie etwa das Vier-Augen-Prinzip oder die regelmäßige Rotation der Aufgabenbereiche, häufig nicht beachtet. Der Vorsitzende der Bundesarbeitsgemeinschaft für Fleischhygiene, Tierschutz und Verbraucherschutz (Braunmiller 2020) lässt keine Zweifel über die mangelnde Unterstützung der Politik bezüglich tierärztlichen Anliegen:

> „Früher wurden unsere fachlichen und wissenschaftlich begründeten Verbesserungsvorschläge für die Fleischuntersuchung und im Tierschutz von der Politik 1: 1 umgesetzt. Doch inzwischen ist die Durchsetzung fachlicher Fortschritte im Tier- und Verbraucherschutz fast unmöglich geworden."

Er macht dafür in erster Linie eine Interessenskollision im Bereich Landwirtschaft und Tierschutz einerseits und Verbraucherschutz und Ernährungsindustrie andererseits im Bundesministerium für Ernährung und Landwirtschaft (BMEL) verantwortlich.

Tierärzte und Tierärztinnen verfügen *qua* umfassender Ausbildung und aufgrund der im Berufsleben gewonnenen Erfahrungen über ein gewisses *Know-how,* um akut auftretende Schmerzen, Leiden und Schäden bei den Tieren zu lindern. Auch verfügen sie über eine Expertise, um das Ausmaß an Schmerzen, Leiden und Schäden in den Nutztierbeständen zu beurteilen und Vorschläge zu unterbreiten, wie die Ausmaße reduziert werden können. Vonseiten der Agrarpolitik wird der Berufsstand jedoch bei der Erörterung von Fragen des Tierschutzes kaum einbezogen. Unter den 32 Interessenvertretern, die das Bundeskanzleramt in die „Zukunftskommission Landwirtschaft" (ZKL 2021) berufen hat, war die Tierärzteschaft trotz entsprechender Proteste vonseiten der Tierärztekammer nicht vertreten. Dies ist umso bemerkenswerter, als auf der Agenda der „Zukunftskommission" das Thema „**Tiergesundheit**" prominent vertreten war. Das Thema „Tiergesundheit" ohne den tierärztlichen Berufsstand zu erörtern, ist wie über die Gesundheit bei Menschen zu sprechen, ohne Humanmediziner einzubeziehen.

Anstatt mit der eigenen tierärztlichen Kompetenz bei der Bekämpfung von tierschutzrelevanten Produktionskrankheiten die fachliche Richtung vorzugeben, haben sich die Vertreter der Tierärztekammern und anderer tierärztlicher Berufsverbände in der Diskussion um die Zukunft der Nutztierhaltung an den Rand drängen lassen. Sie haben es in den zurückliegenden Jahrzehnten nicht vermocht, sich aus dem Abhängigkeitsverhältnis von der Agrarwirtschaft zu befreien, um sich stärker für die Belange des Gemeinwohles im Rahmen eines One-Health-Konzeptes einzusetzen. Die in der Großtierpraxis tätigen Veterinärmediziner bezahlen das Abhängigkeitsverhältnis nicht nur mit vergleichsweise schlechter Bezahlung, sondern auch mit einem schlechten Image. Tierärzte werden dafür mitverantwortlich gemacht, dass sich die Intensivierungsprozesse zum Nachteil der Verbraucher und der Nutztiere entwickelt haben. „Mitgefangen und Mitgehangen" lautet eine Kurzformel für Verhältnisse, für die man zwar nicht ursächlich verantwortlich ist, aber von anderen mitverantwortlich gemacht wird, weil es der Berufsstand nicht vermocht hat, sich hinreichend deutlich von den Fehlentwicklungen in der Nutztierhaltung abzugrenzen (Sundrum 2011). Die mangelnde Abgrenzung bezahlt der Berufsstand mit einem Verlust an Glaubwürdigkeit, der es ihm kaum noch gestattet, sich mit der unzweifelhaft vorhandenen Expertise als Anwalt und Vertreter des Tierschutzes und der Interessen des Gemeinwohles ins Spiel zu bringen.

7.9   Neuausrichtung der Partikularinteressen

Die negativen Folgewirkungen der Prozesse bei der Erzeugung von Nahrungsmitteln sind Ausdruck und Konsequenz von fehlgeleiteten Funktionen eines Wirtschaftssystems, das diese Effekte hervorgebracht bzw. sie nicht zu verhindern vermocht hat. Im Wirtschaftssystem versuchen diverse Akteure in Interaktion mit anderen Akteuren die Stoff-, Geld- und Informationsflüsse so zu beeinflussen, dass vor allem die eigenen Interessen gewahrt bleiben. Die Akteure sind bezüglich ihrer Interessen **selbstreferenziell.** Sie agieren **anthropozentrisch**, d. h., sie stellen ihre eigenen menschlichen Bedürfnisse in den Mittelpunkt. Zwar sind die Menschen grundsätzlich zu einem Perspektivenwechsel befähigt, indem sie sich in die Lage anderer Menschen mit anderen Interessen hineinversetzen können; im Wirtschaftsleben machen sie jedoch davon nur eingeschränkt Gebrauch. Aufgrund der Fokussierung auf die eigenen Interessen, geraten die unerwünschten Neben- und Schadwirkungen, die außerhalb der unmittelbaren Interessenssphäre auftreten, mitunter erst mit erheblicher Zeitverzögerung ins Blickfeld. So geht mitunter viel Zeit ins Land, bevor man gewillt ist bzw. genötigt wird, sich die Fehlentwicklungen näher anzuschauen und sie mit den eigenen Aktivitäten ursächlich in Verbindung zu bringen. Unstrittig ist, dass die einzelnen Interessengruppen in unterschiedlichen Maßen an den negativen Effekten beteiligt sind. Entsprechend schwierig gestaltet sich die Zuordnung von Verantwortlichkeiten.

In komplexen Wirkzusammenhängen werden Fehlentwicklungen im Allgemeinen dadurch hervorgerufen, dass verschiedene Teilbereiche miteinander um begrenzt verfügbare Ressourcen konkurrieren. Dies führt dann zu Störungen, wenn kein funktionsfähiges Regelsystem etabliert ist, welches für eine angemessene Verteilung und **Kooperation** im Hinblick auf eine gemeinsame und übergeordnete **Zielsetzung** sorgt. Werden bei den Stoff-, Geld- und Informationsströmen spezifische Teilbereiche und Partikularinteressen bevorzugt bedient bzw. in Anspruch genommen, geht dies in der Regel zu Lasten der Versorgung anderer Teilbereiche. Die unausweichlichen Folgen sind Dysbalancen, die früher oder später die Funktionsfähigkeit des Gesamtsystems beeinträchtigen. Anders als in einem lebenden Organismus ist in einem Agrarwirtschaftssystem keine übergeordnete Instanz etabliert, welche das Miteinander der **Subsysteme** steuert und regulierend dafür Sorge trägt, dass möglichst alle Subsysteme entsprechend ihrer jeweiligen Bedürftigkeit versorgt werden. Eine der Bedürftigkeit angemessene Versorgung mit Stoffen, Geld und Informationen ist nicht nur die Voraussetzung für die Funktionsfähigkeit der Teilsysteme. Dies gilt auch für den Beitrag, den diese zur Funktionsfähigkeit des Gesamtsystems und zur Erreichung übergeordneter Ziele beisteuern können. Ohne eine regulierende Instanz auf kommunaler, regionaler oder nationaler Ebene können nicht diejenigen gestärkt werden, die einen positiven Beitrag zum Gemeinwesen zu leisten vermögen, und kann nicht gegen diejenigen vorgegangen werden, die den Gemeinwohlinteressen zuwiderhandeln. Die Beförderung von Gemeinwohlinteressen bei der Erzeugung von Nahrungsmitteln kann folglich nur gelingen, wenn die auf den jeweiligen Prozessebenen dafür prädestinierten Institutionen die Verteilungsprozesse steuern. Auf nationaler Ebene fällt die koordinierende Aufgabe eigentlich der Agrarpolitik zu. Wie bereits in Abschn. 7.3 skizziert, nimmt sie diese Aufgabe jedoch nur im begrenzten Maße wahr.

Der Agrarökonom und ehemalige Vorsitzende des Wissenschaftlichen Beirates „Agrarpolitik und Ernährung beim BMELV", Harald Grethe, formulierte bei der Wintertagung der Deutschen Landwirtschaftlichen Gesellschaft die aktuelle Lage beim Umbau der Landwirtschaft hin zu mehr Nachhaltigkeit mit folgenden Worten:

„Der Bus ist voll besetzt und fährt irgendwo hin. Und erst jetzt schauen wir zum Fahrerplatz und sehen, dass er leer ist (Deter 2020)."

Mit dieser Metapher brachte er zum Ausdruck, dass sich viele Personen auf den Weg machen wollen, aber der Steuermann (Busfahrer) fehlt bzw. die Politik keinen Gestaltungswillen aufbringt. Wie jede Metapher ist auch diese geeignet, nicht nur die Parallelen, sondern auch die Unterschiede zwischen dem verwendeten Bild und der Realität zu reflektieren. Um die Rolle des Steuermanns einnehmen zu können, müsste die Politik selbst wissen, welches Ziel sie ansteuern will. Gleichzeitig müsste sie sicherstellen, dass eine hinreichende Zahl an Akteuren das gleiche Ziel verfolgt und auf dem Weg dorthin mitgenommen werden will. Die Einberufung von verschiedenen Kommissionen kann in diesem Sinne als Versuch angesehen werden, mangels eigener Zielvorstellungen bzw. angesichts der bestehenden und sehr ausgeprägten Kontroversen zwischen den Prozessbeteiligten, diese selbst dazu zu bringen, sich auf ein gemeinsames Ziel zu verständigen. In diesem Zusammenhang ist bemerkenswert, dass der Anstoß zur Konstituierung der „Zukunftskommission Landwirtschaft" nicht auf Initiative des BMEL, sondern des Bundeskanzleramtes zustande kam.

In diesem Sinne kann die Konstituierung der „Zukunftskommission Landwirtschaft" gegenüber einer bis dato vorherrschenden Situation, bei der sich Interessensgruppen wechselseitig mit Vorhaltungen und Schuldzuweisungen überzogen haben, als ein großer Fortschritt eingestuft werden. Auf diese Weise lernen die Kommissionmitglieder die Perspektiven der anderen Gruppierungen näher kennen und können sie zumindest besser nachvollziehen. Allerdings kann der nun vorliegende Abschlussbericht (ZKL 2021) nicht darüber hinwegtäuschen, dass es sich dabei vor allem um den kleinsten gemeinsamen Nenner zwischen den unterschiedlichen, teils gegenläufigen Interessen handelt. Ungeachtet einer gedanklichen Annäherung bestehen die Interessenskonflikte jedoch unvermindert fort. Solange die maßgeblichen Triebkräfte und die Ausgangs- und Randbedingungen, welche die Konflikte hervorgerufen haben, nicht einer umfassenden sachlogischen Analyse unterzogen und grundlegende Veränderungen ins Auge gefasst und auf den Weg gebracht wurden, können die Konflikte keiner Lösung zugeführt werden. Während im Abschlussbericht die agrarökonomische Perspektive vorherrscht, bleibt die Perspektive der handelnden Akteure, welche in der Regel eine Vielzahl unterschiedlicher Aspekte miteinander in Einklang zu bringen und Entscheidungen zu treffen haben, weitgehend unberücksichtigt.

Anders als von Herrn Grethe in seiner Metapher suggeriert wird, spricht viel dafür, dass der Bus gar nicht mit Personen und Institutionen besetzt ist, die sich auf den Weg machen wollen, um die Verhältnisse grundlegend zu verändern. Möglicherweise ist der Bus – um im Bild zu bleiben – voll mit Menschen, die der jetzigen Situation entfliehen wollen, egal wohin. Doch zu welchem Ziel soll die Politik Menschen bringen, die vor allem versorgt werden wollen und dringend auf finanzielle Unterstützung angewiesen sind? Diejenigen, die sich neu ausrichten wollen und noch über die dazu erforderlichen Ressourcen verfügen, steigen wohl eher nicht in einen Bus ein, bei dem die Zielangabe fehlt, und bei dem sie daher nicht wissen, wohin die Reise gehen soll. Zu Recht stellt der Agrarökonom fest, dass die Primärerzeuger die von der Gesellschaft gewünschten Leistungen der Landwirtschaft nicht über den Markt honoriert bekommen und gemäß der Volkswirtschaftslehre ein Marktversagen vorliegt. Für einen Agrarökonomen ist dies eine sehr erstaunliche Aussage, wurde doch in der Vergangenheit dem Markt die vorrangige Problemlösungskompetenz zugesprochen, während sich nach Ansicht der Agrarökonomen die Agrarpolitik am besten aus dem Marktgeschehen heraushalten sollte. Ehrlicherweise hätte Herr Grethe eingestehen müssen, dass wir es auch mit einem Versagen der Agrarökonomie zu tun haben. Wie in Kap. 9 weiter ausgeführt wird, hat diese nicht nur die aktuellen Entwicklungen nicht vorhergesehen; sie hat auch keine überzeugenden Konzepte anzubieten, wie der aktuellen Krise zu begegnen ist. Vor allem aber vermag sie sich und anderen (noch) nicht einzugestehen, dass das Nutzentheorem der Ökonomie, welches die Eigeninteressen der einzelnen Akteure ins Zentrum rückt, die Agrarwirtschaft erst in die Situation hineinmanövriert hat, in der sie sich gegenwärtig befindet.

Schließlich geht es nicht in erster Linie darum, einen möglichst hohen Anteil der eigenen Interessen in Ansatz zu bringen, und gegen Einwände aus anderen Perspektiven zu verteidigen, sondern darum, grundlegende Veränderungen auf den Weg zu bringen, um gesellschaftsrelevante Probleme zu lösen, deren Ursprung in einer einseitigen Verfolgung von Partikularinteressen zu verorten sind. Ein Minimalkonsens zwischen divergierenden Interessensgruppen mag von vielen als ein erster Schritt in die häufig zitierte „richtige Richtung" gewertet werden. Aus einer anderen Perspektive betrachtet liegt jedoch in der Hoffnung auf kleine Fortschritte ein elementarer Trugschluss vor. Ein Minimalkonsens hat mit der Realisierung von Gemeinwohlinteressen wenig zu tun. Er täuscht einen Fortschritt vor, während es in **Wirklichkeit** vor allem darum geht, den Status quo beizubehalten. Auch wenn es zu den Gemeinwohlinteressen gehört, möglichst viele Interessierte auf den Weg zu neuen Zielen mitzunehmen, kommt man bei der Verfolgung von Gemeinwohlinteressen nicht umhin, im übertragenen Sinne diejenigen zurücklassen und über Sozialsysteme abzusichern, die nicht zu Veränderungen bereit bzw. befähigt sind. Anders als dies unter anderem die Verlautbarungen von Bauernverbänden nahelegen, kann es nicht darum gehen, alle landwirtschaftlichen Betriebe mitnehmen zu wollen und das Tempo der Veränderungen durch die Nachzügler vorgeben zu lassen. In diesem Sinne signalisieren Verlautbarungen der Bauernverbände, wie beispielsweise die Devise der Arbeitsgemeinschaft bäuerliche Landwirtschaft „*Jeder Hof zählt!*" (AbL 2021), keinen Aufbruch zu neuen Ufern, sondern erscheinen prädestiniert, grundlegende Veränderungen in der Agrarwirtschaft zu verhindern.

In diesem Zusammenhang ist es hilfreich, sich die ursprüngliche Definition von Interessengruppen (Stakeholder) zu vergegenwärtigen. Diese sieht die einzelnen Interessengruppen als Teil einer übergeordneten Organisation an, ohne deren Unterstützung die Organisation aufhören würde zu existieren (Freeman 1984, 31 f.). Als Teil der übergeordneten Organisation haben die einzelnen Stakeholder ein essenzielles Interesse daran, dass die Organisation prosperiert und keinen Schaden nimmt. In diesem

Sinne beeinflussen sich die beteiligten Interessensgruppen wechselseitig. Gleichzeitig prägen sie die übergeordnete Organisation und werden ebenso von dieser geprägt. Aus einem solchen Grundverständnis des Wirkungsgefüges von Untergruppen einer übergeordneten Interessensgemeinschaft resultiert eine wechselseitige Bedingtheit und die Notwendigkeit, einen Ausgleich bzw. eine Balance zwischen divergierenden Interessen zu organisieren. Schließlich sitzen die involvierten Interessensgruppen zusammen in einem Boot (oder Bus) und erfüllen jeweils wichtige Teilaufgaben, welche das Boot über Wasser halten und in die gewünschte Richtung, d. h. auf ein Ziel hin, zu bewegen vermögen. Ohne die Verständigung auf ein gemeinsames Ziel können die jeweilige Aktivitäten und die eingesetzten Ressourcen weder zielführend und noch effizient zum Einsatz gebracht werden. Je klarer die gemeinsame Zielsetzung umrissen werden kann, desto eher ist sie geeignet, allen Interessengruppen die zwingend notwendige Orientierung zu geben.

Auf **Nachhaltigkeit** ausgerichtete **Gemeinwohlinteressen** sind von gänzlich anderer Natur als die Partikularinteressen; sie sind nicht anthropozentrisch, sondern systemzentrisch. Es sind nicht die Interessen der Menschen, die im Fokus stehen, sondern es ist der Erhalt des übergeordneten Systems, hier der Erhalt einer übergeordneten Gemeinschaft. Damit stehen nicht die Interessen der Primärerzeuger und ihrer Verbandsvertreter, der Agrar- und Lebensmittelindustrie oder des Einzelhandels und auch nicht die Interessen der Verbraucher im Zentrum der Aufmerksamkeit. Vielmehr sind sie nach- bzw. dem Gemeinwohlinteressen untergeordnet. Strategien zum Erhalt von Gemeinschaften folgen einer anderen Logik als die Verfolgung von Partikularinteressen. Es ist ein grundlegender Perspektivenwechsel, der hier im Hinblick auf die Gewährleistung von Nachhaltigkeit bzw. Dauerfähigkeit für menschliche Gemeinschaften (Ziegler und Ott 2015) und auch für nichtmenschliche Tiere (Boscardin und Bossert 2015) vollzogen werden muss. Von einem übergeordneten Standpunkt ausgehend rückt die Frage ins Zentrum, was dem Erhalt von kommunalen, regionalen, nationalen und letztlich auch europäischen Gemeinschaftsstrukturen dienlich ist und was geeignet ist, diese zu befördern. Im Grundsatz entspricht dies dem **Subsidiaritätsprinzip**. Es besagt, dass staatliche Institutionen immer dann und idealerweise auch nur dann regulativ eingreifen sollten, wenn die Möglichkeiten von einzelnen Akteuren, Gruppierungen oder staatlichen Einrichtungen allein nicht ausreichen, eine gemeinschaftsorientierte Aufgabe zu lösen. Das Subsidiaritätsprinzip ist ein wichtiges Konzept föderale Staatenverbünde, wie der Bundesrepublik Deutschland und der Europäische Union. Es ist auch zentrales Element des ordnungspolitischen Konzepts der sozialen bzw. einer ökosozialen Marktwirtschaft (Zimmermann 2010). Im Kontext der Erzeugung von Nahrungsmitteln kommt es bislang allerdings kaum zur Geltung.

Dabei erscheint die übergeordnete Zielsetzung bei der Erzeugung von Nahrungsmitteln aus der Perspektive der Gemeinwohlinteressen recht naheliegend. Danach sollte das **vorrangige Ziel** staatlicher Organe auf den verschiedenen Ebenen darin bestehen, ein Agrarwirtschaftssystem zu befördern, das **Lebensmittel von hoher Qualität** hervorbringt, bei deren Erzeugung nur ein **geringes Maß an unerwünschten Neben- und**

Schadwirkungen für Verbraucher und Nutztiere sowie für die natürlichen Lebensgrundlagen auftreten und die über diverse Märkte **zu fairen Preisen** den Verbrauchern angeboten werden. Bevor in Kap. 10 vertiefend darauf eingegangen wird, mit welchem methodischen Rüstzeug man dieser Zielsetzung näherkommen kann, müssen vorweg noch einige Grundvoraussetzungen thematisiert und reflektiert werden.

Anders als dies die Perspektiven der unterschiedlichen Interessengruppen nahelegen, ist der erste Adressat für die Umsetzung gemeinwohlorientierter Maßnahmen nicht die Agrarpolitik, sondern der landwirtschaftliche Betrieb. Jeder einzelne Betrieb ist nicht nur der Produzent von Nahrungsmitteln, sondern gleichzeitig der Primärerzeuger von **Gemeinwohlleistungen**. Um diese hervorbringen zu können, ist er auf Rahmenbedingungen angewiesen, die ihm eine kostendeckende Erzeugung von Nahrungsmitteln und von Gemeinwohlleistungen sowie eine gedeihliche Abstimmung zwischen beiden Zielgrößen ermöglichen. Zu den elementaren Voraussetzungen gehören unter anderem: geeignete Nährstoffe für eine effiziente Ernährung der Nutzpflanzen und der Nutztiere, kostendeckende Preise, problemlösungsorientiertes *Know-how*, gestaffelte Zahlung nach Leistung, valide Verfahren der einzel- und überbetrieblichen Beurteilung, unabhängige und unbestechliche Erfolgskontrolle, zuverlässige Verhinderung von unfairen Praktiken und unrechtmäßigen Vergünstigungen etc. Gegenwärtig stehen vielen Primärerzeugern diese elementaren Voraussetzungen nicht in hinreichendem Maße zur Verfügung. Zudem hat ein auf **Kostenführerschaft** ausgerichteter Wettbewerb zwischen den Betrieben die antagonistischen Beziehungen zwischen dem Streben nach Aufwand- und Kostenminimierung und einer Reduzierung von unerwünschten Neben- und Schadwirkungen massiv verstärkt. Da für die Primärerzeuger die Sicherung der wirtschaftlichen Existenz von höchster Priorität ist, fehlen den Hauptakteuren für die Hervorbringung von Gemeinwohlleistungen nicht nur die erforderlichen Ressourcen, sondern auch jegliche Anreize, sich anders zu verhalten.

Aus der Perspektive einer ökosozialen Marktwirtschaft sind diejenigen die besseren (Land-)Wirte, denen es gelingt, ihre eigenen ökonomischen Interessen mit denen des Gemeinwohls zu verknüpfen, d. h. die externen Effekte zu internalisieren. Dazu müssen die ökonomischen, für die Existenzfähigkeit des Betriebes relevanten Kenngrößen mit den Anforderungen des Verbraucher-, Natur-, Klima-, Umwelt- und Tierschutzes in Form einer gesamtbetrieblichen Leistung des Betriebsmanagements in Einklang gebracht werden. Allerdings fehlt es bislang an den dafür erforderlichen Rahmenbedingungen. Schließlich kann von Primärerzeugern – wie auch von anderen Berufsgruppen – nicht erwartet werden, dass sie gegen ihre eigenen existenziellen Interessen handeln. Entsprechend helfen hier nur veränderte wirtschaftliche Rahmenbedingungen und faire Regeln, welche einerseits Anreize für eine Umorientierung schaffen und andererseits die **Externalisierung**, d. h. das Wirtschaften zu Lasten von Gütern des Gemeinwohles, eindämmen. Ein ausgewogenes Verhältnis von Produktions- und Schutzleistungen kann für Unternehmer nur dann zum Ziel des Managements werden, und damit das unternehmerische Innovationspotenzial zur Entfaltung bringen, wenn daraus wettbewerbsrelevante Vorteile erwachsen. Dies setzt voraus, dass sich ein wirtschaftliches Verhalten, das zu Lasten der Gemeinwohlinteressen geht, nicht länger lohnen darf, sondern geahndet werden muss. Wer für die Gemeinwohlinteressen mehr leistet, verdient eine höhere Entlohnung und wer als Verbraucher mehr bezahlt, hat ein Anrecht darauf, dass er tatsächlich auch mehr Qualität für sein Geld bekommt. Spätestens hier wird deutlich, dass dies in einem Wirtschaftssystem der „freien" Markwirtschaft, das sich über den Wettbewerb um die Kostenführerschaft im Hinblick auf die Einhaltung von (erhöhten) Mindestanforderungen definiert, nicht realisiert werden kann.

Während die Primärerzeuger innerhalb der betrieblichen Grenzen die Weichen stellen und die Maßnahmen umsetzen müssen, die geeignet sind, Beeinträchtigungen zu Lasten des Gemeinwesens auf ein Mindestmaß zu reduzieren, entscheidet sich außerhalb der Betriebssysteme, ob die Betriebe durch den Verkauf ihrer Produkte und über die Subventionen die dafür erforderlichen Ressourcen zur Verfügung gestellt bekommen. Außerhalb der Betriebsgrenzen entscheidet sich, ob die Leistungen der Betriebe einer vergleichenden Beurteilung und Kontrolle unterzogen werden, welche unfaire Wettbewerbsbedingungen verhindern. Es sind die von den involvierten Interessensgruppen aus unterschiedlichen Gründen aufrechterhaltenen unfairen Wettbewerbsbedingungen, die verhindern, dass wirtschaftliche Rahmenbedingungen etabliert werden, die den Schutz von Verbrauchern, Nutztieren, Umwelt und der Natur ermöglichen. Auch wenn jeder einzelne Betrieb gefordert ist, nicht nur für die eigene Existenzsicherung, sondern auch für die Gemeinwohlinteressen einen Beitrag zu leisten, ist er ohne die Unterstützung durch die übrigen Interessensgruppen dazu nicht befähigt.

So wie die wirtschaftliche Existenzsicherung eines Betriebssystems die Erwirtschaftung eines positiven Betriebseinkommens erfordert, so können es sich die Betriebe auf Dauer nicht erlauben, das elementare Gemeinwohlinteresse an der Minimierung von Schadwirkungen zu ignorieren. Andernfalls laufen sie Gefahr, dass ihnen vonseiten der lokalen, regionalen und nationalen Gemeinschaftsstrukturen die finanzielle und die infrastrukturelle Unterstützung entzogen wird. Das Zauberwort heißt **Transparenz**. Gegenwärtig gestalten sich die Interaktionen zwischen den landwirtschaftlichen Betrieben und einer Gesellschaft, die selbst in unterschiedliche Interessengruppen ausdifferenziert ist, äußerst unübersichtlich. Die einzelnen Gruppierungen erscheinen selbst in einem schwer durchschaubaren Gestrüpp von Interessen verstrickt. Häufig verbergen sich unter dem Deckmantel allgemein formulierter Gemeinwohlinteressen veritable Eigeninteressen.

Folgerichtig muss es vor allem darum gehen, eine gerechtere Verteilung der Ressourcen im Hinblick auf die Gemeinwohlinteressen zu organisieren. Dies beinhaltet, dass denjenigen, die bisher im Übermaß profitiert haben, etwas genommen werden muss, um anderen mehr Ressourcen zur Verfügung stellen zu können. Die Neuausrichtung des gesamten Agrarwirtschaftssystems und die Gestaltung der Transformationsprozesse im Hinblick auf die Realisierung von Gemeinwohlinteressen ist eine Mammutaufgabe. Es ist nicht damit getan, neue Subventionstöpfe, z. B. für den Bau neuer Ställe einzurichten, während andere Bereiche sowie die Exportorientierung der Agrarbranche unangetastet bleiben. Primärerzeuger, die den Gemeinwohlinteressen zuarbeiten, müssen in diesem

Vorhaben von allen anderen Interessensgruppen unterstützt werden. Dies gilt für die verarbeitende Industrie in gleicher Weise wie für den Einzelhandel und nicht zuletzt für die Verbraucher. Letztere müssen in die Lage versetzt werden, über den Kauf von Lebensmitteln, deren Erzeugung nachweislich für die Gemeinwohlinteressen förderlich war, ihren individuellen Beitrag zu leisten. Genauso wichtig ist, dass diejenigen, die an einer Produktionsweise festhalten, die den Gemeinwohlinteressen schadet, die Unterstützung der anderen Interessensgruppen verlieren.

In ihrer gegenwärtigen Konstellation und Ausrichtung erscheint die Agrarpolitik überfordert, die diversen Partikularinteressen einzuhegen und den Gemeinwohlinteressen unterzuordnen. Nicht zuletzt hat die Ausweitung der Agrarförderung nach dem Ende des Zweiten Weltkrieges (s. Abschn. 2.4) maßgeblich dazu beigetragen, dass die Agrarpolitik in Deutschland heute sehr eng mit den wirtschaftlichen Interessen der Agrar- und Ernährungsindustrie und deren Vertretern verbandelt ist. Die aufgrund der Intensivierung erzielten Erfolge bei der Steigerung der Produktivität haben jedoch die Nutzenoptima längst überschritten und zu einem überbordenden Ausmaß an unerwünschten Neben- und nicht mehr tolerablen Folgewirkungen geführt. Ein „Weiter so" ist daher keine politische Option. Die Annahme, dass Agrarwirtschaftssysteme (durch eine unsichtbare Hand) zu einer Selbstregulation befähigt sind, hat sich als ein elementarer Trugschluss erwiesen. So wie es nach den Erfahrungen der Not und der Entbehrungen während und nach den Weltkriegen als eine nationale und europäische Gemeinschaftsaufgabe betrachtet wurde, die Erzeugung von Nahrungsmitteln zu steigern, so sind jetzt erneut konzertierte Strategien auf nationaler und europäischer Ebene gefordert, den weitreichenden Fehlentwicklungen bei der Erzeugung von Nahrungsmitteln Einhalt zu gebieten. Beispiele aus den Niederlanden und Dänemark zeigen, wie die nationale Agrarpolitik mit anderen Politikbereichen wie der Umwelt- und der Gesundheitspolitik abgestimmt werden kann, um übergeordneten nationalen Interessen Rechnung zu tragen.

Der Prozess der notwendigen Abkehr von der Fokussierung auf die jeweiligen Partikularinteressen und einer Neuausrichtung aller Interessensgruppen auf ein gemeinsames Ziel in der Verknüpfung und Versöhnung von Partikular- und Gemeinwohlinteressen ist in Abb. 7.1 veranschaulicht.

Mit der Abbildung soll einerseits zum Ausdruck gebracht werden, dass alle Interessensgruppen – wenn auch in einem unterschiedlichen Ausmaß – gefordert sind, ihre Partikularinteressen substanziell im Hinblick auf die Realisierung von Gemeinwohlinteressen neu auszurichten. Dabei ist von zentraler Bedeutung, dass das, was im Interesse des Gemeinwohls ist, nicht über einen – wie auch immer gearteten – Minimalkonsens zwischen diversen Interessensgruppierungen ausgehandelt wird oder durch erhöhte gesetzliche Mindestanforderungen an „die gute fachliche Praxis" festgelegt wird. Stattdessen müssen sich die künftigen Aktivitäten und Verbesserungsbemühungen an denjenigen orientieren, die hinsichtlich der Gemeinwohlinteressen bereits Fortschritte erzielt und nachweislich ein hohes Maß an **Gemeinwohlleistungen** realisiert haben. Dies setzt eine evidenzbasierte Beurteilung der einzelbetrieblichen Gemeinwohlleistungen anhand geeigneter Eisbergvariablen (s. Abschn. 10.4) voraus, welche ver-

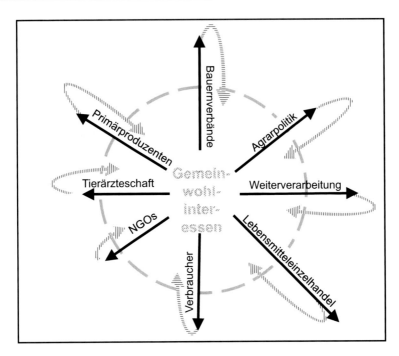

Abb. 7.1 Neuausrichtung der von den einzelnen Interessensgruppen verfolgten Partikular-interessen auf ein gemeinsames Ziel, welches eine gemeinsame Schnittmenge für die Partikular- und Gemeinwohlinteressen bildet. (Eigene Darstellung)

gleichende überbetriebliche Beurteilung in Form eines Benchmarkings ermöglichen. Bei der Realisierung von Gemeinwohlleistungen kommt es folglich darauf an, das weite Spektrum der gegenwärtig realisierten Gemeinwohlleistungen zu erfassen und durch gezielte Maßnahmen, die an die einzelbetrieblichen Gegebenheiten und Potenziale angepasst sind, das Gesamtniveau sukzessive zu erhöhen.

Auf den verschiedenen hierarchisch angeordneten Ebenen besteht die Aufgabe staatlicher Organe vorrangig darin, für eine valide Beurteilung der Gemeinwohlleistungen und für diverse Maßnahmen der Förderung und Unterstützung, aber auch für die Sanktionierung von Fehlverhalten zu sorgen. Weitergehende Vorschläge dazu werden in Kap. 10 unterbreitet. Erst wenn über die prioritären Ziele der Primärerzeugung sowie über die Methodik der Beurteilung der Erfolgskontrolle von umgesetzten Maßnahmen eine Verständigung vorliegt, eröffnet dies die Suche nach und die Auseinandersetzungen um die effektivsten und effizientesten Strategien zur Zielerreichung. Auf dieser Basis können dann auch zwischen den verschiedenen Interessensgruppen wechselseitige Zugeständnisse und Möglichkeiten der Kompensation ausgehandelt werden, wie die Verfolgung von Gemeinwohlinteressen sozialverträglich realisiert werden kann.

Im Gegensatz zur bisherigen Verfahrensweise sollte den Gemeinwohlinteressen im Kontext der Nahrungsmittelerzeugung eine normative, d. h. für alle Akteure verbindliche und richtungsweisende Bedeutung beigemessen werden. Die **Normativität** kann jedoch erst dann ihre Wirkung entfalten, wenn klar umrissen ist, welche erbrachten Leistungen den Gemeinwohlinteressen zuträglich und welche ihr abträglich sind. Auf dieser Basis können Rahmenbedingungen implementiert werden, die geeignet sind, die Zielerreichung zu befördern. Mit der Präzisierung der Gemeinwohlinteressen lösen sich die Partikularinteressen nicht in Luft auf. Sie haben weiterhin Bestand, werden aber relativiert, d. h. neu in Beziehung zueinander und zu übergeordneten Zielsetzungen gestellt. Gemeinwohlleistungen sind die Messlatte und die einzelnen landwirtschaftlichen Betriebe- bzw. Verbundsysteme sind die Bezugssysteme, an denen Fortschritte gemessen werden. Wie schwer den Akteuren die Umorientierung fällt, ist abhängig vom Grad der Pfadabhängigkeiten, denen nicht nur die Primärerzeuger, sondern auch die Mitglieder anderer Interessengruppen unterliegen. Deshalb sind substanzielle Anreize vonnöten, um die Akteure dazu zu bringen, sich von den eingeschlagenen Pfaden zu lösen und neue Wege zu beschreiten. Je zahlreicher die Betriebe sind und je umfassender sie den Gemeinwohlleistungen erbringen, desto mehr profitiert das Gemeinwesen. Das Gleiche gilt für das Ausmaß der Zurückdrängung jener Praktiken, mit denen zu Lasten der Gemeinwohlinteressen gewirtschaftet wird. Ohne substanziell veränderte Rahmenbedingungen besteht für die einzelnen Primärerzeuger wenig Anlass, die bisherigen Pfade zu verlassen und sich darum zu bemühen, die Eigeninteressen mit den Gemeinwohlinteressen in Einklang zu bringen.

Literatur

AbL – Arbeitsgemeinschaft bäuerliche Landwirtschaft (2021) Jeder Hof zählt! https://www.abl-ev.de/aktionswoche/. Zugegriffen: 08. Jan 2022

Ackermann R (2001) Pfadabhängigkeit, Institutionen und Regelreform. Mohr Siebeck, Tübingen

Ackermann J (2017) DBV-Milchviehtagung. Agrarmanager(3)

Allgemeine Fleischer Zeitung (afz), Fleischwirtschaft (Hrsg) (2021) NEW MEAT Magazin; Potentiale von Fleichalternativen für Lebensmitteleinzelhandel und Industrie

AVMA – American Veterinary Medical Association (2008) One health; a new professional imperative. One health initiativeTask Force: final report. https://www.avma.org/sites/default/files/resources/onehealth_final.pdf. Zugegriffen: 08. Jan 2022

Banik I, Simons J, Hartmann M (2007) Regionale Herkunft als Erfolgsfaktor für die Qualitätswahrnehmung von Verbrauchern in Nordrhein-Westfalen. Landwirtschaftliche Fakultät der Universität Bonn. Schriftenreihe des Lehr- und Forschungsschwerpunktes USL(152). https://hdl.handle.net/20.500.11811/1247

Berufsordnung für Tierärzte (1986) vom 27. Juni 1986 (DTBL 1986, S. 867 ff., zuletzt geändert am 07. Mai 2014 (DTBL 7/2014, S. 1009)

Blage J (2021) Ersehnter Klops. Süddeutsche Zeitung (20.03.2021)

BLE – Bundesanstalt für Landwirtschaft und Ernährung, BÖLN – Geschäftsstelle Bundesprogramm Ökologischer Landbau und andere Formen nachhaltiger Landwirtschaft (2021) Öko-Barometer 2020. www.bmel.de/Oeko-Barometer-2020

BMEL – Bundesministerium für Ernährung und Landwirtschaft (2014) Eine Frage der Haltung – Neue Wege für mehr Tierwohl. https://www.bmel.de/DE/themen/tiere/tierschutz/tierwohl-eckpunkte.html

BMEL – Bundesministerium für Ernährung und Landwirtschaft (2017) Agrarexporte 2017; Daten und Fakten. https://www.bmel.de/SharedDocs/Downloads/DE/Broschueren/Agrarexporte2017.html. Zugegriffen: 07 Jan 2022

BMEL – Bundesministerium für Ernährung und Landwirtschaft (2018) Zukunft der Landwirtschaft: Global vernetzt, regional erfolgreich; Ziele des BMEL für die Außenwirtschaft. https://www.bmel.de/SharedDocs/Downloads/DE/Broschueren/ZukunftDerLandwirtschaft.html

BMEL – Bundesministerium für Ernährung und Landwirtschaft (2020a) Agrarexporte: Zahlen und Fakten. https://www.bmel.de/DE/themen/internationales/aussenwirtschaftspolitik/handel-und-export/zahlen-fakten-agrarexport.html. Zugegriffen: 07 Jan 2022

BMEL – Bundesministerium für Ernährung und Landwirtschaft (2020b) Deutschland, wie es isst; Der BMEL-Ernährungsreport 2020b. https://www.bmel.de/DE/themen/ernaehrung/ernaehrungsreport2020b.html. Zugegriffen: 07 Jan 2022

Boscardin L, Bossert L (2015) Sustainable development and non-human animals: why anthropocentric concepts of sustainability are outdated and need to be extended. In: Meisch S, Lundershausen J, Bossert L, Rockoff M (Hrsg) Ethics of science in the research for sustainable development. Nomos Verlagsgesellschaft GmbH & Co. KG, Nomos, Baden-Baden, S 323–352

Braunmiller K (2020) Editorial. Dtsch. Tierärztebl. 68(6):725

Bredahl L, Poulsen CS (2002) Perceptions of pork and modern pig breeding among Danish consumers. The Aarhus School of Business. Project Paper(01/02)

Bryant C, Barnett J (2020) Consumer acceptance of cultured meat: an updated review (2018–2020)). Appl Sci 10(15):5201. https://doi.org/10.3390/app10155201

BUND – Bund für Umwelt und Naturschutz Deutschland e. V. (2021) Über uns. https://www.bund.net/ueber-uns/. Zugegriffen: 11 Nov 2021

Bundesverband für Tiergesundheit e.V. (2021) Ohne Tiergesundheit keine nachhaltige Lebensmittelproduktion. https://www.presseportal.de/pm/76750/4919432. Zugegriffen: 07 Jan 2022

Busch G, Spiller A (2020) Warum wir eine Tierschutzsteuer brauchen. Die Bürger-Konsumenten-Lücke; Positionspapier. Lehrstuhl Marketing für Lebensmittel und Agrarprodukte der Georg-August-Universität Göttingen. Diskussionsbeitrag (2001). http://hdl.handle.net/10419/214180

Bussche P von dem (2005) Rede anlässlich der Eröffnung der großen Vortragsveranstaltung im Rahmen der DLG-Wintertagung am Donnerstag, dem 13. Januar 2005 in Münster/Westfalen. Deutsche Landwirtschafts-Gesellschaft. https://www.dlg.org/de/landwirtschaft/veranstaltungen/dlg-wintertagung/archiv/2005/rede-dlg-praesident-freiherr-von-dem-bussche. Zugegriffen: 01 Dez 2021

Busse T (2020) Heikle Doppelrolle. Süddeutsche Zeitung (Ausgabe vom 25.08.)

BVE – Bundesvereinigung der Deutschen Ernährungsindustrie (2019) Leitbild Verbraucher. https://www.bve-online.de/themen/verbraucher/leitbild-verbraucher. Zugegriffen: 08 Jan 2022

Castel R, Dörre K (Hrsg) (2009) Prekarität, Abstieg, Ausgrenzung; Die soziale Frage am Beginn des 21. Campus Verlag, Frankfurt, New York, Jahrhunderts

Christ T (2021) Geplantes Insektenschutzgesetz sorgt bei Bauern für Verdruss. Göttinger Tageblatt (10.02.)

Claus J (2021) Selbstbewusst, selbstkritisch und unverzichtbar!; Zur Zukunft der konventionellen Landwirtschaft. Deutsche Landwirtschafts-Gesellschaft. https://www.dlg.org/de/mitgliedschaft/newsletter-archiv/2021/15/selbstbewusst-und-unverzichtbar. Zugegriffen: 19 Juli 2021

Cordts A, Spiller A, Nitzko S, Grethe H, Duman N (2013) Imageprobleme beeinflussen den Konsum; Von unbekümmerten Fleischessern, Flexitariern und (Lebensabschnitts-)Vegetariern. Fleischwirtschaft (7/2013). https://www.uni-hohenheim.de/uploads/media/NJ009.pdf. Zugegriffen: 07 Jan 2022

Demmer C (2021) Ein Beruf für Idealisten. Süddeutsche Zeitung. Zugegriffen: 23. Apr. 2021

Deter A (2013) „Wir haben Agrarindustrie satt" Demonstranten forderten Systemwechsel. TopAgrar online. https://www.topagrar.com/management-und-politik/news/wir-haben-agrar-industrie-satt-demonstranten-forderten-systemwechsel-9589929.html. Zugegriffen: 07 Jan 2022

Deter A (2016) Molkereien suchen in Heu- und Weidemilch ihr Heil. TopAgrar online. https://www.topagrar.com/rind/news/molkereien-suchen-in-heu-und-weidemilch-ihr-heil-9548099.html. Zugegriffen: 07 Jan 2022

Deter A (2020) Grethe: „Der Bus ist voll und fährt, nur der Fahrerplatz ist leer"; DLG-Winter-tagung. TopAgrar online (19.02.2020). https://www.topagrar.com/management-und-politik/news/grethe-der-bus-ist-voll-und-faehrt-nur-der-fahrerplatz-ist-leer-11982386.html

DBV – Deutscher Bauernverband (2011) Leitbild des Deutschen Bauernverbandes; Unsere Werte und Orientierung für die Zukunft. https://www.bauernverband.de/fileadmin/user_upload/leit-bild_dbv.pdf. Zugegriffen: 19 Juli 2021

DBV – Deutscher Bauernverband (2014) Nutzungsbeschränkungen für Grünland sind unverhältnismäßig – Pläne zum strikten Umbruchverbot wären ein enteignungsgleicher Eingriff. https://www.bauernverband.de/presse-medien/pressemitteilungen/pressemitteilung/dbv-nutzungsbeschraenkungen-fuer-gruenland-sind-unverhaeltnismaessig. Zugegriffen: 19 Dez 2021

DBV – Deutscher Bauernverband (2019) Klimastrategie 2.0; des Deutschen Bauernverbandes. https://www.bauernverband.de/fileadmin/user_upload/dbv/positionen/Klimastrategie_2.0_2._Auflage_Januar_2019.pdf

Deutscher Bauernverband (DBV) (Hrsg) (2020) Situationsbericht 2020/21; Trends und Fakten zur Landwirtschaft. Deutscher Bauernverband e.V, Berlin

DBV – Deutscher Bauernverband, Hemmerling U, Pascher P, (2019) Situationsbericht 2019/20. Trends und Fakten zur Landwirtschaft. Deutscher Bauernverband e.V, Berlin

Deutscher Tierschutzbund e.V. (2019) Tierschutzlabel. https://www.tierschutzbund.de/information/hintergrund/landwirtschaft/tierschutzlabel/. Zugegriffen: 28 Mai 2019

Doeleke A (2021) „Das war nicht gut": Seltsame Töne vom Bauernsprecher. Göttinger Tageblatt (6.10.2021)

Dürnberger C (2020) Zufrieden, aber ohne Zukunft? Studie mit NutztierpraktikerInnen in Deutschland. Michpraxis Vet 54(4):3–4

Dynowski K (2021) Im Laden klingelt die Kasse. Allgemeine Fleischerzeitung 2021(2)

Efken J, Deblitz C, Kreins P, Krug O, Küest S, Peter G, Haß M (2015) Stellungnahme zur aktuellen Situation der Fleischerzeugung und Fleischwirtschaft in Deutschland. Thünen Working Paper (42). https://literatur.thuenen.de/digbib_extern/dn055519.pdf. Zugegriffen: 07 Jan 2022

Ellrott T (2012) Psychologie der Ernährung. Aktuel Ernahrungsmed 37(03):155–167. https://doi.org/10.1055/s-0032-1304946

Ellrott T (2016) Sage mir, was du isst …; Ich-Performance. Spiegel Psychologie. https://www.spiegel.de/spiegelwissen/ernaehrungspsychologie-interview-mit-thomas-ellrott-a-1081565.html

Engelsman V, Geier B (Hrsg) (2018) Die Preise lügen. Warum uns billige Lebensmittel teuer zu stehen kommen. oekom verlag, München

Fink-Kessler A (2020) Regional Schlachten; Jedem Landkreis ein Schlachthaus – oder was brauchen wir wirklich? Unabhängige Bauernstimme(September 2020). https://www.bauern-stimme.de/fileadmin/Dokumente/Verlag/Bauernstimme.pdf/pdf-20/09-2020.pdf. Zugegriffen: 07 Jan 2022

foodwatch (2018) Positionspapier Tiergesundheit. https://www.foodwatch.org/fileadmin/Themen/Tierhaltung/Dokumente/2018-09-03_Positionspapier_Tiergesundheit.pdf. Zugegriffen: 07 Jan 2022 foodwatch (2021) Satzung. https://www.foodwatch.org/de/ueber-uns/unsere-satzung/. Zugegriffen: 30 Mai 2021

Freeman RE (1984) Strategic management; A stakeholder approach. Pitman, Boston, Mass

Fried N, Wernicke C (2020) Mist aus Bayern für die Hauptstadt; CSU-Klausur in Kloster Seeon. Süddeutsche Zeitung. https://sz.de/1.4745890

Fuchs D, Roller E (2009) Politik. In: Fuchs D, Roller E (Hrsg) Lexikon Politik. Hundert Grundbegriffe. Philipp Reclam jun, Stuttgart, S 205–209

Gassmann M (2020) „Essen verdient niedrigsten Preis" – Edeka erntet Bauern-Zorn. welt.de. https://www.welt.de/wirtschaft/article205376911/Essen-verdient-niedrigsten-Preis-Edeka-erntet-Bauern-Zorn.html. Zugegriffen: 21 Juli 2021

Gaugler T (2020) PENNY weist bei ersten Produkten „wahre Verkaufspreise" aus. PENNY-Unternehmenskommunikation. https://www.penny.de/presse/wahre-verkaufspreise. Zugegriffen: 21 Juli 2021

Genschel P (1995) Standards in der Informationstechnik. Institutioneller Wandel in der internationalen Standardisierung. Campus Verlag, Frankfurt/Main

GfK – Gesellschaft für Konsumforschung (2017) Shopper Trends in Deutschland und ihr Einfluss auf die Marktstrukturen. https://docplayer.org/51968342-Shopper-trends-in-deutschland-und-ihr-einfluss-auf-die-marktstrukturen.html. Zugegriffen: 07 Jan 2022

Götz N (2008) Reframing NGOs: the identity of an international relations non-starter. Eur J Int Rel 14(2):231–258. https://doi.org/10.1177/1354066108089242

Gradl G, Werning J, Enners S, Kieble M, Schulz M (2021) Quality appraisal of ambulatory oral cephalosporin and fluoroquinolone use in the 16 German federal states from 2014–2019. Antibiotics (Basel, Switzerland) 10(7). doi:https://doi.org/10.3390/antibiotics10070831

Grebitus C, Menapace, L, Bruhn M (2009) What determines the use of brands and seals of approval as extrinsic quality cues in consumers' pork purchase decision? In: Berg E, Hartmann M, Heckelei T, Holm-Müller T, Schiefer G (Hrsg) Risiken in der Agrar- und Ernährungswirtschaft und ihre Bewältigung. 48. Jahrestagung der Gesellschaft für Wirtschafts- und Sozialwissenschaften des Landbaues e. V. vom 24.-26. September 2008. Landwirtschaftsverlag, Münster-Hiltrup, S 171–182

Greenpeace (2020) Greenpeace-Recherchen: Supermärkte setzen weiter auf Billigfleisch (16.10.2020). http://presseportal.greenpeace.de/204443-greenpeace-recherchen-supermarkte-setzen-weiter-auf-billigfleisch

Greenpeace (2021) Greenpeace stellt sich vor; Volle Kraft voraus für die Umwelt. https://www.greenpeace.de/ueber-uns. Zugegriffen: 11 Nov 2021

Grossarth J (2017) Ein Aufklärer, den sie Denunziant nennen. Frankfurter Allgemeine, FAZ.net. https://www.faz.net/aktuell/wirtschaft/unternehmen/tierhaltung-ein-aufklaerer-den-sie-denunziant-nennen-14762951.html. Zugegriffen: 07 Jan 2022

Grunert KG, Bredahl L, Brunsø K (2004) Consumer perception of meat quality and implications for product development in the meat sector—a review. Meat Sci 66(2):259–272. https://doi.org/10.1016/S0309-1740(03)00130-X

Heckendorf K (2018) Arme Schweine; Amtstierärzte sollen kontrollieren, dass Tierbetriebe ordentlich arbeiten. Decken sie jedoch Missstände auf, werden die Veterinäre angefeindet und bedroht. Die Zeit (07.06.2018)

Hirschfelder G, Lahoda K (2012) Wenn Menschen Tiere essen. Bemerkungen zu Geschichte, Struktur und Kultur der Mensch-Tier-Beziehungen und des Fleischkonsums. In: Buchner-Fuhs J, Rose L (Hrsg) Tierische Sozialarbeit. Ein Lesebuch für die Profession zum Leben und Arbeiten mit Tieren. Springer; VS Verlag für Sozialwissenschaften; Springer International Publishing AG, Wiesbaden, Cham, S 147–166

Hoedemaker M, Knubben-Schweizer G, Müller KE, Campe A, Merle R (2020) Tiergesundheit, Hygiene und Biosicherheit in deutschen Milchkuhbetrieben – eine Prävalenzstudie (PraeRi).; Abschlussbericht. https://www.vetmed.fu-berlin.de/news/_ressourcen/Abschlussbericht_PraeRi.pdf

Hogeveen H, Steeneveld W, Wolf CA (2019) Production diseases reduce the efficiency of dairy production: a review of the results, methods, and approaches regarding the economics of mastitis. Ann Rev Res Econ 11(1):289–312. https://doi.org/10.1146/annurev-resource-100518-093954

Hummel T (2021) Undercover im Stall. Süddeutsche Zeitung (12.06.2021)

IAW – Institut Arbeit und Wirtschaft (2019) Studie zu Verflechtungen und Interessen des Deutschen Bauernverbandes (DBV). Naturschutzbund Deutschland. https://www.nabu.de/imperia/md/content/nabude/landwirtschaft/agrarreform/190429-studie-agrarlobby-iaw.pdf. Zugegriffen: 07 Jan 2022

infratest dimap (2020) ARD-DeutschlandTREND Januar 2020; Eine Studie zur politischen Stimmung im Auftrag der ARD-Tagesthemen und der Tageszeitung DIE WELT. https://www.infratest-dimap.de/fileadmin/user_upload/DT2001_Bericht.pdf

Iop S, Teixeira E, Deliza R (2006) Consumer research: extrinsic variables in food studies. Br Food J 108(11):894–903. https://doi.org/10.1108/00070700610709940

Jackson RB, Saunois M, Bousquet P, Canadell JG, Poulter B, Stavert AR, Bergamaschi P, Niwa Y, Segers A, Tsuruta A (2020) Increasing anthropogenic methane emissions arise equally from agricultural and fossil fuel sources. Environ Res Lett 15(7):71002. https://doi.org/10.1088/1748-9326/ab9ed2

Jost JT, Banaji MR, Nosek BA (2004) A decade of system justification theory:; Accumulated evidence of conscious and unconscious bolstering of the Status Quo. Polit Psychol 25(6):881–919. https://doi.org/10.1111/j.1467-9221.2004.00402.x

Kaufer R (2015) Umsetzung von EU-Umweltschutz in der deutschen Land-und Forstwirtschaft; Die Rolle von Politiksektoren und Politikintegration. Dissertation, Göttingen

Keller D, Blanco-Penedo I, de Joybert M, Sundrum A (2019) How target-orientated is the use of homeopathy in dairy farming?-A survey in France. Germany and Spain. Acta Veterinaria Scandinavica 61(1):30. https://doi.org/10.1186/s13028-019-0463-3

Kläsgen M (2019) Der Preis ist heiß. Süddeutsche Zeitung. Zugegriffen: 28. Dez. 2019

Kläsgen M (2021) Aldi will die Preistreiber stoppen. Süddeutsche Zeitung. Zugegriffen: 27. Okt. 2021

Klepper R (2020) Schweinefüße sehr begehrt; Ein Gespräch über die Landwirtschaft in China, deutsche Export-Chancen und die Corona-Krise. Wissenschaft erleben 2020(1):8–9

Kohlmüller M (2020) Fachbereich Fleischwirtschaft der AMI; zur Überproduktion in der deutschen Nutztierhaltung. Die Zeit, 16. Jan. 2020

Kramer B (2021) Hoch hinaus. Süddeutsche Zeitung, 9. Jan.

Kreutzberger S, Thurn V (2011) Die Essensvernichter: warum die Hälfte aller Lebensmittel im Müll landet und wer dafür verantwortlich ist. Kiepenheuer & Witsch

Kroeber-Riel W, Weinberg P (2003) Konsumentenverhalten. Vahlen, München

Mankiw NG, Wagner A (2004) Grundzüge der Volkswirtschaftslehre. Schäffer-Poeschel, Stuttgart

Maréchal K, Joachain H, Ledant J-P (2008) The influence of Economics on agricultural systems: an evolutionary and ecological perspective; Working Papers CEB. Universite Libre de Bruxelles(08–028.RS). https://EconPapers.repec.org/RePEc:sol:wpaper:08-028. Zugegriffen: 07 Jan 2022

Metzinger T (2021) Im Ozean der Qualen. Süddeutsche Zeitung (23. April):32–33

Müller K (2020) Das ist unfair! Die Zeit (05.11.2020)

Postel T (2008) „Milch ist Macht": Der Streik der Bauern. Stern.de. https://www.stern.de/wirtschaft/news/-milch-ist-macht--der-streik-der-bauern-3851378.html. Zugegriffen: 21 Juli 2021

Reckwitz A (2020) Das Ende der Illusionen; Politik, Ökonomie und Kultur in der Spätmoderne. Bundeszentrale für politische Bildung, Bonn

Reutskaja E, Lindner A, Nagel R, Andersen RA, Camerer CF (2018) Choice overload reduces neural signatures of choice set value in dorsal striatum and anterior cingulate cortex. Nat Hum Behav 2(12):925–935. https://doi.org/10.1038/s41562-018-0440-2

Reutter W (2012) Deutschland. In: Reutter W (Hrsg) Verbände und Interessengruppen in den Ländern der Europäischen Union. Springer VS, Wiesbaden, S 129–164

Rieger E (2007) Bauernverbände. Agrarische Interessenpolitik, institutionelle Ordnung und politischer Wettbewerb. In: Winter T, Willems U (Hrsg) Interessenverbände in Deutschland. Springer; VS Verlag für Sozialwissenschaften; Springer International Publishing AG, Wiesbaden, Cham, S 294–315

Roth SJ (2007) Die Marktwirtschaft – Fairer Wettbewerb um die beste Lösung. Bundeszentrale für politische Bildung. https://www.bpb.de/politik/wirtschaft/wirtschaftspolitik/64333/marktwirtschaft. Zugegriffen: 07 Jan 2022

Rukwied J (2018) Wir liefern bereits; Interview. Die Zeit (12.04.2018)

Sandel MJ (2020) Vom Ende des Gemeinwohls; Wie die Leistungsgesellschaft unsere Demokratien zerreißt. Fischer, Frankfurt a. M

Sauerberg A, Wierzbitza S (2013) Das Tierbild der Agrarökonomie. Eine Diskursanalyse zum Mensch-Tier-Verhältnis. In: Pfau-Effinger B, Buschka S (Hrsg) Gesellschaft und Tiere. Soziologische Analysen zu einem ambivalenten Verhältnis. Springer, Springer Fachmedien Wiesbaden; Springer International Publishing AG, Wiesbaden, Cham, S 73–96

Schaefer A, Schießl M (2018) Risse in der Wagenburg. Der Spiegel 2018(4):64–66

Scherhorn B (2021) „Aufstand der Trecker"; Interview vom 14.01.2021. Die Zeit (3/2021)

Scholderer J, Nielsen NA, Bredahl L, Claudi-Magnussen C, Lindahl G (2004) Organic pork: consumer quality perceptions. Project Paper(02/04). https://pure.au.dk/portal/files/32304683/pp0204.pdf

Schulz L, Halli K, König S, Sundrum A (2021) Potenziale der Erzeugung von Qualitätsfleisch in der Population Rotes Höhenvieh. Züchtungskunde 2021(05)

Schulze M, Spiller A, Risius A (2021) Do consumers prefer pasture-raised dual-purpose cattle when considering meat products? A hypothetical discrete choice experiment for the case of minced beef. Meat Sci 177:108494. https://doi.org/10.1016/j.meatsci.2021.108494

Schulze-Petzhold H (1965) Die neuzeitliche Aufgabenstellung bei der Intensivhaltung großer Nutztierbestände. Tierärztliche Umschau (20):263–265

Spiller A, Schulze M (2019) Der LEH macht die Spielregeln. top agrar 2019(3):126–129

Springer Gabler (Hrsg) (2018) Verbraucherpolitik. Gabler Wirtschaftslexikon. https://wirtschaftslexikon.gabler.de/definition/verbraucherpolitik-50013/version-273239. Zugegriffen: 07 Jan 2022

SRU – Der Rat von Sachverständigen für Umweltfragen (1985) Umweltprobleme der Landwirtschaft; Sondergutachten März 1985. Kohlhammer, Stuttgart, Mainz

Sundrum A (2005) Paradigmenwechsel – Vom ökologischen Landbau zur ökologischen Landwirtschaft. Ökologie&Landbau 1/2005(133):17–19

Sundrum A (2011) Tierschutzlabel – eine Herausforderung für die Tierärzteschaft?! Dtsch. Tierärztebl. 59(6):728–729

Sundrum A (2014) Organic Livestock Production. In: van Alfen NK (Hrsg) Encyclopedia of Agriculture and Food Systems. 5-volume set. Elsevier Science, Burlington, S 287–303

Sundrum A (2015) Metabolic disorders in the transition period indicate that the dairy cows' ability to adapt is overstressed. Animals : an open access journal from MDPI 5(4):978–1020. https://doi.org/10.3390/ani5040395

Sundrum A (2018) Beurteilung von Tierschutzleistungen in der Nutztierhaltung. Ber Landwirtsch 96(1). doi:https://doi.org/10.12767/buel.v96i1.189

Sundrum A, Habel J, Hoischen-Taubner S, Schwabenbauer E-M, Uhlig V, Möller D (2021) Anteil Milchkühe in der Gewinnphase – Meta-Kriterium zur Identifizierung tierschutzrelevanter und ökonomischer Handlungsnotwendigkeiten. Ber Landwirtsch 99(2). doi:https://doi.org/10.12767/BUEL.V99I2.340

Svensson C, Lind N, Reyher KK, Bard AM, Emanuelson U (2019) Trust, feasibility, and priorities influence Swedish dairy farmers' adherence and nonadherence to veterinary advice. J Dairy Sci 102(11):10360–10368. https://doi.org/10.3168/jds.2019-16470

Töwe S (2021) Es geht um die Wurst. Süddeutsche Zeitung (12.02. 2021)

Trentmann F (2017) Herrschaft der Dinge; Die Geschichte des Konsums vom 15. Deutsche Verlags-Anstalt, München, Jahrhundert bis heute

UGW AG (2019) Wer kauft wie im LEH?; Aktuelle Shopper-Typen in der SCAN-Studie 2.0 von Vermarktungs-Experten und Marktforschungs-Profis. UGW Report (1/2019). https://www.ugw.de/fileadmin/Blog/UGW_Report2019_01_190218.pdf

Verbraucherzentralen (2019) Fleisch aus besserer Tierhaltung ist rar. Marktcheck der Verbraucherzentralen zur Kennzeichnung „Haltungsform". Hrsg. Verbraucherzentrale Rheinland-Pfalz e.V. https://www.verbraucherzentrale-niedersachsen.de/sites/default/files/medien/140/dokumente/broschuere-marktcheck-haltungsform.pdf. Zugegriffen: 28 Mai 2021

vzbv – Verbraucherzentrale Bundesverband e.V. (2021a) Tierwohl. https://www.vzbv.de/tierwohl. Zugegriffen: 28 Mai 2021

vzbv – Verbraucherzentrale Bundesverband e.V. (2021b) Über uns. https://www.vzbv.de/ueber-uns. Zugegriffen: 30 Mai 2021

Wason PC (1960) On the failure to eliminate hypotheses in a conceptual task. Q J Exp Psychol 12(3):129–140. https://doi.org/10.1080/17470216008416717

Weingarten P (2010) Agrarpolitik in Deutschland. Parlam Beil Polit Zeitgesch 5–6:6–17

Wenzel FT (2021) Nestlé setzt auf veganen Milchersatz. Göttinger Tageblatt, 06. Mai 2021

Witte B, Obloj P, Koktenturk S, Morach B, Brigl M, Rogg J, Schulze U, Walker D, von Koeller E, Dehnert N, Grosse-Holz F (2021) Food for thought: the protein transformation. Ind Biotechnol 17(3):125–133. https://doi.org/10.1089/ind.2021.29245.bwi

Wolff C, Espetvedt M, Lind A-K, Rintakoski S, Egenvall A, Lindberg A, Emanuelson U (2012) Completeness of the disease recording systems for dairy cows in Denmark, Finland, Norway and Sweden with special reference to clinical mastitis. BMC Vet Res 8:131. https://doi.org/10.1186/1746-6148-8-131

Wollny VP (2008) Zur globalen Standardisierung von Markennamen im Konsumgütersektor Erfolgspotenziale, Problemfälle und Lösungsansätze // Zur globalen Standardisierung von Markennamen im Konsumgütersektor – Erfolgspotenziale, Problemfälle und Lösungsansätze. Diplomica, Hamburg

Ziegler R, Ott K (2015) The Quality of Sustainability Science; A Philosophical Perspective. In: Meisch S, Lundershausen J, Bossert L, Rockoff M (Hrsg) Ethics of science in the research for sustainable development. Nomos; Nomos Verlagsgesellschaft GmbH & Co. KG, Baden-Baden, S 17–44

Zimmermann M (2010) Bürgernahes Europa. Ziel und Umsetzung des Subsidiaritätsgedankens. Tectum-Verl, Marburg

ZKL – Zukunftskommission Landwirtschaft (2021) Zukunft Landwirtschaft. Eine gesamtgesellschaftliche Aufgabe; Empfehlungen der Zukunftskommission Landwirtschaft. http://www.bmel.de/goto?id=89464

Wissenschaftlicher Zugang zur Wirklichkeit

8

Zusammenfassung

Angesichts der Komplexität und der Undurchsichtigkeit der Verfahrensabläufe sowie der unerwünschten Neben- und Schadwirkungen wäre es eigentlich die Aufgabe der Wissenschaften in Anwendung ihres methodischen Handwerkskastens, die Wirkzusammenhänge und die Möglichkeiten der Realisierung von Gemeinwohlinteressen auszuleuchten. Davon sind die Wissenschaften gegenwärtig noch weit entfernt. Insbesondere die Agrarwissenschaften sind bis heute maßgeblich an der Beförderung der Intensivierung der Produktionsprozesse beteiligt. Gleichzeitig wird den unerwünschten Neben- und Schadwirkungen allenfalls im Hinblick auf allgemeine Fragestellungen, nicht jedoch im einzelbetrieblichen Kontext eine Bedeutung beigemessen. Was die Agrarwissenschaften im Hinblick auf die Steigerung der Produktivität so erfolgreich gemacht hat, wird ihr nun zum Verhängnis. Die selbstverstärkenden Tendenzen der Spezialisierung haben dazu geführt, dass sich die Agrarwissenschaften selbst ihrer Problemlösungskompetenz beraubt haben. Die Lösung von Problemen, welche aus der Komplexität von Wirkzusammenhängen erwachsen, gelingt nur über inter- und transdisziplinäre Forschungsansätze. Damit lassen sich jedoch keine wissenschaftlichen Meriten verdienen. Es erfordert einen Blick hinter die Kulissen, um zu verstehen, wie es dazu hat kommen können, dass die Agrarwissenschaften zu einer Hilfswissenschaft der Agrarwirtschaft und zu einem Teil des Problems hat werden können. Erst wenn die bisherige Rolle der Agrarwissenschaften verstanden wird, kann darüber reflektiert werden, wie sie von einem Teil des Problems zum Teil einer Lösung werden kann.

Die derzeitige Ausrichtung der Agrarwirtschaft und die damit einhergehenden unerwünschten Neben- und **Schadwirkungen** sind kaum zu verstehen, wenn nicht

A. Sundrum, *Gemeinwohlorientierte Erzeugung von Lebensmitteln,*
https://doi.org/10.1007/978-3-662-65155-1_8

auch der Anteil der Agrarwissenschaften an dieser Entwicklung mitbedacht wird. Wenn die Schadwirkungen eingedämmt und eine **Gemeinwohlorientierung** befördert werden sollen, wozu die Ausführungen in diesem Buch einen Beitrag leisten sollen, kommt man nicht umhin, die wissenschaftlichen Erkenntnisprozesse zu reflektieren, die am Zustandekommen des gegenwärtigen Zustandes der Agrarwirtschaft beteiligt waren und die theoretischen Denkgebäude geprägt haben. Da die Erkenntnisse der Agrarwissenschaften die Intensivierungsprozesse bei der Erzeugung von Nahrungsmitteln maßgeblich befördert und gleichzeitig das Ausmaß der unerwünschten Nebenwirkungen über Jahrzehnte weitgehend ausgeblendet haben, sind sie unzweifelhaft Teil des Problems. Auf der anderen Seite sind sie Teil der Lösung. Schließlich resultieren auch die bisherigen Kenntnisse über das Ausmaß und die Ursachen der Schadwirkungen sowie die Vorschläge zur Minimierung von Fehlentwicklungen ebenfalls aus verschiedenen Teilbereichen der Agrarwissenschaften. Angesichts dieser Ambivalenz laufen alle Versuche ins Leere, welche die Tätigkeiten der Agrarwissenschaften gern als „wertfrei" verstanden wissen wollen, um nicht in gesellschaftspolitische Debatten hineingezogen oder gar für Fehlentwicklungen mitverantwortlich gemacht zu werden. Das Bild von einer wertfreien **Wissenschaft** mag in der Physik noch aufrechterhalten werden können, auch wenn uns Friedrich Dürrematt mit seiner bereits im Jahr 1961 entstandenen Komödie „Die Physiker" schon längst dieser Illusion beraubt haben sollte. In keiner Wissenschaftsdisziplin ist jedoch das Interesse an Erkenntnis so eng mit dem Interesse an ihrer Anwendung verknüpft wie in den Agrarwissenschaften. Mit dem Interesse an der Anwendung von wissenschaftlichen Erkenntnissen ist das Erreichen einer Absicht und eines Zieles verbunden.

Dem bisherigen Duktus vom Allgemeinen zum Speziellen folgend, werden zunächst die verschiedenen Erklärungsansätze und die Hauptstränge der Wissenschaft sowie die hervorgebrachten Wissensformen grob skizziert, in welchen die Agrarwissenschaften eingebettet sind. Im Anschluss werden die Agrarwissenschaften als eine angewandte Wissenschaft von den Naturwissenschaften und den Technikwissenschaften abgegrenzt. Schließlich sollen die spezifischen Charakteristika herausgearbeitet werden, um nachvollziehbar zu machen, was einerseits die Agrarwissenschaften in der Vergangenheit zu leisten imstande waren und wozu sie andererseits mit Blick auf die künftigen Herausforderungen ohne einen **Paradigmenwechsel** nicht befähigt sind.

Das Ziel von Wissenschaft ist es, die Wahrheit über das herauszufinden, was tatsächlich existiert (Chalmers 1999). Sachverhalte sind allerdings in einem sehr unterschiedlichen Maße einer Beurteilung des Wahrheitsgehaltes zugänglich. Sehr viele Prozesse sind auch unter Anwendung vielfältiger und ausgefeilter Methoden nicht der unmittelbaren Anschauung zugänglich oder sie unterliegen einer so großen Dynamik, dass immer nur Momentaufnahmen in Bezug auf Teilaspekte möglich sind. Es bedarf daher einer methodischen Herangehensweise zum Zweck des Erkenntnisgewinnes, die innerhalb der Scientific Community akzeptiert wird und damit eine intersubjektive Gültigkeit beanspruchen kann. Diese grenzt sich ab von den Erkenntnisgewinnen, die jede einzelne Person für sich glaubt, erlangt zu haben. Zu Recht wird das wissenschaftliche **Wissen** als das bestmögliche Wissen bezeichnet, weil es aus einem Erkenntnisprozess hervorgeht, der fortlaufend einer kritischen Beurteilung unterzogen wird bzw. unterzogen werden sollte und könnte, sofern dafür die erforderlichen Bedingungen vorliegen. Zwar ist das Wissen an Wahrheit ausgerichtet; es kann aber nicht abschließend daran gemessen werden; es sei denn, jemand verfügt schon über die Wahrheit (Ladenthin 2020). In diesem Fall bedürfte es keiner Wissenschaft mehr. Daraus schlussfolgert Ladenthin, dass auch nicht evaluiert werden kann, was „exzellente Wissenschaft" ist, denn derjenige, der evaluiert, müsste mehr wissen als der Evaluierte. Angesichts des immer weiter ausgeweiteten Spezialwissens ist dies jedoch sehr selten der Fall. Wissenschaft besteht demnach vor allem darin, Wissenschaft auf ihre Gültigkeit hin zu befragen.

Was wissenschaftliche Tätigkeit im Kern ausmacht, kann wie folgt umrissen werden:

> „Die Wissenschaft ist ein System der Erkenntnisse über die wesentlichen Eigenschaften, kausalen Zusammenhänge und Gesetzmäßigkeiten der Natur, Technik, Gesellschaft und des Denkens, das in Form von Begriffen, Kategorien, Maßbestimmungen, Gesetzen, Theorien und Hypothesen fixiert wird (Klaus und Buhr 1975)."

Gleichzeitig bezeichnet Wissenschaft den methodischen Prozess intersubjektiv nachvollziehbaren Forschens und Erkennens in einem bestimmten Bereich, der ein begründetes, geordnetes und gesichertes Wissen in Form eines zusammenhängenden Systems von **Aussagen**, **Theorien** und Verfahrensweisen hervorbringt, das strengen Prüfungen der Geltung unterzogen wird und mit dem Anspruch **objektiver**, überpersönlicher Gültigkeit verbunden ist (Carrier 2011). Aus den so gewonnenen Ergebnissen und Erkenntnissen können, durch die Anwendung logischer Überlegungen, überprüfbare Gesetze und Regelmäßigkeiten abgeleitet und Vorhersagen getroffen werden.

Wissenschaftliche Methoden des Erkenntnisgewinns lassen sich auf nahezu alle Lebensbereiche anwenden. Allerdings sind nicht alle Lebensbereiche auf gleiche Weise zugänglich oder gar von Interesse, eingehender erforscht zu werden, um darüber belastbare Aussagen treffen zu können. So unterschiedlich die Methoden des Erkenntnisgewinns, so unterschiedlich sind auch die Möglichkeiten der Nutzbarmachung der Erkenntnisse zur Lösung von offenen Fragen und Problemen, oder um selbst gesteckte oder durch andere vorgegebene Ziele zu erreichen.

8.1 Wissenschaftliche Erkenntnis

Drei Fragen sind es, die Kant seiner Philosophie der Aufklärung vorangestellt hat: Was können wir wissen, was dürfen wir hoffen, was sollen wir tun? (Schlageter 2013). Diese Fragen liefern auch noch heute die Grundstruktur für einen rationalen Umgang mit einer Welt, die sich in einem fortwährenden Prozess der Veränderung befindet. War zu Zeiten Kants der rationale Umgang mit **Wissen** noch einem kleinen Personenkreis vorbehalten, hat sich heute nicht zuletzt aufgrund vielfältiger technischer Neuerungen der

Umgang mit Wissen zu einer in fast allen Lebensbereichen bestimmenden Dimension entwickelt. Wir leben in einer Wissensgesellschaft. Die Tatsache, dass wir sehr schnell auf **Informationen** zurückgreifen können, bedeutet jedoch keineswegs, dass wir sehr viel **verstehen**. Angesichts der exponentiellen Zunahme von Daten und Informationen, die als Substrat des Wissens fungieren, wird der Umgang damit zu einer immer größeren Herausforderung. Die Transformation von Daten zu Informationen und von Informationen zu personenbezogenem Wissen ist kein Selbstläufer. Vielmehr ist der Weg mit zahlreichen Hindernissen gepflastert und häufig nicht gut ausgeschildert, sodass man schnell die Orientierung verlieren kann.

Wissenschaft ist ein Teilsystem der gesellschaftlichen Wirklichkeit. Das Ansehen der Wissenschaft ist wesentlich darauf gegründet, dass sie Erscheinungen und Sachverhalte zuverlässig zu erklären vermag, in dem Sinne, dass man sich beim theoretischen Argument bzw. beim praktischen Handeln und bei der Bewältigung lebensweltlicher Probleme auf die Erklärung verlassen kann. Das nach den Grundsätzen wissenschaftlichen Arbeitens gewonnene und aufbereitete Wissen kann als wissenschaftliche Erkenntnis bezeichnet werden (Mohr 1999, 33 f.). Das praktische Interesse an gesichertem Wissen ist selbsterklärend. Einen Sachverhalt zu erklären, bedeutet in der Wissenschaft, ihn auf generelle Sätze (**Gesetze**) und auf die systemspezifischen Randbedingungen zurückführen zu können. Gesicherte Aussagen der Wissenschaft erfolgen im Allgemeinen durch singuläre Sätze (faktische Aussagen, Tatsachenaussagen) oder durch generelle Sätze (Gesetzesaussagen). Ein Gesetz ist eine gesicherte Aussage, die für eine Vielzahl jedoch nicht zwingend für alle Situationen gilt. Hinsichtlich der Verallgemeinerungsfähigkeit von den gesicherten Aussagen kann in abnehmender Rangierung unterschieden werden zwischen: Allsätzen, partikulären Allsätzen, theoretischen Gesetzen, empirischen Gesetzen, Gesetzmäßigkeiten und Regelmäßigkeiten. Für die Erklärung von Sachverhalten stehen unterschiedliche Ansätze zur Verfügung: die kausale, die funktionale und die teleologische Erklärung.

Kausale Erklärung

Kausale Erklärungen betreffen die gesetzmäßige Abfolge aufeinander bezogener Ereignisse. Ereignis A ist die Ursache für die Wirkung B, wenn B von A herbeigeführt wird. Das Kausalprinzip beschreibt die Überzeugung, dass ein und dieselbe Ursache stets zu ein und derselben Wirkung führt. Die Struktur der kausalen Erklärung wird in den Wissenschaften durch das Hempel-Oppenheim-Modell beschrieben (Mohr 1999, 54 f.). Darin kommen drei Elemente vor: generelle Sätze, Aussagen über die systemspezifischen Umstände (Anfangs- und Randbedingungen) und eine Aussage über den Sachverhalt, der zu erklären ist (Explanandum) oder den man voraussagt (**Prognose**). Die Güte der Gesetze bestimmt die Güte einer Erklärung oder die Präzision einer Prognose. Anders als in der Physik oder in der Technik haben wir es bei biologischen Prozessen eher selten mit Gesetzen oder Gesetzmäßigkeiten, sondern eher mit Regelmäßigkeiten zu tun. Der Ausgang von Prozessen wird häufig von unvorhergesehenen Ereignissen überlagert, welche von den biologischen Systemen eine Anpassung erfordern und die Vorhersagen relativieren. Hinzu kommen multifaktorielle Prozesse, welche häufig ein kaum gedanklich zu durchdringendes und deshalb experimentell unter standardisierten Randbedingungen nur bedingt nachzustellendes Wirkungsgefüge repräsentieren. Anders als bei monokausalen Zusammenhängen kann multifaktorielles Zusammenwirken nicht mit dem Hempel-Oppenheim-Modell beschrieben werden, weil die Wirkzusammenhänge keinen generellen Gesetzen oder Sätzen folgen.

Hinzu kommt, dass die Komplexität biologischer Systeme der Vereinfachung der Randbedingungen enge Grenzen setzt. Dies führt zu einem erheblichen Verlust an Präzision bei der Erklärung und hat zur Folge, dass keine sicheren Prognosen abgegeben werden können. Die präzise Erklärung eines individuellen Ereignisses ist damit nicht möglich. Das Hempel-Oppenheim-Modell versagt beim Umgang mit sehr komplexen und chaotischen Systemen. Systeme verhalten sich chaotisch, wenn kleine Änderungen sehr unterschiedliche Wirkungen hervorrufen können. Dies ist zum Beispiel bei der Entstehung einer Erkrankung im Organismus der Fall. Die gleiche Ursache (pathogener Keim) kann auch unter sehr standardisierten Ausgangs- (z. B. Genetik) und Randbedingungen (u. a. Fütterung, Haltung, Hygiene) bei den Tieren einer Gruppe sehr unterschiedliche Krankheitssymptome und -verläufe hervorrufen. Da in der Realität weder die zurückliegenden Ausgangsbedingungen noch die aktuellen bzw. künftigen Randbedingungen hinreichend genau bekannt sind bzw. erfasst werden können, schließt dies eine präzise Erklärung und Vorhersage von Prozessverläufen weitgehend aus. Zwar können bei Vorliegen einer großen Zahl von Tieren mittels statistischer Verfahren Regelmäßigkeiten ermittelt und Aussagen zur Wahrscheinlichkeit des Auftretens spezifischer Reaktionen getroffen werden. Diese gelten allerdings nur für die jeweilige Grundgesamtheit, nicht jedoch für die individuellen Einheiten, aus denen die Grundgesamtheit gebildet wird. Es liegt folglich ein gravierender Denkfehler vor, wenn hinsichtlich des Erklärungsgehaltes und der Vorhersagbarkeit nicht zwischen der Grundgesamtheit und den einzelnen Einheiten differenziert wird. Das heißt: Das, was für die Grundgesamtheit gilt, gilt nicht zwingend für jede Teileinheit.

Funktionale Erklärung

Während die kausale Erklärung vor allem in der Physik und Chemie als Erklärungsform herangezogen wird, kommen in der Biologie zwei weitere Erklärungsformen hinzu, die neben der kausalen Erklärung eine unentbehrliche Rolle spielen: die funktionale und die teleologische Erklärung von Sachverhalten. Sie sind Wissenschaftlern, die sich an der Physik als paradigmatischer Naturwissenschaft orientieren, in der Regel nicht hinreichend vertraut (Mohr 1999, 62 f.). Funktionale Erklärungen sind Aussagen über die Rolle, die ein Teil in einem funktionierenden Ganzen spielt. Die funktionale Erklärung basiert auf der durch die evolutionswissenschaftlichen Erkenntnisse begründete Prämisse, dass lebende Organismen optimierte und zweckmäßige biologische Systeme sind. Dies bedeutet, dass sie so gut wie keine nutzlosen Teile enthalten. Jedes Teil des Ganzen dient einem bestimmten definierten Zweck. Das von Galilei eingeführte Erkenntnisprinzip der Isolation, also die Analyse der ideal herausgestellten Einzelmomente und das

anschließende Zusammenfügen in der Superposition, hat sich in vielen Wissenschaftszweigen und insbesondere in der Physik bewährt, zumindest bis zum Aufkommen der
Quantenphysik. Es versagt jedoch in der Biologie.

„Mit dem Begriff des Organismus hat Aristoteles der Biologie ihr fundamentales
Erkenntnisprinzip gegeben" (Schlageter 2013, 74 f.). Für den Organismus als Ganzheit
gilt, dass

> „die Teile, die abgetrennt von dem Wesen [sind; Einf. des Verfassers], zu dem sie gehören,
> gar nicht existieren "(Aristoteles).

Das Lebendige kann nicht in Einzelteile zerlegt werden, ohne zugleich zerstört zu
werden. Ernst Cassirer (1974) ergänzt 2000 Jahre später:

> „Im lebenden Organismus liegen die Teile nicht bloß nebeneinander, sondern wirken auch
> gegenseitig aufeinander, und alle zusammen arbeiten auf einen gemeinschaftlichen Zweck
> hin. Es gibt keine Verrichtung, die nicht der Hilfe und des Zusammenwirkens nahezu aller
> Übrigen bedürfe. […] Der Begriff des Organismus lässt sich nicht fassen, ohne dass wir in
> ihn das Moment der Zweckmäßigkeit hineinlegen."

In diesem Sinne sind funktionale Erklärungen Aussagen über die Rolle, die ein Teil in
einem übergeordneten System spielt, wie z. B. eine Organelle in einer Zelle, ein Organ in
einem Organismus oder ein Tier in einer Herde oder die Tierhaltung in einem Betriebssystem. Die funktionale Erklärung basiert auf der Prämisse, dass biologische Systeme
einen Zweck verfolgen und die Untereinheiten (Subsysteme) eine Funktion im Ganzen
erfüllen. Organe erfüllen eine Funktion für die Überlebensfähigkeit eines Organismus.
Eine Störung ihrer Funktionsfähigkeit bleibt nicht ohne Folgen für die Funktionsfähigkeit des Ganzen. Gleichzeitig besteht eine Variationsvielfalt, welche die Voraussetzung
für die Möglichkeiten der **Anpassung** an sich verändernde Lebensbedingungen ist. Die
Funktionalität von Subsystemen erklärt sich damit auch anhand der Befähigung, sich
veränderten Verhältnissen anzupassen, um die Funktionsfähigkeit des Gesamtsystems zu
erhalten.

Teleologische Erklärung

Weil die Prozesse in einem lebenden System zielgerichtet ablaufen, sind sie logisch
im Hinblick auf die Zielerreichung. Dabei wird vorausgesetzt, dass nicht nur die
funktionalen Endzustände selbst, sondern auch die dahin führenden Entwicklungsprozesse auf Optimierung ausgerichtet sind. Mohr führt dazu aus:

> „Die zweckmäßige Funktion eines Teils in einem Ganzen erfordert in der Regel ein voll
> entwickeltes, funktionell reifes System. Der Entwicklungsprozess, der zu dem tatsäch-
> lich funktionierenden Teil führt, ist meist der funktionalen Erklärung nicht zugänglich. An
> dieser Stelle spielt die teleologische Erklärung ihre unentbehrliche Rolle. Die teleologische
> Erklärung eines Teils bedeutet, dass seine Existenz vom funktionalen Endzustand her ver-
> standen werden kann (Mohr 1999, 64 f.)."

Beispielsweise sind lebende Organismen zur Selbstregulation befähigt. Sie können interne Prozesse verändern, um lebenswichtige Funktionen aufrechtzuerhalten und das System an neue Bedingungen anzupassen. Beispielsweise werden bei einer Infektion nicht nur das Immunsystem, sondern auch das Herz-Kreislauf-System sowie viele andere Körperfunktionen in den Dienst der Immunabwehr gestellt. Bei körperlichen Belastungen kann die Nährstoffversorgung der Muskulatur über einen veränderten Blutstrom auf Kosten anderer Organe gesteigert werden, während gleichzeitig der Blutstrom über eine Steigerung des Herzminutenvolumens erhöht wird und auch Prozesse in anderen Organsystemen sich auf die veränderten Anforderungen einstellen. In diesem Sinne sind Organismen lernfähige Systeme, die sich durch Rückkopplung (Feedback) an veränderte Rahmenbedingungen anpassen und trotz Störungen (Soll-Ist-Abweichungen) in der Lage sind, das Ziel des Selbsterhalts zu erreichen. Maßgeblich ist, dass jeder Teil des Ganzen dem übergeordneten Zweck dient.

8.2 Wissenschaftszweige

Nach klassischer Auffassung wird die **Wissenschaft** unterteilt in Natur-, Sozial- und Geisteswissenschaften. Die Vielfalt der unterschiedlichen Wissenschaftszweige macht es nachvollziehbar, dass in der Scientific Community kein Konsens über eine allgemeine Klassifizierung der Einzelwissenschaften besteht. Entsprechend erschweren unterschiedliche Ausmaße von Überschneidungen zwischen den verschiedenen Wissenschaftsgebieten klare Ein- und Zuordnungen. Auf der anderen Seite böte die Beschäftigung und Reflexion unterschiedlicher wissenschaftlicher Einrichtungen mit ihren jeweiligen Perspektiven und Methodenspektren mit dem gleichen Forschungsgegenstand eine große Chance, Wissenschaft umfassender zu begreifen, als sie in Einzeldisziplinen zu unterteilen, die kaum noch Berührungspunkte miteinander aufweisen.

8.2.1 Naturwissenschaften

Die Naturwissenschaften gehören zu den empirischen Wissenschaften. Sie zeichnen sich vor allem durch ihren Forschungsgegenstand, die unbelebte und belebte Materie, aus. Einige Naturwissenschaften, wie die Physik und die Chemie, sind durch einen mathematischen Zugang zu ihrem Forschungsgegenstand geprägt. Sie werden als exakte Wissenschaften bezeichnet und haben mit der Exaktheit über lange Zeiträume den Goldstandard vorgegeben, an den sich andere Fachdisziplinen noch heute orientieren. Dies geschieht häufig ungeachtet der Tatsache, dass die Physik schon längst im Zuge der Quantenphysik und der von Heisenberg proklamierten Unschärferelation einen **Paradigmenwechsel** vollzogen hat. Die heisenbergsche Unschärferelation besagt, dass man bei einem subatomaren Phänomen nicht gleichzeitig den Impuls und den Ort exakt bestimmen kann. Damit sind exakte und zugleich vollständige Beschreibungen dessen, was auf subatomarer Ebene geschieht, in der Quantentheorie grundsätzlich nicht mehr möglich. Auch ist in der Quantenphysik der Beobachter samt seinen Messinstrumenten von dem zu beobachtenden Phänomen nicht zu trennen. Damit kann die Annahme der neuzeitlichen Naturwissenschaften, dass die Welt durch und durch berechenbar und objektivierbar ist, nicht mehr aufrechterhalten werden.

Naturwissenschaftliche Forschung beschäftigt sich vor allem mit Fragestellungen, die durch Untersuchung von gesetzmäßigen Zusammenhängen in der Natur beantwortet werden können. Der Schwerpunkt liegt dabei auf der Beschreibung der Vorgänge selbst und nicht darin, den Prozessen einen Sinn oder ein Ziel zuzuschreiben. Im Vordergrund steht nicht die Frage nach dem Wozu, sondern nach dem Wie. Zum Beispiel findet die Frage „Warum gibt es Regen?" nicht ihre Erklärung darin: damit Pflanzen wachsen können. Sie wird dahingehend beantwortet: weil Wasser verdunstet, aufsteigt, sich in Wolken sammelt und schließlich kondensiert, was zum Niederschlag führt. Die Naturwissenschaft beantwortet also keine Fragen, die auf einen Zweck oder ein Ziel (teleologisch) ausgerichtet sind, sondern führt die untersuchten Vorgänge auf Naturgesetzmäßigkeiten oder auf schon bekannte Sachverhalte zurück. Insoweit dies gelingt, wird der Naturwissenschaft nicht nur ein beschreibender (deskriptiver), sondern auch ein erklärender Charakter zugeschrieben.

Naturwissenschaftler beobachten, messen und analysieren die Zustände und das Verhalten der Akteure in der Natur durch Methoden, die vor allem die **Reproduzierbarkeit** ihrer Ergebnisse sichern sollen, mit dem Ziel, Regelmäßigkeiten zu erkennen. Die Vielzahl an Naturphänomenen hat eine Vielzahl an Methoden hervorgebracht, mit denen diese analysiert und die den Phänomenen zugrunde liegenden Wirkmechanismen interpretiert und damit gedanklich durchdrungen werden können. Allerdings stehen der Generierung von Erkenntnissen bei dieser Herangehensweise vor allem zwei Barrieren entgegen. Zum einen spielen sich die Prozesse, welche die Phänomene hervorbringen, vor allem im Verborgenen ab und bleiben damit der direkten Einsichtnahme verborgen. Folgerichtig gehört das Aufbrechen des Verhüllten durch Zerlegen und Zerschneiden in immer kleinere Teilbereiche unter Zuhilfenahme diverser Werkzeuge und Verfahren zu den elementaren naturwissenschaftlichen Tätigkeiten. Sie machen eine immer größere Genauigkeit der Untersuchung möglich und nötig und fördert bislang verborgene Strukturen zutage. Parallel hat die Entwicklung von Vergrößerungsinstrumenten, die mittlerweile selbst Strukturen im Nanobereich einsehbar machen, eine kaum überschaubare Fülle an Einsichten in die Mikrobereiche zutage gefördert. Mit jeder methodischen Erweiterung und Zerlegung der Teilbereiche in Unterbereiche tauchen neue Themenfelder auf, die als Wissenslücken interpretiert und definiert werden, sodass sie weiteren Untersuchungen zugeführt werden können. Auf diese Weise geht den Wissenschaftlern die Arbeit nicht aus.

Die andere Erkenntnisbarriere stellt das Beziehungs- und Wirkungsgeflecht dar, dass zwischen den einzelnen Teilbereichen und Elementen besteht, aus denen sich die jeweiligen Phänomene zusammensetzen. Häufig beschränkt sich die Identifizierung der

Relationen, welche die Teilbereiche untereinander verbinden, auf die mengenmäßigen Verhältnisse zum Zeitpunkt der Analyse. Dies gelingt allenfalls unter Versuchsanordnungen, die unter streng standardisierten Bedingungen und mit dem Fokus auf sehr wenige Teilbereiche durchgeführt werden. Durch die Analyse, d. h. durch Zerschneiden, Trennen und Zergliedern von Phänomenen wird das Beziehungs- und Wirkungsgeflecht zerstört. Lebende Systeme, die auf komplexen Wirkungsgefügen basieren, bei denen jedes Teil zugleich Ursache und Wirkung sein kann, sind auf diese Weise nicht zugänglich. Zwar wird die Erfassung der Details immer genauer, dadurch das Ganze aber nicht unbedingt verstanden. Bei komplexen biologischen Prozessen kommen die Naturwissenschaften schnell an ihre Grenzen. Folglich bedarf es anderer methodischer Ansätze, um komplexen Wirkungsgefügen auf die Schliche zu kommen.

Die Naturwissenschaften nehmen für sich in Anspruch, eine vom Subjekt (dem Wissenschaftler) unabhängige Untersuchung von Naturphänomenen durchzuführen und damit **objektive**, d. h. vom Subjekt unabhängige Ergebnisse hervorzubringen. Da bereits die Auswahl und Eingrenzung des Untersuchungsgegenstandes sowie die Auswahl der zur Untersuchung herangezogenen Methoden auf einer subjektiven Entscheidung basiert, lässt sich das Ideal einer subjektunabhängigen und wertfreien Wissenschaft nicht aufrechterhalten. Wenn Fragen nach dem Wozu von Naturphänomenen in den Naturwissenschaften noch weitgehend ausgeklammert werden, treten sie spätestens bei deren Nutzbarmachung auf den Plan: Wozu sind die Gegenstände und Phänomene der Natur und wozu und vor allem für wen sind die Erkenntnisse über die Naturphänomene nutzbar? Folgt man den Ausführungen des renommierten Klimawissenschaftlers Schellnhuber (2020), dann ist eine zweckfreie Wissenschaft

> „ein Idealbild, sowohl von Seiten der Wissenschaft als auch der Gesellschaft. Und gleichzeitig ist es eine fundamentale Lebenslüge, die die deutsche Wissenschaft nach dem Zweiten Weltkrieg entwickelt hat. In beiden Weltkriegen hatte sie sich massiv korrumpiert, bis hin zur Kriegsforschung und sogar zur direkten Kriegsbeteiligung. Nach dem Zweiten Weltkrieg hieß es plötzlich: Wie sind von nun ab völlig objektiv, wertfrei. Wir wollen mit der schmutzigen Politik nichts mehr zu tun haben. […] Und daraus ist das hochgradig ideologisierte Bild von einer ideologiefreien Wissenschaft entstanden."

Die Nutzbarmachung von natürlichen Gegebenheiten für menschliche Zwecke beinhaltet zwangsläufig einen **Anthropozentrismus**, bei dem der Mensch im Zentrum steht und die Natur aus der Perspektive des Menschen betrachtet, verstanden und nutzbar gemacht wird. Gleichwohl sind Menschen in der Lage, kraft ihres **Abstraktionsvermögens** die eigene Sicht auf die Dinge zu relativieren und andere Perspektiven einzunehmen. Durch den Wechsel der Perspektive relativieren sich bekanntlich die betrachteten Dinge, d. h., sie werden in Relation zu andcren Dingen, also in einen Kontext und in Beziehung zur Perspektive des Betrachters, gesetzt. Gleichzeitig verlieren Aussagen über einen Betrachtungsgegenstand den Anspruch auf eine absolute Richtigkeit im Bemühen um die Abbildung der **Wirklichkeit**. Es kann nie ausgeschlossen werden, dass sich aus einer anderen Perspektive andere Erkenntnisse bezüglich der Realität ergeben, welche die aus ursprünglicher Perspektive für richtig gehaltene Beurteilung einschränkt (relativiert). Daraus folgt, dass es nicht die eine, sondern immer verschiedene Wirklichkeiten gibt. Verschiedene Personen, die einen komplexen Sachverhalt aus unterschiedlichen Perspektiven betrachten, werden nur in Ausnahmefällen zu einer identischen Einschätzung der Wirklichkeit gelangen. Die unterschiedlichen Wirklichkeiten existieren nicht getrennt, sondern – sofern sie auf den gleichen Gegenstand gerichtet sind – bilden ein mehr oder weniger großes Maß an gemeinsamer Schnittmenge. Positiv gewendet erweitern die unterschiedlichen Perspektiven das Blickfeld und ermöglichen eine umfassendere Anschauung und damit realitätsnähere Einblicke in Sachverhalte. Dies gilt jedoch nur, sofern es gelingt, die verschiedenen Einblicke zu einem kohärenten Gesamtbild zusammenzufügen. In der Wissenschaft wird dies durch die Ausformulierung einer **Theorie** geleistet. Die beste und jeweils gültige Theorie ist diejenige, in der möglichst viele der aus den unterschiedlichen Perspektiven gewonnen Erkenntnisse in ein **konsistentes** (widerspruchsfreies) und kohärentes (die Dinge schlüssig miteinander in Beziehung setzendes) Gedankengebäude integriert sind.

8.2.2   Sozial- und Wirtschaftswissenschaften

Die Sozialwissenschaften (auch Gesellschaftswissenschaften genannt) untersuchen Phänomene des gesellschaftlichen Zusammenlebens der Menschen. Dabei werden Strukturen und Funktionen sozialer Verflechtungszusammenhänge von Institutionen und Systemen und auch deren Wechselwirkung mit Handlungs- und Verhaltensprozessen der einzelnen Akteure theoriegeleitet oder empirisch analysiert. Die Wirtschaftswissenschaft (auch Ökonomie genannt) ist die Wissenschaft von der Wirtschaft und gehört zu den Sozialwissenschaften. Sie untersucht vor allem den rationalen Umgang mit knappen, also nur begrenzt verfügbaren Gütern (Albach 2018).

Im deutschen Sprachraum wird die Wirtschaftswissenschaft üblicherweise in die Bereiche Volkswirtschaftslehre und Betriebswirtschaftslehre unterteilt. Die Volkswirtschaftslehre untersucht grundlegende wirtschaftliche Zusammenhänge und Gesetzmäßigkeiten in einer Gesellschaft, sowohl in Bezug auf einzelne wirtschaftende Einheiten (Mikroökonomie) als auch im volkswirtschaftlichen Kontext (Makroökonomie). Erkenntnisobjekt ist das Wirtschaften, also der planmäßige und effiziente Umgang mit knappen Ressourcen zwecks bestmöglicher Bedürfnisbefriedigung von unterschiedlichen Akteuren. Die Betriebswirtschaftslehre befasst sich mit den wirtschaftlichen Zusammenhängen und Gesetzmäßigkeiten einzelner Unternehmen und liefert Erkenntnisse über die Potenziale der monetären Wertschöpfung in Abhängigkeit von betrieblichen Strukturen und Prozessen im Abgleich mit den marktwirtschaftlichen Rahmenbedingungen. Um wirtschaftstheoretische **Modelle** empirisch zu überprüfen und ökonomische Phänomene quantitativ zu analysieren, werden ökonometrische Methoden eingesetzt, die auf mathematischen Modellen beruhen. Diese Modelle dienen auch dazu, **Prognosen** für wirtschaftliche Entwicklungen zu erstellen.

8.2.3 Geisteswissenschaften

Die Geisteswissenschaften beschäftigen sich mit dem Denken, dem Handeln und den Hervorbringungen der Menschen in ihrer ganzen Vielfalt. Dazu gehören die Alltagskultur, die Sprache, die Geschichte, das Recht, das soziale, politische und religiöse Leben, die Künste, aber auch die Praxis aller Wissenschaften sowie deren Denkweisen. Der Begriff „Geisteswissenschaften" existiert nur im Deutschen. In anderen Sprachen werden die Geisteswissenschaften *sciences humaines*, *scienze humane* oder *humanities* genannt. Als Wissenschaften vom Menschen haben sie ihre Wurzeln in den *studia humanitatis*, die im Europa der Renaissance aufkamen und von da aus als humanistische Bildung einen weltweiten Siegeszug antraten. Als akademische Disziplinen etablierten sie sich im 19. Jahrhundert. Die Geisteswissenschaften lassen uns bewusst werden, dass historisch gewachsene Bedingungen unser Tun prägen und dass Wertungen unumgänglich sind, obgleich diese nie endgültig sein können. Die Geisteswissenschaften führen fort, was am Ursprung der modernen Wissenschaften steht: die kritische Überprüfung von Vorstellungen, Ideen und sprachlichen Bildern. Sie versuchen, Dogmatik und Ideologie durch kritische Diskussion zu ersetzen und damit Reflexions- und Orientierungswissen zu schaffen.

In den Geisteswissenschaften ist man schon im 19. Jahrhundert zu der Erkenntnis gelangt, dass es nicht die eine, wahre Wirklichkeit gibt, sondern verschiedenartige Ansichten der Realität. Zum guten wissenschaftlichen Arbeiten in den Geisteswissenschaften gehört seither, dass die Forscher offenlegen und reflektieren, von welchen Standpunkten aus sie ihre Überlegungen entwickelt haben. Während die Wissenschaftler verschiedenster Fachdisziplinen sehr gut in der Lage sind, durch ihre praktische Tätigkeit neues Wissen zu generieren, sind sie nicht besonders erfahren darin, einen Schritt von ihrer Arbeit zurückzutreten und die eigenen Denkprozesse zu beschreiben, zu charakterisieren und zu reflektieren (Chalmers 1999, 201 f.). Erfolgreiche Teilgebiete der verschiedenen Wissenschaftszweige haben sich als Einzeldisziplinen verselbstständigt und eine jeweils eigene Form des Vernunftgebrauchs entwickelt. Dadurch ist die Anbindung an übergeordnete Reflexionsebenen geschwächt oder gänzlich verloren gegangen. Hier könnten sie die methodischen Fertig- und Fähigkeiten von Philosophen nutzen, um sich im Gesamtkontext der Wissenschaften neu zu verorten und eine neue Anschlussfähigkeit zu erlangen. Ein Teil der Philosophie ist Metatheorie für natur-, sozial- und kulturwissenschaftliche Disziplinen in Form allgemeiner Wissenschafts- und **Erkenntnistheorie**. Damit reflektiert die Philosophie den Vernunftgebrauch sowohl in unserer Lebenswelt als auch in unterschiedlichen systemischen Zusammenhängen wie der Ökonomie oder der Politik, aber auch im Kontext der natur-, sozial- und geisteswissenschaftlichen Disziplinen. Ergänzend zur Reflexion des Vernunftgebrauches besteht für die Wissenschaften noch eine andere Herausforderung: die Befähigung zur Selbstreflexion. Sie setzt allerdings nicht nur die Bereitschaft voraus, sich den möglichen eigenen Fehleinschätzungen zu stellen, sondern bedarf auch eines institutionellen Rahmens, in dem die Selbstreflexion methodisch unterfüttert, begleitet, eingeübt und auch kontrolliert wird.

8.3   Wissensformen

Für den Umgang mit **Wissen** wurde eine ganze Reihe von Kategorien vorgeschlagen. Hierzu gehören unter anderem Faktenwissen, Organisationswissen, Expertenwissen oder Alltagswissen. Es kann ferner zwischen expliziten und impliziten Wissen differenziert werden. Explizites Wissen lässt sich in semantisch korrekten Sätzen, in mathematischen Formeln oder in technischen Daten ausdrücken. Aufgrund der Formalisierung und Strukturierung kann dieses Wissen vervielfältigt, anderen zugänglich gemacht und auf verschiedenen Wegen kommuniziert werden. Dem expliziten Wissen wird das implizite Wissen gegenübergestellt, das sich dem formalen sprachlichen Ausdruck entzieht. Es basiert auf den Erfahrungen des Einzelnen auf seinem bisherigen Lebensweg und betrifft schwer greifbare Faktoren, wie persönliche Überzeugungen, Perspektiven, Wertsysteme, Denkmuster und Leitbilder.

Während in den zurückliegenden Jahrzehnten ein Geselle von den in der handwerklichen Lehre vermittelten Kenntnissen und Fertigkeiten in seinem weiteren Berufsleben zehren konnte, ist heute „lebenslanges Lernen" eine (Über-)Lebensnotwendigkeit. Anders gelingt es nicht, sich in der Fülle neuer Informationen zurechtzufinden und diese für die Realisierung eigener Interessen zu nutzen. Infolge der zunehmenden Informationsfülle, welche das explizite Wissen mit einer Unmenge an Detailaspekten anreichert, ist es zu einer fortschreitenden Spezialisierung gekommen. Diese finden wir in allen Lebensbereichen und entsprechend auch in der Nahrungsmittelerzeugung. Mit den diversen Vorteilen der Spezialisierung gehen allerdings auch diverse Nachteile einher. Hierzu gehört insbesondere die Gefahr des Verlustes einer Übersicht über die relevanten Zusammenhänge und eine abnehmende Anschlussfähigkeit an andere Spezialgebiete.

Mittels elektronischer Datenverarbeitung wurde ein Großteil der bisherigen Informationsbestände archiviert. Suchmaschinen ermöglichen einen schnellen Zugriff auf die bereits archivierten Informationen. Damit können Kenntnisse über die Eigenschaften von Produkten, Systemen und Prozessen in anderer Weise erworben werden, als dies früheren Generationen möglich war. Neue Informationen haben zu neuen technischen Entwicklungen und Organisationsformen geführt, welche unter anderem die enorme Steigerung der Produktivität bei der Erzeugung von Nahrungsmitteln ermöglichte und das Wissen um die Produktivkräfte zu einem dominierenden Produktionsfaktor machte. Allerdings geht Wissen mit unterschiedlichen Graden der Gewissheit einher. Gleichzeitig ist der Wahrheitsgehalt von Wissen abhängig vom Kontext, in dem es erworben und in dem es zu Anwendung gebracht wird. Nicht von ungefähr wird daher in der **Erkenntnistheorie** Wissen als „wahre und gerechtfertigte Meinung" definiert (Mohr 1999). Einen Wahrheitsgehalt erfährt Wissen erst dadurch, dass es gegenüber anderen begründbar ist. Ansonsten handelt es sich lediglich um eine persönliche Meinung. Allerdings bleibt im öffentlichen Diskurs häufig unbeantwortet, gegenüber wem eine Meinung gerechtfertigt werden sollte oder muss, um als Wissen gelten zu können. Wissen tritt uns in dreierlei Form entgegen: Verfügungs-, Orientierungs- und Handlungswissen. Nachfolgend werden die unterschiedlichen Formen des Wissens skizziert, um diese im Kontext agrarwissenschaftlicher Zusammenhänge aufgreifen und besser einordnen zu können. Für weitergehende Reflexionen wird auf ausführliche Erläuterungen an anderer Stelle verwiesen (Carrier und Mittelstraß 1989).

8.3.1 Verfügungswissen

Wenn etwas erkannt, entschieden oder umgesetzt werden soll, sollte **Wissen** verfügbar sein. Verfügungswissen ist anwendungsfähiges kognitives Wissen, auf das sich der Einzelne beim theoretischen Argument und beim praktischen Handeln beziehen kann. Es weist unterschiedliche Dimensionen auf, die sich häufig nicht scharf gegeneinander abgrenzen lassen. In diesem Kontext ist insbesondere eine Reflexion des experimentellen Wissens von Belang. Experimentelles Wissen findet sich zuhauf in den jeweiligen Fachjournalen (Wolff 1989). Es bedarf der Durchführung eines Experiments, um Gewissheit darüber zu erlangen, ob die Ausgangsfrage bzw. die **Hypothese**, die einem wissenschaftlichen Experiment vorausgeht, bestätigt oder verworfen wird. Eine besondere Hauptforderung an ein Experiment ist die Wiederholbarkeit der Ergebnisse. Die Versuchsanordnung (Material und Methoden) ist dabei als eine Handlungsanweisung für den Experimentator zu verstehen, mit der das Experiment wiederholt werden kann und annähernd gleiche Ergebnisse hervorbringen sollte. Jede experimentelle Handlungsanweisung verweist auf konkrete Rahmenbedingungen, unter denen das Experiment durchgeführt werden sollte (z. B. Temperaturbedingungen). Verschiedene Rahmenbedingungen liefern verschiedene bzw. modifizierte Ergebnisse.

Auf der Basis der Kenntnisse von Gesetz- und Regelmäßigkeiten, die sich in Abhängigkeit von den bekannten Ausgangs- und Randbedingungen zu einer Theorie integrieren lässt, kann eine Ergebnishypothese (**Prognose**) als Funktion der Handlungsanweisungen und der spezifizierten Rahmenbedingungen formuliert werden. Unter der Prämisse, dass die Handlungsanweisungen befolgt und die Rahmenbedingungen annähernd den Vorgaben entsprechen, sollte die Hypothese das Versuchsergebnis mit einer gewissen Wahrscheinlichkeit voraussagen können. Experimentelles Wissen ist folglich gegeben, wenn die tatsächlichen Durchführungen einer Versuchsanstellung mit genügend vielen Wiederholungen, bei denen die Rahmenbedingungen auch im begrenzten Maße modifiziert sein können, immer wieder die prognostizierten Ergebnisse geliefert haben. Ein Beispiel für eine experimentelle Tatsache ist das als Naturgesetz geltende Fallgesetz: Für alle Gegenstände x, für alle Zeiten t und alle Orte auf der Erde, die nicht höher als 1000 m über dem Meeresspiegel liegen, gilt: Wenn man x in einem hochgradig luftverdünnten Raum t Sekunden frei fallen lässt, beträgt die Falltiefe $T = 4905 \, t^2$ Meter. Selbst diese Allgesetz gilt folglich nicht unabhängig von gewissen Randbedingungen.

Experimentelle Tatsachen drücken keine **Kausalitäten**, sondern funktionale Zusammenhänge aus. So ergibt sich aus dem Fallgesetz kein ursächlicher Zusammenhang zwischen Falltiefe und -zeit, wohl aber ein sehr präziser funktionaler. Experimentelle Tatsachen haben einen hohen Grad an begründeter Erkenntnisgewissheit für den Ausschnitt an Wirklichkeit, der durch die Rahmenbedingungen (d. h. Ausgangs- und Randbedingungen) definiert (abgegrenzt) wird. Diese sind nicht die Natur oder die Wirklichkeit an sich, sondern sie betreffen lediglich einen Ausschnitt, d. h. eine eingegrenzte experimentelle Realität. Will man bei unterschiedlichen Ausgangs- und Randbedingungen Gewissheit über funktionale Zusammenhänge erlangen, muss ein Experiment nach gleicher Handlungsanweisung wiederholt werden.

In vielen Wissenschaftszweigen ist die Wiederholung von Experimenten gängige Praxis. Allerdings hat sich in diversen Metastudien herausgestellt, dass in den zurückliegenden Jahren viele empirische Studien im Zusammenhang mit biologischen Prozessen daran gescheitert sind, die Ergebnisse anderer Studien zu reproduzieren. Dieses Scheitern ist nicht länger die Ausnahme von der Regel. In verschiedenen Bereichen hat sich der Mangel an Wiederholbarkeit von wissenschaftlichen Ergebnissen bereits zu einer *replication crisis* bzw. *reproducibility crisis* entwickelt, welche das Vertrauen der Öffentlichkeit in die Wissenschaft zu untergraben droht (Fanelli 2018). Auch für Drucker (2016) ist die Krise evident:

> „The available evidence from multiple fields clearly indicates that we have a systemic reproducibility problem in basic science research."

Eine schwache **Reproduzierbarkeit** von experimentellen Ergebnissen wird vor allem in der Biologie, der Pharmazie, der Medizin, der Ökonomie und in den Sozialwissenschaften beobachtet. Sie ist in einem relevanten Ausmaß auch in den Nutztierwissenschaften anzutreffen (Bello und Renter 2018). Während die Krise unter Wissenschaftlern und in der Scientific Community große Besorgnis hervorruft (Baker 2016), hat die Öffentlichkeit in Deutschland von dieser Krise in den Wissenschaften bislang kaum Notiz genommen (Mede et al. 2021). Inwieweit sich die Wissenschaft als hinreichend befähigt erweist, aus diesen Rückschlägen die richtigen Schlüsse zu ziehen und ihre selbstkorrigierenden Prozeduren zu einer Überwindung der Krise führen, wird sich erst in der Zukunft erweisen.

Da es unbegrenzt viele Anfangs- und Randbedingungen gibt, behilft man sich mit der Eingrenzung unterschiedlicher Realitäten, indem man Standards definiert (z. B. Haltungsstandards) oder mit einer **Theorie**, d. h. mit einem gedanklichen Konstrukt den Sinnzusammenhang eines theoretischen Weltausschnittes, beschreibt. Die Verbindung zwischen einer Theorie und der Realität erfolgt über eine Interpretation. Dabei existieren nicht nur Theorien darüber, wie die Realität interpretiert werden kann, sondern auch darüber, wie der Erkenntnisprozess als solcher theoretisch durchdrungen werden kann. Durch die Geschichte der **Erkenntnistheorie** als eine philosophische Disziplin zieht sich eine grundlegende Konfrontation zwischen **Empirismus** und Rationalismus.

Der Konfliktlinien verlaufen sehr vereinfacht wie folgt: Der Empirist geht davon aus, dass alles, was wir über die Welt wissen können, aus unseren sinnlichen Erfahrungen stammt. Der Rationalist behauptet, dass wir unabhängig von der Erfahrung wahre **Aussagen** über die Welt machen können. Der Empirist hat Schwierigkeiten, wenn er auf die wahren Sätze der formalen Logik und der Mathematik trifft. Auf der anderen Seite muss eine empirische **Induktion**, d. h. eine erfahrungswissenschaftliche Verallgemeinerung, jederzeit mit einer Widerlegung rechnen. Demgegenüber erscheinen uns die Sätze der Mathematik und der formalen Logik als sicher; allerdings sind die Sätze auf viele Bereiche der landwirtschaftlichen Praxis nicht unmittelbar anwendbar.

Naturwissenschaftliches und technisches Wissen sind naturgemäß defizitär. Wissenschaftler werden nicht müde, in ihren wissenschaftlichen Abhandlungen auf die bestehenden Wissenslücken hinzuweisen. Sie beziehen sich dabei in der Regel auf den aus ihrer Perspektive bekannten Stand der wissenschaftlichen Erkenntnis und auf das ihnen zur Verfügung stehende methodische Equipment, um Wissenslücken zu bearbeiten. Dieses selbstreferenzielle System der Aufdeckung von Wissenslücken ist nicht frei von Eigeninteressen. Schließlich dient man sich mit der eigenen Expertise bzw. der Expertise der Fachdisziplin einem möglichen Drittmittelgeber an, mit dem Ziel, sich mithilfe der zur Verfügung gestellten Forschungsmittel um die Beseitigung der Wissensdefizite kümmern zu können. Weitere Forschungstätigkeiten bringen dann neue Erkenntnisse und neue Wissensdefizite zum Vorschein.

8.3.2 Orientierungswissen

Orientierungswissen ist definiert als das **Wissen** um Handlungsmaßstäbe. Die von Jürgen Mittelstraß eingeführte Unterscheidung von Verfügungs- und Orientierungswissen ist inzwischen fester Bestandteil der Beschreibung und Beurteilung interdisziplinärer wissenschaftlicher Arbeit.

> „Sach- und Verfügungswissen ist ein Wissen um Ursachen, Wirkungen und Mittel, Orientierungswissen ist ein Wissen um gerechtfertigte Zwecke und Ziele. Sach- und Verfügungswissen sind ein positives Wissen, Orientierungswissen ist ein regulatives Wissen. Und mit eben diesem regulativen Wissen steht es heute nicht zum Besten. Wissenschaft hat dieses Wissen aus dem Auge verloren – und die Gesellschaft häufig auch. Die Folge sind Orientierungsschwächen (nicht schon Orientierungsverlust), Selbstzweifel und neuerdings wieder die Anfälligkeit gegenüber jeder Art von Fundamentalismus (Mittelstraß 2001, 75 f.)."

Orientierungswissen ist ein reflektives Wissen. Es ermöglicht Orientierung über relevante Zustände oder Prozessverläufe und vermittelt erste vorläufige Antworten auf die Frage: Was soll ich tun? Was darf ich tun? Was darf ich nicht (oder nicht mehr) tun? Als kulturelles Wissen vermag es Menschen dahingehend zu zügeln, nicht all das zu tun, was sie tun könnten. Den **Begründungszusammenhang** liefert der Kontext, in dem etwas getan wird und aus dem etwas hervorgeht. Hier entscheidet sich, ob etwas zum Vor- oder Nachteil zum Beispiel für die Qualität eines Produktes, Systems oder Prozesses bzw. zum Vor- oder Nachteil für die Partikularinteressen Einzelner oder für die Interessen der Gemeinschaft vorangebracht wird. Während das **Verfügungswissen** vorrangig aus wissenschaftlichen Erkenntnissen resultiert und von Experten in das öffentliche Bewusstsein eingebracht wird, sind Ziele und Werte, an denen wir uns orientieren können, Gegenstand ethischer Reflexionen. Für Mohr wird *„der Besitz von Orientierungen […] zu Orientierungswissen, sobald die Orientierungen vernünftig begründet („gerechtfertigt") erscheinen"* (Mohr 1999, 15 f.).

Damit beschränkt sich Orientierungswissen nicht auf ethische, sondern erstreckt sich auf nahezu alle Themen- und Handlungsfelder. Orientierung ist im Kleinen wie im Großen, auf der Betriebsebene wie in der Agrar- und der Unternehmenspolitik und ebenso bei den Verbrauchern gefragt. Auch die Agrarwissenschaften bedürfen angesichts der Komplexität im Zusammenhang mit der Erzeugung von Nahrungsmitteln und der Unübersichtlichkeit, welche nicht zuletzt die Spezialisierungen hervorgebracht haben, der Orientierung, welcher Wissenstand bereits verfügt ist, und welche Wissenslücken im Hinblick auf welche Frage- und Zielstellungen bestehen.

8.3.3   Handlungswissen

Aus den potenziellen Möglichkeiten des Zugriffs auf **Verfügungswissen** und der Orientierung an externen oder selbst gesetzten Maßstäben resultiert nicht automatisch ein Kenntnisstand, der die Akteure in der Praxis zu begründeten Entscheidungen und zur Umsetzung effektiver und effizienter Maßnahmen befähigt. Geschuldet ist dies nicht nur der exponentiell ansteigenden Menge an Detailwissen, die es für die Entscheidungsträger schwierig macht zu identifizieren, welche Wissensbausteine für die konkrete Situation, d. h. für die spezifischen Anfangs- und Randbedingungen, und für die Lösung von Problemen in Abhängigkeit von der Problemlage relevant sind. Wissensbausteine repräsentieren häufig invariante Puzzlesteine, denen es in der Regel an Anschlussfähigkeit zum jeweiligen **Kontext** und den Zielsetzungen eines Systems mangelt. Um Verfügungswissen über das Orientierungswissen in zielführende Handlungen zu überführen ist also weiteres **Wissen**, z. B. um die spezifischen Gegebenheiten und die Möglichkeiten und Grenzen der Umsetzung des Verfügungswissens erforderlich. Dieses Handlungswissen kann weder aus Lehrbüchern noch über Suchmaschinen bezogen werden. Auch an den Universitäten sucht man in der Regel vergeblich nach Handlungswissen.

Der Begriff „Handlungswissen" beschreibt, was jemand wissen muss, um eine Aufgabe zu lösen und sich in einer Situation kompetent zu verhalten. Es ist weit mehr als praktische Erfahrung (intrinsisches Wissen) und mehr als prozedurales Wissen, das jeden guten Handwerker, Pianisten oder Chirurgen auszeichnet. Formal lässt sich dies als eine Beziehung zwischen bestimmten Bedingungen und dem daraus resultierenden Handeln beschreiben. Handlungswissen zielt auf die Planung, Entscheidung und Umsetzung konkreter Maßnahmen ab und schließt die Überprüfbarkeit der positiven wie negativen Folgewirkungen der Umsetzungen ein. Neben dem Wissen um Details, welches eher bei den Spezialisten angesiedelt ist, ist Übersicht erforderlich, um eine gegebene Situation in ihrer Komplexität gedanklich zu durchdringen und daraus Arbeitshypothesen bezüglich der Wahrscheinlichkeit des Eintretens von Veränderungen abzuleiten. Ob Wissensfragmente für eine Nutzbarmachung geeignet sind, entscheidet sich vor allem daran, ob sie der inhärenten Funktion eines Systems und der Erreichung des mit der Umsetzung von Maßnahmen anvisierten Zieles zuträglich sind. Vorab allerdings besteht die Notwendigkeit, sich über das Ziel im Klaren zu werden, das mit der Umsetzung von Maßnahmen erreicht werden soll. Je eindeutiger das Ziel der Nutzbarmachung von Wissen unterlegt ist, desto zielgenauer kann nach geeigneten Wissensfragmenten als Mittel zum Zweck Ausschau gehalten werden. Dabei stellen sich unter anderem die folgenden Fragen: Welche Puzzleteile fehlen noch, welche sind besser geeignet als andere, welche führen möglicherweise in die Irre, weil sie sich als nicht hinreichend belastbar, nicht anschlussfähig oder nicht umsetzbar erweisen? Handlungswissen muss sich im Hinblick auf die anvisierte Zielerreichung unter den gegebenen innerbetrieblichen Strukturen und Ressourcenverfügbarkeiten und den überbetrieblichen Rahmenbedingungen bewähren. Weit mehr als es im Zusammenhang mit Verfügungs- und Orientierungswissen der Fall ist, bleibt Handlungswissen für die, die es hervorbringen, nicht folgenlos.

Wenn etwas erreicht und bewirkt werden soll, kommt es nicht allein darauf an, dass sich etwas in die richtige Richtung verändert. Angesichts allgemein knapper Ressourcen sollten die zur Verfügung stehenden Mittel und Ressourcen (Zeit, Geld etc.) möglichst effektiv und effizient eingesetzt werden (Moskaliuk 2011). Ob dies gelingt, entscheidet sich nicht nur anhand der Verfügbarkeit an Mitteln und Ressourcen. Die verfügbaren Mittel und Ressourcen müssen des Weiteren daraufhin geprüft werden, ob sie sich zu den angestrebten Veränderungen adäquat verhalten, d. h. in der Quantität und in der Beschaffenheit auf die angestrebten Veränderungen zugeschnitten sind (z. B. Futtermittel in ausreichender Menge und in einer entsprechenden Zusammensetzung der Inhaltsstoffe). Hinzu kommt, dass die Aufwendung von Mitteln zur Erreichung eines Zieles einer Grenznutzenfunktion unterliegt (s. Abschn. 6.2). Das Verhältnis von Aufwand und Nutzen ist bei einem niedrigen Ausgangsniveau in der Regel deutlich günstiger als bei einem hohen Ausgangsniveau. Entsprechend müssen bei einem hohen Ausgangsniveau mehr Aufwendungen investiert werden, um auf den gleichen Zuwachs an Nutzen zu kommen.

Das Aufwand-Nutzen-Verhältnis kann folglich nur eingeschätzt werden, wenn das gegenwärtige Niveau der **Zielgröße** in Relation zu externen Maßstäben, z. B. einem externen Ranking bzw. **Benchmarking**, beurteilt wird. Aus der Einordnung des Ausgangsniveaus anhand eines externen Referenzsystems schließt sich die Frage an, ob das gegenwärtige Niveau bereits für hinreichend erachtet wird (Verbleiben auf den Status quo), ob es möglicherweise mit zu viel Aufwand verbunden ist (Herabstufung des Niveaus) oder ob aus der Einordnung der Wunsch oder gar die Notwendigkeit einer Verbesserung abgeleitet werden (Steigerung des Niveaus). In der Orientierung an externen

Maßstäben lässt sich ferner ableiten, wie groß die Diskrepanz zwischen der Ist-Situation und der Zielgröße (Soll) ausfällt. Erst aus der Diskrepanz zwischen dem Ist- und dem Soll-Niveau können in Abhängigkeit von den Ausgangs- und Randbedingungen Einschätzungen zum Umfang der erforderlichen **Mittel** und der spezifischen Eigenschaften abgeleitet werden. Es liegt in der Natur der Sache, dass es, um Veränderungen bzw. Verbesserungen mit wirksamen Mitteln effizient durchführen zu können, nicht damit getan ist, über Kenntnisse über die Mittel und deren potenzielle Wirksamkeit zu verfügen. Es bedarf auch der umfangreichen Kenntnisse des Kontextes, in welchem die Mittel zum Einsatz kommen sollen.

8.4   Werte, Normen und Ziele in den Wissenschaften

Neben Aussagen zu spezifischen Wirkzusammenhängen beinhalten wissenschaftliche Untersuchungen auch Empfehlungen über das, was sein sollte. Wenn zum Beispiel der Faktor A in einer unerwünschten Weise auf B einwirkt, folgt daraus die Empfehlung, A zu vermeiden. Was erwünscht oder unerwünscht ist, unterliegt jedoch einer Wertsetzung. Werte sind dasjenige, was wir persönlich schätzen und gegenüber anderen Optionen bevorzugen. Wertsetzungen und die damit verbundenen Präferenzen sind daher Privatsache von Einzelnen oder Gruppen und angesichts der unterschiedlichen Wertsetzungen, die von Einzelnen vorgenommen werden, immer umstritten. Was jede einzelne Person für sich und für das eigene Wohlbefinden bzw. für dasjenige der Mitgeschöpfe für relevant erachtet, unterliegt den persönlichen und damit subjektiven Bewertungen. Entsprechend liegt auch die Bedeutung, die der Einzelne dem Wohlergehen von Nutztieren oder dem Umweltschutz beimisst, ein eigener Wertmaßstab zugrunde. Schon Kant formulierte: *„Was einen Wert hat, das hat auch einen Preis.“* Die Ergebnisse von Befragungen, die in diversen Studien zur **Zahlungsbereitschaft** von Verbrauchern beim Kauf von Produkten mit tierschutzassoziierten Labeln durchgeführt wurden, spiegeln die Bandbreite von Wertsetzungen wider (Cicia und Colantuoni 2010). Allerdings sind die in Befragungen zum Ausdruck gebrachten Wertschätzungen nicht gleichbedeutend mit dem tatsächlichen Kaufverhalten (s. Abschn. 7.6). Die Wertsetzungen, welche **Verbraucher** durch die Bereitschaft zur Zahlung von Mehrpreisen zum Ausdruck bringen, sind jedoch eng gekoppelt an das, was der Einzelne mit den Werbebotschaften eines Labels assoziiert und wie vertrauensvoll und glaubwürdig diese eingestuft werden. Nicht nur die Verbraucher, sondern auch die Nutztierhalter haben das Recht, dem Tierschutzanliegen einen persönlichen Wert beizumessen und diesen mit den eigenen Nutzungsinteressen abzugleichen, auch dann, wenn die eigene Wertsetzung nicht mehrheitsfähig sein sollte.

Empfehlungen, die auf Wertsetzungen basieren, können nicht mittels wissenschaftlicher Methoden auf ihre Wahrhaftigkeit überprüft werden, da die Wertfreiheit eine wissenschaftstheoretische Anforderung an Aussagen ist, nach der ihre Wahrheit unabhängig von ihrem normativen Gehalt sein soll. Allerdings können viele Empfehlungen als konditional eingestuft und dadurch einer wissenschaftlichen Überprüfung zugänglich gemacht werden. Auf der Basis gesicherter Erkenntnisse, welche einen Wirkzusammenhang zwischen A und B belegen, ist daher die folgende wissenschaftliche Empfehlung legitim: Wenn A erreicht werden soll, sollte B in Abhängigkeit von bestehenden Wirkbeziehungen berücksichtigt werden. Diese konditionale Einbettung befreit Wissenschaftler zumindest vordergründig von eigenen Wertsetzungen und schützt sie vor möglichen Vorhaltungen, den Prämissen einer „wertfreien" Wissenschaft zuwider zu handeln. Neben fundierten Aussagen zu Wirkzusammenhängen zwischen spezifischen Faktoren beinhalten Untersuchungen im Spektrum der angewandten Wissenschaften allerdings immer eine Einordnung der Wirkungen innerhalb eines Wertesystems. Werden zum Beispiel im agrarwirtschaftlichen Kontext hohe Produktionsleistungen wertgeschätzt, dann trägt die wissenschaftliche Disziplin der Zucht mit ihren Methoden zu einer Wertsteigerung bei. Aus der Perspektive einer anderen Fachdisziplin, wie zum Beispiel der Veterinärmedizin, wird ein hohes Leistungsniveau von Nutztieren nicht als wertvoll, sondern als problematisch eingestuft, weil damit ein erhöhtes Erkrankungsrisiko einhergehen kann.

Als wissenschaftlich unproblematisch erweisen sich in der Regel die Empfehlungen in der Humanmedizin. Hier werden jedwede Untersuchungen, die geeignet sind, die Schmerzen von Patienten zu reduzieren, als wünschenswert und damit selbstevident angesehen. Die Konditionalität solcher Studien ist offensichtlich und unstrittig, sodass dies keiner expliziten Erwähnung bedarf, ohne dass eine Debatte über eine potenzielle Missachtung der Wertfreiheit von Wissenschaft ausgelöst wird. Wenn aber die Frage aufgeworfen wird, mit welchen Vor- und Nachteilen die Vermeidung bzw. Reduzierung von Schmerzen verbunden sein kann, kommt man auch hier schnell in die Notwendigkeit von Abwägungen, welche auf normativen Wertsetzungen basieren. Entsprechend erweist sich die Prämisse der „Wertfreiheit" selbst in der Humanmedizin als trügerisch.

Anders als bei Wertsetzungen geht es bei Normen um das, was geboten, erlaubt oder verboten ist. Jeder Einzelne ist gegenüber Normensystemen wie dem Grundgesetz und den Gesetzen und Verordnungen zum Rechtsgehorsam verpflichtet (Schnädelbach 2013). Auch der im Grundgesetz (Artikel § 20a) verankerte Schutz von Tieren sowie das TierSchG sind **normativ** formuliert. Das Gleiche gilt für gesetzliche Mindestanforderungen an landwirtschaftliche Produktionsprozesse, deren Einhaltung verbindlich eingefordert wird und deren Missachtung geahndet werden kann. Allerdings können aus allgemein formulierten Gesetzestexten keine präzisen und verbindlichen Handlungsvorgaben für den Umgang mit der Umwelt oder mit Nutztieren abgeleitet werden. Entsprechend resultieren große Interpretationsspielräume daraus, die je nach vorgeprägten Werthaltungen zu sehr unterschiedlichen Auslegungen und damit zu unterschiedlichen Handlungen führen. Während spezifische Maßnahmen von einer Person für zwingend geboten erachtet, um gesetzeskonform zu handeln, sehen andere dafür keine Veranlassung.

Während die Menschenwürde normativ gesetzt, d. h. nicht verhandelbar und damit ohne Preis ist, ist die Würde des Tieres, obwohl sein Schutz normativ formuliert und im Grundgesetz verankert ist, grundsätzlich verhandelbar. Der Staat ist dem **Tierschutz** nicht bedingungslos verpflichtet, da es **Zielkonflikte** mit anderen Gütern und damit die Notwendigkeit der Güterabwägung bzw. der Abstufungen und der Einschränkungen gibt. Der Tierschutz befindet sich in Konkurrenz zu einer Vielzahl anderer Güter wie etwa dem Gewinnstreben oder der Entscheidungsfreiheit des Einzelnen. Entsprechend erhält das Tierschutzanliegen von unterschiedlichen Personengruppen eine unterschiedliche Rangfolge in einer Skala von verschiedenen Gütern zugewiesen. Das Anliegen, Tiere vor Überforderungen zu schützen, ist teilbar. Es ist unterteilbar in Abstufungen auf einer Skala, die von einem sehr hohen Grad der Realisierung von Wohlergehen bis zu schwerwiegenden Erkrankungen reicht. Diese verkörpern die Überforderung der Anpassungsfähigkeit. Das endgültige Scheitern der Bemühungen um Selbsterhalt wird mit Eintritt des Todes besiegelt. Mindestanforderungen an die Haltungsbedingungen schützen lediglich vor einem noch größeren Ausmaß an Schäden, Leiden und Schmerzen, welches von einer Nichteinhaltung der normierten Mindestvorgaben zu erwarten wäre (Sundrum 2018). Folglich beinhaltet der Tierschutz sowohl Norm- als auch Wertsetzungen. Analoges gilt für andere gesellschaftliche Anliegen wie z. B. dem Umwelt-, Natur- oder Klimaschutz. Folgerichtig agieren die Agrarwissenschaften innerhalb unterschiedlicher Wertsetzungen. Die jeweiligen Werte können die Agrarwissenschaften nicht selbst begründen. Innerhalb eines zuvor definierten Rahmens von Wertsetzungen können die Wissenschaften jedoch belastbare Aussagen darüber treffen, welche Maßnahmen besser als andere geeignet sind, eine Verbesserung herbeizuführen (Fraser 2008). Viele Kontroversen innerhalb der Agrarwissenschaften rühren daher, dass nicht im Vorfeld offengelegt wird, innerhalb welches Wertesystems die wissenschaftlichen Untersuchungen konzipiert und die Forschungsergebnisse interpretiert werden.

Von normativen Elementen, welche von außen (extrinsisch) einen Bewertungsmaßstab an den Aufbau und an die Interpretation der Ergebnisse einer Studie anlegen, sind solche Studien abzugrenzen, die auf die intrinsischen Eigenheiten eines abiotischen oder biotischen Systems ausgerichtet sind. Intrinsische Wertsetzungen gehören untrennbar zum System und machen es zu dem, was es ist. So liegen allen Gegenständen und technischen Entwicklungen, die von Menschen geschaffen wurden, eine Intention und ein mit dem Prozess des Erschaffens verbundener Zweck zugrunde. Die Technik eines Fahrrades hat den Zweck, einer Person die Überwindung der Distanz von A nach B zu erleichtern und die dafür benötigte Zeit zu verkürzen. Das Maßgebliche an der Technik ist ihr Funktionieren. Technische Systeme sind strikt an interne Verarbeitungsregeln und Prozessabläufe gekoppelt: sie funktionieren oder sie funktionieren nicht bzw. nur eingeschränkt. Ist ein Fahrrad nicht mehr für den intendierten Zweck zu gebrauchen, ist es kein Fahrrad mehr, sondern ein Schrotthaufen. Bei technischen Geräten und Entwicklungen wird der Zweck durch den Techniker vorgegeben. Die Funktionsfähigkeit ist einer Überprüfung zugänglich, deren Ergebnis unabhängig von der untersuchenden Person ist. Wenn sich etwas bewährt hat, bedarf es für Außenstehende keiner weiteren Erläuterung, warum es funktioniert. Man kann einen Computer bedienen, ohne die mindeste Ahnung davon zu haben, welche Wirkprozesse mit der Bedienung der Tastatur hervorgerufen werden. Die Wirkmechanismen von technischen Abläufen sind für die

Nutzer so lange unbedeutend, so lange sie funktionieren. Hinzu kommt, dass Technik in der Regel für diverse Zwecke genutzt und eingesetzt werden kann. Der Einsatz von Technik liegt in der Verantwortung der Nutzer.

Auch lebende Systeme sind darauf ausgerichtet, zu funktionieren, damit das Ziel aller lebenden Systeme, sich selbst zu erhalten, über einen möglichst langen Zeitraum gewährleistet werden kann (**Autopoesis**) (Maturana und Varela 1987). Darauf sind sowohl die Gestalt (Morphologie) der lebenden Systeme als auch die aufeinander abgestimmten Funktionen der Subsysteme intrinsisch ausgerichtet. Von wissenschaftlicher Seite kann überprüft werden, ob die Wechselbeziehungen zwischen den Subsystemen, zum Beispiel Organe, Gewebe, Zellverbände bei einem tierischen Organismus, funktionieren und dem Zweck des Selbsterhalts zuträglich sind. Während Technik in der Regel unabhängig vom Einsatzort (kontextunabhängig) funktioniert, sind die Überlebenschancen von lebenden Systemen in hohem Maße von den Lebensbedingungen und damit vom Kontext abhängig. Lebende Systeme sind offene Systeme, welche von der Umgebung Stoffe aufnehmen und Stoffe an diese abgeben (**Stoffwechsel**). Entsprechend hängt die Überlebensfähigkeit nicht allein von der Funktionsfähigkeit der organismusinternen Strukturen, sondern auch vom Gelingen der Interaktionen zwischen dem Organismus und den angetroffenen Lebensbedingungen ab. Darüber hinaus bemisst sich die Überlebensfähigkeit von lebenden Organismen an ihrem Potenzial, sich den jeweiligen Veränderungen der Lebensbedingungen anzupassen. Durch eine Gestaltung der Lebensbedingungen, unter denen Nutztiere gehalten werden, gemäß der spezifischen und individuellen Bedürfnisse der Nutztiere, nehmen die Nutztierhalter maßgeblich Einfluss auf die Überlebensfähigkeit der Tiere bzw. auf deren Möglichkeiten, ein weitgehend ungestörtes Dasein zu führen. In wissenschaftlichen Studien ist es möglich, die Interaktionen zwischen den lebenden Organismen und ihren Lebensbedingungen dahingehend zu überprüfen, ob sie der Überlebensfähigkeit der Organismen zu- oder abträglich sind. Diese Überprüfung ist möglich, ohne dass das Ergebnis von subjektiven und normativen Prämissen der Wissenschaftler, welche die Zusammenhänge untersuchen, abhängig ist. Aus der intrinsischen Wertsetzung von lebenden Systemen, bei welcher der Überlebensfähigkeit die höchste Priorität beigemessen wird, kann geschlussfolgert werden, dass nur die funktionalen Erklärungsansätze der Biologie geeignet sind, substanzielle Erkenntnisgewinne in Bezug auf die Wertsetzung des Selbsterhalts zu gewinnen.

8.5 Agrarwissenschaften als angewandte Wissenschaften

Die Agrarwissenschaften sind die Mutter aller Wissenschaften (Mayer und Mayer 1974). In keinem anderen Bereich wurde so früh damit begonnen, Erkenntnisse zu generieren und **Wissen** zu erwerben. Dabei ging es, getragen von einer intrinsischen Motivation des Verstehenwollens, darum, nachzuvollziehen, was sich in der Natur abspielt und wie es gelingen kann, sich Pflanzen und Tiere in einer verbesserten Weise für die eigene Überlebensfähigkeit nutzbar zu machen. Die Aneignung und die Verfügbarkeit von Wissen über die Prozesse in der Natur waren für die Einzelnen wie für die Gruppe überlebenswichtig und damit der Ausgangspunkt all dessen, was für wissenswert erachtet wurde. Nahrungsmittel waren und sind noch immer „das tägliche Brot", für das Christen über die Jahrhunderte und bis zum heutigen Tag beten. Dies gilt auch dann, wenn in den Ländern der westlichen Welt die allseitige Verfügbarkeit von **Nahrungsmitteln** maßgeblich dazu beigetragen hat, dass der Wert von Nahrungsmitteln gegenüber anderen Gütern sehr stark in den Hintergrund getreten ist. Nicht Öl oder Erdgas oder neuerdings die regenerativen Energiequellen sind der Treibstoff des Lebens. Für die Menschen ist und bleibt es die in pflanzlichen und tierischen Produkten enthaltene negative **Entropie** (Schrödinger 1944), die uns Menschen die Energie zum Leben und die Nährstoffe zum lebensnotwendigen Stoffwechsel spendet (s. Abschn. 6.2).

Gemäß den Verlautbarungen der Deutschen Forschungsgemeinschaft befasst sich die moderne agrarwissenschaftliche Forschung heute

> „mit der Aufklärung und der praktischen Umsetzung naturwissenschaftlicher, ökonomischer und ökologischer Prozesse mit dem Ziel der qualitativen und quantitativen Optimierung pflanzen- und tierproduktionstechnischer sowie sozio-ökonomischer Verfahrensabläufe. Untersuchungsobjekte agrarwissenschaftlicher Forschung sind die natürlichen, biologischen und technischen Ressourcen von Kulturlandschaften (DFG 2005, 6 f.)."

Für den Gewinn von Erkenntnissen im Kontext der Erzeugung von Nahrungsmitteln werden sowohl **Empirismus** als auch Rationalismus benötigt. Welcher Ansatz adäquat ist, ist weniger eine Grundsatzfrage, sondern das Ergebnis einer pragmatischen Suche nach einer, der jeweiligen Fragestellung angemessenen Schnittmenge zwischen beiden. In den Agrarwissenschaften kommen sowohl naturwissenschaftliche wie sozioökonomische Methoden zur Anwendung. Da der Umgang der Menschen mit der Natur eine agrarkulturelle Leistung darstellt und der agrarwissenschaftliche Zugang zur Natur bzw. zu dem, was davon übriggeblieben ist, einer erkenntnistheoretischen Reflexion im Hinblick auf die dabei wirkmächtigen, aber nicht offengelegten Wertsetzungen bedürfen, sollten auch geisteswissenschaftliche Fachdisziplinen an den Erkenntnisprozessen beteiligt werden. Davon ist man gegenwärtig jedoch noch weit entfernt.

8.5.1 Agrarwissenschaften als ein eigenständiger Wissenschaftszweig

Die Themenfelder der Agrarwissenschaften sind überaus vielfältig. Gemäß dem Memorandum der Deutschen Forschungsgemeinschaft zu den Perspektiven agrarwissenschaftlicher Forschung erstreckt sich das Aufgabenfeld der Agrarwissenschaften

> „heute auf die nachhaltige Nutzung und Gestaltung des Raumes sowie im Zusammenhang damit über die gesamte Wertekette der Lebensmittelerzeugung, deren Verarbeitung und Vermarktung bis hin zu den Determinanten des Lebensmittelkonsums. Moderne agrarwissen-

schaftliche Forschung befasst sich heute mit der Aufklärung und der praktischen Umsetzung naturwissenschaftlicher, ökonomischer und ökologischer Prozesse mit dem Ziel der qualitativen und quantitativen Optimierung pflanzen- und tierproduktionstechnischer sowie sozioökonomischer Verfahrensabläufe (DFG 2005, 6 f.)."

Sie sind im Mikro- genauso wie den Meso- und den Makrokosmos angesiedelt und schließen sowohl den abiotischen wie den biotischen Bereich ein. Forschungsaktivitäten sind in allen vier Umweltsphären beheimatet und bedienen sich dabei des gesamten Spektrums der verfügbaren wissenschaftlichen Methoden. Seit ihren Anfängen bilden die Agrarwissenschaften eine eigene *Scientific Community* und sind es bis heute geblieben (DFG 2005). Sie haben sich ihre eigenen wissenschaftlichen Institutionen und Organisationen, ihre eigene Zielgruppe, ihre eigenen Kommunikations- und Veröffentlichungswege und mit der Etablierung umfassender Beratungseinrichtungen ihre eigene Öffentlichkeit geschaffen. Gleichzeitig bewegen sie sich in einem eigenständigen politischen **System**. Die Politik leistet sich eigene Bundes- und Landesministerien, eigene Beratungs- und Verwaltungseinrichtungen und eine eigene, dem Bundeslandwirtschaftsministerium unterstellte und mit umfangreichen Finanzmitteln ausgestattete Ressortforschung. Die Ambivalenz, die aus dieser Eigenständigkeit resultiert, wurde aus amerikanischer Perspektive bereits von Mayer und Mayer (1974) in einem Beitrag mit dem Titel *Agriculture, the Island Empire* vorhergesehen. Sie beklagen vor allem die mangelnde Kommunikation und **Kooperation** zwischen den Fachdisziplinen, die zur Folge hat, dass relevante Erkenntnisse einer Disziplin in der jeweils anderen zu wenig beachtet werden. Auch im Memorandum der DFG wird die Kritik der Autoren an der Eigenständigkeit der Agrarwissenschaften nochmals aufgegriffen:

> „Einerseits hat sie zu einer durchaus starken Wissenschaft geführt, der die klare Fokussierung auf das Erkenntnisobjekt eine hohe Problemlösungskompetenz verleiht; die Kehrseite ist die Isolation und Abschottung gegenüber anderen Wissenschaftsdisziplinen (DFG 2005, 52 f.)."

Die bereits vor vielen Jahrzehnten geäußerte Kritik ist jedoch nicht allein auf eine mangelnde Kommunikation mit anderen Wissenschaften beschränkt. Die Abschottung gegenüber Kritik von außen und eine einseitige Fokussierung auf Leistungsmerkmale habe nach Einschätzung der Autoren vielen Fehlentwicklungen den Weg bereitet (Mayer und Mayer 1974):

> „There is a serious lack of scientific critics from outside looking at agriculture in an informed and constructive way. The lack of criticism of agricultural policy has been no less serious in the political and economic spheres. In Congress, only politicians identified with a farming interest have been willing to serve on the Agriculture Committees and sub committees. This self-selection has tended to foster large-scale government programs designed to benefit narrow classes of producers without regard for consumers or even an overall production policy." […] The development of intelligent and informed criticism will not come easily. In the past, criticism has come mainly from nonacademic […]. Universities

have largely failed at their task of encouraging dialogue among disciplines. The great universities with large agricultural schools have failed most strikingly."

In dem die Autoren die Isolation der Agrarwissenschaften gegenüber anderen Fachbereichen als eine Tragödie bezeichnen, lassen sie keine Zweifel am Ausmaß der Folgewirkungen, die daraus resultieren. Aufgrund der Isolation habe die Agrarwissenschaften nicht nur den Anschluss an nützliche **Modelle** und Systemansätze in anderen wissenschaftlichen Disziplinen verloren, sondern sie stelle ein großes Bedrohungspotenzial für die Menschen und die Welt dar. Ob in der Zwischenzeit grundlegende Veränderungen eingetreten sind, welche die damaligen Kritikpunkte heute obsolet machen, muss in Zweifel gezogen werden. Eine umfassende kritische Auseinandersetzung der Deutschen Forschungsgemeinschaft mit den Agrarwissenschaften wurde auch in dem zitierten Memorandum nicht vorgenommen und steht somit weiterhin aus.

Mangelnde Kommunikation und Kooperation der Agrarwissenschaften bestimmt nicht nur das Verhältnis zu anderen Wissenschaften. Diverse Anhaltspunkte sprechen dafür, dass es mit der Kommunikation und Kooperation auch innerhalb der Agrarwissenschaften zwischen den verschiedenen Fachdisziplinen schlecht bestellt ist. Um gut miteinander kommunizieren zu können, bedarf es einer gemeinsamen Sprache, d. h. das gleiche Verständnis über die Bedeutung zentraler **Begriffe** und einer gemeinsamen Zielsetzung, was mit dem Erkenntnis- und Wissensaustausch erreicht werden soll. Auch sollten die in den einzelnen Fachdisziplinen generierten Erkenntnisse und Ergebnisse anschlussfähig sein, d. h. das gleiche Bezugssystem aufweisen. Allein die Zugehörigkeit zu dem weiten Themenfeld der Agrarwissenschaften ist dafür nicht hinreichend.

Wie schwierig die Kommunikation bei unklar definierten Begriffen ist, zeigt sich exemplarisch am Beispiel der sogenannten „Tierwohlthematik" (s. auch Kap. 5). Trotz des Anspruches der Wissenschaften, durch Klarheit bei der Verwendung von Begriffen aufklärerisch zu wirken und dadurch Einsichten in komplexe Zusammenhänge zu befördern, greifen unterschiedliche Fachdisziplinen auf unterschiedliche Definitionen des gleichen Begriffes zurück. Während die Definition von „Animal Welfare" gemäß OIE (2008) die größte Akzeptanz in der Scientific Community vorweisen kann, da sie offiziell von mehr als hundert Staaten, einschließlich der deutschen Bundesregierung, ratifiziert wurde und damit als eine Leitdefinition angesehen werden kann, wird sie von Agrarwissenschaftlern in Deutschland weitgehend ignoriert. In einem vielbeachteten Gutachten des Wissenschaftlichen Beirates für Agrarpolitik beim BMEL (2015) zur Zukunft der Nutztierhaltung in Deutschland wird eine synonyme Verwendung des Begriffes „Tierwohl" mit anderen Begriffen nahegelegt:

„Die Begriffe Tierschutz, Tierwohl, Wohlergehen, Tiergerechtheit zielen letztlich alle auf die möglichst weitgehende Abwesenheit von Schmerzen, Leiden und Schäden ab sowie die Sicherung von Wohlbefinden beim Tier, nur teilweise aus unterschiedlichen Perspektiven. Sie werden in diesem Gutachten deshalb weitgehend synonym verwendet und sind alle entlang einem Gradienten von niedrig oder schlecht bis hoch oder gut einzustufen."

In den Empfehlungen des Kompetenznetzwerks Nutztierhaltung (BMEL 2020) taucht dann der Begriff „Tierwohl" in unterschiedlichen Wortkombinationen auf: Tierwohlniveau, Tierwohlstandard, Tierwohlmonitoring, Tierwohlstufen, Tierwohlprämien und Tierwohlindikatoren. Damit wird mit diesem Begriff einerseits ein Bezug zu den Haltungsformen (z. B. „Tierwohlstandard") hergestellt und andererseits ein Bezug zu den Nutztieren, die in diesen Haltungsformen leben (z. B. „Tierwohlindikatoren"). In ersterem Fall ist die Referenz für die Zuschreibung von „Tierwohl" der gegenwärtige Stand der gesetzlichen Mindestanforderungen, der als eine Art Ausgangsniveau eingestuft wird, von dem sich andere „Tierwohlstandards" durch eine gewisse Anhebung von Teilaspekten der Haltungsbedingungen abgrenzen. Damit wird ein in einem Exekutivgesetz (ministerielle Verordnung) – gegen das ausdrückliche Votum von Verhaltensbiologen – festgelegtes Ausgangsniveau zur normativen Größe dessen erklärt, was „Tierwohl" sei.

Während es in der Ökonomie einer ordoliberalen Vorgehensweise entspricht, Gesetzesvorlagen als Maßstab heranzuziehen, ist diese Vorgehensweise jedoch mit einer qualitativen Aussage aus dem Bereich der Nutztierwissenschaften nicht vereinbar. In den obig genannten Gutachten und den Empfehlungen wird mit dem gleichen Begriff sowohl eine qualitative Aussage über eine Haltungsform als auch über die Befindlichkeit eines Lebewesens adressiert. Aus nutztierwissenschaftlicher Sicht ist die Gleichsetzung des Wohlergehens von Tierindividuen mit der Haltungsform, in der die Tiere leben, nicht belastbar. Die Attribuierung unterschiedlicher Bezugs- und Referenzsysteme mit dem gleichen Begriff widerspricht den Anforderungen an Klarheit, welche insbesondere in der Wissenschaft an zentrale Begriffe anlegt werden sollte. Dieses Beispiel begrifflicher Unklarheit zeigt darüber hinaus, welche weitreichende Implikationen daraus erwachsen (siehe Abschn. 5.5).

Bei den Haltungsbedingungen handelt es sich in erster Linie um **Mittel zum Zweck**. Tierställe dienen den Nutztieren als Schutzraum und den Nutztierhaltern als eine Möglichkeit, die Tiere einzupferchen und den eigenen Nutzungsinteressen zu unterwerfen. Der Zweck einer spezifischen Ausgestaltung von Haltungsbedingungen kann auch darin bestehen, den Nutztieren einen verbesserten Schutz vor Beeinträchtigungen zu bieten, die bei den Tieren mit Schmerzen, Leiden und Schäden einhergehen können. Das Freisein von tiergesundheitlichen Beeinträchtigungen ist eine notwendige, wenngleich nicht hinreichende Bedingung für das Wohlergehen eines Tieres (Wiss. Beirat 2011). Das Freisein von Beeinträchtigungen kann überprüft werden und damit, ob die jeweiligen Haltungsbedingungen geeignet sind, die Nutztiere vor Beeinträchtigungen zu schützen. Als ein Mittel zum Zweck können Haltungsbedingungen jedoch nicht gleichzeitig ein Zweck (hohes Niveau bezüglich des Wohlergehens) sein, ohne zum Selbstzweck und damit zu einer Tautologie zu mutieren. Auch schafft der Begriff „Tierwohlindikatoren" zusätzlich Verwirrung. Im Kontext der Tierschutzdebatte werden Mortalitätsraten, Verhaltensstörungen oder Erkrankungen als „Tierwohlindikatoren" bezeichnet, obwohl sie explizit auf Störungen des Wohlergehens von Tieren hinweisen.

Sie sind damit keine **Indikatoren** (Hinweisgeber) für das Wohlergehen der Tiere, sondern verweisen auf dessen Beeinträchtigung, d. h. auf Tierleid. Mit der Begriffsbildung wird der Sachverhalt auf den Kopf gestellt, ohne dass denjenigen, die den Begriff verwenden, der **Widerspruch** bewusst ist. Oder sie erachten es trotz der Kritik an der inkonsistenten Verwendung des Begriffes nicht für erforderlich, sich um eine klare Ausdrucksweise zu bemühen.

Die Unschärfe im Umgang mit zentralen Begriffen beschränkt sich nicht auf das herausgehobene Beispiel des für die Nutztierhaltung relevanten Begriffes „Tierwohl", sondern ist auch in anderen Themenfeldern der Agrarwissenschaften zu beobachten. Unschärfen in der Begriffsverwendung sind nicht allein darauf zurückzuführen, dass den Agrarwissenschaften sowohl naturwissenschaftliche als auch sozial- und wirtschaftswissenschaftlich ausgerichtete Fachdisziplinen angehören, welche unterschiedliche Perspektiven einnehmen. Hinzu kommen unterschiedliche Interessenslagen, welche die Begriffsverwendungen und -interpretationen überlagern. Uneindeutige Begriffsbestimmungen erschweren nicht nur die Kommunikation zwischen den agrarwissenschaftlichen Fachdisziplinen, sondern auch den Diskurs mit anderen Wissenschaftszweigen. Einer interdisziplinären Zusammenarbeit wird dadurch die Grundlage entzogen. Darüber hinaus werden die Möglichkeiten der **validen** Beurteilung von Sachverhalten unterminiert, wenn unterschiedliche Gruppen den gleichen Begriff grundlegend anders interpretieren. Auf der anderen Seite verschaffen nebulöse Begriffe dem Marketing vielfältige Verwendungsmöglichkeiten. Sie bieten eine ideale Projektionsfläche für die selbstbezüglichen Assoziationen vieler Interessensgruppen. Auf diese Weise können sich viele Menschen trotz unterschiedlicher Interessen mit einem nebulösen Begriff arrangieren, ohne bisherige Positionen aufgeben zu müssen (s. auch Abschn. 7.5).

8.5.2   Agrarwissenschaften in Diensten der Agrarwirtschaft

Parallel zu anderen Wirtschaftszweigen hat auch in der Agrarwirtschaft der marktwirtschaftliche Druck, die Arbeitsproduktivität durch Einführung neuer Techniken zu steigern, immer weiter zugenommen. Mit einer beträchtlichen Ausweitung der Finanzmittel, welche in die Agrarforschung flossen, wuchsen Agrarwissenschaft, Technik und Verwertung zu einem **System** zusammen. Die Agrarforschung war über lange Zeiträume eng an eine staatliche Auftragsforschung gekoppelt, die in erster Linie den wissenschaftlichen und technischen Fortschritt im Hinblick auf eine Steigerung der Produktivität im Blick hatte. Agrarwissenschaftliche Forschungsaktivitäten wurden auf diese Weise selbst zu einer maßgeblichen Produktivkraft. Mit ihren eignen Begriffen und **Methoden** haben die Agrarwissenschaften ein eigenes Reich geschaffen, das eng mit der Nutzbarmachung (Ausbeutung) von biotischen und abiotischen Ressourcen durch die immanente Logik des wissenschaftlich-technischen Fortschritts verbunden bleibt. Die Gesetzlichkeit des Fortschritts scheint die Sachzwänge zu hervorzubringen, denen eine gesellschaftlichen Bedürfnissen gehorchende Agrarpolitik folgen muss. Allerdings hat es die Agrarpolitik bislang vermieden, offen darzulegen, welche Gruppierungen die Nutznießer dieser Verfahrensweise sind und zu wessen Lasten sie gehen. Wie in anderen Wirtschaftszweigen wurden auch in der Agrarwirtschaft die Produktivkräfte, die durch die wissenschaftlich-technischen Entwicklungen zur Entfaltung gebracht wurden, selbst zur Legitimationsgrundlage. Nach Habermas (1969, 52 f.) lieferte die wissenschaftliche Methode zugleich die Begriffe wie die Instrumente zur stets wirksamer werdenden Herrschaft des Menschen über die Natur. Zugleich förderte sie die Unterwerfung unter einen industriellen Komplex, der die Produktivität der Produktionsprozesse erhöht und gleichzeitig die Bequemlichkeit des menschlichen Lebens erweitert.

In öffentlichen Verlautbarungen wird immer wieder die Erzeugung einer ausreichenden Menge von Lebensmitteln hochwertiger **Qualität** zu niedrigen Preisen als das übergeordnete Ziel und als Legitimationsgrundlage ausgewiesen. Allerdings bleiben ob der allgemeinen und unverbindlichen Zielformulierung große Interpretationsspielräume. So lässt sie unter anderem offen, wann die erzeugten Produktionsmengen als ausreichend angesehen werden können oder wie sich eine hochwertige von einer minderwertigen Qualität unterscheidet und ob niedrige Preise auch dann ein Ziel sind, wenn sie für die Primärerzeuger zu nichtkostendeckenden Preisen führen. Auf der anderen Seite glaubt kaum eine wissenschaftliche Veröffentlichung, die sich mit der Erzeugung landwirtschaftliche Produkte beschäftigt, ohne den Hinweis auskommen zu können, dass mit den anvisierten Produktivitätssteigerungen ein Beitrag zur Versorgung der Weltbevölkerung geleistet wird. Diesen Argumentationsstrang macht sich insbesondere die Bioökonomie zunutze (Windisch und Flachowsky 2020). Das globale Versorgungsziel muss als Begründung herhalten für einen wissenschaftlichen Erkenntnisprozess, der offensichtlich einer Rechtfertigung bedarf.

Da die Kluft zwischen dem, was auf den einzelnen landwirtschaftlichen Betrieben im Hinblick auf die Produktionsleistungen geschieht, und der Ernährung der Weltbevölkerung unermesslich groß ist und dazwischen sehr viele sich überlagernde Effekte bestehen, stellt sich allerdings die Frage, was das eine mit dem anderen zu tun hat. Auf der einen Seite geht es um Details, die mit großer Akribie verfolgt und deren Ergebnisse mit diversen statistischen Methoden abgesichert werden. Auf der anderen Seite tut sich in der Einordnung der Ergebnisse in den übergeordneten **Kontext** ein Eldorado an spekulativen Begründungszusammenhängen auf, die keiner wissenschaftlichen Überprüfung standhalten. Während die Ergebnisse so exakt wie möglich generiert werden, erfolgt die Einordnung in den übergeordneten Kontext rein assoziative und spekulativ. Ob die einzelnen Ergebnisse tatsächlich geeignet sind, einen Beitrag zur Welternährung zu leisten oder diesem Ziel möglicherweise gar zuwiderlaufen, wie es die Ausführungen in Kap. 6 nahelegen, wird jedoch in der Regel keiner weiteren Reflexion und erst recht keiner Überprüfung im Hinblick auf die Stichhaltigkeit der Begründung unterzogen. Dies gilt selbst dann, wenn durch die Nutzbarmachung von Nutzflächen für die Erzeugung von Biomasse und von Bioenergie aus den eigenen Reihen ein weiterer Konkurrent erwachsen ist, der die Primärerzeugung von Nahrungsmitteln vor neue

Probleme stellt. Zwischenzeitlich hat die Erzeugung von Biomasse und Bioenergie nicht nur auf vielen landwirtschaftlichen Betrieben die Rolle eines einkommensstarken Betriebszweiges übernommen, sondern auch volkswirtschaftlich einen hohen Stellenwert erlangt (Thrän 2020).

Allgemein formuliert stehen die Agrarwissenschaften im Dienst der Nutzbarmachung von biotischen und abiotischen Ressourcen zwecks Generierung eines Mehrwertes durch die Agrarwirtschaft. Sie dienen der Agrarwirtschaft ihr methodisches Instrumentarium an, mit dem die Nutzbarmachung von Ressourcen nach Möglichkeit noch ertragreicher, effizienter und kostengünstiger gestaltet werden kann. In diesem Sinne sind wissenschaftliche Erkenntnisse analog zu technischen, nährstofflichen oder arbeitswirtschaftlichen Investitionen ein Produktionsmittel der Produktivitätssteigerung. Dagegen finden sich kaum Studien, welche die Sinnhaftigkeit der vorherrschenden Formen der Ressourcennutzung im gesamtgesellschaftlichen Kontext und im Hinblick auf die Verfolgung von Gemeinwohlinteressen reflektieren. Auch Vertreter der Agrarwissenschaften lassen keine Zweifel daran, dass sie die Agrarwissenschaften als Dienstleister zur Lösung praktischer Probleme begreifen. So hat sich unter anderem eine hochrangig besetzte Gruppe von Agrarwissenschaftlern unter Vorsitz des Vorsitzenden des Dachverbandes Agrarforschung zur Aufgabe gemacht, der Frage nachzugehen, wie die Leistungsfähigkeit der deutschen Agrar- und Ernährungsforschung gesichert und verbessert werden kann (Isermeyer et al. 2002). Die Arbeitsgruppe sah rückblickend eine gemeinsame „Erfolgstory" von Agrarforschung und Landwirtschaft zum beiderseitigen Nutzen und eine enge Verknüpfung des Images der Agrarforschung mit dem Image der Agrarwirtschaft. Danach liegt „*eine Verbesserung der Praxisorientierung der Agrar- und Ernährungsforschung […] nicht nur im Interesse des Berufstandes, sondern im Interesse der gesamten Gesellschaft*". Allerdings wurden auch Entwicklungen adressiert, die als Bedrohung für das interdisziplinäre Profil der Agrarwissenschaften durch Spaltungstendenzen auf verschiedenen Entscheidungsebenen wahrgenommen wurden.

Der Weg in eine fortschreitende Ausdifferenzierung der agrarwissenschaftlichen Fachdisziplinen hatte sich schon vor längerer Zeit abgezeichnet. Die Hintergründe sind vielfältig. Zum einen gab der vonseiten der marktwirtschaftlichen Rahmenbedingungen vorgezeichneten Weg der Spezialisierung in der landwirtschaftlichen Praxis auch die verschiedenen Richtungen vor, welche Wissenschaftler sich bei ihrer Themenfindung im Rahmen der Profilierungsbemühungen zu folgen genötigt sahen. Zum anderen versprach der Weg der Spezialisierung nicht nur wirtschaftliche, sondern auch publikationsträchtige Produktivitätssteigerungen. Die Spezialisierung war zudem dem Streben nach Sichtbarkeit und Unterscheidbarkeit dienlich und ermöglichte es, sich im Wettbewerb um die begrenzt verfügbaren Dauerstellen im Wissenschaftsbetrieb ein spezifisches Profil zuzulegen. Wie in anderen Wissenschaftszweigen wurden auch in den Agrarwissenschaften die Anreizstrukturen auf die Generierung eines individuellen Renommees ausgerichtet, welches sich in einem generellen Streben nach „Exzellenz" manifestiert. Um herausragen und sich im Wettbewerb abgrenzen zu können, bedarf es des Nachweises besonderer Leistungen. Diese lassen sich am ehesten über den Weg der Spezialisierung und einer einseitigen methodischen Ausrichtung erzielen. Ein einmal eingeschlagener Weg der Erkenntnisgewinnung wird selten verlassen. Damit teilen Wissenschaftler das Schicksal der Pfadabhängigkeit mit den auf einzelne Produktionsrichtungen spezialisierten Betrieben. Andererseits sind nach Isermeyer et al. (2002) die Folgewirkungen bedrohlich:

> „Wenn dadurch das Prinzip „Habe Methode, suche Problem" handlungsleitend für die Forscher wird, droht die interdisziplinäre, problemlösende Agrarforschung auf der Strecke zu bleiben. Und wenn immer mehr Leitungspositionen durch Personen besetzt werden, die diesem Prinzip folgen, dann kommt es zu einer allmählichen Zersetzung der Agrarforschungseinrichtungen von innen."

Mehr als 20 Jahre später liegt die Einschätzung nahe, dass sich die zitierte Vorhersage bewahrheitet hat. Auch der vor mehr als 17 Jahren im Memorandum der Deutschen Forschungsgemeinschaft (DFG 2005) aufgezeigte Weg, die Agrarwissenschaften als eine Systemwissenschaft zu begreifen und in diesem Sinne weiterzuentwickeln, wurde bzw. konnte bislang von den agrarwissenschaftlichen Institutionen nicht aufgegriffen und weiterentwickelt werden. Auch dies dürfte nicht zuletzt einer bereits weit fortgeschrittenen Pfadabhängigkeit geschuldet sein.

Ungeachtet dieser für die Agrarwissenschaften äußerst problematischen Entwicklung wird auch weiterhin die enge Verflechtung von agrarwissenschaftlichen und agrarwirtschaftlichen Interessens nicht problematisiert. Die Deutschen Gesellschaft für Züchtungskunde geht angesichts einer zunehmend kritische beäugten Agrarwirtschaft noch einen Schritt weiter. Geht es nach dem Willen dieser Gesellschaft, die aus Agrarwissenschaftlern und Interessensvertretern der Praxis besteht, dann gehört es zu den vorrangigen Aufgaben von Agrarwissenschaftlern, ihren Beitrag zu einer Verbesserung des Images der Agrarwirtschaft zu leisten, wenn diese durch Skandalmeldungen in Verruf geraten (DGfZ 2020):

> „Die prioritäre Aufgabe der Wissenschaft, der Zuchtverbände, der landwirtschaftlichen Interessensverbände und der Gesundheitsunternehmen besteht also darin, durch hohe Transparenz und durch den stetigen Diskurs in der Öffentlichkeit langfristig wieder die Akzeptanz moderner landwirtschaftlicher Produktionssysteme zu erhöhen."

8.5.3 Natur-, Technik- und Agrarwissenschaften in der Gegenüberstellung

An den agrarwissenschaftlichen Fakultäten der Universitäten und Fachhochschulen werden die Studierenden zu Agraringenieuren ausgebildet. Allgemein herrscht die Denkweise vor, dass die Ingenieurstätigkeit eine Form der Anwendung der Erkenntnisse aus den Naturwissenschaften ist. Die Engführung von Naturwissenschaften und Ingenieurs- bzw. Technikwissenschaften ist – wie Poser (2016, 299 f.) umfassend hergeleitet – historisch und systematisch irreführend. Das Gleiche gilt für eine Reduzierung der Agrarwissenschaften als eine Ingenieurswissenschaft. Da es in der öffentlichen Wahrnehmung zwischen den Natur-, Technik- und Agrarwissenschaften immer wieder zu Fehleinschätzungen und Gleichsetzungen bezüglich der wissenschaftlichen Herangehensweise und der Ergebnisse sowie deren Nutzbarmachung kommt, werden die wissenschaftlichen Disziplinen nachfolgend gegenübergestellt und voneinander abgegrenzt.

Die Naturwissenschaften befassen sich mit dem, was sich unabhängig vom Einfluss des Menschen an Ursache-Wirkungs-Beziehungen zwischen diversen Einflussfaktoren abspielt und deshalb gewissen Naturgesetzmäßigkeiten unterliegt. Naturwissenschaftler streben danach, die **Wirklichkeit** so zu erfassen, wie sie ist; sie möchten sie besser verstehen und suchen nach allgemeingültigen Gesetzmäßigkeiten und Wirkbeziehungen. Auch wenn es Vermutungen über den Ausgang wissenschaftlicher Experimente gibt, werden diese theoriegeleitet und ergebnisoffen durchgeführt. Das Ziel ist die Überprüfung einer möglichen Verallgemeinerung einer wissenschaftlichen Aussage und der Generierung einer Gesetzeshypothese. Allerdings gehen die Naturwissenschaften **reduktionistisch** vor, indem sie komplexe Naturerscheinungen durch die Wechselwirkung einfacher Teilsysteme zu erklären versuchen. Diese Vorgehensweise begründet einerseits ihren Erfolg und andererseits ihren beschränkten Zugang zur Komplexität der Wirklichkeit.

Während die **Ziele** der Naturwissenschaften in aller Regel aus wissenschaftsimmanenten Fragestellungen und Problemen erwachsen, werden an die Technikwissenschaften Fragen im Hinblick auf die Lösung von Problemen herangetragen. Analoges gilt für Untersuchungen in den Agrarwissenschaften. Technik- und Agrarwissenschaften setzten eine Normierung bzw. eine Wertsetzung voraus bezüglich dessen, was als Problem eingestuft wird und in welche Richtung eine Lösung angestrebt werden sollte. Techniker und Agraringenieure verändern die Natur bzw. das, was von ihr im Anthropozän noch übriggeblieben ist (Steffen et al. 2007). Zu den zentralen Aufgaben gehört die Nutzbarmachung von verfügbaren Ressourcen und die Entwicklung von Lösungsstrategien für Probleme, die damit im Zusammenhang stehen. Technischer Fortschritt strebt vor allem nach Zuwachs an Effizienz beim Einsatz und bei der Umsetzung von Ressourcen und nach besseren Lösungen, vorrangig innerhalb von lokal begrenzten Wirkzusammenhängen. Darüber hinaus werden Artefakte geschaffen, d. h. künstliche Veränderungen oder Abwandlungen von natürlichen Zuständen. Artefakte beschränken sich nicht auf technische Objekte, sondern können auch Veränderungen von lebenden Organismen oder die chemische Synthese von Bausteinen (z. B. Aminosäuren) oder die Herstellung von künstlichem **Fleisch** betreffen. Das, was neu hervorgebracht wird, verweist auf ein in die Zukunft gerichtetes Ziel. Die Entwicklung von Artefakten ist jedoch weder an Wahrheit noch an Universalität gebunden.

Die Agrarwissenschaften haben mit den Technikwissenschaften die problem- bzw. zielorientierte Herangehensweise gemein. Beide grenzen sich dadurch von den Naturwissenschaften ab. Im Unterschied zu den Technikwissenschaften befassen sich die Agrarwissenschaften nicht nur mit lebloser Materie, sondern vor allem mit Prozessen, an denen Lebewesen beteiligt sind und bei denen Lebewesen mit anderen Lebewesen und mit unbelebter Materie interagieren. Daher beziehen sich viele Verfahrensregeln in den Agrarwissenschaften auf biologische Prozesse. Da sich außer der Biologie auch verwandte Wissenschaftsbereiche wie Medizin, Biomedizin, Pharmazie, Molekular-biologie, Biophysik, Ernährungswissenschaften und Lebensmittelforschung bis hin zur Bioökonomie mit Lebewesen beschäftigen, hat sich in vielen wissenschaftlichen Einrichtungen der Begriff Bio- bzw. Lebenswissenschaften („Life Sciences") ein-gebürgert. Auch verschiedene Fachdisziplinen der Agrarwissenschaften ordnen sich den Lebenswissenschaften zu. Andererseits hat sich eine ehemals bestehende eindeutige Abgrenzung zwischen der Grundlagenforschung und einer anwendungs- und markt-orientierten Forschung teilweise aufgelöst, bzw. es bestehen fließende Übergänge. Für die eindeutig anwendungsorientierten Bereiche der Agrarwissenschaften gilt, dass mit der Untersuchung von Verfahrensregeln Funktionen beschrieben werden, die vor allem im Zusammenhang mit Zweck-Mittel-Kategorien einzuordnen sind. Zwecke setzen Normen und Werte voraus. Damit sind zumindest die anwendungsorientierten Bereiche der Agrarwissenschaften nicht den Naturwissenschaften zuzuordnen.

Einschätzungen zu den Erkenntnisgewinnen aus der Technik- wie den Agrarwissen-schaften bedürfen einer vertieften Einsicht in grundlegende Verfahrensabläufe der Forschungstätigkeit. Schließlich lassen sich erst aus einem Verständnis der Abläufe Beurteilungen zu der Aussagefähigkeit der Ergebnisse ableiten. In diesem Zusammen-hang hat die empirische Forschung wesentlich zur Generierung grundlegender Erkennt-nisse beigetragen, um zielgerichtete Veränderungen auf den Weg zu bringen. Die Erfahrungswissenschaften haben die empirische **Induktion** als Erkenntnisbasis, d. h., der Erkenntnisgewinn resultiert aus der Erfahrung von speziellen Sachverhalten, die einer gewissen Verallgemeinerung zugeführt werden. Dabei basiert der Erkenntnis-prozess auf vier Teilschritten (Schlageter 2013, 328 f.):

1. Aufstellen einer **Hypothese**
2. experimentelle Prüfung der Hypothese,
3. Überführung der Hypothese in die Praxis unter veränderten Rahmenbedingungen,
4. erneute experimentelle Überprüfung (externe Validierung).

Am Anfang stehen beobachtete Phänomene, von denen induktiv auf die den Phänomenen zugrunde liegenden allgemeinen Gesetzmäßigkeiten geschlossen wird. Die Erwartungen über die Gesetzmäßigkeit von Prozessen führen zur Formulierung von Hypothesen, deren Verallgemeinerungsfähigkeit durch ein Experiment geprüft wird. Experimente sind jedoch nicht unabhängig von Ort und Zeit und von den Wechselbeziehungen, die sich unter spezifischen Anfangs- und Randbedingungen ereignen. Gleichzeitig muss das Experiment, wenn es grundlegenden Anforderungen gerecht werden will, davor geschützt werden, dass es mehrdeutige Interpretationen über die Ursachen der erzielten Ergebnisse zulässt. Deshalb kommt den **Ceteris-paribus-Annahmen** unter weitgehend standardisierten Bedingungen eine große Bedeutung zu. Dieses Isolationsprinzip der

Ceteris-paribus-Klausel ist bemüht, durch eine weitestmögliche Fixierung aller Einflussfaktoren, diejenigen Wirkungen zu erfassen, welche durch Veränderung eines einzelnen oder sehr weniger Faktoren hervorgerufen werden. Die Wirkungen können dann kausal den veränderten Faktoren zugeschrieben werden. Durch weitere Experimente werden weitere Randbedingungen des Experiments verändert und mit den bisherigen Ergebnissen abgeglichen. Aus der unermesslichen Vielfalt von möglichen Ausgangs- und Randbedingungen folgt, dass wir niemals die vollständige Wirklichkeit in experimentellen Versuchsdesigns abbilden können. Jedoch können wir mit jedem weiteren Experiment die Wirklichkeit fortlaufend besser verstehen. Häufig wird dabei übersehen, dass die Ergebnisse eines Experiments strenggenommen nur für die Bedingungen gelten, unter denen das Experiment durchgeführt wurde. Diese Kontextabhängigkeit schränkt den generellen Aussagegehalt von Experimenten erheblich ein. Umso wichtiger ist es, dass die in einem Experiment geprüften Hypothesen unter weitläufig modifizierten Randbedingungen in der Praxis erneut geprüft, d. h. extern validiert werden, bevor eine verallgemeinerungsfähige Aussage getroffen werden kann. Diese hat dann so lange Bestand, bis sie durch neuere Erkenntnisse, hervorgerufen durch weitere Experimente, modifiziert oder gar widerlegt wird. Experimentelles Wissen, das lediglich auf den ersten beiden Teilschritten basiert, entspricht einem nicht belastbaren Halbwissen.

In den Technikwissenschaften geht es weniger um die Belastbarkeit von verallgemeinerungsfähigen Aussagen, sondern vorrangig um die Wirksamkeit, der zum Einsatz kommenden **Mittel** im Sinne der mit den technischen Möglichkeiten angestrebten Wirkungen. Die Erkenntnisse sollen verbesserte Lösungen für spezifische Probleme hervorbringen, d. h., die zum Einsatz kommenden technischen Mittel und Verfahrensregeln sollen sich bei der Anwendung bewähren (Best Practice). Zur Überprüfung stehen den Technikwissenschaften die methodischen Werkzeuge der Modellbildung und des Tests zur Verfügung. Tests setzen möglichst realistische Anfangs- und Randbedingungen voraus. Sie zielen nicht wie bei den Erfahrungswissenschaften auf Hypothesen über Gesetzmäßigkeiten, sondern beruhen auf einer möglichst klar und eindeutig formulierten Funktionserwartung. Festgestellt wird, ob sich die zugrunde gelegten Verfahrensregeln und eingesetzten Mittel mit Blick auf den anvisierten Zweck bewähren oder nicht (Schlageter 2013). Der Ausgangspunkt technischer Entwicklungen ist eine Situation A, die als unbefriedigend, und eine Situation B, die als befriedigender bzw. verbessert verstanden und eingestuft wird. Nach Poser wird damit

> „eine normative Komponente in unser Verstehen eines gegebenen Zustandes hineingetragen. Dies trifft zu sobald wir etwas als „angemessen" beurteilen. […] Hier berühren einander das Reich der Ursachen (hinter den Verfahrensregeln) und das Reich der Zwecke (hinter den Zielen). Technikwissenschaftlich schlägt sich die Teleologie in der zielbezogenen Ausrichtung der Verfahrensregeln nieder."

Des Weiteren führt er aus:

„Die philosophischen *Probleme moderner Technik beruhen auf der Beziehung zwischen Werten und angenommenen Zielen als deren Zuschreibung. Fast alle Kritik an Technik wird auf der Grundlage von Werten und Normen vorgetragen, nicht auf der Grundlage technischer Standards. [...] Deshalb werden Technikfolgen auch stets in einem öffentlichen Raum diskutiert. [...] Insbesondere besteht eine wesentliche Aufgabe der Technikwissenschaften darin, von Anbeginn die* **Vermeidung unerwünschter Neben- und Spätfolgen** *in ihren Regel- und Verfahrenskanon aufzunehmen. Das Problem besteht darin, Kriterien für die ökonomischen, sozialen, psychischen und ökologischen Bedingungen zu formulieren, die Techniken neben ihrer technischen Effizienz zu erfüllen haben. Moderne Techniktheorien müssen Viel-Ebenen-Theorien sein, sonst wäre Technikbewertung eine Farce. Gerade den Technikwissenschaften kommt die Aufgabe zu, auf der Grundlage ihrer um die normative Seite erweiterten Modelle nicht nur bewährte Verfahrensregeln zu formulieren, sondern auch Warnungen auszusprechen und Begründungen dort einzufordern, wo sie Gefährdungen befürchten: Technisches Entwerfen ist immer zukunftsorientiert; darum erwächst den Technikwissenschaften in interdisziplinärer Zusammenarbeit die Aufgabe, existentielle Probleme anzupacken* (Poser 2016, 297 ff.).“

Was Poser hier als die Maxime der Technikwissenschaften formuliert, findet in den Agrarwissenschaften keine Entsprechung. Weder gehört die Vermeidung unerwünschter Neben- und Schadwirkungen sowie die damit einhergehenden Spätfolgen zum originären Kanon von Forschung und Lehre, noch wird eine interdisziplinäre Zusammenarbeit mit Fachdisziplinen innerhalb und außerhalb der Agrarwissenschaften zwecks Bewältigung hochrelevanter gesellschaftlicher Herausforderungen und **Probleme** angestrebt und organisiert. Die unterschiedlichen Perspektiven und Bezugssysteme, mit der verschiedene Fachdisziplinen die Verhältnisse in der Landwirtschaft betrachten und analysieren, konvergieren in erster Linie in den Zweck, agrarwirtschaftliche Ziele und Verbesserungen zu befördern.

Um Verbesserungen zu realisieren, ist ein planmäßiges, systematisches Verfahren zur Erreichung des anvisierten Zieles (Methode) angezeigt. Am Anfang der Erarbeitung von Verbesserungen, Lösungen für Probleme bzw. Teillösungen und deren Synthese im Hinblick auf ein übergeordnetes Ziel, sollte eine fundierte Problemanalyse stehen. In den Technikwissenschaften erfolgt die Problemanalyse vorrangig im unmittelbaren Kontext der Problementstehung. Sie macht sich an der eingeschränkten Funktionsfähigkeit von Geräten bzw. Verfahrensabläufen fest. Lösungsvorschläge beziehen sich unmittelbar auf die Ergebnisse der Problemanalyse. Darüber hinaus werden Tests durchgeführt, um zu beurteilen, ob die Lösungsvorschläge mit einer Problemlösung bzw. einer Annäherung an das gesetzte Ziel einhergehen und ob der dabei erforderliche Mitteleinsatz effizient ist. Eine technische Lösung muss sich bewähren, indem sie die Funktionsfähigkeit, die zuvor bemängelt wurde, wiederherstellt bzw. verbessert; solange dies nicht der Fall ist, liegt keine Lösung und damit auch kein Erkenntnisfortschritt vor.

In der Agrarwirtschaft sind die Verfahrensabläufe um einiges komplexer. Sowohl die Produktionsleistungen wie deren Beeinträchtigungen sind das Ergebnis multifaktorieller Wirkungsgefüge unter Beteiligung zahlreicher abiotischer und biotischer Komponenten. Anders als in den Technikwissenschaften sind die Abläufe nicht durch eindeutige Gesetzmäßigkeiten determiniert, sondern in hohem Maße variabel. Während Technik weitgehend unabhängig vom Kontext funktioniert, werden agrarbiologische Verfahrensabläufe in hohem Maße von den Ausgangs- und Randbedingungen beeinflusst. Erschwerend kommt hinzu, dass dabei selten offensichtlich ist, welche Faktoren in welchem Maße an der Hervorbringung von Phänomenen beteiligt sind. Dies hat unter anderem damit zu tun, dass sich viele Vorgänge und Wechselwirkungen in nicht unmittelbar sichtbaren Bereichen abspielen, d. h. im Inneren von Böden, Pflanzen und Tieren. Die dominierende Form der agrarwissenschaftlichen Bearbeitung von Fragestellungen geht den Weg über ein experimentelles Versuchsdesign. Soweit dies möglich ist, werden Versuche unter standardisierten Versuchsbedingungen und unter **Ceteris-paribus-Annahmen** durchgeführt. Wenn alle potenziellen Einflussfaktoren weitgehend gleich und nur ein oder zwei Faktoren unterschiedlich konzipiert sind, dann kann das erzielte Ergebnis auf die gegenüber der Kontrollvariante veränderten Faktoren zurückgeführt werden. Solche Experimente lassen sich nur in begrenztem Maße auf landwirtschaftlichen Betrieben durchführen, sondern bedingen spezifische Voraussetzungen, die am ehesten auf dafür konzipierte Versuchsbetrieben gegeben sind. Da nicht alle Probleme in ein experimentelles Versuchsdesign eingepasst werden können, bleiben notgedrungen viele Probleme der Praxis wissenschaftlich unbearbeitet.

Aufgrund der Komplexität des landwirtschaftlichen Wirkungsgefüges findet die Problemanalyse eher selten im konkreten Kontext der spezifischen Problementstehung auf einem landwirtschaftlichen Betrieb statt. Eine Problem- bzw. Fragestellung aus der landwirtschaftlichen Praxis muss erst in eine Forschungsfrage übersetzt werden, die einer wissenschaftlichen Bearbeitung zugänglich ist und die nicht nur im spezifischen Kontext eines Betriebes, sondern für viele Betriebe relevant ist. Dabei handelt es sich um eine induktive Vorgehensweise, bei der auf der Basis einzelner Beobachtungen und Fakten auf allgemeine Aussagen geschlossen wird. Die **Induktion** funktioniert insbesondere bei physikalischen und technischen Prozessen, die sich in Gesetzmäßigkeiten fassen lassen. Dagegen bestehen erhebliche Zweifel, ob Induktion bei biologischen und physiologischen Prozessen funktioniert, insbesondere wenn ambivalente Strukturen zugrunde liegen (Chalmers 1999). Aufbauend auf bisherigen Kenntnissen und Erfahrungen wird anhand konkreter Beobachtungen eine **Hypothese** bezüglich eines vermuteten Wirkungszusammenhanges aufgestellt. Wird der Wirkungszusammenhang durch ein Experiment bestätigt, liegt die Vermutung nahe, dass dieser Zusammenhang sich auch unter modifizierten Bedingungen einstellt. Sofern weitere Untersuchungen unter ähnlichen Anfangs- und Randbedingungen die identifizierten Zusammenhänge bestätigen, führt dies zu einer verallgemeinerungsfähigen Aussage. Aussagen oder Regeln werden als gültig akzeptiert, wenn das System mithilfe dieser Regel in der Lage ist, alle zukünftigen Beispiele korrekt vorherzusagen (Mohr 1999).

Würde man die Problemanalyse und die Problemlösung einschließlich eines Wirkungsnachweises im betriebsspezifischen **Kontext** der Problementstehung wissenschaftlich begleiten, entspräche dies einer Einzelfallstudie. Diese hat den Vorteil, dass hier ein konkretes, in einem spezifischen Kontext entstandenes Problem so lange beforscht wird, bis eine Lösung bzw. Teillösung gefunden wird. Neben dem immensen Aufwand, der damit verbunden sein kann, besteht der Nachteil aus wissenschaftlicher Perspektive darin, dass die Ergebnisse von Einzelfallstudien angesichts der Heterogenität der Anfangs- und Randbedingungen nur bedingt auf andere Betriebssysteme übertragbar sind. Sie besitzen daher einen sehr geringen Grad an Verallgemeinerungsfähigkeit. Entsprechend lassen sich mit der Veröffentlichung von Einzelfallstudien in der Scientific Community kaum Meriten verdienen. Hinzu kommt, dass – wenn überhaupt – nur solche Fallstudien veröffentlicht werden, die eine Problemlösung vorzuweisen haben. Dagegen bleiben die gescheiterten Versuche einer Problemlösung und die Gründe des Scheiterns in der Regel im Verborgenen.

Im Fokus agrarwissenschaftlicher Forschung steht folglich nicht die Lösung betriebsspezifischer Probleme, sondern die Generierung von **Verfügungswissen** (s. Abschn. 8.3.1). Dieses wird der landwirtschaftlichen Praxis bzw. den Beratungseinrichtungen bei der Suche nach einzelbetrieblichen Problemlösungen und bei der Verfolgung spezifischer Produktionsziele zur Verfügung gestellt. Auf diese Weise werden die wissenschaftlichen Erkenntnisse quasi in die Praxis rückübersetzt. Auf der einen Seite versprechen die unter standardisierten Versuchsbedingungen generierten Versuchsergebnisse ein höheres Maß an Übertragbarkeit auf Problemkonstellationen unter unterschiedlichen Anfangs- und Randbedingungen. Entsprechend ist der Weg zu einer potenziellen Problemlösung über eine Standardisierung der Versuchsbedingungen vorgezeichnet. Damit sind die wissenschaftlichen Ergebnisse auch für andere Betriebssysteme mit ähnlich gelagerten Problemen von Interesse. Auf der anderen Seite ist jeder Teilaspekt, der einer Untersuchung zugeführt wird, in ein Gesamtsystem eingebettet. Das Heraustrennen durch das Experimentieren unter Ceteris-paribus-Bedingungen erlaubt keine Rückintegration in die Gesamtheit bzw. eine Integration in ein System mit modifizierten Ausgangs- und Randbedingungen, ohne zu prüfen, ob der Teilaspekt auch dort die vorhergesagte Wirkung entfaltet. An dieser Stellt offenbart sich ein elementarer Schwachpunkt der Agrarwissenschaften: Die Erkenntnisse der Agrarwissenschaften bleiben in der Regel **ohne externe Validierung**.

Ob der Transfer von wissenschaftlichen Erkenntnissen (z. B. über Beratungsempfehlungen) und die aufgrund der Empfehlungen umgesetzten Maßnahmen in der landwirtschaftlichen Praxis auch zum Erfolg und zu einer effizienten Zielerreichung bzw. Problemlösung führen, entbehrt in der Regel eines wissenschaftlich begründeten Nachweises. In welchem Maße eine Problem- und Schwachstellenanalyse in einem Betriebssystem durchgeführt wird, welche Produktionsziele im System angestrebt werden, welche externe Expertise und welcher Erkenntnisstand hinzugezogen wird, welche Maßnahmen umgesetzt werden und auf welche Weise die Wirkung der Umsetzungen geprüft wird, bleibt den jeweiligen Verantwortlichen auf der Betriebsebene überlassen. Anders als dies in Erfahrungs- und den Technikwissenschaften praktiziert wird, erfolgt in den Agrarwissenschaften in der Regel keine externe Validierung von hypothetischen Annahmen (d. h. Überprüfung der Wirksamkeit in der landwirtschaft-

lichen Praxis), die wissenschaftlichen Anforderungen genügt. Es liegt damit auch kein
Verfügungswissen im eigentlichen Sinne vor. Schließlich wurden nur die ersten zwei von
vier Teilschritten umgesetzt, die in den Erfahrungswissenschaften für ein valides **Wissen**
erforderlich sind. Von Wissen kann man dagegen nur sprechen bzw. schreiben, wenn
es sich um geprüftes und damit gerechtfertigtes Wissen handelt, das auf methodisch
begründeten und extern geprüften und validierten Aussagen basiert. Folglich handelt
es sich bei einem experimentellen Wissen ohne externe Validierung lediglich um ein
„**Halbwissen mit Hypothesencharakter**": Es besteht die hypothetische Annahme, dass
die Umsetzung von unter spezifischen Anfangs- und Randbedingungen experimentell
geprüften spezifischen Maßnahmen in einem anderen Betriebssystem mit einer ähnlich gelagerten Problemstellung und mit ähnlichen Anfangs- und Randbedingungen mit
einer gewissen Wahrscheinlichkeit zu einem ähnlichen Ergebnis bzw. zu einer ähnlichen
Problemlösung führt.

Für die Anwender von „Halbwissen mit Hypothesenstatus" und erst recht für
Außenstehende kann nicht zuverlässig nachvollzogen werden, wie letztendlich das
Ergebnis von veränderten Prozessabläufen zustande kommt. Zum Beispiel können die
Hintergründe für das Zustandekommen von Leistungssteigerungen nicht eindeutig
zugeordnet werden. Unklar bleibt, ob diese durch eine züchterische Maßnahme, durch
eine verbesserte Nährstoffversorgung, durch eine Reduktion der Stressbelastung, durch
eine geringere Erkrankungsrate, durch unbekannte Faktoren oder durch die Gemengelage des Zusammenwirkens aller innerbetrieblichen relevanten Effekte hervorgerufen
wurden. Die unterschiedlichen Faktoren und Komponenten in einem Betriebssystem
interagieren auf unterschiedlichen Ebenen miteinander. So bestehen Interaktionen auf
horizontalen und vertikalen Prozessebenen, die hierarchisch angeordnet sind. Zusammen
bringen die Interaktionen ein hohes Maß an Variation und **Komplexität** hervor.

Der Stufenbau der Welt mit aufsteigender Komplexität korrespondiert mit unserer
Weltsicht von subatomaren Teilchen über Atome und Moleküle zu Makromolekülen,
Zellen, Organismen und schließlich zu Ökosystemen (Conway 1987). Der Stufen-
bau der Welt impliziert, dass die höheren Stufen die tieferen einschließen und dass der
empirische Reichtum der Seinsstufen von unten nach oben zunimmt. Die komplexeren
Systeme sind aus einfacheren Systemen entstanden. Hinzu kommen qualitativ neue
Eigenschaften (Emergenzen), die beim Wechsel von einer tieferen Seinsstufe zu einer
Stufe höherer Komplexität in Erscheinung treten. Kann man das Gesamtverhalten eines
Systems, trotz vollständiger Informationen über seine Einzelkomponenten und deren
Wechselwirkungen, nicht eindeutig beschreiben, so handelt es sich um **Emergenz** (Mohr
1999, 82 f.). In diesem Kontext ist relevant, dass emergente Wirkungen nicht aus dem
Wissen über Verfahrensabläufe auf den unteren Stufen vorhergesagt werden können.
So ist Leben eine emergente Eigenschaft der Zelle, nicht aber ihrer Moleküle und
Organellen. Der **Emergenzbegriff** ist der klassische Gegenpol zum Reduktionsbegriff.
Man unterscheidet starke und schwache Emergenzaussagen. Eine starke Emergenz-
aussage behauptet, dass eine hierarchisch höhere Schicht Eigenschaften hat, die durch
keinerlei Koppelungsgesetze aus hierarchisch tieferen Schichten erklärbar sind. Eine

schwache Emergenzaussage lässt offen, ob und wie ein Auftreten des qualitativ Neuen erklärbar ist, behauptet aber, dass die Welt Schichtstruktur besitzt und dass jede Ebene eigene Eigenschaften und Gesetzmäßigkeiten aufweist. Während starke Emergenzaussagen für den Naturwissenschaftler nicht akzeptabel sind, weil sie der Grundannahme widersprechen, dass komplexere Systeme aus einfacheren Systemen im Zuge einer deterministischen Evolution entstanden sind, sind schwache Emergenzaussagen in der Wissenschaft nahezu selbstverständlich. **Reduktion** und Emergenz widersprechen einander nur, wenn beide **Begriffe** in einem starken Sinn verstanden werden.

Das komplexe Wirkungsgefüge innerhalb eines landwirtschaftlichen Betriebssystems stellt die Wissenschaften vor vielfältige Herausforderungen. Wissenschaftliche Ergebnisse, die unter spezifischen Ausgangs- und Randbedingungen generiert wurden, können in der Regel weder reproduziert, noch hinsichtlich des Zustandekommens vollständig erklärt und damit auch nicht **intersubjektiv**)beurteilt werden. Aufgrund der hohen Variabilität aufseiten biotischer und abiotischer Faktoren sowie der vielfältigen Interaktionen zwischen diesen, die zudem dynamischen Veränderungen unterworfen sind, kann von Teilaspekten eines Betriebssystems nicht auf übergeordnete Systemeigenschaften bzw. das Gesamtergebnis der Interaktionen geschlossen werden. Da keine Gesetzmäßigkeiten vorliegen, können auch keine Vorhersagen getroffen, sondern allenfalls Einschätzungen zu den Wahrscheinlichkeiten des Auftretens von Phänomenen vorgenommen werden. Ob sich experimentell geprüfte Maßnahmen bei der Anwendung in einer betriebsspezifischen Konstellation und Interessenslage bewähren oder nicht, bedürfte einer einzelbetrieblichen Prüfung mittels wissenschaftlicher Methoden. Da die externe Validierung in der landwirtschaftlichen Praxis unterbleibt, bleibt die Frage, ob sich agrarwissenschaftlich hervorgebrachtes Wissen bei der Anwendung unter spezifischen Ausgangs- und Randbedingungen bewährt, weitgehend der selbstreferenziellen Einschätzung der Akteure in der Praxis überlassen. Auf diese Weise mutieren die Erkenntnisse der Agrarwissenschaften zu einer persönlichen Erfahrung.

Welche Informationen in Entscheidungen und praktische Umsetzungen einfließen, richtet sich in erster Linie nach den im Fokus stehenden Zwecken. Was nicht zweckdienlich ist, bleibt weitgehend unberücksichtigt bzw. wird ausgeblendet. Welche Erfolge die Betriebe beim Einsatz von Informationen und externen Experten in ihren Bemühungen um die Sicherstellung der ökonomischen Existenzfähigkeit einfahren, bleibt zunächst ihre Privatsache. Dies ändert sich allerdings, wenn bei der Verfolgung privater Interessen unerwünschte Neben- und Schadwirkungen auftreten, welche die Interessen des Gemeinwohles beeinträchtigen. Solange allerdings diese Wirkungen nicht die einzelbetrieblichen Zielsetzungen beeinträchtigen und solange vonseiten der Gesellschaft keine konkreten Forderungen bzw. Sanktionen an die Primärerzeuger herangetragen werden, muss dies die Verursacher der Schadwirkungen wenig kümmern. Dies gilt erst recht, wenn eine Reduzierung von Schadwirkungen mit Minderleistungen bzw. Mehraufwendungen verbunden ist, welche den betrieblichen Interessen zuwiderlaufen.

Die Tatsache, dass sich die Agrarwirtschaft in der Vergangenheit so wenig mit den unerwünschten Neben- und Schadwirkungen auseinandergesetzt hat, die von den

Produktionsprozessen ausgehen, hat auch damit zu tun, dass sich die Agrarwissenschaften für die Abschätzung der Folgewirkungen der Produktionsprozesse bislang nur ansatzweise zuständig sehen, zumindest solange die Folgewirkungen nicht die originären agrarwirtschaftlichen Zielsetzungen gefährden. Damit fehlt es unter anderem an Übersichtsdaten, mit denen das Ausmaß der Beeinträchtigungen eingeordnet und spezifischen Bereichen zugeordnet werden könnte. Das agrarökonomische Diktum, dass die Produktionsprozesse vorrangig auf eine Steigerung der Produktivität ausgerichtet sein müssen, um unter den marktwirtschaftlichen Rahmenbedingungen die wirtschaftliche Existenzfähig des Betriebes zu sichern, wird in den Agrarwissenschaften nicht hinterfragt. Eine Folgenabschätzung, die über die unmittelbaren innerbetrieblichen Effekte hinausgeht und die einer Folgenabschätzung wie in den Technikwissenschaften gleichkäme, sucht man in den Agrarwissenschaften vergebens. Wäre dies der Fall, müssten sich die Agrarwissenschaften mit den Zielkonflikten und Merkmalsantagonismen auseinandersetzen, welche bei dem Aufeinandertreffen von Partikular- und Gemeinwohlinteressen zwangsläufig auftreten. Eine solche Reflexion über die Vor- und Nachteile bestehender Strukturen für die Gesellschaft hätte nicht weniger zur Folge, als dass die vorherrschenden marktwirtschaftlichen Bedingungen und der Beitrag der Agrarökonomie an ihrem Zustandekommen einer kritischen Würdigung unterzogen und hinterfragt werden müssten.

Ableitungen
Die Agrarwissenschaften sind eingebettet in die unterschiedlichen Formen des wissenschaftlichen Arbeitens, die sich in den zurückliegenden Jahrhunderten im Bemühen um Erkenntnisgewinn herauskristallisiert haben. Dabei können die Agrarwissenschaften zu Recht für sich in Anspruch nehmen, die Mutter aller Wissenschaften zu sein. Seit den Anfängen der Sesshaftwerdung geht es darum, Erkenntnisse zu gewinnen, wie die Erzeugung von Nahrungsmitteln ertragssteigernd, effizienter und damit produktiver gestaltet werden kann. Erst auf der Basis einer ausreichenden Versorgung mit Nahrungsmitteln konnten sich kulturelle Freiräume und in der Folge andere Wissenschaftszweige entwickeln. Die Agrarwissenschaften sind ihren ursprünglichen Zielen eng verbunden geblieben, auch wenn sich das Spektrum der Methoden parallel zu den Entwicklungen in anderen Wissenschaftszweigen immens ausgeweitet hat. Folgerichtig bestehen diverse Schnittmengen mit den Natur-, Sozial-, Geistes- und Technikwissenschaften. Wenn man die Metapher vom Baum der Erkenntnis heranzieht, repräsentiert das Bemühungen um die Sicherstellung der eigenen Existenzgrundlagen und das Überleben durch das Projekt der Naturbeherrschung in den Agrarwissenschaften den Stamm, von dem aus die diversen Verzweigungen der Wissenschaften ihren Ausgang nehmen.
Problematisch wird es, wenn die agrarwissenschaftliche Forschung auf die natur- oder technikwissenschaftliche Herangehensweise reduziert wird. Auch

wenn die Agrarwissenschaften häufig den Erfahrungs- bzw. den Ingenieurswissenschaften zugerechnet werden, bestehen zu diesen Wissenschaftszweigen doch gravierende Unterschiede. Vielen Fachdisziplinen der Agrarwissenschaften fehlt gegenüber den Erfahrungswissenschaften vor allem eine zentrale Prämisse, nämlich die **externe Validierung**. Eine Ausnahme bildet lediglich die in der landwirtschaftlichen Praxis etablierte quantitative Erfassung von Produktionsleistungen. In den Erfahrungswissenschaften berechtigt erst die externe Validierung zu wissenschaftlich belastbaren, d. h. verallgemeinerungsfähigen **Aussagen**. Aus der Perspektive der Erfahrungswissenschaft bleibt die Herangehensweise in den Agrarwissenschaften häufig bei der experimentellen Überprüfung von Hypothesen stecken, ohne dass eine umfassende Überprüfung der Gesamtwirkungen im Kontext der heterogenen Ausgangs- und Randbedingungen von landwirtschaftlichen Betrieben vorgenommen wird. Problematisch daran ist, dass die damit einhergehende Vorläufigkeit der Erkenntnisse (**Halbwissen**) nicht explizit als solches ausgewiesen und in die landwirtschaftliche Praxis kommuniziert wird. Damit werden Erwartungen an die allgemeine Gültigkeit von agrarwissenschaftlichen Aussagen geweckt, die bei dieser Vorgehensweise nicht erfüllt werden können und zwangsläufig Fehleinschätzungen und Enttäuschungen zur Folge haben.

Das Eingeständnis aus den Agrarwissenschaften, dass es sich bei experimentellen Ergebnissen ohne externe Validierung unter den jeweiligen Ausgangs- und Randbedingungen lediglich um ein Halbwissen handelt, ist längst überfällig. Das Fehlen einer externen Validierung ist der Ausgangspunkt für ein ausuferndes Ausmaß an **induktiven Fehlschlüssen**. In diesem Wirrwarr von selbstreferenziellen Meinungen bietet der Handel vermehrt Produkte an, die anhand von sogenannten „**Qualitätsstandards**" eine Differenzierung ermöglichen und den Verbrauchern Orientierung (z. B. in Form eines Haltungskompasses) geben sollen. Letztlich ist die Standardisierung nichts anderes als ein induktiver Fehlschluss, bei dem von einem Teilaspekt auf eine übergeordnete Qualitätsaussage geschlossen wird, ohne dass es zu einer Überprüfung kommt, ob diese Aussage im Hinblick auf die Gesamtheit der Merkmale eines Produktes, Prozesses oder Systems gerechtfertigt ist. Der induktive Fehlschluss basiert auf dem Teil-Ganze-Problem der Biologie (s. Abschn. 8.1). Darauf haben die Erfahrungswissenschaften und auch eine Agrarwissenschaft, die sich auf eine naturwissenschaftliche Herangehensweise beschränkt, keine Antworten. Das Eingeständnis, mit einer naturwissenschaftlichen Herangehensweise ohne externe Validierung nur Halbwissen zu generieren, könnte maßgeblich dazu beitragen, fehlgeleitete Erwartungen zu korrigieren, Enttäuschungen zu vermeiden und eine Neuorientierung herbeizuführen.

Analog zu den Technikwissenschaften sind auch die Agrarwissenschaften um die Erarbeitung von Problemlösungen bemüht, die sich in der landwirtschaftlichen

Praxis bewähren sollen. Allerdings ist die Überprüfung, ob sich Problemlösungs-
strategien tatsächlich bewähren, weitgehend auf die Effekte auf die Produktionsleistungen sowie auf einzelne Aspekte der Produktivität beschränkt. Diese
einseitige Fokussierung unterstreicht die agrarwirtschaftliche und produktivistische
Ausrichtung der Agrarwissenschaften. Während sich die Agrarwirtschaft die
funktionalen und teleologischen Erklärungsansätze der Technikwissenschaften
bei der Verfolgung von Partikularinteressen zu eigen macht, wollen die Vertreter
der Agrarwissenschaften von funktionalen und teleologischen Erklärungsansätzen
wenig wissen. Diese kollidieren mit dem Anspruch, einer naturwissenschaftlichen,
auf kausalen Erklärungsansätzen basierenden Herangehensweise verpflichtet zu
sein. Auch nehmen viele Agrarwissenschaftler den Nimbus der „Wertfreiheit" von
Wissenschaften für sich in Anspruch, der sich aus einem naturwissenschaftlichen
Grundverständnis herleitet und zweck- und zielorientierten Ansätzen zuwiderläuft.

Die Selbstbeschränkung auf eine naturwissenschaftliche Herangehensweise
bringt viele Fachdisziplinen der Agrarwissenschaften zunehmend in Bedrängnis und legt den Zwiespalt offen, in dem sich viele Agrarwissenschaftler
befinden. In ihren jeweiligen Forschungsfeldern beschäftigen sie sich nicht mit
der Natur im eigentlichen Sinn und auch nur bedingt mit natürlichen Prozessen.
Das Forschungsfeld der Agrarwissenschaften ist eine Agrarwirtschaft, die durch
und durch geprägt ist durch von Menschen determinierte Anfangs- und Randbedingungen. Dabei orientiert sich die Agrarwirtschaft unzweifelhaft an Normen
und Werten sowie an der Sicherstellung der wirtschaftlichen Existenzsicherung
durch Aufrechterhaltung der Wettbewerbsfähigkeit. Der elementare **Widerspruch** zwischen einer vermeintlich wertfrei agierenden agrarwissenschaftlichen
Forschung in einem Forschungsfeld, das wie kein anderes von vielfältigen und
divergierenden Interessen und Zielkonflikten geprägt ist, verweist auf eine unauf-
lösbare Inkohärenz in den Agrarwissenschaften. Während die **Kohärenz** nur über
den Weg der Etablierung einer Systemwissenschaft wiedererlangt werden kann,
erfordert das Festhalten an eine naturwissenschaftliche Herangehensweise einen
großen mentalen Aufwand, um kognitive Dissonanzen zu verdrängen. Dieser Ver-
drängungsaufwand erklärt möglicherweise auch den stark ausgeprägten Drang
zur Spezialisierung in immer weiter ausdifferenzierte Teildisziplinen und in die
Welt des Mikrokosmos, in der man den Widersprüchen ausweichen kann. Dafür
bezahlen die Agrarwissenschaften jedoch einen sehr hohen Preis. Sie verlieren
dabei nicht weniger als die Lösungskompetenz für Probleme der landwirtschaftlichen Praxis.

Den Spezialisten mag der Verlust an Problemlösungskompetenz kaum auffallen.
Sie geben sich in der Regel mit der experimentellen Überprüfung von Hypothesen
zufrieden und verbuchen dies als einen Beitrag zur Grundlagenforschung. Bei der
Fokussierung auf fachdisziplinäre Fragestellungen geraten die zentralen Problem-

stellungen im Kontext der Erzeugung von Lebensmitteln schnell aus dem Blickfeld. Der mit einem Spezialistentum einhergehende Verlust an einer Befähigung zur interdisziplinären Forschung, die für integrale Lösungen im komplexen Wirkungsgefüge landwirtschaftlicher Betriebssysteme und für eine Systemwissenschaft unabdingbar ist, bekümmert die Spezialisten eher wenig, solange ihnen eine vorwiegend über staatliche Fördermittel gesicherte Forschertätigkeit keine Neuorientierung abverlangt. Die Gefahr des Verlustes der Problemlösungskompetenz der Agrarwissenschaften wurde in der Dachorganisation der Agrarforschung schon vor vielen Jahren erkannt. Gleichwohl haben es die Verantwortlichen versäumt, dies in einer Weise zu problematisieren, um diesen aus der Perspektive der Gemeinwohlinteressen gravierenden Fehlentwicklungen etwas entgegenzusetzen.

Es bedarf keiner Prophetie um vorherzusehen, dass die Agrarwissenschaften ihre Sonderstellung nur dann werden aufrechterhalten können, wenn sie sich neu aufstellen und sich erfolgreich um Lösungen für die zahlreichen Probleme bemühen, die durch die einseitige Fokussierung auf die Produktivität hervorgerufen werden. Während die zurückliegenden Erfolge der Agrarwissenschaften im Hinblick auf die erzielten Produktivitätssteigerungen überwältigend sind, trifft dies in zunehmendem Maße auch für die Ausmaße an unerwünschten Neben- und Schadwirkungen zu, welche durch die Produktionsprozesse hervorgerufen werden. Die Janusköpfigkeit und Ambivalenz der anvisierten Erfolge finden bislang keine adäquate Berücksichtigung in den Agrarwissenschaften. In der einseitigen Fokussierung auf die Produktivitätsfortschritte wurde es vor allem versäumt, sich mit dem abnehmenden Grenznutzen auseinanderzusetzen, dem alle biologischen Prozesse im Zuge von Wachstums- und Intensivierungsprozessen als naturgegebene Gesetzmäßigkeit unterliegen.

Um die immer größer werdenden Probleme der Agrarwirtschaft einer Lösung zuzuführen, ist es nicht damit getan, weiteres **Verfügungswissen** anzuhäufen (mehr vom Gleichen). Auch ist es illusorisch, bei der Suche nach Problemlösungen allein auf technische Entwicklungen zu setzen, die der Komplexität der landwirtschaftlichen Produktionsprozesse nicht gerecht werden. Um sich den Herausforderungen stellen zu können, bedarf es eines **Orientierungswissens** und damit einer Wertorientierung, das sich von der reinen Lehre einer naturwissenschaftlichen Herangehensweise emanzipieren muss. Nicht minder bedeutsam ist die Generierung von **Handlungswissen** und damit der Möglichkeiten, verschiedene Optionen im Hinblick auf ihre Problemlösungsfähigkeit im spezifischen Kontext eines landwirtschaftlichen Betriebssystems einer wissenschaftlichen Überprüfung zu unterziehen.

Aufgrund der vielfältigen Wechselwirkungen zwischen biotischen und abiotischen Faktoren und der sehr heterogenen, sich zudem dynamisch verändernden Wirkungsgefüge ist der Forschungsgegenstand der Agrarwissenschaften gegenüber anderen Wissenschaftszweigen an Komplexität nicht zu überbieten. Der Umgang mit Komplexität erfordert eine Form der Komplexitätsreduktion, die sich grundlegend von der in anderen Wissenschaftszweigen unterscheidet. Die Komplexität legt eine Herangehensweise nahe, bei der man sich dem Sachverhalt als Gegenstand der Betrachtung aus unterschiedlichen Perspektiven annähert. Jede Teil-Perspektive beinhaltet eine „Teil-Habe" an der **Wirklichkeit**. Daraus folgt auch, dass die unterschiedlichen Perspektiven in ein Gesamtbild integriert werden müssen und nicht als eine „Teil-Wirklichkeit" isoliert betrachtet oder gar extrapoliert werden dürfen. Die Bedeutung der jeweiligen Teilausschnitte erschließt sich erst aus einer übergeordneten Gesamtsicht bzw. aus einer umfassenden wissenschaftlichen Theorie der Agrarwissenschaften. Das von der Deutschen Forschungsgemeinschaft (DFG 2005) in einem Memorandum proklamierte Konzept einer Agrarforschung als problemorientierte Systemforschung weist dabei in die richtige Richtung. Allerdings wurde dieser Ansatz in den Agrarwissenschaften bislang von den Partikularinteressen der Fachdisziplinen torpediert.

In der derzeitigen Verfassung erscheinen die Agrarwissenschaften eher als Teil des Problems als Teil der Lösung. Sie treten eher als Hilfswissenschaften der Agrarwirtschaft auf denn als Dienstleister von Gemeinwohlinteressen. Angesichts einer vorrangig mit öffentlichen Mitteln geförderten Agrarwissenschaft wäre diesen Vorrang vor den Partikularinteressen der Agrarwirtschaft einzuräumen. Um zu einem Teil der Lösung zu werden, bedürfte es nicht weniger als eines **Paradigmenwechsels** von einer Input- zu einer Output-Orientierung, welche die Systemleistungen landwirtschaftlicher Betriebe in den Fokus nimmt. Da aus einzelnen Teilsichten allein keine übergeordnete Perspektive entwickelt werden kann, sind die Agrarwissenschaften nicht befähigt, diesen Schritt aus eigenem Vermögen zu tun. Die vielbeschworene Befähigung der **Wissenschaft** zur Selbstkorrektur bleibt in den Agrarwissenschaften auf die jeweiligen Fachdisziplinen beschränkt. Eine fachdisziplinär übergreifende Neuorientierung ist angesichts der Dominanz agrarwirtschaftlicher Interessen nicht zu erwarten. Der Anstoß muss offensichtlich von außen, d. h. aus der gesamtgesellschaftlichen Verantwortung, kommen und mit klaren **Zielvorgaben** dessen aufwarten, was landwirtschaftliche Betriebssysteme mit Unterstützung aus den Agrarwissenschaften künftig zu leisten haben, nämlich: unter den jeweiligen Ausgangs- und Randbedingungen von Agrarökosystemen hochwertige Produkte zu erzeugen, ohne dabei die Nutztiere, die Natur, die Umwelt, das Klima und die Verbraucher im Übermaß zu beeinträchtigen. Erst unter klaren Zielvorgaben könnten die diversen Fachdisziplinen der Agrarwissenschaften ihre Potenziale zur Lösung von Problemen innerhalb von Systemen entfalten. Gleichzeitig bedürfte es einer übergeordneten und unabhängigen Institution, welche die Evidenz der Wirksamkeit und der Effizienz in der Ressourcennutzung und Zielerreichung in der landwirtschaftlichen Praxis beurteilt.

Literatur

Albach H (2018) Wirtschaftswissenschaften; Definition: Was ist „Wirtschaftswissenschaften"? Gabler Wirtschaftslexikon. https://wirtschaftslexikon.gabler.de/definition/wirtschaftswissenschaften-48113/version-271371. Zugegriffen: 30. Sept. 2019

Baker M (2016) 1,500 scientists lift the lid on reproducibility. Nature News 533(7604):452. https://doi.org/10.1038/533452a

Bello NM, Renter DG (2018) Invited review: reproducible research from noisy data: revisiting key statistical principles for the animal sciences. J Dairy Sci 101(7):5679–5701. https://doi.org/10.3168/jds.2017-13978

BMEL – Bundesministerium für Ernährung und Landwirtschaft (2020) Empfehlungen des Kompetenznetzwerks Nutztierhaltung. https://www.bmel.de/SharedDocs/Downloads/DE/_Tiere/Nutztiere/200211-empfehlung-kompetenznetzwerk-nutztierhaltung.html

Carrier M (2011) Wissenschaft. In: Jordan S, Nimtz C (Hrsg) Lexikon Philosophie. Hundert Grundbegriffe. Reclam, Stuttgart, S 312–315

Carrier M, Mittelstraß J (1989) Geist, Gehirn, Verhalten; Das Leib-Seele-Problem und die Philosophie der Psychologie. de Gruyter, Berlin

Cassirer E (1974) Das Erkenntnisproblem in der Philosophie und Wissenschaft der neueren Zeit. Wissenschaftliche Buchgesellschaft, Darmstadt

Chalmers AF (1999) Wege der Wissenschaft; Einführung in die Wissenschaftstheorie. Springer, Berlin

Cicia G, Colantuoni F (2010) Willingness to pay for traceable meat attributes: a meta-analysis. Int J Food System Dynamics 1(3):252–263

Conway GR (1987) The properties of agroecosystems. Agric Syst 24(2):95–117. https://doi.org/10.1016/0308-521X(87)90056-4

Forschungsgemeinschaft D, (DFG) (Hrsg) (2005) Perspektiven der agrarwissenschaftlichen Forschung; Denkschrift = Future perspectives of agricultural science research. Wiley-VCH, Weinheim

DGfZ – Deutsche Gesellschaft für Züchtungskunde (2020) Zukunftsfähige Konzepte für die Zucht und Haltung von Milchvieh im Sinne von Tierschutz, Ökologie und Ökonomie; Positionspapier der DGfZ-Projektgruppe „Zukunft gesunde Milchkuh". https://www.dgfz-bonn.de/services/files/stellungnahmen/

Drucker DJ (2016) Never waste a good crisis: confronting reproducibility in translational research. Cell Metab 24(3):348–360. https://doi.org/10.1016/j.cmet.2016.08.006

Fanelli D (2018) Opinion: Is science really facing a reproducibility crisis, and do we need it to? Proc Natl Acad Sci 115(11):2628–2631. https://doi.org/10.1073/pnas.1708272114

Fraser D (2008) Understanding animal welfare. Acta Vet Scand 50(Suppl1):1–7. https://doi.org/10.1186/1751-0147-50-S1-S1

Habermas J (1969) Technik und Wissenschaft als „Ideologie". Suhrkamp, Frankfurt a. M.

Isermeyer F, Breitschuh G, Hensche HU, Kalm E, Petersen B, Schön H (2002) Agrar- und Ernährungsforschung in Deutschland Probleme und Lösungsvorschläge. DLG-Verl; BLV-Verlagsges; Landwirtschaftsverl, Frankfurt a M, München, Basel, Wien, Münster

Klaus G, Buhr M (1975) Philosophisches Wörterbuch. Bibliogr. Inst, Leipzig

Ladenthin V (2020) Kann man Wissenschaft evaluieren? Forschung & Lehre 27(10):828–829

Maturana HR, Varela FJ (1987) Der Baum der Erkenntnis; Die biologischen Wurzeln menschlichen Erkennens. Scherz, Bern

Mayer A, Mayer J (1974) Agriculture, the island empire. Daedalus 103(3):83–95

Mede NG, Schäfer MS, Ziegler R, Weißkopf M (2021) The „replication crisis" in the public eye: germans' awareness and perceptions of the (ir)reproducibility of scientific research. Public Underst Sci 30(1):91–102. https://doi.org/10.1177/0963662520954370

Mittelstraß J (2001) Für und wider eine Wissenschaftsethik. In: Mittelstraß J (Hrsg) Wissen und Grenzen. Philosophische Studien. Suhrkamp, Frankfurt a. M., S 68–88

Mohr H (1999) Wissen – Prinzip und Ressource. Springer, Berlin Heidelberg, Berlin, Heidelberg

Moskaliuk J (2011) Handlungswissen. wissens.block (3). http://www.wissensblitze.de/handlungs-wissen

OIE – Office International des Epizooties (2008) – World Organisation for Animal Health, Terrestrial animal health code. 21. Aufl. Paris: OIE. http://www.oie.int/international-standard-setting/terrestrial-code/access-online/

Poser H (2016) Homo Creator; Technik als philosophische Herausforderung. Springer; Springer Fachmedien Wiesbaden; Springer International Publishing AG, Wiesbaden, Cham

Schellnhuber HJ (2020) Wie politisch ist die Wissenschaft?; Interview. Die Zeit(40)

Schlageter W (2013) Wissen im Sinne der Wissenschaften; Exaktes Wissen, empirisches Wissen, Grenzen des Wissens. August-von-Goethe-Literaturverl., Frankfurt a.M.

Schnädelbach H (2013) Was Philosophen wissen und was man von ihnen lernen kann. Beck, München

Schrödinger E (1944) Was ist Leben? Die lebende Zelle mit den Augen des Physikers betrachtet. Francke, Bern

Steffen W, Crutzen PJ, McNeill JR (2007) The Anthropocene: are humans now overwhelming the great forces of nature? Ambio 36(8):614–621. https://doi.org/10.1579/0044-7447(2007)36[614:TAAHNO]2.0.CO;2

Sundrum A (2018) Beurteilung von Tierschutzleistungen in der Nutztierhaltung. Ber. Landwirtsch. 96(1):1–34. doi:https://doi.org/10.12767/buel.v96i1.189

Thrän D (2020) Einführung in das System Bioökonomie. In: Thrän D, Moesenfechtel U (Hrsg) Das System Bioökonomie. Springer Berlin Heidelberg; Springer International Publishing AG, Berlin, Heidelberg, Cham, S 1–19

Windisch W, Flachowsky G (2020) Tierbasierte Bioökonomie. In: Thrän D, Moesenfechtel U (Hrsg) Das System Bioökonomie. Springer Berlin Heidelberg; Springer International Publishing AG, Berlin, Heidelberg, Cham, S 69–86

Wiss. Beirat – Wissenschaftlicher Beirat für Agrarpolitik beim BMEL (2015) Wege zu einer gesellschaftlich akzeptierten Nutztierhaltung. Ber. Landwirtsch.(Sonderheft Nr. 221) (S 1–172). doi:https://doi.org/10.12767/buel.v0i221.82

Wiss. Beirat – Wissenschaftlicher Beirat für Agrarpolitik beim BMELV, (2011) Kurzstellung-nahme zur Einführung eines Tierschutzlabels in Deutschland. Ber. Landwirtsch. 89:9–12

Wolff M (1989) Naturwissenschaftliche Erkenntnis – ihr Status und ihre Rolle bei rational-ethischen Entscheidungen. In: Gatzemeier M (Hrsg) Verantwortung in Wissenschaft und Technik. BI-Wiss.-Verl., Mannheim, Wien, Zürich, S 102–113

Ökonomischer und ökologischer (Denk-) Ansatz

9

Zusammenfassung

Auch wenn Ökonomie und Ökologie die gleiche Vorsilbe haben und sich dem Haushalten widmen, basieren beide wissenschaftlichen Themenfelder auf sehr unterschiedlichen Denkansätzen und Zielsetzungen. Die häufig ins Feld geführte Notwendigkeit der Versöhnung von Ökonomie und Ökologie verfügt daher nur über eine geringe gemeinsame Basis. Um beide Ansätze in ihrer Verschiedenheit nachvollziehen zu können, werden sie zunächst im Hinblick auf ihren Bezug zur Agrarwirtschaft reflektiert. Es liegt der Schluss nahe, dass erst die Dominanz der Ökonomie über die Ökologie die Folgewirkungen hervorgerufen und die Agrarwirtschaft in die Sackgasse hineinmanövriert hat, in der sie sich gegenwärtig befindet. Anders als es die theoriebeladenen Handlungsanleitungen der Ökonomie nahelegen, folgen die Entscheidungsprozesse auf der betrieblichen Ebene einer Logik, die sich nur betriebsindividuell erschließt. Damit verfügt die Agrarökonomie allenfalls über einen makroökonomischen, jedoch nicht über einen mikroökonomischen Zugang zu den relevanten Weichenstellungen, mit denen ökonomische und ökologische Anforderungen in Abgleich gebracht werden können. Anstatt Orientierung zu vermitteln, ist die Dominanz agrarökonomischer Denkmodelle eher geeignet, Desorientierung zu verursachen. Dies ändert sich erst, wenn das methodische Rüstzeug der Ökonomie für die Realisierung ökologischer Ziele nutzbar gemacht wird. Wie dies realisiert und einer Transformation zu einer ökosozialen Marktwirtschaft der Weg bereit werden kann, wird nachfolgend erörtert.

Das griechische Wort *oikos* ist der Ursprung der Silbe „öko", die den Begriffen „Ökonomie" und „**Ökologie**" voransteht. „Oikos" bedeutet Haushalt. Entsprechend ist Ökologie die Lehre vom **Naturhaushalt** und Ökonomie ist die Lehre vom Haushalt in

A. Sundrum, *Gemeinwohlorientierte Erzeugung von Lebensmitteln*, https://doi.org/10.1007/978-3-662-65155-1_9

menschlichen Gemeinschaften. Die Ursprungsbedeutung von Ökologie wurde im Jahr 1866 von dem Mediziner und Zoologen Ernst Haeckel formuliert:

> „Unter Oecologie verstehen wir die gesammte Wissenschaft von den Beziehungen des Organismus zur umgebenden Aussenwelt, wohin wir im weiteren Sinne alle „Existenz-Bedingungen" rechnen können. Diese sind theils organischer, theils anorganischer Natur; sowohl diese als jene sind, wie wir vorher gezeigt haben, von der grössten Bedeutung für die Form der Organismen, weil sie dieselbe zwingen, sich ihnen anzupassen (Haeckel 1866, 286 f.)."

Der Begriff der Ökologie etablierte sich in der Biologie allerdings erst gegen Ende des 19. Jahrhunderts. In der geschichtlichen Entwicklung erfuhr die Definition des Begriffes verschiedene Modifikationen, die ihn einmal einengender, einmal sehr breit auffassten. Im süddeutschen Raum sprach man öfters auch von Ökonomie anstatt von Ökologie, wenn man die Beziehungen zwischen den biotischen und abiotischen Faktoren in einem Landwirtschaftsbetrieb benannte. Im Angelsächsischen werden die beiden Begriffe zuweilen heute überlappend verwendet, wie dies unter anderem im Buchtitel *Ecology: The Economy of Nature* von Ricklefs und Relyea (2014) zum Ausdruck kommt. Der gleiche sprachliche Ursprung verweist auf die enge Verflechtung, die seit den Anfängen der Nahrungserzeugung zwischen den biologischen und den wirtschaftlichen Prozessen besteht und auch im Begriff der „Landwirtschaft" fortbesteht.

9.1   Ökonomischer Zugang zur Agrarwirtschaft

Die Ökonomie (Wirtschaft) ist eingebettet in und damit Teil des Naturhaushalts, der die Gesamtheit der Wechselwirkungen zwischen allen Bestandteilen der Umwelt und der Natur umfasst. Um den Unterhalt der Menschen zu sichern, werden dem Naturhaushalt seit Jahrtausenden Ressourcen entzogen. Die Interaktionen zwischen den Menschen und der Natur wurden im Laufe der Jahrtausende mit Anwachsen der Weltbevölkerung immer intensiver. Jedoch erst nach dem Zweiten Weltkrieg hat sich die Nutzbarmachung von natürlichen Ressourcen in einer geradezu exponentiellen Weise gesteigert. Was nicht mehr benötigt wird und an Abfallstoffen anfällt, wird in den Naturhaushalt rücküberführt. In dem Maße, wie die Abfallstoffe nicht abgebaut werden (können), reichern sie sich in der Umwelt und in der Natur an.

Die Ökonomie als ein eigenständiges Wissensfeld nahm ihren Anfang im Jahr 1776, als Adam Smith sein berühmtes Werk *The Wealth of Nations* veröffentlichte. Darin begründete er seine Einschätzung, dass der freie Markt in Form der vielzitierten Metapher von der „unsichtbaren Hand" den Austausch von Gütern besser zu organisieren vermag, als dies durch staatliche Eingriffe gewährleistet werden kann. Mit seinem Werk lieferte Smith wegweisende Anstöße für die Theorie der klassischen Ökonomie. Ökonomische Aktivitäten drehten sich vor allem um die Art und Weise des Austausches von Materie und Energie mit der Umwelt. Dabei spielen Besitzverhältnisse und die

Regeln des Austausches zwischen Menschen eine zentrale Rolle. Eine Steigerung der Effizienz bei der Nutzbarmachung von Ressourcen wird vor allem durch Formen der Arbeitsteilung, der Intensivierung und der Spezialisierung propagiert. Der maßgebliche Gegenstand der Ökonomie sind zunächst die **Nahrungsmittel**. Sie werden auf Märkten angeboten und von Konsumenten nachgefragt. Als kommerzielle Güter besitzen sie neben dem Gebrauchswert durch die Konsumenten auch einen monetären Wert, der sich in einem variablen Preis realisiert. Güter konkurrieren miteinander hinsichtlich des Preises, des Nutzens und des Wertes um die Gunst von Abnehmern. Die Logik des Marktes basiert auf dem Wettbewerb zwischen unterschiedlichen Anbietern. Bei einem hohen Grad der Austauschbarkeit und bei einem Überangebot von Rohwaren geraten vor allem die Primärerzeuger unter einen Konkurrenz- und damit unter Kostendruck.

Vom Mittelalter bis ins 18. Jahrhundert war die europäische Wirtschaft weitgehend eine statische Agrargesellschaft (Niemann 2009). Um 1800 waren in den verschiedenen europäischen Ländern ca. 70 bis 95 % der arbeitenden Bevölkerung in der Landwirtschaft tätig. In dieser Zeit war die agrarische Ökonomie vor allem vom Problem der Knappheit und zu großen Teilen von einer **Subsistenzwirtschaft** mit geringem Wachstum geprägt. Ökonomen der damaligen Zeit hegten bezüglich der weiteren Entwicklung eher pessimistische Erwartungen an die Zukunft. Insbesondere sahen sie die Möglichkeiten zur Steigerung des Lebensstandards als begrenzt an. Diese Weltsicht ist vor allem mit dem Ökonomen Thomas Malthus (1766–1834) verknüpft. In seiner Theorie schlussfolgerte Malthus aus der Begrenztheit der zur Verfügung stehenden landwirtschaftlichen Nutzfläche für den Anbau von Nahrungsmitteln, dass bei dem gleichzeitigen Trend des Wachstums der Weltbevölkerung ein Zustand zu erwarten sei, der den Wohlstand auf das Subsistenzniveau beschränkt. Retrospektiv wissen wir, dass sich diese, wie auch viele andere ökonomische Theorien, als falsch erwiesen haben. Warum Malthus mit seiner Theorie daneben lag, hängt vor allem damit zusammen, dass von ihm und seinen Zeitgenossen das Potenzial der technologischen Entwicklung nicht vorhergesehen wurde. In Analogie zu den Fehleinschätzungen von Malthus liegt der Schluss nahe, dass das Nutzentheorem der heutigen Ökonomie unter anderem deswegen danebenliegt, weil es das Potenzial der technologischen Entwicklungen deutlich über- und deren unerwünschten Nebenwirkungen deutlich unterschätzt. Auf diese Fehleinschätzungen wird in den weiteren Ausführungen noch näher eingegangen.

Im Zuge der industriellen Revolution änderten sich die Verhältnisse grundlegend. Die bis dato vorherrschende Agrarwirtschaft wird an den Rand gedrängt und die heute noch Bestand habende Rolle als Beschaffer von Nahrungsmitteln für eine stetig anwachsende Bevölkerung zugewiesen. Die Instrumente der Industrialisierung, welche durch eine **Standardisierung** der Güterproduktion, eine fortschreitende Spezialisierung und Arbeitsteilung, eine forcierte Technisierung und einen verstärkten Einsatz externer Ressourcen beträchtliche Produktivitätszuwächse realisierte, kamen – wenn auch mit zum Teil erheblicher Verzögerung – auch in der Agrarwirtschaft zum Einsatz. Was als agrarindustrielle Revolution in England und in den USA ihren Anfang nahm, griff nach dem Zweiten Weltkrieg auch in anderen Ländern um sich. Diese Entwicklung prägt die

Landwirtschaft und ihr Erscheinungsbild bis heute. Anders als noch im 18. Jahrhundert wurde mit dem Glauben an einen unbegrenzten technologischen Fortschritt auch bei einem anhaltenden Zuwachs der Weltbevölkerung ein Anstieg des Lebensstandards aller Menschen denkbar. Das Streben nach ökonomischem Wachstum wurde zu einer übergeordneten und sich verselbstständigenden **Zielsetzung**. Die Idee vom fortlaufenden und unbegrenzten Wachstum fand schnell sehr viele Anhänger, versprach sie doch die Aussicht auf Linderung von Armut und Hunger und eine effiziente Verteilung der Güter durch die „unsichtbare Hand" der freien Marktwirtschaft.

Die Ökonomie als Lehre von der Wirtschaft hat dabei schon in ihren Anfängen für sich in Anspruch genommen, der Befriedigung der Bedürfnisse und der Wünsche der Menschen verpflichtet zu sein. Allerdings blieb schon in der Vergangenheit und bleibt in vielen Fällen bis heute unklar und für das Gros der Bevölkerung unsichtbar, wer von den ökonomischen Prozessen am meisten, wer weniger, wer kaum und wer gar nicht profitiert. Ebenso wenig wird vonseiten der Ökonomie darüber aufgeklärt, zu wessen Lasten bzw. zu welchen Kosten die vorherrschenden Geschäftsmodelle praktiziert werden. Als theoretischer Überbau der Ökonomie steht die Rationalitätstheorie im Zentrum, nach der die Optimierung des eigenen Vorteils das rationale Handlungsmotiv darstellt (Nida-Rümelin 2020). Diese Theorie findet ihre Personifizierung in Gestalt des *Homo oeconomicus,* einem virtuellen wirtschaftlichen Akteur, der auf der Basis einer umfassenden Information sein Handeln zweckrational, d. h. auf Nutzenmaximierung, ausrichtet. Zu den Stärken dieser theoretischen Konzeption gehört, dass die praktische **Rationalität** inhaltlich neutral ist, d. h. die konkrete Motivlage der jeweiligen Akteure kann dabei ausgeklammert werden. Auf diese Weise mischt sich die Rationalitätstheorie nicht in die jeweiligen individuellen Bewertungen der Akteure ein. Dadurch kann sie den Anschein von **Objektivität** wahren. Rationalität wird in erster Linie instrumentell verstanden, als die Wahl der geeigneten Mittel, um die eigenen Ziele zu erreichen. In Gestalt des Nutzentheorems (Neumann und Morgenstern 1947) verfügt die Ökonomie seit Mitte des vergangenen Jahrhunderts über einen ökonomischen Rationalitätsbegriff. Dieser erlaubt es, sofern die Präferenzen einer Person bestimmte Kohärenzbedingungen erfüllen, den qualitativen Begriff der Präferenz in einen quantitativen Begriff des Nutzens zu überführen. Präferenzen werden als Entscheidungen zwischen Alternativen interpretiert: Eine Person hat eine Präferenz von x gegenüber y, wenn sie vor die Entscheidung gestellt wird x oder y zu wählen, sich für x entscheidet. Das Kriterium der Rationalität fordert, den erwarteten Nutzen zu maximieren. In Analogie zu einzelnen Personen, die feststellen, was in ihrem Interesse ist, und entsprechend danach handeln, haben auch gesellschaftliche Gruppen ein Interesse und sind motiviert, entsprechend ihrer Interessen zu agieren.

Das theoretische Konstrukt des *Homo oeconomicus* steht seit Langem aus den unterschiedlichsten Gründen in der Kritik. In der Literatur finden sich kaum noch Ökonomen, die es gegen diese Kritik verteidigen, aber auch kein theoretisches Konzept, welches von der Scientific Community übereinstimmend als Gegenmodell und damit als Ersatz akzeptiert wird. Aus der Perspektive von Nida-Rümelin (2020), der sich in seiner *Theorie praktischer Vernunft* auch ausführlich mit den ökonomischen Denkmodellen auseinandersetzt, wird mit dem ökonomischen Nutzentheorem insbesondere der Ziel-konflikt zwischen unterschiedlichen Interessen kaschiert. Das Verhältnis zwischen individuellen und gesellschaftlichen Interessen ist ziemlich komplex. Dabei ist es keines-wegs ausgemacht, dass das, was im Interesse des Einzelnen, auch im Interesse der Gesellschaft ist. Welche Bedeutung ist dem Nutzentheorem beizumessen, wenn sich herausstellt, dass diejenigen den größten Nutzen haben, die sich besonders rücksichtslos gegenüber den Interessen der Gesellschaft verhalten und den eigenen Vorteil zu Lasten der Gemeinwohlinteressen verfolgen (s. Abschn. 6.2)?

Seit Beginn der Nachkriegszeit setzt die Agrarökonomie auf eine allseitige Rationalisierung, Technisierung und Spezialisierung sowie auf eine agrarindustrielle Massenproduktion von Rohwaren. Als das übergeordnete Produktionsziel fungiert die Steigerung der Produktivität. Nur ein hohes Produktivitätsniveau verspricht einen Wett-bewerbsvorteil, mit dem sich die Akteure gegenüber den Mitbewerbern im In- und Ausland behaupten und einen für die Sicherung der wirtschaftlichen Existenzfähig-keit hinreichenden Betriebsgewinn realisieren können. Mit der Standardisierung von Produktionsprozessen in der Pflanzen- und Tierproduktion sowie der dabei erzeugten Rohwaren durch verfahrenstechnische Optimierungen in den Bereichen der Zucht, der Ernährung und der Weiterverarbeitung gingen beträchtliche Steigerungen der Ertrags-mengen und der Produktivität einher. Diese übertrafen bei Weitem die ursprüng-lichen Erwartungen und festigten den Glauben an einen unaufhaltsamen Fortschritt. Weitgehend ausgeblendet wurde dabei allerdings, dass der Fokus auf Produktivitäts-steigerungen auch viele Verlierer hervorgebracht hat, die in ihrem Bemühen um die Sicherung der wirtschaftlichen Existenzfähigkeit gescheitert sind. Zwar war es aus ökonomischer Perspektive nie das Ziel, allen Betrieben eine wirtschaftliche Existenz-sicherung zu verschaffen. Vielmehr dient der Strukturwandel dazu, dass die unrentablen Betriebe zum Aufgeben zu veranlassen. Sie sollten Platz machen für eine Vergrößerung der Produktionseinheiten bei den verbliebenen Betrieben, um dadurch die von öko-nomischer Seite als besonders relevant erachteten Skaleneffekte zur Geltung zu bringen. Der auch von den Agrarverbänden begrüßte Strukturwandel äußerte sich in einer drastischen Zahl an Betriebsaufgaben. Damit einher ging eine Senkung der Produktions-kosten pro Produkteinheit, womit zunächst die Erwartungen bestätigt wurden, die in die Skaleneffekte gesetzt wurden. Anders als in Aussicht gestellt, hat diese Strategie den noch im Produktionsmodus befindlichen Restbetrieben jedoch keine wirtschaftliche Existenzsicherung beschert. Es ist absehbar, dass dies auch bei weiteren Produktivi-tätssteigerungen, weiteren Betriebsvergrößerungen und weiteren Senkungen der Produktionskosten nicht erreicht werden wird. Was hat das Festhalten an den bisherigen Strategien für einen Sinn, wenn sie denjenigen, die sie umsetzen sollen, die Existenz-grundlage raubt? Die Agrarökonomie bleibt bislang eine schlüssige Antwort auf die Frage und ein nachhaltiges Lösungskonzept für das Krisengeschehen des „Hofsterbens" schuldig. Dies trifft leider auch für andere Krisen zu.

Bereits in den 80er-Jahren des vergangenen Jahrhunderts überstiegen die erzeugten Nahrungsgüter den Bedarf der heimischen Bevölkerung und riefen eine erste

Sättigungskrise hervor. Diese konnte nur halbwegs mithilfe enormer Geldmittel aus der öffentlichen und damit sichtbaren Hand durch die Verschiebung der überschüssigen Güter in den Export zunächst entschärft werden. Diese Strategie blieb nicht ohne gravierende Wirkungen auf die Agrarmärkte in den Ländern, in denen die Produkte mit erheblichen Fördermitteln exportiert wurden. Auch der deutschen Landwirtschaft brachte die verstärkte Exportorientierung keine dauerhafte Entlastung. Mittlerweile sind auch die globalen Agrarmärkte in gewisser Weise gesättigt. Dies betrifft weniger den absoluten Bedarf der Weltbevölkerung an Nahrungsmitteln, sondern den Bedarf derjenigen, die sich die Nahrungsmittel zu Weltmarktpreisen auch leisten können. Das relativ zur zahlungskräftigen Nachfrage überhöhte globale Angebot hat zur Folge, dass die vergleichsweise niedrigen Weltmarktpreise den heimischen Primärerzeugern keine Marktpreise bescheren, mit denen sie die eigenen Produktionskosten umfänglich decken können. Gleichzeitig sind die Weltmarktpreise für Nahrungsmittel für viele Bevölkerungsgruppen zu hoch, um sich damit gemäß ihrem Bedarf eindecken zu können.

Zur **Sättigungskrise** der Märkte ist in der Agrarwirtschaft eine **Produktivitätskrise** hinzugekommen. Dieser Begriff nimmt Bezug auf die Krise des klassischen Industriekapitalismus, bei der das Wachstum der Profitabilität dadurch gehemmt wurde, weil die technischen und organisatorischen Möglichkeiten der stark standardisierten Massenproduktion ausgereizt waren (Reckwitz 2019, 153 f.). Eine analoge Entwicklung zeichnet sich auch in der Agrarwirtschaft ab. Zwar sind die züchterischen, technischen und organisatorischen Möglichkeiten weiterer Leistungssteigerungen noch weit davon entfernt, an ihre absoluten Grenzen zu stoßen. Anders als dies in der breiten Öffentlichkeit wahrgenommen wird, werden die Grenzen des Wachstums nicht durch das Erreichen von maximalen Leistungsgrenzen herbeigeführt, sondern durch Grenznutzeneffekte bei denen das Verhältnis des Mehraufwandes in Relation zum Nutzen weiterer Wachstumsprozesse negativ wird. Dabei sind die Nutzengewinne nicht nur auf den Produktivitätszuwachs beschränkt, sondern in zunehmendem Maße gekoppelt an das Auftreten von unerwünschten Neben- und Schadwirkungen, die mit den Produktionsprozessen und den Versuchen weiterer Leistungs- und Produktivitätssteigerungen einhergehen. In vielen Fällen verspricht eine Ökonomie der gesteigerten Produktion der gleichen Güter schon längst keinen zusätzlichen Betriebsgewinn mehr, sondern geht mit negativen Grenzgewinnen einher. Vieles spricht dafür, dass das ökonomische Konzept der „Economy of Scale" auf vielen landwirtschaftlichen Betrieben ausgedient hat.

Mangels zuverlässiger Daten wird in der Agrarwirtschaft die Bedeutung der Grenznutzenfunktion von Produktionsprozessen stark unterbewertet (s. auch Abschn. 6.2). Auch wenn die Existenz des Gesetzes vom abnehmenden Grenznutzen sowohl in der ökonomischen Theorie wie in der landwirtschaftlichen Praxis zum Allgemeinwissen gehört, so ist den wenigsten Landwirten der konkrete Funktionsverlauf in der jeweiligen betrieblichen Situation bekannt und ist damit auch nicht entscheidungs- und handlungswirksam (Sundrum et al. 2021). Hohe Aufwendungen in weitere Leistungssteigerungen können nicht nur zur Folge haben, dass die Effizienz des Mitteleinsatzes (u. a. Futtermittel, Arbeitszeit, Investitionsmittel) reduziert wird, weil der Mehraufwand nicht mit einer entsprechenden Ertragssteigerung beantwortet wird. Es können sich auch negative Grenzerträge und Grenzgewinne einstellen, wenn die Leistungssteigerungen unerwünschte Nebenwirkungen (u. a. in Form von erhöhten Mortalitäts- und Erkrankungsraten) hervorrufen, sodass die Steigerung von Leistungen mehr Schaden anrichtet als Nutzen hervorbringt. Über diese Zusammenhänge lassen sich allerdings keine theoretischen Modelle entwickeln oder verallgemeinernde Aussagen treffen. Ob sich der Einsatz von spezifischen Produktionsmitteln einkommensfördernd bewährt, entscheidet sich nicht in der Theorie, sondern ausschließlich im betriebsspezifischen Kontext und bedürfte genau hier einer belastbaren Überprüfung (**Validierung**). Wie bereits an anderer Stelle dargelegt (Abschn. 7.1), unterbleibt auf vielen Betrieben eine Überprüfung, ob sich der Einsatz von Ressourcen sowohl hinsichtlich der Wirksamkeit von Maßnahmen zwecks Erreichung eines Zieles sowie hinsichtlich der Aufwand-Nutzen-Relation bewährt. Dies trifft trotz der Bedeutung zu, die dem Grad der Effizienz beim Einsatz von Produktionsmitteln für die wirtschaftliche Existenzsicherung beizumessen ist.

Viele Probleme bei der Existenzsicherung landwirtschaftlicher Betriebe sowie der Hervorbringung externer Effekte stehen im Zusammenhang mit einem ineffizienten Einsatz von Produktionsmitteln. Auf der anderen Seite trägt ein ungebrochener **Fortschrittsglaube** dazu bei, dass für viele der Probleme eine Lösung durch künftige technische Entwicklungen erwartet wird. Aktuell werden die Hoffnungen insbesondere auf digitale Techniken projiziert. Unstrittig ist, dass Weiterentwicklungen der digitalen Technik neue Möglichkeiten der Informationsverarbeitung bieten, die bisher nicht vorhanden waren. Die Hoffnungen stützen sich vor allem auf neue Möglichkeiten des Umgangs mit großen Datenmengen (**Big Data**) und der Identifizierung von Gesetzmäßigkeiten über Algorithmen, denen man aufgrund der Komplexität von Prozessen mit den bisherigen Methoden nicht hat beikommen können. Ob mit diesen Erkenntnissen jedoch relevante Problemlösungen einhergehen, darf aus guten Gründen bezweifelt werden (Sundrum 2018). Ungeachtet neuerer technischer Entwicklungen, deren Potenzial prinzipiell kaum vorhergesagt und daher auch nicht negiert werden kann, werden potenzielle Entwicklungen schon jetzt von anderen Kernfragen überlagert: Wie sollen die Investitionen in neue Techniken refinanziert werden, wenn schon jetzt in vielen Fällen der Einsatz von Produktionsmitteln nicht hinreichend kostendeckend ist? Um wie viel mehr müssen die neuen Produktionsmittel produktivitätssteigernd wirken, damit sie unter den gegebenen Marktpreisen refinanziert werden können?

Darüber hinaus erschließt sich nicht, wie mit technischen Entwicklungen Probleme gelöst werden können, die seit Jahrzehnten einer Lösung harren, obwohl bereits vielfältige Lösungsstrategien vorliegen. Hierzu gehören die Nitrat- und Ammoniakfreisetzung, die Folgewirkungen des Pestizid- und Antibiotikaeinsatzes, das hohe Niveau an Produktionskrankheiten, Schwanzbeißen bei Schweinen, Kannibalismus beim Geflügel, um nur einige der relevanten Probleme zu nennen. In vielen Fällen können die obig genannten Probleme auch mit dem vorhandenen *Know-how* (**Verfügungswissen**) gelöst bzw. deutlich reduziert und eingegrenzt werden. Allerdings gelingt dies nicht unter den derzeitigen Rahmenbedingungen. Die Umsetzung von Maßnahmen zur Lösung von Problemen sind in der Regel mit Mehraufwendungen verbunden. Diese betreffen nicht nur zusätzliche finanzielle und arbeitszeitliche Aufwendungen, sondern sind auch auf der mentalen Ebene zu verorten, wenn es darum geht, sich über das Für und Wider von Veränderungen den Kopf zu zerbrechen (Kahneman 2011). Wie am Beispiel des besonders tierschutzrelevanten Problems des Schwanzbeißens in der Schweinehaltung aufgezeigt werden konnte, lässt sich das Problem auf vielen Betrieben unter den gegenwärtigen Rahmenbedingungen nicht lösen, weil die Aufwendungen größer sind als der finanzielle Nutzen, der von einer Problemeindämmung zu erwarten ist (Sundrum 2020). Was für die Problematik des Schwanzbeißens gilt, trifft auch für alle anderen Problemstellungen zu. Jegliche Investitionen und Aufwendungen in Maßnahmen zur Verbesserung des Verbraucher-, Tier-, Umwelt-, Natur- oder Klimaschutzes stehen unter Kostenvorbehalt. Sie haben nur dann eine Chance, umgesetzt zu werden, wenn sie nicht mit einer Steigerung der Produktionskosten und damit mit einer Beeinträchtigung der Wettbewerbsfähigkeit einhergehen. Da der Wettbewerb vorrangig um die Kostenführerschaft ausgetragen wird, kommen viele Maßnahmen, von denen eine positive Schutzwirkung im Hinblick auf **Gemeinwohlinteressen** erwartet werden kann, allein aus Kostengründen in der landwirtschaftlichen Praxis nicht zum Einsatz. Wenn Hoffnungen in technische Entwicklungen zur Lösung von Problemen gesetzt werden, dann dergestalt, dass erwartet wird, dass die potenziellen Problemlösungen kostengünstiger sind als die bisherigen Lösungsansätze. Solange aber den Landwirten die Lösung von gesellschaftsrelevanten Problemen teurer zu stehen kommt als die Beibehaltung des Status quo, werden sie auch auf den Einsatz vermeintlich kostengünstigerer Maßnahmen zur Problemlösung verzichten.

Für viele Nutztierhalter kommt erschwerend hinzu, dass ihnen durch die in Deutschland öffentlich geförderte Bioenergiegewinnung eine zusätzliche **Konkurrenz** erwachsen ist, welche insbesondere die Kosten für Pachtflächen in die Höhe getrieben haben. Zudem hat die Nutzbarmachung von pflanzlicher **Biomasse** für die Energiegewinnung nicht nur die Preise für heimische Futtermittel, sondern auch für Importfuttermittel deutlich ansteigen lassen. Niedrige und häufig nicht kostendeckende Marktpreise bei steigenden Kosten für die Produktionsmittel treiben viele Betriebe in den Ruin. In dieser Konstellation sorgen auch die Direktzahlungen der EU an die Landwirte, welche pro ha landwirtschaftlicher Nutzfläche gezahlt werden, nur bedingt für Entlastung. Schließlich kommt ein Großteil der **Subventionen** auf direktem oder indirektem Wege den Landeigentümern zugute. In Deutschland lag der Pachtflächenanteil im Jahr 2016 bei 58,5 % (DBV 2020). Die Pachtausgaben der Landwirte in der Größenordnung von 2,8 Mrd. Euro im Jahr 2016 haben sich seit der Einführung der Direktzahlungen im Jahr 1992 verdoppelt. Zugleich bestehen bei den Pachtpreisen große lokale und regionale Unterschiede, da sich diese in erster Linie an den Renditeerwartungen ausrichten. Die ursprünglich intendierte einkommensstabilisierende Wirkung der flächenbezogenen Direktzahlungen wird auf diese Weise beträchtlich relativiert.

Auch wenn die Agrarwirtschaft bereits mit diversen Krisen konfrontiert wird, ist mit den bisher skizzierten Problemfeldern das Krisengeschehen noch nicht umfassend beschrieben. Sehr problematisch für die künftige Entwicklung der Agrarwirtschaft dürfte sich auswirken, dass die agrarindustrielle Produktionsweise in der Gesellschaft zunehmend an Akzeptanz verliert. Die Kritik an den vorherrschenden Produktionsprozessen wird vonseiten diverser Gruppierungen (s. Abschn. 7.7) immer offensiver und öffentlichkeitswirksamer vorgetragen und ist mit einem drastischen **Imageverlust** der Agrarbranche verbunden. Die Anzahl der kritischen Berichte über die Agrar- und Ernährungsbranche hat in den zurückliegenden Jahren deutlich zugenommen (Anonym 2020). Im Jahr 2020 wurden insgesamt 1103 kritische Veröffentlichungen erfasst, 19 % mehr als im Jahr 2019. Dabei war die Fleischwirtschaft der am häufigsten thematisierte Sektor. Die anhaltende Kritik unterminiert nicht nur die Bereitschaft der Bürger, eine Produktionsweise durch Steuergelder zu befördern, die der Gesellschaft Schaden zufügt. Eine immer größer werdende Zahl von heimischen Verbrauchern reduziert den Konsum von Produkten tierischer Herkunft oder sagt sich als Vegetarier oder Veganer von der Nutztierhaltung und ihren Produkten los. Der abnehmende Verzehr von Produkten tierischer Herkunft wird begleitet vom Heranwachsen einer erst in den Anfängen befindlichen, aber sehr ernst zu nehmenden **Konkurrenz** durch industriell gefertigte Ersatzprodukte (s. Abschn. 7.4). Die Hersteller dieser Produkte sind angetreten, den Produkten tierischer Herkunft massiv Konkurrenz zu machen und ihnen substanzielle Marktanteile zu entwinden. Diese Konkurrenz ist von einem anderen Kaliber als die bisherigen Mitkonkurrenten, da sie nicht davor zurückschrecken wird, die diversen Schwachstellen der herkömmlichen Produktion (u. a. Tierleid, Schadstoffausträge in die Umwelt, Energie- und Wasserverbrauch) zu thematisieren und werbe- und öffentlichkeitswirksam anzuprangern. Eigentlich ist die Diskriminierung von Konkurrenzprodukten durch das Gesetz gegen den unlauteren Wettbewerb untersagt. Allerdings werden mit dem Schutz der natürlichen Lebensgrundlagen und der Tiere (Art. 20a GG) verfassungsrechtlich geschützte Interessen adressiert. Dies rechtfertigt Ausnahmen, auf sie sich die Anbieter von Alternativ- und Ersatzprodukten sicherlich berufen werden.

Die bereits seit vielen Jahren schwelenden **Konflikte** zwischen den Partikularinteressen der Primärerzeuger und den Interessen des Gemeinwohles haben in jüngster Zeit an Schärfe zugenommen. Insbesondere die im Oktober 2019 bei Facebook entstandene Gruppe „Land schafft Verbindung" hat mit ihren aufsehenerregenden Protestaktionen von sich Reden gemacht. Die Mitglieder dieser Gruppierung fühlt sich benachteiligt und einer vermeintlichen politischen Willkür ausgesetzt. Über eine kollektive Identität wird versucht, sich selbst Überlegenheit zuzuschreiben und diese mit PS-starken Traktoren gegenüber der Öffentlichkeit und gegenüber Politikern zu demonstrieren. Längst haben die Auseinandersetzungen zwischen alten und neuen Positionen die Ebene der persönlichen Diffamierungen und Anfeindungen erreicht. Der Protest der Verbindung richtet sich vor allem gegen jegliche politischen Vorgaben, welche die Auflagen zur Düngungspraxis verschärfen und gegen das anvisierte Verbot des Einsatzes von spezifischen Pestiziden. Was die Bewegung groß gemacht hat, ist die schnelle Kommunikation und die rasche Mobilisierung über soziale Medien. Damit hat sie der tradierten Lobbyarbeit des Deutschen Bauernverbandes einiges voraus. Das gilt auch bezüglich der Radikalität ihrer Forderungen. Gleichzeitig fühlen sich die Vertreter dieser Gruppe in ihrem Vorgehen bestärkt. Schließlich hat ihnen ihre Radikalität sogleich einen Sitz in der „Zukunftskommission Landwirtschaft" eingetragen, welche von der Bundeskanzlerin Merkel ins Leben gerufen wurde.

Auseinandersetzung über den künftigen Kurs der Landwirtschaft finden nicht nur in Deutschland und in anderen europäischen Ländern, sondern auch in der ansonsten für ihre Besonnenheit berühmten Schweiz statt. Am 13. Juni 2021 hatte die Bevölkerung über zwei agrarpolitische Verfassungsänderungen abzustimmen: über die Pestizid- und die Trinkwasserinitiative. Die einen Initiatoren wollten die Anwendung von synthetischen Pestiziden landesweit verbieten und auch den Import von Lebensmitteln untersagen, die mit Pestiziden hergestellt wurden. Bei der Trinkwasserinitiative ging es darum, dass nur noch die Bauern staatliche Subventionen erhalten, die sparsam mit Antibiotika umgehen, pestizidfrei produzieren und ihre Tiere mit dem Futter ernähren können, das sie selbst auf ihrem Hof herstellen. Die einen Landwirte kämpfen für eine bessere Zukunft, die anderen um ihre wirtschaftliche Existenz. Letztlich konnten sich die Initiativen (noch) nicht durchsetzen. Bemerkenswert ist allerdings, dass sie immerhin einen Stimmenanteil von ca. 40 % verbuchen konnten. Auch wenn die Bürger in Deutschland und anderen Ländern anders als in der Schweiz nicht im Rahmen eines Volksentscheides über solche Fragen abstimmen dürfen, zeigen diese Volksentscheide, welche Konfliktpotenziale zwischen den Interessen der Primärerzeuger und den Interessen großer Bevölkerungsgruppen bestehen und welche Richtung die künftige Entwicklung unweigerlich nehmen wird.

Die agrarindustriellen Prozesse haben die Erzeugung großer Mengen an Nahrungsmitteln zu vergleichbar niedrigen Preisen ermöglicht. Gleichzeitig haben die negativen Folgewirkungen der Produktionsprozesse ein bis dato unbekanntes Ausmaß erreicht und den überwiegenden Teil der ursprünglich vorhandenen landwirtschaftlichen Betriebe die wirtschaftliche Existenz gekostet. Angesichts der in Kap. 6 dargelegten Schadwirkungen erscheint aus gesamtgesellschaftlicher Sicht ein „Weiter so" inakzeptabel. Dennoch hält die Agrarökonomie weitgehend unbeirrt an ihren Grundprämissen eines Wettbewerbs um die **Kostenführerschaft** fest, um die in Deutschland erzeugten Überschüsse auf den globalen Märkten zu Weltmarktpreisen absetzen zu können. Der Unvereinbarkeit zwischen einem Unterbietungswettbewerb auf globaler Ebene und einer landwirtschaftlichen Erzeugung, die den gesellschaftlichen Ansprüchen im Inland in größerem Maße als bisher Rechnung trägt, versucht man durch erhöhte Produktionsstandards (z. B. Haltungsstandards) beizukommen, die auf freiwilliger Basis und mit finanzieller Unterstützung des Staates und der Verbraucher realisiert werden sollen, um damit einen vermeintlich ansteigenden inländischen Bedarf zu bedienen. Alle anderen Primärerzeuger sollen wie bisher auf Kosten der Interessen des Gemeinwohles weiter wirtschaften dürfen.

Mit diesen Vorschlägen offenbart die Agrarökonomie, dass sie auf die Krisen und Problemlagen der Agrarwirtschaft keine überzeugenden Antworten zu geben in der Lage ist. Das im Kern unangetastete Nutzentheorem, das auf die Maximierung der Partikularinteressen aufbaut und die Gemeinwohlinteressen weitgehend ausblendet, ist weder geeignet, den verbleibenden Primärerzeugern ein hinreichendes Einkommen zu verschaffen, noch werden damit die Probleme gelöst, die sich bereits seit Jahrzehnten angehäuft haben. Während sich andere Wirtschaftszweige schon beizeiten auf eine qualitative Differenzierung verständigt haben, um damit die Marktpreise vor dem Verfall zu bewahren, hält die Agrarökonomie am Diktum der Produktivitätssteigerung und der Kostenminimierung bei der Erzeugung austauschbarer Rohwaren fest. Sie scheint gefangen in ihren eigenen theoretischen Erklärungsansätzen, aus denen sie sich offensichtlich nicht aus eigenem Vermögen zu befreien vermag. Allerdings sind derzeit außer den normativen Kräften des Faktischen in der „Außenwelt" der Agrarökonomie keine Kräfte in Sicht, denen sich die Agrarökonomie anzupassen genötigt sehen würde. Die Scientific Community hat die Agrarwissenschaften und die Agrarökonomie schon vor Jahrzehnten sich selbst überlassen, sodass auch von dieser Seite kein Korrektiv in Sicht ist.

Für die landwirtschaftlichen Betriebe wird die „Außenwelt", der sie sich anpassen müssen, durch die Weltmarktpreise für verkaufsfähige Rohwaren sowie für die eingekauften Produktionsmittel repräsentiert. Für das Betriebsmanagement von konventionellen Betrieben haben die Marktpreise einen normativen Charakter. Wenn sie wirtschaftlich überleben wollen, müssen sie in der Lage sein, die Verkaufsprodukte zu Marktpreisen zu erzeugen, mit denen sie die betriebsinternen Produktionskosten decken können. Viele Betriebe sehen sich in zunehmenden Ausmaßen zu **Externalisierungen** genötigt, um die wirtschaftliche Existenz aufrechtzuerhalten. Die heftigen und radikalen Reaktionen vieler Landwirte auf die Versuche des Gesetzgebers, die Externalisierungen einzudämmen, unterstreichen die Bedeutung, welche den Möglichkeiten der Externalisierung von vielen Betrieben für deren wirtschaftliche Existenzsicherung beigemessen wird. Zugleich tragen die Primärerzeuger durch das Überangebot an Rohwaren auf den globalen Märkten selbst dazu bei, dass die Marktpreise auf den Weltmärkten weitgehend stagnieren. Mit dem Überangebot an Rohwaren unterminieren sie selbst ihre wirtschaftliche Existenzfähigkeit und haben auf der anderen Seite aufgrund der bestehenden Pfadabhängigkeiten kaum Optionen, von der bisherigen Praxis abzuweichen. Es ist wahrlich kein kleines Dilemma, in das sich die Agrarwirtschaft hier hineinmanövriert hat.

9.2 Ökosystemarer Zugang zur Agrarwirtschaft

Während in den Anfängen der Landwirtschaft und in der **Subsistenzwirtschaft** das Haushalten in den agrarischen Gemeinschaften nach den jeweils vorgefundenen Gegebenheiten ausgerichtet wurde, nahmen die Einflüsse menschlichen Handelns auf den Naturhaushalt immer größere Ausmaße an. Mit der industriellen Revolution und mit der zeitlich verzögert eingetretenen agrarindustriellen Entwicklung fanden durch die Eingriffe des Menschen drastische Veränderungen im Naturhaushalt der Erde statt. Diese Veränderungen rechtfertigen den Vorschlag, die aktuelle geochronologischen Epoche als Anthropozän zu benennen, nämlich eines Zeitalters, in dem der Mensch zum wichtigsten Einflussfaktor auf die biologischen, geologischen und atmosphärischen Prozesse auf der Erde geworden ist (Crutzen und Stoermer 2000). Die Landwirtschaft ist ein maßgeblicher Akteur im Anthropozän. Sie hat nicht nur das Landschaftsbild verändert, sondern ist auch an vielen anderen Veränderungen beteiligt, die sich auf lokaler, regionaler und globaler Ebene abspielen und sowohl ökologische wie ökonomische Dimensionen umfassen.

Viele Veränderungen des Naturhaushaltes stehen in einem engen Zusammenhang mit dem drastischen Anstieg der Intensivierung von Produktionsprozessen. Diese wurden von den verantwortlichen Betriebsleitern initiiert und befördert, um die verfügbaren **Ressourcen** des Bodens und der im Boden und auf der Oberfläche lebenden Organismen für die eigenen Interessen nutzbar zu machen. Die Nutzbarmachung der innerbetrieblichen sowie der hinzugekauften Ressourcen (u. a. Energie, Dünge- und Futtermittel) kann auf sehr unterschiedliche Weise erfolgen. Entsprechend gehen sie mit einem weiten Spektrum an unterschiedlichen innerbetrieblichen und externen Folgewirkungen einher. An einem Ende der Skala steht eine Form des Raubbaus, bei dem die Ressourcen so lange ausgebeutet werden, bis „nichts mehr herauszuholen ist" und die Ressourcen weitgehend ihre Regenerationsfähigkeit eingebüßt haben (Desertifikation). Am anderen Ende der Skala steht eine Wirtschaftsform, die einem natürlichen **Ökosystem** nahekommt. Hier sind die Eingriffe des Menschen vergleichsweise gering. Dies gilt auch für die Erträge an Nahrungsmitteln, die dem Betriebssystem entnommen werden können. Zwischen den beiden extremen Formen der Bewirtschaftung existiert eine große Diversität, die dazu führt, dass die Effekte manchmal mehr, manchmal weniger in Richtung des einen oder des anderen Eckpunktes des Spektrums zugeordnet werden können.

Die Betriebsformen unterscheiden sich nicht nur hinsichtlich des Grades der Nutzbarmachung von Ressourcen, sondern auch hinsichtlich des Grades an Komplexität. Will man die Komplexität der innerbetrieblichen Prozesse zumindest im Ansatz gedanklich durchdringen und die maßgeblichen Wirkkräfte identifizieren und verstehen, kann der Zugang über verschiedene Denkmodelle erfolgen. Ein weitverbreitetes Denkmodell sieht den landwirtschaftlichen Betrieb als Factory Farm (State Historical Society of Iowa 2004). Ein Gegenmodell begreift den landwirtschaftlichen Betrieb als ein Ökosystem, das durch ausgeprägte Wechselbeziehungen zwischen den diversen Subsystemen gekennzeichnet ist. Um sich durch den Perspektivenwechsel und die Gegenüberstellung der Komplexität eines landwirtschaftlichen Betriebssystems zu nähern, werden zunächst die beiden Perspektiven separat erläutert, bevor sie miteinander in Abgleich gebracht werden.

Eine Fabrik ist ein industrielles Gebäude, in dem Arbeiter aus diversen Rohstoffen gleichförmige Produkte oder Maschinen fertigen. In einer „**Agrarfabrik**" werden

Pflanzen- und Tierproduktion unter Nutzbarmachung industrieller Produktionsverfahren betrieben. Es werden Pflanzen angebaut und Nutztiere gehalten, um verkaufsfähige Rohwaren möglichst kostengünstig zu erzeugen. Die Verfahrensabläufe können dabei einen hohen Grad der Übereinstimmung mit industriellen Fertigungsprozessen aufweisen. Dazu gehört, ökonomische Skaleneffekte zu realisieren und die Produktionsprozesse möglichst zu standardisieren, sodass ein möglichst standardisiertes Produkt daraus hervorgeht. Dies hat unter anderem damit zu tun, dass die Bezahlung von Rohwaren nach spezifischen Kriterien, wie z. B. die Einteilung nach Handelsklassen, erfolgt. Entsprechend gibt das von außen durch die Handelspraktiken vorgegebene Anforderungsprofil vor, wonach sich die Verfahrensabläufe und die biologischen Prozesse auszurichten haben. Werden Schlachtkörper mit einem hohen Magerfleischanteil höher vergütet, werden die Produktionsprozesse so ausgerichtet, dass ein höherer Magerfleischanteil erreicht wird. Analoges gilt für die Pflanzenproduktion, z. B. hinsichtlich des Rohproteingehaltes von Backweizen. Ein hoher Technisierungs- und Spezialisierungsgrad trägt dazu bei, dass die Kosten pro Produkteinheit durch Skaleneffekte möglichst niedrig gehalten werden können. In der Regel steigt dabei der Ressourcen- und Energieverbrauch an. Entsprechend werden die einzelnen Produktionsprozesse fortlaufend auf Möglichkeiten der Kostensenkung und der Effizienzsteigerung beim Umgang mit kostenintensiven Produktionsfaktoren, einschließlich der Arbeitskräfte, abgeklopft. Häufig erscheint es kostengünstiger, die vorhandenen technischen und biologischen Produktionsfaktoren (Maschinen, Nutztiere) gegen neue auszutauschen, als sie zu reparieren bzw. zu behandeln. Auch die Wiederverwendung von Produktionsmitteln, wie das **Rezyklieren** von Nährstoffen im **Stoffkreislauf**, ist nur dann ein Thema, wenn sich dadurch Produktionskosten einsparen lassen. Schließlich handelt es sich auch bei den verkaufsfähigen Rohwaren um austauschbare Produkte. Nur wer diese kostengünstig zu produzieren vermag, hat langfristig im Wettbewerb um die Kostenführerschaft die Nase vorn.

Anders als in anderen industriellen Wirtschaftszweigen müssen die landwirtschaftlichen Betriebe für die Freisetzung von Schadstoffen in die Umwelt keine Abfallgebühren entrichten. Da für die „Entsorgung" der Abfallstoffe in die Umwelt keine Kosten anfallen, spielen die damit hervorgerufenen externen Effekte in den betriebswirtschaftlichen Überlegungen keine Rolle. Die **Rationalität** der einzelnen Entscheidungen und Handlungen ergibt sich aus der Rationalität der übergeordneten Zielsetzung der Erwirtschaftung von Betriebsgewinnen. Diese nötigt die Betriebsleiter, die innerbetrieblichen Strukturen und Verfahrensabläufe an die wirtschaftlichen Rahmenbedingungen anzupassen. Voraussetzung für die Anpassung ist die zentrale Organisation der Verfahrensabläufe auf der Basis hierarchischer Entscheidungsstrukturen. Vorherrschend ist eine deterministische Denkweise, bei der in den einzelnen Produktionsabschnitten möglichst gleichförmige, d. h. standardisierter Verfahrensabläufe zugrunde gelegt werden. Auf diese Weise lassen sie eine hohe Effizienz des Faktoreinsatzes erwarten. Darüber hinaus sollten Verfahrensabläufe möglichst wenig durch biologische Störfaktoren (z. B. Krankheiten, Futterwechsel) beeinträchtigt werden. Der (metaphylaktische) Einsatz von Produktionsmitteln wie Antibiotika, mit denen die Keimbelastung in den Ställen in Schach gehalten werden kann, gehört daher auf vielen Betrieben zu einem unverzichtbaren Hilfsmittel. Dies gilt selbst dann, wenn es sich bei den eingesetzten Mitteln um sogenannte Reserveantibiotika handelt, welche eigentlich für die Verwendung in der Humanmedizin reserviert sein sollten, um darauf im Fall von Resistenzentwicklungen zurückgreifen zu können. Auch hier müssen die Interessen der Gesellschaft hinter den Interessen der Betriebsleiter zurückstehen. Schließlich geht es um deren wirtschaftliche Existenz, da kann auf gesellschaftliche Anliegen keine große Rücksicht genommen werden.

Das Denkmodell eines landwirtschaftlichen Betriebes als ein „**Ökosystem**" ist weit weniger verbreitet als das der Agrarfabrik. Am ehesten wird es mit der ökologischen Landwirtschaft in Verbindung gebracht. Dabei haben sich die biologischen Prozesse, denen sich die Landwirtschaft bei der Bewirtschaftung bedient, in natürlichen Ökosystemen evolutiv herausgebildet. Auch wenn die biologischen Prozesse mehr oder weniger stark durch menschliche Eingriffe modifiziert werden, sind maßgebliche Wirkmechanismen im Wesentlichen gleich geblieben. Mikroorganismen, Pflanzen und Tiere in landwirtschaftlichen Betrieben unterliegen den gleichen Regulations- und Funktionsprinzipien wie die Artgenossen in der sogenannten freien Wildbahn. Bei den Nutzpflanzen und -tieren handelt es sich nicht um Neuschöpfungen, sondern um die Modifikationen von Arten, welche die Evolution bei der Anpassung an sich verändernde Existenzbedingungen hervorgebracht hat. Das heißt, ein Schwein bleibt ein Schwein und eine Kuh bleibt eine Kuh, auch wenn die Leistungspotenziale gegenüber den wildlebenden Formen um ein Vielfaches angestiegen sind.

In natürlichen Ökosystemen stehen die zur Photosynthese befähigten Pflanzen am Anfang der Nahrungskette. Die Pflanzen dienen Pflanzenfressern als Nährstoff- und Energielieferanten, mit denen sie ihr Überleben bestreiten. Allerdings sind auch viele Pflanzenfresser nicht davor gefeit, getötet zu werden und selbst als Nahrungsmittel für Fleischfresser jeglicher Art Verwendung zu finden. In einem Ökosystem schließt sich der Kreis der Nahrungskette dadurch, dass die in den Organismen befindlichen Stoffe nach ihrem Ableben sowie die Ausscheidungen während der Lebensprozesse durch Destruenten wieder abgebaut und einer Wiederverwertung im Stoffkreislauf zugeführt werden. Auf diese Weise wird einem Verlust der in einem Ökosystem vorhandenen und in organischen Bindungen befindlichen Stoffe entgegengewirkt. Der innerökosystemare **Stoffwechsel** dient in Abhängigkeit von den jeweiligen Ausgangs- und Randbedingungen (Bodenverhältnisse, Klimabedingungen etc.) einer unterschiedlichen Vielfalt an lebenden Organismen als Lebensgrundlage. Ein Ökosystem ist auf Diversität und Dauerfähigkeit ausgerichtet. Ein Verlust an Biodiversität droht erst dann, wenn durch Naturkatastrophen die Randbedingungen verändert werden oder der Mensch über die natürlichen Ökosysteme hereinbricht. Natürliche Ökosysteme sind durch eine hohe Effizienz bei der Nutzung der verfügbaren Nährstoffe im Gesamtsystem und durch geringe Nährstoffverluste aus dem **System** charakterisiert (Reichholf 2004). Selbstregulierende Prozesse begrenzen die Folgewirkungen eines überschießenden Wachstums der einen Art auf Kosten anderer Arten. Von außen betrachtet unterstellen wir den natürlichen Ökosystemen einen hohen Grad der Selbstorganisation. Letztlich sind die Erscheinungsformen eines Ökosystems jedoch nichts anderes als eine erzwungene Anpassung der im System lebenden Organismen an die Ressourcenverfügbarkeit in der sie umgebenden „Außenwelt" zum Zweck der Sicherung der eigenen Überlebensfähigkeit, wie dies bereits von Haeckel (1866) als maßgebliches Prinzip der **Ökologie** herausgestellt wurde.

Die Basis der Anpassungsfähigkeit in natürlichen Ökosystemen ist die biologische Vielfalt. Nicht Konformität, sondern Variation in der Merkmalsausprägung innerhalb der Arten ist die Ausgangsvoraussetzung für ein hohes Maß an Anpassungsfähigkeit. Sie ist bei Mikroorganismen nicht minder anzutreffen wie bei Pflanzen und Tieren. Ein großer Reichtum an Merkmalsausprägungen schafft derjenigen Spezies und denjenigen Organismen innerhalb der Spezies einen Vorteil, die über Merkmale verfügen, die bei Veränderungen in der „Außenwelt" von Vorteil sind. Angesichts einer begrenzten Verfügbarkeit an Ressourcen haben Bakterien, die unempfindlich (resistent) gegenüber Substanzen wie Antibiotika sind, ein deutlich verbessertes Vermehrungspotenzial, wenn die übrigen Mitglieder der Spezies durch entsprechende Substanzen in der Vermehrung eingeschränkt werden. Dies gilt in analoger Weise für Pflanzen, die mit Hitze oder Wassermangel konfrontiert sind, oder für Tiere, die Nahrungsknappheiten ausgesetzt sind. Ein Ökosystem ist eine Lebensgemeinschaft, die darauf ausgerichtet ist, das System als solches und die darin angesiedelten Arten (nicht die Individuen) zu erhalten. Alle Teilsysteme sind relevant für die Funktionsfähigkeit des übergeordneten Ganzen; während das Ganze den Teilsystemen die Voraussetzungen bietet, welche diese für ihre eigene Funktions- und Überlebensfähigkeit benötigen.

Im Hinblick auf die Anpassungsfähigkeit haben die natürlichen Ökosysteme den Agrarfabriken einiges voraus. Was die Ökosysteme allerdings nicht zu leisten imstande sind, ist die Produktion von Biomasse, die dem System in großen Mengen entnommen wird, um sie anderen Systemen (z. B. menschlichen Gemeinschaften) als **Nahrungsmittel** zur Verfügung zu stellen. Damit sind wir bei den landwirtschaftlichen Betrieben als **Agrarökosysteme** (DFG 2005). Alle landwirtschaftlichen Betriebe weisen sowohl Gemeinsamkeiten mit Ökosystemen als auch mit Agrarfabriken auf, wenn auch in sehr unterschiedlichem Maße. Mit Letzteren teilen sie unter anderem die Notwendigkeit, Produkte zu erzeugen und zu verkaufen. Dafür erhalten sie ein Entgelt, das sie wiederum für die Aufrechterhaltung der innerbetrieblichen Produktionsprozesse und die Sicherung der wirtschaftlichen Existenz benötigen. Wir haben es bei Agrarökosystemen mit selbsterhaltenden (**autopoietischen) Systemen** unterschiedlicher Ordnung zu tun, welche in einer hierarchischen Ordnung eingebettet sind, zwischen denen ein hohes Maß an Wechselwirkungen und wechselseitigen Abhängigkeiten besteht (s. Abb. 9.1).

Lebende Zellen (autopoietisches Systeme erster Ordnung) sind als Bestandteil des Organismus auf die Zu- und Abfuhr von Nährstoffen (Materie) angewiesen, um über die eigene Funktionsfähigkeit einen Beitrag zur Funktionsfähigkeit des Gewebes bzw. Organs und damit für die Überlebensfähigkeit des Gesamtorganismus zu leisten. Die

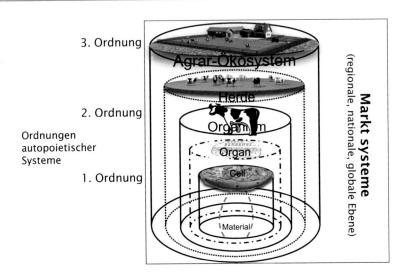

Abb. 9.1 Landwirtschaftlicher Betrieb als Agrarökosystem am Beispiel eines Milchviehbetriebes. (Eigene Darstellung)

Organisation eines autopoietischen Systems wie einer Zelle und eines Organismus ist auf den Erhalt des Systems ausgerichtet und hinsichtlich der Wirkprozesse nur über einen funktionalen und teleologischen Erklärungsansatz zugänglich. Die Teilsysteme leisten einen Beitrag zur Funktions- und Überlebensfähigkeit des übergeordneten Systems und damit gleichzeitig für den eigenen Selbsterhalt (Maturana und Varela 1980).

Die Funktionsfähigkeit aufrechtzuerhalten hat also höchste Priorität. Diese Aufgabe gibt das Maß für die Aufnahme an Nährstoffen in der erforderlichen Quantität und Qualität vor. Diese müssen dann innerhalb des Organismus so verteilt werden, dass auf eine möglichst effiziente Weise alle Organe und die Zellen in den Organen das bekommen, was sie benötigen. Bei einer begrenzten Verfügbarkeit von Nährstoffen, wie sie bei hochleistenden Tieren in bestimmten Lebensphasen zwangsläufig auftritt, kann eine bevorzugte Versorgung von Organen oder Zellen auf Kosten der Versorgung anderer Zellen eine Störung des Gesamtorganismus (Erkrankung) zur Folge haben, welche die Überlebensfähigkeit der Tiere bedroht. In der Nutztierhaltung mangelt es nicht an Beispielen für eine einseitige züchterische Ausrichtung auf spezifische Produktionsmerkmale (z. B. Milchleistung), welche die Verteilung der Nährstoffe innerhalb des Organismus (Partitioning) so beeinflussen, dass dadurch die Überlebensfähigkeit von Milchkühen gefährdet wird (Habel und Sundrum 2020).

Was auf der Tierebene vom Nervensystem des Organismus koordiniert wird, um die Funktionsfähigkeit der physiologischen Prozesse aufrechtzuerhalten, muss auf der Betriebsebene von den Menschen geleistet werden, die für Teilbereiche oder für den Gesamtbetrieb verantwortlich sind. Dieses entscheidet über die Verfügbarkeit an Ressourcen unter anderem durch die innerbetriebliche Erzeugung bzw. den Zukauf von Futtermitteln. Dies gilt auch für die Zuteilung (Allokation) an die einzelnen Tiere durch organisatorische und technische Maßnahmen. Zwischen den stark variierenden Bedarfssituationen der Einzeltiere an Nährstoffen sowie anderer, zur Ausübung arteigenen Verhaltens erforderlichen Ressourcen und der jeweiligen Versorgung klaffen mitunter sehr große Lücken (Imbalancen). Diese müssen die Einzeltiere durch physiologische Anpassungsprozesse kompensieren. Dies gelingt manchen Tieren besser als anderen. Eine Überforderung der Anpassungsfähigkeit der Tiere an bestehende **Nährstoffimbalancen** äußert sich insbesondere in Form von subklinischen und klinischen Erkrankungen (Sundrum 2015). Angesichts der vielfältigen Wechselwirkungen bestehen große Unterschiede zwischen den Tieren eines Betriebes hinsichtlich der Erkrankungshäufigkeiten. Analoges gilt für die Häufigkeit des Auftretens von Erkrankungen zwischen den landwirtschaftlichen Betrieben.

Auch wenn das Betriebsmanagement gut beraten ist, den einzelnen Tieren das an Nährstoffen zur Verfügung zu stellen, was sie für die Funktionsfähigkeit der Zellen und Organsysteme und für die Überlebensfähigkeit benötigen, scheitern viele Betriebe an diesen Herausforderungen (Sundrum et al. 2021). Dies ist nicht nur einer unzureichenden Kenntnis der Bedarfssituation der Einzeltiere in ihren jeweiligen Produktionsphasen geschuldet. Häufig mangelt es Betrieben auch an Ressourcen, um den Nährstoffimbalancen entgegenzuwirken. Eine auf die tierindividuelle Bedarfssituation abgestimmte Versorgung ist mit einem erheblichen arbeitszeitlichen Aufwand, mit haltungstechnischen Voraussetzungen sowie mit Investitionen beim Zukauf von externen Ressourcen verbunden. Analoges gilt für den Schutz der Tiere vor biotischen und abiotischen Stressoren. Den Notwendigkeiten steht entgegen, dass sich die Milchpreise seit vielen Jahren auf einem niedrigen Niveau befinden. Dies hat zur Folge, dass auf vielen Betrieben weder die laufenden Kosten gedeckt, noch umfangreiche Investitionen getätigt werden können. Die wirtschaftlichen Rahmenbedingungen in Form niedriger Marktpreise zwingen das Betriebsmanagement zu Anpassungen, welche einerseits über erhöhte Mengen an verkaufsfähigen Produkten die Betriebseinnahmen steigern sollen. Andererseits ist es erforderlich, die monetären Verluste, die bei einer unzureichenden Versorgung der Teilsysteme auftreten, so gering wie möglich zu halten.

Naheliegenderweise unterscheiden sich landwirtschaftliche Betriebe beträchtlich in ihrem Vermögen, das eigene Interesse an der Sicherung der wirtschaftlichen Existenzfähigkeit mit der Vermeidung von Beeinträchtigungen der **Subsysteme** und mit der Begrenzung von externen Effekten in Form von übermäßigen Austrägen von Abfall- und Schadstoffen in die Umwelt in Einklang zu bringen. Im landwirtschaftlichen Betriebssystem stoßen die anhaltenden Bestrebungen der Effizienzsteigerung und der Kostenminimierung durch Anwendung agrarindustrieller Strategien auf die Grenzen der Anpassungsfähigkeit, denen die biologischen Systeme unterschiedlicher autopoietischer Ordnung unterliegen. In einem Agrarökosystem geht die Fokussierung auf Teilbereiche in der Regel zu Lasten anderer Bereiche und anderer Subsysteme. Auch die Praktiken, die anfallenden Abfallstoffe zu externalisieren und die unerwünschten Folge- und Schadwirkungen auszublenden, stoßen zunehmend an Grenzen und bringen die Konflikte zwischen Partikular- und Gemeinwohlinteressen immer deutlicher zum Vorschein.

9.3   „Entscheidend ist auf dem Platz"

Zwischen dem Naturhaushalt eines Ökosystems und der Art und Weise, wie landwirtschaftliche Betriebe wirtschaften, d. h. mit den eigenen und den extern hinzugekauften Ressourcen haushalten, hat sich über die zurückliegenden Jahrzehnte hinweg ein Konflikt aufgeschaukelt, der mittlerweile nicht nur die wenigen noch vorhandenen natürlichen Ökosysteme, sondern auch die noch verbliebenen landwirtschaftlichen Betriebe in ihrer Existenzfähigkeit bedroht. Die Außenwelt zwingt die Agrarökosysteme als autopoietische Systeme dritter Ordnung zur Anpassung an die wirtschaftlichen Rahmenbedingungen, um wirtschaftlich überlebensfähig zu sein. Nur wenn diese sich den marktwirtschaftlichen Vorgaben in Form der Marktpreise und der Anforderungsprofile an die Produkte anzupassen vermögen, haben sie eine Chance, den Betrieb an die nächste Generation weiterzugeben. Dabei stehen die Betreiber von Agrarökosystemen im Wettbewerb und müssen versuchen, die Verkaufsprodukte preiswerter zu erzeugen als die Mitkonkurrenten. Angestrebt wird dies vor allem durch Wachstum (Skaleneffekte), Intensivierung (Input von externen Ressourcen, einschließlich Kapital) und durch Spezialisierungen und Technisierung (Arbeitsproduktivität). Die verschiedenen Instrumente dienen dem Zweck, das Potenzial der biologischen Wachstumsprozesse der lebenden Organismen im Betriebssystem weitestgehend auszuschöpfen (s. Abschn. 6.1).

Die Übergänge von einer für die lebenden Organismen zuträglichen Nutzung hin zu einer Übernutzung und damit einhergehender Schadwirkungen sind fließend. Übernutzung ist gleichbedeutend mit einer Überforderung der Anpassungsfähigkeit, die sich sowohl bei Nutzpflanzen wie bei Nutztieren in einer erhöhten Krankheitsanfälligkeit äußert. Häufig wird dabei übersehen, dass die beim Versuch der „Wertschöpfung" zum Einsatz kommenden Produktionsmittel dem Gesetz des abnehmenden Grenznutzens unterliegen. Mit ansteigendem Produktivitätsniveau nimmt der Zugewinn an Leistung ab, der mit einem erhöhten Mitteleinsatz realisiert werden kann. Gleichzeitig steigen bei erhöhten Leistungsniveaus die erforderlichen Aufwendungen zur Erzielung höherer Leistungen an (s. Abschn. 6.2). Dies kann so weit gehen, dass die Mehraufwendungen höher sind als der Zugewinn, sodass ein negativer Grenzgewinn resultiert. Dies entspricht einer Überforderung des Managements eines Agrarökosystems beim Versuch, sich den wirtschaftlichen Bedingungen und der Konkurrenzsituation anzupassen. Kommt es nicht zu einer Regeneration, büßt das Betriebssystem analog zu den Nutztieren die eigene wirtschaftliche Überlebensfähigkeit ein.

Die im Zuge der Intensivierung in das Betriebssystem aufgenommenen Nährstoffmengen werden nur zum Teil genutzt. Sie haben daher einen gesteigerten Austrag von Nähr- und Schadstoffen in die Umwelt zur Folge und überfrachten die natürlichen Ökosysteme außerhalb der landwirtschaftlichen Betriebssysteme und überfordern deren Regenerations- und Anpassungsfähigkeit. Konsequenzen einer überforderten Anpassungsfähigkeit sind auch hier Erkrankungen und das Sterben von lebenden

Organismen, was schließlich in einem erheblichen Verlust an **Biodiversität** kumuliert. Es geht folglich um nichts weniger als um existenzielle Herausforderungen, welche die Intensivierungsprozesse in der Agrarwirtschaft heraufbeschwören und sowohl die verbliebenen Agrarökosysteme selbst als auch die noch vorhandenen natürlichen Ökosysteme (be-)treffen.

Sowohl Ökosysteme wie Agrarökosysteme unterscheiden sich beträchtlich in ihren Strukturen, ihrer Ressourcenverfügbarkeit und damit in ihrer Anpassungsfähigkeit. Veränderungen in Ökosystemen treten in der Regel schleichend auf. Überschreitungen der Grenzen der Anpassungsfähigkeit werden so häufig erst mit einer erheblichen Verzögerung sichtbar. Sie werden auch nur für diejenigen sichtbar, die dafür ein Augenmerk haben und das erforderliche Beurteilungsvermögen besitzen. Für diejenigen, die lieber über die Anzeichen einer Störung hinwegsehen bzw. sie ausblenden, weil sie mit den vorherrschenden Denkmustern nicht kompatibel sind, wird die Überforderung der Anpassungsfähigkeit häufig erst dann wahrgenommen und für wahr gehalten, wenn die Folgen drastische und unübersehbare Ausmaße angenommen haben. Für die Existenzsicherung und die Vermeidung von Überforderungen der Anpassungsfähigkeit von Agrarökosystemen sind daher belastbare Einschätzungen notwendig, die es den Akteuren erlauben, frühzeitig das Ausmaß von Störungen zu erfassen und diese adäquat einzuordnen. Diese Einschätzungen erweisen sich jedoch als schwierig, da jedes Agrarökosystem und das dafür verantwortliche Management seine besonderen Stärken und Schwächen aufweist und damit ein individuelles System repräsentiert. Allgemeine Beurteilungen und verallgemeinernde Beratungsempfehlungen zum Einsatz von Produktionsmitteln sind daher wenig zielführend. Welche Strategien in welchem Maße für die Existenzsicherung des individuellen Agrarökosystems geeignet sind, bedarf der Überprüfung im jeweiligen Kontext.

„Grau ist alle Theorie – entscheidend ist auf'm Platz" (Potofski 2014). Diese dem Kommentator Alfred Preißler zugeschriebene Lebensweisheit kommt nicht nur auf den Fußball- oder anderen Sportplätzen dieser Welt zur Geltung, sondern hat ihre Berechtigung auch im Zusammenhang mit den Geschehnissen auf den Flächen eines landwirtschaftlichen Betriebssystems. Über die Wirkmechanismen einzelner Verfahrensabläufe innerhalb einer vielgestaltigen Prozesskette haben die Agrarwissenschaften ein großes Arsenal an **Verfügungswissen** angehäuft. Dies erweist sich jedoch nur als „Halbwissen mit Hypothesencharakter" (s. Abschn. 8.3), wenn die Anwendung von experimentellem Wissen und von Teilinformationen nicht hinsichtlich der inner- und außerbetrieblichen Folgewirkungen überprüft wird. Aufgrund der Heterogenität der Ausgangs- und Randbedingungen in verschiedenen Betrieben und aufgrund der Kontextabhängigkeit der biologischen Prozesse kann eine **Validierung** nur im jeweiligen Betriebssystem erfolgen. In den jeweiligen Agrarökosystemen entscheidet sich, mit welchem Erfolg bzw. Misserfolg die Teilaspekte kooperieren und in welchem Maße die ökonomischen Partikularinteressen des Landwirtes mit den ökologischen Gemeinwohlinteressen in Abgleich gebracht werden. Die vielfältigen Wechselwirkungen innerhalb eines Betriebssystems bringen eine emergente Gesamtleistung hervor. Wie beim Mannschaftssport sind es sowohl die Teilleistungen als auch die Interaktionen zwischen den verschiedenen Bereichen, die über den Erfolg entscheiden. Im Sport wacht eine unabhängige Instanz über die Einhaltung der Verfahrensregeln und beglaubigt das Endergebnis, das die Mannschaften im Zusammenspiel der einzelnen Akteure und in der Auseinandersetzung mit den Widerständen der gegnerischen Mannschaft erzielt haben. Innerhalb einer Spielsaison kommt es fortlaufend zu Wiederholungen, bei denen sich das Zusammenspiel bewähren muss. Die pro Spiel erzielten Punkte werden aufaddiert, sodass am Ende einer Spielzeit die Rangposition auf einer Tabelle die Jahresleistungen der Mannschaften widerspiegelt.

Anders als dies bei Sportveranstaltungen der Fall ist, entzieht sich das, was sich auf den Flächen und in den Ställen der landwirtschaftlichen Betriebe abspielt, dem Blick der Öffentlichkeit. Häufig sind auch den Betriebsleitern die Ausmaße nicht bekannt, mit denen durch ihre Aktivitäten den Gemeinwohlinteressen geschadet wird. Dies gilt folgerichtig auch für das Verhältnis zwischen den Produktions- und den Schutzleistungen eines landwirtschaftlichen Betriebes. Damit haben weder die Verantwortlichen des Betriebes noch die Öffentlichkeit hinreichend Kenntnis davon, in welchem Maße die Betriebe ihre Partikularinteressen auf Kosten der Gemeinwohlinteressen verfolgen. Auch ist den zuständigen Behörden im Agrarbereich nicht bekannt, ob mit den Subventionen an die Landwirte ein positiver Beitrag für das Gemeinwohl geleistet wird oder ob damit Produktionsprozesse aufrechterhalten oder gar forciert werden, die mit drastischen Beeinträchtigungen der Gemeinwohlinteressen einhergehen. Ohne Kenntnisse der von den einzelnen Betrieben verursachten Schadwirkungen besteht weder für die verantwortlichen Entscheider noch für überbetriebliche Behörden die Möglichkeit, regulierend und steuernd einzugreifen. Zwar kennen die Betriebsleiter in der Regel das Niveau der Produktionsleistungen, die in den jeweiligen Betriebszweigen erwirtschaftet werden. Selten jedoch verfügen sie über eine konkrete Datenbasis, um einschätzen zu können, wie sich die betriebsspezifischen Verhältnisse zwischen Aufwand und Nutzen einordnen lassen.

Für das Betriebsmanagement lautet die zentrale Frage, ob weitere Erhöhungen der Aufwendungen und der Investitionen mit einem erhöhten Nutzen einhergehen, der die Mehraufwendungen übersteigt, oder ob bereits das Optimum des Verhältnisses zwischen Aufwand und Nutzen überschritten ist. Dies gilt für Aufwendungen und Investitionen für mehr Tier- und Umweltschutz in gleicher Weise wie für solche zur Steigerung von Produktionsleistungen. Der abnehmende **Grenznutzen**, der sich mit zunehmenden Leistungs- bzw. Nutzenniveau einstellt, begrenzt nicht nur das Nutzenpotenzial, sondern kehrt bei übermäßigen Aufwendungen den Nutzen in einen Verlust bzw. einen negativen Grenzgewinn um. Negative Grenzgewinne können sich die Betriebe auf Dauer nicht leisten, ohne ihre wirtschaftliche Existenz zu unterminieren. Wann eine Investition oder eine Mehraufwendung noch sinnvoll ist, d. h. einen positiven Nutzen hervorruft,

und wann sie kontraproduktiv ist, kann nicht verallgemeinernd anhand von Modellrechnungen beantwortet werden. Dies entscheidet sich im betriebsspezifischen Kontext.

Eine belastbare Einschätzung bedarf einer hinreichend soliden Datenbasis. Relevant
sind nicht nur die in den einzelnen Betriebszweigen erzielten Produktionsleistungen
und die Betriebseinnahmen, sondern auch die Effizienz der stofflichen und monetären
Umsetzungen in den maßgeblichen Subsystemen. In der Nutztierhaltung sind dies die
einzelnen Tiere, in denen die stofflichen Umsetzungen in einer großen Variationsbreite
stattfinden. Einzeltierlich werden bei den Umsetzungen in Verkaufsprodukte sehr unterschiedliche monetäre Gewinne erzielt. In einer aktuellen Studie wurden anhand von
umfassenden Datenerhebungen und -auswertungen an ausgewählten Milchviehbetrieben
die Kosten und Leistungen einzeltierlich ermittelt (Habel et al. 2021). Die Auswertung
erfolgte retrospektiv bei den **Milchkühen**, die „unfreiwillig" aus dem Produktionsprozess ausgeschieden sind. Auf diese Weise konnten die bis zum Zeitpunkt des Abgangs
erzielten Leistungen mit den monetären Aufwendungen während der Lebenszeit der
Tiere abgeglichen werden. Die „unfreiwilligen Abgänge" erfolgten aufgrund von Todesfällen, Nottötungen oder Schlachtungen. Die Schlachtungen wurden durchgeführt, weil
es aus der Perspektive der Verantwortlichen nicht mehr lohnend erschien, die Tiere im
Bestand zu belassen. Den Abgängen gingen in der Regel Produktionskrankheiten voraus,
welche zu Todesfällen oder Nottötungen führten bzw. den Landwirten Anlass gaben, die
erkrankten Milchkühe schlachten zu lassen, um zumindest noch einen Schlachtpreis zu
erzielen. In der Regel wurden die abgegangenen Tiere durch Färsen (Jungrinder vor der
ersten Kalbung) ersetzt. Zwischen den Betrieben variierte der Anteil der Milchkühe einer
Herde, die im Jahreszeitraum unfreiwillig abgingen, zwischen 18,6 und 41,8 %.

Die Verknüpfung von biologischen mit ökonomischen Leistungen brachte eine sehr
große Variation der einzeltierlichen Beiträge der abgegangenen Milchkühe zum Betriebsgewinn zum Vorschein. Bei den in einem Referenzjahr zur Auswertung gelangten 4962
Tieren lag die Spannweite zwischen einem Verlust von 11.818 und einem Gewinn
von 13.680 Euro. Zwischen den untersuchten Betrieben schwankte der Anteil der
abgegangenen Milchkühe, die bis zu ihrem Ausscheiden mindestens ihre Aufzucht- und
Haltungskosten erwirtschaftet hatten (Kühe in der Gewinnphase) zwischen 0 und 74 %.
Im Mittel erwirtschafteten die unfreiwillig abgegangenen Milchkühe einen negativen
Gewinnertrag, d. h., die Milchkühe waren im Durchschnitt nicht in der Lage, die zuvor
aufgebrachten Investitionen in Form von Aufzuchtkosten und laufenden Fütterungs- und
Haltungskosten durch die jeweiligen Milchleistungen zu refinanzieren. Lediglich 41 %
der untersuchten Betriebe erwirtschafteten mit den abgegangenen Milchkühen einen
positiven Grenzgewinn. Für das Zustandekommen der einzeltierlichen und -betrieblichen
Ergebnisse konnten diverse Einflussfaktoren identifiziert werden. Allerdings stellte
sich das Zusammenwirken dieser Faktoren für jede Kuh und auf jedem Betrieb anders
dar (Hoischen-Taubner et al. 2021). Die Ergebnisse geben einen Hinweis darauf, wie
schlecht es um die wirtschaftliche Existenzfähigkeit von Milchviehbetrieben in Deutschland bestellt ist. Offensichtlich gelingt es den Betrieben mit einem niedrigen Anteil
von Milchkühen in der Gewinnphase nicht, den einzelnen Tieren das an Ressourcen

und an Schutz zu gewähren, was diese für den Selbsterhalt benötigen. Unfreiwillige Abgänge sind Ausdruck des Scheiterns der Anpassungsfähigkeit der Milchkühe an die jeweiligen Lebensbedingungen. Gleichzeitig dokumentieren die Abgänge das Scheitern des Managements bei dem Versuch, die Lebensbedingungen an die tierindividuellen Bedürfnisse der Nutztiere in Relation zu den Leistungsanforderungen anzupassen. Damit gelingt es diesen Betrieben weder ihren eigenen ökonomischen Interessen, noch den Interessen der ihnen überantworteten Nutztiere und damit auch nicht den Anforderungen des Tierschutzes und den Gemeinwohlinteressen zu entsprechen.

Der Anteil der Milchkühe in der Gewinnphase konstituiert eine für die wirtschaftliche Existenzfähigkeit des jeweiligen Betriebes normative **Zielgröße**. Bei Anteilen, die zu niedrig sind, um die wirtschaftliche Existenz des Betriebes zu sichern, verfällt zudem der „vernünftige Grund", welche den Nutztierhaltern gemäß dem deutschen **Tierschutzgesetz** erlaubt, den Nutztieren Einschränkungen zuzumuten, die mit Schmerzen, Leiden und Schäden verbunden sind (Sundrum et al. 2021). Der Anteil von Tieren in der Gewinnphase erweist sich damit als eine objektive, reproduzierbare und mit hohem Erklärungsgehalt ausgestattete **Zielvariable**, die den Betriebsleitern eine ökonomische und ökologische Perspektive auf die komplexen Wechselwirkungen in einem Agrarökosystem ermöglicht und ihnen Orientierung für die einzelbetrieblichen Entscheidungen und Handlungsnotwendigkeiten bietet.

9.4   Mangel an Orientierung und Orientierungswissen

Auf den landwirtschaftlichen Betrieben besteht die Notwendigkeit, die innerbetrieblichen Prozessabläufe fortlaufend zu optimieren. Angesichts eines Überangebotes von Rohwaren auf den globalen Märkten hält der Wettbewerb um die **Kostenführerschaft** unvermindert an. Viele Betriebe sehen sich deshalb veranlasst, die Produktionsprozesse weiterhin auf Produktivitätssteigerungen auszurichten. Viel spricht dafür, dass den meisten Betriebsleitern nicht hinreichend genau bekannt ist, in welchem Maße in den verschiedenen Subsystemen bereits die Optima in der Relation von Aufwand und Nutzen überschritten und ökonomische Verluste eingefahren werden. Neben den internen Problemstellungen, welche die wirtschaftliche Existenzfähigkeit unterminieren, kommen externe Bedrohungsszenarien hinzu, die nicht minder wirkmächtig sind. Die negativen Folgewirkungen der intensivierten Produktionsprozesse rufen Kritik aus unterschiedlichen Bereichen hervor, die immer lauter vorgetragen wird, und deren Resonanzwirkung über die mediale Verstärkung zugenommen hat. Zwar mangelt es nicht an Versuchen, die Kritik pauschal abzuwehren; mangels Stichhaltigkeit und Beweiskraft laufen die Abwehrbemühungen jedoch zunehmend ins Leere.

Der Lebensmitteleinzelhandel reagiert auf die Kritik an den bestehenden Verhältnissen, indem er sukzessive die **Mindestanforderungen** an die Produktionsprozesse erhöht. Damit geraten die Primärerzeuger noch mehr unter Druck. Schließlich gehen die erhöhten Anforderungen in der Regel mit Mehraufwendungen einher, ohne dass jedoch der Handel die Mehraufwendungen in einer angemessenen, d. h. die Mehrkosten deckende Weise honoriert. Viele Betriebsleiter haben oder sehen kaum noch Spielräume, um sowohl die Produktionskosten weiter zu minimieren und gleichzeitig höhere Aufwendungen zu stemmen. Während sich die Verhältnisse zunehmend zuspitzen, steht die Komplexität der innerbetrieblichen Prozesse im Wirkungsgefüge eines Agrarökosystems einfachen Lösungs- und Handlungsstrategien entgegen. In Abhängigkeit von den Ausgangs- und Randbedingungen unterscheiden sich die einzelnen Betriebe erheblich hinsichtlich der Herausforderungen, denen sie gegenüberstehen. Dies gilt auch für die Optionen, die ihnen zur Verfügung stehen, um die Interessenskonflikte zu entschärfen. Umso größer ist der Bedarf an Orientierung bezüglich einer Neuausrichtung des Managements.

Auch wenn bei vielen Akteuren der Glaube an einen fortwährenden Fortschritt der Erkenntnisse und der technischen Entwicklungen ungebrochen ist, so zeigen die skizzierten Beispiele negativer Grenzgewinne infolge einer übersteigerten Intensivierung, dass viele **Probleme** landwirtschaftlicher Betriebe nicht mit einem allgemeinen Erkenntnisfortschritt hinsichtlich weiterer Details zu lösen sein werden. Auch der Einsatz von technischen Neuerungen unterliegt dem ökonomischen Gesetz des abnehmenden Grenznutzens. Das Gesetz beschreibt nicht zwangsläufig das Ende von Wachstum, sondern zunächst einmal nur den Verlust der Sinnhaftigkeit von Wachstumsprozessen, die jenseits eines Optimums des Verhältnisses von Aufwand und Nutzen verlaufen. Jenseits des Optimums sollte der Ressourceneinsatz nicht länger auf die Produktion eines Mehr vom Gleichen fokussieren, sondern sich auf andere Produktionsziele ausrichten, die neue Möglichkeiten der Wertschöpfung erwarten lassen.

Mehr **Informationen** und mehr Detailwissen bieten jedoch keine neue Orientierung. In einer Zeit, in der die Informationsflut weiter zunimmt, wachsen eher die Schwierigkeiten, das für die Lösung von kontextabhängigen Problemen relevante Faktenwissen aus dem vorhanden Datenwust zu identifizieren. Die Zunahme an **Verfügungswissen** darf deshalb nicht mit einer Zunahme an Lösungsansätzen gleichgesetzt werden. Neben der Suche nach passgenauen Lösungsansätzen muss auch beurteilt werden, ob sich die Nutzbarmachung von spezifischem Verfügungswissen auch rechnet. Die Befähigung, Wichtiges von weniger Wichtigem bzw. Unwichtigem, Lohnendes von Verschwendung zu unterscheiden, wird bei einer zunehmenden Daten- und Informationsflut nicht gerade gestärkt. Während es beim Verfügungswissen um technisch mögliche Handlungen geht, steht beim **Orientierungswissen** im Vordergrund, warum wir so oder anders handeln sollten. Das Orientierungswissen ist ein Wissen um gerechtfertigte Zwecke und Ziele beim Einsatz von (Produktions-)Mitteln (s. auch Abschn. 8.3). Im **Handlungswissen** kommen dann Verfügungs- und Orientierungswissen zusammen, indem das technisch Machbare in Abhängigkeit von den verfügbaren Ressourcen mit dem Zielführenden verbunden und eine vernünftige Mittel- und Ressourcenverwendung begründet wird (Poser 2016, 120 f.).

Orientierungswissen gibt es nicht von der Stange; es ist auch selten in Lehrbüchern zu finden. Orientierung heißt, zunächst zu wissen, wo man sich in Relation zu einem externen Referenzpunkt befindet. Fehlt eine zuverlässige Orientierung, drohen Orientierungslosigkeit oder Verwirrung. Ob es sich um eine räumliche Verortung in einem unübersichtlichen Gelände handelt, ob die Sicht durch Vernebelung oder Verdunkelung behindert ist oder ob es um die Verortung der innerbetrieblichen Leistungsfähigkeit oder die vom Betrieb ausgehenden Schadwirkungen geht, immer erfolgt die Verortung des eigenen Standpunktes in Relation zu anderen Kenngrößen. Der Aufgang der Sonne im Orient, der Sonnenuntergang im Westen, Fixsterne oder Leuchttürme bei Nacht sind anschauliche Beispiele für die Vermittlung einer räumlichen Orientierung. Sie ermöglichen, sich in der Außenwelt zurechtzufinden. Die Orientierungsfähigkeit basiert auf der kognitiven Fähigkeit, eine gedankliche Dreiecksbeziehung zwischen dem Orientierungspunkt, dem anvisierten Zielpunkt und dem eigenen Standpunkt herzustellen. Wer weiß, welches Ziel er ansteuert und in welchem Verhältnis der Zielpunkt zu einem Orientierungspunkt steht, kann daraus ableiten, in welcher Position, d. h. Relation zum Orientierung- und zum Zielpunkt, er sich aktuell befindet und in welche Richtung er sich bewegen muss, um dem Zielpunkt näherzukommen. Dagegen haben es diejenigen schwer, die nicht genau wissen, wohin sie sich entwickeln wollen oder sollten. Der römische Philosoph Seneca (65 n. Chr.) brachte dies auf die einprägsame Formel:

„Wer den Hafen nicht kennt, in den er segeln will, für den ist kein Wind der richtige."

Auch für landwirtschaftliche Betriebe ist von zentraler Bedeutung, woran sie sich im Hinblick auf die künftigen Entwicklungen orientieren sollen, um die wirtschaftliche Existenz sichern zu können. Die Frage ist, ob die bisher angesteuerten Teilziele noch ihre Berechtigung im Hinblick auf die übergeordnete Zielsetzung haben oder ob man damit früher oder später in eine Sackgasse zu landen droht. Man kann den Wegweisern, welche in der Vergangenheit insbesondere von der Agrarökonomie aufgestellt wurden, weiterhin (blind) vertrauen, weil man ihnen auch in der Vergangenheit vertraut hat und bislang gut damit gefahren ist. Man kann die Außenwelt (u. a. Politiker, Bürger, Handel, Verbraucher) davon zu überzeugen versuchen, dass es für den eigenen Betrieb zwingend notwendig ist, die bisherige Ausrichtung beizubehalten, weil man nicht zur Anpassung bereit oder gewillt ist oder beides. Man kann aber auch für sich zu klären versuchen, ob man in der eigenen betrieblichen Situation auch dann noch gut aufgestellt und gerüstet ist, wenn sich der Wind dreht, d. h. veränderte gesellschaftliche Anforderungen an die agrarischen Produktionsziele und damit an die landwirtschaftlichen Produktionsprozesse gestellt werden. Wenn sich die Rahmenbedingungen verändern, müssen sich auch die Orientierungspunkte ändern. Mit den alten Orientierungspunkten wird man voraussichtlich nicht in der Lage sein, den neuen Herausforderungen gerecht zu werden.

Das herkömmliche Ziel des **Managements** besteht vor allem darin, die Produktionsprozesse so zu gestalten, dass damit die Produktivität gesteigert werden kann. Die enge Kopplung von Produktionsleistungen und monetären Einnahmen legt nahe, dass vonseiten der Landwirte ein hohes Interesse an Informationen über den eigenen Leistungsstand in der Pflanzen- und Tierproduktion in Relation zu anderen Betrieben besteht. Auf diese Weise können sich die Betriebe orientieren, ob das betriebseigene Leistungsniveau am oberen, mittleren oder unteren Ende des Spektrums angesiedelt ist. Der Vergleich provoziert die Frage, ob das Management mit dem eigenen Leistungsstand zufrieden sein kann oder ob Anlass oder gar die Notwendigkeit besteht, die Leistungen zu erhöhen, um sich im Wettbewerb besser zu positionieren. Die Diskrepanz zwischen aktuellem und angestrebtem Leistungsniveau wirft des Weiteren Fragen nach den Möglichkeiten auf, die Leistung durch gezielte Maßnahmen (z. B. Zucht, Ernährung, Hilfsmittel) zu verbessern.

Folgerichtig wurden in der Agrarwirtschaft diverse Strukturen und Messsysteme etabliert, mit denen Produktionsleistungen erfasst werden können. Hierzu gehört nicht nur, dass die Verkaufsprodukte mit geeichten Waagen gewogen und anhand von spezifischen Kriterien in Handelsklassen eingeteilt werden. Dies ist allein schon aus Gründen einer fairen Abrechnung geboten. Darüber hinaus wurden staatlicherseits in verschiedenen Bundesländern Leistungsprüfungsanstalten errichtet, um darin unter standardisierten Bedingungen unter anderem Tiere unterschiedlicher Rassen und genetischer Herkunft oder Futtermittelrationen unterschiedlicher Zusammensetzung auf ihr Leistungspotenzial zu prüfen. Diese Erkenntnisse wurden dann als Empfehlungen an die Praxis weitergereicht. Auch wenn die Empfehlungen maßgeblich dazu beigetragen haben, den Kenntnisstand und das Leistungsniveau in den landwirtschaftlichen Betrieben zu erhöhen, so zeigte sich auch, dass die Ergebnisse, die unter standardisierten Bedingungen generiert wurden, nur sehr eingeschränkt auf die Verhältnisse in der landwirtschaftlichen Praxis übertragen werden können. Mittlerweile wurden viele Prüfungsanstalten wieder geschlossen. Auf vielen Milchviehbetrieben werden Leistungsprüfungen der Einzeltiere noch heute (in der Regel monatlich) durchgeführt. Die Prüfergebnisse liefern den Landwirten Informationen zur Leistungsfähigkeit ihrer Tiere, die sie vor allem für züchterische und fütterungstechnische Maßnahmen nutzen können. Darüber hinaus geben sie gewisse Informationen über Störungen, die bei den Milchkühen vorliegen.

Allerdings wird der Informationsgehalt, der den monatlichen Ergebnissen der Milchleistungsprüfung innewohnt, nur selten ausgeschöpft. Wie eigene Erhebungen in der landwirtschaftlichen Praxis wiederholt gezeigt haben, begnügen sich viele Landwirte der Einfachheit halber mit aggregierten Durchschnittswerten, zu denen die Leistungen der Einzeltiere aufaddiert werden (Sundrum et al. 2021). Dabei sind Durchschnittswerte nicht nur von geringer Aussagekraft. Das durchschnittliche Leistungsniveau in Relation zum allgemeinen Leistungsspektrum gibt keine Auskunft darüber, mit welchem Aufwand dieses erwirtschaftet wurde. Auch wird anhand des Leistungsniveaus nicht sichtbar, welche innerbetrieblichen und externen Folgewirkungen mit Leistungssteigerungen einhergehen. Die Aggregierung von Einzelwerten zu Mittelwerten maskiert und nivelliert die Variation, die zwischen den Einzeltieren bzw. Einzelschlägen auftritt. Es ist die Ignoranz gegenüber der tierindividuellen Variation, welche nicht nur in der landwirtschaftlichen Praxis, sondern auch in den Agrarwissenschaften vielfach zu beobachten ist, die als Ausgangspunkt schwerwiegender Fehleinschätzungen und Desorientierungen eingestuft werden kann. Nicht das durchschnittliche Leistungsniveau auf der Betriebsebene, sondern das Verhältnis von Aufwand und Nutzen auf der Einzeltierebene sowie der Anteil von Tieren, welche die Gewinnphase erreichen, entscheiden über den ökonomischen Erfolg des Gesamtsystems. Was nützen hohe Durchschnittsleistungen, wenn ein zu geringer Anteil der Einzeltiere aufgrund von Überforderungen der Anpassungsfähigkeit nicht lange genug durchhalten, um die Kosten zu refinanzieren, die bei der Aufzucht der Tiere und als laufende Kosten anfallen. Die Zugrundelegung einer inadäquaten Bezugsebene, die zu fehlerhaften Einschätzungen und damit in die Irre führen kann, ist hinsichtlich ihrer Effekte auf die Agrarwirtschaft und die Folgewirkungen für die Gemeinwohlinteressen kaum zu unterschätzen.

Was im Hinblick auf die Verkaufsprodukte pflanzlicher und tierischer Herkunft zu beobachten ist, nämlich dass sich die Landwirte vorrangig an aggregierten Durchschnittswerten orientieren, trifft erst recht für die Erfassung von Stoffgruppen zu, die nicht verkauft, sondern innerbetrieblich genutzt werden. Dies gilt für die pflanzenbaulichen Erträge von Futtermitteln ebenso wie für die Wachstumsleistungen der innerbetrieblich zum Einsatz kommenden Aufzuchttiere. Auch über die Einsatzmengen der diversen Produktionsmittel (u. a. Dünge- und Futtermittel) liegen in der Regel nur Durchschnittsangaben vor. Für die geringe Daten- und Informationstiefe erscheint vor allem ein Defizit maßgeblich verantwortlich. Zwar wurden im Zuge der agrarindustriellen Intensivierungsprozesse sehr viele Instrumente von der Industrie übernommen, die sich zur Produktivitätssteigerung in der Agrarwirtschaft nutzbar machen ließen. Ein Instrument gehörte jedoch nicht dazu: eine detaillierte **Buchführung** aller Ein- und Ausgänge, die sich in den verschiedenen Produktionsabschnitten ereignen. Was in anderen Wirtschaftszweigen selbstverständlich ist und sich neben finanztechnischen Notwendigkeiten zu einer unverzichtbaren Informationsquelle für Entscheidungen des Managements etabliert hat, stellt viele Betriebsleiter nicht nur vor methodische Herausforderungen. Schließlich sind eine detaillierte Inventarisierung und buchhalterische Erfassung von lebendem und dynamisch sich veränderndem Inventar sowie bei biologischen Produktionsprozessen weitaus anspruchsvoller als dies bei hochspezialisierten und gleichförmig ablaufenden technischen Produktionsprozessen in der Industrie der Fall ist.

Mehr noch als die methodischen Herausforderungen dürfte für viele Betriebsleiter von Bedeutung sein, dass die Datenerfassung sowie deren Auswertung und Verwaltung mit erheblichen zeitlichen Aufwendungen verbunden sind. Zudem erfordern sie eine gewisse Affinität für Zahlen und setzen die Bereitschaft zur Schreibtischtätigkeit voraus. Was vielen Betriebsleitern in der landwirtschaftlichen Praxis vor allem fehlt, ist Zeit. In kaum einem anderen Wirtschaftsbereich dürfte sich die Arbeitszeit zu einem so knappen Gut entwickelt haben wie in der Landwirtschaft. Die mit dem Strukturwandel einhergehenden Größenzunahmen der landwirtschaftlichen Betriebe sind nur selten mit einem Zuwachs an Arbeitskapazitäten einhergegangen. Zwar konnten in diversen Bereichen über einen vermehrten Technikeinsatz Routinearbeiten eingespart und auf diese Weise mit einem geringen Arbeitskräfteeinsatz größere Pflanzen- und Tierbestände bewirtschaftet werden. Während Technisierung und Automatisierung in vielen Fällen zu einer deutlichen Arbeitsentlastung geführt haben, sind an anderer Stelle neue Aufgabenfelder hinzugekommen. Deshalb agieren viele Betriebsleiter am Rande der noch zumutbaren arbeitszeitlichen Belastungen und halten sich nur durch einen hohen Grad der Selbstausbeutung über Wasser.

Angesichts erheblicher arbeitszeitlicher Überlastungen beklagen die Landwirte und ihre Verbandsvertreter nicht von ungefähr öffentlich und bei jeder sich bietenden Gelegenheit den hohen bürokratischen Aufwand, der ihnen von verschiedenen Seiten zugemutet würde. Aus der Sicht vieler Landwirte ist der bürokratische Aufwand völlig unnötig und reine Zeitverschwendung. Die Subventionen könne man schließlich auch zahlen, ohne dass man diesen Vorgang mit diversen Antragsformularen unnötig verkompliziert. Der Widerstand gegen bürokratische Aufwendungen erklärt sich jedoch nicht allein aus einer Aversion gegenüber zeitlichen Aufwendungen für Maßnahmen, die man für entbehrlich hält. Schließlich gibt es aus Sicht der Landwirte Dringlicheres zu tun. Hinzu kommt auch die Sorge, dass die Daten dazu verwendet werden könnten, von außen eine Einsicht in innerbetriebliche Prozesse nehmen und damit eine gewisse Kontrolle ausüben zu können. Schließlich, so eine häufig anzutreffende Grundhaltung in der Landwirtschaft, geht es Außenstehende nichts an, was an den Betrieben vor sich geht.

Für Außenstehende handelt es sich bei einem landwirtschaftlichen Betrieb um eine „**Black Box**". Bezüglich der innerbetrieblichen Nährstoffströme und -umsetzungen gilt der Zustand des Nichtwissens allerdings weitgehend auch für das Betriebsmanagement (Sundrum 2019). Wenn vonseiten der Agrarverbände immer wieder darauf hingewiesen wird, dass Landwirte am besten wissen, was im eigenen Betrieb vor sich geht, so ist dieser Aussage im Grundsatz nicht zu widersprechen. Wie sollte auch jemand von außen mehr wissen, als diejenigen, die Teil des Agrarökosystems sind. Diese Aussage täuscht jedoch darüber hinweg, dass auch die meisten Landwirte nur begrenzte Einblicke in die Wirkprozesse und deren Auswirkungen auf die Nutztiere oder auf den Austrag an Schadstoffen in die Umwelt haben. Da sich der Großteil der biologischen Prozesse und deren Auswirkungen der unmittelbaren Inaugenscheinnahme entzieht und damit dem Auge des Betrachters verborgen bleibt, kommt einer umfassenden Datenlage und einer belastbaren Datenauswertung eine zentrale Bedeutung zu. Zwar kann das Management einschätzen, was an Input-Größen in den Betrieb hineingeht und was an Verkaufsprodukten den Betrieb wieder verlässt. Allerdings bleibt der Betriebsleiter weitgehend in Unkenntnis darüber, mit welcher **Effizienz** die Prozesse in den einzelnen Acker- oder Grünlandschlägen sowie im Tierbestand umgesetzt werden und welche Folgewirkungen bei der Lagerung und Anwendung von Produktionsmitteln in Form von Freisetzungen an Schadstoffen in die Umwelt daraus resultieren. Wenn Output- und Input-Größen nur auf der Betriebsebene, wie z. B. bei einer betrieblichen **Hoftorbilanz**, aggregiert werden, und nicht auch in den Subsystemen erfasst werden, können daraus keine validen Aussagen über die **Umweltverträglichkeit** der Produktionsprozesse abgeleitet werden (Machmüller und Sundrum 2016). Wie effizient Nährstoffe innerhalb eines Betriebes umgesetzt werden, entscheidet sich vor allem auf der Ebene der einzelnen Acker- und

Grünlandschläge sowie in der Nutztierhaltung am Grad einer bedarfsorientierten Versorgung der Einzeltiere. Darüber hinaus wird in den verschiedenen **Subsystemen** des Betriebes in Abhängigkeit von diversen Einflussgrößen bestimmt, in welchem Maße die Nährstoffe organisch gebunden werden bzw. in die Umwelt entweichen. Auch zeigt sich nur im spezifischen Kontext, ob mit gezielten Maßnahmen Stoffe daran gehindert werden können, aus dem Betrieb zu emittieren, und ob damit verbundene Teilwirkungen zu einer positiven oder negativen Gesamtwirkung für das Agrarökosystem bzw. für die Umwelt beitragen. Entsprechend bedarf es umfassender Bilanzierungen auf den unterschiedlichen Systemebenen unter Zuhilfenahme datenbasierter Kenn- und Schätzgrößen, um sich Einblicke und eine aussagefähige Datenlage zu verschaffen. Die dabei gewonnenen Kenntnisse liefern nicht nur einen Überblick. Sie sind elementare Voraussetzung, um die innerbetrieblichen Nährstoffflüsse zu lenken und über eine verbesserte **Allokation** der Nährstoffe die Effizienz ihrer Nutzung in den Subsystemen und den Grad des Rezyklierens der Nährstoffe zwischen den Subsystemen zu verbessern. Zugleich können durch die organische Bindung und durch eine effizientere Nutzung der Nährstoffe die Stoffausträge in die Umwelt reduziert werden. Hier zeigt sich, wie ökonomische und ökologische Anforderungen synergistisch miteinander in Abgleich gebracht werden können und eine klassische Win-win-Konstellation vorliegt. Das Potenzial erschließt sich allerdings erst auf der Basis hinreichender Detailkenntnisse der Stoffumsetzungen auf den relevanten Prozessebenen.

Während sich viele Landwirte den Aufwand einer umfassenden Datenakquise und -auswertung ersparen, zahlen sie dafür einen hohen Preis. Mangels fundierter Daten über die innerbetrieblichen Stoffumsetzungen innerhalb und zwischen den Subsystemen, über den Verlauf der Wachstumsprozesse in den Pflanzen- und Tierbeständen und mangels Kenntnisse über die Ressourcenverfügbarkeit in den Dung- und Futterlagerstätten haben sie keine hinreichenden Einblicke in das Verhältnis von Aufwand und Nutzen. Sie erkennen daher nicht, ob und wann auf den relevanten Prozessebenen der Aufwand den Nutzen übersteigt und sich aufgrund abnehmender Grenznutzeneffekte negative Grenzerträge und Grenzgewinne einstellen. Zugleich fehlen die Voraussetzungen, um die Wirkungen von gezielten Maßnahmen, mit denen Verbesserungen intendiert sind, dahingehend zu überprüfen, ob sie sich im spezifischen Kontext bewähren. Eine fehlende oder unzureichende Erfolgskontrolle bei der Umsetzung von Maßnahmen läuft einem effektiven und effizienten Mitteleinsatz zuwider.

Dagegen bieten das Fehlen von Daten bzw. die Beschränkung auf hochaggregierte Daten vielfältige Interpretationsspielräume. Diese können genutzt werden, um kritischen Einwänden zu begegnen und eigene Deutungsmuster beizubehalten, ohne dass es zu einer vertieften Abklärung des zur Debatte stehenden Sachverhaltes kommt. Es gehört zum Menschsein, dass wir permanent darum bemüht sind, uns ein Bild davon zu machen, was uns im näheren und weiteren Umfeld umgibt. Wir benötigen die Weltanschauung, um uns zu orientieren, Ereignisse und Entwicklungen mit einem bestimmten Deutungsmuster einzuordnen, um mit der Komplexität der Abläufe umgehen und in das Chaos der Sinneseindrücke eine gewisse Ordnung bringen zu können. In unserer Weltanschauung drückt sich aus, wie wir Teilaspekte in ein übergeordnetes Ganzes einordnen, wie wir gedankliche (assoziative) Zusammenhänge herstellen und was wir bei der Anschauung eines Teilobjektes für wirklich und wahr erachten. Der Philosoph Liessmann brachte dies wie folgt auf den Punkt:

> „Unsere Weltanschauung bildet den Rahmen dafür, wie wir uns die Welt denken, nach welchen Gesetzmäßigkeiten, nach welchen Gesichtspunkten sie für uns geordnet erscheint, nach welchen Maximen wir unser Erkennen und Handeln in dieser Welt ausrichten (Liessmann 2021, 135 f.)."

Die Tatsache, dass jedes Jahr sehr viele Betriebe aufgeben müssen, weil sie dem vorherrschenden Wettbewerb um Kostenführerschaft nicht mehr gewachsen sind, böte Anlass genug, die bisherige Praxis einer unzureichenden **Buchführung** bezogen auf die Stoffumsätze einer grundlegenden Reflexion zu unterziehen.

9.5 Formen der Komplexitätsreduktion

Genauso wenig, wie der Nutzer von technischen Geräten, wie z. B. eines Autos oder eines Computers, im Detail verstehen muss, wie die Einzelbestandteile miteinander interagieren, um sie für die eigenen Interessen nutzbar zu machen, so wenig muss und kann der Betriebsleiter das komplexe Wirkungsgefüge eines Agrarökosystems in umfassender Detailtiefe verstehen. Agrarökosysteme sind komplexe adaptive Systeme, die aus einem Wirkungsgefüge bestehen, das sich durch die Interaktionen zwischen den diversen biotischen und abiotischen Faktoren herausgebildet hat. Für den Betriebsleiter ist vorrangig, dass das Wirkungsgefüge im Sinne der Zweckbestimmung funktioniert. Die Zweckbestimmung von Agrarökosystemen ist die Sicherung einer dauerfähigen Wertschöpfung durch **Anpassung** der innerbetrieblichen Produktionsprozesse an die Herausforderungen der Außenwelt. Diese sind unter anderem geprägt durch die klimatischen Bedingungen und Veränderungen, vor allem aber durch die Marktbedingungen in Form der Preise, die für die Verkaufsprodukte erlöst und die für Produktionsmittel gezahlt werden müssen. Die Dauerfähigkeit ist langfristig nur über den ökonomischen Erfolg, d. h. über entsprechende Betriebsgewinne, zu realisieren. Allerdings ist eine ökonomische Betrachtungsweise allein nicht hinreichend. Analog zu den evolutiven Prozessen der Anpassung gelingt die Dauerfähigkeit eines Agrarökosystems nicht ohne die Organisation einer hohen Effizienz bei der Nutzung der verfügbaren Ressourcen. Anders als im Fall von natürlichen Ökosystemen organisiert sich ein landwirtschaftliches Betriebssystem jedoch nicht selbst. Der Betriebsleiter ist gefordert, die Produktionsprozesse auf den verschiedenen Ebenen miteinander in Abgleich zu bringen und in die gewünschte Richtung zu lenken. Dabei sind negative Grenznutzeneffekte tunlichst zu vermeiden. Gleichzeitig ist Sorge zu tragen, dass eine Überforderung der Anpassungsfähigkeit der lebenden Systeme vermieden wird, weil die damit einhergehenden Störungen der wirtschaftlichen Existenzsicherung zuwiderlaufen.

Innerhalb des skizzierten Rahmens ist die zentrale Herausforderung des Betriebsmanagements der Umgang mit der **Komplexität**, die das Wirkungsgefüge biologischer Prozesse im jeweiligen Agrarökosystem charakterisiert. **Management** basiert im Wesentlichen auf einer gedanklichen **Reduktion** der Komplexität (Baecker 2014, 89 f.). Ohne Komplexitätsreduktion kommt es zwangsläufig zu einer Informationsüberflutung, die dazu führt, dass die Fülle an möglichen **Informationen** nicht mehr sinnvoll verarbeitet werden kann. Auf der anderen Seite ist Komplexitätsreduktion grundsätzlich mit einem erheblichen Informationsverlust verbunden. Umso mehr stellt sich die Frage nach dem richtigen Maß der Reduktion. Welche Informationen sind erforderlich, welche entbehrlich, was ist das angemessene Verhältnis von Aufwand und Nutzen der Informationsbeschaffung und -verarbeitung? Um hier das richtige Maß zwischen zu wenig und zu viel zu finden, kann man nicht auf allgemeine Verfahrensregeln zurückgreifen. Sowohl das Maß an Komplexität im jeweiligen Wirkungsgefüge als auch die Befähigung zur gedanklichen Durchdringung sind so heterogen, dass pauschale Empfehlungen zwangsläufig zum Scheitern verurteilt sind.

Auch hier bietet die Zweckorientierung die erforderliche Hilfestellung. Mit der Frage „Was soll mit der gedanklichen Durchdringung von Komplexität erreicht werden?" wird die Komplexitätsreduktion als ein Mittel zur Erreichung eines Zieles eingestuft. Das Ziel kann sich darauf beschränken, „lediglich" **verstehen** zu wollen, was für Prozesse sich jenseits des unmittelbar sichtbaren Bereiches abspielen. Wenn jedoch die Prozesse in eine bestimmte Richtung gelenkt werden sollen, kommt zur Neugier eine Notwendigkeit des Verständnisses hinzu. Je mehr die Wechselwirkungen gedanklich nachvollzogen werden können, desto wirksamer und zielgerichteter können sie beeinflusst werden.

Das Spektrum der Möglichkeiten zur Reduktion der Komplexität von Agrarökosystemen ist sehr vielfältig. Sie werden nicht zuletzt von den vorrangigen Zielsetzungen und der jeweiligen fachlichen Perspektive geprägt, welche für die Lösung von Problemen oder die Verbesserung von Produktionsleistungen herangezogen werden sollte. Die Reparatur eines technischen Gerätes legt eine gänzlich andere Herangehensweise nahe als ein diagnostisches Verfahren zur Eingrenzung der Ursachen von Erkrankungen einzelner Nutztiere oder es Tierbestandes. Eine agrarökonomische Herangehensweise unterscheidet sich von solchen, die aus einer acker- und pflanzenbaulichen oder von einer nutztierhalterischen Perspektive aus angegangen wird. Und doch ist das Management gefordert, die diversen Perspektiven miteinander in Abgleich zu bringen. Nachfolgend wird zwischen einer agrarökonomischen und einer agrarökologischen Herangehensweise im Umgang mit komplexen adaptiven Systemen unterschieden und die sich daraus ergebenden Implikationen erörtert.

9.5.1 Agrarökonomische Herangehensweise

Das Diktum der freien Marktwirtschaft gewährt den landwirtschaftlichen Unternehmen nur so lange eine wirtschaftliche Existenzfähigkeit, solange sie sich im Unterbietungswettbewerb gegenüber den Mitkonkurrenten behaupten können. Legt man allein die Zahl der Betriebsaufgaben in den letzten Jahrzehnten zugrunde, ist auch für die noch verbliebenen Betriebe die Chance auf Dauerfähigkeit eher gering. Legt man die bisherigen Entwicklungen zugrunde, erscheint es weniger eine Frage des Ob, als eine Frage, wann die Unternehmen einzelne Betriebszweige oder gar die Bewirtschaftung als Ganzes aufgeben (müssen). Sofern die Ländereien nicht wegen einer Überschuldung verkauft werden müssen, bleiben Landwirte in der Regel im Besitz des Bodens und erhalten Pachtgeld von denjenigen, die sich weiterhin abmühen, den landwirtschaftlichen Nutzflächen einen Gewinn abzutrotzen. Mittlerweile sind fast 60 % der landwirtschaftlichen Nutzflächen in Deutschland Pachtflächen. In vielen Fällen bringt die Rendite des Grundbesitzes höhere Einnahmen als dies über die Bewirtschaftung der Nutzflächen erreicht werden kann.

Die betriebsspezifischen Produktionsziele geben vor, worauf die Aufmerksamkeit des Managements innerbetrieblich gerichtet ist. Die Binnenorientierung nimmt die diesbezüglich relevanten Verfahrensabläufe in den Fokus und sondiert, ob und inwieweit der Ist-Zustand von den erwarteten Kenngrößen abweicht. Von der Bedeutung, die das **Management** dem Grad der beobachteten Abweichungen beimisst, und von den Ressourcen, die innerbetrieblich zur Verfügung stehen, wird abhängig gemacht, ob korrigierende Eingriffe in die Verfahrensabläufe vorgenommen werden. Darüber hinaus kommt das Management nicht umhin, die Entwicklungen im Auge zu behalten, die sich außerhalb des Betriebssystems ereignen. Dies betrifft vor allem Veränderungen im Marktgeschehen bezüglich der Preis- und der Nachfrageentwicklung von Rohwaren und Produktionsmitteln. Je treffsicherer die inner- und außerbetrieblichen Entwicklungen antizipiert werden können, desto eher und gezielter können Maßnahmen auf den Weg gebracht werden, mit denen die Prozesse an die Veränderungen angepasst werden können.

Angesichts begrenzt verfügbarer Ressourcen sieht sich das Management immer wieder mit der Frage konfrontiert, in welchen Bereichen und in welchem Maße diese zielführend eingesetzt und Aktivitäten gebündelt bzw. eingespart werden können. Das Management auf landwirtschaftlichen Betrieben betreibt in erster Linie die Verwaltung von Knappheiten. Folgerichtig muss fortlaufend entschieden werden, welche Anforderungen vorrangig bzw. nachrangig mit den begrenzten Ressourcen zu bedienen sind. Orientierung für die Priorisierung der Dringlichkeiten liefern die eigenen Wertsetzungen und die etablierten Denkmuster bei der Einschätzung von Sachverhalten. Entsprechend erfolgen die Entscheidungen des Managements nach eigenen Maßstäben, d. h., sie sind in hohem Maße selbstreferenziell. Demgegenüber sind von außen an den Betrieb herangetragene Normen (z. B. gesetzliche Mindestanforderungen und definierte

Standards) für die tagtägliche Handlungspraxis eher von untergeordneter Bedeutung. Sie betreffen nur wenige Teilaspekte (z. B. Haltungsbedingungen, Düngungsniveau), die es einzuhalten gilt, zumindest wenn mit unvorhersehbaren Kontrollen und Sanktionen bei Regelüberschreitungen zu rechnen ist. Ansonsten ist das Betriebsmanagement in seinen Entscheidungen weitgehend auf sich und das eigene Urteilsvermögen gestellt, wenn es darum geht, die innerbetrieblichen Abläufe mit den Anforderungen des Wettbewerbes in Einklang zu bringen.

Um sich im Wettbewerb zu behaupten, besteht aus ökonomischer Sicht die **Rationalität** von Entscheidungen darin, die Produktionsleistungen nach Möglichkeit weiter zu steigern und die Produktionskosten zu senken, also den Ressourceneinsatz in Form von Zeit, Geld und sonstige Aufwendungen pro Produkteinheit auf ein Minimum zu reduzieren. Zu den Maßnahmen gehören beispielsweise der Einsatz von Pflanzen und Nutztieren mit dem höchsten genetischen Leistungspotenzial sowie deren Ernährung mit einem hochkonzentrierten Nährstoffangebot. Was für andere Wirtschaftszweige gilt, trifft auch auf die Agrarwirtschaft zu. Die moderne Handlungstheorie ist punktuell:

„Sie nimmt den einzelnen Akt zu einem bestimmten Zeitpunkt als Ergebnis einer individuellen Vorteilskalkulation *als Paradigma menschlichen Handelns"* (Nida-Rümelin 2020, 169 f.).

Die punktuelle Optimierung von Teilaspekten im Sinne der Maximierung des Erwartungswertes der Nutzenfunktion bedeutet jedoch keineswegs, dass sich punktuelle Maßnahmen von allein zu einer vernünftigen Gesamtpraxis zusammenfügen. Schließlich gilt es, nicht nur die Produktionsleistungen und die Kostenminimierung, sondern auch die Funktionsfähigkeit der involvierten Subsysteme und das Verhältnis von Aufwand und Nutzen sowie die unerwünschten Nebenwirkungen zu berücksichtigen. Punktuelle Handlungen sind mit dem Problem der strukturellen Einbettung des einzelnen Aktes in den größeren Kontext der Praxis konfrontiert. Dabei resultiert aus den punktuell optimierenden Aktivitäten nicht zwangsläufig ein stimmiges (kohärentes) Gesamtbild einer strukturell rationalen Praxis. Vielmehr fügt sich **punktuelle Rationalität** sehr häufig nicht zu einer vernünftigen Gesamtpraxis zusammen (Hoischen-Taubner et al. 2021).

Liegen lediglich hochaggregierte Daten (z. B. für den Gesamtbetrieb) zu den monetären Aufwendungen und den Nutzeneffekten vor, bleibt unklar, wie effizient die verschiedenen Ressourcen und Produktionsmittel auf der maßgeblichen Prozessebene (im jeweiligen Teilbereich des Betriebes) und bezogen auf die einzelnen Produktionseinheiten (z. B. einzelne Tiere oder Ackerschläge) eingesetzt werden. In der Regel ist das Verhältnis Kosten und Leistungen bzw. Aufwand und Nutzen zwischen den einzelnen Produktionseinheiten sehr unterschiedlich. Der Durchschnitt verschleiert den Blick auf den Teil der Produktionseinheiten, der erheblich von diesem Durchschnitt abweicht, sodass – wie weiter oben thematisiert wurde – Durchschnittswerte in die Irre führen können. Zudem liegen i. d. R. keine Abschätzungen zum Verlauf der Grenznutzenfunktion der Produktionsprozesse im betrieblichen **Kontext** vor, weil Produktivitätszuwächse, i. d. R. nicht einer spezifischen Aufwandserhöhung zugeordnet werden können. So kann nicht beurteilt werden, ob der zusätzliche Mitteleinsatz möglicherweise bereits über das Optimum hinausgeht. Das Gleiche gilt für die Beurteilung, ob die Strategie der Produktionskostensenkung erfolgreich ist oder an anderen Stellen Lücken reißt, deren Auswirkungen teuer bezahlt werden müssen. Wenn beispielsweise Einsparungen bei der Jungtieraufzucht vorgenommen werden, kann dies weitreichende negative Folgewirkungen in den späteren Lebensabschnitten der Nutztiere in Form von Mehrkosten bzw. Minderleistungen hervorrufen, die das ursprüngliche Einsparpotenzial bei Weitem übersteigen (Blume et al. 2021). Der Fokus auf punktuelle Maßnahmen, mit denen in einem eingegrenzten Bereich eine Wirkung angesteuert wird, bewahrt bei einem komplexen Wirkungsgefüge nicht davor, dass dadurch an anderen Stellen Defizite und Missstände hervorgerufen werden.

Bei einer ökonomisch motivierten Fokussierung auf Leistungssteigerung und Kostenminimierung kann aus dem Blickfeld geraten, dass es bei landwirtschaftlichen Produktionsprozessen nicht allein um eine kostengünstige Erzeugung von Verkaufsprodukten geht. Schließlich bedarf es auch geeigneter Strategien zur Lösung von Problemen, die immer wieder als unerwünschte Neben- und Schadwirkungen der Produktionsprozesse auftreten. Aus agrarökonomischer Perspektive liegt der Schwerpunkt auf technischen Lösungsansätzen (BMEL 2019). Diese reduzieren die Komplexität des Sachverhaltes und der Ursache-Wirkungs-Ketten auf technische Verfahrensabläufe. Auf diese Weise geraten andere Wirkbeziehungen aus dem Blickfeld und bleiben weitgehend unberücksichtigt. Zugleich werden die Verfahrensabläufe gedanklich aus dem Kontext herausgelöst, mit dem diese in Wirklichkeit durch vielfältige Wechselwirkungen eng verknüpft sind. Auch wenn unstrittig ist, dass von technischen Entwicklungen relevante Verbesserungen ausgehen können, haben die zurückliegenden Entwicklungen gezeigt, dass vielen Problembereichen mit Technik und mit punktuell ausgerichteten Maßnahmen nicht beizukommen ist (Settele 2020). Die Gefahr ist groß, dass eine einseitige Fokussierung den Blick auf andere Problembereiche und auf das Gesamtsystem verstellt.

Ungeachtet der beträchtlichen Produktivitätssteigerungen, die in der Vergangenheit erzielt und mit denen die Produktionskosten pro Produkteinheit drastisch gesenkt sowie die Preise in den Verkaufsstätten auf nie dagewesene Niveaus reduziert werden konnten, herrscht in der Primärerzeugung seit Jahren Katerstimmung. Die Kritik an diversen Missständen, die von der Agrarwirtschaft ausgehen, hat in den zurückliegenden Jahren an Schärfe deutlich zugenommen und damit dem Image der Agrarwirtschaft sehr zugesetzt. Aus agrarökonomischer Perspektive kommt in erster Linie dem Ordnungsrecht die Aufgabe zu, ein Mindestmaß an Schutzmaßnahmen sicherzustellen, mit denen den Interessen des Gemeinwohls Rechnung getragen werden soll (Wiss. Beirat 2018). Da gesetzliche Vorgaben auf nationaler oder europäischer Ebene für alle Primärerzeuger gelten, hat das Ordnungsrecht keinen gravierenden Einfluss auf die Prozesse des Marktes. Dies ändert sich allerdings, wenn bei einer vorherrschenden Exportorientierung

in Drittländer durch eine Erhöhung der **Mindestanforderungen** die Wettbewerbsfähigkeit gegenüber der Konkurrenz im Ausland beeinträchtigt wird. Einzelbetriebliche
Maßnahmen, die über die gesetzlichen Mindestanforderungen hinausgehen, rechtfertigen
aus agrarökonomischer Sicht finanzielle Zuwendungen durch den Staat. Allerdings gilt
sowohl für die gesetzlichen Mindestanforderungen sowie für darüberhinausgehende
Anforderungen, dass positive Effekte erwartet werden, ohne dass ein einzelbetrieblicher
Nachweis der erbrachten Leistungen für die Gemeinwohlinteressen vorgelegt werden
muss.

Um den erhöhten gesellschaftlichen Anforderungen im Inland Rechnung zu tragen,
werden vonseiten der Agrarökonomie immer wieder **Markenprogramme** oder Gütesiegel ins Spiel gebracht. Diese zeichnen sich dadurch aus, dass die Erzeuger ein
gegenüber den gesetzlich vorgeschriebenen Mindestanforderungen in einzelnen Teilbereichen ein erhöhtes Niveau einhalten und damit neue Produktionsstandards setzen.
Während in der Vergangenheit viele Versuche gescheitert sind, das Vertrauen der **Verbraucher** in die **Qualität** und Sicherheit der Produkte über Markenartikel und Gütezeichen zu vermitteln (Spiller 2001), waren vor allem zwei Strategien erfolgreich
darin, sich gegen den allgemeinen Trend der Kostenminimierung zu behaupten und
mit erhöhten Produktionsstandards auch höhere Produktpreise zu realisieren. Dabei
handelt es sich zum einen um den Ökolandbau und zum anderen um die Erzeugung von
Eiern in der Boden- und Freilandhaltung. In beiden Fällen sind die Anforderungen an
die Produktionsbedingungen gegenüber dem gesetzlichen Mindestniveau erhöht. Beide
Strategien beschränken sich nicht auf regionale oder nationale Ebene, sondern sind auf
europäischer Ebene angesiedelt. Durch entsprechende Handelsverträge mit Drittländern
entfalten sie ihre Gültigkeit auch über die Grenzen der EU hinweg. Voraussetzung dafür
war, dass auf dem Verordnungswege sichergestellt wurde, dass die Produktionsweise
gesetzlich definiert und die Einhaltung der erhöhten Produktionsstandards regelmäßig
von unabhängigen Institutionen kontrolliert wird. Dies stellt sicher, dass die zu höherpreisigen Produkten verarbeiteten Rohwaren auch tatsächlich aus Betrieben mit höheren
Produktionsstandards stammen und die Verbraucher nicht durch Täuschungsversuche
durch Trittbrettfahrer in die Irre geführt werden. Schließlich soll verhindert werden, dass
Verbraucher das Vertrauen in die erhöhten Standards verlieren.

Produktionsstandards sind eine spezifische Form der Komplexitätsreduktion, die
der Denk- und Herangehensweise der Ökonomie sehr entgegenkommt. Deshalb verwundert es nicht, wenn sich auch in der Agrarwirtschaft die Standardisierung großer
Beliebtheit sowohl vonseiten der Agrarökonomie als auch der Agrarpolitik erfreut und
von diesen intensiv beworben werden (BMEL 2020). In Technik und Wirtschaft entspricht die Standardisierung einer Vereinheitlichung von Bauteilen, Fertigungsver-
fahren, Maßeinheiten, Prozessen, Strukturen, Typen, Gütern oder Dienstleistungen. Mit
Vereinheitlichungen können sowohl Kosten- als auch Wirkungsvorteile erzielt werden.
Die bei einer Vereinheitlichung der Produktionsabläufe im Zusammenhang mit der
Erzeugung von landwirtschaftlichen Rohwaren hervorgerufenen Kostenvorteile wurden
bereits in Kap. 6 ausführlich erörtert. Angesichts gesättigter Märkte, eines abnehmenden

Grenznutzens weiterer Produktivitätssteigerungen sowie des beschädigten Images der Agrarwirtschaft rücken nun die Wirkungspotenziale von Standardisierungen bei der Vermarktung in den Vordergrund agrarökonomischer Strategien. Aus Sicht des Agrarmarketings ist es wichtig,

> „dass die Positionierung im Kern nicht auf die reale, objektiv messbare Seite des Angebotes (Qualitätsprüfungen) und auch nicht auf die Selbstwahrnehmung der Unternehmen zielt, sondern auf die *Bewertung durch die Nachfrager* (Spiller 2001).“

Die Wirksamkeit von Standardisierungen basiert vor allem auf der Wirkung der durch Werbung erzeugten Übertragungseffekte (Spill-over-Effekte). So bezeichnet man im **Marketing** die Übertragung des Images eines Produktes bzw. eines Unternehmens auf ein anderes Produkt bzw. Unternehmen. Zum Beispiel kann das positive Image einer **Marke** auf ein neues Produkt der gleichen Marke übertragen werden.

Übertragungseffekte sind vor allem dann für das Agrarmarketing von großem Interesse, wenn eine **assoziative** Gleichsetzung von erhöhten Produktionsstandards mit einer erhöhten Qualität der Produkte und der Prozesse gelingt und bei den Adressaten die Gleichsetzung von Produktionsstandards mit „**Qualitätsstandards**“ verfängt. Folgt man dieser assoziativen Übertragung, dann werden alle Produkte, bei deren Erzeugung in Teilbereichen höhere Anforderungen an die Produktion gestellt wurden, ein höheres Qualitätsniveau zugesprochen. Da im Ökolandbau die höchsten gesetzlichen Anforderungen an die Produktionsweise gestellt werden, wird diesen Produkten folgerichtig auch der höchste „Qualitätsstandard“ zugesprochen. Auf diese Weise finden auch Produkte, deren Produktionsstandards zwischen den geringsten und den höchsten Anforderungen angesiedelt sind, eine Einordnung. Im Sinne der Übertragungseffekte können auch diese gegenüber der herkömmlichen Ware einen Mehrpreis beanspruchen, der zwischen den Höchst- und den Niedrigpreisen angesiedelt ist. Damit werden auch die Konsumenten bedient, die nicht die hohen Preise für Bioprodukte bezahlen wollen oder können und nicht gänzlich auf einen höheren Qualitätsanspruch verzichten wollen. Die Einteilung von Produkten aus der Schweinehaltung gemäß den Produktionsstandards von zuvor definierten Haltungsformen in Kategorien von 1 (Mindeststandard) bis 4 (analog zum ökologischen Standard) sind ein prominentes Beispiel für Übertragungseffekte durch Standardisierung. Übertragungseffekte finden auch in vielen anderen Bereichen des Verbraucher-, Tier- oder Umweltschutzes statt. Sie greifen immer dann, wenn punktuelle Hervorhebungen und Einzelmaßnahmen eine assoziative Übertragung auf andere qualitative Merkmale induzieren. Obwohl es nicht zu einer Qualitätsprüfung im eigentlichen Sinne kommt, wird bei den Adressaten der Eindruck erweckt, dass ein erhöhtes Niveau in einem Teilbereich auch alle anderen Bereiche einschließt.

Mithilfe der Standardisierung können die Komplexität des Wirkungsgefüges in einem Agrarökosystem sowie die Effekte von Einzelmaßnahmen und ihre Folgewirkungen auf einfache Schemata reduziert werden. Dies erleichtert die Kommunikation zwischen der Angebots- mit der Abnehmerseite. **Standards** bilden die Brücke der Verständigung; sie sind der gemeinsame Nenner, ohne dass es weiterer Erläuterungen über die komplexen Hintergründe im Zusammenhang mit qualitativen Aussagen bedarf. Unterschiedliche Standards erfüllen für den Handel und die Verbraucher gleichermaßen den Zweck einer überschaubaren Produktdifferenzierung, die sich zudem leicht mit entsprechenden Preisunterschieden koppeln lässt. Standardisierungen sind gleichbedeutend mit Pauschalisierungen. Die Tatsache, dass Standardisierungen nicht automatisch dem Zweck der Verbesserung der Lebensbedingungen für die Nutztiere dienlich sind oder Vorteile für die Umwelt oder für andere Gemeingüter bereithalten, ist für das Marketing nachrangig, solange das Vertrauen der Verbraucher nicht enttäuscht wird. Für das Marketing ist nicht maßgeblich, was an tatsächlichen Verbesserungen realisiert wurde, sondern was die Verbraucher denken, was mit erhöhten Standards an Verbesserungen realisiert worden sein könnte.

Anders als bei der Standardisierung technischer Produkte wie Computer oder Autos oder technischer Verfahrensabläufe haben biologische Prozesse immer eine große Vielfalt der Erscheinungsformen und eine große Variationsbreite in den Auswirkungen zur Folge. Folglich ist kein Naturprodukt und auch kein Nahrungsmittel, das auf biologischen Prozessen basiert, wie das andere. Auch wenn Nutztiere in identischen Haltungsformen aufgezogen werden, sind die physiologischen sowie die pathologischen Erscheinungsformen der Nutztiere sehr heterogen. Das Gleiche gilt für das Verhalten der Nutztiere. Standardisierungen haben den Effekt, dass einzelne Aspekte, wie zum Beispiel die Bewegungsfläche von Nutztieren in ihrer Bedeutung für den Schutz der Tiere, herausgehoben werden. Diese Form der Komplexitätsreduktion lässt gleichzeitig alle anderen Aspekte in den Hintergrund treten. Schließlich ist – so der naheliegende Grundgedanke – eine Verbesserung in einem Teilbereich besser als überhaupt keine Verbesserung. Hier greift der vonseiten der Kognitionswissenschaften umfassend erforschte Zusammenhang, dass vom menschlichen Gehirn eine Fokussierung auf einen Teilaspekt immer dadurch bewältigt wird, dass die umgebenden Bereiche aktiv ausgeblendet werden (Roth und Strüber 2014). Selbst wenn ein Anliegen und ein Bemühen bestehen würde, die Hintergründe verstehen und richtig einordnen zu wollen, würde dies für die Betrachter zunächst mehr Fragen aufwerfen als Antworten liefern. Dies gilt erst recht, wenn man nicht über eine hinreichende Expertise verfügt, um eine belastbare Beurteilung vornehmen zu können. Wer hat schon die Zeit, sich der Komplexität von Wechselwirkungen anzunähern, wo doch das Angebot der Komplexitätsreduktion über Standards bereits eine Handhabe liefert, Produkte anhand von ersten Eindrücken, welche die Werbung vermittelt, zu differenzieren.

Die Einteilung von Produkten nach Standards entspricht einer Kategorisierung. **Kategorien** werden gebraucht, um die vielfältigen Eindrücke, welche im Kontext der Wahrnehmung dem Gehirn zugeleitet werden, zu ordnen. In diesem Sinne ist die Kategorienbildung ein fundamentaler Vorgang bei der Interpretation und Bewertung von Wahrnehmungsinhalten. Kategorien sind demzufolge Grundbegriffe des Denkens. Nach Hofstadter und Sander (2018) wird eine Kategorie wie folgt definiert:

„Wir verstehen unter einer Kategorie eine mentale Struktur, die im Lauf der Zeit entsteht, und die in organisierter Form Informationen enthält, auf die, wenn die passenden Umstände gegeben sind, zugegriffen werden kann. Der Akt der Kategorisierung ist die tastende, abgestufte, graduelle Verknüpfung einer Einheit oder einer Situation mit einer im eigenen Bewusstsein vorgegebenen Kategorie."

Die Kategorisierung von Sachverhalten findet folglich im Kopf des Betrachters statt, indem Informationen über Eigenschaften einer Einheit oder Situation bereits vorhandenen mental angelegten Kategorien zugeordnet werden.

Während die Kategorisierung eher den unbewussten, intuitiven oder tradierten Vorgang der Klassenbildung für beliebige Objekte oder Ereignisse der alltäglichen Wahrnehmung bezeichnet, stehen Klassifizierungen bzw. Standardisierungen für die bewusst geplante Ordnung von Wissen im Rahmen einer konkreten Betrachtung nach objektivierbaren, einheitlichen Kriterien. Ein Standard ist folglich eine vergleichsweise einheitliche oder vereinheitlichte Art und Weise, etwas zu beschreiben, was anderen als Richtschnur zum Beispiel bei einer Kaufentscheidung dient. Entsprechend groß ist das Interesse des Marketings, sich die Standardisierung im Rahmen von Werbeaussagen zunutze zu machen, um den Umsatz von höherpreisigen Produkten zu steigern. Dabei ist es von besonderem Interesse herauszufinden, auf welche qualitativen Hinweise Verbraucher besondere ansprechen und wie sich Werbebotschaften auf die Bereitschaft zum Kauf bzw. die Bereitschaft zur Zahlung von Mehrpreisen auswirken. Mithilfe diverser, aus öffentlichen Mitteln geförderten Forschungsvorhaben hat sich die Agrarökonomie daran beteiligt, den Handel darin zu unterstützen, die Vermarktungsstrategien besser auf die Ansprechbarkeit von Verbrauchern und deren Zahlungsbereitschaft beim Angebot von spezifischen Standards auszurichten und mit deren Assoziationen abzugleichen (Grethe 2017). Diese Erkenntnisse haben sich für den **LEH** als sehr hilfreich erwiesen, um den Absatz spezifischer Produktlinien zu steigern und gleichzeitig das Image der Handelsunternehmen zu verbessern.

Anstatt über die Beziehungen zwischen Standards und der Variation von Qualitätsmerkmalen sowie über die Hintergründe von Werbestrategien aufzuklären, fungieren die aus Mitteln der öffentlichen Hand geförderten Untersuchungen des Agrarmarketings als eine Hilfswissenschaft der Agrarwirtschaft. Besonders deutlich wird dies im Zusammenhang mit dem in weiten Bevölkerungskreisen verankerten Tierschutzanliegen; Analogien bestehen jedoch auch im Umgang mit Umweltleistungen. Wie eine umfassende Diskursanalyse aufzeigt, wird die „artgerechte Haltung" von Nutztieren als eine Werbeaussage herangezogen, die auf eine höhere „Qualität der Produkte" hinweist und deshalb einen höheren Preis rechtfertigt (Sauerberg und Wierzbitza 2013). In der Kommunikation mit dem Verbraucher wird die vermeintliche Höherwertigkeit der Produkte durch höhere Haltungsstandard nicht als ein Vorteil für die Lebensqualität der Nutztiere dargestellt, sondern im Sinne eines qualitativ höherwertigen Produktes, das durch einen höheren Haltungsstandard veredelt wird. Auf diese Weise kann der Verbraucher der Vorstellung anhängen, ein vermeintlich „gesünderes Nahrungsmittel" für sich zu erwerben

und gleichzeitig sein Gewissen im Hinblick auf die Tierschutzproblematik zu entlasten. Gemäß den genannten Autoren wird vonseiten der Agrarwirtschaft nach außen
propagiert, dass „glückliche Tiere" eine höherwertige Nahrung für den Menschen
abgeben. Die tatsächliche Relevanz von Haltungsstandards für das Wohlergehen der
Tiere tritt dabei völlig in den Hintergrund.

Es wird übersehen, dass unterschiedliche Haltungsformen, die mit unterschiedlichen „Tierwohlstandards" gleichgesetzt werden, keinen unmittelbaren Bezug zum
Wohlergehen der Nutztiere haben. Durch die Standards wird lediglich sichergestellt,
dass Schäden, die von Haltungsbedingungen unterhalb der Mindeststandards ausgehen können, vermieden werden. Haltungsformen sind einerseits ein Produktionsmittel für die Primärerzeugung und andererseits ein Mittel des Agrarmarketing zum
Zweck der Komplexitätsreduktion, der Kategorisierung und der Kommunikation mit
den Verbrauchern. In beiden Fällen kommt es nicht zu einer Überprüfung, ob die den
Haltungsformen zugesprochenen Wirkungen bei den Nutztieren in der landwirtschaftlichen Praxis auch tatsächlich hervorgerufen werden. Zwar bieten erweiterte Bewegungsflächen den Tieren mehr Möglichkeiten, ihr arteigenes Verhalten auszuüben. Ob diese
Möglichkeit sich in relevanter Weise in erweiterten Verhaltensaktivitäten niederschlägt,
bleibt jedoch ungeprüft. Insbesondere erkrankte Tiere dürften von den erweiterten Ver-
haltensmöglichkeiten nur bedingt Gebrauch machen. Ungeprüft bleibt auch, ob mit
höheren Haltungsstandards ein erhöhter Schutz der Tiere vor Schmerzen, Leiden und
Schäden einhergeht. Diverse Übersichtsarbeiten zeigen, dass die mit den höchsten
Haltungsstandards ausgewiesene ökologische Nutztierhaltung sowohl in der Milch-
vieh-, Mastrinder-, Schweine- und Geflügelhaltung im Durchschnitt die gleiche Häufung
an Produktionskrankheiten aufweist wie herkömmlich gehaltene Tiere (Åkerfeldt et al.
2021). Damit erweist sich die Assoziation zwischen Haltungsformen und verminderten
Erkrankungsraten als essenzielle Voraussetzung für das Wohlergehen der Tiere als eine
Illusion. Kranksein und **Wohlergehen** schließen einander aus, wenngleich das Freisein
von Erkrankungen nur eine notwendige und nicht hinreichende Voraussetzung für Wohlergehen ist.

Auch wenn Vertreter der Agrarökonomie wiederholt auf die umfangreiche Beweislage
aufmerksam gemacht wurden, die aus wissenschaftlicher Perspektive eine Gleichsetzung
von Haltungsstandards mit „Tierwohlstandards" als nicht belastbar zurückweist, weigern
sich die Vertreter, ihre öffentlichkeitswirksam geäußerten Positionen zu revidieren. Die
oft beschworene Selbstkorrektur der **Wissenschaft** ist auf die jeweilige Fachdisziplin
beschränkt und kommt in den Agrarwissenschaften fachdisziplinübergreifend selten
zum Zuge. Die zahlreichen Übersichtsstudien, die über die Zusammenhänge zwischen
Haltungsbedingungen und dem Freisein von Erkrankungen veröffentlicht wurden, unterstreichen die Komplexität der Wirkbeziehungen. **Tierschutzleistungen** (s. Abschn. 5.5)
sind eine Gesamtleistung des Betriebsmanagements, die nicht auf einzelne Faktoren
reduziert werden kann, ohne einen induktiven Fehlschluss zu begehen. Die vom Agrarmarketing ins Spiel gebrachten „**Qualitätsstandards**", mit denen ein höheres Qualitätsniveau beworben und höhere Marktpreise gerechtfertigt werden, entpuppen sich in erster

Linie als eine virtuelle Vorstellung von Qualität, die in den Köpfen der Verbraucher eine Resonanz hervorrufen solle, ohne einen hinreichenden Bezug zur Realität aufzuweisen. Auch führen Standardisierungen im Kontext landwirtschaftlicher Produktionsprozesse weder zu einer Vereinheitlichung der Produkte, wie dies bei industriell erzeugten Produkten der Fall ist, noch zu einheitlichen Auswirkungen auf die Produktionsprozesse.

Es dürfte vor allem dem Verzicht auf **externe Validierungen** zuzuschreiben sein, der für die Agrarwissenschaften charakteristisch ist (s. Abschn. 8.5), der den Weg dafür bereitet hat, dass man auch bei den Produktionsstandards auf die Überprüfung der Wirksamkeit im betrieblichen Kontext glaubt verzichten zu können. Wer sollte eine externe Validierung auch durchführen, wenn die Agrarwissenschaftler, die mit ihrem methodischen Werkzeugkasten dazu am ehesten befähigt wären, selbst kein grundlegendes Interesse an einer externen Validierung ihrer eigenen Erkenntnisse erkennen lassen. Wie in Kap. 7 dargelegt, ist auch von anderen involvierten Interessensgruppen kein grundlegendes Interesse an einer externen Validierung zu erwarten. Schließlich könnte dies zur Folge haben, dass man die bisherigen in der Öffentlichkeit vertretenen Positionen einer Revision unterziehen müsste.

Noch etwas bleibt im Zusammenhang mit den Standardisierungen von Produkten und Produktionsprozessen über die Festlegung von Mindestanforderungen in Bezug auf einzelne Teilaspekte weitgehend unverändert. Während der Handel mit Produkten, die unterschiedlichen Standards zugeteilt werden, auch unterschiedliche Marktpreise generieren kann, von denen sie nur einen Bruchteil an die Primärerzeuger weiterreichen, bleibt der Wettbewerb um die Kostenführerschaft bestehen. Erhöhte Mindestanforderungen fungieren genauso als Norm, wie die gesetzlichen Mindestanforderungen. An das erhöhte Normniveau müssen sich alle Betriebe halten, die ihre Produkte unter einem entsprechenden Label verkaufen wollen. Gleichzeitig sind sie genötigt, auch die erhöhte Mindestnorm so kostengünstig wie möglich zu realisieren, um gegenüber den Mitbewerbern im gehobenen Segment konkurrenzfähig zu sein. Dies hat zur Folge, dass auch weiterhin alle Maßnahmen, mit denen eine Verbesserung des Schutzes von Gemeingütern erzielt werden könnten, unter Kostenvorbehalt stehen. Standardisierungen mittels erhöhter Mindestanforderungen lösen folglich nicht die Probleme, denen die Landwirte bei ihren Bemühungen um die Sicherung der wirtschaftlichen Existenz gegenüberstehen.

Das Bestreben des **LEH**, erhöhte Haltungsstandards als eine qualitativ höhere Stufe des „**Tierwohls**" zu verkaufen, entspricht einer Behauptung ohne Evidenz. Die Verbraucher, die von höheren Produktionsstandards eine höhere qualitative Leistung erwarten und dies mit einer höheren Zahlungsbereitschaft unterstreichen, werden hinsichtlich dieser Erwartungen getäuscht. Diejenigen, die mit der Propagierung erhöhter Produktionsstandards vorgeben, einen Beitrag zur Erfüllung von Gemeinwohlinteressen zu leisten, bleiben nicht nur den Nachweis einer relevanten Wirkung im Kontext der jeweiligen landwirtschaftlichen Betriebe schuldig. Indem so getan wird, als ob sich an den Bedingungen in der landwirtschaftlichen Praxis etwas Grundlegendes verändern würde, wenn sich ein Teil der Betriebe freiwillig höheren Produktionsstandards verschreibt, nimmt dies den Handlungsdruck von den übrigen Betrieben. Gleichzeitig

geraten die von diesen Betrieben verursachten unerwünschten Neben- und Schadwirkungen der Produktionsprozesse aus dem Blickfeld. Das Gleiche gilt für das
Verursacherprinzip. Stattdessen wird der „Schwarze Peter" der Verantwortung den Verbrauchern zugeschoben. Schließlich liegt es jetzt vermeintlich in ihren Händen und an
ihrem Nachfrageverhalten, ob sich in Zukunft an dem Anteil der Betriebe mit erhöhten
Produktionsstandards etwas ändert. Bis dahin können die landwirtschaftlichen Betriebe
in ihren nachweislich die Gemeinwohlinteressen schädigenden Produktionsprozessen
fortfahren. Sie können diese ggf. auch weiter ausbauen, wenn es der Unterbietungswettbewerb erfordert, der mit der Exportorientierung untrennbar verbunden ist. Auf diese
Weise schreiben die Protagonisten einer komplexitätsreduzierenden Standardisierung die
Leidensgeschichte der Nutztiere, die Schädigungen natürlicher Ökosysteme sowie die
Freisetzung von Schadstoffen in die Umwelt für unbestimmte Zeiträume fort.

9.5.2 Agrarökologische Herangehensweise

Autopoietische Systeme sind funktional darauf ausgerichtet, möglichst lange zu
überdauern. Um dieses Ziel zu erreichen, haben sich in der evolutiven Entwicklung
lebender Systeme komplexe Wirkungsgefüge herausgebildet. Diese fördern nicht nur
die Funktionsfähigkeit der Prozesse im Systeminneren, sondern auch die **Befähigung
zur Anpassung** an Veränderungen, mit denen lebende Systeme fortlaufend konfrontiert
werden. Bereits die Prozesse in einer lebenden Zelle als autopoietisches System
erster Ordnung sind hochkomplex. Sie sind nur nachzuvollziehen, wenn man sie als
einen zielgerichteten Beitrag zum Selbsterhalt der Zelle einstuft. Das Gleiche gilt für
den lebenden Organismus (autopoietisches System zweiter Ordnung), dessen Zell-
aggregationen in den Geweben und Organen und deren Beziehungsgeflecht untereinander sich evolutiv herausgebildet haben, um sich erhalten und reproduzieren
sowie möglichst effizient an die jeweils gegebenen Habitate anpassen zu können. Die
Anpassung erfolgt einerseits über morphologische und physiologische Modifikationen in
der Phylogenese sowie bei der Heranbildung des adulten Organismus in der Ontogenese.
Auch bei bereits ausgebildeten Gewebestrukturen verlaufen fortwährend Anpassungsprozesse, welche den Organismus kurz-, mittel- und langfristig in die Lage versetzen, auf
Veränderungen in der Innen- und Außenwelt zu reagieren.

In **Analogie** zu den Anpassungsprozessen von autopoietischen Systemen erster und
zweiter Ordnung liegt es nahe, ein **Ökosystem** als ein autopoietisches System
dritter Ordnung zu begreifen. Wie in einem Organismus sind die einzelnen **Subsysteme**
Teil eines engen Wirkungsgeflechtes, bei dem das aufeinander abgestimmte Zusammenwirken der Teile die Erscheinungsformen des Ganzen prägt. Die Wirkbeziehungen
zwischen den Subsystemen folgen eingespielten Pfaden, die sich in der Evolution
bewährt haben. Die Effizienz bei der Umsetzung von Stoffen fungiert dabei als ein
maßgebliches Selektionskriterium innerhalb und zwischen den Arten, die in einem
Ökosystem um die begrenzt verfügbaren Ressourcen konkurrieren. Anders als in natür-

lichen Ökosystemen erfolgen die Anpassungen eines Agrarökosystems an Veränderungen innerhalb und außerhalb der Systemgrenzen nicht über evolutiv optimierte Prozesse der Selbstorganisation. In Agrarökosystemen sind Menschen Teil des Systems. Die Betriebsleitung und andere in die Entscheidungs- und Umsetzungsprozesse involvierten Personen haben eine maßgebliche Steuerungsfunktion inne, mit der sie über Erfolg oder Scheitern der Anpassungsbemühungen mitentscheiden. Ohne verschiedene Formen der Komplexitätsreduktion ist diese Herausforderung nicht zu meistern.

Aus agrarökologischer Perspektive geht es zunächst einmal darum, für alle Akteure das Blickfeld durch die Einbeziehung zusätzlicher Perspektiven zu erweitern. Neben der vorherrschenden agrarökonomischen Perspektive mit ihrer Fokussierung auf monetäre Kenngrößen gehört hierzu auch die Perspektive der Technikwissenschaften (s. Abschn. 8.5) und die Nutzbarmachung technischer Entwicklungen für landwirtschaftliche Produktionsprozesse. Technische Geräte können subjektiv gesehen als recht kompliziert erscheinen, wenn man nicht über das Wissen verfügt, die Prozesse zu verstehen, die der Funktion des Gerätes zugrunde liegen. Demgegenüber sind die Prozesse für Experten in der Regel gut nachvollbar. Technische Geräte sind daher nicht komplex, auch dann nicht, wenn sich die Zusammenhänge dem Betrachter nicht unmittelbar erschließen; sie sind für Laien allenfalls kompliziert. Subjektiv erscheint etwas als kompliziert, wenn man es nicht durchschaut. Folglich hängt es von der Kompetenz und den zur Verfügung stehenden Ressourcen an Zeit und Geld ab, inwieweit sich komplizierte Verfahrensabläufe nachvollziehen und komplizierte Aufgaben lösen lassen. Im Fall von lebenden Systemen entsteht aus der Wechselwirkung der Teilsysteme und in Verbindung mit zusätzlichen Einflussgrößen Komplexität. Wirkungen sind eher selten auf eindeutige oder einzelne Ursachen zurückzuführen; Effekte verändern sich nicht linear. Vielmehr gehören unvorhergesehene Entwicklungen zu den kennzeichnenden Elementen komplexer Systeme. Entsprechend sind die komplexen Sachverhalte für einfache Lösungen nur bedingt zugänglich.

Technische Prozesse besitzen gegenüber komplexen Sachverhalten den Vorteil, dass sie hinsichtlich der Funktionsfähigkeit leicht zu interpretieren sind. Auch wenn sich aufgrund der Kompliziertheit das Innere eines technischen Gerätes für die meisten Nutzer nicht erschließt, so vermag der Nutzer doch zu beurteilen, ob das Gerät funktioniert oder nicht. Störungen sind Ausdruck einer Beeinträchtigung der Funktionsfähigkeit eines Systems. Wenn ein technisches Gerät wie ein Computer oder ein Traktor eine Funktionsstörung aufweist, ist die Nutzbarmachung für den intendierten Zweck eingeschränkt oder verunmöglicht. Die Ursachen für Funktionsstörungen werden in der Regel zuerst bei der Technik selbst verortet und nicht einem Bedienungsfehler zugesprochen, der in der Verantwortung des Anwenders läge. Lässt sich die Störung nicht durch den Anwender selbst beheben, wird jemand hinzugezogen, der sich damit besser auskennt. In Abhängigkeit vom Ausmaß der Störungen wird entweder eine Reparatur oder ein Austausch des technischen Gerätes durch eine Neuanschaffung erwogen. Der Auftrag zur Reparatur wird in der Regel nur erteilt, wenn die Reparaturkosten günstiger erscheinen als die Anschaffung eines neuen Gerätes. Gegenüber einem Altgerät lässt ein Neugerät darüber hinaus einen Zugewinn an technischem Fortschritt erwarten. Da die technischen Geräte in der Regel unverzichtbar für die Aufrechterhaltung landwirtschaftlicher Produktionsprozesse sind, steht bei Störungen die Wiederherstellung der Funktionsfähigkeit technischer Geräte selten infrage.

Bei biologischen Systemen, d. h. komplexen autopoietischen und adaptiven Systemen, verhält sich dies grundlegend anders. Die Beurteilung von Beeinträchtigungen der Funktionsfähigkeit von lebenden Systemen folgt nicht anhand einer binären Einordnung: funktioniert oder funktioniert nicht. Beeinträchtigungen von biologischen Systemen rangieren auf einer Skala von sehr geringfügig bis hochgradig. Bereits das Erkennen von biologischen Funktionsstörungen erfordert einen gewissen Aufwand und eine fachliche Kompetenz; schließlich sind hier keine Kontroll- oder Warnlichtlämpchen vorhanden, die Störungen anzeigen. Anders als technische Geräte verfügen lebende Systeme über ein gewisses Maß an Regenerationsfähigkeit. Diese ist Teil der Anpassungsfähigkeit lebender Systeme. Während der Organismus grundsätzlich darum bemüht ist, das Auftreten von gravierenden Störungen durch Anpassungsprozesse zu vermeiden, können Organismen auf ein Repertoire an Selbstheilungsprozessen zurückgreifen, mit bereits eingetretenen Störungen umzugehen, die Überlebensfähigkeit des Organismus soweit möglich zu erhalten. In Abhängigkeit vom Schweregrad der Störungen kann sogar der ursprüngliche Funktionszustand vollständig wiederhergestellt werden kann *(Restitutio ad integrum)*. Allerdings sind dafür vielfältige Voraussetzungen erforderlich. Hierzu gehört, dass die Störungsursachen beseitigt werden. Da dies in landwirtschaftlichen Betrieben häufig nicht im erforderlichen Maße der Fall ist, sind Selbstheilungsprozesse häufig nicht erfolgreich, sondern mit mehr oder weniger ausgeprägten subklinischen oder klinischen Erkrankungen verbunden. In diesem Sinne sind Störungen bei Nutztieren Ausdruck einer Überforderung der Anpassungs- und Regenerationsfähigkeit der Tiere an die gegebenen Lebensbedingungen (Sundrum 2015). Dadurch werden zwar die Lebenskräfte eingeschränkt, jedoch nicht zwangsläufig in dem Maße, dass von den Nutztieren keine Produktionsleistungen mehr erbracht werden können.

Für das **Management** eines Agrarökosystems ist es nicht notwendigerweise erforderlich, die physiologischen und pathologischen Prozesse, die sich in lebenden Organismen wie Nutzpflanzen und Nutztieren ereignen, im Detail zu kennen und nachzuvollziehen. Allerdings wäre es hilfreich, wenn Symptome, die auf Störungen hinweisen, frühzeitig erkannt und zum Anlass genommen würden, unter Hinziehung von fachlicher Expertise den Ursachen der Störungen auf den Grund zu gehen. Sobald diese im Rahmen diagnostischer Untersuchungen ermittelt wurden, wäre es für die Wiederherstellung der Funktionsfähigkeit zielführend, die Ursachen der Störungen zu beseitigen und Lebensbedingungen zu schaffen, welche die Organismen in ihrer Regenerationsfähigkeit unterstützen. Jedoch bestehen zwischen landwirtschaftlichen Betrieben beträchtliche Unterschiede im Umgang mit Störungen bei lebenden Organismen. Die Hintergründe sind vielfältig und vielschichtig, und damit für Außenstehende selten unmittelbar nachvollziehbar. Im Zusammenhang mit Störungen bei Nutztieren dürfte von Bedeutung sein, ob die Nutztiere in erster Linie als Produktionsmittel (**Mittel zum Zweck** einer monetären Wertschöpfung) angesehen werden, oder aber auch als Lebewesen, die den Selbstzweck der Sicherung der Überlebensfähigkeit in sich tragen. Zwischen diesen Eckpfeilern der Betrachtungsweise bestehen fließende Übergänge sowie eine große Variationsbreite hinsichtlich der damit einhergehenden Folgewirkungen.

Bei einer agrarökonomischen Betrachtung von Nutztieren als Produktionsmittel steht im Vordergrund, dass Funktionsstörungen bei Nutztieren mit ökonomischen Verlusten (**Verlustkosten**) in Form von Produktivitätseinbußen durch Minderleistungen und Mehraufwendungen verbunden sind. Das Ausmaß der Störungen wird aus der Perspektive des Managements, d. h. aus einer anthropozentrischen Sicht, im Hinblick auf die ökonomische Relevanz für den Betriebsgewinn beurteilt. Dem steht eine agrarökologische Sichtweise gegenüber, welche die auftretenden Störungen als eine Gefährdung der Funktions- und Überlebensfähigkeit der betroffenen Organismen begreift, die aus gestörten Wechselbeziehungen mit den vom Management zu verantwortenden Lebensbedingungen resultieren. Anlass zur Beseitigung von Störungen und zur Förderung der Regenerationsfähigkeit besteht aus den intrinsischen Bestrebungen des Selbsterhalts und aus der Notwendigkeit von Anpassungen, um die Störanfälligkeiten zu reduzieren.

Während Funktionsstörungen bei technischen Geräten in der Regel Anlass geben, diese zeitnah zu beseitigten bzw. defekte Geräte auszutauschen, werden Störungen, die bei Nutztieren auftreten, nicht immer und häufig erst zeitversetzt behoben. Das heißt, Gesundheitsstörungen bei Nutztieren haben im Aufgabenspektrum des Managements keinen absoluten Vorrang. Dies dürfte auch damit zusammenhängen, dass Nutztiere trotz Erkrankungen noch Produktionsleistungen erbringen. Beispielsweise wird bei Gesundheitsstörungen, wie Lungenentzündungen bei Masttieren oder Gliedmaßenerkrankungen bei Milchkühen, der Fleischansatz bzw. der Milchbildungsprozess nicht unmittelbar beeinträchtigt oder nur geringfügig reduziert. Aus ökonomischer Perspektive stellt sich die Frage, ob der Aufwand für die Wiederherstellung eines unbeeinträchtigten Gesundheitszustandes den Aufwand lohnt, der damit verbunden ist. Zudem besteht die Hoffnung, dass die den Nutztieren innewohnenden Selbstheilungskräfte die kostengünstigere Alternative gegenüber der Hinzuziehung tierärztlicher Expertise und umfassender Behandlungsmaßnahmen darstellen. Gegebenenfalls werden vermeintlich kostengünstigere Versuche der Selbstmedikation vorgenommen. Wenn diese nicht von Erfolg gekrönt sind, bleibt am Ende immer noch die Option, das Nutztier zu schlachten und durch ein anderes Tier mit einem vermeintlich höheren genetischen Leistungspotenzial zu ersetzen. Eine große Unbekannte ist der Aufwand, der für die Verbesserung der Lebensbedingungen der Nutztiere betrieben werden müsste, um gesundheitlichen Störungen und Produktionskrankheiten vorzubeugen.

In der Theorie lassen sich Kosten und Leistungen rechnerisch leicht miteinander in Abgleich bringen. Die Schwierigkeit besteht jedoch darin, den Aufwand und den Nutzen exakt zu quantifizieren und die funktionale Beziehung zwischen beiden Kenngrößen unter Berücksichtigung des abnehmenden Grenznutzens im jeweiligen betrieblichen Kontext richtig einschätzen bzw. vorhersagen zu können. Die Schwierigkeiten sind nicht zuletzt der Komplexität der Prozesse in Agrarökosystemen geschuldet. Anders als bei technischen Geräten, bei denen sich aufgrund der physikalischen Gesetzmäßigkeiten die Wirkbeziehungen deutlich einfacher erschließen, sind die Wechselbeziehungen zwischen den Nutztieren und den jeweiligen Lebensbedingungen gedanklich nur eingeschränkt zu durchdringen. Entsprechend schwierig gestalten sich die Entscheidungen des Managements im Umgang mit Störungen. Dies gilt umso mehr, wenn die Verantwortlichen sich die Mühe ersparen wollen, Abwägungen zwischen Aufwand und Nutzen durch umfassende diagnostische Maßnahmen, Schwachstellenanalysen und ökonomische Berechnungen auf eine gute Datengrundlage zu stellen. Aus psychologischer Sicht kommt erschwerend hinzu, dass die Verantwortlichen eigentlich gefordert wären, sich fortlaufend einer selbstkritischen Analyse hinsichtlich ihrer Mitverantwortung an den Gesundheitsstörungen der Nutztiere zu stellen. Schließlich sind die primären Ursachen von Produktionskrankheiten hausgemacht. Sie entstehen, wenn das Management den Nutztieren nicht das an Ressourcen und an Schutz zur Verfügung stellt, was diese benötigen, um sich erfolgreich anpassen zu können. Für viele Nutztierhalter ist es naheliegender, die Nutztiere mit ihrem spezifischen Genom selbst als Schwachstelle zu deklarieren und darauf zu bauen, dass es durch züchterische Maßnahmen gelingen könnte, das Ausmaß an Gesundheitsstörungen bei Nutztieren zumindest langfristig zu verringern.

Die Begrenzungen in der Verfügbarkeit von zeitlichen und monetären Ressourcen im Umgang mit Störungen, die in Agrarökosystemen an den unterschiedlichsten Stellen auf den verschiedenen Prozessebenen immer wieder auftreten, lassen erkennen, in welchem Dilemma sich viele Verantwortliche befinden. Würden sie den Vorgaben des Tierschutzgesetzes konsequent folgen, dann wären Schmerzen, Leiden und Schäden bei Nutztieren auf ein Minimum zu reduzieren. Schließlich handelt es sich bei jedem einzelnen Tier um ein leidensfähiges Lebewesen. Ohne „vernünftigen Grund" dürfen ihnen keine Belastungen und Beeinträchtigungen zugemutet werden. Die EU-Verordnung zur ökologischen Landwirtschaft schreibt sogar vor, dass jedes erkrankte Tier sobald wie möglich einer Behandlung zugeführt und ggf. von den gesunden Tieren separiert werden muss. Allerdings wird diese gesetzliche Vorgabe nicht konsequent kontrolliert und in der landwirtschaftlichen Praxis selten angemessen umgesetzt (Keller et al. 2019). Auf der anderen Seite würde eine konsequente Umsetzung des Leitgedankens des Tierschutzgesetzes den wirtschaftlichen Rahmen sprengen, den die Marktpreise vorgeben. Würde jedes Nutztier bei Anzeichen einer Störung einer tierärztlichen Untersuchung unterzogen, die primären Ursachen identifiziert und beseitigt sowie eine Erfolgskontrolle durchgeführt, würde dies den Betriebsgewinn beeinträchtigen. Die Vorstellung, dass die Betriebe im Wettbewerb um die Kostenführerschaft ihr Betriebssystem so organisieren könnten, dass es erst gar nicht zu einem erhöhten Auftreten von Produktionskrankheiten kommt, geht weit an den realen Verhältnissen vorbei.

Erhebungen zum Niveau der Produktionskrankheiten in der deutschen Milchviehhaltung zeigen das Ausmaß des Scheiterns vieler Betriebe an den Bemühungen, die gesundheitlichen Störungen bei den Milchkühen auf ein vertretbares Maß zu reduzieren (Hoedemaker et al. 2020). Nicht anders verhält es sich bezüglich der Produktionskrankheiten auf vielen ökologisch wirtschaftenden Milchviehbetrieben (Krieger et al. 2017b). Aufgrund der selbst formulierten Ansprüche und der höheren Marktpreise für ökologisch erzeugte Milch hätte man hier erhöhte Tiergesundheitsleistungen erwarten können. Da Störungen kontextspezifisch sind, können sie in der Regel nicht durch erhöhte Mindestanforderungen in Teilaspekten adressiert werden, sondern müssen im Kontext des Gesamtsystems eines Agrarökosystems untersucht und einer Lösung zugeführt werden. Die Agrarwissenschaften vermögen hier wenig zur Problemlösung beizutragen. Das von ihr generierte **Verfügungswissen** ist weitgehend kontextinvariant und muss erst auf die jeweiligen betrieblichen Verhältnisse übertragen werden. Folglich wird zusätzliche fachliche Expertise benötigt, die in der Lage ist, aus dem unermesslichen Reichtum an Verfügungswissen diejenigen Erkenntnisse herauszufiltern, die für die betriebsspezifischen Probleme relevant sein könnten. Erst unter diesen Voraussetzungen könnten Hypothesen über möglichst effektive und effiziente Verbesserungsmaßnahmen abgeleitet werden (Krieger et al. 2017a). Gesundheitliche Störungen sind das Resultat der Interaktionen zwischen den Einzeltieren und den jeweiligen Lebensbedingungen. Die einzelnen Tiere sind daher das maßgebende **Bezugssystem** für Verbesserungen. Um Störungen zu reduzieren, müsste den Einzeltieren in ihrer jeweiligen tierindividuellen Leistungs-, Bedarfs- und Bedürfnissituation in einem deutlich höheren Maße als bisher entsprochen werden. Dies liefe nicht nur einer Simplifizierung und Komplexitätsreduktion von Managementmaßnahmen zuwider, sondern würde weitere Ressourcen erfordern, die in den auf Kostensenkung getrimmten Betriebsstrukturen kaum noch zur Verfügung stehen. Darüber hinaus wären zusätzliche Aufwendungen erforderlich, um den Erfolg von zielgerichteten Maßnahmen im betriebsspezifischen Kontext zu überprüfen, um daraus weitere Schlussfolgerungen und Handlungsnotwendigkeiten ableiten zu können.

Produktionskrankheiten harren nicht erst in der gegenwärtigen Marktsituation, sondern bereits seit Jahrzehnten einer grundlegenden Verbesserung. Trotz der erheblich angewachsenen Erkenntnisse in der Veterinärmedizin und in den Agrarwissenschaften zu den Hintergründen ihrer Entstehung haben sich ihre Prävalenzen nicht verringert. Im Zuge weiter ansteigender Intensivierungsprozesse sind die Ausmaße an Todesfällen und erkrankungsbedingten Abgängen weiter angestiegen (Compton et al. 2017). Legt man die Ergebnisse zahlreicher wissenschaftlicher Arbeiten zugrunde, so bestehen keine grundlegenden Zweifel, dass Produktionskrankheiten nicht das **Problem** einzelner Betriebe, sondern die Folge der Intensivierungsprozesse in der Nutztierhaltung sind. Dennoch werden die Störungen von interessierter Seite auch weiterhin nicht als systemimmanentes Problem des Agrarwirtschaftssystems wahrgenommen und anerkannt. Wie in Kap. 7 umfassend reflektiert wurde, haben sich weder die weiterverarbeitende Industrie (u. a. Schlachthöfe, Molkereien) noch der Handel oder diverse NGOs einschließlich des Deutschen Tierschutzbundes dafür interessiert, dass unter den gegebenen Bedingungen auf vielen landwirtschaftlichen Betrieben das Management den Herausforderungen hinsichtlich der Organisation eines weitgehend störungsfreien Systems nicht gewachsen ist. Das hohe Niveau an Todesfällen und Produktionskrankheiten zeigt nicht nur die Überforderung der Anpassungsfähigkeit der Nutztiere an die

suboptimalen Lebensbedingungen und den unzureichenden Schutz, den die Nutztierhalter bieten. Zugleich wird die Überforderung der landwirtschaftlichen Betriebe
sichtbar, sich den Markbedingungen erfolgreich anzupassen. Damit ist es das Wirtschaftssystem der „freien", auf Kostenführerschaft ausgerichteten Marktwirtschaft selbst,
das die Betriebe damit überfordert, tierschutzrelevante Störungen zu vermeiden.

Was am Beispiel der Produktionskrankheiten von Nutztieren hinsichtlich der
Konfliktfelder zwischen Partikular- und Gemeinwohlinteressen in der Agrarwirtschaft
erörtert wurde, gilt auch für andere Problembereiche. Hierzu gehören unter anderem
die Kontamination von pflanzlichen und tierischen Produkten mit pathologischen sowie
mit antibiotikaresistenten Keimen, die den Verbraucherschutz betreffen. Im pflanzbau-
lichen Bereich sind insbesondere die Maßnahmen des Pflanzenschutzes und der Einsatz und damit der Austrag von Pestiziden relevant. Da es sich bei Agrarökosystemen
um offene Systeme handelt, bleiben Störungen nicht auf die innerbetrieblichen Bereiche
beschränkt. Mit ihren Austrägen von Abfall- und Schadstoffen in die Umwelt sind die
Bewirtschafter von Agrarökosystemen Verursacher beträchtlicher Schadwirkungen
(s. Kap. 6), ohne dass sie bislang dafür belangt werden. Den externen Effekten der
Agrarwirtschaft könnte am ehesten dadurch begegnet werden, dass der durch die
Produktionsprozesse verursachte Austrag an Abfall- und Schadstoffen in Relation zu
den Verkaufsprodukten auf ein Minimum begrenzt wird. Anstatt dem Verursacherprinzip
Geltung zu verschaffen, wird von staatlicher Seite lediglich auf die Einhaltung gesetz-
licher Mindestanforderungen gedrungen. Dies geschieht ungeachtet der wissenschaftlichen Erkenntnisse, dass die vielen Milliarden, die bislang vonseiten der Gemeinsamen
Agrarpolitik der Europäischen Union in die Förderung der Nachhaltigkeit ausgegeben
wurden, ihr Ziel grundlegend verfehlt haben (Scown et al. 2020). Auch der europäische
Rechnungshof lässt keine Zweifel an der Einschätzung, dass von den zwischen 2014
und 2020 von der EU gezahlten Agrarsubventionen kein Effekt auf den Schutz der
Umwelt ausgegangen ist, sondern die Emissionen seit vielen Jahren mehr oder weniger
stagnieren. Obwohl sich Mindestanforderungen nachweislich nicht bewährt haben,
wird vonseiten der Agrarpolitik an ihnen festgehalten. Ein Vertreter der internationalen
Gemeinschaft der Wasserwerke, welche sich seit Jahrzehnten um die Qualität des Trink-
wassers sorgen, fand in einem Zeitungsinterview (Deinlein 01.07.2021) für eine derart
gestaltete Agrarpolitik auf nationaler und internationaler Ebene klare Worte:

> „Das ist eine Politik der Realitätsverweigerung, die sich den aktuellen Problemen nicht
> stellt."

Ein Betriebsmanagement, das sich den gesellschaftlichen Anforderungen nach einer
Reduzierung von Schadstoffausträgen aus landwirtschaftlichen Betrieben stellen
möchte, sieht sich ohne eine agrarpolitische Unterstützung mit beträchtlichen Konflikten
zwischen ökonomischen und ökologischen Anforderungen konfrontiert. Eine agrarökonomische Herangehensweise fokussiert auf die Optionen einer maximalen Nutzbarmachung der Produktionspotenziale in den einzelnen Betriebszweigen. Externe Effekte
werden dabei ebenso vernachlässigt wie die innerbetrieblichen Wechselwirkungen

zwischen den **Subsystemen**. Beispielsweise werden die Düngungsmaßnahmen zu den einzelnen Anbaufrüchten auf die maximal möglichen Ertragsleistungen ausgerichtet. Angesichts der standortbedingten Unterschiede zwischen den einzelnen Acker- und Grünlandschlägen treten zwangsläufig erhebliche Überdüngungen auf (s. auch Kap. 6). Diese können nur eingegrenzt werden, wenn sich die Düngungsmaßnahmen nicht allein an der Maximierung des Ertrages, sondern schlagspezifisch auch an den Vor- und Nachfruchtwirkungen sowie an einer Verringerung der externen Effekte ausrichten würden. Analoges gilt für eine an den tierindividuellen Bedürfnissen ausgerichteten Ernährung der Nutztiere. Anpassungsmaßnahmen sind mit Mehraufwendungen verbunden. Vonseiten vieler Praktiker wird angenommen, dass sich diese Mehraufwendungen wirtschaftlich nicht auszahlen, weshalb sie unterbleiben.

Aus agrarökologischer Perspektive gehört eine auf die Subsysteme zugeschnittene Anwendung von Produktionsmitteln, d. h. angepasst an die spezifischen Bedarfssituationen zur vorrangigen Strategie, wenn es darum geht, die Austräge an Rest- und Schadstoffen aus den Betriebssystemen zu reduzieren. Je mehr die Versorgung dem Bedarf entspricht, desto effizienter ist der Einsatz der Produktionsmittel. Allerdings muss dazu in den verschiedenen Subsystemen das Verhältnis der Output- zu den Input-Größen bewertet werden, um daraus die **Effizienz** des Inputs zu berechnen. Nur im jeweiligen **Kontext**, d. h. bezogen auf die Subsysteme, ist die Beurteilung des optimalen Verhältnisses von Aufwand und Nutzen beim Einsatz von Produktionsmitteln aussagefähig. Eine agrarökologische Herangehensweise erfordert daher zuvorderst eine umfassende und profunde Datenbasis und -auswertung. Diese beinhaltet unter anderem Kenntnisse über das Ausmaß der Stoffströme, die sich zwischen den einzelnen Subsystemen eines landwirtschaftlichen Betriebssystems ereignen. In Abb. 9.2 sind die Möglichkeiten einer hierarchischen Strukturierung eines Betriebssystems in Subsysteme auf unterschiedlichen Prozessebenen dargestellt, mit denen die Lenkung der Stoffströme sowie eine gezielte Verteilung von Ressourcen gemäß der jeweiligen Bedarfssituation organisiert werden kann.

Jedes Subsystem ist durch spezifische Stoffein- und austräge charakterisiert. Unter Zuhilfenahme von verfügbaren Kenngrößen und Schätzgleichungen können die Ein- und Austräge hinreichend belastbar quantifiziert und aus dem Verhältnis der Output- zu den Input-Größen die Effizienz der Stoffumsetzungen in den einzelnen Subsystemen erfasst und miteinander verglichen werden. Je besser die Datengrundlage ist und je differenzierter die Auswertung erfolgt, desto zielgerichteter können Maßnahmen ergriffen und desto effizienter können die im Gesamtsystem vorhandenen Ressourcen für die Erzeugung von Verkaufsprodukten genutzt werden (Sundrum 2019). Weitere Strategien bestehen in der Vermeidung ineffizienter Zukäufe von Dünge- und Futtermitteln sowie in der Erhöhung der organischen Bindungsfähigkeit von Nährstoffen, um sie daran zu hindern, in die Umwelt zu entweichen. Über die Schaffung geeigneter Bedingungen kann das Rezyklieren der Nährstoffe im **Stoffkreislauf** eines Agrarökosystems befördert und ein beträchtliches Potenzial der Effizienzsteigerung realisiert werden. Nicht weniger bedeutsam ist, dass die Kenntnisse schlagspezifischer

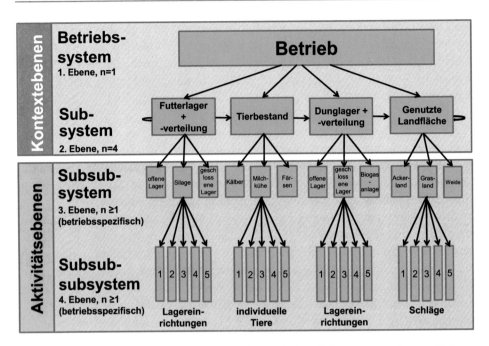

Abb. 9.2 Organisation eines Nährstoffkreislaufes zwischen Subsystemen auf verschiedenen Prozessebenen und hierarchische Strukturierung von Subsystemen zwecks Lenkung der Stoffströme und Allokation von Ressourcen auf verschiedenen Prozessebenen. (Sundrum 2019)

und tierindividueller Bedarfsgrößen eine gezieltere **Allokation** begrenzt verfügbarer **Ressourcen** ermöglichen. Damit kann die Effizienz der Ressourcennutzung erhöht, die Stoffausträge in die Umwelt reduziert und das Auftreten von Störungen verringert werden.

Nicht ökonomische Skaleneffekte, sondern ökologische Synergieeffekte repräsentieren das Wertschöpfungspotenzial, das es in einer Win-win-win-Situation auszuschöpfen gilt. Dazu bedarf es einer strukturellen **Rationalität**: Die Abstimmung zwischen den Subsystemen und den Teilzielen und die auf Effizienz abzielenden Entscheidungen und Umsetzungen folgen dem Weg von einer übergeordneten Ausrichtung zu den Teilhandlungen, d. h. vom Ganzen zu den Teilen und nicht umgekehrt von den Teilen zum Ganzen. Der Betriebsleiter handelt nicht punktuell rational, sondern strukturell rational, wenn er auf die Maximierung in den Teilbereichen verzichtet, wenn diese mit der strukturellen Optimierung der betrieblichen Gesamtleistungen unverträglich ist (Nida-Rümelin 2020). Die **punktuelle Rationalität**, wie sie im Nutzentheorem der Ökonomie verankert und auch vonseiten der Agrarökonomie verfolgt wird, ist mit einer strukturellen Rationalität, welche die Basis einer agrarökologischen Herangehensweise bildet, nicht kompatibel.

Eine agrarökologische Herangehensweise ist auf **Kooperation** ausgerichtet. Diese erstreckt sich zum einen auf die innerbetrieblichen Wechselbeziehungen zwischen den Subsystemen eines Agrarökosystems. Zum anderen kann die Kooperation auch überbetrieblich von großer Bedeutung sein. Dies gilt z. B. für Erzeugergemeinschaften, die neben landwirtschaftlichen Betrieben zudem verarbeitende und Handel treibenden Organisationen sowie die Verbraucher einbeziehen können. Letztere können sich in einer Erzeugergemeinschaft einmal mehr, einmal weniger intensiv engagieren, tragen aber vor allem durch ihre Bereitschaft zur Zahlung von Mehrpreisen zum Erhalt zur Erzeugergemeinschaft bei. Für Nida-Rümelin (2020, 132 ff.) ist Kooperation der paradigmatische Fall struktureller Rationalität. Beim Phänomen der Kooperation versagt die Rationalitätstheorie. Kooperative Handlungsmotive verlangen einen Bruch mit einer ausschließlichen Orientierung an punktueller Nutzenoptimierung. Die Brücke von einer punktuellen zu einer strukturellen Perspektive bilden die handlungsleitenden Intentionen der Akteure. Der Wille zur Kooperation ist Ausdruck einer Gemeinschaftszugehörigkeit. Der Einzelne möchte seinen Teil zu dem möglichen gemeinsamen Erfolg betragen, in der Erwartung, dass die andere Person ihren Teil dazu beiträgt. Dazu müssen die einzelnen Akteure einschätzen, welche Funktionen die einzelnen Handlungen in einem größeren strukturellen Gefüge haben, um beurteilen zu können, ob die punktuellen Handlungen vernünftig sind. Ansonsten bleibt ihnen noch darauf zu vertrauen, dass sie in den Positionen, die ihnen von anderen zugewiesen werden, eine für den Erhalt des Gesamtsystems relevante Aufgabe erfüllen. Nida-Rümelin drückt dies wie folgt aus:

> „Die Steuerung geht nicht von der punktuellen zur strukturellen, sondern von der strukturellen zur punktuellen Handlung. […] Die Rationalität der punktuellen Handlung ergibt sich aus der Rationalität der Gesamtabsichten. […9 Entsprechend handeln wir strukturell rational, sofern wir auf eine Optimierung durch einzelne Akte verzichten, wenn diese Optimierung mit der strukturellen Optimierung unverträglich ist (2020, 189 ff.).“

Ableitungen
Landwirtschaftliche Betriebe sind komplexe adaptive Agrarökosysteme. Die Befähigung des **Managements** zur Gestaltung der innerbetrieblichen Strukturen und zur Organisation der Verfahrensabläufe bestimmt maßgeblich die Gesamtleistungen des Betriebssystems. An dieser Befähigung entscheidet sich auch, ob eine Anpassung an Veränderungen in der Außenwelt gelingt und ob die wirtschaftliche Existenz des Betriebes für einen absehbaren Zeitraum sichergestellt werden kann. Der gedankliche Zugang des Managements zur Komplexität des Betriebssystems, die Strategien der Komplexitätsreduktion sowie der Umgang mit den Zielkonflikten und Störungen haben maßgeblichen Einfluss darauf, ob und inwieweit die dem Betriebssystem inhärenten Wertschöpfungspotenziale realisiert

und zwischen den Partikular- und den **Gemeinwohlinteressen** ein zufrieden-
stellender Abgleich herbeigeführt werden kann.

Zwischen einer agrarökonomischen und einer agrarökologischen Herangehensweise bestehen gravierende Unterschiede sowohl in der Priorisierung von
Zielsetzungen als auch im Umgang mit der Komplexität biologischer Wirkungsgefüge. Aufgrund der innerbetrieblichen Begrenzungen in der Verfügbarkeit von
Ressourcen und den damit einhergehenden Zielkonflikten bei deren Allokation
zwischen den verschiedenen Bereichen geht eine einseitige Fokussierung auf
Leistungssteigerung und Kostenminimierung immer zu Lasten anderer system-
relevanter Bereiche. Umso wichtiger ist es, diejenigen Maßnahmen im betriebsspezifischen Kontext zu identifizieren, bei deren Umsetzung sowohl den
ökonomischen Interessen der Betriebe als auch den ökologisch ausgerichteten
Gemeinwohlinteressen Rechnung getragen wird. Anstatt durch Fokussierung auf
Teilbereiche die Zielkonflikte zu verschärfen, sollten Bedingungen geschaffen
werden, bei denen synergistische Wirkungen befördert werden, die sowohl den
ökologischen wie den ökonomischen Anforderungen zum Vorteil gereichen.

Die bei einem agrarökonomischen Denkansatz resultierenden Strategien der
Komplexitätsreduktion gehen mit einem beträchtlichen Verlust an Informationen einher. Mit einer unterkomplexen Herangehensweise können Produktionsprozesse nicht
auf synergistische Effekte ausgerichtet werden. Vorrangige Bezugspunkte einer agrar-
ökonomischen Betrachtung sind die Ertragsmengen und der Verkaufswert der Rohwaren. Dabei stehen die Preise, welche die Primärerzeuger für die verkaufsfähigen
Rohwaren erhalten, häufig in keinem korrelativen Verhältnis zu den monetären
Aufwendungen oder zu den Ausmaßen an unerwünschten Nebenwirkungen der
Produktionsprozesse sowie zu den Produkteigenschaften der Rohwaren. Solange
die negativen Folgewirkungen der Produktionsprozesse nicht beurteilt und monetär
bewertet werden, sind sie für die agrarökonomische Herangehensweise nicht
relevant. Die Fokussierung auf den marktwirtschaftlichen Erfolg zeigt das Kernproblem einer ökonomischen Denkweise: Sie blendet die unerwünschten Neben-
und Schadwirkungen weitgehend aus. Damit verfügt sie nicht über die erforderliche
Problemlösungskompetenz, um Verfahrensabläufe in den Teilbereichen zu einer übergeordneten Strategie zum Wohle des Ganzen zu integrieren.

Zwar werden in diversen Strategiepapieren diverse Neuorientierungen
propagiert; jedoch bleiben dabei die problemverursachenden ökonomischen
Prämissen weitgehend unangetastet. Dies betrifft auch den Zugang der Agrarökonomie zur Qualitätserzeugung, der ausschließlich über den Weg der
Standardisierung beschritten wird. Dadurch werden die inner- und überbetrieblichen Variationen bei den tatsächlich hervorgebrachten Qualitätsleistungen nicht
einer Differenzierung zugänglich gemacht, sondern kaschiert. Ohne einen Zugang
zur großen Variation von Merkmalsausprägungen sowie zu den erwünschten und
unerwünschten Ergebnissen von Verfahrensabläufen, ist den agrarökonomischen

Erklärungsansätzen der Zugang zur Ambivalenz versperrt, der allen landwirtschaftlichen Produktionsprozessen innewohnt. Damit fehlen auch die Voraussetzungen, um die Produktionsprozesse und deren Grenznutzenverläufe in den jeweiligen Kontexten und die Bedeutung von Störungen für die Funktionsfähigkeit und für die Effizienz von Subsystemen abschätzen zu können. Die **punktuelle Rationalität**, die der agrarökonomischen Denkweise zu eigen ist, erweist sich damit als kontraproduktiv im Hinblick auf die Lösung von komplexen Problemstellungen.

Literatur

Åkerfeldt MP, Gunnarsson S, Bernes G, Blanco-Penedo I (2021) Health and welfare in organic livestock production systems—a systematic mapping of current knowledge. Org Agr 11(1):105–132. https://doi.org/10.1007/s13165-020-00334-y

Anonym (2020) Studie des AFC Risk & Crisis Consult. Allgemeine Fleischerzeitung 138:24

Baecker D (2014) Organisation und Störung; Aufsätze. Suhrkamp, Berlin

Bauernverband D, (DBV), (Hrsg) (2020) Situationsbericht 2020/21. Trends und Fakten zur Landwirtschaft. Deutscher Bauernverband e.V, Berlin

Blume L, Hoischen-Taubner S, Möller D, Sundrum A (2021) Status quo der nutritiven und ökonomischen Situation sowie Potentiale des Einsatzes heimischer Proteinträger auf ökologisch wirtschaftenden Geflügel-und Schweinebetrieben; Teil 1: Bedarfsgerechte Nährstoffversorgung, Tierverluste, Ressourceneffizienz und Wirtschaftlichkeit. Ber. Landwirtsch. 99(2). doi:https://doi.org/10.12767/buel.v99i2.349

BMEL – Bundesministerium für Ernährung und Landwirtschaft (2019) Nutztierstrategie – Zukunftsfähige Tierhaltung in Deutschland. https://www.bmel.de/SharedDocs/Downloads/DE/Broschueren/Nutztierhaltungsstrategie.html. Zugegriffen: 05. Febr. 2019

BMEL – Bundesministerium für Ernährung und Landwirtschaft (2020) Empfehlungen des Kompetenznetzwerks Nutztierhaltung. https://www.bmel.de/SharedDocs/Downloads/DE/_Tiere/Nutztiere/200211-empfehlung-kompetenznetzwerk-nutztierhaltung.html

Compton CWR, Heuer C, Thomsen PT, Carpenter TE, Phyn CVC, McDougall S (2017) Invited review: a systematic literature review and meta-analysis of mortality and culling in dairy cattle. J Dairy Sci 100(1):1–16. https://doi.org/10.3168/jds.2016-11302

Crutzen PJ, Stoermer EF (2000) The „Anthropocene". Global Change Newsletter (41):17–18

Forschungsgemeinschaft D, (DFG), (Hrsg) (2005) Perspektiven der agrarwissenschaftlichen Forschung; Denkschrift = Future perspectives of agricultural science research. Wiley-VCH, Weinheim

Grethe H (2017) The economics of farm animal welfare. Annu Rev Resour Economics 9(1):75–94. https://doi.org/10.1146/annurev-resource-100516-053419

Habel J, Sundrum A (2020) Mismatch of Glucose Allocation between Different Life Functions in the Transition Period of Dairy Cows. Animals : an open access journal from MDPI 10(6):1028. https://doi.org/10.3390/ani10061028

Habel J, Uhlig V, Hoischen-Taubner S, Schwabenbauer E-M, Rumphorst T, Ebert L, Möller D, Sundrum A (2021) Income over service life cost – Estimation of individual profitability of dairy cows at time of death reveals farm-specific economic trade-offs. Livest Sci 254:104765. https://doi.org/10.1016/j.livsci.2021.104765

Haeckel E (1866) Generelle Morphologie der Organismen; Bd. 2 Allgemeine Entwickelungs-geschichte der Organismen. G. Reimer, Berlin

Hoedemaker M, Knubben-Schweizer G, Müller KE, Campe A, Merle R (2020) Tiergesundheit, Hygiene und Biosicherheit in deutschen Milchkuhbetrieben – eine Prävalenzstudie (PraeRi).; Abschlussbericht. https://www.vetmed.fu-berlin.de/news/_ressourcen/Abschlussbericht_PraeRi.pdf

Hofstadter DR, Sander E (2018) Die Analogie; Das Herz des Denkens. Klett-Cotta, Stuttgart

Hoischen-Taubner S, Habel J, Uhlig V, Schwabenbauer E-M, Rumphorst T, Ebert L, Möller D, Sundrum A (2021) The whole and the parts–a new perspective on production diseases and economic sustainability in dairy farming. Sustainability 13(16):9044. https://doi.org/10.3390/su13169044

Kahneman D (2011) Schnelles Denken, langsames Denken. Siedler, München

Keller D, Blanco-Penedo I, de Joybert M, Sundrum A (2019) How target-orientated is the use of homeopathy in dairy farming?–a survey in France Germany and Spain. Acta Veterinaria Scandinavica 61(1):30. https://doi.org/10.1186/s13028-019-0463-3

Krieger M, Hoischen-Taubner S, Emanuelson U, Blanco-Penedo I, de Joybert M, Duval JE, Sjöström K, Jones PJ, Sundrum A (2017a) Capturing systemic interrelationships by an impact analysis to help reduce production diseases in dairy farms. Agric Syst 153:43–52. https://doi.org/10.1016/j.agsy.2017.01.022

Krieger M, Sjöström K, Blanco-Penedo I, Madouasse A, Duval JE, Bareille N, Fourichon C, Sundrum A, Emanuelson U (2017b) Prevalence of production disease related indicators in organic dairy herds in four European countries. Livest Sci 198:104–108. https://doi.org/10.1016/j.livsci.2017.02.015

Liessmann KP (2021) Alle Lust will Ewigkeit; Mitternächtliche Versuchungen. Paul Zsolnay Verlag, Wien

Machmüller A, Sundrum A (2016) Stickstoffmengenflüsse und Bilanzierungen von milchviehhaltenden Betrieben im Kontext der Düngeverordnung. Ber. Landwirtsch. 94(2). doi:https://doi.org/10.12767/buel.v94i2.112

Maturana HR, Varela FJ (1980) Autopoiesis and cognition; The realization of the living. Springer Netherlands, Dodrecht

Nida-Rümelin J (2020) Eine Theorie praktischer Vernunft. de Gruyter, Berlin

Niemann H-W (2009) Europäische Wirtschaftsgeschichte; Vom Mittelalter bis heute. Wiss. Buchges, Darmstadt

Poser H (2016) Homo Creator; Technik als philosophische Herausforderung. Springer; Springer Fachmedien Wiesbaden; Springer International Publishing AG, Wiesbaden, Cham

Potofski U (2014) Entscheidend ist auf'm Platz; Die verrückte Welt des Fußballs und seiner Kommentatoren. Gütersloher Verlagshaus, S.l.

Reckwitz A (2019) Das Ende der Illusionen; Politik, Ökonomie und Kultur in der Spätmoderne. Suhrkamp, Frankfurt

Reichholf JH (2004) Der Tanz um das goldene Kalb; Der Ökokolonialismus Europas. Wagenbach, Berlin

Ricklefs RE, Relyea R (2014) Ecology; The economy of nature. W. H. Freeman and Company a Macmillan Higher Education Company, New York

Roth G, Strüber N (2014) Wie das Gehirn die Seele macht. Klett-Cotta, Stuttgart

Sauerberg A, Wierzbitza S (2013) Das Tierbild der Agrarökonomie. Eine Diskursanalyse zum Mensch-Tier-Verhältnis. In: Pfau-Effinger B, Buschka S (Hrsg) Gesellschaft und Tiere. Soziologische Analysen zu einem ambivalenten Verhältnis. Springer; Springer Fachmedien Wiesbaden; Springer International Publishing AG, Wiesbaden, Cham, S 73–96

Scown MW, Brady MV, Nicholas KA (2020) Billions in misspent EU agricultural subsidies could support the sustainable development goals. One Earth 3(2):237–250. https://doi.org/10.1016/j. oneear.2020.07.011

Settele V (2020) Revolution im Stall; Landwirtschaftliche Tierhaltung in Deutschland 1945–1990. Vandenhoeck & Ruprecht, Göttingen

Spiller A (2001) Gütezeichen oder Markenartikel? Fleischwirtschaft 81(6):47–50

State Historical Society of Iowa (2004) Every farm a factory: the industrial ideal in american agriculture. Ann. Iowa 63(1):86–88. https://doi.org/10.17077/0003-4827.10780

Sundrum A (2015) Metabolic disorders in the transition period indicate that the dairy cows' ability to adapt is overstressed. Animals 5(4):978–1020. https://doi.org/10.3390/ani5040395

Sundrum A (2018) Big Data in der Nutztierhaltung – Potentiale und Grenzen des Nutzens. In: Verband Deutscher Landwirtschaftlicher Untersuchungs- und Forschungsanstalten (Hrsg) Kongressband 2018 Münster. VDLUFA-Verlag, Darmstadt, S 39–47

Sundrum A (2019) Real-farming emissions of reactive nitrogen – Necessities and challenges. J Environ Manage 240:9–18. https://doi.org/10.1016/j.jenvman.2019.03.080

Sundrum A (2020) Schwanzbeißen – ein systeminhärentes Problem. Der Praktische Tierarzt 101(12):1213–1227. https://doi.org/10.2376/0032-681X-2046

Sundrum A, Habel J, Hoischen-Taubner S, Schwabenbauer E-M, Uhlig V, Möller D (2021) Anteil Milchkühe in der Gewinnphase – Meta-Kriterium zur Identifizierung tierschutzrelevanter und ökonomischer Handlungsnotwendigkeiten. Ber. Landwirtsch. 99(2). doi:https://doi. org/10.12767/BUEL.V99I2.340

von Neumann J, Morgenstern O (1947) Theory of games and economic behavior. Princeton Univ. Press, Princeton

Wiss. Beirat – Wissenschaftlicher Beirat für Agrarpolitik beim BMEL (2018) Für eine gemeinwohl-orientierte Gemeinsame Agrarpolitik der EU nach 2020; Grundsatzfragen und Empfehlungen. Stellungnahme. https://www.bmel.de/SharedDocs/Downloads/DE/_Ministerium/Beiraete/agrar-politik/GAP-GrundsatzfragenEmpfehlungen.html

Qualitätserzeugung

10

Zusammenfassung

Gemeinwohlinteressen müssen nicht nur gegenüber einer Dominanz von Partikularinteressen verteidigt werden. Letztere müssen zugleich in eine Gesamtstrategie integriert werden. Dies erfordert eine Strategie, die sich nicht nur in der Theorie, sondern auch im Kontext sehr heterogener Anfangs- und Randbedingungen zu behaupten vermag. Eine evidenzbasierte Qualitätserzeugung erweist sich dabei als der Schlüssel für den Zugang zur Realisierung von Gemeinwohlinteressen. Prozessqualitäten wie Tier- und Umweltschutzleistungen korrespondieren unmittelbar mit der Verbesserung von Gemeingütern. Gleichzeitig bieten sie über Synergieeffekte Optionen für eine gesteigerte Wertschöpfung. In Verbindung mit einer erhöhten Produktqualität können über graduell abgestufte Tier- und Umweltschutzleistungen der Betriebe die Voraussetzungen geschaffen werden, um die unabdingbaren arbeitswirtschaftlichen und finanziellen Mehraufwendungen zu kompensieren. Dabei wird es einer wohlabgestimmten Mixtur von politischen und marktwirtschaftlichen Instrumenten bedürfen, um die betrieblichen Qualitäts- und Gemeinwohlleistungen mit angemessenen Gegenleistungen zu honorieren. Dabei stellen sich vielfältige Fragen nach einer validen Beurteilung der Qualitätsleistungen, der Definition von Systemgrenzen sowie des Umgangs mit den Akteuren, die notwendig sind, um einer Qualitätserzeugung zum Wohl der Gemeinschaftsstrukturen zum Durchbruch zu verhelfen.

Anhand der vorangegangenen Ausführungen sollte deutlich geworden sein, dass neben den Fehlentwicklungen, die auf einer punktuellen Rationalisierung basieren, vor allem das ökonomische Diktum der Kostenminimierung der Realisierung von **Gemeinwohlinteressen** im Wege steht. Für deren Umsetzung bedarf es nicht nur klarer **Zielvorgaben,** sondern auch eines Zugriffs auf die dafür erforderlichen Ressourcen.

Grundsätzlich kommen zwei Quellen in Betracht: Zum einen sind dies zusätzliche Finanzmittel aus öffentlicher Hand bzw. die Neuverteilung der bisherigen Subventionszahlungen. Zum anderen wird es nicht ohne höhere Produktpreise gehen, welche die Verbraucher am „Point of Sale" entrichten und bei denen sichergestellt werden muss, dass davon ein Großteil bei denen ankommt, die für die Realisierung der Gemeinwohlinteressen verantwortlich sind. Ausgangsvoraussetzung für ein Mehr an Zuwendungen ist ein Mehr an Gegenleistungen. Diese Mehrleistungen sind unmittelbar mit dem Begriff der „Qualitätserzeugung" verbunden. Die Qualitätserzeugung ist der Schlüssel für die Generierung von Mehrpreisen und erhöhten Zuwendungen. Erst die Hinwendung zu einer **„Qualitätsführerschaft"** ermöglicht die Abkehr von der bisherigen Ausrichtung auf die **Kostenführerschaft.** Um diesen Wechsel zu vollziehen, bedarf es mehr als der Anvisierung neuer Produktionsziele. Es bedeutet nicht weniger als die Abkehr von tradierten Entscheidungs-, und Handlungsabläufen sowie von althergebrachten Denkmustern, wie sie im vorangegangenen Kapitel mit einem Wechsel von einer punktuellen zu einer strukturellen Rationalisierung skizziert wurden. Ein solcher Wechsel lässt sich nicht von heute auf morgen bewerkstelligen. Er benötigt Zeit, auch wenn viele der Ansicht sind, gerade darüber nicht zu verfügen. Auch wird es nicht ohne die Unterstützung durch ein kooperatives Miteinander diverser Akteure aus unterschiedlichen Gruppierungen gehen. Darüber hinaus bedarf es verschiedener Formen von staatlichen Regulierungen, welche die Prozesse der Neuorientierung unterstützen und mithilfe geeigneter Leitplanken vor einem Rückfall in alte Verhaltensmuster schützen. Im Gegenzug winkt eine Win-win-win-Situation, bei der sowohl die Interessen der **Primärerzeuger** als auch die Interessen der Staatsbürger im Hinblick auf die Gemeinwohlinteressen sowie auch die Interessen von Verbrauchern, die auf eine gute Kosten-Nutzen-Relation setzen, zum wechselseitigen Vorteil hervorgebracht werden können. Um die Qualitätserzeugung als eine Alternative zur bisherigen Ausrichtung der landwirtschaftlichen (Massen-)Produktion zu etablieren, müssen diverse Voraussetzungen erfüllt sein. Nachfolgend wird das Potenzial einer evidenzbasierten Qualitätserzeugung erläutert.

10.1   Abkehr von der Kostenminimierungsstrategie

Die Agrarwirtschaft kann auf eine große Erfolgsgeschichte zurückblicken. Beeindruckend sind vor allem die beträchtlichen Zuwächse an den pro Jahr erzeugten **Nahrungsmitteln,** aber auch die Steigerungen der Produktivität, welche durch die verschiedenen Strategien der Intensivierung der Produktionsprozesse erreicht wurden. Die Erfolge sind die Grundlage für den beträchtlichen Anstieg der Weltbevölkerung, der sich ohne die Leistungen der Agrarwirtschaft nicht hätte einstellen können. Die Primärerzeuger und die Mitglieder anderer Gruppierungen, die an diesen Entwicklungen beteiligt sind, könnten stolz auf diesen Erfolg sein, hätte dieser nicht auch einen sehr hohen Preis. Die Pioniere der Produktivitätssteigerungen konnten diesen Preis noch nicht erahnen. Heute sind die negativen Folgewirkungen jedoch deutlich zu erkennen. Die Folgewirkungen trüben nicht nur die bisherigen Erfolge, sondern sind Anlass, die Fortführung der bisherigen landwirtschaftlichen Praxis und die Dominanz agrarökonomischer Denkstrukturen grundlegend infrage zu stellen.

Noch immer wird die einseitige Ausrichtung der Agrarwirtschaft auf Produktivitätsfortschritte vorrangig mit der Notwendigkeit begründet, die anwachsende Zahl von Weltbürgern ernähren zu können. Wie sehr diese Begründung in die Irre führt, zeigt sich unter anderem daran, dass es trotz der seit vielen Jahren anhaltenden Überschussproduktion nicht gelungen ist, die Zahl der hungerleidenden Menschen auf dem Globus substanziell zu verringern (FAO et al. 2018). Gleichzeitig werden die künftigen Produktionspotenziale unter anderem durch Bodenerosionen, Bodenverdichtungen, Humus- und Nährstoffverlusten durch die gegenwärtigen Produktionsprozesse in großem Umfang verringert. Darüber hinaus wird ein erheblicher Teil der Ackerflächen nicht für die Erzeugung von Nahrungsmitteln zur Versorgung von unzureichend ernährten Menschen, sondern zur Erzeugung von Biomasse für die Energiegewinnung genutzt. Zudem landet im Verlauf der Produktionskette von der Ernte bis zu den Haushalten ein beträchtlicher Anteil der mit viel Aufwand erzeugten Nahrungsmittel im Müll, obwohl die Nahrungsmittel noch genusstauglich sind. Das Ausmaß an innerbetrieblichen und externen Störungen hat längst die Schwelle des noch Zumutbaren überschritten. Als wären die Schadwirkungen noch nicht dramatisch genug, rauben die Wirtschaftsstrukturen auch noch dem Gros der Primärerzeuger früher oder später die wirtschaftliche Existenzgrundlage. Die in der Vergangenheit erzielten Erfolge werden in zunehmender Weise von einem negativen **Grenznutzen** aufgezehrt und erfordern eine grundlegende Reflexion der bisherigen Strategien der Nahrungsmittelerzeugung.

Der auf Kostenminimierung ausgerichtete Unterbietungswettbewerb, dem die Primärerzeuger im Zuge einer expandierenden Beteiligung am Welthandel unterworfen sind, unterminiert die Verfügbarkeit an Ressourcen, welche das betriebliche Management benötigt, um die unerwünschten Neben- und Schadwirkungen einzudämmen. Aus dieser Perspektive betrachtet repräsentiert der Unterbietungswettbewerb eine globale Ausbeutungsmaschinerie zum Vorteil weniger und auf Kosten vieler. Geht es nach den Vorstellungen führender Agrarökonomen, soll sich an der Beteiligung deutscher Primärproduzenten am globalen Unterbietungswettbewerb nichts ändern. Stattdessen sollen den Steuerzahlern zusätzlich zu den bereits seit vielen Jahrzehnten in die Landwirtschaft gepumpten Milliarden an Subventionsbeträgen weitere Milliarden abgerungen werden, um zu ermöglichen, dass die inländischen Betriebe weiter an diesem Unterbietungswettbewerb teilnehmen können. Begründet wird dies damit, dass mit den zusätzlichen Geldern die unerwünschten Neben- und Schadwirkungen eingechegt werden sollen. Aus einer anderen Perspektive erscheinen die neu aufgelegten Umwelt- oder Tierschutzprogramme als eine Strategie, um ein „Weiter so" zu kaschieren. Schließlich sollen die Ausgangskonstellationen, die maßgeblich für die Schadwirkungen verantwortlich sind, ebenso wie die treibenden marktwirtschaftlichen Kräfte weitgehend unangetastet

bleiben. Damit werden auch weiterhin die wahren Ausmaße der negativen Folgewirkungen der Wirtschaftsweise und die verursachenden Hintergründe ausgeblendet.

Es ist nachvollziehbar, dass die Vergegenwärtigung von Fehlentwicklungen, die das
bisher Erreichte und Geleistete infrage stellen, starke Abwehrreflexe hervorruft. Die
Psychologie als die Wissenschaft vom Verhalten des Menschen hat eine Vielzahl an
Erkenntnissen hervorgebracht, mit denen erklärt werden kann, was Menschen dazu verleitet, den Kopf im übertragenen Sinne in den Sand zu stecken. Unbequeme Wahrheiten
liefern stets auch ein starkes Motiv, diese anzuzweifeln. Auf der anderen Seite ist ein
„Weiter so" nicht nur problematisch, weil es keine Lösungen für die immer drängender
werdenden Probleme anbietet. Indem so getan wird, als ob man Lösungen parat hätte,
aber in Wirklichkeit nur Scheinlösungen offeriert, geht weiterhin viel Zeit ins Land und
werden weiterhin viele Milliarden Euro in ein marodes Wirtschaftssystem investiert, die
dringend für eine Neuausrichtung hin zu einer ökosozialen Marktwirtschaft benötigt
werden. Über Jahrzehnte wurden die landwirtschaftlichen Betriebe genötigt, die
Produktionsprozesse an sinkende Marktpreise anzupassen. Dabei haben sie häufig sehr
viel Zeit und Geld investiert und in sehr vielen Fällen zu wenig zurückbekommen, um
damit die wirtschaftliche Existenz sichern zu können. Es ist an der Zeit, die ruinösen
Abhängigkeitsverhältnisse und die zum Scheitern verurteilten Versuche, sich unter den
hiesigen Ausgangs- und Randbedingungen einem globalen Unterbietungswettbewerb
auszuliefern, zu beenden.

Wer die bestehenden Verhältnisse in der Agrarwirtschaft auf so grundlegende Weise
kritisiert, kommt nicht umhin, selbst Vorschläge zu unterbreiten, wie Alternativen zu den
dominierenden Wirtschaftsprozessen aussehen könnten. Alternativen sind schon allein
deshalb erforderlich, um als ein gedankliches Gegenmodell einen Perspektivwechsel
zu den vorherrschenden Erklärungsansätzen zu ermöglichen und die Engführung der
Gedanken zu durchbrechen. Dabei sei den weiteren Erläuterungen vorangestellt, dass
der nachfolgend aufgezeigte Weg der Qualitätserzeugung nicht für alle landwirtschaftlichen Betriebe gangbar ist. Er kann auch nicht die Lösung aller Probleme sein, die zuvor
adressiert wurden. So wie die Nomaden auf ihrer Suche nach neuen Nahrungsquellen
diejenigen zurücklassen müssen, die keinen Beitrag für das Überleben der Gemeinschaft zu leisten imstande sind und die Überlebenschancen der anderen gefährden, so
kann es bei der Entwicklung neuer Wertschöpfungsstrategien nicht darum gehen, alle
Betriebe auf diesen Weg mitzunehmen. Die von Vertretern der Bauernverbände aus-
gegebene Parole, dass bei den anstehenden Neuerungen alle Betriebe auf den Weg von
Veränderungen mitgenommen werden sollten, ist nicht nur Ausdruck einer Realitätsver-
weigerung, welche die Gründe für das seit Jahrzehnten anhaltende Höfesterben ignoriert.
Die damit beschworene Vorstellung von landwirtschaftlichen Betrieben als Teil einer
großen Gemeinschaft von Gleichgesinnten dient in erster Linie als ein Abwehrbollwerk
gegen jegliche Versuche, die Betriebe hinsichtlich ihrer Leistungen für die Gemeinwohlinteressen und ihrer künftigen wirtschaftlichen Überlebensfähigkeit zu differenzieren.
Ein solches Ansinnen untergräbt die Position der Bauernverbände. Entsprechend versuchen diejenigen, welche die Agrarwirtschaft durch ihre Fortschrittsgläubigkeit und

durch ihre Blindheit gegenüber den negativen Folgewirkungen ins Abseits und sehr viele landwirtschaftliche Betriebe in die wirtschaftliche Misere geführt haben, ihre Position zu retten, indem sie den Geist einer Solidargemeinschaft beschwören, die es so nie gegeben hat.

In Abgrenzung zu verallgemeinernden und damit irreführenden Lösungsvorschlägen nehmen die nachfolgenden Ausführungen ihren Ausgangspunkt bei den Voraussetzungen, die gegeben sein müssen, damit ein Agrarökosystem langfristig überdauern kann. Im Vordergrund steht zunächst die Frage, wie es gelingen kann, sich den Zwängen des Unterbietungswettbewerb zu entziehen, und finanzielle Ressourcen zu generieren, um neue Handlungsspielräume zu gewinnen. Voraussetzung ist, dass die innerbetrieblichen Ressourcen nicht länger in Kostenminimierungsstrategien ausgezehrt werden dürfen, sondern für eine gesteigerte Wertschöpfung genutzt werden können. Das alternative Ziel der Erzeugung höherwertiger Nahrungsmittel ist insofern alternativlos, als nur so auf den Märkten ein höherer Preis und damit eine höhere Verfügbarkeit an Ressourcen realisiert werden kann. Die Höherwertigkeit darf sich nicht auf die Einschätzungen der Primärerzeuger und des Handels beschränken, sondern muss auch mit den Gemeinwohlinteressen kompatibel sein. Ferner muss es darum gehen, die Kosten- und Preissteigerungen über die Nutzbarmachung von Synergieeffekte in Grenzen zu halten. Der Ausweg aus einer jahrzehntelangen Strategie der Spezialisierung und Produktionskostenminimierung, die ihren Zenit längst überschritten und deshalb in einer Fortschrittfalle gefangen ist (Handy 1998), benötigt neben zusätzlichen Ressourcen neue Produktionsziele, veränderte Herangehensweisen und angepasste Methoden. Es geht folglich darum, gemeinwohlorientierte Leistungen hervorzubringen, die auf den Märkten angeboten werden und für die eine Nachfrage gesucht und gefunden werden muss. Ist man – wie das Gros der Primärerzeuger – weiterhin davon überzeugt, dass der Markt auf Dauer nur Billigware nachfragt, kann man sich von den Überlegungen zu Alternativstrategien verabschieden und muss das Buch nicht zu Ende lesen, sofern man es überhaupt bis hierher geschafft hat.

Die **ökologische Landwirtschaft** und viele weitere Beispiele von Markenprogrammen sind ein unzweifelhafter Beleg dafür, dass auch höherpreisige Produkte in nennenswerten Größenordnungen ihren Absatz finden. In den weiteren Erörterungen dienen diese und andere Beispiele dazu, von den bisherigen Erfahrungen mit höherpreisigen Produkten zu lernen. Dabei kann der Autor auf jahrzehntelange Erfahrungen in der ökologischen Landwirtschaft zurückblicken, die in die weiteren Überlegungen bewusst und wohl auch unbewusst einfließen werden. Allerdings bestehen das Fazit dieser Erfahrungen und die Intention des Autors nicht darin, die ökologische Landwirtschaft als einen „Goldstandard" für die Lösung der vielfältigen Probleme anzupreisen. Vielmehr soll aufgezeigt werden, welche Fehler möglichst vermieden werden sollten, will man dem oben genannten Ziel näherkommen.

Ungeachtet diverser Fehlentwicklungen ist es den Vertretern des Ökolandbaus gelungen, die vor ca. 100 Jahren begonnenen Privatinitiativen zu bündeln und zu einem separaten, weltweit operierenden Markt zu entwickeln. In der EU wurde dieser Markt in den 90er-Jahren des letzten Jahrhunderts durch die EU-Kommission durch gesetzliche Regelungen vor unfairen Wettbewerbsverzerrungen und Trittbrettfahrern geschützt. Seit dieser Zeit floriert dieser Wirtschaftszweig mit kontinuierlich ansteigenden Umsatzraten. Aufgrund der zum Teil deutlich höheren Produktionskosten ist für diese Wirtschafts- weise unabdingbar, dass höhere Preise gewährleistet werden. Ausschlaggebend dafür sind insbesondere die folgenden Prämissen: eine klare Definition der Produktionsweise, eine eindeutige Kennzeichnung der Produkte und eine höhere Nachfrage gegenüber dem Angebot an entsprechend erzeugten Waren.

Der ökologische Landbau ist seit 1954 durch Produktionsrichtlinien definiert. Aus- gangspunkt war das Warenzeichenrecht, das für die Kennzeichnung von ökologisch erzeugten Produkten eindeutige Kriterien verlangte. Aufgrund der Vielfalt der Stand- orte und der daraus resultierenden unterschiedlichen Produkteigenschaften war es nicht möglich, die Kennzeichnung an eine exakt zu beschreibende und analytisch nachzu- vollziehende Beschaffenheit der Produkte zu binden. Deshalb wurde die Produktions- methode selbst zum kennzeichnenden Kriterium erhoben (Sundrum 2005). Dieses Grundprinzip wurde bis heute beibehalten und in der EG-Öko-Verordnung übernommen. Die Leistungen der ökologisch wirtschaftenden Betriebe bestehen darin, dass sie die gesetzlichen Ökorichtlinien einhalten. Diese gehen in vielen Bereichen deutlich über die gesetzlichen Mindestanforderungen der konventionellen Landwirtschaft hinaus. Die Ein- haltung wird durch unabhängige Kontrollinstanzen überwacht. Produkte, die unter Ein- haltung der erhöhten Produktionsstandards erzeugt wurden, können mit dem Ökolabel gekennzeichnet und so auf den Märkten eindeutig von anderen Produkten abgegrenzt werden. Auf diese Weise wird verhindert, dass Konkurrenzunternehmen angelockt werden, die vermeintlich gleichwertige Produkte zu einem günstigeren Preis anbieten.

Genauso wie bei konventionellen Produkten bestimmt auch bei den Ökoprodukten das Verhältnis von Angebot und Nachfrage den Preis. Anders als in der konventionellen Landwirtschaft, wo ein Überangebot an Rohwaren die Märkte flutet und die Preise auf ein niedriges, häufig nicht kostendeckendes Preisniveau drückt, ist die Entwicklung des Angebotes von ökologisch erzeugten Produkten niedriger als die Entwicklung der Nach- frage. Ausschlaggebend für die Knappheit von Ökoprodukten sind einerseits die durch das Image hervorgerufene Nachfrage und andererseits die begrenzte Verfügbarkeit am Markt bzw. die begrenzten Möglichkeiten, die Verfügbarkeit deutlich zu steigern. Es sind die erhöhten Mindestanforderungen, welche die Erzeugung von Ökoprodukten charakterisieren und die nicht an allen Betrieben gegeben sind. Entsprechend stehen der Umstellung von einer konventionellen auf eine ökologische Wirtschaftsweise große Hürden entgegen. Erforderlich sind unter anderem eine ausreichende Flächenausstattung sowie stallbauliche Voraussetzungen, mit denen den erhöhten Mindestanforderungen an die Haltungsbedingungen entsprochen werden kann. Auch muss eine zweijährige Umstellungszeit durchgestanden werden. In dieser Zeit greifen schon die diversen Ein- schränkungen der Produktionsweise, die in der Regel eine deutliche Minderung der Produktivität und der Produktionsleistungen zur Folge haben. Allerdings erzielen die in dieser Zeit erzeugten Produkte als sogenannte „Umstellungsware" nicht das Ökopreisniveau. Wäre es vergleichsweise einfach, auf die ökologische Wirtschaftsweise umzustellen und für die Produkte höhere Verkaufspreise zu erhalten, würden sehr viel mehr Landwirte diesen Schritt gehen. Würde das gestiegene Angebot an ökologisch erzeugten Produkten nicht mit einer wachsenden Nachfrage einhergehen, wäre das Hochpreisniveau gefährdet und damit die Basis des Geschäftsmodells unterminiert.

Eine Verknappung des Produktangebotes zwecks Steigerung des Verkaufspreises ist ein in vielen Wirtschaftszweigen praktiziertes Geschäftsmodell. Außer im Ökolandbau konnte diese Strategie in der Agrarwirtschaft nur bei wenigen, speziell ausgewiesenen Produkten, wie z. B. Schinken vom Iberico-Schwein, realisiert werden. Demgegenüber wird sich das Überangebot an konventionellen Rohwaren auch in Zukunft kaum eingrenzen lassen, da die globalen Produktionskapazitäten für landwirtschaftliche Erzeugnisse noch bei Weitem nicht ausgeschöpft sind. Würden die Marktpreise für konventionelle Produkte ansteigen, hätte dies in verschiedenen Ländern der Welt eine Ausweitung der Produktionskapazitäten und zeitverzögert ein erneutes Abflachen der Preiskurven zur Folge. Hinzu kommt ein weiteres Bedrohungsszenario, welches den konventionellen Erzeugern in Zukunft weitere und zudem sehr potente Mitkonkurrenten beschert. Die synthetische Erzeugung von Nahrungsmitteln, welche bereits in großindustriellen Dimensionen geplant und auf den Weg gebracht wird, werden in den kommenden Jahren das Angebot an Nahrungsmitteln weiter erhöhen. Angesichts der Potenziale, die der synthetischen Erzeugung von Ersatzprodukten beigemessen werden, sehen manche Propheten sogar schon das Ende der Landwirtschaft am Horizont aufscheinen (Stengel 2021). In welchen Größenordnungen die Produktion von Ersatzprodukten auch ansteigen mag, man muss kein Prophet sein, um vorherzusagen, dass sie aufgrund des Überhangs an Produktionskapazitäten einen zusätzlichen Preisdruck auf die konventionellen Produkte ausüben werden. Der konventionellen Erzeugung drohen relevante Marktanteile wegzubrechen. Hinzu kommt der bereits in Abschn. 7.4 skizzierte Imageverlust, den die Diskreditierung herkömmlicher Produkte durch Ersatzprodukte der Agrarwirtschaft zufügen wird. Das vor nicht allzu langer Zeit noch in Aussicht gestellte goldene Zeitalter der Agrarwirtschaft (Bussche 2005) erscheint angesichts der neuen Konkurrenz in unerreichbare Ferne gerückt. Die nunmehr ausgeträumte Vision beruhte auf der Erwartung einer Verknappung in der Verfügbarkeit an Produkten tierischer Herkunft, welche durch eine drastische Zunahme der Nachfrage durch eine zahlungskräftige Bevölkerung in den Schwellenländern erwartet wurde.

Für Menschen, die über ein hinreichendes Einkommen verfügen, sind Nahrungsmittel nicht begrenzt verfügbar, sondern mehr oder weniger leicht zugänglich. Begrenzt ist allenfalls die Bereitschaft, dafür einen überhöhten Preis, d. h. einen höheren Preis als notwendig, zu zahlen. Nur von Nahrungsmitteln, die begrenzt verfügbar sind und sich gleichzeitig einer ausreichenden Nachfrage bei Verbrauchern erfreuen, können höhere, die Produktionskosten übersteigende und mit einem Betriebsgewinn verbundene Preise realisiert werden. Da bei höherpreisigen Produkten nur eine langsame und begrenzte Durchdringung des Marktes zu erwarten ist, entstehen deutlich höhere Transformationskosten, welche wiederum die Vermarktung erschweren. Die Nachfrage muss daher eine kritische Größe übersteigen, damit die zusätzlichen logistischen Aufwendungen, die auf dem Weg vom landwirtschaftlichen Betrieb bis zur Gabel des Verbrauchers *(from farm to fork)* entstehen, monetär gedeckt werden können.

Darüber hinaus ist noch eine weitere Voraussetzung elementar, um ein erfolgreiches und langfristiges Geschäftsmodell, das eine Hochpreisstrategie einschließt, zu etablieren: Das Produkt muss auch qualitativ hochwertiger sein oder zumindest ein hohes Ansehen (z. B. wie bei Bioprodukten) aufweisen, damit die Kunden auch bereit sind, dafür einen höheren Preis zu zahlen. Es ist auf Dauer nicht ausreichend, Produkte mit diversen Attributen zu bewerben, ohne dass mit diesen Attributen auch der Nachweis einer Höherwertigkeit verbunden ist. Bei der ökologischen Wirtschaftsweise verhindert die große Variationsbreite zwischen den Betrieben eine eindeutige Vorzüglichkeit ökologisch gegenüber konventionell erzeugten Produkten. Unter den gegenwärtigen Rahmenbedingungen verschaffen sich diejenigen Betriebe einen Wettbewerbsvorteil, die eine minimalistische Umsetzung der Richtlinien betreiben – sich also konventionell verhalten. Demgegenüber müssen die landwirtschaftlichen Betriebe, welche ein hohes Maß an Produkt- und **Prozessqualitäten** anstreben und umsetzen, höhere arbeitszeitliche und monetäre Aufwendungen in Kauf nehmen, ohne dass die Mehraufwendungen gesondert honoriert werden. Die Standardisierung von erhöhten Mindestanforderungen, welche den Ökolandbau und auch andere Markenprogramme charakterisiert, hebt nicht die Bemühungen und den Wettbewerb um eine erfolgreiche Kostenminimierungsstrategie auf. Dagegen verhindert die Standardisierung anhand der Richtlinien die Etablierung einer validen Qualitätserzeugung, die über die Einhaltung der Mindestvorgaben hinausgeht. Die mit einer Qualitätserzeugung verbundenen Mehraufwendungen werden auch im Ökolandbau nicht honoriert und müssen im bestehenden Wettbewerb auf Kostenführerschaft folgerichtig unterbleiben. Deshalb ist es nicht weiter verwunderlich, dass bei den Produkten aus ökologischer Erzeugung im Allgemeinen auch keine höheren Produktqualitäten realisiert werden (Tauscher et al. 2003).

Die aus den skizzierten Zusammenhängen abgeleiteten Schlussfolgerungen für die ökologische Erzeugung, die in gleicher Weise auch für andere Markenprogramm gelten, wurden bereits vor vielen Jahren wie folgt zusammengefasst (Sundrum 2005):

„Will die ökologische Wirtschaftsweise ihre Glaubwürdigkeit nicht fahrlässig aufs Spiel setzen, stehen zwei Handlungsoptionen zur Auswahl. Die Erste besteht darin, die zertifizierte Einhaltung der Richtlinien als Qualitätsfaktor hervorzuheben und gleichzeitig auf die Deklaration von spezifischen, nicht zu gewährleistenden Produkt- und Prozessqualitäten zu verzichten beziehungsweise andere Beteiligte (Handel, Verarbeiter, Politiker) daran zu hindern, dies zu tun. Die zweite Option besteht in der Herausforderung, die ökologische Wirtschaftsweise so weiterzuentwickeln, dass deren Erfolg sich an den Früchten (Produkten) und ökologischen Leistungen (Prozessqualitäten) messen und erkennen lässt. […] Das bisherige Paradigma, wonach die Einhaltung der Richtlinien per se zu einem hohen Maß an Produkt- und Prozessqualitäten führt, kann nicht länger aufrechterhalten werden. Folglich bedarf es eines Paradigmenwechsels von der verfahrensorientierten (richtlinienbezogenen) hin zu einer ergebnisorientierten Vorgehensweise. Hohe Produkt- und

Prozessqualitäten sind messbar – ein ökologisch wirtschaftender Betrieb muss sich am Qualitätsergebnis seines Wirtschaftens messen lassen."

Nachfolgend wird an verschiedenen Beispielen skizziert, unter welchen Prämissen den Nahrungsmitteln ein erhöhter Wert beigemessen und gegenüber einer aufgeklärten Verbraucherklientel ein erhöhter Preis gerechtfertigt werden kann.

10.2 Reale versus imaginierte Qualität

Mit der Einhaltung von erhöhten Mindestanforderungen verbinden viele Verbraucher die Erwartung, dass sich das höhere Anforderungsprofil nicht nur auf einzelne Merkmale beschränkt, sondern auch ein höheres Niveau bei anderen, nicht explizit genannten Merkmalen beinhaltet und deshalb ein generell höheres Qualitätsniveau resultiert. Der (induktive) Schluss von einzelnen Aspekten auf das übergeordnete Ganze entspricht einem Übertragungseffekt, wie ihn die Werbebranche in vielfältiger Weise für sich nutzbar macht. Ziel ist es, ein abschreckend wirkendes Übermaß an Informationen (*information overload*) zu vermeiden und mit möglichst wenig Informationen über die Eigenschaften eines Produktes bei potenziellen Käufern ein Höchstmaß an Aufmerksamkeit hervorzurufen, um auf diese Weise die Kaufentscheidung zu beeinflussen. Solche Übertragungseffekte begründen den Erfolg von Markenartikeln. Konnte durch gezielte Werbestrategien das Image einer **Marke** erfolgreich geprägt werden, so kann dieses Image auch auf neue Produkte übertragen werden. In diesem Sinne sind auch die nach den Richtlinien des Ökolandbaus erzeugten Nahrungsmittel Markenartikel. Das Image, das sich über die Jahre eingestellt hat, wird mehr oder weniger auf alle Produkte übertragen, die mit dem Label gekennzeichnet sind.

Markenartikel besitzen spezifische Eigenschaften, in denen sie sich von Produkten anderer Marken und insbesondere von Produkten ohne Markenzeichen unterscheiden. Marken sind für Kunden mit diversen Vorteilen behaftet. Sie haben sowohl eine Wiedererkennungs- wie eine Informations- und eine Orientierungsfunktion. Kunden assoziieren mit der Marke bestimmte Eigenschaften und entwickeln ein Markenbewusstsein, das auf subjektiv zugeordneten und positiv gefärbten Zuschreibungen basiert. Unter den Gesichtspunkten von Aufwand und Nutzen des Einkaufens wird das in die Marke gesetzte Vertrauen mit einer hohen Effizienz belohnt. Wenn man sich einmal zu einer Entscheidung für eine Marke durchgerungen hat und den Leistungsversprechen einer Marke vertraut, erspart dies den zeitlichen Aufwand der Informationsbeschaffung und den gedanklichen Aufwand der Abwägung zwischen verschiedenen Produkten sowie fortlaufende Preis-Leistungs-Vergleiche. Zudem wird erwartet, dass ein Markenartikel in der Regel vor negativen Überraschungen schützt. Markeninhaber haben selbst ein großes Interesse daran, dass neben den gattungsüblichen Standardeigenschaften auch der besondere, vom Markeninhaber kommunizierte Zusatznutzen der Marke erfüllt wird. Schließlich droht bei Vertrauensverlust eine entsprechende Kaufzurückhaltung. Auch der Handel profitiert von der Treue der Kunden zu Markenartikeln. Intensiv beworbene Marken erhöhen die Bekanntheit und senken dadurch das Absatzrisiko. Aufgrund der Kundenbindung zur Markenware ist die Planung der Einkaufsmengen berechenbarer als bei markenloser Ware, deren Eigenschaften und Nutzen für die Kunden nicht einschätzbar sind. Da Markenartikel höhere Marktpreise erzielen, erhöhen sie damit auch den Gewinn für den Handel. Auf der anderen Seite eignen sich bekannte Markenwaren auch gut für werbewirksame Preissenkungsaktionen. Die damit einhergehenden niedrigen Gewinne pro Produkteinheit können teilweise durch höhere Umsätze oder zusätzliche Gewinne beim Kauf anderer Produkte überkompensiert werden und dem Handel finanzielle Vorteile bescheren.

Von einer übergeordneten Warte aus betrachtet, ist das Vertrauen der Kunden in die Höherwertigkeit eines mit einzelnen Qualitätsattributen beworbenen Produktes nur gerechtfertigt, wenn auch eine unabhängige Beurteilung zum Ergebnis einer qualitativen Höherbewertung kommt. Bei den sensiblen Produkten tierischer Herkunft sorgen behördliche Maßnahmen der Lebensmittelhygiene lediglich für einen unbedenklichen Verzehr der Produkte. Darüber hinaus befinden die Verbraucher anhand des eigenen Sensoriums selbst, ob die jeweiligen Produkte den an sie gestellten Erwartungen entsprechen. Was bei offensichtlichen Merkmalen keine Schwierigkeiten bereitet, gestaltet sich weitaus schwieriger bei Qualitätsmerkmalen, die einer unmittelbaren Beurteilung nicht zugänglich sind oder dafür zusätzlicher Aufwendungen und einer spezifischen Expertise bedürfen. In der Regel vertraut man darauf, dass das Eigeninteresse des Anbieters eine Gewähr für die Einhaltung von Qualitätsversprechen bietet, da bei Nichteinhaltung ein Vertrauensentzug der Kunden droht. Jedoch haben uns nicht erst die jüngsten Erfahrungen mit den potentesten Anbietern von Markenartikeln, den Automobilkonzernen, gezeigt, dass die Gefahr eines möglichen Vertrauensverlustes nicht vor Betrügereien abschreckt. Auch nehmen viele Kunden selbst nach Aufdeckung von Verbrauchertäuschungen nicht zwangsläufig vom Kauf eines Markenproduktes Abstand, „nur" weil sich die Hersteller eines betrügerischen Vergehens schuldig gemacht haben.

Wer sichergehen will, für einen höheren Geldbetrag, den er an der Kasse für ein vermeintlich höherwertiges Produkt entrichtet, auch einen höheren Gegenwert zu erhalten, kommt nicht umhin, sich auf das Thema **„Qualität"** näher einzulassen. Qualität ist ein sehr häufig verwendetes Wort. Dies macht den Umgang damit nicht leichter, insbesondere wenn gleichzeitig davon auszugehen ist, dass jede Person eine eigene und damit von anderen Personen mehr oder weniger abweichende Auffassung davon hat, was begrifflich unter Qualität zu verstehen ist und wie man Qualität (be-)greifen kann. Wie noch zu zeigen sein wird, ist Eindeutigkeit von qualitativen Aussagen über Einzelmerkmale nur mit Spezifität, d. h. mit gewissen Einschränkungen im Aussagegehalt über das Produktganze zu haben. Auf der anderen Seite läuft eine gewisse Uneindeutigkeit in der begrifflichen Verwendung von Qualitätsmerkmalen Gefahr, dass sich wirkmächtige Interessen der Deutungshoheit bemächtigen, wie dies beispielsweise der LEH im Zusammenhang mit dem Begriff „Tierwohl" praktiziert hat.

Im Zusammenhang mit Qualität haben wir es einerseits mit der Beschreibung einer auf vielen Ebenen vorliegenden erheblichen Variation von Eigenschaften von Produkten, Prozessen oder Systemen zu tun. Andererseits werden diese Eigenschaften aus verschiedenen Blickwinkeln einer qualitativen Beurteilung unterzogen, die je nach Perspektive sehr unterschiedlich ausfallen kann. Folglich liegt ein hoher Grad an Komplexität vor, bei dem wir nicht umhinkommen, die Variation von Eigenschaften und deren qualitative Beurteilung aus unterschiedlichen Perspektiven einer differenzierenden und mehrdimensionalen Analyse zu unterziehen, um zu belastbaren Aussagen zu gelangen.

Gemäß der gültigen Norm zum Qualitätsmanagement (DIN EN ISO 9000:2015-11) wird Qualität definiert als der *„Grad, in dem ein Satz inhärenter Merkmale eines Objekts Anforderungen erfüllt"*. Die Qualität gibt an, in welchem Maße ein Produkt, Prozess oder **System** den an sie gestellten Anforderungen entspricht. Dabei werden Merkmale betrachtet, die einer Produkteinheit innewohnen (inhärent sind). Nicht inhärent sind subjektiv zugeordnete Beschreibungen wie „gut" oder „schön", die sich einer Messbarkeit entziehen. Persönliche Urteile sind folglich nicht Bestandteil einer Qualitätsbeurteilung. Diese basiert auf intersubjektiv messbaren Merkmalen wie z. B. Länge, Breite, Gewicht und viele andere Spezifikationen, welche einer Beurteilung anhand wissenschaftlicher Methoden zugänglich sind. Einzelne Qualitätsmerkmale korrelieren einmal mehr, einmal weniger eng mit anderen Eigenschaften einer Produkteinheit. Deshalb steht die Frage im Vordergrund, inwieweit einzelne Merkmale einen hinreichenden Erklärungsgehalt für die Qualität des Ganzen aufweisen oder ob sie nur einen unbedeutenden Nebenaspekt repräsentieren.

Der Blick auf Qualität ist interessensgeleitet, d. h. nicht losgelöst von den Interessen, die verschiedene Personengruppen damit verknüpfen bzw. verknüpft sehen wollen. Im Allgemeinen steht für den Erzeuger das Verhältnis von Aufwand und Ertrag, für den Kunden das von Kosten und möglichem Nutzen im Vordergrund. Wie schon seit Jahrhunderten auf den diversen Basaren dieser Welt geht es jedoch im Kern um die Wertschätzung, d. h. die Einschätzung des Wertes. Bei der Interaktion zwischen einem Anbieter und einem potenziellen Kunden steht eine Leistung (Produkt) und eine Gegenleistung (Geld) im Raum, denen von der jeweiligen Seite ein unterschiedlicher Wert beigemessen wird. Die Vereinheitlichung von Bemessungs- und Beurteilungsverfahren (Klassifizierungen) von Produkten hat in der Vergangenheit wesentlich dazu beigetragen, die Verständigung zwischen den Handelspartnern zu erleichtern. Weitaus schwieriger gestaltet sich die Verständigung auf den Wert eines Produktes, Prozesses oder Systems, wenn der Tausch von einer Ware gegen Geld weniger auf konkreten und nachprüfbaren Fakten gegründet ist, sondern durch gedankliche und unbewusste Assoziationen und Erwartungen beeinflusst wird, welche die Wahrnehmung der Gegenstände oder Sachverhalte und deren Wertschätzung überlagern.

Wahrnehmungen des Menschen basieren im Wesentlichen auf Mustererkennung (Duda et al. 2001) Dahinter verbirgt sich die Fähigkeit, in einer Menge von wahrnehmbaren Einzelaspekten Regelmäßigkeiten, Ähnlichkeiten oder Gesetzmäßigkeiten zu erkennen. Typische Beispiele sind die Texterkennung und das Textverständnis trotz vertauschter Reihenfolge der Buchstaben oder die Gesichtserkennung trotz einer nur schemenhaften Wiedergabe. Die Fähigkeit zur Mustererkennung bringt Ordnung in den zunächst chaotischen Strom der Sinneswahrnehmungen. Ihre wichtigste Aufgabe ist die Identifikation und anschließende Klassifizierung von Objekten der Außenwelt. Diese Aufgabe erledigt die menschliche Wahrnehmung fortlaufend und in der Regel mühelos. Die Fähigkeit der Klassifizierung ist auch der Grundstein des induktiven Denkens, d. h. der gedankliche Schluss aus beobachteten Phänomenen auf eine allgemeinere Erkenntnis oder die Herleitung von allgemeinen Schlussfolgerungen und Beurteilungen anhand von Indizien. Im Gehirn werden ständig spontane Kategorisierungen (mentale Strukturen) vorgenommen, die in organisierter Form Informationen enthalten, auf die bei passender Gelegenheit zurückgegriffen werden kann. Nach Hofstadter und Sander (2018, 30 f.) ist

> „der Akt der Kategorisierung […] die tastende, abgestufte, graduelle Verknüpfung einer Einheit oder einer Situation mit einer im eigenen Bewusstsein vorgegebene Kategorie".

Dabei folgt die Einteilung in Kategorien nicht einem Schwarz-Weiß-Schema, sondern geschieht anhand von Grauschattierungen. Sie fasst zahlreiche Phänomene in einer Art und Weise zusammen, die dem Lebewesen nützt, sich zurechtzufinden. Diese Vorgehensweise vermittelt das Gefühl, eine Situation, in der man sich befindet, besser zu verstehen, indem sie hilft, Schlüsse zu ziehen und Vermutungen anzustellen, wie die aktuelle Situation einzustufen ist (z. B. interessant, harmlos oder gefährlich) und wie sie sich wahrscheinlich entwickeln wird. Ein unablässiges Kategorisieren von Eindrücken ist daher für das Überleben unverzichtbar.

Das **Marketing** macht sich die Grundstrukturen der Wahrnehmung zunutze, in dem es darauf abzielt, mit spezifisch gestalteten Werbebotschaften Assoziationen und Erwartungen zu wecken und damit die Wahrnehmung und Kategorisierung in eine gewünschte Richtung zu lenken. Mit der Hervorhebung von spezifischen Einzelmerkmalen wird der assoziative Schluss auf eine generelle Höherwertigkeit nahegelegt. Potenzielle Kunden sind für diese Botschaften mehr oder weniger stark empfänglich. Auch die Kunden sind interessensgeleitet. In verallgemeinernder Weise kann ihnen unterstellt werden, dass sie aus ihrer Perspektive interessante Produktangebote zu einem möglichst niedrigen Preis erwerben und sich dadurch einen persönlichen Vorteil oder eine Genugtuung verschaffen wollen. Kaufentscheidungen richten sich folglich nicht nur nach dem Preis, sondern immer auch daran aus, was die Käufer glauben, für den gezahlten Preis an Wert und Nutzen eingekauft zu haben. Entsprechend ist die Einschätzung des Wertes (Wertschätzung) nicht von den individuellen Wahrnehmungen und Kategorisierungen zu trennen.

Die Tatsache, dass bei der Wertschätzung von Produkten und Leistungen persönliche und individuell unterschiedliche Interessen involviert sind, bedeutet keineswegs, dass die Wertschätzung nur eine rein subjektive Angelegenheit wäre. Bereits die Beziehung zwischen Anbieter und Käufer ist Ausdruck einer **Intersubjektivität** und einer Verständigung zwischen unterschiedlichen Perspektiven auf den gleichen Sachverhalt. Unabhängig von den persönlichen Präferenzen, welche gegenüber einzelnen Merkmalen eines Produktes oder Sachverhaltes gehegt werden, stehen vonseiten der Wissenschaft eine Vielzahl von **Methoden** zur Verfügung, mit denen die qualitativen Eigenschaften von Produkten, Prozessen oder Systemen einer intersubjektiv nachvollziehbaren Beurteilung unterzogen werden können. Dabei geht es nicht um eine absolute, kontextunabhängige Beurteilung, wie dies bei quantitativen Beurteilungen anhand exakt definierter und bestimmbarer Messgrößen (z. B. Gewicht) erfolgt. Die Beurteilung einer qualitativen Höherwertigkeit von Produkten, Prozessen oder Systemen basiert vor allem auf einem Vergleich. Der Vergleich orientiert sich zunächst an einzelnen Merkmalen, die entweder unmittelbar sichtbar sind (z. B. Größe, Farbe) oder auf Angaben basieren (z. B. Inhaltsstoffe, Herkunft), die dem potenziellen Käufer anhand von ausgewählten Zusatzinformationen vermittelt werden.

Zum Beispiel wird Weizen nach dem Proteingehalt, der einen Einfluss auf die Backqualität hat, in Qualitätsgruppen eingeteilt, die für die Bezahlung relevant sind. **Milch** wird in bis zu drei Güteklassen unterschieden (differenziert nach Keimzahl und dem Gehalt an somatischen Zellen [für die S-Klasse]), die Preiszu- oder -abschläge mit sich bringen. Auch der Gehalt der Milch an Fett und Eiweiß wirkt sich auf die Bezahlung aus. In der Fleischbranche gehört die Klassifizierung von Schlachtkörpern nach dem Fleisch-Fett-Verhältnis zur Kategorisierung, über die der Auszahlungspreise maßgeblich bestimmt wird. Um das Marktgeschehen und den freien Handel zu befördern, ist die Klassifizierung der Schlachtkörper über eine gesetzliche Verordnung europaweit geregelt. Allerdings liefert die Einteilung der Schlachtkörper nach Handelsklassen keine belastbaren Aussagen über die sensorische Qualität des Fleisches (Monteils et al. 2017). **Eier** werden in Güteklassen A und B (wobei nur A im Einzelhandel zugelassen ist) und Gewichtsklassen vermarktet. Außerdem wird die Haltungsform der Hennen gekennzeichnet. Werden Eier mit dem Hinweis „aus Freilandhaltung" beworben, werden sie aufgrund einer gesetzlich geregelten Kennzeichnung der Haltungsform von anderen Eiern, z. B. von Eiern aus Käfig- oder Bodenhaltung unterschieden. Dadurch wird ihnen das Attribut einer höheren Attraktivität und Wertigkeit zugesprochen. Die Beweislast, dass diese Eier auch tatsächlich aus entsprechenden Haltungsformen stammen, trägt der Anbieter. Bei Täuschungsversuchen kann er auf der Basis der gesetzlichen Verordnung gegen den unlauteren Wettbewerb belangt werden. Nicht geregelt sind jedoch Aussagen zum Geschmack oder zu den mit den Produktionsprozessen verbundenen Tier- oder **Umweltschutzleistungen.**

Das herausgehobene Merkmal Haltungsform ruft bei vielen Kunden in Abhängigkeit vom Erfahrungshorizont und von Vorurteilen spezifische Assoziationen hervor. Auf induktivem Wege werden Zusammenhänge zwischen der Haltungsform und anderen Effekten (z. B. Wirkungen auf das Wohlergehen der Tiere) vermutet, obwohl diese nicht in einem unmittel- und nachweisbaren Zusammenhang mit der Haltungsform stehen müssen. Den Anbietern der Produkte wird der Nachweis eines erhöhten Zusatznutzeneffektes erspart. Obwohl Eier aus unterschiedlichen Haltungsformen die gleiche chemisch-analytische Zusammensetzung aufweisen können und sich auch hinsichtlich der Tierschutz- und der Umweltschutzleistungen nicht notwendigerweise unterscheiden, werden sie aufgrund des Hinweises auf die Haltungsform unterschiedlich wertgeschätzt. Diese Wertschätzung mündet in eine deutlich unterschiedliche **Zahlungsbereitschaft,** die ein Mehrfaches eines herkömmlichen Vergleichsproduktes ausmachen kann. Der Bewertung liegt ein zusammenhängendes (holistisches) Verständnis von Freilandhaltung zugrunde, die als Haltungsform höher bewertet wird als andere Haltungsformen. Diese Höherbewertung wird auf die Produkte übertragen, die diesem Haltungsverfahren entstammen. Das heißt: Wertschätzung und Zahlungsbereitschaft der Kunden basieren auf einer mentalen Kategorisierung, ohne dass es zu einer Validierung der Vermutung einer Höherwertigkeit kommt.

Auch der Preis, den die Kunden für vermeintlich höherwertige Produkte am „Point of Sale" zu entrichten haben, steht in keinem unmittelbaren Zusammenhang mit dem Qualitätsniveau der Erzeugnisse. Die Preisgestaltung ist das Ergebnis von Überlegungen der Verkaufsstrategen, bei denen diverse variable Größen einfließen. Hierzu gehören vor allem Einschätzungen zu den Verfügbarkeiten der entsprechend ausgewiesenen Produkte, zur erwarteten Zahlungsbereitschaft der Kunden und zu den anvisierten Umsatzmengen, die man bei einer entsprechenden Preisgestaltung glaubt realisieren zu können. Auch wenn von agrarökonomischer Seite immer wieder hervorgehoben wird, dass der Preis von Angebot und Nachfrage bestimmt wird, darf dies nicht darüber hinwegtäuschen, dass das Angebot von Waren sowie die Endverbraucherpreise maßgeblich von Marktstrategen beeinflusst werden, die sich darauf verstehen, bei den Kunden Übertragungseffekte hervorzurufen und diese für die eigenen Interessen nutzbar zu machen. Die umfassenden Kenntnisse, welche sich der **LEH** mit Unterstützung von öffentlich geförderten Wissenschaftlern über das Verbraucherverhalten erworben hat, entfalten ihre Wirkung nicht nur am „Point of Sale", sondern beeinflussen auch das Anforderungsprofil, welches der Handel an die Produkte und an die landwirtschaftlichen Erzeugungsprozesse stellt. Damit nehmen Marketingstrategien nicht nur Einfluss auf die Nachfrage und den Preis von Produkten, sondern auch auf die Produktionsprozesse. Angebot und Nachfrage folgen also nicht dem freien Spiel der Marktkräfte, sondern unterliegen den manipulativen Bestrebungen von Akteuren, die über die entsprechenden Mittel und Kenntnisse verfügen, Angebot und Nachfrage in ihrem Sinne zu beeinflussen. Der Markt wird gemacht von denjenigen, die über die größte Wirkmächtigkeit verfügen, ihre eigenen Interessen durchzusetzen.

Anhand der bisherigen Ausführungen wird nachvollziehbar, dass es kein leichtes Unterfangen ist, die „Qualitätserzeugung" als ein Gegenmodell zur dominierenden Kostenminimierungsstrategie zu begründen und ihr eine wissenschaftlich belastbare Basis zu verschaffen, die nicht von den subjektiven Aspekten der Wertsetzungen und von Partikularinteressen korrumpiert wird. So wie Buchstaben durch deren spezifische Aneinanderreihung zu einem Wort mit Bedeutungsinhalt werden, so setzen sich Produkte aus diversen chemischen Komponenten und Merkmalen zusammen. So wie Begriffe durch den Satzkontext eine Aussage formen, so bringt die spezifische Konstellation verschiedener Einzelbestandteile eine qualitative Eigenschaft eines Produktes hervor. Wie Bedeutungsinhalte eines Satzes erlangt eine qualitative Aussage ihre Bedeutung durch den Kontext, in dem sie gemacht wird. Schließlich werden die kontextabhängigen Aussagen über die Bedeutungsinhalte qualitativer Eigenschaften von Personen mit jeweils unterschiedlichen Perspektiven und spezifischen Interessen interpretiert. Soll die Qualitätserzeugung als Basis einer höherpreisigen Erzeugungs- und Vermarktungsstrategie einer beliebigen und vor allem einer irreführenden, täuschenden oder gar betrügerischen Verwendung entzogen werden, kommt man nicht umhin, allen skizzierten Ebenen eine Bedeutung beizumessen. Es gilt, sie in einer Weise zu reflektieren und darzustellen, die nachvollziehbar ist und zu wissenschaftlich belastbaren Aussagen führt, d. h. dem Anspruch auf Evidenz Rechnung trägt. Anhand verschiedener Beispiele soll diese Vorgehensweise erläutert und präzisiert werden.

10.3 Qualitätsbeurteilung

Der Begriff „Qualität" leitet sich vom Wort *qualitas* ab, welches mit den deutschen Begriffen Eigenschaft, Beschaffenheit, Zustand übersetzt werden kann. Die Eigenschaften eines Produktes, Prozesses oder **Systems** sind durch sehr verschiedene Teilaspekte charakterisiert. Hierzu gehören unter anderem äußerlich wahrnehmbare Formen und Veränderungen sowie Informationen, die durch ein methodisches Vorgehen (z. B. Analyse) ermittelt werden können und Aussagen über nicht unmittelbar sichtbare Bereiche wie die inhaltliche Zusammensetzung ermöglichen. Eine qualitative Beurteilung entspricht einem **Werturteil** über die Eigenschaften eines Produktes, Prozesses oder Systems. Beteiligt am Prozess der Beurteilung sind der Beurteilende und das Beurteilungsobjekt. Der Beurteilende ist eine natürliche Person, die einen Sachverhalt erfasst und eine Differenzierung zu ähnlich gearteten Sachverhalten vornimmt. Dabei wird das Beurteilungsobjekt auf einer abgestuften Skala (Urteilsdimension) eingeordnet. Voraussetzung einer Beurteilung ist, dass Produkte, Prozesse oder Systeme von anderen hinreichend unterscheidbar sind, damit sie als separate Einheiten mit Qualitätsmerkmalen in Verbindung gebracht werden können. Vorweg ist auch zu klären, ob wir es mit einer homogenen Grundgesamtheit zu tun haben, bei der die Beurteilung eines Objektes repräsentativ für die übrigen Objekte steht. Dies ist z. B. bei technischen Geräten wie Haushaltsgeräten der Fall. Oder liegt ein Produkt vor, das eine große Variation in der Zusammensetzung erwarten lässt, wie z. B. bei der Milch und beim Fleisch von Einzeltieren? Bei variationsreichen Produkten können keine verallgemeinerungsfähigen Aussagen getroffen werden. Anders verhält es sich bei Produktchargen, bei denen Rohwaren von vielen Tieren vermischt und in ein gleichförmiges Produkt mit standardisierten Inhaltsstoffen (z. B. Trinkmilch mit 3,5 % Fettgehalt) verarbeitet wurde. Am Anfang steht also die Frage, wie repräsentativ die Beurteilungsobjekte sind, die einer Qualitätsbeurteilung unterzogen werden.

10.3.1 Beurteilung von Qualitätsmerkmalen

Äußere und innere Eigenschaften von Produkten, Prozessen oder Systemen können anhand von Qualitätsmerkmalen differenziert werden. In der Regel erfolgt eine Beurteilung anhand von Merkmalen, die anhand von Messgrößen oder anderen Kriterien in einer Skala (von – bis) eingeteilt werden. Die Skalierung bestimmt, welche (mathematischen) Operationen und Transformationen mit einer entsprechend skalierten **Variable** zulässig sind, ohne dass Information verloren gehen bzw. verändert werden. Es werden die folgenden Stufen der Skalierbarkeit unterschieden: nominal-, ordinal-, intervall- oder verhältnisskaliert. Nominal- und ordinalskalierte Merkmale bezeichnet man auch als kategorial. Intervall- und Verhältnisskala werden in der Regel zur Kardinalskala zusammengefasst. Merkmale auf einer Kardinalskala werden als metrisch bezeichnet (s. Abb. 10.1).

Das **Nominalskalenniveau** beschreibt das niedrigste Skalenniveau. Hier werden Beschreibungen verwendet, welche in keinerlei natürliche Reihenfolge gebracht werden können, beispielsweise das Geschlecht oder die Rasse von Tieren. Es kann lediglich die Aussage abgeleitet werden, ob zwei Einheiten im Hinblick auf ein nominalskaliertes Merkmal die gleichen Ausprägungen aufweisen – d. h. ob Tiere dem gleichen Geschlecht oder der gleichen Rasse angehören. Da der Informationsgehalt vergleichsweise gering ist, lassen sich mit nominalskalierten Daten nur wenige Berechnungen durchführen. Beispielsweise lässt sich die Häufigkeit des Auftretens in einer definierten Grundgesamtheit von Tieren bestimmen.

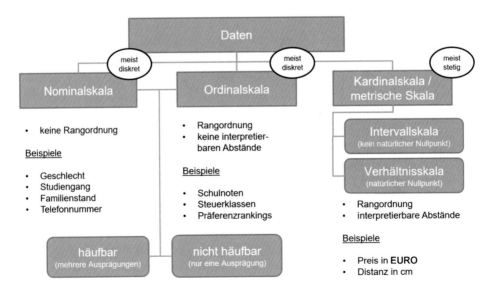

Abb. 10.1 Unterschiedliche Skalenniveaus zur Differenzierung von Daten und Sachverhalten. (Quelle: Christian Reinboth, Hochschule Harz)

Für ein **ordinal skalierbares Merkmal** bestehen zwischen je zwei unterschiedlichen Merkmalswerten Rangordnungen der Art „größer", „kleiner", „mehr", „weniger", „stärker", „schwächer". Ordinalskalierte Daten können in eine aufsteigende oder absteigende Reihenfolge gebracht werden; wenn allerdings die Abstände zwischen den einzelnen Werten nicht quantifizierbar sind, kann mit diesen nicht „normal gerechnet" werden. Das klassische Beispiel sind Schulnoten, die eine natürliche Reihenfolge (eine 2 ist besser als eine 3), aber nicht exakt definierte Abstände zwischen den einzelnen Noten gewährleisten. Analoges gilt für die Bewertung der Zufriedenheit von Verbrauchern mit einem Produkt (z. B. auf einer Skala von 1 bis 5). Rechenoperationen wie etwa das Addieren oder das Subtrahieren von ordinalskalierten Bewertungen sind daher nicht sinnvoll. Auch kann kein arithmetisches Mittel gebildet werden. Stattdessen sollte der Median angegeben werden. Der Median einer Auflistung von Werten ist derjenige Wert, der an der mittleren (zentralen) Stelle steht, wenn die Werte in eine Reihenfolge gebracht werden. Ferner kann die Häufigkeit von Merkmalen in definierten Rangpositionen bestimmt werden. Eine Sonderform der Ordinalskala ist die Rangskala. Hierbei kann jeder Wert nur einmal vergeben werden. Beispiele hierfür sind die Erreichung von Rängen bei Leistungsvergleichen (Tierschauen oder Produktprämierungen).

Beim **Intervallskalenniveau** lässt sich die Größe des Abstandes zwischen zwei Werten sachlich begründen. Als metrische Skala macht sie Aussagen über den Betrag der Unterschiede zwischen zwei Klassen. Die Ungleichheit der Merkmalswerte lässt sich durch Differenzbildung quantifizieren. Bei den metrischen Skalen unterscheidet man diskrete und kontinuierliche Merkmale. Metrisch skalierte Daten verfügen über eine natürliche Reihenfolge sowie auch über quantifizierbare Abstände – mit ihnen kann also gerechnet werden. In vielen Lehrbüchern wird innerhalb der metrischen Skala zusätzlich noch zwischen der Intervallskala (ohne natürlichen Nullpunkt – z. B. Temperatur in Celsius) und der Verhältnisskala (mit natürlichem Nullpunkt – z. B. Temperatur in Kelvin, Blutdruck, Gewichts- und Längenmaße, Preis in Euro und Cent, Leistungen in kg oder Liter) unterschieden. Letztere besitzt das höchste Skalenniveau. Einzig bei diesem Skalenniveau sind Rechenschritte wie Multiplikation und Division gestattet. Anhand von Messzahlen ist ein höherer von einem niedrigeren Wert ohne weitere Erklärungen unterscheidbar (selbsterklärend).

Ein Merkmal (auch Charakteristikum) ist eine erkennbare Eigenschaft, die eine Sache oder einen abstrakten Zusammenhang von anderen unterscheidet. Ein Produkt tierischer Herkunft, nehmen wir als Beispiel ein Stück **Fleisch,** das ein Kunde in einem Fleischerfachgeschäft erwirbt, weist diverse Merkmale wie Farbe, Größe, Gewicht und Gehalte von einzelnen Inhaltsstoffen auf. Diese beschreiben jeweils Teilaspekte, aber nicht das Produkt als Ganzes. So stehen die Gehalte einer spezifischen Stoffgruppe (z. B. Fettgehalt) in einem Produkt immer in Relation zu den Anteilen anderer Stoffgruppen (z. B. Eiweiß- und Wassergehalt). Eine Erhöhung der einen Stoffgruppe hat eine proportionale Reduzierung anderer Stoffgruppen zur Folge. Hinzu kommt, dass die Relationen von Stoffgruppen wie zum Beispiel Fett- und Wassergehalte Merkmale wie Zartheit, Saftigkeit oder den Geschmack eines Fleischstückes beeinflussen. Die Interaktionen zwischen den quantitativen Größen und sensorischen Merkmalen verlaufen selten linear. So steigt zwar mit einem höheren intramuskulären Fettgehalt (IMF) im Fleisch auch dessen **Genusswert** (siehe Abschn. 10.4.3). Allerdings steigt der Zugewinn hinsichtlich des Genusswertes mit zunehmenden IMF-Gehalt nicht parallel. Liegt der IMF-Gehalt unterhalb eines Schwellenwertes (<2,0 bis 2,5 %), ist die Wirkung auf den Genusswert deutlich herabgesetzt. Ähnliches gilt für Milchprodukte. Den meisten Konsumenten dürfte ein Joghurt mit einem Fettgehalt von 6 % besser schmecken als ein solcher mit 1,5 % Fett. Dies bedeutet allerdings nicht, dass der höhere Fettgehalt eine um den Faktor 4 höhere Qualitätsbeurteilung erfährt. Er rangiert lediglich auf einer Skala höher.

Um das charakteristische Ganze eines Beurteilungsobjektes oder Sachverhaltes zu erfassen, bedarf es der Einbeziehung diverser Einzelmerkmale, die erst in ihrer spezifischen Kombination die Gesamtheit charakterisieren. Die einzelnen Merkmale stehen in vielfältiger Weise miteinander in Beziehung, sodass die Beurteilung eines Merkmals keine Aussage über die anderen Merkmale zulässt. Auch geht die qualitative Wirkung der Gesamtheit aller Merkmale wesentlich über die Auflistung von Einzelmerkmalen hinaus. Dies führt uns zur ersten von drei ineinandergreifenden Bedeutungsinhalten des Qualitätsbegriffes: *„Qualität ist die Gesamtheit aller Merkmale eines Produktes, Prozesses oder Systems."*

10.3.2 Beurteilung der Güte

Mit der Differenzierung und Skalierung von miteinander vergleichbaren Produkten, Prozessen oder Systemen anhand von aussagefähigen Beurteilungskriterien wird der Zugang zu einer Qualitätsbeurteilung geebnet. Darüber hinaus bedürfen jedoch weitere Aspekte einer Klärung und Reflexion. So besteht eine wesentliche Voraussetzung für eine belastbare Beurteilung darin, dass die beurteilende Person über eine hinreichende Wahrnehmungsfähigkeit und die Fachkompetenz verfügt, das Beurteilungsobjekt umfassend zu beurteilen. Da Produkte, Prozesse oder Systeme eine Vielzahl von Merkmalen aufweisen, die sie von anderen unterscheiden, stellen sich Fragen nach der Auswahl der vorrangig berücksichtigten Einzelmerkmale sowie deren Gewichtung in Relation zueinander. Eine Gewichtung ist nicht selbsterklärend, sondern bedarf einer Begründung. Beurteilungen beinhalten stets einen subjektiven Aspekt, denn **Objektivität** im naturwissenschaftlichen Sinne kann es bei der Beurteilung durch und von Personen nie geben. Wenn Menschen Sachverhalte beurteilen, tun sie dies stets anhand von persönlichen Wahrnehmungsmustern. Bereits die Auswahl der Beurteilungskriterien enthält subjektive Elemente. Dies gilt erst recht für die Gewichtung von Einzelmerkmalen.

Allenfalls kann eine „relative Objektivität" bei der Beurteilung dadurch gewährleistet werden, dass diese nicht von den persönlichen Beurteilungskriterien des Beurteilers abhängt, sondern auf Kriterien beruht, auf die sich die Mitglieder einer Institution (wissenschaftliche Fachdisziplin oder Mitglieder des Parlamentes bei der Verabschiedung einer Kennzeichnungsverordnung) verständigt haben. Um dem subjektiven Anteil des Wahrnehmungsurteils einzubeziehen und dennoch ein hohes Maß an Objektivität als Ziel der Beurteilung zu gewährleisten, führte Kleber das Prinzip der kontrollierten **Subjektivität** ein (Kleber 1992, 138 ff.). Kontrollierte Subjektivität bedeutet, dass bereits die Kenntnis über Wahrnehmungs- und Beurteilungsfehler sowie deren Entstehungsfaktoren eine Bewusstmachung der Problematik bewirken und damit zur Fehlervermeidung beitragen können.

Eine weitere Herausforderung besteht in der Zusammenführung von Teilbeurteilungen zu einer Gesamtbeurteilung. Naturwissenschaftlich ausgerichtete Fachdisziplinen sind sehr geübt in der Analyse, d. h. der Auflösung und Zerlegung eines Produktes, Prozesses oder **Systems** in Einzelbestandteile und Teilsegmente. Wenn etwas erst einmal analysiert (zerschnitten oder zergliedert) ist, kann man es nicht mehr faktisch, sondern nur noch gedanklich in einen übergeordneten Zusammenhang einordnen. Die gedankliche Einordnung von analysierten Teilsegmenten in einen Gesamtzusammenhang erfolgt durch **Induktion,** d. h. im Schluss vom Einzelfall auf das Allgemeine bzw. vom Teilsegment auf das Ganze. Auch wenn die induktive Herangehensweise mit dem Risiko von induktiven Fehlschlüssen behaftet ist, sind wir im alltäglichen Umgang auf Verallgemeinerungen angewiesen. Wir können nicht in jedem Einzelfall den detaillierten Eigenschaften von Produkten, Prozessen oder Systemen auf den Grund gehen. Solange wir uns der Gefahr der gedanklichen Fehlschlüsse bewusst sind und die gedanklichen Schlussfolgerungen als eine Vermutung **(Hypothese)** formulieren, erkennen wir an, dass sie Fehleinschätzungen unterliegen können. Eine Hypothese impliziert, dass sie einer näheren Prüfung **(Validierung)** bedarf, ob die Vermutung oder hypothetische Aussage sich im Nachhinein eher als richtig oder falsch erwiesen hat.

Naturwissenschaftlich ausgerichtete Fachdisziplinen tun sich naturgemäß schwer mit qualitativen Beurteilungen. Wo immer möglich werden quantitative Kenngrößen herangezogen, um subjektive Aspekte der Beurteilung auszuklammern. Eine Quantifizierung anhand von Messinstrumenten trägt dem Anspruch an eine scheinbar objektive (beobachterunabhängige) Beurteilung Rechnung. Gleichzeitig bleiben jedoch viele andere (ggf. auch nicht messbare) Merkmale unberücksichtigt, obwohl sie für eine qualitative Beurteilung sehr relevant sein können. Beispielsweise basiert die Beurteilung der sogenannten „Schlachtkörperqualität" im Wesentlichen auf einer Quantifizierung der Verhältnisse von Muskelfleisch zur Fettauflage. Die ursprünglich visuell durchgeführte Differenzierung wurde auf den großen Schlachthöfen durch immer ausgefeiltere Techniken abgelöst, die mit immer größerer Präzision die Zusammensetzung der Schlachtkörper erfassen. Ein höherer prozentualer Anteil an Muskelfleisch wird mit einer höheren „Schlachtkörperqualität" gleichgesetzt, obwohl ein höherer Muskelfleischanteil in erster Linie den Gebrauchswert für die weiterverarbeitende Industrie steigert. Über eine differenzierende Preismaske werden für die Primärerzeuger Anreize gesetzt, den Anteil wertgebender Teilstücke zu erhöhen und den Vorgaben der weiterverarbeitenden Industrie zu folgen. Aufgrund eines mehr oder weniger stark ausgeprägten Merkmalsantagonismus zwischen der Muskelfülle und sensorischen Qualitätseigenschaften wurde auf diese Weise den Interessen der Verarbeiter an einer hohen Fleischausbeute Vorrang eingeräumt vor den Interessen der Konsumenten an einem schmackhaften Stück Fleisch (s. auch Abschn. 10.4.3). Auf der anderen Seite wurde auf diese Weise das Interesse vieler Konsumenten an möglichst magerem (weil vermeintlich gesünderem) Fleisch bedient.

Die vorherrschende Beurteilungspraxis widerspricht damit einer Qualitätsbeurteilung, welche der Gesamtheit der qualitätsfördernden und qualitätsmindernden Merkmale Rechnung trägt. Quantitativer Aspekte werden hervorgehoben und die Beurteilung semi-quantitativer Merkmale und das Ergebnis des Zusammenwirkens der Einzelmerkmale vernachlässigt. Dies führt zu einer Verzerrung der Beurteilung zugunsten spezifischer Kriterien auf Kosten anderer. Spätestens hier wird deutlich, dass die naturwissenschaft-liche Herangehensweise für die Qualitätsbeurteilung nicht das Maß der Dinge sein kann. Sie bietet keine Möglichkeiten im Umgang mit der Ambivalenz von Wechselwirkungen zwischen variablen Einzelmerkmalen und versagt beim Umgang mit der Komplexität, welche der Qualität von Produkten, Prozessen und Systemen zu eigen ist. Zwar wird eine beobachterunabhängige Erfassung von Einzelmerkmalen durchgeführt, im Vorfeld erfolgt jedoch eine interessensgeleitete Auswahl der Kriterien. Anhand einiger weniger quantifizierbarer Merkmale können jedoch keine Aussagen über die Qualität des Ganzen abgeleitet werden. Damit wird eine beobachterunabhängige Beurteilung vorgetäuscht und gleichzeitig eine interessensgeleitete Vorgehensweise verschleiert.

Die diversen Einzelmerkmale sowie die Gesamteindrücke von Produkten, Prozessen oder Systemen haben für unterschiedliche Personenkreise und Interessensgruppen eine unterschiedliche Bedeutung und erfahren deshalb voneinander abweichende Beurteilungen. Die naturwissenschaftliche Herangehensweise legt nahe, die interessens-geleitete Vorgehensweise und die Selbstbezogenheit bei der Beurteilung auszuklammern. Jedoch kommt man der Realität im Sinne der multiperspektivischen Betrachtung näher, wenn diesen Zusammenhängen beim Versuch einer intersubjektiven Beurteilung Rechnung getragen wird. Die Qualitätsbeurteilung geschieht nicht losgelöst von den-jenigen, die sie vornehmen. In welchem Maße dies geschieht und auf welche Weise damit besser umgegangen werden kann, hat unlängst der Psychologe und Wirtschafts-nobelpreisträger Kahneman et al. (2021) mit seinen Co-Autoren dargelegt. Für die menschliche Denkweise sei es charakteristisch, dass wir aus wenigen Eindrücken oder Einzelinformationen vorschnell Schlüsse ziehen, um dann nach weiteren Indizien zu suchen, welche den Ersteindruck bestätigen.

Damit eine umfassende, viele Perspektiven einbeziehende Beurteilung herauskommt, braucht es daher zuerst unabhängige Meinungen, um die Streuung, die sich aus unter-schiedlichen Perspektiven ergibt, zu erkennen und deren Variabilität zu untersuchen. Zudem bedarf es einer Beobachtung und Beurteilung zweiter Ordnung. Beobachter zweiter Ordnung ist jeder, der den ersten Beobachter beobachtet. Das heißt, eine Person beobachtet eine andere Person dabei, wie diese zu ihrer Beurteilung gekommen ist. Der Beobachter zweiter Ordnung muss nicht immer zwingend eine andere Person sein. So kann der Beobachter erster Ordnung auch seine vorangegangenen Beurteilungen beobachten bzw. reflektieren und zu der Einschätzung gelangen, dass die vorherige Beurteilung falsch oder nicht ganz korrekt war. Maßgeblich ist zunächst, dass es überhaupt zu einem Perspektivenwechsel und zu einer distanzierten Betrachtung der Interaktionen kommt, die zwischen einem Beurteilungsobjekt oder Sachverhalt und einer Qualitätsbeurteilung durch den Beurteiler erster Ordnung stattfindet. Damit verbindet sich die Frage: Warum beurteilt wer was wie? Auf diese Weise werden die subjektiven Anteile einer Beurteilung nicht ausgeblendet, sondern in den Beurteilungsprozess einbezogen. Die Beurteilung wird transparenter und nachvollziehbarer. Die Unterschiede zwischen verschiedenen Perspektiven ermöglichen eine neue Erkenntnisdimension, die über die Addition der Anzahl unterschiedlicher Einzelaspekte weit hinausgeht (Alrøe und Noe 2010).

Unter Berücksichtigung dieser Wirkzusammenhänge wird die Definition von **Qualität** wie folgt erweitert: *„Qualität ist die Güte der Gesamtheit aller Eigenschaften eines Produktes, Prozesses oder Systems."* Mit dem Begriff „Güte" (etwas für gut, weniger gut oder schlecht befinden), welcher in der Alltagssprache häufig als Synonym für Qualität verwendet wird, kommt die Beziehung zwischen Beurteilungsobjekt und beurteilender Person zum Ausdruck. Die Beurteilung der Güte erfolgt anhand von Präferenzen und Maßstäben, welche einzelne Personen oder Interessensgruppen ihrem Urteil zugrunde legen. Damit agieren die Beurteiler selbstreferenziell, d. h., sie machen ein im eigenen Gedankengebäude verinnerlichtes Wahrnehmungsraster und Bewertungsschema zum Ausgangs- und Bezugspunkt einer Qualitätsbeurteilung. Was allgemein über den Geschmack gesagt wird *„de gustibus non est disputandum"*, kann gerade nicht über Qualität gesagt werden, denn: „Über Qualität lässt sich bekanntlich streiten." Bezogen auf den Geschmack wird deutlich, dass sich eine **subjektive** Sinneswahrnehmung der intersubjektiven Überprüfung und dem Streit um seine subjektive Bewertung entzieht. Mit dieser Redewendung wird zum Ausdruck gebracht, dass nicht rational bewiesen werden kann, dass eine bestimmte Präferenz die richtige ist. Für die Qualitätsbewertung gilt allerdings, dass die **Parameter** nicht allein subjektiv erfasst und bewertet werden können und somit auch eine wissenschaftliche und intersubjektive Auseinandersetzung (Streit) darüber möglich ist. Davon unberührt bleibt die Kaufentscheidung, die jedem nach eigenem Gusto überlassen bleibt. Hier geht es vorrangig um die Frage, ob die Qualität eines Produktes, Prozesses oder Systems auch **intersubjektiv** nachvollziehbar beurteilt werden kann. Qualitätsbeurteilung ist **intersubjektivierbar.** Die Qualitätsbeurteilung als „subjektiv" und damit als ein Themenfeld außerhalb der Wissenschaften abzutun, klammert einen maßgeblichen Teil der **Wirklichkeit** aus. Während die meisten wissenschaftlichen Fachdisziplinen die Beurteilung von Sachverhalten durch unterschiedliche Personen weitgehend ausblenden, steht dieser Zusammenhang für das Agrarmarketing im Fokus. In der Einschätzung des Wertes und des Nutzens, den ein Produkt, Prozess oder System für unterschiedliche Personengruppen zu versprechen scheint, entscheidet sich die Zahlungsbereitschaft zum Kauf von Waren, unabhängig davon, ob die Ware hält, was die Werbeaussagen versprechen.

Erfüllen Produkte oder Dienstleistungen die darin gesetzten Erwartungen, so wird ihnen im allgemeinen Sprachgebrauch eine „gute" Qualität attestiert. Aus der Perspektive des Verkäufers ist „Qualität das, was der Verbraucher wünscht" (d. h. für gut befindet). Der Verkäufer sieht sich bestätigt, „wenn der Kunde wiederkommt und nicht die Ware". Ein primär kundenorientiertes Qualitätsverständnis ist allerdings mit diversen Problemen behaftet. Kundenzufriedenheit und Reaktionen auf mögliche Diskrepanzen zwischen den Erwartungen und den wahrgenommenen Qualitätsniveaus der erworbenen Ware können individuell sehr stark variieren. Hinzu kommt, dass die Kundenzufriedenheit nicht allein von der Beschaffenheit der eingekauften Ware oder Dienstleistung und den spezifischen Präferenzen der Käufer beeinflusst wird, sondern auch vom Preis. Dieser stellt eine maßgebende Quantifizierung bei der Bewertung qualitativer Eigenschaften von Produkten, Prozessen oder Systemen dar, auf die der potenzielle Käufer mit einer „assoziativen Aktivierung" reagiert (Kahneman 2011, 70 f.). Häufig wird der Preis unterhalb der Bewusstseinsschwelle mit Vorstellungen verknüpft hinsichtlich dessen, was man für einen Preis erwartet und ob dieser Preis dem Wert bzw. der Güte entspricht, für den man den Preis zu zahlen bereit ist. Preise haben einen sogenannten „Bahnungseffekt" (Priming) für Assoziationen, die damit in eine bestimmte Richtung gelenkt werden und Einfluss auf die Kaufentscheidung nehmen. Die große Bedeutung, welche der LEH den Niedrigpreisangeboten in der Werbung beimisst, gibt einen Hinweis auf die Wirkmächtigkeit von Preisangaben.

Demgegenüber wird die Beschaffenheit eines Produktes nur schlaglichtartig beleuchtet, d. h. zum Beispiel mit einem eingängigen Slogan, der ebenso wie der Preis beim Käufer Assoziationen weckt. Was letztlich beim Käufer dominiert, ob der Preis, die assoziierte Güte in Relation zum Preis oder die schlichte Macht der Gewohnheit bei einmal initiierten Kaufprozessen, ist eine zentrale Frage, die alle Werbestrategen dieser Welt umtreibt. Ob unabhängig von den Assoziationen der Käufer die Ware in Relation zu anderen Waren den Preis wert ist bzw. durch vergleichende Beurteilungen rechtfertigen kann, bleibt dagegen häufig im Dunkeln. Damit sind Kaufentscheidungen, die auf falschen Annahmen basieren, und Übervorteilungen der Käufer Tür und Tor geöffnet. Da Käufer in der Regel den Wert einer Ware oder eines Prozesses nicht sachgerecht zu beurteilen vermögen, glauben viele, dass sie mit der Orientierung am Preis wenig falsch machen bzw. nicht übervorteilt werden können. Allerdings kann sich auch diese Annahme als ein Trugschluss erweisen, wenn mit dem Kauf negative Folgen für den Käufer selbst (z. B. gesundheitliche Gefährdungen), für andere Lebewesen (Nutztiere) und für andere Schutzgüter (z. B. Natur-, Umwelt- und Klimaschutz) verbunden sind. Anders als bei einem preisbewussten erleben wir bei einem qualitätsbewussten Kaufverhalten, bei dem der Käufer für sich eine gewisse Kompetenz in der Qualitätsbeurteilung beansprucht, dass das Priming den assoziierten Wert in den Vordergrund rückt. Dieser wird dann in einer Nutzen-Kosten-Abwägung durch den Preis relativiert. Entsprechend lassen sich bei Markenprodukten höhere Preisniveaus realisieren, ohne dass der Preis mit einem höheren bzw. in Relation zum höheren Preis graduell angeglichenen Qualitätsniveau in Verbindung stehen muss.

Über das Priming wird die Aufmerksamkeit der potenziellen Käufer auf Merkmale gelenkt, welche für die anvisierte Käuferschicht nicht nur ein hohes assoziatives Potenzial, sondern auch einen hohen Wiedererkennungswert beinhalten (z. B. Öko-produkte). Durch assoziative Beimessungen erfahren diese Merkmale eine herausgehobene Bedeutung und Abgrenzung gegenüber anderen Merkmalen. Die uns allseitig umgebende Werbemaschinerie ist alleinig darauf ausgerichtet, uns mit ihren Werbebotschaften auf spezifische Merkmale aufmerksam zu machen, die aus einer eher indifferenten Wahrnehmung herausstechen. Aufmerksamkeit ist die zentrale Währung der Werbeindustrie. Aus diesem Grunde haben sichtbare Merkmale eine so herausstechende Bedeutung auch für tierische Produkte, wie dies z. B. durch die Farbe von Fleisch oder von Eigelb oder durch Bilder von Tieren, die auf Stroh gehalten werden, zum Ausdruck kommt.

Die Gewichtung von Merkmalen, ihre (Be-)Deutung und die qualitative Einordnung (Kategorisierung) orientiert sich an den bereits verinnerlichten individuellen Wahrnehmungsmustern und Erklärungsansätzen auf der Basis von Analogieschlüssen (Hofstadter und Sander 2018). Angesichts der vielfältigen Merkmale, welche die Gesamtheit eines Produktes, Prozesses oder Systems charakterisieren, und der zugrunde liegenden Komplexität ist eine Komplexitätsreduktion unabdingbar. Das Gehirn wird in jedem Augenblick mit einer Unmenge an Nervenimpulsen aus dem Körperinneren und mit über das Sensorium vermittelten Impulsen (Informationen) aus dem Lebensumfeld konfrontiert. Mit dieser Fülle an Informationen kann das Gehirn nur mittels Reduktion umgehen, indem diese fortlaufend in vereinfachende Kategorien heruntergebrochen werden. Der Schluss von einzelnen Sinneseindrücken auf übergeordnete Zusammenhänge (induktives Vorgehen) ermöglicht den Einzelnen Orientierung, angemessenes Verhalten und Handeln trotz einer allgemeinen Reiz- und Informationsüberflutung.

Bei der Qualitätsbeurteilung ist das induktive Vorgehen dann zielführend, wenn zwischen den Einzelmerkmalen und der Gesamtqualität hochkorrelative Zusammenhänge bestehen. So kann bei maschinell gefertigten Produkten erwartet werden, dass die Hochwertigkeit von Teilen mit der Hochwertigkeit des Gesamtproduktes einhergeht. Ferner trifft in der Regel die Vermutung zu, dass die Eigenschaften, die einem maschinell erzeugten Produkt zu eigen sind, auch bei allen Produkten der gleichen Produktionscharge anzutreffen sind. Folglich kann das Ergebnis der Beurteilung eines Produktes auf die gleich gefertigten Produkte extrapoliert werden. In Analogie lassen bei Automobilen der gleichen Serienfabrikation definierte Inputs in Form von Treibstoffen definierte Outputs in Form von Fahrleistungen und Autoabgasen erwarten. Allerdings weisen selbst standardisiert erzeugte Maschinen eine gewissen Streuung der Leistung und der Emissionen auf. Demgegenüber ist bei komplexen biologischen Prozessen die Vorhersagbarkeit des Ausgangs dieser Prozesse nicht gegeben. Das Ausmaß an Variationen in den Anfangs- und Randbedingungen sowie die kaum überschaubaren Wechselbeziehungen zwischen systeminhärenten Einflussgrößen machen induktive Schlussfolgerungen von Teilaspekten auf die Gesamtqualität zu reinen Spekulationen und verleiten daher zu induktiven Fehlschlüssen. Bei biologischen Prozessen sind qualitative Aussagen auf Vermutungen bezüglich der Wahrscheinlichkeit des Eintretens reduziert und bedürfen daher einer Überprüfung (**Validierung**).

In der Vergangenheit hat es vonseiten der Marktforschung nicht an Bemühungen und Aufwendungen gefehlt, um in Erfahrung zu bringen, anhand welcher Ersteindrücke und Vorabinformationen welche Verbrauchergruppierungen sensibel und ansprechbar sind, sodass darauf auf eine erhöhte Zahlungsbereitschaft geschlossen werden kann. Unter anderem dient die Simplifizierung von Sachverhalten und eine gewisse Unschärfe in der Begriffsbestimmung der Werbung dazu, um die Aufmerksamkeit von möglichst vielen potenziellen Käufern auf spezifische Einzelmerkmale von Produkten zu lenken. Je unschärfer und allgemeiner die Begriffe, desto mehr Personen fühlen sich angesprochen und reagieren mit eigenen Assoziationen auf die Werbebotschaft. Wie einer Übersichtsarbeit von Grethe (2017) zu entnehmen ist, haben sich auch viele Agrarwissenschaftler mit einer Vielzahl von Studien daran beteiligt, die Sensibilität und Ansprechbarkeit von Verbrauchern für werbewirksame Eindrücke und Teilinformationen zu eruieren. Während Agrarwissenschaftler auf diese Weise der Agrarwirtschaft zuarbeiten, damit diese über ein spezifisches Agrarmarketing daraus einen Nutzen ziehen kann, mangelt es an Untersuchungen, die dem Ziel der Aufklärung zugerechnet werden können. So fehlt es an Untersuchungen und Reflexionen über die Interaktionen zwischen den Kunden, den Teilinformationen der Werbebranche und der Gesamtqualität aus der Beobachterposition zweiter Ordnung, um Licht ins Dunkel von interessensgeleiteten Prozessen zu bringen und Aufklärung im ursprünglichen Sinne zu betreiben.

Bei den diversen Akteuren in der Prozesskette der Nahrungsmittelerzeugung liegen sehr unterschiedliche Vorstellungen über die qualitativen Differenzierungen von Produkten, Prozessen und Systemen vor. Böcker et al. (2004) benennen in Bezug auf Nahrungsmittel sechs Typen von Qualitätsbegriffen, die das weite Spektrum unterschiedlicher Grundverständnisse von **Qualität** aufzeigen: a) absoluter Qualitätsbegriff: Qualität wird gleichgesetzt mit hervorragender Qualität; b) produktorientierter Qualitätsbegriff: Qualität ist eine präzise messbare **Variable** von Eigenschaftsbündeln; c) kundenorientierter Qualitätsbegriff: Qualität orientiert sich an der Befriedigung der individuellen Kundenbedürfnisse; d) herstellungsorientierter Qualitätsbegriff: Qualität ist die Einhaltung vorgegebener Standards gemäß b) oder c); e) „value"-orientierter Qualitätsbegriff: Qualität wird im Sinne eines Preis-Leistungs-Verhältnisses beurteilt; f) arbeitswertorientierter Qualitätsbegriff: Qualität ist die Summe des zur Herstellung betriebenen Aufwandes. All diese Qualitätsbegriffe haben sich aus den verschiedensten Standpunkten und Interessen herauskristallisiert. Sie führen zu sehr unterschiedlichen Strategien bei den Versuchen, über eine Qualitätserzeugung eine verbesserte Wertschöpfung zu realisieren.

Die Heterogenität und Unübersichtlichkeit des Qualitätsbegriffes dürfte ihren Teil dazu beigetragen haben, dass sich eine Qualitätserzeugung von Nahrungsmitteln bislang nur in Ansätzen hat entwickeln können. Solange die **Primärerzeuger** einem globalen Unterbietungswettbewerb ausgesetzt sind, dem sie mit Bestrebungen nach Senkung der Produktionskosten zu begegnen versuchen, sind vonseiten der Primärerzeuger keine Impulse für eine Neuorientierung der Produktionsprozesse in Richtung einer Qualitätserzeugung zu erwarten. Auch die bisherigen Vorschläge vonseiten der Agrarpolitik und der sie beratenden Agrarökonomie beschränken sich darauf, über erhöhte Mindeststandards neue „Qualitätsstandards" zu setzen. Damit soll dem Teil der Verbraucher, der Wünsche nach qualitativen Verbesserungen äußert und Kritik an den bestehenden Verhältnissen übt, ein alternatives Angebot unterbreitet werden. Gleichzeitig wird die überwiegende Zahl der Betriebe ermutigt, mit den bisherigen, auf Produktivitätszuwachs ausgerichteten Produktionsprozessen fortzufahren, um auf den globalen Märkten bestehen zu können. Dies soll ungeachtet der bereits eingetretenen und in Kap. 6 skizzierten immensen Schadwirkungen geschehen, welche mit den vorherrschenden Produktionsprozessen einhergehen.

So wie die ursächlichen Zusammenhänge für das Zustandekommen der Schadwirkungen auf der betrieblichen Ebene weitgehend ausgeblendet werden, so wird auch im Zusammenhang mit der Qualitätserzeugung nicht angemessen realisiert, dass auch diese durch Ambivalenzen charakterisiert ist. Qualität wird nicht durch die Hervorhebung von Einzelmerkmalen generiert, sondern durch einen Abgleich von positiven und negativen Aspekten sowie durch die Organisation einer Balance zwischen synergistischen und antagonistischen Wirkprozessen zu einer Gesamtqualität. Hierzu bedarf es der Befähigung zur Durchdringung komplexer Sachverhalte und der Erarbeitung konzeptioneller Ansätze für den Umgang mit Komplexität. Zu einer Qualitätserzeugung gehört ferner, dass das Ergebnis der Prozesse im Wirkungsgefüge von Produkten, Prozessen oder Systemen einer Überprüfbarkeit zugänglich ist.

Ungeachtet der bisherigen Misserfolge bleibt die Qualitätserzeugung ein zentrales Instrument einer verbesserten Wertschöpfung für diejenigen Primärerzeuger, welche über die erforderlichen Voraussetzungen verfügen. Diesen bietet sich die Chance, über die nachgewiesene Höherwertigkeit der Erzeugnisse einen höheren Verkaufspreis zu generieren und sich auf diese Weise der Abwärtsspirale eines Unterbietungswettbewerbes zu entziehen. Eine elementare Voraussetzung dafür ist, dass eine qualitative und damit differenzierende Aussage über einen Sachverhalt intersubjektiv nachvollziehbar und belastbar, d. h. evidenzbasiert ist. Qualitative Aussagen sollten nicht nur zwischen Verkäufer und Käufer oder Handelspartnern, sondern bei Streitigkeiten notfalls auch vor Gericht Bestand haben, d. h. justiziabel sein. Um Missverständnissen vorzubeugen, bedarf es eindeutiger Begriffsbestimmungen und einer Präzisierung von Aussagen bezüglich ihres Geltungsbereiches und der Klärung, ob es sich um hypothetische oder evidenzbasierte Aussagen handelt.

10.3.3 Qualitätsurteilung anhand externer Maßstäbe und Zielvorgaben

Eine erhöhte Wertschöpfung durch höherwertige und höherpreisige Verkaufsprodukte ist das eine, eine Verbesserung der Produktionsprozesse, um damit den Interessen des Gemeinwohles Rechnung zu tragen, ist etwas anderes. Beide Interessenslagen lassen sich mit den Interessen von Verbrauchern in Beziehung setzen, die durch den Kauf von hochwertigen Produkten einerseits sich selbst und andererseits dem Gemeinwohl etwas „Gutes" tun wollen. Darüber hinaus können sie für sich den Zusatznutzen der Genugtuung erwerben, dass sie die Primärerzeuger darin unterstützen, eine gemeinwohldienliche Produktionsweise zu realisieren. Das Beziehungsgeflecht der in Abb. 10.2 adressierten Interessen ist von einer wechselseitigen Bedingtheit geprägt. Die Gemeinwohlinteressen haben nur dann eine Chance auf Realisierung, wenn sowohl die Partikularinteressen der Primärerzeuger als auch der Verbraucher eine angemessene Berücksichtigung finden. Die Primärerzeuger können nur dann bei der Umsetzung von Produktionsprozessen die potenziellen Schadwirkungen auf ein Mindestmaß reduzieren, wenn ihnen über höhere Marktpreise dafür auch die notwendigen Ressourcen bereitgestellt werden. Die Verbraucher sind langfristig nur dann bereit, die höheren Marktpreise zu zahlen, wenn ihnen dafür etwas Höherwertiges geboten wird, das sich von minderwertiger Ware abgrenzt. Es sollte nicht nur den persönlichen Präferenzen Rechnung tragen, sondern den Käufern höherwertiger Waren auch vermitteln, Teil eines Gemeinwesens zu sein, an dem sie durch den Kauf entsprechender Produkte und durch eine angemessene Vergütung der erbrachten Leistungen teilhaben. Aus der Verknüpfung unterschiedlicher Interessen resultieren Synergie- und Zusatznutzeneffekte, die sich bei einer fortgesetzten Fokussierung auf Partikularinteressen nicht erschließen lassen. Ebenso gilt, dass Gemeinwohlinteressen ohne die synergistischen Effekte und die damit einhergehenden Mehrleistungen kaum realisiert werden können.

Dem aufmerksamen Leser wird nicht entgangen sein, dass in dieser Dreieckskonstellation die Interessensgruppe der Verarbeiter von Rohwaren und der LEH fehlen. Während sie im bisherigen Marktgeschehen zu weiten Teilen die Definitions- und ·Deutungshoheit für sich okkupiert haben, wird ihnen im Kontext von Gemeinwohl-

Abb. 10.2 Beziehungsgeflecht zwischen verschiedenen Interessenslagen im Hinblick auf die Beurteilung qualitativ hochwertiger Nahrungsmittel. (Eigene Darstellung)

interessen diese Rolle nicht zugestanden. Hier sollten sich Weiterverarbeitung und Handel auf ihre ureigene Aufgabe konzentrieren, nämlich als Mittler zwischen der Primärerzeugung und den Verbrauchern zu fungieren. Dazu sollten sie sich genau wie die anderen, hier nicht explizit genannten Interessensgruppen an übergeordneten Maßstäben orientieren und ihr jeweiliges Geschäftsmodell danach ausrichten. Hierzu gehört unter anderem, für die unterschiedlichen Qualitätsabstufungen die passenden Verwertungsmöglichkeiten und die angemessenen Preise in Relation von Angebot und Nachfrage auszuloten.

Im Zentrum des Dreiecks stehen qualitativ hochwertige Produkte und Leistungen. Die Höherwertigkeit muss einer Beurteilung anhand von Kriterien und Maßstäben zugänglich sein, die nicht von den Perspektiven der Beurteilenden selbst geprägt ist. Vielmehr sollte die Beurteilung der Selbstreferenzialität von Partikularinteressen entwunden sein und Beurteilungen im Hinblick auf übergeordnete Zielvorgaben ermöglichen. Um gegenüber den weiterhin vorhandenen Eigeninteressen bestehen zu können, ist eine unabhängige, intersubjektiv gültige und evidenzbasierte Qualitätsbeurteilung unabdingbar. Eine Skalierung von Produkten und Leistungen in einem Spektrum von sehr niedrig bis sehr hoch sollte allen Interessensgruppen Orientierung bieten. Eine Qualität, die diesen Anforderungen entspricht, wird wie folgt definiert: *„Eine Qualität dritter Ordnung ist die Gesamtheit von Merkmalen von Produkten, Prozessen oder Systemen gemessen an externen Maßstäben und mit Bezug zu übergeordneten Zielvorgaben."*

Zu den expliziten **Zielgrößen** des Gemeinwohles gehören vor allem der Verbraucher-, der Tier- und der Umweltschutz. Deren Realisierung setzt voraus, dass man sich von einer anthropozentrischen, die Interessen einzelner Personengruppen in den Mittelpunkt stellenden, Sicht- und Vorgehensweise emanzipiert. Anthropozentrische Sichtweisen lassen sich nicht auflösen; sie bestimmen unsere Sicht auf die Welt. Wenn jedoch nicht nur die Interessen einzelner Personengruppen, sondern darüber hinaus die Interessen des Gemeinwohles als Maßstab für eine Beurteilung fungieren, werden die Eigeninteressen nicht negiert, sondern durch die Hinzuziehung einer übergeordneten Perspektive relativiert, d. h. in ein Beziehungsgeflecht integriert. Die Beurteilung von Produkten und Leistungen im Hinblick auf ihren Beitrag zu den Zielgrößen des Gemeinwohles sollte darauf fokussieren, in welchem Maße bei der Erzeugung von Nahrungsmitteln diese Schutzziele erreicht werden. So ist es das Ziel des Verbraucherschutzes, die Verbraucher vor möglichen Gefährdungen durch den Verzehr von Nahrungsmitteln zu schützen. Ziel des **Tierschutzes** ist es, Nutztiere vor Beeinträchtigungen zu schützen, welche mit Schmerzen, Leiden und Schäden oder gar mit dem Tod einhergehen. Ziel des Umweltschutzes ist es, die Austräge von Schadstoffen in die Umwelt in Relation zu den erwünschten Verkaufsprodukten so niedrig wie möglich zu halten. In welchem Maße dies in unterschiedlichen systemischen Zusammenhängen gelingt, ist einer Beurteilung zugänglich (s. Abschn. 10.5). Welche externen Maßstäbe für eine Differenzierung in den jeweiligen Kontexten geeignet sind und welchen übergeordneten Zielvorgaben dabei entsprochen werden sollte, wird nachfolgend näher ausgeführt.

Ableitungen

Die Qualität von Produkten und Leistungen, die mit den Erzeugungsprozessen einhergehen, weisen eine beträchtliche Variationsbreite auf. Qualitätsbeurteilungen
können nicht losgelöst vom **Kontext** erfolgen, in dem die Produkte und Leistungen
eingebettet sind und aus dem sie hervorgebracht wurden. Der Kontext wiederum
ist geprägt durch unterschiedliche Interessen und den damit einhergehenden
Perspektiven. Allerdings steht bei der Beurteilung der Qualität von Produkten-,
Prozessen oder Systemen zu viel auf dem Spiel, als dass man vor den Herausforderungen einer **intersubjektiven** Beurteilung und vor den naturwissenschaftlich begründeten Einwänden gegenüber den subjektiv gefärbten Anteilen
einer Beurteilung zurückschrecken dürfte. Weil die Agrarwissenschaften dieses
Themenfeld weitgehend den Interessenvertretern überlassen haben, hat sich hier
ein Graubereich entwickelt, welcher einer interessensgeleiteten Manipulation
Tür und Tor geöffnet hat. Aufklärung tut daher dringend Not. Eine intersubjektive Verständigung über die Bewertung von komplexen Sachverhalten
ist immer dann möglich, wenn sich die Beteiligten über das methodische Vorgehen verständigen. Darüber hinaus ermöglicht eine Qualitätsbeurteilung zweiter
Ordnung eine übergeordnete Perspektive, welche die Interessen der Beteiligten
im Hinblick auf die Beurteilung selbst zum Gegenstand einer Betrachtung macht.
Schließlich beansprucht das Gemeinwesen einen übergeordneten Standpunkt
und eine Interessenslage, welche den Partikularinteressen gegenübersteht und
mit diesen in Abgleich gebracht werden kann. Voraussetzung für den Abgleich
ist eine unabhängige und intersubjektiv gültige Beurteilung von Produkten und
Leistungen im Hinblick auf die damit verbundene Beförderung von Gemeinwohlinteressen. Nur so kann verhindert werden, dass Gemeinwohlinteressen nur zum
Schein adressiert, in Wirklichkeit aber für die Verfolgung von Eigeninteressen
instrumentalisiert werden.

10.4   Differenzierung und Kontextualisierung von Produktqualitäten

Die Qualität eines Produktes, das als **Nahrungsmittel** in den Verkehr gebracht wird,
wird von so unterschiedlichen Aspekten wie dem Nähr-, Gebrauchs- oder **Genusswert**
bestimmt. Diesen wertgebenden Faktoren ist gemein, dass sie direkt am Produkt erfasst,
analysiert und beurteilt werden können. Wenn von einem Produkt die Rede ist, müsste
vorweg geklärt werden, ob von einem Produkt nominal die Rede ist, das heißt, dass seine
möglichen Ausprägungen zwar unterschieden werden können, aber keine natürliche
Rangfolge aufweisen. Handelt es sich um eine homogene oder heterogene Charge von
Produkten gleicher Herkunft oder geht es um ein konkretes Produkt, das zum Verzehr

bestimmt ist, und dessen Qualität einer Beurteilung unterzogen werden soll? Ferner stellt sich die Frage, wie gut Produkte voneinander abgegrenzt werden können.

So ist ein Ei durch die Eischale klar von anderen Eiern unterscheidbar; es kann folglich als eine singuläre Einheit einer Beurteilung unterzogen werden. Ein Ei ist jedoch nicht wie das andere. **Eier** der gleichen Tierart unterscheiden sich unter anderem in Größe und Gewicht. Eier der gleichen Gewichtsklasse sind jedoch nicht gleich hinsichtlich anderer Merkmale (z. B. Farbe des Eigelbes). Um die Farbe des Eigelbs beurteilen zu können, muss die Eischale entfernt werden. Dadurch ist das Ei, außer bei unmittelbarer Verwendung, nicht mehr als Nahrungsmittel nutzbar. Daher ist es sinnvoll, nur eine begrenzte Zahl von Eiern aufzuschlagen, um von deren Beurteilungsergebnis auf die gesamte Charge zu schließen. Um eine Aussage über die Farbe des Eigelbes von Eiern aus einer Stalleinheit mit einer spezifischen Gewichtsklasse machen zu können, muss entschieden werden, wie viele Eier aus einer Charge untersucht werden müssen, um das Untersuchungsergebnis auf die Qualitätseigenschaften einer Charge extrapolieren zu können. Es stellt sich folglich die Frage nach der Repräsentativität, also der geschätzte Grad der Übereinstimmung zwischen einer zu beurteilenden Stichprobe und einer Grundgesamtheit oder einer Kategorie von Produkten.

Bei **Fleisch** gestaltet sich die Zuordnung von Qualitätsaussagen noch weitaus schwieriger. Bei einem für den Verzehr bestimmtes Stück Fleisch handelt es sich um ein aus dem Zusammenhang (eines Schlachtkörpers) herausgetrenntes Teilstück eines Muskels oder einer Muskelgruppe. Die Art der Zerlegung bestimmt das Größenverhältnis des Teilstückes in Relation zum gesamten Schlachtkörper. In der Regel wird ein Schlachtkörper in sehr viele Teilstücke zerlegt, die alle eine unterschiedliche Beschaffenheit und damit eine unterschiedliche Gesamtheit von Qualitätsmerkmalen aufweisen. Die einzelnen Muskeln eines Schlachttieres (mehr als 200 an der Zahl) erfüllen im Organismus sehr unterschiedliche Funktionen und sind aufgrund dessen von unterschiedlicher Beschaffenheit, um für den Organismus möglichst zweckdienlich sein zu können. Die Qualitätsbeurteilung eines einzelnen Schlachtkörpers wirft die Frage auf, welches Teilstück eines Schlachtkörpers in welcher Größe geeignet ist, um von der Gesamtbeschaffenheit eines Teilstückes auf die Beschaffenheit andere Teilstücke des gleichen Schlachtkörpers schließen zu können. Weitere Fragen der Aussagefähigkeit stellen sich, wenn von den Beurteilungsergebnissen eines Schlachtkörpers auf die Beschaffenheit anderer Schlachtkörper einer Tiergruppe oder von mehreren Schlachtkörpern Aussagen über die Qualität von Fleischprodukten einer Tierpopulation (z. B. einer Rasse) abgeleitet werden sollen. Immer schwingt die Frage nach der Verallgemeinerungsfähigkeit von qualitativen Aussagen über Produkte mit, die nie identisch sind, sondern immer ein unbestimmtes Maß an Variation aufweisen.

Ein Schlachtkörper ist zwar nicht homogen, dafür aber eine klar abgrenzbare Produkteinheit. Anders verhält es sich mit der **Milch** und den daraus gewonnenen Erzeugnissen. Die zum Verzehr bestimmte Milch ist eine durch Vermengung von Milchen, die in der Milchdrüse von einzelnen Tieren erzeugt wurden, homogen gemachte Flüssigkeit. Eindeutige Zuordnungen zum ursprünglichen Kontext, d. h. dem Euter einer Milchkuh,

-ziege oder -schaf, sind gekappt. Als Gemisch wird die Rohmilch von unterschiedlichen Betrieben in Milchtanks gefüllt und mit ihr in unterschiedlicher Weise verfahren, bevor sie als eine homogenisierte Rohware als Ausgangspunkt für weitere Verarbeitungsschritte dient (z. B. Butter, Käse, Joghurt). Die Summe aller Milchen der Einzeltiere bringt die Gesamtheit der Beschaffenheit der jeweiligen Rohmilchcharge hervor. Die Größe der Charge entspricht der jeweiligen Füllungsmenge der verwendeten Milchtanks in den Molkereien. Folglich wird die Qualität von Milch durch die Beschaffenheit eines unterschiedlich großen Gemisches von Rohmilch repräsentiert. Inwieweit noch die Milch einer qualitativen Beurteilung unterzogen werden kann und ob der Begriff „Qualitätsmilch" noch seine Berechtigung hat, wird weiter unten erörtert.

10.4.1 Nährwert

Der Nährwert wird durch den Gehalt an ernährungsphysiologisch relevanten Inhaltsstoffen charakterisiert. Hierzu gehören die Makronährstoffe: Proteine, Fette, Kohlenhydrate und die Mikronährstoffe: Mineralstoffe, Spurenelemente und Vitamine. Darüber hinaus sind die Gehalte an sekundären Pflanzenstoffen oder Ballaststoffen, aber auch das Vorkommen bzw. das Freisein von unerwünschten Stoffen wie Rückstände oder antinutritive Faktoren von Bedeutung. Trotz eines unbeeinträchtigten Nährwertes kann die Anwesenheit von Schadstoffen die Gesamtqualität der Nahrungsmittel drastisch verändern. Die gesetzlich vorgeschriebenen Mindestanforderungen an die Produktqualität sind in den geltenden Rechtsvorschriften, insbesondere in den lebensmittelrechtlichen Vorschriften, u. a. dem Lebensmittel- und Futtermittelgesetzbuch, sowie weiteren nationalen und europäischen Verordnungen niedergelegt. Mithilfe der Mindestanforderungen soll der Verkauf solcher Produkte unterbunden werden, die gravierende Mängel aufweisen oder Schadstoffe beinhalten. Produkte, deren Verzehr ein Risiko für Verbraucher beinhaltet, dürfen nicht als Lebensmittel in den Verkehr gebracht werden. Sie finden jedoch noch anderweitig Verwendung, z. B. als Rohstoff für Industrieprodukte. Wo jedoch keine umfassenden und wirksamen Kontrollmaßnahmen etabliert sind, ist die Versuchung groß, Rohwaren, die streng genommen den gesetzlichen Anforderungsprofilen nicht entsprechen, dennoch als Rohwaren für die Herstellung von Nahrungsmitteln zu veräußern, um dadurch finanzielle Einbußen in Grenzen zu halten. In Abhängigkeit von der Kontrolltiefe und -dichte besteht ein mehr oder weniger großer Graubereich. Beispielsweise wird die Milch von euterkranken Milchkühen in den Tank gemolken und mit der Milch von eutergesunden Tieren vermischt, obwohl laut Verordnung ein verändertes Milchsekret nicht in den Verkehr gebracht werden sollte. Der Nährwert der Milch von euterkranken Tieren ist gegenüber unbeeinträchtigten Tieren herabgesetzt. Durch Vermischung werden die Unterschiede im Nähr- und Genusswert der Milchen kaschiert, während die Primärerzeuger für die minderwertige Milch den gleichen Preis erzielen wie für die Milch von eutergesunden Tieren.

Bei allen Ausgangsprodukten tierischer Herkunft besteht eine große Variation bezüglich der Inhaltsstoffe und damit auch hinsichtlich des Nährwertes. Die Variation kollidiert mit den Anforderungen, welche die technologischen Prozesse der Weiterverarbeitung an die Rohwaren stellen. Entsprechend werden Rohwaren möglichst vor der Weiterverarbeitung hinsichtlich der Zusammensetzung und der Größenverhältnisse kategorisiert. Bei der Rohmilch kommt es bereits durch die Mischung unterschiedlicher Milchen zu einer Angleichung der Zusammensetzung. In den Molkereien wird dann die Milch in ihre einzelnen Nährsubstrate getrennt und für unterschiedliche Produktgruppen auf einen zuvor definierten Standard zu Verkaufsprodukten mit einheitlicher Inhaltsstoffen neu zusammengesetzt. Ein bekanntes Beispiel ist die Trinkmilch, die mit unterschiedlichen, aber standardisierten Fettgehalten den Verbraucher angeboten wird.

Ausgangspunkt für die Beurteilung des Nährwertes von verzehrfähigen Produkten sind die Nationalen Verzehrsempfehlungen, die für die Bundesrepublik Deutschland von der Deutschen Gesellschaft für Ernährung publiziert werden. Diese sind auf die Bedarfswerte eines Durchschnittsmenschen ausgerichtet. Damit erfolgt die Standardisierung nicht nur bezüglich der Inhaltsstoffe eines Produktes, sondern auch hinsichtlich des Beurteilungsmaßstabes. Das Nährstoffniveau eines Produktes wird umso höher eingestuft, je geringer die Werte von den ernährungswissenschaftlich festgelegten Bedarfswerten eines standardisierten Konsumenten abweichen. Konsumenten sind jedoch nicht gleich, sondern weisen unter anderem in Abhängigkeit von Gewicht, Alter, Geschlecht und Bewegungsaktivitäten einen sehr unterschiedlichen Nährstoffbedarf auf. Auch können sie altersbedingt (z. B. Kleinkinder) oder im Fall von spezifischen Unverträglichkeiten (z. B. Laktoseintoleranz) sehr unterschiedlich auf die gleichen Inhaltsstoffe reagieren. Allgemeine Versorgungsempfehlungen stellen für die einzelnen Menschen allenfalls Orientierungsgrößen dar. Maßgeblich für die Beurteilung der ernährungsphysiologischen Qualität eines Produktes sind nicht die festgelegten Standards, sondern die individuellen Bedarfswerte und Präferenzen der Verbraucher. Der einzelne Verbraucher ist folglich das **Bezugssystem,** an dem sich entscheidet, ob die Gesamtheit der spezifischen Zusammensetzung des Produktes geeignet ist, der Deckung des Nährstoff- und Energiebedarfes des jeweiligen Konsumenten zuträglich zu sein. Die **Güte** eines Nahrungsmittels hängt damit sowohl von der inhärenten Zusammensetzung des Produktes als auch von der spezifischen Bedarfssituation sowie von der Zusammenstellung des Speiseplans des einzelnen Verbrauchers ab, von dem die jeweiligen Produkte einen unterschiedlichen Teil der Gesamtversorgung abdecken. Wird der Kontext des Verzehrs von Nahrungsmitteln geändert, verändert sich die ernährungsphysiologische Qualität des gleichen Produktes. Was für die eine Person noch als zuträglich beurteilt wird, kann sich für eine andere Person hinsichtlich des Nährwertes als problematisch erweisen. Entsprechend kann der Nährwert eines Produktes auf die standardisierten und analytisch überprüften Inhaltsstoffe reduziert werden. Der Wert von Nahrungsmitteln im Hinblick auf den intendierten Zweck der Nährstoffversorgung kann jedoch nur kontextabhängig beurteilt werden.

10.4.2 Eignungs- bzw. Gebrauchswert

Der Eignungs- bzw. Gebrauchswert bezeichnet die Nützlichkeit von Nahrungsmitteln im Hinblick auf eine spezifische Verwendung. Dabei spielen vor allem die
chemisch-physikalischen Eigenschaften von Rohwaren eine maßgebliche Rolle. Je
nach Zusammensetzung sind sie besser oder schlechter für die Ausbeute und für
verarbeitungs- und küchentechnischen Prozesse geeignet. Da Rohwaren einen mehr
oder weniger großen Anteil eines verarbeiteten Produktes ausmachen, sollten sie
gut mit anderen Zusatzstoffen kombinierbar sein, um dem Anforderungsprofil eines
standardisierten Verkaufsproduktes zu entsprechen. Beispielsweise sind unterschiedliche Teilstücke eines Schlachtkörpers in unterschiedlichem Maße für die Zubereitung
spezifischer Verkaufsprodukte verwendbar. Die Variation reicht von unterschiedlich
zusammengesetzter Muskulatur von Tieren verschiedener Tierarten (z. B. Rind, Schwein,
Schaf, Ziege) und unterschiedlicher Produktionsrichtungen (z. B. Jungtiere, Masttiere,
Elterntiere) bis zu tierindividuellen Unterschieden. Bei Rindern kann das Alter der
Schlachttiere von wenigen Wochen alten Kälbern bis zu 15 Jahre alten Kühen reichen.
Selbst das Fleisch von Tieren der gleichen Rasse und des gleichen Alters, die zudem
mit den gleichen Futtermitteln gefüttert wurden, weist eine große Variationsbreite auf.
Die bereits angesprochene Kategorisierung von Rohwaren hat lediglich eine gewisse
Reduzierung der Variationsbreite zur Folge, ohne diese jedoch aufzuheben. Bezugs-
system für die Beurteilung des Gebrauchswertes von Rohwaren ist die Eignung für die
Herstellung spezifischer Verkaufsprodukte. Je weniger die Rohwaren in den Inhaltsstoffen und den chemisch-physikalischen Eigenschaften variieren, desto effizienter
lassen sich damit die Verarbeitungsprozesse gestalten.

Für Schlachtkörper hat sich das Verhältnis von **Fleisch**- zur Fettmenge als ein
maßgebliches Beurteilungskriterium herauskristallisiert. Je höher der Muskelfleisch-
anteil und je geringer der Fettanteil, desto höher wird der Schlachtkörper bewertet.
Obwohl mit dem Kriterium nur die quantitative Größe der Fleisch-Fett-Verhältnisse der
Schlachtkörper adressiert wird, hat sich dafür der Begriff der „Schlachtkörperqualität"
etabliert. Das Fleisch-Fett-Verhältnis variiert beträchtlich zwischen den Schlachtkörpern.
Über das Fütterungsregime, die genetische Herkunft, das Geschlecht und des Alters der
Tiere kann die Variation eingeengt werden. Die Kategorisierung (Klassifizierung) von
Schlachtkörpern hat zum Ziel, die Variation auf ein händel- und handelbares Maß zu
reduzieren und den Handelswert der Schlachtkörper zu standardisieren. Ein einheitliches
Beurteilungsschema ermöglicht die Vergleichbarkeit der Handelsware und eine gewisse
Markttransparenz. Zudem können in Verbindung mit einem differenzierten Bezahlsystem
die Erzeugungsprozesse in die vonseiten der Handelspartner gewünschte Richtung
gelenkt werden.

In der Europäischen Union gelten für die Klassifizierung von Schlachtkörpern von
Rind und Schwein in allen Mitgliedsländern die gleichen Handelsklassen (E U R O P).
Das in Europa gültige Bewertungssystem unterscheidet sich allerdings von Bewertungs-

systemen in anderen Ländern, wie zum Beispiel vom USDA-System (U.S. Department of Agriculture) oder vom MSA-System (Meat Standard Australia). Das EUROP-Klassifizierungssystem wurde im Jahr 1983 per Verordnung eingeführt und wird in leicht modifizierter Form noch heute angewandt. Ziel war die Harmonisierung des europäischen Fleischmarktes und eine EU-einheitliche, von Wettbewerbsverzerrungen freie Anwendung der gemeinsamen Marktordnung. Sie dient der Fleischindustrie als Basis für eine transparente Bezahlung der Fleischerzeuger und bildet den Ausgangspunkt für die Preisnotierungen des Fleischhandels. In den meisten europäischen Ländern sind die Personen (Klassifizierer), welche die Einteilung der Schlachtkörper in das Klassifizierungssystem überwachen, bei den Betreibern von Schlachthöfen angestellt. Die Klassifizierungen werden regelmäßig einer Überprüfung unterzogen, um sicherzustellen, dass die Standards eingehalten werden. Seit dem Jahr 2000 ist auch eine Einteilung der Schlachtkörper anhand einer Videobildanalyse zulässig. Auch hierbei erfolgen fortlaufend Kontrolluntersuchungen, um eine korrekte Klassifizierung zu gewährleisten; schließlich hängt von dieser auch die Bezahlung der Primärerzeuger ab.

10.4.3 Genusswert

Sensorische Qualität

Der Genusswert wird auch als sensorischer Wert oder sensorische Qualität eines Nahrungsmittels bezeichnet. Der Genusswert wird mit den menschlichen Sinnen wahrgenommen. Entsprechend spielen Aussehen, Geruch, Geschmack, Reife- und Frischezustand sowie Konsistenz eine große Rolle, wenn es darum geht, zwischen Produkten hinsichtlich des Genusswertes zu differenzieren. Die Wahrnehmung von Nahrungsmitteln über das Sensorium eines Menschen ist naturgemäß subjektiv. Jeder Mensch hat eine eigene Vorstellung davon, wie ein Nahrungsmittel aussehen, riechen und schmecken sollte. Allerdings sind die individuellen Präferenzen nicht angeboren, sondern werden von der jeweils vorherrschenden Esskultur und den Sozialisierungsprozessen und Erfahrungen im Kinder- und Jugendalter geprägt (s. Abschn. 7.6). Dies erklärt, weshalb unter anderem die Systemgastronomie keinen Aufwand und keine Mühen scheut, bei der geschmacklichen Konditionierung mitzuwirken. Gleichzeitig wird sichergestellt, dass die Produkte der Systemgastronomie unabhängig vom Ort, an dem sie aufbereitet und angeboten werden, und damit kontextunabhängig, den immer gleichen geschmacklichen Eindruck hinterlassen. Das Beispiel der globalen Einheitsware der Systemgastronomie steht nicht zwingend im Widerspruch zu einer weiterhin großen Variabilität in den Produktpräferenzen von Verbrauchern. Schließlich ernähren sich die meisten Menschen nicht tagtäglich von einer Einheitsware, sondern sind in der Regel auch auf Abwechslung erpicht. Ungeachtet der prägenden Wirkungen von geschmacklichen Vorerfahrungen, besteht darüber hinaus eine große Variation bezüglich der Gewichtung, die den einzelnen sensorischen Eindrücken beigemessen wird. Die sensorische Qualität von Nahrungsmitteln resultiert aus dem Zusammenwirken der oben genannten Einzelmerkmale. Die spezifischen Wahrnehmungsmuster der **Verbraucher** entscheiden darüber, ob die Sinneseindrücke, die von einem Produkt ausgehen, eher in einer positiven, indifferenten oder gar abwertenden Weise interpretiert werden. Die Variation bezüglich der Präferenzen von Konsumenten spiegelt sich unter anderem in der großen Bandbreite von Produktangeboten wider, welche auf der gleichen Ausgangsware basieren, aber durch unterschiedliche Verarbeitungsschritte und Zusatzstoffe hervorgerufen wird.

Die Wahrnehmungsmuster der Konsumenten entscheiden darüber, welche Produktangebote von ihnen präferiert und gekauft werden. Sind Konsumenten einmal auf eine spezifische geschmackliche Nuance eines Produktes konditioniert, erwarten sie, dass bei allen Produkten, die unter der gleichen **Marke** vermarktet werden, die Geschmacksnote wiedererkannt wird. Die Erwartungshaltung der Konsumenten an die spezifische Geschmacksnote des eingekauften Produktes begründet die Notwendigkeit, dass die als Markenwaren ausgewiesenen Produkte unabhängig vom Kontext der Erzeugung, der Verarbeitung und des „Point of Sale" immer gleichförmig ausfallen. Damit geben Markenwaren einen Genusswert vor, mit dem sich dann eine unterschiedliche Zahl von Konsumenten anfreundet und in der Folgezeit dem Markenprodukt mehr oder weniger treu bleibt. Für die Anbieter von Markenwaren ist daher eine adäquate Einführung von Markenwaren besonders bedeutsam, um möglichst viele Konsumenten auf die jeweilige Markenware einzuschwören.

Markenwaren setzen damit für die Konsumenten den Anker- und Referenzpunkt für das Wahrnehmungsmuster, anhand dessen andere Produkte verglichen werden und an dem ein höherwertiger oder herabgesetzter Genusswert eines Nahrungsmittels festgemacht wird. Durch die Vorprägungen wird die **Subjektivität** der Beurteilung mehr oder weniger festgeschrieben und ist nur noch bedingt einer relativen Objektivität zugänglich, die unabhängig von den vorgeprägten Wahrnehmungsmustern der Individuen und unabhängig von den interessensgeleiteten Einflussmöglichkeiten des Marketings einer intersubjektiven Beurteilung Stand hält. Um die individuellen Vorprägungen der Wahrnehmungsmuster zu umgehen, erfordert eine intersubjektiv gültige Beurteilung des Genusswertes eines Produktes, die Prüfung durch eine unabhängige Institution, wie sie beispielsweise durch speziell ausgebildete Sensorikpanels gegeben sind. Allerdings sind selbst Spezialisten der Lebensmittelsensorik insbesondere bei verarbeiteten Produkten nicht davor gefeit, durch technische Raffinessen der Weiterverarbeitung und durch spezifische Zusatzstoffe getäuscht und hinters Licht geführt zu werden.

So wurde beispielsweise bei einer Begutachtung von **Wurstwaren** durch ein Sensorikpanel der Deutschen Landwirtschafts-Gesellschaft (DLG) eine Fleischwurst mit einer Silbermedaille prämiert, deren Ausgangsstoffe nachweislich von minderwertiger Qualität waren. In der am 10.04.2018 ausgestrahlten Fernsehsendung „Frontal 21" wurden von einem versierten Wursthersteller unter Verwendung von 46 % Separatorenfleisch, 27 % Wasser und 18 %**Fleisch** und Speck unter Zuhilfenahme diverser Zusatzstoffe ein hochwertiges Produkt vorgetäuscht. Die inszenierte Täuschung offenbart, wie wenig die Beurteilung von verarbeiteten Produkten von der Qualität der Rohwaren abhängig ist und wie weit die Kunst der Vortäuschung von Hochwertigkeit bei verarbeiteten Produkten bereits gediehen ist. Unabhängig von der Anfälligkeit für Täuschung gilt in der Handelswelt das Siegel der DLG nach wie vor als ein maßgebliches Kriterium für die Listung von verarbeiteten Waren in den Supermärkten. Nahezu folgerichtig ist es, dass dieses Siegel inzwischen fast inflationär auf nahezu jeder Wurstpackung prangt. Auch bei Frischfleischprodukten mangelt es nicht an Möglichkeiten der Beeinflussung von sensorischen Eindrücken. Von besonderer Bedeutung ist dabei die Fleischfarbe, welche auf die Kaufentscheidung von Verbrauchern einen großen Einfluss ausübt. Folgerichtig hat die Verarbeitungsindustrie spezifische Verfahren der Konservierung sowie ausgefeilte Beleuchtungstechniken am Fleischtresen entwickelt, mit denen eine spezifische Farbgebung der Produkte bei der Inaugenscheinnahme der Produkte durch die Konsumenten vorgetäuscht wird, um auf diese Weise die Kaufentscheidung zu beeinflussen.

Angesichts des Potenzials der manipulativen Einflussnahme bei der Beurteilung des Genusswertes von Nahrungsmitteln kommt denjenigen Kriterien eine große Bedeutung zu, welche den wissenschaftlichen Anforderungen an **Objektivität** und **Reproduzierbarkeit** Rechnung tragen und einen hohen Erklärungsgehalt aufweisen. Auch wenn diese Kriterien nicht das ganze Spektrum der Merkmale beinhalten können, das für eine umfängliche Beurteilung der sensorischen Qualität erforderlich wäre, so sind diese Kriterien doch geeignet, den Verbrauchern die fehlende Orientierung zu geben. Gleichzeitig lassen diese Kriterien den Individuen den Freiraum, die eigenen Präferenzen anderweitig auszurichten. Beim **Fleisch** gehört der Marmorierungsgrad (Verteilung des Fettgewebes im Fleisch, das an die Struktur von Marmor erinnert) als ein sichtbares Merkmal von Frischfleisch oder der intramuskuläre Fettgehalt (IMF-Gehalt) als die korrespondierende analytisch bestimmbare Größe des Fettgehaltes zum relevantesten Kriterium des Genusswertes. Dies gilt gleichermaßen für Rind-, Schweine- und Geflügelfleisch. Der Marmorierungsgrad bzw. der IMF-Gehalt sind einer objektiven Bestimmung zugänglich. Was dieses Merkmal aus der Vielzahl von Produkteigenschaften heraushebt, ist die sehr enge Beziehung zwischen dem Marmorierungsgrad und dem Aroma, der Zartheit und auch der Saftigkeit von Fleisch. Mit dem Marmorierungsgrad steigt die Wahrscheinlichkeit, dass ein Fleischstück intersubjektiv eine positive Beurteilung bezüglich der sensorischen Qualität erfährt (Emerson et al. 2013).

In verschiedenen Ländern außerhalb Europas (USA, Kanada, Australien, Südkorea und Japan) wird beim Rind der Marmorierungsgrad bereits am Schlachtkörper erfasst. Es haben sich Schlachtkörperklassifizierungen etabliert, die dieses Merkmal als das bedeutendste Kriterium der Bewertung in den Fokus stellen (Polkinghorne und Thompson 2010). In den USA wurde bereits im Jahr 1927 ein System der **Differenzierung** und Klassifizierung etabliert, das von Beginn an auf qualitative Kriterien abzielte. Ziel war es, die Vermarktung von **Rindfleisch** auf dieser Basis zu fördern und dafür dem Handel und der Fleischverarbeitung ein vereinheitlichtes Beurteilungsschema an die Hand zu geben. Heute wird in den USA und in den oben genannten Ländern ein Rindfleisch erzeugt, dass sich hinsichtlich der sensorischen Qualität sehr deutlich von mitteleuropäischen Verhältnissen abhebt. So werden in den USA Gehalte an intramuskulärem Fett (IMF) von deutlich über 10 % realisiert, während sich die IMF-Gehalte der in Deutschland erzeugten Rinderschlachtkörper auf einem Niveau zwischen 1 und 4 % bewegen (Geuder et al. 2012). Die Ausprägung der Marmorierung variiert beträchtlich zwischen den verschiedenen Rinderrassen, aber auch zwischen den Tieren der gleichen genetischen Herkunft. Eine besondere Stellung hat diesbezüglich das Kobe-Rind inne. Aufgrund jahrhundertelanger Züchtung weist es eine besonders intensive Marmorierung auf und erzielt dank seiner hohen Qualität Spitzenpreise, welche die Größenordnung von 400 bis 600 € pro kg erreichen können (Anonym 2018).

Über lange Zeiträume wurde die Beurteilung des Marmorierungsgrades von Schlachtkörpern durch einen trainierten Klassifizierer durchgeführt. Heute wird von den meisten Schlachtunternehmen in den USA die Bildanalyse verwendet, um den Marmorierungsgrad zu erfassen. Mit einem hohen Grad der Reproduzierbarkeit der Beurteilungsergebnisse hat sich diese Methode bewährt. Auch bei einer veränderten Zerlegungsweise und Schnittführung, wie sie in Deutschland üblich ist, können die Marmorierungsgrade der Rinderschlachtkörper mit Referenz zur amerikanischen Messposition verlässlich erfasst werden (Schulz und Sundrum 2019). Dennoch sind die Schlachthofbetreiber in Deutschland weiterhin sehr zurückhaltend, was die Einführung dieser Messmethodik betrifft. Sie halten an der bisherigen Beurteilung fest, weil sie sich von einer quantitativen Beurteilung der Schlachtkörper einen größeren Vorteil versprechen als von einer Ausrichtung auf die sensorische Qualität. Von wissenschaftlicher Seite wird das EUROP-Klassifizierungssystem bereits seit Jahrzehnten als unzureichend angesehen, den Ansprüchen des Marktes nach qualitativen Differenzierungen anhand von Merkmalen der sensorischen **Fleischqualität** gerecht zu werden (Monteils et al. 2017). Stattdessen weisen aufgrund von Merkmalsantagonismen Schlachtkörper mit hohen Muskelfleischanteilen häufig Nachteile in den Merkmalen der sensorischen Fleischqualität auf (Hocquette et al. 2010). Allerdings bestehen große Unterschiede hinsichtlich der antagonistischen Ausprägungen. Dies gilt auch für die Beziehungen zwischen der Wachstumsleistung, der Schlachtausbeute und der Fleischqualität.

Auch wenn sich in der Spitzengastronomie und bei vielen Fleischliebhabern längst herumgesprochen hat, dass der Marmorierungsgrad das Merkmal mit dem höchsten Aussagegehalt bezüglich der sensorischen Fleischqualität repräsentiert, werden dem Gros der Verbraucher höherwertige Fleischprodukte vorenthalten. Stattdessen geben die ökonomischen Interessen der Schlachthofbetreiber und des LEH den Kontext vor, wie mit der Heterogenität der Schlachtkörper umgegangen wird. Eine alternative Kontextualisierung bestünde darin, wie in anderen außereuropäischen Ländern auch die Variationsbreite der verfügbaren Marmorierungsgrade von geschlachteten Rindern und Schweinen zugrunde zu legen. Die Erfassung des Marmorierungsgrades erlaubt eine intervallskalierte Rangierung der Schlachtkörper. Der Marmorierungsgrad bietet damit einen validen Bewertungsmaßstab, an dem sich sowohl die Primärerzeuger bei der Gestaltung der Produktionsprozesse als auch die Verbraucher bei ihrer Kaufentscheidung orientieren könnten. Davon unabhängig könnte jeder Verbraucher auch weiterhin anhand selbstreferenzieller Wahrnehmungsmuster entscheiden, ob er sich diesen intersubjektiven Beurteilungsmaßstab anschließt oder unabhängig davon seine Kaufentscheidung trifft.

Allerdings ist eine Differenzierung der Schlachtkörper anhand des Marmorierungsgrades und die Einordnung (**Kontextualisierung**) der Ausgangsware in das jeweils verfügbare Qualitätssortiment nicht mit der bisherigen Vorgehensweise kompatibel, die sich am Gebrauchswert und an den ökonomischen Eigeninteressen orientiert. Darüber hinaus dürfte ein weiterer Aspekt den Widerstand gegenüber einer Neubewertung der Fleischqualität befördern. Eine Differenzierung der Schlachtkörper anhand des Marmorierungsgrades hätte zur Folge, dass auch Markenprogramme nicht umhinkämen, sich an der Verfügbarkeit hochwertiger Fleischpartien auszurichten. Hochwertige Schlachtkörper wären allerdings bei der zu erwartenden Häufigkeitsverteilung nur begrenzt verfügbar. Auf diese Form der Verknappung sowie auf das vermeintliche Überangebot von qualitativ minderwertiger Ware müsste der Handel mit entsprechenden Preisanpassungen reagieren. Diese würden der gegenwärtigen Situation zuwiderlaufen, bei der sich der Handel angesichts eines Überangebotes an undifferenzierter Rohware daran gewöhnt hat, den Primärerzeugern und den Verbrauchern die Preise nach eigenem Ermessen vorzugeben.

Assoziative Qualität

Eine weitere Differenzierung von Produkten im Zusammenhang mit dem Genusswert betrifft die gedankliche Verbindung zum Kontext, in dem die Ausgangswaren bzw. die Nutztiere als Produktlieferanten noch zu Lebzeiten eingebunden waren. Zum Beispiel war das zu einem Nahrungsmittel transformierte Muskelgewebe eines Tieres ursprünglich im Gesamtgefüge des Organismus integriert und hat über die Gewährleistung spezifischer Funktionen zum Selbsterhalt des Tieres beigetragen. Aus der Perspektive des Tieres ist ein von gesundheitlichen Störungen unbeeinträchtigter Zustand höherwertig als ein Zustand, der mit Schmerzen, Leiden und Schäden verbunden ist. Ein Fleischstück als Teil des Gesamtorganismus, das von einem zu Lebzeiten gesunden Tier stammt, ist für diejenigen Konsumenten ein höherwertiges Teilstück, die dem Wohlergehen der Nutztiere eine besondere Bedeutung beimessen, als Fleisch, das von erkrankten Tieren stammt. Bei dieser Wertbeimessung wird einerseits der Entstehungskontext als ein relevantes Qualitätskriterium zur Differenzierung herangezogen und in Form einer assoziativen Qualität bewertet, ohne dass sich dies notwendigerweise in einer sensorischen Differenzierung oder in einem erhöhten Risiko für den gesundheitlichen Verbraucherschutz niederschlägt. Gleichwohl handelt es sich nicht nur um eine assoziative Differenzierung. Schließlich macht es insbesondere für die betroffenen Tiere, aber auch für den betrieblichen Kontext sowie für einen Teil der Verbraucher einen relevanten faktischen Unterschied.

Inwieweit sich Verbraucher über die Zusammenhänge zwischen den zum Verzehr bestimmten Produkten tierischer Herkunft und dem Gesundheitszustand der Tiere, von denen sie stammen, Gedanken machen, bleibt ihnen erst einmal selbst überlassen. Während für manche Verbraucher eine assoziative Verbindung zwischen Produkt und dem Entstehungskontext ein Momentum der Zugehörigkeit zu einem größeren Ganzen darstellt und sie sich in einer gewissen Mitverantwortung sehen, blenden andere Verbraucher die bestehenden Zusammenhänge mehr oder weniger aus. Im Hinblick auf die Verbraucher bleibt es den Bemühungen um Aufklärung und dem Marktgeschehen überlassen, Veränderungen herbeizuführen. Über eine qualitative Differenzierung zwischen Produkten von gesunden und erkrankten Tieren können Marktpotenziale genutzt wird, um über eine preisliche Differenzierung für ein qualitativ verbessertes Produktangebot zu sorgen und marktwirtschaftliche Anreize für Verbesserungen des Tierschutzes in der Primärerzeugung zu setzen. In Bezug auf die Nutztiere und ihren Lebensbedingungen auf den landwirtschaftlichen Betrieben besteht dagegen für staatliche Organe der grundgesetzlich verankerte Auftrag, die Nutztiere vor Beeinträchtigungen zu schützen, die mit Schmerzen, Leiden und Schäden einhergehen. Um diesem Auftrag nachzukommen, wäre eine belastbare und intersubjektiv gültige Beurteilung des Gesundheitszustandes von Schlachttieren eine wesentliche Voraussetzung. Eine solche wäre zugleich eine Basis für eine Differenzierung und Rangierung von Herkunftsbetrieben, welche nicht nur für staatliche Beratungs- und Kontrollorgane, sondern auch für die Vermarktung von Produkten mit unterschiedlicher Wertigkeit genutzt werden könnte.

Noch in den 1990er-Jahren wurde das Fleisch von erkrankten Tieren als sogenanntes „Freibank-Fleisch" vermarktet. Auf sogenannten „Freibänken", benannt nach der Sitte, diese Bänke getrennt von dem normalen Fleischverkauf abseits aufzustellen, wurde das Fleisch als minderwertiges, aber nicht gesundheitsgefährdendes Fleisch verkauft (Zrenner und Haffner 1999). Bei der Fleischbeschau wurde es als „bedingt tauglich" gestempelt. Die veterinärmedizinischen Untersuchungen waren gründlicher und erheblich aufwendiger als bei den Normalschlachtungen. Auf der anderen Seite waren die Verkaufspreise für die Verbraucher durchgehend niedriger als in den übrigen Verkaufseinrichtungen. In einer Zeit des Mangels diente die Freibank der Verwertung möglichst aller tierischen Produkte. Mit einem zunehmenden Überangebot an Fleisch, das zu relativ niedrigen Preisen verkauft wurde und deren Produktionskosten sich im Wettbewerb auf den globalen Märkten behaupten mussten, verlor die Freibank ihre wirtschaftliche Basis. Doch anstatt minderwertiges Fleisch nicht länger in den Verkehr zu bringen und dadurch das Überangebot an Fleischwaren auf den Märkten zu reduzieren, wird seit dem Jahr 1996 in der EU auf eine Differenzierung der Schlachtkörper nach dem Gesundheitszustand der Schlachttiere verzichtet. Die Gründe dafür, dass das Fleisch undifferenziert vermarktet wird, sind vor allem dem globalen Wettbewerb um Kostenführerschaft geschuldet. Die Folgewirkungen für die Nutztiere waren und sind verheerend. Zum Ausdruck kommt dies unter anderem dadurch, dass sich der Anteil der Schlachttiere, die zu Lebzeiten gesundheitliche Störungen durchlitten haben, seit Jahrzehnten auf einem hohen Niveau befindet. In einer aktuellen Studie aus den Niederlanden, welche auf einer Auswertung von mehr als 467.000 Schlachttieren basiert, wurden bei weniger als der Hälfte (45 %) der geschlachteten Rinder **keine** pathologischen Befunde an den Schlachtkörpern und Organen ermittelt (Veldhuis et al. 2021). Damit stammt mehr als die Hälfte der Produkte tierischer Herkunft von Tieren, die in sehr unterschiedlichem Maße gesundheitlichen Beeinträchtigungen ausgesetzt waren. Ähnliche Größenordnungen von pathologisch anatomischen Befunden bei Schlachtschweinen wurden in Dänemark vorgefunden (Kongsted und Sørensen 2017). Aktuelle Zahlen zur Situation in Deutschland, die auf eine ähnlich detaillierte Befunderfassung und auf ähnlich hohe N-Zahlen basieren, sind nicht veröffentlicht. Allerdings bestehen keine Anhaltspunkte dafür, dass die Zahlen in Deutschland niedriger ausfallen könnten.

Zwar werden auch weiterhin die Schlachtkörper und Organe der Schlachttiere an den Schlachtstätten einer sogenannten Fleischbeschau unterzogen, um die Teile von Schlachtkörpern und Organen, von denen eine gesundheitliche Gefahr für die Verbraucher ausgeht, aus dem Verkehr zu ziehen. Solange von diesen keine gesundheitliche Gefährdung für die Verbraucher ausgeht, werden Schlachtkörper und Organe von zuvor erkrankten Tieren jedoch genauso den weiteren Verarbeitungsprozessen zugeführt wie diejenigen von gesunden Tieren. Gegebenenfalls werden wie bei einem faulen Apfel die schadhaften Stellen, die zum Beispiel von entzündlichen Prozessen herrühren, herausgeschnitten oder das ganze Organ, seltener jedoch der ganze Schlachtkörper verworfen (Wolfschmidt 2016). Schließlich würde es einen erheblichen finanziellen Verlust für die Primärerzeuger bedeuten, wenn Schlachtkörper von zuvor erkrankten Tieren nicht der Verwertung als Nahrungsmittel zugeführt werden könnten.

Die Milch von Kühen, bei denen im Eutergewebe aufgrund des Eindringens von vorwiegend bakteriellen Erregern Entzündungsprozesse stattfinden, wird genauso zur Weiterverarbeitung verwendet wie die Milch von eutergesunden Milchkühen. In der Molkerei werden die Keime und die Immunabwehrzellen, welche über das Blut in das Eutergewebe und damit in die Milch abgegeben werden, über die Zentrifugation aus der Milch entfernt. Zudem wird durch eine kurzzeitige Erhitzung sichergestellt, dass von der verarbeiteten Milch keine Gefährdung der Verbraucher ausgeht. Die einzelnen Nährstofffraktionen der Milch werden separiert und in entsprechenden Anteilen zu standardisierten Verkaufsprodukten wieder miteinander vermischt. Milchprodukte, die wir als Verbraucher zu uns nehmen, sind folglich von „ungesunden" Entzündungs- und Schadstoffen befreite Nahrungsmittel von einer hohen Gleichförmigkeit.

Demgegenüber ist die Rohmilch, die aus den einzelnen Eutervierteln einer Kuh gemolken wird, durch eine große Variation in der stofflichen Zusammensetzung und in den qualitativen Merkmalen gekennzeichnet (Sundrum 2010). Die Unterschiede zeigen sich unter anderem im Eignungswert (z. B. Käsereitauglichkeit und Haltbarkeit) sowie in der sensorischen Qualität. Die großen Unterschiede in den Ausgangssubstraten werden durch die Verarbeitungsprozesse nivelliert. Aus qualitativen Gesichtspunkten ist eine Milch, die von einer eutergesunden Kuh stammt, gleichwohl höherwertiger einzustufen als eine Milch, die aus einem entzündeten Euter ermolken wurde. Im ursprünglichen Kontext der Mutterkuh-Kalb-Beziehung ist die Milch als Mittel, das dem Kalb das Leben ermöglicht und damit der Arterhaltung dient. Für ein Kalb ist Milch aus einem entzündeten Euter nicht nur minderwertig, sondern sie gefährdet Gesundheit und Überleben der Nachkommen. Auch für Menschen, die sich Rohmilch einverleiben, kann die Milch gesundheitsgefährdend sein. Deshalb sollte Rohmilch vor dem Verzehr unbedingt erhitzt werden. Für das verarbeitete Milchprodukt kann dagegen eine Gefährdung weitgehend ausgeschlossen werden.

Auch wenn von der Milch euterkranker Milchkühe, -schafe oder -ziegen und vom Fleisch von Schlachttieren, die zu Lebzeiten gesundheitlichen Beeinträchtigungen ausgesetzt waren, keine Gefährdung für den Verbraucher ausgehen, so sind sie dennoch Ausgangspunkt einer herabgesetzten assoziativen Qualität und vor allem die Ursache von Leiden, Schmerzen und Schäden bei den Nutztieren. Eine qualitative Differenzierung von Produkten anhand des Kontextes, dem sie entstammen, spielt in der Vermarktung bislang nur punktuell und positiv besetzt eine Rolle. Um eine qualitative Höherwertigkeit zu suggerieren, werden Produkten im Rahmen von Marketingstrategien spezifische Kontexte, wie zum Beispiel „Heu- oder Weidemilch", „Fleisch von Weidetieren" oder „Ökomilch und -fleisch" angeheftet. Dabei handelt es sich lediglich um punktuelle Veränderungen des Erzeugungsprozesses. Anhand von Einzelaspekten kann jedoch nicht beurteilt werden, wie es um die Gesamtwirkungen der Lebensbedingungen auf die Tiere und deren Anpassungsvermögen und damit um das Wohlergehen der Nutztiere bestellt ist (s. Abschn. 5.5). Für eine qualitative Verbesserung sind nicht nur punktuelle, sondern strukturelle, d. h. synergistisch wirkende Optimierungen der Ausgangsbedingungen erforderlich (s. Abschn. 9.5.2). Der Erfolg der Optimierungen zeigt sich unter anderem in einer niedrigen Erkrankungsrate des Tierbestandes eines landwirtschaftlichen Betriebes über den Jahreszeitraum.

Unstrittig ist, dass die Produkte von gesunden Tieren, die neben dem Freisein von gesundheitlichen Beeinträchtigungen unter Lebensbedingungen gehalten wurden, welche ihnen ein weitgehend ungestörtes Ausüben der arteigenen Verhaltensweisen ermöglichten, höherwertiger einzustufen sind als Produkte von gesunden Tieren, die in beengten räumlichen Verhältnissen eingepfercht waren. Diese Differenzierung ändert jedoch nichts daran, dass Produkte von gesunden Tieren höherwertig sind, als Produkte von erkrankten Tieren. Gesunden Tieren bleibt das Ausmaß an Schmerzen, Leiden und Schäden erspart, von denen erkrankte Tiere mehr oder weniger stark betroffen sind. Vor die Wahl gestellt, würden sich wohl die meisten Verbraucher für Produkte von zuvor gesunden Tieren entscheiden. Das Wissen um den Verzehr von Produkten tierischer Herkunft, bei denen die Tiere ein gutes Leben hatten, beinhaltet einen höheren assoziativen Genusswert, als wenn man beim Verzehr um den ungesunden Kontext der Lebensumstände weiß, wie dies früher bei der Freibank der Fall war. Die Tatsache, dass die Verbraucher hier in Unkenntnis gelassen werden, nimmt ihnen die Möglichkeit, sich bewusst für die höherwertigen Produkte zu entscheiden und durch den Kauf entsprechender Produkte einen Beitrag zur Verbesserung der Lebensbedingungen von Nutztieren zu leisten. In Unkenntnis der Hintergründe, denen die Produkte tierischer Herkunft entstammen, entscheiden sich vor allem jüngere Menschen gegen den Konsum tierischer Produkte, um sich von allgemeinen Missständen im Kontext der Nutztierhaltung abzugrenzen, und greifen zu Ersatzprodukten, bei denen die Sorge um eine potenzielle Beeinträchtigung von Nutztieren entfällt.

Während das Marketing versucht, den Produkten tierischer Herkunft positive Wertsetzungen und Übertragungseffekte anzuheften, um dadurch die Zahlungsbereitschaft zu erhöhen, wird gleichzeitig ausgeblendet, dass ein Großteil der Produkte von Tieren stammt, welche zu Lebzeiten zum Teil erheblichen Beeinträchtigungen in Form von Schmerzen, Leiden und Schäden ausgesetzt waren. Wie bereits an anderer Stelle ausgeführt, besteht kein unmittelbarer Zusammenhang zwischen der Haltung von Nutztieren auf der Weide oder unter den Rahmenbedingungen der ökologischen Landwirtschaft und den gesundheitlichen Beeinträchtigungen der Nutztiere. Ihnen wird eine Höherwertigkeit der Produkte suggeriert, die nur für die Produkte von gesunden Tieren zutrifft, während den erkrankten Tieren auch unter verbesserten Lebensbedingungen kein höheres Niveau an Wohlergehen attestiert werden kann. Die Verbraucher haben in der Regel keine Kenntnis vom Ausmaß der gesundheitlichen Beeinträchtigungen und damit auch nicht vom Ausmaß an minderwertigen Produkten, die von ihnen eingekauft werden. Das geringe Interesse an den Hintergründen der Nahrungsmittelerzeugung legt den Schluss nahe, dass viele Verbraucher nicht genauer wissen wollen, mit welchen unerwünschten Nebenwirkungen die Nahrungsmittel erzeugt wurden. Dies macht es den Agrarmarketingexperten leicht, die Assoziationen der Verbraucher im Zusammenhang mit Nahrungsmitteln vom Kontext der Erzeugung abzukoppeln und über entsprechende Werbebotschaften die Aufmerksamkeit auf Einzelaspekte zu lenken, die eine Höherwertigkeit suggerieren, ohne hierfür einen belastbaren Nachweis zu erbringen.

10.4.4 Evidenzbasierte Beurteilung von Produktqualitäten

Nährwert-, Gebrauchs- und Genusswert von Produkten können anhand von wissenschaftlich anerkannten Kenngrößen differenziert und vergleichend im Rahmen unterschiedlicher **Kontextualisierungen** beurteilt werden. Diese finden bei jedem Akt der Wahrnehmung von sensorischen Eindrücken über ein Produkt statt, wenn diese mit dem inhärenten Wahrnehmungsmuster abglichen und entsprechend eingeordnet und bewertet werden. In der Regel sind es einzelne Merkmale, die aus dem Kontext hervorstechen, und im Kontext eines Bewertungssystems zur **Differenzierung** zwischen unterschiedlichen Produkten herangezogen werden. Der Prozess des Herauslösens von Einzelmerkmalen aus dem Ursprungszusammenhang und die Einordnung in ein Bewertungssystem ist für die Qualitätsbeurteilung von zentraler Bedeutung. Je nach Interessenslage werden ausgewählte Einzelmerkmale von Produkten herausgehoben und unterschiedlich kontextualisiert, ohne dass dieser Transformationsprozess bewusst reflektiert wird. In der Folge resultieren mitunter recht unterschiedliche Qualitätsaussagen. So erfährt der spezifische Nährwert eines Produktes erst durch den Kontext des Speiseplans, in dem es eingebettet ist, sowie durch die spezifischen ernährungsphysiologischen Bedürfnisse der jeweiligen Konsumenten einen qualitativen Wert. Analoges gilt für den Gebrauchswert von Rohwaren in Abhängigkeit von den Anforderungen, welche die technischen Prozesse der Weiterverarbeitung an die Ausgangswaren im Hinblick auf die Erzeugung eines standardisierten Verarbeitungsproduktes stellen. Auch der **Genusswert** eines Nahrungsmittels wird nicht allein durch das Zusammenwirken von Teilkomponenten zu einer Gesamtqualität, sondern auch vom Kontext bestimmt, in dem das Produkt einen Genuss entfalten kann. Hierzu gehört auch die Befähigung des Sensoriums eines Konsumenten, das jeweilige Produkt in der Besonderheit und in der Differenzierung gegenüber anderen Produkten beurteilen zu können.

Die Qualität eines Produktes wird jedoch nicht durch Einzelmerkmale bestimmt, auch wenn viele Produktanbieter diesen Eindruck zu erwecken versuchen, um das Verkaufsprodukt in einem vorteilhaften Licht erscheinen zu lassen. Stattdessen handelt es sich bei der Qualitätsbeurteilung immer um eine Mixtur von vielen Einzelmerkmalen auf jeweils unterschiedlichen Niveaus, die in einem Produkt zusammenkommen und eine große Vielfalt an Kombinationsmöglichkeiten bedingen. Aus der Bestimmung von Einzelmerkmalen kann keine Gewichtung der Teilaspekte im Hinblick auf die Qualität des Ganzen hergeleitet werden. Erschwerend kommt hinzu, dass zwischen den einzelnen Merkmalen sowohl synergistische wie antagonistische Wechselwirkungen bestehen, die Einfluss auf die Gesamteigenschaften eines Produktes nehmen können. Die Kenntnis von Teilaspekten erlaubt folglich keinen induktiven Schluss auf die Gesamtheit der Merkmale, d. h. die Qualität des Ganzen.

Anders als physikalische und technische Prozesse folgen biologische Prozesse nicht kontextunabhängigen Gesetz- und Regelmäßigkeiten. Entsprechend kann das Endresultat der Prozesse nicht exakt vorausgesagt werden. Vielmehr wird das Gesamtergebnis der Prozesse bestimmt durch die Wechselwirkungen zwischen den Abläufen, die sich innerhalb lebender Organismen abspielen, und den äußeren Randbedingungen, welche auf diese einwirken. Folgerichtig haben die zahlreichen Einflussfaktoren und ihre Wechselwirkungen entlang der Prozesskette eine große Variation der Eigenschaften eines Produktes zur Folge. Beispielsweise variiert die Zusammensetzung der Schlachtkörper nicht nur zwischen den Tierrassen, dem Geschlecht oder dem Alter der Schlachttiere. Selbst bei Schlachttieren, bei denen hinsichtlich dieser Einflussfaktoren keine Unterschiede bestehen und die unter den gleichen Lebensbedingungen gehalten und gefüttert wurden, resultiert dennoch eine große Variation. Diese kann durch gezielte Maßnahmen des Managements allenfalls eingeengt werden.

Die Variationsbreite in der Zusammensetzung von Rohwaren, die von den landwirtschaftlichen Betrieben erzeugt werden, kontrastiert mit der Erwartungshaltung, welche vonseiten der Verarbeitung sowie des Handels und der Verbraucher an die Gleichförmigkeit der Rohwaren bzw. der Verkaufsprodukte gestellt werden. Ein Schritt in Richtung Gleichförmigkeit ist die Unterteilung des Variationsspektrums an spezifischen Merkmalen der Rohwaren in Kategorien. Dabei richten sich die ausgewählten Eigenschaften in der Regel nach dem Gebrauchswert, der ihnen vonseiten der verarbeitenden Industrie beigemessen wird. Beispiele sind die Differenzierung von Brotgetreide nach dem Rohproteingehalt, von Eiern nach Gewichtsklassen oder von Schlachtkörpern anhand der Muskelfleischanteile. Bei den Prozessen der Weiterverarbeitung werden die unterschiedlichen Kategorien der Ausgangsware dann vorzugsweise für die Prozesse verwendet, mit denen das Anforderungsprofil einer standardisierten Verkaufsware am besten bedient werden kann.

Die Standardisierung als Strategie des Einzelhandels, um mit Variation umzugehen, wurde bereits in Abschn. 7.5 thematisiert. Sie erfährt eine weitere Ausgestaltung durch Markenwaren, die in der Vermarktung einer eigenen Logik folgen (Schenk 2001). Unterschieden wird zwischen Herstellermarken und Handelsmarken. Markenwaren besitzen spezifische Eigenschaften, durch die sie sich von Produkten anderer Marken charakteristisch unterscheiden. Erkennt der Verbraucher an einem Produkt ein Markenzeichen, das ihm beispielsweise aus der Werbung oder von einem früheren Kauf her bekannt ist, und werden mit der Markenware positive Eigenschaften assoziiert, erfüllt die **Marke** eine Wiedererkennungs- und gleichzeitig eine Informations- und Orientierungsfunktion. Dies setzt allerdings voraus, dass die Produkte unabhängig vom Kontext, in dem sie verkauft werden, gleichförmig angeboten werden. Markenwaren haben für die Verbraucher nicht nur einen Nutzwert, sondern auch einen Mehrwert. Dieser Mehrwert besteht in der Gewissheit, dass der Markeninhaber alles unternommen hat, damit der Markenartikel außer den gattungsüblichen Standardeigenschaften und -nutzeneffekten auch die besonderen, vom Markeninhaber kommunizierten Nutzenversprechungen der Markenware erfüllt. Vonseiten des Markeninhabers soll der Verbraucher darauf vertrauen, dass die Ware grundsätzlich immer und überall mit den bekannten Eigenschaften, dem bekannten Preisniveau und in den bekannten Verkaufsstellen erhältlich ist. Damit erfüllen die Markenwaren eine Vertrauensschutzfunktion, die beim Verbraucher das Risiko reduziert, einen Fehleinkauf zu tätigen. Manche Markenwaren, wie Bioprodukte, gehen nicht nur mit einen intersubjektiv nachprüfbaren Nutzen einher, sondern vermitteln auch einen subjektiv empfundenen Zusatznutzen, der über den funktionalen Wert der betreffenden Ware hinausgeht, weil sie in der Öffentlichkeit eine erhöhte Wertschätzung genießen.

Die spezifischen Eigenschaften von Handelsmarken werden durch den Handel definiert. Häufig gehen der Einführung von Markenwaren umfangreiche Sondierungen am Markt voraus, um im Vorfeld die Attraktivität solcher Marken und die Zahlungsbereitschaft von potenziellen Kunden für die Markenartikel zu testen. Der Handel verfolgt mit den Handelsmarken das Ziel, einen gegenüber herkömmlichen Vergleichsprodukten höheren Preis bzw. eine höhere Gewinnmarge zu erzielen. Dabei wird gegenüber den Kunden eine qualitative Höherwertigkeit der Markenware suggeriert, die einen erhöhten Preis rechtfertigt. Die Höherwertigkeit beschränkt sich in der Regel auf punktuelle Einzelaspekte einer Markenware, welche diese von konkurrierenden Produkten abhebt, während bei anderen relevanten Merkmalen nicht notwendigerweise ein Unterschied vorliegen muss. Bei Nahrungsmitteln kann das hervorstechende Merkmal beispielsweise einzelne Inhaltsstoffe betreffen, wie ein höherer Gehalt an mehrfach ungesättigten Omega-3-Fettsäuren. Diese können nicht vom Organismus selbst hergestellt, sondern müssen mit der Nahrung zugeführt werden. Sie sind für den Organismus nicht nur lebensnotwendig, sondern werden von interessierter Seite mit vielfältigen positiven Gesundheitswirkungen in Zusammenhang gebracht. Von wissenschaft-

licher Seite werden die gesundheitlichen Wirkungen jedoch eher als gering eingestuft
(Abdelhamid et al. 2018). *De facto* sind positive Wirkungen insbesondere dann gegeben,
wenn eine Unterversorgung vorliegt.

Bezugssystem für die Beurteilung der **Güte** von Nahrungsmitteln ist folglich der
jeweilige Konsument mit dem spezifischen Versorgungsstatus. Ob Menschen von einer
zusätzlichen Einnahme von Omega-3-Fettsäuren profitieren, hängt vom individuellen
alimentären Versorgungsstatus ab. Wer bereits eine abwechslungsreiche Ernährung
pflegt, wird von entsprechend angereicherten Nahrungsmitteln kaum profitieren. Da der
Versorgungsstatus den Konsumenten selten im Detail bekannt ist, geht es in erster Linie
um die Selbstwahrnehmung und das Sicherheitsbedürfnis des Konsumenten, ob die Einschätzung vorherrscht, dass mit dem spezifischen Markenartikel eine positive Wirkung
verbunden ist, die auch den Mehrpreis rechtfertigt. Dies gilt erst recht für Produkte mit
ausgewiesener diätetischer Wirkung, wie dies zum Beispiel bei laktosefreien Produkten
der Fall ist. Die gegenüber Vergleichsprodukten häufig deutlich höheren Verkaufspreise
richten sich weniger nach den Mehraufwendungen, welche bei den Verarbeitungsprozessen und bei der Vermarktung anfallen, als nach der Zahlungsbereitschaft der
Konsumenten und dem Umsatz, der bei der jeweiligen Preisfestlegung erwartet werden
kann.

Um sich der manipulativen Vorgehensweise der Ernährungsindustrie zu erwehren,
bedürfte es einer unabhängigen Expertise bzw. der Vermittlung von belastbaren
Maßstäben, die der Orientierung im Zusammenspiel zahlreicher Einflussfaktoren in
einem sehr komplexen Sachverhalt dienen. Im Fall des Nährwertes von Nahrungsmitteln
würde ein Maßstab Orientierung bieten, der das Spektrum der zu erwartenden Variation
an Nährstoffen aufzeigt und angibt, auf welchem Niveau das spezifische Produkt auf der
Skala von niedrig bis hoch angesiedelt ist. Dies würde den einzelnen Konsumenten die
Information bereitstellen, die es ermöglichen würde, selbst oder ggf. mit Unterstützung
einer Ernährungsberatung einen auf die spezifischen Bedürfnisse der Konsumenten
zugeschnittenen Speiseplan zusammenstellen. Die verschiedenen Initiativen zur Nähr-
wertkennzeichnung in Form eines Ampelsystems gehen in diese Richtung. Die „Ampel-
kennzeichnung" würde auf einen Blick und für jeden verständlich mit den Farben Grün
(niedrig), Gelb (mittel) und Rot (hoch) zeigen, wie viel Fettsäuren, Zucker oder Salz ein
Nahrungsmittel in Relation zu anderen Produkten tatsächlich enthält. So könnten Verbraucher schnell erkennen, welche Nährstoffe ein Lebensmittel tatsächlich enthält,
und verschiedene Angebote miteinander vergleichen. Der Einzelhandel in Deutschland
hat sich bislang erfolgreich gegen die Etablierung einer solchen Differenzierung von
Produkten gewehrt. In vielen Ländern gehört diese Form der Kennzeichnung längst zum
Standardverfahren.

Eine analoge Vorgehensweise bietet sich beim **Genusswert** von Produkten tierischer
Herkunft an, für den viele Konsumenten ein großes Interesse und bei hohem Niveau
eine hohe Zahlungsbereitschaft zeigen. Selten verfügen sie jedoch über die Expertise,
um den Genusswert einigermaßen zuverlässig beurteilen zu können. Ein Maßstab,

mit dem anhand eines aussagefähigen Merkmals eine Differenzierung und Einstufung des Genusswertes von Produkten auf einer Skala von niedrig bis hoch möglich ist, wäre hilfreich, um den Verbrauchern bezüglich des Genusswertes die benötigte Orientierung bereitzustellen. Hinsichtlich des Genusswertes von Frischfleisch hat sich der intramuskuläre Fettgehalt (IMF) bzw. der Marmorierungsgrad als das maßgeblichste Qualitätskriterium herauskristallisiert, welches sowohl bei Rindfleisch als auch bei Schweine- und Geflügelfleisch den markantesten Einfluss auf Aroma, Saftigkeit und Zartheit von Frischfleisch ausübt (Hocquette et al. 2010). Entsprechend ist Fleisch mit einem höheren Marmorierungsgrad bzw. IMF-Gehalt höherwertiger als solches mit einem niedrigeren Niveau. Fleischprodukte, welche hinsichtlich dieses Qualitätsmerkmales Spitzenwerte aufweisen, erzielen dafür zum Beispiel in der Spitzengastronomie auch Spitzenpreise.

Marmorierungsgrad bzw. IMF-Gehalt decken nicht das gesamte Spektrum der Qualitätsmerkmale von Fleisch ab. Allerdings fungieren sie als eine herausgehobene **Variable,** die auch als „Eisberg-Variable" bezeichnet werden kann. Das Konzept der Eisberg-Variablen basiert auf einem Vorschlag des Farm Animal Welfare Council (1997) und zielt darauf ab, anhand weniger möglichst aussagefähiger Variablen, eine belastbare Aussage über einen komplexen Sachverhalt vornehmen zu können. Eisberg-Variablen sind Schlüsselvariablen, die eng mit anderen, nicht unmittelbar sichtbaren, d. h. unterhalb der Oberfläche ihre Wirkung entfaltenden Variablen korrelieren und damit mehr als andere repräsentativ für die Gesamtqualität eines Produktes stehen. Die Metapher „Eisberg" bringt zum Ausdruck, dass es unterhalb der Spitze noch einen sehr ausgeprägten Bereich gibt, der nicht direkt ermessen werden kann, aber in einem Größenverhältnis zur Eisbergspitze steht. Je größer die Eisbergspitze, desto größer ist der gesamte Eisberg. Je höher der Marmorierungsgrad, desto höher ist das zu erwartende Niveau hinsichtlich der Zartheit, der Saftigkeit und des Aromas des Fleisches. Wie im vorangegangenen Kapitel bereits erläutert, wird beim **Rindfleisch** in verschiedenen außereuropäischen Ländern die Differenzierung der Schlachtkörper anhand des Marmorierungsgrades vorgenommen. Die Einteilung in entsprechende Kategorien bestimmt den qualitativen Wert und das Preisniveau, das den Primärerzeugern dafür bezahlt wird bzw. von den Kunden beim Kauf zu entrichten ist. In Deutschland zeigen die Schlachthöfe und der **LEH** bislang kein Interesse, eine solche Differenzierung des Genusswertes von Fleisch einzuführen.

Analoges gilt für die sensorische Qualität von **Milch.** In der Scientific Community besteht Einigkeit darüber, dass dem Zellgehalt der Milch die größte Bedeutung für die sensorische Qualität von Rohmilch beigemessen werden kann (Sundrum 2010). Bezieht man zusätzlich den Kontext mit ein, dass die Rohmilch mit erhöhten Zellzahlen von einem Tier stammt, das unter einem Entzündungsprozess im Eutergewebe leidet, dann sind die Milchzellzahlen das bedeutsamste Qualitätskriterium und eine Eisberg-Variable für die Beurteilung des Genusswertes. Die Milch von eutergesunden Kühen, deren Milchzellzahl in der Regel unter dem Schwellenwert von 100.000 Zellen pro ml Milch liegt (DVG 2012), ist demnach höherwertiger einzustufen als die Milch von Kühen, die infolge von Entzündungsprozessen deutlich höhere Milchzellzahlen aufweisen. Bei den Primärerzeugern werden im Rahmen der Milchkontrollen die Milchzellgehalte der einzelnen Milchkühe bestimmt und den Primärerzeugern rückgemeldet. Hier bedürfte es keiner zusätzlichen Analysen, um anhand dieser Daten eine qualitative Differenzierung der Milch vorzunehmen. Allerdings wäre eine Differenzierung anhand des Genusswertes mit zusätzlichen Aufwendungen für eine separate Erfassung, Transport und Weiterverarbeitung verbunden, den sich die Primärerzeuger, die Molkereien und der LEH gern ersparen. Sie tun dies allerdings um den Preis, dass die Preisgestaltung für die anonyme (kontextlose) Rohmilch dem globalen Unterbietungswettbewerb unterworfen ist. Auch dürfte es in Zukunft besonders schwer werden, die Rohmilch, die von euterkranken Milchkühen stammt, gegenüber qualitätsbewussten Verbrauchern argumentativ gegen die aufkommende Konkurrenz der Milchersatzprodukte zu verteidigen. Viele Verbraucher möchten durch den Kauf von Produkten nicht länger mitverantwortlich sein für Produktionsprozesse, die bei den Nutztieren mit Schmerzen, Leiden und Schäden verbunden sind, und greifen deshalb vermehrt zu Ersatzprodukten. Dass auch Ersatzprodukte mit diversen Nachteilen verbunden sind, sei an dieser Stelle nur am Rande erwähnt. Deshalb kann davon ausgegangen werden, dass für einen relevanten Anteil von Verbrauchern die Milch von eutergesunden Tieren höherwertig eingestuft wird als synthetisch erzeugte Milchersatzprodukte. In Deutschland zeigen die Molkereien und der LEH bislang kein Interesse, eine Differenzierung von Rohmilch anhand des Zellzahlniveaus vorzunehmen, das auf den jeweiligen Milchviehbetrieben vorherrscht.

Was bezüglich des Gesundheitsstatus der Eutergewebe von Milchkühen gilt, von denen die Milch gewonnen wird, kann in analoger Weise für Fleischprodukte in Ansatz gebracht werden. Das Freisein von pathologisch-anatomischen Befunden bei der Beurteilung von Schlachtkörpern und Organen markiert eine Eisberg-Variable, bei der mit einer sehr hohen Wahrscheinlichkeit davon ausgegangen werden kann, dass die Tiere zum Zeitpunkt der Schlachtung frei von gesundheitlichen Beeinträchtigungen waren. Damit wird nicht nur den Anforderungen an den gesundheitlichen **Verbraucherschutz** Rechnung getragen. Zugleich wird mit dem Freisein von Erkrankungen auch die elementare Voraussetzung für das Wohlbefinden der Nutztiere erfüllt. Produkte tierischer Herkunft, die einem tierlichen Kontext entnommen wurden, der zuvor als weitgehend „störungsfrei" ausgewiesen ist, können eine qualitative Höherwertigkeit und einen höheren **Genusswert** beanspruchen als Produkte von Tieren, bei denen pathologische Befunde erhoben werden. Eine solch naheliegende Differenzierung von Schlachtkörpern wurde zwar in der Vergangenheit vorgenommen, widerspricht aber in der gegenwärtigen Situation den Interessen des Einzelhandels, der sich von einer Kategorisierung der Haltungsformen einen größeren Vorteil im Hinblick auf seine ökonomischen Interessen verspricht als von einer Kategorisierung, die sich am Gesundheitsstatus der Nutztiere ausrichtet.

Je mehr jedoch Ersatzprodukte für Produkte tierischer Herkunft auf den Markt drängen und diese zu verdrängen trachten, in dem sie deren Schwachstellen bezüglich des Genusswertes hervorheben, desto bedeutsam wird der Nachweis, dass die Produkte tierischer Herkunft den Ersatzprodukten hinsichtlich des Genusswertes Paroli bieten können. Die Höherwertigkeit von tierischen Produkten von nachweislich gesunder Herkunft bedarf gegenüber dem Verbraucherklientel keiner weiteren Erklärungen und Erläuterungen. Erklärungsbedürftig wird jedoch, warum der Gesundheitszustand der Nutztiere als ein hervorstechendes Qualitätsmerkmal vom Einzelhandel weitgehend ausgeklammert wird. Stattdessen werden mit viel Marketingaufwand „Weidemilch" oder „Weidefleisch" beworben, obwohl damit hinsichtlich des Genusswertes keine evidenzbasierte Höherwertigkeit verbunden ist. Zwar wird vonseiten des Agrarmarketings versucht, mit den entsprechenden Bildern von Rindern auf der Weide bei den Verbrauchern entsprechende Assoziationen und Übertragungseffekte zu wecken. Allerdings gilt die qualitative Höherwertigkeit von Produkten von Tieren, die zumindest zeitweise auf der Weide gehalten wurden, nicht durch den Nachweis der Weidehaltung, sondern nur dann, wenn die Produkte die Ausgangsvoraussetzungen für einen hohen Genusswert erfüllen, d. h. von gesunden Tieren stammen. Ansonsten handelt es sich lediglich um die Vortäuschung einer qualitativen Höherwertigkeit.

Mit der Kontextualisierung von Produkten hinsichtlich des ursprünglichen tierlichen Zusammenhangs sowie mit der Differenzierung im Rahmen der bestehenden Variationsbreite des Produktangebotes allein ist noch nicht viel gewonnen. Damit können zunächst lediglich die Wünsche nach einem höheren Genusswert von Nahrungsmitteln tierischer Herkunft bei den Verbrauchern bedient werden, die hierfür ein Interesse zeigen und angesichts der bestehenden Missstände in der Nutztierhaltung noch nicht zu Vegetariern mutiert sind. Zwar würde mit der Berücksichtigung tiergesundheitlicher Beeinträchtigungen der Beurteilung des Genusswertes Rechnung getragen; allerdings resultieren daraus noch keine umfassenden Verbesserungen des Tierschutzes in den Tierbeständen. Bereits bei der ersten in Deutschland vonseiten des Verarbeitungsgewerbes gestarteten „Aktion Tierwohl", die vom Schlachtunternehmen Westfleisch im Jahr 2011 auf den Weg gebracht, aber zwischenzeitlich wieder eingestellt wurde, ging es lediglich darum, aus dem großen Sortiment der am Schlachthof angelieferten Schweine diejenigen Schlachtkörper herauszuselektieren, die keine pathologisch anatomischen Befunde aufwiesen. Dies wurden dann mit einem „Tierwohllabel" höherpreisig vermarktet, ohne dass die Tiere zwangsläufig aus einem Tierbestand stammten, der den Nutztieren verbesserte Lebensbedingungen bot bzw. sich durch eine insgesamt niedrigere Erkrankungsrate positiv von anderen Betrieben abhob. Schließlich befinden sich selbst bei äußerst suboptimalen Lebensbedingungen in einem Tierbestand immer auch Tiere, die nicht erkranken. Bei einer punktuellen, hier einzeltierlichen Herangehensweise können die Schlachtkörper von unbeeinträchtigten Tieren höherpreisig verwertet werden, ohne dass die betrieblichen **Tierschutzleistungen** zwingend ein erhöhtes Niveau aufweisen müssen. Bildlich gesprochen wurde hier lediglich der Rahm abgeschöpft, während sich an der Tierschutzrelevanz der Lebensbedingungen der Nutztiere nichts änderte. Für eine Verbesserung des Tierschutzes in den Betrieben ist es daher erforderlich, die Tierschutzleistungen des Betriebes anhand des Anteils der unbeeinträchtigten Tiere zu bewerten. Im systemaren Verständnis gibt dieser Anteil eine belastbare Auskunft über die Güte der Lebensbedingungen, die der Landwirt seinen Tieren bereitstellt.

Ableitungen

Der Umgang mit qualitätsrelevanten Merkmalen von Nahrungsmitteln ist geprägt durch die Anforderungsprofile (Standards), welche die Verarbeitungsindustrie bzw. der Einzelhandel an die von den Primärerzeugern gelieferten Rohwaren stellt. Für die weiterverarbeitende Industrie steht dabei neben dem Nährwert und dem Gebrauchswert die hygienische Unbedenklichkeit der Produkte im Vordergrund. Schließlich können durch den Eintrag von Schadstoffen bzw. krankmachenden Mikroorganismen in die Verarbeitungskette umfangreiche Produktchargen kontaminiert werden. Dadurch sind diese nicht mehr verzehr- und verkaufsfähig und müssen vernichtet werden. Über das System der Rückverfolgbarkeit der Rohwaren bis zum Herkunftsbetrieb werden die Primärerzeuger identifiziert und für den aufgetretenen Schaden haftbar gemacht. Darüber hinaus werden die Primärerzeuger über entsprechende Preismasken für Rohwaren dazu gebracht, die Produktionsprozesse nach den Anforderungsprofilen der Abnehmer auszurichten.

Dagegen wird dem Genusswert der Rohwaren vonseiten der verarbeitenden Industrie bzw. des Einzelhandels bislang nur eine untergeordnete Bedeutung beigemessen. Die große Variation der Ausgangswaren bezüglich der genannten Merkmale des Genusswertes kollidieren mit dem vorherrschenden Vermarktungskonzept der Agrarbranche. Dieses ist darauf ausgerichtet, über standardisierte Markenwaren Mehrpreise zu generieren. Dies geschieht mithilfe des Marketings, indem bei Verbrauchern über herausgehobene Einzelmerkmale Übertragungseffekte hervorgerufen werden. Vermeintliche Unterschiede zwischen No-Name-Produkten und Markenwaren ersetzen die Produktdifferenzierung anhand belastbarer Qualitätskriterien und rechtfertigen einen höheren Marktpreis, ohne dass der Nachweis einer Höherwertigkeit erbracht wird. Aus der Perspektive des Einzelhandels ist Qualität das, wofür die Verbraucher aufgrund einer vermeintlichen Höherwertigkeit eine höhere Zahlungsbereitschaft zeigen.

Bei dieser Herangehensweise repräsentieren Ökoprodukte die höchste Qualitätsstufe. Sie basieren auf der Einhaltung der gegenüber konventionellen Produkten erhöhten gesetzlichen Vorgaben der EU-Ökoverordnung. Diese sind nicht auf einzelne, sondern auf eine Vielzahl von punktuellen Verbesserungen ausgerichtet. Es handelt sich folglich um ein Markenprogramm, das eine deutliche Erweiterung des Anforderungsprofils beinhaltet. Jedoch bleibt der Einzelhandel – wie bei anderen Markenwaren auch – einen belastbaren Nachweis der qualitativen Höherwertigkeit von Ökoprodukten und der Erzeugungsprozesse bezogen auf den einzelbetrieblichen Kontext, dem die Verkaufsprodukte entstammen, schuldig.

Diese Marketingstrategie täuscht nicht nur die Verbraucher hinsichtlich potenzieller Erwartungen an die Höherwertigkeit von Produkten, sondern verhindert, dass diejenigen Primärerzeuger, die sich um eine höhere Produktqualität bemühen, für die damit verbundenen Mehraufwendungen eine höhere

Wertschöpfung realisieren können. Angesichts ausbleibender Honorierung fehlt der Anreiz für eine evidenzbasierte Qualitätserzeugung. Stattdessen besteht der Anreiz, die Rohwaren mit einem möglichst geringen Aufwand zu erzeugen, weitgehend unabhängig davon, welche Auswirkungen damit für das Qualitätsniveau verbunden sein könnten. Schließlich erzielen Primärerzeuger auch für qualitativ minderwertige Rohware den gleichen Preis wie für höherwertige. Damit haben höherwertige Waren, die im Kontext der Tiere und des Betriebes erzeugt wurden und sich vom Durchschnittsniveau abheben, keine Chance, sich im Wettbewerb um die Kostenführerschaft zu behaupten. Der Verzicht auf eine evidenzbasierte Qualitätserzeugung markiert den Ausgangspunkt für **unfaire Wettbewerbsbedingungen**. Diese sind nicht nur für Missstände an vielen Betrieben mitverantwortlich, sondern blockieren gleichzeitig die Möglichkeiten grundlegender Verbesserungen. Letztere können nur dann realisiert werden, wenn für höherwertige Rohwaren von den Abnehmern der Verarbeitung und des Handels auch höhere Preise gezahlt werden. Entsprechend müssten sich die Marktpreise in Zukunft an den jeweiligen Verfügbarkeiten von Produkten mit unterschiedlichen Qualitätsniveaus orientieren, die von unabhängigen Instanzen anhand belastbarer Kriterien auf einer Skala von sehr niedrig bis sehr hoch eingestuft werden.

Der LEH ist nicht nur im Besitz der Marktmacht, welche den Primärerzeugern die Preise vorgibt, und im Besitz der Macht, den Markt nach eigenem Gusto zu gestalten. Über die Etablierung von Markenwaren bestimmt der Handel auch, welche Maßstäbe für die qualitative Beurteilung von Produkten angelegt werden und welche nicht. Damit nimmt der Einzelhandel die Deutungshoheit über das in Anspruch, was vermeintlich qualitativ hochwertig ist. Hierbei werden sie tatkräftig vonseiten des Agrarmarketings und der Agrarökonomie unterstützt. Obwohl diese als Wissenschaftler der Aufklärung und als Beamte den Interessen des Gemeinwohles und nicht den Interessen des Marktes verpflichtet wären, kommt es ihnen bislang nicht in den Sinn, die Öffentlichkeit über das Gebaren des Einzelhandels aufzuklären. Viele Agrarökonomen verstehen sich als Teil des Marktgeschehens und können daher womöglich nicht realisieren, dass sie aus der Perspektive der Gemeinwohlinteressen Teil des Problems sind.

Das dem bisherigen Wirtschaftssystem innewohnende Streben nach Kostenführerschaft hat bereits sehr viele landwirtschaftliche Betriebe in den wirtschaftlichen Ruin getrieben. Zugleich werden durch das marktwirtschaftliche System erhebliche Schäden an den Gütern des Gemeinwesens verursacht, ohne dass bislang die Verursacher dafür in die Verantwortung genommen werden. Um sich aus der Umklammerung der Marktmacht zu befreien, welche die Primärerzeuger ausbeutet und ihnen die Ressourcen für die wirtschaftliche Existenzsicherung vorenthält, bedarf es nichts weniger als einer grundlegenden Neuorientierung und Neuausrichtung der wirtschaftlichen Rahmenbedingungen. Hierfür wäre insbesondere eine Agrarpolitik zuständig, die die Primärerzeuger nicht länger einem gnadenlosen Unterbietungswettbewerb ausliefert, der vor allem der Industrie und dem Einzelhandel zum Vorteil gereicht.

10.5 Umweltschutzleistungen

Die Erzeugung von Nahrungsmitteln ist dann umweltverträglich, wenn der Umwelt keine Bürden aufgeladen werden, die dauerhaft zu Schäden führen. Schaden ist eine relative Größe. Im privatwirtschaftlichen Sektor werden speziell ausgebildete Sachverständige und neutrale Gutachter eingesetzt, um die Schadenshöhe zu beurteilen und die weiteren Schritte zur Schadensregulierung einzuleiten. Für die Beurteilung der Schäden, die der Umwelt durch landwirtschaftliche Produktionsprozesse zugefügt werden, sind in Deutschland noch keine offiziellen Verfahren der Beurteilung und Schadensregulierung etabliert, die hierbei zur Anwendung kommen könnten. Solange von einer unabhängigen Instanz keine Verfahren für eine intersubjektive gültige Beurteilung implementiert werden, setzen sich in der Regel die wirkmächtigsten Interessen mit ihren Perspektiven durch. Die nationale Politik tut sich seit Jahrzehnten schwer, allgemeingültige Regeln für die landwirtschaftliche Praxis zu erlassen, welche geeignet wären, die Schadwirkungen für die Umwelt einzudämmen. Schließlich sind immense wirtschaftliche Interessen im Spiel sowie eine sehr wirkmächtige Agrarlobby, welche die eigenen Interessen in Ansatz zu bringen vermag.

10.5.1 Fehlgeleitete Entwicklungen

In der Vergangenheit standen im Zusammenhang mit dem Umweltschutz nicht die Verringerung von Emissionen und die Bekämpfung der Ursachen im Vordergrund. Der Fokus lag vielmehr auf den **Immissionen,** d. h. der Verringerung von **Schadwirkungen** durch **Emissionen** auf andere Güter und Interessen. Wie noch zu zeigen sein wird, sind mit dieser eingeschränkten Perspektive weitreichende Konsequenzen verbunden. So regelte das bereits im Jahr 1974 in Kraft getretene Bundesimmissionsschutzgesetz Maßnahmen zum Schutz vor Immissionen, nicht aber Maßnahmen zur Verhinderung von Emissionen. Gemäß §1 ist es Zweck dieses Gesetzes,

„Menschen, Tiere und Pflanzen, den Boden, das Wasser, die Atmosphäre sowie Kultur- und sonstige Sachgüter vor schädlichen Umwelteinwirkungen zu schützen und dem Entstehen schädlicher Umwelteinwirkungen vorzubeugen". „Schädliche Umwelteinwirkungen im Sinne dieses Gesetzes sind Immissionen, die nach Art, Ausmaß oder Dauer geeignet sind, Gefahren, erhebliche Nachteile oder erhebliche Belästigungen für die Allgemeinheit oder die Nachbarschaft herbeizuführen."

Der juristische Zugang zu den Umweltschäden über den Immissionsschutz hat weitreichende Folgen für den Umweltschutz. Er lenkt die Aufmerksamkeit der Schadwirkungen auf die Schäden, die einzelnen Personen oder Personengruppen entstehen. Die Schäden, die der Umwelt als Gemeingut zugefügt werden, bleiben unberücksichtigt, ebenso wie die dafür verantwortlichen emissionsverursachenden Prozesse. Bevor staatliche Organe die Berechtigung haben, gegen die Freisetzung von Emissionen einzuschreiten, bedarf es eines Nachweises, dass dadurch anderen Schaden zugeführt wird. Damit liegt die Beweislast für das Auftreten von Schadwirkungen aufseiten der staatlichen Kontrollbehörden. Angesichts der Komplexität der Prozesse, die am Zustandekommen der Schadwirkungen beteiligt sind, ist dies häufig erst dann möglich, wenn die Schäden bereits ein hohes, kaum mehr zu leugnendes Ausmaß angenommen haben. Die Uneindeutigkeit der Wirkzusammenhänge bietet den Interessengruppen, die sich durch staatliche Eingriffe bei der Verfolgung der Eigeninteressen eingeschränkt sehen, vielfältige Ansatzpunkte für argumentative Einwände und juristische Gegenwehr. Auch wenn ohne das Bundesimmissionsschutzgesetz noch weitaus größere Schadwirkungen zu erwarten gewesen wären, so bleibt doch im Rückblick zu konstatieren, dass das Gesetz die bisherigen Ausmaße an Schadwirkungen auf die Umwelt nicht hat verhindern können. Damit hat sich das Gesetz und der damit eingeschlagene Weg als untauglich erwiesen. Dies hat auch damit zu tun, dass keine Kontrollverfahren etabliert wurden, mit denen man die Wirksamkeit der Gesetzgebung hätte überprüfen und bei Fehlfunktion hätte korrigieren können.

Was für das Bundesimmissionsschutzgesetz zutrifft, gilt analog für die Düngeverordnung, welche im Zentrum der Umweltgesetzgebung für den landwirtschaftlichen Bereich steht. Diese basiert auf der europäischen Richtlinie von 1991 (91/676/ EWG, Nitratrichtlinie), mit der das **Grundwasser** vor einem übermäßigen Eintrag von Nitrat infolge von Düngungsmaßnahmen geschützt werden sollte. Ursprünglich sollte die europäische Richtlinie bis zum 20. Dezember 1993 in nationales Recht umgesetzt werden. In Deutschland erfolgte die Umsetzung erst im Jahr 1996. Schon damals waren die Widerstände vonseiten der Agrarlobby gegen staatliche Regulierungen beträchtlich. Ein Vierteljahrhundert nach Inkrafttreten der Düngeverordnung wurde das erklärte Ziel, den Grenzwert von 50 mg Nitrat je Liter Grundwasser überall in Deutschland einzuhalten, noch immer nicht erreicht. Auf Betreiben der EU-Kommission hat der Europäische Gerichtshof in einem Vertragsverletzungsverfahren gegen Deutschland im Juni 2018 festgestellt, dass die Düngeverordnung nicht ausreicht, um den nationalen Verpflichtungen bezüglich der Nitratrichtlinie nachzukommen. Damit wurde das Scheitern der bisherigen Strategien zum Schutz des Grundwassers durch Einträge aus der Landwirtschaft hochrichterlich bestätigt.

Während sich die nationale Politik bislang unwillig zeigt, eine zielgerichtete und hinsichtlich der Wirkung überprüfbare Strategie zu verfolgen, fungiert die EU Kommission als die übergeordnete Instanz, welche die Mitgliedsländer zu einem stärkeren Engagement im Bereich des Umweltschutzes und auf die Einhaltung bereits getroffener Vereinbarungen drängt. Allerdings mahlen die Mühlen der EU Justiz sehr langsam. Schneller als in der Agrarwirtschaft tragen die Initiativen der EU-Kommission im Bereich des Straßenverkehrs trotz der Widerstände vonseiten der deutschen Bundesregierung erkennbare Früchte. Hier hat die EU-Kommission Lehren aus den Fehlern der Vergangenheit gezogen und verlässt sich bezüglich der Ausmaße an Emissionen nicht länger auf die Angaben der Automobilhersteller. Mit der EU-Richtlinie 2016/2284 (EU 2016) wurden neue Regeln festgelegt, mit denen der Ausstoß von Abgasen unter realistischen Verkehrsbedingungen gemessen wird. Auf diese Weise können die Abgaswerte der Automarken miteinander verglichen und auf einer Skala rangiert werden. Gleichzeitig wurde ein Grenzwert von 95 g CO_2-Emissionen pro gefahrenen Kilometer festgelegt, der in definierten Zeiträumen von der Fahrzeugflotte der Anbieter erreicht werden muss. Damit gibt die EU-Kommission konkrete und überprüfbare **Zielgrößen** vor, welche der Automobilbranche und den technischen Entwicklungen die Richtung und den Weg weisen, den diese künftig zu beschreiten haben.

Die Verfahrensschritte bei der Automobilindustrie weisen den Weg, der auch der europäischen Landwirtschaft bevorsteht. Allerdings soll nicht unerwähnt bleiben, dass der EU-Kommission im Automobilsektor zur Hilfe kam, dass auch in den Drittländern, in denen die in Europa hergestellten Fahrzeuge vorrangig exportiert werden, erhöhte Anforderungen an die Emissionswerte gestellt werden. Damit erweisen sich kostenträchtige Maßnahmen zur Erreichung von niedrigen Emissionswerten nicht länger als ein Wettbewerbsnachteil im Handel mit relevanten Drittländern. Dies ist bei landwirtschaftlichen Produkten grundlegend anders. Beeinträchtigungen des Exportes sind ein maßgeblicher Grund für die Politik exportorientierter Mitgliedsländer der EU, Maßnahmen zu verhindern oder hinauszuzögern, welche die Wettbewerbsfähigkeit der nationalen Erzeuger auf den globalen Märkten einschränken könnten. Mit dem Gesetzespaket „Fit für 55" versucht die EU-Kommission gegen viele Widerstände auch die Landwirtschaft in die Pflicht zu nehmen, um die im Pariser Klimaschutzabkommen vereinbarten EU-Klimaziele zu erreichen. Laut einem Verordnungsvorschlag für Landnutzung, Landnutzungsänderung und Forstwirtschaft (LULUCF) soll der EU-Agrarsektor im Jahr 2035 **klimaneutral** aufgestellt sein. Bereits bis 2030 sollen die Treibhausgasemissionen um mindestens 55 % gegenüber dem Referenzjahr 1990 gesenkt werden. Die Festlegung von **Zielen** ist das eine, die Mittel und Methoden, mit denen diese erreicht werden sollen, etwas anderes. Um den Zielen näher zu kommen, müsste vor allem geklärt werden, wer welchen Beitrag zu leisten und welche Veränderungen in welchem Umfang vorzunehmen hätte. Bezüglich der **Operationalisierbarkeit** von Maßnahmen, mit denen die erklärten Ziele erreicht werden sollen, bleibt die Politik noch konkrete Vorgaben schuldig. Anders als der Automobilindustrie fehlt damit den Landwirten eine klare Orientierung, welche Ausmaße an Emissionen aus den Betrieben künftig noch erlaubt sein werden. Solange keine konkreten und sanktionsbewährten gesetzlichen Vorgaben bestehen, gestalten die Betriebe die Produktionsprozesse und damit die Emissionsmengen weiterhin so, wie es ihnen für die wirtschaftliche Überlebensfähigkeit der Betriebe sinnvoll erscheint.

Die Produktionsleistungen und die damit einhergehenden Emissionen sind das Ergebnis der gesamtbetrieblichen Ausrichtung aller Produktionsprozesse. Sie können nicht isoliert beurteilt werden, da sie sich im komplexen Wirkungsgefüge eines Betriebes wechselseitig bedingen und beeinflussen. Während die Produktionsleistungen eines Betriebes hinreichend zuverlässig erfasst werden können, haben Betriebsleiter in der Regel keine belastbaren Einschätzungen zum Ausmaß der Emissionen, die aus ihren Betrieben in die Umwelt entweichen. Anders als bei einem Auto oder bei Industrieanlagen verfügen landwirtschaftliche Betriebe weder über Auspuffrohre noch Schornsteine oder Abwasserkanäle, an denen die Austräge analytisch bestimmt und mengenmäßig erfasst werden können. Die diffusen und großflächigen Freisetzungen über die Luft und über Oberflächengewässer erfordern eine gänzlich andere Herangehensweise der Quantifizierung in Form einer **Bilanzierung.** In den Niederlanden kommt die Methode der Bilanzierung der einzelbetrieblichen Austräge an **reaktiven Stickstoffverbindungen** bereits landesweit zum Einsatz (Daatselaar et al. 2015). Bevor diese Vorgehensweise auch in anderen europäischen Mitgliedsländern etabliert werden kann, müssen noch beträchtliche Widerstände überwunden werden, welche zahlreiche Interessensgruppen und ihrer Vertreter in der Politik einer Quantifizierung von Emissionen entgegenbringen. Schließlich fürchten die Interessensvertreter relevante Nachteile für ihre Klientel, wenn dem Schutz der Umwelt eine höhere Bedeutung beigemessen werden soll als dem Schutz der Primärerzeuger vor **regulierenden Eingriffen** des Staates. Anders als in anderen exportorientierten Branchen sind für den Agrarbereich die Produktionskosten von ausschlaggebender Bedeutung. Da höhere Anforderungen an den Umweltschutz nicht mit dem Streben nach **Kostenführerschaft** und dem preislichen Unterbietungswettbewerb auf den globalen Märkten kompatibel sind, liegt die eigentliche Crux für die Umsetzung von Umweltschutzmaßnahmen in der Landwirtschaft in der Exportorientierung der Agrarbranche.

Die Exportorientierung der Agrarbranche erlaubt keine Maßnahmen, welche die Wettbewerbsfähigkeit der heimischen Erzeuger auf den globalen Märkten durch eine Steigerung der Produktionskosten beeinträchtigen würde. Bei dieser Sichtweise wird allerdings außer Acht gelassen, dass es neben dem Weltmarkt auch noch einen Binnenmarkt gibt. Soll der Zuspruch der heimischen Bevölkerung und Verbraucher nicht aufs Spiel gesetzt werden, können die **Umweltwirkungen** der Produktionsprozesse nicht dauerhaft ausgeblendet bleiben. Die Bedeutung, die dem Umwelt- und Klimaschutz aufgrund der bereits eingetretenen gravierenden Umwelt- und Klimaschäden beigemessen werden muss und in Zukunft unausweichlich beigemessen wird, lässt den heimischen Primärerzeugern über kurz oder lang keine andere Wahl. Sie müssen sich auf den Weg machen, in Zukunft landwirtschaftliche Rohwaren auf eine Art und Weise zu erzeugen, die mit einem nachweislich niedrigen Niveau an Emissionen einhergeht. Die Betonung liegt auf Nachweis. Zwar bewerben schon jetzt diverse Label, wie z. B. das Ökolabel, ihre Verkaufsprodukte mit einer vermeintlich umweltverträglichen Produktionsweise. Allerdings bleiben sie bislang den Nachweis einer geringen Emission pro Produkteinheit schuldig. Wie bereits in unterschiedlichen Zusammenhängen dargelegt, ist die

Einhaltung erhöhter Standards nicht gleichbedeutend mit einer höheren betrieblichen Leistung. Schließlich findet auch zwischen Primärerzeugern, die an einem Marken-programm beteiligt sind, ein Unterbietungswettbewerb statt, bei dem versucht wird, erhöhte Anforderungen mit einem möglichst geringen Aufwand zu realisieren. Damit werden die Bemühungen derjenigen unterlaufen, die eine höhere Umweltleistung erbringen wollen, dafür aber erhöhte Produktionskosten in Kauf nehmen müssen. Den Trittbrettfahrern, die erhöhte Verkaufserlöse einstreichen, ohne erhöhte gesellschaft-lich relevante Leistungen zu erbringen, kann nicht allein dadurch begegnet werden, dass man die Einhaltung erhöhter Mindeststandards überprüft. Um einen fairen Wettbewerb zu etablieren und das Vertrauen der Verbraucher und ihre Bereitschaft zur Zahlung von Mehrpreisen zu rechtfertigen, kommt man an einer evidenzbasierten Quantifizierung der Umweltleistungen auf lange Sicht nicht vorbei.

Die allermeisten Betriebsleiter glauben, sich den Aufwand der Quantifizierung von Stoffausträgen in die Umwelt ersparen zu können, solange dieser ihnen nicht vom Gesetzgeber unter Androhung von Sanktionen abverlangt wird. Dabei übersehen sie, dass eine Reduzierung von Stoffausträgen auch mit betriebswirtschaftlichen Vorteilen (z. B. Einsparung von Produktionsmitteln) einhergehen kann. Ohne eine entsprechende Quantifizierung vermag das Betriebsmanagement nicht einzuschätzen, ob das betriebs-wirtschaftliche Optimum im Hinblick auf die Aufwand-Nutzen-Relation bereits erreicht ist (s. Abschn. 6.2). Auch vergeben die Primärerzeuger die Möglichkeit, den affinen Verbrauchern und/oder den kommunalen, regionalen oder nationalen staatlichen Ein-richtungen ein höheres Maß an Emissionsminderungen pro Produkteinheit anzubieten, für das die Primärerzeuger berechtigt sind, einen entsprechenden Mehrpreis bzw. Sub-ventionen einzufordern. Wollen Primärerzeuger die Nachfrage von Verbrauchern und von Steuerzahlern nach einer emissionsreduzierten Erzeugung bedienen und entsprechende Produkte für den Binnenmarkt erzeugen, so müssen sie der abnehmenden Hand auch ein belastbares Angebot machen. Von einer solchen proaktiven Herangehensweise sind die meisten Primärerzeuger noch weit entfernt.

Wegen der höheren Aufwendungen bei den Produktionsprozessen führt an höheren Marktpreisen für höherwertige, d. h. nachweislich umweltverträglicher erzeugte Produkte, kein Weg vorbei. Wie sollen Primärerzeuger ansonsten Mehr-aufwendungen zum Schutz der Umwelt erbringen, die sie sich im globalen Unter-bietungswettbewerb nicht leisten können, ohne Gefahr zu laufen, ihre wirtschaftliche Existenzfähigkeit zu gefährden? Umweltverträglicher wirtschaftende Betriebe sind allerdings nicht nur darauf angewiesen, für die höheren betrieblichen Aufwendungen einen höheren Verkaufspreis zu erzielen. Sie müssen zugleich vor **unfairen** Wett-bewerbsbedingungen geschützt werden und damit vor den Konkurrenten, die sich einen Wettbewerbsvorteil verschaffen, indem sie niedrigere Produktionskosten zu Lasten der Umwelt realisieren. Wir haben es hier mit einer mehrfachen „Externalisierung", d. h. einer Verlagerung nach außen, zu tun. Dies betrifft zum einen die großen Mengen der bei den Produktionsprozessen anfallenden Rest- und Abfallstoffe, die aus den Betrieben in die Umwelt verlagert werden und dort erhebliche Schadwirkungen verursachen.

Hinzu kommt, dass die wahren Kosten, die bei der Herstellung und dem Gebrauch von extern zugekauften Produktionsmitteln sowie bei der Entsorgung der Abfallstoffe in die Umwelt entstehen, auf andere verlagert werden, die sich nicht dagegen wehren können. Die Externalisierungen sind Ausdruck unfairer Wettbewerbsbedingungen, welche denjenigen, die rücksichtsloser und egozentrischer als andere agieren, Marktvorteile verschaffen. Schließlich ist es die Verweigerung, die Verantwortung für das eigene Tun zu übernehmen, die man Externalisierung nennt (Göpel 2020). Mit einer verantwortungslosen Vorteilnahme zu Lasten Dritter handeln Betriebe den Gemeinwohlinteressen zuwider. Im Fall von Umweltschäden, die vermeidbar wären, ohne dass dadurch die wirtschaftliche Existenz der jeweiligen Betriebe gefährdet wäre, handelt es sich um ein besonders verantwortungsloses, weil fahrlässiges Verhalten. Zur Externalisierung gehört auch, dass Betriebe diese Praxis fortsetzen können, weil Kontrollorgane des Staates sie nicht daran hindern.

Obwohl die Agrarpolitik für die Sicherstellung fairer Wettbewerbsbedingungen verantwortlich ist, kommt sie dieser Aufgabe nicht nach. Offensichtlich misst die Agrarpolitik dem staatlichen und im Grundgesetz verankerten Schutzauftrag gegenüber dem Gemeinwesen eine geringere Bedeutung bei als den Interessen der Agrarlobby, welche jegliche Form der Reglementierung ablehnt. Verkompliziert wird die Gemengelage durch das widersprüchliche Verhalten der Primärerzeuger. Da viele von ihnen die primär Leidtragenden eines ruinösen Unterbietungswettbewerbes sind, wäre es naheliegend, wenn sich die Mehrheit der Landwirte dafür einsetzen würde, dass der Staat faire Rahmenbedingungen etabliert. Hierzu gehört, dass eine höherwertige **Qualitätserzeugung** vor den unfairen Praktiken von Trittbrettfahrern und vor den Billiganbietern aus dem In- und Ausland geschützt wird. Mehr noch als die unfairen Praktiken der Mitkonkurrenten scheinen viele Landwirte jedoch staatliche Kontrollen und Reglementierungen zu fürchten, die notwendig wären, um gegen unfaire Geschäftspraktiken vorzugehen.

Auch die vermeintlichen Interessensvertreter der Primärerzeuger in den verschiedenen Berufsverbänden zeigen kein Interesse an einer Vorgehensweise, welche zwischen fair und unfair agierenden Betrieben differenziert. Schließlich würde dies den allgemeinen Vertretungsanspruch gegenüber allen Landwirten torpedieren, wenn zwischen fair und unfair agierenden Landwirten ein Unterschied gemacht würde. Stattdessen nimmt man für sich in Anspruch, für alle Landwirte eine Interessensvertretung und eine Schutzmacht zur Abwehr jeglicher Zumutungen durch den Staat zu sein. Einerseits setzt man sich für die Erhöhung jeglicher Form der Subventionierung der Landwirte aus öffentlichen Mitteln ein, *„damit allen geholfen und keiner zurückgelassen wird"*; andererseits wehrt man sich gegen Kontrollen, ob die **Subventionen** aus öffentlichen Mitteln auch im öffentlichen Interesse eingesetzt werden. Vorherrschend ist eine wirtschaftsliberale Grundhaltung, deren Auswirkungen rückblickend vergleichsweise wenige Gewinner aber sehr viele Verlierer unter den Landwirten hervorgebracht hat. Die **Widersprüche** und die **Unfairness** innerhalb der Mitglieder der Berufsverbände und gegenüber dem Gemeinwesen lassen sich nur so lange überdecken, solange der Staat nicht zwischen denjenigen Betrieben differenziert, welche die Subventionen durch einen positiven Beitrag für das Gemeinwohl rechtfertigen, und denjenigen, welche Subventionen einstreichen, aber gleichzeitig den Interessen des Gemeinwohles schaden. Verbandsvertreter schützen deshalb nicht die im Wettbewerb benachteiligten Betriebe, sondern diejenigen, welche sich auf Kosten anderer Mitbewerber und zu Lasten des Gemeinwohles über Externalisierungen Wettbewerbsvorteil erschleichen. Auf diese Weise laufen die Interessen der Interessensvertreter den Interessen vieler landwirtschaftlichen Betriebe zuwider, die sie zu vertreten vorgeben.

Wie in anderen Wirtschaftszweigen auch fangen die Verantwortlichen in der Agrarwirtschaft erst dann an, über Möglichkeiten der Emissionsminderung nachzudenken, wenn sie vom Ordnungsrecht dazu genötigt werden. Dies gilt unter den gegenwärtigen Rahmenbedingungen selbst für Betriebe des Ökolandbaus. Deren Image in der Bevölkerung rührt vor allem daher, dass ihnen gegenüber den konventionellen Betrieben eine umweltverträglichere Erzeugung unterstellt wird. Der generelle Verzicht auf den Einsatz von mineralischen Stickstoffdüngemitteln und von Pestiziden legt die Vermutung nahe, dass damit substanzielle Vorteile für eine umweltverträglichere Erzeugung einhergehen. Was den Austrag an Schadstoffen pro Betrieb betrifft, bestehen diesbezüglich keine Zweifel. Allerdings fallen Produktivität und Produktmengen pro Flächeneinheit geringer aus als in der konventionellen Landwirtschaft. Dies hat zur Folge, dass die Austräge an Kohlenstoff- und reaktiven Stickstoffverbindungen in die Umwelt pro verkaufte Produkteinheit mitunter höher ausfallen können als bei konventioneller Erzeugung (Sundrum 2012). So wie zwischen den konventionellen besteht auch zwischen den ökologisch wirtschaftenden Betrieben eine sehr große Variation zwischen den Betrieben hinsichtlich der Umweltschutzleistungen. Deshalb sind pauschale Aussagen, die dem Ökolandbau eine generelle Vorzüglichkeit attestieren, nicht gerechtfertigt.

10.5.2 Potenziale einer kontextabhängigen Beurteilung

Was den Betrieben beider Produktionsweisen fehlt, ist eine einzelbetriebliche Quantifizierung der tatsächlichen Austragsmengen von Rest- und Abfallstoffen in Relation zu den Verkaufsprodukten. Während die meisten konventionellen Betriebe kein Interesse an entsprechenden Quantifizierungen haben, hätten ökologisch wirtschaftende Betriebe triftige Gründe, sich um diese zu bemühen. Zum einen könnte dadurch gegenüber den Verbrauchern die höheren Marktpreise gerechtfertigt werden. Die Zahlungsbereitschaft von Verbrauchern basiert nicht zuletzt auf dem Vertrauen, dass mit der Wirtschaftsweise auch ein höheres Maß an **Umweltverträglichkeit** verbunden ist. Sollten sich diese Erwartungen als unbegründet erweisen, drohen Vertrauensverlust sowie die Unterminierung eines Geschäftsmodells, das ohne Mehrpreiszahlungen nicht aufrechterhalten werden kann. Schon allein deshalb sollte ein großes Interesse bestehen, proaktiv zu agieren, um einem drohenden Imageverlust entgegenzuwirken. Nicht weniger bedeutsam ist, dass mit einer nachweislich umweltverträglicheren Wirtschaftsweise nicht nur den Interessen des Gemeinwohles und einer affinen Verbraucherklientel entsprochen werden kann. Gleichzeitig kann damit auch den Eigeninteressen im Hinblick auf eine gesteigerte Produktivität und einen höheren ökonomischen Gewinn Rechnung getragen werden. Bevor jedoch eine solche Win-win-Situation realisiert und ökonomische und gemeinwohlorientierte Interessen betriebsintern zu einem Abgleich gebracht, d. h. externe Effekte internalisiert werden können, müssen diverse Voraussetzungen erfüllt sein.

Hierzu gehört zuallererst die Vergegenwärtigung der **Zielkonflikte,** die sich in Abhängigkeit vom jeweiligen betrieblichen Kontext in unterschiedlichen Ausmaßen zwischen den Partikular- und den Gemeinwohlinteressen auftun. Auch wenn sich landwirtschaftliche Betriebe für eine umweltverträgliche Bewirtschaftung engagieren wollen, können sie es sich nicht leisten, die ökonomischen Folgewirkungen aus den Augen zu verlieren. Bei der Verfolgung der beiden Produktionsziele Produktivitätssteigerung und Emissionsminderung kommen unterschiedliche Strategien zum Einsatz. Strategien zur Minimierung von Aufwendungen und zur Steigerung der Produktionsleistungen treffen auf Strategien der Emissionsminderung, die in der Regel mit Mehraufwendungen und Leistungsbegrenzungen einhergehen. Die Verfolgung des einen Zieles geht zu Lasten des anderen, sofern es nicht gelingt, die beiden Produktionsziele in einer übergeordneten Zielsetzung zusammenzuführen. Anstatt eines „Entweder-oder" bedarf es eines „Sowohlals-auch" und entsprechender Strategien, mit denen eine möglichst große gemeinsame Schnittmenge zwischen den beiden Zielen realisiert werden kann, sodass dadurch die Zielkonflikte eingehegt werden können. Da zwischen den Betrieben die Ausgangs- und Randbedingungen beträchtlich variieren, kann es sich bei den Bemühungen um eine Ausweitung der Schnittmenge nur um eine betriebsspezifische Vorgehensweise handeln, die nicht allgemeinen Beratungsempfehlungen folgt. Geht es um eine Verknüpfung und den Ausgleich zwischen zwei gegensätzlich, aber komplementär zueinanderstehenden

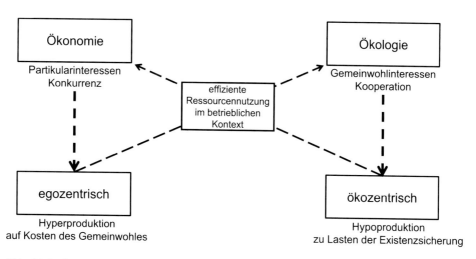

Abb. 10.3 Interessensausgleich zwischen ökonomischen und ökologischen Anforderungen durch eine effiziente innerbetriebliche Ressourcennutzung. (Eigene Darstellung)

Wertsetzungen, liefert das **Wertequadrat** in Anlehnung an Schulz von Thun (2007) (s. Abb. 10.3) wertvolle Dienste.

Die vorherrschende Fokussierung auf den betriebswirtschaftlichen Erfolg läuft auf eine egozentrische Grundhaltung hinaus. Dabei wird die Ausgestaltung der Produktionsprozesse den ökonomischen Zielsetzungen untergeordnet. Im Wettbewerb mit anderen kann dies zu einer übersteigerten Produktivität (Hyperproduktivität) führen. Ab einem betriebsindividuell unterschiedlichen Niveau geht diese Vorgehensweise zu Lasten der Gemeinwohlinteressen. Landwirtschaftliche Betriebe sind jedoch nicht autark, sondern selbst Teil eines Gemeinwesens. Sie sind auf Unterstützung unter anderem durch die Abnahme von Verkaufsprodukten durch die gewährten Subventionszahlungen sowie durch die Aufrechterhaltung der Infrastruktur zwingend angewiesen, um langfristig überdauern zu können. Entsprechend können die Betriebe die Interessen des Gemeinwohles nicht dauerhaft ignorieren. Würden dagegen allein die ökologischen Anforderungen im Vordergrund stehen, hätte dies eine herabgesetzte Produktivität (Hypoproduktivität) zur Folge. Die monetären Einnahmen durch die Verkaufsprodukte können zu gering ausfallen, um damit die Erhaltung des Betriebssystems zu gewährleisten. Beide Anforderungen haben ihre Berechtigung, bedürfen aber eines Ausgleiches, um die negativen Folgen einer einseitigen Ausrichtung einzuhegen. Im Wertequadrat überkreuzen sich die Entwicklungsrichtungen. Betriebe, die in Gefahr sind, nach links unten abzurutschen, sind gut beraten, die ökosozialen Werte stärker zu berücksichtigen und bei Managemententscheidungen einzubeziehen. Diejenigen Betriebsleiter, welche Gefahr laufen, die ökologischen Aspekte überzubetonen und die ökonomischen Erfordernisse zu vernachlässigen, sind angehalten, Letzteren eine größere Bedeutung beizumessen, um die eigene wirtschaftliche Existenz zu sichern. Die gemeinsame Schnittmenge bei dem Bemühen, die jeweiligen Extrempositionen zu vermeiden, wird repräsentiert durch die **Effizienz** bei der Nutzung innerbetrieblicher und externer Ressourcen im betriebsspezifischen Kontext. Die Effizienz entspricht dem Verhältnis von Output- zu Input-Größen und ist als solche die gemeinsame **Zielgröße** einer sowohl ökonomisch wie ökologisch ausgerichteten Wirtschaftsweise. Entsprechend sollte das Streben nach einem hohen Wirkungsgrad der Umsetzungsprozesse im Fokus eines einzelbetrieblichen Ressourcenmanagements stehen. Allerdings reicht es nicht, wenn eine hohe Effizienz nur in einzelnen Teilbereichen, nicht aber bezogen auf die stofflichen Umsetzungen im Gesamtsystem in den Blick genommen wird.

Die vorherrschende agrarindustrielle Strategie beruht auf einer Intensivierung, Spezialisierung und Technisierung der Produktionsprozesse (s. Abschn. 6.1). Auf diese Weise wird ein hoher Wirkungsgrad in Teilbereichen realisiert. Gleichzeitig werden jedoch Folgewirkungen in den vor- und nachgelagerten Bereichen innerhalb und außerhalb der Betriebe hervorgerufen, die häufig ausgeblendet bzw. externalisiert werden. Werden die Umweltbelastungen mitberücksichtigt, die bei der externen und betriebsinternen Herstellung von Dünge- und Futtermitteln sowie bei deren Anwendung im betrieblichen Kontext entstehen, können die Vorzüge der Intensivierung beträchtlich relativiert werden. Beispielsweise können Effizienzsteigerungen bei der Fleisch- und

Milcherzeugung durch einen erhöhten Futtermittelimport hervorgerufen werden. Gleichzeitig reduziert der dadurch erhöhte Anfall von Exkrementen deren Nutzbarmachung als Wirtschaftsdünger. Diese Vorgehensweise ist ökonomisch so lange vorteilhaft, wie die nachteiligen Wirkungen erhöhter Stoffausträge in die Umwelt keinen Eingang in die ökonomische Bilanz finden. In der Regel bleibt auch unberücksichtigt, dass die Effizienz der Nährstoffumsetzung sowohl auf der Tier-, Schlag- oder Betriebsebene einer Nutzenfunktion folgt. Dabei geht es um den Nutzenzuwachs, der durch den Einsatz einer weiteren Einheit einer Input-Größe erzielt wird. Das **Gesetz vom abnehmenden Grenznutzen** besagt, dass der Nutzen mit jeder weiteren Einheit abnimmt, bis bei einem konkaven Verlauf der Nutzenfunktion ein Optimum erreicht wird. Bei einem weiteren Input jenseits des Optimums nimmt der Nutzen wieder ab (s. Abschn. 6.2), d. h., er wird negativ und verursacht ökonomische Verluste. Trotz ihrer ökonomischen und ökologischen Relevanz hat die Grenznutzenfunktion von Produktionsprozessen bislang allenfalls in der Theorie Eingang in die landwirtschaftliche Beratungspraxis gefunden. Stattdessen verlässt man sich in der Regel auf die allgemeine Grundformel, wonach Leistungssteigerungen mit Effizienzsteigerungen und folglich mit einer Gewinnsteigerung einhergehen. Die induktive Herleitung von Teilaspekten auf übergeordnete Gesamtzusammenhänge kann jedoch zu gravierenden Fehleinschätzungen führen und das Gegenteil dessen bewirken, was ursprünglich intendiert war (Sundrum et al. 2021).

Die Einbeziehung (Internalisierung) der vor- und nachgelagerten externen Bereiche sowie die Berücksichtigung der Wirkungsgrade aller innerbetrieblichen Stoffumsetzungen erfordert eine weitgehende Umorientierung. Dies betrifft nicht nur die Wirtschaftsweise, sondern auch die Denk- und Herangehensweise. Schließlich kommt es nicht allein auf die Produktionsleistungen und -kosten an; gleichzeitig ist relevant, welche Ausmaße an Stoffausträgen in die Umwelt damit einhergehen. Ein solches multivariables Geschehen kommt nicht ohne eine fundierte Datengrundlage aus. Den betrieblichen Output-Größen in Form von erwünschten Verkaufsprodukten und unerwünschten Austrägen von Rest- und Abfallstoffen stehen die Input-Größen gegenüber, die als externe Produktionsmittel in das Betriebssystem gelangen. Entsprechend kann die Effizienz als das Verhältnis von Output zu Input einerseits auf die Verkaufsprodukte und andererseits auf die unerwünschten Austräge bezogen werden. Sofern keine Stoffe im Betriebssystem durch organische Bindung an Biomasse akkumulieren bzw. freigesetzt werden, verhält sich die Effizienz bei der Erzeugung von Verkaufsprodukten (ökonomische Effizienz) reziprok zur Effizienz bei der Vermeidung von Stoffausträgen in die Umwelt (ökologische Effizienz). Je höher der Anteil ist, der von den Input-Größen den Betrieb als Verkaufsprodukte verlässt, umso geringer ist der Anteil der Input-Größen, der an Rest- und Abfallstoffen aus dem Betrieb entwichen. Für die Beurteilung der **Umweltverträglichkeit** sind daher sowohl die absoluten Austragsmengen an Rest- und Abfallstoffen als auch das Verhältnis zu den Stoffausträgen über die Verkaufsprodukte relevant.

Aufgrund ihrer hohen **Schadwirkungen** kommt im Hinblick auf die Umweltverträglichkeit der landwirtschaftlichen Erzeugung den **Emissionen** an **reaktivem Stick-**

stoff (Nr) die größte Bedeutung zu (s. Abschn. 6.3). Nr liegt in organisch gebundener Form (Aminosäuren, Nukleinsäuren, Proteine) und in anorganischer Form (Ammoniak, Ammonium, Nitrat, Nitrit, Lachgas, Stickoxid) vor. Während die Nr-Verbindungen in den Verkaufsprodukten weitgehend organisch gebunden sind, handelt es sich bei den Rest- und Abfallstoffen, welche in die Umwelt entweichen, in der Regel um anorganische Nr-Verbindungen. Innerbetrieblich liegen die Nr-Verbindungen sowohl organisch gebunden als mikrobielle, pflanzliche oder tierische Biomasse sowie in mineralisierter Form im Boden und im Dunglager vor. Die besondere Herausforderung der Bewirtschaftung besteht darin, einen möglichst hohen Anteil der zugekauften und der innerbetrieblich vorhandenen Nr-Mengen in eine organische Bindungsform zu überführen. Diese verlassen den Betrieb in Form von Verkaufsprodukten pflanzlicher oder tierischer Herkunft oder akkumulieren bzw. rezyklieren als mikrobielle oder pflanzliche Biomasse im Stoffkreislauf des Betriebes. Zugleich gilt es, durch diverse Managementmaßnahmen dafür Sorge zu tragen, den Anteil der anorganischen Nr-Verbindungen daran zu hindern, das Betriebssystem über die Luft oder in Wasser gelöst zu verlassen.

Ökologisch ausgerichtete Strategien des **Nährstoffmanagements** unterscheiden sich grundlegend von den vorherrschenden Strategien der Intensivierung der Produktionsprozesse. Während Letztere vor allem auf einer Erhöhung des Ressourceninputs basieren, geht es bei einer ökologischen Ausrichtung um deren Begrenzung. Eine hohe Effizienz bei der Transformation von Nährstoffen zu Verkaufsprodukten bei gleichzeitiger Minimierung der Austräge an Rest- und Abfallstoffen in die Umwelt kann vor allem durch drei Strategien befördert werden (Sundrum 2019):

- **Reduzierung** des Nährstoffinputs in das Betriebssystem auf die Substitution der Stoffe, welche die Wachstumsprozesse nach dem Minimumgesetz limitieren und die betriebsintern nicht in hinreichender Menge zur Verfügung stehen.
- Gezielte **Allokation** der Nährstoffe zu den Pflanzen und den Tieren, die gemäß schlagspezifischer und tierindividueller Bedarfswerte im Vegetations- bzw. im Produktionsverlauf den größten Bedarf haben und gemäß Grenznutzenfunktion den größten Nutzen aus einer gezielten Versorgung ziehen können.
- Hoher Grad der innerbetrieblichen Wiederverwendung (**Rezyklieren**) der Nährstoffe vom Boden über die Pflanze zum Tier und von den Tieren über die Exkremente zurück zum Boden.

Je zielgerichteter und effizienter die innerbetrieblichen **Ressourcen** genutzt werden, desto weniger Nährstoffe müssen von außen zugeführt werden. Zugekaufte, aber nicht adäquat genutzte Nährstoffe stellen sowohl aus ökologischer wie ökonomischer Sicht einen Verlust dar. Allerdings verpufft der ökonomische Anreiz einer effizienten Nutzung, wenn die zugekauften Produktionsmittel unverhältnismäßig preiswert sind. Dies gilt einerseits in Relation zu den Umweltschäden, die bereits bei der Herstellung beispielsweise von mineralischen Stickstoffdüngemitteln und andererseits bei deren

Anwendung im betrieblichen Kontext entstehen. Eine (Öko-)Steuer auf den Einsatz von mineralischen Stickstoffdüngemitteln wäre daher eine besonders zielführende Maßnahme, um das Management durch eine Verteuerung des Produktionsmittels zu einer effizienteren Nutzung anzuhalten. Ein höherer Preis könnte durch eine effizientere Nutzung der Ressource mehr als aufgefangen werden, sodass es nicht zwingend zu einer Erhöhung der Produktionskosten kommen muss. Angesichts allgemein überhöhter Einsatzmengen von Düngemitteln kann das Ergebnis einer Steuer sogar eine Senkung der Produktionskosten sein. Auf diese Weise kann ein ökologischer Nutzen herbeigeführt werden, ohne dass damit (außer für die Düngemittelhersteller) ökonomische Nachteile einhergehen. Der Preis, der für verteuerte Produktionsmittel zu zahlen wäre, bestünde voraussichtlich weniger in einer Steigerung der Produktionskosten als in der Notwendigkeit, ein datenbasiertes Nährstoffmanagement einzuführen, auf das die meisten Betriebe immer noch glauben verzichten zu können.

Einen deutlich rigoroseren Kurs fährt der Ökolandbau, indem er grundsätzlich auf die Zufuhr mineralischer Stickstoffdünger verzichtet. Ökologisch wirtschaftende Betriebe sind darauf angewiesen, die wachstumslimitierenden Ressourcen an reaktiven Stickstoffverbindungen über den Anbau von stickstofffixierenden Leguminosen sowie über den Zukauf von Futtermitteln zu verschaffen. Sollen die Böden nicht aushagern, müssen die Nährstoffe, die dem Betrieb über die Verkaufsprodukte und über die Austräge in die Umwelt verloren gehen, durch Zukauf substituiert werden. Folgerichtig haben das die Leiter von ökologisch wirtschaftenden Betrieben zumindest in der Theorie eine intrinsische Motivation, die Nr-Verbindungen möglichst effizient für eine Steigerung der Produktivität und des Betriebseinkommens zu nutzen und sie am Entweichen in die Umwelt zu hindern. Ertragssteigernde und damit ökonomisch gewinnbringende Maßnahmen wirken auf diese Weise synergistisch mit den Bemühungen, die auf eine Reduzierung der Stoffausträge in die Umwelt abzielen (Win-win-Situation). Allerdings wird auch auf ökologisch wirtschaftenden Betrieben von den zur Verfügung stehenden Instrumenten der **Bilanzierung** und des Nährstoffmanagements nur unzureichend Gebrauch gemacht. Deshalb verwundert es nicht, wenn viele Flächen nicht adäquat mit Nährstoffen versorgt werden. In einer aktuell veröffentlichten Studie wurde ermittelt, dass auf 66 % der untersuchten Ackerschläge von ökologisch wirtschaftenden Betrieben ertragsbegrenzende Mängel im Nährstoffmanagement bestehen (Kolbe und Meyer 2021). Auf den betroffenen Schlägen lag der kalkulierte Ertragsausfall im Durchschnitt bei 18 %. Demgegenüber waren 25 % der Ackerschläge von zu hohen Nährstoffsalden an Stickstoff und Phosphor betroffen, die auf potenzielle Stoffausträge in die Umwelt hinweisen.

Je genauer die verfügbaren Nährstoffe auf die einzelnen Pflanzenschläge bzw. die einzelnen Tiere gemäß dem spezifischen Bedarf verteilt werden, desto effizienter können diese umgesetzt und in Verkaufsprodukte transformiert werden. Allerdings besteht eine große Variation der Bedarfssituationen sowie eine dynamische Veränderung im Vegetations- bzw. Produktionsverlauf. Variationen und Veränderungsdynamiken der Bedarfssituation stellen das Management vor große Herausforderungen und erfordern zusätzliche Aufwendungen des Managements, um das Potenzial einer bedarfs-orientierten **Allokation** zu realisieren. Andererseits winken durch diesen Aufwand neben einer verbesserten Produktivität auch eine geringere Stör- und Krankheitsan-fälligkeit. Insbesondere Jungtiere und laktierende Nutztiere reagieren auf Imbalancen in der Nährstoffversorgung mit einer erhöhten Erkrankungsrate. Aufgrund verringerter Produktionsleistungen und erhöhter Todesfälle ziehen diese neben der Tierschutz-problematik auch ökonomische Verluste nach sich.

Ökologisch wirtschaftende Betriebe tun sich besonders schwer, den komplexen Anforderungen an eine zielgerichtete Allokation von Nährstoffen Rechnung zu tragen. Häufig sind sie als Gemischtbetriebe mit vielfältigen Betriebszweigen strukturiert und weisen daher selten einen Spezialisierungsgrad auf, wie er in der konventionellen Land-wirtschaft anzutreffen ist. Neben den diversen Vorteilen, die sich bei Gemischtbetrieben hinsichtlich des Rezyklierens von Nährstoffen ergeben, bestehen erhöhte Anforderungen an das Management, angemessen mit den vielfältigen Anforderungen umzugehen und diese unter einen Hut zu bekommen. Status-quo-Erhebungen aus der ökologischen Geflügel- und Schweinehaltung zeigen, dass es auf vielen Betrieben zu einer sub-optimalen und damit ineffizienten Nutzung von Futterressourcen mit unzureichenden Produktionsleistungen und erhöhten Tierverlusten kommen kann (Blume et al. 2021b). Andererseits konnten die im Anschluss an die Status-quo-Erhebung durchgeführten Berechnungen zeigen, dass die Betriebe über diverse Optionen verfügen, um über gezielte Optimierungsstrategien die Allokation der Nährstoffe und die Versorgung der Tiere zu verbessern und gleichzeitig den Betriebsgewinn zum Teil deutlich zu steigern (Blume et al. 2021a). Die Autoren der Studie schlussfolgern, dass es der einzelbetrieb-lichen Implementierung eines Fütterungscontrollings in Kombination mit einem über-betrieblichen Vergleich der von den Betrieben erbrachten Ressourceneffizienz bedarf, um deutliche Verbesserungen zu realisieren und die Realität der ökologischen Schweine- und Geflügelhaltung besser mit den Ansprüchen in Einklang zu bringen.

Auch das Rezyklieren von Nährstoffen im innerbetrieblichen **Stoffkreislauf** kann eine Win-win-Situation befördern. Verfahrensabläufe, die auf eine Wiederverwertung von begrenzt verfügbaren Stoffgruppen wie Stickstoff und Phosphor ausgerichtet sind, erhöhen die Produktivität und reduzieren die Notwendigkeit der Substitution dieser Nährstoffe durch den Zukauf von Dünge- bzw. Futtermitteln. Wesentliche Voraus-setzung für die Wiederverwendung ist die Bildung von organischer **Biomasse,** durch welche die Nährstoffe daran gehindert werden, in die Umwelt zu entweichen, und damit der Wiederverwendung verloren gehen. Die gezielte Förderung der Bildung organischer Biomasse und die Vermeidung der Emissionen von anorganischen Ver-bindungen ist mit den konventionellen Formen der Haltung auf Spaltenböden und der Vermischung von Harn und Kot zur Gülle nicht vereinbar. Um Nährstoffverlusten bei der Lagerung von Exkrementen entgegenzuwirken, ist es besonders bedeutsam, Kot und Harn zu separieren. Während der reaktive Stickstoff im Kot organisch gebunden vorliegt, kann der anorganische Stickstoff im Harn sehr leicht entweichen. Verschärft wird das

Emissionspotenzial aus dem Harn bei Kontakt mit Kot durch die Anwesenheit von harnstoffspaltender Urease aus bestimmten Bakterien im Kot. Bei getrennter Lagerung von Harn und Kot kann durch entsprechende Bedingungen bei der Lagerung und der Ausbringung der Stickstoff viel leichter daran gehindert werden, zu entweichen, als dies bei der Lagerung und Ausbringung von Gülle der Fall ist.

Kohlenstoffverbindungen weisen gegenüber Stickstoff- und Phosphorverbindungen in der Landwirtschaft einige Besonderheiten auf. Sie sind Teil eines globalen Kohlenstoffkreislaufes, bei dem Kohlenstoff nicht nur aus den Betrieben entweicht, sondern auch über **Kohlendioxid** aus der Luft entnommen und in der Biomasse wieder gebunden werden kann. Zwischen den Kohlenstoffspeichern der Erdsphären kommt es durch die Kohlenstoffflüsse zu einem beträchtlichen Stoffaustausch. Wichtige Kenngrößen, die sich aus den Stoffflüssen ergeben, sind Verweildauer im Kohlenstoffspeicher, Zufluss und Abfluss (Flussraten). Gibt ein Speicher S1 pro Zeiteinheit mehr Kohlenstoff an einen anderen Speicher S2 ab, als er aus diesem aufnimmt, handelt es sich bei S1 um eine Kohlenstoffquelle in Bezug auf S2, während S2 eine Kohlenstoffsenke ist. Im Zusammenhang mit dem Kohlenstoffzyklus ist die Kohlenstoffbilanz eine budgetmäßige Aufstellung der Zu- und Abflüsse der Kohlenstoffspeicher. Das Kohlenstoffdioxid (CO_2) ist mengenmäßig die dominierende Kohlenstoffverbindung. Da seit Beginn der Industrialisierung durch die Verbrennung fossiler Energieträger den Stoffflüssen in der Umwelt zuvor langfristig gebundener Kohlenstoff als CO_2 hinzugefügt wird, steigt die Konzentration von Kohlenstoffdioxid in der Erdatmosphäre kontinuierlich an und ist dadurch maßgeblich an der Erderwärmung und der Klimakrise beteiligt.

Auch die Landwirtschaft ist in relevanter Größenordnung am Kohlenstoffkreislauf beteiligt. Den größten Kohlenstoffspeicher stellt der Boden dar, gefolgt von der lebenden und abgestorbenen Vegetation in der Biosphäre. Die wichtigste Wechselwirkung zwischen Atmosphäre, Litho- und Biosphäre spielt sich über die Vegetation ab. Durch die Photosynthese nehmen Pflanzen Kohlendioxid aus der Atmosphäre auf und geben etwa die Hälfte dieses Kohlenstoffs durch die Atmung wieder an die Atmosphäre ab. Die andere Hälfte wird über das Anwachsen der Biomasse organisch gebunden. Ein Großteil der Biomasse fällt als Streu an und wird durch Bodenorganismen mineralisiert und wieder an die Atmosphäre abgegeben. Lediglich im Stamm von Bäumen und im Wurzelwerk kommt es zu einer längerfristigen Speicherung von Kohlenstoff. Nur ein geringer Rest wird in Form von schwer abbaubarem **Humus** im Boden gespeichert (Houghton 2007).

Neben Kohlenstoffdioxid wird von vielen Autoren die Kohlenstoffverbindung **Methan** (CH_4) als ein Hauptemittent von Treibhausgasen aus der Landwirtschaft eingestuft. Methan ist ein farb- und geruchloses sowie brennbares Gas. Es besitzt ein deutlich höheres Treibhauspotential als Kohlenstoffdioxid, jedoch eine deutlich geringere Halbwertszeit. In der Erdatmosphäre wird es zu Wasser, Formaldehyd und schließlich zu CO_2 oxidiert. In der Natur kommt es unter anderem als Hauptbestandteil von Erdgas und als Methanhydrat gebunden am Meeresboden und in Permafrostgebieten vor. Das

Gas entsteht in beträchtlichen Mengen durch biotische Prozesse, entweder durch Mikroorganismen beim Abbau von pflanzlichen Kohlenhydraten unter anaeroben Bedingungen oder aerob durch Phytoplankton, Pflanzen und Pilze. Im landwirtschaftlichen Kontext spielt Methan eine ambivalente Rolle. Einerseits wird die Bildung von Methan in Biogasanlagen als eine sogenannte erneuerbare Energiequelle mit umfassenden staatlichen Unterstützungsmaßnahmen gefördert. So wurden in Deutschland in den zurückliegenden Jahrzehnten sehr viele Biogasanlagen auf landwirtschaftlichen Betrieben gebaut, die für viele Landwirte eine wichtige Einnahmequelle darstellen. Andererseits entweicht Methan ungenutzt bei der Lagerung der Exkremente aus den Güllebehältnissen sowie aus dem Pansen von Wiederkäuern in die Atmosphäre und bringt die Nutztierhaltung und insbesondere die Rinder als „Umweltsünder" in Verruf.

Bedingt durch eine einseitige mediale Berichterstattung wird in der öffentlichen Wahrnehmung die Freisetzung von Methan aus dem Pansen von Wiederkäuern als eines der Hauptprobleme des landwirtschaftlichen Beitrages zum Treibhaus angesehen. Dabei bleibt in der Regel unberücksichtigt, dass Methan in den oben skizzierten globalen Kohlenstoffkreislauf eingebunden ist. Das heißt, Methan wird zu Kohlendioxid abgebaut und beim **Wachstum** von Pflanzen wieder im Pflanzenmaterial organisch gebunden. Auch wird im Boden von Dauergrünland (Wiesen und Weiden), das nur durch Wiederkäuer effektiv für die Nahrungsmittelproduktion genutzt werden kann, bis zu fünfmal mehr Kohlenstoff gespeichert als unter Ackerboden. Maßgeblich für Bewertung der **Umweltverträglichkeit** von Produktionsprozessen ist daher, ob ein landwirtschaftlicher Betrieb hinsichtlich des Kohlenstoffzyklus in der **Gesamtbilanzierung** eine Kohlenstoffquelle oder -senke darstellt. Da es in einem landwirtschaftlichen Betrieb verschiedene Formen der Kohlenstoffbindung und der Kohlenstofffreisetzung gibt, kann hierüber nicht anhand einzelner, punktueller Emissionsquellen, wie der Methanfreisetzung aus dem Pansen, sondern nur anhand einer gesamtbetrieblichen Bilanzierung geurteilt werden.

Bei den diversen Bemühungen einzelner wissenschaftlicher Fachdisziplinen wie der Tierzucht und der Tierernährung, die sich auf die Reduzierung der Methanfreisetzung aus dem Pansen spezialisiert haben, wird übersehen, dass Methan im Pansen der Wiederkäuer eine wichtige ernährungsphysiologische Funktion erfüllt. Über das Methan werden Wasserstoffionen, welche beim Abbau von pflanzlichen Kohlenhydraten im Pansen anfallen, an Kohlenstoff gebunden und gasförmig aus dem Pansen entfernt. Damit trägt die Freisetzung von Methan in relevantem Maße dazu bei, dass sich der pH-Wert im Pansen nicht zu stark absenkt und die Fermentationsprozesse im Pansen nicht beeinträchtigt. Vor allem aber hat die Methanfreisetzung einen positiven Effekt auf die Gesundheit der Tiere, weil sie einer Pansenazidose entgegenwirkt, die ein erhebliches Erkrankungsrisiko mit vielfältigen Folgewirkungen beinhalten kann. Wissenschaftliche Studien in der Praxis haben gezeigt, dass mehr als ein Viertel der **Milchkühe** unter einer subklinischen Pansenazidose leiden (Plaizier et al. 2008). Fütterungsstrategien, mit denen gezielt eine Verminderung der Methanfreisetzung herbeigeführt werden soll, können auf diese Weise dazu beitragen, dass bei den Tieren vermehrt metabolische Störungen auftreten, welche die **Tiergesundheit** beeinträchtigen und die Nutzungsdauer verkürzen. Mit einer verkürzten Nutzungsdauer wird nicht nur die Produktivität reduziert. Gleichzeitig müssen mehr Aufzuchttiere gehalten werden, um die vorzeitig abgehenden Tiere zu ersetzen. Die zusätzlichen Aufzuchttiere setzen wiederum selbst große Mengen an Methan frei und können dadurch die Reduktionspotenziale an Methanfreisetzungen durch entsprechende Fütterungsstrategien zum Teil deutlich übertreffen. Am Beispiel der Methanfreisetzungen wird deutlich, dass eine Fokussierung auf spezifische Emissionsquellen und ohne Berücksichtigung des Kontextes, in dem die Emissionen freigesetzt werden, die Sachlage nicht nur verkürzt wiedergibt, sondern zu falschen Schlussfolgerungen und falschen Maßnahmen führt.

Letztlich handelt es sich bei den Methanfreisetzungen im Pansen der Tiere um einen nützlichen Effekt für die Nutztiere und um die Freisetzung eines Reststoffes, der bei der regenerativen Erzeugung von Produkten tierischer Herkunft aus pflanzlicher Biomasse anfällt. In analoger Weise geschieht dies bei der Nutzung von pflanzlicher Biomasse zur Erzeugung von Methan als regenerative Form der Energiegewinnung in Biogasanlagen. Allerdings wird die Erzeugung von **Biogas** in der öffentlichen Wahrnehmung anders bewertet als die Freisetzung von Methan aus dem Pansen von Wiederkäuern. Dabei weist das Umweltbundesamt darauf hin, dass ein nicht unerheblicher Anteil des in Biogasanlagen produzierten Methans unkontrolliert in die Atmosphäre entweicht (UBA 2021). Es gibt folglich Grund zu der Annahme, dass das aus Biogasanlagen und abführenden Leistungen austretende Methan ein bislang völlig unterschätztes Problem darstellt (Götze und Joeres 2021). Gaslecks könnten mittels Spezialkameras sichtbar gemacht werden. Bislang werden jedoch keine Kontrolluntersuchungen durchgeführt. Trotz eines erheblichen Risikopotenzials fehlen rechtsverbindliche Anforderungen zum Schutz von Umwelt und Nachbarschaft für die Errichtung und den sicheren Betrieb von Biogasanlagen. Während die Freisetzungen von Methan aus dem Pansen von Wiederkäuern im Fokus stehen, werden die Methanfreisetzungen aus Biogasanlagen und aus Güllebehältnissen weitgehend ausgeblendet. Um die Freisetzungen aus den Biogasanlagen einzudämmen, bedarf es regelmäßiger Kontrollen, um mögliche Leckagen zu identifizieren und zu beseitigen. Methanfreisetzungen aus der **Gülle** können am besten dadurch verhindert werden, dass Kot und Harn separat gelagert werden und damit die biochemischen Voraussetzungen für die Methanbildung entfallen. Methanfreisetzungen aus dem Pansen der Rinder lassen sich am besten dadurch reduzieren, dass die Anzahl der Nachzuchttiere durch optimale Lebensbedingungen für die Elterntiere und eine daraus resultierende lange Nutzungsdauer reduziert wird. Je nach betrieblicher Ausgangssituation sind folglich unterschiedliche Optionen wirksam und mit unterschiedlichen ökonomischen Folgewirkungen verbunden.

Wie bereits im Zusammenhang mit den reaktiven N-Verbindungen thematisiert wurde, sind auch bezüglich der Kohlenstoffflüsse nicht einzelne Teilbereiche, sondern ist der Gesamtbetrieb das maßgebliche **Bezugssystem** für die Beurteilung von Umweltleistungen. Wird in einem Betriebssystem genauso viel Kohlenstoff gebunden, wie bei den Stoffwechselprozessen freigesetzt wird, verhält sich das Betriebssystem bezüglich des Kohlenstoffes **klimaneutral.** Folgerichtig sind die von den Wiederkäuern und die aus der Gülle freigesetzten Methanmengen dann ein klimarelevantes Problem, wenn die Freisetzungs- die Bindungsmengen übersteigen. Der Verweis auf Rinder als Klimasünder ist dann ungerechtfertigt, wenn die Tiere in einem innerbetrieblichen Kohlenstoffkreislauf integriert sind, bei dem genauso viel Kohlenstoff organisch gebunden wie freigesetzt wird oder auch mehr. Erst anhand einer Kohlenstoffbilanzierung im Gesamtsystem, die auf den Bilanzen in den verschiedenen Subsystemen aufbaut, kann beurteilt werden, in welchen Subsystemen besonders hohe Salden vorliegen und wie diese mit möglichst wirksam und mit geringem Aufwand und ökonomischen Einbußen reduziert werden können. Dies setzt allerdings etwas voraus, das zwar in fast allen Wirtschaftsbranchen obligat ist, aber auf den meisten landwirtschaftlichen Betrieben fehlt: eine **Buchführung,** die nicht nur die monetären, sondern auch die stofflichen Ein- und Ausgänge sowie die Effizienz der Umsetzungen in den diversen Subsystemen eines landwirtschaftlichen Betriebes umfasst. Stattdessen sind landwirtschaftliche Betriebe bezüglich der innerbetrieblichen Stoffflüsse eher eine **Black Box.**

Mit den innerbetrieblich vorhandenen Ressourcen zu haushalten, d. h. ökologisch zu wirtschaften, bedeutet, insbesondere über die begrenzt verfügbaren Ressourcen in Form von spezifischen Nährstoffen, Arbeitszeit und Investitionsmitteln Buch zu führen. Die Kenntnis der Verfügbarkeiten ist eine der elementaren Voraussetzungen, um diese im betrieblichen Kontext auch effizient einsetzen zu können. Eine andere Voraussetzung ist die Kenntnis des Bedarfes, d. h. wann welche spezifischen Subsysteme welche Ressourcen zu welchen Anteilen benötigen, um produktiv sein zu können und um Störungen zu vermeiden, die aus Imbalancen resultieren. Nur so gelingt es, innerbetrieblich eine verbesserte Zuteilung (**Allokation**) der begrenzt verfügbaren Ressourcen und eine effizientere stoffliche Umsetzung zum Zweck einer übergeordneten Zielsetzung zu organisieren. Da ein Agrarökosystem sich nicht wie ein natürliches Ökosystem selbst organisiert, sondern der Organisation durch das Management bedarf, sind Kenntnisse über die jeweiligen Verfügbarkeiten, die Bedürfnislage und die Wirkungsgrade der Umsetzungen maßgebliche Voraussetzungen für eine gezielte Steuerung von Nährstoffflüssen. Eine gezielte Allokation von Ressourcen geht weit über tradierte Maßnahmen der landwirtschaftlichen Praxis und der Beratungspraxis hinaus. Eine umfangfassende Buchführung ist folglich ein zentrales Instrument, um die Produktionsprozesse an innerbetriebliche und externe Veränderungen anzupassen und Synergieeffekte zu generieren. Auch können nur so die Maßnahmen des Managements hinsichtlich ihres Erfolges bzw. Misserfolges beurteilt und erforderliche Korrekturen zeitnah vorgenommen werden, bevor es zu schwerwiegenderen Fehlentwicklungen kommt.

Warum sich das Gros der landwirtschaftlichen Betriebe so schwertut, eine solide Buchführung über die stofflichen Flüsse in den diversen Bereichen des Betriebes zu etablieren, hat vielfältige Gründe. Es würde den Rahmen des Buches sprengen, darüber in einer umfassenden Weise zu reflektieren. Neben einer bei vielen Landwirten anzutreffenden geringen Affinität zu der damit verbundenen Schreibtischtätigkeit und den zusätzlichen arbeitszeitlichen Aufwendungen bei gleichzeitig vorherrschender Zeitknappheit dürften drei weitere Aspekte eine wichtige Rolle spielen. Zum einen stehen die Nährstoffe in Form von Dünge- und Futtermittel seit Jahrzehnten mehr oder weniger im Überfluss zur Verfügung. Die effiziente Nutzung von Ressourcen wird dagegen erst bei länger anhaltenden Knappheiten zu einem prioritären Thema und zu einem Faktor, der im Wettbewerb zwischen den Betrieben den Unterschied ausmachen kann. Zum anderen handelt es sich bei den Stoffumsetzungen in den landwirtschaftlichen Betrieben um derart vielfältige, variationsreiche und unübersichtliche Prozesse, dass man sich von der Komplexität schnell überwältigt fühlen kann. Entsprechend ist nachvollziehbar, wenn Landwirte sich nicht den Kopf zerbrechen und sich den Aufwand für eine gedankliche Durchdringung von komplexen Zusammenhängen gern ersparen möchten. Schließlich hat sich eine Erwartungshaltung im Hinblick auf das Lösungspotenzial technischer Entwicklungen und auf den Erkenntnisreichtum an Verfügungswissen im Beratungswesen und in den verschiedenen Fachdisziplinen der Agrarwissenschaften entwickelt, von dem sich viele Praktiker Lösungsvorschläge erhoffen. Dabei ist noch bei zu wenigen Akteuren die Einsicht gereift, dass erst der Über- und der Einblick in die betriebsspezifischen Verfahrensabläufe und die Detailkenntnisse über die Diskrepanz zwischen Ist- und Soll-Größen in den diversen Subsystemen dazu befähigt, zielführende Optimierungsvorschläge zu unterbreiten.

Auf der anderen Seite kann der Preis für das „Nicht-genauer-wissen-Wollen", was sich im betrieblichen Kontext abspielt, sehr hoch ausfallen. Dies ist beispielsweise dann der Fall, wenn die Leistungspotenziale nicht ausgeschöpft und Fehlentwicklungen nicht rechtzeitig erkannt werden, um diese zeitnah und ohne gravierende Folgewirkungen korrigieren zu können. Mangels umfassender Datenerhebungen fehlt auf vielen Betrieben ein Korrektiv in Form von Referenzgrößen, mit denen die innerbetrieblichen Kenngrößen fortlaufend abgeglichen werden können. Man stützt sich auf Eindrücke und auf verallgemeinernde Einschätzungen, die aus sehr unterschiedlichen Quellen stammen können und sich in den Denkmustern der Verantwortlichen eingeprägt haben. Gemäß den Denkmustern werden Entscheidungen getroffen, ohne dass es zu einer Überprüfung kommt, ob mit den Entscheidungen auch das Optimum der Möglichkeiten herbeigeführt werden konnte. Man fährt quasi auf Sicht. Nicht offensichtliche Folgewirkungen bleiben lange unbemerkt und werden häufig erst mit erheblichen zeitlichen Verzögerungen auffällig. Dann kann jedoch der Schaden bereits sehr groß sein.

Vor der agrarindustriellen Industrialisierung waren es vor allem die tradierten Erfahrungsschätze (Bauernweisheiten), an denen sich Landwirte orientieren konnten, um den Nutzflächen und den Nutztieren möglichst viele **Nahrungsmittel** für das Überleben einer darauf angewiesenen Gemeinschaft abzutrotzen. Im Zuge der agrarindustriellen Revolution wurden die Erfahrungsschätze durch die agrarwissenschaftlichen Erkenntnisse über allgemeine biologische und technische Gesetz- und Regelmäßigkeiten abgelöst. Die deutlich erweiterten Kenntnisse über Gesetzmäßigkeiten und Zusammenhänge, z. B. zwischen dem Genom von Pflanzen und Tieren und einer darauf abgestimmten Versorgung mit Nährstoffen, waren die Voraussetzung für eine gezielte Beeinflussung der Prozesse und für die Realisierung einer überwältigenden Produktivitätssteigerung (s. Kap. 4). Die unerwünschten Neben- und Schadwirkungen dieser

Eingriffe waren in den Agrarwissenschaften über lange Zeit kein adäquater Forschungsgegenstand, galt es doch, sich wie die Betriebe voll und ganz auf die Realisierung der Produktivitätspotenziale und die wirtschaftlichen Interessen der Agrarwirtschaft zu konzentrieren. Erst die nicht mehr zu negierenden immensen Folgewirkungen der agrarindustriellen Prozesse lassen auch in den Agrarwissenschaften erste Ansätze eines Umdenkens erkennen. Der stiefmütterliche Umgang mit den unerwünschten Folgewirkungen agrarindustrieller Prozesse ist jedoch nicht nur der Fokussierung auf die wirtschaftlichen Interessen, sondern auch der vorrangig naturwissenschaftlichen Ausrichtung der Agrarwissenschaften geschuldet (s. Abschn. 8.5). Die Forschung konzentriert sich dabei vor allem auf Gesetz- und Regelmäßigkeiten, die unabhängig vom Kontext, in dem die Prozesse ablaufen, Gültigkeit beanspruchen können und damit wissenschaftliche Meriten erwarten lassen. Sofern die Folge- und Nebenwirkungen nicht explizit im Fokus einer wissenschaftlichen Untersuchung stehen, bleiben sie von einer naturwissenschaftlich ausgerichteten Forschung weitgehend unbeachtet. Hinzu kommt, dass die Agrarwissenschaften in der Regel auf eine externe Validierung, der von ihr unter standardisierten Versuchsbedingungen hervorgebrachten Erkenntnisse verzichtet. Damit bleibt im Verborgenen, in welchen betrieblichen Kontexten die Erkenntnisse zu den gewünschten Wirkungen führen und in welchen nur bedingt und in welchen Kontexten gegenteilige Wirkungen zutage treten. Das Gleiche gilt für die unerwünschten Folge- und Nebenwirkungen, welche die Entscheidungen und die darauf basierenden Eingriffe des Managements hervorrufen. Mehr noch als die anvisierten Produktivitätssteigerungen sind vor allem die unerwünschten Neben- und Schadwirkungen abhängig vom jeweiligen Kontext und damit verallgemeinernden wissenschaftlichen Aussagen nur bedingt zugänglich.

Wenn sich landwirtschaftliche Betriebe die Aufwendungen einer Buchführung glauben, ersparen zu können, bei der die Stoffströme bilanziert werden, berauben sie sich der Möglichkeiten, gezielte Maßnahmen zur Reduzierung der Stoffausträge und für eine effizientere Nutzung der innerbetrieblichen Nährstoffressourcen zu implementieren. Die Maßnahmen, die unter standardisierten Versuchsbedingungen zu einer Verbesserung geführt haben, führen unter veränderten Ausgangs- und Randbedingungen selten zum gleichen Ergebnis. Die erhofften Wirkungen können ausbleiben oder sich aufgrund unbedachter Nebenwirkungen auch ins Gegenteil verkehren. Wann welche Maßnahmen in welchem Kontext am ehesten wirksam sind und gleichzeitig mit einer guten Kosten-Nutzen-Relation einhergehen, vermag die Wissenschaft nicht zu beantworten. Die Antwort auf diese Frage kann nur im jeweiligen Kontext gegeben werden. Erst im Kontext kann geklärt werden, ob bereits negative Grenznutzeneffekte eintreten, bei denen der Aufwand für eine erwartete Produktivitätssteigerung höher ausfällt als der damit verbundene Nutzen. Erst fortlaufende Datenerfassungen und -auswertungen ermöglichen es, dazu eine Einschätzung abzugeben. Auch jegliche Bestrebungen zur Erhöhung der Effizienz in der Ressourcennutzung sind zwingend auf eine solide **Buchführung** angewiesen.

Für zukunftsorientierte Betriebe gibt es darüber hinaus noch einen weiteren gewichtigen Grund, sich um eine solide Buchführung zu bemühen. Dieser besteht in der Notwendigkeit der Abgrenzung von pauschalen Aussagen über die negativen **Umweltwirkungen** von landwirtschaftlichen Produktionsprozessen. Auch hier sind fehlgeleitete Entwicklungen in den Agrarwissenschaften dafür mitverantwortlich, dass auf der Basis sogenannter Life Cycle Assessments hochaggregierte Berechnungen vorgenommen werden, welche insbesondere der Nutztierhaltung und der Erzeugung von Fleisch eine hohe Umweltbelastung attestieren und dem Image der Nutztierhaltung in erheblicher Weise zusetzen. Mit den pauschalen Größenordnungen wird die große Variation zwischen den Betrieben ausgeblendet, ebenso wie das große Potenzial vieler Betriebe, die Freisetzung von Schadstoffen durch gezielte Maßnahmen drastisch zu verringern. Jetzt, wo diese Verallgemeinerungen und pauschalen Vorurteile in der Welt sind, werden sie von den diversen Interessensvertretern (u. a. von Medienvertretern, NGOs und den Anbietern veganer Produkte) zur Untermauerung der jeweils eigenen Position ins Feld geführt. Pauschale Zurückweisungen, wie sie von Vertretern der Bauernverbände gegen die von der Landwirtschaft ausgehenden Umweltbelastungen vorgetragen werden (Rukwied 2018), sind wenig überzeugend und sicherlich nicht geeignet, die pauschalen Vorhaltungen zu entkräften. Auch vonseiten der Verbraucher kann keine differenzierende Beurteilung erwartet werden. Die Einzigen, die sich gegen pauschale Vorverurteilungen zur Wehr setzen könnten, sind die Landwirte selbst, indem sie belastbare Daten über das einzelbetriebliche Ausmaß an Stoffausträgen in Relation zu den Verkaufsprodukten vorlegen. Erfolgreiche Betriebe mit nachweislich überdurchschnittlichen Umweltleistungen können sich auf diese Weise von suboptimal geführten Betrieben abgrenzen und den negativen Folgewirkungen der pauschalen Vorhaltungen eine solide Datenlage entgegensetzen.

Wie bereits an anderer Stelle erläutert (s. Abschn. 7.4), ergeben sich Notwendigkeiten der Abgrenzung auch aus den Marketingstrategien der Anbieter von Ersatzprodukten, welche die vermeintlich geringeren Umweltbelastungen, die bei der deren Erzeugung anfallen als Verkaufsargument in den Vordergrund rücken. Je mehr eine anwachsende Zahl von Verbrauchern sich über die Produktionsprozesse der von ihnen verzehrten Nahrungsmittel Gedanken machen, umso mehr Studien werden in Auftrag gegeben und durchgeführt, welche die Problematik beleuchten. In der Regel kommen dabei jedoch hochaggregierte Zahlen heraus, die einer differenzierten Beurteilung zuwiderlaufen. Eine hochkomplexe Sachlage lässt sich nicht auf einzelne Kenngrößen und pauschale Aussagen reduzieren. Bei der Erzeugung von Nahrungsmitteln sind zu viele Faktoren beteiligt, die durch ihre Wechselwirkungen ein sehr hohes Maß an Variation und Veränderungen hervorbringen, als dass sich anhand von Durchschnittszahlen unterschiedlichster Grundgesamtheiten belastbare Aussagen zu den tatsächlichen Gegebenheiten ableiten ließen. Demgegenüber lassen die Kontextualisierung von Produkten mit der Gesamtheit an Prozessen, die in einem Agrarökosystem über einen Jahreszeitraum an der Erzeugung von Nahrungsmitteln beteiligt sind, sowie eine überbetriebliche

Differenzierung der Umweltleistungen von Agrarökosystemen in Relation zu den Verkaufsprodukten eine weitaus aussagekräftigere Beurteilung zu.

Auf landwirtschaftlichen Betrieben ist das Eigeninteresse an einer effizienten Nutzung von Ressourcen bis zu einem gewissen Grad der Intensivierung gleichgerichtet mit den Interessen des Gemeinwesens an einer Reduzierung der Austräge an Rest- und Abfallstoffen in die Umwelt. Die Schnittmenge der gemeinsamen Interessenslage nimmt jedoch wieder ab, wenn der Intensivierungsgrad übermäßig ansteigt, weil sich die Betriebe durch gesteigerte Einsatzmengen an Produktionsmitteln (insbesondere Dünge- und Futtermittel) einen ökonomischen Vorteil im Unterbietungswettbewerb verschaffen wollen, ohne dass sie für die damit einhergehenden **Externalisierungen** zahlen müssen. Neben der Verteuerung von Produktionsmitteln sind daher Gebühren für die Nutzung der Umwelt als Deponie für überschüssige Rest- und Abfallstoffe aus der landwirtschaftlichen Produktion ein zwingend notwendiges Instrument, um die Verfolgung von Partikular- zu Lasten von Gemeinwohlinteressen einzudämmen. Ein Verzicht auf weitere Intensivierungen sowie Maßnahmen zur Emissionsminderung machen für Primärerzeuger nur Sinn, wenn diese auch mit betriebswirtschaftlichen Vorteilen einhergehen. Wenn sich die Primärerzeuger einer gesellschaftspolitisch gewollten umweltverträglicheren Produktionsweise zuwenden sollen, die ihnen auch selbst zu einem ökonomischen Vorteil gereicht, sind Veränderungen der gesetzlichen und wirtschaftlichen Rahmenbedingungen unabdingbar. Solange landwirtschaftliche Betriebe nicht durch den Staat daran gehindert werden, sich über Externalisierungen auf Kosten des Gemeinwesens einen Wettbewerbsvorteil zu verschaffen, werden sie nicht davon ablassen. Solange den Betrieben Anreize fehlen, sich über die Umsetzung emissionsmindernder Maßnahmen ökonomische Vorteile zu verschaffen, werden sie in der bisherigen Form weiterwirtschaften.

Wirtschaftliche Anreize und sanktionsbewährte Maßnahmen sind unverzichtbare Instrumente, denen sich der Staat in seiner ordnungspolitischen Funktion und im Rahmen einer Gesamtstrategie bedienen muss, sollen die von den landwirtschaftlichen Produktionsprozessen ausgehenden Umweltbelastungen deutlich reduziert werden. Erst durch eine Doppelstrategie, bei der Externalisierungen sanktioniert und gleichzeitig ökonomische Anreize für emissionsmindernde Maßnahmen gesetzt werden, lässt erwarten, dass die Betriebe nicht länger zu Lasten der Gemeinwohlinteressen agieren. Gemeinschaftsstrukturen auf der kommunalen, regionalen und nationalen Ebene sind gut beraten, wenn sie landwirtschaftliche Betriebe, die dem Gemeinwesen mehr Schaden als Nutzen einbringen, daran hindern, mit dieser Praxis fortzufahren. Damit rückt das Verursacherprinzip und rücken die Betriebe in den Vordergrund, die besonders hohe Schadstoffausträge in Relation zu den Verkaufsmengen an Produkten zu verantworten haben.

Die immer wieder aufflammenden Proteste von Landwirten gegen erhöhte Auflagen beispielsweise bei der Ausbringung von Düngemitteln oder **Pestiziden** zeigen, wie schwer es vielen Betriebsleitern fällt, sich den gesellschaftspolitischen Notwendigkeiten unterzuordnen. Auf der anderen Seite fühlen sich viele Landwirte mit ihren Problemen allein gelassen. In der Tat kümmert es die meisten Bundesbürger und Verbraucher wenig, was in der Landwirtschaft im Einzelnen vor sich geht. Allerdings fehlt ihnen hierfür auch die Voraussetzung in Form von Hintergrundwissen. Ebenso schwer fällt es vielen Landwirten, ihre eigenen Verantwortlichkeiten in den gesamtgesellschaftlichen Kontext angemessen einzuordnen. Die Sorgen der Landwirte, dass sie durch staatliche Regulierungen gegenüber den Mitbewerbern in Drittländern, die keine kostenträchtigen Auflagen umsetzen müssen, im Wettbewerb benachteiligt werden, sind berechtigt. Berechtigt ist aber auch das grundgesetzlich verbriefte Recht (§ 20a GG) der Gemeinschaft auf einen durch den Staat sicherzustellendem Schutz vor Beeinträchtigungen, die nicht nur die Unversehrtheit der Bürger, sondern auch die natürlichen Lebensgrundlagen und die Tiere betreffen. Anstatt sich mit den berechtigten Anliegen der Gemeinschaft, mit anderen Perspektiven und Referenzsystemen auseinanderzusetzen, halten viele Landwirte unbeirrt an ihren traditionellen und selbstreferenziellen Positionen fest. Umso wichtiger wäre es, die Schnittmengen von Interessen auszuloten, um auf diese Weise die Zielkonflikte zwischen Partikular- und Gemeinwohlinteressen einzuhegen. Auch auf dieser Ebene schafft erst eine solide einzelbetriebliche Datengrundlage die notwendigen Voraussetzungen.

Ableitungen

Während es vielen Landwirten und ihren Standesvertretern um eine grundsätzliche Abwehr von Regulierungen durch staatliche Organe und um die Sicherstellung der eigenen Handlungsfreiheiten geht, gerät das Wesentliche aus dem Blickfeld, nämlich die Differenzierung der Umweltschutzleistungen zwischen den Betrieben und die **Kontextualisierung** der Stoffausträge. Was die Agrarlobby in Deutschland bislang erfolgreich zu verhindern vermocht hat, wird im Nachbarland bereits seit etlichen Jahren erfolgreich umgesetzt. In den Niederlanden sind landwirtschaftliche Betriebe ab einer gewissen Größenordnung dazu verpflichtet, die innerbetrieblichen Flüsse von reaktiven Stickstoffverbindungen durch die verschiedenen **Subsysteme** eines landwirtschaftlichen Betriebssystems zu erfassen und N-Bilanzierungen auf der Ebene des Betriebssystems und von Subsystemen vorzunehmen (Daatselaar et al. 2015). Diese **Bilanzierungen** ermöglichen eine einzelbetriebliche und eine vergleichende Beurteilung von Umweltleistungen. Anhand dieser Vorgehensweise können betriebsspezifische Schwachstellen identifiziert und beseitigt werden. Gleichzeitig liefert ein **Benchmarking** den Landwirten eine Standortbestimmung und damit die Orientierung, um Entscheidungen des Managements an die überbetrieblichen Verhältnisse auszurichten. Den staatlichen Organen verschafft das Benchmarking den notwendigen Überblick über die Variationsbreite an Stoffausträgen sowie Hinweise auf die Betriebe, welche aufgrund hoher Schadstoffausträge einer besonderen Aufmerksamkeit bedürfen.

Neben den ordnungspolitischen Optionen der Regulierung sind Anreizsysteme erforderlich. Infrage kommt einerseits die Kopplung von **Subventionen** der öffentlichen Hand an Umweltleistungen. Andererseits können marktwirtschaftliche Instrumente nutzbar gemacht werden, wenn der Markt die Umweltleistungen von Betrieben, die bei der Erzeugung der Verkaufsprodukte geringere **Emissionen** pro Produktionseinheit freisetzen und damit qualitativ höherwertige Produktionsprozesse realisieren, durch einen Mehrpreis honoriert. Voraussetzung dafür ist allerdings, dass eine hinreichend große Verbraucherklientel bereit ist, über den Kauf von höherwertigen und höherpreisigen Produkten einen Beitrag zum Umweltschutz zu leisten. Dies ist am ehesten gegeben, wenn die Bewerbung der Höherwertigkeit nicht dem Einzelhandel überlassen, sondern als eine hoheitliche Aufgabe begriffen wird. Erst eine evidenzbasierte Beurteilung schafft die Voraussetzungen, um eine Neuorientierung der Primärerzeugung und des Marktes herbeizuführen, die sich den manipulativen Einflussnahmen der beteiligten Stakeholder weitgehend entzieht. Um im Kontext der landwirtschaftlichen Produktionsprozesse eine deutliche Reduzierung der Umweltschäden zu bewirken, ist nicht nur ein Perspektivenwechsel, sondern eine grundlegende Neuausrichtung erforderlich. Im Fokus sollten nicht länger die Chancen der heimischen Produzenten auf den Weltmärkten stehen, sondern die Umweltschutzleistungen, welche die Betriebe zu erbringen in der Lage sind. Der einzelbetriebliche Output an Schadstoffausträgen in die Umwelt in Relation zu den Verkaufsprodukten ist die Messlatte, an der sich betriebliche und überbetriebliche Maßnahmen auszurichten haben. Erst mit der Änderung der Produktionsziele ändern sich die Perspektiven und die Maßnahmen, die zur Zielerreichung umgesetzt werden.

10.6 Systemleistungen eines Agrarökosystems

Das in der westlichen Welt vorherrschende Wirtschaftssystem der „freien" Marktwirtschaft hat auch im Agrarbereich gezeigt, in welchem Maße unter diesen Rahmenbedingungen die Produktivität der Erzeugung von Nahrungsmitteln gesteigert und die Produktionskosten sowie die Marktpreise gesenkt werden können. Diese Erfolgsgeschichte ist mittlerweile erheblich durch die vielfältigen Schadwirkungen eingetrübt, die von den landwirtschaftlichen Produktionsprozessen ausgehen. Diese haben nicht nur in substanzieller Weise die Lebensbedingungen von Flora und Fauna in den noch verbliebenen Resten der Natur, sondern auch das Leben der Nutztiere beeinträchtigt. Gleichzeitig wurde die wirtschaftliche Existenz sehr vieler landwirtschaftlicher Betriebe zerstört. Auch das selbst gesetzte Ziel, die Ernährung der Weltbevölkerung sicherzustellen, wurde verfehlt. Trotz jahrzehntelang anhaltender Überproduktion sterben weiterhin sehr viele Menschen an einer Unter- bzw. Mangelernährung. Nicht zuletzt tragen die landwirtschaftlichen Betriebe durch eine maßgebliche Beteiligung an der Freisetzung klimarelevanter Gase zu einer existenziellen Bedrohung der Lebensverhältnisse großer Bevölkerungsgruppen bei.

Die negativen Folgewirkungen, die infolge des bisherigen Agrarwirtschaftssystems bei der Erzeugung von Nahrungsmitteln auftreten, haben ein Ausmaß erreicht, das nach einer drastischen Eindämmung verlangt. Das Agrarwirtschaftssystem, in dem die Produktivkräfte entfesselt wurden, zeigt sich jedoch weitgehend unfähig, die Partikularinteressen der verschiedenen Akteure mit den Gemeinwohlinteressen in Abgleich zu bringen. Kern der „freien" Agrarwirtschaft ist der Wettbewerb um die **Kostenführerschaft**. Im Wettstreit zwischen den Erzeugerbetrieben obsiegen diejenigen, welche die Verkaufsprodukte am kostengünstigsten erzeugen können. Allerdings sind die Erfolge häufig nur von kurzer Dauer. Übertroffen werden die zeitweiligen Vorreiter von anderen Erzeugern, die noch rücksichtsloser gegenüber den Interessen der Nutztiere und den Gemeinwohlinteressen agieren. Die negativen Folgewirkungen des Agrarwirtschaftssystems blieben über lange Zeiträume weitgehend im Dunkeln, weil sich zu wenige Menschen dafür interessierten. Noch immer werden sie von weiten Teilen der unmittelbar involvierten Interessensgruppen ausgeblendet oder geleugnet. Damit signalisieren sie, dass von ihnen keine grundlegende Neuorientierung zu erwarten ist.

Die Notwendigkeit und Dringlichkeit zeitnaher Veränderungen ist evident. Während weite Bevölkerungskreise mittlerweile dieser Lagebeschreibung zustimmen würden, gehen allerdings die Vorschläge, was von wem in welchem Maße verändert und umgesetzt und vor allem von wem bezahlt werden sollte, sehr weit auseinander. Gemeinsam ist den Forderungen nach Veränderungen, dass sie sich vor allem an andere richten. So verlangen die Primärerzeuger mehr finanzielle Unterstützung vom Staat, höhere Preise und mehr Respekt und Anerkennung von der Gesellschaft. Die Verbraucher und Bürger verlangen von den Primärerzeugern eine deutlich stärkere Berücksichtigung von Natur-, Umwelt-, Klima-, Tier- und Verbraucherschutz. Zwischen den Primärerzeugern und den Endverbrauchern agieren diverse Interessensgruppen, die mehr der einen oder der anderen Seite zuneigen, im Wesentlichen jedoch ihre eigenen Partikularinteressen im Blick haben. Angesichts der zum Teil sehr weit auseinanderliegenden Interessen und der daraus resultierenden Zielkonflikte erscheint die Situation ziemlich festgefahren. Immerhin ist es im Rahmen der von der ehemaligen Bundeskanzlerin Angela Merkel im Nachgang zu Protestaktionen der Landwirte einberufenen „Zukunftskommission Landwirtschaft" (2021) gelungen, einen weitreichenden Gedankenaustausch zwischen den Interessensgruppen herbeizuführen, die in der Kommission mitgewirkt haben. Dennoch kann die Tatsache, dass es der Kommission gelungen ist, sich auf einen gemeinsamen Bericht zu verständigen, nicht darüber hinwegtäuschen, dass die divergierenden Interessen weiterhin Bestand haben und ihre Vertreter sich auch weiterhin für diese stark machen. Allein mit der Formulierung allgemeiner Kompromissformeln und der Verständigung auf einen kleinsten gemeinsamen Nenner sind noch keine Konflikte gelöst. Dies gilt insbesondere für die Konflikte, die im Agrarwirtschaftssystem selbst verankert sind.

10.6.1 Voraussetzungen für die Erbringung von Systemleistungen

Im Zentrum weiterer Überlegungen zu möglichen Auswegen aus der vorliegenden Misere steht die Frage: Durch welche Rahmenbedingungen kann das Management von landwirtschaftlichen Betrieben dazu gebracht werden, dass es die innerbetrieblichen Produktionsprozesse so steuert und reguliert, dass der Betrieb sowohl im Wettbewerb mit anderen Betrieben bestehen als auch durch eine Minimierung von Schadwirkungen den Interessen des **Gemeinwohles** Rechnung tragen kann? Diese Frage impliziert, dass es einer Neuausrichtung der übergeordneten Produktionsziele von landwirtschaftlichen Betrieben bedarf. Nicht länger sollten diejenigen, welche die Produkte am kostengünstigsten erzeugen und dabei den Gemeinwohlinteressen schaden, im Wettbewerb obsiegen, sondern diejenigen, welche bei der Erzeugung von Nahrungsmitteln die geringsten Schadwirkungen verursachen. Folglich geht es nicht um die Abschaffung des Wettbewerbes zwischen den Betrieben, sondern um eine Neudefinition der Produktionsziele und der Wettbewerbsregeln, die über den Erfolg im Wettbewerb entscheiden. Was ebenso naheliegend wie unausweichlich daherkommt, ist nicht weniger als eine Abkehr von einer „freien" und eine Neuausrichtung auf eine ökosoziale Agrarwirtschaft. Eine solche verlangt nicht nur von einzelnen, sondern von allen Akteuren und Mitgliedern der involvierten Interessensgruppen ein Umdenken und die Bereitschaft zu gravierenden Veränderungen bisheriger Verhaltensmuster und Handlungspraktiken.

Bevor auf weitere Implikationen für die Interessensgruppen näher eingegangen wird, soll zunächst hergeleitet werden, welche Bedeutung der **Zielsetzung** beizumessen ist, nach der sich lebende Systeme wie Agrarökosysteme ausrichten. Der griechische Ursprung des Wortes „System" bedeutet ins Deutsche übersetzt *„ein aus mehreren Einzelteilen zusammengesetztes Ganzes".* Biologische Systeme wie Zellen, Organe oder der Gesamtorganismus sind über Zellwände bzw. bindegewebige Häute von anderen Systemen abgegrenzt. **Systemgrenzen** trennen das, was *intern* (einer Einheit innewohnend) ist, von dem, was sich außerhalb des Systems *(extern)* befindet. Bei einem Agrarökosystem sind die Systemgrenzen nicht so eindeutig geregelt, sondern bedürfen einer Definition. Für die einen markieren die Grenzsteine der Nutzflächen, die zu einem Betriebssystem gehören, die räumliche Dimension des Systems. Andere sehen die Notwendigkeit, dass die Nutzflächen außerhalb der genannten Betriebsgrenzen, auf denen z. B. Futter für den Betrieb erzeugt und/oder auf denen überschüssiger Wirtschaftsdünger ausgebracht werden, in das Betriebssystem einbezogen werden (Weller und Bowling 2004). In diesem Zusammenhang ist weniger wichtig, auf welche Systemgrenzen man sich verständigt, sondern dass man hierüber eine Verständigung erzielt. Schließlich haben unterschiedliche Systemgrenzen auch unterschiedliche Beurteilungen und damit unterschiedliche qualitative Aussagen zur Folge.

Systeme können nach strukturellen oder funktionalen Gesichtspunkten in **Subsysteme** unterteilt werden. Die Aufteilung in Subsystemen kann sowohl vertikal auf unterschiedliche Ebenen als auch horizontal auf der gleichen Ebene erfolgen. In hierarchisch angeordneten Systemebenen ist zum Beispiel der lebende Organismus in Organsysteme, die Organe in Zellgewebe, das Gewebe in Zellen und die Zellen in Organellen unterteilt. Die Subsysteme sind dabei immer die Bestandteile des übergeordneten Systems. Die Zusammensetzung des Organismus liefert ein anschauliches Beispiel für Subsysteme, die in einer funktional differenzierenden Beziehung zueinander stehen. Die jeweiligen Eigenschaften der Subsysteme resultieren aus den spezifischen Beziehungen zum Gesamtsystem und des Gesamtsystems zu den Subsystemen, d. h. aus den wechselseitigen Beziehungen der Teile zum Ganzen (Ison 2010). Das **Denken in Systemen** (Systemdenken) beschreibt eine methodische Herangehensweise, welche sich mit den Wechselbeziehungen der Teile zum Ganzen und des Ganzen zu den Teilen beschäftigt. In einer hierarchischen Anordnung von Systemen repräsentiert das übergeordnete System den **Kontext** der jeweiligen Subsysteme. Die vertikale und horizontale Strukturierung von Systemen verschafft überhaupt erst einen Zugang, um Wechselbeziehungen zwischen den Subsystemen im jeweiligen Kontext sowie die Wirkungen des Kontextes auf die Subsysteme nachvollziehen und beurteilen zu können. Anders als bei einer naturwissenschaftlichen Herangehensweise, bei der einzelne Teilaspekt aus dem Kontext herausgelöst und einer isolierten, weitgehend kontextunabhängigen Betrachtung und Beurteilung unterzogen werden, werden bei einer systemaren Herangehensweise die Objekte immer auch als Teil eines übergeordneten Systemganzen mitgedacht.

Anders als bei einer naturwissenschaftlichen Herangehensweise werden lebende Systeme als offene Systeme angesehen, die sich mit dem Lebensumfeld in einem fortlaufenden Austausch befinden. Von außen (extern) kommende und in das System aufgenommene Inputs können in materieller Form (z. B. Nährstoffe) und/oder als Informationen aufgenommen werden. Outputs werden von den jeweiligen Systemen in das umgebende Umfeld abgegeben. Demgegenüber werden Systeme, die zwar Energie, aber keine Materie mit der Umgebung austauschen, als geschlossene Systeme bezeichnet. Zum Beispiel tauscht eine Isolierkanne keine Materie mit der Umwelt aus; allerdings wird das Temperaturgefälle zur Umgebungstemperatur – wenn auch zeitlich verzögert – durch Wärmeabgabe oder -aufnahme angeglichen. Nach Bertalanffy (1968), dem Begründer der Systemtheorie, sind Theorien zu geschlossenen Systemen eine Domäne der naturwissenschaftlichen Disziplinen der Physik und der Chemie. So vermag die physikalische Chemie Reaktionen und Umsatzraten sowie das sich einstellende chemische Gleichgewicht in einem geschlossenen Gefäß genau vorherzusagen. Der Gleichgewichtszustand ist in einem geschlossenen System durch die Ausgangsbedingungen determiniert. Wenn die Ausgangsbedingungen verändert werden, ändert sich auch der finale Status. Folgerichtig hat der Input eine determinierende Wirkung auf den Output.

Grundlegend anders verhält es sich bei den Prozessen in lebenden Systemen, die durch eine umfassende Interaktion zwischen Subsystemen charakterisiert sind. Lebende Systeme sind selektiv bezüglich des Inputs und der Wirkungen, welche der Input in lebenden Systemen entfaltet. In welchem Maß die Zufuhr von Nährstoffen dem Ziel der Aufrechterhaltung von Lebensprozessen dienlich oder gar schädlich sind, hängt nicht nur von der Nährstoffzusammensetzung, sondern auch von der Bedürftigkeit der lebenden Systeme im Hinblick auf ihre Funktions- und Überlebensfähigkeit sowie von den Interaktionen und Anpassungsprozessen zwischen den beteiligten Strukturen ab. Diese **Binnendeterminiertheit** markiert einen wesentlichen Unterschied zwischen geschlossenen und offenen Systemen. Sie erklärt, warum eine naturwissenschaftliche Herangehensweise nur einen eingeschränkten Zugang zu lebenden Systemen eröffnet. Der Selbsterhalt lebender Systeme wird erst durch ein fein aufeinander abgestimmtes Zusammenspiel der Subsysteme im System mit den Lebensbedingungen außerhalb des Systems möglich. Entsprechend ist die Überlebensfähigkeit lebender Systeme abhängig von der Funktionsfähigkeit der Subsysteme und von der Verfügbarkeit an essenziellen Ressourcen, auf die im Wettbewerb mit anderen Subsystemen entweder extern oder intern (Nährstoffdepots) zugegriffen werden kann. Beispielsweise ist der tierische Organismus auf ein entsprechendes Futterangebot angewiesen, um über die Futteraufnahme die Organsysteme, Zellgewebe und Zellen mit dem zu versorgen, was diese für ihre Funktions- und Überlebensfähigkeit benötigen. Die Zellen wiederum ordnen sich dem übergeordneten Funktionsprinzip des Organismus unter, indem sie im Kontext physiologischer Abläufe ihre spezifischen Funktionen zum Erhalt des Gesamtorganismus beitragen, soweit dies die Verfügbarkeit an Ressourcen und die Funktionsfähigkeit der Strukturen zulassen.

Angesichts der fortlaufenden dynamischen Veränderungen innerhalb und außerhalb lebender Systeme handelt es sich bei der Beurteilung von Funktionszuständen immer nur um eine Momentaufnahme. Inwieweit Beurteilungsergebnisse auch über längere Zeiträume gültig sind, bleibt im Einzelfall zu klären. Eine Beurteilung wird auch dadurch erschwert, dass der gleiche Funktionszustand eines Systems auf sehr unterschiedliche Weise (äquifinal) zustande kommen kann. Deshalb sind kausale Wirkzusammenhängen in Abhängigkeit von den jeweiligen Ausgangs- und Randbedingungen nicht verallgemeinerungsfähig, sondern kontextabhängig. Aus diesem Grund sind Prognosen über die weiteren Entwicklungen nur bedingt belastbar. Allenfalls können in Abhängigkeit von der Anzahl der untersuchten Systeme einer Grundgesamtheit mehr oder weniger belastbare Einschätzungen zur Wahrscheinlichkeit des Auftretens von erwarteten Wirkungen gemacht werden. Von einer Determiniertheit, wie sie in geschlossenen Systemen anzutreffen ist, sind lebende Systeme sehr weit entfernt.

In lebenden Organismen wird die Aufrechterhaltung lebenserhaltenden Prozesse durch zirkuläre Kausalketten und über Rückkopplungsmechanismen erreicht. Regulationen werden über Messfühler, Soll-Größen und Stellglieder vorgenommen. Zum Beispiel werden Änderungen der Umgebungstemperatur fortlaufend registriert. Durch regulierende Gegenmaßnahmen wird sichergestellt, dass eine gleichbleibende Kerntemperatur im Körper aufrechterhalten werden kann. Der Zugriff unterschiedlicher Organe auf die im Körper nur begrenzt vorhandenen Ressourcen wie der Glukosegehalt im Blut wird sowohl dezentral in den jeweiligen Geweben als auch zentral im Gehirn gesteuert. Die einzelnen Organsysteme legen keine eigenen Reserven an, sondern greifen auf die Reserven eines gemeinsamen Nährstoffpools zurück. Dadurch kann eine

aufwendige Vorratshaltung organspezifischer Reserven umgangen und für den Gesamtorganismus eine hohe Effizienz beim Umgang mit Ressourcen realisiert werden. Gleichzeitig kann der Organismus sehr flexibel auf wechselnde Anforderungen reagieren
und an Veränderungen innerhalb und außerhalb des Systems anpassen. Der Prozess
des „Erreichens von Stabilität durch Änderung" in unterschiedlichen Anforderungs-
situationen wird als **Allostase** bezeichnet (Sterling 2012). Bei aller Verschiedenartigkeit
der Anpassungsprozesse von lebenden Systemen haben sie das gemeinsame Ziel, die
Subsysteme und das Gesamtsystem zu erhalten, d. h., die regulierenden Prozesse sind
funktional (u. a. durch die Körperfunktionen) und zielorientiert (teleologisch) auf Selbsterhalt ausgerichtet.

Allerdings ist das Vermögen der Organismen zur **Anpassung** an sich verändernde
Umweltweltbedingungen begrenzt. Für pflanzliche wie für tierische Organismen gilt
gleichermaßen, dass große Belastungszustände und eine Bedrohung für die Überlebensfähigkeit insbesondere bei einem unzureichenden Wasser- und Nährstoffangebot
sowie bei Auseinandersetzungen mit pathogenen Mikroorganismen vorliegen. Ob die
jeweiligen Reaktionen und Anpassungsprozesse lebender Organismen erfolgreich verlaufen, hängt daher vor allem von den Lebensbedingungen (Randbedingungen) und
dem Ausmaß sowie der Geschwindigkeit der Veränderungen ab. Eine Überforderung der
Anpassungsfähigkeit hat Störungen und Krankheiten oder gar den Tod zur Folge. Die
Überlebensfähigkeit ist folglich eine Gesamtleistung der Selbstregulation des Organismus in der Auseinandersetzung mit den jeweiligen Lebensbedingungen.

Bei der Selbstregulation treffen zwei Wirkprinzipien aufeinander: **Konkurrenz**
und **Kooperation.** Da viele der lebensnotwendigen Bedingungen und der Nährstoffe nur begrenzt verfügbar sind, befinden sich Organismen in einer fortwährenden
Konkurrenzsituation. Dies gilt nicht nur in der freien Natur, sondern auch in Agrarökosystemen. Die allgegenwärtige Konkurrenz zwischen den Organismen sichert
denjenigen einen Wettbewerbs- und damit Überlebensvorteil, welche die Anpassungsleistungen am effizientesten zu bewältigen vermögen. Konkurrenz besteht auch innerhalb eines Organismus zwischen den verschiedenen Organen und Zellen. Ohne eine
gut funktionierende Regulierung des konkurrierenden Verhaltens der Subsysteme um
begrenzt im Nährstoffpool des tierischen Organismus verfügbare Nährstoffe kommt
es zwangsläufig zu einer Schädigung des übergeordneten Systems. Anstatt sich in
Konkurrenz zueinander aufzuzehren, ordnen sich die Organsysteme als Subsysteme
den jeweiligen Anforderungen des Gesamtorganismus unter. So erfolgt beispielsweise keine planlose Vermehrung von Körperzellen, vielmehr ist die Zellvermehrung
abgestimmt auf die jeweilige Notwendigkeit der Regeneration. Am Beispiel des
ungezügelten, tumorösen Zellwachstums ist leicht nachvollziehbar, dass ohne eine Einhegung der Konkurrenzsituation zwischen den Zellen das Überleben des Gesamtorganismus gefährdet wird. Analoges gilt für die Zuteilung von Glukose oder Sauerstoff zu den
verschiedenen Organsystemen entsprechend des Bedarfes, der in Abhängigkeit von den
Anforderungen der Lebensbedingungen aus der jeweiligen Funktion für die Aufrechterhaltung des Gesamtorganismus resultiert. Die **Allokation** der begrenzt verfügbaren

Ressourcen geht damit immer auch zu Lasten der Versorgung anderer Subsysteme, jedoch immer zum Vorteil des übergeordneten Systems.

Auf diese Weise erfährt das Konkurrenzverhalten zwischen den Subsystemen durch das ebenfalls evolutive Prinzip der Kooperation ein Gegengewicht. Gene kooperieren in Chromosomen, Chromosomen kooperieren in Genomen, Genome kooperieren in Zellen, Zellen kooperieren in Geweben, Gewebe kooperieren in Organen, Organe kooperieren in Tieren, Tiere kooperieren in Tierverbänden. Kooperation bietet die Möglichkeit, sich einer potenziell ruinösen Konkurrenzsituation durch Zusammenwirken und Ausrichtung auf eine übergeordnete Zielsetzung zu entziehen. Die Kooperation ist das zweckgerichtete Zusammenwirken verschiedener Subsysteme, ausgerichtet auf das gemeinsame Ziel des Selbsterhalts im und durch das System. Während die Konkurrenz zwischen den Subsystemen der gleichen Ebene stattfindet, wird die Kooperation von der übergeordneten Systemebene aus organisiert. Für den Selbsterhalt des übergeordneten Systems ist es überlebenswichtig, dass die Konkurrenz zwischen den Subsystemen durch die Koordinierung von Regulationsprozessen so eingehegt wird, dass das konkurrierende Verhalten zum Vorteil und nicht zum Nachteil gereicht.

Analog zum Wirkungsgeflecht zwischen Zellverbänden, Organen und dem Gesamtorganismus besteht eine wechselseitige Bedingtheit zwischen den pflanzlichen und tierischen Organismen und den auf unterschiedlichen Ebenen angesiedelten Subsystemen eines Agrarökosystem. Auch hier ist das übergeordnete Ganze auf die Funktionsfähigkeit und eine zielführende Regulation der Subsysteme untereinander angewiesen. Die kaum zu beeinflussenden Standortbedingungen und Bodenverhältnisse sowie die Betriebsgröße und -struktur setzen den Rahmen, innerhalb dessen das **Management** mit den diversen Anforderungen und Bedürfnissen der Subsysteme zurechtkommen muss. Während Organismen und natürliche Ökosysteme zur Selbstregulation befähigt sind, ist in Agrarökosystemen das Betriebsmanagement gefordert, den Erhalt durch entsprechende Steuerungs- und Regelprozesse zu sichern. Dabei muss den Subsystemen die Aufmerksamkeit entgegengebracht und die Ressourcen zur Verfügung gestellt werden, die diese benötigen, um ihrerseits zum Wohl des Ganzen beitragen zu können. Gleichzeitig muss das Management dafür Sorge tragen, dass die Subsysteme vor Störungen und Belastungen sowie vor einer Überforderung der Anpassungsfähigkeit bewahrt werden. Suboptimale Zuwendungen gefährden nicht nur die Produktionsleistungen der Pflanzen- und Tierbestände, sondern auch deren Gesundheitszustand und damit den wirtschaftlichen Erfolg.

Zugleich sind die einzelnen Agrarökosysteme selbst Teil von übergeordneten Gemeinschaftsstrukturen, zu denen sie in unterschiedlichen Wechselwirkungen stehen. Die Infrastrukturen bezüglich der vor- und nachgelagerten Wirtschaftsbereiche, die Verfügbarkeit und der Preis von Produktionsmitteln sowie die Verarbeitungs- und Vermarktungsmöglichkeiten und nicht zuletzt die Marktpreise engen die Handlungsspielräume des Managements deutlich ein. Das Management ist daher nicht nur durch die betriebsinternen Anforderungen der Regulation und Koordinierung von Prozessen gefordert. Es muss gleichzeitig die Entwicklungen auf den Märkten im Blick haben.

Diese bestimmen über die Kosten für die Produktionsmittel und die möglichen Erlöse für die Verkaufsprodukte die innerbetrieblichen Handlungsoptionen. Auch darf das Management nicht das Verhalten der Mitkonkurrenten aus den Augen verlieren. Schließlich muss es sich gegenüber diesen am Markt behaupten.

Aufgrund einer unzureichenden Kostendeckung befinden sich viele Betriebe seit Jahren mehr oder weniger in einem Krisenmodus, dem alle anderen Anforderungen untergeordnet werden müssen. Die „freie" Marktwirtschaft gibt nur denjenigen Betrieben eine wirtschaftliche Überlebenschance, die mit den Marktpreisen besser als andere zurechtkommen, d. h. ihre Verkaufsprodukte kostengünstiger als andere Betriebe erzeugen können. Die vermeintliche „Auswahl der Besten" beinhaltet jedoch einen fatalen Trugschluss. Unter den wirtschaftlichen Rahmenbedingungen werden Betriebe genötigt, sich preisliche Vorteile nicht nur zu Lasten der Stabilität der innerbetrieblichen Prozessabläufe und zu Lasten der Mitarbeiter und der Mitkonkurrenten, sondern auch zu Lasten der Gemeinwohlinteressen zu verschaffen. Der marktwirtschaftliche Wettbewerb und das ökonomische Nutzentheorem richten den Fokus auf die Gewinner, während die Folgewirkungen und -kosten weitgehend ausgeblendet werden und die Verlierer sich selbst überlassen bleiben.

Während die Märkte mit einem Überangebot an preiswerten Nahrungsmitteln überschwemmt und gleichzeitig erhebliche Schadwirkungen hervorgerufen werden, bestehen innerbetrieblich massive Knappheiten an diversen **Ressourcen.** Mangelware sind unter anderem hochwertige Produktionsmittel (z. B. Futtermittel), Arbeitszeit und Investitionsmittel (z. B. technische Hilfsmittel, Stallneubauten). Vielen Nutztieren mangelt es an einer bedarfsgerechten Versorgung mit Nährstoffen und an einem hinreichenden Schutz vor Infektionen mit pathogenen Erregern oder vor der Aggressivität der Artgenossen, welche sich beispielsweise bei Schweinen durch Schwanzbeißen oder bei Geflügel durch Federpicken äußert. Dem Management mangelt es an Zeit und Geld und häufig auch an Wissen, um Maßnahmen ergreifen zu können, mit den der Überforderung der Anpassungsfähigkeit der Nutztiere gezielt entgegengewirkt werden könnte. Analoges gilt für Maßnahmen zur Reduzierung von Schadstoffausträgen in die Umwelt. Das Management eines landwirtschaftlichen Betriebes verwaltet daher in erster Linie den Mangel. Die Folgen zeigen sich in einer Überforderung der Anpassung an die marktwirtschaftlichen Rahmenbedingungen. In der Hoffnung auf ökonomische Skaleneffekte wurden gemäß den allgemeinen Beratungsempfehlungen häufig auch noch die Produktionskapazitäten ausgeweitet. Dadurch wurde nicht nur die verfügbare Arbeitszeit für die jeweiligen Anforderungen verknappt, sondern gleichzeitig auch zu einem Überangebot an Rohwaren auf den Märkten beigetragen, wodurch die Marktpreise noch weiter nach unten gedrückt wurden. Kurzgefasst: Landwirtschaftliche Betriebe sind Teil eines Agrarwirtschaftssystem, das auf eine umfassende Ausbeutung natürlicher Ressourcen ausgerichtet ist. Da dieses System den Betrieben nicht die erforderlichen Ressourcen und Rahmenbedingungen für die Sicherung der wirtschaftlichen Existenz zur Verfügung stellt und damit die Betriebe ausbeutet, beuten die landwirtschaftlichen

Betriebe die biotischen und abiotischen Ressourcen aus, solange sie noch auf diese zugreifen können.

Aus diesem Teufelskreis scheint es nur für die Betriebe, die in der Lage sind, das Wirkungsgefüge der innerbetrieblichen Produktionsprozesse auf ein hohes Niveau der **Qualitätserzeugung** auszurichten, einen Ausweg zu geben. Sofern sich die Verkaufsprodukte hinsichtlich des Qualitätsniveaus von der Durchschnittsware abgrenzen, beinhalten und repräsentieren sie einen höheren Wert, der sich über einen höheren Verkaufserlös in eine höhere Wertschöpfung ummünzen lässt. In der Vergangenheit wurde dieser Weg verschiedentlich über Markenprogramme (u. a. ökologische Erzeugung) beschritten. Allerdings bleiben in diesen Programmen die proklamierten Qualitätsvorteile eher vage. Den bestehenden Programmen mangelt es vor allem an wissenschaftlich belastbaren Nachweisen, dass mit den umgesetzten erhöhten Mindeststandards in den Erzeugungs- und Verarbeitungsbedingungen (Input-Größen) auch eine reale Vorzüglichkeit in den Output-Größen, d. h. mit Bezug zu qualitativen Merkmalen des Verkaufsproduktes (Produktqualität) und zu den Prozessqualitäten (Tier- und Umweltschutz), verbunden ist. Deshalb hängt die Bereitschaft von Verbrauchern zur Mehrpreiszahlung maßgeblich davon ab, inwieweit bei ihnen die Werbebotschaften verfangen. Bevor eine nachhaltige Wertschöpfung über den Weg nachvollziehbarer und nachgewiesener Qualitätsleistungen und einer Mehrpreisgenerierung beschritten werden kann, müssen allerdings diverse Voraussetzungen erfüllt sein.

Hierzu gehören unter anderem die Etablierung von validen Beurteilungssystemen für die kontinuierliche Erfassung gesamtbetrieblicher Qualitätsleistungen sowie eine fortlaufende Rückmeldung der Beurteilungsergebnisse an die Primärerzeuger. Diese können das Feedback für die Umsetzung von punktuellen und strukturellen Verbesserungen nutzen. Sofern die ins Auge gefassten Maßnahmen empirisch begründet und auf den betrieblichen Kontext abgestimmt sind, lassen sie als Mittel zum Zweck einer gezielten Erhöhung des Qualitätsniveaus eine hohe Effektivität und Effizienz erwarten. Des Weiteren bedarf es finanzieller Anreize und kostendeckender Bezahlsysteme, um die mit Mehraufwand verbundenen Optimierungen der Produktionsprozesse realisieren zu können. Schließlich müssen die erbrachten qualitativen (Mehr-)Leistungen gegenüber den Verbrauchern in einer Weise kommuniziert werden, welche ihre Bereitschaft zur Mehrpreiszahlung fördert. Dies gelingt am ehesten, wenn die Verbraucher von unabhängiger Seite über die Häufigkeitsverteilung von Qualitätsleistungen aufgeklärt werden würden. Diese rangieren auf einer Skala von sehr gut bis sehr schlecht. Dabei folgen die Häufigkeiten des Vorkommens von skalierten Qualitätsniveaus in der Regel einer Normalverteilung (gaußsche Glockenkurve). Dies bedeutet, dass qualitativ hochwertige Produkte nur begrenzt auf den Märkten verfügbar sind und der überwiegende Anteil der Produkte von eher durchschnittlicher bzw. minderwertiger Qualität ist. Gemäß dem ökonomischen Gesetz, wonach Angebot und Nachfrage den Preis bestimmen, müssten die Angebote von Verkaufsprodukten mit unterschiedlichem Qualitätsniveau auch ein unterschiedliches Preisniveau zur Folge haben. Eine solche an den Output-Größen orientierte qualitative Differenzierung des Produktangebotes wurde bislang in

Deutschland nicht realisiert. Die wechselseitigen Bedingtheiten sind in Abb. 10.4 veranschaulicht.

Die Notwendigkeit der Intervention und Regulation des Agrarsektors durch übergeordnete Strukturen, welche das ruinöse Konkurrenzgeschehen durch kooperative Strukturen und die Ausrichtung auf eine evidenzbasierte Qualitätserzeugung einhegen, ist evident. Wenn Gemeinschaftsstrukturen, die von Kommunen und Landkreises über Bundesländer und der Bundesregierung bis hin zur Europäischen Gemeinschaft organisiert sind, eine gemeinwohlorientierte Erzeugung von Nahrungsmitteln für dringend geboten halten, dann kommen diese nicht umhin, für entsprechende Rahmenbedingungen zu sorgen und Strukturen zu etablieren, welche die Zielerreichung befördern, die Ist-Zustände im Hinblick auf übergeordnete Zielgrößen zu beurteilen sowie im Fall von Fehlentwicklungen regulierend einzugreifen. Zwar verfügen Gemeinschaftsstrukturen über verschiedene Möglichkeiten der Steuerung und Regulierung; allerdings machen sie davon bislang nur unzureichend bzw. keinen zielführenden Gebrauch. Angesichts der weitreichenden Schadwirkungen, welche das Agrarwirtschaftssystem bereits hervorgerufen hat, drängt sich die Frage auf, warum es die Gemeinschaftsstrukturen bislang nicht vermocht haben, regulierend auf die Betriebe als Subsysteme des Gemeinwesens einzuwirken. Warum gelingt es bislang nicht, die Erzeugung von Nahrungsmitteln so zu organisieren, dass diejenigen Betriebssysteme im Wettbewerb erfolgreich sind, welche das höchste Qualitätsniveau und im Verhältnis von Verkaufsprodukten die geringsten externen Effekten verursachen? Warum werden die Betriebe, die dem Gemeinwohl in besonders ausgeprägter Weise Schaden zufügen, nicht daran gehindert? Wie immer bei sehr komplexen Wirkungsgefügen sind die Gründe vielfältig. Einige der für maßgeblich erachteten Aspekte werden nachfolgend thematisiert.

Abb. 10.4 Waren-, Geld- und Informationsflüsse zwischen den Akteuren einer Wertschöpfungskette auf dem Weg der Produkte vom Betrieb zum Verbraucher. (Eigene Darstellung)

10.6.2 Barrieren

Einer der Gründe, warum die Rahmenbedingungen der Agrarwirtschaft weiterhin aufrechterhalten werden und die erforderliche Neuorientierung bislang ausbleibt, dürfte
der Tatsache geschuldet sein, dass diejenigen, welche in der Mehrzahl zu den Opfern
des Agrarwirtschaftssystems gehören, sich sehr reserviert gegenüber staatlichen
Regulierungsmaßnahmen zeigen. Trotz der hohen Zahl an Betrieben, die in den zurückliegenden Jahrzehnten dem Konkurrenzdruck nicht hat standhalten können, wird vonseiten der betroffenen Landwirte und vonseiten der vermeintlichen Interessensvertreter
das primär dafür verantwortliche Agrarwirtschaftssystem gegen jedwede Kritik verteidigt. Das Scheitern vieler Betriebe wird als eine quasi naturgegebene Folgewirkung
des Strukturwandels eingeordnet (Rukwied 2018):

> „Wir halten das Tempo des Strukturwandels von 1,2 bis 1,5 % Verlusten pro Jahr für
> akzeptabel. Auch weil dann diejenigen, die sich entscheiden, in einen Betrieb einzusteigen,
> eine bessere Perspektive haben."

Während jedweden Überlegungen, regulierend in die Prozesse des Marktes einzugreifen,
Widerstand entgegengebracht wird, hält dies die Interessenvertreter nicht davon ab,
weitere Unterstützung und Finanzmittel vom Staat einzufordern. Dies geschieht, ohne
dass gegenüber dem Gemeinwesen eine Gegenleistung in Aussicht gestellt wird. Die
landwirtschaftlichen Betriebe hängen am Tropf staatlicher Zuwendungen, ohne die viele
von ihnen schon längst nicht mehr wirtschaftlich überdauern könnten.

Nicht weniger problematisch ist, dass niedrige Marktpreise vonseiten vieler Verbraucher, unterstützt durch Verbraucher- und Wohlfahrtsverbände, als ein angestammtes
Gewohnheitsrecht missverstanden werden. Vertreter diverser Interessensverbände
werden nicht müde, vor einem Anstieg der Verbraucherpreise zu warnen, welcher vor
allem zu Lasten von minderbemittelten Bevölkerungsgruppen gehen würde. Agrarpolitik
wird hier als Sozialpolitik missverstanden. In den Blick genommen wird lediglich, was
die eigenen Partikularinteressen tangiert, und ausgeblendet, was darüber hinaus für die
Gemeinwohlinteressen von Belang sein könnte. Auch hier hat sich (noch) kein hinreichendes Bewusstsein für die existenzielle Bedrohungslage der landwirtschaftlichen
Betriebe und für die ursächlichen Zusammenhänge zwischen den Schadwirkungen, die
von landwirtschaftlichen Produktionsprozessen ausgehen, und den niedrigen Marktpreisen entwickelt.

Weder bei den unmittelbar betroffenen Landwirten noch in der Bevölkerung ist
gegenwärtig eine breite Zustimmung für Eingriffe des Staates in das bestehende
Agrarwirtschaftssystem zu erkennen. In einer solchen Konstellation hat es die Politik
naturgemäß sehr schwer, Veränderungen auf den Weg zu bringen, die mit erheblichen
Zumutungen für diverse Interessensgruppen einhergehen würden. Damit fehlen den
politischen Parteien und der Exekutive die Anreize, sich gegenüber der jeweiligen
Wählerklientel mit politischen Lösungsvorschlägen für die Probleme der Agrarwirt-

schaft zu profilieren. Hinzu kommt, dass maßgebliche agrarpolitische Entscheidungen auf der europäischen Ebene gefällt werden. Nationale Regulierungen können nur auf den Weg gebracht werden, wenn sie über die gesetzlichen Mindestvorgaben auf der EU-Ebene hinausgehen. Einige skandinavische Länder haben vorgemacht, dass gegenüber den europäischen Mindestanforderungen deutlich erhöhte nationale Vorgaben durchaus im nationalen Interesse sein können. Dies gilt selbst oder gerade für Länder, die wie im Fall der Schweinefleischerzeugung in Dänemark in hohem Maße auf den Export der Produkte angewiesen sind (Dänischer Fachverband der Land- & Ernährungswirtschaft 2014). Dies gelingt in diesen Ländern allerdings nur, wenn anders als in Deutschland, auf den globalen Märkten nicht nur das Niedrigpreis-, sondern vor allem ein Hochpreissegment bedient wird. Da, wo es wie in Deutschland nicht gelingt, die agrarwirtschaftlichen Belange und die damit einhergehenden Folgewirkungen zu einem übergeordneten Thema von nationalem Interesse zu verdichten, eröffnen sich allenfalls Räume für politische Grundsatzdebatten. Aus diesen erwachsen zwar keine konkreten Lösungsansätze; dafür haben sie jedoch den für einige Interessensvertreter den großen Vorteil, dass sie von den immer brisanter werdenden Problemen ablenken. Auf diese Weise können die vorherrschenden Rahmenbedingungen zum Vorteil der bisherigen Profiteure des Wirtschaftssystems und zu Lasten der Gemeinwohlinteressen beibehalten werden.

Die einzelnen Landwirte tragen in sehr unterschiedlichem Maße zu dem Überangebot an Rohwaren bei. Genauso unterschiedlich sind die Ausmaße, welche die Betriebe hinsichtlich der Schadwirkungen und der Beeinträchtigungen von Gütern des Gemeinwohles verursachen. Je mehr in den zurückliegenden Jahren die Marktpreise aufgrund von Überproduktion unter Druck geraten sind, desto mehr haben solche Betriebe profitiert, die ihre Produktionskosten niedrig halten konnten. Wie die Belastungen in den Gebieten mit hoher Tierkonzentration nahelegen (s. Abschn. 6.1.4), wurden niedrige Produktionskosten in vielen Fällen durch ein hohes Ausmaß an Externalisierungen zu Lasten des Gemeinwohles erreicht. Selbst in Regionen mit hohem Tierbesatz fallen jedoch die **Zielkonflikte** zwischen den Partikular- und den Gemeinwohlinteressen einzelbetrieblich sehr unterschiedlich aus. Von staatlicher Seite werden die Unterschiede zwischen den Betrieben jedoch weitgehend ausgeblendet. Dies gilt auch für die Marktteilnehmer. Ungeachtet der sehr unterschiedlichen Niveaus an Tierschutz- und Umweltschutzleistungen, welche die Betriebe hervorbringen, erzielen sie für die Rohwaren den mehr oder weniger gleichen Verkaufserlös. In welchem Maß die Produktionsprozesse auf den einzelnen Betrieben zu Lasten des Gemeinwohles gehen, interessiert folglich weder den Staat noch die Wettbewerbshüter noch die Marktteilnehmer. Im Vergleich zu anderen Wirtschaftsbranchen sind landwirtschaftliche Betriebe ein weitgehend vor regulierenden staatlichen Eingriffen geschützter Raum. Dies gilt auch dann, wenn dies aus der Perspektive der Vertreter der Bauernverbände anders dargestellt wird (s. Abschn. 7.2).

Seit Jahrzehnten ist die bundesrepublikanische Agrarpolitik darauf ausgerichtet, dass die inländischen Erzeuger am Wettbewerb auf den globalen Märkten teilnehmen. Es dominiert eine wirtschaftsliberale Grundhaltung, weshalb auf Möglichkeiten der Implementierung nationaler Regelungen in der Vergangenheit weitgehend verzichtet wurde. Zugleich wurde das Verursacherprinzip, das in anderen Lebensbereichen beim Umgang mit Schadensfällen, wie z. B. im Verkehrswesen oder bei Eigentumsdelikten, wie selbstverständlich greift, in der Agrarwirtschaft weitgehend außer Kraft gesetzt. Die Schadstoffausträge aus der Landwirtschaft sind Ausdruck einer Verantwortungslosigkeit, die deshalb so große Ausmaße hat annehmen können, weil diejenigen, die dafür verantwortlich sind, nicht von anderen dafür zur Verantwortung gezogen werden. Während für die meisten Lebensbereiche die Grundregel gilt, dass die einzelnen Akteure sich so zu verhalten haben, dass kein anderer geschädigt, gefährdet oder mehr als gemäß den Umständen unvermeidbar behindert oder belästigt wird, scheint diese Alltagsregel in der Agrarwirtschaft keine große Rolle zu spielen. Die Agrarlobby hat es vermocht, potenzielle Ausweitungen bestehender rechtlicher Vorgaben als Teil einer völlig überzogenen Verbotspolitik und als Gängelei eines freien Unternehmertums zu diskreditieren. Gemäß der Devise, die Landwirte wüssten am besten, was zu tun sei, wurden und werden Vorschriften mit dem Hinweis auf völlig überzogene bürokratische Mehraufwendungen abgewehrt, welche die Wettbewerbsfähigkeit der Betriebe und ihre wirtschaftliche Existenz unterminieren würden. Wenn es, wie im Fall der von der EU-Kommission erzwungenen Überarbeitung der Düngeverordnung, trotz der Widerstände dennoch zu einer Erhöhung rechtlicher Mindestvorgaben kommt, wird die Verordnung vonseiten der Bauernverbände als bürokratisches Ungetüm diffamiert. Gleichzeitig wird verschleiert, dass die vermeintliche Kompliziertheit der gesetzlichen Vorgaben auch eine Folge der Ausnahmeregelungen ist, welche die Bauernverbände dem Gesetzgeber abtrotzen, um gegenüber der eigenen Klientel eine gewisse Wirkmächtigkeit zu demonstrieren.

Das in Relation zu anderen Wirtschaftsbranchen sehr geringe Ausmaß an rechtlichen Vorgaben kontrastiert mit dem Umfang an Geldzuwendungen, welche den Landwirten über Direktzahlungen aus dem EU-Haushalt und zusätzlichen nationalen **Subventionen** zuteilwird. Die Landwirte bekommen nicht nur sehr viel Geld vom Staat, sie müssen überdies keine relevanten Gegenleistungen erbringen, sieht man einmal davon ab, dass sie sich zur Einhaltung von gesetzlichen Mindestvorgaben verpflichten müssen. Vergleicht man den bürokratischen Aufwand der Landwirte mit den Aufwendungen, die andere Empfänger staatlicher Zuwendungen zu erbringen haben, werden die Privilegien der Landwirtschaft besonders deutlich. Gern wird die in der Bevölkerung weit verbreitete und von den Medien häufig kolportierte Aversion gegenüber bürokratischen Aufwendungen genutzt, um sich als Opfer staatlicher Bevormundung zu stilisieren. Gleichzeitig wird in der Öffentlichkeit der Eindruck erweckt, dass den Landwirten die Subventionen aus der Staatskasse als Kompensation für die gegenüber anderen Wirtschaftszweigen schlechte Einkommensentwicklung in der Landwirtschaft als eine Art Dauueralimentierung zustehen.

In dieser Gemengelage findet eine nationale Agrarpolitik, welche regulierend auf einen Abgleich zwischen gesellschaftlichen und privatwirtschaftlichen Anliegen Einfluss nimmt, allenfalls in Ansätzen statt. Zu eng sind die Parteien auf Bundes- und auf Landesebene mit den Interessen der jeweiligen Klientel verbandelt, als dass Agrarpolitiker in der Lage wären eine neutrale Mittlerposition einzunehmen. Gleichzeitig wurde mit dem Diktum der Exportorientierung die Abhängigkeit von den Weltmarktpreisen und von den Auswüchsen eines globalen Unterbietungswettbewerbes festgeschrieben. Unterstützt wird die Agrarpolitik von einer Agrarökonomie, die sich in ihrer Marktgläubigkeit schon immer dafür stark gemacht hat, dass sich die Politik aus dem Marktgeschehen heraushalten sollte. Die unerwünschten Neben- und Schadwirkungen der landwirtschaftlichen Produktionsprozesse fanden über lange Zeiträume auch deshalb keine Beachtung, weil sie nicht als systemimmanente, sondern als einzelbetriebliche Probleme eingestuft wurden und werden. Dies begann sich erst zu verändern, als die Schadwirkungen immer größer und die Proteste immer lauter vorgetragen wurden („Wir haben es satt!"). Die Proteste und die auf diesem Wege transportierten Botschaften finden eine zunehmende Resonanz in den Medien und damit in der öffentlichen Wahrnehmung. Es ist nicht die Einsicht der handelnden Akteure in die Notwendigkeit von Veränderungen, sondern der Widerstand übergeordneter Gemeinschaftsstrukturen, welcher die Zukunftsfähigkeit des bisherigen Geschäftsmodells infrage stellt und einen, wenn auch noch sehr in den Anfängen befindlichen, Prozess der Veränderung herbeiführt.

Jetzt, wo der Handlungsbedarf immer größer wird, beginnt man zu realisieren, dass es an Daten fehlt, um die einzelbetrieblichen Ausmaße an unerwünschten Folge- und Nebenwirkungen belastbar einschätzen zu können. Allenfalls existieren hochaggregierte Zahlen, wie sie im Fall der Emissionen aus der deutschen Landwirtschaft im Rahmen des nationalen Emissionsberichtes zusammengetragen werden. Hierbei handelt es sich um eine Form der Berichterstattung, zu der sich die Bundesregierung aufgrund internationaler Vereinbarungen wie dem Kyoto-Protokoll, dem Pariser Klimaabkommen oder der Richtlinien zur Einhaltung nationaler Emissionsobergrenzen (NEC) verpflichtet hat. Die veröffentlichten Zahlen resultieren aus Modellrechnungen auf der Basis diverser Kenngrößen zur Flächennutzung und zu den Tierzahlen, von denen auf die Gesamtmengen an Emissionen geschlossen wird. Demgegenüber herrscht weitgehende Unkenntnis über die Ausmaße an Schadwirkungen, die von den einzelnen Betriebssystemen ausgehen. Eigene Untersuchungen legen nahe, dass beispielsweise die betrieblichen Stickstoffüberschüsse und damit deren Gefahrenpotential für die Umwelt mit den derzeitigen Berechnungsverfahren einer Stickstoffbilanz erheblich unterschätzt werden (Machmüller und Sundrum 2016). Vor allem aber beschreiben die bisherigen Kenngrößen lediglich die Entwicklung von hochaggregierten Zahlen über die Zeitachse, ohne dass daraus konkrete Handlungsoptionen für gezielte Veränderungen abgeleitet werden können. **Emissionen** sind das Resultat spezifischer Produktionsabläufe im jeweiligen betrieblichen Kontext. Maßnahmen der Emissionsminderung erfordern eine auf die betriebsspezifische Situation abgestimmte Strategie. Entsprechend müssen die Betriebe eine Vorstellung darüber haben, von welchen Teilbereichen in ihrem Betrieb besonders hohe Emissionen ausgehen und wie diesen wirksam und effizient begegnet werden kann. Darüber hinaus werden emissionsmindernde Maßnahmen nur dann umgesetzt, wenn daraus ökonomische Vorteile erwachsen.

Analog zu umweltschutzrelevanten Daten wird staatlicherseits auch mit tier-schutzrelevanten Daten verfahren. Sie dienen dazu, dass staatliche Organe einen gewissen Überblick über jeweiligen Größenordnungen erlangen, ohne dass die Daten allerdings in eine konzertierte Strategie für Umsetzungen auf der Handlungsebene, d. h. für die landwirtschaftlichen Betriebe genutzt werden. Beispielsweise werden vom Herkunftssicherungs- und Informationssystem für Tiere (HIT) Daten zu den Mortalitäts-raten von Nutztieren erfasst. Das Statistische Bundesamt trägt Daten zu den anatomisch-pathologischen Befunden zusammen, die von den Schlachttieren am Schlachthof im Rahmen der Fleischbeschau erhoben werden. In beiden Fällen werden die Daten lediglich zusammengetragen, um Entwicklungen über die Zeit zu beschreiben. Sie werden nicht wie in anderen europäischen Ländern dazu genutzt, um ein bundesweites Ranking von betrieblichen Leistungen zu erstellen, um diejenigen Betriebe zu identifizieren, die mit besonders hohen Anteilen von Schadensfällen auffällig geworden sind. Die Bundes-politik verweist in diesem Zusammenhang gern auf datenschutzrechtliche Hindernisse und darauf, dass die Kontrolle von tierschutzrelevanten Sachverhalten den Bundes-ländern obliegt. Richtig ist aber auch, dass die Politik weder auf der Landes- noch auf der Bundesebene gewillt ist, sich gegen die Widerstände der Agrarlobby durchzu-setzen und die vorhandenen Instrumente des Benchmarkings für die Identifizierung von besonders auffälligen Betrieben zu nutzen.

Angesichts der großen Variation der Schadwirkungen bzw. der Umwelt- und **Tier-schutzleistungen** zwischen den Betrieben lassen nur diejenigen Maßnahmen, welche auf die betriebsspezifischen Situationen abgestimmt sind und darauf gezielt Einfluss nehmen, relevante Effekte im Hinblick auf die Durchsetzung von Gemeinwohlinteressen erwarten. Während der Schlüssel für passgenaue Lösungen von gesellschaftlich relevanten Problemen im Zugang zu und in der Veränderung der einzelbetrieblichen Situationen liegt, wird er vonseiten der Agrarpolitik ganz woanders verortet, näm-lich in der Weiterentwicklung von verallgemeinerungsfähigen wissenschaftlichen und technischen Lösungen. Der Problemlösungsansatz der Agrarpolitik erinnert nicht von ungefähr an die Metapher vom Hausschlüssel, der in der Dunkelheit verloren gegangen ist. Anstatt ihn in der Nähe der Stelle zu suchen, wo dieser vermutlich entglitten ist, wird er im Lichtkegel einer naheliegenden Laterne gesucht. Schließlich sind hier die Verhält-nisse gut ausgeleuchtet. Folgt man den Ausführungen der Nutztierstrategie des BMEL (2019), so sollen wie schon in der Vergangenheit auch in Zukunft vor allem Fortschritte in der Pflanzen- und **Tierzucht** sowie in der Technikentwicklung helfen, um der nicht länger zu leugnenden Probleme Herr zu werden. Entsprechend groß ist die Bereitschaft der Agrarpolitik, den Bereich der Agrarwissenschaften mit umfangreichen Fördermitteln auszustatten. Mit der Forschungsförderung geht die Hoffnung einher, dass die neuen methodischen Ansätze insbesondere in der Genetik und in der **Digitalisierung** auch für die Agrarwirtschaft nutzbar gemacht werden können. Wofür und mit welchem Erfolg im Hinblick auf die Verfolgung von Gemeinwohlinteressen die neuen Erkenntnisse genutzt werden, bleibt jedoch in der Regel offen bzw. erschließt sich am ehesten aus den Priori-täten, welche auf der Handlungsebene vorherrschen. Unter den gegenwärtigen Marktverhältnissen, in denen die landwirtschaftlichen Betriebe um ihre wirtschaftliche Existenz kämpfen müssen, werden Maßnahmen bevorzugt, die in den Bemühungen um die Steigerungen der Produktivität von Produktionsprozessen am ehesten einen Erfolg versprechen.

Wenn die Verantwortlichen in der Agrarpolitik im sprachlichen Gleichklang mit den Vertretern des Deutschen Bauernverbandes, der Agrarökonomie und den Agrarwissenschaften dem Glauben an den wissenschaftlichen und technischen Fortschritt proklamieren, verbinden sich damit diverse Nebeneffekte. Indem vage Hoffnungen auf zukünftige Lösungen geweckt werden, erscheinen die vorherrschenden Probleme nicht länger als ein schicksalhaftes Schreckensszenario. Vor allem aber liefert der Verweis auf mögliche wissenschaftliche und technische Fortschritte eine vermeintlich stichhaltige Begründung dafür, dass an den gegenwärtigen Verhältnissen nichts Grundlegendes verändert werden muss. Dies gilt jedenfalls so lange, bis vonseiten der Scientific Community keine eindeutigen und übereinstimmenden anderslautenden Aussagen kommuniziert werden. Bis dies so weit ist, kann es dauern. Wenn man sich die Zeiträume vergegenwärtigt, die ins Land gegangen sind, bevor in den Umweltwissenschaften der menschengemachte Einfluss auf die Klimaveränderungen allgemein akzeptiert wurde, wird deutlich, dass eine erhebliche Beschleunigung der Diskursprozesse in den Agrarwissenschaften vonnöten ist, um sich von tradierten Denkmustern zu verabschieden und anschlussfähig für die dringenden gesellschaftlichen Herausforderungen zu werden.

Die Rolle der Agrarwissenschaften wurde bereits in Abschn. 8.5 erörtert. Hinsichtlich der Fragen zu den besten Optionen für eine inner- und überbetrieblichen Regulierung komplexer Prozessabläufe sind von den Agrarwissenschaften gegenwärtig keine zukunftsweisenden Beiträge zu erwarten. In der Vergangenheit sahen sich viele agrarwissenschaftliche Fachdisziplinen damit beauftragt, an den Produktivitätssteigerungen mitzuwirken. Diejenigen Fachdisziplinen, die sich mittlerweile den Themen einer Minderung von unerwünschten Neben- und Schadwirkungen zugewandt haben, tun dies in der Regel aus einer fachspezifischen Perspektive. Wie andere Wissenschaftszweige auch haben sich die Agrarwissenschaften immer weiter in Spezialgebiete ausdifferenziert. Die Erkenntnispfade weisen vor allem in eine Richtung; mit weiter ausdifferenzierten Methoden sollen noch mehr Details ans Licht befördert werden. Damit verfügen Spezialisten in ihren jeweiligen Themenfeldern zwar über ein immenses Fachwissen, besitzen jedoch jenseits der fachdisziplinären Grenzen kaum mehr Einblicke in das übergeordnete Ganze als andere Laien auch. Mangels eines Überblicks über das Wirkungsgefüge eines komplexen Systems und unzureichender Anschlussfähigkeit zu anderen Fachdisziplinen vermögen Spezialisten nicht hinreichend zu beurteilen, welche Relevanz den Details in einem hochvariablen Kontext beizumessen ist. Diese Erkenntnis ist nicht neu. Sie wurde in ähnlicher Form bereits vor mehr als 20 Jahren in einem Bericht des Dachverbandes für Agrar- und Ernährungsforschung formuliert (Isermeyer et al. 2002).

Geändert hat sich seitdem jedoch nur wenig. Mitverantwortlich für eine unzureichende Problemlösungskompetenz der Agrarwissenschaften ist auch die in vielen Fachdisziplinen vorherrschende naturwissenschaftliche Ausrichtung. Hierbei geht es vor allem darum, nach Gesetzmäßigkeiten und **Kausalitäten** von Wirkzusammenhängen zu suchen, die unabhängig vom Kontext Gültigkeit beanspruchen können. Diese Herangehensweise erfordert standardisierte Versuchsbedingungen, bei denen nur ein oder sehr wenige Faktoren gezielt verändert werden, während alle anderen Faktoren nach Möglichkeit unverändert bleiben **(Ceteris-paribus-Annahmen).** Folgerichtig gehören die komplexen und kontextabhängigen Prozesse an landwirtschaftlichen Betrieben nicht zum vorrangigen Themenfeld der Agrarwissenschaften. „On farm research" gilt noch immer als eine Feld-, Wald- und Wiesenforschung, mit der kaum wissenschaftliche Meriten erworben werden können. Eine der Folgewirkungen einer naturwissenschaftlichen Ausrichtung besteht darin, dass dabei Einblicke in das Verständnis von übergeordneten Zusammenhängen zunehmend verloren geht. Um diesem Verlust zu begegnen, haben sich viele Wissenschaftler dem Instrument der Modellierungen zugewandt, um damit komplexen Wirkzusammenhängen beizukommen. Allerdings führt auch dieser Weg nicht zu konkreten Handlungsanleitungen für die landwirtschaftliche Praxis. Zum einen beleuchten die **Indikatoren,** auf deren Kenngrößen die Modellrechnungen basieren, nur Einzelaspekte und sind daher von begrenzter Aussagefähigkeit. Zudem erfolgt die Auswahl der Indikatoren in der Regel unter pragmatischen Gesichtspunkten. Vorherrschend sind die Indikatoren, die verhältnismäßig leicht erhoben werden können und damit den Datensatz füllen, auf den die Modellierungen angewiesen sind. Vor allem aber können Zielkonflikte und Merkmalsantagonismen, welche das Geschehen innerhalb von Systemen und zwischen Subsystemen maßgeblich prägen, mittels Modellbildungen nicht valide erfasst und abgebildet werden. Folgerichtig lassen sich in lebenden Systemen mit variationsreichen Anfangs- und Randbedingungen mittels Modellbildung keine belastbaren Vorhersagen treffen. Die Modellierung taugt bestenfalls als Generator von Hypothesen, deren Validität einer Überprüfung im einzelbetrieblichen Kontext der landwirtschaftlichen Betriebe bedürfen.

In der derzeitigen Verfassung fallen neben der Agrarpolitik somit auch die Agrarwissenschaften als Impulsgeber für eine Neuorientierung der Agrarwirtschaft aus. Der unaufhaltsame Trend zur Spezialisierung hat die interdisziplinäre Zusammenarbeit zwischen unterschiedlichen wissenschaftlichen Fachdisziplinen und damit das erkenntnisleitende Prinzip der **Kooperation** weitgehend zum Erliegen gebracht. Auch die mittlerweile verstärkt initiierten multidisziplinär ausgestalteten Forschungsprojekte können nicht darüber hinwegtäuschen, dass es häufig an einer gemeinsamen Sprache und Verständigung mangelt. Eine interdisziplinäre oder gar transdisziplinäre Kooperation, die diesen Namen rechtfertigt, kann nur dann auf den Weg gebracht werden, wenn sie einer gemeinsamen Zielsetzung folgt, die sich weniger an allgemeinen als an den inhärenten Zielen von individuellen Agrarökosystemen ausrichtet. Selbst wenn es in Forschungsprojekten gelingt, fachdisziplinübergreifend an Strategien zur Lösung von kontextabhängigen Problemen zu arbeiten, stößt die Validierung von wissenschaftlich erarbeiteten Empfehlungen schnell an Grenzen der praktischen Umsetzung (Sundrum et al. 2016). Vor allem aber mangelt es vielen Betrieben an den erforderlichen arbeitszeitlichen und finanziellen Ressourcen, um die an die spezifischen Ausgangs- und Randbedingungen angepassten Empfehlungen auch realisieren zu können. Alle Maßnahmen, die mit Mehraufwendungen verbunden sind, stehen unter Kostenvorbehalt; sie haben nur dann eine Chance der Umsetzung, wenn sie sich auch langfristig bezahlt machen.

Nicht weniger problematisch ist, dass von Wissenschaftlern nicht nur gegenüber der Politik, sondern auch gegenüber der Öffentlichkeit der falsche Eindruck geweckt wird, komplexe Problemstellungen ließen sich durch wissenschaftlichen Fortschritt in Detailfragen lösen. Entsprechende Hinweise auf potenzielle Lösungen in Form von Einzelmaßnahmen und Wundermitteln finden dann eine breite Resonanz in der medialen Berichterstattung. Ein anschauliches Beispiel liefert hierfür die Fokussierung auf die Freisetzung von Methan durch Wiederkäuer als ein vermeintlich zentrales Themenfeld der Umweltproblematik in der Nutztierhaltung. Offensichtlich findet das Thema auch deshalb eine große mediale Aufmerksamkeit, weil es sich so gut bebildern und auf scheinbar einfache Zusammenhänge reduzieren lässt. Genauso simpel wie die Erläuterungen zu den Hintergründen der Probleme kommen die Lösungsvorschläge daher. Dabei werden diversen Substanzen Wirkungen zugeschrieben, mit denen der Ausstoß von Methan aus dem Pansen „signifikant" reduziert werden kann. In einem Beitrag von Rohwetter und Sprothen (2021) mündet dies schließlich in die Schlussfolgerung, dass man möglicherweise aufgrund der segenreichen Arbeit von einzelnen Wissenschaftlern und dank Wundermitteln künftig wird Fleisch essen können, „ohne dem Klima zu schaden".

An diesem wie an vielen anderen Beispielen wird deutlich, wie Medienvertreter von Wissenschaftlern den Fokus auf einzelne Themenfelder und Problemlösungen übernehmen, die dann pauschal zu Lösungen hochstilisiert werden. Heraus kommen **induktive Fehlschlüsse,** die ihren Weg in die breite Öffentlichkeit finden und dort falsche Eindrücke und Erwartungshaltungen wecken. Mit der Reduzierung der Komplexität auf den Einsatz einzelner „Wundermittel" gerät aus dem Blickfeld, dass die Umweltprobleme im gesamtbetrieblichen Kontext entstehen und nur dort unter Berücksichtigung der spezifischen biologischen, technischen, strukturellen, ressourciellen und ökonomischen Gegebenheiten in einem Betriebssystem einer effektiven und effizienten Lösung zugeführt werden können. Bei dem Drang zur Komplexitätsreduktion handelt es sich um ein allzu menschliches Bedürfnis nach nachvollziehbaren Erklärungen und nach einer eindeutigen Einordnung von Wirkzusammenhängen. Sie ist ein häufig zum Einsatz kommendes Mittel, um den kognitiven Dissonanzen auszuweichen, welche sich beim Versuch einer Vergegenwärtigung der Problemlage einzustellen drohen. Sofern es sich dabei um Übersimplifizierungen handelt, sind diese jedoch nicht geeignet, den ursächlichen Zusammenhängen bei der Entstehung von Problemen auf die Spur zu kommen.

10.6.3 Charakteristika von Systemleistungen

Anstatt simplifizierender Herangehensweisen erfordert die Lösung von Problemen eine **Kontextualisierung,** d. h. eine angemessene Einordnung (Rationalisierung) und Reflexion innerhalb der **Systemgrenzen,** in denen die Probleme, zumeist aufgrund von Ressourcenmangel und von Interessenskonflikten, zustande gekommen sind. Häufig liegt der Schlüssel für eine Problemlösung in einer innerbetrieblichen Regulierung der Verfahrensabläufe auf ein übergeordnetes Ziel hin. Dieses Ziel besteht in der Realisierung eines möglichst hohen Niveaus einer gesamtbetrieblichen Systemleistung eines Agrarökosystems. Diese besteht darin, dass alle **Subsysteme** auf den verschiedenen Prozessebenen in ihren Funktionsabläufen auf eine möglichst effiziente Nutzung der innerbetrieblich verfügbaren Ressourcen ausgerichtet werden. Als Anschauungsobjekt dient die in Abschn. 10.6.1 erläuterte Befähigung von lebenden Organismen, trotz aller Verschiedenartigkeit der Ausgangs- und Randbedingungen alle Subsysteme und die darin ablaufenden Prozesse über Anpassungsprozesse funktional auf das Ziel des Selbsterhalts auszurichten und zu koordinieren. Durch das synergistische Ineinandergreifen aller Teilbereiche im Hinblick auf die Funktionsfähigkeit des Ganzen werden ressourcenzehrenden Störgrößen in Form von Pflanzen- und Tierkrankheiten minimiert und die verfügbaren Ressourcen auf eine möglichst effiziente Art und Weise genutzt. Das Ergebnis ist die Vermeidung von Externalisierungen zugunsten eines hohen Niveaus an Tier- und Umweltschutzleistungen, welche gleichbedeutend mit der Realisierung von Gemeinwohlinteressen sind. Diese ist anhand von Kenngrößen messbar, sodass die einzelnen Betriebssysteme hinsichtlich ihrer jeweiligen Tier- bzw. Umweltschutzleistungen miteinander verglichen und auf einer Skala von sehr gering bis sehr hoch eingestuft werden können. Die Rangierung ermöglicht den einzelnen Betrieben, sich bezüglich des aktuellen Niveaus an Tier- und Umweltschutzleistungen in Relation zu anderen Betrieben zu verorteten und aus der Diskrepanz zwischen der Ist- und einem künftigen Zielniveau die weiteren Entscheidungen zu treffen und zielgerichtete Maßnahmen umzusetzen.

Eine solche Wirtschaftsweise kann sich gegenüber einem Wettbewerb, der allein auf die **Kostenführerschaft** ausgerichtet ist, nur behaupten, wenn die gesellschaftlich relevanten Leistungen auch nachgefragt und angemessen honoriert werden. Aus einer anderen Perspektive betrachtet bedeutet dies, dass kommunale, regionale und nationale Strukturen des Gemeinwesens versagen, wenn es ihnen nicht gelingt, entsprechende wirtschaftliche Rahmenbedingungen zu schaffen, in denen den Primärerzeugern die Erbringung gesellschaftlich relevanter Leistungen ermöglicht wird. Die wechselseitige Bedingtheit von Angebot und Nachfrage, von Leistungen und Gegenleistungen darf nicht länger einer „freien" Marktwirtschaft überlassen bleiben, die sich nahezu ausschließlich dem Ziel der Kosten- und Preisführerschaft verschrieben und damit die Folgewirkungen hervorgerufen hat, die jetzt dringend einer Einhegung bedürfen. Eine ökosozial ausgerichtete Agrarwirtschaft handelt nicht länger mit anonymisierten, vom ursprünglichen Kontext entkoppelten Nahrungsmitteln, die beliebigen Standards entsprechen, die vom Marketing des Einzelhandels vorgegebenen werden, sondern mit Lebensmitteln, die durch das Niveau der Systemleistungen ihrer Herkunftsbetriebe charakterisiert und differenziert werden können.

Die Hervorbringung von Systemleistungen setzt ein **Systemverständnis** voraus. Schließlich gehen sie nicht aus standardisierten Prozessabläufen, sondern aus den Wechselwirkungen zwischen den Subsystemen eines Agrarökosystems hervor. Die vielfältigen Interaktionen zwischen den vielfältigen Einflussfaktoren können in Abhängigkeit von den Ausgangs- und Randbedingungen sowohl synergistische als auch antagonistische Wirkungen entfalten. Entsprechend lässt sich die Gesamtheit der Auswirkungen von miteinander agierenden Prozessen nicht aus der Summe einzelner Teilprozesse ableiten oder gar vorhersagen. Wir haben es hier mit emergenten Leistungen eines lebenden Systems zu tun. Nach Jacob (1973) bedeutet der Begriff „Emergenz", dass in einem hierarchisch strukturierten System auf höheren Integrationsebenen neue Eigenschaften entstehen können, die sich nicht aus der Kenntnis der Bestandteile niedriger Ebenen ableiten lassen bzw. vorhergesagt werden können. Die Systemleistungen erwachsen aus dem Gesamtgefüge des Systems und repräsentieren damit emergente Eigenschaften des Gesamtsystems.

Wurde in der Vergangenheit gemäß den agrarindustriellen Denkmodellen die Produktion von Rohwaren durch Spezialisierung, Intensivierung und Technisierung intensiviert und dadurch die Produktivität ebenso wie die negativen Folgewirkungen exorbitant gesteigert, kommt das Gegenmodell einer auf Systemleistungen ausgerichteten Wirtschaftsweise nicht umhin, sich von der alleinigen Fokussierung auf Teilbereiche des Betriebssystems zu verabschieden. Betriebliche Teilleistungen wie die Mengenerzeugung von **Getreide,Milch** oder **Fleisch** sollten nicht länger isoliert anhand der Produktionskosten und der Marktpreise bewertet werden. Zur Bewertung gehört auch die Folgenabschätzung bezüglich der Wirkungen, die im Kontext des Betriebssystems und im Hinblick auf externe Effekte verursacht wurden. Auch bemisst sich der Wert einer Teilleistung am Beitrag für die wirtschaftliche Überlebensfähigkeit des Betriebssystems. So lässt sich beispielsweise der Beitrag einer Milchkuh zum Betriebserlös nicht anhand ihrer Milchleistung bestimmen, sondern nur, wenn der einzeltierliche Aufwand in Relation zum betrieblichen Nutzen, einschließlich der Folgewirkungen gebracht wird. So können hohe Milchleistungen die Anpassungsfähigkeit von Milchkühen überfordern und aufgrund schwerwiegender Erkrankungen zu einem vorzeitigen und unfreiwilligen Abgang zur Schlachtung führen. Die Folgen sind nicht nur herabgesetzte **Tierschutzleistungen**, sondern auch wirtschaftliche Verluste. Diese stellen sich ein, wenn es die Kuh in der verkürzten Lebenszeit nicht vermocht hat, mit den erbrachten Milchleistungen die Kosten der Aufzucht und der laufenden Aufwendungen zu refinanzieren, d. h. vor Eintreten der Gewinnphase mit finanziellen Verlusten aus der Produktion ausscheidet (Sundrum et al. 2021).

Bei einer begrenzten Verfügbarkeit an spezifischen Ressourcen geht eine einseitige **Allokation** auf Teilbereiche immer zu Lasten anderer Teilbereiche. Die besondere

Herausforderung besteht darin, die einzelnen Teilbereiche so aufeinander abzustimmen, dass negative Grenznutzeneffekte vermieden und synergistische Wirkungen ausgebaut werden. Eine ausgewogene bzw. am jeweiligen Bedarf ausgerichtete **Allokation von Ressourcen** zwischen den diversen Teilbereichen eines Betriebssystems gelingt nicht, wenn diese unreguliert um Ressourcen in Form von Nährstoffen, Arbeitszeit, Aufmerksamkeit oder Investitionsmittel konkurrieren. Erst wenn die Teilbereiche als Teil eines übergeordneten Ganzen verstanden werden, besteht die Möglichkeit, die Allokation von Ressourcen so zu koordinieren und organisieren, dass daraus synergistische Effekte und eine erhöhte Wertschöpfung für das Betriebsganze erwachsen. Hier ist nicht länger das vorherrschende agrarökonomische Denkmodell der Konkurrenz gefragt, sondern das biologische und evolutive Prinzip einer regulierenden Balance zwischen Konkurrenz und Kooperation innerhalb eines lebenden Systems zum Vorteil für dessen Erhalt.

Kooperation zwischen Teilbereichen ist dadurch charakterisiert, dass in der Erwartung einer Gesamtwirkung, die aus den Einzelprozessen in den Teilbereichen resultiert, sich ein besseres Ergebnis einstellt, als wenn die jeweiligen Teilbereiche nur für sich optimiert werden. Die einzelnen Teilbereiche tragen ihren spezifischen Teil zum Gesamterfolg und zur Sicherung der Überlebensfähigkeit des Gesamtsystems bei. Welche Strukturen und welche Strategien der Ressourcenallokationen in den jeweiligen Kontexten wirksam und effizient sind, zeigt sich erst retrospektiv an der Kosten-Nutzen-Relation und den Gesamtergebnissen, die in Abgleich mit der vorherigen Situation erzielt werden konnten. Kooperative Handlungsmotive verlangen einen Bruch mit der ausschließlichen Orientierung an punktueller Optimalität (Nida-Rümelin 2020). Sie können nur hinsichtlich einer Struktur von Interaktion erfasst werden, welche die Teile im Hinblick auf das übergeordnete Ganze relativiert, d. h. in Beziehung setzt. Die **Rationalität** besteht in einer Intentionalität, welche die Prozesse im Hinblick auf das übergeordnete Ziel in sich hinreichend stimmig, also kohärent und damit erklärbar und nachvollziehbar, macht.

Die **Individualität** von Agrarökosystemen ist ein weiteres Charakteristikum, das diese von agrarindustriellen Produktionsstätten unterscheidet. So wie es auf der Welt keine identischen natürlichen Ökosysteme gibt, so existieren auch keine gleichförmigen Agrarökosysteme. Jedes Betriebssystem und das dafür verantwortliche Management weist individuelle Stärken und Schwächen, Optionen und Grenzen auf. Folgerichtig existieren keine allgemeingültigen Lösungsstrategien, die unabhängig vom Kontext die jeweils gleiche Wirksamkeit entfalten. Welche Strategien in welchem Maße für die Erbringung von Systemleistungen im jeweiligen Kontext geeignet sind, bedarf der einzelbetrieblichen Sondierung und der Überprüfung der Wirksamkeit im Nachgang zu ihren Umsetzungen. Auch kann das Ergebnis des Wirkungsgefüges mit seinen vielfältigen Interaktionen und Variationsursachen nicht anhand einzelner Indikatoren beurteilt werden, sondern nur schrittweise (iterativ), indem wiederholt vom Ganzen auf die Teile und von den Teilen auf die Wirkung im Systemganzen geschlossen wird. Da das Management hierzu in unterschiedlichem Maße befähigt ist, geht hiervon in der

Regel die größte Ursache für die Variation von den Systemleistungen zwischen Betriebssystemen aus.

Gegenüber den Gemeinschaftsstrukturen sowie gegenüber den Verbrauchern, welche höherwertige und höherpreisige Produkte von Betrieben mit überdurchschnittlichen Systemleistungen erwerben, bedarf es des **Nachweises** einer verminderten Beeinträchtigung der Gemeinwohlinteressen. Die Beurteilung von Systemleistungen ist keine Aufgabe, die man Interessensgruppen überlassen darf. Vielmehr ist es eine hoheitliche Aufgabe, die sich an den Gemeinwohlinteressen auszurichten hat. Wie in vorangegangenen Kapiteln aufgezeigt wurde, sind Tier- und **Umweltschutzleistungen** als **Prozessqualitäten** ebenso wie **Produktqualitäten** messbar. Sie werden nicht durch die Umsetzung einzelner Maßnahmen oder die Einhaltung erhöhter Mindestanforderungen, sondern durch die Gesamtheit eines Agrarökosystems erbracht. Da die Betriebssysteme sich hinsichtlich der gesellschaftlichen relevanten Leistungen, d. h. hinsichtlich des Verhältnisses der erzeugten Verkaufsprodukte zu den Tier- und Umweltschutzleistungen, beträchtlich unterscheiden, repräsentieren sie das maßgebliche Bezugssystem der Beurteilung und des Benchmarkings.

10.6.4 Politische Herausforderungen

Im allgemeinen Diskurs dürfte weitgehend unstrittig sein, dass die besten Agrarökosysteme diejenigen sind, welche in der Lage sind, Verkaufsprodukte mit einer hohen Produktqualität in Verbindung mit einem geringen Maß an gesundheitlichen Beeinträchtigung für die Nutztiere und mit geringen Austrägen von Schadstoffen in die Umwelt zu erzeugen. Ein **Benchmarking** von Agrarökosystemen gemäß den Systemleistungen, die sie erbringen, böte den Primärerzeugern und allen anderen Interessensgruppen die bislang fehlende Orientierung. Was in einigen europäischen Ländern bereits in Teilbereichen realisiert wird, lässt in Deutschland noch auf sich warten. Noch immer handelt es sich bei einem landwirtschaftlichen Betrieb für Außenstehende um eine „**Black Box**". Während andere Industriebetriebe regelmäßig auf die in die Umwelt freigesetzten Schadstoffe getestet werden und in den Emissionshandel mit CO_2-Zertifikaten eingebunden sind, bleiben landwirtschaftliche Betriebe bislang weitgehend unbehelligt. Dies wird nicht so bleiben können. Schließlich hat sich die Bundesregierung im Rahmen internationaler Abkommen nicht nur zu einem generellem Klimaschutz, sondern auf europäischer Ebene auch zur Luftreinhaltung von Stoffen wie Ammoniak und Feinstaub verpflichtet, die zum überwiegenden Teil aus der Landwirtschaft stammen (NEC-Richtlinie, s. Abschn. 7.3). Die Einhaltung dieser Vereinbarungen kann nur mittels effizienter Reduzierungsstrategien gelingen, die auf die betriebsspezifischen Gegebenheiten abgestimmt sind.

Auf der europäischen Ebene hat die COM (2020) ein Konzept für ein faires, gesundes und umweltfreundliches **Lebensmittelsystem** mit dem Titel „Vom Hof auf den Tisch" vorgelegt. Im Rahmen der sogenannten „Grünen Vereinbarung" wird dargelegt, wie Europa bis 2050 zum ersten **klimaneutralen** Kontinent werden könnte.

> „Die Verbraucher sollten in die Lage versetzt werden, sich für nachhaltige Lebensmittel zu entscheiden, und alle Akteure der Lebensmittelkette sollten dies als Verantwortung und Chance begreifen. Sie können den Übergang zur Nachhaltigkeit als Markenzeichen nutzen und die Zukunft der Lebensmittelkette in der EU sichern, bevor ihre Konkurrenten außerhalb der EU dies tun. Der Übergang zur Nachhaltigkeit bietet allen Akteuren der EU-Lebensmittelkette einen Pioniervorteil."

Auch wenn die bisherigen Verlautbarungen noch sehr vage daher kommen und von der Zielsetzung bis zur Zielerreichung noch ein weiter Weg beschritten werden muss, so lassen sie doch keinen Zweifel daran aufkommen, dass künftig ein intensivierter Wettbewerb zwischen Staaten um die Gunst der Verbraucher im Hinblick auf nachhaltige Lösungen bei der Erzeugung von Nahrungsmitteln erwartet wird.

Nimmt man den Titel der Initiative der EU-Kommission „Vom Hof auf den Tisch" wörtlich, dann deutet dieser bereits darauf hin, dass künftig nicht nur zwischen Staaten, sondern vor allem zwischen landwirtschaftlichen Betrieben einen Wettbewerb um die Gunst der Verbraucher im Hinblick auf gesellschaftlich relevante Leistungen entfacht werden wird. Es ist zu erwarten, dass davon ein großer Einfluss auf die Primärerzeugung ausgehen wird. Politische Herausforderungen bestehen unter anderem darin, das Spektrum der unterschiedlichen Systemleistungen von Agrarökosystemen in Qualitätskategorien einzuordnen und die Leistungen der Betriebe angemessen zu beurteilen und zu marktfähigen Kenngrößen zu transformieren. Im Wechselspiel von Angebot und Nachfrage wird sich voraussichtlich ein neues Preisgefüge für Nahrungsmittel entwickeln. Länder, die wie Deutschland, vor allem das Niedrigpreissegment bedienen, werden es künftig schwer haben, einem Verbraucherklientel, das sich hinsichtlich des Qualitätsbewusstseins für Nahrungsmittel weiterentwickelt, entsprechende Produktangebote zu unterbreiten. Hinweise auf einen regionalen Ursprung der erzeugten Produkte werden kaum hinreichen, um damit auf Dauer positive Assoziationen zu wecken und erst recht nicht, um damit qualitative Anforderungen zu bedienen. Regional erzeugte Produkte informieren lediglich über die Herkunft. Wo ein Hof angesiedelt ist, hat jedoch keinen Einfluss auf das Qualitätsniveau, das der einzelne Betrieb mit seinen Produktionsprozessen erreicht. Sofern sie nicht von separaten Vermarktungsstrukturen partizipieren, sind die Betriebe unabhängig davon, wo sie angesiedelt sind, dem gleichen Preisdruck eines globalen Unterbietungswettbewerbs ausgesetzt.

Noch immer sind die **Subventionen** aus öffentlichen Mitteln, welche viele landwirtschaftliche Betriebe über Wasser halten, nicht an die Leistungen gekoppelt, welche die Subventionsempfänger für das Gemeinwesen und damit für die Geldgeber erbringen. Damit fehlt ein wesentliches Steuerungselement, mit denen auf die Produktionsprozesse und das Ausmaß an Schadwirkungen eingewirkt werden könnte. Auch vonseiten des Marktes fehlen (noch) relevante Anreizsysteme für die Erzeugung höherwertiger Produkte. Wie in anderen Wirtschaftsbranchen auch wäre es vor allem die Aufgabe der Politik als Vertreter der Gemeinwohlinteressen, die Reintegration von landwirtschaftlichen Betrieben in übergeordnete Gemeinschaftsstrukturen und in ein System von Geben und Nehmen, Fordern und Fördern einzubinden. Eine Reintegration könnte von verschiedenen Gemeinschaftsstrukturen auf kommunaler, regionaler, föderaler, nationaler sowie europäischer Gemeinschaft ausgehen. Ziel aller Reintegrationsmaßnahmen sollte die Stärkung der Wechselbeziehungen zwischen den Gemeinschaftsstrukturen und ihren Mitgliedern sein. Dies setzt allerdings voraus, dass auch die Mitglieder von Gemeinschaftsstrukturen neben ihren Partikular- auch die Gemeinwohlinteressen im Blick haben und sich danach ausrichten.

Der Abgleich zwischen Gemeinwohl- und Partikularinteressen erfordert klare **Zielvorgaben,** an denen sich alle Akteure orientieren können. Anders als dies von den Protagonisten eines „Weiter so" verfolgt wird, besteht eine angemessene **Zielsetzung** nicht in der Einhaltung erhöhter Mindestanforderungen. Dies kann nur der Einstieg sein in einen Prozess fortlaufender Verbesserungen. Das übergeordnete Ziel besteht in der Erzeugung von Lebensmitteln in ihrer ursprünglichen und umfassenden Bedeutung, d. h. als **Mittel zum Leben.** Der Maßstab zur Beurteilung von Lebensmitteln ist nicht auf den Gehalt an spezifischen Inhaltsstoffen und auf die Vermeidung von Kontaminationen mit Schadstoffen beschränkt. Maßgeblich ist, ob sie einem betrieblichen Kontext entsprungen sind, der einen substanziellen Beitrag zur Förderung von Lebensprozessen inner- und außerhalb des Agrarökosystems und nicht zu deren Zerstörung leistet. **Lebensmittel** sind nicht nur für diejenigen ein essenzielles Mittel zum Leben, welche sich diese einverleiben, um damit ihren eigenen Nährstoffbedarf zu decken. Lebensmittel sind gleichzeitig ein Mittel zum wirtschaftlichen Überleben derjenigen, die diese Mittel zum Leben erzeugt haben, und dafür einen die eigene wirtschaftliche Existenz sichernden Preis erwarten dürfen. Auch sollten durch die Erzeugungsprozesse von Lebensmitteln nicht die Lebensgrundlagen von Flora und Fauna im nahen oder fernen Umfeld der Betriebe zerstört, die Umwelt übermäßig mit Schadstoffen belastet und zur Erderwärmung beigetragen werden. Auch können Nahrungsmittel tierischen Ursprungs nur dann beanspruchen, als Lebensmittel bezeichnet zu werden, wenn die Nutztiere, welche die Produkte für die Menschen bereitstellen, während ihrer Lebenszeit ein gutes Leben haben führen können.

Die Wertigkeit von Lebensmitteln sollte an ihrem Beitrag zum Erhalt von Lebensprozessen in den jeweiligen Kontexten bemessen werden. Anders als Nahrungsmittel, welche aus anonym erzeugten Rohwaren hervorgehen, sollten Lebensmittel daher nicht isoliert, sondern nur in Beziehung zum jeweiligen Kontext beurteilt werden. Lebensmittel sind selbst das Resultat komplexer Prozesse in einem Agrarökosystem. Die Beurteilung von Lebensmitteln ist eng gekoppelt an die Erfassung der betrieblichen Systemleistungen, die über einen überbetrieblichen Vergleich in Qualitätskategorien eingeteilt werden sollten. Von **hochwertigen Lebensmitteln** sollte nur dann die Rede sein, wenn sie in Betriebssystemen erzeugt wurden, die hinsichtlich der Systemleistungen einen überdurchschnittlichen Rangplatz einnehmen.

Angesichts der skizzierten Charakteristika von Systemleistungen, die im Zusammenhang mit der Erzeugung von Lebensmitteln erbracht werden, kann es nicht verwundern, wenn eine solche Herangehensweise nicht bei allen involvierten Interessensgruppen auf Zustimmung stoßen wird. Widerstände sind insbesondere von denjenigen Gruppierungen zu erwarten, die von der bisherigen Wirtschaftspraxis auf Kosten der **Gemeinwohlinteressen** profitiert haben. Es kommt jedoch einem elementaren Trugschluss gleich, wenn Gemeinwohlinteressen mit einer Zustimmung aller bzw. einer möglichst großen Zahl der Anhänger oder Mitglieder von Interessensgruppen verwechselt oder gleichgesetzt wird. Aus diesem Grunde sind Kommissionen, die von politischer Seite ins Leben gerufen werden, von zweifelhaftem Wert. Hier verständigen sich die Vertreter der beteiligten Interessensgruppen unter Ausschluss der nicht beteiligten Gruppierungen auf einen Minimalkonsens, bei dem völlig offenbleibt, inwieweit dieser den Gemeinwohlinteressen förderlich ist. Nur weil Gruppierungen gemäß ihren selbstreferenziellen Maßstäben ihre spezifischen Interessen artikulieren und einfordern, können diese nicht automatisch als berechtigt eingestuft werden. Genauso wenig sind Partikularinteressen untereinander gleichberechtigt; vor allem aber stehen sie nicht auf der gleichen hierarchischen Stufe wie Gemeinwohlinteressen. So wie die **Subsysteme** in einem lebenden Organismus sich in ihrem Ressourcenverbrauch dem übergeordneten Ziel des Selbsterhalts des Organismus unterordnen müssen, und so wie die Subsysteme in einem Agrarökosystem eingegrenzt werden, um zur wirtschaftlichen Existenzsicherung des Gesamtbetriebes beizutragen, so sollten die Vertreter von Partikularinteressen auch zum Wohlergehen der Gemeinschaftsstrukturen beitragen, deren Mitglied sie sind. Zumindest sollten sie nicht den Gemeinwohlinteressen in einem relevanten Ausmaß zuwiderlaufen. Längst ist eine öffentlich ausgetragene Debatte darüber überfällig, was im Zusammenhang mit bei der Erzeugung von Lebensmitteln zu den elementaren Gemeinwohlinteressen zu rechnen ist. Dies gilt dann als Maßstab, an dem sich die diversen Gruppierungen hinsichtlich ihrer Partikularinteressen orientieren können bzw. es zulassen müssen, daran gemessen zu werden.

Soll die Landwirtschaft von einer Erzeugung von Nahrungsmitteln auf eine Erzeugung von Lebensmitteln umgestellt werden, gelingt dies nur mittels **regulierender Eingriffe.** Wenn das Wohl und erst recht, wenn die Existenzfähigkeit einer Gemeinschaft auf dem Spiel steht, müssen sich die Partikular- den Gemeinwohlinteressen unterordnen. Freiheitsgrade sind dort einzugrenzen, wo der Gemeinschaft ein relevanter Schaden droht. In solchen Fällen hat die Gemeinschaft nicht nur das Recht, sondern auch die Pflicht, zu intervenieren und das Miteinander der Mitglieder einer Gemeinschaft zum Wohl übergeordneter Zielsetzungen zu regulieren. Im Zusammenhang mit der Erzeugung von Lebensmitteln bemisst sich die Eignung von Regulierungsmaßnahmen daran, ob und in welchen Maßen die Systemleistungen der Agrarökosysteme für die Gemeinschaft verbessert werden können. Den landwirtschaftlichen Betrieben, die weit unterdurchschnittliche Systemleistungen erbringen und nicht gewillt oder in der Lage sind, daran etwas Grundlegendes zu ändern, sollten Wege aus der Agrarerzeugung aufzeigt werden. Betriebe, die den Gemeinwohlinteressen im Übermaß schaden, haben nach dieser Lesart das Anrecht auf eine Unterstützung durch die Gemeinschaft verwirkt. Daher ist das Ansinnen der Bauernverbände, welche sich in ihren Verlautbarungen lautstark dafür einsetzen, dass kein Betrieb zurückgelassen werden darf, nicht nur unrealistisch, sondern geradezu gemeinschaftsschädigend. Während heute im Wirtschaftssystem der „freien" Marktwirtschaft, das von den Bauernverbänden mitgetragen wird, fortlaufend landwirtschaftliche Betriebe in den Ruin getrieben und ihrem Schicksal überlassen werden, muss es im Sinne der Realisierung von Gemeinwohlinteressen künftig darum gehen, dass nicht diejenigen Betriebe weichen, die einen positiven Beitrag zu den Gemeinwohlinteressen leisten, sondern diejenigen, die zu Gemeinschaftsleistungen nicht adäquat befähigt oder gewillt sind.

Zu einem fairen Miteinander zwischen Primärerzeugern und Verbrauchern gehört, dass den Lebensmitteln hinsichtlich des Kontextes ihrer Entstehung ein angemessener Wert beigemessen wird und dieser für die Käufer von Lebensmitteln nachvollziehbar ist. Verbraucher müssen sich auf die Angaben bezüglich des Wertes der Lebensmittel verlassen können, die sie erwerben. Dies ist nur bei einer Bewertung durch unabhängige Instanzen zu gewährleisten. Zudem sollte der Preis für Lebensmittel mit dem Wert korrespondieren, welcher den Produkten im Hinblick auf die Gemeinwohlinteressen beizumessen ist. Dies lässt den Verbrauchern weiterhin viele Optionen bei den Kaufentscheidungen. Nach Meister et al. (2021) ist aus der Perspektive der Primärerzeuger

> „ein fairer Preis dadurch gekennzeichnet, dass er mindestens die Kosten der Produktion deckt, fair für alle Akteure entlang der Wertschöpfungskette ist, ein Zeichen der Wertschätzung darstellt, basierend auf den Produktionskosten der Landwirte kalkuliert werden sollte und auf einer partnerschaftlichen Zusammenarbeit zwischen Produzent und Händler beruht".

Wo ein Unterbietungswettbewerb dominiert und Billigangebote den Markt überschwemmen, kann es weder eine angemessene Wertschätzung geben, noch kann eine faire Bezahlung von erbrachten Leistungen für die Gemeinwohlinteressen etabliert werden. Daraus wird geschlussfolgert, dass das vorherrschende Marktsystem den fairen Umgang zwischen den beteiligten Akteuren untergräbt. Es ist das Marktsystem, das hinsichtlich der Erzeugung qualitativ hochwertiger Lebensmittel genauso versagt wie hinsichtlich der Reduzierung von Schadwirkungen. Faire Bedingungen können nur von einer staatlichen Institution durchgesetzt werden. Folglich ist es die Agrarpolitik, die versagt, wenn es darum geht, den Gemeinwohlinteressen Vorrang von den wirtschaftlichen Interessen einzuräumen und Erstere gegenüber einer bestens organisierten Agrarlobby zu verteidigen.

Um hier korrigierend eingreifen zu können, sollten die Systemleistungen der Agrarökosysteme die gemeinsame Bezugsbasis für die Interessen der Primärerzeuger und des Gemeinwohles repräsentieren. Finanzielle Anreizsysteme müssen an den **Nachweis** von substanziellen Verbesserungen gekoppelt werden. Neben einer finanziellen Unterstützung benötigen die Betriebe ein umfangreiches Orientierungs- und **Handlungswissen,** um mit der Komplexität innerbetrieblicher Prozessabläufe besser umgehen und diese im Hinblick auf die Systemleistungen regulieren zu können. Auch wenn technische Hilfsmittel und auch die Fortschritte der **Digitalisierung** hier unterstützend wirken können, sind sie nur Mittel zum Zweck der Verbesserung von Systemleistungen und kein Selbstzweck. Die Sinnhaftigkeit des Mitteleinsatzes bemisst sich an der **Effektivitäts**- und Effizienzsteigerung, die damit im Hinblick auf Systemleistungen erbracht werden können. Fortlaufende innerbetriebliche Kontrollen und Rückkoppelungsmechanismen ermöglichen zeitnahe Korrekturen. Statt die Weichen weiterhin auf quantitatives **Wachstum** zu stellen, müssen die vielfältigen Stellglieder auf ein qualitatives Wachstum ausgerichtet und synchronisiert werden. Qualitatives Wachstum bedeutet, dass sich die Ressourcenproduktivität im Prozess der Wertschöpfung ständig erhöht, d. h. dass das Wachstum mit immer geringeren Vorleistungen an nicht erneuerbaren **Ressourcen** und an Umweltverzehr erzielt wird (Mohr 1999, S. 125 f.). Es beruht darauf, dass materielle Ressourcen und physikalische Arbeit verstärkt durch geistige Arbeit ersetzt werden: Explizites Wissen ersetzt Rohstoffe und Energie. Durch den Einsatz von Wissen sollte aus weniger mehr gemacht werden. Dies gelingt nur, wenn synergistische Wirkbeziehungen gestärkt und antagonistische eingedämmt werden, sodass eine hohe Effizienz der Ressourcennutzung im Gesamtsystem resultiert. Dieser Ansatz steht konträr zu einer fortgesetzten Standardisierung von Prozessabläufen, welche dem Ziel der Kostenminimierung dient.

Die derzeitige landwirtschaftliche Praxis ist das Resultat einer normativen Fixierung auf ökonomische Kenngrößen, die sich allein am Marktgeschehen orientieren und den Kontext bzw. die negativen Folge- und Schadwirkungen eines Unterbietungswettbewerbes weitgehend ausblenden. Hinzu kommt, dass in der Landwirtschaft das Verursacherprinzip weitgehend ausgehebelt ist und die Betriebsleiter bisher kaum für die von ihnen verursachten Schäden zur Verantwortung gezogen werden können. Als Lieferanten von anonymen Rohwaren für die weiterverarbeitende Industrie sind sie völlig unzureichend in gesamtgesellschaftliche Zusammenhänge eingebunden. Dies wird auch an der Abwehrhaltung deutlich, die gegenüber gesellschaftlichen Forderungen nach einer stärkeren Eindämmung von Schadwirkungen durch regulierende Maßnahmen zum Ausdruck gebracht wird. Während den Primärerzeugern vonseiten der Gesellschaft kaum konkrete Vorgaben gemacht werden, werden sie massiv von den Kräften eines Wirtschaftssystems drangsaliert, das ihnen nicht die Ressourcen zur Verfügung stellt, die sie benötigen, um langfristig wirtschaftlich überdauern zu können. Dennoch richtet sich der Unmut der Primärerzeuger nicht gegen diejenigen, welche am ausbeuterischen System der „freien" Marktwirtschaft festhalten, sondern gegen diejenigen, welche es zu einer ökosozialen Marktwirtschaft umgestalten wollen.

Gegen die Verfolgung eigener Interessen ist so lange nichts einzuwenden, wie andere Personen und Gemeingüter nicht zu Schaden kommen. Wer und was in welchem Umfang aufgrund der Verfolgung von Partikularinteressen in der Agrarwirtschaft bereits zu Schaden gekommen ist, wurde in den vorangegangenen Kapiteln des Buches bereits aufgezeigt, ebenso wurden die Akteure genannt, die von den Verhältnissen in besonderer Weise profitieren. Die Durchsetzung von Partikularinteressen auf Kosten anderer Gruppierungen und der Gemeinwohlinteressen ist nur möglich, weil übergeordnete Gemeinschaftsstrukturen dies zulassen bzw. keine wirksamen Gegen- und Regulierungsmaßnahmen ergreifen. Gemeinwohlinteressen werden nicht dadurch realisiert, dass man moralisches Fehlverhalten anprangert und an die einzelnen Akteure appelliert, sich doch bitte zu mäßigen und es mit der Verfolgung von Eigeninteressen nicht zu übertreiben. Um Schadwirkungen zu reduzieren und zu einer Einhegung von Interessenskonflikten zu gelangen, müssen die Gemeinschaftsstrukturen schon selbst Sorge tragen, dass Rahmenbedingungen implementiert werden, die dem Handeln einzelner Mitglieder der Gemeinschaft Grenzen setzen. In diesem Sinne sind Regulierungsmaßnahmen kein Selbstzweck, sondern **Mittel zum Zweck** der Minimierung von Schadwirkungen für das Gemeinwesen.

Regulierungsprozesse können in einem demokratisch verfassten System nicht etabliert werden, ohne dass zuvor vielfältige Abwägungsprozesse stattgefunden haben. Im Vordergrund stehen bislang nur die Abwägungen zwischen den Vor- und Nachteilen, die für die jeweiligen Interessensgruppen daraus resultieren. Ein Perspektivwechsel, verbunden mit der Frage, welche Vor- und Nachteile sich für das Gemeinwesen ergeben und wie die Vor- und Nachteile für das Gemeinwesen auf die eigene Interessenslage durchschlagen, bleibt dagegen bislang aus. Die den Staatsorganen zugewiesene Rolle der Interessensvertreter für das Gemeinwohl wird von diesen nicht adäquat ausgefüllt. Es überwiegt eine Politik, die vor allem die Interessen der eigenen Wählerklientel im Auge hat, nicht aber das übergeordnete Ganze. So kommt es allenfalls zu Kompromissformeln zwischen unterschiedlichen Interessensgruppen in Abhängigkeit von den Machtverhältnissen, nicht aber zu einem Interessensausgleich, der sich an den übergeordneten Gemeinwohlinteressen ausrichtet.

Die Beziehungen zwischen den Primärerzeugern und übergeordneten Gemeinschaftsstrukturen sollten durch ein angemessenes Geben und Nehmen geprägt sein. Das Primärangebot der **Primärerzeuger** besteht aus Lebensmitteln. Sie sind das Resultat von Prozessen im komplexen Wirkungsgefüges eines Agrarökosystems. Der Wert, den Lebensmittel für die Nachfrageseite, d. h. sowohl für die Verbraucher als auch für die Gemeinwohlinteressen, haben, entscheidet sich im Kontext des Betriebssystems. Er bemisst sich am Verhältnis von Produktions- zu den Systemleistungen. Der Nachweis einer Höherwertigkeit von Systemleistungen muss von denjenigen erbracht werden, welche die Produkte auf dem Markt anbieten und dafür eine entsprechende Gegenleistung in Form eines Mehrpreises und/oder von staatlichen Subventionen erwarten. Es kann davon ausgegangen werden, dass die Beziehungen zwischen den Primärerzeugern, den Verbrauchern und den Gemeinschaftsstrukturen sich zum wechselseitigen Vorteil weiterentwickeln ließen, wenn die Angebote besser mit der jeweiligen Nachfrage korrespondieren würde.

Die kommunalen, regionalen, föderalen, nationalen und europäischen Gemeinschaftsstrukturen haben den Primärerzeugern an diverse Formen finanziellen Zuwendungen und Fördermaßnahmen anzubieten. Auf diese greifen Primärerzeuger gerne zurück; nicht zuletzt, weil sie auf diese angewiesen sind. Allerdings ist das, was die Primärerzeuger den Gemeinschaftsstrukturen im Gegenzug anzubieten haben, bislang nicht überzeugend. Das Angebot der Primärerzeuger in Form von niedrigen Produktionskosten richtet sich vor allem an den Markt, nicht jedoch an das Gemeinwesen und die Gemeinschaftsstrukturen. Bislang wird im öffentlichen Diskurs keine klare Trennlinie zwischen Markt- und Gemeinwohlinteressen gezogen, sondern so getan, als ob beide ineinander übergehen. Die unübersichtliche Gemengelage ist sicherlich nicht dazu angetan, die Gesellschaft über die jeweiligen Interessen und die Gewinner und Verlierer aufzuklären.

Das derzeitige Angebot der Primärerzeuger an Rohwaren entspricht in vielen Belangen nicht dem, was viele Verbraucher wünschen und das Gemeinwesen dringend benötigt: hochwertige Lebensmittel, bei deren Erzeugung die Gemeinwohlinteressen nicht oder nur in geringem Maße beeinträchtigt werden. Stattdessen fluten die Primärerzeuger den Markt mit einem Überangebot an anonymen Rohwaren minderer Qualität. Weder die Primärerzeugern noch die Abnehmer der Rohwaren vermögen unter den gegenwärtigen Rahmenbedingungen zu beurteilen, mit welchen konkreten Schadwirkungen die jeweiligen Erzeugungsprozesse einhergehen. Sollen künftig höhere Preise für die erzeugten Produkte erzielt und gleichzeitig den gemeinwohlorientierten Zielsetzungen staatlicher Fördermaßnahmen und Subventionszahlungen entsprochen werden, führt kein Weg an der **Kontextualisierung** und Differenzierung der Verkaufsprodukte vorbei. Nur auf der Basis einer realistischen Einschätzung der erbrachten gesellschaftsrelevanten Leistungen können die Primärerzeuger den Verbrauchern und den Gemeinschaftsstrukturen ein Angebot machen, das Zuwendungen über höhere Marktpreise für qualitativ höherwertige Produkte und staatliche Unterstützungen für die Erbringung von gemeinwohlorientierten Systemleistungen rechtfertigt.

In der Agrarwirtschaft ist in den zurückliegenden Jahrzehnten das Verhältnis von Geben und Nehmen in eine ausgeprägte Schieflage geraten. Das Angebot ist nicht auf eine qualitätsdifferenzierende Nachfrage abgestimmt. Weder machen die Primärerzeuger den Verbrauchern ein differenziertes Angebot, das den jeweiligen Wünschen und Bedürfnissen entspricht, noch werden vonseiten der Primärerzeuger dem Gemeinwohl gegenüber Leistungen erbracht, welche die enormen Summen rechtfertigen, mit denen die Betriebe aus öffentlichen Haushalten subventioniert werden. Auch verlieren die staatlichen Förderangebote zunehmend ihre Legitimation gegenüber anderen Bedürftigen, wenn Primärerzeuger mit den **Subventionen** die Marktinteressen auf Kosten der Gemeinwohlinteressen bedienen. Es dürfte für die Agrarpolitik in Zukunft immer schwerer werden, die Förderung einer Agrarwirtschaft aus öffentlichen Mitteln zu rechtfertigen, die öffentlichen Interessen zuwiderläuft, weil dadurch die Hervorbringung von gravierenden Schadwirkungen aufrechterhalten und die Gemeinwohlinteressen unterminiert werden. Es ist an der Zeit, dass die Subventionen aus dem EU-Haushalt wieder auf das Grundprinzip einer staatlichen Förderpolitik zurückgeführt werden: Unterstützung von Strukturen und Prozessen mittels öffentlicher Gelder zur Förderung von Gemeinwohlinteressen.

Die Gemeinschaftsstrukturen scheitern bislang nicht nur an der Komplexität der Prozesse, die der Entstehung von Schadwirkungen zugrunde liegt. Die Unübersichtlichkeit trägt dazu bei, dass sich den meisten Entscheidungsträgern die ursächlichen Wirkzusammenhänge verschließen. Allerdings ist bislang auch das Interesse an Aufklärung begrenzt. Selbst aus den Reihen der Agrarwissenschaften sind angesichts des fortschreitenden Spezialistentums keine aufklärerischen Aktivitäten zu erwarten. Ein Agrarwirtschaftssystem, das den gesundheitlichen Störungen der Nutztiere im Hinblick auf ihre Relevanz für den Verbraucher- und Tierschutz sowie für die Produktqualität keine angemessene Bedeutung beimisst, ist selbst ungesund. Anstatt einer qualitativen Differenzierung von Produkten auf der Basis des unmittelbaren Kontextes vorzunehmen, dem die Produkte entstammen, wird vonseiten des Agrarmarketings eine assoziative Kontextualisierung über Standards (z. B. Öko- oder Weidemilch) das Wort geredet. Diese imaginierte Verknüpfung von Einzelaspekten mit einer vermeintlichen Höherwertigkeit entspricht den Übertragungseffekten, die vom Handel bei der Etablierung von Markenprodukten vielfältig für die eigenen Interessen genutzt werden. Diese verschleiernde Strategie des Marketings ist nicht nur irreführend und antiaufklärerisch, sondern läuft den Bemühungen um eine Verbesserung der wirtschaftlichen Rahmenbedingungen und der Verfolgung von Gemeinwohlinteressen zuwider.

Damit trotz der vorherrschenden Marktbedingungen, die durch das Diktum eines Unterbietungswettbewerb charakterisiert sind, Schadwirkungen reduziert, qualitative Leistungen erbracht und auch die gegenüber der internationalen Staatengemeinschaft getroffenen Vereinbarungen zum Umwelt- und Klimaschutz eingehalten werden können, kommt die Agrarpolitik nicht umhin, regulierend in die agrarwirtschaftlichen Prozesse einzugreifen. Über das Ausmaß der erforderlichen Eingriffe, gehen naturgemäß die Meinungen weit auseinander. Die Primärerzeuger und deren Vertreter in den Berufsverbänden vertreten die Position, dass sich der Staat möglichst aus den innerbetrieblichen Angelegenheiten heraushalten sollte. Dieser Position ist insoweit zuzustimmen, als dass keinen Sinn macht staatlicherseits vorzuschreiben, wie Produktionsprozesse im Detail umgesetzt werden sollten. Allerdings ist das Ergebnis der innerbetrieblichen Prozesse von hoher Gemeinwohlrelevanz und gemäß § 20a des Grundgesetzes geradezu eine Verpflichtung staatlicher Organe, die Gemeinwohlinteressen vor Beeinträchtigungen durch die Agrarwirtschaft zu schützen. Aus den bisherigen Ausführungen sollte ebenfalls deutlich geworden sein, dass dabei von normativen Vorgaben in Form von erhöhten Mindestanforderungen, wie sie wiederholt vonseiten der Agrarökonomie ins Spiel gebracht werden, keine positiven Effekte zu erwarten sind. Angesichts der ausgeprägten Heterogenität der Ausgangs- und Randbedingungen, die zwischen den landwirtschaftlichen Betrieben besteht, sind standardisierte Mindestanforderungen kontraindiziert.

Ansatzpunkt für regulierende Eingriffe sind nicht die Produktionsprozesse, sondern die Systemleistungen, welche die einzelnen landwirtschaftlichen Betriebe im jeweiligen Kontext erbringen. Die zentrale Aufgabe des Staates besteht darin, diese anhand verbindlicher methodischer Verfahren zu beurteilen und auf eine Skala von sehr niedrig bis sehr hoch einzuordnen. Für die Gemeinwohlinteressen ist nicht von Belang, wie das Management die ökonomischen und ökologischen Belange innerhalb des Agrarökosystems miteinander in Abgleich bringt. Relevant sind die Output-Größen, die in Form von Tier- und Umweltschutzleistungen aus den komplexen Wechselbeziehungen innerhalb von Agrarökosystemen hervorgehen. Vonseiten staatlicher Organe wäre es im Rahmen hoheitlicher Aufgaben vordringlich, über eine belastbare Beurteilung von Systemleistungen zu wachen und für eine entsprechende Klarheit und Transparenz zu sorgen. Auf dieser Basis bleibt es den Marktteilnehmern vorbehalten, im Abgleich von Angebot und Nachfrage von Systemleistungen die Preisgestaltung aushandeln.

Gegenwärtig führt das marktwirtschaftliche System die Verbraucher in die Irre, wenn es diese glauben macht, dass sich an den monetären Größen auch der qualitative Wert der Produkte ablesen ließe. Der monetäre und der qualitative Wert von landwirtschaftlichen Erzeugnissen sind im System der „freien" Marktwirtschaft entkoppelt. Die Annahmen, dass sie etwas miteinander zu tun hätten, gehört zu den elementaren Denkfehlern in der Agrarwirtschaft und hat Fehlentwicklungen maßgeblich befördert. Das Agrarwirtschaftssystem der „freien" Marktwirtschaft ist ein System, das nicht von übergeordneten Strukturen im Hinblick auf die Gemeinwohlinteressen reguliert werden möchte, sondern darauf vertraut, dass es der Markt selbst richten wird. Jetzt, wo offensichtlich wird, dass der Markt bei der Herbeiführung von Gemeinwohlinteressen versagt, ist es an der Zeit, die „freie" Agrarwirtschaft zu einer ökosozialen Agrarwirtschaft weiterzuentwickeln. In der Vergangenheit haben Intensivierung, Spezialisierung und Technisierung die Entwicklung der landwirtschaftlichen Produktionsprozesse geprägt und beträchtliche Produktivitätszuwächse erzielt. Der abnehmende Grenznutzen sowie die Ausmaße an unerwünschten Neben- und Schadwirkungen lassen jedoch keinen Zweifel daran, dass die bisherigen Strategien längst das zuträgliche Maß für viele Betriebe, vor allem aber für die Interessen des Gemeinwohles überschritten haben.

Dennoch ist aufgrund bestehender Pfadabhängigkeiten der Glaube an die Wirkmächtigkeit des Marktes und des technischen und wissenschaftlichen Fortschritts in weiten Teilen der Agrarbranche ungebrochen. Das ökonomische **Modell** der Rational-Choice-Orthodoxie muss an das Wunder glauben, dass punktuell optimierendes Verhalten in der zeitlichen Abfolge eine kohärente Gesamtpraxis ergibt und in der Lage ist, Probleme, die an anderer Stelle aufgetreten sind, einer Lösung zuzuführen (Nida-Rümelin 2020, 208 f.). Das Wunder ist bislang ausgeblieben. Entgegen den landläufigen Einschätzungen der Politik und den Theoremen der Agrarökonomie hat sich der Markt als unfähig erwiesen, einen Ausgleich zwischen Partikular- und Gemeinwohlinteressen herbeizuführen. Umso wichtiger wäre, innerhalb der Scientific Community eine Reflexion und eine Debatte auf den Weg zu bringen, wie Lehren aus den negativen Auswirkungen fehlgeleiteter ökonomischer Theorien gezogen werden können und eine Neuausrichtung der gesellschaftsrelevanten Agrarwissenschaften in Richtung einer Systemwissenschaft gelingen kann.

Das Agrarwirtschaftssystem, das die systemimmanenten Probleme hervorgebracht hat, wird diese nicht selbst lösen können. Eine auf den Unterbietungswettbewerb ausgerichtete Marktwirtschaft kann sich nicht selbst aus den geschaffenen Abhängigkeitsverhältnissen befreien, sondern bedarf einer ordnenden Hand, welche

Rahmenbedingungen vorgibt, in denen die Marktwirtschaft auch weiterhin ihre unbestrittenen Potenziale entfalten kann. Gleichzeitig müssen den Wachstumsbestrebungen des Marktes Grenzen gesetzt werden. Die Grenzen werden definiert durch die Schadwirkungen, welche die Partikularinteressen dem Gemeinwesen zufügen. Es ist die ureigene Aufgabe der Politik, den Gemeinwohlinteressen Geltung zu verschaffen und überschießende Partikularinteressen einzuhegen. Angesichts der immensen Schadwirkungen, welche von den landwirtschaftlichen Produktionsprozessen ausgehen, kommt man nicht umhin, auch der Agrarpolitik zu attestieren, dass sie bislang gegenüber dem Schutzauftrag, den das Grundgesetz den Staatsorganen auferlegt, versagt hat. Bisher war sie nicht gewillt und/oder in der Lage, sich von der Infiltration durch eine übermächtige Agrarlobby zu befreien. Deshalb tut vor allem Aufklärung not, damit Entscheidungsträger sowie Bürger und Verbraucher sich neu orientieren können und besser als in der Vergangenheit in die Lage versetzt werden, zu beurteilen, welche Form der Lebensmittelerzeugung den Gemeinwohlinteressen förderlich ist. Es ist ein zentrales Anliegen dieses Buches, hierzu einen Beitrag zu leisten.

Literatur

Abdelhamid AS, Brown TJ, Brainard JS, Biswas P, Thorpe GC, Moore HJ, Deane KH, AlAbdulghafoor FK, Summerbell CD, Worthington HV, Song F, Hooper L (2018) Omega-3 fatty acids for the primary and secondary prevention of cardiovascular disease. Cochrane Database Syst. Rev. 7:CD003177. https://doi.org/10.1002/14651858.CD003177.pub3

Alrøe HF, Noe E (2010) Multiperspectival science and stakeholder involvement: Beyond transdisciplinary integration and consensus. In: Darnhofer I, Grötzer M (Hrsg) Building sustainable rural futures. The added value of systems approaches in times of change and uncertainty; 9th European IFSA Symposium; 4–7 July 2010 in Vienna, Austria; proceedings. BOKU, Wien, S 527–533

Anonym (2018) Original Kobe Beef | Kobe Rind online kaufen. https://www.gourmetfleisch.de/rind/original-kobe-beef/. Zugegriffen: 30. Juli 2018

Bertalanffy L von (1968) General system theory; Foundations, development, applications. George Braziller, New York

Blume L, Hoischen-Taubner S, Over C, Möller D, Sundrum A (2021a) Status quo der nutritiven und ökonomischen Situation sowie Potentiale des Einsatzes heimischer Proteinträger auf ökologisch wirtschaftenden Geflügel- und Schweinebetrieben; Teil 2: Innerbetriebliche Wertschöpfungspotentiale des Fütterungsmanagements und des Einsatzes einheimischer Proteinträger. Ber. Landwirtsch. 99(2). https://doi.org/10.12767/buel.v99i2.350

Blume L, Hoischen-Taubner S, Möller D, Sundrum A (2021b) Status quo der nutritiven und ökonomischen Situation sowie Potentiale des Einsatzes heimischer Proteinträger auf ökologisch wirtschaftenden Geflügel-und Schweinebetrieben; Teil 1: Bedarfsgerechte Nährstoffversorgung, Tierverluste, Ressourceneffizienz und Wirtschaftlichkeit. Ber. Landwirtsch. 99(2). https://doi.org/10.12767/buel.v99i2.349

BMEL – Bundesministerium für Ernährung und Landwirtschaft (2019) Nutztierstrategie – Zukunftsfähige Tierhaltung in Deutschland. https://www.bmel.de/SharedDocs/Downloads/DE/Broschueren/Nutztierhaltungsstrategie.html. Zugegriffen: 5. Febr. 2019

Böcker A, Herrmann R, Gast M, Seidemann J (2004) Qualität von Nahrungsmitteln; Grundkonzepte, Kriterien, Handlungsmöglichkeiten. ⌐Peter Lang, Internationaler Verlag der Wissenschaften, Frankfurt am Main

Bussche P von dem (2005) Rede anlässlich der Eröffnung der großen Vortragsveranstaltung im Rahmen der DLG-Wintertagung am Donnerstag, dem 13. Januar 2005 in Münster/Westfalen. Deutsche Landwirtschafts-Gesellschaft. https://www.dlg.org/de/landwirtschaft/veranstaltungen/dlg-wintertagung/archiv/2005/rede-dlg-praesident-freiherr-von-dem-bussche. Zugegriffen: 01. Dez. 2021

Daatselaar CH, Reijs JR, Oenema J, Doornewaard GJ, Aarts HFM (2015) Variation in nitrogen use efficiencies on Dutch dairy farms. J. Sci. Food Agric. 95(15):3055–3058. https://doi.org/10.1002/jsfa.7250

Dänischer Fachverband der Land- & Ernährungswirtschaft (2014) Fakten zur dänischen Schweineproduktion. www.agricultureandfood.dk

Deutsche Veterinärmedizinische Gesellschaft (DVG) (Hrsg) (2012) Leitlinien; Bekämpfung der Mastitis des Rindes als Bestandsproblem. DVG Service, Gießen

Duda RO, Hart PE, Stork DG (2001) Pattern classification. Wiley, New York

Emerson MR, Woerner DR, Belk KE, Tatum JD (2013) Effectiveness of USDA instrument-based marbling measurements for categorizing beef carcasses according to differences in longissimus muscle sensory attributes. Journal of animal science 91(2):1024–1034. https://doi.org/10.2527/jas.2012-5514

COM – Europäische Kommission (2020) „Vom Hof auf den Tisch" – eine Strategie für ein faires, gesundes und umweltfreundliches Lebensmittelsystem; Mitteilung der Kommission an das Europäische Parlament, den Rat, den Europäischen Wirtschafts- und Sozialausschuss und den Ausschuss der Regionen. COM 381. https://eur-lex.europa.eu/legal-content/DE/TXT/?uri=CELEX:52020DC0381. Zugegriffen: 3. Jan. 2022

EU - Europäische Union (2016) Richtlinie (EU) 2016/2284 des Europäischen Parlaments und des Rates vom 14. Dezember; über die Reduktion der nationalen Emissionen bestimmter Luftschadstoffe, zur Änderung der Richtlinie 2003/35/EG und zur Aufhebung der Richtlinie 2001/81/EG. Amtsblatt der Europäischen Union 59(L 344):1–31

Farm Animal Welfare Council (1997) Report on the Welfare of Dairy Cattle

FAO – Food and Agriculture Organization of, IFAD – International Fund for Agricultural, UNICEF – United Nations Children's Fund, WFP – World Food Programme, WHO – World Health Organization (2018) The state of food security and nutrition in the world; Building climate resilience for food security and nutrition. FAO, Rome

Geuder U, Pickl M, Scheidler M, Schuster M, Götz K-U (2012) Mast-, Schlachtleistung und Fleischqualität bayerischer Rinderrassen. Züchtungskunde 84(6):485–499

Göpel M (2020) Unsere Welt neu denken; Eine Einladung. Ullstein, Berlin

Götze S, Joeres A (2021) Löcher in der Leitung; Aus deutschen Industrieanlagen tritt klimaschädliches Methangas aus. Die Behörden ignorieren das Problem. Die Zeit 24.06.2021(26)

Grethe H (2017) The Economics of Farm Animal Welfare. Annual Review of Resource Economics 9(1):4. https://doi.org/10.1146/annurev-resource-100516-053419

Handy CB (1998) Die Fortschrittsfalle; Der Zukunft neuen Sinn geben. Goldmann, München

Hocquette JF, Gondret F, Baéza E, Médale F, Jurie C, Pethick DW (2010) Intramuscular fat content in meat-producing animals: development, genetic and nutritional control, and identification of putative markers. Animal 4(2):303–319. https://doi.org/10.1017/S1751731109991091

Hofstadter DR, Sander E (2018) Die Analogie; Das Herz des Denkens. Klett-Cotta, Stuttgart

Houghton RA (2007) Balancing the Global Carbon Budget. Annu. Rev. Earth Planet. Sci. 35(1):313–347. https://doi.org/10.1146/annurev.earth.35.031306.140057

Isermeyer F, Breitschuh G, Hensche HU, Kalm E, Petersen B, Schön H (2002) Agrar- und Ernährungsforschung in Deutschland. Probleme und Lösungsvorschläge. DLG-Verl; BLV-Verlagsges; Landwirtschaftsverl, Frankfurt a. M.

Ison R (2010) Systems Practice: how to act in a climate change world. Springer International Publishing AG, Cham, Springer, London

Jacob F (1973) The logic of life: a history of heredity. Pantheon Books, New York

Kahneman D (2011) Schnelles Denken, langsames Denken. Siedler, München

Kahneman D, Sibony O, Sunstein CR (2021) Noise; Was unsere Entscheidungen verzerrt – und wie wir sie verbessern können. Siedler, München

Kleber EW (1992) Diagnostik in pädagogischen Handlungsfeldern; Einführung in Bewertung, Beurteilung, Diagnose und Evaluation. Juventa-Verl., Weinheim

Kolbe H, Meyer D (2021) Schlaggenaue Analyse von 32 Betrieben des ökologischen Landbaus im Freistaat Sachsen; Nährstoff- und Humusmanagement. Ber. Landwirtsch. 99(2). https://doi.org/10.12767/buel.v99i2.315

Kongsted H, Sørensen JT (2017) Lesions found at routine meat inspection on finishing pigs are associated with production system. Veterinary journal 223(May 2017):21–26. https://doi.org/10.1016/j.tvjl.2017.04.016

Machmüller A, Sundrum A (2016) Stickstoffmengenflüsse und Bilanzierungen von milchviehhaltenden Betrieben im Kontext der Düngeverordnung. Ber Landwirtsch 94(2). https://doi.org/10.12767/buel.v94i2.112

Meister M, Bissinger K, Teuber R (2021) Faire Lebensmittelpreise. Ber Landwirtsch 99(2). https://doi.org/10.12767/BUEL.V99I2.345

Mohr H (1999) Wissen – Prinzip und Ressource. Springer, Berlin

Monteils V, Sibra C, Ellies-Oury M-P, Botreau R, La Torre A de, Laurent C (2017) A set of indicators to better characterize beef carcasses at the slaughterhouse level in addition to the EUROP system. Livest. Sci. 202:44–51. https://doi.org/10.1016/j.livsci.2017.05.017

Nida-Rümelin J (2020) Eine Theorie praktischer Vernunft. de Gruyter, Berlin

Plaizier JC, Krause DO, Gozho GN, McBride BW (2008) Subacute ruminal acidosis in dairy cows: the physiological causes, incidence and consequences. Vet. J. 176(1):21–31. https://doi.org/10.1016/j.tvjl.2007.12.016

Polkinghorne RJ, Thompson JM (2010) Meat standards and grading: a world view. Meat Sci. 86(1):227–235. https://doi.org/10.1016/j.meatsci.2010.05.010

Reinboth C (2016) Grundlagen der Statistik: Worin unterscheiden sich diskrete und stetige Merkmale – und wann sind Merkmale häufbar? Hochschule Harz. https://wissenschafts-thurm.de/grundlagen-der-statistik-worin-unterscheiden-sich-diskrete-und-stetige-merkmale-und-wann-sind-merkmale-haeufbar/

Rohwetter M, Sprothen V (2021) Stellen Sie sich vor. Wir essen Fleisch. Ohne dem Klima zu schaden. Geht das? Die Zeit, 9. September, S 37

Rukwied J (2018) Wir liefern bereits; Interview. Die Zeit, 12. April

Schenk H-O (2001) Funktionen, Erfolgsbedingungen und Psychostrategie von Handels- und Gattungsmarken. In: Bruhn M (Hrsg) Handelsmarken. Zukunftsperspektiven der Handelsmarkenpolitik. Schäffer-Poeschel, Stuttgart, S 71–98

Schulz L, Sundrum A (2019) Assessing marbling scores of beef at the 10th rib vs. 12th rib of longissimus thoracis in the slaughter line using camera grading technology in Germany. Meat Sci. 152(June 2019):116–120. https://doi.org/10.1016/j.meatsci.2019.02.021

Schulz von Thun F (2007) Miteinander reden; Fragen und Antworten. Rowohlt Taschenbuch Verl., Reinbek bei Hamburg

Stengel O (2021) Vom Ende der Landwirtschaft; Wie wir die Menschheit ernähren und die Wildnis zurückkehren lassen. oekom verlag, München

Sterling P (2012) Allostasis: a model of predictive regulation. Physiol Behav 106(1):5–15

Sundrum A (2005) Paradigmenwechsel – Vom ökologischen Landbau zur ökologischen Landwirtschaft. Ökologie&Landbau 1/2005(133):17–19

Sundrum A (2010) Eutergesundheitsstatus auf der Betriebsebene; Stand und Perspektiven aus systemischer Sicht. Ber. Landwirtsch.(88):299–321

Sundrum A (2012) Optimierung der Nährstoffeffizienz in der Milchviehhaltung. In: Verband Deutscher Landwirtschaftlicher Untersuchungs- und Forschungsanstalten (Hrsg) Kongressband 2012 Passau. Vorträge zum Generalthema: Nachhaltigkeitsindikatoren für die Landwirtschaft: Bestimmung und Eignung. VDLUFA-Verl., Darmstadt, S 122–129

Sundrum A (2019) Real-farming emissions of reactive nitrogen – Necessities and challenges. Journal of environmental management 240:9–18. https://doi.org/10.1016/j.jenvman.2019.03.080

Sundrum A, Emanuelson U, Fourichon C, Hogeveen H, Tranter R, Velarde A (2016) Farm centric and equifinal approach to reduce production diseases on dairy farms. In: ICPD Scientific committee (Hrsg) 16th International conference on production diseases in farm animals. Book of abstracts : ICPD 2016, Wageningen, the Netherlands 20–23 Jume 2016. Wageningen Academic Publishers, Wageningen, S 186

Sundrum A, Habel J, Hoischen-Taubner S, Schwabenbauer E-M, Uhlig V, Möller D (2021) Anteil Milchkühe in der Gewinnphase – Meta-Kriterium zur Identifizierung tierschutzrelevanter und ökonomischer Handlungsnotwendigkeiten. Ber Landwirtsch 99(2). https://doi.org/10.12767/BUEL.V99I2.340

Tauscher B, Brack G, Flachowsky G, Henning M, Köpke U, Meier-Ploeger A, Münzing K, Niggli U, Pabst K, Rahmann G, Willhöft C, Mayer-Miebach E (2003) Bewertung von Lebensmitteln verschiedener Produktionsverfahren; Statusbericht 2003. Senat der Bundesforschungsanstalten. https://literatur.thuenen.de/digbib_extern/zi030249.pdf. Zugegriffen: 03. Januar 2022

UBA - Umweltbundesamt (2021) Biogasanlagen. https://www.umweltbundesamt.de/themen/wirtschaft-konsum/industriebranchen/biogasanlagen#einfuhrung. Zugegriffen: 08. September 2021

Veldhuis AMB, Smits D, Bouwknegt M, Worm H, van Schaik G (2021) Added Value of Meat Inspection Data for Monitoring of Dairy Cattle Health in the Netherlands. Front. Vet. Sci. 8:661459. https://doi.org/10.3389/fvets.2021.661459

Weller RF, Bowling PJ (2004) The performance and nutrient use efficiency of two contrasting systems of organic milk production. Biol Agric Hortic 22(3):261–270. https://doi.org/10.1080/01448765.2004.9755289

Westfleisch eG Münster (2011) Westfleisch präsentiert „Aktion Tierwohl"- Sortimente; Pressemitteilung FP zum LP-Kongress am 23.2.2011. Westfleisch eG Münster. https://www.westfleisch.de/fileadmin/Bilder/05_Presse/05.02_Pressemitteilungen/PMFP_01_LP_Kongress_02-2011.pdf. Zugegriffen: 03. Januar 2022

Wolfschmidt M (2016) Das Schweinesystem; Wie Tiere gequält, Bauern in den Ruin getrieben und Verbraucher getäuscht werden. S. Fischer Verlag.

Zrenner KM, Haffner R (1999) Lehrbuch für Fleischkontrolleure; Mit 3 Tabellen. Enke, Stuttgart

ZKL – Zukunftskommission Landwirtschaft (2021) Zukunft Landwirtschaft. Eine gesamtgesellschaftliche Aufgabe.; Empfehlungen der Zukunftskommission Landwirtschaft. http://www.bmel.de/goto?id=89464

Glossar

Ableitung: Eine Ableitung ist eine logische Folgerung von neuen aus gegebenen Aussagen.

Abstraktion: Die Abstraktion ist das Erfassen einer allgemeinen Regel auf der Basis einer Reihe von Beispielen, indem man aus konkreten Tatsachen, realen Fällen oder speziellen Beispielen gemeinsame Merkmale ableitet.

Agrarökosystem: Ein Agarökosystem umfasst die Subsysteme „Boden", „Pflanzen" und „Tiere" sowie den Menschen in seiner Doppelfunktion als Teil und Gestalter des Gesamtsystems. Der Mensch als Steuergröße nimmt dabei Einfluss auf Inputs und Outputs sowie Interaktionen innerhalb des → **System**s. Über ihn als Schnittstelle wirken die Bereiche Technik, Ökonomie und Gesellschaft auf das Gesamtsystem ein.

Analogie: Die Analogie ist eine rhetorische Figur, bei der ein Verhältnis zwischen Dingen und Eigenschaften oder deren Bewertung durch bekannte, ähnliche oder teilweise identische Verhältnisse erläutert wird. So wie es ohne → **Begriff**e kein Denken geben kann, so gibt es ohne Analogien keine Begriffe. Sie befeuern unser Denken und bilden die unerschöpfliche Ressource für die menschliche Kreativität.

Anthropomorphismus: Der Anthropomorphismus ist die (unzulässige) Projektion menschlicher Strukturen auf nicht menschliche Bereiche; hier das Zuschreiben menschlicher Eigenschaften gegenüber Tieren. Die menschlichen Eigenschaften werden dabei sowohl in der Gestalt als auch im Verhalten erkannt bzw. angenommen.

Anthropozentrismus: Der Anthropozentrismus ist eine philosophische Auffassung, nach der der Mensch und seine gesamten Lebensäußerungen Mittelpunkt und Zweck der gesamten Welt sind. **Anthropozentrisch** bedeutet, dass der Mensch sich selbst als den Mittelpunkt der weltlichen Realität versteht und diese gemäß selbstreferenzieller Bewertungssysteme beurteilt.

Assoziative Qualität: Die assoziative Qualität ist eine gedankliche (mentale) Verknüpfung mit dem Entstehungsprozess von Produkten. Sie wird vor allem beim Marketing von Markenwaren und → **Markenprogrammen** genutzt. Dabei werden bestimmte Begriffe und Bilder verwendet, die bei Verbrauchern mit positiv

A. Sundrum, *Gemeinwohlorientierte Erzeugung von Lebensmitteln*, https://doi.org/10.1007/978-3-662-65155-1

besetzten Gedächtnisinhalten und Gefühlen verknüpft werden und dadurch die Kauf-
und → **Zahlungsbereitschaft** beeinflussen. Die assoziative Qualität ist dem Genusswert zuzuordnen. Analog zur sensorischen Wahrnehmung von Produkten wird den
verwendeten Begriffen und Bildern von verschiedenen Personen eine unterschiedliche Bedeutung und ein unterschiedlicher Wert beigemessen. Unabhängig von der
subjektiven Assoziation kann die Prozessqualität jedoch anhand → **intersubjektiv**
gültiger Kriterien hinsichtlich des Qualitätsniveaus vergleichend beurteilt und die
assoziative Qualität begründet werden. Ohne → **Begründungszusammenhang**
handelt es sich beim Marketing mit Begriffen und Bildern um eine irreführende
Werbeaussage.

Aussagen: Aussagen sind Sätze, mit deren Äußerung wir beanspruchen, etwas zu
konstatieren, was der Fall ist.

Begriff: Begriffe drücken Sachverhalte sprachlich aus, indem sie Eigenschaften
benennen, welche auf diese Sachverhalte zutreffen sollen. Begriffe können aus
gedanklichen Zusammenhängen herausgelöst werden, um sie für andere Gedanken
weiterzuverwenden. Da es in Sätzen und Theorien um die Zusammenhänge von
Begriffen geht, werden durch Aussagen diese Phänomene in Relation zueinander
gebracht.

Begründungszusammenhang: Im Begründungszusammenhang werden Hypothesen
einer Prüfung unterzogen, indem durch geeignete Methoden gezeigt wird, ob der
in der → **Hypothese** behauptete Zusammenhang tatsächlich existiert. Einer der
maßgeblichen Begründungszusammenhänge und Bezugssysteme für die Erzeugung
von → **Lebensmittel**n ist der landwirtschaftliche Betrieb.

Benchmarking: Ein Benchmarking basiert auf dem Vergleich individueller Daten zu
Referenzdaten (z. B. andere Betriebe) und kann so gezielt Betriebe adressieren, die
bestimmte Schwellenwerte überschreiten.

Big Data: Bezieht sich auf sehr große Datenmengen, die in einem Zusammenhang entstehen und für andere Zusammenhänge ausgewertet werden. Daten sind oft nicht
vollständig und teilweise fehlerhaft und werden häufig aus verschiedenen Quellen
zusammengestellt.

Biologische Vielfalt: Die Vielfalt des Lebens auf unserer Erde (oder kurz: Biodiversität)
ist die Variabilität lebender Organismen und der von ihnen gebildeten ökologischen
Komplexe. Sie umfasst die folgenden drei Ebenen: 1) die Vielfalt an → **Ökosystem**en
beziehungsweise Lebensgemeinschaften, Lebensräumen und Landschaften, 2) die
Artenvielfalt und 3) die genetische Vielfalt innerhalb der verschiedenen Arten.

Ceteris-paribus-Annahme: Die lateinische Phrase *ceteris paribus* bedeutet sinngemäß
„unter sonst gleichen Bedingungen". Experimente werden unter Ceteris-paribus-
Bedingungen durchgeführt, um die Wirkung eines Einflussfaktors zu prüfen und
Einflüsse anderer Faktoren aus dem Experiment herauszuhalten. Die Ceteris-paribus-
Annahme bedeutet, dass die Ergebnisse von Experimenten unter den definierten
Randbedingungen Gültigkeit haben und keine Aussage über die Wirkung bekannter
oder unbekannter Faktoren auf den behaupteten Zusammenhang möglich ist.

Deduktion: Eine Deduktion schließt aus gegebenen Voraussetzungen auf einen speziellen Fall bzw. vom Allgemeinen auf das Spezielle. Deduktion wird als Gegenbegriff zu → **Induktion** verwendet. In den Naturwissenschaften müssen durch Deduktion ermittelte Vorhersagen empirisch überprüfbar sein, um einen wissenschaftlichen Wert zu besitzen. Wenn die Beobachtungen nicht mit den Vorhersagen übereinstimmen, muss die Theorie angepasst oder verworfen werden.

Digitalisierung: Digitalisierung bezeichnet den Prozess, der → **Information**en verarbeitbar für den Computer macht. Wenn die Informationen aus Zahlen bestehen, müssen sie dafür in einer computerlesbaren Form gespeichert werden. Bestehen Informationen aus → **Kategorie**n oder Beziehungstypen, müssen diesen Kategorien und Typen Zahlen zugeordnet werden, damit sie im Computer gespeichert werden können.

Emergenz: Emergenz bezeichnet die Herausbildung einer oder mehrerer neuer Eigenschaften aus einem komplexen Ganzen, die keines seiner Bestandteile besitzt. Entsprechend können Eigenschaften, die auf einer höheren Ebene, wie z. B. im Organismus auftreten, nicht aus Eigenschaften einer niedrigeren Ebene, wie z. B. den Organen erklärt bzw. vorhergesagt werden. So ist Leben eine emergente Eigenschaft der Zelle, nicht aber ihrer Moleküle und Organellen. Der Emergenzbegriff ist der klassische Gegenpol zum Reduktionsbegriff. Eine „schwache Emergenz" liegt vor, wenn sich neuartige Eigenschaften auf der höheren Ebene allein durch die Interaktion der Bestandteile erklären lassen. Eine „starke Emergenz" liegt vor, wenn neuartige Eigenschaften auf höheren Ebenen weder auf die Interaktion der Bestandteile zurückgeführt noch aus ihr vorhergesagt werden können. Eine „Systememergenz" liegt vor, wenn neuartige Eigenschaften auf höherem Niveau in kausale Wechselwirkung mit Eigenschaften auf niedrigerem Niveau treten. Diese sowohl von oben nach unten als auch umgekehrt wirkende → **Kausalität** ist häufig Teil eines systemischen Ansatzes, der – anders als der reduktionistische Ansatz – in jeder Komponente einen wechselseitig abhängigen Teil des Ganzen sieht.

Empirismus: Der Empirismus besagt, dass alles, was wir über die Wirklichkeit jemals wissen können, auf eine Interpretation von Informationen hinausläuft, die uns unsere Sinne liefern.

Entropie: Die Entropie ist ein Maß für die Unordnung oder Desorganisation der Bestandteile eines (quasi) geschlossenen Systems. Je niedriger die Entropie, desto höher die Organisation der Bestandteile und damit auch die Energie, die für eine Nutzung verfügbar ist.

Erkenntnistheorie: Erkenntnistheorie ist eine philosophische Teildisziplin, die sich insbesondere mit der Frage befasst, was (menschliche) Erkenntnis ist und wir genau wir ihre Reichweite bestimmen können. Was können wir wissen beziehungsweise erkennen?

Externalisierung: Die Externalisierung ist in der Betriebs- und Volkswirtschaft das Abwälzen von Kosten auf die Gemeinschaft oder auf zukünftige Generationen. Sie ist Ausdruck unfairer Wettbewerbsbedingungen, welche denjenigen, die rücksichtsloser und egozentrischer als andere agieren, Marktvorteile verschafft. Auch die Verweigerung, die Verantwortung für das eigene Tun zu übernehmen, wird Externalisierung genannt.

Externe Validierung: Bei der externen Validierung geht es um die Frage der Verallgemeinerungsfähigkeit von Untersuchungsergebnissen. Nach der klassischen Vorstellung haben Aussagen oder in empirischen Studien gezogen Schlussfolgerungen einen hohen Grad an externer Validität, wenn sich (a) die Resultate auf die Grundgesamtheit übertragen lassen, für die die Studie konzipiert wurde, und (b) über das konkrete Setting der Studie hinaus auf andere Designs, Instrumente, Orte, Zeiten und Situationen übertragen lassen, also allgemeingültig bzw. verallgemeinerungsfähig sind. Die externe Validität erhöht sich mit jeder erfolgreichen Replikation der Befunde unter veränderten Versuchsbedingungen.

Gemeinwohl: Gemeinwohl bezeichnet das Wohl („das gemeine Beste, den gemeinen Nutzen, die gemeine Wohlfahrt, den Wohlstand"), welches aus sozialen Gründen möglichst vielen Mitgliedern eines Gemeinwesens zugutekommen sollte.

Gemeinwohlleistungen: Gemeinwohlleistungen sind die von selbstverantwortlich tätigen Unternehmern, etwa Landwirten, freiwillig erbrachten Leistungen, die der Allgemeinheit zugutekommen. Die Freiwilligkeit der Leistungserbringung impliziert, dass nur dann von Gemeinwohlleistungen gesprochen werden kann, wenn die erbrachten Leistungen in ihrem Umfang und/oder ihrer Qualität über das durch das Ordnungsrecht vorgegebene Maß hinausgehen.

Genusswert: Der Genusswert wird im Allgemeinen auch als sensorischer Wert oder sensorische Qualität eines → **Nahrungsmittel**s bezeichnet. Zum Genusswert gehört auch die → **assoziative Qualität.** Der Genusswert wird mit den menschlichen Sinnen und über Assoziationen wahrgenommen. Die Wahrnehmung von Nahrungsmitteln über das Sensorium eines Menschen, einschließlich des Gehirns, ist naturgemäß subjektiv. Gleichwohl können die für die Produkt- und Prozessqualität maßgeblichen Merkmale intersubjektiv beurteilt und valide Aussagen dazu getroffen werden.

Gesetz: In den Naturwissenschaften wird mit Gesetz eine Aussage bezeichnet, die räumlich und zeitlich unbeschränkt gültig ist und sich empirisch bewährt hat, d. h. bisherige Falsifikationsversuche erfolgreich bestanden hat. Für andere Wissenschaften sind Gesetze hingegen als graduelle Aussagen aufzufassen, weil eine zu enge Festlegung als räumlich und zeitlich unbeschränkte Allaussage der sozialen Realität nicht gerecht wird.

Grenznutzen: Der Grenznutzen gibt an, wie sich das Nutzenniveau verändert, wenn sich die Aufwendungen zur Steigerung des Nutzens ändern. Allgemein wird davon ausgegangen, dass der Gesamtnutzen umso mehr erhöht werden kann, je mehr Aufwand betrieben wird. Dabei gilt jedoch das Gesetz vom abnehmenden Grenznutzen: Die Relation von Aufwand und Nutzen ist abhängig vom Ausgangsniveau der anvisierten Zielgröße. Bei einem hohen Niveau muss in der Regel ein höherer zusätzlicher Aufwand betrieben werden, um den gleichen Zusatznutzen hervorzubringen wie bei einem niedrigen Niveau. Der Nutzen weiterer Aufwendungen stößt an

Grenzen (Nutzenmaxima). Werden diese überschritten, wird der Grenznutzen negativ, d. h., zusätzliche Aufwendungen verringern den Gesamtnutzen.

Handlungswissen: Handlungswissen beschreibt, was jemand wissen muss, um eine Aufgabe zu lösen und sich in einer Situation kompetent zu verhalten. Es zielt auf die Planung, Entscheidung und Umsetzung konkreter Maßnahmen ab und schließt die Überprüfbarkeit der positiven wie negativen Folgewirkungen der Umsetzungen ein. Neben dem Wissen um Details ist Übersicht erforderlich, um eine gegebene Situation in ihrer → **Komplexität** gedanklich zu durchdringen und daraus Arbeitshypothesen bezüglich der Wahrscheinlichkeit des Eintretens von Veränderungen abzuleiten. Siehe auch → **Orientierungswissen** und → **Verfügungswissen**.

Hypothese: Eine Hypothese ist eine Annahme über Wirkzusammenhänge, deren Gültigkeit nicht bewiesen bzw. verifiziert ist. Sie stellt Vermutungswissen dar, das überprüfbar sein sollte. Meist wird daher ihr vorläufiger, weil ungeprüfter Charakter betont, da erst nach erfolgreich bestandenen empirischen Tests ihre Aussage als bewährt gilt. Wird sie überprüft, ist sie dadurch entweder bewiesen bzw. verifiziert oder aber widerlegt. Bei der Formulierung einer Hypothese ist es üblich, die Bedingungen anzugeben, unter denen sie gültig sein soll.

Induktion: Induktion bedeutet den abstrahierenden Schluss aus beobachteten Phänomenen zu ziehen, um eine allgemeinere Erkenntnis daraus abzuleiten, etwa einen allgemeinen → **Begriff** oder ein → **Gesetz**. Der Ausdruck wird als Gegenbegriff zu → **Deduktion** verwendet. Deduktion schließt aus gegebenen Voraussetzungen auf einen speziellen Fall, Induktion beschreibt hingegen den umgekehrten Weg. Bei einem induktiven Schluss bleibt die Unsicherheit, auf einen Fall zu stoßen, der die allgemeine Aussage nicht bestätigt. Wenn dies auftritt, dann ist im Unterschied zum deduktiven Schluss auch dann, wenn alle Prämissen wahr sind, die Schlussfolgerung ein induktiver Fehlschluss.

Information: Aufgrund des Bezuges zum Kontext ist Information einem kognitiven System zuzurechnen. Sie wird zu einem bestimmten Zweck gesammelt und strukturiert und steht daher in einem Sinnzusammenhang. Information ist das Wissen, das ein Absender einem Empfänger über einen Informationskanal vermittelt. Die Information kann dabei die Form von Signalen oder Code annehmen. Beim Empfänger führt die Information zu einem Zuwachs an Wissen. Information erhält ihren Wert durch die Interpretation des Gesamtgeschehens auf verschiedenen Ebenen durch den Empfänger der Information. Sender oder Empfänger können nicht nur Personen/Menschen, sondern auch Tiere oder künstliche Systeme (wie Computer) sein.

Intersubjektivität: Intersubjektivität drückt aus, dass ein (komplexer) Sachverhalt für mehrere Betrachter gleichermaßen erkennbar und nachvollziehbar ist. Man kann sich beispielsweise darüber verständigen, wie man etwas wahrnimmt, wie man es einordnet oder was es bedeutet. Intersubjektiv ist von „subjektiv" abgrenzbar (→ **Subjektivität**) Andererseits wird Intersubjektivität aber auch von der → **Objektivität** unterschieden: Objektive Fakten sind idealerweise beweisbar, und zwar unabhängig von Bedingungen, die mit einzelnen Betrachtern zusammenhängen.

Kategorie: Kategorien sind Denkformen und somit die Grundvoraussetzung für alle Erfahrungen. Hofstadter und Sander (2018) verstehen unter einer Kategorie eine mentale Struktur, die im Lauf der Zeit entsteht und die in organisierter Form Informationen enthält, auf die, wenn die passenden Umstände gegeben sind, zugegriffen werden kann. Der Akt der Kategorisierung ist die tastende, abgestufte, graduelle Verknüpfung einer Einheit oder einer Situation mit einer im eigenen Bewusstsein vorgegebenen Kategorie.

Kausalität: Kausalität bezeichnet einen Ursache-Wirkungs-Zusammenhang. Sie betrifft die Abfolge von Ereignissen und Zuständen, die aufeinander bezogen sind. Demnach ist A die Ursache für die Wirkung B, wenn B von A herbeigeführt wird.

Kohärent: Ein Gedankensystem (eine Theorie) ist kohärent, wenn seine Teile sinnvoll zusammenhängen.

Komplexität: Komplexität bezeichnet das Verhalten eines Systems, ein aus einzelnen miteinander zusammenhängenden Teilen bestehendem Ganzem, dessen Komponenten auf verschiedene, meist nichtlineare Weise miteinander interagieren können. Das Verhalten eines komplexen Systems ist nicht aus der Kenntnis des Verhaltens einzelner Komponenten zu verstehen. Die Regeln, welchen die Interaktionen folgen, sind weitgehend unbekannt. Kann das Gesamtverhalten eines Systems, trotz vollständiger Informationen über seine Einzelkomponenten und deren Wechselwirkungen, nicht eindeutig beschrieben werden, so handelt es sich um → **Emergenz.**

Konsistent: Ein Gedankensystem (eine Theorie) ist konsistent, wenn ein expliziter Widerspruch weder in ihm vorkommt noch aus ihm ableitbar ist.

Kooperation: Kooperation ist die freiwillige Zusammenarbeit zum gegenseitigen Nutzen oder zum Erreichen gemeinsamer Ziele. Ist die wechselseitige Einwirkung der Akteure nicht intentional oder zweckgerichtet, spricht man hingegen von Interaktion. Kooperation und Interaktion sind wesentliche Merkmale menschlicher Arbeit in sozialen Systemen.

Kostenführerschaft: Kostenführerschaft ist eine Strategie, sich im Wettbewerb mit anderen Anbietern durch geringe Produktionskosten und die geringsten Preise durchzusetzen. Im Kontext dieses Buches in Abgrenzung zur → **Qualitätsführerschaft.**

Lebensmittel: Lebensmittel sind Mittel zum Leben. In diesem Sinne unterscheiden sich Lebens- von Nahrungsmitteln dahingehend, dass sie nicht nur dem Konsumenten Nährstoffe liefern, sondern beim Prozess ihrer Erzeugung auch den Lebensprozessen vieler anderer Lebewesen im vor- und nachgelagerten Kontext der Erzeugung Rechnung getragen wurde. Anders ausgedrückt: → **Nahrungsmittel** sind nur dann Lebensmittel, wenn die Erzeugung nicht im Übermaß zu Lasten von Flora und Fauna oder zu Lasten der Nutztiere oder zu Lasten der Primärerzeuger und anderer Menschen geht, d. h. nicht den Gemeinwohlinteressen zuwiderläuft.

Markenprogramm: Markenprogramme sind gleichbedeutend mit Gütesiegeln, die eine Aussage über die Qualität eines Produktes machen sollen. Der Zweck dieser meist privatwirtschaftlich getragenen Programme besteht darin, einerseits dem Verbraucher positive Hinweise über die Qualität oder Beschaffenheitsmerkmale eines Produktes zu liefern und andererseits den Hersteller eines Produktes als besonders vertrauens-würdigen Anbieter herauszustellen. Sie zeichnen sich dadurch aus, dass die Erzeuger ein gegenüber den gesetzlich vorgeschriebenen Mindestanforderungen in einzelnen Teilbereichen erhöhtes Niveau einhalten und damit neue Produktionsstandards setzen.

Modell: Ein Modell ist ein vereinfachtes Abbild der Realität bzw. eine vereinfachte Version einer *Theorie,* die dazu dient, einen Sachverhalt in angemessener Weise wiederzugeben, sodass es möglich ist, die damit verbundenen Ziele und Sachverhalte zu beschreiben, zu verstehen, zu erklären, zu gestalten und Entwicklungen vorherzusagen.

Nahrungsmittel: Nahrungsmittel sind alle Stoffe oder Erzeugnisse, die dazu bestimmt sind, in verarbeitetem, teilweise verarbeitetem oder unverarbeitetem Zustand von Menschen aufgenommen zu werden, um den Körper zu ernähren. Dies gilt unabhängig davon, ob der Prozess der Erzeugung mit einem hohen Ausmaß an Schadwirkungen und Zerstörungen einhergegangen ist oder nicht.

Naturhaushalt: Der Naturhaushalt ist die Gesamtheit der Wechselwirkungen zwischen allen Bestandteilen der Umwelt und der Natur. Der Naturhaushalt umfasst die abiotischen Bestandteile (Boden, Wasser, Luft/Klima) und die biotischen Bestandteile der Natur (Organismus, Lebensräume und Lebensgemeinschaften).

Neuromarketing Neuromarketing ist ein Marketingbereich, der Erkenntnisse der Hirnforschung und Psychologie für die Optimierung von Werbung nutzt. Neuromarketingexperten untersuchen mit verschiedenen Methoden, welche Prozesse im Gehirn des Konsumenten Kaufentscheidungen beeinflussen. Dieses Wissen machen sich Unternehmen für ihre Marketinginteressen nutzbar.

Normativ: Normativ gibt an, wie etwas sein sollte. Normative Sätze geben vor, wie etwas sein soll, also wie etwas zu bewerten ist. Das Adjektiv beschreibt auch alle wertenden oder bewertenden Rechtsbegriffe, die in einer gesetzlichen Regelung vorkommen. Normativ ist auch die gesetzgebende Tätigkeit der Parlamente. Normativbestimmungen im Gesellschaftsrecht sind gesetzliche Vorschriften. Normative Tatbestandsmerkmale erfordern eine juristische oder soziale Bewertung. Ihre Bedeutung ergibt sich aus einer bewertenden Auslegung.

Objektivität: Objektivität bezeichnet die Unabhängigkeit der Beurteilung oder Beschreibung einer Sache, eines Ereignisses oder eines Sachverhalts vom Beobachter. Da die Möglichkeit eines neutralen Standpunktes, der absolute Objektivität ermöglicht, im Allgemeinen nicht gegeben ist, ist Objektivität ein Ideal der Wissenschaften. Da man davon ausgehen kann, dass jede Sichtweise subjektiv ist, werden wissenschaftliche Ergebnisse an bestimmten, anerkannten Methoden der Wissenschaft gemessen.

Öffentliche Güter: Öffentliche Güter können gleichzeitig durch verschiedene Personen genutzt werden, ohne dass weitere Personen von der Nutzung ausgeschlossen werden. Beispiele sind das öffentliche Straßennetz, innere Sicherheit und saubere Luft.

Ökosystem: Ökosystem bezeichnet die Bestandteile eines abgegrenzten Naturraumes (z. B. niedersächsisches Wattenmeer) oder eines bestimmten Naturraumtyps (z. B.

nährstoffarmes Fließgewässer) und deren Wechselwirkungen. Der Begriff kann sich auf verschiedene räumliche Ebenen (lokal, regional) beziehen und umfasst sowohl (halb-)natürliche (z. B. ungestörte Hochmoore) und naturnahe (z. B. Kalkmagerrasen) als auch stark menschlich geprägte Ökosysteme (z. B. Agrarökosysteme).

Ökosystemleistungen: Ökosystemleistungen bezeichnen direkte und indirekte Beiträge von Ökosystemen zum menschlichen Wohlergehen, d. h. Leistungen und Güter, die dem Menschen einen direkten oder indirekten wirtschaftlichen, materiellen, gesundheitlichen oder psychischen Nutzen bringen. Der Begriff ist mit einer anthropozentrischen Perspektive und einen Nutzen des Ökosystems für den Menschen verbunden.

Operationalisierung: Eine Operationalisierung stellt die Messbarmachung eines Konzeptes dar. Sie legt fest, wie ein theoretisches Konstrukt (z. B. Wohlergehen) beobachtbar und messbar gemacht werden soll. Sie hat in allen empirisch arbeitenden Wissenschaften eine große Bedeutung, da sie die Grundlage dafür ist, Messungen durchführen zu können. Wichtig ist eine geeignete Operationalisierung insbesondere bei der Prüfung von Hypothesen.

Orientierungswissen: Orientierungswissen ist definiert als das Wissen um Handlungsmaßstäbe sowie um gerechtfertigte Zwecke und Ziele. Es ist damit ein reflexives und regulatives Wissen. Der Besitz von Orientierungen wird zu Orientierungswissen, sobald die Orientierungen vernünftig begründet („gerechtfertigt") erscheint. Siehe auch → **Handlungswissen** und → **Verfügungswissen.**

Paradigma: Paradigma ist ein zentraler Begriff der Wissenschaftsphilosophie. Er bezeichnet die Gesamtheit von Grundauffassungen, die in einer historischen Zeit eine wissenschaftliche Disziplin ausmachen. Diese zeichnen vor, welche Fragestellungen wissenschaftlich zulässig sind und was als wissenschaftlich befriedigende Lösung angesehen werden kann.

Parameter: Parameter ist in der Wissenschaft allgemein einer von mehreren messbaren Faktoren, etwa Temperatur oder Druck, die ein → **System** definieren und dessen Verhalten bestimmen. Bei Versuchen wird oft ein Parameter verändert, während man andere konstant hält. In der Mathematik, dem bevorzugten Werkzeug der theoretischen Physik, ist er eine Konstante in einer Gleichung, die in anderen Gleichungen derselben allgemeinen Form variiert.

Problem: Ein Problem ist eine Aufgabe, die ein Akteur lösen will, um ein bestimmtes Ziel, die Lösung, zu erreichen.

Produktqualität: Die Qualität eines Produktes (Lebensmittels) wird bestimmt durch die Gesamtheit seiner Eigenschaften. Die Produktqualität wird hauptsächlich durch den Nährwert, den Gebrauchs- und Genusswert bestimmt. Es handelt sich um Eigenschaften, die direkt am Produkt nachgewiesen und kontrolliert werden können.

Prognose: Die Prognose ist eine Aussage über Ereignisse, Zustände oder Entwicklungen in der Zukunft. Von anderen Aussagen über die Zukunft (z. B. Prophezeiungen) unterscheiden sich Prognosen durch ihre Begründung in → **wissenschaftlichen Methoden** und Erkenntnissen.

Prozessqualität: Die Prozessqualität im Zusammenhang mit der Erzeugung von Lebensmitteln wird hauptsächlich durch die Art und Weise des Pflanzenbaus und der Nutztierhaltung unter Berücksichtigung des Tierschutzes, des Umweltschutzes und der Nachhaltigkeit bestimmt. Sie ist gekoppelt an das Ausmaß an positiven und negativen Folgewirkungen der Produktionsprozesse. Die Merkmale können nicht unmittelbar am Produkt, jedoch im Produktionsprozess erfasst, beurteilt, dokumentiert und kontrolliert werden.

Qualität: Der Begriff Qualität kann mit den Begriffen Eigenschaft, Beschaffenheit, Zustand umschrieben werden. Hier werden die Eigenschaften eines Produktes, Prozesses oder Systems in drei hierarchisch angeordneten Ordnungsebenen eingeteilt: 1. Die Qualität erster Ordnung wird bestimmt durch die **Gesamtheit aller Eigenschaften** eines Produktes, Prozesses oder Systems. 2. Die Qualität zweiter Ordnung ist **die Güte** der Gesamtheit aller Eigenschaften eines Produktes, Prozesses oder Systems. Die Güte bemisst sich daran, in welchem Maße etwas von einer Person für gut befunden wird. Dies entspricht einer verbraucherorientierten Qualität als das Maß, in dem ein Angebot Kundenanforderungen erfüllt, also erwarteten Anforderungen von Kunden entspricht. 3. Eine Qualität dritter Ordnung ist die Gesamtheit von Eigenschaften von Produkten, Prozessen oder Systemen gemessen an intersubjektiv gültigen **externen Maßstäben** und mit Bezug zu **übergeordneten Zielgrößen.**

Qualitätserzeugung: Qualitätserzeugung bedeutet die nachweislich (messbar) erbrachte qualitative Leistung bei der Erzeugung eines Produktes. Ohne eine evidenzbasierte Qualitätserzeugung, beispielsweise nachweislich erbrachte Gesamtheit der Tierschutzleistungen eines Herkunftsbetriebes, wird der „Haltungskompass", der über die Haltungsformen Orientierung vermitteln sollte, der missbräuchlichen Verwendung überlassen.

Qualitätsführerschaft: Qualitätsführerschaft bezeichnet das Bestreben, im marktwirtschaftlichen Wettbewerb hinsichtlich des erzeugten Qualitätsniveaus einen der vorderen Plätze einzunehmen. Sie steht im Konflikt mit dem Streben nach → **Kostenführerschaft.**

„Qualitätsstandard": Qualitätsstandards beschreiben das Mindestmaß an Qualität, das erreicht werden muss, um definierten Anforderungen zu entsprechen. Bei Produkten oder Dienstleistungen dienen sie als eine Strategie des Marketings mit dem Ziel der Kundengewinnung und Kundenbindung. Im Kontext der Erzeugung von Nahrungsmitteln werden → **Standards** anhand von einzelnen Aspekten festgelegt. Gleichzeitig bleiben viele andere Aspekte unberücksichtigt. Damit kontrastieren Standards mit der Definition von Qualität als die Gesamtheit aller Eigenschaften. Aufgrund dieser Widersprüchlichkeit und der Intentionalität der Begriffsverwendung wird der Begriff in Anführungszeichen gesetzt.

Rationalität: Als rational gelten Handlungen von Akteuren, wenn mit ihrer Hilfe die Ziele von Akteuren erreicht werden und dies so geschieht, dass die zur Verfügung stehenden Mittel entsprechend den Präferenzen bestmöglich, d. h. effizient, eingesetzt werden. Eine Handlung gilt als rational, sofern sie in ein übergeordnetes Ganzes einer mit guten Gründen vertretenen Handlungsstruktur eingebettet ist.

Rechtfertigung: Rechtfertigung ist ein wesentlicher Bestandteil von Wissen. Eine gerechtfertigte Aussage zeichnet sich durch überzeugende und adäquate Gründe aus, die die Aussage stützen.

Reduktion: Unter Reduktion wird die Möglichkeit verstanden, dass sich die Eigenschaften von höheren Ebenen (z. B. Organisationen) auf Eigenschaften von unteren Ebenen (z. B. Individuen) zurückführen lassen.

Reduktionismus: Reduktionismus steht für die Methode, einen Gegenstand auf seine Bestandteile zurückzuführen, um ihn zu verstehen oder zu erklären. Der Vorgehensweise liegt die Überzeugung zugrunde, man könne alles verstehen und erklären, wenn man die Bestandteile untersucht sowie die Art und Weise, in der sie interagieren.

Reliabilität: Reliabilität bezeichnet die Zuverlässigkeit von Aussagen, die z. B. auf Basis einer Methode abgeleitet werden. Sie ist eine notwendige Bedingung der Validität.

Reproduzierbarkeit: In der Wissenschaft bedeutet Reproduzierbarkeit die Wiederholbarkeit von empirisch-wissenschaftlichen Forschungsergebnissen. Das Ziel ist dabei die Kontrolle und Überprüfung der berichteten Forschungsergebnisse.

Standard: Ein Standard ist eine vergleichsweise einheitliche oder vereinheitlichte Art und Weise, etwas zu beschreiben, herzustellen oder durchzuführen. Er gilt insbesondere in den Bereichen Technik und Methodik als Richtschnur.

Standardisierung: Standardisierung ist die Vereinheitlichung von Gegenständen und Verfahrensweisen. Eine Standardisierung dient der Reduzierung der vorhandenen Variation in der Ausprägung von Merkmalen auf eine überschaubare und für den Handel beherrschbare Anzahl von Standards.

System: Als System wird im Allgemeinen ein abgrenzbares, natürliches oder künstliches „Gebilde" bezeichnet, das aus verschiedenen Komponenten mit unterschiedlichen Eigenschaften besteht, die aufgrund bestimmter geordneter Beziehungen untereinander als gemeinsames Ganzes betrachtet werden können.

Subjektivität: Subjektiv ist, was nur dem einzelnen Individuum zugänglich ist und wofür auch keine Allgemeingültigkeit beansprucht wird. Siehe auch → **Intersubjektivität** und → **Objektivität.**

Subsistenz: Subsistenz ist ein philosophischer → **Begriff** für das Prinzip der Selbsterhaltung, die vor allem auf der Auseinandersetzung des Menschen mit der Umwelt zur Sicherung des Lebensunterhaltes und zur Befriedigung der Grundbedürfnisse beruht. Subsistenz betrifft alles, was materiell und sozial zum alltäglichen Überleben benötigt wird: Nahrungsmittel, Kleidung, eine Behausung sowie Fürsorge und Geselligkeit.

Subsidiaritätsprinzip: Das Subsidiaritätsprinzip besagt, dass staatliche Institutionen immer dann und idealerweise auch nur dann regulativ eingreifen sollten, wenn die Möglichkeiten von einzelnen Akteuren, Gruppierungen oder staatlichen Einrichtungen allein nicht ausreichen, eine gemeinschaftsorientierte Aufgabe zu lösen.

Das Subsidiaritätsprinzip ist ein wichtiges Konzept föderale Staatenverbünde, wie der Bundesrepublik Deutschland und der Europäische Union.

Theorie: Eine Theorie ist ein System von Aussagen für die Erklärung einer Gruppe von Phänomenen. Die Aussagen stehen untereinander in einem inhaltlichen Zusammenhang und wurden durch unabhängige Experimente oder Beobachtungen bestätigt. Mit Theorien sollen die Ziele des Forschens – Verstehen, Beschreibung, Erklärung, Prognose und Gestaltung – erreicht werden.

Tierschutz: Unter Tierschutz können alle Aktivitäten des Menschen subsummiert werden, die darauf abzielen, den tierindividuellen Bedürfnissen zu entsprechen, indem die Tiere angemessen ernährt, gepflegt und verhaltensgerecht untergebracht werden (§ 2 TierSchG) und eine Überforderung ihrer Anpassungsfähigkeit vermieden wird, um sie vor Schmerzen, Leiden und Schäden zu schützen.

„Tierwohl": Der Begriff „Tierwohl" wird hier im Sinne von „Wohlergehen" und als deutsche Übersetzung des Begriffes *animal welfare* verwendet. Zugrunde gelegt wird die Definition der Weltorganisation für Tiergesundheit (OIE, 2008): *„Animal welfare means how an animal is coping with the conditions in which it lives. An animal is in a good state of welfare if it is healthy, comfortable, well-nourished, safe, able to express innate behaviour, and if it is not suffering from unpleasant states such as pain, fear, and distress. Good animal welfare requires disease prevention and veterinary treatment, appropriate shelter, management and nutrition, humane handling and humane slaughter or killing."* Im Text wird „Tierwohl" in Anführungszeichen gesetzt, weil die Verwendung im allgemeinen Sprachgebrauch in der Regel ohne Bezug zu einer eindeutigen Definition des Begriffes erfolgt.

Tierschutzleistungen: Tierschutz ist als Systemleistung eine Leistung des Gesamtbetriebes. Der → **Begründungszusammenhang** und die Bezugsebene für den Nachweis erfolgreicher Tierschutzbemühungen sind das Einzeltier und das Betriebssystem, in dem die Tiere leben. Der prozentuale Anteil der Tiere einer Herde, die in einem definierten Zeitraum erfolgreich vor Schmerzen, Leiden und Schäden geschützt werden konnten, d. h. weitgehend unversehrt geblieben sind, bzw. der prozentualen Anteil der Tiere, welche unterschiedlichen Graden von Beeinträchtigungen ausgesetzt waren, gibt die Tierschutzleistungen eines Betriebes wieder.

Umweltschutzleistungen: Analog zu Tierschutzleistungen sind auch Umweltschutzleistungen eine Leistung des Gesamtbetriebes. Sie erfordern ein aktives Bemühen, die Austräge von Schadstoffen aus dem Betriebssystem so gering wie möglich zu halten und dadurch externe Effekte zu vermeiden. Umweltschutzleistungen sind gleichbedeutend mit → **Gemeinwohlleistungen.** Sie stehen nicht nur in Bezug zum jeweiligen Betriebssystem, sondern auch zu dessen Produktionsleistungen. Die Austräge an Schadstoffen in Relation zu den Mengen an Verkaufsprodukten können auf einer Skala von sehr gering bis sehr hoch eingestuft und die einzelbetrieblichen Leistungen auf diese Weise miteinander verglichen werden.

Validität: Validität ist ein Konzept, mit dem versucht wird, ein qualitatives Urteil für die Wahrheitsnähe von Aussagen bereitzustellen. Validität ist eine Eigenschaft von

Schlussfolgerungen, die auf Basis von Methoden und ihren Ergebnissen gezogen werden. Damit soll Auskunft über die Güte von Aussagen gegeben werden.

Variable: Variablen sind Symbole, die stellvertretend für die Merkmalausprägungen der jeweiligen untersuchten Eigenschaft stehen.

Verstehen: Verstehen beschreibt die Fähigkeit, die Bedeutung von etwas zu begreifen. Verstehen setzt Kenntnisse von Sprache, Symbolen und Handlungskontext voraus. Der Sinn, der in Handlungen liegt, muss vom Verstehenden erfasst werden, was neben Sprachkompetenz Kenntnisse der Lebenswelt, aus dem die zu interpretierenden Sachverhalte stammen, voraussetzt. Das Verstehen von Handlungen sozialer Akteure richtet sich primär auf den Sinn, den die Akteure mit ihrem Handeln verbinden.

Verfügungswissen: Verfügungswissen ist ein Wissen um Ursachen, Wirkungen und Mittel. Es ist das Wissen, das Wissenschaft und Technik unter gegebenen Zwecken über diverse Formen der Veröffentlichung zur Verfügung stellen. Siehe auch→ **Handlungswissen** und→ **Orientierungswissen.**

Werturteil: Ein Werturteil ist eine→ **normative** Aussage. Sie ist von Tatsachenaussagen zu trennen, da sie nicht durch die Beobachtung von Tatsachen gerechtfertigt werden kann.

Wirklichkeit: Mit dem Begriff Wirklichkeit soll das bezeichnet werden, was der Fall ist. Er beschreibt den Umstand, dass es Gegenstände und Tatsachen gibt, über die wir uns täuschen können, weil sie nicht darin aufgehen, dass wir bestimmte Meinungen über sie haben. Die Frage, was Wirklichkeit sein soll, ob der Mensch also die Wirklichkeit erkennen kann oder ob es nur kulturell bedingte Formen von Wirklichkeitsbewusstsein gibt, beschäftigte die Philosophie seit ihren Anfängen.

Wissen: Wissen beinhaltet personifizierte Informationen über einen Gegenstand oder Sachverhalt, die durch Erfahrung, Schlussfolgerung, intuitive Erkenntnis oder Bildung gewonnen wurden. Wissen liegt dann vor, wenn eine Aussage wahr und gerechtfertigt ist (in Abgrenzung zur Meinung).

Wissenschaft: Wissenschaft ist ein System, in dem soziale Akteure systematisch und methodisch versuchen, überprüfbare Aussagen für die kognitiven Ziele (Verstehen, Beschreiben, Erklären, Prognose, Gestaltung) nutzbar zu machen. Wissenschaft beinhaltet den Versuch, Naturphänomene mittels systematischer, vorzugsweise messbarer Beobachtungen und Experimente zu verstehen und zu erklären sowie aus dem so gewonnenen Wissen mithilfe der Anwendung logischen Denkens überprüfbare→ **Gesetze** abzuleiten und Vorhersagen zu treffen.

Wissenschaftliche Methode (Idealvorstellung): 1. Durch systematische Beobachtung des untersuchten Phänomens oder durch an ihm vorgenommene Experimente werden Daten erhoben. 2. Aus diesen Daten zieht man einen vorläufigen Schluss oder stellt eine→ *Hypothese* auf. 3. Aus dieser Hypothese wiederum leitet man Vorhersagen ab und überprüft sie durch weitere Beobachtungen oder Experimente. 4. Wenn diese Tests die Vorhersagen bestätigen und die Bestätigungen durch unabhängige Prüfer reproduziert werden können, wird die Hypothese so lange als wissenschaftliche Theorie akzeptiert, bis ihr neue Daten widersprechen. 5. Wenn das der Fall ist, wird die Theorie entweder modifiziert oder zugunsten einer neuen Hypothese verworfen, die mit allen Daten vereinbar ist.

Wissenschaftstheorie: Nach heutigem Verständnis ist die Wissenschaftstheorie eine Teildisziplin der Philosophie, welche sich mit allen grundlegenden Fragen der Wissenschaften beschäftigt. Dies sind: 1. logische, methodologische oder – allgemeiner – erkenntnistheoretische Fragen, 2. handlungstheoretische und ethische Fragen, 3. ontologische Fragen. Hierzu werden die Erkenntnisse anderer Teildisziplinen der Philosophie wie z. B. → **Erkenntnistheorie,** Handlungstheorie und Ontologie herangezogen.

Wissenstransfer: Der Begriff wird häufig genutzt, um den Prozess des Transfers von Erkenntnissen aus der Wissenschaft in die praktische Anwendung zu beschreiben. Aufgrund der → **Subjektivität** von Wissen sind es jedoch → **Information**en, die weitergegeben und erst durch persönliche Interpretation, Verstehen und Erfahrung zu Wissen werden. Die Ignoranz des subjektiven Kontextes ist einer von mehreren Kritikpunkten am Konzept des Wissenstransfers.

Zahlungsbereitschaft: Zahlungsbereitschaft ist eine personifizierte Eigenschaft. Sie resultiert aus der Summe der Faktoren, die dazu führen, dass der Einzelne für ein Produkt mehr zu zahlen bereit ist als andere Personen. Einschätzungen zur Zahlungsbereitschaft beruhen auf Befragungen. Dabei werden Begriffe verwendet, die bei den Befragten gewisse Assoziationen wecken und in einem korrelativen Zusammenhang mit der Zahlungsbereitschaft stehen.

Stichwortverzeichnis

Printed in the United States
by Baker & Taylor Publisher Services